水电工程造价指南（第三版）

专业卷

水电水利规划设计总院
可再生能源定额站 编

中国水利水电出版社
www.waterpub.com.cn
·北京·

内 容 提 要

本书分为基础卷和专业卷，共计34章。

基础卷包括工程经济学、工程项目管理、工程建设定额、工程招标投标与合同管理、工程造价管理等。其中，工程经济学讲述了工程经济效果评价方法、不确定性分析与风险分析、工程项目经济评价、设备更新分析和价值工程等；工程项目管理讲述了工程项目管理的概念、工程项目参与者的组织模式、工程项目参与者内部的组织结构等；工程建设定额讲述了施工定额的测定与编制，预算定额、概算定额及估算指标等；工程招标投标与合同管理讲述了建设工程招标、投标和标底，合同法、合同及合同风险管理等；工程造价管理讲述了基本理论与方法、工程建设各阶段造价管理等内容。

专业卷包括与水电工程造价有关的综合性知识以及水电工程造价编制方法等。综合性知识主要讲述了水电工程专业技术相关知识和水电工程造价基本知识；水电工程造价编制则以设计概算编制为主线，讲述了建筑及安装工程单价及基础价格编制、建筑工程与施工辅助工程投资编制、环境保护和水土保持专项工程投资编制、设备及安装工程投资编制、建设征地移民安置补偿费用编制、独立费用投资编制、水电工程总投资编制的内容及方法等。

本书可作为水电工程造价专业人员系统掌握水电工程造价基础知识与专业知识的工具书和培训教材，也可作为水电行业从事设计、监理、建设、施工、审计、资产评估等专业人员的业务参考书。

图书在版编目（CIP）数据

水电工程造价指南. 专业卷 / 水电水利规划设计总院可再生能源定额站编. -- 3版. -- 北京 : 中国水利水电出版社, 2016.10(2021.9重印)
ISBN 978-7-5170-4839-8

Ⅰ. ①水… Ⅱ. ①水… Ⅲ. ①水利水电工程－工程造价－指南 Ⅳ. ①TV512-62

中国版本图书馆CIP数据核字(2016)第257183号

书　名	**水电工程造价指南（第三版）　专业卷** SHUIDIAN GONGCHENG ZAOJIA ZHINAN
作　者	水电水利规划设计总院 可再生能源定额站　编
出版发行	中国水利水电出版社 （北京市海淀区玉渊潭南路1号D座　100038） 网址：www.waterpub.com.cn E-mail：sales@waterpub.com.cn 电话：（010）68367658（营销中心）
经　售	北京科水图书销售中心（零售） 电话：（010）88383994、63202643、68545874 全国各地新华书店和相关出版物销售网点
排　版	中国水利水电出版社微机排版中心
印　刷	清淞永业（天津）印刷有限公司
规　格	184mm×260mm　16开本　76.5印张（总）　1814千字（总）
版　次	2003年8月第1版第1次印刷 2016年10月第3版　2021年9月第2次印刷
印　数	3001—4500册
总定价	**300.00**元（共2卷）

《水电工程造价指南》（第三版）
修订委员会

前 言

水电水利规划设计总院（可再生能源定额站）于2003年和2010年分别组织编写并出版了《水电工程造价指南》（第一版）和《水电工程造价指南》（第二版）。该书作为系统介绍水电工程造价专业知识的工具书，在帮助广大水电工程从业人员了解和掌握水电工程造价基础理论、现行造价编制规定和定额标准以及相关法律法规和工程技术知识，提高工程造价专业人员业务水平方面发挥了积极作用，同时也为水电工程造价专业人员资格管理以及相关培训工作提供了完整的教材。

《水电工程造价指南》（第二版）出版至今已6年，在此期间，我国水电工程建设管理体制改革不断深化，出台了一系列新的政策、法规，颁布或修订了部分水电工程技术规程规范以及设计概（估）算编制规定、费用标准。同时，在近几年水电工程造价培训班教学过程中也反馈了一些问题，有必要对《水电工程造价指南》（第二版）进行修订。

为此，水电水利规划设计总院（可再生能源定额站）于2014年组织成立了《水电工程造价指南》（第三版）修订委员会，负责领导和组织造价指南的修订工作，并委托三峡大学和可再生能源定额站西南川渝藏分站承担具体修订任务。

《水电工程造价指南》（第三版）从水电工程建设全过程造价管理的角度出发，系统介绍了水电工程造价的基本原理、相关基础知识，以现行的水电工程造价管理方面的有关规定、定额、标准等为介绍重点，并辅以丰富的典型案例，以使读者加深理解和正确应用，结构更加完整，层次更加清晰，内容更加丰富，增强了实用性。

本书基础卷由三峡大学组织编写，其中绪论、第四篇和第五篇由郭琦、吴黎明、安慧、陈新桃编写；第一篇至第三篇由陈志鼎、向玉华、郭琦、刘倩编写，何湘君、李珺、盛竹迪等参加了资料收集整理及图表绘制工作；全卷由郭琦、陈志鼎统稿。

本书专业卷由可再生能源定额站西南川渝藏分站组织编写，其中绪论由夏晓云、黎勇刚编写；第一章由陈光、马莉编写；第二章由宋力编写；第三章第一节和第六节由杨敏编写，第二节至第五节由乔月宾编写，第四章第一节至第三节由陈文海编写，第四节和第五节由赵瑞、乔月宾编写，第六节至第八节和第十一节由宋力编写，第九节和第十节由杨敏编写；第五章由马莉编写；第六章由赵兰编写；第七章由陈文海编写；第八章和第九章由陈光编写；全卷由陈光义、黎勇刚、杨敏统稿。

在本书的修订过程中，水电水利规划设计总院郭建欣、刘月琦、殷许生、关宗印、王善春、易升和水电行业的专家陈皓、王莉萍、杨君、苏灵芝、杜秀慧、赵桂芝、王少华、马勇先、王建德、郭鸿儒等参加了校审工作。

本书可作为水电工程造价专业人员系统掌握水电工程造价基础知识与专业知识的工具书和培训教材，也可作为水电行业从事设计、监理、建设、施工、审计、资产评估等专业人员的业务参考书。

由于水电工程造价管理涉及面广，且相关理论研究与实践还在不断完善和发展中，加之编者水平有限，书中难免有错漏和不足之处，恳请读者提出宝贵意见，以便进一步修改完善。

《水电工程造价指南》（第三版）修订委员会

2016年7月

第一版前言

随着我国西部大开发战略的实施和电力体制改革的逐步深入，水电事业蓬勃发展，水电前期工作不断加快，一大批水电工程相继开工建设。为适应水电事业发展的需要，必须加强工程造价管理，合理确定和有效控制工程建设投资，这也对水电工程造价专业人员的素质和工作提出了更高的要求。为此，水电水利规划设计总院和水电建设定额站根据多年来在水电工程造价培训方面的工作经验，组织成都勘测设计研究院和三峡大学编写了水利水电工程概预算讲义，在水电工程造价培训工作中取得了较好的效果。在此基础上，水电水利规划设计总院和水电建设定额站又组织有关人员编写了《水电工程造价指南》一书。

《水电工程造价指南》从水电工程建设全过程造价管理的角度出发，介绍了水电工程造价的基本原理、相关基础知识以及现行的水电工程造价管理方面的有关规定等。其中，尤以现行水电工程设计概算编制办法、定额和费用标准的主要内容为介绍重点，并辅以典型例题，以使读者加深理解和正确应用。

《水电工程造价指南》分为基础卷和专业卷两部分，共9篇37章。基础卷主要介绍了工程项目管理、工程建设定额、工程造价管理、工程建设合同管理和工程财务等方面的知识，共5篇19章；专业卷介绍了水电工程综合知识(即水工、施工等方面的基础知识)、投资编制、建筑工程和设备及安装工程等内容，共4篇18章。

为组织本书的编写，水电水利规划设计总院、水电建设定额站成立了编写委会员，由王民浩任主任，周尚洁、李国华任副主任，成员有王嘉惠、王增光、刘月琦、关宗印、李冬妍、易涛、金洪生、郭建欣、黄文杰。本书的主要编写人员为：易涛、黄文杰、李冬妍、金洪生、王嘉惠、王增光、刘月琦。在本书的整编过程中，水电水利规划设计总院王柏乐、杨多根、童显武、周建平、李定中、周尚洁、李国华、郭建欣、关宗印、李继革、吴旋、陈皓、寇宝昌、蔡频、李扶汉、娄慧英、张淑行和水电行业的专家朱思义、杨飞雪、张宝声、汤宜芹、李治平、蔡新鉴、陈延绪、黄汉成、沈辅邦、沈阴鑫、喻孝健、汪晨光、夏晓云、王建德、肖国朝、李永林、张天存、吴天觉、王莉萍、姚淑英等参加了校审工作。成都勘测设计研究院的夏晓云、陈光义、傅鸿明、王钦湘、许文寿、黎勇刚、宋力、孙会东、谢淑珍、朱一萍、黄京焕、黄励思、孙若蕴以及三峡大学的郭琦、袁大祥、杨赞峰等参加了前期水利水电工程概预算讲义的编写工作。谨此表示感谢！

《水电工程造价指南》是水电工程造价专业人员系统掌握水电工程造价基础知识与专业知识必不可少的工具书，也是水电行业从事设计、监理、建设、管理、审计及资产评估等专业人员的业务参考书，同时还可作为其他行业和工程造价咨询单位有关人员的参考用书。

本书在内容编写上力求做到系统、完整，理论阐述清楚，方法切实可用。但限于编写人员水平，书中难免存在不足之处，恳请读者指正。

编者

2003 年 8 月

第二版前言

我国的水力资源极为丰富，总量居世界第一。改革开放30多年来，随着国家经济的飞速发展和改革的不断深入，我国的水电事业也得到了快速发展。水电建设者通过不懈的努力，解决了一个又一个世界级技术难题，环境影响和征地移民问题也越来越受到重视，取得了令世人瞩目的成就。全国水电装机容量自2004年起就一直位居世界第一，到2009年底已突破1.9亿kW。在这快速发展的过程中，水电工程在建设管理体制以及投资管理方面也产生了重大变革，从而奠定了水电事业可持续发展的基础。

水电事业健康、快速发展对水电工程造价管理提出了更高的要求。加强水电工程造价管理，一方面要建立并完善适应社会主义市场经济条件下水电工程建设管理体制的造价管理体系，同时还需要造就一批高素质、高水平的水电工程造价管理人才。为提高水电工程造价管理专业人员的业务水平，结合水电工程造价专业人员资格管理以及培训工作的需要，水电水利规划设计总院于2003年组织编写了《水电工程造价指南》。此套指南作为水电工程造价专业人员资格考试以及培训的主要用书已经使用了6年多，取得了较好的效果。随着我国水电工程建设管理体制改革的不断深入，新的水电工程规程、规范的出台以及水电工程设计概算编制规定、标准和定额的颁布，有必要对《水电工程造价指南》进行修订。

为此，水电水利规划设计总院（可再生能源定额站）成立了《水电工程造价指南》（第二版）修订委员会，主任为王民浩，副主任为周尚洁、郭建欣，成员为王嘉惠、刘月琦、陈皓、夏晓云、郭琦、黎勇刚。修订委员会负责领导和组织指南的修订工作，并委托三峡大学和可再生能源定额站西南川渝藏分站承担具体修订任务。

修订后的《水电工程造价指南》（第二版）分为基础卷和专业卷两部分。基础卷主要介绍了工程造价的相关基础知识，包括工程经济学、工程建设定额、工程招标投标与合同管理、工程造价管理等；专业卷主要介绍了水电工程造价有关的综合性知识以及水电工程造价编制方法等，重点介绍了现行水电工程设计概算编制规定、定额和费用标准等内容，并辅以典型例题，以使读者加深理解和正确应用。新版指南在知识结构方面更加合理、内容更为丰富。

本书基础卷由三峡大学组织编写，其中绪论由郭琦编写；第一章至第六章由向玉华、安慧编写；第七章至第九章由郭琦、王宇峰编写；第十章至第十六章由中国长江三峡集团公司的吴卫江编写；第十七章至第二十五章由郭琦、安慧编写；全卷由郭琦负责统稿。

本书专业卷由可再生能源定额站西南川渝藏分站组织编写，其中绪论由夏晓云编写；第一章由陈光、马莉编写；第二章由陈光编写；第三章第一节和第六节由杨敏编写，第二节、第四节和第五节由陈光编写，第三节由马莉编写；第四章第一节至第三节由王林、栾远新编写，第四节、第五节由赵瑞编写，第六节至第八节和第十一节由宋力编写，第九节由王嘉惠编写，第十节由杨敏编写；第五章由马莉编写；第六章由赵兰编写；第七章由陈文海编写；第八章、第九章由陈光编写；全卷由夏晓云、黎勇刚、陈光义和王嘉惠负责统稿。

在本书的修订过程中，水电水利规划设计总院周尚洁、张一军、郭建欣、陈皓、刘月琦、关宗印、喻卫奇、王善春、易升和水电行业的专家王嘉惠、王莉萍、张天存、杨君、王友政、王建德、王少华、苏灵芝、宋殿海、栾远新等参加了审查工作。

本书可作为水电工程造价专业人员系统掌握水电工程造价基础知识与专业知识的工具书和培训教材，也可作为水电行业从事设计、监理、建设、施工、审计、资产评估等专业人员的业务参考书。

由于水电工程造价管理涉及面广，且相关理论研究与实践还在不断完善和发展中，加之编者水平有限，书中难免有错漏和不足之处，恳请读者提出宝贵意见，以便进一步修改完善。

编者

2010年3月

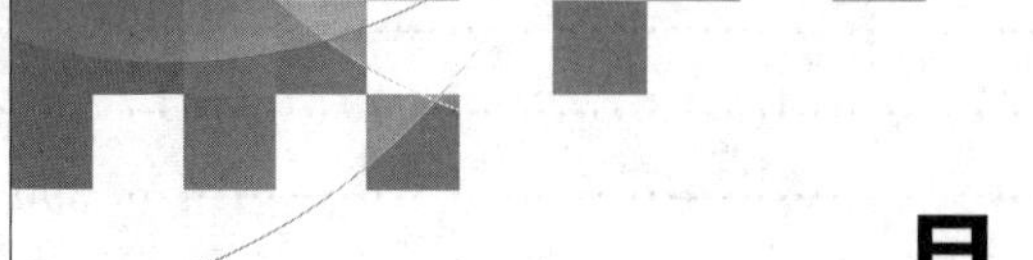

目 录

绪　论

第一节　我国的水力资源概况

一、水力资源总量

我国幅员辽阔，国土面积达960万km^2，蕴藏着丰富的水力资源。2003年水力资源复查结果表明，我国大陆水力资源理论蕴藏量在1万kW以上的河流共3886条，技术可开发装机容量54164万kW，年发电量24740亿kW·h。在2003年水力资源复查基础上，考虑雅鲁藏布江下游和四川省、云南省新增的水电技术可开发装机容量，水电技术可开发装机容量已达到59800万kW，技术可开发年发电量27425亿kW·h。在2009年水利部发布的中国农村水力资源调查评价结果中，0.01万～5万kW的小水电技术可开发量1.28亿kW，年发电量5350亿kW·h。根据水力资源复查成果，以及雅鲁藏布江下游和四川省、云南省新增的水电技术可开发装机容量，结合水利部公布的农村水力资源调查评价成果，中国100kW以上的水电站技术可开发装机容量66062万kW，年发电量29882亿kW·h。我国水力资源技术可开发量见表0-1。

表0-1　　我国水力资源技术可开发量

技术可开发量	2003年水力资源复查	考虑西藏自治区、四川省、云南省复核后	考虑农村水力资源调查评价复核后
装机容量/万kW	54164	59800	66062
发电量/亿kW·h	24740	27425	29882

二、水力资源在能源结构中的地位

常规能源包括煤炭、水能、石油和天然气，我国能源探明（技术可开发）总储量约折合8450亿t标准煤（其中水能为可再生能源，按使用100年计算），探明技术可开发总资源量超过8230亿t标准煤，原煤、原油、天然气、水力比例约为87.4%∶2.8%∶0.3%∶9.5%；探明经济可开发剩余可采总储量为1392亿t标准煤，约占世界总量的10.1%。原煤、原油、天然气、水力比例约为58.8%∶3.4%∶1.3%∶36.5%。从能源结构来看，煤炭和水力在我国常规能源资源中占绝对优势。

如果按照世界有些国家水能资源使用200年计算其资源储量，我国水能剩余可开采总量在常规能源构成中则超过60%，由此可见水能在我国能源结构中的地位和作用。

水力发电是目前最成熟的可再生能源发电技术，在世界各地得到广泛应用。至2010年年底，全球水电装机容量已超过10亿kW，年发电量超过3.6万亿kW·h；近几年来，水电建设继续保持了快速发展。目前，经济发达国家水能资源已基本开发完毕，水电建设主要集中在发展中国家；今后10～15年，水电仍具有较大开发潜力，优先开发水电仍是发展中国家能源建设的重要方针。

能源节约与资源综合利用是我国经济和社会发展的一项长远战略方针。“十二五”期间和今后更长远时期，国家把实施可持续发展战略放在更加突出的位置，可持续发展战略要求节约资源、保护环境，保持社会经济与资源、环境的协调发展。优先发展水电，能够有效减少对煤炭、石油、天然气等资源的消耗，不仅节约了宝贵的化石能源，还减少了环境污染。

三、水力资源分布

由于我国幅员辽阔，地形与雨量差异较大，因而形成水力资源在地域分布上的不平衡，水力资源分布是西部多、东部少。按照技术可开发装机容量统计，我国西部云南、贵州、四川、重庆、陕西、甘肃、宁夏、青海、新疆、西藏、广西、内蒙古等12个省（自治区、直辖市）水能资源约占全国总量的81.46%，特别是西南地区云南、贵州、四川、西藏等4个省（自治区）水能资源就占66.07%；其次是黑龙江、吉林、山西、河南、湖北、湖南、安徽、江西等8个省水能资源占13.66%；而经济发达、用电负荷集中的东部辽宁、北京、天津、河北、山东、江苏、浙江、上海、广东、福建、海南等11个省（直辖市）水能资源仅占4.88%。我国的经济东部相对发达、西部相对落后，因此西部水力资源开发除了西部电力市场自身需求以外，还要考虑东部市场，实行水电的“西电东送”。

水力资源富集于金沙江、雅鲁藏布江、雅砻江、大渡河、澜沧江、乌江、长江上游、南盘江红水河、黄河上游、湘西、闽浙赣、东北、黄河北干流以及怒江等水电基地，其总装机容量约占全国技术可开发量的50%。特别是地处西部的金沙江中下游干流总装机容量近6000万kW，长江上游（宜宾—宜昌）干流超过3000万kW，雅砻江、大渡河、黄河上游、澜沧江、怒江的装机容量均超过2000万kW，乌江、南盘江红水河的装机容量均超过1000万kW。

这些河流水力资源集中，有利于实现流域开发、梯级开发、滚动开发，有利于建成大型的水电基地，有利于充分发挥水力资源的规模效益，有利于实现“西电东送”。

第二节　我国的水电建设

一、水电开发现状及规划

1. 开发现状

新中国成立以来，我国十分重视水电建设。虽然由于历史、资金及体制等因素，水电建设曾出现起伏，呈现波浪式前进的态势，但50多年来水电获得了可观的发展，为国民经济发展和人民生活水平提高做出了巨大贡献。

新中国成立初期，水电建设主要集中于经济发展及用电增长较快的东部地区，大型水电站不多。20世纪50年代末，开始在黄河干流兴建刘家峡等大型水电站，但仍以东部地区的开发建设为主，西南地区丰富的水力资源尚未得到大规模开发，水电在电力工业中的比重逐步下降。改革开放以来，国家把开发西部地区水力资源提到重要位置，尤其是提出“西电东送”战略以后，西南地区丰富的水力资源逐步得到开发利用。

为了有效利用丰富的水力资源，更好地满足能源日益增长的需要。近年来，国家积极推动水电的“西电东送”战略，并将其作为实施西部大开发战略的重大措施。在西部地区陆续开工并建成一批特大型水电工程，如溪洛渡（13860MW）、向家坝（6000MW）、龙滩（4200MW）、小湾（4200MW）、构皮滩（3000MW）、瀑布沟（3600MW）、拉西瓦（4200MW）、锦屏一级（3600MW）、锦屏二级（4800MW）等，我国水电建设正在实现跨越式发展并取得了举世瞩目的成就。

2004年年底，全国常规水电已开发装机容量102560MW（水电总装机容量108260MW，其中抽水蓄能电站5700MW），年发电量3280亿kW·h，占全国技术可开发装机容量的15.5%，水电装机容量占全国总装机容量的23.3%。其中，东北地区的辽宁、吉林，华北地区的北京、天津、河北，华东地区的福建、浙江、安徽、山东、江西，中南地区的河南、湖南、广东、海南等省（直辖市）常规水电开发程度均超过技术可开发量的50%，最高达88.7%；水力资源富集的西南地区四川省、云南省、西藏自治区开发程度分别为11.7%、7.5%和0.3%；西北地区陕西省、甘肃省、青海省、新疆维吾尔自治区开发程度分别为23.8%、36.5%、18.4%和2.7%。

至2008年年底，我国水电装机容量达到了1.7亿kW，年发电量5633亿kW·h，居世界第一。

“十一五”和“十二五”时期，进入了我国水电发展最快的时期。2015年年底，全国全口径水电总装机容量31937kW（其中抽水蓄能电站2271万kW），年发电量1.1万亿kW·h，常规水电占全国技术可开发装机容量的48.3%，水电装机占全国总装机容量的21.2%。相对于发达国家超过80%的水平而言还是有较大的差距，尤其是水力资源最为丰富的西部地区更是没有得到充分的利用。

2.2020年常规水电发展目标

按照电力发展规划、“西电东送”的需要、大型河流开发进程、大中型水电项目规划和前期工作深度及小型水电站合理建设规模等，制定水电的中长期发展目标。

2020年我国常规水电发展目标将达到3.40亿kW，年发电量达到1.25万亿kW·h，开发程度达到41.8%；2030年我国水电发展目标将达到4.5亿kW，年发电量达到1.8万亿kW·h，开发程度达到60.2%；2050年我国水电发展目标将达到5.3亿kW，年发电量达到2.2万亿kW·h，开发程度达到73.6%。

预计到2020年，在全国水电发展到装机容量3.40亿kW规模时，东部地区开发总规模达到37000MW，占全国的10.9%，开发程度达72.1%；中部地区总规模为63000MW，占全国的18.5%，其开发程度达到90.4%以上；西部地区总规模为240000MW，占全国的70.6%，其开发程度达到44.5%，其中四川省、云南省、西藏自治区的水电开发总规模分别为81590MW、67090MW和1950MW，开发程度分别为55.5%、55.9%和1.12%。

3.2020年以后常规水电发展展望与西藏电能外送

至2020年，十三大水电基地规划水电工程绝大部分将已开工建设，预计2020年西南3省（自治区）总的电力外送规模达到7340万kW，2025年达到10540万kW。预计水电西电东送在2025年前后达到目标规模，之后不再新增送出通道。2025年后为维持这些通道送出规模，主要考虑用金沙江上游、怒江上游和雅鲁藏布江下游水电接续。

西藏自治区河流众多，水力资源丰富。全区水力资源按流域划分以雅鲁藏布江、怒江、澜沧江、金沙江最为丰富，雅鲁藏布江、怒江、澜沧江、金沙江流域技术可开发量分别占全区的68.4%、10.6%、4.8%、3.6%。这些流域水力资源量巨大且集中，干流梯级电站规模多在1000MW以上，个别梯级为10000MW级的巨型电站，是全国乃至世界少有的水力资源“富矿”。

藏东三江顺河而下至云南省和四川省，距离较近，高程不高。随着三江水电开发向上游推进，藏东水能资源接续开发较为现实。藏南雅鲁藏布江的开发，难度要相对大一些，要依靠水电工程和输电工程的技术创新；同时还可以根据科技发展水平，科学地做好规划。随着西藏水电前期工作的加深和形势的发展、科技的进步，西藏水电开发潜力巨大，完全有可能成为2020年后中国水电建设的主战场。

4.抽水蓄能电站规划发展目标

到2015年年底，全国抽水蓄能电站装机容量达22710MW。根据各电网的负荷特性、电源规划、“西电东送”及联网规划和抽水蓄能规划设计成果，抽水蓄能电站项目前期工作深度等，分析测算抽水蓄能电站合理建设规模。2020年前全国抽水蓄能电站发展将以华东最多，南方、华北次之，华中、东北又次之。预计到2020年和2025年，抽水蓄能电站装机容量分别达到40000MW和90000MW。

二、水电工程特点

水电工程由于自身所处的环境、客观自然条件及其承担的任务和发挥的作用均不同于一般建设工程。因此，与其他建设工程相比，具有以下显著特点。

（一）水电工程的综合效益和社会效益

水电站除具有发电效益外，一般还具有防洪、灌溉、航运、供水、水产养殖和旅游等综合利用功能，它对于改善环境，促进地区经济和社会发展起着十分重要的作用，其综合利用效益和社会效益非常巨大。

1.防洪效益

全国大型、特大型水电站水库，是我国防洪的骨干力量。三峡工程防洪库容221.5亿m^3，可将下游荆江河段的防洪标准由10年一遇提高到100年一遇。黄河上游的龙羊峡水电站（总库容247亿m^3，具有多年调节能力）和刘家峡水电站（总库容49.88亿m^3）梯级水电站的建成，对黄河流域的防洪安全起到了决定性的作用。它们使兰州市100年一遇洪峰流量由8080m^3/s削减到6500m^3/s以下。1981年9月，黄河上游发生实测最大洪水（相当于100年一遇），经两库调节，兰州市洪峰流量减小到5600m^3/s，并使最大下泄流量滞后5～6h，为下游防洪抢险赢得了时间，确保了包头—兰州铁路畅通无阻，大大减少了宁夏、内蒙古沿河两岸人民生命财产损失。

2. 灌溉效益

大部分大中型水电站都有灌溉农田的效益。如龙羊峡、刘家峡水电站灌溉甘肃、宁夏、内蒙古灌区农田1600万亩；丹江口水库共灌溉湖北及河南灌区农田360万亩等。这些灌区均已成为我国重要的商品粮基地。

3. 供水效益

我国一些水电站承担着市、县工农业和居民生活用水的供水任务。据10个水电厂的统计，它们的年供水量达26亿m^3。如新安江水电站向杭州市年供水2.56亿m^3；丰满水电站向吉林市长年放基流120m^3/s，年供水达15.8亿m^3。

4. 航运效益

水电站修建后，由于水库蓄水，大多开辟了上游航道。在通航期泄放一定的流量，又改善了下游河道的通航条件。有船闸或升船机的大坝，则将上下游河道连接起来。总的来说，修建水库以后航运条件大为改善。

三峡工程可改善长江，特别是重庆—宜昌段的航道条件，对发展长江航道工业具有积极作用。双线五级永久船闸，可通过万吨级船队，年单向通过能力为5000万t。一级垂直升船机可通过3000t级货轮，单向年通过能力350万t。

5. 旅游效益

随着水电站的建成，很多电站水库都已开发为旅游区，从而创造了很大旅游效益。如最著名的国家级旅游点千岛湖，就是由新安江水库开辟而成的，每年接待海内外游客达200万人次，成为有名的旅游景点。

6. 促进地区经济发展

一座水电站的建设和运行，对地方GDP、财政税收和当地就业的拉动、交通设施的改善、区域产业结构的优化、地区城市化的发展、替代非洁净能源、改善大气环境质量等多方面都有着积极的推动作用和贡献。

很多水电站所在地及其附近形成了新的城市。如刘家峡水电站所在地永靖县、三门峡水电站所在地三门峡市、丹江口水电站所在地丹江口市等，都是在水电站建成后随之而形成的城、镇。依托这些城镇的辐射作用，又带动了周围地区经济的发展。

（二）水电工程自然条件和技术的复杂性

1. 水电工程所处的自然条件复杂

我国地域辽阔，幅员广大，地形地貌复杂，各地区自然地理条件差异很大。而水电工程修建于深山峡谷之中的江河之上，有的位于高海拔地区，有的在高纬度地区，有的在高地震区，相应伴生着如高原缺氧、严寒冰冻、暴雨洪灾、滑坡泥石流、地震灾害、交通不便等。这样，使得水电工程所处的自然条件和环境更加复杂，甚至是相当恶劣。

这些复杂恶劣的自然条件，不仅对水电工程的建设施工造成巨大的困难，而且也增加了工程技术的复杂程度，这就需要勘察、设计和科研等方面投入更多的人力、物力、资金和时间，深入研究加以解决，才能使工程设计达到安全适用、技术先进、经济合理的要求。

2. 水电工程的技术复杂

水电工程特别是大型水电站，多修建在深山峡谷、大江大河上。每一项工程所处的地形地质条件以及洪水、径流、泥沙特点千差万别，使得工程技术问题十分复杂。

水电工程从勘察、设计、科研到施工等都不断地面对新的复杂技术难题需要解决。面对300m级高混凝土拱坝、200m级高碾压混凝土重力坝、100m级高碾压混凝土拱坝、300m级高混凝土面板堆石坝的坝工建设、大容量水轮发电机组选择和制造等，需要很好地解决枢纽布置、坝型选择、坝体形优化、大坝抗震、高水头大流量泄洪消能和高速水流、大型地下洞室群合理布置及围岩稳定、岩质边坡稳定性的地质评价及勘测技术、施工总布置及合理施工程序、施工技术等一系列复杂工程技术问题，同时也涉及建筑材料、设计理论和计算方法等。通过工程实践，应不断总结水电工程的新技术、新理论、新成果、新发展，以便适应我国今后水电建设的发展。

（三）水电工程对社会和公众安全的影响

水电工程的综合利用效益和社会效益是巨大的，尤其是大型、特大型水电站更是如此。大坝是水电枢纽工程中最重要的建筑物，它在正常运用时，不但可为水电站发挥效益起到保证作用，而且可以起到减灾免灾的作用。但是，一旦失事，也将给下游人民生命财产安全和国民经济建设带来巨大的风险，造成灾难性后果。

因此，对水电工程的安全，其中最重要的是保证大坝的安全，这是水电建设管理中的头等大事，应将大坝的安全贯穿于大坝生命周期的全过程，在建设和运行中的每一个环节都应得到保证。我国对水电建设工程的安全是十分重视的，先后制定了一系列行政法规。如1991年3月22日国务院令第77号发布的《水库大坝安全管理条例》，1997年电力部发布的《水电站大坝安全监测工作管理规定》，1997年电力部发布的《水电建设工程质量管理暂行办法》，1998年电力部发布的《水电建设工程安全鉴定规定》，1999年国家经贸委发布的《水电工程验收管理暂行规定》，2000年国家经贸委发布的《水电站基本建设工程验收规程》，2000年国家电力公司发布的《国家电力公司水电建设工程质量管理办法（试行）》等，2005年电监会发布的《水电站大坝安全运行管理规定》，2011年国家能源局发布的《水电工程验收管理办法》，2014年国家能源局发布的《水电工程质量监督管理规定》和《水电工程安全鉴定管理办法》。

对于从事水电工程的建设者，无论是勘测、设计、施工及运行管理都必须以高度负责的精神，科学求实的态度，做好各项工作，以确保工程安全，造福于人民。

（四）水电工程对环境的影响

环境保护是我国的一项基本国策，我国实行经济建设和环境建设“同步发展、协调一致、可持续发展”的战略。

1. 水电工程对环境的有利影响

严重洪灾和持续干旱是生态环境的最大灾难。大坝对减轻严重洪灾和持续干旱起着重要作用。大坝在防洪、灌溉和供水方面的作用，本质就是减轻和防止生态环境灾难的发生。

水电是开发条件最好的可再生能源，同时又是清洁能源。发展水电，减少燃煤，可以大大减少对大气和水质的污染，因水能不产生CO_2，所以开发水电也是减轻温室效应，减缓地球变暖的措施之一。

大中型水电站，特别是调节性能极强的大型龙头水库，由于其调蓄性能，改变了河道

天然径流在时空的随机分布，根据需要进行调度，可以有效地提高水资源的利用程度，同时又可起到蓄洪削峰，减轻或避免水电站下游产生洪涝灾害，保障人民群众生命和财产安全的作用。

随着电站水库的兴建，伴随而起的就是一座人工湖的形成，尤其是大型水库，由于局部气候效应，既可调节当地的气候条件，美化周围环境，又可发展水产养殖、水上运输、旅游及特色经济。我国水电建设实践证明，一座水电站的建设，同时也形成了一座新的城镇，成为当地经济文化的交流中心，并且发挥其辐射作用，带动和促进当地区域经济的发展。

2. 水电工程对环境的不利影响

水电开发对环境带来巨大有利影响的同时，也会对环境带来一些不利影响。

由于水库的形成，造成水库淹没损失和移民，对土地资源、森林资源、动植物、铁路和公路、文物古迹等带来不利影响；由于水库抬高水位，可能会产生水库库岸滑坡塌岸、水库诱发地震等灾害；由于大坝的拦截，对一些鱼类的繁衍和下游航道产生影响；水库径流调节，对下游生态环境特别是河道脱水段产生影响；水库下泄的洪水易导致下游长距离的河床冲刷。

水电站在施工中对环境也会造成一些影响，如开挖弃渣、料场开采占用土地及对地貌植被的破坏，或造成局部水土流失；施工粉尘对周围环境和人群健康的影响；施工废水排放对水质的影响等。

水电工程的环境保护，就是要充分发挥水电开发对环境的有利影响。对环境的不利影响，应科学分析，认真区分，根据不同情况采取对策措施，加以预防、减免或降至最低限度，使水电站与环境相融合、相协调，使水电建设与区域经济持续发展，做到资源永续利用，生态良性循环。

第三节　水电工程造价管理

一、工程造价管理的概念

工程造价管理就是合理地确定和有效控制工程造价，是运用科学的原理和方法，在统一目标，各负其责的原则下，为确保工程的经济效益对工程造价所进行的各项工作的总称。工程造价管理贯穿整个建设项目周期。

从投资人的角度看，建设项目周期是指从策划、立项、可行性研究、设计、评估、施工、生产准备、运营到后评价等各个阶段全过程的总称。从银行角度看，项目周期尚应加上审贷与批贷两个阶段。不同的行业，对项目周期的描述有所差别，但主要的阶段是基本一致的。

工程造价管理是从项目策划阶段就开始进入项目周期，贯穿于机会研究、项目建议书、可行性研究、项目评估、初步设计、施工以及竣工验收等主要阶段。在每一个阶段经过工程造价的计算，确定出相应阶段的项目投资费用。竣工决算则是建设工程项目实际建设投资总额。

实际上，工程造价与项目建设投资只是在不同经济范畴内对同一事物的不同称谓。项目建设投资是从投资人的角度考察项目的资本费用，多用于项目前期工作；工程造价往往是从实施单位的角度考察项目预计或实际发生的费用，多用于项目实施阶段。

项目周期内，不同阶段对项目投资的控制是有不同要求的。在投资机会研究阶段，投资估算的误差应控制在±30%以内；在项目建议书阶段，投资估算的误差应控制在±20%以内；在可行性研究阶段，投资估算的误差应控制在±10%左右，产生这些偏差并不是由于具体的造价人员的能力、责任心和职业道德造成的，而是由于受到信息和条件的不足、时间和成本的限制等因素制约的。对投资估算精度的要求实际上也就是对工程造价估算精度的要求，这就要求我们随着项目的进展，逐步深入地做好工程造价管理工作。

在项目周期中，投资人、政府投资主管部门、银行、中介机构、承包商等，都从各自的利益出发关注工程造价，各方关注的重点也有所区别。不同利益群体关注工程造价，实际上都是在工程造价管理活动中关注自己的经济效益或社会公平。所以，合理确定和控制工程造价对于化解各利益方之间的矛盾、构建和谐社会具有重要作用。

二、水电工程造价管理的作用与意义

水电工程建设项目与其他工程项目一样，它需要靠投入资金来实施，投入合理的资金，获得较大的效益，这是基本建设的目的，也是工程造价管理重要意义的体现，这就确定了水电工程造价管理在水电工程建设中显著而突出的地位。

水电工程造价管理强调的是建设全过程的管理，它不仅是指概预算编制、投资管理，而更是指从建设项目的规划、预可行性研究、可行性研究阶段工程造价的预测开始，贯穿工程造价预控、经济性论证、工程造价预测、工程招投标及承发包价格确定、建设期间资金运作、工程实际造价的确定和后评价整个建设过程的工程造价管理。全过程管理的核心实际就是要体现“事前有预算、事中有控制、事后有核算”。

水电工程造价管理意义深远，作用巨大，主要体现在以下几个方面：

(1) 为水电工程建设项目决策提供科学依据。建设项目在投资决策之前要进行预可行性研究，以充分论证其技术的可行性和经济的合理性。在这一阶段，投资估算是进行经济分析的重要基础，是项目正确决策的重要依据。工程造价的全过程管理要从“估算”这个“龙头”抓起，充分考虑各种可能的需要，风险、价格上涨等动态因素，合理打足投资，不留缺口，同时也要防止高估冒算。

(2) 在项目建设前期科学地控制工程造价。在项目预可行性研究和可行性研究阶段，控制工程规模、工程范围、设计标准，通过技术经济比较、优化设计方案等方法，对工程造价进行前期预控制。

(3) 提供合理的工程投资规模和宏观控制目标。项目设计概算是可行性研究阶段依据现行有关费用标准、定额标准编制的工程投资计划，是投资人确定基本投资规模的依据。一般说来，设计概算反映了可行性研究阶段某一编制年的价格和社会平均生产率水平，并按此测算出的某一建设项目所需建设经费的总额。因而概算投资额在建设期间不能任意突破，是项目法人进行宏观控制的目标。设计概算编制的准确程度，直接影响着工程建设的进展。概算编制得准确，基本建设投资规模就容易控制，有利于工程项目的

顺利进行；反之，如果总概算偏低，在实施中一再突破，就会导致基本建设规模失控，资金筹措困难，从而使资金和物资得不到保证，或延误工期，或影响工程质量，降低投资效果。

(4) 提供合理的筹措建设资金方案。当前水电工程建设投资渠道已形成多元化格局，主要有各级政府财政投资、贷款、集资、利用外资、民营集团投资、股份制、金融投资等形式。向银行贷款，银行就要进行评估，评估的依据之一就是设计概算。作为民营集团投资，则在投资前必须了解建设项目的经济指标，方可作出投资与否的意向，经济指标评价的依据之一也是设计概算。建设项目各种投资所占的比例与工程总投资额密切相关，如果总投资额不准确或比例失调，就必然影响建设资金的筹措及到位，也会影响运行期间的还贷。

(5) 为顺利实行工程招标投标提供必要条件。招标投标是水电工程建设管理制度改革的重要内容，合理的标底（或业主估价）为选择出最优的承包人提供了重要的参考依据，可以避免盲目要价和竞相压价等不正当竞争行为，从而保护各方的合法利益，为工程建设的顺利进行打下良好的基础。

(6) 在工程建设实施阶段有效地控制工程造价。采取“静态控制、动态管理”方式，严格控制可行性研究阶段设计“工程量”；通过编制“项目执行概算、业主预算”，结合工程分标等实际情况，合理理顺项目划分，规范合同管理，使工程建设静态投资严格控制在审批的设计概算静态总投资额度之内；通过公正的价差计算与结算方式，科学有效地对项目建设中发生的价差和融资成本进行管理。

(7) 为工程竣工决算提供依据。竣工决算是反映基本建设项目实际造价和投资效果的技术经济文件，是考核投资效果的依据，编制竣工决算的主要依据是设计概算、项目管理预算、合同及调整价、结算等资料。

(8) 为基建审计提供有关基础资料。审计是独立检查会计账目，监督财务收支的真实性、合法性的行为。概（估）算费用标准、概算文件、项目管理预算、合同及调整价、结算等资料，是基建审计的重要基础资料。

水电工程建设在国民经济和社会发展中占有十分重要的地位。根据《可再生能源中长期发展规划》，要实现可再生能源发展目标，充足的建设资金是必要的保障条件。根据各种可再生能源的应用领域、建设规模、技术特点和发展状况，采取国家投资和社会多元化投资相结合的方式解决可再生能源开发利用的建设资金问题。2006—2020年，新增2.3亿kW水电装机，按平均8000元/kW测算，需要总投资约1.84万亿元。如何把数额巨大的建设资金预测得比较准确，使用、控制得当，发挥其最大的投资效益，是水电工程造价管理工作的意义所在，也是广大水电造价工作者的神圣使命。

三、我国水电工程造价管理发展过程

在我国，工程造价管理工作的发展与完善，经历了一个曲折的过程，水电工程当然也不例外。在相当长的一段时间内，专业面较窄，其主要内容是指建设工程的概预算制度。随着社会主义市场经济的逐步建立，其深度与广度才有了很大发展，从而逐步向建设全过程的预测和控制发展，工程造价管理成为一门重要学科。正确认识和总结这个发展过程，对深入理解和研究工程造价管理无疑是有帮助的。这个发展过程大致可分为以下几个阶段。

（一）建立与逐步健全工程概预算制度阶段（1951—1957年）

新中国成立初期，我国面临着迅速地恢复国民经济和为大规模的社会主义建设作准备，于是我国借鉴苏联的经验，引进了一套概预算定额管理制度。1951—1952年，政务院财经委员会颁布了《基本建设工作程序暂行办法》和《基本建设工作暂行办法》，在这两项制度中，规定在不同设计阶段必须编制概算或预算，并对概预算编制原则、内容、方法和概预算的编制与审批、修正办法程序等作了规定；概预算各种编制依据——概预算定额、费用标准、材料设备预算价格等，实行集中管理为主的分级管理原则；明确规定，工程建设概预算文件是设计文件的重要组成部分，概预算文件经相应机关批准后，即成为基本建设的最基本文件，确立了概预算在基本建设工作中的地位。

在"一五"（1953—1957年）计划期间，我国在初步设计阶段要求编制概算，作为控制基本建设投资的最高限额；施工阶段要求编制预算，作为工程结算的依据。

在这一阶段，国家在加强工程建设预算制度的建立与管理上，着重抓了各类基础定额、取费标准、设备和材料预算价格的制定工作。当时的水利部、燃料工业部水电总局、电力部分别先后颁发过水利工程的预算定额、施工定额和水力发电建筑安装工程施工定额、预算定额和概预算编制规定。

（二）概预算制度被削弱和严重破坏的阶段（1958—1976年）

"大跃进"时期，由于指导思想"左"的错误，只讲"政治账"，不讲经济账，因而作为经济工作一部分的刚刚建设起来的概预算制度被削弱了。

边勘测、边设计、边施工的情况严重，设计单位在初步设计和施工图设计阶段可以不编制工程概预算。基本建设逐步变成建筑公司负责制，工程结束后实报实销、吃大锅饭、投资控制大撒手。

经过3年困难时期，从1963年开始国民经济进入调整时期，贯彻"调整、巩固、充实、提高"的八字方针。全国重新强调建立、健全各项必要的规章制度，其中也包括重申基本建设的概预算制度。1964年，水利电力部还颁发了《水利水电建筑安装工程工、料、机械施工指标》《水利水电建筑安装工程预算指标》(征求意见稿)、《水力发电设备安装价目表》(征求意见稿）等定额和标准。但是由于种种原因，还没等到概预算工作的秩序完全恢复起来，"文化大革命"又来临了。

1966—1976年我国处于"文化大革命"之中，各项经济均遭到严重破坏。概预算制度和定额被当作资本主义复辟的基础来批判，定额被诬为"修正主义的管、卡、压"。因此，有关部门管理预算工作的机构，设计单位编制概预算工作的机构均被"砸烂"、撤销，概预算人员改行，大量的基础资料被销毁。这个时期，由于指导思想上的错误，"设计无概算，施工无预算，竣工无决算"之风盛行。大锅饭越吃越严重，国家的投资严重失控。

（三）整顿与健全概预算制度阶段（1976—1993年）

"文化大革命"结束，特别是党的十一届三中全会以后，随着党和国家的工作重心转移到以经济建设为中心的轨道上，基本建设工程的投资管理和经济核算再次获得重视。从1977年开始，国家基本建设委员会就着手整顿、健全概预算制度，组织概预算定额编制

和修订工作。随着国民经济和社会的发展，在概预算制度的基础上逐步统一认识，建立建设工程全过程工程造价管理的观念。

1. 重新整顿、健全概预算制度

1978年，国家基本建设委员会、国家计划委员会、财政部共同制定和颁发《关于加强基本建设概、预、决算管理工作的几项规定》，规定重申设计要有概算，施工要有预算，竣工要有决算（以下简称“三算”）。指出三算的管理工作是基本建设管理工作的重要组成部分，必须认真整顿和加强三算的管理工作，加强责任制，提高三算的质量，以达到合理使用建设资金，降低建设成本，提高投资效益的目的。这一规定比“一五”时期的概预算制度有了进一步的发展。

1982年国家计划委员会颁发了《关于加强基本建设经济定额、标准、规范等基础工作的通知》，强调各主管部门和各省（自治区、直辖市）各基本建设管理的综合部门，应建立、健全基本工作的管理和研究机构，加强概预算工作及编制依据的制定与管理。

1983年国家计划委员会和中国人民建设银行总行联合颁发了《关于改进工程建设概预算工作的若干规定》。该规定总结了新中国成立以来基本建设概预算工作中的经验教训，要求：设计单位在施工图设计阶段要编制施工图预算；扩大设计单位概预算人员工作范围，除了要求做好概预算工作外，概预算人员应配合其他专业人员，共同做好建设项目的技术经济比较，以选出最合理的设计方案。

2. 统一规定，有计划有步骤地制定各种定额和取费标准

1977年，国家基本建设委员会组织有关部委和省（自治区、直辖市）制定并颁发了全国统一的设备安装工程预算定额。

1978年，国家基本建设委员会、财政部颁发了《建筑安装工程费用项目划分暂行规定》，统一了全国各地建筑安装工程费用项目，并做到建筑安装工程计划、统计、概预算和核算口径相一致。1978年末，国家基本建设委员会颁发了《一九七八年至一九八零年修订和编制一般通用，专业通用，专业专用建筑安装工程预算定额和管理费用定额的规划》，并组织各主管部门和省（自治区、直辖市）实行。到1983年，全国制定和修订的工程建设概预算定额已达142种。

为了适应建筑业和基本建设管理体制改革的要求，有利于合理确定工程造价，提高投资效益，1983年，国家计划委员会和中国人民建设银行总行联合颁发了《关于改进工程建设概预算定额管理工作的若干规定》等3个文件。文件规定预算定额在合理确定定额水平的前提下，适当综合扩大，做到简明适用；费用定额中将原独立费用中的各项费用属于直接费性质的（如冬雨季施工增加费、夜间施工增加费等），改为“其他直接费”，属于间接费性质的（如临时设施费、劳保支出等），同“施工管理费”合并为“间接费”；属于其他费用性质的，改列“工程建设其他费”。定额的管理分工和定额的执行均做了统一明确的规定，通用性强的全国统一预算定额的审批等工作均由国家计划委员会负责。

文件中将“建筑安装工程费”划分为“直接费”“间接费”和“法定利润”3个部分，“直接费”由“人工费”“材料费”“施工机械使用费”和“其他直接费”组成；“间接费”由“施工管理费”和“其他间接费”组成。

文件中提出了工程建设其他费用定额的编制应贯彻“细算粗编、不留活口”的原则，

以利于实行费用包干。工程建设其他费用定额管理实行“统一领导、分级管理”的原则。

1987年，国家计划委员会、财政部、中国人民建设银行总行又相继颁发文件，将“法定利润”改为“计划利润”，并决定开始征收建筑安装企业的“营业税”及“城市维护建设税”和“教育费附加税”。从此，建筑安装工程费用，由“直接费”“间接费”“计划利润”和“税金”4个部分组成。使费用构成既符合理论要求，又有利于调动建筑安装企业的积极性，并保证国家的财政收入。

按照国家的统一部署，水利水电工程在基本恢复概预算制度的基础上，随着国家改革开放的不断深入，水电工程建设的改革较早地开始推行招标承包制、工程监理制和业主负责制，并且最早引入了动态投资、调价公式等新的概念，在工程造价行业中走在改革的前列。但是，从全局看，这些改革是局部的，带有修修补补性质，从本质上讲仍是计划经济体制下的统一计划定价的模式。

(四) 工程造价管理改革与发展阶段 (1993年至今)

1. 工程造价管理改革与发展

党的十四大明确指出，我国应逐步建立和完善社会主义市场经济体制。与此相适应，建设工程造价管理体制也必须适应这个根本的改变。

市场经济的基本特征是：自主的企业制度、平等的经济关系、完善的市场体系、健全透明的法律体系。

社会主义市场经济，就是充分发挥市场机制配置资源的基础性作用，企业作为市场的主体，在国家宏观调控下按照市场规律进行活动，以达到效率与公平相统一的经济运行和调节方式。即在市场经济的基础上，必须兼顾到在竞争过程中和竞争以后所产生的负面影响，兼顾那些弱势群体，并兼顾市场经济中的社会公正和社会分配的平等。对于工程造价管理来说，原有的计划定价体系必须作根本性的改革。

我国长期实行计划经济体制，反映在建设工程的价格上也是计划定价，强调统一性、综合性、法定性，这在计划经济体制下曾起过积极的作用。但是随着改革的不断深化，市场经济越发展，与原有的建设工程造价管理办法就越难适应。因此，1994年上半年，电力部正式提出了水电工程造价改革问题，也就是要调整与生产力发展不相适应的生产关系，这是一种带有革命性质的质的改变。要求新的水电工程造价管理办法和体系一定是和国际接轨的、符合中国实际的、反映水电工程特点的。尽管改革的进展比预想要缓慢得多、困难得多，但是毕竟率先跨出了有前瞻性的这一步。

改革开放30多年来，我国经济得到飞速的发展，社会主义市场经济体制也已初步建立，绝大部分工农业产品的价格已放开由市场定价。但是在建设工程的定价方面仍远远落后于改革开放的形势，计划定价模式没有实质性的突破。就全国来说，至今所有的概算编制办法仍然是由政府部门或由其授权的单位颁发，具有法定性，除1997年水电工程概算定额颁发时明确是指导性的外，全国所有各种工程定额还都是法定性的。市场经济条件下的定价原则就应由市场逐个定价，这才是真正符合实事求是的精神。1993—1994年上半年时任电力部副部长的汪恕诚同志，在水电系统中明确提出水电工程造价改革的目标要求是有前瞻性的，但是这涉及方方面面，水电工程一家孤军深入阻力重重，进展缓慢。经过多方努力，电力部颁发97水电工程概算定额时才跨出了“指导性”这实质性的一步。又过3年，国家电力公司颁发了《水电工程“实物法”概算编制导则》(试行)，给了参照国际惯例的市场个别定价方法一个合法地位。尽管成本分析的定价方法还在探索前进之中，但在国内建筑业中也是领先的，并且已越来越取得广大同行的共识。建设部标准定额司组织有关专家、学者调查研究后，于2000年提出的专题报告《我国加入WTO后对工程造价管理的影响及对策》中明确指出：“工程造价管理无疑将被纳入国际经济一体化系统”“我国加入WTO后，对工程造价管理领域而言，所受到的最大冲击将是工程的计价、定价模式及方法。”这充分说明我们改革的方向是正确的。2001年12月11日，我国已成为世界贸易组织的成员国，2005年以后，咨询服务业已经全面开放，面对挑战和新形势，必然要加快适应的步伐；同时，伴随着改革的进程和政府职能的转变、投资体制改革以及行政审批制度的改革，工程造价管理体系和制度变革与创新发展得到逐步推进。

当然我们也要看到现实，原有的那一套计划经济体制下的工程造价管理办法和体系已经历了50多年，已被我们的政府主管部门、建设单位、设计单位、施工单位以及工程造价从业人员熟悉并习惯，而对于要建立的适应社会主义市场经济体制的与国际接轨的新的水利水电工程造价管理却不甚了解或知之甚少。因此，无论从创建新的体系还是培训从业人员或积累必要的资料等方面，客观上还存在一个过渡期。

随着我国市场经济的不断发展和深入，我们需要特别关注的是，近年来，在政府有关部门的指引下，工程造价管理坚持市场化改革方向，完善工程计价制度，转变工程计价方式，维护各方合法利益，取得了明显实效。但也存在工程建设市场各方主体市场行为不规范，工程计价依据不能很好满足市场需要，造价信息服务水平不高，造价咨询市场诚信环境有待改善等问题。为此，住房和城乡建设部以建标〔2014〕142号文发布《住房城乡建设部关于进一步推进工程造价管理改革的指导意见》，明确提出改革与发展目标：到2020年，健全市场决定工程价格机制，建立与市场经济相适应的工程造价管理体系。完成国家工程造价数据库建设，构建多元化工程造价信息服务方式。完善工程计价活动监管机制，推行工程全过程造价服务。改革行政审批制度，建立造价咨询业诚信体系，形成统一开放、竞争有序的市场环境。实施人才发展战略，培养与行业发展相适应的人才队伍。

2. 可再生能源发电工程定额和造价标准管理

我国水电建设正处于历史鼎盛时期，根据国家能源发展战略，为促进可再生能源（水电、风电、潮汐发电）的健康持续发展，国家发展和改革委员会以发改办能源〔2008〕649号文件，正式发布《可再生能源发电工程定额和造价工作管理办法》，明确了各级政府职能部门、可再生能源定额站的主要工作职责，以及对造价咨询单位及工程造价人员的资质要求。各方职责及要求如下。

国家发展和改革委员会履行可再生能源发电工程定额和造价行政管理与监督职责，主要负责以下工作：

（1）制定可再生能源发电工程定额和造价工作管理办法及有关政策。

（2）组织制订可再生能源发电工程定额和造价标准体系及工作计划。

（3）批准颁布可再生能源发电工程造价管理规定与编制办法。

（4）批准颁布可再生能源发电工程造价指标、概算定额和费用标准。

（5）监督检查可再生能源发电工程定额和造价管理有关工作。

（6）决定可再生能源发电工程定额和造价管理工作的其他重要事项。

各省（自治区、直辖市）发展和改革委员会按照统一要求负责监督和协调可再生能源发电工程定额和造价标准在本省（自治区、直辖市）的执行。

受国家发展和改革委员会委托，水电水利规划设计总院负责可再生能源发电工程定额和造价的组织管理工作，并组建可再生能源（水电、风电、潮汐发电）定额站，主要负责下列工作：

（1）贯彻执行国家有关工程建设定额和造价管理政策、法规，结合可再生能源发电工程的实际情况，制订《可再生能源发电工程定额和造价工作管理办法》的实施细则并组织实施。

（2）组织制订可再生能源发电工程造价管理规定和编制办法。

（3）组织编制、修订、管理和解释可再生能源发电工程造价指标、概算定额、预算定额、施工机械台时费定额、费用构成及计算标准等。

（4）收集可再生能源发电工程人工、材料和设备价格信息，测算和发布工程价格指数和相关标准。

（5）负责专业工程造价软件的开发、应用和推广工作，建立工程造价管理数据库，为工程造价的计价和管理提供服务。

（6）协助监督可再生能源发电工程建设中定额和造价标准的执行情况。

（7）协助可再生能源发电行业工程造价咨询单位的资质管理和注册造价工程师的资格管理，负责可再生能源发电行业工程造价专业人员资格管理和业务培训工作。

（8）承办国家发展和改革委员会委托的其他相关工作。

从事可再生能源发电工程造价工作的人员必须取得工程造价专业资格，工程造价咨询单位必须依法取得相应的资质证书并在资质等级许可的范围内从事工程造价咨询活动。

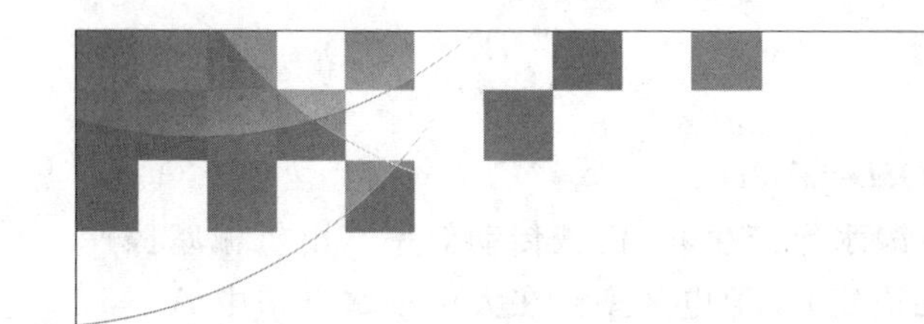

第一章 水电工程基础知识

为了更好地达到正确预测和有效控制水电工程造价的目的，造价工作者需要具备必要的水电工程专业基础知识。为此本章将对水电工程概论、水电工程的等级划分、水电工程的施工组织设计、水电工程勘察设计阶段的划分和水电工程各阶段的造价文件等内容作分节叙述。

第一节 水电工程概论

一、水力发电

水能资源由太阳能转变而来，是以位能、压能和动能等形式存在于水体中的能量资源，亦称水力资源。广义的水能资源包括河流落差水能、海洋潮汐水能、波浪水能、盐差能和深海温差能。狭义的水能资源指河流落差水能资源。水在自然界周而复始地循环，从这种意义上来说，水能资源是一种取之不尽、用之不绝的能源。水能相对于石油、煤炭等不可再生的化石能源，具有不可比拟的优势。

水力发电就是利用蓄藏在江河、湖泊、海洋的水能发电。现阶段，主要是利用大坝拦蓄水流，形成水库，抬高水位，依靠落差产生的位能发电。水力发电不消耗水量，清洁没有污染，运行成本低，是优先考虑发展的能源。

河川径流从地势高的地方流向低处，在两河段断面之间产生落差，从而具有一定的势能。水流流动有流速，即具有一定的动能。在自然条件下，河段间的水能消耗于水流摩擦中，大部分转化为热能。要利用这些水能资源发电，需要将天然河流中分散状态下的水能集中起来加以利用。水电站的功能是将这些水的机械能转变为电能。

某段河流的水能蕴藏量取决于河道流量 Q 和水位落差 H。如图 1-1 所示，1—1 断面和 2—2 断面之间的水能蕴藏量为

$$E=\gamma QHt=\gamma VH$$

其单位时间内的功率为

$$P=E/t=\gamma QH$$

式中：V 为水体体积；γ 为水的容重，$\gamma=9.8\text{kN/m}^3$；Q 为河道流量；H 为两过水断面之间的落差。

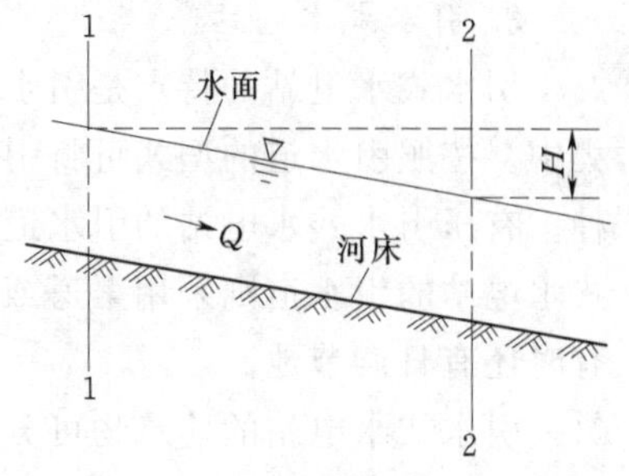

图 1-1　水能蕴藏量计算图

在水能向电能的转换过程中存在着各种损耗（η）。这些损耗包括：水流通道内的漏水造成的流量损失，水轮发电机组的机械传动和旋转时摩擦产生的机械能损失，

发电机和变压器的铜损、铁损等。

实际发电功率为

$$P=\eta\gamma QH=AQH$$

式中：A 为综合效率，包括水力效率（由漏水等产生），机械传动效率（由机械摩擦产生），发电效率、变电效率（由变压器特性决定），配电效率。在大中型水电站中 $A\approx8$，小型水电站中 $A\approx6.5\sim7.5$。

从上式中可见，流量和落差是水力发电的两个主要因素。因此，水电站在水库高水位下运行发电可以用较少的水量发出更多的电。同样，在流量较大的河道上，较小的落差也能发出较多的电。

二、水电工程类型

水电工程亦称水力发电工程，是指以发电为主兼顾防洪、灌溉、养殖等多种综合功能的基本建设工程。其类型一般有坝后式水电站、河床式水电站、引水式水电站和潮汐水电站、抽水蓄能电站等。前三者称为常规水电站，在水力发电工程中居多。其特点分述如下。

1. 坝后式水电站

坝后式水电站的水头由坝集中。当厂房紧靠坝体布置在坝体的下游时，称为坝后式水电站。如河谷较窄而水电站的机组较多，泄洪建筑物与厂房的布置有矛盾，有时把厂房置于泄洪建筑物之下而构成厂房顶溢流式水电站。如坝体足够大，厂房尺寸相对较小，河道狭窄，泄洪量大时，也可将厂房置于坝内而构成坝内式水电站。

当挡水坝为轻型坝时，水电站厂房的位置及布置可因坝型的不同而异，变化较多。当采用当地材料坝时，厂房可布置在坝下游，引水道从坝基穿过；也可在河滩边建引水隧洞而将厂房布置在下游河滩上。

2. 河床式水电站

河床式水电站的特点是水电站水头较低，厂房本身也起挡水的作用，厂房也是挡水建筑物之一。泄水闸常布置在河床中部，厂房位于岸边。厂房与泄水闸之间在上下游都应有导流墙隔开，并要有足够的长度，以免泄洪时影响发电。

河床式水电站常位于河流的中下游，洪水流量较大，泄水闸泄水前沿较长，电站的机组台数往往较多，厂房较长，为了解决布置上的矛盾，有时采用闸墩式或泄水式等特殊型式的厂房，如青铜峡水电站。这种布置方式在泄洪时还可能增加落差，提高效益。

3. 引水式水电站

引水式水电站的特点是引水道较长，水电站的水头全部或相当大的一部分由引水道所集中。按照引水道的型式可将引水式水电站分为有压引水式水电站和无压引水式水电站两种。有压引水式水电站的引水道全部采用有压引水建筑物，如有压隧洞及管道。无压引水式水电站的引水道则采用渠道或无压隧洞，在无压引水道和压力水管的连接处设压力池，有时还有日调节池。

引水式水电站的建筑物可分为以下 3 个部分：

(1) 首部枢纽，包括拦河坝（闸）、泄水建筑物及水电站进水建筑物等。

(2) 引水建筑物，包括引水道、调压室（井）及压力管道等。

（3）厂房枢纽，包括厂房、变电及配电建筑物、尾水建筑物等。

4. 抽水蓄能电站

抽水蓄能电站是利用电力负荷低谷时的电能抽水至上水库，在电力负荷高峰期再放水至下水库发电的水电站，又称为蓄能式水电站。它可将电网负荷低时的多余电能，转变为电网高峰时期的高价值电能，还适于调频、调相，稳定电力系统的周波和电压，且宜为事故备用，还可提高系统中火电站和核电站的效率。

我国抽水蓄能电站的建设起步较晚，但由于后发效应，起点却较高，近年建设的几座大型抽水蓄能电站技术已处于世界先进水平。例如，广州一期、二期抽水蓄能电站总装机容量 2400MW，为世界上最大的抽水蓄能电站；天荒坪与广州抽水蓄能电站机组单机容量 300MW，额定转速 500r/min，额定水头分别为 526m 和 500m，已达到单级可逆式水泵水轮机世界先进水平；西龙池抽水蓄能电站单级可逆式水泵水轮机组最大扬程 704m，仅次于日本葛野川和神流川抽水蓄能电站机组。十三陵抽水蓄能电站上水库成功采用了全库钢筋混凝土防渗衬砌，渗漏量很小，也处于世界领先水平。天荒坪、张河湾和西龙池抽水蓄能电站采用现代沥青混凝土面板技术全库盆防渗，处于世界先进水平。

三、水工建筑物特点与分类

水工建筑物是为了达到防洪、发电、灌溉、供水、航运等目的，用以控制和支配水流的建筑物。

（一）水工建筑物的特点

水工建筑物是具有某些特殊性质的建筑物，与其他建筑物相比有以下显著特点：

（1）受自然条件约束。自然条件包括地形、地质、水文、气象、当地材料、对外交通等。一般来说，同样的坝高情况下，河道越窄，坝体方量越小，投资就越省。但是，在狭窄河道处，枢纽布置和工程施工相对困难。水工建筑物的基础地质情况对大坝安全至关重要。在地质条件好、岩石坚硬的地方，适合建高坝，且投资省，反之，则需要大量的资金用于地基处理。坝址当地的材料情况，往往是决定拦河大坝坝型的重要因素。水文更是决定工程规模和工程效益的重要条件。没有任何两个水电工程枢纽的自然条件是完全一样的，所以，只能根据具体的自然条件区别对待。

（2）受水的影响大。水工建筑物挡水后，上下游产生水位差，使建筑物要承受巨大的水推力。建筑物必须能够抵抗这个推力作用，安全稳定地工作。上下游水位差在建筑物和地基内产生渗流，渗流作用在不同的建筑物中导致扬压力、渗漏、渗透变形等不利情况发生。

大坝泄水时，高速水流对建筑物产生动水压力，可能对下游河床产生冲刷，危及建筑物安全。下泄水流还可能使建筑物发生气蚀、振动、雾化等不利影响。在多泥沙河流上，挟沙水流对建筑物的边壁还有磨蚀作用。

施工过程中，要给予河水一条安全妥善的通道。洪水对施工的压力很大，如导流、截流等建筑物的施工，稍有不慎错失时机就会耽搁一年工期。

（3）施工复杂。修建在江河上的水工建筑物拦断河流，施工期必须采取合适的导流措施，选择适当的时机对大江截流。水工建筑物的施工场面大，对施工场地布置和施工道路都有一定要求。在有的河流上还要求施工期间不断航，增加了施工难度。

水工建筑物的工程量巨大，工期长，一般需要几年甚至十几年，需要系统地统筹布置。有的工程为了尽早获得投资收益，不等工程全部建成即将部分机组提前投入发电，使施工组织更加复杂。

(4) 失事后果严重。大型蓄水工程失事后可能对下游产生严重影响。特别是挡水建筑物的破坏，可能造成下游毁灭性的损失，因此水电工程建设必须严格遵守建设程序，特别是挡水建筑物、泄水建筑物等确保工程安全的水工建筑物，需要较高的设计安全系数，以确保其安全。例如，一等水工建筑物的设计洪水重现期 $T=500\sim1000$ 年，其挡水建筑物的稳定安全系数 $K=3.0$。

(二) 水工建筑物的分类

1. 按作用分类

(1) 挡水建筑物，指用来拦截江河、挡水蓄水、抬高水位、形成水库的建筑物，如各种坝、闸、堤防等。

在水电工程中，坝主要是指垂直于水流方向，拦挡水流的建筑物。按筑坝材料，坝可分为当地材料坝（土石坝)、混凝土坝、砌石坝、橡胶坝等；按坝的构造特征，坝可分为重力坝、拱坝、支墩坝及其他；按是否坝顶溢流，坝可分为非溢流坝和溢流坝；按坝的高度可分为高坝（大于100m)、中坝（30～100m）和低坝（小于30m)。

拦河闸是一种低水头水工建筑物，常用于平原地区的取水、航运等工程中。拦河闸主要依靠闸门挡水。平时闸门关闭，维持上游河道水位，以便于航运保持足够水深和取水水头。洪水来时，开闸泄水，将洪水迅速排向下游，避免造成上游淹没。

(2) 泄水建筑物，指用于宣泄水库、渠道、前池等建筑物中多余的水量，以保证大坝安全的建筑物，如溢流坝、岸边溢洪道、泄洪隧洞、泄水闸等。在水电工程中，泄水建筑物是必不可少的。同时，泄水建筑物必须有足够的泄流能力。

(3) 取水、输水建筑物，指为了达到兴利目的，需要把水从水源（水库、河道、湖泊等）取出，并输送到用水部门的建筑物。取水建筑物有取水闸、隧洞进水塔等，取水闸又称为渠首。输水建筑物有渠道、隧洞、涵管等。平水建筑物有调压室、压力前池等，用于平稳引水建筑物中流量及压力的变化，保证输水建筑物和发电建筑物的安全运行。

(4) 水电站建筑物，指用于专门用途的发、变和配电建筑物，如水电站厂房、变电站等。

(5) 其他建筑物，指用于与枢纽相应的配套建筑物，如过坝建筑物、防沙冲沙建筑物、导水建筑物等；用于船只、鱼类、木材过坝的船闸、升船机、鱼道、绕道、过木道；用于整治河道的丁坝、顺坝等。

但是，应当指出的是，有些水工建筑物的功能并非单一，难以严格区分其类型。如各种溢流坝既是挡水建筑物，又是泄水建筑物；水闸既能挡水，又可泄水，有时还作为灌溉渠首或供水工程的取水建筑物，等等。

2. 按使用时间长短分类

(1) 永久性建筑物，指枢纽工程运行期间长期使用的建筑物。永久性建筑物按其重要性又分为以下几类：

1) 主要建筑物，指建筑物一旦失事后，将造成下游毁灭性灾害，或严重影响工程效

益的建筑物，如拦河大坝、泄水建筑物、水电站厂房、灌溉工程的主干渠等建筑物。

2）次要建筑物，指建筑物失事后不会形成严重灾害和效益损失，或易于恢复的建筑物，如下游导流墙，以防洪、灌溉为主的水电站厂房，灌溉支渠等建筑物。

(2) 临时性建筑物，指枢纽工程在建设期间使用的建筑物，往往在工程建成后拆除或废弃，如导流隧洞、围堰等。

四、水电工程枢纽布置实例

枢纽布置是研究枢纽中各个水工建筑物之间的相互位置。广义的枢纽布置包括坝址选择、坝型选择和枢纽布置。坝址选择、坝型选择和枢纽布置三者之间是相互联系的。不同的坝址适用于不同的坝型，因而具有不同的枢纽布置。由于水文、地质、地形条件的各不相同，水电枢纽工程中水工建筑物组成的不同，每个枢纽的布置也是各有特点。

枢纽布置没有固定模式，一般按以下布置原则和要求：

(1) 在一个枢纽中，为各兴利部门修建的水工建筑物有其不同的要求，枢纽布置的任务是将它们有机地组合在一起，共同完成各自的任务。当不同水工建筑物在布置上有矛盾时，应就重避轻，趋利避害。如在狭窄河谷，采用坝后式水电站可能发生厂房与泄水建筑物争河床的问题。枢纽布置时，可以将泄水建筑物布置在河床中央，满足下泄水流要求，以确保大坝安全。这时，水电站厂房靠岸边布置，适当增加开挖工程量，也可以将水电站厂房布置成地下式厂房或厂房顶挑流等。

(2) 在满足建筑物稳定和强度的前提下，使工程总造价和年运转费最省。

(3) 枢纽布置应考虑建筑材料、施工导流、施工方法、施工工期等因素的影响。

(4) 尽可能使枢纽在尚未完全建成的情况下，使部分建筑物提前发挥效益，如提前发电。

以下介绍几种不同型式的水电工程枢纽。

1. 三峡水利枢纽

长江是中国第一大河，全长 6300 余 km，流域面积 180km^2，多年平均年径流量约 9600 亿 m^3，河流长度和多年平均年径流量均居世界第三位。三峡水利枢纽位于长江西陵峡中段，坝址在湖北宜昌三斗坪，距已建的葛洲坝水利枢纽 40km 处。坝址处河谷开阔，基础为坚硬完整的花岗岩，具有修建混凝土高坝的优越地形、地质和施工条件。

三峡水利枢纽是具有防洪、发电、航运等巨大综合利用效益的大型工程，主要由拦河大坝、水电站厂房、通航建筑物等三大部分组成，如图 1－2 所示。水库正常蓄水位 175.00m，总库容 393 亿 m^3，防洪库容 221.5 亿 m^3，可使荆江大堤的防洪能力由 10 年一遇提高到 100 年一遇。

拦河大坝为混凝土实体重力坝。大坝轴线长度 2309.47m，坝顶高程 185.00m，最大坝高 181m。泄洪坝段居河床中部，两侧为厂房坝段和非溢流坝段。

泄水建筑物有 22 个表孔、23 个深孔、3 个泄洪排漂孔和 7 个排沙孔，最大泄流量 102500m^3/s。泄洪表孔和泄洪深孔相间布置，组成泄洪坝段，布置在河床中部偏右岸的位置。泄洪排漂孔布置在泄洪坝段的两侧。

三峡水电站为坝后式厂房，分置于溢洪坝段两侧坝后，左侧厂房全长 643.6m，右侧厂房全长 584.2m。电站共安装 32 台 700MW 水轮发电机组，其中左岸 14 台，右岸 12 台，

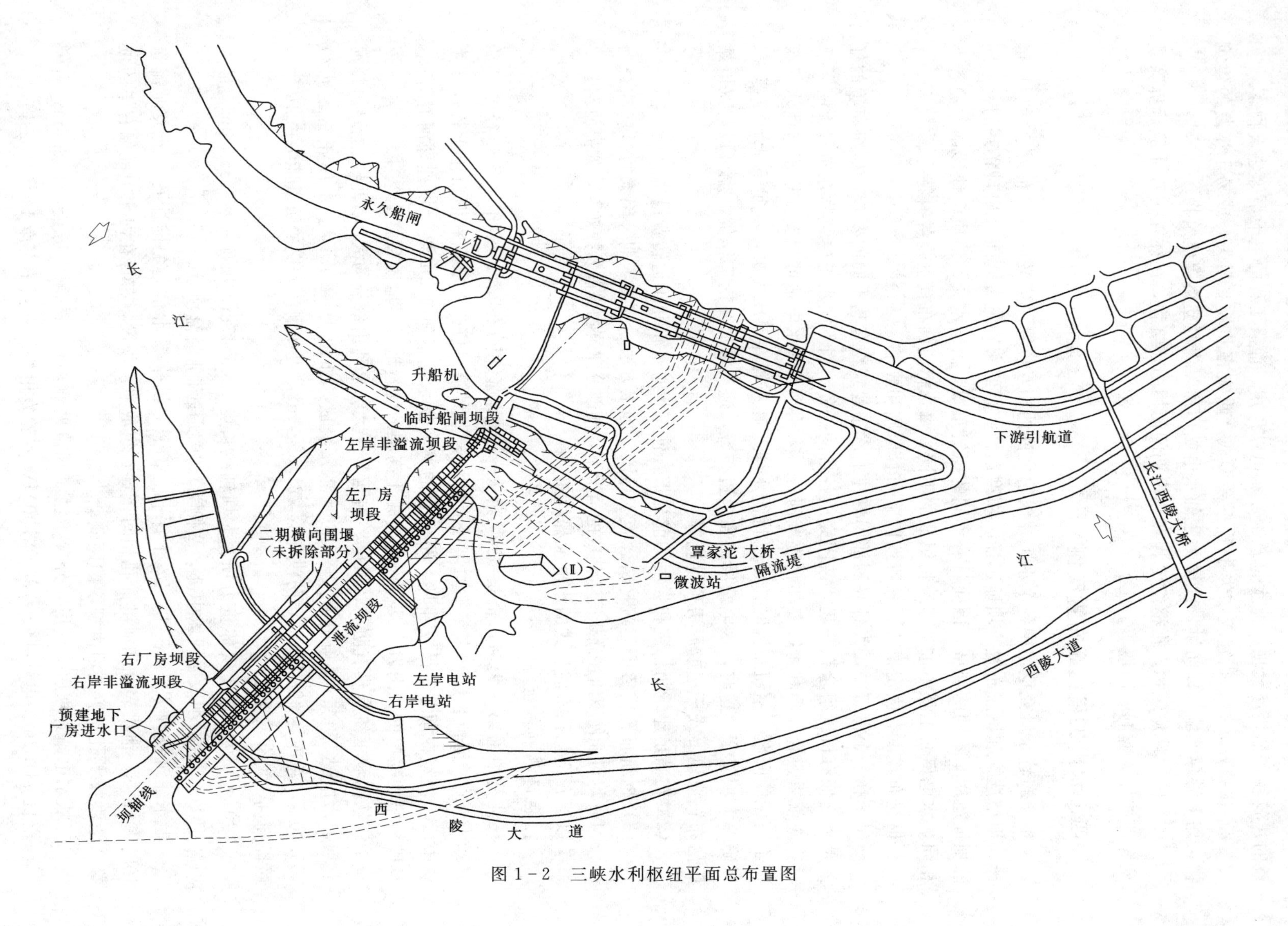

图 1-2　三峡水利枢纽平面总布置图

地下6台，另外还有2台5万kW的电源机组，总装机容量22500MW，年发电约1000亿kW·h，为世界第一大装机规模水电站。主要供电华中、华东地区，部分送到重庆市。永久通航建筑物设于左岸，包括双线5级连续梯级船闸及单线单级垂直升船机。每级船闸闸室的有效尺寸为280m×34m×5m，可通过万吨级船队。垂直升船机的承船厢有效尺寸为120m×18m×3.5m，一次可通过3000t级船舶。施工期另设单线单级临时船闸配合右岸导流明渠满足施工期通航要求，闸室的有效尺寸为240m×24m×4m。通航建筑物年单向通过能力为5000万t，工程建成后可改善航道约660km，经水库调蓄后，宜昌下游枯水期最小流量从3000m^3/s提高到5000m^3/s。洪水期万吨级船队可由汉口直达重庆。

水库移民涉及湖北省和重庆市的19个县（市），根据1991—1992年调查，主要淹没实物指标为：淹没区人口84.41万人，淹没耕地和柑橘地2.45万hm^2。大量移民资金的投入对这个地区来说，是一个新的发展机遇。

三峡工程主体建筑物主要工程量为：土石方开挖10282.9万m^3，土石方填筑3197.9万m^3，混凝土2793.5万m^3，金属结构安装256500t。

三峡工程枢纽建筑物分三期施工，总工期为17年。1993年开始施工。1997年12月8日大江截流，开始二期工程施工。2002年5月2日二期上游围堰爆破拆除，二期工程开始挡水。2002年11月6日长江右岸导流明渠成功截流。2003年4月10日临时船闸停止过船。2003年6月1日0时正式下闸蓄水。2003年6月16日永久船闸船队首次通航。2003年6月24日首台机组（2号机组）并网试运行发电。2003年7月18日三期右岸厂房主体工程开始浇筑混凝土，2006年5月20日三峡大坝全线到达185.00m高程，主体工程混凝土浇筑完毕。2006年6月6日16时三峡工程三期横向围堰爆破成功，三峡大坝全线挡水。2009年枢纽工程完建。

2. 二滩水电站

二滩水电站位于金沙江最大的支流雅砻江下游，距交汇河口23km，在四川省西部的攀枝花市境内。二滩水电站是雅砻江干流规划建设的21个梯级电站中的第一个工程，以发电为主，是20世纪我国建成发电的最大水电站。

二滩水电站的水库正常蓄水位为1200.00m，发电最低运行水位为1155.00m，总库容58亿m^3，有效库容33.7亿m^3，属季调节水库，控制流域面积11.64万km^2。

二滩拱坝地处峡谷，两岸临江，坡高300～400m，左岸谷坡25°～45°，处于川滇南北向构造带中段西部相对稳定的共和断块上，断块内部不存在发震构造。坝区地震基本烈度为4度。坝基由二叠系玄武岩和后期侵入的正长岩以及因侵入而形成的变质玄武岩发达地区等组成，岩体完整性好，坝区无大的断层分布，小断层、破碎带以中高度垂直或斜交河床分布，一般延伸短小，连贯性差。

二滩主体工程包括混凝土双曲拱坝、地下厂房系统、泄水建筑物、过木机道等，如图1-3所示。

拱坝为抛物线双曲拱坝，坝高240m，是我国20世纪建成的最高拱坝枢纽。拱圈最大中心角91.5°，坝顶高程1205.00m，拱冠处坝顶宽度11m，底部宽度55.74m，拱端最大宽度58.51m，设计相对厚度A值为0.072。抛物线型双曲拱坝使接近岸坡的曲率减小而趋于扁平化，加大拱推力与岸坡的夹角，增加坝肩稳定，使应力分布均匀，减小拱坝断面。

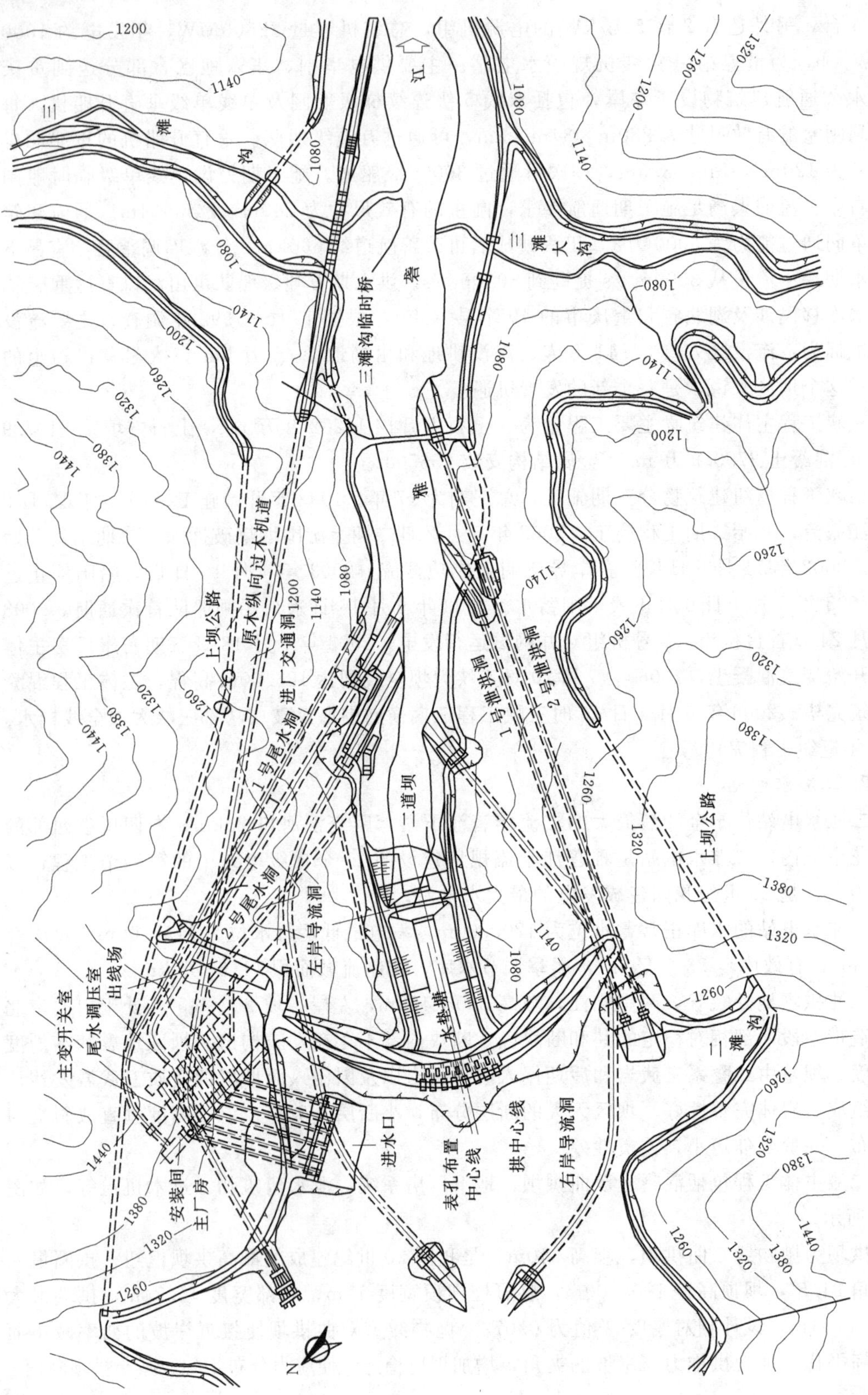

图1-3 二滩水电站枢纽平面总布置图

纵向采用高次曲线，加大纵向曲率，上游面倒悬度控制在0.18。左右半拱采用不同曲率半径，以适应两岸的不对称地形。

泄水建筑物包括坝顶溢流表孔、中孔、放空底孔和右岸泄洪洞，最大泄洪流量23900m³/s。坝体分三层开孔，7个溢流表孔，高11.5m，宽11m，设计及校核泄流量分别为6260m³/s、9500m³/s。6个泄洪中孔，高6m，宽5m，设计及校核泄流量分别为6930m³/s、6950m³/s；4个放空底孔，高5m，宽3m。两条右岸泄洪洞为短进水口龙抬头明流洞，分别长922.0m、1269.0m，13m×13.5m圆拱直墙形断面。设计和校核工况的两洞总泄洪流量分别为7400m³/s、7600m³/s。

地下厂房系统布置在雅砻江左岸，包括厂房进水口、压力管道、地下厂房、主变室及交通洞、母线洞、通风洞、尾水调压室、尾水隧洞、500kV开关站和第一副厂房等建筑物。电站安装6台单机容量为550MW的水轮发电机组，总装机容量为3300MW，年发电量为170亿kW·h，保证出力为1000MW，年利用小时为5162h。二滩水电站的主体工程地上土石方开挖800万m³，地下石方开挖370万m³，混凝土及钢筋混凝土浇筑650万m³，金属结构安装4.8万t。

3. 瀑布沟水电站

瀑布沟水电站位于长江流域岷江水系的大渡河中游，是大渡河梯级开发中的骨干电站。地处四川省西部汉源和甘洛两县境内，电站下游9km处有成昆铁路汉源火车站，该工程利用铁路部门原有设施在此设转运站，该站距成都东站276km。对外交通较为方便。

瀑布沟水电站大坝为碎石土心墙堆石坝，坝体填筑材料种类由内至外分别为防渗土料、反滤料、过渡料和堆石料，其设计工程量分别为385.18万m³、229万m³、372.38万m³、1295.59万m³。最大坝高186m，最大底宽约780m，坝顶宽14m，如图1-4所示。

左岸地下厂房系统包括进水口、引水隧洞及压力管道、主副厂房、主变室、尾闸室、尾水隧洞、排风排烟井、电缆电梯井及开关站等建筑物。厂房装机共6台，单机容量550MW，总装机容量3300MW。厂房开挖尺寸为297.25m×32.4m×68.1m（长×宽×高），主变室尺寸为250.3m×18.3m×25.775m（长×宽×高），尾闸室尺寸为178.87m×17.4m×55.6m（长×宽×高）。引水隧洞6条，开挖直径10.5m，总长约2724m；尾水隧洞2条，城门洞形断面尺寸为21.6m×25.8m（宽×高），总长1763m。

左岸岸边开敞式溢洪道位于左坝肩上方，总长约625m。左岸泄洪洞全长2081.091m，其中进口段长52m，出口段长43m，洞身段长1986.091m。泄洪洞补气洞为斜井，长约289.739m，最大开挖断面尺寸为5.5m×6m（宽×高）。右岸放空洞采用深式有压长管进口接无压隧洞，全长1114.422m，由进水口、有压段、工作闸门室段及无压段、出口段5个部分组成。

瀑布沟水电站水库正常蓄水位850.00m，总库容50.64亿m³，有效库容38.82亿m³，电站装机容量3300MW（6×550MW），保证出力926MW，年利用小时4420h，年发电量145.8亿kW·h。

4. 金窝水电站

金窝水电站位于四川省雅安市石棉县境内的大渡河中游右岸的一级支流——田湾河中段界碑石—喇嘛沟河段上，是田湾河水力资源梯级开发（两库四级）中的第三级，为引水

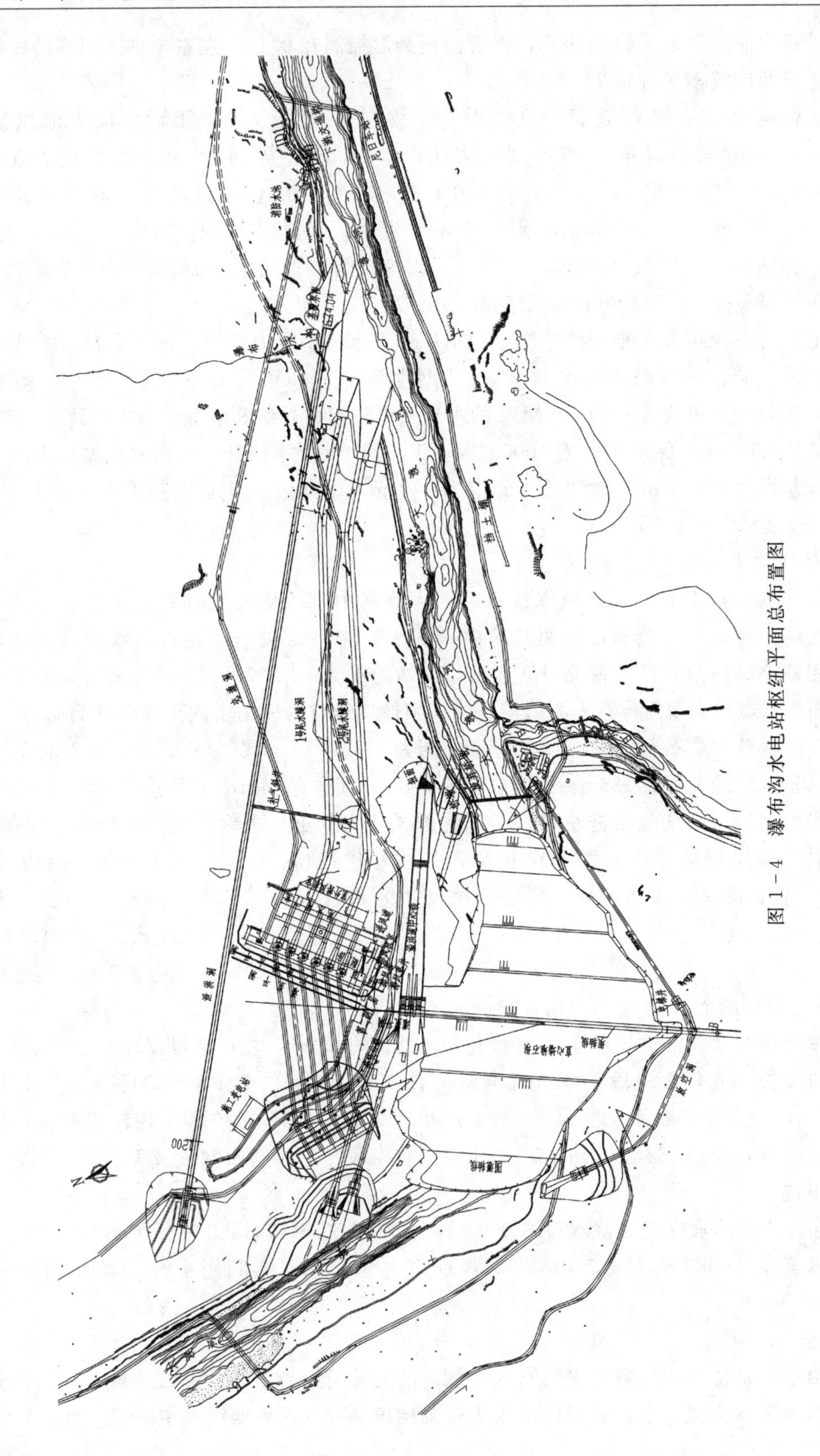

图 1-4　瀑布沟水电站枢纽平面总布置图

式电站。拟建坝址位于界碑石下游约600m河段，紧邻仁宗海水库电站厂房，厂址位于喇嘛沟口上游田湾河左岸的宋家坪台地上，紧邻大发水电站坝址。

金窝水电站主要由首部枢纽、引水系统、地面厂房系统等建筑物组成，如图1-5所示。

首部枢纽由底格栏栅坝、引水渠、沉砾池、汇水池、倒虹吸管及调节池等建筑物组成。底格栏栅坝布置于河床主河道，坝顶长35m，其中溢流坝段长15m，取水坝段长20m，底宽8m，坝高5.50m，坝顶高程为2322.00m。沉砾池长30.00m，宽3.00m，调节池平面形状呈长条形，长度约250m，最大宽度约51m，池顶高程为2316.50m，池底高程上游端为2309.60m，下游端为2308.33m，池底纵坡为0.6%，池底板上游段厚度由3.7m渐变至0.8m，下游段厚度为0.8m。

引水建筑物由电站进水闸、引水隧洞、跨沟管桥、调压室、压力管道等组成。进水闸布置在调节池下游末端，闸室长度为12.0m，闸顶高程为2316.00m，闸孔尺寸为4.70m×4.70m，闸室段底板高程为2297.00m，闸后接引水隧洞。

引水隧洞沿田湾河左岸布置，进水口位于调节池下游端，隧洞全长7568.245m，在八望沟处采用绕沟方式，隧洞最浅埋深62m，过高家沟段采用跨沟管桥方案过沟。引水隧洞断面为平底马蹄形，内径为4.7m，最大开挖尺寸为6.0m×6.0m，采用混凝土衬砌与喷混凝土相结合的方式。管桥为钢筋混凝土拱桥，净跨度36m，矢高9.0m。桥面以上管道为圆形钢管，内径4.5m，长约70m，钢管采用16MnR钢材。钢管按明管设计，设有镇墩、支墩及支撑环，支撑环间距8.00m，为适应明钢管的变形，在钢管中间段设一波纹管补偿器，长约2m。为防止渗漏，在管桥钢管两端设置阻渗环。

调压室位于田湾河左岸山坡比较雄厚的山体内，为埋藏式，采用只设上室的水室式。上室长70.00m，断面宽7.50m，边墙高5.00m；边墙、底板采用钢筋混凝土衬砌，厚度为0.50m；顶拱采用锚喷支护。调压室井身为圆形断面，内径7.50m，井壁采用混凝土衬砌，衬砌厚度0.60m，井高85.313m。上室末端接调压室通风洞，通风洞长85m，断面尺寸为2m×2m，采用钢筋混凝土衬砌。

压力管道置于田湾河左岸山坡内，为埋藏式。压力管道上平段0+030.00处设置一事故检修蝶阀室，蝶阀室尺寸为15.00m×6.50m，蝶阀室交通洞开挖断面为城门洞形，其尺寸为891m×4.5m×4.5m（长×宽×高）。由于上、下平段高差达560.0m，为施工方便，在斜管中部2080.00m和1840.00m高程设置两条中平段。

地面厂房系统由主厂房、副厂房、主变及开关站、尾水廊道、尾水涵洞、进厂公路及回车场等组成。主厂房总长63.52m，总宽24m，其中主机间长42.00m，安装间长21.50m。主厂房内安装两台水轮发电机，总装机容量240MW（2×120MW）。

5. 桐柏抽水蓄能电站

桐柏抽水蓄能电站位于浙江省天台县栖霞乡百丈村，距天台县城7km，是一座日调节纯抽水蓄能电站，装机容量为1200MW（4×300MW），承担华东电网调峰、填谷、调频调相、紧急事故备用的重要作用，平均年发电量为21.18亿kW·h，平均年抽水耗电量为8.13亿kW·h。电站枢纽由上水库（原小桐柏电站水库改建而成）、下水库、输水系统、地下厂房洞室群和开关站等建筑物组成，是华东地区利用世界银行贷款建设的一座大型抽水蓄能电站工程。电站枢纽平面布置如图1-6所示。

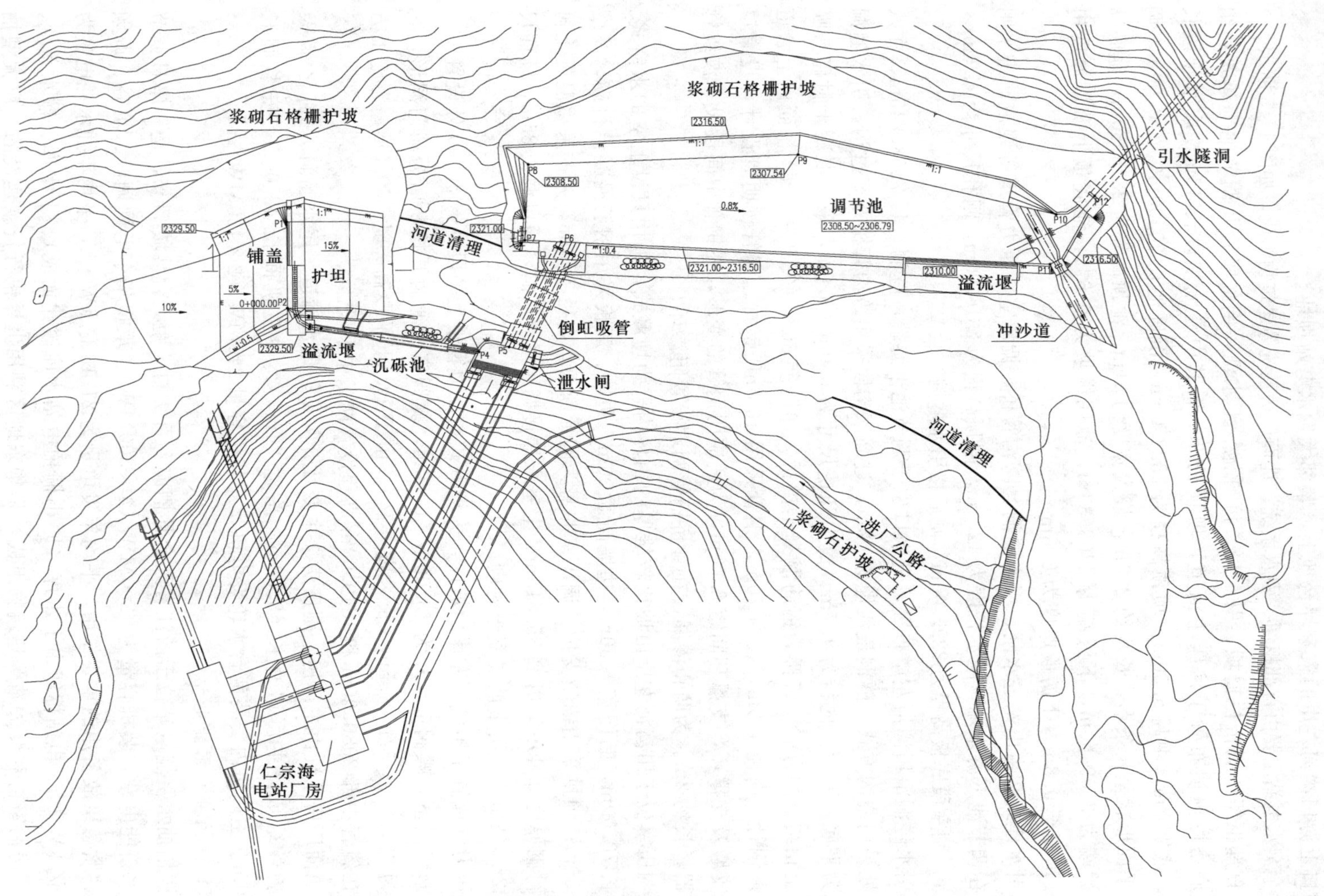

图 1－5　金窝水电站枢纽平面总布置图

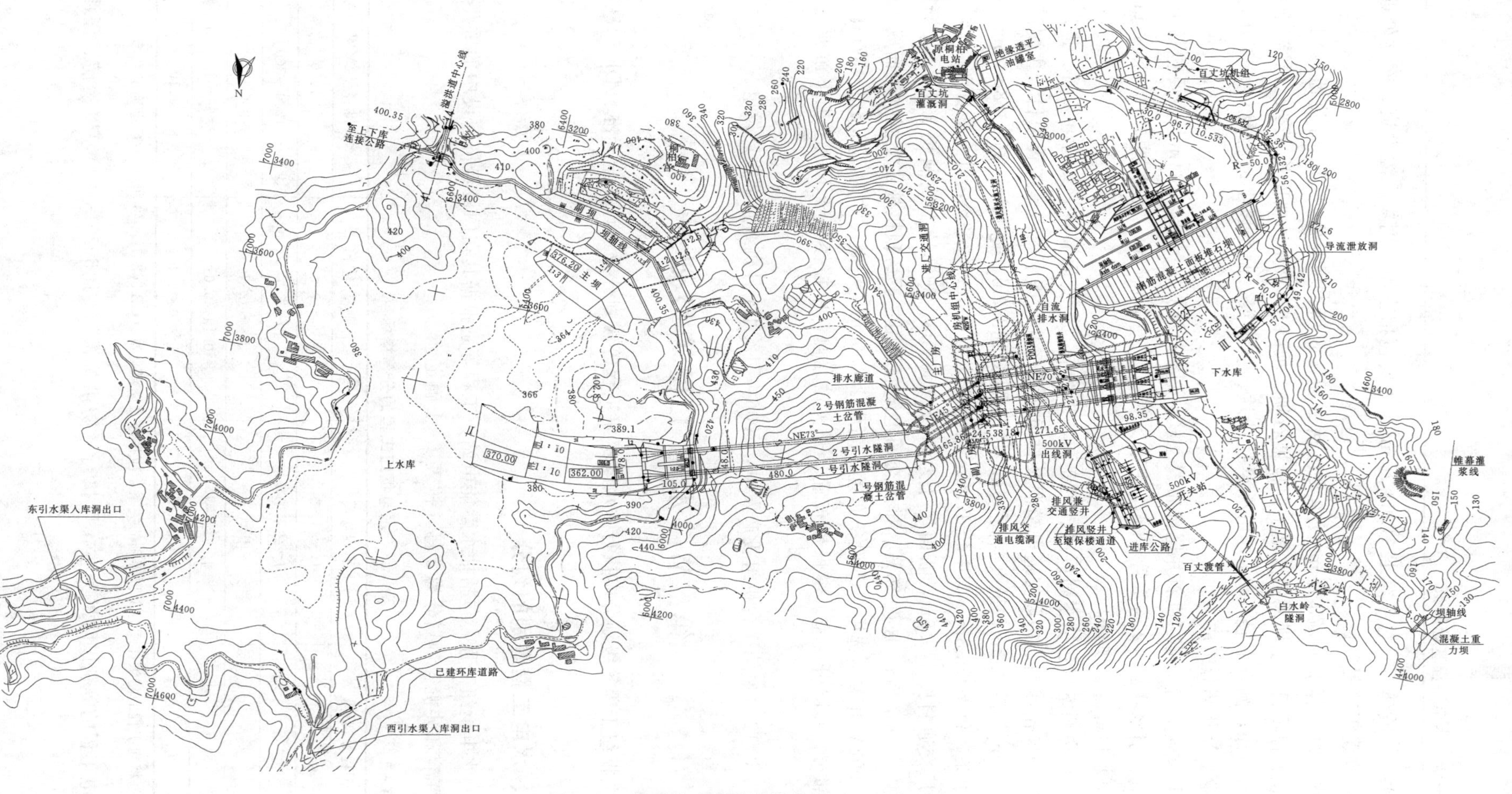

图 1-6　桐柏抽水蓄能电站枢纽平面总布置图

上水库（改建后）总库容1231.63万m^3，主要包括主坝、副坝、溢洪道、库盆处理、上库引水改建等工程项目。

下水库总库容1289.73万m^3，主要包括主坝、副坝、坝身溢洪道、导流泄放洞、库盆处理等工程项目。主坝采用混凝土面板堆石坝，坝高68.25m，坝顶长424m。导流泄放洞长523.78m，洞身洞径4.8m，由叠梁拦沙坎、进水渠、洞身段事故检修门、工作门、出口消能工等几部分组成。

输水系统采用一洞二机斜井尾部布置型式，总长1266.23～1277.84m，主要包括上库进出水口、引水隧洞（2条主管ϕ9m、4条支管ϕ5.5～ϕ3.1m）、尾水隧洞（4条ϕ7m）、下库进出水口等工程项目。

地下厂房洞室群包括主副厂房、主变洞、母线洞、主变运输洞、交通电缆道、进厂交通洞、500kV出线洞、排风交通电缆洞及排风交通竖井、排水廊道等工程项目。主副厂房洞长182.7m、宽24.5m、最大洞高56m。主变洞长162.3m、宽18m、高19.8～26m。母线洞共4条，每条长38m，其中长10.5m段的断面为6.5m×7.3m，其余断面为8.2m×9m。进厂交通洞长570.5m，断面尺寸为8.5m×8.5m。500kV出线洞长337.2m，断面尺寸为4.5m×5.7m，坡度30%。排风交通电缆洞利用主厂房顶拱施工支洞改建而成，长295m。500kV开关站选用GIS设备布置，高程154.00m，平面尺寸为153.5m×37m。出线场中部布置GIS开关室。继保楼布置于开关站北侧。中控楼位于下库主坝下游业主营地内。

2005年12月底第1台机组投产发电，2006年12月4日机组全部投产发电。

第二节 水电工程等级划分

水电枢纽工程等级划分应执行《水电枢纽工程等级划分及设计安全标准》(DL 5180—2003)。

一、水电工程等别的划分

(1) 水电枢纽工程，包括抽水蓄能电站，工程等别根据其在国民经济建设中的重要性按照其库容和装机容量划分为5等，按表1-1确定。

表1-1 水电枢纽工程的分等指标

工程等别	工程规模	水库总库容/亿m^3	装机容量/MW
一	大（1）型	≥10	≥1200
二	大（2）型	10～1.0	1200～300
三	中型	1.0～0.10	300～50
四	小（1）型	0.10～0.01	50～10
五	小（2）型	<0.01	<10

注 水电枢纽工程的防洪作用与工程等别的关系，应按照《防洪标准》(GB 50201—94)的有关规定确定。

水电工程的等别以防洪为主，可执行《防洪标准》(GB 50201—94)，以治涝、灌溉、

供水等功能为主的工程属水利工程范畴。可根据其工程规模、效益和在国民经济中的重要性分为5等，其等别按表1-2的规定确定。

表1-2　水利水电工程分等指标

工程等别	工程规模	水库总库容/亿m^3	防洪		治涝	灌溉	供水	发电
			保护城镇及工矿企业的重要性	保护农田/万亩	治涝面积/万亩	灌溉面积/万亩	供水对象重要性	装机容量/MW
Ⅰ	大（1）型	≥10	特别重要	≥500	≥200	≥150	特别重要	≥1200
Ⅱ	大（2）型	10～1.0	重要	500～100	200～60	150～50	重要	1200～300
Ⅲ	中型	1.0～0.10	中等	100～30	60～15	50～5	中等	300～50
Ⅳ	小（1）型	0.10～0.01	一般	30～5	15～3	5～0.5	一般	50～10
Ⅴ	小（2）型	0.01～0.001		<5	<3	<0.5		<10

（2）综合利用的水电枢纽工程，当其库容、装机容量分属不同的等别时，工程等别应取其中最高的等别。

（3）拦河水闸工程的等别，应执行《水闸设计规范》(SL 265—2001)，应根据过闸流量及其防护对象的重要性划分等别，按表1-3确定。规模巨大或在国民经济中占有特殊重要地位的水闸枢纽工程，其等别应经论证后报主管部门批准确定。

表1-3　平原区水闸枢纽工程分等指标

工程等别	Ⅰ	Ⅱ	Ⅲ	Ⅳ	Ⅴ
规模	大（1）型	大（2）型	中型	小（1）型	小（2）型
最大过闸流量/(m^3/s)	≥5000	5000～1000	1000～100	100～20	<20
防护对象的重要性	特别重要	重要	中等	一般	

二、水工建筑物级别的划分

（1）根据工程等别及建筑物在工程中的作用和重要性，水工建筑物的级别划分为5级，按表1-4确定。

表1-4　平原区水闸枢纽工程分等指标

工程等别	永久性水工建筑物		工程等别	永久性水工建筑物	
	主要建筑物	次要建筑物		主要建筑物	次要建筑物
一	1	3	四	4	5
二	2	3	五	5	5
三	3	4			

（2）失事后损失巨大或影响十分严重的水电枢纽工程中的2～5级水工建筑物，经技术经济论证，可提高一级，洪水设计标准相应提高，但抗震设计标准不提高。

（3）如果坝高超过表1-5指标，按表1-4确定的2～3级壅水建筑物级别宜提高一级，洪水设计标准相应提高，但抗震设计标准不提高。

表 1-5　　提高壅水建筑物级别的坝高指标

壅水建筑物原级别		2	3
坝高/m	土坝、堆石坝	100	80
	混凝土坝、浆砌石坝	150	120

(4) 当水工建筑物地基的工程地质条件特别复杂或采用实践经验较少的新型结构时，2～5级水工建筑物的级别，可提高一级，但洪水设计标准不提高，抗震设计标准不提高。

(5) 当工程等别仅由装机容量决定时，挡水、泄水建筑物级别，经技术经济论证，可降低一级；当工程等别仅由库容大小决定时，电站厂房和引水系统建筑物级别，经技术经济论证，可降低一级。

(6) 仅由库容大小决定工程等别的低水头壅水建筑物（最大水头小于30m），符合下列条件之一时，1～4级壅水建筑物可降低一级：

1) 水库总库容接近工程分等指标的下限。

2) 非常洪水条件下，上、下游水位差小于2m。

3) 壅水建筑物最大水头小于10m。

(7) 水闸枢纽中的水工建筑物应根据其所属枢纽工程等别、作用和重要性划分级别，其级别划分参照表1-4确定。

(8) 泵站建筑物应根据泵站所属等别及其在泵站中的作用和重要性分级，其级别划分参照表1-4确定。

表 1-6　水工建筑物结构安全级别

水工建筑物级别	水工建筑物结构安全级别
1	Ⅰ
2、3	Ⅱ
4、5	Ⅲ

(9) 按照可靠度原理设计或验算结构安全性时，水工建筑物的结构安全级别，应根据水工建筑物的级别，按表1-6确定。地基的结构安全级别与其相应的水工建筑物结构安全级别相同。

三、临时性水工建筑物级别的划分

(1) 临时性水工建筑物即施工期临时性挡水、泄水建筑物的级别（导流建筑物），应根据保护对象的重要性、失事危害程度、使用年限和临时性建筑物规模按表1-7确定。

表 1-7　　临时性水工建筑（导流建筑物）级别划分

级别	保护对象	失事危害程度	使用年限	建筑物规模	
				高度/m	库容/亿 m^3
3	有特殊要求的1级永久性水工建筑物	淹没重要城镇、工矿企业、交通干线或推迟总工期及第1台机组发电工期，造成重大灾害和损失	＞3	＞50	＞1.0
4	1级、2级永久性水工建筑物	淹没一般城镇、工矿企业或影响工程总工期及第1台机组发电工期，造成较大损失	3～2	50～15	1.0～0.1
5	3级、4级永久性水工建筑物	淹没基坑，但对总工期及第1台机组发电工期影响不大，经济损失较小	＜2	＜15	＜0.1

注　临时性水工建筑物系指仅在枢纽工程施工期使用的建筑物，如围堰、导流洞以及导流明渠、临时挡墙等。临时性水工建筑物限于临时挡水和泄水建筑物。

（2）根据表 1-7，临时性水工建筑物，若分属不同的级别时，应取其中最高级别。但对 3 级临时性水工建筑物，符合该级别规定的指标不得少于两项。

（3）利用临时性水工建筑物挡水发电时，经技术经济论证，临时挡水建筑物级别可提高一级。

（4）混凝土系统规模划分。混凝土生产系统（简称混凝土系统）规模按生产能力分大、中、小型，划分执行《水电水利工程混凝土生产系统设计导则》(DL/T 5086—1999)，该标准见表 1-8。

表 1-8　　混凝土系统规模划分标准

规模定型	小时生产能力/m^3	月生产能力/万 m^3
大型	＞200	＞6
中型	50～200	1.5～6
小型	＜50	＜1.5

第三节　水电工程基本建设程序

水电工程基本建设程序是一项水电工程从设想提出到决策，经过勘察、设计、施工和验收，直至投产和交付使用的整个过程中，应该遵循的内在规律。

按照水电工程的内在规律，投资建设一项应经过决策、勘察、设计、施工、交付和运行若干个发展时期。每个发展时期又可分为若干阶段，每个阶段内的各项工作之间存在着不能随意颠倒的先后顺序关系。科学的建设程序应当坚持"先勘察、后设计、再施工"的原则。

水电工程建设项目应符合流域规划要求，工程建设必须履行基本建设程序。根据《国务院关于投资体制改革的决定》(国发〔2004〕20 号)，企业投资建设水电工程实行项目核准制，各级人民政府投资行政主管部门负责水电开发项目的审批（核准）工作。水电工程主要基本建设程序如下：

（1）编制流域开发规划报告，报有关部门审查和批准。河流水电规划初步查明河流开发条件，明确河流开发任务，协调综合利用要求，优选梯级开发方案和推荐近期工程。其主要内容有：完成流域综合利用规划报告、流域规划环境影响报告书等，报有关部门审查和批准。

（2）开展预可行性研究工作，提出预可行性研究报告，报有关部门审查。

1）水电工程项目预可行性研究，应根据国民经济和社会发展中长期规划，按照国家产业政策和有关建设投资建设方针，在经批准（审查）的江河流域（区域）综合利用规划或专业规划的基础上提出开发目标和任务，对拟建设的项目进行初步论证。

2）预可行性研究报告，由项目业主根据国家或省政府及省投资（项目）主管部门同意项目法人开发有关资源点的文件，委托具有相应资格的水利水电勘测设计部门，按照《水电工程预可行性研究报告编制规程》(DL/T 5206—2005）编制。项目业主应承担报告书所需的编制费用，并提供必要的外部条件。

3）预可行性研究报告按要求编制完成后，报送国家或省投资（项目）主管部门，由主管部门会同技术单位对报告进行技术审查。主管部门主要根据国家中长期规划要求，着重从资金来源、建设布局、资源合理利用、经济合理性、技术政策等方面对建设项目进行技术审查。

4）在申报项目预可行性研究报告时，须报送有关项目县级以上主管部门的初审意见，主管部门对本项目（包括河流规划等）的有关审批文件，有关地区和部门对本项目的书面文件（包括有关单位提供资金的意向性文件；淹没区和占地区范围内所在地方政府及主管部门的书面意见；具有通航任务的项目，附航道主管部门的初步意见；跨行政区或对其他行政区、部门利益有影响的项目应附具有关行政区和部门的书面意见等）。

5）水电工程在预可行性研究前，应组建项目法人筹备机构，由其组织开展项目预可行性研究报告书的编制等有关工作。项目预可行性研究批准后，应正式组建项目法人机构，及时开展可行性研究工作。

水电工程预可行性研究阶段主要成果见表1-9。

表1-9　　水电工程预可行性研究阶段主要成果

序号	内容	备注
1	论证工程建设的必要性	
2	基本确定综合利用要求，提出工程开发任务	
3	基本确定主要水文参数和成果	
4	评价本工程区域构造稳定性；初步查明并分析各比较坝（闸）址和厂址的主要地质条件，对影响工程方案成立的重大地质问题作出初步评价	
5	初选代表性坝（闸）址和厂址	
6	初选水库正常蓄水位，初拟其他特征水位	
7	初选电站装机容量，初拟机组额定水头、引水系统经济洞径和水库运行方式	
8	初步确定工程等级和主要建筑物级别。初选代表性坝（闸）型、枢纽布置及主要建筑型式	
9	初步比较拟定机型、装机台数、机组主要参数、电气主接线及其他主要机电设备和布置	
10	初拟金属结构及过坝设备的规模、型式和布置	
11	初选对外交通方案，初步比较拟定施工导流方式和筑坝材料，初拟主体工程施工方法和施工总布置，提出控制性工期	
12	初拟建设征地范围，初步调查建设征地实物指标，提出移民安置初步规划，估算建设征地移民安置补偿费用	
13	初步评价工程建设对环境的影响，从环境角度初步论证工程建设的可行性	
14	提出主要的建筑安装工程量和设备数量	
15	估算工程投资	
16	进行初步经济评价	
17	综合工程技术条件，提出综合评价意见	

续表

序号	内容		备注
18（主要附件）	(1)	工程地理位置图	
	(2)	工程地质平面图、主要工程地质剖面图	
	(3)	工程总布置图	
	(4)	建设征地（含水库淹没区及枢纽工程区建设施工征地）范围示意图	
	(5)	工程特性表	
	(6)	工程施工总进度表	
	(7)	工程投资总估算表	

(3) 开展工程可行性研究工作，提出可行性研究报告。

1) 可行性研究应对项目建设的必要性、可行性、建设条件等进行论证，并对项目的建设方案进行全面比较，作出项目建设在技术上是否可行、在经济上是否合理的科学结论。经批准的可行性研究报告是项目最终决策和进行招标设计的依据。

2) 可行性研究报告应按照《水电工程可行性研究报告编制规程》(DL/T 5020—2007) 的规定，由项目法人委托有相应资质的设计、咨询单位编制。可行性研究报告报批前，应由项目法人委托具有相应资质的水利水电工程专业咨询机构或组织管理、设计、施工、咨询等方面的水利水电专家，对可行性研究报告中的重大问题，进行咨询论证；设计单位应根据咨询论证意见，对可行性研究报告文件进行补充、修改、优化和完善。

3) 可行性研究报告编制完成后，应按相关规定组织进行技术审查，在申报可行性研究报告时，必须同时提交项目法人组建方案的批复文件、资金筹措方案、回收资金的办法、移民安置规划方案、水土保持方案、环境影响评价报告、地质评价报告和地震安全性评价报告、工程招标范围、招标组织形式、招标方式及招标初步方案。可行性研究报告经批准后即成为项目招标设计的主要依据，不得随意修改和变更。如出现项目法人、主要建筑物地址、坝型、结构形式等有重要变更或工程规模变动较大、工程总投资变动幅度达10%（含10%）以上等重要情况，应经原批准机关复审同意或重新审批。

水电工程可行性研究阶段主要成果见表1-10。

表1-10　水电工程可行性研究阶段主要成果

序号	内　容	备注
1	确定工程任务及具体要求，论证工程建设的必要性	
2	确定水文参数和水文成果	
3	复核工程区域构造稳定性，查明水库工程地质条件，进行坝址、坝线及枢纽布置工程地质条件比较，查明选定方案各建筑物的工程地质条件，提出相应的评价意见和结论；开展天然建筑材料详查	
4	选定工程建设场址、坝（闸）址、厂（站）址等	
5	选定水库正常蓄水位及其他特征水位，明确工程运行要求和方式	
6	复核工程的等级和设计标准，确定工程总体布置，主要建筑物的轴线、线路、结构型式和布置、控制尺寸、高程和工程量	

续表

序号	内　容		备注
7	选定电站装机容量，选定机组机型、单机容量、额定水头、单机流量及台数，确定接入电力系统的方式、电气主接线及主要机电设备的选型和布置，选定开关站的型式，选定控制、保护及通信的设计方案，确定建筑物的闸门和启闭机等的型式和布置		
8	提出消防设计方案和主要设施		
9	选定对外交通运输方案，确定导流方式、导流标准和导流方案，提出料源选择及料场开采规划、主体工程施工方法、场内交通运输、主要施工工厂设施、施工总布置等方案，安排施工总进度		
10	确定建设征地范围，全面调查建设征地范围内的实物指标，提出建设征地和移民安置规划设计，编制补偿费用概算		
11	提出环境保护和水土保持措施设计，提出环境监测和水土保持规划和环境管理规定		
12	提出劳动安全与工业卫生设计方案		
13	进行施工期和运行期节能降耗分析论证，评价能源利用效率		
14	编制可行性研究设计概算，利用外资的工程还应编制外资概算		
15	进行国民经济评价和财务评价，提出经济评价结论意见		
16（主要附件）	(1)	预可行性研究报告的审查意见	
	(2)	可行性研究阶段专题报告审查意见、重要会议纪要等	
	(3)	有关工程综合利用、建设征地实物指标和移民安置方案、铁路公路等专业项目及其他设施改建、设备制造等方面的协议书及主要有关资料	
	(4)	水电工程水资源论证报告书	
	(5)	水文分析复核有关报告	
	(6)	水电工程防洪评价报告	
	(7)	水情自动测报系统总体设计报告	
	(8)	工程地质勘测报告	
	(9)	水工模型试验报告及其他试验研究报告	
	(10)	机电、金属结构设备专题报告	
	(11)	施工组织设计专题报告和试验报告	
	(12)	建设征地和移民安置规划设计报告	
	(13)	环境影响报告书	
	(14)	水土保持方案报告书	
	(15)	劳动卫生与工业卫生预评价报告	

(4) 编制项目（核准）申请报告，报请政府核准。

1) 根据《国务院关于发布政府核准的投资项目目录（2014 年本）的通知》(国发〔2014〕53 号)：企业投资建设本目录内的固定资产投资项目，须按照规定报送有关项目核准机关核准。企业投资建设本目录外的项目，实行备案管理。按照规定由国务院核准的项目，由国家发展和改革委员会审核后报国务院核准。按照规定报国务院备案的项目，由国家发展和改革委员会核准后报国务院备案。核报国务院核准的项目、国务院投资主管部

门核准的项目，事前须征求国务院行业管理部门的意见。由地方政府核准的项目，省级政府可以根据本地实际情况具体划分地方各级政府的核准权限。由省级政府核准的项目，核准权限不得下放。

水电站：在跨界河流、跨省（自治区、直辖市）河流上建设的单站总装机容量 50 万 kW 及以上项目由国务院投资主管部门核准，其中单站总装机容量 300 万 kW 及以上或者涉及移民 1 万人及以上的项目由国务院核准。其余项目由地方政府核准。

抽水蓄能电站：由省级政府核准。

风电站：由地方政府在国家依据总量控制制定的建设规划及年度开发指导规模内核准。

2）根据《国家发展改革委中央编办关于一律不得将企业经营自主权事项作为企业投资项目核准前置条件的通知》（发改投资〔2014〕2999 号）和《国务院办公厅关于印发精简审批事项规范中介服务实行企业投资项目网上并联核准制度工作方案的通知》（国办发〔2014〕59 号）要求，做好企业核准项目准备。企业投资项目核准的前置审批事项见表 1－11。

表 1－11　企业投资项目核准的前置审批事项一览表

序号	前置条件	负责部门
一、法律明确规定为核准前置条件（5 项）		
1	选址意见书	城乡规划主管部门
2	节能审查意见	节能管理部门
3	洪水影响评价	水行政主管部门
4	环境影响评价审批文件	环境保护行政主管部门
5	海洋环境影响评价意见	海洋行政主管部门
二、法律作出相关规定但未明确为核准前置条件（11 项）		
1	水土保持方案审核	水行政主管部门
2	压覆矿产资源批复	国务院有关部门
3	气候可行性论证审批	气象主管机构
4	文物保护意见	相关人民政府、文物行政主管部门
5	安全预评价	安全监管部门
6	地震安全性评价	地震工作主管部门
7	贯彻国防要求	国务院有关部门和军队有关部门
8	军事设施保护意见	主管军事机关
9	农业灌排影响意见书	水行政主管部门、流域管理机构
10	海域使用预审意见	海洋行政主管部门
11	水源地审批	水行政主管部门
三、行政法规明确规定为核准前置条件（5 项）		
1	用地预审意见	土地行政主管部门
2	取水申请批准文件	水行政主管部门
3	移民安置规划及审核意见	移民管理机构

续表

序号	前置条件	负责部门
4	地质灾害危险性评估	国土资源主管部门
5	河道影响审批	河道主管部门
四、行政法规作出相关规定但未明确为核准前置条件（7 项）		
1	民用机场安全环境保护意见	民用航空管理机构
2	涉及国家安全事项的建设项目审批	各级国家安全机关
3	宗教影响意见	宗教事务部门
4	风景名胜区保护审核	风景名胜区管理机构
5	通航安全意见	海事管理机构
6	自然保护区审核意见	自然保护区主管机构
7	海岸工程建设项目环评审核批复	环境保护行政主管部门
五、部门规章明确规定为核准前置条件（2 项）		
1	水工程建设规划同意书	水行政主管部门
2	水资源论证报告书审查	水行政主管部门

下列事项一律不再作为企业投资项目核准的前置条件：银行贷款承诺；融资意向书；资金信用证明；股东出资承诺；其他资金落实情况证明材料；可行性研究报告审查意见；规划设计方案审查意见；电网接入意见；接入系统设计评审意见；铁路专用线接轨意见；原材料运输协议；燃料运输协议；供水协议；与相关企业签署的副产品资源综合利用意向协议；与相关供应商签署的原材料供应协议等；与合作方签署的合作意向书、协议、框架协议（中外合资、合作项目除外）；通过企业间协商和市场调节能够解决的协议、承诺、合同等事项；其他属于企业经营自主决策范围的事项。

3）2015 年 3 月，环保部以 2015 年第 17 号文《关于发布〈环境保护部审批环境影响评价文件的建设项目目录（2015 年本）〉的公告》，对环境保护部审批的环境影响文件建设目录进行了调整。其中，在跨界河流、跨省（自治区、直辖市）河流上建设的单站总装机容量 50 万 kW 及以上水电站的环境影响文件，由环境保护部审批。省级环境保护部门应根据本公告，及时调整公告目录以外的建设项目环境影响评价文件审批权限，报省级人民政府批准并公告实施。建设项目竣工环境保护验收依照本公告目录执行，目录以外已由环境保护部审批环境影响评价文件的建设项目，委托项目所在地省级环境保护部门办理竣工环境保护验收。

（5）项目申请报告核准后，开展招标设计工作，项目法人组织工程招标。项目在主体工程开工之前，必须完成各项施工准备工作。其主要内容包括：

1）施工现场的征地、拆迁工作。

2）完成施工用水、用电、通信、道路和场地平整等工程。

3）必需的生产、生活临时建筑工程。

4）组织招标设计、咨询、设备和物资采购等服务。

5）组织建设监理和主体工程招投标，并择优选定建设监理单位和施工承包队伍。

水电站招标设计阶段是在可行性研究报告审查和项目核准后，由工程项目法人组织开展。招标设计报告是在可行性研究报告阶段勘测、设计、试验、研究成果的基础上，为满足工程招标采购和工程实施与管理的需要，复核、完善、深化勘测设计成果的系统反映。

在招标设计基础上，项目法人可自行或委托设计单位编制招标文件，主要内容为合同条款、技术规范和设计图纸。招标设计还可根据需要编制标底文件或最高投标限价，标底文件是招标单位事先为工程招标编制的单价分析、工程标价、经济指标文件，作为评议投标者报价合理性和先进性的一个标准。最高投标限价是招标人根据国家或省级、行业建设主管部门颁发的有关计价依据和办法，以及拟定的招标文件和招标工程量清单，结合工程具体情况编制的。最高投标限价的设置，有利于避免串通投标、围标、哄抬报价的行为。

招标设计须经项目法人审批，据此进行主机和主要施工单位的招标，开展施工图设计。

（6）开展施工图设计工作。建设实施阶段是指主体工程的全面建设实施，项目法人按照批准的建设文件组织工程建设，保证项目建设目标的实现。主体工程开工必须具备以下条件：

1）前期工程各阶段文件已按规定批准，施工图设计可以满足初期主体工程施工需要。

2）建设项目已列入国家或地方水电建设投资年度计划，年度建设资金已落实。

3）主体工程招标已经决标，工程承包合同已经签订，并已得到主管部门同意。

4）现场施工准备和征地移民等建设外部条件能够满足主体工程开工需要。

5）建设管理模式已经确定，投资主体与项目主体的管理关系已经理顺。

6）项目建设所需全部投资来源已经明确，且投资结构合理。

水电站施工图设计阶段是设计单位根据招标设计成果，为工程项目施工编制材料加工、非标准设备制造、建筑物施工和设备安装所需图纸和施工说明文件。

（7）竣工安全鉴定和验收，在最后一台机组投产超过半年、大坝至少经过一个汛期考验后进行。竣工验收是工程完成建设目标的标志，是全面考核基本建设成果、检验设计和工程质量的重要步骤。

竣工验收合格的项目即可从基本建设转入生产或使用。当建设项目的建设内容全部完成，并经过单位工程验收，符合设计要求并按水电基本建设项目档案管理的有关规定，完成了档案资料的整理工作，在完成竣工报告、竣工决算等必需文件的编制后，项目法人按照有关规定，向验收主管部门提出申请，根据国家和部颁验收规程，组织验收。

竣工决算编制完成后，须由审计机关组织竣工决算审计，其审计报告作为竣工决算专项验收的基本资料。

第四节　水电工程勘察设计阶段的划分及各阶段设计报告编制的内容

改革开放以来，我国水电建设体制发生了很大变化，为了适应这一形势发展的需要，同时也与国家基本建设项目审批程序相协调，以期缩短设计周期，加快水电事业的发展，电力部于1993年对水电工程设计阶段的划分做了调整。根据电力部《关于调整水电工程设计阶段的通知》(电计〔1993〕567号),水电工程各勘测设计阶段划分为:河流水电规划阶段、预可行性研究报告阶段、可行性研究报告阶段、招标设计阶段及施工详图阶段。设计阶段与建设阶段的对应关系如图1-7所示。

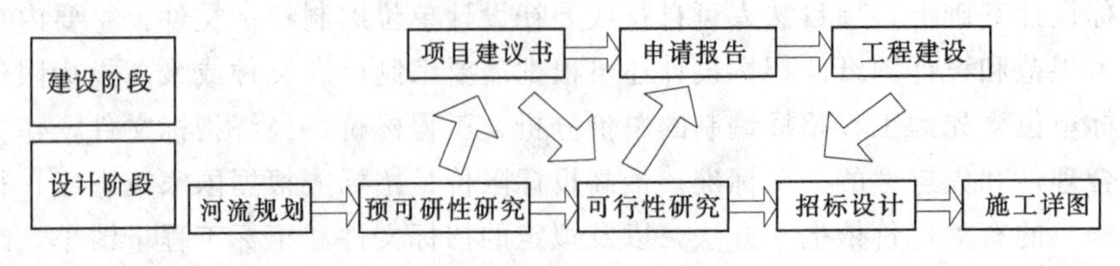

图1-7 设计阶段与建设阶段的对应关系

一、河流水电规划阶段

河流水电规划初步查明河流开发条件,明确河流开发任务,协调综合利用要求,优选梯级开发方案和推荐近期工程。其主要内容有:研究河流的主要开发任务,查明流域的水文泥沙情况,了解区域地质和地震情况,提出各梯级单独和全部联合运行的能量效益,对河流环境状况进行调查分析,初拟坝址、坝型和枢纽总布置方案,提出开发顺序初步意见,推荐近期工程。

该阶段编制流域水电规划报告(含蓄能规划报告)。

国家能源局于2010年8月27日发布了《河流水电规划编制规范》(DL/T 5042—2010),规定"河流水电规划应根据国民经济和社会发展需求,贯彻可持续发展理念,初步查明河流水力资源(又称为水能资源)及开发条件,调查和研究影响河流水电开发的重大工程地质问题,识别河流水电开发在生态环境和经济社会方面的限制性因素,明确河流水资源开发利用方向及开发任务,推荐开发方案,提出河流水电规划实施意见。"并强调:

(1)河流水电规划应坚持"全面规划、综合利用、保护生态、讲求效益、统筹兼顾"的方针。

(2)河流水电规划应正确处理好开发与保护、资源利用与水库淹没损失、需要与可能、近期与远景、整体与局部、干流与支流、上中下游及左右岸等方面的关系。

(3)河流水电规划应符合流域综合利用总体要求,协调与环境保护、经济社会发展的关系。

(4)河流水电规划应高度重视工程安全,开发方案应尽可能避开或远离区域活动构造带和重大地质灾害地段。

(5)在开展河流水电规划的同时,应开展河流规划的环境影响评价工作,并单独编制河流水电规划环境影响报告书。

(6)河流水电规划应统筹考虑流域经济社会状况和特点、移民安置环境容量和条件,分析并提出河流梯级开发移民安置总体规划初步方案,必要时,针对重要敏感对象提出专题研究报告。

(7)河流开发任务单一、无重要控制性因素的,规划工作可适当简化。

(8)河流水电规划报告经审批后,应作为该河流水力资源开发的重要依据。当开发需求、开发条件等发生重大变化时,应在征得原规划审批机关同意后对原规划进行修编。修

编后的水电规划报告，应报原审批机关审查批准。

本阶段主要特点如下：

(1) 战略性。处理的全是战略性问题，如需要与可能、除害与兴利、开发与保护、整体与局部、近期与远期等。规划方案必须符合国家宏观调控的原则，紧抓宏观问题，要查清梯级开发方案的外部条件，不要一开始就陷于具体梯级的局部问题中。

(2) 综合性。要综合考虑发电、防洪、灌溉、航运、环保、淹没等因素，绝不能只考虑发电效益，并非发电量最大的方案就一定是最优规划方案。

(3) 政策性。流域规划与国家政策关系密切，如环保、移民、西电东送、大力发展水电等政策都会影响流域规划。例如，为了减少淹没损失“充分利用水头”应改为“尽可能合理利用水头”。又如，以往单从经济性考虑，采用引水式开发方案较多，且不重视泄放生态流量。现在从环保考虑，对引水式开发方案要慎重，且必须保证生态流量的泄放。

二、预可行性研究报告阶段

对拟建工程项目的建设必要性、技术可行性与经济合理性进行初步研究，提出初步评价，以便确定工程建设项目能否成立。

水电站预可行性研究主要内容是：

(1) 根据电力系统中长期发展规划和河流水电开发规划、地区和国民经济各部门的要求，论证工程建设的必要性，基本确定综合利用要求，提出工程建设任务。

(2) 收集水文、气象资料和进行必要的水文勘测，基本确定主要水文参数。

(3) 了解区域地质、地震、水库和枢纽工程地质条件，进行勘测和试验，初步评价影响工程的主要地质条件和问题，初选代表坝址、厂址。

(4) 初选工程规模、代表坝型和主要建筑物型式，初选工程总布置。

(5) 初选施工导流、对外交通、水电供应、建筑材料、施工方法、施工总布置和总进度。

(6) 初选机组、电气主接线、主要机电设备、金属结构的型式和布置。

(7) 进行水库淹没实物指标和工程环境影响的调查，初步分析移民安置环境、容量和安置去向。

(8) 估算工程投资，提出资金（包括内资和外资）筹措的设想。

(9) 测算上网电价，进行初步的财务评价和经济效益分析，提出工程能否立项的意见。

对于政府投资的项目需要编制项目建议书。项目建议书是供国家或地方政府主管部门审批的拟建项目的建议文件。对工程项目进行可行性研究之前，要先编报项目建议书。它是根据经国家或地方政府主管部门审查的电力系统中期发展规划和已经审查的预可行性研究报告进行编制的。其主要内容包括：

(1) 建设的必要性。

(2) 建设规模。

(3) 建设地点与基本建设条件。

(4) 投资估算及来源（如果需要利用外资，还要说明利用方式和额度）。

(5) 经营管理方式初步设想。

项目建议书需按国家规定报主管部门审批。经主管部门审批同意立项后，即可开展可行性研究工作。

该阶段编制预可行性研究报告。

《水电工程预可行性研究报告编制规程》(DL/T 5206—2005) 规定，预可行性研究报告的主要内容和深度应符合下列要求：

(1) 论证工程建设的必要性。

(2) 基本确定综合利用要求，提出工程开发任务。

(3) 基本确定主要水文参数和成果。

(4) 评价本工程的区域构造稳定性；初步查明并分析各比较坝（闸）址和厂址的主要地质条件，对影响工程方案成立的重大地质问题作出初步评价。

(5) 初选代表性坝（闸）址和厂址。

(6) 初选水库正常蓄水位，初拟其他特征水位。

(7) 初选电站装机容量，初拟机组额定水头、引水系统经济洞径和水库运行方式。

(8) 初步确定工程等别和主要建筑物级别。初选代表性坝（闸）型、枢纽及主要建筑物型式。

(9) 初步比较拟定机型、装机台数、机组主要参数、电气主接线及其他主要机电设备和布置。

(10) 初拟金属结构及过坝设备的规模、型式和布置。

(11) 初选对外交通方案，初步比较拟定施工导流方式和筑坝材料，初拟主体工程施工方法和施工总布置，提出控制性工期。

(12) 初拟建设征地范围，初步调查建设征地实物指标，提出移民安置初步规划，估算建设征地移民安置补偿费用。

(13) 初步评价工程建设对环境的影响，从环境角度初步论证工程建设的可行性。

(14) 提出主要的建筑安装工程量和设备数量。

(15) 估算工程投资。

(16) 进行初步经济评价。

(17) 综合工程技术经济条件，提出综合评价意见。

流域和河流（河段）水电规划和抽水蓄能选点规划审批文件须列为预可行性研究报告的附件。

三、可行性研究（等同于初步设计）报告阶段

在项目建议书经审批同意后，对拟建项目的建设必要性、技术可行性与经济合理性做进一步研究。可行性研究是电力基本建设程序中设计阶段的一个重要步骤，对项目要提出正式评价，以便投资者愿意投资，银行能同意贷款，电网经营者能同意购电，最终能得到国家或地方政府主管部门的审批或核准。

水电站可行性研究（等同于初步设计）的主要内容是：

(1) 复核工程任务和具体要求，确定工程规模，明确运行要求。

（2）复核确定水文成果。

（3）复核区域构造稳定性，查明水库和建筑物工程地质条件，提出评价和结论，选定场址、坝（闸）址、厂址。

（4）复核工程等级和设计标准，确定工程总体布置，主要建筑物的轴线、线路、结构型式和布置、控制尺寸、高程和工程量。

（5）确定水电站装机容量，选定机组型号、单机容量、单机流量和台数，确定接入电力系统的方式、电气主接线、输电方式、主要机电设备选型和布置，选定开关站，确定建筑物的闸门、启闭机等型式和布置。

（6）提出消防设计方案的主要设施。

（7）选定对外交通方案、施工导流方式、施工总布置和总进度，选定施工方法和主要施工设备，提出天然（人工）建筑、材料、劳动力、供水和供电的需要量及其来源。

（8）确定水库淹没、工程占地的范围，核实淹没实物指标，提出淹没处理、移民安置规划和投资概算。

（9）提出环境保护措施设计，报国家环保部门审批。

（10）拟定工程管理机构、人员编制及生产生活设施。

（11）编制工程概算，利用外资的应编制外资概算。

（12）复核经济评价。

可行性研究报告需按国家规定报主管部门审查。审批后的可行性研究报告可作为国家和地方政府对项目评估、核准的重要依据。

该阶段编制可行性研究报告。

《水电工程可行性研究报告编制规程》(DL/T 5020—2007) 规定，可行性研究报告的主要内容和深度应符合下列要求：

（1）确定工程任务及具体要求，论证工程建设必要性。

（2）确定水文参数和水文成果。

（3）复核工程区域构造稳定性，查明水库工程地质条件，进行坝址、坝线及枢纽布置工程地质条件比较，查明选定方案各建筑物区的工程地质条件，提出相应的评价意见和结论；开展天然建筑材料详查。

（4）选定工程建设场址、坝（闸）址、厂（站）址等。

（5）选定水库正常蓄水位及其他特征水位，明确工程运行要求和方式。

（6）复核工程的等级和设计标准，确定工程总体布置方式，确定主要建筑物的轴线、线路、结构型式和布置方式、控制尺寸、高程和工程量。

（7）选定电站装机容量，选定机组机型、单机容量、额定水头、单机流量及台数，确定接入电力系统的方式、电气主接线及主要机电设备的型式和布置方式，选定开关站的型式，选定控制、保护及通信的设计方案，确定建筑物的闸门和启闭机等的型式和布置方式。

（8）提出消防设计方案和主要设施。

（9）选定对外交通运输方案，确定导流方式、导流标准和导流方案，提出料源选择及料场开采规划、主体工程施工方法、场内交通运输、主要施工工厂设施、施工总布置等方案，安排施工总进度。

（10）确定建设征地范围，全面调查建设征地范围内的实物指标，提出建设征地移民安置规划设计，编制补偿费用概算。

（11）提出环境保护和水土保持措施设计，提出环境监测和水土保持规划、环境监测规划和环境管理规定。

（12）提出劳动安全与工业卫生设计方案。

（13）进行施工期和运行期节能降耗分析，评价能源利用效率。

（14）编制可行性研究设计概算，利用外资的工程还应编制外资概算。

（15）进行国民经济评价和财务评价，提出经济评价结论意见。

可行性研究报告应根据需要将以下内容作为附件：

（1）预可行性研究报告的审查意见。

（2）可行性研究阶段专题报告的审查意见、重要会议纪要等。

（3）有关工程综合利用、建设征地实物指标和移民安置方案、铁路公路等专业项目及其他设施改建、设备制造等方面的协议书及主要有关资料。

（4）水电工程水资源论证报告书。

（5）正常蓄水位选择专题报告。

（6）施工总布置规划专题报告。

（7）防洪评价报告。

（8）水情自动测报系统设计报告。

（9）地质灾害危险性评估报告。

（10）水工模型试验报告。

（11）建设征地移民安置规划设计报告。

（12）环境影响报告书。

（13）水土保持方案报告书。

（14）劳动安全与工业卫生预评价报告。

（15）其他专题报告。

四、招标设计阶段

水电站招标设计阶段是在可行性研究报告审查和项目核准后，由工程项目法人组织开展。招标设计报告是在可行性研究报告阶段勘测、设计、试验、研究成果的基础上，为满足工程招标采购和工程实施与管理的需要，复核、完善、深化勘测设计成果的系统反映。

我国水电建设在总结 20 世纪 80 年代一些工程实行国际招标实践经验的基础上，从 1988 年起在水电站设计程序中增加了招标设计。招标设计深度与原技术设计深度相当，是在原初步设计（现可行性研究）基础上，深入进行调查、勘测、试验、专题研究和设计，最终落实技术方案，解决具体技术问题。

水电工程的招标设计报告经评审后，既是工程招标文件编制的基本依据，也是工程施工图编制的基础。在招标设计的基础上，项目法人可自行或委托设计单位编制招标文件，主要内容为合同条款、技术规范和设计图纸。招标设计还要编制标的文件，标的文件是招

标单位事先为工程招标编制的单价分析、工程标价、经济指标文件，作为评议投标者报价合理性和先进性的一个标准。

该阶段编制招标设计报告。

《水电工程招标设计报告编制规程》(DL/T 5212—2005）规定，招标设计报告的主要内容和深度应符合下列要求：

(1）补充水文、气象及泥沙基本资料，复核水文成果。完善、深化水情自动测报系统总体设计。

(2）复核工程地质结论，补充查明遗留的工程地质问题，论证可行性研究报告审批和项目评估提出的专门性工程地质问题，为招标设计提出有关工程地质补充资料。

(3）复核工程特征值、水库初期蓄水计划和电站初期运行方式，提出机组运行的加权因子和机组加权平均效率。

(4）复核工程的等级和设计标准。复核确定枢纽布置，主要建筑物的轴线、布置和结构型式、控制尺寸和高程，提出建筑物的控制点坐标、桩号及工程量。确定主要建筑物结构、尺寸、材料分区、基础处理措施和范围，提出典型断面和部位的配筋型式、各部位材料性能指标要求及有关设计技术要求。完善安全监测系统的组成和布置，提出监测仪器设备清单。

(5）复核机电及金属结构的设计方案，复核确定主要设备型式、布置、技术参数和技术要求，编制设备清册。

(6）复核建筑消防及主要机电设备消防设计总体方案，确定消防设备型式及主要技术参数，编制消防设备清册。

(7）比选工程分标方案，经项目法人审批，确定工程分标方案。

(8）复核导流标准、导流程序及导流建筑物布置，确定导流建筑物轴线、结构型式和布置，提出建筑物的控制点坐标及工程量。复核确定天然建筑材料的料源选择与土石方平衡规划、场内交通规划布置与设计标准，主体工程施工方案与施工机械配置。提出主要施工工厂设施设置方案、施工总布置及工程施工总进度安排。

(9）复核分解实物指标，确定移民生产生活安置方案，制定移民搬迁总体规划，开展城集镇建设详细规划设计、专业项目复建设计，编制建设征地移民安置补偿投资执行概算以及移民安置实施规划报告。

(10）复核完善环境保护措施设计、环境监测和环境管理计划，提出环境保护工作的实施进度计划和环境保护措施项目的分标规划方案。

(11）依据工程分标方案编制工程分标概算，依据施工组织设计及招标设计工程量，编制工程招标设计概算。

(12）根据工程招标设计概算的分年静态投资，进行财务分析，复核工程的财务可行性。

五、施工详图阶段

设计单位根据招标设计成果，为工程项目施工编制材料加工、非标准设备制造、建筑物施工和设备安装所需图纸和施工说明文件，它是水电基本建设程序中设计阶段的最后一个步骤。由于它是进行工程具体施工所必需的工作，在国内的不同时期或者在国外，都有施工图设计，只是出图方式和内容深度因各个时期和各国情况不同而有所差异。

施工图设计的主要内容如下：

（1）提供加工、制造、土建、安装工作所需的详细图纸及施工说明文件。

（2）提出设备材料清册和规格要求。

（3）计算各种工程量。

（4）根据需要编制施工图预算。

配合施工进度、满足施工需要，施工图纸宜分批提交。在施工过程中，设计单位派出工地代表，及时解决项目法人、施工和调试等单位提出的问题，根据现场开挖和施工情况，修改和完善已交付的施工图纸，并根据项目法人的要求，编制符合现场实际情况的竣工图，作为工程建设档案，供生产运行单位进行维修、改造和扩建时使用。

该阶段编制施工详图设计报告。

1. 概述

进入工程建设阶段后，除合同另有规定外，设计单位的任务可按国家电力公司《水电建设工程质量管理方法（试行）》(国电水〔2000〕83号）的要求执行。

（1）执行应到位，但不要越位。例如，设计单位对设计质量负责，而施工质量由监理负责监督与控制，如设计单位发现问题，可以向项目法人和监理单位“反映”，但不能直接处置。

（2）现场跟踪设计。前期设计阶段勘测工作深度有限，不可能将地质问题全部揭露，必须根据施工中揭示的地质条件，做好现场跟踪、调整设计。

（3）紧密结合施工条件。施工详图设计必须紧密结合施工条件，应多和建设、监理及施工单位沟通，避免闭门造车。

（4）设计方案应尽量少修改。在市场经济条件下，招标文件编制完成后施工详图阶段设计方案应尽量少修改。时间允许，设计优化应尽量在招标设计阶段完成，按国际惯例，凡是设计变更，包括设计优化，承包商都有可能要求索赔。

2. 设计变更

设计变更是施工详图阶段的一项重要工作，应注意：

（1）完全不进行设计变更是不可能的，只能是尽量减少因人为差错引起的设计变更。

（2）已进入按图施工的实施阶段，应高度重视图纸的质量，尽量减少差错。

（3）设计变更应区分是设计方面原因还是施工等方面原因提出的修改。

（4）设计变更应按规定审批。重大设计变更，要经原审批单位批准；一般设计变更，无论设计单位同意与否，项目法人有权作出决策。

对于一般设计变更，本着权责一致的原则，凡设计单位同意采纳的，设计单位都要负责，而不论是谁建议的；设计单位不同意的修改（应有书面记录），而由项目法人作出的一般设计变更的决策，则由项目法人对决策方案负责，设计单位对具体设计成果负责。

体现“工程建设实施过程中的工程质量由项目法人负总责”的精神，重大设计变更的上报由项目法人组织，而不是像前期设计阶段那样，由设计单位直接上报。

（5）所有的设计修改必须是书面的，以备追溯。

3. 设计代表

(1) 及时性是服务质量的重要标志之一，必须及时处理施工中出现的问题，加强前后方沟通和专业间配合，避免小事故扩大为大事故。

(2) 每个设计代表都是设计单位派驻现场的代表，既要勇于负责，又要小心谨慎。

(3) 做好沟通工作也是设计代表的重要任务之一，要做好建设、监理、施工单位与设计单位的沟通，前方设计代表与后方设计处的沟通，各专业之间的沟通等。

(4) 注意“留下痕迹”，例如，设代日志不能中断，要记录设计单位的表态等，以备追溯。

第五节　水电工程施工组织设计

水电工程的造价与施工组织设计密切相关，施工组织设计合理与否直接影响着工程的造价、质量和工期。同一项工程施工，采用不同的施工方案，就会用不同的施工机械设备、有不同的劳务调配方案，这就造成施工机械设备的台时费用、劳务费用以及一些施工消耗性材料的消耗量等的不同，即使是同一种施工方案，也会由于施工总平面布置及资源供应状况等方面的差异而造成工程项目造价上的不同。因此，水电工程造价专业人员，必须懂得施工组织设计。

一、概述

施工组织设计是水电工程设计文件的重要组成部分，是编制工程投资估算、概算及招投标文件的重要依据，是工程建设和施工管理的指导性文件。认真做好施工组织设计，对合理选择坝址、坝型及枢纽布置，对优化设计方案，合理组织工程施工，保证工程施工质量与安全，满足环境保护和水土保持要求，合理利用土地资源，缩短建设周期和降低工程造价都有十分重要的作用。

(一) 术语

1. 施工组织设计

水电工程施工组织设计是根据工程地形、地质、水文、气象条件及枢纽布置和建筑物结构设计特点，以实现工程建设安全、优质、快速、经济为目标，综合研究施工条件、施工技术、施工组织与管理、环境保护与水土保持、劳动安全与工业卫生等因素，确定相应的施工导流、料源选择与料场开采、主体工程施工、施工交通运输、施工工厂设施、施工总布置及施工总进度的设计工作。

2. 建设工期

工程建设期由工程筹建期、施工准备期、主体工程施工期、工程完建期 4 部分组成。各阶段工作内容如下：

(1) 工程筹建期，指工程正式开工前为承包单位进场施工创造条件所需的时间。工程筹建期工作主要包括对外交通、施工供电、施工通信、施工区征地移民、招投标等。

(2) 施工准备期，指准备工程开工起至关键线路上的主体工程开工前的工期。一般包括场地平整，场内交通，导流工程，施工工厂及生产、生活设施等准备工程项目。

（3）主体工程施工期，指从关键线路上的主体工程项目施工开始，至第1台（批）机组发电或工程开始受益为止的工期。主要完成永久挡水建筑物、泄水建筑物和引水发电建筑物等土建工程及其金属结构和机电设备安装调试等主体工程施工。主体工程施工开始起点可按表1-12的规定划分。

表1-12　　主体工程施工期起点划分表

控制总进度的关键线路项目	主体工程施工期起点
拦河坝（含河床式厂房、坝后厂房）	主河床截流
发电厂房系统	厂房主体土建工程施工或地下厂房顶拱层开挖
输水系统	输水系统主体工程施工
上（下）库工程（抽水蓄能电站）	上（下）库主体工程施工

（4）工程完建期，指自第1台（批）机组投入运行或工程开始受益为起点，至工程竣工为止的工期。主要完成后续机组的安装调试，挡水建筑物、泄水建筑物和引水发电建筑物的剩余工作以及导流泄水建筑物的封堵等。

工程建设总工期为后三项工期之和。

3. 施工导流、导流方式和导流标准

施工导流是水电工程施工过程中对江河水流进行控制的简称，是为了创造干地施工条件，将原河水通过适当的方式导向下游的工程措施。

导流方式是指主体工程施工期控制水流的方法。不同的施工阶段对应不同的控制水流方法，导流方式大体分为围堰一次拦断河床和围堰分期拦断河床两大类。

导流标准是指导流建筑物洪水设计标准，同一导流时段各导流建筑物的洪水设计标准应相同，以主要挡水建筑物的洪水设计标准为准。

（二）施工组织设计的作用

为了保证水电工程顺利地进行施工，并按期完成施工任务，施工前，必须对拟建的工程项目编制施工组织设计。它是工程设计文件的重要组成部分，它的作用有以下几个方面：

（1）施工组织设计是落实枢纽布置、优化工程设计的重要设计文件。

（2）施工组织设计是编制工程造价及国家控制工程造价的重要依据。

（3）施工组织设计是组织工程建设和进行施工管理的指导性文件。

（4）施工组织设计是合理组织工程施工、保证工程质量的保障。

（5）施工组织设计是保证建设工期和控制工程造价的主要技术经济文件。

（6）施工组织设计的进度计划，是工程在时间顺序上合理安排工期、组织施工的前提。

（7）施工组织设计的总布置，是工程施工现场在平面和空间上的总布置。合理的统筹规划布置，是保证工程施工质量和顺利实施施工进度、提高经济效益的关键。

（8）施工导流设计，是施工组织设计的中心环节，也是编制施工总进度计划的主要依据。施工导流设计对施工安全具有重大影响，同时影响坝址、坝型和枢纽布置方案的选择。

(9) 施工组织设计的施工交通，对保证工程按计划顺利进行具有重大的作用，且对工程造价影响很大。

总之，施工组织设计文件，对水电工程来说，是非常重要的。它是关系工程能否顺利、安全、经济、科学合理地建成的关键性文件。

(三) 施工组织设计文件的编制原则

(1) 执行国家有关法律、法规和政策，以及行业规程、规范。

(2) 结合实际，因地制宜，力求工程与自然环境和谐。

(3) 统筹安排、综合平衡、妥善协调各分部分项工程的施工。

(四) 施工组织设计工作的依据

(1) 行业有关施工组织设计规程规范和技术标准。

(2) 工程所在地区和河流的自然条件（地形、地质、水文、气象特征和当地建材情况)、施工电源、水源及水质、交通、环境保护、旅游、防洪、灌溉、航运、供水等现状和近期发展规划。

(3) 施工导流及通航等水工模型试验、各种原材料试验、混凝土配合比试验、重要结构模型试验、岩土物理力学试验等成果。

(4) 工程有关工艺试验或生产性试验成果。

(5) 国家各有关部门（国土、铁道、交通、林业、水利、环境保护、安全生产、旅游等）对工程建设期间有关要求及批件。

(6) 勘测、设计各专业有关成果。

(7) 上阶段和相关成果报告及审批意见，项目法人对工程建设的要求或协议。

(8) 工程所在地区有关基本建设的法规或条例，地方政府对工程建设的要求。

(五) 施工组织设计的分类

施工组织设计按编制对象、范围的不同，可分为项目施工组织设计、单位（项）工程施工组织设计和分部分项工程施工组织（措施）设计3类。

1. 项目施工组织设计

项目施工组织设计是以一个建设项目为编制对象，用以指导整个建设项目施工全过程的各项施工活动的技术、经济和组织的综合性文件。针对水利水电枢纽工程编制的施工组织设计，称为工程施工组织设计。一般在工程设计阶段编制，相对比较宏观、概括，对工程施工起主导作用。

2. 单位（项）工程施工组织设计

单位（项）工程施工组织设计是以一个单位工程（或一个建筑物、一个子项招标项目）为编制对象，用以指导其施工全过程的各项施工活动的技术、经济和组织的综合性文件。单位（项）工程施工组织设计，通常在工程项目招标或施工阶段编制，编制对象具体，内容也比较翔实，具有实施性，可作为施工措施的编制依据。

3. 分部分项工程施工组织设计

分部分项工程施工组织设计是以分部分项工程为编制对象，用以具体指导施工全过程的各项施工活动的技术、经济和组织的综合性文件，是比较详细、具体的施工组织设计。

一般而言，项目施工组织设计是对整个建设项目的全局性战略部署，其内容和范围比较概括。单位工程施工组织设计是在项目施工组织设计的控制下，以项目施工组织设计和企业施工计划为依据编制的，针对具体的单位工程，把项目施工组织设计的内容具体化。分部分项工程施工组织设计是以单位工程施工组织设计和企业施工计划为依据编制的，针对具体的分部分项工程，把单位工程施工组织设计进一步具体化，它是专业工程具体组织施工的设计。

（六）施工组织设计编制程序

1. 施工总组织设计编制程序

（1）基础资料分析，包括工程建设条件分析、工程特点分析和施工分析。

（2）主要施工工种工程量计算。

（3）整个工程施工部署。

（4）主要建筑物施工方案设计。

（5）主要建筑物施工时间估算。若建筑物间在施工时间安排上出现矛盾，则调整施工方案。

（6）施工总进度计划设计。若出现矛盾，则调整施工部署或施工方案。

（7）主要资源供应计划编制。

（8）施工总平面图设计。若出现矛盾，则调整施工部署或施工总进度计划。

（9）编制主要技术经济指标表。

2. 单位工程施工组织设计编制程序

（1）有关单位工程施工资料分析，包括施工总组织设计文件、施工图和说明文件、单位工程施工条件等资料的分析。

（2）计算各分部工程的工程量。

（3）编制施工图预算。

（4）确定各分部分项工程施工方法。

（5）计算各分部分项工程直接工程费用。

（6）编制单位工程进度计划。若有矛盾，则调整施工方法。

（7）编制资源供应计划。

（8）单位工程施工平面图设计。若有矛盾，则调整施工方法。

（9）编制主要技术经济指标分析表。

3. 分部分项工程施工组织设计编制程序

（1）基本资料分析，包括单位工程施工组织、施工图、分部分项工程施工条件等基本资料的分析。

（2）编制分部（分项）工程施工图预算和施工预算。

（3）确定分部分项工程施工方法。

（4）计算分部分项工程直接工程费用。

（5）编制分部分项工程进度计划。若有矛盾，则调整分部分项工程施工方法。

（6）编制资源供应计划。

（7）绘制施工场地布置图。若有矛盾，则调整施工方法。

（8）主要技术经济效果分析。

二、施工组织设计的主要内容

施工组织设计在可行性研究阶段所要求的内容最为全面，各专业之间的设计联系最为密切，这就要特别加强工序管理。下面主要阐述在可行性研究阶段施工组织设计编制的主要内容和提交的主要成果。

（一）编制的主要内容

（1）施工条件，包括工程条件（工程地理位置、工程任务和规模、工程布置）、自然条件（地质、地形、水文、气象）、交通运输条件（供水、供电、道路、通信、施工场地）、物资资源供应条件（建筑材料），以及工程施工特点（项目法人对工期要求、工程主要施工特点及重大施工技术问题）。

（2）施工导流，包括确定导流标准，划分导流时段，选择导流方案和导流建筑物，进行导流建筑物设计，提出导流建筑物的施工安排，拟定截流、防洪度汛、施工期通航、下闸蓄水、下游供水、排冰、蓄水、发电等措施。

（3）料源选择与料场开采。通过对料场储量、质量、开采加工条件等方面的综合比较，选定料源；确定的料场开采规划原则，提出各料场开采范围、开采方法、废料处理、环境保护等设计，以及支护处理措施和工程量。

（4）主体工程施工，包括对主体工程的施工程序、施工方法、工程安排、施工布置和主要施工机械等问题进行比较和选择。对主体工程施工中的关键技术问题进行专题研究和论证，如特殊的地质基础处理、导截流、大体积混凝土的温控措施等。

（5）施工交通运输，分为对外交通和对内交通。对外交通根据工程对外总运量、运输强度和重大部件的运输要求，确定对外交通方式，选择线路及其标准，规划对外交通与国家主干线的衔接。对内的任务是选定场内交通干线的布置和标准，提出工程量。

（6）施工工厂设施。确定如砂石加工系统、混凝土生产系统、混凝土预冷（或预热）系统，压缩空气系统、供水系统、供电系统、通信系统、综合加工及机械修配厂等设施的位置、规模、布置，提出工艺布置设计、建筑面积、占地面积和工程量。

（7）施工总布置。确定总工期，提出施工进度安排的主要项目强度指标、劳动力平均人数、分年劳动力需要量、最高人数和总劳动量；提出施工总进度图、表（包括横道图、网络图、关键路线图）。

（9）施工资源供应。提出主体工程和临建工程主要建筑材料需要总量和分年度供应期限及数量，提出施工所需主要及特殊机械和设备清单。

（10）地下工程通风。根据工程实际情况，确定地下工程相应的通风方式及参数。对存在大量地下洞室的工程，可对地下工程通风问题做专题研究。

（二）提交的主要成果

一般情况下，在可行性研究报告阶段，为编制水电工程设计概算，施工组织设计需要提交的主要成果如下：

1. 应提交的附图

（1）施工对外交通图。

（2）施工总布置图与筹建及准备期施工布置图。

(3) 施工导流布置图(选定方案和比较方案)。

(4) 导流建筑物结构布置图。

(5) 导流建筑物施工方法示意图。

(6) 施工期通航布置图。

(7) 料场开采规划图。

(8) 主要建筑物施工道路及施工支洞布置图。

(9) 主要建筑物开挖、施工程序及地基处理示意图。

(10) 主要建筑物混凝土施工程序、施工方法及施工布置示意图。

(11) 主要建筑物土石方填筑施工程序、施工布置示意图。

(12) 砂石加工系统布置图、生产工艺流程图。

(13) 混凝土生产及预冷(热)系统布置图。

(14) 机电、金属结构安装施工程序、施工方法及施工布置示意图。

(15) 施工用地范围图。

(16) 土石方平衡及流向图。

(17) 筹建及准备期施工进度图、表。

(18) 施工总进度图、表和施工网络图。

2. 应提交的专题报告

(1) 施工导(截)流水力学模型试验报告。

(2) 对外交通运输专题报告。

(3) 施工期通航水力学模型试验报告。

(4) 混凝土原材料、配合比及性能试验报告。

(5) 混凝土坝温度控制专题研究报告。

(6) 其他专题报告。

三、施工进度计划

(一) 施工进度计划的基本概念

施工进度计划是施工计划或施工组织设计的重要组成部分。它具体安排各项工程的开工、竣工日期和相互衔接关系，规定了工程施工的顺序和速度。

编制施工进度计划的目的是组织均衡连续施工，确保项目在国家或合同规定的期限内优质、快速、高效地建成投产。施工进度计划是水利水电建设项目计划体系中最重要的组成部分，是成本(投资)计划、劳动力使用计划、机械使用计划、物资供应计划、后勤管理计划等计划的基础。目前所使用的许多项目管理软件大都是以施工进度计划为主体。

施工进度计划的种类与施工组织设计相适应，对应于各施工组织设计的进度计划有控制整个项目进度的全场性施工活动的总进度计划；有用于控制单位或单项工程进度和施工活动的单位(项)工程进度计划；有用于指导基层实际施工的分部分项工程进度计划；在大型项目建设中，还常常编制准备工作进度计划和分期施工进度计划。上述各类进度计划的作用不同，繁简不一，但它们有机地结合起来，构成整个建设项目的施工进度计划体系。

施工进度计划是在拟定施工方案的基础上分阶段分级进行编制的，分级多少，繁简程度都随工程规模、结构复杂程度不同而异。对于简单的工程项目可能只要编制一个详细的施工进度计划就行了，像单幢住宅楼就不需要分级编制进度计划；对于稍复杂一些的工程项目，进度计划可能要分 2 级或 3 级编制；对于大型、复杂的工程项目，如大型水利水电枢纽工程，进度计划要分 4 级甚至 5 级进行编制，包括枢纽工程总进度计划、分期施工进度计划、单项工程进度计划、分部分项工程进度计划，甚至还需编制更详细的作业计划。所有这些计划总是环环相扣，一级比一级具体而详尽，但计划控制的范围一级比一级小。通常，上一级进度计划是下一级进度计划的编制依据，下一级进度计划又是上一级进度计划实现的保证。因此，在编制上一级进度计划时，要充分考虑到各下一级项目在规定工期内完成的可能性；在编制下一级进度计划时，要以上一级进度计划进行控制，保证本级项目的投资、分年度投资和施工进度计划满足上一级进度计划的要求。一般来说，计划总是从总体到局部、由大到小、由粗到细，逐级分解，顺序编制的，并且层层控制、层层反馈、统筹兼顾，达到一定的计划目标。

（二）施工总进度计划的编制

施工总进度计划是全场施工活动在时间上的体现，要求定出水利水电建设项目各单项工程和主要分部分项工程的施工顺序和开工、竣工日期，以及主体工程施工前准备工作和完工后结尾工作的施工期限。据以编制资源使用计划。

1. 施工总进度计划的项目划分

（1）划分项目。进行项目划分通常采用 WBS 法，即工作分解结构法。该法是根据系统工程的特点，将一个项目或工作逐级划分为若干个相对独立的工作单元，并通过适当的方式明确各工作单元的责任者，以便有效地组织、计划、控制项目的整体实施。

工作单元的大小或项目划分的粗细程度要按编制计划的对象和用途而定。在编制总进度计划时，工作单元或项目应划分得粗，项目包含的内容多，一般以单项工程和主要分部分项工程为单位，有的甚至可以一个生产系统为工作单元。

（2）确定工程施工顺序和列出工程项目。确定工程施工顺序是编制施工进度计划的一项重要工作。它不但关系到拟定进度计划的正确性，而且还涉及工程成本和工期。不论工程规模大小，不论群体工程、单位工程，还是分部分项工程，都存在着施工顺序问题，只是项目（工作单元）的大小、内容不同而已。确定施工顺序时，主要考虑以下几点：

1）在保证工期的前提下，实行分期施工，以便提前投产，提前收益。

2）对由若干个单项（位）工程组成的建设项目或分期工程项目，以及为主体工程施工服务的临时工程，在确定它们的施工顺序时，应优先安排下列项目：

a. 按生产工艺要求，须先期投入生产或起主导作用的工作项目。

b. 工程量大、施工难度大、需要时间长的项目。例如，河床式水利枢纽工程，要抓住坝体工程和发电系统工程的施工，并且以导流程序为线索确定各单项工程、主要分部分项工程开竣工时间和先后顺序。在引水式水电站施工中，隧洞长，工作面少，有时还要穿越软弱地层，施工难度大；而挡水坝一般不高，工程量小，所以隧洞施工往往是决定工期的关键，宜优先安排。

c. 运输系统、动力系统，如厂内外铁路、公路、输变电工程等。这是工程开工的先决条件，必须首先安排。

d. 供施工用的准备工程。如混凝土生产系统、砂石料系统等必须在混凝土浇筑前投产或部分投产。供风系统必须在土石方开挖前投产。

3）一般应按先地下后地上，先基础后结构，先深后浅，先主体后围护的原则安排施工顺序。如混凝土主体结构施工，必须在依次进行基槽开挖、基础处理、混凝土浇筑后才能进行上部结构的施工。

以上是确定施工顺序的一般原则，但它并不是一成不变的。随着工程对象和施工条件的变化，施工顺序也有变化。

编制总进度计划时，在划分项目（工作单元）并确定其施工顺序以后，应列出工程项目，即将整个工程中的各单项（位）工程和主要分部分项工程、各项准备工作、临时工程、结束工作以及工程建设必要的其他项目一一列出，并进行适当综合排队，依次填入进度计划表的项目栏内。若采用网络法编制进度计划，应对各项目进行编号，标明各项目的紧前工序或紧后工序，并把有关内容填入工程项目一览表中，供绘制网络计划图时使用。

（3）计算工程量和确定工程项目的施工期限。按照列出的工程项目分别计算各工程项目的工程量。由于设计阶段的设计资料详细程度不同，工程量的计算精度也不一样。当没有作出各种结构物的详细设计时，可以根据类似工程或概算指标估计工程量。若已有各种结构物的设计图纸，就应根据设计图纸，并考虑工程分期、分层分段、施工顺序等因素，分别算出相应的工程量。

确定进度计划中各项目（工程单元）的作业时间是计算网络计划时间和工期的基础，是计划工作的关键。用网络法编制进度时，通常不完全根据项目所处的实际情况（施工条件和工期要求等），而是根据正常条件来确定一个合理的、经济的作业时间。经过网络时间计算后，再结合工期要求和资源供应等具体条件对进度计划进行调整。这种做法具有下列意义：

1）按正常条件确定的作业时间比较经济合理，用它编制出来的计划总成本较低。

2）用正常作业时间编出初步计划，再结合实际进行调整和优化，便有了一个合理的比较基础。避免工期压缩调整时无的放矢，盲目开工，造成资金浪费，成本提高。

2. 施工进度表的类型

（1）横道图。横道图是现阶段总进度表常用类型的一种形式，图上标有各项工程主要项目的施工时段、施工工期和平均强度，并有经平衡后汇总的主要施工强度曲线和劳动力需要量曲线，必要时尚可表示各期施工导流方式和坝前水位过程线。其优点是图面简单明确，直观易懂。

（2）网络图。网络图又称为箭头图，它是系统工程在编制施工进度中的应用。它能明确表示分项工程之间的依存关系，能标示出控制工期的关键线路，便于施工控制和管理；在计算手段上，可采用电子计算机进行，因此进度的优化或调整比较方便。

（3）斜线图。斜线图也是编制施工进度计划常用的一种类型，与前两种类型比较，它易于体现施工过程的流水作业。

3. 编制施工总进度计划

（1）编制初始进度计划。根据计划对象的工序项目、相应的作业时间和作业顺序草拟

进度计划或绘制初始网络。后者还须计算网络时间参数。这一步是编制总进度计划的关键。在草拟初始进度计划时，一定要抓住关键、分清主次、合理安排、协调配合。例如，对于堤坝式水利水电枢纽工程，其关键工程一般位于河床，故施工总进度的安排应以导流方式为主要线索，先将施工导流、围堰截流、基坑排水、基坑开挖、基础处理、拦洪度汛、水库蓄水和机组发电等关键的控制性进度安排好，其中包括相应的准备、结尾工作的进度和辅助工程的进度。这样就构成了整个枢纽工程进度计划的轮廓，再将不直接受水文条件控制的其他工程项目合理安排，就形成了总进度计划草案。

(2) 总进度计划的审查和调整。初始进度计划拟定以后，首先要审查工期是否符合规定要求。如果计划工期超过规定工期，则应采取一定的方法进行调整，使计划工期满足规定工期的要求，否则应同建设单位（项目法人）或主管部门协商解决。

对于满足工期要求的总进度计划草案，按时标累计各工种工程量和主要资源用量。对出现的施工强度高峰和资源用量高峰进行调整，以削减峰值，满足均衡施工的要求，使之成为可行计划。

(3) 编制可行进度计划并计算主要技术经济指标。经过工期、资源初步调整和施工强度平衡之后的计划，已适用于现有施工条件和实际情况，变成了切实可行的计划。这时就绘制正规的横道线进度计划图或网络进度计划图，据以编制资源用量和供应计划。

可行计划是一个较优的切合实际的计划，可供实际执行。因此，需要计算有关的技术经济指标，如用工量、劳动生产率、机械台班利用率等。

(4) 计划的优化。可行计划还不是最优计划，还有可以改进的余地。所以，只要有可能，对可行计划还应逐步加以改进、优化，以取得更好的经济效果。

四、工程施工组织设计技术经济分析

技术经济分析的目的是论证施工组织设计在技术上是否可行，在经济上是否合理，通过科学的计算和分析比较，选择技术经济效果最佳方案，为不断改进和提高施工组织设计水平提供依据，为寻求增产节约途径和提高经济效益提供信息。技术经济分析是施工组织设计的内容之一，也是施工组织设计的必要手段。

（一）技术经济分析的基本要求

(1) 要对施工的技术方法、组织方法及经济效果进行全面分析，对需要与可能进行分析，对施工的具体环节及全过程进行分析。

(2) 作技术经济分析时，应抓住施工方案、施工进度计划和施工平面图三大重点，并据此建立技术经济分析指标体系。

(3) 作技术经济分析时，要灵活运用定性方法，有针对性地应用定量方法。在做定量分析时，应对主要指标、辅助指标和综合指标区别对待。

(4) 技术经济分析应以设计方案的要求，有关的国家规定，以及工程的实际需要为依据。

（二）工程项目施工组织设计技术经济分析的指标体系

施工组织设计的技术经济分析是设计和施工承包商必做的工作。水利水电工程施工组织设计的技术经济指标一般包括工期指标和劳动生产率评价，只是，目前还无一个统一的分析评价指标体系。考虑到水利水电工程项目的特点，并借鉴其他行业的技术经济分析评价指标，水利水电工程施工组织设计中的技术经济指标可包括：工期指标、劳动生产率指标、质量指标、安全指标、成本率、主要工程工种机械化程度、三大材料节约指标等。这些指标应在单位工程施工组织设计基本完成后进行计算，并反映在施工组织设计文件中，作为考核的依据。

施工组织设计技术经济分析指标可在图 1-8 所列的指标体系中选用。其中，主要的指标包括以下几种：

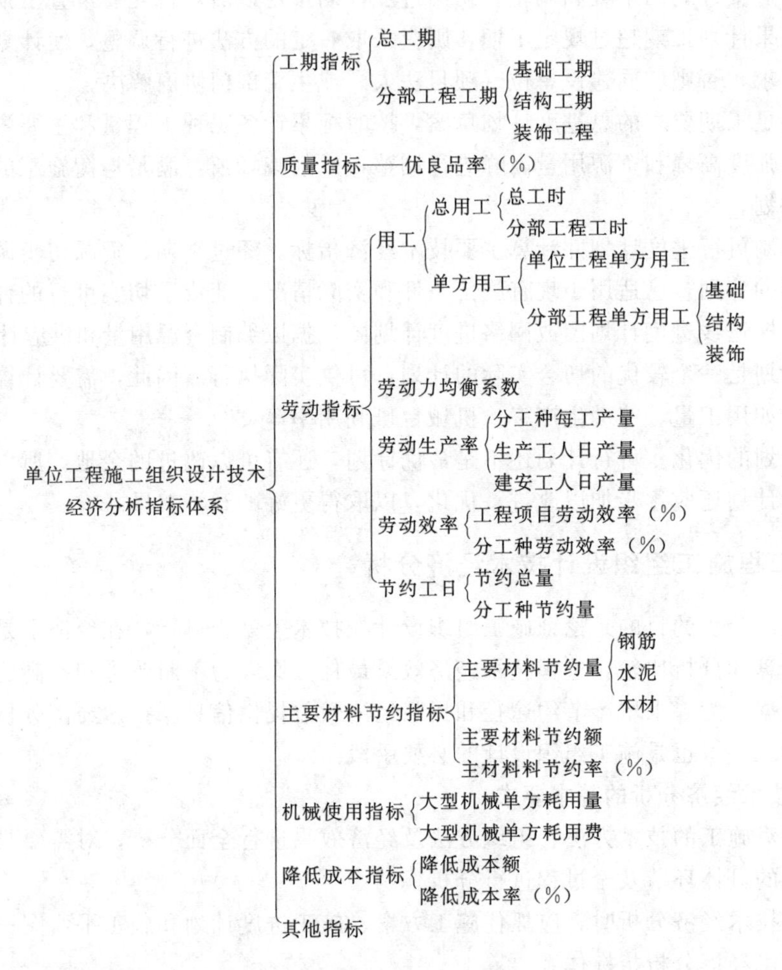

图 1-8　单位工程施工组织设计技术经济分析指标体系

（1）总工期指标，即从破土动工至竣工的全部日历天数。

（2）质量优良品率。它是在施工组织设计中确定的控制目标，主要通过保证质量措施实现，可分别对单位工程、分部分项工程进行确定。

（3）单方用工。它反映劳动的使用和消耗水平。不同建筑物的单方用工之间具有可比性。

（4）主要材料节约指标。主要材料节约情况随工程不同而不同，靠材料节约措施实

现。可分别计算主要材料节约量、主要材料节约额或主要材料节约率。

主要材料节约量＝技术组织措施节约量

或　主要材料节约量＝预算用量－施工组织设计计划用量

或　主要材料节约率＝主要材料计划节约额（元）/主要材料预算金额（元）

或　主要材料节约率＝主要材料节约量/主要材料预算用量

（5）大型机械耗用台班数及费用。

$$大型机械单方耗用台班数=\frac{耗用总台班}{建筑面积（m^2）}或\frac{耗用总台时}{建筑面积（m^2）}$$

$$单方大型机械费=\frac{计划大型机械台班费（元）}{建筑面积（m^2）}或\frac{计划大型机械台时费（元）}{建筑面积(m^2)}$$

（6）降低成本指标。

$$降低成本率=\frac{降低成本额（元）}{预算成本（元）}\times 100\%$$

（三）工程项目施工组织设计技术经济分析的重点

技术经济分析应围绕质量、工期、成本3个主要方面。选用某一方案的原则是，在质量能达到优良的前提下，工期合理，成本节约。

对于工程项目施工组织设计，不同的设计内容，应有不同的技术经济分析重点。

（1）基础工程应以土方工程、现浇混凝土、打桩、排水和防水、运输进度与工期为重点。

（2）结构工程应以垂直运输机械选择、流水段划分、劳动组织、分工协作配合、节约材料及技术组织措施为重点。

（3）装饰工程应以施工顺序、材料节约，新技术、新设备、新材料、新工艺的采用为重点。单位工程施工组织设计的技术经济分析重点是：工期、质量、成本，劳动力使用，场地占用和利用，临时设施，协作配合，材料节约，新技术、新设备、新材料、新工艺的采用。

（四）技术经济分析方法

1. 定性分析法

定性分析法是根据经验对工程项目施工组织设计的优劣进行分析。例如，工期是否适当，可按一般规律或施工定额进行分析；选择的施工机械是否适当，主要看它能否满足使用要求以及机械提供的可能性等；流水段的划分是否适当，主要看它是否给流水施工带来方便；施工平面图设计是否合理，主要看场地是否合理利用，临时设施费用是否适当。定性分析法比较方便，但不精确，不能优化，决策易受主观因素制约。

2. 定量分析法

（1）多指标比较法。该方法简便实用，也用得较多。比较时要选用适当的指标，注意可比性。有以下两种情况要区别对待：

1）一个方案的各项指标明显地优于另一个方案，可直接进行分析比较。

2）几个方案的指标优劣有穿插，互有优势，则应以各项指标为基础，将各项指标的值按照一定的计算方法进行综合后，得到一个综合指标进行分析比较。

通常的方法是：首先根据多指标中各项指标在技术经济分析中的重要性的相对程度，分别定出权值 W_i；再用同一指标，依据其在各方案中的优劣程度，定出其相应的分值 C_{ij}。假设有 m 个方案和 n 种指标，则第 j 方案的综合值 A_j 为

$$A_j=\sum_{i=1}^{n}C_{ij}W_i \quad j=1,2,\cdots,m;\ i=1,2,\cdots,n$$

综合指标值最大者为最优方案。

（2）单指标比较法。该方法多用于建筑设计的分析比较。

五、水电工程施工机械

（一）施工机械的分类

水电工程施工机械通常按施工过程分类，如土方工程机械、混凝土和钢筋混凝土工程机械等，即把完成某一完整施工过程的机械归为一类。一般分为 8 类：

（1）水平运输机械，包括汽车、拖拉机运输、机车运输、架空索道、带式输送机等。

（2）垂直运输机械，包括一般起重机、安装起重机和混凝土浇筑起重机等。

（3）装卸机械，包括装载机、叉车等。

（4）土方工程机械，包括准备及辅助工程机械、挖土机械、挖土运土机械、压实机械等。

（5）石方工程机械，包括钻孔机械、装药机械及隧洞掘进机。

（6）基础工程机械，包括打桩机、振动沉桩设备、灌浆机械、冲击钻等。

（7）混凝土及钢筋混凝土工程机械，包括骨料制备机械、钢筋及模板加工机械、拌和机及拌和楼、制冷设备、混凝土泵车、平仓振捣机械等。

（8）工程船舶，包括各种水上及水下工程船舶及机械。

同一组机械又因工作原理和构造不同而分类，如挖掘机有单斗机、多斗机、轮斗机等。

机械选型要具体落实到机械的型号。同型，表示机械的基本构造相同；同号，表示机械的技术参数一样。例如，W－501、W－1001、W－3，表示斗容量不同的单斗式挖掘机。机械一般是系列生产的，即其基本构造相同而技术参数不一样。

当前，水电工程施工机械的发展趋向主要有：

（1）专用大型化。国外水电工程施工工地人员很少，上千万立方米工程量的土坝工地不过几百人，主要靠专用大型施工机械，如德马克（Demag）公司日产能力 24 万 m^3 的轮斗式挖掘机。很多国家有装载能力 100t 以上的自卸汽车。WK－30 型隧洞掘进机，其隧道开挖直径为 8.5～9.8m，日进尺高达 46.02m 等。这些大功率、大容量、大能力的专用新机种，以其高生产效率适应大型工程的需要。

在三峡一期工程中使用的 TC2400 型塔带机，其工作幅度达 80m，吊重为 30t，布料皮带最大幅度为 84m。这种新型的混凝土运输机械的使用，满足了三峡大坝混凝土施工强度的需要。

（2）多能小型化。在专用大型化的同时，并不排斥为了适应不同工程对象的不同要求而发展起来的多功能、高利用率、机动轻便的小型施工机械，如万能式挖掘机，它能换装

正铲、反铲、抓铲、拉铲、装载、起重、打桩、钻孔等工作装置，以适应不同工程的需要。

(3) 液压化，指广泛采用液压技术。由于采用液压传动能简化传动机构，减轻机械重量（约20%），液压元件便于实行标准化、系列化、通用化，使机械的设计制造和操作维修均较简便。液压机械作业平顺可靠，因此在各类型施工机械上，液压传动日益广泛地得到采用。

(4) 电子化，指广泛应用电子技术，发展无线遥控、自动控制、自动量测、保安控制等，以提高自动化程度。微电脑在机械上的应用也越来越多。

水电工程施工机械如按工程概预算的口径也是分为8类，分别是土石方机械、基础处理设备、混凝土机械、运输机械、起重机械、工程船舶、辅助设备和加工机械。水电工程中常用的大型设备一般指大型挖掘机械、拌和楼、铁路、机车、50t以上的起重机、摇臂式堆料机、200kW以上的柴油发电机、制氧机、冷冻设备和工程船舶等。

(二) 施工机械需要量的计算

确定施工机械的需要量，即要解决一定时段内要求机械完成的工程量与机械实际能够完成的工程量之间的矛盾。计算公式为

$$N=Q/(P_1P_2P_3)$$

式中：N 为机械的需要台数；Q 为计划时段内应完成的工程量，m^3；P_1、P_2、P_3 分别为机械在计划时段内的台班数、机械的台班生产率（m^3/台班）、机械的利用率。

对于大型工程施工期长的，常以年为计划时段。对于小型和工期短的工程或特定在某一时段内完成的工程，可根据实际需要选取计划时段。

如计划时段为年，年内应完成的工程量 $Q_{年}$ 和年出勤台班数 P_1 已知时，机械需要的台数可由下式算出：

$$N=Q_{年}/(P_1P_2)$$

机械的台班数生产率已可根据现场实测确定，或者根据机械在类似工程中使用的总结经验确定。机械的生产率亦可根据制造厂家推荐的资料，但须持谨慎态度。采用理论公式计算时，应当仔细选取有关系数，特别是影响生产率最大的时间利用系数的取值。

(三) 施工机械配套及其原则

在机械化施工作业中，当两种（或两种以上）机械共同作业时，必须有一种机械是主要的，它对综合施工过程的生产效率起决定性作用，其他机械则处于次要的、从属的地位。可见，主要机械即指在使用上最有力的起控制性作用的机械。要使机群在协作作业过程中产生最大的生产效率，在进行机械配套时要遵循的原则之一是，使次要机械和所有的工作过程满足于主要机械生产效率的发挥。例如，土方开挖工程中的主要机械一般为挖掘机，这是因为挖土是目的，而推土集渣是手段。虽然汽车运渣也是目的，但是控制汽车运渣的还是挖掘机。当然，如果在任务不是很紧或者汽车缺乏的情况下，从经济的观点出发，当汽车的台时费高于挖掘机的台时费时，也可把汽车视为主要机械。

机械化施工的协调配合就是要以充分发挥主要机械的生产能力为原则。工程实际中，整个施工系统的中心环节不一定只有一个。例如，整个浇筑系统是以拌和楼为中心控制工序的，但是对于混凝土出机以后的各工序中入仓机械则是主要机械。

机械需要量的计算式适用于主要机械，而与主要机械配套的机械，其数量的多少取决于能否保证主要机械充分发挥其生产能力。以混凝土运输为例，自卸车或立罐机车的数量就取决于既要保证起重机连续工作，又要考虑能使拌和楼不停地供料，从而保证混凝土生产过程的连续性和产生最大的生产效率。

（四）施工机械的选型

现代的施工机械的种类繁杂且具有通用性，为了获得最佳的施工技术经济指标，必须对施工机械进行选型。

1. 机械选型应考虑的因素

在进行施工的选型时，除了要对机械设备技术水平及生产能力进行调查外，还应考虑下列因素：

（1）能适应施工规模和施工期限的要求。

（2）能满足施工特点和施工条件的需要。

（3）采用机械的场合与机械的性能参数相结合，能发挥机械效率，节约能源和施工费。

（4）能保证工程质量、施工安全、不污染环境。

（5）容易安装、拆迁，机械本身的制造质量好，使用可靠，技术先进，易于使用维修和实现自动化。

（6）在机械配套大、中、小比例适当的基础上，符合机型简化的要求。

实际上要非常合理地选择施工机械，使之达到理论上的要求是有一定困难的，既有需要和可能的矛盾，又有兼顾适用性和经济性的问题。例如，优先利用现有机械与新购性能良好的机械，优先选用国产机械与引进技术先进的进口机械，选用通用机械或专用机械之间都存在着矛盾。机械的供应条件也受到一定限制，往往主要机械安装后工程施工高峰已经过去了。但在正常条件下，应力求合理一些。

2. 施工机械选型的原则

（1）根据工程规模选择机械。工程规模的大小是选择机械规格的一项重要依据。一般来说，工程规模大，应选用大型专用机械，工程规模小，相应选用小型通用机械。以起重机为例，大型工程优先采用专门为水利电力建设浇筑混凝土而设计的如 SDMQ126/60 型高架门机，中小型工程则以挖土机改装的履带起重机浇筑混凝土或用较为轻便的丰满门式起重机。因为对大型工程来说，为适应工程期限、施工进度的要求，施工强度大，选用小型机械需用数量多，有时难以布置；大型专用机械生产能力大、服务范围广、施工人员少、劳动生产率高，就比较经济合理，布置也方便。三峡工程的大坝混凝土浇筑中的机械选择，曾经过专题专家论证、国家“七五”科技攻关等大量的设计研究工作，研究和比较过缆索起重机、大型塔机、高架门机及双悬臂起重机等机型与机种，在大量的调查、比较、论证的基础上，1996 年三峡开发总公司决定采用 6 台塔带机（其中 4 台由美国 RO-TEC 公司制造，2 台由法国 POTAIN 公司和美国 C. S. Johnson 公司合作制造）、10 台高架门机和 2 台缆机相结合的施工方案，满足主要的关键性部位的混凝土工程施工的需要。实践证明，所选机型和机种能适应三峡这样特大型工程的施工要求。

（2）根据工程特点选择机械。由于工程特点不同，具体要求就不一样，机械选型时就

要有针对性地加以考虑。

1）坝型不同结构特点不同。重力坝型，工程量大，浇筑仓面开阔，配筋很少，适于采用大型入仓机具；而轻型坝，工程量小，配筋密，适于采用中小型入仓机具。例如，淮河上游修建的佛子岭、梅山连拱坝，使用升高塔沿坝面爬升浇筑混凝土，就是很成功的。

2）坝高不同结构特点也不同。闸、坝结合的河床式水电站，工作水头低，主体工程以空间结构为主，而下游消能工（护坦、海漫）分散面积较大，常用多种运输浇筑方案结合，如一般门塔机、履带式起重机、汽车、皮带机入仓等。高坝工程则工程量集中程度高，垂直运输占主要地位，常以起重机（门塔机或缆机）作为运输浇筑方案。

3）施工阶段不同，选用的机械设备也要有所区别。仍以混凝土工程为例，施工的初期阶段，施工对象是坝体底部，其高程低于拌和楼供料高程，运输以水平运输为主。在浇筑程度上，虽然总方量未必很大，但由于导流需要，通常要求浇筑到一定高程的时限较紧，需要的浇筑强度也高。这个时期的施工场面较拥挤，浇筑常与基础开挖和处理工作交叉平行进行，而主要浇筑系统可能尚未形成或部分形成。这些因素决定了这个施工阶段采用的混凝土运输入仓手段常是综合的，如以履带式起重机配合汽车运输为主或以汽车入仓为主辅以皮带机运输。若主要浇筑系统已经形成，则一同投入使用。

4）根据地形条件，如河谷的宽度、拌和楼的位置、基坑道路坡度和弯道等，有针对性地选用机械。例如，混凝土坝窄谷河床，多采用缆机；宽阔河床常采用门式、塔式等机械。

（3）根据机械化组合原则选配机械。综合机械化要求整个施工过程选择最合理的机械组合。在组织机械化施工中，由于任一个单项工程的施工过程一般都由若干个施工工序所组成，各个工序（如混凝土浇筑的仓面准备、运输、入仓、平仓振捣）一般要根据不同的需要选用不同类型的机械，并把不同类型的机械组合在一起来完成整个施工过程。而要使每种机械的效率都得以充分发挥，应研究机械化施工中组合机械的相互关系，探讨最合理的组合原则，据以选配机械。

机械技术性能的合理组合包括以下内容：

1）主要机械和配套机械的组合。配套机械的容量、数量及生产率应稍大一点，机械能力配合适宜，以充分发挥主要机械的生产效率。例如，挖掘机械的斗容与运土车厢的容积之比，一般应取1∶3～1∶5，且不小于1∶7～1∶8。

2）主要机械与辅助机械的组合。辅助机械的生产率应稍大一些，配合适宜，以充分发挥主要机械的生产效率。例如，松土器、洒水机械的生产效率应稍大于压实机械的生产率。

3）牵引机及其机具的组合要相适应，既不能“大马拉小车”也不能“小马拉大车”。例如，拖拉机与羊足碾、松土器、铲运斗的动力及结构要相适应。

4）组合机械的生产能力要相互适应。在同一施工过程进行流水作业施工中，各工序机械在规格能力和数量比例上要相互适应，以保证施工均衡。例如，吊罐容量要和起重机能力相适应，也要和自卸汽车的车厢相适应；混凝土运输机械应保证入仓机械生产能力的充分发挥；平仓振捣也要和入仓设备生产能力相配合，否则必然会影响入仓机械效率，或者不能保证混凝土的浇筑质量。

（五）施工机械类型及其台数的组合

（1）尽可能减少组合机械的机种数，因为在同一流水作业过程中，参与组合的机械种类越多，整个作业过程的总效率就越低；反之，组合的机种数越少，总效率就越高。因为各组合机械是相互配合、顺序工作的。假如某一施工过程有3种机械连贯组合施工，每种机械的效率均为0.9，则此机械化施工配套的总效率就是$0.9^3=0.73$；若只有两种机械组合施工，总效率就可提高到$0.9\times0.9=0.81$；若组合中某种机械发生故障，则组合全体就将停止施工。因此，在组织施工过程的综合机械化施工中应尽力减少组合的机械种类，以提高总的机械效率。例如，在合适的条件下使用自卸汽车直接入仓卸料，它的施工效率就要高些。一般来说，组合的台数越少，作业的效率就越高，机械单一，便于调度、管理和维修。

（2）并列组合。如果只依靠一套组合机械作业，当主要机械发生故障时，就很容易引起全线停工。假若选用两套或多套并列作业，就可以避免全线停产事故。

第六节　水电工程各阶段造价文件

一、投资匡算

在河流水电规划阶段应编制投资匡算。

投资匡算是表述河流（河段）水电规划方案经济性的基础指标，是梯级之间和梯级组合方案之间进行判别比较的指标，是河流、河段规划方案或规划调整方案的组成内容。投资匡算的范围是河流（河段）规划方案或规划调整方案所包含的全部梯级。

投资匡算编制依据国家和行业现行的政策法规，依据《河流水电规划编制规范》(DL/T 5042—2010)，依据河流（河段）规划方案或规划调整方案中各个梯级的工程特征参数、枢纽建筑物主体工程量（装机总容量和金结工程量）、水库淹没指标和其他影响投资匡算的条件。投资匡算以规划报告编制期的价格水平，选用国内施工队伍施工等边界条件编制而成。

投资匡算的任务是对枢纽建筑物投资（含主体建筑工程和其他建筑工程、施工辅助工程、机电设备及安装工程、金属结构设备及安装工程、环境保护工程等投资）、建设征地移民安置投资、独立费用、基本预备费等进行匡算和汇总，最终得到各梯级电站规划报告编制年的静态投资。

投资匡算的基本方法是分析类比各部分投资之间的相关关系。

二、投资估算

在预可行性研究设计阶段编制投资估算。投资估算应该充分考虑各种复杂情况下工程投资的需要、风险、政策的变化、价格的上涨等因素，打足投资、不留缺口、留有余地。它是工程项目兴建决策最主要的技术经济参考指标，也是设计文件的重要组成部分，是业主对选择近期开发项目进行科学决策的基本依据；也是考核设计方案和建设成本是否科学合理的依据。它主要是根据国家现行政策法规，按照工程项目划分，选用合理的估算、概

算指标或类似工程的预（决）算资料进行编制。投资估算是工程投资的最高限额。

水电工程工程投资估算的编制包括：对主体工程项目初步进行单价和指标分析，估算主体工程、机电设备和金属结构设备投资，分析其他项目与主体工程费用的比例关系，估算静态总投资和工程总投资。或者先按概算定额计算，再扩大一个百分比编制，然后提出投资估算正文和必要的附件。

三、设计概算

水电工程设计概算是水电工程可行性研究设计报告的重要组成部分。在可行性研究阶段应编制可行性研究设计概算。

可行性研究设计概算是按可行性研究设计成果和国家有关政策规定以及行业标准编制的水电建设项目所需要的投资额，是进行项目国民经济评价及财务评价的依据。设计概算经审查后，是国家投资管理部门确定和控制固定资产投资规模、核准或审批建设项目的依据；是项目法人筹措建设资金、签订贷款合同以及控制、管理项目工程造价的依据；是国家有关部门对建设项目进行稽查、审计的依据；是合理测算和确定项目上网电价的参考依据；是进行项目竣工决算和项目投资后评价的对比依据。

设计概算应按可行性研究阶段工程设计成果和编制年的政策及价格水平进行编制。工程核准前由于国家政策调整、设计报告进行了修编，或核准年与概算编制年相隔两年及以上时，应根据核准年的政策和价格水平以及设计修编报告成果（如果有）重新编制设计概算并报批。

工程核准开工后由于国家政策调整、市场价格发生较大变化或设计发生重大变更，需对工程投资进行复核调整的，应根据实际情况编制工程调整概算并报批。

凡利用外资建设的水利水电工程项目，应在编制完成全内资概算的基础上，根据外资来源、额度，按照利用外资概算编制办法编制外资概算。

四、分标概算、招标设计概算

招标设计阶段的工程投资文件成果一般分为分标概算和招标设计概算两部分，大型工程增加主体标招标设计概算。招标设计阶段的工程投资文件，既要反映招标设计阶段的设计成果，如确定的工程分标方案，项目划分和设计工程量的变化等，同时还要考虑与项目可行性研究报告阶段批准的设计概算的对应与衔接。

1. 分标概算

(1) 分标概算以批准的设计概算为基础，根据该阶段设计确定的施工分标方案，对设计概算的项目和投资进行切块调整重组，并对施工辅助工程和有关费用进行合理分摊。

(2) 分标概算的工程量、基础价格水平、工程单价、设备价格、工程静态投资和总投资等均与批准的设计概算保持一致。

2. 招标设计概算

(1) 招标设计概算是根据招标设计阶段的工作成果所编制的工程各部分投资的控制额。

（2）招标设计概算采用招标设计工程量，基础价格水平与批准的设计概算相同。

（3）工期较短的中小型工程可在主体建安工程和主要设备招标设计完成后一次编制完成；工期较长的大型工程可在分标规划的基础上，根据各主体建安工程和主要设备招标设计完成情况分期编制主体标招标设计概算，在主体建安工程及主要设备招标设计工作完成后，编制整个工程的招标设计概算。

五、最高投标限价、标底与报价

最高投标限价是招标人根据国家或省级、行业建设主管部门颁发的有关计价依据和办法，以及拟定的招标文件和招标工程量清单，结合工程具体情况编制的。最高投标限价的设置，有利于避免串通投标、围标、哄抬报价的行为。招标文件是否设置最高投标限价以及最高投标限价的具体金额，由招标人自行确定。招标人设有最高投标限价的，应当在招标文件中明确最高投标限价或者最高投标限价的计算方法。超过最高限价的投标文件，招标人有权根据招标文件的规定对其作废标处理。最高投标限价实质上属于招标文件规定的废标条件。

标底是招标工程的预期价格，它主要是以招标文件、图纸，结合工程具体情况，按有关规定计算出的合理的工程价格。它是由业主委托具有相应资质的设计单位、社会咨询单位编制完成的。标底的主要作用是使招标单位在一定浮动范围内合理控制工程造价，明确自己在发包工程上应承担的财务义务。标底也是招标单位对招标工程所需投资的自我预测，是衡量投标单位报价合理性的重要尺度。

投标报价即报价，是施工企业（或厂家）建筑工程施工项目（或机电、金属结构设备）的自主定价。它反映的是市场价格，体现了企业的经营管理、技术和装备水平。中标报价是建筑工程施工项目或设备产品的成交价格。

六、施工预算

施工预算是指在施工阶段，施工单位为了加强企业内部经济核算，节约人工和材料，合理使用机械，套用施工定额编制而成的文件。施工预算作为施工单位内部各部门进行备工备料、安排计划、签发任务、企业内部经济核算的依据以及控制各项成本支出的基准。

七、完工结算

完工结算是施工企业与建设单位对承建工程项目的最终结算，也是竣工决算的基础。完工结算对施工企业而言，是承包合同内的总收入，可看作该承包合同的预算成本；对建设单位而言，即是该发包合同的付款总额。

八、竣工决算

竣工决算是建设单位建设成果和财务状况的总结性文件，它反映了工程的实际造价，由业主单位负责组织编制。竣工决算是建设单位向管理单位移交财产，考核工程项目投资的依据。竣工决算是整个基建项目完整的实际成本，计入了工程建设的其他费用开支、临时工程设施费和建设期利息等工程成本和费用。

九、其他

在水电工程建设管理过程中，除以上所介绍的造价文件类型外，还会涉及需要编制的其他相关的造价文件，比如下面所提及的方面。

工程项目的后评价，是指对已建成工程项目进行回顾性评价，也是固定资产投资管理的一项重要内容。其目的是总结经验，吸取教训，以提高项目的决算水平和投资效益。项目后评价是在项目已经建成，通过竣工验收，并经过一段时间的生产运行后进行，以便对项目全过程进行总结和评价。

在目前的水电工程市场中，为加强水电工程实施过程中的投资控制与管理，提高股东方的投资效益，合理确定工程预期成本，各个集团公司或开发公司都要求编制执行概算、业主预算等投资预测文件。

第二章 水电工程造价预测基础知识

工程造价贯穿于工程建设全过程，大致可分为3个阶段，始于工程造价预测，过程于管理与控制，止于竣工决算和后评价。本书重点在于工程造价的预测，以便确定整个工程的造价，旨在提供微观、宏观评价的基础，决策、控制管理等的依据。

工程造价的预测要全面反映建筑产品的价值构成，体现社会的必要劳动量，按社会平均水平进行预测。不同建设阶段对水电工程造价预测的要求不同，随着建设阶段的逐步深化，工程造价预测的深度、内容和方法也由粗到细，精度逐步提高。目前水电工程还须按照国家有关部门颁发的编制规定、费用标准及定额进行预测，主要的预测有规划阶段的投资匡算、预可行性研究阶段的投资估算、可行性研究阶段的设计概算、招标设计阶段的分标概算和招标设计概算、施工图设计阶段的施工预算等。本章将重点介绍采用可行性研究阶段设计概算进行水电工程造价预测的相关内容。

第一节　预测的原则、依据与程序

一、水电工程造价预测原则

（1）遵守国家法律法规、水电行业规定和基本建设程序。

（2）适应市场经济环境，贴近市场变化，基础价格定价合理。

（3）符合价值规律、体现社会必要劳动量和社会生产力平均水平，全面反映工程价值。

（4）适应不同建设阶段相应的造价预测深度要求。

二、水电工程造价预测的依据

（1）国家和省（自治区、直辖市）颁发的有关法律、法规、规章、行政规范性文件。

（2）行业主管部门发布的标准、规范、规程等。

（3）行业定额和造价管理机构及有关行业主管部门颁发的定额、费用构成及计算标准等。

（4）水电工程设计工程量计算规定。

（5）可行性研究报告设计文件及图纸。

（6）有关合同协议书及资金筹措方案。

（7）其他。

三、水电工程造价预测的程序

（1）了解、掌握工程情况和深入调查研究，并收集有关资料。

1）向各设计专业了解工程概况，包括工程地质、工程规模、工程枢纽布置、主要水工建筑物的结构型式和主要技术数据、施工导流、施工总体布置、对外交通条件、施工进度及主体工程的施工方法。

2）深入现场了解枢纽工程及施工场地布置情况、了解砂石料开采条件以及场内交通运输条件和运输方式。

3）向设计委托单位、各有关的上级主管部门和工程所在省（自治区、直辖市）的劳资、计划、基建、税务、物资供应、交通运输等部门及施工承包人（如已有）和主要设备制造厂家，收集编制设计概算所需的各项资料和有关规定。

4）了解建设征地的范围，深入现场了解移民村庄、集（城）镇、专业项目、防护工程等的分布情况等。

（2）编写工作大纲。

1）确定编制原则和采用的编制依据。

2）确定计算基础价格的基本条件与参数。

3）确定编制概算单价采用的定额、标准和有关参数。

4）明确各专业互相提供资料的内容、深度要求和时间。

5）落实编制进度及提交最后成果的时间。

6）编制人员分工安排和提出工作计划。

（3）编写设计概算编制大纲。在以上两项工作做完之后，应编写概算编制大纲，并报概算审查部门核备。

（4）概算编制。

1）编制基础价格。

2）编制建筑及安装工程单价。

3）编制施工辅助工程、建筑工程概算。

4）编制环境保护和水土保持专项工程概算。

5）编制机电、金属结构设备及安装工程概算。

6）编制建设征地移民安置补偿费用概算。

7）编制独立费用概算。

8）编制分年度投资及资金流量。

9）分析编制预备费。

10）编制总概算和编写说明。

（5）资料整理、印刷、出版。

（6）审查修改和资料归档。

（7）工作总结。

第二节　水电工程项目划分

一、概述

（一）项目划分的目的

一个现代化的水电工程建设项目，规模庞大，内容复杂，涉及的技术专业门类较多。

为适应基本建设管理工作的需要，满足工程科研勘测设计、建造、生产运行活动中各项管理业务（计划合同、统计、财务、技术、质量、进度以及物资器材供应等）工作的要求。必须有一个科学的、合理的可供各方面共同遵循的统一的工程项目划分办法。

水电工程建设项目的投资及造价分析计算是一个比较繁杂的工作。因为一个大中型水电工程项目具有规模大、项目繁多、建设周期长、投资大等特点。为统一工程建设项目在河流规划、勘测设计及工程实施等全过程中的工程投资匡算、估算、概算及预算的口径，一个工程建设项目也必须统一项目划分。

工程设计概算的编制工作是从最基本的物理单位即工程实物量开始计算的。要把十分浩繁的工程，逐一系统地编制成货币形态的工程设计概算书，就必须按统一的项目划分口径，从小到大逐级扩大归纳范围，最终汇集成建设项目的总概算。如果在区分和确定工程项目内容上不统一，或出现差错，不仅会造成混乱，而且不可能做到准确计算工程项目的总造价或总投资。

为了能较为准确地分析计算出每个工程项目的总造价，只有把一个建设项目按费用性质先分成几个部分，然后在每个部分的基础上按用途和功能分为若干个项目，再在每个项目的基础上分为若干个扩大单位工程即一级项目，也称为单项工程；进而再逐级划分为单位工程即二级项目；在单位工程基础上划分为分部分项工程即三级项目。

（二）水电工程概算项目构成

根据现行《水电工程设计概算编制规定（2013年版）》，水电工程设计概算项目划分为枢纽工程、建设征地移民安置补偿、独立费用3个部分。枢纽工程包括施工辅助工程、建筑工程、环境保护和水土保持专项工程、机电设备及安装工程、金属结构设备及安装工程5项；建设征地移民安置补偿包括农村部分、城市集镇部分、专业项目、库底清理、环境保护和水土保持专项5项；独立费用包括项目建设管理费、生产准备费、科研勘察设计费、其他税费4项，如图2-1所示。

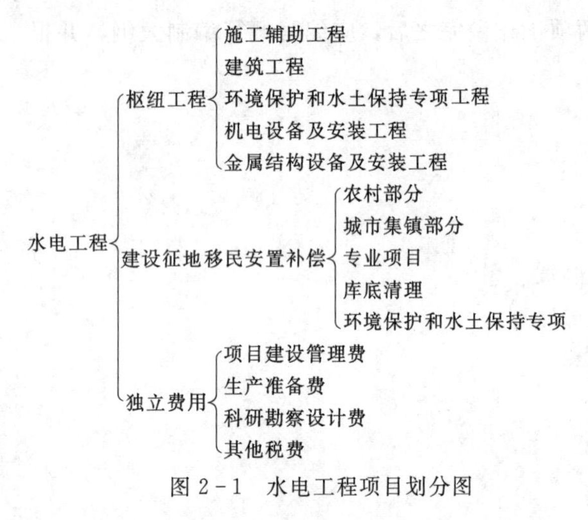

图2-1　水电工程项目划分图

（三）项目划分的一般规定

1. 建设项目

基本建设项目一般是指经批准按照在一个设计任务书范围内进行施工，经济上实行统一核算，行政上有独立的组织形式实行统一管理的基本建设单位。一般是一个企业，事业单位或独立的工程作为一个基本建设项目。当然，一个基本建设项目，可以是一个独立工程，也可以包括几个或更多的单项工程。

一个具体的基本建设工程，通常就是一个基本建设项目，简称为建设项目。

2. 扩大单位工程

扩大单位工程又称为单项工程，亦称为工程项目，在本项目划分中称为“一级项目”。

它是建设项目的组成部分。一个建设项目，可以是一个单项工程，也可能包括许多个单项工程。所谓单项工程是具有独立的设计文件，竣工后可以独立发挥生产能力或效益的工程，如水电工程中的挡水工程。

3. 单位工程

单位工程，在本项目划分中称为"二级项目"，是具有独立施工条件的工程，是单项工程的组成部分，如输水工程中的进水口、引水隧洞工程等。

4. 分部分项工程

分部分项工程，在本项目划分中称为"三级项目"，是单位工程的组成部分，是单位工程的更小结构部分组成，是概预算中最基本的预算单位，是按工程的不同结构部位、不同的材料、不同的施工方法、不同的规格等，进一步划分为若干个分部分项工程。例如，土方开挖，应按不同的土质、人工开挖、机械开挖、是挖槽还是挖坑，还要进一步分坑、槽的深度及宽度等。

二、枢纽工程项目组成及项目划分

（一）枢纽工程项目组成

（1）施工辅助工程，指为辅助主体工程施工而修建的临时性工程。本项由以下扩大单位工程组成：

1）施工交通工程，指施工场地内外为工程建设服务的临时交通设施工程，包括公路、铁路专用线及转运站、桥梁、施工支洞、水运工程、桥涵及道路加固、架空索道、斜坡卷扬机道，以及建设期间永久交通工程和临时交通工程设施的维护与管理等。

2）施工期通航工程，包括通航设施、助航设施，电站建设期货物过坝转运费、航道整治维护费、临时通航管理费、断碍航补偿费等。

3）施工供电工程，包括从现有电网向场内施工供电的高压输电线路、施工场内10kV及以上线路工程和出线为10kV及以上的供电设施工程。其中，供电设施工程包括变电站的建筑工程、变电设备及安装工程和相应的配套设施等。

4）施工供水系统工程，包括为生产服务的取水建筑物，水处理厂，水池，输水干管敷设、移设和拆除，以及配套设施等。

5）施工供风系统工程，包括施工供风站建筑，供风干管敷设、移设和拆除，以及配套设施等。

6）施工通信工程，包括施工所需的场内外通信设施（含交换机设备）、通信线路工程及相关设施线路的维护管理等。

7）施工管理信息系统工程，指为工程建设管理需要所建设的管理信息自动化系统工程，包括管理系统设施、设备、软件等。

8）料场覆盖层清除及防护工程，包括料场覆盖层清除、无用层清除及料场开挖之后所需的防护工程。

9）砂石料生产系统工程，指为建造砂石骨料生产系统所需的场地平整、建筑物、钢构架、配套设施，以及为砂石骨料加工、运输专用的竖井、斜井、皮带机运输洞等。

10）混凝土生产及浇筑系统工程，指为建造混凝土生产（包括混凝土拌和、制冷、供热）及浇筑系统所需的场地平整、建筑物、钢构架以及缆机平台等。

11）导流工程，包括导流明渠、导流洞、导流底孔、施工围堰（含截流）、下闸蓄水及蓄水期下游临时供水工程、施工导流金属结构设备及安装工程等。

12）临时安全监测工程，指仅在电站建设期需要监测的项目，包括临时安全监测项目的设备购置、埋设、安装以及配套的建筑工程，电站建设期对临时安全监测项目和永久安全监测项目进行巡视检查、观测、设备设施维护及观测资料整编分析等。

13）临时水文测报工程，主要包括施工期临时水文监测、施工期水文测报服务、专用水文站测验、截流水文服务专项、水库泥沙监测专项等项目的监测设备、安装以及配套的建筑工程，此外还包括水文测报系统（含永久）在施工期内的运行维护、观测资料整理分析与预报等。

14）施工及建设管理房屋建筑工程，指工程在建设过程中为施工和建设管理需要兴建的房屋建筑工程及配套设施，包括场地平整、施工仓库、辅助加工厂、办公及生活营地、室外工程，以及电站建设期永久和临时房屋建筑的维护与管理。

场地平整包括在规划用地范围内为修建施工及建设管理房屋和室外工程的场地而进行的土石开挖、填筑、圬工等工程。

施工仓库包括一般仓库和特殊仓库，一般仓库指设备、材料、工器具仓库等，特殊仓库指油库和炸药库等。

辅助加工厂包括木材加工厂、钢筋加工厂、钢管加工厂、金属结构加工厂、机械修理厂、混凝土预制构件厂等。

办公及生活营地指为工程建设管理、监理、勘测设计及施工人员办公和生活而在施工现场兴建的房屋建筑和配套设施工程。

施工期间为工程建设管理、监理、勘测设计及施工人员办公和生活而在施工现场发生的房屋租赁费用在此项中计列。

15）其他施工辅助工程，指除上述所列工程之外，其他所有的施工辅助工程，包括施工场地平整，施工临时支撑，地下施工通风，施工排水，大型施工机械安装拆卸，大型施工排架、平台，施工区封闭管理，施工场地整理，施工期防汛、防冰工程，施工期沟水处理工程等。其中，施工排水包括施工期内需要建设的排水工程、初期和经常性排水措施及排水费用；地下施工通风包括施工期内需要建设的通风设施和施工期通风运行费；施工区封闭管理包括施工期内封闭管理需要的措施和投入保卫人员的营房、岗哨设施及人员费用等。

其他施工辅助工程所包含的项目中，如有费用高、工程量大的项目，可根据工程实际需要单独列项。

(2) 建筑工程，指枢纽建筑物和其他永久建筑物。本项由以下扩大单位工程组成，其中挡（蓄）水建筑物至近坝岸坡处理工程前8项为主体建筑工程：

1）挡（蓄）水建筑物，包括拦河挡（蓄）水的各类坝（闸）、基础处理工程。

发电进水口坝段、泄洪坝段、坝基及坝肩防渗、水库库岸防渗工程均列本项下。

混凝土坝（闸）项下应分别列出非溢流坝段、泄水坝段、进水口坝段和基础处理工程；土（石）坝项下可分别列出挡水坝段、坝身泄水建筑物和基础处理工程。

挡（蓄）水建筑物开挖范围内的边坡开挖及支护处理在本项计列。

2）泄水消能建筑物，包括宣泄洪水的岸坡溢洪道、泄洪洞、冲砂孔（洞）、放空（孔）洞等建筑物和进出水口边坡、溢洪道沿线边坡及岸坡和坝后泄水设施之后的消能防冲建筑物等。

消能防冲建筑物可分为消能工程（水垫塘、消力池）、辅助消能工程（消力墩、消力齿、二道坝）、海漫、防冲槽、预挖及岸坡保护等。

3）输水建筑物，包括引水明渠、进（取）水口（含闸门室）、引水隧洞、调压室（井）或压力前池、压力管道、尾水调压室（井）、尾水隧洞（渠）、尾水出口等建筑物。

4）发电建筑物，包括地面、地下等各类发电工程的发电基础、发电厂房、灌浆洞、排水洞、通风洞（井）等建筑物。

独立建设的中控楼在本项下计列。

5）升压变电建筑物，包括升压变电站（地面或地下）、母线洞、通风洞、出线洞（井）、出线场建筑物（或开关站楼）等建筑物。

如有换流站工程，应作为一级项目与升压变电站工程并列。

升压变电建筑物的钢构架列入本项中。

6）航运过坝建筑物，包括上游引航道（含靠船墩）、船闸（升船机）、下游引航道（含靠船墩）、上下游锚地及河道整治等。

7）灌溉渠首建筑物，根据枢纽建筑物布置情况，可独立列项。与拦河坝相结合的，也可作为拦河坝工程的组成部分。

8）近坝岸坡处理工程，主要包括对水工建筑物安全有影响的近坝岸坡及泥石流整治，以及受泄洪雾化、冲刷和发电尾水影响的下游河段岸坡防护工程。

对规模较大的堆积体、滑坡体、高边坡、泥石流整治等宜分项列出。

9）交通工程，包括新建上坝、进厂、对外等场内外永久性的公路、铁路、桥梁、隧洞、水运等交通工程，以及对原有的公路、桥梁等的改造加固工程。

10）房屋建筑工程，指为现场生产运行管理服务的房屋建筑工程，包括场地平整、辅助生产厂房、仓库、办公用房、值班公寓和附属设施及室外工程等。

如需在就近城市建立电站生产运行管理设施或流域梯级集控中心，在此项下单独计列。

装机规模100万kW及以上的大型水电站，如需配备武警部队，应考虑其营地建筑工程。

11）安全监测工程，指为完成永久安全监测工程所进行的所有土建工程。

12）水文测报工程，包括水情自动测报系统、专用水文站、专用气象站和水库泥沙监测等项目的所有土建工程。

13）消防工程，包括消防工程中需要单独建设的土建工程。

14）劳动安全与工业卫生工程，指专项用于生产运行期为避免危险源和有害因素而建设的永久性劳动安全与工业卫生建筑工程设施等，主要包括安全标志、安全防护设施、作业环境安全检测仪器、噪声专项治理、应急设施。

15）其他工程，包括动力线路、照明线路、通信线路、厂坝区供水、厂坝区供热、厂坝区排水等公用设施工程，地震监测站（台）网工程及其他。

动力线路工程指从发电厂至各生产用电点的架空动力线路及电缆沟工程。电厂至各生产用电点的动力电缆应列入机电设备及安装工程中。

照明线路工程指厂坝区照明线路及其设施（户外变电站的照明也包括在本项内）。不包括应分别列入拦河坝、溢洪道、引水发电系统、船闸等水工建筑物细部结构项内的照明设施。

通信线路工程包括对内、对外的架空通信线路和户外通信电缆工程及枢纽至本电站（水库）所属的水文站、气象站的专用通信线路工程。

地震监测站（台）网工程指根据工程需要，在枢纽区和水库区设置的地震弱震监测系统。

（3）环境保护和水土保持专项工程，指水电工程建设区内，专为环境保护和水土保持目的兴建或采取的各种保护工程和措施。

1）环境保护专项工程，包括水环境保护工程、大气环境保护工程、声环境保护工程、固体废物处置工程、土壤环境保护工程、陆生生态保护工程、水生生态保护工程、人群健康保护措施、景观保护工程、环境监测（调查）及其他环境保护工程。

2）水土保持专项工程，包括永久工程占地区、施工营地区、弃渣场区、土石料场区、施工公路区、库岸影响区等水土流失防治区内的水土保持工程措施、植物措施和水土保持监测工程及其他。

（4）机电设备及安装工程，指构成电站固定资产的全部机电设备及安装工程。本项由以下扩大单位工程组成：

1）发电设备及安装工程，包括水轮发电机组（水泵水轮机、发电电动机）及其附属设备、进水阀、起重设备、水力机械辅助设备、电气设备、控制保护设备、通信设备及安装工程。

2）升压变压设备及安装工程，包括主变压器、高压电气设备、一次拉线等设备及安装工程。

如有换流站工程，其设备及安装工程作为一级项目与升压变电站设备及安装工程并列。

3）航运过坝设备及安装工程，包括升船机、过木设备、货物过坝设备及安装工程。

4）安全监测设备及安装工程，指为完成各项永久安全监测工程所需的监测设备及安装工程。

5）水文测报设备及安装工程，指为完成工程水情自动预报、水文观测、工程气象和泥沙监测所需的设备及安装等。

6）消防设备及安装工程，指专项用于生产运行期为避免发生火灾而购置的消防设备、仪器及其安装、率定等。

7）劳动安全与工业卫生设备及安装工程，指专项用于生产运行期为避免危险源和有害因素而购置的劳动安全与工业卫生设备、仪器及其安装、率定等。

8）其他设备及安装工程，包括电梯，坝区馈电设备，厂坝区供水、排水、供热设备，

流域梯级集控中心设备分摊，地震监测站（台）网设备，通风采暖设备，机修设备，交通设备，全厂接地等设备及安装工程。

抽水蓄能电站还包括上下水库补水、充水、排水、喷淋系统等设备及安装工程。

(5) 金属结构设备及安装工程，指构成电站固定资产的全部金属结构设备及安装工程。

金属结构设备及安装工程扩大单位工程，应与建筑工程扩大单位工程或分部工程相对应，包括闸门、启闭机、拦污栅、升船机等设备及安装工程，压力钢管制作及安装工程和其他金属结构设备及安装工程。

(6) 施工辅助工程与建筑工程、机电设备及安装工程、金属结构设备及安装工程相结合的项目列入相应的永久工程中。

（二）枢纽工程项目划分

(1) 枢纽工程项目划分各项下设一级（扩大单位工程）、二级（单位工程）、三级（分部工程）项目，各级项目可根据工程需要设置，但一级项目和二级项目不得合并。表2-1～表2-5未细化的项目可根据水电工程设计工程量计算规定和工程实际需要列项。

(2) 枢纽工程项目划分第三级项目中，仅列示有代表性的子目。编制设计概算时，对下列项目应作必要的再划分：

1) 土方开挖工程，应将明挖与暗挖、土方开挖与砂砾石开挖分别列出。

2) 石方开挖工程，应将明挖与暗挖，平洞与斜井、竖井开挖分别列出。

3) 土石方填筑工程，应将土方填筑与石方填筑分别列出。

4) 混凝土工程，应按不同的工程部位、不同强度等级、不同级配分别列出。

5) 砌石工程，应将干砌石、浆砌石、抛石、铅丝（钢筋）笼块石分别列出。

6) 钻孔灌浆工程，应按用途及使用不同钻孔机械分别列出。

7) 灌浆工程，应按不同灌浆种类，如接触灌浆、固结灌浆、帷幕灌浆和回填灌浆等分别列出。

8) 锚喷支护工程，应将喷钢纤维混凝土和喷素混凝土、锚杆和锚索及不同的规格分别列出。

9) 机电设备及安装工程和金属结构设备及安装工程，应根据设计提出的设备清单，按分项要求逐一列出。

10) 钢管制作及安装工程，应按一般钢管、叉管和不同管径、壁厚分别列出。

(3) 抽水蓄能电站可根据工程布置情况，按上库、下库区域对挡水工程、泄水工程等项目分部位列项，并增列库盆处理工程。

(4) 生态放流电站各部分组成内容应按照属性分别计入主体工程相应项目中。

水电工程枢纽工程编制概算时一级、二级、三级项目的项目划分见表2-1～表2-5。

表2-1　　第一项　施工辅助工程

序号	一级项目	二级项目	三级项目	技术经济指标
一	施工交通工程			
1		公路工程		元/km

续表

序号	一级项目	二级项目	三级项目	技术经济指标
2		铁路工程		元/km
3		桥梁工程		元/m
4		施工支洞工程		
			土方开挖	元/m^3
			石方开挖	元/m^3
			混凝土	元/m^3
			封堵混凝土	元/m^3
			钢筋制作安装	元/t
			喷混凝土	元/m^3
			锚杆（束）	元/根
			锚索	元/束
			灌浆钻孔	元/m
			灌浆	元/t（m、m^2）
			其他	
5		架空索道工程		元/m
6		斜坡卷扬机道工程		元/m
7		桥涵、道路加固工程		元/km
8		铁路转运站工程		元/项
9		水运工程		元/项
10		设施维护与管理		元/项
二	施工期通航工程			
1		通航设施		元/项
2		助航设施		元/项
3		货物过坝转运费		元/项
4		施工期航道整治维护费		元/项
5		施工期临时通航管理费		元/项
6		断碍航补偿费		元/项
三	施工供电工程			
1		220kV 供电线路		元/km
2		110kV 供电线路		元/km
3		35kV 供电线路		元/km
4		10kV 供电线路		元/km
5		220kV 变电站		元/座
6		110kV 变电站		元/座
7		35kV 变电站		元/座

续表

序号	一级项目	二级项目	三级项目	技术经济指标
四	施工供水系统工程			
五	施工供风系统工程			
六	施工通信工程			
七	施工管理信息系统工程			
八	料场覆盖层清除及防护工程			
1		料场覆盖层清除		
2		无用层清除		
3		料场防护工程		
九	砂石料生产系统工程			
十	混凝土生产及浇筑系统工程			
1		混凝土拌和系统		
2		混凝土制冷系统		
3		混凝土供热系统		
4		混凝土浇筑系统		
5		缆机平台		
十一	导流工程			
1		导流明渠工程		
			土方开挖	元/m^3
			石方开挖	元/m^3
			土石方填筑	元/m^3
			砌石	元/m^3
			混凝土	元/m^3
			钢筋制作安装	元/t
			喷混凝土	元/m^3
			锚杆（束）	元/根
			锚索	元/束
			灌浆钻孔	元/m
			灌浆	元/t（m）
			钢筋石笼	元/m^3
			复合土工膜	元/m^2
2		导流洞工程		
			土方开挖	元/m^3
			石方开挖	元/m^3
			土石方填筑	元/m^3
			砌石	元/m^3

续表

序号	一级项目	二级项目	三级项目	技术经济指标
			混凝土	元/m^3
			封堵混凝土	元/m^3
			钢筋制作安装	元/t
			喷混凝土	元/m^3
			锚杆（束）	元/根
			锚索	元/束
			灌浆钻孔	元/m
			灌浆	元/t（m、m^2）
			止水带	元/m
			其他	
3		导流底孔工程		
4		土石围堰工程		
			土方开挖	元/m^3
			石方开挖	元/m^3
			堰体填筑	元/m^3
			砌石	元/m^3
			混凝土	元/m^3
			钢筋制作安装	元/t
			防渗	
			堰体拆除	元/m^3
			截流	
			其他	
5		混凝土围堰工程		
			土方开挖	元/m^3
			石方开挖	元/m^3
			混凝土	元/m^3
			钢筋制作安装	元/t
			防渗	
			堰体拆除	元/m^3
			其他	
6		蓄水期下游临时供水工程		
7		金属结构设备及安装工程		
十二	临时安全监测工程			
十三	临时水文测报工程			
十四	施工及建设管理房屋建筑工程			

续表

序号	一级项目	二级项目	三级项目	技术经济指标
1		场地平整		元/m^2
2		一般施工仓库		元/m^2
3		炸药库		元/项
4		油库		元/项
5		辅助加工厂		元/m^2
6		办公及生活营地		元/m^2
7		室外工程		%
8		设施维护与管理		元/项
十五	其他施工辅助工程			

表 2-2　　第二项　建 筑 工 程

序号	一级项目	二级项目	三级项目	技术经济指标
一	挡（蓄）水建筑物			
1		混凝土坝（闸）工程		
			土方开挖	元/m^3
			石方开挖	元/m^3
			土石方填筑	元/m^3
			砌石	元/m^3
			混凝土	元/m^3
			钢筋制作安装	元/t
			喷混凝土	元/m^3
			挂网钢筋	元/t
			锚杆（束）	元/根
			锚索	元/束
			防护网	元/m^2
			地下连续墙造孔	元/m^2
			地下连续墙混凝土	元/m^3
			灌浆钻孔	元/m
			灌浆	元/t（m、m^2）
			灌注孔口管	元/m
			排水孔	元/m
			钢板衬砌	元/t
			启闭机室	元/m^2
			温控措施	元/m^3（混凝土）

续表

序号	一级项目	二级项目	三级项目	技术经济指标
			细部结构	元/m^3
2		土（石）坝工程		
			土方开挖	元/m^3
			石方开挖	元/m^3
			土料填筑	元/m^3
			砂砾料填筑	元/m^3
			斜（心）墙土料填筑	元/m^3
			反滤料、过渡料填筑	元/m^3
			坝体堆石	元/m^3
			铺盖填筑	元/m^3
			土工膜	元/m^2
			砌石	元/m^3
			沥青混凝土	元/m^3
			混凝土	元/m^3
			钢筋制作安装	元/t
			止水	元/m
			喷混凝土	元/m^3
			挂网钢筋	元/t
			锚杆（束）	元/根
			锚索	元/束
			防护网	元/m^2
			地下连续墙造孔	元/m^2
			地下连续墙混凝土	元/m^3
			灌浆钻孔	元/m
			灌浆	元/t（m、m^2）
			排水孔	元/m
			细部结构	元/m^3
3		水库库岸防渗工程		
			土方开挖	元/m^3
			石方开挖	元/m^3
			混凝土	元/m^3
			钢筋制作安装	元/t
			喷混凝土	元/m^3

续表

序号	一级项目	二级项目	三级项目	技术经济指标
			挂网钢筋	元/t
			锚杆（束）	元/根
			锚索	元/束
			防护网	元/m^2
			地下连续墙造孔	元/m^2
			地下连续墙混凝土	元/m^3
			灌浆钻孔	元/m
			灌浆	元/t（m、m^2）
			灌注孔口管	元/m
			排水孔	元/m
二	泄水消能建筑物			
1		溢洪道工程		
			土方开挖	元/m^3
			石方开挖	元/m^3
			土石方填筑	元/m^3
			砌石	元/m^3
			混凝土	元/m^3
			钢筋制作安装	元/t
			喷混凝土	元/m^3
			挂网钢筋	元/t
			锚杆（束）	元/根
			锚索	元/束
			防护网	元/m^2
			灌浆钻孔	元/m
			灌浆	元/t（m、m^2）
			排水孔	元/m
			钢板衬砌	元/t
			温控措施	元/m^3（混凝土）
			细部结构	元/m^3
2		泄洪洞工程		
			土方开挖	元/m^3
			石方开挖	元/m^3
			混凝土	元/m^3

续表

序号	一级项目	二级项目	三级项目	技术经济指标
			钢筋制作安装	元/t
			喷混凝土	元/m^3
			挂网钢筋	元/t
			锚杆（束）	元/根
			锚索	元/束
			灌浆钻孔	元/m
			灌浆	元/t（m、m^2）
			排水孔	元/m
			钢板衬砌	元/t
			细部结构	元/m^3
3		冲砂孔（洞）工程		
			土方开挖	元/m^3
			石方开挖	元/m^3
			混凝土	元/m^3
			钢筋制作安装	元/t
			喷混凝土	元/m^3
			挂网钢筋	元/t
			锚杆（束）	元/根
			锚索	元/束
			灌浆钻孔	元/m
			灌浆	元/t（m、m^2）
			排水孔	元/m
			细部结构	元/m^3
4		放空（孔）洞工程		
			土方开挖	元/m^3
			石方开挖	元/m^3
			混凝土	元/m^3
			钢筋制作安装	元/t
			喷混凝土	元/m^3
			挂网钢筋	元/t
			锚杆（束）	元/根
			锚索	元/束
			灌浆钻孔	元/m

续表

序号	一级项目	二级项目	三级项目	技术经济指标
			灌浆	元/t（m、m^2）
			排水孔	元/m
			细部结构	元/m^3
5		水垫塘、二道坝、消力池		
			土方开挖	元/m^3
			石方开挖	元/m^3
			土石方填筑	元/m^3
			砌石	元/m^3
			混凝土	元/m^3
			钢筋制作安装	元/t
			喷混凝土	元/m^3
			挂网钢筋	元/t
			锚杆（束）	元/根
			锚索	元/束
			防护网	元/m^2
			灌浆钻孔	元/m
			灌浆	元/t（m、m^2）
			排水孔	元/m
			钢板衬砌	元/t
			细部结构	元/m^3
三	输水建筑物			
1		引水明渠工程		
			土方开挖	元/m^3
			石方开挖	元/m^3
			土石方填筑	元/m^3
			砌石	元/m^3
			混凝土	元/m^3
			钢筋制作安装	元/t
			喷混凝土	元/m^3
			挂网钢筋	元/t
			锚杆（束）	元/根
			锚索	元/束
			排水孔	元/m

续表

序号	一级项目	二级项目	三级项目	技术经济指标
			细部结构	元/m^3
2		进（取）水口工程		
			土方开挖	元/m^3
			石方开挖	元/m^3
			土石方填筑	元/m^3
			砌石	元/m^3
			混凝土	元/m^3
			钢筋制作安装	元/t
			喷混凝土	元/m^3
			挂网钢筋	元/t
			锚杆（束）	元/根
			锚索	元/束
			防护网	元/m^2
			灌浆钻孔	元/m
			灌浆	元/t（m、m^2）
			排水孔	元/m
			细部结构	元/m^3
3		引水隧洞工程		
			土方开挖	元/m^3
			石方开挖	元/m^3
			混凝土	元/m^3
			钢筋制作安装	元/t
			喷混凝土	元/m^3
			挂网钢筋	元/t
			锚杆（束）	元/根
			锚索	元/束
			灌浆钻孔	元/m
			灌浆	元/t（m、m^2）
			排水孔	元/m
			细部结构	元/m^3
4		调压井（室）工程		
			土方开挖	元/m^3
			石方开挖	元/m^3

续表

序号	一级项目	二级项目	三级项目	技术经济指标
			混凝土	元/m^3
			钢筋制作安装	元/t
			喷混凝土	元/m^3
			喷浆	元/m^2
			挂网钢筋	元/t
			锚杆（束）	元/根
			锚索	元/束
			灌浆钻孔	元/m
			灌浆	元/t（m、m^2）
			排水孔	元/m
			细部结构	元/m^3
5		压力前池工程		
			土方开挖	元/m^3
			石方开挖	元/m^3
			土石方填筑	元/m^3
			混凝土	元/m^3
			钢筋制作安装	元/t
			喷混凝土	元/m^3
			挂网钢筋	元/t
			锚杆（束）	元/根
			锚索	元/束
			灌浆钻孔	元/m
			灌浆	元/t（m、m^2）
			排水孔	元/m
			细部结构	元/m^3
6		压力管道工程		
			土方开挖	元/m^3
			石方开挖	元/m^3
			混凝土	元/m^3
			钢筋制作安装	元/t
			喷混凝土	元/m^3
			挂网钢筋	元/t
			锚杆（束）	元/根

续表

序号	一级项目	二级项目	三级项目	技术经济指标
			锚索	元/束
			灌浆钻孔	元/m
			灌浆	元/t（m、m^2）
			细部结构	元/m^3
7		尾水隧洞工程		参照引水隧洞工程列项
8		尾水调压室（井）工程		参照调压井（室）工程列项
9		尾水渠工程		
			土方开挖	元/m^3
			石方开挖	元/m^3
			土石方填筑	元/m^3
			砌石	元/m^3
			混凝土	元/m^3
			钢筋制作安装	元/t
			喷混凝土	元/m^3
			挂网钢筋	元/t
			锚杆（束）	元/根
			锚索	元/束
			灌浆钻孔	元/m
			灌浆	元/t（m、m^2）
			细部结构	元/m^3
10		尾水出口工程		参照进（取）水口工程列项
四	发电建筑物			
（一）	地面发电建筑物			
1		发电基础工程		
			土方开挖	元/m^3
			石方开挖	元/m^3
			土石方填筑	元/m^3
			砌石	元/m^3
			混凝土	元/m^3
			钢筋制作安装	元/t
			喷混凝土	元/m^3
			挂网钢筋	元/t
			锚杆（束）	元/根

续表

序号	一级项目	二级项目	三级项目	技术经济指标
			锚索	元/束
			灌浆钻孔	元/m
			灌浆	元/t（m、m^2）
			排水孔	元/m
			温控措施	元/m^3（混凝土）
			结构装饰	元/m^2
			细部结构	元/m^3
2		发电厂房工程		
			混凝土	元/m^3
			钢筋制作安装	元/t
			砖砌体	元/m^3
			砌石	元/m^3
			屋顶结构	元/m^2
			结构装饰	元/m^2
			细部结构	元/m^3
3		灌浆洞工程		
			土方开挖	元/m^3
			石方开挖	元/m^3
			混凝土	元/m^3
			钢筋制作安装	元/t
			喷混凝土	元/m^3
			挂网钢筋	元/t
			锚杆（束）	元/根
			锚索	元/束
			灌浆钻孔	元/m
			灌浆	元/t（m、m^2）
			排水孔	元/m
			细部结构	元/m^3
4		排水洞工程		
			土方开挖	元/m^3
			石方开挖	元/m^3
			混凝土	元/m^3
			钢筋制作安装	元/t

续表

序号	一级项目	二级项目	三级项目	技术经济指标
			喷混凝土	元/m^3
			挂网钢筋	元/t
			锚杆（束）	元/根
			锚索	元/束
			灌浆钻孔	元/m
			灌浆	元/t（m、m^2）
			排水孔	元/m
			细部结构	元/m^3
（二）	地下发电建筑物			
1		发电基础工程		
			石方开挖	元/m^3
			混凝土	元/m^3
			钢筋制作安装	元/t
			喷混凝土	元/m^3
			喷浆	元/m^2
			挂网钢筋	元/t
			锚杆（束）	元/根
			锚索	元/束
			灌浆钻孔	元/m
			灌浆	元/t（m、m^2）
			排水孔	元/m
			温控措施	元/m^3（混凝土）
			结构装饰	元/m^2
			细部结构	元/m^3
2		发电厂房工程		
			混凝土	元/m^3
			钢筋制作安装	元/t
			砖砌体	元/m^3
			砌石	元/m^3
			顶棚结构	元/m^2
			结构装饰	元/m^2
			细部结构	元/m^3

续表

序号	一级项目	二级项目	三级项目	技术经济指标
3		灌浆洞工程		参照地面厂房灌浆洞工程列项
4		排水洞工程		参照地面厂房灌浆洞工程列项
5		通风洞（井）工程		参照引水隧洞工程列项
五	升压变电建筑物			
1		地面变电站工程		
			土方开挖	元/m^3
			石方开挖	元/m^3
			土石方填筑	元/m^3
			砖砌体	元/m^3
			砌石	元/m^3
			混凝土	元/m^3
			钢筋制作安装	元/t
			喷混凝土	元/m^3
			挂网钢筋	元/t
			锚杆（束）	元/根
			锚索	元/束
			屋顶结构	元/m^2
			结构装饰	元/m^2
			细部结构	元/m^3
2		地下变电站工程		
			石方开挖	元/m^3
			砖砌体	元/m^3
			砌石	元/m^3
			混凝土	元/m^3
			钢筋制作安装	元/t
			喷混凝土	元/m^3
			喷浆	元/m^2
			挂网钢筋	元/t
			锚杆（束）	元/根
			锚索	元/束

续表

序号	一级项目	二级项目	三级项目	技术经济指标
			灌浆钻孔	元/m
			灌浆	元/t（m、m^2）
			排水孔	元/m
			结构装饰	元/m^2
			细部结构	元/m^3
3		母线洞工程		
			土方开挖	元/m^3
			石方开挖	元/m^3
			混凝土	元/m^3
			钢筋制作安装	元/t
			喷混凝土	元/m^3
			挂网钢筋	元/t
			锚杆（束）	元/根
			锚索	元/束
			灌浆钻孔	元/m
			灌浆	元/t（m、m^2）
			排水孔	元/m
			细部结构	元/m^3
4		出线洞（井）工程		
			土方开挖	元/m^3
			石方开挖	元/m^3
			混凝土	元/m^3
			钢筋制作安装	元/t
			喷混凝土	元/m^3
			挂网钢筋	元/t
			锚杆（束）	元/根
			锚索	元/束
			灌浆钻孔	元/m
			灌浆	元/t（m、m^2）
			排水孔	元/m
			细部结构	元/m^3
5		出线场（开关站楼）工程		
			土方开挖	元/m^3

续表

序号	一级项目	二级项目	三级项目	技术经济指标
			石方开挖	元/m^3
			砌石	元/m^3
			混凝土	元/m^3
			钢筋制作安装	元/t
			喷混凝土	元/m^3
			挂网钢筋	元/t
			锚杆（束）	元/根
			锚索	元/束
			钢构架	元/t
			细部结构	元/m^3
六	航运过坝建筑物			
1		上游引航道工程		
			土方开挖	元/m^3
			石方开挖	元/m^3
			砌石	元/m^3
			混凝土	元/m^3
			钢筋制作安装	元/t
			喷混凝土	元/m^3
			挂网钢筋	元/t
			锚杆（束）	元/根
			锚索	元/束
			细部结构	元/m^3
2		船闸（升船机）工程		
			土方开挖	元/m^3
			石方开挖	元/m^3
			土石方填筑	元/m^3
			混凝土	元/m^3
			钢筋制作安装	元/t
			喷混凝土	元/m^3
			挂网钢筋	元/t
			锚杆（束）	元/根
			锚索	元/束
			灌浆钻孔	元/m
			灌浆	元/t（m、m^2）
			地下连续墙造孔	元/m^2

续表

序号	一级项目	二级项目	三级项目	技术经济指标
			地下连续墙混凝土	元/m^3
			控制室	元/m^2
			温控措施	元/m^3（混凝土）
			细部结构	元/m^3
3		下游引航道工程		
			土方开挖	元/m^3
			石方开挖	元/m^3
			砌石	元/m^3
			混凝土	元/m^3
			钢筋制作安装	元/t
			喷混凝土	元/m^3
			挂网钢筋	元/t
			锚杆（束）	元/根
			锚索	元/束
			细部结构	元/m^3
4		上下游锚地工程		
			水下炸礁	元/m^3
			陆上炸礁	元/m^3
			水下覆盖层开挖	元/m^3
			陆上覆盖层开挖	元/m^3
			混凝土	元/m^3
			钢筋制作安装	元/t
			喷混凝土	元/m^3
			挂网钢筋	元/t
			系船环	元/套
			系船柱	元/套
七	灌溉渠首建筑物			
			土方开挖	元/m^3
			石方开挖	元/m^3
			砌石	元/m^3
			混凝土	元/m^3
			钢筋制作安装	元/t
			喷混凝土	元/m^3
			挂网钢筋	元/t
			锚杆（束）	元/根

续表

序号	一级项目	二级项目	三级项目	技术经济指标
			锚索	元/束
			排水孔	元/m
			细部结构	元/m^3
八	近坝岸坡处理工程			
			土方开挖	元/m^3
			石方开挖	元/m^3
			土石方填筑	元/m^3
			砌石	元/m^3
			混凝土	元/m^3
			钢筋制作安装	元/t
			喷混凝土	元/m^3
			挂网钢筋	元/t
			锚杆（束）	元/根
			锚索	元/束
			防护网	元/m^2
			灌浆钻孔	元/m
			灌浆	元/t（m、m^2）
			排水孔	元/m
			其他	
九	交通工程			
1		公路工程		元/km
			土方开挖	元/m^3
			石方开挖	元/m^3
			土石方填筑	元/m^3
			砌石	元/m^3
			混凝土	元/m^3
			喷混凝土	元/m^3
			挂网钢筋	元/t
			锚杆（束）	元/根
			锚索	元/束
			防护网	元/m^2
			其他	
2		铁路工程		元/km
3		桥梁工程		元/m
4		交通洞工程(含进厂交通洞)		

续表

序号	一级项目	二级项目	三级项目	技术经济指标
			土方开挖	元/m^3
			石方开挖	元/m^3
			混凝土	元/m^3
			钢筋制作安装	元/t
			喷混凝土	元/m^3
			锚杆（束）	元/根
			锚索	元/束
			灌浆钻孔	元/m
			灌浆	元/t（m、m^2）
			细部结构	元/m^3
5		水运工程		元/项
十	房屋建筑工程			
1		场地平整		元/项
2		辅助生产厂房		元/m^2
3		仓库		元/m^2
4		办公用房		元/m^2
5		值班公寓及附属设施		元/m^2
6		室外工程		%
7		生产运行管理设施		元/项
8		流域梯级集控中心分摊		元/项
十一	安全监测工程			元/项
十二	水文测报工程			元/项
十三	消防工程			元/项
十四	劳动安全与工业卫生工程			元/项
十五	其他工程			
1		动力线路工程		元/km
2		照明线路工程		元/km
3		通信线路工程		元/km
4		厂坝区供水、排水工程		元/项
5		厂坝区供热工程		元/项
6		地震监测站（台）网工程		元/项
7		其他		元/项

表 2-3　　第三项　环境保护和水土保持专项工程

序号	一级项目	二级项目	三级项目	技术经济指标
一	环境保护专项工程			
（一）	水环境保护工程			
1		砂石料加工废水处理		元/项
2		修配系统废水处理		元/项
3		混凝土拌和系统废水处理		元/项
4		地下洞室废水处理		元/项
5		生活污水处理		元/项
6		水温恢复措施		元/项
7		生态流量泄放措施		元/项
8		专项研究		元/项
（二）	大气环境保护工程			
1		敏感区域粉尘消减与控制		
（三）	声环境保护工程			
1		敏感区域噪声控制		
（四）	固体废物处置工程			
1		垃圾收集及储存		元/项
2		垃圾处置		
3		危险废物		元/项
（五）	土壤环境保护工程			
1		土壤浸没防治		元/项
2		土壤潜育化防治		元/项
3		土壤盐碱化防治		元/项
4		土地沙化治理		元/项
5		土壤污染防治		元/项
（六）	陆生生态保护工程			
1		陆生生态系统保护与修复		元/项
2		珍稀植物和古树名木保护		元/项
3		珍稀动物保护		元/项
4		专项研究		元/项
（七）	水生生态保护工程			
1		栖息地保护		元/项
2		过鱼设施		元/项
3		鱼类增殖放流站		元/项
4		专项研究		元/项
（八）	人群健康保护措施			

续表

序号	一级项目	二级项目	三级项目	技术经济指标
1		卫生防疫		元/项
（九）	景观保护工程			
1		景观保护		元/项
2		专项研究		元/项
（十）	环境监测（调查）			
1		废（污）水监测		元/项
2		地表水环境监测		元/项
3		地下水监测		元/项
4		大气环境监测		元/项
5		声环境监测		元/项
6		生态流量监测		元/项
7		陆生生态调查		元/次
8		水生生态调查		元/次
（十一）	其他环境保护工程			
二	水土保持专项工程			
（一）	工程措施（按工程部位或区域划分）			
1		渣场防护工程		元/项
2		料场防护工程		元/项
3		施工场地工程		元/项
4		道路工程		元/项
5		枢纽区防护工程		元/项
6		库岸影响区防护工程		元/项
（二）	植物措施			
1		渣场防护工程		元/项
2		料场防护工程		元/项
3		施工场地工程		元/项
4		道路工程		元/项
5		枢纽区防护工程		元/项
6		库岸影响区防护工程		元/项
（三）	水土保持监测工程			
1		监测设施		元/项
2		施工期监测费		元/项
（四）	其他			元/项

表 2-4　　　　第四项　机电设备及安装工程

序号	一级项目	二级项目	三级项目	技术经济指标
一	发电设备及安装工程			
1		水轮机（水泵水轮机）设备及安装工程		
			水轮机（水泵水轮机）	元/台
			调速器	元/台
			油压装置	元/套
			自动化元件	元/套
			透平油	元/t
2		发电机（发电电动机）设备及安装工程		
			发电机（发电电动机）	元/台
			励磁系统	元/套
			自动化元件	元/套
3		进水阀设备及安装工程		
			蝴蝶阀	元/台
			球阀	元/t（台）
			油压装置	元/套
4		起重设备及安装工程		
			桥式起重机	元/台
			平衡梁及加轴	元/t（副）
			轨道	元/双 10m
			轨道阻进器	元/t
			滑触线	元/三相 10m
5		水力机械辅助设备及安装工程		
			油系统	
			压气系统	
			水系统	
			水力测量系统	
			管路（管子、附件、阀门）	元/t
6		电气设备及安装工程		

续表

序号	一级项目	二级项目	三级项目	技术经济指标
			发电电压装置	
			变频启动装置	
			母线	元/100m单相
			厂用电系统	
			电工试验设备	
			电力电缆	元/km
			桥架（电缆、母线）	元/t
			其他	
7		控制保护设备及安装工程		
			计算机监控系统	
			保护系统	
			工业电视系统	
			直流系统	
			控制和保护电缆	元/km
			其他	
8		通信设备及安装工程		
			卫星通信	
			光纤通信	
			微波通信	
			载波通信	
			移动通信	
			生产调度通信	
			生产管理通信	
二	升压变电设备及安装工程			
1		主变压器设备及安装工程		
			变压器	元/台
			轨道	元/双10m
			轨道阻进器	元/t
2		高压电气设备及安装工程		
			高压断路器	元/台
			电流互感器	元/台
			电压互感器	元/台
			隔离开关	元/台
			避雷器	元/台

续表

序号	一级项目	二级项目	三级项目	技术经济指标
			高压组合电气设备	元/间隔
			SF_6 气体出线管道	元/m
			高压电缆	元/三相 100m
			高压电缆头制作及安装	元/三相套
3		一次拉线及其他安装工程		
三	航运过坝设备及安装工程			
1		供电设备及安装工程		
2		控制设备及安装工程		
四	安全监测设备及安装工程			
五	水文测报设备及安装工程			
六	消防设备及安装工程			
七	劳动安全与工业卫生设备及安装工程			
八	其他设备及安装工程			
1		电梯设备及安装工程		
2		坝区馈电设备及安装工程		
			变压器	元/台
			配电装置	
3		厂坝区供水、排水设备及安装工程		
4		厂坝区供热设备及安装工程		
5		流域梯级集控中心设备分摊		元/项
6		通风采暖设备及安装工程		
7		机修设备及安装工程		
8		地震监测站（台）网设备		
9		交通设备		元/辆（艘）
10		全厂接地		元/t
11		其他		元/项

注　1. 带筒阀的水轮机，筒阀包括在机组中，不单独列项。

2. 抽水蓄能电站上、下水库补水、充水、排水、喷淋系统设备在其他机电设备及安装工程下列项。

表 2-5　　第五项　金属结构设备及安装工程

序号	一级项目	二级项目	三级项目	技术经济指标
一	挡（蓄）水建筑物			
1		闸门设备及安装工程		
			平板门	元/t
			弧形门	元/t
			埋件	元/t
			闸门压重	元/t
2		启闭设备及安装工程		
			卷扬式启闭机	元/台
			门式起重机	元/台
			油压启闭机	元/台
			轨道	元/双 10m
			轨道阻进器	元/t
3		拦污设备及安装工程		
			拦污栅	元/t
			清污机	元/t（台）
			拦污排	元/t
二	泄水消能建筑物			
1		闸门设备及安装工程		
2		启闭设备及安装工程		
3		拦污设备及安装工程		
三	输水建筑物			
1		闸门设备及安装工程		
2		启闭设备及安装工程		
3		拦污设备及安装工程		
4		钢管制作及安装工程		
四	升压变电建筑物			
		钢构架		元/t
五	航运过坝建筑物			
1		闸门设备及安装工程		
2		启闭设备及安装工程		
3		升船机设备及安装工程		
4		过坝设备及安装工程		
六	灌溉渠首建筑物			
1		闸门设备及安装工程		
2		启闭设备及安装工程		

三、建设征地移民安置补偿项目组成及项目划分

（一）建设征地移民安置补偿项目内容

（1）农村部分，指项目建设征地前属乡、镇人民政府管辖的农村集体经济组织及地区迁建的相关项目。进入集镇、城市安置的农村集体经济组织的成员，其基础设施恢复部分纳入相应的城市集镇部分，其他项目仍纳入农村部分。农村部分包括土地的征收和征用、搬迁补助、附着物拆迁处理、青苗和林木处理、基础设施恢复和其他项目等。

（2）城市集镇部分，指列入城市集镇原址的实物指标处理和新址基础设施恢复的项目，包括搬迁补助、附着物拆迁处理、林木处理、基础设施恢复和其他项目等。已纳入农村部分的内容，不在城市集镇部分中重复。

（3）专业项目，指受项目影响的迁（改）建或新建的专业项目，包括铁路工程、公路工程、水运工程、水利工程、水电工程、电力工程、电信工程、广播电视工程、企事业单位、防护工程、文物古迹以及其他项目等。

（4）库底清理，指在水库蓄水前对库底进行的清理，包括建筑物清理、卫生清理、林木清理和其他清理等。

（5）环境保护和水土保持专项，指农村移民安置区、城市和集镇迁建区内所采取的各种环境保护和水土保持工程。

1）环境保护专项工程。包括农村移民安置区、城市和集镇迁建区内的水环境保护工程、大气环境保护工程、声环境保护工程、固体废物处置工程、土壤环境保护工程、陆生生态保护工程、人群健康保护措施、景观保护工程、环境监测（调查）及其他环境保护工程。

2）水土保持专项工程。包括农村移民搬迁水土保持工程、土地开发整理水土保持工程、集镇迁建水土保持工程、城市迁建水土保持工程、专项复建水土保持工程。各分项水土保持工程又可分为工程措施和植物措施。

（二）建设征地移民安置补偿项目划分

建设征地移民安置补偿项目划分见表 2-6～表 2-10。

表 2-6　　第一项　农村部分

序号	一级项目	二级项目	备注
一	土地的征收和征用		
1		农用地征收	
2		未利用地征收	
3		农用地占用	
4		农用地复垦	
5		未利用地征用	
二	搬迁补助		
1		人员搬迁补助	
2		物资设备搬迁运输补助	

续表

序号	一级项目	二级项目	备注
3		建房期补助	
4		临时交通设施建设	
三	附着物拆迁处理		
1		房屋及附属建筑物拆迁处理	
2		农副业及文化宗教设施拆迁处理	
3		企业处理	
4		农村行政事业单位迁建	
5		其他	
四	青苗和林木处理		
1		青苗处理	
2		林木处理	
五	基础设施恢复		
1		建设场地准备	
2		基础设施建设	
六	其他项目		

表 2－7　　　　　　　　　　第二项　城市集镇部分

序号	一级项目	二级项目	备注
一	搬迁补助		
1		人员搬迁补助	
2		物资设备运输补助	
3		搬迁过渡补助	
4		临时交通设施	
二	附着物拆迁处理		
1		房屋及附属建筑物拆迁	
2		企业处理	
3		行政事业单位迁建	
4		其他	
三	林木处理		
		零星树木处理	
四	基础设施恢复		
1		建设场地准备	
2		基础设施恢复	
五	其他项目		

表 2－8　　　　　　　　　　　　　　**第三项　专 业 项 目**

序号	一级项目	二级项目	备注
一	铁路工程		
1		站场	
2		线路	
3		其他	
二	公路工程		
1		等级公路	
2		乡村道路	
三	水运工程		
1		渡口	
2		码头	
3		其他	
四	水利工程		
1		水源工程	
2		供水工程	
3		灌溉工程	
4		水文（气象）站	
五	水电工程		
1		中型电站	
2		小型电站	
3		其他	
六	电力工程		
1		电源工程	
2		输变电工程	
3		供配电工程	
七	电信工程		
1		传输线	
2		基站	
八	广播电视工程		
1		广播工程	
2		电视工程	
九	企事业单位		
1		企业单位	
2		事业单位	
3		国有农（林）场	
十	防护工程		

续表

序号	一级项目	二级项目	备注
1		筑堤围护工程	
2		整体垫高工程	
3		护岸工程	
十一	文物古迹		
1		发掘留存	
2		迁建恢复	
3		工程措施防护	
十二	其他项目		

表 2-9 第四项 库底清理

序号	一级项目	二级项目	备注
一	建筑物清理		
1		建筑物清理	
2		构筑物清理	
3		易漂物清理	
二	卫生清理		
1		一般污染源清理	
2		传染性污染源清理	
3		固体废物清理	
三	林木清理		
1		林地林木清理	
2		零星树木清理	
四	其他清理		

表 2-10 第五项 环境保护和水土保持专项

序号	一级项目	二级项目	备注
一	环境保护专项工程		
(一)	水环境保护工程		
1		移民安置区生活污水处理	
2		饮用水源保护	
3		其他水质保护措施	
(二)	大气环境保护工程		
		移民安置区防尘	
(三)	声环境保护工程		
		移民安置区噪音控制	
(四)	固体废物处置工程		

续表

序号	一级项目	二级项目	备注
1		生活垃圾处理工程	
2		危险废物	
（五）	土壤环境保护工程		二级项目参考表 2-3
（六）	陆生生态保护工程		
1		陆生植物保护	
2		陆生动物保护	
3		其他保护措施	
（七）	人群健康保护措施		
		卫生防疫	
（八）	景观保护工程		二级项目参考表 2-3
（九）	环境监测（调查）		
1		新址饮用水水源监测	
2		废水排放监测	
3		陆生生态调查	
4		人群健康调查	
（十）	其他环境保护工程		
二	水土保持专项工程		
1		农村移民搬迁水土保持工程	
2		土地开发整理水土保持工程	
3		集镇迁建水土保持工程	
4		城市迁建水土保持工程	
5		专项复建水土保持工程	

四、独立费用项目组成及项目划分

（一）独立费用项目组成

（1）项目建设管理费，包括工程前期费、工程建设管理费、建设征地移民安置补偿管理费、工程建设监理费、移民安置监督评估费、咨询服务费、项目技术经济评审费、水电工程质量检查检测费、水电工程定额标准编制管理费、项目验收费和工程保险费。

（2）生产准备费，包括生产人员提前进厂费、培训费、管理用具购置费、备品备件购置费、工器具及生产家具购置费、联合试运转费，抽水蓄能电站还包括初期蓄水费和抽水蓄能电站机组并网调试补贴费。

（3）科研勘察设计费，包括施工科研试验费和勘察设计费。

（4）其他税费，包括耕地占用税、耕地开垦费、森林植被恢复费、水土保持补偿费和其他等。

（二）独立费用项目划分

独立费用项目划分见表2－11。

表2－11　　独　立　费　用

序号	一级项目	二级项目	三级项目	技术经济指标
一	项目建设管理费			
1		工程前期费		
			前期管理费	
			规划费用分摊	
			预可行性研究费用	
2		工程建设管理费		
3		建设征地移民安置补偿管理费		
			移民安置规划配合工作费	
			实施管理费	
			技术培训费	
4		工程建设监理费		
5		移民安置监督评估费		
			移民综合监理费	
			移民安置独立评估费	
6		咨询服务费		
7		项目技术经济评审费		
8		水电工程质量检查检测费		
9		水电工程定额标准编制管理费		
10		项目验收费		
11		工程保险费		
二	生产准备费			
三	科研勘察设计费			
1		施工科研试验费		
2		勘察设计费		
四	其他税费			
1		耕地占用税		
2		耕地开垦费		
3		森林植被恢复费		
4		水土保持补偿费		
5		其他		

第三节 水电工程费用构成

一、概述

水电工程总费用由枢纽工程费用、建设征地移民安置补偿费用、独立费用、基本预备费、价差预备费和建设期利息6个部分组成。水电工程总费用构成如图2-2所示。

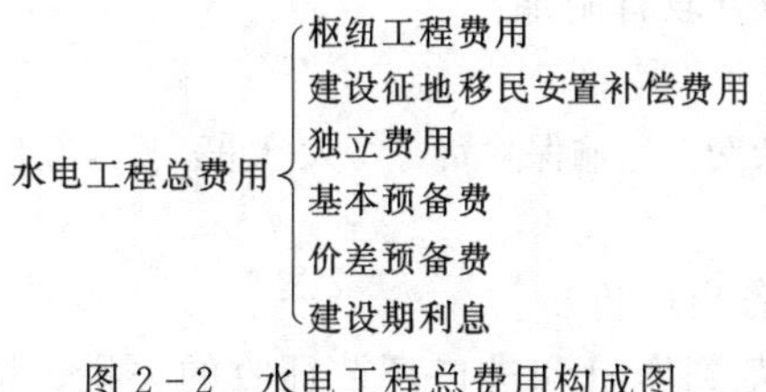

图2-2 水电工程总费用构成图

二、枢纽工程费用构成

(一) 概述

枢纽工程费用由建筑及安装工程费和设备费构成，如图2-3所示。

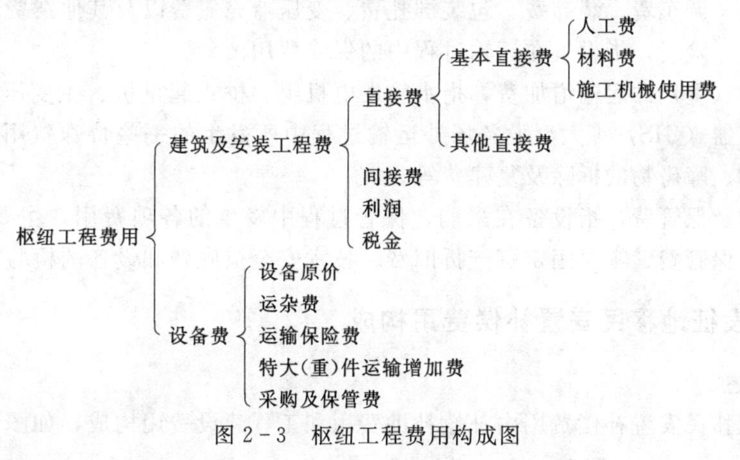

图2-3 枢纽工程费用构成图

(二) 建筑及安装工程费

建筑及安装工程费由直接费、间接费、利润和税金组成。

(1) 直接费，指建筑及安装工程施工过程中直接消耗在工程项目建设中的活劳动和物化劳动。由基本直接费和其他直接费组成。基本直接费包括人工费、材料费和施工机械使用费。

1) 人工费，指支付给从事建筑及安装工程施工的生产工人的各项费用，包括生产工人的基本工资和辅助工资。

2) 材料费，指用于建筑及安装工程项目中的消耗性材料费、装置性材料费和周转性材料摊销费。材料费包括材料原价、包装费、运输保险费、运杂费、采购及保管费和包装品回收等。

3) 施工机械使用费，指消耗在建筑及安装工程项目上的施工机械的折旧、维修和动力燃料费用等，包括基本折旧费、设备修理费、安装拆卸费、机上人工费和动力燃料费，以及应计算的车船使用税、年检费等。

4）其他直接费，包括冬雨季施工增加费、特殊地区施工增加费、夜间施工增加费、小型临时设施摊销费、安全文明生产措施费及其他。

（2）间接费，指建筑及安装工程施工过程中构成建筑产品成本，但又无法直接计量的消耗在工程项目上的有关费用。由企业管理费、规费和财务费用组成。

（3）利润，指按水电建设项目市场情况应计入建筑及安装工程费用中的利润。

（4）税金，指按国家税法及有关规定应计入建筑及安装工程费用中的营业税、城市维护建设税、教育费附加及地方教育附加。

（三）设备费

设备费由设备原价、运杂费、运输保险费、特大（重）件运输增加费、采购及保管费组成。

（1）设备原价。

1）国产设备原价指设备出厂价。

2）进口设备原价由设备到岸价和进口环节征收的关税、增值税、银行财务费、外贸手续费、进口商品检验费、港口费等组成。

3）大型机组分瓣运至工地后的现场拼装加工费用包括在设备原价内；如需设置拼装场，其建设费用也包括在设备原价中。

（2）运杂费，指设备由厂家或到岸港口运至工地安装现场所发生的一切运杂费用，主要包括运输费、调车费、装卸费、包装绑扎费、变压器充氮费以及其他杂费。

（3）运输保险费，指设备在运输过程中的保险费用。

（4）特大（重）件运输增加费，指水轮发电机组、桥式起重机、主变压器、气体绝缘全封闭组合电器（GIS）等大型设备场外运输过程中所发生的一些特殊费用，包括道路桥梁改造加固费、障碍物的拆除及复建费等。

（5）采购及保管费，指设备在采购、保管过程中发生的各项费用，主要包括采购费、仓储费、工地保管费、零星固定资产折旧费、技术安全措施费和设备的检验、试验费等。

三、建设征地移民安置补偿费用构成

（一）概述

建设征地移民安置补偿费用由补偿补助费用和工程建设费用构成，如图2-4所示。

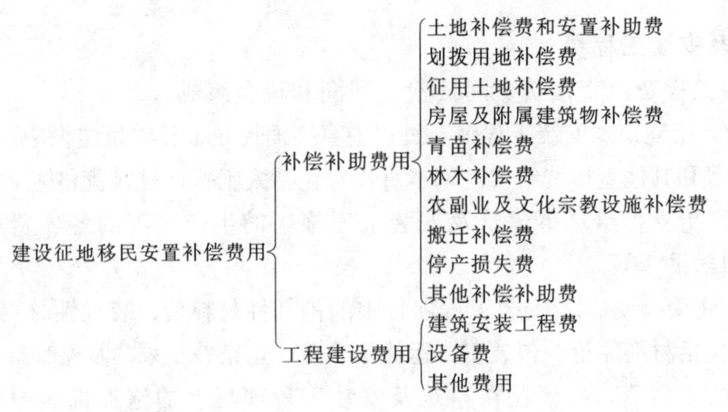

图2-4　建设征地移民安置补偿费用构成图

（二）补偿补助费用

补偿补助费用由土地补偿费和安置补助费、划拨用地补偿费、征用土地补偿费、房屋及附属建筑物补偿费、青苗补偿费、林木补偿费、农副业及文化宗教设施补偿费、搬迁补偿费、停产损失费、其他补偿补助费等组成。

（1）土地补偿费和安置补助费，指征收各类土地发生的征收土地的土地补偿费和安置补助费之和。

（2）划拨用地补偿费，指水电工程建设以划拨方式使用国有土地需支付的补偿费用。

（3）征用土地补偿费，指临时使用土地发生的补偿费用。

（4）房屋及附属建筑物补偿费，指在同阶段移民安置规划确定的安置区建设与建设征地影响的等质（结构类型）等量房屋及附属建筑物的补偿费用。

（5）青苗补偿费，指项目枢纽工程建设区范围占用耕地的一年生农作物的损失补偿费用。

（6）林木补偿费，指项目建设征地区和同阶段农村移民安置规划选择的农村移民居民点规划新址等范围占用林地、园地的多年生农作物，以及零星树木的损失补偿费用。

（7）农副业及文化宗教设施补偿费，指建设征地范围内的小型水利电力、农副业加工设施设备、文化设施、宗教设施等的补偿费用。

（8）搬迁补偿费，指居民、行政事业单位、企业等搬迁过程中损失的补偿费。

（9）停产损失补偿费，指企业停产期的损失补偿费用。

（10）其他补偿补助费，指上述补偿补助费以外的其他项目的补偿费用。

（三）工程建设费用

涉及基础设施建设工程、铁路工程、公路工程、航运设施、水利工程、水电工程、电力工程、电信工程、广播电视工程、企事业单位、文物古迹保护、防护工程、库底清理工程及环境保护和水土保持专项工程等，由建筑及安装工程费、设备费和其他费用组成，应执行相关行业主管部门发布的费用构成，行业无相关费用构成的，可参照水电工程的费用构成。

四、独立费用构成

（一）概述

独立费用由项目建设管理费、生产准备费、科研勘察设计费、其他税费构成，如图2－5所示。

（二）项目建设管理费

项目建设管理费指工程项目在立项、筹建、建设和试生产期间发生的各种管理性费用，包括工程前期费、工程建设管理费、建设征地移民安置管理费、工程建设监理费、移民安置监督评估费、咨询服务费、项目技术经济评审费、水电工程质量检查检测费、水电工程定额标准编制管理费、项目验收费和工程保险费。

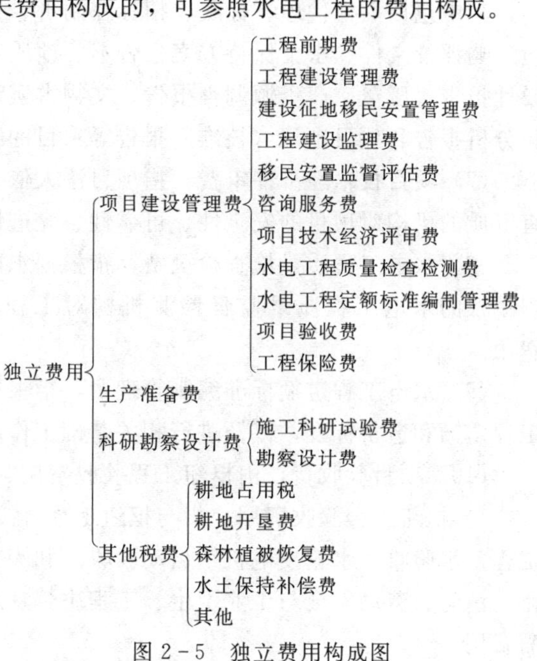

图2－5　独立费用构成图

（1）工程前期费，指预可行性研究设计报告审查完成以前（或水电工程筹建前）开展各项工作所发生的费用，包括各种管理性费用，进行规划、预可行性研究勘察设计工作所发生的费用等。

（2）工程建设管理费，指建设项目法人为保证工程项目建设、建设征地移民安置补偿工作的正常进行，从工程筹建至竣工验收全过程所需的管理费用，包括管理设备及用具购置费、人员经常费和其他管理性费用。

（3）建设征地移民安置管理费，包括移民安置规划配合工作费、实施管理费和技术培训费。

1）移民安置规划配合工作费，指地方政府为配合移民安置规划工作的开展所发生的费用。

2）实施管理费，指地方移民机构为保证建设征地移民安置补偿实施工作的正常进行，发生的管理设备及用具购置费、人员经常费和其他管理性费用。

3）技术培训费，指用于提高农村移民生产技能、文化素质和移民干部管理水平的移民技术培训费。

（4）工程建设监理费，指建设项目开工后，根据工程建设管理的实施情况，聘任监理单位在工程建设过程中，对枢纽工程建设（含环境保护及水土保持专项工程）的质量、进度和投资进行监理，以及对设备监造所发生的全部费用。

（5）移民安置监督评估费，指依法开展移民安置监督评估工作所发生的费用，包括移民综合监理费和移民安置独立评估费。

（6）咨询服务费，指项目法人根据国家有关规定和项目建设管理的需要，委托有资质的咨询机构或聘请专家对枢纽工程勘察设计、建设征地移民安置补偿规划设计、融资、环境影响以及建设管理等过程中有关技术、经济和法律问题进行咨询服务所发生的有关费用，其中包括招标代理、标底、招标控制价、执行概算、竣工决算、项目后评价报告、环境影响评价文件、水土保持方案报告书、地质灾害评估报告、安全预评价报告、接入系统设计报告、压覆矿产资源调查报告、文物古迹调查报告、节能降耗分析专篇、社会稳定风险分析报告和项目申请（核准）报告等项目的编制费用。

（7）项目技术经济评审费，指项目法人依据国家颁布的法律、法规、行业规定，委托有资质的机构对项目的安全性、可靠性、先进性、经济性进行评审所发生的有关费用。

（8）水电工程质量检查检测费，指根据水电行业建设管理的有关规定，由行业管理部门授权的水电工程质量监督检测机构对工程建设质量进行检查、检测、检验所发生的费用。

（9）水电工程定额标准编制管理费，指根据行业管理部门授权或委托编制、管理水电工程定额和造价标准，以及进行相关基础工作所需要的费用。

（10）项目验收费，由枢纽工程验收费用、建设征地移民安置验收费用两部分构成。

1）枢纽工程验收费用，指与枢纽工程直接相关的工程阶段验收（包括工程截流验收、工程蓄水验收、水轮发电机组启动验收）和竣工验收（包括枢纽工程、环境保护、水土保持、消防、劳动安全与工业卫生、工程决算、工程档案等专项验收和工程竣工总验收）所需费用。

2）建设征地移民安置验收费用，指竣工验收中的库区移民验收和在工程截流验收、蓄水验收前所需的移民初步验收工作所需费用。

（11）工程保险费，指工程建设期间，为工程遭受水灾、火灾等自然灾害和意外事故造成损失后能得到经济补偿，对建筑安装工程、永久设备、施工机械而投保的建安工程一切险、财产险、第三者责任险等。

（三）生产准备费

生产准备费指建设项目法人为准备正常的生产运行所需发生的费用。常规水电站生产准备费包括生产人员提前进厂费、培训费、管理用具购置费、备品备件购置费、工器具及生产家具购置费和联合试运转费，抽水蓄能电站还应包括初期蓄水费和机组并网调试补贴费。

（四）科研勘察设计费

科研勘察设计费指为工程建设而开展的科学研究、勘察设计等工作所发生的费用，包括施工科研试验费和勘察设计费。

（1）施工科研试验费，指在工程建设过程中为解决工程技术问题，或在移民安置实施阶段为解决项目建设征地移民安置的技术问题而进行必要的科学研究试验所需的费用。

（2）勘察设计费，指可行性研究设计、招标设计和施工图设计阶段发生的勘察费、设计费和为勘察设计服务的科研试验费用。

（五）其他税费

其他税费指根据国家有关规定需要交纳的其他税费，包括对项目建设用地按土地单位面积征收的耕地占用税、耕地开垦费、森林植被恢复费、水土保持补偿费等。

（1）耕地占用税，指国家为合理利用土地资源，加强土地管理，保护农用耕地，对占用耕地从事非农业建设的单位和个人征收的一种地方税。

（2）耕地开垦费，指根据《中华人民共和国土地管理法》和《大中型水利水电工程建设征地补偿和移民安置条例》[中华人民共和国国务院令第 471 号（2006 年）] 的有关规定缴纳的专项用于开垦新的耕地的费用。

（3）森林植被恢复费，指对经国家有关部门批准勘察、开采矿藏和修建道路、水利、电力、通信等各项建设工程需要占用、征收或者临时使用林地的用地单位，经县级以上林业主管部门审核同意或批准后，缴纳的用于异地恢复植被的政府基金。

（4）水土保持补偿费，指按照国家和省（自治区、直辖市）的政策法规征收的水土保持补偿费。

（5）其他，指工程建设过程中发生的不能归入以上项目的有关税费。

五、预备费及建设期利息

（一）预备费

（1）基本预备费，指用以解决相应设计阶段范围以内的设计变更（含工程量变化、设备改型、材料代用等），预防自然灾害采取措施，以及弥补一般自然灾害所造成损失中工程保险未能补偿部分而预留的费用。

（2）价差预备费，指用以解决工程建设过程中，因国家政策调整、材料和设备价格变化，人工费和其他各种费用标准调整、汇率变化等引起投资增加而预留的费用。

（二）建设期利息

建设期利息指为筹措工程建设资金在建设期内发生并按规定允许在投产后计入固定资产原值的债务资金利息，包括银行借款和其他债务资金的利息以及其他融资费用。其他融资费用是指某些债务融资中发生的手续费、承诺费、管理费、信贷保险费。

第四节　水电工程工程量

工程量计算的准确性，是工程设计概算编制质量好坏的重要影响因素之一。工程量是工程设计工作的重要成果之一，也是编制各设计阶段工程造价的重要基础。

一、概算工程量计算的基本要求

造价专业人员除应具有地质、水工、施工、机电专业知识和工程经济知识以外，尚应具有识图能力，熟悉工程量计算规则。在编制工程设计概算之前，应深入了解设计意图，研究图纸的设计说明、设计要求、施工方法和工程量计算依据等。按现行规定，尽可能杜绝发生工程量计算错漏等问题。工程量计算应符合下述基本要求：

(1) 工程量计量单位的单位名称、单位符号，应符合《量和单位》(GB 3100～3102—93) 的有关规定。

(2) 水电工程工程量的计算必须符合《水电工程设计工程量计算规定（2010年版）》(国家能源局国能新能〔2010〕214号)。其中选取的阶段系数，应与设计阶段相符。

(3) 工程量计算单位应同定额的计算单位相一致。

(4) 除定额另有规定者外，工程量计算不得包括材料在建筑安装施工过程中的损耗量；计算安装工程中的装置性材料（如电线、电缆等）时，另按规定的损耗率计入。

(5) 工程量计算凡涉及材料的体积、密度、容重、比热换算，均应以国家标准为准；如未作规定可参考厂家合格证书或产品说明书。

二、水电建筑工程量分类及概算中的处理

水电建筑工程量应按其性质进行划分，在编制概（估）算时应执行《水电工程设计工程量计算规定（2010年版）》、概算定额、项目划分等有关规定。

1. 设计工程量

设计工程量由图纸工程量和设计阶段扩大工程量组成，为图纸工程量乘以设计阶段工程量阶段系数。设计工程量就是编制概（估）算的工程量。

(1) 图纸工程量，指依据建筑物或工程的设计几何轮廓尺寸，合理切取剖面或体形按相关工程量计算规则计算的工程量。

(2) 工程量阶段系数，指考虑勘察设计深度、工程规模等因素，各设计阶段工程量所留的裕度。新建、改（扩）建的大、中型水电工程（含抽水蓄能电站工程）规划、预可行性研究、可行性研究以及招标和施工图设计阶段的工程量阶段系数应采用《水电工程设计工程量计算规定（2010年版）》中“水电工程设计工程量阶段系数表”的取值。如果利

用施工图设计阶段成果计算工程造价的，设计工程量就是图纸工程量，不再附加设计阶段扩大工程量。

2. 施工超挖量、超填量及施工附加量

为保证建筑物的安全，施工开挖一般都不允许欠挖。为保证建筑物的设计尺寸，施工超挖是难以避免的。

施工附加量：系指为完成本项工程而必须增加的工程量。

施工超填工程量：系指由于施工超挖量、施工附加量相应增加的回填工程量。

概算定额已按现行施工规范计入了允许的超挖量、超填量和合理的施工附加量，故采用概算定额编制概（估）算时，工程量计算中一般不应再计入这3项工程量。但是，如遇特殊地质条件或施工进度要求需要采用某种施工机械、施工方法，而将产生偏离“允许的施工超挖、超填量和合理的施工附加量”时，应在充分论证的基础上对定额进行合理的调整。此外，必须特别指出，概算定额中的钢筋制作安装，只包括了本体及其加工制作损耗，未包括安装现场的搭接、焊接、施工架立筋等施工附加量。

3. 施工损失量

施工损失量包括体积变化损失量、运输及操作损耗量和其他损耗量，在概算定额中已计入了场内操作运输损耗量。土石坝沉陷损失量以及削坡、雨后清理等损失工程量，均已计入概算定额的填筑工程中。一二期混凝土防渗墙接头孔增加的工程量概算定额中已计入。有关这些规定，概算定额的总说明及章、节说明中均有叙述。

4. 质量检查工程量

质量检查工程量包括基础处理工程检查工程量和其他检查工程量，在概算定额中钻孔灌浆定额已按施工规范要求计入了一定数量的检查孔钻孔、灌浆工程量，故采用概算定额编制概（估）算时，不应计列检查孔的工程量。

土石方填筑检查所需的挖掘试坑，概算定额已计入了一定数量的土石坝填筑质量检测所需的试验坑，故编制概（估）算时不应计列试验坑的工程量。

三、水电工程工程量计算规定

水电水利工程各设计阶段的设计工程量，是设计的重要参数和编制工程概（估）算的主要依据。根据不同设计阶段设计精度的要求，永久水工建筑物和主要的施工临建工程的工程量，均应按照水电工程建设项目划分的要求，根据建筑物或工程的设计几何轮廓尺寸净值进行计算。

为统一工程量的计算方法，根据《水电工程设计工程量计算规定（2010年版）》，可行性研究阶段各项工程量计算规则如下。

（一）永久建筑物工程量计算

1. 土石方开挖工程量

土石方明（洞）挖工程量以自然方（m^3）为计量单位。

应根据工程布置图切取剖面进行计算，土方开挖工程量应注明土的种类，石方开挖工程量计算应注明岩性和类别。

土方明挖工程量应按一般土方和沟槽分别计算；石方明挖工程量应按一般石方和沟槽

等分别计算；土石方洞挖工程量应按平洞、洞室、斜井和竖井开挖分建筑物、分部位分别计算土方或石方洞挖工程量。

2. 支护、锚固及排水工程量

（1）喷混凝土。喷混凝土工程量以成品方（m^3）计量。

喷混凝土按设计施喷面积乘以设计厚度计算。不计入回弹量和施工损耗量，不扣除金属件、预埋件占去的空间；挂网钢筋（钢肋拱或钢丝网）应单独计算，并注明钢筋直径及间排距。挂网钢筋以吨（t）为计量单位，不计入为固定钢筋网所需用的附加钢筋。

应根据支护范围和喷层厚度计算喷混凝土工程量，并注明主要支护部位、喷混凝土厚度、强度等级、钢筋网布设等。

（2）锚杆（锚筋、锚杆束、锚筋桩等）。锚杆支护工程量按不同锚杆类型、锚杆直径和锚杆长度分别计算，以根为单位计量，预应力锚杆还应注明预应力设计吨位。

锚杆长度是指锚杆的设计长度，包括嵌入岩土体的长度及必需的外露长度，不计加工制作损耗。应分别注明锚杆嵌入岩土体的长度及外露长度。

根据地质条件和建筑物运行要求，按间排距和锚杆布置范围来计算锚杆支护工程量，应注明主要支护部位的岩性和类别、典型锚杆类型、锚杆直径和锚杆长度等。

（3）预应力锚索。锚索支护工程量以束（注明预应力设计吨位和长度）为单位计量。

锚索长度是指嵌入岩石（或土体、混凝土）的设计有效长度，不包括混凝土锚墩及以外的钢绞线长度。

应根据设计锚索支护范围、锚索布置等计算锚索工程量，提出典型锚索类型、锚索长度、预应力设计吨位等。锚墩不单独计量。

（4）钢支撑（钢格栅）。钢支撑（钢格栅）工程量以吨（t）为单位计量。

钢支撑工程量应包括钢支撑（钢格栅）及钢支撑间连接钢材的工程量。

宜根据地质条件、岩性和类别进行工程量估算。

（5）管棚。管棚工程量按钻孔深度计算，以延米（m）为单位计量，包括钻孔、埋管及灌浆。

管棚钻孔深度应从孔口算起，并注明钻孔直径。

宜根据地质条件、岩性和类别进行工程量估算。

（6）柔性防护网。柔性防护网工程量以平方米（m^2）为单位计量。

宜根据地质条件、岩性和类别进行柔性防护网工程量估算。

（7）排水孔（管）。排水孔（管）主要包括边坡和洞室排水孔（管）、基础排水孔（管），主要分为钻孔排水孔、反滤式塑料排水盲沟管、PVC排水管、钢排水管等类型，均以延米（m）为单位计量。

根据排水孔布置范围和间排距分别按排水孔（管）类型、直径和长度计算排水孔（管）工程量。

（8）支挡结构及其他。抗滑桩、抗剪洞、锚固洞、挡墙、护坡结构、截水沟与排水沟等，其工程量应拆分为土方开挖、石方开挖、混凝土、钢筋等项目进行计算。

3. 钻孔及灌浆工程量

适用于水泥灌浆工程，化学灌浆工程应采用专门的工程量计算方法。

(1) 钻孔。钻孔工程量以延米(m)计量。帷幕灌浆、固结灌浆等钻孔深度应从孔口算起，并按岩土或混凝土等不同部位分别计算。混凝土盖重中有预留灌浆钻孔时，钻孔深度应从建基面算起。回填、接缝灌浆等钻孔深度从孔口算起。

应按灌浆种类计算钻孔工程量。帷幕灌浆、固结灌浆钻孔宜注明岩性和类别。压(注)水试验和检查孔工程量不单独计列。

(2) 灌浆。帷幕灌浆、固结灌浆工程量(不包括检查孔)以延米(m)或充填岩体裂隙和钻孔的净水泥质量(t)计量；回填灌浆、接触灌浆和接缝灌浆工程以设计被灌面积(m^2)计量。一般工程各阶段净水泥质量，应根据坝区岩体综合吕荣值和工程经验按平均单位延米吸浆量估算；大型或特别重要的工程可行性研究和招标设计阶段，可根据灌浆试验成果统计按平均单位延米吸浆量计算。

应按设计图纸计算帷幕灌浆和固结灌浆工程量，帷幕灌浆应注明延米吸浆量，帷幕灌浆和固结灌浆应注明灌浆压力。应按设计图纸计算回填灌浆、接触灌浆和接缝灌浆工程量。

4. 地下连续(防渗)墙工程量

(1) 地下连续墙造孔。地下连续墙造孔工程量以设计成墙面积(m^2)计量，不计入导向槽的工程量。

设计成墙面积按地下连续墙轴线长度乘以平均墙深计算。计算平均槽深时，应自槽底面算起，不含导向槽高度。

应按设计图纸计算地下连续墙造孔工程量，并提出地层性质、墙厚、槽孔深度。

(2) 地下连续墙混凝土。地下连续墙混凝土工程量以成品方(m^3)计量，按设计成墙面积和设计厚度计算。地下连续墙需配筋时，钢筋应单独计算。

应根据设计图纸按混凝土强度等级、级配计算工程量。

(3) 高压喷射灌浆。高压喷射灌浆工程量以延米(m)计量，根据设计确定的防渗面积和孔间距计算。

应根据设计图纸计算高压喷射灌浆工程量，并提出高压喷射灌浆类型和地层类型。

5. 地基加固工程量

适用于软弱地基的强夯、桩基、振冲和沉井等地基加固工程。

强夯以平方米(m^2)计量，应根据不同夯击能量和夯点密度，按设计图纸所示的夯击范围计算工程量，注明落锤质量、落距或击实功能。

灌注桩造孔以延米(m)计量，混凝土以成品方(m^3)计量，注明桩径和桩长。桩长为自地面高程到桩尖的长度。灌注桩的钢筋单独计量。

钢筋混凝土预制桩以根计量，注明类别、桩径和桩长。

振冲加密或振冲置换桩按设计振冲孔长度以延米(m)计量，注明孔、排距。

钢筋混凝土沉井按沉井混凝土体积，以成品方(m^3)计量，注明轮廓尺寸和壁厚。沉井混凝土的结构钢筋、钢材应单独计量。

钢沉井按整体质量以吨(t)计量，注明轮廓尺寸和壁厚。

沉井封底按混凝土浇筑体积以立方米(m^3)计量，注明干封底或水下封底。

应根据设计图纸按不同地基加固类型计算工程量，注明地层类型。

6. 土石方填筑工程量

适用于碾压式土坝（堤）、土石坝坝体、土石围堰堰体和其他土石回填工程。

土石方填筑工程量按设计图示尺寸以压实方（m^3）计量；土工合成材料以设计面积（m^2）计量，不包括搭接、压边等。

土石坝填筑工程，应包括设计沉陷预留工程量，但不计削坡、雨后清理、施工期沉陷等因素发生的工程量。

应根据设计分区分别计算，注明分区名称、干密度及孔隙率。土工合成材料应注明材料性能指标和搭接、铺设方式。

7. 混凝土、钢筋、钢材工程量

（1）混凝土。混凝土工程量以成品方（m^3）计量。

按图纸所示的建筑物轮廓线进行计算，不扣除体积小于0.3m^3或截面积小于0.1m^2孔洞和金属件、预埋件所占的空间。

应根据设计图纸按混凝土种类、强度等级和级配，分部位计算工程量。

（2）钢筋、钢材。钢筋、钢材工程量以吨（t）计量。

钢筋搭接、施工架立筋和钢筋制作加工损耗不单独计量。

按混凝土含钢量分部位计算钢筋、钢材工程量。

（3）止水、止浆和填缝材料。止水、止浆材料工程量以米（m）计量，填缝材料根据材料类型以成品方（m^3）或面积（m^2）计量。

按设计图纸分材料种类计算工程量，注明结构型式、规格。

8. 沥青混凝土工程量

沥青混凝土面板的防渗层、加厚层、整平胶结层以及防渗心墙，均以成品方（m^3）计量。沥青混凝土面板的封闭层以平方米（m^2）计量。

应根据设计图纸按结构层和级配分部位计算工程量。

9. 砌体工程量

砌体工程量以成品方（m^3）计量。

砌体工程量按设计图纸所示的建筑物轮廓线进行计算，不扣除体积小于0.3m^3或截面积小于0.1m^2孔洞和金属件、预埋件所占的空间。

砌体工程中的水泥砂浆、勾缝、压顶及混凝土不单独计算，一并计入砌体工程量中，并注明砂浆或混凝土强度等级。加筋材料单独计量。

按砌筑类型和材料等分部位分别计算，注明类型、强度及砌材名称。

10. 压力钢管工程量

压力钢管工程量以吨（t）计量，不包括制作加工损耗。压力钢管防腐工程量以防腐面积（m^2）计量。

根据设计图纸分部位（如直管、岔管、弯管和伸缩节）计算钢管工程量，提出壁厚、内径和材质要求等。对于大型或长输水压力钢管的水电站，宜列出压力钢管防腐工程量。

11. 疏浚和吹填工程量

疏浚工程工程量以水下自然方（m^3）计量，吹填工程以陆上吹填方（m^3）计量。

疏浚工程量按设计断面计算，不包括超挖及倒淤增加量。

吹填工程量按设计断面计算，应包括设计预留的超填高度，不包括施工期沉陷和流失量。

12. 交通工程

交通工程主要包括公路工程、铁路工程、桥梁工程、交通洞工程、水运工程等。

交通工程按交通、铁道等行业标准设计时，工程量计算执行相关行业的有关规定。其中：

（1）可行性研究阶段对外交通运输的公路工程应根据水电工程实际情况，结合水电工程设计的有关审批意见，参照《公路工程基本建设项目设计文件编制办法》(交公路发〔2007〕358号）初步设计的要求，利用已有的勘探资料和1∶500～1∶5000的地形图基本确定路线方案，以及路基、路面、桥涵、隧道、沿线设施、绿化及环境保护设施、其他工程的方案、结构类型及主要尺寸等，提出相应的工程量。

（2）场内主要交通干线公路应结合施工总布置设计，参考《公路工程基本建设项目设计文件编制办法》(交公路发〔2007〕358号）初步设计的要求，基本确定路线方案以及路基、路面、桥涵、隧道等布置方案，提出相应的工程量。

（二）施工辅助工程工程量计算

1. 施工交通工程

（1）场内交通。场内主要交通干线公路应结合施工总布置设计，参考《公路工程基本建设项目设计文件编制办法》(交公路发〔2007〕358号）初步设计的要求，基本确定路线方案以及路基、路面、桥涵、隧道等布置方案，提出相应的工程量。交通工程主要包括公路工程、铁路专用线及转运站、水运工程、施工支洞、道路（桥涵）加固工程、斜坡卷扬道及架空索道工程。

（2）铁路专用线及转运站。在水电工程坝址坝型确定的条件下，铁路专用线及转运站设计应参考《铁路建设项目设计文件编制办法》可行性设计阶段的深度要求，先期确定铁路专用线和转运站主要技术标准和规模，主要技术设备的设计原则，提出主要工程项目的工程量、主要设备概数，用地及拆迁概数，拟定环保和水土保持初步方案及节能措施等。

可行性研究阶段的铁路专用线及转运站的新建、改（扩）建工程应参照《铁路建设项目设计文件编制办法》初步设计阶段的深度要求，确定各项工程设计原则、设计方案，提出各项工程量、主要设备数量，用地及拆迁数量，环保和水土保持措施工程量等。

（3）施工支洞。地下工程施工支洞的工程量，应根据施工组织设计及永久建筑物要求进行计算。可行性研究阶段施工支洞按土石方明挖、洞挖、支护、混凝土、钢筋、排水、边坡防护、封堵等工程量计列。

（4）水运工程。可行性研究阶段水运工程按施工期通航工程的相关项目要求计算工程量。

（5）道路、桥涵加固工程。可行性研究阶段拟定的运输方案包括需要改（扩）建或新的公路等级、路线长度，特大、大中桥的长度及座数，中隧道、长隧道及特长隧道的长度和座数，需加固的桥梁长度及座数、码头处数等内容。该阶段重大件运输不单独计算工程量。

（6）斜坡卷扬道及架空索道工程。可行性研究阶段斜坡卷扬道及架空索道工程按不同部位分别计算土建工程量，钢轨、钢丝绳按不同型号、规格分别计列，施工便道按长度计列。

2. 施工期通航工程

施工期通航工程包括有通航配套设施、助航设施、货物过坝转动设施、施工期航道整治维护、施工期临时通航管理、断碍航补偿、施工期港航安全设施及监督等项目。

可行性研究阶段按交通行业的初步设计深度，在确定的建设规模、布置、工艺、设备选型和数量的基础上，按各项目的布置、工艺图分项计算工程量，列出施工期通航按项计列的项目。

3. 施工供电工程

施工供电系统包括外部电网向场内施工供电的高压输电线路、施工场内10kV及以上线路工程和出线为10kV及以上的供电设施工程，由土建工程和机电设备及安装工程组成。

可行性研究阶段变电站工程在确定的规模、布置、工艺、设备选型和数量的基础上，按各项目的布置图分项计算土建工程量，并提出机电设备数量、规格、型号。场外输电线路，可根据1∶10000～1∶5000地形图选定的线路走向计算长度，并说明电压等级、回路数。

4. 施工供水系统工程

施工供水系统工程的工程量计列范围为水源取水口至各供水对象连接点在高位水池或清水池预留出水阀门处。

可行性研究阶段在确定的建设规模、布置、工艺、设备选型和数量的基础上，按各项目的布置、工艺图分项计算土建工程量；提出机电设备数量、规格、型号，以供计算用水单价，不计列在工程量清单中。

5. 施工供风系统工程

供风管网计列范围从供风站至各主要供风对象的连接点之间供风主管上预留的供风阀门。

可行性研究阶段施工供风系统工程包括施工供风站建筑，供风干管敷设、移动和拆除等工程，不包括空压机、动力设备以及供风设施的维护。在确定的规模、布置、主要设备选型的基础上，计算施工供风系统工程主要土建工程量；提出机电设备数量、规格、型号，不计列在工程量清单中。

6. 施工通信工程

施工通信工程指当地电信部门接线点至工程场内总交换机的通信设施、通信线路工程及维护管理，由土建工程和机电设备及安装工程组成。如当地通信条件能满足工程施工需要，则该项目不计列。施工通信系统与各通信对象以总交换机房配线架对外接线端子为分界点。

可行性研究阶段在确定的规模、布置、工艺、设备选型和数量的基础上，按各项目的布置图分项计算土建工程、通信设备（不含备用设备）及安装工程、通信线路工程量及运行维护。

7. 施工管理信息系统工程

施工管理信息系统工程包括管理系统设施、设备、软件等。

可行性研究阶段应结合管理信息系统规划，给出管理系统的项目内容，按项计列。

8. *料场覆盖层清除及防护工程*

料场开采及防护应计算料场覆盖层和无用层剥离、弃料开挖、料场边坡防护等工程量。

至料场的道路计入施工交通工程，料场开采区内的道路不计算工程量；料场植被恢复计入环境保护与水土保持专项。

可行性研究阶段应根据详查成果计算料场覆盖层和无用层工程量，在边坡稳定分析计算基础上，提出边坡支护措施及工程量。

9. *砂石料生产系统工程*

砂石料生产系统主要包括系统土建工程、生产设备及与系统相连接的输送系统工程。土建工程主要指场地平整、边坡工程、混凝土、砌体、钢结构等内容。生产设备包括生产加工的定型设备、胶带机、供水、供热、供电、废水处理等。

在确定的规模、布置、生产加工工艺流程和主要设备选型的基础上，计算砂石料生产系统工程主要土建工程量，包括进料加工至成品料堆下方的出料廊道的全部土建工程。

10. *混凝土生产及浇筑系统工程*

(1) 混凝土生产系统工程。混凝土生产系统主要包括系统土建工程、拌和系统、制冷和供热系统机电设备。拌和系统分常规混凝土和碾压混凝土。制冷和供热系统主要根据混凝土温度控制要求设置。

混凝土系统与混凝土供料平台不在同一平台的，从混凝土系统至供料平台的道路均计入场内施工道路工程。

拌和系统，根据施工总布置要求及混凝土浇筑强度，计算拌和系统的规模，在确定系统布置、工艺、生产设备选型的基础上，计算土建工程量；工程量计列范围，如采用胶带机运输方式输送成品骨料，则从砂石料生产系统成品料堆廊道胶带机的头部开始，直至混凝土生产系统搅拌楼出机口之间所包含的工程部位。

制冷系统，根据混凝土浇筑强度、出机口温度要求及气象资料，计算制冷系统的规模，确定制冷工艺，对制冷设备进行计算选型。依据制冷工艺及混凝土生产系统的平面布置，对制冷车间进行工艺及结构布置设计，计算土建工程量。

供热系统，根据混凝土浇筑强度、出机口温度要求及气象资料，计算供热系统的规模，对供热设备进行计算选型。依据供热要求及混凝土生产系统的平面布置，对锅炉房等进行工艺及结构布置设计，计算土建工程量。

(2) 混凝土浇筑系统工程。混凝土浇筑系统包括为建造混凝土浇筑系统所需的场地平整、构筑物、钢构架、缆机平台等，以及混凝土温度控制措施。

可行性研究阶段大型施工机械应根据施工总布置要求及混凝土浇筑强度，确定混凝土浇筑方法，对系统浇筑设备进行计算选型。

可行性研究阶段应提出混凝土施工保温措施，如凉棚、暖棚、保温模板、仓面覆盖及仓面喷雾等，并计算各项措施的工程量；大体积混凝土施工通水冷却应计算混凝土中埋设的冷却水管工程量和通水量，通水可通河水、制冷水。

11. *导流工程*

导流工程包括围堰（及拆除工程）、明渠、隧洞、涵管、底孔等工程的工程量，与永久建筑物结合的部分及混凝土堵头计入永久工程量中，不结合的部分计入临时工程量中，分别乘以各自的阶段系数。导流底孔封堵、闸门设施应计入临时工程量中。

导流工程的土建工程量参照主体建筑工程工程量计算方法计算。

12. 临时安全监测工程

可行性研究阶段，临时安全监测工程一般包括安全监测设备购置、埋设安装调试、施工期监测和施工期资料整理分析等，工程量计算应结合永久安全监测设计，根据相关规范和规定要求，按设计内容和图纸进行统计。

13. 临时水文测报工程

临时水文测报工程主要包括临时水文监测、施工期水文测报服务、专用水文站测验、截流水文服务专项、水库泥沙监测专项等。

施工期水文测报服务在建设水情自动测报系统的基础上进行计算，“水情自动测报系统”建设工程量分别计入建筑工程、机电设备及安装工程的相应项目。

“专用水文站”和“水库泥沙监测专项”建设工程量分别计入建筑工程、机电设备及安装工程的相应项目。

14. 施工及建设管理房屋建筑工程

名词和术语的定义参照执行《建设工程工程量清单计价规范》(GB 50500—2008）相关规定。

项目范围：施工仓库、辅助加工厂、办公及生活营地、配套室外工程、场地平整工程。

工程量计算分界：以围墙或红线为界，围墙或红线及以内工程项目计入施工及建设管理房屋建筑工程。

特殊仓库（油库和炸药库）的工程量计算除符合《水电工程设计工程量计算规定》外，还应符合国家现行的相关标准的规定。

可行性研究阶段地形图的比例宜为1∶500～1∶2000，地质勘探深度达到岩土工程初步勘察深度要求。

一般施工仓库、辅助加工厂、承包商营地、临时过渡用房工程量计算规定：房屋建筑工程均按不同建筑物分别列项，计量单位为 m^2，工程量以该部分建筑物建筑面积计算；为其服务的配套室外工程在清单中按项计列。

业主营地及特殊仓库工程量计算规定：可行性研究阶段业主营地及特殊仓库工程设计文件编制深度，应达到现行《建筑工程设计文件编制深度规定》的方案设计阶段深度要求。

大型机组分瓣运至工地后设置的现场拼装场计入在设备费项目中，不单独列项。

（三）机电设备工程量计算及要求

1. 工程量计量

除另有规定外，应按下列规定计算机电设备及安装工程工程量。

计算设备质量时，应按设备本体及联体的平台、梯子、栏杆、支架、屏盘、电机、安全罩和设备本体第一个法兰以内的管道等全部质量计算。

整体到货，无需现场组装的设备以台（套）为单位。

水轮机（水泵水轮机）以台为单位。可按设备本体质量吨（t）计算，机组设备质量按图表曲线或经验公式计算。

发电机（发电电动机或电动机）以台为单位。可按设备本体质量吨（t）计算，机组设备质量按图表曲线或经验公式计算。

调速器系统以台为单位。

油压装置、自动化元件以套为单位。

励磁系统（含励磁变压器）以台（套）为单位。

水轮机进水阀以台为单位。

厂房桥机以台为单位，并注明桥机起吊能力及桥机本体质量。

管路系统按质量以吨（t）为单位，根据系统管路布置图按输送介质、管道材质、管径、管壁厚度和长度分别计算。管路系统安装长度，均按设计管道中心线长度，以延米计算，不扣除阀门及各种管件所占长度。

蓄能电站变频启动装置以套计量。

发电机电压配电装置、主变压器、高压配电装置以台（套）为单位，设备数量按电气主接线图及设备布置图计算。

厂用变压器、箱式变电站、柴油发电机组、高压开关柜、动力盘、配电柜等以台（或面）为单位，并按厂用电系统图计算数量。

高压母线槽、低压母线槽、安全滑触线等按长度以米（m）为单位，按厂用电系统图、开关柜和动力盘设备布置情况以导体设计中心长度计算。

离相封闭母线、GIL 以长度（单相 m）为单位，共箱封闭母线以长度（三相 m）为单位，高压电缆以米（m）为单位。

电缆以千米（km）为单位，根据厂房设备布置图及设备接线位置、布线路径计算。

电缆桥架按质量以吨（t）为单位，按厂房设备布置图、电缆桥架布置图进行计算。

通风风道以展开面积计算，不扣除检查孔、测定孔、送风口、吸风口等所占面积。风管长度一律以设计图示线长度为准。

接地材料按质量以吨（t）为单位，根据全厂接地布置图，分材质计算。搭接和架立作为施工附加量，不计入接地材料总质量中。

配电箱、端子箱以个为单位。

阀门、风口等配件以个为单位。

预埋固定件按质量以吨（t）为单位。

防腐与涂装按面积以平方米（m^2）为单位。

单轨起重机轨道按轨道中心线长度，以十米（10m）为单位。双轨起重机轨道按轨道中心线长度，以双向十米（双 10m）为单位。

2. 工程量计算要求

根据选定的水轮机（水泵水轮机）型式、单机容量和机组台数、基本技术参数和安装高程，计算水轮机（水泵水轮机）及其附属设备工程量，根据选定的厂内起重设备和油、气、水、量测等系统的设计方案，初步选定机修设备和油化验设备的规模，计算主要辅助机械设备和化验设备工程量。

根据工程动能特性、输电电压等级、出（进）线回路数及输送容量，计算发电机（发电电动机或电动机）、发电机配电装置、主变压器、高压引出线、高压配电装置、启动装置等主要电力设备工程量，过电压保护和中性点接地、全厂接地工程量。

根据梯级计算机集中监控系统及梯级监控中心的设计成果，计算全厂计算机监控系统的主要设备工程量。

计算主要设备和自动化元件工程量、机组励磁系统主要设备配置工程量、闸门启闭机及过坝设施的电力拖动和自动控制系统工程量，以及继电保护、二次接线、控制电源系统、工业电视监视系统、通信系统、信号电缆和电力电缆工程量。

计算采暖、通风和空气调节系统、消防系统的工程量。

（四）金属结构工程量计算及要求

1. 工程量计量

除另有规定外，应按下列规定计算金属结构设备及安装工程量。

闸门、拦污栅设备按质量以吨（t）为单位。闸门质量包括闸门门叶、行走支承装置（或支臂、支座）、止水装置、吊杆及其他附件等全部质量。

各类埋件以吨（t）为单位。闸门埋件质量包括主轨、反轨、侧轨、底槛、门楣、水封座板、护角、侧导板、锁锭及其他埋设件等。

启闭设备、拦污设备和升船机设备以台（套）为单位。

闸门压重按质量以吨（t）为单位。

单轨起重机轨道以轨道中心线长度（10m）为单位。双轨起重机轨道以轨道中心线长度（双10m）为单位。

压力钢管按质量以吨（t）为单位。

金属结构设备防腐工程量按防腐面积以平方米（m^2）为单位。防腐图纸工程量应按表面预处理和表面涂装类别分别计算。

2. 工程量计算要求

根据闸门（阀）、启闭机的布置方案及闸门（阀）的结构型式、数量、孔口尺寸、设计水头等主要参数，计算泄水建筑物的闸门、拦污栅、压力钢管、阀及启闭设备；引水建筑物的闸门、拦污栅、压力钢管、阀及启闭设备；尾水建筑物的闸门、拦污栅、压力钢管及启闭设备工程量。对于大型或长输水压力钢管的水电站，宜列出压力钢管防腐工程量。

根据船闸、升船机及其他过坝设施的金属结构设备布置方案、结构型式、主要尺寸等技术参数，计算通航及其他过坝建筑物的金属结构设备工程量。

根据导流、封孔所用闸门的结构型式、数量、孔口尺寸、各工况设计水头等主要参数，计算施工导流建筑物的闸门和启闭机工程量。

根据其他水工建筑物金属结构设备的布置方案、型式、容量、数量、主要尺寸及参数计算其他水工建筑物的金属结构设备工程量。

（五）工程量阶段系数

根据规定，应对按建筑物设计的几何轮廓尺寸净值算得的工程量，按表2－12所列相应的阶段系数进行调整。

表 2-12　　水电工程设计工程量阶段系数表

类别	设计阶段	混凝土、土石方及砌石	钢筋钢材	灌浆工程	锚索锚杆
建筑工程	规划设计	1.05～1.09	1.06	1.18	1.10
	预可行性研究	1.03～1.06	1.04	1.15	1.06
	可行性研究	1.02～1.04	1.02	1.10	1.03
施工辅助工程	规划设计	1.07～1.11	1.08	1.20	1.12
	预可行性研究	1.06～1.10	1.06	1.17	1.08
	可行性研究	1.04～1.08	1.04	1.12	1.05

注　混凝土、土石方开挖和填筑及砌石工程的工程量阶段系数按土建工程规模取值，工程规模大的取下限值，工程规模小的取上限值。招标和施工图设计阶段系数为 1。

第五节　水电工程计价的基本方法

建筑安装工程构成建设项目工程造价的主体。准确、合理地预测建筑安装工程造价对预测整个建设项目的工程造价有重要意义。目前比较通行的预测建筑安装工程造价的基本方法可概括为 3 种：综合指标法、定额法和实物法。

一、综合指标法

在河流梯级电站规划或项目建议书阶段，由于设计深度不足，只能提出概括性的项目，匡算出部分主要项目的工程量，在这种条件下，编制投资匡算或估算时常常采用综合指标法。综合指标的特点是概括性强，不需作具体分析，直接采用。综合指标中包括人工费、材料费、机械使用费及其他费用（包括其他直接费、间接费、利润、税金）并考虑一定的扩大系数。另外，在编制概估算时，由于设计深度受限时，水电工程中的有关专业或专项工程，如铁路、公路、桥梁、供电线路、房屋建筑等，也可采用综合指标法编制相应项目投资。

二、定额法

1. 概述

将各个建筑安装单位工程按工程性质、部位划分为若干个分部分项工程（划分的粗与细应与所采用的定额相适应），各分部分项工程的造价由各分部分项工程数量分别乘以相应的工程单价求得。工程单价由所需的人工、材料、机械台班的数量乘以相应的人、材、机价格，求得人、材、机的金额，再按规定加上相应的有关费用（其他直接费、间接费、企业利润）和税金后构成。工程单价所需的人、材、机耗用量，按工程性质、部位和施工方法选取有关定额确定。

我国自新中国成立至今，一直沿用苏联的这种定额法来预测造价。世界上如日本、德国等一些国家也采用定额法，但他们没有统一的定额和取费标准。随着我国水利水电工程建设事业的发展，有关水利水电工程建设的各种定额经多次修订，其颁布情况见表 2-13。

表 2-13 新中国成立以来水利水电工程定额颁发情况统计表

颁布年度	定额名称	颁发单位
1954	水利水闸工程预算定额（草案）	水利部
	水利发电建筑安装工程施工定额（草案）	燃料部水电总局
	水利发电建筑安装工程预算定额（草案）	燃料部水电总局
1956	水利发电建筑安装工程预算定额	电力部
1957	水利工程施工定额（草案）	水利部
1958	水利水电建筑工程预算定额	水电部
	水利发电设备安装价目表	水电部
1964	水利水电建筑安装工程工、料、机械施工指标	水电部
	水利水电建筑安装工程预算指标	水电部
	水利发电设备安装价目表	水电部
1973	水利水电建筑工程定额	水电部
1975	水电工程概算指标	水电部
1980	水利水电工程设计预算定额	水利部、电力部
1983	水利水电建筑安装工程统一劳动定额	水电部水电总局
1985	水利水电建筑安装工程施工机械台班费定额	水电部
1986	水利水电建筑工程预算定额	水电部
	水利水电设备安装工程预算定额	水电部
	水利水电设备安装工程概算定额	水电部
1988	水利水电建筑工程概算定额	水电部
1990	水利水电工程投资估算指标	能源部、水利部
1993	中小型水利水电安装工程预算定额和概算定额	水利部
1997	水力发电建筑工程概算定额	电力部
	水力发电设备安装工程概算定额	电力部
	水力发电工程施工机械台时费定额	电力部
1999	水力发电设备安装工程预算定额	国家电力公司
	水利水电设备安装工程预算定额	水利部
	水利水电设备安装工程概算定额	水利部
2002	水利建筑工程预算定额	水利部
	水利建筑工程概算定额	水利部
	水利工程施工机械台时费定额	水利部
2003	水电设备安装工程概算定额	国家经贸委
2004	水电建筑工程预算定额	水电水利规划设计总院
	水电工程施工机械台时费定额	水电水利规划设计总院
	水电设备安装工程预算定额	国家经贸委
2007	水电建筑工程概算定额	水电水利规划设计总院可再生能源定额站

2. 水电定额的作用

水电定额是重要的工程建设标准定额。工程建设标准定额工作是国家经济社会发展的一项基础性、战略性的工作，在社会主义市场经济条件下，政府依法行政管理、标准定额的引导约束和市场有效配置资源，三者的关系是相辅相成的。党中央、国务院领导十分重视标准定额工作，2007年12月在成都召开的全国工程建设标准定额工作会议，曾培炎副总理在贺信中强调“新的形势下，希望大家认真学习贯彻科学发展观，进一步加强工程建设标准定额工作，完善标准体系，健全法规制度，加强造价管理，加大监督力度，充分发挥标准定额的引导约束作用”。

工程定额和造价标准是工程建设标准的重要组成部分，通过工程定额和造价标准管理，可以及时掌握工程建设成本，合理确定工程造价，规范投资管理行为，规范建设市场公平合理秩序，维护各方合法权益，为政府及有关部门加强建设项目的立项、监督与管理提供可靠的依据，为促进行业健康发展，构建资源节约型、环境友好型的和谐社会服务。

水电是重要的公益性基础产业，工程定额和造价标准对做好水电工程建设具有重要作用，到目前为止，水电工程已经形成了涵盖规划、预可行性研究、可行性研究、招标、施工、竣工直至后评价等各个阶段的一整套定额和造价标准体系，在水电建设项目的立项、设计、建设与管理工作中发挥了重要作用。随着可再生能源工程定额和造价管理工作的进一步加强，必将更进一步促进水电等可再生能源的健康持续发展。

3. 水电定额工作的发展展望

在市场经济条件下新的定额工作可分为两大类，一类是作为公共信息资源，为社会提供服务，主要仍将由可再生能源定额站承担，对行业有导向和引导作用，国家发展和改革委员会明确委托水电水利规划设计总院依托水电建设定额站组建可再生能源定额站，具体负责水电、风电、潮汐发电等可再生能源工程定额和造价管理工作。这必将更加有序地推动水电工程定额的研究、修订工作，从而更加有效地指导水电工程造价管理工作。另一类是施工、监理、设计咨询企业内部自己积累的资料，经过加工、整理作为企业内部共享的信息资源，其中绝大部分属于本企业的商业秘密，可作为新的工程的重要参考资料。在无情的市场竞争中，为了企业的生存和发展，企业内部工程造价资料的收集、加工将日益被重视，并会得到很大发展。

三、实物法

实物法是按工程具体施工条件和施工规划要求，对主要工程和费用项目进行资源配置而编制造价文件的一种方法，这是目前国际社会，特别是英、美发达国家普遍采用的工程造价编制方法，已成为当今国际社会的一种惯例。

1. 实物法定义

实物法是指按工程具体施工条件和施工规划要求，为主要工程和费用项目进行资源配置而编制投资文件的一种方法。

实物法预测工程造价，是根据确定的工程项目、施工方法及劳动组合，计算各种资源（人、材、机）的消耗量，用当地各资源的预算价格乘以相应资源的数量，求得完成确定项目基本直接费用，并按一定标准加计分摊在直接费项目中的工程或费用的间接费用，以及计算在直接成本和间接成本基础上的合理加价、风险等费用。

2. 实物法计算的一般步骤

(1) 直接费分析。直接费包括劳务费、材料费和施工设备使用费。具体分析如下：

1) 把各个建筑物划分为若干个合理的工程项目（如土石方、混凝土等）。

2) 把每个工程项目再划分为若干个基本的施工工序（如钻孔、爆破、出渣）。

3) 确定施工方法，选择最合适的设备，确定施工设备的生产率。

4) 根据所要求的施工进度确定每个工序的生产强度，据此确定设备、劳动力的组合。

5) 根据施工进度计算出人、材、机的总数量。

6) 人、材、机总数量分别乘以相应的基础价格，计算出该工程项目的总直接费用，亦称为总直接成本。

7) 总直接费除以该工程项目的工程量即得直接费单价。

(2) 间接费分析。间接费分析是指间接成本分析，它包括现场管理费用、承包人进退场费、财务费用等。

间接费分析是根据整个建筑安装工程项目的施工规模以及施工规划、施工工期，确定施工管理机构和人员设置、车辆配备，并根据间接费包含的内容如办公费、办公设备等计算施工管理费；承包人进退场费包括人员和施工设备进退场费；财务费用包括银行手续费、流动资金贷款利息等。

(3) 承包商加价分析。根据工程施工特点和承包商的经营状况、市场竞争状况等因素，具体分析承包商的总部管理费、中间商的佣金，以及承包人不可预见费以及利润、税金。

(4) 工程风险分析。根据工程规模、结构特点、地形地质条件、设计深度，以及劳动力、设备材料等市场供求状况，进行工程风险分析，确定工程不可预见准备金。

(5) 工程总成本。工程总成本为直接成本、间接成本、承包商加价 3 个部分之和，再加上采用类似“实物法”分析求出的施工准备工程费，设备采购工程、技术采购工程及有关公共费用，保险，不可预见准备金（包括工程不可预见及价格不可预见准备金），建设期融资利息等，即得工程的总成本。

3. 实物法编制造价的关键——施工规划

采用实物法编制工程造价是针对每个具体工程“逐个量体裁衣”，在设计深度满足需求的前提下，关键在于编制出一个切合实际的施工规划。

所谓施工规划是指为满足“实物法”造价文件编制要求，对施工进度、施工交通、施工技术、施工布置、工程分标等进行技术经济指标论证的施工组织设计的总称。由于我国长期采用“定额法”编制工程造价，特别是采用百分率计算临时工程费用后，施工组织设计淡化、深度不足，按照目前状况无法满足“实物法”编制工程造价的要求，必须强化施工组织设计，使施工规划达到一定的深度。

(1) 施工进度。用“实物法”编制造价中的直接费分析、间接费分析和承包商加价分析，施工进度是关键。而目前施工进度的编制常常采用历史经验资料确定，这远远不能满足要求，必须通过具体分析计算，对施工进度安排得很细，不仅要计算出各时段所完成的工程量和平均强度，而且还应绘制土石方开挖、土石方填筑、基础处理、混凝土浇筑强度

曲线，推算出直接和间接劳务人员，编制出各种管理人员的供应计划，而且施工进度不是人为确定，而是通过施工方法的优化组合和施工强度的论证确定，因而既严密又科学。

（2）工程分标。目前施工分标计划往往是在招标前编制，推行“实物法”编制造价后，分标计划应作为施工规划的主要内容提前完成。因此，“实物法”编制造价的重点是工程标段的施工系统的成本分析，是以承包商的施工活动为基础的，不同的标段，不同的施工特点，施工要求和施工方法及其布置系统也就不同。工程分标不宜过细，应充分考虑标段间的衔接合理，便于施工和管理。

（3）施工强度。用“实物法”编制造价，施工强度是关键的关键，目前施工强度计算比较简单，不能适应要求。施工强度是由时段和有效工作时间来确定，时段的长短应根据施工特征来确定，有效工作时间不仅与时段平均强度及劳务价格有关，而且与不同工作对象如土方、石方、混凝土等有关，因此施工组织设中应强化施工强度的分析计算，不仅要计算出单项工程的有效工作时间、平均强度、高峰强度，而且要计算出工作班制、机械规格、机械效率及数量。

此外，施工规划还必须详细计算和分析施工辅助工程，施工营地工程，各分部分项工程的施工工艺、施工方法、施工设备选型、模板设计，以及劳务、材料、设备资源的合理配置。

4. 调整知识结构，提高造价专业人员素质

用“实物法”编制工程造价，要求参编人员知识结构多元化，参编人员不仅要熟悉经济而且还要懂工程。“实物法”促使施工组织设计与造价编制实现专业一体化，从根本上改变施工组织设计人员不熟悉工程经济，不了解成本核算，造价编制人员不熟悉施工组织设计而照套定额的状况。目前需要加强工程造价编审人员的施工实践经验培养和数据积累。通过考察收集资料，积累经验，体现技术与经济的高度融合与统一，为顺利推行“实物法”打下坚实的基础。

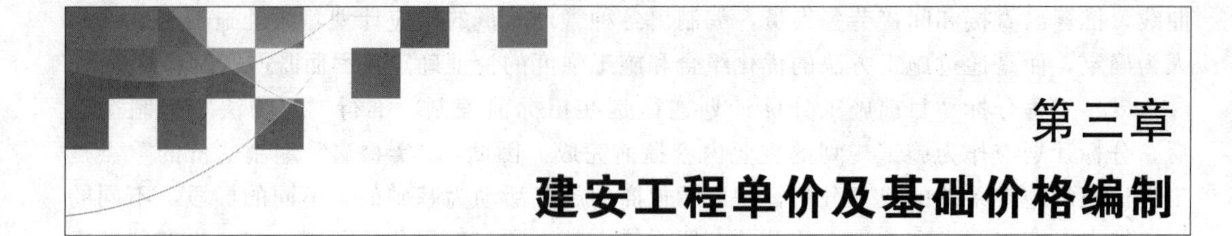

第三章 建安工程单价及基础价格编制

建筑工程单价、安装工程单价是计算建筑及安装工程投资的必要条件；人工预算单价，材料预算单价，施工用电、水、风单价，施工机械台时费及砂石料单价等是预测建筑及安装工程单价直接费的重要基础单价。这些基本价格的精确程度和合理性直接影响水电工程投资的编制质量，因此要予以高度重视；在编制时，应根据工程等级、工程所在地的地区类别和施工条件、工程采用的施工方法以及工程所需资源等情况进行认真分析计算。

第一节 建筑及安装工程单价编制

根据现行设计概算编制规定，水电工程单价包括建筑工程单价、安装工程单价两类。

一、建筑工程单价构成

（一）直接费

直接费＝基本直接费＋其他直接费

1. 基本直接费

基本直接费＝人工费＋材料费＋机械使用费

人工费＝∑(定额劳动消耗量×人工预算单价)

材料费＝∑[定额材料消耗量×材料预算单价限额价（或材料预算单价)]

规定有材料最高限额价的材料，当其预算价格高于最高限额价格时，建筑工程单价的材料费按材料预算单价限额价计算，当其预算价格低于最高限额价格时，用材料预算单价计算建筑工程单价的材料费；未规定最高限额价格的材料按其材料预算单价计算建筑工程单价的材料费。

机械使用费＝∑(定额机械消耗量×施工机械台时费)

2. 其他直接费

其他直接费＝基本直接费×其他直接费率之和

（二）间接费

间接费＝直接费×间接费率

（三）利润

利润＝(直接费＋间接费)×利润率

（四）材料补差

材料补差＝∑[定额材料消耗量×(材料预算单价－材料预算单价限额价)]

当主要材料预算价格超过《水电工程费用构成及概（估）算费用标准》中规定的主要材料最高限额价格时，按最高限额价格计算工程直接费、间接费和利润，超过最高限额价格部分以补差形式计入相应工程单价。主要材料最高限额价格见表3-1。

表3-1　主要材料最高限额价格表

序号	材料名称	单位	最高限额价格	备注
1	钢筋	元/t	4000	
2	水泥	元/t	500	
3	粉煤灰	元/t	300	
4	炸药	元/t	8000	

(五) 税金

税金=(直接费+间接费+利润+材料补差)×计算税率

(六) 建筑工程单价合计

单价合计=直接费+间接费+利润+材料补差+税金

二、安装工程单价构成

安装工程单价根据安装定额的表现形式分为消耗量形式和费率形式两种。

(一) 以消耗量形式表示的安装工程单价

1. 直接费

直接费=基本直接费+其他直接费

(1) 基本直接费。

基本直接费=人工费+材料费+机械使用费+未计价装置性材料费

人工费=Σ(定额劳动消耗量×人工预算单价)

材料费=Σ(定额材料消耗量×材料预算单价)

机械使用费=Σ(定额机械消耗量×施工机械台时费)

未计价装置性材料费=未计价装置性材料用量×材料预算单价

(2) 其他直接费。

其他直接费=基本直接费（不含未计价装置性材料费）×其他直接费率之和

2. 间接费

间接费=人工费×间接费率

3. 利润

利润=[直接费（不含未计价装置性材料费）+间接费]×利润率

4. 税金

税金=(直接费+间接费+利润)×计算税率

5. 以消耗量形式表示的安装工程单价合计

单价合计=直接费+间接费+利润+税金

安装费=设备费数（重）量×安装单价

(二) 以费率形式表示的安装工程单价

1. 直接费

直接费＝基本直接费＋其他直接费

(1) 基本直接费。

基本直接费＝人工费＋材料费＋机械使用费＋装置性材料费

人工费＝定额人工费×工程所在地对应的人工预算单价算术平均值

÷费用标准中一般地区人工预算单价算术平均值

材料费＝定额材料费

装置性材料费＝定额装置性材料费

机械使用费＝定额机械使用费

(2) 其他直接费。

其他直接费＝基本直接费×其他直接费率之和

2. 间接费

间接费＝人工费×间接费率

3. 利润

利润＝(直接费＋间接费)×利润率

4. 税金

税金＝(直接费＋间接费＋利润)×计算税率

5. 以费率形式表示的安装工程单价合计

单价合计 (%)＝直接费＋间接费＋利润＋税金

安装费＝设备费×安装单价 (%)

三、建筑及安装工程单价组成的内容及费用标准

根据现行设计概算编制规定，水电工程建筑及安装工程单价包括直接费［含基本直接费（人工费、材料费和施工机械使用费）和其他直接费］、间接费、利润及税金。

建筑及安装工程单价中的直接费指建筑及安装工程施工过程中直接消耗在工程项目建设中的活劳动和物化劳动，由基本直接费和其他直接费组成。基本直接费包括人工费、材料费和施工机械使用费。建筑及安装工程单价中的基本直接费具体内容和计算在本节之后将作专门介绍，下面就单价组成中的其他直接费、间接费、利润和税金包含的内容和费用计算标准等分别阐述。

(一) 其他直接费

其他直接费包括冬雨季施工增加费、特殊地区施工增加费、夜间施工增加费、小型临时设施摊销费、安全文明施工措施费及其他费用。

1. 冬雨季施工增加费

冬雨季施工增加费指在冬雨季施工期间为保证工程质量和安全生产所需增加的费用，包括增加施工工序，增建防雨、保温、排水设施，增耗的动力、燃料，以及因人工、机械效率降低而增加的费用。

计算方法：根据不同地区，按建筑安装工程基本直接费的百分率计算。

(1) 中南、华东地区按0.5%～1.0%。

(2) 西南（除西藏外）地区按1.0%～1.5%。

(3) 华北地区按1.0%～2.5%。

(4) 西北、东北、西藏地区按2.5%～4.0%。

中南、华东、西南（除西藏外）地区中，按规定不计冬季施工增加费的地区取小值，计算冬季施工增加费的地区可取大值。华北地区的内蒙古等较为严寒的地区可取大值，一般取中值或小值。西北、东北地区中的陕西、甘肃等省取小值，其他省、自治区可取中值或大值；西藏那曲、西藏四类地区取大值，其他地区取中值或小值。四川、云南与西藏交界地区的费率按西藏地区的下限计取。

2. 特殊地区施工增加费

特殊地区施工增加费指在高海拔、原始森林、酷热、风沙等特殊地区施工而需增加的费用。费用标准按工程所在地方有关规定计算，地方没有规定的，不得计算此项费用。

3. 夜间施工增加费

夜间施工增加费指因夜间施工所发生的夜班补助费、施工建设场地和施工道路的施工照明设备摊销及照明用电等费用。

按基本直接费的百分率计算。其中，建筑工程为0.8%～1.0%，安装工程为1.0%～1.2%。

有地下厂房和长引水洞的项目取大值，反之取小值。

4. 小型临时设施摊销费

小型临时设施摊销费指为工程进行正常施工在工作面内发生的小型临时设施摊销费用，如零星脚手架搭拆、零散场地平整、风水电支管支线架设拆移、场内施工排水、支线道路养护、临时值班休息场所搭拆等小型临时设施摊销费，按基本直接费的百分率计算。其中，建筑工程为1.5%，安装工程为2%。

5. 安全文明施工措施费

安全文明施工措施费指施工企业按照国家有关规定和施工安全标准，购置施工安全防护用具、落实安全施工措施、改善安全生产条件、加强安全生产管理等所需的费用，包括：完善、改造和维护安全防护设备、设施费，配备、维护、保养应急救援器材、设备和应急救援演练费，开展重大危险源和事故隐患评估、监控和整改费，安全生产检查、评价、咨询和标准化建设费，配备和更新现场作业人员安全防护物品费，安全生产宣传、教育和培训费，安全生产适用的新技术、新标准、新工艺、新装备的推广应用费，安全设施及特种设备检测检验费，其他与安全生产直接相关的费用。

按基本直接费的百分率计算。其中，建筑工程为2.0%，安装工程为2.0%。

6. 其他费用

其他费用包括施工工具用具使用费、检验试验费、工程定位复测费（施工测量控制网费用）、工程点交费、竣工场地清理费、工程项目移交前的维护和观测费等。

施工工具使用费指施工生产所需不属于固定资产的生产工具，检验、试验用具等的购置、摊销和维护费，以及支付工人自备工具的补贴费。

检验试验费指施工企业按照有关标准规定，对建筑以及材料、构件和建筑安装物进行一般鉴定、检查所发生的费用。其中，包括自设试验室进行试验所耗用的材料等费用，不包括新结构、新材料的试验费，对构件进行破坏性试验及其他特殊要求检验试验的费用和建设单位委托检测机构进行检测的费用。

按基本直接费的百分率计算。其中，建筑工程为1.6%，安装工程为2.4%。

其他直接费费率汇总表详见表3-2。

表3-2　　其他直接费费率汇总表

地区	计算基础	建筑工程/%	安装工程/%
中南、华东	基本直接费	6.4～7.1	7.9～8.6
西南（除西藏外）	基本直接费	6.9～7.6	8.4～9.1
华北	基本直接费	6.9～8.6	8.4～10.1
西北、东北、西藏	基本直接费	8.4～10.1	9.9～11.6

注　不含特殊地区施工增加费。

（二）间接费

1. 间接费组成

间接费指建筑、安装工程施工过程中构成建筑产品成本，但又无法直接计量的消耗在工程项目上的有关费用。由企业管理费、规费和财务费用组成。

（1）企业管理费，指承包人组织施工生产和经营管理所发生的费用。内容包括：

1）管理人员的基本工资、辅助工资。

2）办公费，包括办公的文具、纸张、账表、印刷、邮电、书报、会议、水、电、烧水、集体取暖和降温（包括现场临时宿舍取暖降温）等费用。

3）差旅交通费，包括职工因公出差、调动工作的差旅费和住勤补助费，市内交通费和误餐补助费，职工探亲路费，劳动力招募费，职工离退休、退职一次性路费，工伤人员就医路费，管理部门使用的交通工具的油料、燃料、车船使用税及年检费等。

4）固定资产使用费，包括管理和试验部门及附属生产单位使用的属于固定资产的房屋、设备、仪器等的折旧、维修费或租赁费等。

5）工具用具使用费，包括企业施工生产和管理使用的不属于固定资产的工具、器具、家具和检验、试验、测绘、消防用具的购置、维修和摊销费。

6）劳动保险和职工福利费，包括企业支付离退休职工的补贴、医药费、易地安家补助费、职工退职金，6个月以上病假人员工资，职工死亡丧葬补助费、抚恤费，按规定支付给离休干部的经费，集体福利费，夏季防暑降温、冬季取暖补贴，上下班交通补贴等。

7）劳动保护费，指企业按规定发放的劳动保护用品的支出。如高空作业及进洞津贴费，技术安全及粉尘预防措施费，工作服、手套、防暑降温饮料以及在有碍身体健康的环境中施工的保健费用等。

8）工会经费，指企业按职工工资总额计提的工会费用。

9）职工教育经费，指按职工工资总额的规定比例计提，企业为职工进行专业技术和职业技能培训、专业技术人员继续教育、职工职业技能鉴定、职业资格认定以及根据需要对职工进行各类文化教育所发生的费用。

10）职业病防治费，指依据《中华人民共和国职业病防治法》（中华人民共和国主席令

2001年第60号公布、2011年第52号修正）和行业有关规定缴纳的尘肺病防治费。

11）保险费，包括财产保险、车辆保险及人身意外伤害保险。

12）税金，指企业按规定交纳的房产税、车船使用税、土地使用税及印花税等。

13）进退场费，指施工企业根据建设任务需要，派遣人员和施工机械从基地迁往工程所在地发生的往返搬迁费用，包括：承担任务职工的调遣差旅费，调遣期间的工资，施工机械、工具、用具、周转性材料及其他施工装备的搬运费用。

14）其他费用，包括技术转让费、技术开发费、业务招待费、企业定额测定费、投标费、广告费、公证费、诉讼费、法律顾问费、审计费、咨询费，以及勘察设计收费标准中未包括、应由施工企业负责的工程设计费用、工程图纸资料及工程摄影费等。

（2）规费，包括生产工人及管理人员的基本养老保险费、医疗保险费、工伤保险基金、失业保险费、生育保险费和住房公积金。

1）基本养老保险费，指依据《国务院关于完善企业职工基本养老保险制度的决定》（国发〔2005〕38号）、《国务院关于建立统一的企业职工基本养老保险制度的决定》（国发〔1997〕26号）计取的费用。

2）医疗保险费，指依据《关于城镇居民基本医疗保险医疗服务管理的意见》（劳社部发〔2007〕40号）、《国务院关于开展城镇居民基本医疗保险试点的指导意见》（国发〔2007〕20号）、《国务院关于建立城镇职工基本医疗保险制度的决定》（国发〔1998〕44号）精神和有关标准计取的费用。

3）工伤保险基金，指依据《工伤保险条例》［中华人民共和国国务院令第375号（2003年）公布、第586号（2010年）修订］计取的工伤保险基金。

4）失业保险费，指依据《失业保险条例》［中华人民共和国国务院令第258号（1999年）］缴纳的失业保险费。

5）生育保险费，指依据《企业职工生育保险试行办法》（劳动部发〔1994〕504号）缴纳的女职工生育保险费。

6）住房公积金，指依据《住房公积金管理条例》［中华人民共和国国务院令第262号（1999年）公布、第350号（2002年）修订］，职工所在单位为职工计提、缴存的住房公积金。

（3）财务费用，指承包人为筹集资金而发生的各项费用，包括企业在生产经营期间发生的利息支出、汇兑净损失、调剂外汇手续费、金融机构手续费、保函手续费以及筹资发生的其他财务费用等。

2. 间接费标准

建筑工程间接费按直接费的百分比计算，安装工程间接费按人工费的百分比计算。

间接费费率按表3-3标准分别计取。

表3-3　　间接费费率标准表

序号	工程类别	计算基础	间接费率/%			
			合计	企业管理费	规费	财务费
一	建筑工程					
1	土方工程	直接费	12.01	8.13	2.63	1.25

续表

序号	工程类别	计算基础	间接费率/%			
			合计	企业管理费	规费	财务费
2	石方工程	直接费	20.56	13.66	5.65	1.25
3	混凝土工程	直接费	15.88	9.70	4.93	1.25
	混凝土工程①	直接费	12.24	7.39	3.60	1.25
4	钢筋制作安装工程	直接费	8.33	4.46	2.62	1.25
5	基础处理工程	直接费	17.54	8.84	7.45	1.25
6	喷锚支护工程	直接费	19.70	11.80	6.65	1.25
7	疏浚工程	直接费	18.37	11.69	5.43	1.25
8	植物工程	直接费	19.64	12.33	6.06	1.25
9	其他工程	直接费	16.66	10.39	5.02	1.25
二	设备安装工程	人工费	136	83	42	11

① 采用外购砂石料的混凝土工程间接费费率。

建筑工程的间接费费率标准中，各项工程具体内容包括：

1）土方工程，包括土方开挖、土方填筑工程等。

2）石方工程，包括石方开挖、石方填筑、浆砌石、干砌石、抛石工程等。

3）混凝土工程，包括现浇和预制各种混凝土、碾压混凝土、沥青混凝土、伸缩缝、止水、防水层工程以及温控措施等。

4）钢筋制作安装工程，包括钢筋制作安装及小型钢结构等。

5）基础处理工程，包括各种类型的钻孔灌浆、地下连续墙、振冲桩、高喷灌浆工程等。

6）喷锚支护工程，包括各种锚杆、锚索、喷混凝土等。

7）疏浚工程，指用大型船舶疏浚河、湖的工程。

8）植物工程，包括栽植、苗木、铺草皮等工程。

9）其他工程，指除上述工程以外的其他工程。

（三）利润

利润指按水电工程建设市场情况应计入建筑及安装工程费用中的利润。

一般按直接费与间接费之和的7%计算。

（四）税金

税金指按国家税法及有关规定应计入建筑及安装工程费用中的营业税、城市维护建设税、教育费附加及地方教育附加。

国家对施工企业所征收的营业税、城市维护建设税、教育费附加及地方教育附加，分别根据国务院发布的《中华人民共和国营业税暂行条例》《中华人民共和国城市维护建设税暂行条例》《征收教育费附加的暂行规定》等文件规定的征用范围和税率计算。

在编制概算投资时，可按下列公式和税率计算：

$$税金=(直接费+间接费+利润)\times 计算税率 \tag{3-1}$$

$$计算税率=\frac{1}{1-营业税税率\times(1+城市维护建设税税率+教育费附加及地方教育附加)}-1 \tag{3-2}$$

各项税率及计算税率详见表3-4。

表3-4　　计算税率表

序号	工程所在地点	税率/%				计算税率/%
		综合税	营业税	城市维护建设税	教育费附加	
1	市区	3.36	3	7	5	3.48
2	县城、乡镇	3.30	3	5	5	3.41
3	市区、县城或乡镇以外	3.18	3	1	5	3.28

四、建筑及安装工程单价编制

在编制工程项目建筑及安装工程单价时，首先是根据施工方法，设备型式、重量、容量等参数选用相应定额，根据工程坝（闸）顶高程按定额规定计算人工、机械高海拔地区定额调整系数，根据地区类别计算安装工程人工费率调整系数等系数后计算出基本直接费，然后根据费用标准逐一计算其他直接费、间接费、利润和税金，进而得到一个完整的工程单价。

水电站各部分项目建筑及安装工程单价编制在本书后面相关章节中将作详细的介绍。

第二节　人工预算单价

一、基本概念

人工预算单价是指支付给从事建筑及安装工程施工的生产工人的各项费用，包括生产工人的基本工资和辅助工资。

人工预算单价是预测水电工程直接费的重要基础单价之一，因此，必须根据水电行业施工队伍的工资水平和工程所在地的劳动力市场价格水平综合确定。人工预算单价是水电工程概估算人工费计算依据，不是建筑安装工人实发工资标准。

（一）生产工人工资

1. 工资定义

工资是指施工企业按劳动者的劳动数量与质量以货币形式付给劳动者的劳动报酬，是按劳分配的原则分配给个人的一种基本形式。劳动数量是指劳动者在完成某一合格产品所消耗的必要劳动时间之和；质量是指物化在商品中的抽象劳动，是无差别的人类劳动的凝结。它体现社会在某一时期的发展情况。

2. 生产工人工资的两种基本形式

(1) 计时工资，指按计时标准（含地区生活费补贴）和实际工作时间支付给个人的劳动报酬。我国现行的概预算定额中人工定额的制定，是建立在按计时工资标准计算的基础上的。

(2) 计件工资，指对已做工作以计件单价支付给个人的劳动报酬。这种工资形式仅在施工企业内部存在，与人工预算单价没有直接的关系。

(二) 工资区类别

国家根据各地区的地理位置、交通条件、经济发展状况等条件，按某一标准划分的工资标准类别，由于经过30多年的改革开放，全国各地的交通、经济都有了不同程度较大发展，影响原工资区类别划分因素已经发生了较大的变化，根据实际调研，工资标准中，基本工资与辅助工资已向市场化发展，与工资区类别的关系已经不大。因此，水电水利规划设计总院可再生能源定额站颁布的《水电工程费用构成及概（估）算费用标准（2013年版）》，把人工预算单价计算标准按《人事部、财政部关于印发完善艰苦地区津贴制度实施方案的通知》(国人部〔2006〕61号)，根据各地区的自然地理环境等因素确定的艰苦程度不同，划分为一类区、二类区、三类区、四类区、五类区、六类区；西藏自治区参考《西藏自治区交通运输厅关于发布西藏自治区公路工程基本建设项目概算预算编制办法补充规定的通知》(藏交办发〔2011〕1868号)，划分为西藏二类区、西藏三类区和西藏四类区；除被列入艰苦边远地区及西藏自治区之外的地区划为“一般地区”。人工预算单价计算标准共分为8个地区标准，即一般地区，一类区、二类区、三类区、四类区、五类区/西藏二类区、六类区/西藏三类区和西藏四类区等7个边远地区。

(三) 工资总额

工资总额是指根据《关于工资总额组成的规定》(1990年1月1日国家统计局发布的1号令）进行修订，各单位在一定时期内直接支付给本单位全部就业人员的劳动报酬总额，是在岗职工工资总额、劳务派遣人员工资总额和其他就业人员工资总额之和。

工资总额是税前工资，包括单位从个人工资中直接为其代扣或代缴的房费、水费、电费、住房公积金和社会保险基金个人缴纳部分等。不论是计入成本的还是不计入成本的，不论是以货币形式支付的还是以实物形式支付的均应包括在工资总额的范围内。这是国家在经济体制转轨时期对工资水平进行宏观调控的一种手段。因此，尽管工资总额与人工预算单价没有直接关系，还是有必要对工资总额的概念作些简介。

工资总额由计时工资、计件工资、奖金、津贴和补贴、加班加点工资及特殊情况下支付的工资等6个部分组成。

(1) 计时工资，指按计时标准（含地区生活费补贴）和实际工作时间支付给个人的劳动报酬，包括按实际工作时间和计时标准支付的工资，实行企业岗位技能工资制的单位支付给职工的岗位工资、技能工资和年功工资，新参加工作职工的见习工资（学徒的生活费）。

(2) 计件工资，指对已做工作以计件单价支付给个人的劳动报酬，包括实行超额累进计件、直接无限计件、限额计件、超定额计件等工资制，按劳动部门或主管部门批准的定额计件和计件单价支付给个人的工资，按工作任务（或工作量）包干方法支付给个人的工资，按营业额（或利润）提成办法支付给个人的工资。

(3) 奖金，指支付给职工的超额劳动报酬和增收节支的劳动报酬，包括生产奖（含超产奖、质量奖、安全奖)，提前竣工奖、年终奖，节约奖（含动力、燃料、原材料)，劳动

竞赛奖以及发给劳动模范、先进个人的奖金和实物。

(4) 津贴和补贴，指为了补偿职工特殊或额外的劳动消耗和其他特殊原因支付给职工的津贴，如高空作业津贴、井下或进洞津贴、施工流动津贴、艰苦边远地区津贴、高原地区临时补贴、班（组）长津贴等，以及为了保证职工工资水平不受物价上涨影响而支付给职工的物价补贴，如肉类价格补贴、副食品价格补贴、粮（煤）价格补贴、住房补贴等。

(5) 加班加点工资，指按规定支付的在法定节假日工作的加班和在法定日工作时间外延时工作的加点工资。

(6) 特殊情况下支付的工资，指根据国家法律、法规和政策规定，因病、工伤、产假、计划生育、婚丧假、事假、探亲假、定期休假、停工学习、调动工作、执行国家或社会义务等原因按计时工资标准或计件工资标准一定比例支付的工资，以及附加工资、保留工资、调资后的补发工资等。

二、影响人工预算单价的因素

影响建筑安装工人人工预算单价因素很多，归纳起来有以下方面：

(1) 社会平均工资水平。建筑安装工人人工预算单价必然和社会平均工资水平趋同。社会平均工资水平取决于经济发展水平。由于我国改革开放以来经济迅速增长，社会平均工资也有大幅增长，从而导致人工预算单价的大幅提高。

(2) 生活消费指数。生活消费指数的提高会影响人工预算单价的提高，以减少生活水平的下降，或维持原来的生活水平。生活消费指数的变动决定于物价的变动，尤其决定于生活消费品物价的变动。

(3) 人工预算单价的组成内容。《水电工程费用构成及概（估）算费用标准（2013年版)》中，将职工福利费和劳动保护费从人工预算单价中移到间接费的“企业管理费”项目下，这也必然影响人工预算单价的变化。

(4) 劳动力市场供需变化。劳动力市场如果需求大于供给，人工预算单价就会提高；供给大于需求，市场竞争激烈，人工预算单价就会下降。

(5) 政府推行的社会保障和福利政策也会影响人工预算单价的变动。

三、水电工程人工预算单价

人工预算单价是指一个建筑安装工人工作一个工作时在工程概预算中应计入的全部人工费用，它基本上反映了建筑安装工人的工资水平和一个工人在一个工作时中可以得到的劳动报酬。因此，人工预算单价是计算建筑安装工程人工费的基础，是工程概预算基础单价的重要组成部分之一。编制工程概预算时，应根据现行的有关规定和工程所在地区的《人工预算单价计算标准》分别计算人工预算单价。

（一）人工预算单价组成

根据《水电工程费用构成及概（估）算费用标准（2013年版)》的规定，水电工程人工预算单价由基本工资和辅助工资两项费用组成，各项费用包含的内容如下：

(1) 基本工资，由技能工资和岗位工资构成。

1) 技能工资，是根据不同技术岗位对劳动技能的要求和职工实际具备的劳动技能水平及工作实绩，经考试、考核合格确定的工资。

2）岗位工资，是根据职工所在岗位的责任、技能要求、劳动强度和劳动条件的差别所确定的工资。

(2) 辅助工资，是在基本工资之外，以其他形式支付给职工的工资性收入，包括：

1）根据国家有关规定属于工资性质的各种津贴，主要包括地区津贴、施工津贴和加班津贴等。

2）生产工人年有效施工天数以外非作业天数的工资，包括职工学习、培训期间的工资，调动工作、探亲、休假期间的工资，因气候影响的停工工资，女工哺乳期间的工资，病假在6个月以内的工资及产、婚、丧假期的工资。

(二) 人工预算单价

人工预算单价根据工程所在地区类别，按表3-5标准计算。

表3-5　　人工预算单价计算标准　　单位：元/工时

序号	定额人工等级	一般地区	边远地区						西藏四类区
			一类区	二类区	三类区	四类区	五类区/西藏二类区	六类区/西藏三类区	
1	高级熟练工	10.26	11.58	12.53	13.78	14.95	16.56	17.82	19.18
2	熟练工	7.61	8.60	9.37	10.37	11.24	12.51	13.55	14.68
3	半熟练工	5.95	6.74	7.38	8.23	8.92	9.97	10.87	11.86
4	普工	4.90	5.56	6.13	6.88	7.45	8.36	9.18	10.08

注　1. 一至六类边远地区类别划分按《人事部、财政部关于印发完善艰苦地区津贴制度实施方案的通知》(国人部发〔2006〕61号）执行。
2. 西藏地区类别参考《西藏自治区交通运输厅关于发布西藏自治区公路工程基本建设项目概算预算编制办法补充规定的通知》(藏交办发〔2011〕1868号）划分。
3. 一般地区指边远地区之外的地区。
4. 工程项目跨不同地区类别时，可按相应地区标准的算术平均值计算。
5. 人工预算单价计算标准根据行业定额和造价管理机构定期发布的人工预算单价指导价调整。

第三节　材料预算价格

材料是指构成建筑物或构筑物的主要材料和其他材料，是指用于建筑安装工程项目中的消耗性材料、装置性材料和以摊销费形式体现的周转性材料。材料费用是工程投资的主要组成部分，在工程投资中所占比重很大，正确合理地编制材料预算价格，是概（估）算编制工作中的重要环节，是提高概算编制质量的关键。

一、主要材料与其他材料的划分

水电工程建设中所用的材料有成千上万个品种，规格项目繁多，在编制材料预算价格时，不可能也不必要逐一进行计算。通常将在施工中用量多或用量虽小但价值很高的影响工程投资大的一部分材料，作为主要材料；而对其他品种繁多，对工程投资相对影响较小的材料，作为其他材料。

(一) 主要材料

(1) 钢材：包括各种钢筋、钢板、型钢、钢轨、钢管等。

(2) 木材：包括原木、板枋材等。

(3) 水泥：包括硅酸盐水泥、普通硅酸盐水泥、矿渣水泥、火山灰水泥、粉煤灰水泥、复合硅酸盐水泥等。

(4) 沥青。

(5) 掺合料：包括粉煤灰、火山灰等。

(6) 油料：包括汽油、柴油等。

(7) 火工产品：包括铵梯炸药、水胶炸药、铵油炸药、乳化炸药等。

(8) 电缆及母线。

(9) 砂石料：包括天然和人工砂石料，由于水电工程需要量很大，一般在工程附近开采加工，该项材料在本章第六节中专门讨论。

以上材料都需要认真编制其预算价格。

(二) 其他材料

其他材料包括雷管、导电线、铁钉、铁丝、铁件、砖、瓦、石灰等。

其他材料的预算价格，应执行工程所在地区就近城市造价管理机构颁发的工业与民用建筑安装工程材料预算价格，加至工地的运杂费用。地区预算价格没有的材料，可参照同地区水电工程实际价格确定。

通常因其他材料品种繁多，可将其材料预算价格的计算公式简化为就近城市材料预算价或市场价乘以（1＋运杂费率）。

二、材料的基本知识

(一) 水泥

水泥是水硬性无机胶凝材料中最主要的一个品种，在水电工程的混凝土、锚喷、砌石、基础处理工程中得到广泛的运用。

1. 水泥的矿物组成

由石灰质原料、黏土质原料、少量校正原料按比例粉磨至一定细度后制成水泥生料，经过煅烧，各种原料脱水和分解出氧化钙、氧化铝和氧化铁。在更高的温度下，氧化钙与氧化硅、氧化铝、氧化铁相化合，形成以硅酸钙为主要成分的熟料矿物。

硅酸盐水泥熟料主要矿物组成及其含量范围和各种熟料单独与水作用所表现的特性见表3-6。

表3-6　水泥熟料矿物含量与主要特征

矿物名称	化学分子式	含量/%	主要特征				
			水化速度	水化热	强度	体积收缩	抗硫酸性侵蚀性
硅酸三钙	$3CaO \cdot SiO_2$	37～60	快	中	高	中	中
硅酸二钙	$2CaO \cdot SiO_2$	15～37	慢	小	早期低，后期高	中	最好

续表

矿物名称	化学分子式	含量/%	主要特征				
			水化速度	水化热	强度	体积收缩	抗硫酸性侵蚀性
铝酸三钙	$3CaO \cdot Al_2O_3$	7～15	最快	大	低	大	差
铁铝酸四钙	$4CaO \cdot Al_2O_3 \cdot Fe_2O_3$	10～18	较快	中	较高	小	好
游离氧化镁	MgO	<5					
三氧化硫	SO_3	<3.5					
游离钙	CaO	<1～2					
碱	K_2O，Na_2O	<0.6					

注　碱含量是选择性指标，按 $Na_2O+0.658K_2O$ 计算。

这些矿物成分加水后，与水进行水化作用，生成了水化硅酸钙（$3CaO \cdot 2SiO_2 \cdot 3H_2O$）、水化铝酸钙（$3CaO \cdot Al_2O_3 \cdot 6H_2O$）、水化铁酸钙（$3CaO \cdot Fe_2O_3 \cdot 6H_2O$）、水化硫铝酸钙结晶（$3CaO \cdot Al_2O_3 \cdot CaSO_4 \cdot 12H_2O$）和氢氧化钙［$Ca(OH)_2$］等水泥石的物质。

2. 水泥的分类

水泥的品种很多，按其主要水硬性矿物名称可分为硅酸盐类水泥、铝酸盐类水泥、硫酸盐类水泥、膨胀水泥和自应力水泥等。其中，水电工程中应用最广的是硅酸盐类水泥。本章主要介绍硅酸盐类水泥。

（1）硅酸盐类水泥。硅酸盐类水泥，国际上通称波特兰水泥（portland cement），是以硅酸钙为主要成分的水泥熟料、一定量的混合材料和适量石膏，共同磨细而成。按其性能和用途不同，又可分为通用硅酸盐水泥、专用水泥和特性水泥三大类。通用硅酸盐水泥大量用于一般土木建筑工程中，专用水泥和特性水泥是指用于各类有特殊要求的工程中的水泥。硅酸盐类水泥系列如图 3-1 所示。

1）通用硅酸盐水泥（common portland cement）。根据国家标准《通用硅酸盐水泥》（GB 175—2007），通用硅酸盐水泥是指以硅酸盐水泥熟料和适量的石膏，以及规定的混合材料制成的水硬性胶凝材料。按混合材料的品种和掺量，通用硅酸盐水泥又分为硅酸盐水泥、普通硅酸盐水泥、矿渣硅酸盐水泥、火山灰质硅酸盐水泥、粉煤灰硅酸盐水泥和复合硅酸盐水泥。

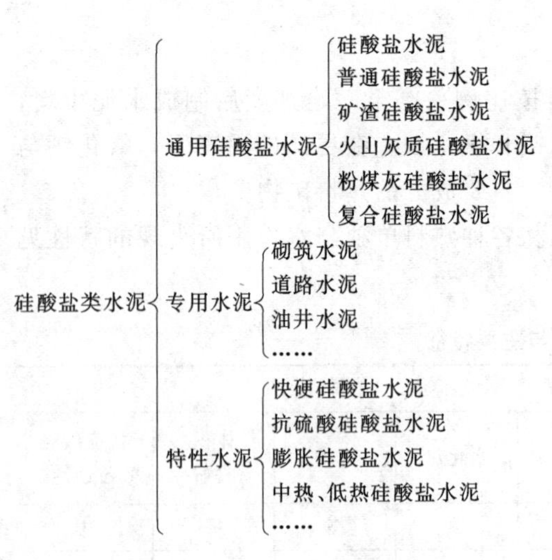

图 3-1　硅酸盐类水泥系列

a. 硅酸盐水泥。硅酸盐水泥分两种类型，不掺加混合材料的称为Ⅰ型硅酸盐水泥，代号为P·Ⅰ；在硅酸盐水泥熟料粉磨时掺加水泥熟料质量不大于5%的石灰石或粒化高炉矿渣混合材料的称为Ⅱ型硅酸盐水泥，代号为P·Ⅱ。硅酸盐水泥是硅酸盐类水泥的一个基本品种。其他品种的硅酸盐类水泥，都是在此基础

上加入一定量的混合材料，或者适当改变水泥熟料的成分而形成的。

b. 普通硅酸盐水泥。普通硅酸盐水泥中熟料与石膏总质量不小于80%且小于95%，代号为P·O。活性混合材料掺入量大于5%且不大于20%。掺非活性混合材料时，最大掺量不得超过水泥质量的10%。

c. 矿渣硅酸盐水泥。矿渣硅酸盐水泥由硅酸盐水泥熟料和粒化高炉矿渣、适量石膏磨细制成，代号分别为P·S·A和P·S·B。P·S·A水泥中粒化高炉矿渣掺入量大于20%且不大于50%；P·S·B水泥中粒化高炉矿渣掺入量大于50%且不大于70%。

d. 火山灰质硅酸盐水泥。火山灰质硅酸盐水泥由硅酸盐水泥熟料和火山灰质混合材料、适量石膏磨细制成，代号为P·P。这种水泥中火山灰质混合材料掺量按质量百分比计大于20%且不大于40%。

e. 粉煤灰硅酸盐水泥。粉煤灰硅酸盐水泥由硅酸盐水泥熟料和粉煤灰、适量石膏磨细制成，代号为P·F。这种水泥中粉煤灰掺量按质量百分比计大于20%且不大于40%。

f. 复合硅酸盐水泥。复合硅酸盐水泥由硅酸盐水泥熟料、两种或两种以上规定的混合材料、适量石膏磨细制成，代号为P·C。这种水泥中混合材料总掺加量按质量百分比计大于20%且不大于50%。

一般常用水泥的定义与强度等级见表3-7。

表3-7　一般常用水泥的定义与强度等级表

水泥名称	水泥强度等级	水泥的定义
硅酸盐水泥	42.5 42.5R	由硅酸盐水泥熟料、0～5%石灰石或粒化高炉矿渣、适量石膏磨细制成的水硬性胶凝材料，称为硅酸盐水泥（即国外通称的波特兰水泥）。硅酸盐水泥分为两种类型，不掺加混合材料的称Ⅰ类硅酸盐水泥，代号为P·I。在硅酸盐水泥粉磨时掺加不超过水泥质量5%石灰石或粒化高炉矿渣混合材料的称Ⅱ型硅酸盐水泥，代号为P·Ⅱ
	52.5 52.5R	
	62.5 62.5R	
普通硅酸盐水泥	42.5 42.5R	由硅酸盐水泥熟料、5%～20%混合材料、适量石膏磨细制成的水硬性胶凝材料，称为普通硅酸盐水泥（简称普通水泥），代号为P·O。 活性混合材料掺加量大于5%且不大于20%，其中允许用不超过水泥质量8%的非活性混合材料或不超过水泥质量5%的窑灰代替
	52.5 52.5R	
矿渣硅酸盐水泥	32.5 32.5R	由硅酸盐水泥熟料和粒化高炉矿渣、适量石膏磨细制成的水硬性胶凝材料，称为矿渣硅酸盐水泥（简称矿渣水泥）。水泥中粒化高炉矿渣掺加量按质量百分比计大于20%且不大于70%。矿渣水泥分为A型和B型，A型矿渣掺量大于20%且不大于50%，代号为P·S·A；B型矿渣掺量大于50%且不大于70%，代号为P·S·B
	42.5 42.5R	
	52.5 52.5R	
火山灰质硅酸盐水泥	32.5 32.5R	由硅酸盐水泥熟料和火山灰质混合材料、适量石膏磨细制成的水硬性胶凝材料，称为火山灰质硅酸盐水泥（简称火山灰水泥），代号为P·P。水泥中火山灰质混合材料掺量大于20%且不大于40%
	42.5 42.5R	
	52.5 52.5R	

续表

水泥名称	水泥强度等级	水泥的定义
粉煤灰 硅酸盐水泥	32.5 32.5R	由硅酸盐水泥熟料和粉煤灰、适量石膏磨细制成的水硬性胶凝材料，称为粉煤灰硅酸盐水泥（简称粉煤灰水泥），代号为P·F。水泥中粉煤灰掺量大于20%且不大于40%
	42.5 42.5R	
	52.5 52.5R	
复合 硅酸盐水泥	32.5 32.5R	由硅酸盐水泥熟料、两种或两种以上规定的混合材料、适量石膏磨细制成的水硬性胶凝材料，称为复合硅酸盐水泥（简称复合水泥），代号为P·C。水泥中混合材料总掺加量量大于20%且不大于50%
	42.5 42.5R	
	52.5 52.5R	

2）专用水泥。为满足工程要求而生产的专门用于某种工程的水泥属专用水泥，专用水泥以使用的工程命名，如砌筑水泥、道路水泥、油井水泥等。

a. 砌筑水泥。凡由活性混合材料或具有水硬性的工业废料为主要原料，加入少量硅酸盐水泥熟料和石膏，经磨细制成的工作性较好的水硬性胶凝材料，称为砌筑水泥，代号为M。现行国家标准《砌筑水泥》(GB 3183—2003 规定，砌筑水泥强度分为12.5和22.5两个等级。砌筑水泥适用于砖、石、砌块砌体的砌筑砂浆和内墙抹面砂浆，不得用于结构混凝土。

b. 道路硅酸盐水泥。由道路硅酸盐水泥熟料、0～10%活性混合材料和适量石膏磨细制成的水硬性胶凝材料，称为道路硅酸盐水泥，代号为P·R，主要用于公路路面、机场跑道等工程结构，也可用于要求较高的工厂地面和停车场等。

3）特性水泥。特性水泥品种繁多，本章仅对中热、低热水泥，快硬硅酸盐水泥，抗硫酸硅酸盐水泥作简要介绍。

a. 中热、低热水泥。中热、低热水泥主要包括中热硅酸盐水泥、低热硅酸盐水泥和低热矿渣硅酸盐水泥，其水化热指标应符合《中热硅酸盐水泥、低热硅酸盐水泥、低热矿渣硅酸盐水泥》(GB 200—2003)，具体定义与强度等级见表3-8。

表3-8　　中热、低热水泥的定义与强度等级表

水泥名称	强度等级	水泥的定义	水泥性能与用途
中热 硅酸盐水泥	42.5	以适当成分的硅酸盐水泥熟料，加入适量石膏，磨细制成的具有中等水化热的水硬性胶凝材料，称为中热硅酸盐水泥（简称中热水泥），代号为P·MH	性能： (1) 水化热较低。 (2) 抗冻性、耐磨性较高。 (3) 具有一定的抗硫酸盐的能力。 用途： (1) 应用于大坝溢流面或其他大体积水工建筑物、水位变动区域的露面层等，要求具有较低水化热和较高抗冻性、耐磨性的部位。 (2) 应用于清水或含有较低硫酸盐类侵蚀介质的水中工程
低热 硅酸盐水泥	42.5	以适当成分的硅酸盐水泥熟料，加入适量石膏，磨细制成的具有低水化热的水硬性胶凝材料，称为低热硅酸盐水泥（简称低热水泥），代号为P·LH	

续表

水泥名称	强度等级	水泥的定义	水泥性能与用途
低热 矿渣硅酸盐水泥	32.5	以适当成分的硅酸盐水泥熟料，加入粒化高炉矿渣、适量石膏，磨细制成的具有低水化热的水硬性胶凝材料，称为低热矿渣硅酸盐水泥（简称低热矿渣水泥），代号为P·SLH	性能： (1) 水化热较低。 (2) 具有一定的抗硫酸盐能力。 用途： (1) 应用于大坝或其他大体积水工建筑物以及一般大体积工程的内部，要求具有较低水化热的部位。 (2) 应用于清水或含有较低硫酸盐类侵蚀介质的水中工程

b. 快硬硅酸盐水泥。凡以硅酸盐水泥熟料和适量石膏磨细制成，以3天抗压强度表示强度等级的水硬性胶凝材料称为快硬硅酸盐水泥。

c. 抗硫酸硅酸盐水泥。抗硫酸硅酸盐水泥是以硅酸钙为主的特定矿物组成的熟料，加入适量石膏，磨细制成的具有一定抗硫酸盐侵蚀性能的水硬性胶凝材料，简称抗硫酸盐水泥。

(2) 铝酸盐类水泥。铝酸盐水泥，以前称为高铝水泥，也称为矾土水泥。根据《铝酸盐水泥》(GB 201—2000) 的规定，凡以铝酸钙为主的铝酸盐水泥熟料，磨细制成的水硬性胶凝材料称为铝酸盐水泥，代号为CA。

其特点是铝酸盐水泥早期强度高，凝结硬化快，具有快硬、早强的特点，水化热高，放热快且放热量集中，同时具有很强的抗硫酸盐腐蚀作用和较高的耐热性，但抗碱性差。适用于配制不定形耐火材料；配制膨胀水泥、自应力水泥、化学建材的添加料等；抢建、抢修、抗硫酸盐侵蚀和冬季施工等特殊需要的工程。

这种水泥由于原料昂贵，生产加工较困难，成本高，在水利水电工程中较少采用。

(3) 硫铝酸盐类水泥。硫铝酸盐水泥是以适当成分的生料，经煅烧所得以无水硫铝酸钙和硅酸二钙为主要矿物成分的熟料，掺入不同量的石灰石、适量石膏共同磨细制成的水硬性胶凝材料，代号为P·SAC。其分为快硬硫铝酸盐水泥（R·SAC)、低碱度硫铝酸盐水泥（L·SAC）和自应力硫铝酸盐水泥（S·SAC)。

硫铝酸盐水泥具有快凝、早强、不收缩等特点。宜用于配制早强、抗渗和抗硫酸盐侵蚀等混凝土，适用于浆锚、喷锚支护、抢修、抗硫酸盐腐蚀、海洋建筑等工程，不适用于高温施工及处于高温环境的工程。

(4) 膨胀水泥和自应力水泥。膨胀水泥和自应力水泥在硬化过程中不但不收缩，而且有不同程度的膨胀。膨胀水泥和自应力水泥有两种配制途径：一种是以硅酸盐水泥为主配制，凝结较慢，俗称硅酸盐型；另一种是以高铝水泥为主配制，凝结较快，俗称铝酸盐型。自应力大于2MPa的称为自应力水泥。

膨胀水泥适用于补偿收缩混凝土，用作防渗混凝土；填灌混凝土结构或构件的接缝及管道接头，结构的加固与修补，浇筑机器底座及固结地脚螺丝等。自应力水泥适用于制作自应力钢筋混凝土压力管及配件。

3. 水泥的主要技术性质

(1) 水泥的密度与容重。以硅酸盐水泥为例，密度一般在3.1～3.2t/m^3之间；松散状态下，容重一般在900～1300kg/m³之间，紧密状态下，容重一般在1400～1700kg/m³之间。

(2) 水泥的细度。硅酸盐水泥和普通硅酸盐水泥以比表面积表示，不小于300m²/kg；矿渣硅酸盐水泥、火山灰质硅酸盐水泥、粉煤灰硅酸盐水泥和复合硅酸盐水泥以筛余表示，80μm方孔筛筛余不大于10%或45μm方孔筛筛余不大于30%。

(3) 水泥的标准稠度用水量。采用标准稠度仪，在30s内，试杆自由沉入净水泥浆至距圆模底玻璃板5～7mm时，即为标准稠度，这时的拌和水量以水泥重量的百分数计，即为标准稠度用水量，一般在24%～30%之间。

标准稠度用水量的大小，能在一定程度上影响混凝土的性质。用水量较大的水泥，拌制相同稠度的混凝土，加水量也较多，故硬化收缩也较大，硬化后的强度及密实性也较差，因此，当其他条件相同时，标准稠度用水量越小越好。

(4) 凝结时间。分初凝时间与终凝时间，塑性开始降低所需的时间称为初凝时间，自加水时起，至水泥浆完全失去塑性所需的时间称为终凝时间。硅酸盐水泥初凝不小于45min，终凝不大于390min，普通硅酸盐水泥、矿渣硅酸盐水泥、火山灰质硅酸盐水泥、粉煤灰硅酸盐水泥和复合硅酸盐水泥初凝不小于45min，终凝不大于600min。

(5) 体积安定性。体积安定性是指水泥在凝结硬化过程中，体积变化的均匀性。如水泥含有较多的游离石灰，它熟化很慢，凝结硬化后，才进行熟化作用，所以产生体积膨胀，破坏已硬化的水泥石的结构。此外，水泥中如果氧化镁、三氧化硫过多，也产生不均匀的体积变化，导致安定性不良。

(6) 水化热。水泥在水化过程中所放出的热量，称为水泥的水化热，单位为J/g。热量大部分在7天以内放出，以后逐渐减少。水泥的这种放热特性，对大体积混凝土建筑是不利的，因为它能使内部混凝土与外部混凝土之间产生较大的温差，会引起不均匀的内应力，使混凝土发生裂缝。所以必须在施工中采用多种措施来防止温度应力的产生。

(7) 强度与强度等级。水泥的强度是指水泥胶结能力的大小，用硬化一定龄期的水泥胶砂试件的强度表示。根据国家标准《通用硅酸盐水泥》(GB 175—2007)（下称“2007水泥规范”）规定：自2008年6月1日起，《通用硅酸盐水泥》(GB 175—2007) 标准将代替《硅酸盐水泥、普通硅酸盐水泥》(GB 175—1999)、《矿渣硅酸盐水泥、火山灰硅酸盐水泥、粉煤灰硅酸盐水泥》(GB 1344—1999)、《复合硅酸盐水泥》(GB 12958—1999) 3个标准（下称“1999水泥规范”）。水泥生产厂家要根据新标准实际测定的强度值调整和确定本企业水泥强度等级，各有关单位应对教材、手册、计算机软件、设计文件、配合比数据、实验报告等技术文件及时作相应调整。水电工程造价，必须按新的国家强制性标准执行。水泥的新标准将原有水泥标号改为强度等级，水泥标号与强度等级对应关系见表3-9。

表3-9　　水泥标号与强度等级对应关系表

老规范水泥标号 R/(kgf/cm²)	400	500	600	700
1999水泥规范水泥标号 R/(kgf/cm²)	425	525	625	725
2007水泥规范水泥强度等级 R/(N/mm²)	32.5	42.5	52.5	62.5

注　“老规范”是指1999水泥规范之前的水泥规范。

（8）不同品种的通用硅酸盐水泥所对应的强度等级，见表3-10。

表3-10　　　通用硅酸盐水泥强度等级对应关系表

品种 强度等级	硅酸盐水泥	普通硅酸盐水泥	矿渣硅酸盐水泥、火山灰质硅酸盐水泥、粉煤灰硅酸盐水泥、复合硅酸盐水泥
32.5			√
32.5R			√
42.5	√	√	√
42.5R	√	√	√
52.5	√	√	√
52.5R	√	√	√
62.5	√		
62.5R	√		
种类总数	6	4	6

（二）钢材

水电建筑安装工程使用的钢材品种多，其中以钢筋、型钢、钢管、钢板、钢轨等的使用量较大。

1. 钢的分类

（1）按冶炼方法分类。按炉分为平炉钢、转炉钢、电炉钢；按炉衬材料分为酸性钢和碱性钢；按脱氧程度分为沸腾钢（F）、镇静钢（Z）、半镇静钢（B）和特殊镇静钢（TZ）。建筑钢材多为平炉及转炉生产的碳素钢与低合金钢。

（2）按化学成分分类。碳素钢分为普通碳素钢（包括工业钝铁、中碳钢）、优质碳素结构钢；合金钢分为低合金钢、中合金钢、高合金钢。

（3）按品质分类（按硫、磷含量分）。普通钢分为普通碳素钢（分为甲类钢、乙类钢、特类钢）、普通低合金钢；优质钢（含硫、磷不大于0.04%）分为优质碳素结构钢、合金结构钢；高级优质钢分为结构钢和工具钢。

（4）按用途分类。建筑及工程用钢分为普通碳素钢、低合金高强度钢。结构钢分为机械制造用钢、弹簧钢、轴承钢等，包括高级优质碳素钢（含磷不大于0.035%）、高级优质合金钢（含硫不大于0.030%）；工具钢分为碳素工具钢、合金工具钢、高速工具钢，包括高级优质合金工具钢、高级优质碳素工具钢（含磷不大于0.03%，含硫不大于0.02%）。特殊性能钢分为不锈耐酸钢、耐热钢、电工用硅钢、耐磨钢、低温用钢等；专业用钢分为船用钢、桥梁钢、锅炉钢、钢轨钢、铆钉钢、地质钻探用钢等。

（5）按赋予的形状分类。分为铸造钢、锻造钢、压轧钢、冷拔钢等。

（6）按钢筋在结构中的作用与形状分类。主要有受压钢筋、受拉钢筋、弯起钢筋、预应力筋、分布筋、箍筋、架立筋等。

（7）按钢筋的外形分类。钢筋混凝土用热轧钢盘，根据其外形，可分为光圆钢筋与带肋钢筋两类。带肋钢筋横截面为圆形，长度方向有两条纵肋及均匀分布的横肋；按横肋形状又可分为月牙肋和等高肋两种，其几何形状如图3-2和图3-3所示。

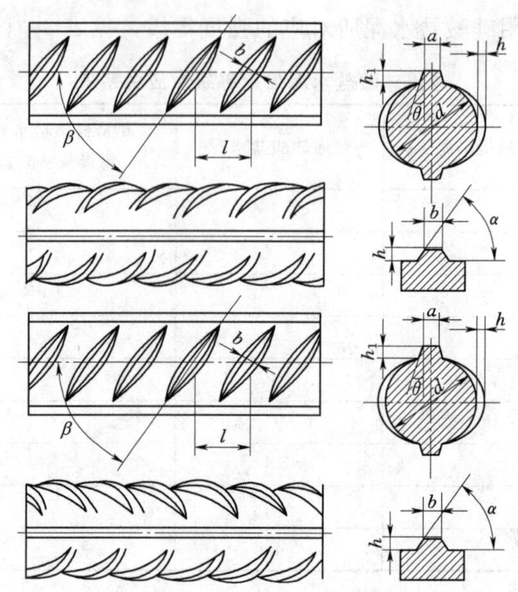

图 3-2　月牙肋钢筋表面及截面形状

d—钢筋内径；a—纵肋宽度；h—横肋高度；b—横肋顶宽；h_1—纵肋高度；l—横肋间距；β—横肋倾角；θ—纵肋倾角

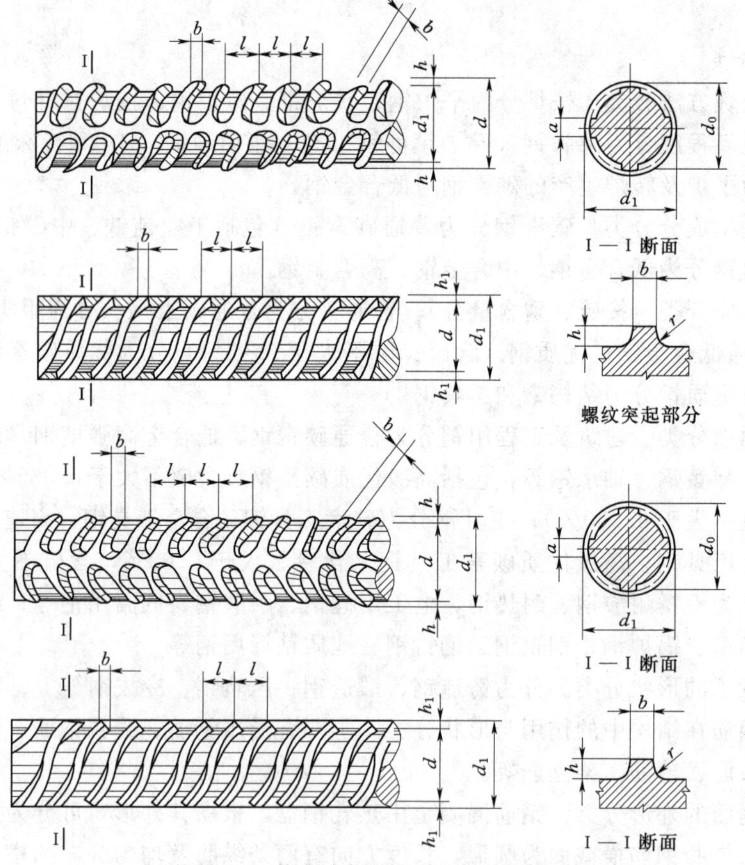

图 3-3　等高肋钢筋表面及截面形状

d—钢筋内径；a—纵肋宽度；h—横肋高度；b—横肋顶宽；h_1—纵肋高度；l—横肋间距；r—横肋根部圆弧半径

2. 钢材的分类

炼钢炉炼出的钢液被铸成钢坯或钢锭，钢坯经压力加工成钢材。钢材种类一般可分为型、板、管和丝四大类。

(1) 型钢类，是一种具有一定截面形状和尺寸的实心长条钢材，按其断面形状不同又分为简单和复杂断面两种。前者包括圆钢、方钢、扁钢、六角钢和角钢；后者包括钢轨、工字钢、槽钢、窗框钢和异形钢等。直径在6.5～9.0mm的小圆钢称为线材。

(2) 钢板类，是一种宽厚比和表面积都很大的扁平钢材。按厚度不同分薄板（厚度小于4mm)、中板（厚度4～25mm）和厚板（厚度大于25mm）3种。钢带包括在钢板类。

(3) 钢管类，是一种中空截面的长条钢材。按其截面形状不同可分为圆管、方形管、六角形管和各种异形截面钢管。按加工工艺不同又可分为无缝钢管和焊接钢管两大类。

(4) 钢丝类，是线材的再一次冷加工产品，包括钢丝、钢丝绳、钢绞线等。

3. 钢材的几项主要力学性能和机械性能

(1) 抗拉强度（即强度极限)。材料承受拉力过程中，在发生断裂以前所能承受的最大应力值称为抗拉强度。

(2) 屈服强度。金属材料在拉伸过程中，超越其弹性极限，当荷载不再增加或开始有所下降时，仍继续发生明显的塑性变形，这种现象称为屈服，开始发生屈服现象时的应力，称为屈服强度。屈服强度一般作为设计时强度取值的依据。

(3) 伸长率。试样拉断后，总伸长量与原始长度的比值称为伸长率。伸长率表征了钢材的塑性变形能力。

(4) 冷弯性能。试件在常温下，按规定弯成一定的形状，此时弯曲处内面应成自然环圈，弯曲外面和侧面如无裂缝或起层，即认为试样本项试验合格。冷弯性能表征了钢材在恶劣变形条件下钢材的塑性，是建筑钢材一项重要的工艺性能。

(5) 冲击韧性。试样受冲击荷载折断时，刻槽处单位横断面上所消耗的冲击功称为冲击韧性。它表明了钢材抵抗冲击荷载的能力。

(6) 焊接性能。可焊性主要指焊接后在焊接处的性质与母材性质的一致程度。影响钢材可焊性的主要因素是化学成分及含量，如硫产生热脆性，使焊缝处产生硬脆及热裂纹；当含碳量超过0.3%时，可焊性显著下降。

4. 土木工程用钢的主要类别

土木工程结构使用的钢材主要由碳素结构钢、低合金高强度结构钢、合金结构钢和优质碳素结构钢等加工而成。

钢铁材料品种繁多，钢材以牌号加以区分，钢材的牌号简称钢号，钢号集中表明了钢材的品种、质量和性能。

(1) 碳素结构钢（GB/T 700—2006)。碳素结构钢牌号通常由4个部分组成，依照顺序依次为：屈服强度字母（Q)，屈服强度数值（单位为MPa)，质量等级符号（A、B、C、D四级，逐级提高)，脱氧程度符号（F为沸腾钢、B为半镇静钢、Z为镇静钢、TZ为特殊镇静钢，表示中如遇Z、TZ可省略)。例如，Q235A.F表示屈服强度为235MPa，由氧气转炉或平炉冶炼的A级沸腾碳素结构钢。

碳素结构钢依据屈服强度Q的数值的大小被划分为5个牌号（Q195、Q215、Q235、

Q255、Q275）。

牌号越大，强度、硬度越大，塑性越小。建筑工程中广泛应用的是Q235号钢，可轧制各种型钢、钢板与钢筋。

（2）低合金高强度结构钢（GB/T 1591—2008）。低合金高强度结构钢是在碳素结构钢的基础上，加入总量小于5%的合金元素而形成的品种。加入合金元素的目的是提高钢材强度和改善性能。大多数合金元素不仅可以提高钢的强度和硬度，还能改善塑性和韧性。

低合金高强度结构钢是由氧气转炉、平炉或电炉冶炼，脱氧完全的镇静钢。按力学性能和化学成分分为Q345、Q390、Q420、Q460、Q500、Q550、Q620、Q690 8个牌号，又按硫、磷等化学元素含量划分为A、B、C、D、E 5个等级，其质量依次提高。其中，Q345、Q390和Q420 3个牌号分别有A、B、C、D、E5个等级，Q460、Q500、Q550、Q620和Q690只有C、D、E3个等级。

（3）合金结构钢（GB/T 3077—1999）。合金结构钢共有77个牌号。合金结构钢牌号的表示方法为：两位数字表示平均含碳量的万分数，其后为主要合金元素和副合金元素的化学符号，化学符号的角标表示合计元素的含量，当合金元素的含量小于1.5%时，仅标明合金元素的化学符号。合金结构钢均为镇静钢，因此质量稳定。例如，“16Mn”表示平均含碳量0.16%，含锰量小于1.49%的普通合金结构钢。“25Cr2MoVA”表示平均含碳量为0.25%、含铬量为1.5%～2.49%、含钼量不大于1.49%、含钒量不大于1.49%的高级质量（硫不大于0.3%、磷不大于0.035%）的合金结构钢。

合金结构钢具有较高的强度，良好的塑性、可焊性、耐腐性能和耐磨性能，且成本不高，经常轧制成型钢、钢板、钢管以及钢筋，应用十分广泛。

（4）优质碳素结构钢（GB 699—1999）。优质碳素结构钢共有31个牌号，由平炉、氧气碱性转炉和电弧炉冶炼，除3个牌号是沸腾钢外，其余都是镇静钢。优质碳素结构钢牌号的表示方法为：以平均含碳量的万分数来表示。含锰量较高的，在表示牌号的数字后面附有“Mn”；如果是沸腾高，则在数字后面附有“F”。例如，“15F”表示平均含碳量为0.15%的沸腾钢；“45Mn”表示含锰量较高的45号钢。

优质碳素结构钢成本高，在预应力钢筋混凝土中用45号钢作锚具，生产预应力钢筋混凝土用的钢丝、钢绞线用65～80号钢。

5. 钢筋混凝土用钢材

（1）热轧钢筋。根据《钢筋混凝土用热轧带肋钢筋及其第1号修改单》(GB 1499.1—2008和GB 1499.1—2008/XG1—2012）的规定，热轧光圆钢筋只有一个牌号：HPB300(Hot rolled Plain Bars，屈服强度特征值300MPa)，钢筋的公称直径范围为6～22mm。光圆钢筋是采用碳素结构钢Q235来轧制的。

根据《钢筋混凝土用热轧带肋钢筋及其第1号修改单》(GB 1499.2—2007和GB 1499.2—2007/XG1—2009）的规定，热轧带肋钢筋（俗称“螺纹钢”）有6个牌号，其中普通热轧钢筋的牌号为HRB335、HRB400和HRB500 3个牌号；细晶粒热轧钢筋的牌号为HRBF335、HRBF400和HRBF500 3个牌号；在有较高要求的抗震结构中，应用的钢筋在上述6个牌号后加“E”。例如，HRB500E为屈服强度500MPa的抗震钢筋、

HRBF500E为屈服强度500MPa的细晶粒抗震钢筋。钢筋的公称直径范围为6～50mm。带肋钢筋是采用低合金钢来轧制的。

《住房和城乡建设部工业和信息化部关于加快应用高强钢筋的指导意见》(建标〔2012〕1号）对在建筑工程中加快应用400MPa级及以上高强钢筋提出指导意见，“加速淘汰335MPa级螺纹钢筋，优先使用400MPa级螺纹钢筋，积极推广500MPa级螺纹钢筋。”并建议“取消GB 1499标准中的235MPa级光圆钢筋和335MPa级螺纹钢筋”，截至2014年9月，GB 1499标准中已取消235MPa级光圆钢筋。335MPa级螺纹钢筋虽未从国标中取消，但在很多实际应用中已经取消。

(2) 冷加工钢筋。钢筋经过冷加工与时效处理，钢筋的屈服点与抗拉强度得到提高，但塑性、韧性有所下降。

低碳钢经冷拔后，屈服点可提高40%～60%，同时塑性降低。因此，冷拔低碳钢丝已失去低碳钢的特性，变得硬脆。冷拔低合金钢丝的抗拉强度比冷拔低碳钢丝更高，其抗拉强度标准值为800MPa，可用于中小型混凝土构件中的预应力筋。由于冷拉钢筋的塑性、韧性较差，易发生脆断，故不宜用于负温及承受冲击或重复荷载的结构。

冷轧带肋钢筋是由热轧圆盘条为母材，经冷轧减径后在其表面冷轧成二面或三面横肋(月牙肋）的钢筋。根据国家标准《冷轧带肋钢筋》(GB 13788—2008）的规定，冷轧带肋钢筋按抗拉强度最小值可分为5级牌号，即CRB550、CRB650、CRB800、CRB970、CRB1170，其中CRB表示冷轧带肋钢筋，后面的数字表示钢筋抗拉强度最小数值。与冷拔低碳钢丝相比，冷轧带肋钢筋具有强度高、塑性好、与混凝土黏结牢固、节约钢材、质量稳定等优点。CRB550钢筋宜用作钢筋混凝土结构构件中的受力钢筋、钢筋焊接网、箍筋、构造钢筋以及预应力混凝土结构中的非预应力钢筋。CRB650 、CRB800、CRB970和CRB1170钢筋宜用作预应力混凝土结构构件中的预应力主筋。

(3) 热处理钢筋。热处理钢筋是以热轧的螺纹钢筋经淬火和回火调质处理而成，即以热处理状态交货，成盘供应，每盘长200m。

预应力混凝土用热处理钢筋强度高，可代替高强钢筋使用，配筋根数少，预应力稳定，主要作预应力钢筋混凝土板、吊车梁及钢筋混凝土轨枕等构件。

(4) 预应力混凝土用钢丝和钢绞线。

1) 预应力混凝土用钢丝是应用优质碳素结构钢制作，经冷拉或冷拉后消除应力处理制成。

根据《预应力混凝土用钢丝》(GB/T 5223—2002/XG2—2008）规定，按加工状态分为冷拉钢丝（代号为RCD）和消除应力光圆钢丝（代号为S)、消除应力刻痕钢丝（代号为SI)、消除应力螺旋肋钢丝（代号为SH）4种。

刻痕钢丝与螺旋肋钢丝与混凝土的黏结力好，也即钢丝与混凝土的整体性好；消除应力钢丝的塑性比冷拉钢丝好。

2) 预应力混凝土用钢绞线是由若干根直径为2.5～5.0mm的高强度钢丝，以1根钢丝为中心，其余钢丝围绕其中心钢丝绞捻，再经消除应力热处理而制成。

根据《预应力混凝土用钢绞线》(GB/T 5224—2003/XG1—2008）规定，按结构类型，预应力钢绞线分为5类：1×2、1×3、1×3I、1×7、1×7C，其中1×7结构钢绞线以1

根钢丝为芯、6根钢丝围绕其周围捻制而成。

预应力混凝土用钢丝与钢绞线具有强度高、柔性好、松弛率低、抗腐蚀性强、无接头、质量稳定、安全可靠等特点，主要用于大跨度屋架及薄腹梁、大跨度吊车梁、桥梁等的预应力结构。

(5) 混凝土用钢纤维。在混凝土中掺入钢纤维，能大大提高混凝土的抗冲击强度和韧性，显著改善其抗裂、抗剪、抗弯、抗拉、抗疲劳等性能。

6. 钢轨钢（GB 2585—2007、GB 11264—2012）

钢轨钢分为轻轨和重轨，其规格用单位长度质量（kg/m）表示。轻轨的规格为5～30kg/m，重轨的规格为33～50kg/m。

重轨又分为一般铁路钢轨和起重机轨两种。起重机轨是用作起重机大车及小车用的特种截面钢轨，也称为吊车轨，常见规格为QU70、QU80、QU100、QU120，后面的数字表示轨头宽度。

（三）木材

1. 木材的分类

(1) 按树种可分为两类：针叶树和阔叶树。针叶树的树叶细长如针，多为长绿树，树木材质轻软，故又名软材，如松、杉、柏等。这类树木树干通直而高大，强度较高，胀缩变形较小，耐腐蚀性强，是建筑工程中主要的材种。阔叶树的树叶宽大，叶脉成网状，大多为落叶树，材质坚硬而重，又名硬材，如桦、樟、青杠等。

(2) 按材质可分为原条、原木、锯材3类。原条又称为条木，指经修枝、剥皮，没有加工的伐木，原条主要用作建筑施工的脚手架。原木是伐木经修枝、剥皮以后，按树种和树干的粗细、长短、体态状况，依其最合适用途，加以截断的圆形木段，根据用途分为直接使用原木和加工用原木，直接使用原木是指不需再经加工就使用的原木，如电杆、坑木、桩木以及作屋架、檩、椽等，加工用原木指要经过锯切加工后才能使用的原木。锯材又称为成材，是原木经加工后的初步产品，包括板材、枋材和枕木。

按横切面宽与厚的比例，宽为厚的3倍及以上者称为板，宽不足厚的3倍者称为枋材。

2. 木材的价格

(1) 木材按其树种分为6个类别：①樟木、楠木、红豆、紫檀等名贵木材；②杉木、柏木等；③云杉、冷杉、柏木、红杉等；④马尾松、云南松、桦木等；⑤榆木、水杉、泡桐等；⑥杨木、柳木、梧桐等。水利水电建筑安装工程主要使用②、③类木材。

(2) 木材的等级。木材构造上的不规则、内部和外部的损伤以及各种疵病等，统称为木材的缺陷，如弯曲、节子、腐朽、虫害、裂纹等。这些缺陷对木材的物理和力学性质、利用率、耐久性等有很大影响。因此，国家标准均以其缺陷作为评定质量、划分木材等级的标准。如果在同一木材上有几种缺陷时，则以其中最为严重的一种缺陷作为评定的依据。

(3) 加工用原木的径级和长级。通过原木小断面中心的最小直径为原木的检尺径。原木大断面至小断面最短处取直检量为原木的检尺长度。林业部门将加工原木的直径与长度按一定的档次划分为各级标准尺寸，即原木的径级与长级。原木的径级以2cm进一级；东

北、内蒙古地区原木以0.5m进一个长级，其他地区原木以0.2m进一个长级。

原木的实际检尺（或检尺长度）介于2个径级（或长级）之间时，其中间数按规定舍或进。

（四）炸药

用于各种爆破工程的炸药统称为工业炸药，大多是几种物质的混合物。按组成和物理特征可以分为硝铵类炸药和含水炸药，其中硝铵类炸药主要包含铵油炸药、岩石膨化炸药和重铵油炸药，含水炸药主要包含浆状炸药、水胶炸药、乳化炸药和粉状乳化炸药等。下面介绍水电建筑工程中常见的几种炸药。

1. 岩石膨化炸药

岩石膨化炸药指用于无沼气、矿尘爆炸危险的爆破工程的膨化硝铵炸药，是用膨化硝酸铵作为氧化剂的粉状硝铵炸药。具有较低的吸湿性和良好的抗结块性，因此具有良好的储存性能；还具有抗水性。水电工程常用的规格有ϕ25～103、ϕ32～120等。

2. 水胶炸药

水胶炸药指以硝酸盐为氧化剂，以硝酸钾为主要敏化剂，加入可燃剂、胶凝剂、交联剂等制成的凝胶状含水炸药。水胶炸药抗水性好，密度可调，可用雷管直接起爆。水胶炸药产品包括岩石水胶炸药、煤矿水胶炸药、露天水胶炸药。岩石水胶炸药指用于无沼气、矿尘爆炸危险的爆破工程的水胶炸药，特别适用于有水工作面的爆破作业。煤矿水胶炸药指适用于有沼气和煤尘爆炸危险矿井爆破工程的水胶炸药，可在有水炮孔中使用。露天水胶炸药指用于露天爆破中的水胶炸药。水电工程常用的规格有ϕ32～90等。

3. 乳化炸药

乳化炸药指以含氧无机盐水溶液为水相，以矿物油和其他可燃剂为油相，经乳化、敏化制成的乳胶状含水炸药，又称为乳胶炸药。粉状乳化炸药是指外观状态不再是乳胶体，而是以极薄油膜包覆的硝酸铵等无机氧化剂盐结晶粉末的一种炸药，它保持了乳化炸药体系中氧化剂与可燃剂接触紧密充分的特点，呈粉末状态，无需引入敏化气泡，具有较高的爆轰敏感度和较好的爆炸性能，便于装填成挺实的药卷。乳化炸药产品包括岩石乳化炸药、露天乳化炸药、煤矿乳化炸药。岩石乳化炸药指用于无沼气、矿尘爆炸危险的爆破工程的乳化炸药，产品包括一级、二级岩石乳化炸药。露天乳化炸药指用于露天爆破工程的乳化炸药。煤矿乳化炸药指用于有沼气和煤尘爆炸危险矿井爆破工程的乳化炸药，并可在有水炮孔中使用。特点是密度高、爆速大、猛度高、抗水性能好、临界直径小、起爆感度好，它通常不采用火炸药为敏化剂，生产安全，污染少。成本低于水胶炸药。目前在水电工程中得到广泛应用。水电工程常用的规格有ϕ25～103、ϕ32～90等。

（五）汽油、柴油

1. 汽油

车用汽油是汽化器式发动机（及汽油机）的燃料。根据《车用汽油（Gasoline for motor）》（GB 17930—2013）车用汽油（Ⅲ）和车用汽油（Ⅳ）按研究法辛烷值分为90号、93号和97号3个牌号，车用汽油（Ⅴ）按研究法辛烷值分为89号、92号、95号和98号4个牌号。牌号数值就相应表示这种汽油的辛烷大小。辛烷值越高，表示汽油的抗爆震性能越好，耗油也越省。汽油的牌号应根据发动机的压缩比来选择，压缩比大的选用较高牌号的汽油，反之，选用较低牌号的汽油。随着环保要求逐步提高，目前汽油正逐渐向国Ⅴ标准过渡。

2. 柴油

柴油是压燃式发动机（即柴油机）的燃料。柴油分为普通柴油和重柴油两种。普通柴油是1000转/min以上的高速柴油机的燃料。重柴油是1000转/min以下中速和低速柴油机的燃料。

普通柴油按凝点分为10、5、0、－10、－20、－35、－50共7个牌号，根据《普通柴油（General diesel fuels)》(GB 252—2011）标准要求，选用普通柴油牌号应遵照以下原则：

(1) 10号普通柴油适用于风险率为10%的最低气温在12℃以上的地区。

(2) 5号普通柴油适用于风险率为10%的最低气温在8℃以上的地区。

(3) 0号普通柴油适用于风险率为10%的最低气温在4℃以上的地区。

(4) －10号普通柴油适用于风险率为10%的最低气温在－5℃以上的地区。

(5) －20号普通柴油适用于风险率为10%的最低气温在－14℃以上的地区。

(6) －35号普通柴油适用于风险率为10%的最低气温在－29℃以上的地区。

(7) －50号普通柴油适用于风险率为10%的最低气温在－44℃以上的地区。

普通柴油应根据季节和工程所在地区的温度，选用牌号。

重柴油（原执行《重柴油》(GB 445—1977)，现已作废且无新标准颁布）按质量指标（主要是倾点）分为10、20、30共3个牌号。10号重柴油用于500～1000转/min的中速柴油机；20号重柴油用于300～700转/min的中速柴油机；30号重柴油用于300转/min以下的低速柴油机。

重柴油凝点低，使用时应进行预热。在气温低的情况下，启动时，可先用普通柴油作燃料，待发动机运转10～15min后，再换用重柴油。在停车前10～15min，也应换用普通柴油，清洗油路，以免重柴油在管内凝结，影响下次启动。

三、材料费的组成

材料费是指用于建筑安装工程项目中的消耗性材料费、装置性材料费和周转性材料摊销费。材料费包括材料原价、包装费、运输保险费、运杂费、采购及保管费和包装品回收价值等。

(1) 材料原价，指材料出厂价或指定交货地点的价格。

(2) 包装费，指材料在运输和保管过程中的包装费和包装材料的正常折旧摊销费。

(3) 运输保险费，指材料在铁路、公（水）路运输途中所发生的保险费用。

(4) 运杂费，指材料从供货地至工地分仓库（或材料堆放场）所发生的全部费用，包括运输费、装卸费、调车费、转运费及其他杂费等。

(5) 采购及保管费，指为组织采购、供应和保管材料过程中所需要的各项费用，包括采购费、仓储费、工地保管费及材料在运输、保管过程中发生的损耗等。

(6) 包装品回收价值，指材料的包装品在材料运到工地仓库或耗用后，包装品的折旧剩余价值。

总之，材料预算价格是材料由交货地点运到工地分仓库或相当于工地分仓库的材料堆放场后的出库价格。其价格与工程所在地的地理位置和交通条件有很大的关系。

四、材料预算价格的编制程序

（一）调查、收集基本资料的准备工作

为了使编制的材料预算价格切合实际，应在正式编制时，先组织一定力量到有关地方、部门去认真调查，了解和收集有关资料。

1. 确定各种材料的来源地和供货比例

材料来源地对材料原价和运输费的大小有较大影响，水电工程的材料不但数量大、品种多而且同一种材料就可能来自十几个供货地点。不可能一一分别计算，而是综合考虑以下因素，选择具有代表性的供货地进行计算。

（1）了解设计意图。材料的运输多受对外交通的影响，因此需根据工程对外交通情况，选定货物的最佳运输方式及运输路线。

（2）货源的可靠性。选定厂家的材料质量和数量能满足工程质量要求。

（3）材料的合理流向。要按大系统供需平衡的原则，确定一个比较合理的流向来选定材料来源地。

（4）就近定点。为了降低工程造价、减少材料运费和减轻交通运输负担，在货源可能和流向合理的前提下，应尽可能就近选择材料来源地。

（5）厂家直供为主。应尽可能选择厂家直供，减少中转环节，实际上就是减少有关手续费。

大中型水电工程的材料多由厂家直供，少量的通过供应站。一般讲，建设规模大、材料批量大的工程，由厂家直供的比例就越大。就6项主要材料来看，水泥、钢材、木材和炸药4项，一般可考虑全部由厂家直供；汽油、柴油可考虑全部由工程所在地区石油公司供应。

（6）已建或在建工程情况。工程所在地区近年已建或在建水电工程材料的实际来源地和供货比例，是有较大参考价值的资料。

2. 了解材料的原价

材料原价指材料在供应地点的交货价格，是计算材料预算价格的基价。在市场经济条件下，材料价格（除火工产品外）已全部开放，一般均按市场调查价计算。可通过实地收资和查阅较近时段内的有关物价信息和物价公报，并对所选的价格进行认真的分析和论证，以保证价格的合理性。

3. 确定材料的运输方式

水电工程的外来材料，如能选择合理的运输方式，对保证工程施工进度、降低工程成本将起积极的作用。材料运输方式的选择，必须以满足施工运输强度和有利于降低运输成本为原则，由施工组织设计分析比较确定。

（二）计算和整理工作

反映材料预算价格计算过程有主要材料运输费用计算表、主要材料预算价格计算表、主要材料预算价格汇总表（表3－11～表3－13）。

表 3-11　　　　主要材料运输费用计算表

编号	1	2	3	4	材料名称				材料编号	
交货条件					运输方式	火车	汽车	船运	火车	
交货地点					货物等级				整车	零担
交货比例/%					装载系数					

编号	运输费用项目	运输起讫地点	运输距离/m	计算公式	合计/元
1	铁路运杂费				
	公路运杂费				
	水路运杂费				
	场内运杂费				
	综合运杂费				
2	铁路运杂费				
	公路运杂费				
	水路运杂费				
	场内运杂费				
	综合运杂费				
每吨运杂费					

表 3-12　　　　主要材料预算价格计算表

材料编号	材料名称及规格	单位	原价依据	单位毛重/t	每吨运费/元	价格/元						
						原价	运杂费	保险费	运到工地仓库价格	采购及保管费	包装品回收价值	预算价格
1	2	3	4	5	6	7	8	9	10	11	12	13

表 3-13　　　　主要材料预算价格汇总表

编号	材料名称及规格	单位	预算价格	其中		
				原价	运杂费	采购及保管费
1	2	3	4	5	6	7

（三）运输费的计费形式

运输费计算标准，一般都以材料重量为计算单位。对于轻浮货物，则按其容积折算成吨位计算，即所谓重量吨或容积吨。水电工程所用材料，绝大部分按重量吨及其运输里程计算。计费方式有以下几种：

（1）按吨公里运输工作量计费，主要用于汽车运输。

（2）按吨公里加收基价的形式计费，主要用于火车运输。

（3）按货物吨位和一定距离为基价，超过一定距离加收附加费形式计费，如短途搬运、装卸搬运的计费方式。

（4）按时计价，如汽车按台时费计算。

（四）铁路运输费的计算

铁路货物运价是国家计划价格的组成部分。国有铁路运输费一律按国家发展和改革委员会颁发的规定计算。属地方经营的铁路，按地方规定执行。

1. 由国有铁路部门运输货物运杂费的计算

（1）运输费。

1）确定运价里程：根据货物运价里程表按到发站最短路径查得。

2）确定运费重量：计算运费的货物重量，整车货物以 t 为单位，吨以下四舍五入，除特殊车辆外，一律按货车标记载重计费，货重超过标重时，按货重计费；零担货物按货物重量计费，以 10kg 为单位，不足 10kg 进为 10kg，有规定计费重量的货物（如车辆、大牲畜等），则按规定重量计费。集装箱货物以箱为单位，按箱计费。编制材料预算价格时，一般材料用 t 作为计费单位，木材用 m^3 作为计费单位。

3）确定运价号：根据有关规定，按所运材料的品名，对照查出采用整车或零担运输的运价号。常用材料的运价号见表 3－14［根据铁道部《铁路货物运价规则》（铁运〔2005〕46 号）及国家发展和改革委员会《关于调整铁路货物运价有关问题的通知》（发改价格〔2014〕210号）整理］。

表 3－14　　常用材料铁路运输运价号

材料名称	水泥	钢材	木材	汽柴油	炸药	砂石料
整车（1～7 号）	5	5	5	6＋20％	5＋50％	2
零担（21～22 号）	21	21	21	22	22＋50％	21

4）确定运价：根据国家的现行规定，按照材料运价号确定运价标准。

5）铁路运价组成：现行铁路运价由发到基价和运行基价组成，运费按以下公式计算：

整车货物每吨运价＝发到基价＋运行基价×运价里程　　（3－3）

零担货物每 10kg 运价＝发到基价＋运行基价×运价里程　　（3－4）

集装箱每箱运价＝发到基价＋运行基价×运价里程　　（3－5）

（2）铁路有关附加费。应根据国家及地方有关文件规定执行。现行主要附加费有：

1）电气化铁路电气化附加。凡通过电气化铁路运输路段，应按电气化铁路运输里程计算电气化附加费，现行标准为 0.012 元/（t·km）。

2）国家批准的地方铁路建设附加费。不同地方有不同的规定，宜根据实际情况计算。

3）铁路建设基金。在正式营业线和执行统一运价的运营临管线征收，现行征收标准为 0.033 元/（t·km）。

4）铁路取送车费。根据《铁路货物运价规则》（铁运〔2005〕46 号）规定，用铁路机车往专用线或专用铁道的站外交接地点调送车辆时，要按每车公里收取送车费，里程按往返合计计算。

（3）装卸费。由铁路负责装卸的货物，其取费标准分别按装卸货物所在车站的规定执行。不同种类货物的装卸费各不相同。

（4）车辆租用费。如使用散装水泥罐车，按现行规定按照 3.60 元/（t·d）收取。

2. 自备机车车辆自营的专用铁路运杂费的计算

如有单位自备机车车辆，在自营的专用铁路线上行驶，其运输费可按列车台时费和运行管理人员开支的摊销费用计算。计算公式为

每吨运费=（机车台时费+车辆台时费之和）÷（每列火车设计载重量×装载系数×列车每台时行驶次数）+每吨装卸费+站场管理人员开支的摊销费　(3-6)

式（3-6）中站场管理人员开支的摊销费，是指自营铁路，除车上人员以外的运行、管理和服务工作人员所发生的费用，摊入每吨材料计算所得的摊销费用（元/t）。

单位自备机车车辆，除在自营铁路专用线上行驶外，对在国有铁路上行驶，应向铁道部门缴纳过轨费。其运输费计算公式为

每吨运费=（机车台时费+车辆台时费之和+列车过轨费）÷（每列火车设计载重量×装载系数×列车每台时行驶次数）+每吨装卸费+自营站场管理人员开支的摊销费　(3-7)

其中　列车过轨费=列车总轴数×第7号运价率　(3-8)

（五）公路运输费的计算

现行公路运输费价格已全面放开，公路运输费及装卸费标准应按调查的市场价计算。运费的确定需考虑长途和短途的划分、公路等级、整车和零担、车辆类型和货物类别等几个方面的因素。

（六）水路运输费的计算

按当地航运部门的规定计算，如单位自备船队可按其实际资料进行计算。

（七）运杂费计算中的有关系数

1. 装载系数（$k_1 \leqslant 1$）

k_1=货物的实际运输重量÷货物运输的计费重量　(3-9)

（1）铁路运输：货物数量不足，装不满一整车；货物足，但不一定是车皮标记重量的整数倍数；虽已满载但重量不足，如木材；从运输安全考虑不能满载，如炸药等危险品。这就存在实际运输重量与运输车辆标记重量不同，而交通运输部门是按标记载重量收费。因此，在运费计算中需考虑装载系数。

火车整车运输 k_1 可参考表3-15取值。

表3-15　主要材料铁路运输装载系数取值表

材料名称	钢材		木材	水泥	炸药	油料
	大型工程	中型工程				
装载系数 k_1	0.9	0.8～0.85	0.7	1.0	0.65～0.7	1.0

（2）公路运输：根据公路交通部门的规定，除轻浮货物外，均按实际载重量计算，不存在装载系数问题，故一般不考虑装载系数。但运输桶装油时需考虑，汽油装载系数 k_1=0.8，柴油装载系数 k_1=0.95。

2. 毛重系数（$k_2 \geqslant 1$）

运输部门不是按照材料的净重收费，而是按照材料的毛重收费。材料毛重是指包括包

装品重量的运输重量。运输材料毛重与净重的比值即为毛重系数。运输部门是按物资的毛重计算运费，故在材料的运费计算中应考虑毛重系数（k_2）。

$$k_2=材料毛重\div 材料净重 \tag{3-10}$$

$$单位毛重=单位重量\times 毛重系数 \tag{3-11}$$

单位毛重是指单位材料的运输重量。常用建筑材料中，水泥、钢材、油料的单位毛重与单位重量基本一致；木材的单位重量与材质有关，一般为 0.6～0.8t/m^3。水泥、钢材、油料、木材毛重系数 $k_2\approx 1$；炸药 $k_2\approx 1.08$（采用纸箱包装）。

3. 整车、零担比例

（1）铁路运输：一般来讲，整车运价便宜，从已建大中型工程来分析考虑，水泥、炸药、木材、汽柴油可以全部按整车计算；钢材则要考虑一部分零担，其比例视工程规模而定，规模大，厂家直供比例大，批量大。如无确切资料，建议钢材零担比例为：大型工程取 10%，中型工程取 20%～30%。

（2）公路运输：水电工程中公路运输按整车考虑。

4. 回空

一般情况下公路运输不考虑回空问题。但如使用专用罐车运输，可按当地交通运输部门的有关规定执行。

五、材料预算价格的计算

对于用量多、影响工程投资大的主要材料，如钢材、木材、水泥、沥青、掺合料、油料、火工产品、电缆及母线等，应编制材料预算价格，可按以下公式计算：

$$\begin{aligned}材料预算价格=&(材料原价+包装费+运输保险费+运杂费\times 材料毛重系数)\\&\times(1+采购及保管费率)-包装品回收价值\end{aligned} \tag{3-12}$$

（一）材料原价

1. 钢材

（1）钢筋代表品种、规格。光圆钢筋：HPB300ϕ16～18mm。螺纹钢：HRB400 ϕ20～25mm。各种钢的比例由设计确定。

（2）钢板品种、规格，由设计确定。

（3）型钢、钢轨、钢管等品种、规格。建筑工程用型钢、安装工程用钢轨由设计确定，安装工程用型钢、钢管等按设备安装工程定额规定的品种规格计算。

（4）钢材的原价。按工程所在地省会、自治区首府、直辖市或就近大城市的金属材料公司、钢材交易中心的市场价计算，或按就近的生产厂家出厂价格计算。

2. 木材

木材按原木和板枋材分别确定。原价按工程就近的市场价计算。

3. 水泥

品种按设计要求选定。原价按设计拟定的水泥出厂价格计算。

4. 沥青

品种按设计要求选定。原价按市场价格计算。

5. 掺合料

掺合料指掺加的粉煤灰、火山灰等。原价按就近厂家的出厂价格计算。如采用现场开采加工，应根据料源情况、开采条件和生产工艺流程计算其基本直接费。

6. 油料

油料的品种、规格应根据工程所在地的气温条件确定。原价采用工程就近的石油公司的批发价格计算。

7. 火工产品

供应点应选择工程就近特许生产厂或火工产品专营机构。原价及有关费用（包括增值税、经营管理费等有关税费）按国家及省、市的有关规定并结合工程所在地区特许生产厂或专营机构的供应价确定。

8. 电缆及母线

品种、规格及型号按设计要求选定。原价按所选定厂家的出厂价格计算。

在确定原价时，凡同一种材料因来源地、交货地、供货单位、生产厂家不同，而有几种价格（原价）时，根据不同来源地供货数量比例，采用加权平均的方法确定其综合原价。计算公式为

$$\text{加权平均原价}=\frac{K_1C_1+K_2C_2+\cdots+K_nC_n}{K_1+K_2+\cdots+K_n}$$

式中：C_1，C_2，…，C_n 为各不同供应地点的原价；K_1，K_2，…，K_n 为各不同供应地点的供应量或各不同使用地点的需要量，既可以是具体数量，也可以是百分比。特殊地，当 K_n 是百分比的时候，$K_1+K_2+\cdots+K_n=100\%$，上式可以简化为

$$\begin{aligned}\text{加权平均原价}&=\frac{K_1C_1+K_2C_2+\cdots+K_nC_n}{100\%}\\&=K_1C_1+K_2C_2+\cdots+K_nC_n\end{aligned}$$

【例3-1】某工程兴建于四川省，试计算该工程42.5R普通硅酸盐早强水泥综合原价。已收集到如下资料：

（1）来源地及供货比例。

1）峨眉水泥厂，供应散装水泥，供应量占全部水泥量的60%。

2）渡口水泥厂，按袋装：散装=3：7的比例供应，供应量占全部水泥量的40%。

（2）水泥出厂价。峨眉散装水泥：293元/t。渡口水泥：袋装340元/t，散装310元/t。两厂水泥均为车上交货。不计袋装水泥包装袋回收价值。

解法一（分步计算）：

1）根据渡口水泥厂的散袋比，计算渡口水泥厂的综合原价为

$$\begin{aligned}C&=K_1C_1+K_2C_2+\cdots+K_nC_n\\&=340\text{元}/\text{t}\times30\%+310\text{元}/\text{t}\times70\%\\&=319(\text{元}/\text{t})\end{aligned}$$

2）根据两厂的供货比例，计算水泥综合原价为

$$\begin{aligned}C&=K_1C_1+K_2C_2+\cdots+K_nC_n\\&=293\text{元}/\text{t}\times60\%+319\text{元}/\text{t}\times40\%=303.40(\text{元}/\text{t})\end{aligned}$$

解法二（一步计算）：

根据两厂的供货比例和散袋比，计算水泥综合原价为

$$C = 293\text{元/t} \times 60\% + (340\text{元/t} \times 30\% + 310\text{元/t} \times 70\%) \times 40\%$$
$$= 303.40\ (\text{元/t})$$

（二）包装费

包装费是为便于材料的运输和保管而进行包装所需要的费用，包括水运、陆运中支撑、篷布等。凡由生产厂家负责包装的，若其包装费已计入原价内，在计算材料预算价格时，不应再另计包装费。理论上应扣除包装品的回收价值，冲减材料预算价格。

包装费应按包装材料的品种、规格、包装费用和正常折旧摊销计算。凡材料原价中未包括者，而材料在运输和保管过程中必须进行包装的材料，均应另外计入包装费用。

（三）运输保险费

运输保险费指材料在铁路、公路、水路运输途中的保险而发生的费用。运输保险费可按保险公司有关规定或市场调查计算。

$$\text{材料运输保险费} = \text{材料原价} \times \text{材料运输保险费率} \tag{3-13}$$

（四）运杂费

运杂费指材料从供货地运到工地分仓库或相当于工地分仓库的材料堆放场所发生的全部费用。包括各种运输工具的运输费、装卸费、调车费及其他杂费等一切费用。在编制材料预算价格时，应按设计拟定的材料来源地和运输方式、运输工具，以及厂家和交通运输部门规定的取费标准，计算材料运输费。

1. 确定材料运输流程

材料由来源地运至工地分仓库，是由哪几种运输方式和转运环节组成，可先绘出运输流程示意图，以免在计算运杂费时发生遗漏或重复。材料运输一般流程如图 3-4 所示。

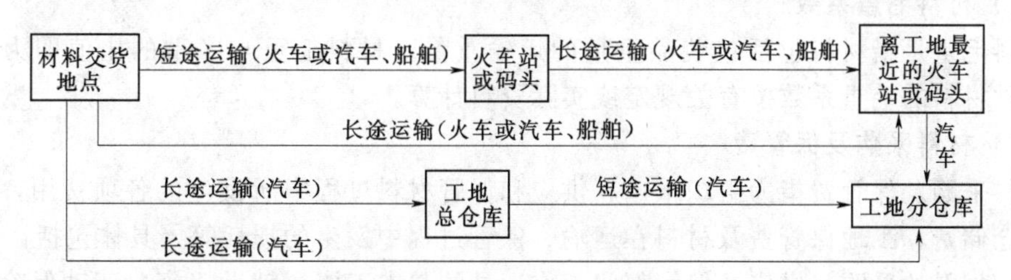

图 3-4　材料运输一般流程

2. 选择合理的运输方式

材料运输一般不外乎使用火车、船舶、汽车等运输工具，不同运输工具的运输能力、运输时间和收费标准差别很大，因此运输方式选择要经济合理。在一般情况下，3 种主要运输方式比较见表 3-16。

表 3-16　铁路、公路、水路运输特点比较表

运输方式	运价	时间	中转环节
铁路	次之	快	次之
公路	贵	较慢	少
水路	廉	慢	可能多

长途运输凡有通航河流可以利用者，尽可能先考虑水运，其次是铁路运输，只有水路、铁路不能到达的地方，才使用汽车运输。

短途运输应根据具体情况确定，采用汽车、轮船运输。

3. 计算方式

铁路运输，按《铁路货物运价规则》(铁运〔2005〕46号）及有关规定计算其运杂费。

公路及水路运输，按工程所在省（自治区、直辖市）交通部门现行规定计算，或根据市场调查资料分析确定。

铁路火车运输，货物重量按车辆标记吨位计算运输费，根据水电工程施工所需货物特点，一般情况下要发生空载。因此，计算火车运输费时，须考虑一定的装载系数，同时还须考虑一定比例的整车与零担。

汽车运输，钢材、木材、水泥等材料一般情况下，均按所运货物实际重量计算。火工产品、汽柴油按有关规定，不允许满载，需发生空载。因此，计算汽车运杂费时，应考虑空载因素。

同一品种的材料有若干个来源地，应采用加权平均的方法计算材料运杂费。计算公式为

$$加权平均运杂费=\frac{K_1T_1+K_2T_2+\cdots+K_nT_n}{K_1+K_2+\cdots+K_n}$$

式中：T_1，T_2，…，T_n 为各不同运距的运费；K_1，K_2，…，K_n 为各不同供应地点的供应量或各不同使用地点的需要量，既可以是具体数量，也可以是百分比。特殊地，当 K_n 是百分比的时候，$K_1+K_2+\cdots+K_n=100\%$，上式可以简化为

$$加权平均运杂费=\frac{K_1T_1+K_2T_2+\cdots+K_nT_n}{100\%}=K_1T_1+K_2T_2+\cdots+K_nT_n$$

（五）材料毛重系数

材料毛重是指材料包括包装品重量的运输重量。材料毛重与净重的比值即为毛重系数。各种材料的毛重系数按有关规定或实际资料计算。

（六）材料采购及保管费

材料采购及保管费指为组织采购、供应和保管材料过程中所发生的各项费用，包括采购费、仓储费、工地保管费及材料在运输、保管过程中发生的损耗等。具体包括：

(1) 材料的采购、供应及保管部门工作人员的基本工资、辅助工资、劳动保险和职工福利费、劳动保护费、工会经费、职工教育经费、职业病防治费、基本养老保险费、医疗保险费、工伤保险基金、失业保险费、生育保险费、住房公积金、办公费、差旅交通费以及工具用具使用费等。

(2) 仓库、转运站等设施的检修费、固定资产使用费和技术安全措施费等。

(3) 材料在运输、保管过程中发生的损耗等。

材料采购及保管费可按以下公式计算：

$$\begin{aligned}材料采购及保管费&=材料运到工地分仓库价格\times2.5\%=(材料原价+包装费\\&+运输保险费+运杂费\times材料毛重系数)\times2.5\%\end{aligned}\tag{3-14}$$

（七）包装品回收价值

包装品（如水泥袋、车立柱、电缆盘等）的回收价值，可按工程所在地的有关规定及

实际资料计算。

（八）主要材料最高限额价格

主要材料预算价格超过表 3-17 规定的主要材料最高限额价格时，按最高限额价格计算工程单价直接费、间接费和利润，超出最高限额价格部分以补差形式计入相应工程单价，并计算税金。

表 3-17　　主要材料最高限额价格表

序号	材料名称	单位	最高限额价格	备注
1	钢筋	元/t	4000	
2	水泥	元/t	500	
3	粉煤灰	元/t	300	
4	炸药	元/t	8000	

（九）材料预算价格编制案例

【例 3-2】 某工程兴建于四川省，试计算该工程 42.5R 普通硅酸盐早强水泥综合预算价格。已收集到如下资料：

（1）来源地及供货比例。

1）峨眉水泥厂，供应散装水泥，供应量占全部水泥量的 60%。

2）渡口水泥厂，按袋装：散装＝3∶7 的比例供应，供应量占全部水泥量的 40%。

（2）运输方式及运输里程。峨眉水泥厂由九里经火车运输 557km 至桐子林（该工程临时中转库），转汽车运输 28km 至工地分库。渡口水泥厂由格里坪经汽车直接运输 70km 至工地分库。运输流程如图 3-5 所示。

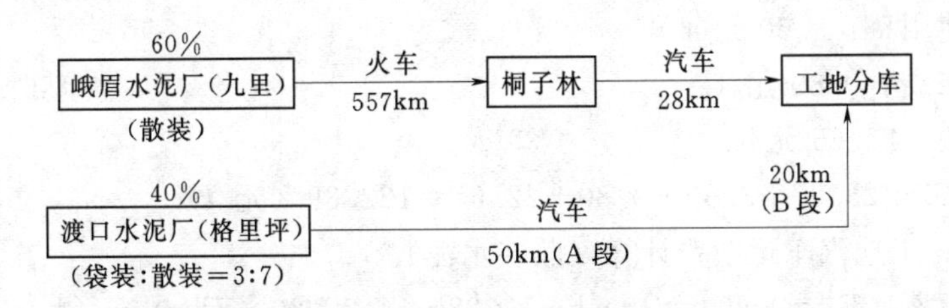

图 3-5　运输流程示意图

（3）水泥出厂价。峨眉散装水泥：293 元/t。渡口水泥：袋装 340 元/t，散装 310 元/t。两厂水泥均为车上交货。不计袋装水泥包装袋回收价值。

（4）运杂费。

1）火车运价及杂费：运价标准执行铁道部《铁路货物运价规则》（铁运〔2005〕46 号）及国家发展和改革委员会《关于调整铁路货物运价有关问题的通知》（发改价格〔2014〕210 号）。

另收取铁路建设基金：整车 0.033 元/（t·km）。

电气化加价：整车 0.012 元/（t·km）。

散装水泥收取罐车使用费 3.6 元/t。

铁路运输收取取送车费 0.8 元/t。

装卸作业费率，散装水泥卸车费为 22.65 元/t。

2）汽车运价及杂费：根据实际调查价格，桐子林至工地分库散装水泥运价为 0.90 元/(t·km)；渡口水泥厂至工地分库袋装水泥 A 段运价标准为 0.80 元/(t·km)，B 段运价标准为 0.90 元/(t·km)，散装水泥在袋装水泥运价基础上上浮 20%。

根据当地的装卸标准，袋装水泥卸车费为 7 元/t，散装水泥装车费为 7 元/t，卸车费为 5 元/t。

（5）材料运输保险费率为 1‰。

解：（1）求出材料综合原价。根据两厂的供货比例和散袋比，水泥综合原价为

$$Y=293\text{元/t}\times60\%+(340\text{元/t}\times30\%+310\text{元/t}\times70\%)\times40\%$$
$$=303.40\ (\text{元/t})$$

（2）运杂费计算。

1）九里—工地分仓库运杂费计算。

a. 九里—桐子林火车运杂费计算（散装水泥）。根据《铁路货物运价规则》(铁运〔2005〕46 号）中附件一（铁路货物运输品名分类与代码表）查得，水泥铁路整车运输运价号为 5 号；根据国家发展和改革委员会《关于调整铁路货物运价有关问题的通知》（发改价格〔2014〕210 号）附件（铁路货物运价率表）查得，基价 1 为 17.30 元/t；基价 2 为 0.096 元/(t·km)。

根据已知条件，计入铁路建设基金及有关杂费，则铁路运输运杂费如下：

（a）铁路运输费：$F_1=17.30\text{元/t}+0.096\text{元/(t·km)}\times557\text{km}=70.77\ (\text{元/t})$。

（b）铁路建设基金和电气化附加费：$F_2=(0.033+0.012)\ \text{元/(t·km)}\times557\text{km}=25.07\ (\text{元/t})$。

（c）罐车使用费：3.60 元/t。

（d）取送车费：0.80 元/t。

（e）卸车费：22.65 元/t。

合计：70.77+25.07+3.60+0.80+22.65=122.89（元/t）。

b. 桐子林—工地汽车运杂费计算（散装水泥）。

（a）汽车运费：$F_3=0.90\text{元/(t·km)}\times28\text{km}=25.20\ (\text{元/t})$。

（b）装卸车费：$F_4=7\text{元/t}+5\text{元/t}=12\ (\text{元/t})$。

合计：25.20+12=37.20（元/t）。

故峨眉水泥厂由九里至工地分库的运杂费为

$$122.89+37.20=160.09\ (\text{元/t})$$

2）格里坪—工地分仓库运杂费计算。

a. 散装水泥运杂费计算。

（a）汽车运费：

$$F_5=[0.80\text{元/(t·km)}\times(1+20\%)]\times50\text{km}+[0.90\text{元/(t·km)}\times(1+20\%)]\times20\text{km}=69.60\ (\text{元/t})$$

（b）卸车费：5 元/t。

合计：69.60+5.00=74.60（元/t）。

b. 袋装水泥运杂费计算。

(a) 汽车运费：F_6＝0.80 元/(t·km)×50km＋0.90 元/(t·km)×20km

＝58.00 (元/t)。

(b) 卸车费：7 元/t。

合计：58.00＋7.00＝65.00 (元/t)。

根据已知条件，渡口水泥厂袋装：散装＝3∶7，故渡口水泥厂由格里坪至工地分库的运杂费为 F_7＝65.00 元/t×30%＋74.60 元/t×70%＝71.72 (元/t)。

3) 综合运杂费计算。根据两水泥厂供货比例，求得

综合运杂费＝160.09 元/t×60%＋71.72 元/t×40%＝124.74 (元/t)

(3) 计算水泥综合预算价格。由于水泥的毛重系数≈1，故运杂费＝每吨运费；由于不计包装品回收价值，根据式 (3-12) 得

水泥综合预算价格＝[303.4 元/t＋303.4 元/t×1‰＋124.74 元/t×1]×(1＋2.5%)

＝439.15 (元/t)

【例 3-3】 某工程兴建于四川省××县，试计算该工程桶装柴油的价格预算价格。已收集到如下资料：

(1) 原价：9000 元/t。

(2) 运输方式及运输里程：汽车运输桶装柴油，里程 50km，运价标准为 0.8 元/(t·km)。

(3) 装载系数 k_1＝0.95，毛重系数 k_2＝1.14。

(4) 装卸车费 10 元/t。

(5) 运输保险费费率 0.2%，采购及保管费费率 2.5%。

解： (1) 计算运杂费。

运杂费＝50×0.8÷0.95＋10＝52.11 (元/t)

(2) 计算柴油预算价格。

柴油预算价格＝[材料原价＋运输保险费＋运杂费×材料毛重系数]

×(1＋采购及保管费率)

＝ [9000＋9000×0.2%＋52.11×1.14]×(1＋2.5%)

＝9304.34 (元/t)

第四节 施工用电、水、风预算价格

电、水、风在水电工程施工中消耗量较大，其价格直接或间接影响到建筑安装工程单价的高低，也就影响到工程投资，在编制工程设计概算时，要根据施工组织设计确定的电、水、风供应方式、布置型式、设备配置情况等资料分别计算其单价。

一、施工用电预算价格

(一) 施工用电概述

施工用电按用途可分为生产用电和生活用电两部分。生活用电是指生活文化福利建筑的室内、外照明和其他生活用电，因不直接用于生产，应在间接费内开支或由职工负担，

不在施工用电电价计算范围内。生产用电是指直接进入工程成本的生产用电，包括施工机械用电、施工照明用电和其他生产用电。施工用电的供电方式如下所述。

1. 外购电

由国家或地方电网、其他电厂供电称为外购电。

采用外购电方式，电源可靠，我国已建和在建的大、中型电站，绝大部分以此作为主要施工电源。

2. 自发电

由建设单位或施工单位自建发电厂供电称为自发电。

自建发电厂大都采用兴建柴油机发电厂，也有兴建中、小型火力发电站或水力发电厂供电的，一般作为备用电源或在用电高峰时使用。

（二）电价的组成

施工用电的价格，由基本电价、电能损耗摊销费和供电设施维护摊销费组成。

1. 基本电价

（1）外购电的基本电价，是指供电部门按国家或工程供电所在省（自治区、直辖市）规定的电网电价和规定的加价（如建设基金、均摊加价等），并需支付给供电单位的供电价格。

（2）自发电的基本电价，指自备发电设备的单位发电成本。

2. 电能损耗摊销费

（1）外购电电能损耗摊销费，指由项目建设单位与供电部门的产权分界处起（外购电接入点）到现场各施工点最后一级降压变压器低压侧止，在所有变配电设备和输电线路上所发生的电能损耗摊销费，包括由高压电网到施工主变压器高压侧之间的高压输电线路损耗和由施工主变压器高压侧至现场各施工点最后一级降压变压器低压侧之间的变配电设备及配电线路损耗两部分。

（2）自发电电能损耗摊销费，指由自建发电厂的出线侧（或电厂变电站的出线侧）起至现场各施工点最后一级降压变压器低压侧止，在所有变配电设备和输电线路上发生的电能损耗费用。

从最后一级降压变压器低压侧至施工用电点的施工设备和低压配电线路的损耗，已包括在各用电施工设备、工器具的台时耗电定额内，电价中不再考虑。

3. 供电设施维护摊销费

供电设施维护摊销费指摊入电价的变配电设备的基本折旧费、修理费、安装拆卸费、设备及输配电线路的运行维护费。

（三）基本电价计算

1. 外购电

电网电价：由电网公司系统供电，应执行国家规定的《电网电价》中“工商业及其他用电”电价。具体到不同省份而言，目前的名称不尽相同，有“非工业、普通工业用电”“一般工商业用电”“一般工商业及其他用电”“工业用电”等多种不同名称。根据《国家发展改革委关于调整销售电价分类结构有关问题的通知》(发改价格〔2013〕973号)，销售电价分类结构原则上应于5年左右调整到位，将现行销售电价逐步归并为居民生活用

电、农业生产用电和工商业及其他用电价格3个类别。

按照国家发展和改革委员会的有关规定执行。例如，根据国家发展和改革委员会《国家发展改革委关于调整华中电网电价的通知》(发改价格〔2011〕2623号)，四川电网一般工商业及其他用电的电压等级35～110kV以下的电网电价为0.8294元/(kW·h)，含农网还贷资金0.02元/(kW·h)、国家重大水利工程建设基金0.007元/(kW·h)、城市公用事业附加0.01元/(kW·h)、水库移民后期扶持资金0.0088元/(kW·h)、可再生能源电价附加0.008元/(kW·h)。其中：

(1) 农网还贷资金：四川省电网销售电价中含农网还贷资金0.02元/(kW·h)。

(2) 国家重大水利工程建设基金：根据《财政部、国家发展改革委、水利部关于印发〈国家重大水利工程建设基金征收使用管理暂行办法〉的通知》(财综〔2009〕90号)，为筹集国家重大水利工程建设资金，确保国家重大水利工程建设的顺利实施，促进经济社会可持续发展，从2010年1月1日起开始征收国家重大水利工程建设基金。征收标准从0.00375～0.01491元/(kW·h)不等，其中四川省为0.007元/(kW·h)。

(3) 城市公用事业附加：四川省电网销售电价中含城市公用事业附加0.01元/(kW·h)。

(4) 水库移民后期扶持资金：为帮助水库移民脱贫致富，促进库区和移民安置区经济社会发展，四川省电网销售电价中含大中型水库移民后期扶持资金0.0083元/(kW·h)、地方水库移民后期扶持资金0.0005元/(kW·h)，合计0.0088元/(kW·h)。

(5) 可再生能源电价附加：按照《可再生能源法》《国家发展改革委关于调整可再生能源电价附加标准与环保电价有关事项的通知》(发改价格〔2013〕1651号)和《国家发展改革委关于调整发电企业上网电价有关事项的通知》(发改价格〔2013〕1942号)的要求，自2013年9月25日起，在保持现有销售电价总水平不变的情况下，除居民生活和农业生产以外的其他用电征收的可再生能源电价附加标准由0.008元/(kW·h)提高为0.015元/(kW·h)(西藏、新疆除外)。可再生能源电价附加计入电网企业销售电价，由省(自治区、直辖市)电网企业收取，单独记账、专款专用。

(6) 有些电网还实行了丰枯、峰谷电价，如四川省电网规定：受电变压器容量在50kVA及以上的普通工业用户，6—10月为丰水期，电价下浮10%；12月至次年4月为枯水期，电价上浮20%；5月、11月为平水期，电价不调；峰谷销售电价为在丰枯电价基础上，高峰用电电价上浮60%，低谷用电电价下浮60%。

(7) 有些电网还实行两部制电价，即除了征收电度电价之外，还征收基本电价。例如，西藏自治区以藏政发〔2014〕68号规定，“按安装的变压器容量，向商业、工业、非工业用电户，收取每月每千伏安10元的基本电价”。

由地方或其他企业中、小电网(电厂)供电，执行各省(自治区、直辖市)物价主管部门规定的电价。在确定外购电售电价格时，需进行实地调查。

2. 自建电厂供电

(1) 柴油发电厂：自发电中较普遍的一种。在概算编制阶段，一般是根据施工组织设计确定的电厂配备的发电设备(主要是柴油发电机)，以台时单位发电成本的形式计算基本电价，一般作大、中型电站施工期的备用电源。

计算公式为

$$基本电价=台时总费用\div(台时总发电量-厂用电量)$$
$$=台时总费用\div台时总供电量 \quad (3-15)$$
$$台时总供电量=设备总容量\times 1小时\times发电机出力系数\times(1-厂用电率) \quad (3-16)$$

(2) 火力发电厂：火力发电厂生产运行较复杂，设备多，人员多，根据电厂的设备配置和施工组织设计提出的发电量、运行人员、管理人员和燃料消耗数量等，计算折旧、大修理折旧、运行、维护、安拆、管理等所发生的各项费用，分析发电单位成本作为基本电价。一般很少用。

$$基本电价=发电成本\div总供电量 \quad (3-17)$$

(3) 水力发电厂：水力发电厂不耗燃料，发电成本较低，但受一定条件的限制，且投资高，周期长，一般用得很少。其基本电价的计算可采用火电厂的计算方法，即

$$基本电价=发电成本\div总供电量 \quad (3-18)$$

(四) 电能损耗摊销费计算

1. 损耗范围

根据水利电力部1983年颁发的《全国供电规则》规定，“计费电度表应安在产权分界处。如不装在分界处，变压器的有功、无功损耗和线路损失由产权所有者负担。对高压供电用户，应在高压侧计量，经双方协商同意，可在低压侧计量，但应加计变压器损失。”

电能损耗计算范围，因供电方式不同而有所区别：

(1) 外购电损耗的起算点应是供电部门按表收费的计量点。如外购电损耗的起算点从施工主变压器的高压侧按表计量收费，则损耗的计算范围应包括主变压器在内的所有施工用变、配电设备和配电线路损耗；如外购电损耗的起算点为电网干线点，则损耗的计算范围还应包括电网干线至施工主变压器高压侧一段高压输电线路损耗。

(2) 建设单位或施工单位自建电厂，其损耗均从电厂变电设备的出线侧起计算。

2. 损耗计算

(1) 单台变压器电能损耗计算：

$$\Delta A=\Delta P_o t+\Delta P_e t[W_e/(S_e t\cos\varphi)]^2 \quad (3-19)$$

式中：ΔA 为变压器有功电能损耗，kW·h；ΔP_o 为空载损耗，kW；ΔP_e 为额定负载损耗，kW；t 为变压器运行小时数（日历天数×24h）；W_e 为出线侧电度表读数，kW·h；S_e 为变压器额定容量，kVA；$\cos\varphi$ 为出线侧功率因数，一般可取0.8。

(2) 每段输电线路损耗计算：

$$\Delta A=(I\cos\varphi)^2Rt=P^2/(3U^2)\rho L/St \quad (3-20)$$

式中：ΔA 为线路电能损耗，kW·h；I 为线路电流，kA；$\cos\varphi$ 为功率因数；R 为线路电阻，kΩ；t 为运行小时数；P 为线路输送功率，kW；U 为线路电压等级，kV；ρ 为导线电阻系数；L 为导线长度，m；S 为导线截面积，mm^2。

长度200m以内的400V线路、长度600m以内的10kV线路和长度1000m以内的35kV线路可以忽略不计线损。

在设计概算阶段计算施工电价时，因计算参数难以确定，一般不要求电能损耗具体计算。其损耗可按占供电量的百分率（即损耗率）指标确定，高压输电线路损耗率可按4%～

6%，变配电设备及高压配电线路损耗率可按5%～8%的指标计取。线路短，用电负荷集中取小值，反之取大值。

（五）供电设施维护摊销费计算

无论是何种供电方式，其摊销费的计算方法是一样的，即每度电的摊销费为：应摊销的总费用÷总电量（包括生活用电），招标阶段或成本核算时可根据实际资料详细计算。

应摊销总费用的具体内容及计算方法如下：

（1）变配电设备的折旧费和大修理折旧费：

折旧费(元)＝(变配电设备预算价－残值)(元)×年折旧率×施工年限(年)　　(3-21)

设备修理费(元)＝(变配电设备预算价－残值)(元)×年修理费率×施工年限(年)　　(3-22)

（2）配电设备的安拆费：按变配电设备安拆各一次所需的费用计算。

（3）变配电设备和线路的运行维护费：

运行维护人工费(元)＝运行维修人数(人)×年工资[元/(人·年)]×施工年限(年)　　(3-23)

设备维护材料费(元)＝变配电设备预算价(元)×年维修材料费率×施工年限(年)　　(3-24)

线路维护材料费(元)＝线路长度(km)×维修材料费[元/(年·km)]×施工年限(年)　　(3-25)

为供电所需架设的线路，建造的变配电设施等费用，应按规定列入施工辅助工程的相应项目内，不直接摊入电价成本。

（六）施工用电预算单价的计算

1. 电网电价

电价＝基本电价÷[(1－高压输电线路损耗率)×(1－变配电设备及配电线路损耗率)]＋供电设施维护摊销费　　(3-26)

2. 自建发电厂电价（指柴油发电机发电）

根据冷却水的供水、循环方式不同分为：

（1）自设专用水泵供给非循环冷却水。

电价＝［柴油发电机组（台）时总费用＋水泵组（台）时总费用］÷[柴油发电机额定容量之和×K_1×(1－K_2)×(1－K_3)]＋供电设施维护摊销费　　(3-27)

（2）施工用水系统供给非循环冷却水。

电价＝［柴油发电机组（台）时总费用＋冷却水组（台）时用量×水价］÷[柴油发电机组额定容量之和×K_1×(1－K_2)×(1－K_3)]＋供电设施维护摊销费　　(3-28)

（3）采用循环冷却水。

电价＝柴油发电机组（台）时总费用÷[柴油发电机额定容量之和×K_1×(1－K_2)×(1－K_3)]＋循环冷却水费＋供电设施维护摊销费　　(3-29)

式中：K_1 为发电机出力系数；K_2 为厂用电率；K_3 为变配电设备及配电线路损耗率。

柴油发电厂如采用循环水冷却方式，其耗水量较小，对电价影响不大，可直接以单位指标［元/(kW·h)］冷却水费计算。一般情况下应采用循环供水方式。

3. 综合电价计算

外购电与自发电的电量比例由施工组织设计确定。有两种或两种以上供电方式的工程，综合电价可按其供电比例加权平均计算。

【例 3-4】 四川省某工程由电网 35kV 变电站供电占 97%，自备柴油发电厂供电占 3%。电网电价（含建设基金和其他加价）为 0.8294 元/(kW·h)，其中，农网还贷资金 0.02 元/(kW·h)、国家重大水利工程建设基金 0.007 元/(kW·h)、城市公用事业附加 0.01 元/(kW·h)、水库移民后期扶持资金 0.0088 元/(kW·h)、可再生能源电价附加 0.015 元/(kW·h)，并实行丰枯电价（即 6—10 月为丰水期，电价下浮 10%；12 月至次年 4 月为枯水期，电价上浮 20%；5 月、11 月为平水期，电价不调）。高压输电线路损耗率为 6%，变配电设备及线路损耗率为 8%，供电设施维护摊销费为 0.05 元/(kW·h)；柴油发电厂设置 250kW 柴油发电机（固定式）一台，台时费为 462.95 元，发电机出力系数为 0.80，厂用电率为 5%，变配电设备及线路损耗率为 8%，循环冷却水费为 0.04 元/(kW·h)，供电设施维护摊销费为 0.05 元/(kW·h)，试计算其综合电价。

解：（1）电网计算电价。

电价＝0.8294－0.02－0.007－0.01－0.0088－0.015＝0.7686［元/(kW·h)］

（2）丰枯电价。

电价＝0.7686×(1－10%)×5÷12＋0.7686×(1＋20%)×5÷12＋0.7686×2÷12
＝0.8006［元/(kW·h)］

（3）电网电价。

电价＝0.8006＋0.02＋0.007＋0.01＋0.0088＋0.015＝0.8614［元/(kW·h)］

（4）电网电价预算价。

电价＝0.8614÷[(1－6%)(1－8%)]＋0.05＝1.046［元/(kW·h)］

（5）柴油发电预算价。

电价＝462.95÷[250×0.80×(1－5%)×(1－8%)]＋0.04＋0.05
＝2.738［元/(kW·h)］

（6）综合电价。

综合电价＝1.0461×97%＋2.738×3%＝1.097［元/(kW·h)］

【例 3-5】 西藏自治区某工程由电网 35kV 变电站供电。根据《西藏自治区人民政府关于调整全区销售电价的通知》（藏政发〔2014〕68 号）规定，西藏自治区实行两部制电价，即除了征收电度电价之外，还征收基本电价，按安装的变压器容量，向商业、工业、非工业用电户，收取每月每千伏安 10 元的基本电价。已知：该工程施工主变压器的容量为 16000kVA，工程总工期为 6 年，其中主变压器从开工之后的第 6 个月底具备供电条件，该工程的电网供电总量为 16000 万 kW·h。试计算：

（1）本工程施工期间需要交纳的基本电价补贴总额。

（2）每度电中应摊销的基本电价补贴金额。

解：（1）基本电价补贴总额。

$$补贴总额=16000\times(6\times12-6)\times10=1056.00\ （万元）$$

（2）每度电摊销金额。

$$摊销金额=1056\div16000=0.066\ [元/(kW\cdot h)]$$

二、施工用水预算价格

（一）施工用水概述

水电基本建设工程的施工用水，包括生产用水和生活用水。因水电工程多处于偏僻山区，一般均自设供水系统。生产用水要符合生产工艺的要求，生活用水要符合卫生条件的要求，因此有的工程分别设置供水系统。一般情况下还是利用同一水源，采用同一系统，仅根据水质要求，增设净水建筑物作净化处理，这样比分别设置供水系统经济，是常见的供水方式。

生产用水指直接进入工程成本的施工用水，包括施工机械用水、砂石料筛洗用水、混凝土拌制及养护用水、钻孔灌浆用水等。设计概算中施工用水的水价就指生产用水的水价。

生活用水主要指用于职工、家属的饮用和洗涤等的用水，因不直接用于工程施工，属间接费开支和职工自行负担的范围，不在水价计算范围之内。如生产生活用水采用同一系统供水，凡为生活用水而增加的费用（如净化药品费等），均不应摊入生产用水的单价内。

根据施工组织设计确定的供水方式和配备的设备，分自流供水和泵站供水及混合供水（一级或多级）。

如生产用水需分设几个供水系统，则应该按各系统供水量的比例加权平均计算综合水价。

（二）水价的组成

施工用水的价格，由基本水价、供水损耗摊销费和供水设施维护摊销费组成。

（1）基本水价，是根据施工组织设计所配置的供水系统设备（不含备用设备），按台时总费用除以台时总供水量计算的单位水量价格，是构成施工用水价格的基本部分。

（2）供水损耗摊销费，指施工用水在储存、输送、处理过程中所造成的水量损失摊销费用。

（3）供水设施维护摊销费，指摊入水价的水池、供水管路等供水设施的单位维护费用，设计概算阶段可按单位指标（元/m^3）计。

（三）水价计算

（1）单级供水按下式计算：

$$施工用水价格=\left(\frac{水泵组（台）时总费用}{水泵额定容量之和\times K}\right)\div(1-供水损耗费)+供水设施维护摊销费$$

（2）多级供水按下式计算：

$$施工用水价格=\sum_{i=1}^{n}\left(\frac{第\ i\ 个抽水点的水泵组(台)时总费用}{第\ i\ 个抽水点的水泵额定容量之和\times K}\times\frac{第\ i\ 个抽水点及以后的供水量之和}{总供水量}\right)$$

÷（1－综合供水损耗率）＋供水设施维护摊销费　　(3-30)

式中：K 为能量利用系数；n 为抽水级数。

采用多个供水系统时，施工用水价格应依据各供水系统供水比例和相应的施工用水价格加权平均计算。

（四）水价计算中应注意的几个问题

根据供水系统的不同情况，在计算台时费用和台时总出水量时，需区分以下几种情况：

(1) 供水系统为一级供水时，台时总出水量按全部工作水泵的总出水量计。

(2) 供水系统为多级供水时，供水全部通过最后一级水泵，台时总出水量按最后一级的出水量计，而台时总费用应包括所有各级工作水泵的台时费。

(3) 供水系统为多级供水时，但供水量中有部分不通过最后一级水泵，而由其他各级分别供出，其台时总出水量为各级出水量之和。

(4) 在生产、生活采用同一多级水泵系统供水时，如最后一级全部供生活用水，则最后一级的水泵台时费不应计算在台时总费用内，但台时总出水量应包括最后一级出水量。

(5) 在计算台时总出水量和总费用时，在总出水量中如不包括备用水泵的出水量，则台时费中也不应包括备用水泵的台时费；反之，如计入备用水泵的出水量，则在台时总费用中也应计入备用水泵的台时费。一般不计备用水泵。

(6) 计算水泵台时的总出水量，宜根据施工组织设计配备的水泵型号、系统的实际扬程和水泵性能曲线确定。对施工组织设计提出的台时出水量，也应按上述方法进行验证，如相差较远，应在出水量或设备型号、数量上作适当调整（反馈到施工组织设计进行调整），使之基本一致、合理。

(7) 供水量指生产用水，不包含生活用水。

【例 3-6】 某工程施工用水，按施工组织设计共设两个供水系统，均为一级供水。一个设 100D24×4 水泵 3 台（功率 30kW，其中备用一台），包括管路损失在内的扬程为 96m；另一个设 100D24×6 水泵 3 台（功率 40kW，其中备用一台），包括管路损失在内的扬程为 120m。其他已知条件：100D24×4 水泵台时费为 31.81 元，100D24×6 水泵台时费为 38.39 元，能量利用系数为 0.75，供水损耗率取 15%，摊销费取 0.03 元/m^3，试计算施工水价。

解：(1) 台时总出水量。按水泵性能表查得：在 96m 扬程时，100D24×4 水泵出流量为 54m^3/h；在 120m 扬程时，100D24×6 水泵出流量为 72m^3/h。

$$台时总出水量=(54\times2+72\times2)\times0.75=189\ (m^3/h)$$

(2) 总台时费。

$$总台时费=31.81\times2+38.39\times2=140.40\ (元)$$

(3) 水价。

$$水价=140.40\div[189\times(1-15\%)]+0.03=0.904\ (元/m^3)$$

【例 3-7】 某工程施工用水设一个取水点，分三级供水。各级水泵站出水口处均设有调节水池，供水系统主要技术指标见表 3-18，已知水泵出力系数为 0.75，供水综合损耗率为 10%，供水设施维护摊销费为 0.035 元/m^3。试计算施工用水综合单价。

表 3-18 供水系统主要技术指标表

位置	台数	设计扬程 /m	水泵额定流量 /(m^3/h)	各级水泵出水量 /($10^6 m^3$)	台时费 /(元/台时)	备注
一级泵站	5	43	972	240	150	备用一台
二级泵站	4	35	892	170	120	备用一台
三级泵站	2	140	155	9.5	98	备用一台

解：(1) 各级泵站水池水价。

1) 一级泵站。

台时总费用＝第1级抽水点水泵台时费合计＝150元/台时×4台＝600（元）

水泵额定容量之和×水泵出力系数＝972m^3/h×4台×0.75＝2916（m^3/h）

2) 二级泵站。

台时总费用＝第2级抽水点水泵台时费合计＝120元/台时×3台＝360（元）

水泵额定容量之和×水泵出力系数＝892m^3/h×3台×0.75＝2007（m^3/h）

3) 三级泵站。

台时总费用＝第3级抽水点水泵台时费合计＝98元/台时×1台＝98（元）

水泵额定容量之和×水泵出力系数＝155m^3/h×1台×0.75＝116.25（m^3/h）

(2) 综合水价。

总供水量＝240（万m^3）

综合水价＝(600/2916×240/240＋360/2007×179.5/240＋98/116.25×9.5/240)
÷(1－10%)＋供水设施维护摊销费
＝0.407元/m^3＋0.035元/m^3＝0.442（元/m^3）

三、施工用风预算价格

(一) 施工用风概述

水电基本建设工程的施工用风主要用于石方、混凝土、水泥输送、金属结构和机电设备安装等工程施工时施工机械所需的压缩空气，如风钻、潜孔钻、凿岩台车、混凝土喷射机、风水枪等。这些压缩空气一般由自建压缩系统供给。

根据施工组织设计确定的供风方式和配备的设备，分固定式空压机和移动式空压机供风。

(1) 一般大、中型水电工程过去普遍采用由多台固定式空压机组成压风厂的集中供风形式，其供风量大、风源可靠、成本低，并可根据用风负荷调节风量。然而值得注意的是，随着技术进步、缩短工期要求和招标投标制的推行，移动式分散供风所占的份额有日益增加的趋势。

(2) 对于施工用风量较小或局部分散的工程，常用移动式空压机供风，虽然成本较高，调节风量困难，但机动灵活，临时设施简单，管路短，损耗少，施工干扰少。

为减少输送损耗和保证风压，压气管道不宜过长，因此施工现场较大的水电工程，往往分别设置压气系统，如坝区、厂区、料场、长引水洞各支洞处等。对一个工程来说，不管压气系统设置几个，在编制设计概算时都要计算综合风价，因此，对分别设置几个供风系统的，其风价应按各系统供风量的比例加权平均计算综合风价。

（二）风价的组成

施工用风的价格，由基本风价、供风损耗摊销费和供风设施维护摊销费组成。

(1) 基本风价，指根据施工组织设计所配置的供风系统设备（不含备用设备和随钻孔设备单独配备的移动空压机设备），按台时总费用除以台时总供风量计算的单位风量的价格，是构成风价的基本部分。

(2) 供风损耗摊销费，指压气站至用风工作面的固定供风管道，在输送压气过程中发生的风量损耗摊销费用。损耗与管道质量、管道长度有关，尤以管道安装维护的好坏影响很大。

风动机械本身的用风及移动的供风管道损耗，已包括在该机械的台时耗风定额内，不在风价中计算。

(3) 供风设施维护摊销费，指摊入风价的供风管道的单位维护费用。因供风管道数量有限，维修人员较少，而工程用风量又很大，所以其维护摊销费甚微，在设计概算时可不进行具体计算，按单位指标（元/m^3）摊入风价。

（三）风价计算

根据冷却水的不同供水方式计算，有：

(1) 采用水泵供水。

$$\begin{aligned}风价=&[空气压缩机组（台）时总费用+水泵组（台）时总费用]\\&\div[空气压缩机额定容量之和\times 60\text{min}\times K_1\times(1-K_2)]\\&+供风设施维护摊销费\end{aligned}\tag{3-31}$$

(2) 采用施工用水系统供水。

$$\begin{aligned}风价=&[空气压缩机组（台）时总费用+冷却水台时用量\times 水价]\\&\div[空气压缩机额定容量之和\times 60\text{min}\times K_1\times(1-K_2)]\\&+供风设施维护摊销费\end{aligned}\tag{3-32}$$

(3) 采用循环冷却水。

$$\begin{aligned}风价=&[空气压缩机组（台）时总费用]\div[空气压缩机额定容量之和\times 60\text{min}\\&\times K_1\times(1-K_2)]+循环冷却水费+供风设施维护摊销费\end{aligned}\tag{3-33}$$

式中：K_1 为能量利用系数；K_2 为供风损耗率。

值得注意的是，一般风价计算时，只计算工作空压机，不计备用空压机。

【例 3-8】 某工程施工用风，按施工组织设计共设两个供风系统（厂区和坝区），总容量为 176m^3/min，即有：固定式空压机 40m^3/min1 台（坝区，台时费 180.51 元），固定式空压机 20m^3/min5 台（坝区 2 台，厂区 3 台，台时费 113.15 元），电动移动式空压机 6m^3/min6 台（坝区、厂区各 3 台，台时费 44.73 元）。水泵为单级水泵，功率为 7kW，共 2 台（坝区、厂区各 1 台，台时费 11.88 元）。其他已知条件：能量利用系数为 0.75，供风损耗率取 18%，维护摊销费取 0.003 元/m^3，试计算施工风价。

解：(1) 台时总产风量。

$$台时总产风量=176\times 60\times 0.75=7920（m^3）$$

(2) 总台时费。

总台时费＝180.51×1＋113.15×5＋44.73×6＋11.88×2＝1038.40（元）

(3) 风价。

风价＝1038.40÷[7920×(1－18%)]＋0.003＝0.163（元/m^3）

第五节 施工机械台时费

一、概述

水力资源的开发从某种程度上讲需要依赖施工机械，这一观点可从我国水利水电工程建设史中得到证实。从新中国成立至今，已建和在建的装机容量在1000MW以上的大型水利水电工程已超过200座。特别是改革开放以来，投资多元化，水电工程迅猛发展，建设周期越来越短。可以说无一不是依赖了大量的、大容量的施工机械而建成的。而且这种依赖还会随着水力资源进一步开发变得更加显著，可以说采用施工机械化程度的高低决定了水电工程建成的可靠性和建设工期的长短。因此，随着水电工程施工机械化程度的日益提高，施工机械购置费和使用费在水电工程建筑安装工作量中所占比例将不断上升，目前已达20%～30%，正确计算施工机械台时费对合理确定工程造价就显得十分重要。

1. 施工机械费用定额

在水利水电工程概估算编制中用于施工机械费计算的施工机械费定额目前有两种：一种为施工机械台班费定额，多用于地方中、小型水利水电工程；另一种为施工机械台时费定额，适用于大、中型水利水电工程。通常在编制施工机械费用时，根据工程规模和资金来源来选择所需的施工机械费用定额。

2. 水电工程施工机械分类

(1) 按设备的功能分有土石方机械、基础处理设备、混凝土机械、运输机械、起重机械、工程船舶、辅助设备及加工机械8类机械。

(2) 按设备动力分有风动、油动、电动3类机械。如风钻、风镐机械都是以风为动力，汽车一般都是以油为动力，缆机只能用电作动力，而挖掘机则既有电动的又有油动的。

二、施工机械台时费组成

水电工程施工机械台时费定额，主要用于大、中型水电工程施工机械台时费计算，其代表定额为水电水利规划设计总院、中国电力企业联合会水电建设定额站以水电规造价〔2004〕0028号文发布的《水电工程施工机械台时费定额》(简称2004年版台时费定额)。

1. 施工机械台时费定义

施工机械台时费是指一台施工机械正常工作运转1h所支出和分摊的费用。台时是指施工机械工作运转时间，即施工机械工作运转时计费，非工作运转时不计费。非工作运行时间的自然损耗，已在总寿命台时中考虑。施工机械台时费是计算机械使用费的基本依据。现行的施工机械台时费由一类费用、二类费用、三类费用3个部分组成。

2. 施工机械台时费一类费用

一类费用包括折旧费、设备修理费、安装拆卸费。

(1) 折旧费，指机械在规定使用期内，陆续回收原值及购置资金的台时折旧摊销费用。

$$折旧费=机械预算价格\times(1-机械残值率)/机械寿命台时 \tag{3-34}$$

1) 机械预算价格计算。

国产机械预算价格＝出厂价格×(1＋运杂费率)

国产车辆预算价格＝出厂价格×(1＋车辆购置附加费率＋运杂费率)

车辆购置附加费率按购置价的一定费率计算。

2) 机械残值率。

$$机械残值率=\frac{(机械残值-机械清理费)}{机械预算价格}\times 100\% \tag{3-35}$$

式中：机械残值为机械报废后回收的残余价值；机械清理费为回收机械残值而发生的费用。

机械残值率在实际编制时，根据过去已发生的费用进行测算，对不同类型的机械规定不同的残值率，通常机械残值率为2%～5%。

3) 机械寿命台时，指机械从开始投入使用至报废前使用的总台时数。

$$机械寿命台时=使用年限\times 年工作台时 \tag{3-36}$$

式中：使用年限为机械从使用到寿命报废的平均年限；年工作台时为机械在寿命使用期内平均每年运行的台时数。

(2) 设备修理费，指机械使用过程中，为了使机械保持正常功能而进行修理所需的摊销费用和机械正常运转及日常保养所需的替换设备、润滑油料、擦拭用品的费用以及保管机械所需的费用。由大修理费、经常性修理费和替换设备费组成。

1) 大修理费，指机械使用一定台时，为了使机械保持正常功能而进行大修理所需的摊销费用。部分属于大型施工机械的中修费合并入大修理费内一起计列。计算公式为

$$大修理费=一次大修理费用\times 大修理次数\div 寿命台时 \tag{3-37}$$

式中：一次大修理费用为机械进行一次全面大修理所消耗的全部费用，主要是人工工时费用、材料费、配件费、机械使用费、管理费、场内运输费（往返）等全部费用；大修理次数为机械在使用期内，必须进行大修的平均次数。

$$大修理次数=寿命台时\div 大修理间隔台时-1 \tag{3-38}$$

2) 经常性修理费，指机械中修及各级保养的费用。

$$经常性修理费=\frac{中修费\times 次数+\sum 各级保养一次费用\times 次数}{大修理间隔台时} \tag{3-39}$$

式中：中修费为在大修理间隔台时之间进行中修所发生的费用；各级保养一次费用为根据修理制度确定的一保、二保、三保所发生的费用。

2004年版台时费定额中以占折旧费的比例进行计算。

3) 替换设备费，指机械正常运转时耗用的设备用品及随机使用的工具附具等的摊销费用，包括机上需用的轮胎、启动器、电线、电缆、蓄电池、电器开关、仪表、传动皮

带、输送皮带、钢丝绳、胶皮管、碎石机颚板等。

$$替换设备费=\sum(某替换设备一次用量\times相应设备单价\div替换设备的寿命台时) \tag{3-40}$$

2004年版台时费定额中以占折旧费的比例进行计算。

(3) 安装拆卸费。

1) 安装拆卸费包含的内容。安装拆卸费是指机械进出入工地的安装、拆卸、试运转和场内转移及辅助设施的摊销费用。属于大型施工机械，按规定单独计算安拆费的，以“大型施工机械安装拆卸费”的名义列入“其他施工辅助工程”中，台时费中不再计列。具体包括以下内容：

a. 安装前的准备工作，如设备开箱，检查清扫，润滑及电气设备烘干等的费用。

b. 设备自仓库至安拆地点往返运输费用和现场范围内的移设运输费用。

c. 设备的安装、调试以及拆除的整理、清扫和润滑等费用。

d. 设备的基础土石方开挖、混凝土浇筑和固定锚桩等费用；但属于地形条件和施工布置需要进行的大量土石方开挖及混凝土浇筑等，应在施工辅助工程中列项，不包括在本项内。

e. 为设备的安装拆卸所搭设的平台、脚手架和缆风索等临时设施和施工现场清理等费用。

f. 相应的管理费。

2) 安装拆卸费计算。

$$安装拆卸费=一次安装拆卸费用\times每年平均安装拆卸次数\div年工作台时 \tag{3-41}$$

式(3-41)操作需要建立在大量的实测资料基础上，如一次安装和拆卸所耗人工、材料、机械、管理费等。对于同类型的新机械可利用已有的资料按下式测算：

$$安装拆卸费=折旧费\times安装拆卸费率 \tag{3-42}$$

3. 施工机械台时费二类费用

二类费用由机上人工费，机械运转消耗的动力、燃料或消耗材料费组成。在施工机械台时费定额中，以台时实物消耗量指标表示。编制台时费时，其数量指标一般不予调整。

本项费用取决于每班机械的使用情况，只有在机械运转时才发生。

(1) 人工费。

$$人工费=人工消耗量\times人工预算单价 \tag{3-43}$$

人工消耗量指在一个班组内，满足设备正常运转所必须配备的操作人员在一个台时内的摊销数额。人工预算单价根据水电工程设计概算编制规定计算。

(2) 动力燃料费。

$$动力燃料费=\sum(动力燃料消耗量\times动力燃料单价) \tag{3-44}$$

动力燃料消耗量可按下列公式确定：

1) 电力消耗量。

$$Q=Ntk \tag{3-45}$$

其中

$$k=k_1/k_2/k_3$$

式中：Q 为电力小时消耗量，kW·h；N 为电动机额定功率，kW；t 为设备工作小时数量，取1h；k 为电动机台时电力消耗综合系数；k_1 为负荷系数；k_2 为机械出力系数；k_3 为损耗系数。

2）燃料消耗量。

$$Q=NtGk \tag{3-46}$$

其中

$$k=k_1/k_3$$

式中：Q 为燃料小时消耗量，kg；N 为发动机额定功率，kW；t 为设备工作小时数量，取1h；G 为单位耗油量，kg/(kW·h)；k 为发动机台时燃料消耗综合系数；k_1 为负荷系数；k_3 为损耗系数。

3）风消耗量。

$$Q=Ntk \tag{3-47}$$

其中

$$k=k_1/k_3$$

式中：Q 为小时风量消耗，m^3；N 为设备额定消耗指标，m^3/min；t 为设备工作时间，60min；k 为风动机械台时风量消耗综合系数；k_1 为负荷系数；k_3 为损耗系数。

4）水消耗量。

$$Q=N/k_3 \tag{3-48}$$

式中：Q 为小时水量消耗，m^3；N 为设备额定消耗指标，m^3/h；k_3 为损耗系数。

5）煤消耗量。

$$Q=N/k_3 \tag{3-49}$$

式中：Q 为小时煤炭消耗，kg；N 为设备额定消耗指标，kg；k_3 为损耗系数。

4. 施工机械台时费三类费用

工程施工机械中的运输机械在工程建设过程中，可能发生车船使用税、年检费等（根据国务院《关于实施成品油价格和税费改革的通知》(国发〔2008〕37号）精神，自2009年1月1日起编制的水电工程设计概（估）算，施工运输机械使用费中取消养路费)。以上各项费用，可根据工程实际情况按工程所在省（自治区、直辖市）的有关规定和水电工程定额管理机构发布的有关标准计入施工机械台时费的三类费用。

自2012年1月1日起施行的《中华人民共和国车船税法》中规定，货车（包括半挂牵引车、三轮汽车和低速载货汽车等）按照整备质量每吨16～120元/a的额度征收车船税，具体适用税额由省（自治区、直辖市）人民政府依照《中华人民共和国车船税法》所附“车船税税目税额表”规定的税额幅度和国务院的规定确定。其中，根据《四川省人民政府关于印发＜四川省车船税实施办法＞的通知》(川府发〔2012〕8号)，四川省执行60元/(t·a）的标准；根据西藏自治区人民政府令第107号，西藏自治区实施《中华人民共和国车船税法》办法，西藏自治区执行16元/(t·a）的标准。

5. 台时费

现行水电工程施工机械台时费定额组成为

$$台时费=折旧费+设备修理费+安装拆卸费+人工费+动力燃料费+三类费用 \tag{3-50}$$

三、施工机械台时费编制

施工机械台时费是编制设计概算的重要基础单价之一。施工机械台时费编制准确与否，主要取决于基础资料的收集、分析，在编制施工机械台时费前应做好基础资料的收集工作。

1. 编制施工机械台时费所需的基础资料

（1）施工组织设计提供的施工机械的规格、型号、设备容量。

（2）运输车辆运营的线路情况。

（3）地方收取的三类费用取费标准，如车船使用税、年检费等。

（4）主管部门颁发的施工机械台时费一类费调整系数。

（5）人工预算单价、动力燃料预算价格。

（6）水电工程定额管理机构发布的费用计算标准。

2. 施工机械台时费计算公式

凡定额中能查到的施工机械，其台时费按下列公式计算：

（1）一类费用。

$$\text{一类费用}=\text{定额一类费用小计}\times\text{一类费用调整系数} \tag{3-51}$$

（2）二类费用。

$$\begin{aligned}\text{二类费用}=&\sum(\text{定额机上人工数}\times\text{人工算单价})\\&+\sum(\text{台时定额耗用量}\times\text{动力燃料预算价格})\end{aligned} \tag{3-52}$$

（3）三类费用。

$$\begin{aligned}\text{三类费用}=&\sum(\text{汽车计量吨位}\times\text{年工作月数}\times\text{第三类费月标准})\div\text{年工作台时}\\\text{或}=&\sum(\text{汽车计量吨位}\times\text{第三类费年标准})\div\text{年工作台时}\end{aligned} \tag{3-53}$$

3. 施工机械台时费计算示例

【例 3-9】某中型水电工程，混凝土所需砂石骨料为人工砂石料。骨料运输采用 3m^3 轮胎式装载机配 20t 柴油自卸汽车，骨料料堆距拌和站 5km，其中 3km 为国家干线公路，试计算装载机、自卸汽车的台时费。已知台时费编制所需的基础资料如下：

（1）人工预算单价：熟练工 7.61 元/工时，半熟练工 5.95 元/工时。

（2）柴油预算单价：9.00 元/kg

（3）车船使用税：60.00 元/(t·a)。

解：（1）求 3m^3 轮胎式装载机台时费。根据 3m^3 轮胎式装载机的斗容量查 1042 号定额子项，得该设备台时费定额参数为：一类费用小计 44.10 元/台时，熟练工 1.60 工时/台时，半熟练工 1.60 工时/台时，柴油 22.00kg/台时。

1）一类费用：一类费用不作调整，该施工机械一类费用为 44.10 元/台时。

2）二类费用：

机上人工费＝1.6×7.61＋1.6×5.95＝21.70（元/台时）

动力燃料费＝22×9.00＝198.00（元/台时）

二类费小计＝21.70＋198.00＝219.70（元/台时）

3）三类费用：在水电工程砂石料加工中，装载机通常只承担装载任务，不涉及运输，故装载机不计算三类费用。

4）$3m^3$ 轮胎式装载机台时费：

台时费＝44.10＋219.70＝263.80(元／台时)

(2) 求20t柴油自卸汽车台时费。

1）一类费用：根据20t柴油自卸汽车的载重吨位查1550号定额子项，得该设备的一类费用为113.05元/台时。

2）二类费用：

机上人工费＝1.8×7.61＝13.70（元/台时）

动力燃料费＝16×9.00＝144.00（元/台时）

二类费小计＝13.70＋144.00＝157.70（元/台时）

3）三类费用：

三类费用＝(60×20)÷3000＝0.40（元/台时）

4）20t柴油自卸汽车台时费：

台时费＝113.05＋157.70＋0.40＝271.15（元/台时）

四、常用的几种补充台时费编制方法

在水力发电工程建设中，经常遇到一些新型设备，其台时费不能直接使用台时定额编制，常采用一些近似、简易的方法，如直线内插法、占折旧费比例法、图解法来编制补充台时费。

1. 直线内插法

当所求设备的容量、吨位、动力等设备特征指标，在“施工机械台时费定额”范围之内时，常采用“直线内插法”编制补充台时费。计算公式为

$$X=(B-A)/(b-a)(x-a)+A \tag{3-54a}$$

或

$$X=(B-A)/(b-a)(x-b)+B \tag{3-54b}$$

式中：X 为所求设备的定额指标；A 为在定额表中，较所求设备特征指标小而最接近的设备的定额指标；B 为在定额表中，较所求设备特征指标大而最接近的设备的定额指标；x 为所求设备的特征指标，如容量、吨位、动力等；a 为A设备的特征指标，如容量、吨位、动力等；b 为B设备的特征指标，如容量、吨位、动力等。

【例3－10】 求功率为320kW的固定式柴油发电机的补充台时费定额指标。

解： 所求设备容量位于定额2015号、2016号之间，符合“直线内插法”使用条件，故采用“直线内插法”求该设备的补充台时费定额指标。从定额中查得相应的指标列入表3－19内。

表3－19　　固定式柴油发电机台时费定额指标

定额号	功率/kW	一类费小计/(元/台时)	熟练工/工时	半熟练工/工时	柴油/kg	设备
2015	250	30.31	1.6	1.6	45	A
2016	400	56.80	1.6	1.6	69	B

（1）一类费用指标。

一类费小计＝(B－A)/(b－a)（x－a)＋A

＝(56.80－30.31)÷(400－250)×(320－250)＋30.31

＝42.67（元/台时）

或

一类费小计＝(B－A)/(b－a)（x－b)＋B

＝(56.80－30.31)÷(400－250)×(320－400)＋56.80

＝42.67（元/台时）

（2）二类费用指标。

熟练工数量＝(1.6－1.6)÷150×70＋1.6＝1.6（工时/台时）

半熟练工数量＝(1.6－1.6)÷150×70＋1.6＝1.6（工时/台时）

柴油数量＝(69－45)÷150×70＋45＝56（kg/台时）

2. 占折旧费比例法

当所求设备的容量、吨位、动力等设备特征指标，在“施工机械台时费定额”范围之外时，或者是新型设备时，常采用“占折旧费比例法”编制补充台时费。

所谓“占折旧费比例法”就是借助已有设备定额资料来推算所求设备的台时费定额指标，即利用定额中某类设备的设备修理费、替换设备费和安装拆卸费与其折旧费的比例，推算同类型所求设备的台时费一类费用，并根据有关动力消耗参数确定二类费用指标，计算出所求设备的台时费定额指标。

【例3-11】试按“占折旧费比例法”补充2YA2160圆振动筛设备的补充台时费定额指标。有关资料为：2YA2160圆振动筛设备原价为157500元，运杂费率为5%，残值率为3%，经济寿命台时为13800台时，额定功率为22kW，动力台时消耗综合系数为0.95。

解：（1）根据式（3-34）计算2YA2160圆振动筛设备的折旧费。

折旧费＝机械预算价格×(1－机械残值率)÷机械经济寿命台时

＝157500×(1＋5%)×(1－3%)÷13800＝11.62（元/台时）

（2）借用定额子项1325号偏心振动筛一类费中的设备修理费、替换修理费和安装拆卸费分别与其折旧费的比例，计算2YA2160圆振动筛一类费用，并根据式（3-45）计算动力消耗，人工按1325号定额人工数量考虑。计算过程见表3-20。

表3-20　　2YA2160圆振动筛补充定额计算表

项目		参考定额1325号		补充定额
		定额数量	占折旧费比例/%	
（1）	折旧费	7.24元		11.62元
	设备修理费	19.59元	270.58	31.44元
	安装拆卸费	0.22元	3.04	0.35元
（2）	熟练工	1.4工时		1.4工时
	电	12kW·h		22kW×1h×0.95＝20.90（kW·h）

3. 图解法

图解法是借助现成的定额资料，计算一系列与所求设备同类的设备的台时费，并点绘成曲线，根据曲线的趋势求所需设备的台时费，此法相对上述两种方法要繁琐些，故不常采用。

【例 3－12】 根据定额子项 1714～1719 号点绘 20t 平移式缆机台时费随跨度变化的关系曲线。试根据此曲线求跨度为 1200m 的缆机台时费。

解： 利用式（3－51）和式（3－52）以及人工预算单价、动力燃料预算价格，分别计算跨度为 500m、600m、650m、700m、870m、1000m 缆机台时费，计算结果见表 3－21。

表 3－21　　120t 平移式缆机台时费计算表　　单位：元

缆机跨度	1714 号 $L=500$m	1715 号 $L=600$m	1716 号 $L=650$m	1717 号 $L=700$m	1718 号 $L=870$m	1719 号 $L=1000$m
一类费用	502.99	630.36	709.15	735.42	840.48	893.01
二类费用	239.40	239.40	239.40	239.40	239.40	239.40
台时费	742.39	869.76	948.55	974.82	1079.88	1132.41

将表 3－21 所列缆机跨度、台时费两行数据点绘成曲线，如图 3－6 所示。根据曲线查得缆机跨度为 1200m 的缆机台时费为 1280 元。

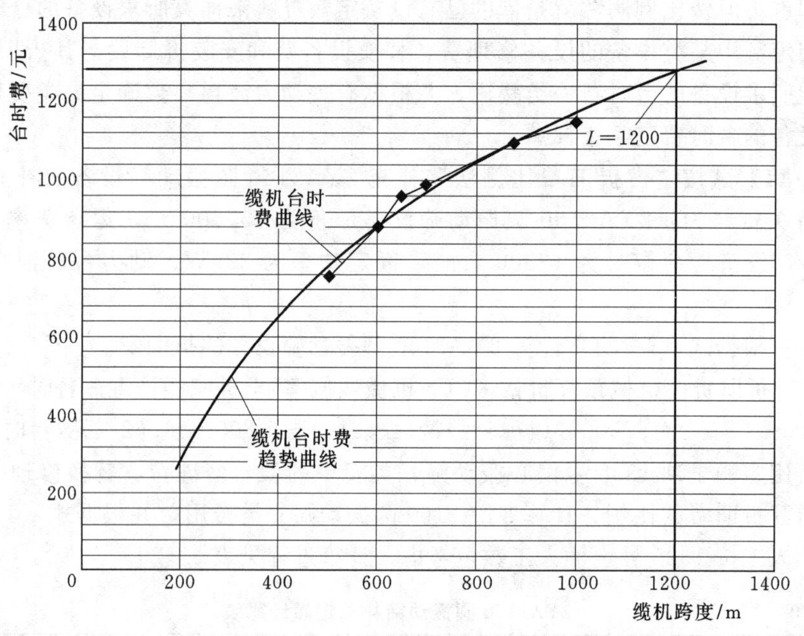

图 3－6　缆机台时费曲线图

五、机械设备折旧费的计算

施工机械设备折旧费在施工机械使用费中所占比例通常是比较大的，尤其是大型施工机械，如何合理计提施工机械设备折旧费，确定合理的施工机械设备折旧费计算方法，直接影响施工企业的生存与发展。折旧寿命亦称为“会计寿命”，是按照国家财政部门规定的资产使用年限逐年进行折旧的，一直到账面价值减至固定资产残值时所经历的全部时间。

1. 施工机械折旧费计算的几种方法

施工机械设备折旧应当根据设备原值、净残值、使用年限或工作量，采用年限平均法或者工作量（或产量）法计算。对于科技含量较高，技术进步快的设备，也可采用加速折旧法。下面介绍这3种常用的折旧费计算方法。

(1) 平均年限法。施工机械设备折旧方法一般采用平均年限法（也称为直线折旧法）。平均年限法的设备折旧率和年折旧额计算公式为

年折旧率：

$$\alpha=\frac{1}{n}\times 100\% \tag{3-55}$$

年折旧额：

$$d=\frac{K-S}{n} \tag{3-56}$$

式中：α 为年折旧率；d 为年折旧额；n 为折旧年限，由国家统一规定；K 为设备原值；S 为设备残值。

从式（3-56）可以看出，年折旧费用的大小与折旧年限有密切的关系。如果折旧年限长，则折旧率低；反之，折旧年限短，则折旧率高。折旧年限如何确定，这涉及工程设备的实际寿命、经济寿命以及其他因素。随着科学技术的发展，为了采用现代化新技术和加速更新工程设备，往往把折旧年限定得比较短。如日本为了推动企业的设备更新，对32种重要行业实行特别折旧制度，即第一年提取的折旧费相当于设备原值的50%，余下的50%则在4～5年内折旧完毕。

(2) 工作量法：工作量法又称为作业量法，是以设备的使用状况为依据计算折旧的方法。国务院颁发的《国营企业固定资产折旧试行条例》(国发〔1985〕63号）规定，下列专业设备的折旧费可按工作量法计算、提取：

1) 交通运输企业和其他企业专业车队的客、货运汽车，根据单位里程折旧额和实际行驶里程计算、提取。

2) 大型设备，根据每小时折旧额和实际工作台时计算提取。

3) 大型建筑施工机械，根据每台时折旧额和实际工作台时计算提取。

工作量法的固定资产折旧额的基本计算公式如下：

1) 按照行驶里程计算折旧的公式。

$$\text{单位里程折旧额}=\text{原值}\times(1-\text{残值率})\div\text{总行驶里程} \tag{3-57}$$

$$\text{年折旧额}=\text{单位里程折旧额}\times\text{年行驶里程} \tag{3-58}$$

2) 按照工作小时计算折旧的公式。

$$\text{每工作小时折旧额}=\text{原值}\times(1-\text{残值率})\div\text{总工作小时数} \tag{3-59}$$

$$\text{年折旧额}=\text{每工作小时折旧额}\times\text{年工作小时数} \tag{3-60}$$

以上各式中的净残值率一般可按照固定资产原值的2%～5%确定。在水力发电工程中常用的施工机械设备，它们的工作时数随各年的情况而异，按工作量法计算折旧费比较合理。

以上介绍的是我国现行规定的计算和提取折旧费的两种方法。总体来说，这两种折旧

方法的折旧速度都比较慢，每年提取的折旧费较少，因此资金的回收速度慢。目前，国外发展的趋势是采用快速折旧法进行设备的折旧费计提。

(3) 快速折旧法。快速折旧法又称为递减费用法，即固定资产每期计提的折旧数额，在使用初期计提得多，而在后期计提得少，是一种相对加快折旧速度的方法。我国新财务制度规定，在国民经济中具有重要地位、技术进步快的电子生产企业、船舶工业企业、生产“母机”的机械企业、飞机制造企业、汽车制造企业、化工生产企业和医药生产企业以及其他经财政部批准的特殊行业的企业，其机器设备可以采用双倍余额递减法或者年数总和法进行设备折旧的计提。

1) 双倍余额递减法。该方法是以平均年限法折旧率两倍的折旧率计算每年折旧额的方法。按照这种方法，其折旧率为直线法折旧率的 2 倍，即 $2/n$，但这种折旧率是定义为每年的折旧费与年初账面价值的比值，而不是与设备原值的比值。

第 1 年的折旧费：

$$d_1 = K \times 2/n$$

第 2 年的折旧费：

$$d_2 = (K - d_1) \times 2/n = K(1 - 2/n) \times 2/n$$

第 3 年的折旧费：

$$d_3 = (K - d_1 - d_2) \times 2/n = K(1 - 2/n)^2 \times 2/n$$

第 t 年的折旧费：

$$d_t = (K - d_1 - d_2 - \cdots - d_{t-1}) \times 2/n = K(1 - 2/n)^{t-1} \times 2/n \tag{3-61}$$

第 t 年末的账面价值：

$$B_t = K - \sum_{j=1}^{t} K\left(1 - \frac{2}{n}\right)^{j-1} \frac{2}{n}$$

可简化为

$$B_t = K(1 - 2/n)^t \tag{3-62}$$

2) 年数总和法。采用年数总和法是根据设备原值减去净残值后的余额，按照逐年递减的分数（即年折旧率，亦称为折旧递减系数）计算折旧的方法。每年的折旧率为一变化的分数。分子为每年开始时可以使用的年限，分母为固定资产折旧年限逐年相加的总和（即折旧年限的阶乘）。用字母 n 代表折旧年限的总数，K 代表设备原值，S 代表设备残值，则年数总和法可用公式表示为

$$\text{年数总和} = 1 + 2 + 3 + \cdots + N = N\ (N+1)/2$$

第一年的折旧费：

$$d_1 = \frac{N}{N\ (N+1)/2}\ (K - S) = \frac{2\ (K - S)}{(N+1)}$$

第二年的折旧费：

$$d_2 = \frac{N}{N\ (N+1)/2}\ (K - S) = \frac{2\ (N-1)\ (K - S)}{(N+1)}$$

则任何一年，如第 t 年的折旧费为

$$d_t = \frac{2N(N - t + 1)}{N(N + 1)}(K - S) \tag{3-63}$$

t 年末的账面价值（B_t）可用下式计算：

$$B_t = K - 2K\sum_{j=1}^{t}\frac{(N-j+1)}{N(N+1)}$$

可简化为

$$B_t = \frac{(N-t)(N-t+1)}{N(N+1)}(K-S)+S \tag{3-64}$$

【例 3-13】 若某施工机械原值为 110000 元，预计残值为 10000 元，预计使用年限为 10 年。试按上述 4 种折旧方法计算逐年折旧额。

设施工机械第 1 年使用 2000h，第 2 年使用 1750h，第 3 年使用 1500h，第 4 年使用 1250h，第 5 年使用 1000h，第 6 年使用 800h，第 7 年使用 600h，第 8 年使用 450h，第 9 年使用 350h，第 10 年使用 300h，10 年总共使用 10000h。在进行双倍余额递减法计算时，为了能把 100000 元净值在 10 年内全部折旧完，需在第 9 年开始改用平均年限法。

解：（1）平均年限法。

年折旧额＝(110000－10000) 元/10a＝10000 (元/a)

即 10 年内施工机械每年的折旧费均为 10000 元。

（2）工作量法。

每工作小时折旧额＝(110000－10000) 元/10000h＝10 (元/h)

按式 (3-60) 将各年折旧额计算于表 3-22 中。

表 3-22　　工作量法计算年折旧额一览表

折旧年份	年折旧额计算式	年折旧额/元	备注	折旧年份	年折旧额计算式	年折旧额/元	备注
第 1 年	2000h×10 元/h	20000		第 6 年	800h×10 元/h	8000	
第 2 年	1750h×10 元/h	17500		第 7 年	600h×10 元/h	6000	
第 3 年	1500h×10 元/h	15000		第 8 年	450h×10 元/h	4500	
第 4 年	1250h×10 元/h	12500		第 9 年	350h×10 元/h	3500	
第 5 年	1000h×10 元/h	10000		第 10 年	300h×10 元/h	3000	

（3）快速折旧法。

1）双倍余额递减法。

平均年限法年折旧率＝1/10＝10%

即双倍余额递减折旧率为 20%。

按式 (3-61) 将各年折旧额计算于表 3-23 中。

表 3-23　　双倍余额递减法计算年折旧额一览表

折旧年份	年折旧额计算式	年折旧额/元	累计年折旧额/元	备注
第 1 年	$110000\times(1-20\%)^0\times20\%$	22000	22000	
第 2 年	$110000\times(1-20\%)^1\times20\%$	17600	39600	
第 3 年	$110000\times(1-20\%)^2\times20\%$	14080	53680	

续表

折旧年份	年折旧额计算式	年折旧额/元	累计年折旧额/元	备注
第4年	$110000\times(1-20\%)^{3}\times20\%$	11264	64944	
第5年	$110000\times(1-20\%)^{4}\times20\%$	9011	73955	
第6年	$110000\times(1-20\%)^{5}\times20\%$	7209	81164	
第7年	$110000\times(1-20\%)^{6}\times20\%$	5767	86931	
第8年	$110000\times(1-20\%)^{7}\times20\%$	4614	91545	
第9年	(110000－91545－10000)/2	4228	95773	平均年限法
第10年	(110000－91545－10000)/2	4227	100000	平均年限法

2）年数总和法

使用年限总和＝1＋2＋3＋4＋5＋6＋7＋8＋9＋10＝55（年）

按式（3－63）将各年折旧额计算于表3－24中。

表3－24　　年数总和法计算年折旧额一览表

折旧年份	年折旧额计算式	年折旧额/元	备注	折旧年份	年折旧额计算式	年折旧额/元	备注
第1年	(110000－10000)×10/55	18182		第6年	(110000－10000)×5/55	9091	
第2年	(110000－10000)×9/55	16364		第7年	(110000－10000)×4/55	7273	
第3年	(110000－10000)×8/55	14546		第8年	(110000－10000)×3/55	5455	
第4年	(110000－10000)×7/55	12727		第9年	(110000－10000)×2/55	7273	
第5年	(110000－10000)×6/55	10909		第10年	(110000－10000)×1/55	1818	

将上述4种折旧方法计算成果列表比较，见表3－25。

表3－25　　4种折旧方法年折旧额比较表　　单位：元

折旧年份	折旧方法			
	平均年限法	工作量法	双倍余额递减法	年数总和法
第1年	10000	20000	22000	18182
第2年	10000	17500	17600	16364
第3年	10000	15000	14080	14545
第4年	10000	12500	11264	12727
第5年	10000	10000	9011	10909
第6年	10000	8000	7209	9091
第7年	10000	6000	5767	7273
第8年	10000	4500	4614	5455
第9年	10000	3500	4228	3636
第10年	10000	3000	4227	1818
合计	100000	100000	100000	100000

2. 设备的经济寿命和折旧年限确定

设备的经济寿命是指从设备开始使用到其年度费用最小的使用年限。设备的年度费用

由折旧费（也称为资金恢复费用）和年度使用费用组成。年度使用费用又由年运行费用和维修费用组成。若设备的使用年限为T，设备的购置费为K，设备的残值为S，则设备在不同使用年限的年折旧费是（按直线折旧）：使用1年时为$(K-S)$；使用2年时为$(K-S)/2$；使用3年时为$(K-S)/3$；使用T年时为$(K-S)/T$。显然，每年的折旧费是随着使用年限的增加而减少。若各年的运行维护费用分别为R_1、R_2、R_3、…、R_T，则有：$R_1<R_2<R_3\cdots<R_T$。从图3-7中不难看出，总费用最小发生在第n年，此时即为设备的经济寿命。显然，经济寿命（有时也称为预期使用年限）要比实际寿命短。根据经济寿命计算的折旧率要比实际寿命计算的大。一般情况下常用经济寿命作为折旧年限来进行折旧计算。

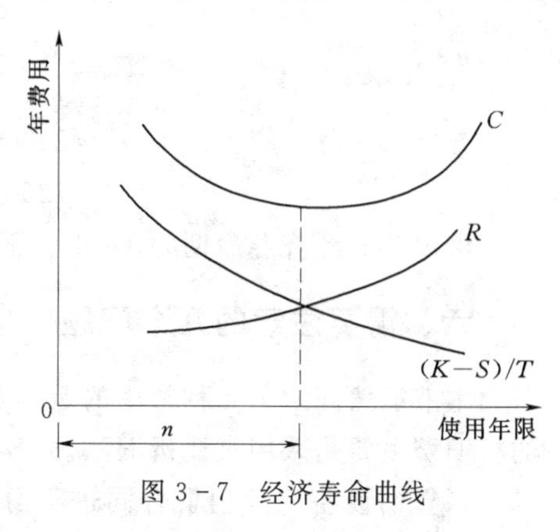

图3-7　经济寿命曲线

现在我们来讨论确定经济寿命的计算方法。因为经济寿命是年费用最小时设备使用的年限，所以要确定经济寿命期，需先算出每年的年费用。年费用可表达为

$$C=(K-S)/T+R(n) \tag{3-65}$$

式中：C为年费用；$(K-S)/T$为年折旧费用，亦即设备的资金恢复费用；n为使用年限；$R(n)$为年运行维护费用，它是使用年限n的函数。

年运行维护费用$R(n)$随使用年限n的增加而增加。假定第一年的年运行维护费用为R_1，以后每年增加一等值r，则每年的总费用可表达为

$$\begin{aligned}C&=\frac{k}{n}+R_1+[r+2r+\cdots+(n-1)r]/n\\&=\frac{k}{n}+R_1+[n(n-1)r]/2n\\&=\frac{k}{n}+R_1+[(n-1)r]/2\end{aligned}$$

要使年总费用最小，可求上式对n的导数，并令其等于0，即

$$\frac{\mathrm{d}C}{\mathrm{d}n}=-\frac{k}{n^2}+\frac{r}{2}=0$$

解上式得经济寿命为

$$n=\sqrt{2k/r}$$

式中$k=K-S$。

【例3-14】某建筑工程公司购置一台加工设备，购价为25000元，净残值很小可忽略不计，第1年的运行维修费用为2500元，以后每年增加500元，试计算其经济寿命以及到经济寿命时的年总费用。

解：$K=25000$元，$R_1=2500$元，$r=500$元

$$n=\sqrt{2k/r}=\sqrt{2\times25000/500}=10(\text{年})$$

当$n=10$时

$$C=\frac{k}{n}+R_1+[(n-1)r]/2$$
$$=25000/10+2500+(10-1)\times 500/2$$
$$=7250(\text{元})$$

该设备的经济寿命期为10年。第10年时的年总费用为7250元。

六、需要注意的几个问题

本节虽然介绍了4种常用的折旧费计算方法，但在实际工程造价预测中计取施工机械的折旧费主要是采用直线折旧法。

租赁的设备按照租赁合同进行分类：①租赁设备在租赁期间仍处在经济寿命期内，设备出租内发生的一切费用均由租用人承担，则可将租赁费直接折算成台时租赁费作为设备的折旧费，其余费用参照台时定额执行；②出租者承担设备租赁期间的一切费用，同时保证设备的正常运转，则可将租赁费折算成台时费后作为台时费计算设备的机械费。

对于一些特殊的，本工程摊销不完，其他工程又不适用的大型施工设备，可在相应工程单价中计入摊销费。摊销费由设计单位根据施工组织设计提出设备采购清单确定其原值，扣除工程实际摊销的折旧费及余值后计算，且此摊销费不再计取其他直接费、间接费、利润和税金。

【例3-15】四川省某工程为混凝土双曲拱坝，坝体混凝土方量为226万m^3，其中坝体混凝土C30（四）工程量为113万m^3，施工组织设计拟采用3台30t平移式缆机进行坝体浇筑。已知条件如下：

（1）缆机购置费用2400万元/台，缆机折旧费1300元/台时，工程结束时缆机余值400万元/台。

（2）工程施工期间，除C30（四）坝体混凝土以外的其他工程摊销缆机折旧费为2156.75万元。

（3）C30（四）坝体混凝土的浇筑单价组成为：缆机台时耗量1.5169台时/100m^3，基本直接费381.17元，其他直接费率7.60%，间接费率15.88%，利润率7.00%，税金率3.28%，材料补差51.29元m^3。

试计算C30（四）坝体混凝土的单价。

解：（1）计算未摊销的缆机总费用。

未摊销的缆机总费用$=3\times(2400-400)-2156.75-1300\times113\times1.5169\div100$
$=1614.92$（万元）

（2）计算每立方米坝体混凝土中需摊入的费用。

摊入的费用$=1614.92\div226=7.15$（元/m^3）

（3）计算C30（四）坝体混凝土的浇筑单价。

浇筑单价$=[381.17\times(1+7.60\%)\times(1+15.88\%)\times(1+7.00\%)$
$+51.29]\times(1+3.28\%)+7.15$
$=585.34$（元/m^3）

第六节　砂石料预算价格

一、概述

砂石料是指砂砾料、砂、卵石、碎石等当地建筑材料，是水电工程建设中混凝土、反滤料、灌浆等工程的主要建筑材料。水电基本建设工程砂石料用量很大，尤其在混凝土工程中，砂石骨料重量占整个混凝土重量的80%左右，砂石骨料的价格对混凝土的经济指标影响极大，对水电工程的投资也有较大影响。在水电工程中将砂石骨料单价作为工程主要材料单价之一。由于水电工程的建设特点，通常在工程现场由建设管理单位或承包的施工企业自行组织开采备料。

1. *砂石料的分类*

(1) 天然砂石料：开采的天然砂、砂砾料，经筛分（破碎）、冲洗而成的卵石（砾石）和砂，有河砂、海砂、河卵石、海卵石等。

(2) 人工砂石料：料场开采的石料或工程开挖利用料经过机械破碎、筛分分级、冲洗脱水而成的碎石和机制砂。

2. *砂石料的规格及标准*

(1) 砂石料：指砂砾料、砾石、砂、碎石原料、碎石、骨料等的统称。砂石料规格划分见表3-26。

表3-26　　砂石料规格表

名称	砂石料				
	砂	小石	中石	大石	特大石
规格/mm	<5	5～20	20～40	40～80	80～150

(2) 砂砾料：指未经加工的天然砂石料。

(3) 砾石：指砂砾料中粒径大于5mm的卵石。

(4) 碎石原料：指未经破碎、加工的岩石开采料。

(5) 碎石：指经破碎、加工分级后，粒径大于5mm的骨料。

(6) 超径石：指砂石料中大于设计骨料最大粒径的砂石料。

(7) 砂：指粒径小于5mm的骨料。砂的分类见表3-27。

表3-27　　砂的分类

名称	颗粒含量/%						
	>5mm	>2.5mm	>1.25mm	>0.63mm	>0.315mm	>0.158mm	>0.075mm
极粗砂	<5	>50					
粗砂	<3		>50				
中砂	0			>50			
细砂	0				>50		

续表

名称	颗粒含量/%						
	＞5mm	＞2.5mm	＞1.25mm	＞0.63mm	＞0.315mm	＞0.158mm	＞0.075mm
微细砂	0					＞50	
极细砂	0						＞50

注　摘自《水电水利工程天然建筑材料勘察规程》(DL/T 5388—2007)。

(8) 骨料：指经加工分级后的砾石、碎石和砂。砂称为细骨料，砾（碎）石称为粗骨料。

3. *混凝土对砂石料的质量技术要求*

砂石料在混凝土中起骨架作用。骨料要具备：质地坚硬、致密、耐久、清洁、级配良好，如有活性骨料（碳酸盐、硅酸盐）要经过试验论证，对含泥量也有严格要求。

根据细度模数的大小，可将砂分为粗、中、细3种，水工混凝土宜使用中砂。人工砂的细度模数宜在2.4～2.8范围内，天然砂的细度模数宜在2.2～3.0范围内。

骨料级配对混凝土的和易性、强度、抗渗性、抗冻性以及经济性都有一定的影响，各级骨料颗粒粒径的适当配合可达到用最少的水泥用量拌制出各种性能良好的混凝土。但是选择骨料的级配既要考虑最佳级配，又要考虑料场的实际级配情况，混凝土骨料级配一般分为4种级配，见表3-28。

表3-28　　混凝土级配及最大粒径和粒径组成表

级配	最大粒径/mm	粒径组成/mm			
一级配	20	5～20			
二级配	40	5～20	20～40		
三级配	80	5～20	20～40	40～80	
四级配	150	5～20	20～40	40～80	80～150 (120)

细度模数：指一定数量干砂依次过筛（孔径2.5mm、1.25mm、0.63mm、0.315mm、0.158mm的标准筛），把各号筛筛余量的百分率之和除以100得到的数值。细度模数越小，砂越细。

骨料最大粒径：指粗骨料中最大颗粒的尺寸。粗骨料最大粒径增大，可使混凝土骨料用量增加，减少空隙率，节约水泥，提高混凝土密实度，减少混凝土发热量及收缩。最大粒径的确定与混凝土构件的尺寸、钢筋的间距、有无钢筋有关。

二、砂石料单价计算的基本方法

常用的砂石料单价计算方法有两种：系统单价法和工序单价法。

1. *系统单价法*

系统单价法是以整个砂石生产系统［从料源开采运输起到骨料运至拌和楼（场）骨料料仓（堆）止的生产全过程］为计算单元，用系统的班（或时）生产总费用除以系统班（或时）骨料产量求得砂石料单价。计算公式为

$$砂石料单价=\frac{系统生产总费用（班或时）}{系统骨料产量（班或时）}$$

人工费=施工组织设计确定人工数量×人工单价

机械费=施工组织设计确定机械组合数量×机械台时（班）费

材料费=施工组织设计确定材料消耗量×材料单价

系统骨料产量为系统平均产量，应考虑施工期不同时期（初期、中期、末期）的生产均匀性等因素，经分析后确定。

系统单价法避免了影响计算成果准确的损耗和体积变化这两个问题，计算原理相对科学。但要求施工组织设计应达到较高的深度，系统的班（时）生产总费用才能确定。砂石生产系统班（时）平均产量确定难度较大，有一定程度的任意性。

2. *工序单价法*

工序单价法是按砂石生产系统生产流程，分解成若干个工序，以工序为计算单元，再计入损耗及体积变化，求得骨料单价。按计入损耗的方式，有又可分为综合系数法和单价系数法。综合系数法是按各工序计算出骨料单价后，一次计入损耗（简捷方便，但难反映工程实际）；单价系数法是将各工序的损耗和体积变化，以工序流程单价系数的形式计入各工序单价。该方法概念明确，结构科学，易于结合工程实际，现水电工程概算定额采用此法。

单价系数法中损耗包括运输、加工、堆存等施工损耗。运输损耗指原料、半成品、成品骨料在运输过程中的数量损耗。加工损耗指骨料在破碎、筛洗、碾磨过程中的数量损耗。堆存损耗指骨料在各工序堆存过程中的数量损耗，即料仓（场）垫底料损耗。

砂石生产过程中某种径级骨料的多余量称为级配损耗：在弃料处理工序，计算弃料摊消率中解决，不含在单价系数中。

体积变化：我国水利水电系统的传统习惯，砂石骨料以体积为计量单位，而不是国际上通用的以重量为计量单位。由于砂石料从原料到加工、堆存，这些原料在各个工序的空隙率都在变化。这些原料一经破碎，空隙率就提高，体积增大，因此在砂石料单价计算中，要考虑体积变化。

水电工程某电站骨料干堆积密度实验数据见表3-29。

表3-29　　某电站骨料干堆积密度（成品堆方）实验数据　　单位：t/m^3

岩性	原岩天然密度	碎石原料干堆积密度	大石干堆积密度	中石干堆积密度	小石干堆积密度	人工砂干堆积密度
砂岩	2.72	1.78	1.51	1.54	1.62	1.5

从表3-29可以看出，骨料的容重从天然状态到开采后的碎石原料、加工生产为成品的骨料的过程中，干堆积密度是呈减小的趋势，也代表着空隙率呈增加的趋势。

三、天然砂石料单价编制

1. *天然砂石料的优缺点*

天然砂石料具有外形圆滑，质地坚硬，开采加工费用少等优点。缺点是料源岩种繁多，成因复杂，级配分布不均匀。含泥量及有害杂质相对较多，开采受洪水及冰冻的制约。

2. 天然砂石料生产加工工艺流程

多数河流上都有天然砂石料源，只要将采集的砂砾石料进行适当的筛洗和加工，即可作为需要的骨料。典型的天然砂石料生产加工工艺流程如图3-8所示。

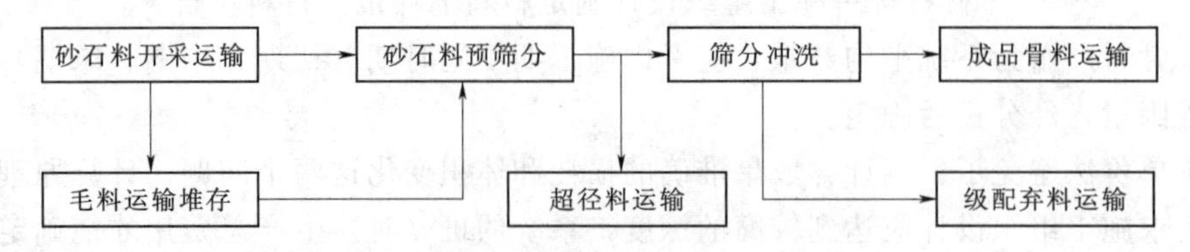

图3-8 天然砂石料生产加工工艺流程框图

（1）原料开采运输，指原料（砂料、砂砾混合料）从料场开采或原料堆存场装车运至预筛分车间受料仓，应根据施工组织设计确定的施工方法及选定的机械规格和型号计算单价。

1）陆上开采运输。开采设备与施工方法和土方开挖工程相同，常采用装载机、挖掘机挖装，常用的运输设备可选用汽车、矿车和皮带机等。

2）水下开采运输。常采用采砂船采挖，拖轮拖砂驳运输，再由水路转陆路运输；水边料场及地下水位较高的料场也可用索铲（反铲）采挖，陆路运输；也有在水中围绕料场堆筑围堰，设置排水措施，变水下采挖为陆地采挖。

（2）原料堆存，指将开采的原料暂存某存料场储备待用，旨在调节砂砾料开采运输与加工之间的不平衡，也有因其他因素大量储备原料堆存待用的情况，具体储备料场设置位置、储备时间、储备数量应由施工组织设计确定。

1）临时调节堆存料场。调节实施生产过程中暂时的、偶然的或不可预见的因素造成工序之间的短期供需不平衡；为保证间歇作业和连续作业两类工序之间的协调；避免某一工序临时停产而导致全线停产。

2）原（毛）料堆存料场。该堆存料场系为了解决可预见的重大因素造成的长时间的原（毛）料开采与生产、使用之间需求量的矛盾：

a. 砂石料系统的投产和完工期与混凝土浇筑的开工和完工期不同。

b. 天然砂石料场受洪水威胁，汛期往往不便开采。

c. 冬季气候严寒，冰冻期不便开采。

d. 料场在水库区内，必须在拦河坝拦洪或蓄水之前完成原（毛）料开采。

（3）预筛分，指将砂砾石料筛分、隔离超径石的过程，包括可能增设粗隔离设施（条筛）和重型振动筛进行预筛分的两次筛分过程，如图3-9（a）所示；如果超径石含量较多，为了满足设计级配要求，充分利用料源，也可能在预筛分车间设置破碎机对预筛分筛出的超径石进行破碎加工成为需要粒径的碎石半成品，以便进一步加工成碎石，如图3-9（b）所示。这时这部分被加工成的碎石，与天然砂石料中的卵石（砾石）的体形、表面积均不同，因此要注意如何堆存和混用入混凝土的问题。

（4）筛分冲洗，指为满足混凝土骨料的质量和级配的要求，将上道工序的半成品料进行筛分、破碎、冲洗，筛分为符合设计级配等级要求、干净合格的成品料，用胶带输送机

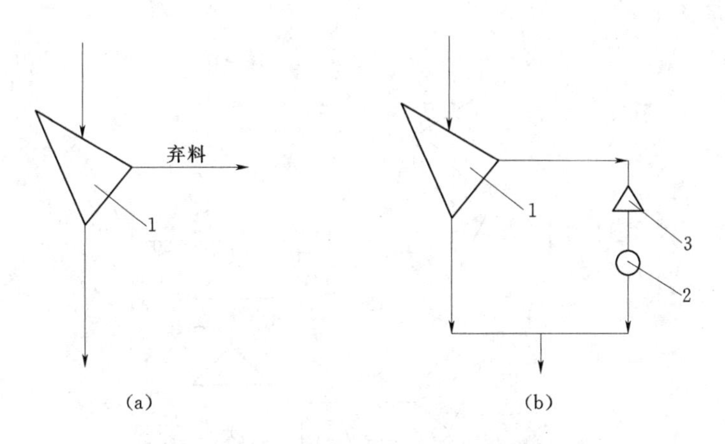

图 3-9 超径石处理工艺序流程示意图

(a) 超径石作弃料处理工艺流程；(b) 超径石破碎工艺流程

1—筛子（重型振动筛或固定筛）；2—破碎机；3—料仓

运到成品骨料仓分级堆存。当天然砂石料级配与设计需用骨料级配比较接近，直接利用率在 90%以上时，可采用简单的开路工艺流程，如图 3-10 所示。

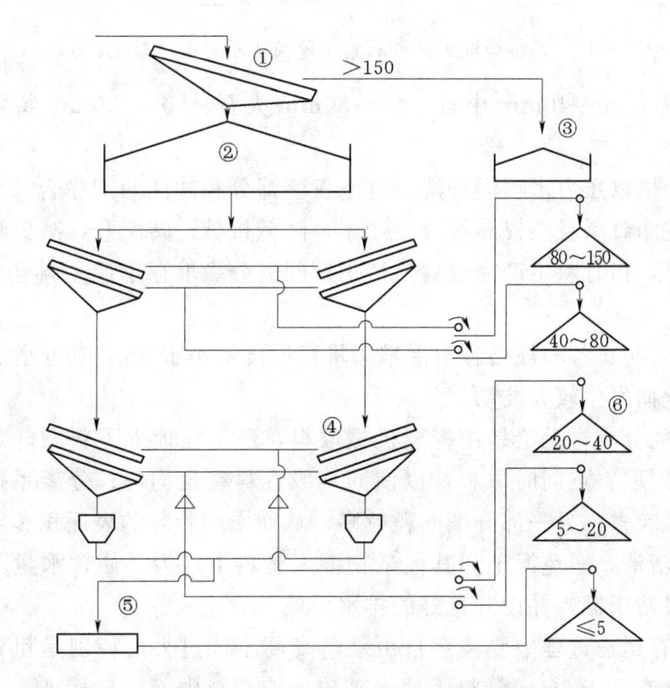

图 3-10 无级配调整天然砂石料工序流程示意图（单位：mm）

①—格筛；②—半成品料堆；③—超径料堆；④—筛分机；⑤—螺旋分级机；⑥—成品料堆

当天然砂石料级配与设计需用骨料级配差异较大时，为了满足设计级配要求，充分利用料源，需增设破碎设施按闭路工艺进行级配调整，解决天然级配与设计要求骨料级配不平衡的问题，如图 3-11 所示。

骨料分级堆存一般采用 2 台筛分机（4 层筛网）、1 台螺旋分级机将混合料筛分，分为

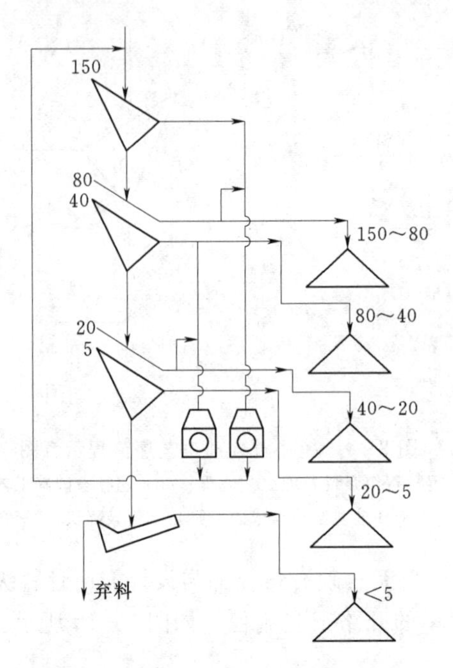

图 3-11　调整级配天然砂石料工序流程示意图（单位：mm）

砂、5～20mm 小石、20～40mm 中石、40～80mm 大石、80～150mm 特大石 5 种径级的成品骨料。

在筛分过程中供以压力水喷洒冲洗，这不仅使筛分和冲洗两工序合二为一，简化加工工序，又能保证洗净骨料且能提高筛分生产率，降低机械运转温升，减少筛网磨损。

(5) 骨料堆存，指骨料生产完成后，待用期间需分级堆存于成品料仓内，其作用和注意事项如下：

1）分级堆存，防止各种规格骨料混堆；堆存厚度不小于 6m，防止骨料内部温度因外界气温和日照变化而发生较大波动。

2）防止骨料的分离，无论是用挖掘机械取料，还是在地弄下料漏斗放料，应在同一料堆选 2～3 个不同取料点同时取料，以使同一级骨料粒径均匀；分离系指在同一级骨料中，一部分粗的颗粒多，另一部分细的颗粒多，从而影响骨料的表面积和空隙率。

3）保持骨料清洁，避免泥土和其他杂物混入骨料中；为了使含水量不因下雨超标准或不稳定，可搭设防雨棚，并设置良好的排水设施。

4）骨料在堆存运输过程中要注意自由跌落高度不能过大，特别是粗骨料用胶带堆料时，一般卸料高度都大于 3m，骨料因冲击破碎，使骨料中逊径超标准，在没有二次筛分设施时，应设置缓降设备。上一级骨料含有下一级骨料称为逊径，规范规定逊径含量小于 10%。

(6) 成品料运输，指经过筛洗加工后的骨料从成品料仓运至混凝土生产系统的受料仓堆存或按设计要求运输到指定地点堆放、储存。

近距离运输常采用胶带输送机，较远距离运输使用自卸汽车、矿车和特制的长胶带输送机。

(7) 骨料二次筛分。由于骨料生产完成后，可能发生使用时间与生产时间间隔过长及多次转运造成骨料级配发生变化，所以，对成品骨料也有设置二次筛分工序的可能性，要否设置应根据施工组织设计确定。

3. 天然砂石料单价编制方法

(1) 基本资料收集。为保证砂石料单价计算准确可靠，在编制单价前必须收集和掌握以下资料：

1) 料场的分布、位置、地形条件、水文地质特性，料场砂砾石松实状况，杂质或泥土含量及料场物理力学特性等。

2) 料场的储量、可开采深度、可开采量与设计开采量，料场的天然级配组成和设计级配。

3) 砂砾料的开采、运输、堆存，弃料运输，成品料运输，主要运输设备规格型号，料场至筛分厂受料仓距离，料场至原料堆存场距离，堆存场至筛分厂距离，成品料堆至混凝土生产系统受料仓距离，弃料发生的各工序，各弃料发生的工序车间至堆渣场的距离。

4) 砂石料加工系统工艺流程及其设备配置，主要加工设备规格型号，各生产工序设计生产能力，级配平衡计算成果，各加工工序（车间）布置，车间内和车间之间半成品运输连接手段。

5) 加工系统设备清单，设备的规格、型号、设置台数和备用台数。

(2) 基本参数的选定。在砂石料单价计算时，要进行基本参数的选定。

1) 弃料处理摊销率。天然砂石料生产全过程中弃料在每道工序都可能发生，砂石料单价需计入弃料工序本身及以前各工序加工摊入费用，以及弃料运到指定地点应摊入的装车、运输费用。

$$弃料处理摊销率=弃料处理量\div设计成品骨料生产量\times100\% \quad (3-66)$$

常见的弃料有以下几种：

a. 超径石弃料：大于设计骨料最大粒径的无用砂石料。应增加原料开采至弃料处理工序发生的费用，一般在预筛分车间设置重型振动筛剔除超径石，也有采用格筛剔除超径石料的。

b. 级配弃料：大于设计某种径级需用量的骨料。由于料场砂砾料天然级配与设计骨料级配不平衡，必须增加毛料开采才能满足设计用量要求，增加毛料开采、加工必然造成弃料发生，砂石料单价中应计入增加原料开采、加工至弃料处理工序发生的费用。

c. 粉细砂弃料：颗粒粒径小于 0.15mm 的细颗粒骨料不能全部利用，多余部分的特细砂粒为弃料，需要有处理措施。

2) 单价系数的确定。根据设计砂石料加工工序流程，按概算定额选定单价系数。单价系数是根据设计生产工序流程和施工方法确定的，系数包括加工体积变化，加工、运输、堆存损耗，含泥量清除等因素。计算单价时不再另加计其他任何系数及损耗。以下就采用概算定额确定工序单价系数进行介绍。

a. 砂砾料加工工序流程Ⅰ（图 3-12）。本工序流程适用于料场砂砾料中粗骨料相对较多，具有相当数量的超径石，料场砂砾料天然级配与设计级配差异较大，如加大砂砾料开采量与设置两次破碎相比不经济时，设计推荐使用本工序流程，根据该工序流程，各工序工作内容符合（2007）概算定额中单价系数表Ⅰ，选定单价系数表Ⅰ中Ⅰ-1这套单价系数；如未设二次筛分运输工序则选定Ⅰ-2这套单价系数。

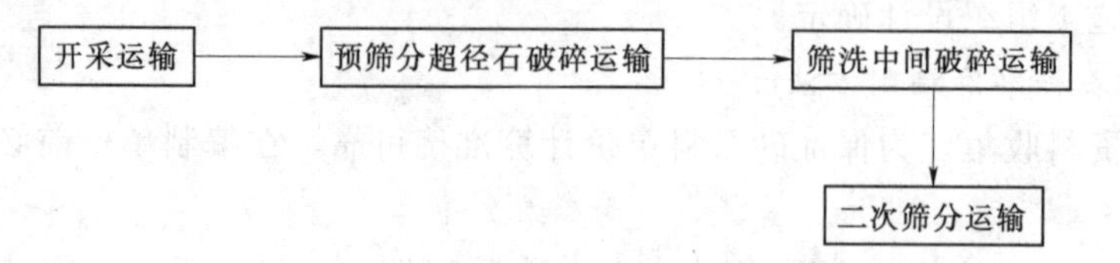

图3-12　砂砾料工序流程Ⅰ

b. 砂砾料加工工序流程Ⅱ（图3-13）。本工序流程适用于料场砂砾料中具有较多数量的超径石，对超径石进行处理后，天然级配与设计级配差异较小，如加大砂砾料开采量与增设超径石破碎相比不经济时，设计推荐使用本工序流程，根据该工序流程各工序工作内容符合（2007）概算定额单价系数表Ⅱ，选定单价系数表Ⅱ中Ⅱ-1这套单价系数；如未设二次筛分运输工序则选定Ⅱ-2这套单价系数。

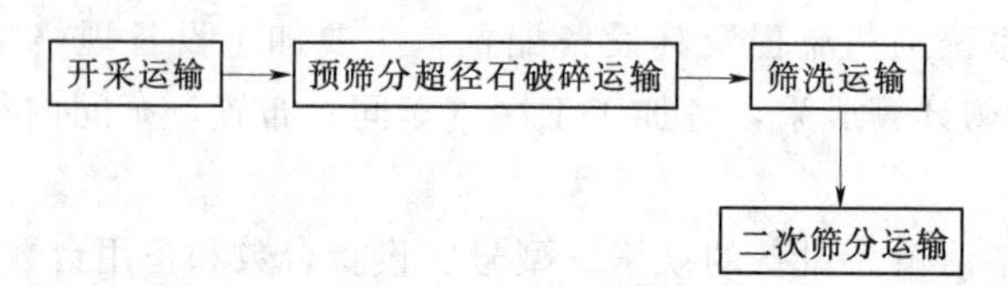

图3-13　砂砾料加工工序流程Ⅱ

c. 砂砾料加工工序流程Ⅲ（图3-14）。本工序流程适用于料场砂砾料中超径石数量较少，天然级配与设计级配差异较大，如加大砂砾料开采量与在筛分车间设置破碎机调整骨料级配相比不经济时，设计推荐使用本工序流程，根据工序流程各工序工作内容符合（2007）概算定额中单价系数表Ⅲ，选定单价系数表Ⅲ-1这套单价系数；如未设二次筛分运输工序则选定Ⅲ-2这套单价系数。

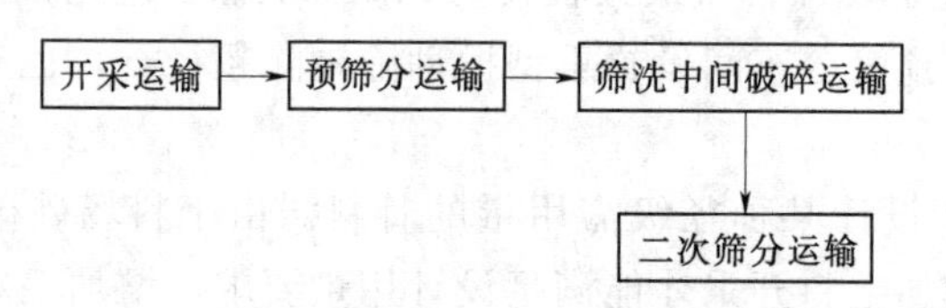

图3-14　砂砾料加工工序流程Ⅲ

d. 砂砾料加工工序流程Ⅳ（图3-15）。本工序流程适用于料场砂砾料中超径石数量较少，料场砂砾料天然级配与设计级配差异较小，设计推荐采用该工序流程，根据工序流程各工序工作内容符合（2007）概算定额单价系数表Ⅳ，选定单价系数表Ⅳ中Ⅳ-1这套单价系数；如未设二次筛分运输工序则选定Ⅳ-2这套单价系数。

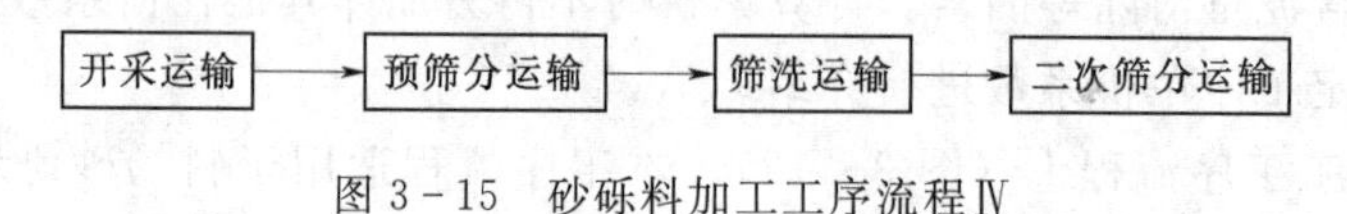

图3-15　砂砾料加工工序流程Ⅳ

e. 砂砾料加工工序流程Ⅴ（图3-16）。本工序流程适用于料场砂砾料中没有超径石

（或有极少量超径石在原料开采时就清除了），料场砂砾料天然级配与设计级配差异不大，设计推荐采用该工序流程，根据工序流程各工序工作内容符合（2007）概算定额单价系数表Ⅴ，选定单价系数表Ⅴ中Ⅴ-1这套单价系数，本工序工作内容分别设置生产砂石料和生产砂两套单价系数系数。

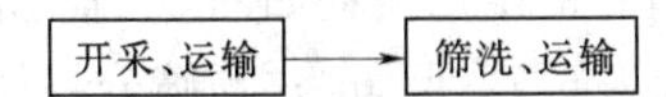

图3-16　砂砾料加工工序流程Ⅴ

（3）天然砂石料单价编制。天然砂石料单价是指从原料开采运输、预筛分（破碎）、筛洗（破碎）加工、成品料运输等全部生产流程所发生的费用，通过开展基本资料的收集、基本参数选定两项工作后可进行单价编制工作。

1）先根据设计推荐的生产工序流程和施工方法选定（2007）概算定额第6章"砂石备料工程"相应子目计算各工序单价。

a. 第6章"砂石备料工程"定额的计量单位除注明外均以成品堆方计。成品堆方是指每节定额规定的工作内容完成后的松散砂石料。

b. 原料开采运输：适用于（2007）概算定额第6.1节和第6.7～6.18节。

c. 砂砾料预筛分：适用于（2007）概算定额第6.19节。

d. 超径石破碎：指为使砾石粒径适应下一工序对进料粒径需要，而将预筛分隔离的超径石进行一次或二次破碎的过程。适用于（2007）概算定额第6.19节。

e. 筛洗：指砂砾料经筛分（或中间破碎）、冲洗，加工成各粒径组骨料并分别堆存的过程。适用于（2007）概算定额第6.2节、第6.3节、第6.20节。

f. 运输：指在开采、加工各定额工序间转运砂石料及将加工过程中的半成品料或加工后的成品骨料运至供料地点的过程。适用于（2007）概算定额第6.4～6.6节和第6.33～6.58节。

g. 二次筛分：指骨料经远距离装运或长期堆放，造成逊径或含泥量超过规定，需要进行第二次筛洗的过程。适用于（2007）概算定额第6.32节。

计算二次筛分工序单价时，应按不同粒径分别计算，再按相应粒径骨料量占混凝土骨料总需要量的比例加权平均计算二次筛洗工序综合单价。

h.（2007）概算定额机械开采、加工、运输各节定额，均以控制产量的主要机械（（2007）概算定额表6-2）制定。除砂石料加工机械外，凡定额中注明型号、规格的次要机械一般不需调整，砂石料加工机械可根据设计工艺流程配置进行分析调整；使用率较低的机械（如给料机等）可按设计需要的运行状况分析调整机械组时费用。

砂石料筛洗、预筛分的系统产量，是指砂石料在该工序（环节、单元）的单位产出量。

筛分楼仅用于筛砂时，筛洗用水及机械定额按筛洗砂砾料定额乘以1.35的系数，人工及其他费用不变。

2）按选定的工序单价系数和编制的工序单价计算砂石料综合单价。

a. 砂石料加工过程中，如发生弃料，其费用应摊入砂石料单价中。弃料单价应为选定处理工序处的砂石料单价，即

$$弃料单价=\sum(弃料工序单价\times对应工序单价系数) \quad (3-67)$$

b. 单价系数乘工序单价并计入级配弃料和超径石弃料摊销费即为砂石料单价。

$$砂石料单价=\sum(工序单价\times对应工序单价系数)+弃料单价\times弃料处理摊销率 \quad (3-68)$$

【例 3-16】 某工程天然砂石料的生产流程如图 3-13 所示，试计算该工程的砂石料单价。已知：开采运输的工序单价为 6.72 元/m^3；预筛分超径石破碎的工序单价为 2.99 元/m^3；筛洗运输的工序单价为 9.51 元/m^3；成品料运输的工序单价为 9.50 元/m^3；超径石运输单价为 8.21 元/m^3，弃料率为 10%。

解： 该砂石料工序流程对应（2007）概算定额工序流程Ⅱ-2，则砂石料生产对应的工序单价系数为：开采、运输 1.01，预筛分超径石破碎运输 0.984，筛洗、运输 1。

$$\begin{aligned}不计弃料砂石单价\ D1 &= \sum(工序单价\times对应工序单价系数)\\ &=6.72\times1.01+2.99\times0.984+9.51+9.50\\ &=6.79+2.94+9.51+9.50\\ &=28.74\ (元/m^3)\end{aligned}$$

弃料发生在预筛分工序，则弃料生产对应的工序流程为Ⅱ-3，单价系数为：开采、运输 1.026，预筛分超径石破碎运输 1。

$$\begin{aligned}弃料单价 &= \sum(弃料工序单价\times对应工序单价系数)\\ &=6.72\times1.026+2.99+8.21\\ &=18.09\ (元/m^3)\end{aligned}$$

$$\begin{aligned}弃料摊消费单价\ D2 &= 弃料单价\times弃料处理摊销率\\ &=18.09\times10\%\\ &=1.81\ (元/m^3)\end{aligned}$$

$$\begin{aligned}砂石单价\ D &= D1+D2\\ &=28.74+1.81\\ &=30.55\ (元/m^3)\end{aligned}$$

四、人工砂石料

人工砂石料是指开采山场岩石或者利用主体工程开挖的弃渣为碎石原料经过机械破碎、筛分、冲洗、碾磨等加工而成的混凝土骨料即碎石和机制砂。

（一）采用人工砂石料的原因

（1）坝址附近地区天然砂石料源不足或无天然砂石料源。

（2）坝址附近地区天然砂石料质量不符合水工混凝土质量、技术性能等方面要求。

（3）在远离坝址地区采挖天然砂石料长距离运输使砂石料成本大幅度提高，经济上不合理。

（4）征用场地、移民困难，费用高，天然砂石料场过于分散等情况下有可能放弃使用天然砂石料。

（二）人工砂石料的优缺点

（1）岩种单一、级配控制方便，产品质量稳定。同天然砂石料相比人工砂石料中粗骨料的粒度与级配、细骨料细度模数均可根据工程需求调整，可以最大限度地满足混凝土对粗、细骨料的粒度和级配要求。

人工砂的颗粒级配良好，尤其使用棒磨机加工的人工砂，只要按工程需求确定人工砂细度模数则砂的颗粒级配也就确定了，换句话说，人工砂的每一细度模数都有相对应的一种粒度级配，这也是人工砂的又一主要优点。

同天然砂石料相比，人工砂石料表面粗糙，与水泥黏结性能好，有利于提高混凝土的抗裂性能。

(2) 可以常年均衡生产。生产不受洪水、冬季严寒气候影响，可均衡生产。如同一个流域有几个工程先后建设或加工厂靠近城市，在运输条件较好的前提下可设置永久性人工砂石料加工厂进行常年均衡生产（为城市建设供应建筑材料），并可降低骨料成本。

(3) 可利用主体工程开挖的石渣加工。利用主体工程或地下工程开挖的石渣，加工人工砂石料，既可解决弃渣场地的问题，又可以大幅度降低人工砂石料生产成本，从而得到多方面的好处。

(4) 人工砂石料空隙率和比表面积大，水泥和砂用量也稍偏多。

(5) 人工砂石料的开采加工费用一般比天然砂石料要高。

(6) 生产人工砂石料产生的石粉含量偏高，需做处理，生产人工砂石料耗电量相对较大。

(三) 人工砂石料工序流程

生产人工砂和碎石工序流程如图 3-17～图 3-19 所示。水电站设计时一般会给出工艺流程图，图 3-20 为某工程人工砂石料工艺流程图示例。

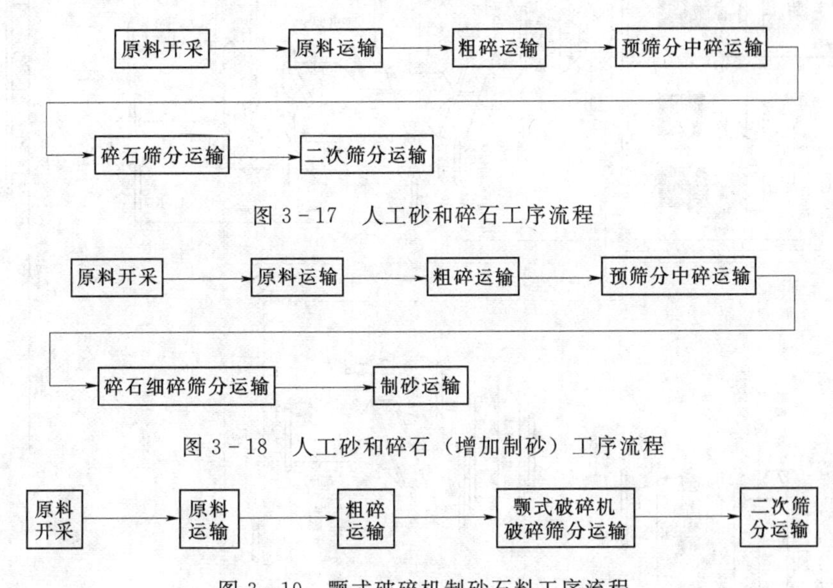

图 3-17　人工砂和碎石工序流程

图 3-18　人工砂和碎石（增加制砂）工序流程

图 3-19　颚式破碎机制砂石料工序流程

(1) 碎石原料开采：指通过钻爆方式开采人工骨料原料的过程。

1) 风钻钻孔爆破。一般孔深小于 5m，爆破后碎石原料粒径比较均匀，但钻孔量大，产量低，超径石含量相对较少。

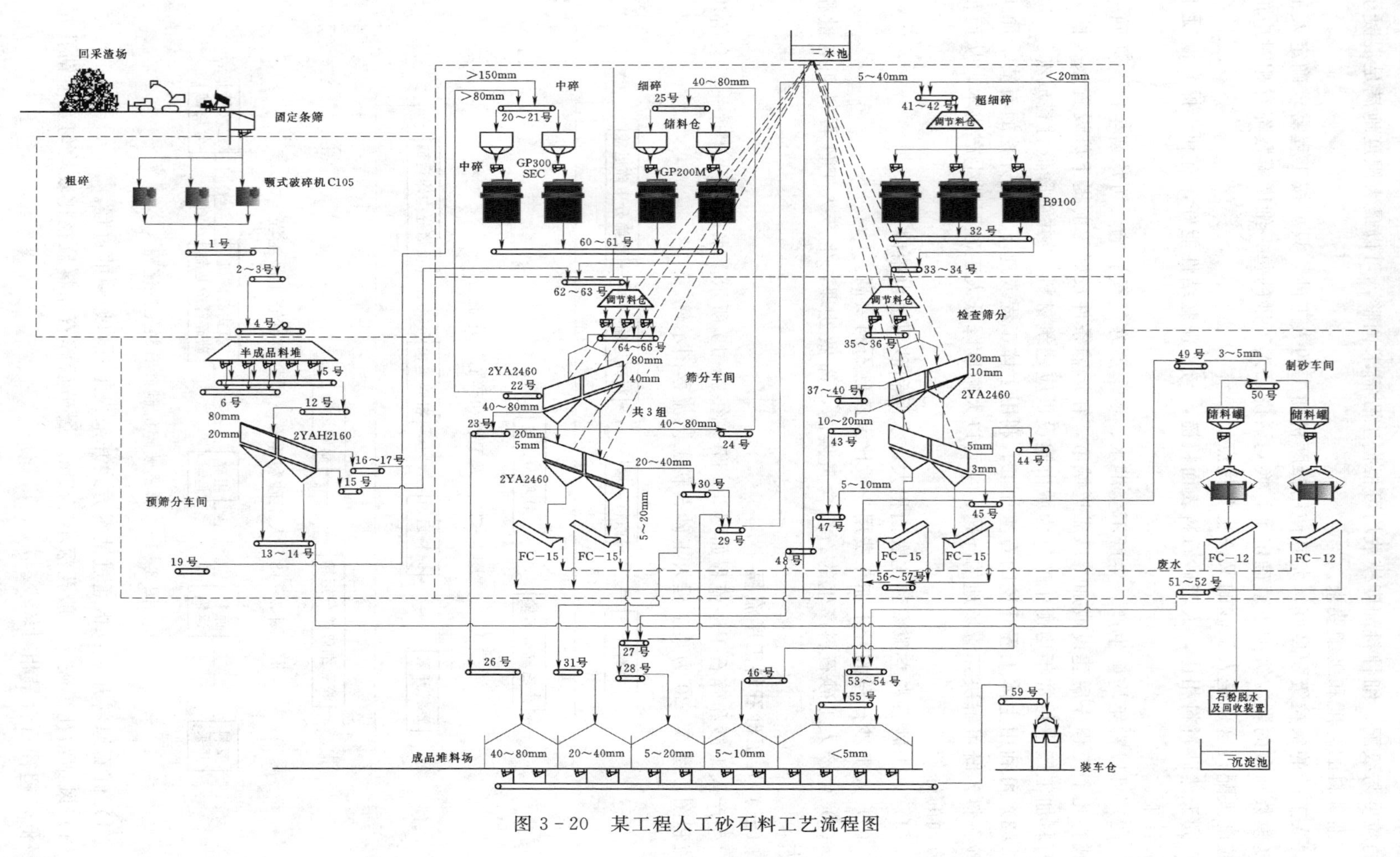

图3－20　某工程人工砂石料工艺流程图

2）潜孔钻深孔爆破。孔深可达15～20m，开采单位原料钻孔量少，可进行大爆破，同风钻钻孔爆破相比每爆破一次开采产量大，碎石原料粒径比较均匀。

3）液压履带钻爆破。与潜孔钻深孔爆破类似，机械效率相对高些。

4）利用主体工程开挖产出的质量符合要求的石渣，直接运到加工厂受料仓，或由储存料场取料运到加工厂受料仓。

5）开采卵、砾石也是很好的碎石原料。

（2）碎石原料运输：指将开采的碎石原料运至砂石加工厂受料仓。

（3）粗碎运输：指由于受破碎机性能限制，应将碎石原料（一般粒径在700mm之内），经破碎机加工使粒径在200～250mm以下，以适应下一工序对进料粒径需要的过程。常用的粗碎设备有颚式破碎机、旋回破碎机、反击式破碎机。典型工艺流程如图3-21所示。

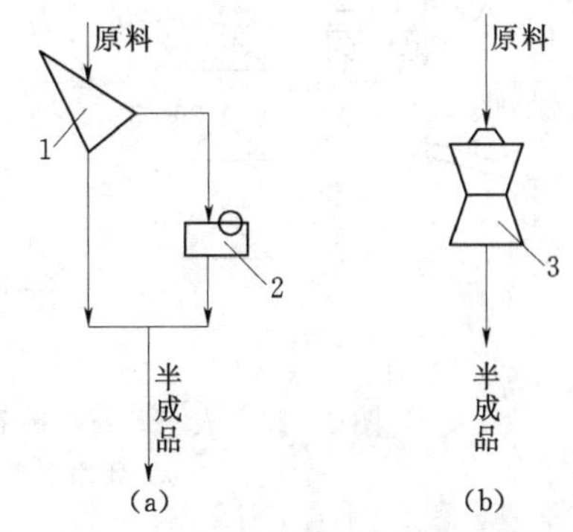

图3-21　人工砂石料粗碎典型工艺流程图

1—振动筛；2—颚式破碎机；3—旋回破碎机

（4）预筛分（中碎）运输：指将初始破碎（粗碎）的碎石进行筛分或根据系统配置进行二次破碎及筛分的过程。常用的破碎设备有圆锥式破碎机、反击式破碎机。典型工艺流程如图3-22所示。

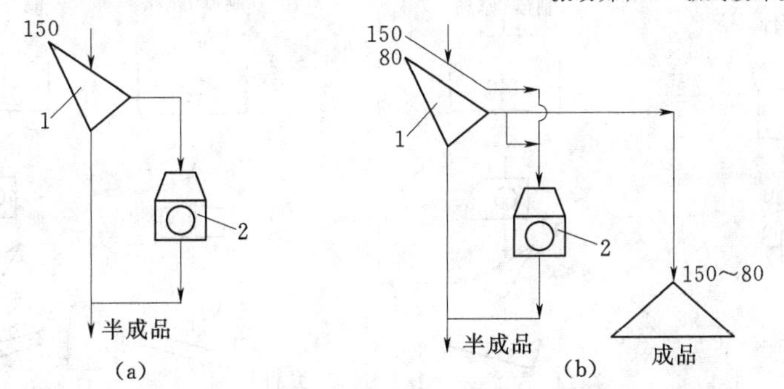

图3-22　人工砂石料预筛分（中碎）典型工艺流程图（单位：mm）

1—振动筛；2—二次破碎设备

（5）碎石（细碎）筛分运输：指将粗、中（破）碎后的碎石料进行筛分、冲洗后分级堆放或根据系统配置对中碎后的碎石料或细碎后的碎石料进行筛分、冲洗后分级堆放的过程。常用的破碎设备有圆锥式破碎机、反击式破碎机。典型工艺流程如图3-23所示。

（6）制砂：指将粒径5～40mm的碎石经机械加工成为粒径小于5mm的细骨料即人工砂。常用的制砂设备有棒磨机、破碎机，破碎机主要采用圆锥式和冲击式。典型工艺流程如图3-24所示。

（7）成品料运输：指成品料（骨料）由加工系统运至拌和系统成品骨料受料仓或运至设计指定地点堆存。

（四）人工砂石料单价编制

（1）基本资料收集。

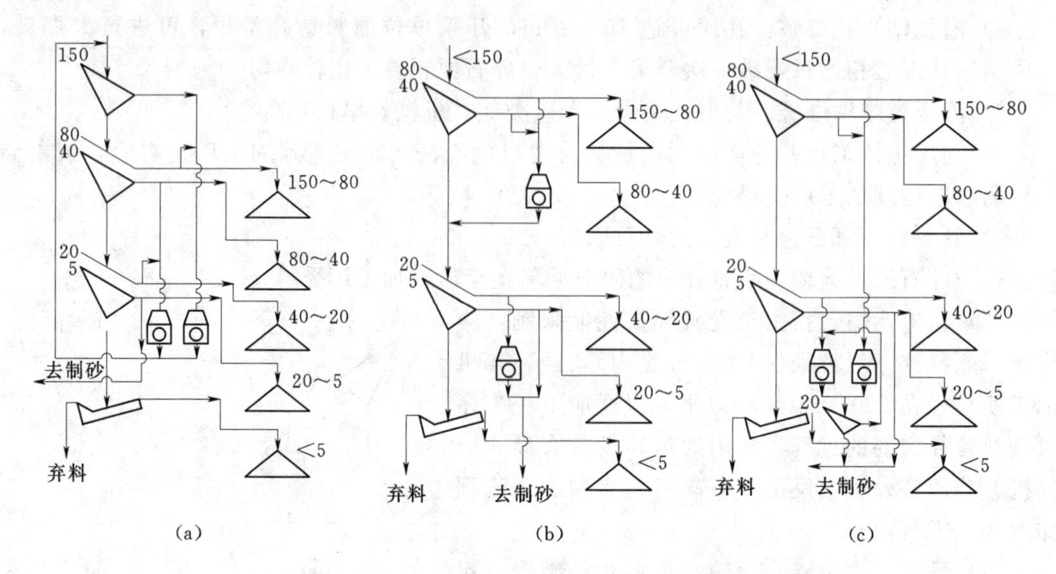

图 3-23　人工砂石料碎石（细碎）筛分典型工艺流程图（单位：mm）

(a) 闭路生产；(b) 开路生产；(c) 局部闭路生产

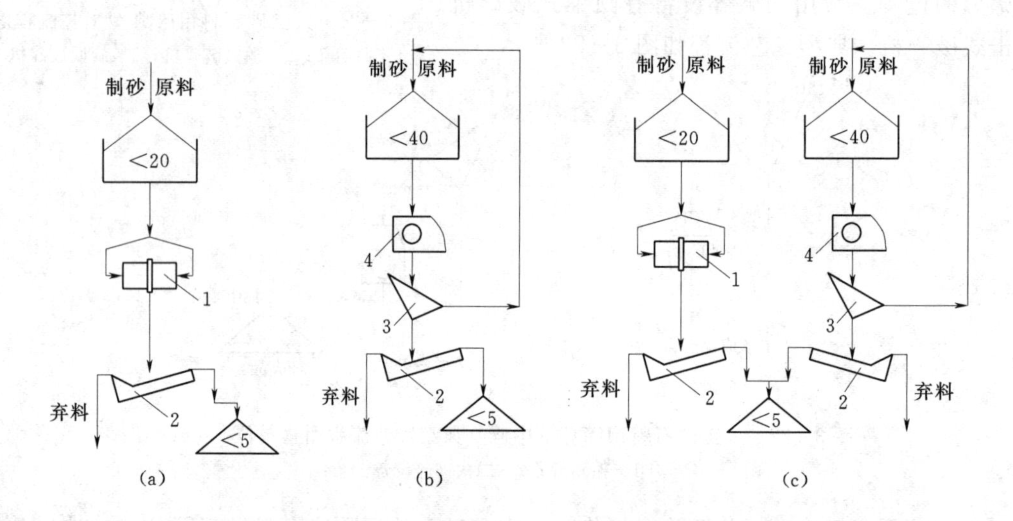

图 3-24　人工砂石料制砂典型工艺流程图（单位：mm）

(a) 棒磨机制砂；(b) 破碎机制砂；(c) 棒磨机和破碎机制联合砂

1—棒磨机；2—螺旋洗砂机；3—振动筛；4—破碎机

1）料场分布、位置、地形条件、岩石种类、物理力学性质。

2）料场的储量与可开采数量、设计开采量、覆盖层剥离厚度、设计骨料用量、级配等。如利用工程开挖石渣则需了解其利用量、利用比例、取料方法。

3）熟悉生产工序流程和施工方法。碎石原料开采、堆存、运输方法，主要施工设备规格型号，加工系统的布置、设置的工序（车间）、主要工作内容（任务）、主要机械设备规格型号、车间内和车间之间运输连接手段，料场至废料堆放场、加工厂及加工厂至混凝土生产系统运输距离、交通条件、运输手段、运输设备规格型号。

4）人工砂石料生产总量、生产历时、各生产环节的设计生产能力，各生产环节的设计生产工作制度，加工厂内成品堆放场容量，混凝土设计年、月、日、班、小时浇筑强度。

5）人工砂石料的物理力学及化学分析等试验资料。

（2）基本参数选定。

1）根据地质勘探报告资料确定料场岩石种类、岩性、岩石级别。

2）根据料场岩石自然容重、堆方容重确定碎石原料的松实系数（无资料时可参照（2007）概算定额附录的土石方松实系数表选用）。

3）根据生产工序流程和施工方法按设计推荐各工序环节控制产量的主要机械拟定各工序时间消耗定额，需注意的是，设计采用常规设备时确定的时间消耗定额应与概算定额相应子目时间定额水平基本一致。

4）确定工序单价系数。按设计生产工序流程和施工方法对照（2007）概算定额生产工序流程表确定工序单价系数。

单价系数是根据设计生产工序流程和施工方法确定的，系数包括加工体积变化，开采、加工、运输、堆存、石粉损耗等因素。计算单价时可不另加计其他系数和损耗。

（3）人工砂石料单价编制。人工砂石料单价指从碎石原料开采、运输、粗碎，预筛分（中碎）、碎石（细碎）筛分、制砂、骨料运输至混凝土生产系统骨料受料仓等全过程所发生的费用。通过开展基本资料的收集、基本参数选定两项工作后可进行单价编制工作。

1）先根据设计推荐的生产工序流程和施工方法选定（2007）概算定额相应子目计算各工序单价。

a. 碎石原料开采：适用于（2007）概算定额 6.21 节。料场开采利用量、工程开挖石渣利用量、工程开挖石渣直接运输到加工系统粗碎车间受料仓利用量等数据应准确、可靠，需有关专业核实。

b.（2007）概算定额第 6.22 节、第 6.27 节碎石破碎定额，第 6.30 节、第 6.31 节破碎机制砂定额，适用于Ⅺ～Ⅻ级岩石，岩石级别不同时，人工、机械定额要调整，Ⅸ～Ⅹ级岩石乘 0.9 的系数，Ⅺ～Ⅻ级岩石乘 1.0 的系数，ⅩⅢ～ⅩⅣ级岩石乘 1.1 的系数。如有可靠的试验资料，应根据实际岩石破碎试验成果来取定定额调整系数。

c. 砂石料预筛分中碎、碎石筛分、碎石细碎筛分的系统产量，是指砂石料在该工序（环节、单元）的单位产出量。

d. 计算二次筛分工序单价时，应按不同粒径分别计算，再按相应粒径骨料量占混凝土骨料总需要量的比例加权平均计算二次筛洗工序综合单价。

2）各工序单价计入单价系数后之和即为碎石和人工砂单价。

五、外购砂石料单价的编制

1. 外购砂石料使用条件

当地砂石料缺乏或料场储量不足；工程所需砂石料用量较少，不宜设置系统自行开采；工程附近有砂石加工企业，所生产的砂石料质量、数量及生产能力均满足工程要求；在工程招标阶段，由于分标因素，导致某些标段不宜独立设置砂石料生产系统的情况下，外购砂石料也是可行的。

是否采用外购砂石料，需根据工程实际情况，通过技术经济分析比较后确定。

2. 外购砂石料单价编制

在一般情况下，外购砂石料单价由原价、运杂费、损耗、采购保管费用组成。计算公式为

外购砂石料单价=(原价+运杂费)×(1+损耗率)×(1+采购保管费率)

式中：原价为砂石料生产企业销售价；运杂费为砂石料从销售地点运到工地混凝土系统受料仓（或指定地点）所发生的运输费、装卸费；损耗为运输损耗和堆存损耗，运输损耗与运输工具和运输距离有关，堆存损耗与堆存次数和堆料场的设施有关；采购保管费为采购、保管砂石料所发生的相关费用。

六、砂石料单价编制举例

【例 3-17】 某工程地处四类边远地区，设计骨料需用量 56.5 万 m^3。砂砾料开采用 $2m^3$ 挖掘机（液压）装 10t 自卸汽车运 1km 卸入条筛，经条筛隔离后料场砂砾料颗粒级配与设计要求级配相符。主筛分车间设置 2 组 SBZ21250mm×3000mm（上层）偏心半振动筛、2 组 SZ21500mm×3000mm（下层）惯性振动筛型，筛分系统设计生产能力为 220t/h，成品骨料用 $2m^3$ 装载机装 10t 自卸汽车运 2km 卸入混凝土生产系统受料仓。超径石弃料 2.26 万 m^3，$2m^3$ 装载机装 10t 自卸汽车运 0.5km。筛分系统设备配置见表 3-30。系统工序流程同图 3-10。

表 3-30　筛分系统设备配置表

序号	工序及设备名称	规格型号	数量/台	台时费/元
一	预筛分运输			
1	槽式给料机	500t/h	2	23.85
2	胶带输送机	B=800mm，L=100m	2	68.38
二	筛分运输			
1	电磁式给料机	45DA	4	21.95
2	胶带输送机	B=800mm，L=100m	2	68.38
3	偏心半振动筛	SBZ21250mm×3000mm	2	24.53
4	惯性振动筛	SZ21500mm×3000mm	2	28.51
5	单螺旋分级机	D=1500mm	2	39.72
6	胶带输送机	B=800mm，L=50m	16	48.67
7	卸料小车	15kW	1	21.83

解：（1）基本参数和工序单价系数。

1）弃料摊销费率=2.26 万 m^3÷56.5 万 m^3×100%=4%。

2）工序流程单价系数：根据工序流程图 3-10 可知，系统设有预筛分和筛分工序，未设置破碎及二次筛分工序，与（2007）概算定额工序流程单价系数表Ⅳ相符，故主砂石料单价系数选Ⅳ-2、弃料单价系数选Ⅳ-3。

3）根据地区类别计算出人工工资为：高级熟练工 14.95 元/工时，熟练工 11.24 元/工时，半熟练工 8.92 元/工时，普工 7.45 元/工时。根据施工组织设计计算出施工水价为

0.75 元/m^3。

(2) 砂石料单价计算详见表 3-31～表 3-36。

表 3-31　　砂石料单价计算表

编号	项目	单位	工序单价/元	单价系数	弃料率/%	金额/元
	砂石料单价					27.50
一	不计弃料砂石料	m^3				26.89
1	原料开采运输	m^3	6.41	0.986		6.32
2	预筛分运输	m^3	1.83	0.984		1.80
3	筛洗运输	m^3	10.42	1		10.42
4	成品料运输	m^3	8.35	1		8.35
二	弃料摊销单价	m^3				0.61
1	原料开采运输	m^3	6.41	1.002	4	0.26
2	预筛分运输	m^3	1.83	1	4	0.07
3	弃料运输	m^3	6.94	1	4	0.28

表 3-32　　原料开采运输工序单价分析表

定额编号：60466　　定额单位：100m^3

施工方法：2m^3 挖掘机装砂砾料，10t 自卸汽车运 1km

编号	名称及规格	单位	数量	单价/元	合价/元
①	②	③	④	⑤	⑥
1	人工费				14.01
	普工	工时	1.88	7.45	14.01
2	材料费				16.00
	零星材料费	元	16	1.00	16.00
3	机械费				610.53
	挖掘机液压 2.0m^3	台时	0.39	270.75	105.59
	推土机 132kW	台时	0.13	246.15	32.00
	自卸汽车柴油型 10t	台时	3.10	152.56	472.94
	合计				640.54

表 3-33　　预筛分运输工序单价分析表

定额编号：60199　　定额单位：100m^3

施工方法：超径石作弃料，自卸汽车进料

编号	名称及规格	单位	数量	单价/元	合价/元
①	②	③	④	⑤	⑥
1	人工费				79.81
	高级熟练工	工时	1	14.95	14.95
	熟练工	工时	1	11.24	11.24
	半熟练工	工时	1	8.92	8.92
	普工	工时	6	7.45	44.70

续表

施工方法：超径石作弃料，自卸汽车进料

编号	名称及规格	单位	数量	单价/元	合价/元
①	②	③	④	⑤	⑥
2	材料费				10.00
	零星材料费	元	10	1.00	10.00
3	机械费				93.01
	给料机	组时	0.45	47.70	21.47
	胶带运输机	组时	0.45	136.76	61.54
	其他机械使用费	元	10	1.00	10.00
合计					182.82

表 3-34　　筛分运输工序单价分析表

定额编号：60214　　定额单位：100m^3

施工方法：设计生产能力为 220t/h

编号	名称及规格	单位	数量	单价/元	合价/元
①	②	③	④	⑤	⑥
1	人工费				101.19
	高级熟练工	工时	1.3	14.95	19.44
	熟练工	工时	2.61	11.24	29.34
	半熟练工	工时	2.61	8.92	23.28
	普工	工时	3.91	7.45	29.13
2	材料费				67.25
	水	m^3	75	0.75	56.25
	其他材料费	元	11	1.00	11.00
3	机械费				873.67
	给料机	组时	0.72	87.80	63.22
	筛分机	组时	0.72	106.08	76.38
	螺旋分级机	组时	0.72	79.44	57.20
	胶带运输机	组时	0.72	915.48	659.15
	卸料小车 15kW	台时	0.72	21.83	15.72
	其他机械使用费	元	2	1.00	2.00
合计					1042.11

表 3-35　　成品料运输工序单价分析表

定额编号：60702　　定额单位：$100m^3$

施工方法：$2m^3$ 装载机装骨料，10t 自卸汽车运 2km

编号	名称及规格	单位	数量	单价/元	合价/元
①	②	③	④	⑤	⑥
1	人工费				24.66
	普工	工时	3.31	7.45	24.66
2	材料费				14.00
	零星材料费	元	14	1.00	14.00
3	机械费				796.05
	装载机 $2.0m^3$	台时	0.7	192.59	134.81
	推土机 132kW	台时	0.17	246.15	41.85
	自卸汽车柴油型 10t	台时	4.06	152.56	619.39
合计					834.71

表 3-36　　弃料运输工序单价分析表

定额编号：60701　　定额单位：$100m^3$

施工方法：$2m^3$ 装载机装骨料，10t 自卸汽车运 0.5km

编号	名称及规格	单位	数量	单价/元	合价/元
①	②	③	④	⑤	⑥
1	人工费				24.66
	普工	工时	3.31	7.45	24.66
2	材料费				14.00
	零星材料费	元	14	1.00	14.00
3	机械费				655.70
	装载机 $2.0m^3$	台时	0.7	192.59	134.81
	推土机 132kW	台时	0.17	246.15	41.85
	自卸汽车柴油型 10t	台时	3.14	152.56	479.04
合计					694.36

【例 3-18】 某工程地处四类边远地区，设计骨料需用量 400 万 t，碎石原料为花岗岩（岩石为Ⅺ级），原料开采用 150 型潜孔钻钻孔爆破，$2m^3$ 液压挖掘机装 10t 自卸汽车运 2km，成品骨料用 $2m^3$ 装载机装 10t 自卸汽车运 7km。砂石料加工系统平面布置图及加工工序流程图如图 3-25 和图 3-26 所示。砂石加工厂特性及设备见表 3-37～表 3-39。

表 3-37　　砂石加工厂特性表

序号	项目	单位	数量	序号	项目	单位	数量
1	原料处理能力	t/h	230	4	成品骨料最大粒径	mm	80
2	预筛分、中碎生产能力	t/h	200	5	细碎制砂生产能力	t/h	160
3	筛分生产能力	t/h	180				

表 3-38　　胶带输送机特性表

序号	长度/m	序号	长度/m	序号	长度/m	序号	长度/m
L1	10	L7	10	L13	78	L19	15
L2	20	L8	45	L14	55	L20	45
L3	60	L9	66	L15	11	L21	20
L4	70	L10	6	L16	15	L22	22
L5	15	L11	13	L17	20	L23	26
L6	10	L12	55	L18	15	L24	13

注　L1～L6 带宽 800mm，其他均为 650mm。

表 3-39　　主要设备表

类别	序号	设备名称	规格	单位	数量	类别	序号	设备名称	规格	单位	数量
料场开采	①	潜孔钻	YQ150	台	1	砂石加工厂主要设备表	⑨	振动给料机	GZG1003	台	20
	②	手风钻	01-30	台	1		⑩	圆锥破碎机	PYY-ZT1623	台	1
	③	挖掘机	$2m^3$	台	1		⑪	冲击式破碎机	PL-8000	台	2
	④	推土机	74kW	台	1		⑫	圆振动筛	3YAH1848	台	1
	⑤	自卸汽车	10t	台	2		⑬	螺旋分级机	FG-15	台	1
砂石加工厂主要设备表	⑥	颚式破碎机	PEF0609	台	2		⑭	胶带输送机	B=650mm	台	18（总长 530m）
	⑦	振动给料机	GZG803	台	5		⑮	胶带输送机	B=800mm	台	6（总长 185m）
	⑧	圆振动筛	YAH1548	台	1		⑯	装载机	$2m^3$	台	1
							⑰	推土机	74kW	台	1

解：(1) 根据流程图及设备表将加工厂各工序设备机械配备清单列入（表 3-40），并计算各设备台时费。

表 3-40　　各工序车间设备机械配备清单

序号	工序及设备名称	规格型号	数量/台	台时费/元
一	粗碎运输			
1	振动给料机	GZG803	2	20.68
2	振动给料机	GZG1003	1	20.77
3	颚式破碎机	PEF0609	2	186.61
4	胶带输送机 L1	B=800mm，L=10m	1	26.06
5	胶带输送机 L2	B=800mm，L=20m	1	31.71
6	胶带输送机 L3	B=800mm，L=60m	1	53.46
二	预筛分中碎运输			
1	振动给料机	GZG1003	19	20.77
2	振动给料机	GZG803	1	20.68

续表

序号	工序及设备名称	规格型号	数量/台	台时费/元
3	圆振动筛	YAH1548	1	47.23
4	圆锥破碎机	PYY-ZT1623	1	224.33
5	胶带输送机 L4	B=800mm，L=70m	1	59.50
6	胶带输送机 L5	B=800mm，L=15m	1	28.89
7	胶带输送机 L6	B=800mm，L=10m	1	26.06
8	胶带输送机 L7	B=650mm，L=10m	1	16.08
9	胶带输送机 L8	B=650mm，L=45m	1	36.61
10	胶带输送机 L9	B=650mm，L=66m	1	46.67
11	胶带输送机 L10	B=650mm，L=6m	1	16.08
12	胶带输送机 L11	B=650mm，L=13m	1	18.70
13	胶带输送机 L12	B=650mm，L=55m	1	41.71
14	胶带输送机 L13	B=650mm，L=78m	1	51.61
15	胶带输送机 L16	B=650mm，L=15m	1	18.70
三	碎石筛分运输			
1	圆振动筛	3YA1848	1	70.75
2	胶带输送机 L19	B=650mm，L=15m	1	18.70
3	胶带输送机 L20	B=650mm，L=45m	1	36.61
4	胶带输送机 L21	B=650mm，L=20m	1	21.28
5	胶带输送机 L22	B=650mm，L=22m	1	21.28
6	胶带输送机 L23	B=650mm，L=26m	1	27.39
7	胶带输送机 L24	B=650mm，L=13m	1	18.70
8	螺旋分级机	FG—15	1	39.72
四	细碎			
1	冲击式破碎机	PL—8000	2	224.04
2	振动给料机	GZG803	2	20.68
3	胶带输送机 L14	B=650mm，L=55m	1	41.71
4	胶带输送机 L15	B=650mm，L=11m	1	16.08
5	胶带输送机 L17	B=650mm，L=20m	1	21.28
6	胶带输送机 L18	B=650mm，L=15m	1	18.70

(2) 工序流程单价系数。本例题给定条件与（2007）概算定额工序流程图 VIII 相符，故砂选用工序流程单价系数表 VIII-1、石选用工序流程单价系数表 VIII-3。

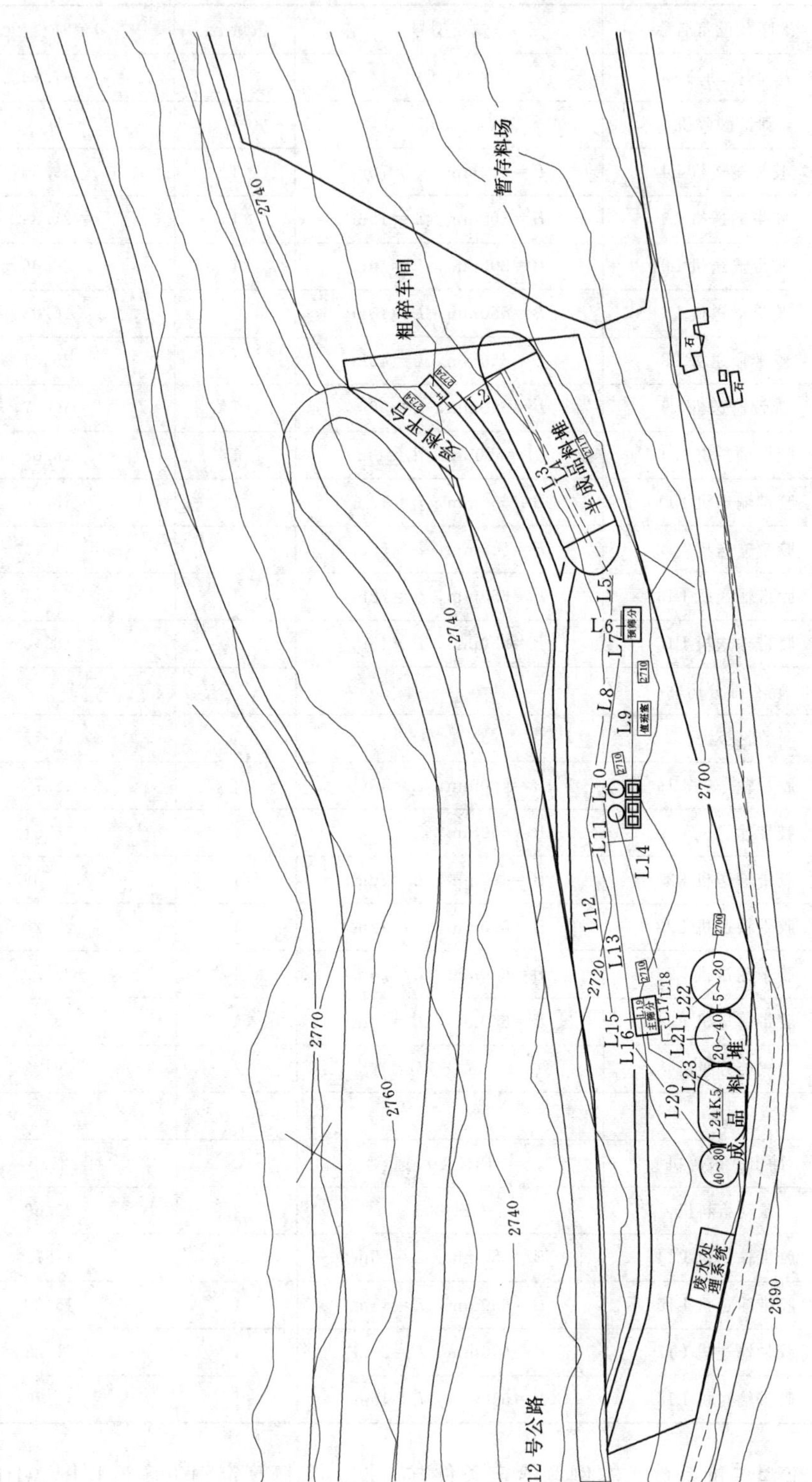

图 3-25 砂石料加工厂平面布置图

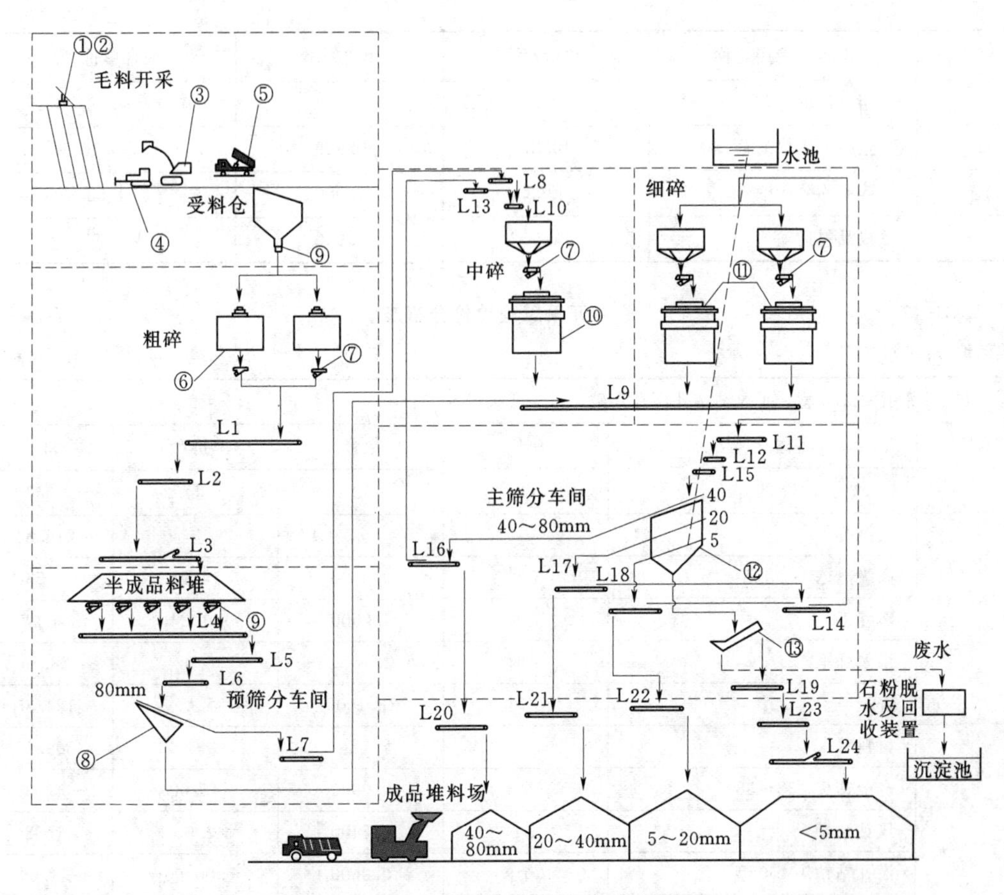

图 3-26　砂石料加工工序流程图

(3) 砂石料单价计算详见表 3-41～表 3-48。

表 3-41　　人工砂石料单价计算表　　单位：m^3

编号	工程或费用名称	单价/元	单价系数	综合单价/元
一	砂综合单价			73.82
1.1	原料开采	10.97	1.097	12.04
1.2	原料运输	11.63	1.086	12.63
1.3	粗碎运输	4.67	1.084	5.06
1.4	预筛分中碎运输	10.87	1.033	11.23
1.5	碎石筛分运输	4.53	1.112	5.03
1.6	破碎机制砂	12.88	1.000	12.88
1.7	成品料运输	14.95	1.000	14.95
二	碎石综合单价			56.30
1.1	原料开采	10.97	0.986	10.82
1.2	原料运输	11.63	0.976	11.35

续表

编号	工程或费用名称	单价/元	单价系数	综合单价/元
1.3	粗碎运输	4.67	0.974	4.55
1.4	预筛分中碎运输	10.87	0.929	10.10
1.5	碎石筛分运输	4.53	1.000	4.53
1.6	成品料运输	14.95	1.000	14.95

表 3-42　　原料开采工程单价分析表

定额编号：60243　　定额单位：100m^3

施工方法：潜孔钻 150 型，手风钻钻孔深孔爆破，Ⅺ～Ⅻ级岩石

编号	名称及规格	单价	数量	单价/元	合价/元
①	②	③	④	⑤	⑥
1	人工费				216.34
	高级熟练工	工时	0.3700	14.95	5.53
	熟练工	工时	4.2500	11.24	47.77
	半熟练工	工时	3.1600	8.92	28.19
	普工	工时	18.1000	7.45	134.85
2	材料费				509.13
	合金钻头 ϕ32～38	个	0.0900	45.00	4.05
	风钻钻杆	kg	0.2400	7.00	1.68
	潜孔钻钻头 150 型	个	0.0600	900.00	54.00
	潜孔钻冲击器 150 型	个	0.0090	2500.00	22.50
	潜孔钻钻杆 150 型	个	0.2130	13.77	2.93
	乳化炸药	kg	54.87	6.50	356.64
	电雷管	个	18.5600	1.36	25.24
	导电线	m	25.5000	0.25	6.38
	导爆管	m	10.6100	0.35	3.71
	零星材料费	元	32.0000	1.00	32.00
3	机械费				371.85
	风钻手持式	台时	1.4800	21.29	31.51
	潜孔钻（低风压）150 型	台时	1.6000	167.44	267.90
	推土机 132kW	台时	0.0500	246.15	12.31
	载重汽车（汽油型）5t	台时	0.3400	97.44	33.13
	零星机械使用费	元	27.0000	1.00	27.00
4	材料价差				0
	乳化炸药	kg	54.87	0	0
合计					1097.32

表 3-43　　**原料运输单价分析表**

定额编号：60477　　定额单位：$100m^3$

施工方法：$2m^3$ 液压反铲挖掘机装爆破碎石料，10t 自卸汽车运 2km；人工及挖掘机分别乘 1.34 和 1.33 调整系数

编号	名称及规格	单价	数量	单价/元	合价/元
①	②	③	④	⑤	⑥
1	人工费				34.44
	普工	工时	4.6230	7.45	34.44
2	材料费				20.00
	零星材料费	元	20.0000	1.00	20.00
3	机械费				1108.93
	单斗挖掘机（液压反铲）$2m^3$	台时	0.9709	335.33	325.57
	推土机 162kW	台时	0.2400	320.88	77.01
	自卸汽车（柴油型）10t	台时	4.6300	152.56	706.35
合计					1163.37

表 3-44　　**粗碎运输工程单价分析表**

定额编号：60260　　定额单位：$100m^3$

施工方法：粗碎，颚式破碎机 600×900，机械及人工乘 1.765 的调整系数

编号	名称及规格	单价	数量	单价/元	合价/元
①	②	③	④	⑤	⑥
1	人工费				132.20
	高级熟练工	工时	0.8472	14.95	12.67
	熟练工	工时	1.6944	11.24	19.05
	半熟练工	工时	4.2184	8.92	37.63
	普工	工时	8.4367	7.45	62.85
2	材料费				10.90
	水（砂石料用水）	m^3	10.0000	0.59	5.90
	零星材料费	元	5.0000	1.00	5.00
3	机械使用费				323.68
	粗碎振动给料机	组时	0.5825	62.13	36.19
	粗碎颚式破碎机	组时	0.5825	373.22	217.40
	粗碎胶带输送机	组时	0.5825	111.23	64.79
	零星机械使用费	元	5.2950	1.00	5.30
合计					466.78

表 3-45　　预筛分中碎运输工程单价分析表

定额编号：60285　　定额单位：100m³

施工方法：200t/h

编号	名称及规格	单价	数量	单价/元	合价/元
①	②	③	④	⑤	⑥
1	人工费				148.31
	高级熟练工	工时	1.5400	14.95	23.02
	熟练工	工时	4.6200	11.24	51.93
	半熟练工	工时	3.0800	8.92	27.47
	普工	工时	6.1600	7.45	45.89
2	材料费				45.40
	水（砂石料用水）	m^3	60.0000	0.59	35.40
	零星材料费	元	10.0000	1.00	10.00
3	机械使用费				893.08
	中碎振动给料机	组时	0.8500	415.31	353.01
	除铁器 MC02-150	组时	0.8500	54.47	46.30
	中碎振动筛	组时	0.8500	47.23	40.15
	中碎破碎机	组时	0.8500	224.33	190.68
	中碎胶带输送机	组时	0.8500	301.11	255.94
	零星机械使用费	元	7.0000	1.00	7.00
合计					1086.79

表 3-46　　碎石筛分运输工程单价分析表

定额编号：60306　　定额单位：100m³

施工方法：180t/h

编号	名称及规格	单价	数量	单价/元	合价/元
①	②	③	④	⑤	⑥
1	人工费				91.56
	高级熟练工	工时	1.4960	14.95	22.37
	熟练工	工时	2.9880	11.24	33.59
	半熟练工	工时	1.4960	8.92	13.34
	普工	工时	2.9880	7.45	22.26
2	材料费				126.00
	水（工程用水）	m^3	80.0000	1.45	116.00
	零星材料费	元	10.0000	1.00	10.00
3	机械使用费				235.19
	碎石筛分振动筛	组时	0.8260	70.75	58.44
	碎石筛分胶带输送机	组时	0.8260	143.96	118.91
	螺旋分级机	组时	0.8260	39.72	32.81
	卸料小车 15kW	台时	0.8260	21.83	18.03
	零星机械使用费	元	7.0000	1.00	7.00
合计					452.75

表 3-47　破碎机制砂工程单价分析表

定额编号：参 60373　定额单位：$100m^3$

施工方法：破碎机制砂，人工数量×0.6

编号	名称及规格	单价	数量	单价/元	合价/元
①	②	③	④	⑤	⑥
1	人工费				122.99
	高级熟练工	工时	1.3560	14.95	20.27
	熟练工	工时	5.3700	11.24	60.36
	半熟练工	工时	1.3560	8.92	12.10
	普工	工时	4.0620	7.45	30.26
2	材料费				12.95
	水（工程用水）	m^3	5.0000	0.59	2.95
	零星材料费	元	10.0000	1.00	10.00
3	机械使用费				1152.06
	制砂振动给料机	组时	1.9500	41.36	80.65
	制砂冲击式破碎机	组时	1.9500	448.08	873.76
	制砂胶带输送机	组时	1.9500	97.77	190.65
	零星机械使用费	元	7.0000	1.00	7.00
	合计				1288.00

表 3-48　成品料运输单价分析表

定额编号：60704＋60705×3　定额单位：$100m^3$

施工方法：$2m^3$ 装载机装骨料，10t 自卸汽车运 7km

编号	名称及规格	单价	数量	单价/元	合价/元
①	②	③	④	⑤	⑥
1	人工费				24.66
	普工	工时	3.3100	7.45	24.66
2	材料费				20.00
	零星材料费	元	14.0000	1.00	20.00
3	机械使用费				1450.54
	轮式装载机 $2m^3$□	台时	0.7000	192.59	134.81
	推土机 132kW	台时	0.1700	246.15	41.85
	自卸汽车（柴油型）10t	台时	8.3500	152.56	1273.88
	合计				1495.20

七、几个值得注意的问题

（1）砂石料的属性。由于水电工程砂石料用量很大，特别是枢纽工程，不仅量大而且要求的质量较高、生产强度高，随工程进展需求量变化很大，在此以前多是自行组织生产。现行的概算编制规定和取费标准也是建立在这个基础上的。在自营建设自采自用的年代没有什么问题。砂石料单价作为一个基础单价规定只计算基本直接费，不计间接费、企业利润和税金。随着业主责任制和招标投标制的全面推行，有些工程由一个施工单位承包生产砂石料，供应另一个施工承包企业砂石料，这样就出现了两个企业之间的商品交易，因此不仅有依法纳税问题，还存在两个企业之间的间接费合理分割问题。在编制投资估算和设计概算阶段，按现行规定编制，可不把砂石料作为商品处理。在编制招标阶段的工程师概算和业主内控预算时应根据分标的实际情况充分考虑上述问题，可视作外购砂石料处理。

(2) 单价系数方法使用简单方便，但也可能发生偏离。现行定额中的各种工艺布置下单价系数是经过综合简化而得出的，如天然砂石料的自然方与堆方的折算系数为1.19，这对一般情况下的天然石料场是比较接近的，但有的工程的天然砂石料自然容重达2.2～2.3t/m^3，其松实折算系数偏离1.19很大。因此，在编制砂石单价时，应根据工程的实际资料进行调整。砂石料加工工序流程单价系数和计算公式分别见表3-49和表3-50。

表3-49　砂石料加工工序流程单价系数

工序	干容重/(t/m^3)	损耗/%	系数
开采毛料	r_1	s_1	x_1
半成品料	r_2	s_2	x_2
碎石	r_3	s_3	x_3
砂	r_4	s_4	x_4

表3-50　工序单价系数计算公式

砂	碎石
$x_1=\frac{r_4}{r_1}\times\frac{1}{1-s_1}\times\frac{1}{1-s_2}\times\frac{1}{1-s_3}$ $x_2=\frac{r_4}{r_2}\times\frac{1}{1-s_2}\times\frac{1}{1-s_3}$ $x_3=\frac{r_4}{r_3}\times\frac{1}{1-s_3}$ $x_4=1$	$x_1'=\frac{r_3}{r_1}\times\frac{1}{1-s_1}\times\frac{1}{1-s_2}$ $x_2'=\frac{r_3}{r_2}\times\frac{1}{1-s_2}$ $x_3'=1$

(3) 关于不同岩石级别人工砂石料定额调整系数问题。由于天然地形条件不同及技术、装备上的差异，岩石级别的不同，定额人工、材料、机械的消耗量偏离可能很大。因此，在编制人工砂石料单价时，应根据工程的实际资料，选定适当的定额调整系数。

(4) 砂石料开采加工定额中不包括地方政府和有关部门收取的资源费、植被补偿费、砂石料管理费、航道养护费、航运管理费、航标设置费、高边坡预裂及支护等费用。

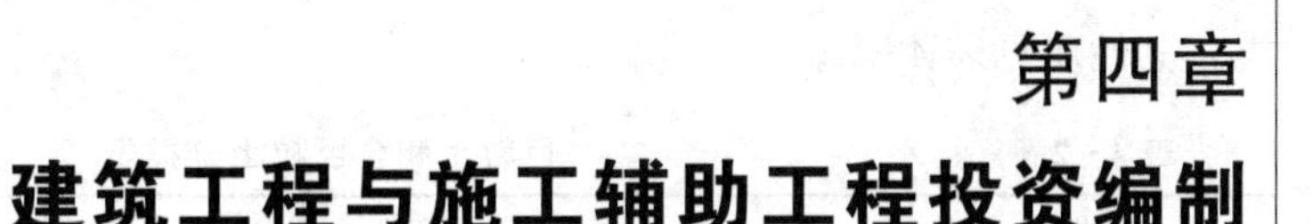

第四章 建筑工程与施工辅助工程投资编制

第一节 土方工程

一、概述

土的形成经历了漫长的地质历史过程，它是地质作用的产物，是一种矿物集合体。其主要特征是分散性、复杂性和易变性，极易受到外界环境（温度、湿度等）的变化而发生变化。由于土的形成过程不同，加上自然环境的不同，使土的性质有着极大的差异，而人类工程活动又促使土的性质发生变异。因此，在进行工程建设时，必须结合土的性质进行设计和施工，合理预测因土的性质变异带来的危害，并加以改良，否则会影响工程的经济合理性和安全使用。

水利水电基本建设工程中，以土为施工对象进行开挖、运输，为其他水工建筑物施工创造条件，如坝基、明渠覆盖层开挖；土料经人工或机械开挖、运输，加入其他筑坝材料，碾压而筑成的水工建筑物，如碾压式土石坝；利用土石坝与其他水工建筑物共同组成的整体，并联合产生加强结构稳定作用的水工建筑物，如矩形渠道混凝土边墙、船闸边墙等侧后面回填土石等，均属土方工程范畴。

土方工程包括水利水电工程的建筑物、构筑物的土方开挖、运输、回填、压实等项目。土方工程可分为开挖、运输、压实3种工序，主要有人力施工、机械施工两种施工方法。

（一）土的概念

土是由原来完整坚硬的岩石，经风化、剥蚀搬运、沉积形成的固体矿物、水、气体的集合体。

（二）土的分类

1. 按土的粒组分类

主要有漂石（块石）、卵石（碎石）、砾石、砂粒、粉粒、黏粒等，其粒径大小见表4-1。

表4-1 土的粒组分类表

颗粒名称	粒径/mm	颗粒名称	粒径/mm
漂石（块石）	＞200	砂粒（粗2～0.5mm、中0.5～0.25mm、细0.25～0.075mm）	2～0.075
卵石（碎石）	200～60	粉粒	0.075～0.005
砾石（粗60～20mm、中20～5mm、细5～2mm）	60～2	黏粒	≤0.005

2. 巨粒土和含巨粒土的分类

主要有漂石土、卵石土、混合土漂石、混合土卵石、漂石混合土和土卵石混合共6类，其性质见表4-2。

表4-2　巨粒土和含巨粒土分类表

土类	粒组含量		土名称
巨粒土	巨粒含量100%～75%	漂石粒>50%	漂石土
		漂石粒≤50%	卵石土
混合巨粒土	巨粒含量75%～50%	漂石粒>50%	混合土漂石
		漂石粒≤50%	混合土卵石
巨粒混合土	巨粒含量50%～15%	漂石>卵石	漂石混合土
		漂石≤卵石	土卵石混合

3. 砾类土的分类

砾粒组质量多于总质量的50%的土称为砾类土，其性质见表4-3。

表4-3　砾类土分类表

土类	粒组含量		土名称
砾	细粒含量<5%	级配：$C_u \geqslant 5$ 且 $C_c = 1 \sim 3$	级配良好砾
		级配：不同时满足上述要求	级配不良砾
含细粒土砾	细粒含量5%～15%		含细粒土砾
细粒土质砾	细粒含量50%～15%	细粒为黏土	黏土质砾
		细粒为粉土	粉土质砾

注　$C_u = \frac{d_{60}}{d_{10}}$，$C_c = \frac{(d_{60})^2}{d_{10} \times d_{60}}$，其中 C_u 为不均匀系数，C_c 为曲率系数。不均匀系数和曲率系数反映的是土的级配好坏。

4. 砂类土的分类

砾粒组质量少于总质量的50%的土称为砂类土，其性质见表4-4。

表4-4　砂类土分类表

土类	粒组含量		土名称
砂	细粒含量<5%	级配：$C_u \geqslant 5$ 且 $C_c = 1 \sim 3$	级配良好砂
		级配：不同时满足上述要求	级配不良砂
含细粒土砂	细粒含量5%～15%		含细粒土砂
细粒土质砂	细粒含量50%～15%	细粒为黏土	黏土质砂
		细粒为粉土	粉土质砂

5. 细粒土的分类

液限采用质量76g、锥角为30°的液限仪（测定黏性土含水量的仪器），使仪器锥尖入土深度为17mm时对应含水率，其性质见表4-5。

表 4-5　　　　细粒土分类表

塑性指数 I_p	液限 W_L	土名称
$I_p \geqslant 0.73$（W_L-20）和 $I_p \geqslant 10$	$W_L \geqslant 50\%$	高液限黏土
	$W_L < 50\%$	低液限黏土
$I_p < 0.73$（W_L-20）和 $I_p < 10$	$W_L \geqslant 50\%$	高液限粉土
	$W_L < 50\%$	低液限粉土

液限采用质量 76g、锥角为 30°的液限仪，使仪器锥尖入土深度为 10mm 时对应含水率，其性质见表 4-6。

表 4-6　　　　细粒土分类表

塑性指数 I_p	液限 W_L	土名称
$I_p \geqslant 0.63$（W_L-20）和 $I_p \geqslant 10$	$W_L \geqslant 40\%$	高液限黏土
	$W_L < 40\%$	低液限黏土
$I_p < 0.63$（W_L-20）和 $I_p < 10$	$W_L \geqslant 40\%$	高液限粉土
	$W_L < 40\%$	低液限粉土

6. 特殊土的分类

特殊土的分类见表 4-7。

表 4-7　　　　特殊土分类表

土的名称	主要特征
软土	饱和软黏性土，其天然含水量 W 大于液限 W_L。天然孔隙比 $e>1$，压缩系数 a_{1-2} 大于 $0.005cm^3/N$。 含有机质的软土，当天然孔隙比 e 大于 1.5 时为淤泥、小于 1.5 而大于 1.0 时为淤泥质土
人工填土	由于人类活动而成的堆积物，其物质成分一般较杂乱，均匀性较差
素填土	由碎石土、砂土、黏性土等中的一种或数种组成
杂填土	含有各种垃圾、工业废料等杂物
黄土	在干燥气候条件下形成的一种具有灰黄色或棕黄色的特殊性土，粉粒（0.05～0.005mm）占总重量的 50%以上，质地均一、结构疏松、孔隙率很高，有肉眼可见的大孔隙，含碳酸钙 10%左右，无沉积层理，有垂直节理，常形成陡壁
老黄土	在中更新世（地质年代名称）及以前形成的黄土，其大孔结构已退化，一般无湿陷性，强度高，稳定性好
新黄土	在中更新世以后形成的黄土，具有湿陷性，在一定压力下受水浸湿后，土体结构迅速破坏，而发生显著下沉，一般强度低、稳定性差
膨胀土	黏粒成分主要由强亲水性矿物组成，液限 $W_L>40\%$，且胀缩性能较大（自由膨胀率 $F_S>40\%$）的黏性土，一般具有下列特征： （1）在自然条件下，多呈硬塑或坚硬状态，具有黄、红、灰白等色。裂隙较发育，隙面光滑，有时可见擦痕。

续表

土的名称	主要特征
膨胀土	(2) 多出露于二级和二级以上阶地、山前丘陵和盆地边缘，地形坡度平缓，一般无明显自然陡坎。 (3) 具有吸水膨胀、失水收缩和反复胀缩变形的特点，在季节性干燥气候条件下，常导致低层砖石结构的建筑物普遍开裂损坏
红黏土	由碳酸盐类岩石经风化（以化学风化为主）后残积、坡积形成的褐红、棕红、黄褐等色的高塑性黏土。其天然孔隙比 $e>1$，在一般情况下，天然含水量 W 接近塑限 W_p、塑性指数 $I_p>20$，饱和度 $S_r>85\%$，压缩性低
盐渍土	土层内平均易溶盐的含量大于 0.5%，土的盐渍化使结构破坏以致土层疏松。冬季时土体膨胀、雨期时强度降低。在潮湿状态时，含盐量越大，强度越低。当含盐量高时，不易压实
冻土	温度小于 0℃且含有水的各类土称为冻土
季节性冻土	受季节影响，冬冻夏融、呈周期性冻结和融化的土。主要分布在东北和华北地区
永冻土	冻结状态持续多年或永久不融的土。主要分布在大小兴安岭、青藏高原和西北高山区

7. 按土的工程分类

(1) 一般工程土类分级。现行水电工程定额 16 类岩石分级法，把前 4 级划分为土类，分别按土质名称、自然湿容重、外形特征、施工方法等分为Ⅰ、Ⅱ、Ⅲ、Ⅳ类，见表 4-8。

(2) 不同行业或定额采用 8 类和 16 类分类法时，岩土名称、坚固系数及开挖方法的对应情况，见表 4-9。

表 4-8　　一般工程土类分级表

土质级别	土质名称	自然湿容重 /(kN/m³)	外形特征	开挖方法
Ⅰ	1. 砂土 2. 种植土	16.5～17.5	疏松，黏着力差或易透水，略有黏性	用锹或略加脚踩开挖
Ⅱ	1. 壤土 2. 淤泥 3. 含壤种植土	17.5～18.5	开挖时能成块，并易打碎	用锹需用脚踩开挖
Ⅲ	1. 黏土 2. 干燥黄土 3. 干淤泥 4. 含少量砾石黏土	18.0～19.5	黏手，看不见砂粒或干硬	用镐、三齿耙开挖或用锹需用力加脚踩开挖
Ⅳ	1. 坚硬黏土 2. 砾质黏土 3. 含卵石黏土	19.0～21.0	土壤结构坚硬，将土分裂后呈块状或含黏粒砾石较多	用镐、三齿耙开挖

注　本表引自《水工建筑物地下工程开挖施工技术规范》(DL/T 5099—2011)。

表4-9　　岩土的工程分类表

岩土分类（8类）	级别（16类）	岩土名称	坚固系数 f	开挖方法及工具
一类土（松软土）	Ⅰ	砂、亚砂土、冲积砂土层、种植土、泥炭（淤泥）	0.5～0.6	用锹、锄头挖掘
二类土（普通土）	Ⅱ	亚黏土、潮湿的黄土、夹有碎石或卵石的砂、种植土、填筑土及亚砂土	0.6～0.8	用锹、锄头挖掘，少许用镐翻松
三类土（坚土）	Ⅲ	软及中等密实黏土、重亚黏土、粗砾石、干黄土及含碎石或卵石的黄土、亚黏土、压实的填筑土	0.8～1.0	主要用镐，少许用锹、锄头挖掘，部分用撬棍
四类土（砂砾坚土）	Ⅳ	重黏土及含碎石或卵石的黏土、粗卵石、密实的黄土、天然级配砂石、软泥灰岩及蛋白石	1.0～1.5	整个用镐，撬棍，然后用锹挖掘，部分用楔子及大锤
五类土（软石）	Ⅴ～Ⅵ	硬石炭纪黏土，中等密实的页岩、泥灰岩、白垩土、胶结不紧的砾岩，软的石灰岩	1.5～4.0	用镐或撬棍、大锤挖掘，部分使用爆破方法
六类土（次坚石）	Ⅶ～Ⅸ	泥岩、砂岩、砾岩，坚实的页岩、泥灰岩，密实的石灰岩、风化花岗岩、片麻岩	4.0～10	用爆破方法开挖，部分用风镐
七类土（坚石）	Ⅹ～ⅩⅢ	大理石、辉绿岩、玢岩，粗、中粒花岗岩，坚实的白云岩、砂岩、砾岩、片麻岩、石灰岩，风化痕迹的安山岩、玄武岩	10.0～18.0	用爆破方法开挖
八类土（特坚石）	ⅩⅣ～ⅩⅥ	安山岩、玄武岩、花岗片麻岩，坚实的细粒花岗岩、闪长岩、石英岩、辉长岩、辉绿岩、玢岩	18.0～25.0	用爆破方法开挖

注　坚固系数 f 相当于普氏岩石坚固系数。

（三）土方工程的分类

1. 土方开挖工程的分类

（1）按开挖工程项目，建筑工程一般分为坝、闸、溢洪道、进水口、引水渠、前池、压力管道、厂房、开关站、升压变电站、尾水渠等。施工辅助工程一般分为公路、铁道、桥梁，施工供水、电、风系统，砂石料及混凝土系统，导流工程等。

（2）按开挖部位分为基坑、岸（边）坡等。

（3）按开挖断面的特征分为浅挖方基坑开挖、深挖方基坑开挖、场地开阔的基坑开挖、场地狭窄的基坑开挖，一般岸（边）坡开挖、高缓坡开挖、高陡坡开挖，沟槽土方开挖、土方坑挖等。

（4）按施工方法分为人工施工、半机械化施工及机械化施工。

2. 土方填筑工程的分类

（1）按用途分为挡水土石坝填筑工程、临时挡水土石围堰填筑工程、地基基础回填工程和建筑物侧后回填工程等。

（2）按填筑方法分为碾压式土石方工程、抛填式土方工程、定向爆破堆筑工程、水力冲填工程和水中填土工程等。

3. 碾压式土石坝的分类

碾压式土石坝的坝型大致可分为均质土坝、心（斜）墙坝和混凝土面板堆石坝三大类。

(1) 均质土坝包括黏土、壤土均质土坝和粉土、粉砂、砂均质坝。

(2) 心（斜）墙土石坝包括黏土薄心（斜）墙坝、黏土壤土厚心（斜）墙坝、黏土心（斜）墙多种土质坝、黏土心（斜）墙土石坝、混凝土心（斜）墙坝、沥青混凝土心（斜）墙坝。

(3) 混凝土面板堆石坝是堆石体为主要材料、上游面用钢筋混凝土面板作防渗体的土石坝。建筑物基础的开挖料、人工石料以及天然砂卵石均可作为坝体堆石料。

(四) 土方工程的施工

1. 土方工程的一般施工工序

土方工程的一般施工工序，如图 4-1 所示。

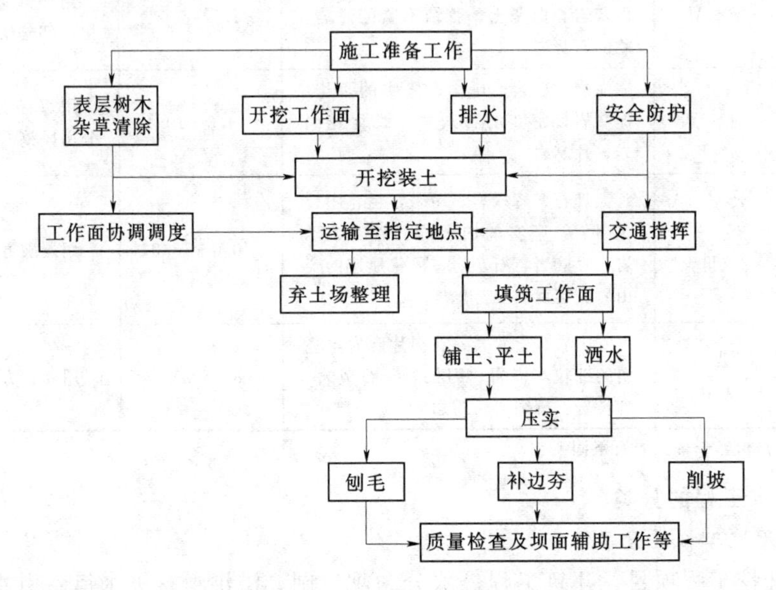

图 4-1　土方工程施工工序示意图

2. 土方工程常用的施工方法

(1) 人工及半机械化施工：一般为人工开挖，配以半机械化运输的施工方法。开挖方式多采用分层开挖、顺坡开挖、劈土法开挖等；运输方法除人工挑拉运外，采用的半机械运输方式有人力推独轮车、架子车、窄轨斗车、机动翻斗车、卷扬机道、扒杆吊运、卷扬机提升吊运等；填土压实，多采用人工打夯、拖拉机、羊足碾等。

(2) 机械化施工：包括挖装、运输、卸除、空回、平土、碾压、刨毛、削坡、补边夯、洒水、质量检查及辅助工作等，均全部采用机械施工。

3. 土方工程常用的施工机械

(1) 挖掘机械：主要包括单斗挖掘机、多斗挖掘机、装载机、铲运机、推土机等。

1) 单斗挖掘机包括正铲挖掘机、反铲挖掘机、拉铲挖掘机、抓斗挖掘机。

a. 正铲挖掘机是单斗挖掘机的主要形式。其铲斗向上，主要挖掘停机坪以上的料物，生产率高，适用于装车外运，是目前常用的挖掘设备。

b. 反铲挖掘机一般用于挖掘停机坪以下的料物，可就地甩土或装车，适用于中小型沟渠、坑槽以及方量不大的基坑开挖，并能用于水下开挖。

c. 拉铲挖掘机适宜挖掘停机坪以下的料物，主要采用后退向下，自重切土的工作原理，特别适合水下作业，可就地甩土，亦可装车，受铲斗自重限制，只能挖掘Ⅰ～Ⅳ级土壤及砂砾料。

d. 抓斗挖掘机的抓斗可在提升高度及挖掘深度（30m 以内）范围内挖掘停机坪以上及以下的料物，适用于井下（如集水井、沉井）及槽孔开挖和水下清基、清淤等工程。

2）多斗挖掘机又称为连续作业式挖掘机，是一种由若干个挖斗连续循环进行工作的挖掘机械。属于这种挖掘机的有轮斗式、链斗式和滚切式挖掘机。多斗（连续作业式）挖掘机的动力消耗少，生产率高，在条件相同下，这种挖掘机的生产率是单斗挖掘机的1.5～2.5 倍，主要用在Ⅳ级以下的土壤中挖取土方或开挖沟渠、剥离采料场或露天矿场上的浮土，修理斜坡以及装卸松散材料等作业。缺点是挖掘力总体偏小，不能挖掘夹杂大块的坚硬物料，装置通用性较差。

3）装载机是工程建设中应用较广泛的一种土方机械。它配有多种工作装置，可铲散粒物料、装车或自行装运，还能进行挖掘、平整场地、牵引车辆、起重、抓举等作业。装载机的铲斗容量大，机动性好。

4）铲运机是利用装在轮轴之间的铲运斗，在行驶中顺序进行铲削、装载、运输和铺卸土作业的铲土运输机械。它适用于在Ⅳ级以下的土壤中工作，如轻质土方的开挖、运送、铺平，在无地下水影响的渠道开挖、堤坝填筑、场地平整等。铲运机的经济运距与行驶道路、地面条件、坡度等有关。一般拖式铲运机的经济运距为 500m 以内，自行式轮胎铲运机的经济运距为 800～1500m。

5）推土机是土石方施工中的主要机械之一，主要进行短距离的推运土方、石渣或配合其他机械等作业。根据工作需要，推土机可配置多种作业装置，如裂土器、除根器、除荆器。推土机工作距离在 50m 以内时，其经济效果最好。

（2）运输机械：主要包括汽车、铁路机车、带式输送机、拖拉机、卷扬机、其他运输机械等。

1）汽车因其机动灵活，可在各种条件下适用。汽车又分载重汽车及自卸汽车。在选定汽车型号时，应综合考虑施工条件、施工场地、工期、运距、运料种类、配套设备、气候等因素，合理选用。

a. 按配套设备选用。自卸汽车的载重量、装载容积应与其配套的装载机械及挖掘机械相适应，车厢容积有平装及堆装。平装表示汽车的标准容积。有些汽车有两种以上不同容积的车厢供用户选择。根据国外的经验，自卸汽车的装载容积为与之配套的装载机或挖掘机工作容积的 3～6 倍时最适宜。若小于 3 倍，汽车装载率低，经济效益差；若大于 6 倍，装载设备往返次数多，停车时间长，整体经济效益也将降低。

b. 按施工条件选用。施工路面差或坏路面所占比例大，应选用爬坡性能好、后备功率大的多桥驱动车，或铰接式自卸汽车。反之可选用装载量大、车速高的自卸汽车。

c. 按运距选用。运距是选定设备种类及车型的重要依据之一。一般而言，运距在100m以内应选用推土机，不必配备其他运输设备；运距在200m以内采用装载机作为挖掘与运输设备较为合适；运距超过250m则应采用挖掘机（或装载机）与汽车配套使用；运距不足1000m最好选用铰接式自卸汽车；运距较远且部位工作量大，则应选用刚性自卸汽车作为运输手段。

d. 按运料种类选用。运料主要有砂石料、砂土、混凝土、钢材、木料、岩石等。若运料的容重较大，可选较小的车厢容积，反之，应选用较大的。若运料为矿石或爆破的土石，最好选用适用于装岩石的车厢。若运料为燃料、煤炭等，应选用专门的运输车辆。

此外，工期长短、购车价格、运输成本、气候及环境等因素，在选用自卸汽车时，应予以综合考虑。

2）铁路机车为有轨运输机械，适用于场地开阔、运距较远的情况。它具有运量较大、运输效率高、费用成本低等特点，但对线路要求高，基建时间长，投资大，一般情况下很少采用。

3）带式输送机是一种生产率很高的连续运输机械，它的爬坡能力强，可随意调转运送方向，适用于地形复杂、生产率要求高的大量土方运输。

4）拖拉机可牵引大容积拖车运土，拖车容积可达12～15m^{3}或更大，且可以自卸。拖拉机品种型号很多，一般可归纳为手扶拖拉机、船形拖拉机、小四轮拖拉机、轮式拖拉机、履带式拖拉机、三轮农用运输车及四轮农用运输车等7类。目前中小型水利水电工程的土方工程中用得较多的是手扶拖拉机及农用运输车。

5）卷扬机一般可用于垂直提升或斜坡道牵引，如抗滑桩井挖、斜坡道混凝土运输等，在半机械化施工中经常使用。

6）其他运输机械主要包括架空索道、运输船等。

a. 架空索道。对自然地形适应能力强，可克服较大的高差，能直接跨越深谷与河流，缩短运输距离，土建工程量小，占地少；但运输能力较小，仅适用于山区小型工程。

b. 运输船。水上船运是长途运输中最为经济的一种方式，在通航河道上建设水利水电工程项目时，应优先考虑采用。

（3）压实机械：主要包括羊足碾、气胎碾、振动碾、拖拉机、夯实机等。

1）羊足碾即羊脚压路机，适用于黏性土料、碎石、砾石土料等的压实。填土层面可不进行刨毛处理，上下层结合良好，压实均匀，可获得较高的压实干容重。

羊足碾的压实主要参数包括碾重、碾压遍数和铺土厚度等。羊足碾也是大型及特大型土石坝工程主要施工机械之一。

2）气胎碾是一种压实效果好且效率高的压实机械。气胎碾压机能够通过改变轮胎的充气压力来调节接触压力，以适应压实不同性质土料的要求。所以气胎碾既适于压实黏性土，也适于压实含水量范围偏于上限的非黏性土料。适用于高强施工，无松土层，对雨季施工有利。但压实后填土层面需洒水湿润并刨毛处理。

气胎碾的压实参数主要包括碾重、轮胎充气压力、铺土厚度及碾压遍数等。

3）振动碾主要适用于非黏性土及块石等的压实。振动碾是一种碾压与振动相结合的压实机械。振动在土石料压实过程中起了很重要的作用，因为土石料在周期性的振动力作

用下，其颗粒也随之发生振动，同时颗粒之间的摩擦力迅速降低，产生强烈的相对位移，并在颗粒自重和碾重作用下使土石料得到压实。

振动碾能有效地压实多种筑坝材料，无论是砂壤土、粉砂土还是砂砾石、风化料、石渣及块石，均能获得满意的压实效果。

振动碾的形式多种多样，除了振动平碾外，还有振动羊足碾、振动格栅碾、振动气胎碾等。

振动平碾的压实参数主要包括碾重、铺层厚度、碾压遍数等。

4）拖拉机适用于压实设计干容重较低、土料含水量较大的黏性土、砂及砂砾等无黏性土料，压实效率较低。

5）夯实机又称为打夯机。用于压实黏性土及无黏性土。常用于压实工作面小的两种填筑料的接缝处。

二、土方工程的定额与工程量计算

（一）定额

1. 计量单位

土方工程计量单位一般有自然方、实方和松方。

自然方指未经扰动自然状态下的土方。基础、基坑、洞井、坑槽、渠道和一般的挖方以及运输等均按自然方计算。

压实方指填筑（回填）并经压实后的成品方。堤、坝填筑和回填土石方均按实方计量。

松方指自然方在经机械或人工开挖松动后的土方。

2. 自然方、松方和实方换算

在一般情况下，碾压施工合格的成品实方，其容重大于自然方，而松方的容重则小于自然方。自然方、松方和实方之间的相互换算关系（折算系数），通常称为松实系数，应按工程的实际试验资料测定，如无实际试验资料，可参考表4-10计算。

表4-10　土石方松实系数

项目	自然方	松方	实方
土方	1	1.33	0.85
砂方	1	1.07	0.94
混合料	1	1.19	0.88
石方	1	1.53	1.31

现行的各类定额，土方开挖工程一般均以“自然方”作为定额的计量单位；堤、坝的填筑和回填一般均以“实方”作为定额的计量单位；“松方”一般不作为定额的计量单位，只在编制工程单价过程中，作为对不同的计量单位进行换算的过渡单位。

3. 定额计算量

（1）定额计量。现行的水电建筑工程概算定额和预算定额都作了相同的规定，定额计量均以工程设计几何轮廓尺寸进行计算的工程量为计量单位。

（2）定额中的人工、材料、机械消耗量。

1）定额中的人工和机械的消耗量，人工以“工时”、机械以“台（组）时”为计量单位。定额人工和机械操作工工时包括基本工作、辅助工作，作业班内的准备与结束、不可避免的中断、必要的休息、工程检查、交接班、施工干扰、夜间工效影响，以及常用工具和机械小修、保养、加油、加水等全部时间。

2）定额中人工是指完成该定额子目工作内容所需的人工消耗量。它包括主要用工和辅助用工，并按完成该项定额子目所需人工的技术等级分别列示出高级熟练工、熟练工、半熟练工、普工的工时及其合计数。

3）定额中机械是指完成该项定额子目工作内容所需的机械消耗量。由主要机械和辅助机械组成。主要机械以台（组）时表示，辅助机械以“其他机械使用费”表示。

4）定额中材料是指完成该项定额子目工作内容所需的材料消耗量。由主要材料和辅助材料组成。主要材料以法定计量单位表示，辅助材料以“其他材料费”表示。没有主要材料但需辅助材料的定额子目，则以“零星材料费”表示。

5）现行水电建筑工程预算定额规定：人工、材料、机械的消耗量，是完成每一有效单位实体所消耗的人工、材料、机械的数量。不构成实体的各种施工操作损耗和体积变化因素已计入定额，允许超挖及超填量、施工附加量未计入定额。

6）现行《水电建筑工程概算定额》规定：人工、材料、机械的消耗量，是完成每一有效单位实体所消耗的人工、材料、机械的数量。不构成实体的各种施工操作损耗、体积变化、允许超挖及超填量和施工附加量等因素已计入定额。

（二）工程量的计算

1. 工程量计算的原则及方法

工程量的计算应遵循国家及行业主管部门规定的设计、施工规范，水电水利工程工程量计算规定，现行的概（预）算定额。一般情况下，应按下列原则进行计算：

（1）计算工程量时，应按水利水电工程的项目划分、现行的概（预）算定额及招标文件的有关规定计算。

（2）工程量的计算单位应采用相应的概（预）算定额或招标文件规定的计量单位，工程量计算表内应划分子目，写明各个部位结构的名称，计算到分部分项工程。

（3）计算公式力求简单明确，所采用的尺寸应与图纸上所示的尺寸一致，并应用统一的计算单位来表示，其精确度到小数点后两位为止，工程量合计后的总量可采用整数。

（4）土方工程量应按设计断面计算，并应计算施工规范规定的槽挖底部加宽及放坡所增加的工程量。

（5）土方开挖施工中的施工超挖量及施工附加量，应根据施工方法、土壤性质、工程部位等工程技术特征，分不同情况，按实计算增加量：采用现行《水电建筑工程预算定额》时，施工超挖量及附加量，应作为施工增加量一并计入水工设计工程量中；采用现行《水电建筑工程概算定额》时，施工超挖量及附加量已计入定额中，水工设计工程量不再加计该部分工程量；用“实物量分析法”编制工程造价文件时，施工超挖量及附加量，只作为分析计算工、料、机、费等的耗用量的计算基数，不计入工程量清单中。

（6）土方填筑工程中的土料开采、备料、运输、雨后清理、边坡及接缝削坡、施工期沉陷、不可避免的压坏、施工质量检查的取土试坑、施工超填量、施工附加量等项的损耗量及增加量的计算，也应根据施工方法、填筑料物的性质、工程部位等工程技术特征，分不同情况，按实际分析计算。

采用预算定额、概算定额或“实物量分析法”编制造价文件时，以上所讲的各项损耗

量及增加量，计算的原则与（5）相同，这里不再赘述。

（7）分析计算出来的工程量必须乘《水电水利工程工程量计算规定》规定的“水电水利工程不同设计阶段工程量阶段系数”。

2. 土方开挖工程量的计算公式

（1）地槽工程量计算。地槽工程量计算公式为

$$V=hL\ (b+kh)$$

式中：V 为挖方体积；b 为地槽或地坑底部宽度（包括加宽尺寸）；L 为地槽或地坑底部长度；h 为地槽或地坑深度；k 为放坡坡度系数。

地坑工程量计算公式为

$$V=bLh+kh^2\left(b+L+\frac{4}{3}kh\right)$$

放坡的圆形地坑工程量计算公式为

$$V=\frac{1}{3}\pi h(R_1^2+R_2^2+R_1R_2)$$

式中：R_1 为坑底的圆半径长度；R_2 为坑上口的圆半径长度；h 为坑深度。

挖一般土方，挖地槽、地坑土方需要放坡或支护挡土板时，应根据施工组织设计（技术措施）规定计算。

人工及机械挖一般土方和地槽、地坑土方的放坡系数，见表 4-11。

表 4-11　　放坡系数表

土壤类别	放坡起点/m	人工挖土	机械挖土	
			在坑内作业	在坑上作业
一类、二类土	1.20	1∶0.5	1∶0.33	1∶0.75
三类土	1.50	1∶0.33	1∶0.25	1∶0.67
四类土	2.00	1∶0.25	1∶0.10	1∶0.33

注　1. 沟槽、基坑中土壤类别不同时，分别按其放坡起点、放坡系数，依不同土壤厚度加权平均计算。
2. 计算放坡时，在交接处的重复工程量不予扣除，原槽、坑作基础垫层时，放坡自垫层上表面开始计算。

挖地槽、地坑需支挡土板时，其宽度按图示地槽、地坑底宽，单面加 10cm、双面加 20cm 计算。挡土板面积，按槽、坑垂直支撑面积计算，支挡土板后，不得再计算放坡。

（2）大面积土方开挖工程量的计算公式。

1）横截面计算法：适于地形起伏变化较大地区采用，计算较简便。计算步骤如下：

a. 划横截面：根据地形图（或直接测量）及竖向布置图，将要计算的场地划分为横截面 A—A′、B—B′、C—C′等。划分原则为垂直等高线，或垂直主要建筑物边长。横截面之间的间距可不等，地形变化复杂的间距宜小些，反之宜大些，但最大不超过 100m。

b. 画截面图形：按比例画制每个横截面的自然地面和设计地面的轮廓线。设计地面轮廓线与自然地面轮廓线之间即为填方和挖方的截面。

c. 计算横截面面积：按表 4-12 中面积计算公式，计算每个截面的填方或挖方的截面积。

表 4-12　　　　　　　　　　**常用断面面积计算公式表**

图示	面积计算公式
	$F=h\left[b+\frac{h(m+n)}{2}\right]$
	$F=h_1\frac{a_1+a_2}{2}+h_2\frac{a_2+a_3}{2}+h_3\frac{a_3+a_4}{2}+h_4\frac{a_4+a_5}{2}$
	$F=\frac{a}{2}(h_0+2h+h_n)\quad h=h_1+h_2+h_3+h_4+h_5+h_6$

d. 计算土方量：计算公式为

$$V=\frac{F_1+F_2}{2}L$$

式中：V 为相邻两截面间的土方量，m^3；F_1、F_2 为相邻两截面的填（挖）方截面积，m^2；L 为相邻两截面间的间距，m。

e. 汇总：将上式计算成果汇总，得总土方量（表 4-13）。

表 4-13　　　　　　　　　　**土 方 量 汇 总 表**

断面	填方面积/m^2	挖方面积/m^2	截面间距/m	填方体积/m^3	挖方体积/m^3
A—A′					
B—B′					
C—C′					
⋮					
合计					

2）方格网计算法：适于地形较平坦地区采用，计算精度较横截面法高。计算步骤如下：

a. 划方格网：根据已有地形图（或按方格测量）划分方格网，并根据已有地形图套出方格各点的设计标高和地面标高，求出各点的施工（挖或填）高度。

b. 计算零点位置：计算确定方格网中两端角点施工高度不同的方格边上零点位置，标于图上，并将各零点连接起来，即得到各种不同底面积的计算图形，建筑场地被零线划分为挖方区和填方区。

c. 计算土方量：按图形的体积计算公式计算每个方格内的挖方和填方量。

d. 汇总：将挖方区（或填方区）所有方格计算土方量汇总，即得该建筑场地挖方区（或填方区）的总土方量。

三、概算单价编制

水利水电工程一般需进行大量的土方开挖，如大坝、厂房、船闸、水闸、渠道的基础开挖以及临时工程建筑物的开挖；同时，也需要大量的土方回填，如土石坝、渠堤、道路、围堰、建筑物侧后的填筑。一个大型建设项目的土方工程量一般都在百万甚至千万方以上，正确编制土方工程单价对合理确定整个项目的投资具有重要的作用。

（一）土方开挖单价

土方开挖一般由挖装、运输两个工序组成。土方的开挖、运输单价，一般采用合并为一个综合单价计算。

1. 编制土方开挖单价的步骤

第一步：收集本工程技术资料、工程设计资料；

第二步：了解施工组织设计资料，重点掌握施工强度、设备配置、运输条件；

第三步：根据掌握的以上资料和本工程基础资料，合理选用定额；

第四步：根据选用定额和掌握的现场条件资料，对与定额工作内容等不相符的部分进行调整，并结合项目工程单价取费费率标准，最终计算出土方开挖单价。

（1）应掌握收集的技术资料。影响土方开挖、运输工程单价的因素很多，掌握和注意收集这些资料很重要，否则单价就无法编制准确。应掌握收集的资料主要有以下几项：

1）地形、地貌，主要指地形起伏状况、坡度大小、地表树木杂草等覆盖层清除的难易程度等。

2）水文、气象，主要包括：

a. 降雨量、降雨天数及其对土方施工的影响程度。

b. 冬季、夏季的气温状况，有无对土方工程施工产生不利的气候因素。

3）工程地质及水文地质，主要包括：

a. 土的物理力学性质，主要指土的颗粒组成、容重、含水量、外形特征等。

b. 地表水、地下水分布情况，以及对施工产生的影响程度。

（2）工程设计有关资料。

1）了解工程项目设计概况、熟悉设计图纸、掌握设计意图，包括以下各项：

a. 土方开挖的分布、部位及高程。

b. 土方开挖各部位的尺寸及形状。

c. 土方开挖、各部位运输、各类土质的工程数量等。

2）对土方开挖、运输的要求。

a. 开挖边坡的安全要求。

b. 弃土的堆存要求。

c. 工程环保、水土保持的要求等。

（3）施工设计有关资料。

1）施工进度、强度。

a. 施工时段。有无冬季冰冻气候条件下施工，有无雨季气候条件下施工。

b. 施工强度大小、施工干扰多少、工期安排等情况。

2）施工方法与措施。

a. 挖土、装土方法。

b. 运输、弃土方式。

c. 开挖过程中采取的特殊措施，如排水、边坡防护等。

3）场内交通。

a. 场内各种交通设施布置状况。

b. 路面、弯道、坡度、里程等有关资料。

c. 装卸车条件、开挖运输和卸土场施工场地条件等。

2. 编制土方开挖单价应遵循的原则

（1）含有大孤石的堆积体的清理，应单独编制单价。

（2）分建筑物的不同开挖部位及运输距离编制单价。

（3）分土质性质即分淤泥、流沙及Ⅰ、Ⅱ、Ⅲ、Ⅳ级土编制单价。

（4）按不同的施工工艺和技术要求编制单价。

（5）施工工艺及技术要求与相应的定额有差异时应对定额进行调整。

（6）施工工艺及技术要求与相应的定额差异很大时，需编制补充定额计算所需的单价。编制的补充定额水平应与相应的行业定额水平一致。

（7）当必须采用其他行业定额时，应注意定额及取费标准配套性等有关问题。

（8）编制单价包括的工作内容必须与设计文件相对应，工作内容不重不漏。

（9）投资估算阶段，若采用“概算定额”时，人工、机械应按规定乘以扩大系数，以弥补受阶段设计深度所限，编制单价在定额工作内容、施工工艺等方面可能存在的不足和欠缺。

（10）可行性研究阶段，若采用“预算定额”时，人工和机械定额应按规定乘以扩大系数。

（11）编制前应到工程现场及类似工程调查、收集有关的实际资料。

（12）注意学习、研究有关设计、施工、工程质量验收等国家及行业的规程、规范、导则。

3. 编制土方开挖单价应注意的问题

（1）土方开挖和填筑工程各节定额，除规定的工作内容外，还包括挖小排水沟、修坡、清除场地草皮杂物、交通指挥，以及安全设施、土场小路修筑与维护等工作。

（2）土方坑、槽挖的运用范围如下式所示，超过者为一般土方开挖。

坑：$$\frac{L}{b}<3，S\leqslant 20\text{m}^2，h\leqslant 5\text{m}$$

槽：$$\frac{L}{b}>3，b\leqslant 3\text{m}，h\leqslant 4\text{m}$$

式中：L 为坑槽长度；b 为坑槽底部宽度；S 为坑底部面积；h 为坑槽深度。

（3）坑槽土方开挖概（预）算定额，均应按施工技术规范的规定，把因宽度及坡度的增放，所引起增加的开挖量，计入到设计工程量中。

（4）若需采用预算定额编制概（估）算单价，并要求将超挖量计入定额时，坑槽土方开挖，其超挖量可参考表 4-14 计算。

表 4-14　　坑槽土方开挖超挖量

项目	上口尺寸	超挖量/%
地槽（宽度）	≤0.8m	15.7
	0.8～1.5m	12.5
	1.5～3.0m	7.5
地坑（面积）	≤1.0m^2	21.3
	1～2.5m^2	18.5
	2.5～6.5m^2	14.6
	6.5～12m^2	7.7
	12～20m^2	5.0

（5）概算定额中的汽车运输定额，已考虑水利水电工程施工路况，使用时不再另计高差折平和路面等级系数；人力挑抬和人力胶轮车运输定额，如施工道路有坡度，应考虑坡度折平系数。现行的预算定额的汽车运输定额，场内施工道路的路况，应按预算定额说明的路面面层、线路纵坡、路线弯道、路面宽度等路况调整系数调整相应定额；人力挑抬和人力胶轮车运输定额的调整方法与概算定额方法相同。

4. 其他常识介绍

（1）影响土方挖装效率的因素主要包括土的级别、设计要求的开挖形状、施工条件等。

1）土的级别。土的级别越高，开挖的难度越大、工效越低。

2）设计要求的开挖形状。设计有形状要求的坑、槽、井等都会影响工效，尤其断面越小，深度越深时，机械效率越低。

3）施工条件。不良施工条件，如水下开挖、冰冻都将不同程度地影响开挖工效。

（2）影响土方运输的因素主要包括运土距离、土的级别、施工条件等。

1）运土距离。运土的距离越长，所需的时间也越长。但所需的时间和运土的距离不是成直线型比例关系，原因就是启动和刹车基本不变，影响了平均速度。

2）土的级别。从运输角度看，土的级别越高，其密度也越大，由于土石方都习惯采用体积作单位，所以土的级别越高，运输单位产量越低。

3）施工条件。装卸车的条件、道路状况、卸土场的条件等都影响运土的工效。

5. 土方开挖单价的编制

（1）根据设计资料，确定选用定额的各项参数。

1）明确土方开挖的施工方法。土方开挖施工方法一般有人力挖运、机械挖运。

机械挖土中常用的有挖掘机挖土、推土机推土；运土一般有机动船运土、推土机推土、装载机装运土、胶带输送机运土。

挖装联合作业的有人工装土，胶轮车、轻轨斗车、卷扬机或自卸汽车运输；挖掘机装土、汽车运输；装载机装土、汽车运输。

2）明确运输距离。

3）根据设计资料，明确土方开挖形状。土方开挖有一般土方开挖、沟槽、坑、井等。

4）明确土的级别。

根据以上参数，选定相应的定额。

（2）对与定额内容不相符的部分进行调整。

（3）根据已知的有关基础资料，编制工程单价。

（二）土料填筑单价

水利水电工程的土石坝、渠堤、道路、围堰等有大量的土方需要回填、压实。土方填筑由取土、压实两个工序组成。

1. 编制土料填筑单价的步骤

第一步：收集本工程技术资料、工程设计资料（与土方开挖不同的是要增加了解料场勘测试验资料内容）。

第二步：了解施工组织设计资料，重点掌握施工强度、设备配置、料场至填筑点的运输条件。

第三步：根据掌握的以上资料和本工程基础资料，合理选用定额。

第四步：根据选用定额和掌握的现场条件资料，对与定额工作内容等不相符的部分进行调整，并结合项目工程单价取费费率标准，最终计算出土料填筑单价。

影响土料填筑单价的因素很多，掌握收集这些资料很重要。对于土料填筑单价，除了土方开挖单价应掌握收集的技术资料之外，还应注意掌握收集以下资料：

（1）编制土料填筑单价应收集的技术资料。

1）各料场的勘测试验资料。

2）各料场的开采、运输条件。

3）各料场的储量。

4）各料场天然容重、天然含水量、最优含水量、最大干容重等试验资料。

5）现场碾压试验资料等。

（2）编制土料填筑单价应收集的工程设计资料。

1）各料场设计利用比例。

2）土料填筑部位及分区。

3）土料填筑的设计质量要求，如填筑土料的粒径要求、设计干容重等。

4）土料填筑的施工基本参数，如铺土厚度、碾压遍数、含水量要求等。

5）土料填筑施工工艺，如土料填筑的工序和工序设计技术参数等。

6）土料填筑施工设备，如开采、备料、运输上坝、坝面平土碾压设备名称和规格等。

2. 编制土料填筑单价应遵循的原则

编制土料填筑单价，除了土方开挖单价应遵循的原则外，还应遵循下列一些原则：

（1）应分填筑部位、不同技术要求、不同施工工艺分别编制单价。

（2）填筑土方必须按成品实方计量。计量单位不同时，应根据各自的技术指标进行换算，即土的自然方、松方和实方相互换算关系，应按本工程的设计试验资料测定的数据分析计算。估算阶段，无实际试验资料时，可参照表4-9的系数进行换算。

（3）编制的土石坝坝体土料填筑概算单价，如施工工艺、技术要求等与概（预）算定额不吻合时，设备效率接近的可以套用相近定额，对定额可不调整；设备效率差异较大的，应补充编制定额。

（4）为节省工程投资、降低工程造价、提高投资效益，编制土石坝坝体土料填筑概算单价时，应充分考虑利用枢纽建筑物的开挖渣料（直接上坝、渣场转倒）的可能性。其利用比例应根据施工组织设计安排的开挖与填筑进度的衔接情况，按合理并留有余地的原则确定。

3. 编制土料填筑单价应注意的问题

编制土石坝土料填筑单价时，除了编制土方开挖单价应注意的问题外，还应注意以下问题：

（1）土料开采单价的编制。与土方开挖、运输相同，只是当土料含水量不符合规定时需要增加处理费用，同时需要考虑土料损耗和体积变化因素。

（2）土料处理费用计算。当土料的含水量不符合规定标准时，应先采取挖排水沟、扩大取土面积、分层取土等措施，如仍不能满足设计要求，则应采取降低含水量或加水处理措施；设计考虑由不同料场土料进行掺合的，注意掺合施工工艺和方法，同时应对定额效率进行调整（松方施工）。

（3）编制土料填筑概算单价时，应注意的是，需将覆盖层清除、无用层清除以及料场防护费用等按设计提供工程量乘以工程单价计算总费用，并列入施工辅助工程项目内。

（4）人工夯实土料、机械压实土料、心（斜）墙土料等节单项定额，均为压实后的有效成品方，土料备料和运输土料的定额数量按下式计算，即

$$Q_{cp}=Q_{zr}(1+A)\frac{r_2}{r_1}$$

式中：Q_{cp} 为成品实方定额数；Q_{zr} 为自然方定额数；A 为综合损耗率，%；r_1 为天然干容重，t/m^3；r_2 为设计干容重，t/m^3。

综合损耗率 A，包括开采、上坝运输、雨后清理、边坡削坡、接缝削坡、施工沉陷、试验坑和不可避免的压坏、超填及施工附加量等损耗因素，可根据不同施工方法与坝型和坝体填料按表 4-15 的系数选取，使用时可根据工程实际资料进行调整。

表 4-15　　综合损耗率 A 分项数值表

项目	损耗率/%					
	开采运输	雨后清理	削坡	沉陷	超填及附加量	合计
机械填筑混合坝坝体土料	1.00	3.00	0.86	1.00	1.00	6.86
机械填筑均质坝坝体土料	1.00	2.00	0.93	1.00	1.00	5.93
机械填筑心（斜）墙土料	1.00	3.00	0.70	1.00	1.00	6.70
人工填筑坝体土料	1.00	1.00	0.43	1.00	1.00	4.43
人工填筑心（斜）墙土料	1.00	1.00	0.43	1.00	1.00	4.43

（5）编制坝体填筑综合单价无土料设计资料时，也可按表 4-16 计算运输量（土料运输量已考虑填筑压实过程中的所有损耗）。

表 4-16　　土料运输量计算表

项目	运输量
机械填筑均质坝坝体土料	1 压实方=1.25 自然方
机械填筑心（斜）墙土料	1 压实方=1.26 自然方

(6) 对于开挖料直接运至填筑工作面的以开挖为主的工程，出渣运输宜计入开挖单价中，以填筑为主的工程，宜计入填筑单价中，但一定要注意，不得在开挖和填筑单价中重复或遗漏计算土方运输工序单价。

(7) 在确定利用料数量时，应充分考虑开挖和填筑在施工进度安排上的时差，一般不可能完全衔接，二次转运（即开挖料卸至某堆料场，填筑时再从堆料场取土）是经常发生的，土方出渣运输、取土运输应分别计入开挖和填筑单价中。

(8) 要注意开挖和填筑的单位不同，前者是自然方，后者是压实方。

(9) 计算土料开采、运输、填筑等项的开采量、运输距离、填筑体积，均以重心至重心计算。

(10) 对采用的定额，应注意该定额的各项专门说明，如适用条件、调整方法等。若不能满足所需编制单价的要求，应编制补充定额。

4. 其他常识介绍

(1) 取土。

1) 料场覆盖层清除。土坝填筑需要大量的土料或砂砾料，其内容包括：料场表面附着的树木、农作物、表层覆盖的乱石、杂草及不合格的表土。

2) 土料开采。土料的开采单价的编制与土方开挖、运输相同，只是当土料含水量不符合规定时需要增加处理费用，同时需要考虑土料损耗和体积变化因素。

3) 土料处理费用计算。当土料的含水量过高，不符合规定标准时，应先采取挖排水沟、扩大取土面积、分层取土等措施，如仍不能满足设计要求，则应采取翻晒等处理措施。

(2) 压实。常用的压实方法有碾压法、夯实法、振动法，影响压实工效的主要因素有土（石）料种类、级别、设计要求、碾压工作面等。土方压实定额大都按这些影响因素划分子目。

概算定额中有压实土料单项定额，可单独计算压实费用。

5. 土料填筑单价编制

概算定额是按挖运、压实分别拟定的，因此，根据设计确定的土料级别、挖运机械、运输距离应分别选用相应的定额。

(1) 根据设计资料，确定选用定额的各项参数。

1) 明确土方挖运、压实的施工方法。土方挖运和土方开挖相同，特别提醒注意的是，单位之间要注意换算，这里不再赘述。

坝体土料和心（斜）墙土料压实常用的有羊足碾压实、轮胎碾压实、打夯机压实、拖拉机压实、振动凸块碾压实。回填土常采用蛙式打夯机压实。

2) 明确运输距离。

3) 根据设计和试验资料，落实土的天然状态、压实状态干容重，并按表 4-15 的综合损耗率计算土料运输量；若无土料设计资料时，也可按表 4-16 计算土料运输量（土料运输量已考虑填筑压实过程中的所有损耗）。

4）明确土的级别。

根据以上参数，选定相应的定额。

(2) 对与定额内容不相符的部分进行调整。

(3) 根据已知的有关基础资料，编制工程单价。

四、案例

【例 4-1】 工程挡水建筑物为黏土心墙堆石坝，坝长 1.0km。设计心墙堆筑量为 100 万 m^3，心墙宽 8m，设计选用心墙料料场距坝址 5.5km，土料为Ⅲ类土。

心墙料开采用 4.0m^3 液压反铲挖掘机配 32t 自卸汽车运输坝上，并采用 12～18t 羊足碾碾压。心墙土料的设计干容重为 1.68t/m^3，天然干容重为 1.55t/m^3。

根据表 4-17 所示基础资料编制该堆石坝黏土心墙单价。

表 4-17　　基础资料一览表

编号	名称及规格	预算价格	编号	名称及规格	预算价格
一	工资（四类边远地区）		4	推土机　88kW	171.56 元/台时
1	高级熟练工	14.95 元/工时	5	自卸汽车 32t	473.92 元/台时
2	熟练工	11.24 元/工时	6	羊足碾 12～18t	3.41 元/台时
3	半熟练工	8.92 元/工时	7	履带式拖拉机 74kW	137.86 元/台时
4	普工	7.45 元/工时	8	蛙式夯实机 2.8kW	19.16 元/台时
二	材料		9	自行式平地机 44kW	119.70 元/台时
三	零星材料费	1.00 元	五	取费标准	
四	施工机械台时费			其他直接费费率	7.6%
1	推土机 74kW	146.08 元/台时		间接费费率	12.01%
2	自卸汽车 15t	195.58 元/台时		企业利润	7%
3	挖掘机（液压反铲）4.0m^3	693.59 元/台时		税金	3.28%

解： 堆石坝黏土心墙填筑，单价分解及综合见表 4-18。

表 4-18　　堆石坝黏土心墙综合单价表　　单位：1m^3压实方

施工方法	心墙设计干容重 1.68t/m^3，天然干容重 1.55t/m^3				
编号	项目	单位	系数	单价/元	合价/元
1	土料开采、运输	元/m^3（自然方）	1	26.57	26.57
	折算成品方综合系数　(1+6.7%)×1.68/1.55 =1.16				
2	折合成品方	元/m^3（压实成品方）	1.16	26.57	30.82
3	心墙土料压实	元/m^3（压实成品方）	1	15.47	15.47
4	心墙综合单价	元/m^3（压实成品方）			46.29

心墙料上坝的综合运距，按料场距坝址 5.5km 并加计坝长的一半后约 6km 考虑。土料开采运输单价分析见表 4-19。

表 4-19　　土料开采运输工程单价分析表

定额编号：[10399] + [10400] ×2　　　　定额单位：100m³ 自然方

施工方法	4.0m³ 挖掘机装 32t 自卸汽车运 6km，土类级别为Ⅲ类				
编号	名称及规格	单位	数量	单价/元	合价/元
1	2	3	4	5	6
一	直接费				2146.19
1	基本直接费				1994.60
(1)	人工费				8.98
	普工	工时	1.206	7.45	8.98
(2)	材料费				30.00
	零星材料费	元	30	1.00	30.00
(3)	机械使用费				1955.62
	单斗挖掘机（液压反铲）4.0m³	台时	0.399	693.59	276.74
	推土机 88kW	台时	0.1	171.56	17.16
	自卸汽车（柴油型）32t	台时	3.5	473.92	1658.72
	其他机械使用费	元	3	1.00	3.00
2	其他直接费	%	7.6	1994.60	151.59
二	间接费	%	12.01	2146.19	257.76
三	利润	%	7	2403.95	168.28
四	税金	%	3.28	2572.22	84.37
五	合计				2656.59

注　正铲液压挖掘机换反铲液压挖掘机时，在定额基础上，人工乘以 1.34 的系数，挖掘机乘以 1.33 的系数。

机械压实心墙土料工程单价分析见表 4-20。

表 4-20　　机械压实心墙土料工程单价分析表

定额编号：[10764]　　　　定额单位：100m³ 压实方

施工方法	74kW 拖拉机牵引 12～18t 羊足碾机械压实心（斜）墙土料，心（斜）墙宽度不大于 10m				
编号	名称及规格	单位	数量	单价/元	合价/元
1	2	3	4	5	6
一	直接费				1249.67
1	基本直接费				1161.40
(1)	人工费				373.93
	熟练工	工时	4	11.24	44.96
	半熟练工	工时	16	8.92	142.72
	普工	工时	25	7.45	186.25
(2)	材料费				30.00
	零星材料费	元	30	1.00	30.00

续表

施工方法	74kW 拖拉机牵引 12～18t 羊足碾机械压实心（斜）墙土料，心（斜）墙宽度不大于 10m				
编号	名称及规格	单位	数量	单价/元	合价/元
1	2	3	4	5	6
(3)	机械使用费				757.47
	履带式拖拉机 74kW	台时	4.05	137.86	558.33
	羊足碾 12～18t	台时	4.05	3.41	13.81
	推土机 74kW	台时	0.59	146.08	86.19
	蛙式夯实机 2.8kW	台时	0.81	19.16	15.52
	自行式平地机 44kW	台时	0.59	119.7	70.62
	其他机械使用费	元	13	1.00	13.00
2	其他直接费	%	7.6	1161.4	88.27
二	间接费	%	12.01	1249.67	150.09
三	利润	%	7	1399.76	97.98
四	税金	%	3.28	1497.74	49.13
五	合计				1546.87

【例 4-2】某工程挡水建筑物为黏土心墙堆石坝，坝长 1.0km。设计心墙堆筑量为 115 万 m^3，心墙宽 8m，设计选用上、下游两个土料场取料，土料为Ⅲ类土。

上游料场距坝址 5km，供料比为 87%。开采用 4.0m^3 液压反铲挖掘机配 32t 自卸汽车运输至坝下游 1km 的掺合场。

下游料场距坝址 25km，供料比为 13%。该料场由地方某企业经营，土料供应价格为 15 元/m^3（车上交货），土料湿容重为 1.8t/m^3，公路运价为 0.75 元/(t·km)，汽车装载率为标重的 90%。

设计考虑由上、下两个料场在坝下游 1km 的掺合场掺合后含水量和防渗性均可满足设计要求，掺合采用 74kW 推土机推土混合，推运平均距离为 50m，推 2 遍。上游料场、大坝、掺合场及下游料场之间距离如图 4-2 所示。

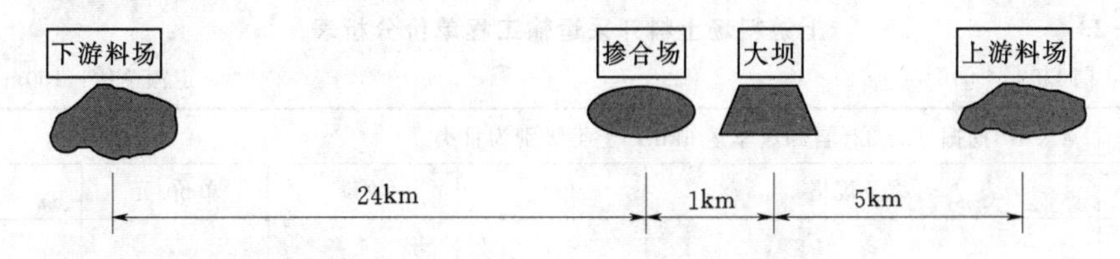

图 4-2　大坝、料场及翻晒场示意图

掺合后的土料采用 4.0m^3 液压反铲挖掘机配 32t 自卸汽车运输上坝，并采用 12～18t 羊足碾碾压。心墙土料的设计干容重为 1.68t/m^3，天然干容重为 1.55t/m^3。

根据表 4-21 所示基础资料编制该堆石坝黏土心墙单价。

表 4－21　　基础资料一览表

编号	名称及规格	预算价格	编号	名称及规格	预算价格
一	工资（四类边远地区）		4	推土机 88kW	171.56 元/台时
1	高级熟练工	14.95 元/工时	5	自卸汽车 32t	473.92 元/台时
2	熟练工	11.24 元/工时	6	羊足碾 12～18t	3.41 元/台时
3	半熟练工	8.92 元/工时	7	履带式拖拉机 74kW	137.86 元/台时
4	普工	7.45 元/工时	8	蛙式夯实机 2.8kW	19.16 元/台时
二	材料		9	自行式平地机 44kW	119.70 元/台时
三	零星材料费	1.00 元	五	取费标准	
四	施工机械台时费			其他直接费费率	7.6%
1	推土机 74kW	146.08 元/台时		间接费费率	12.01%
2	自卸汽车 15t	195.58 元/台时		企业利润	7%
3	挖掘机（液压反铲）3.8m^3	693.59 元/台时		税金	3.28%

上、下游料开采或购买、掺合及上坝碾压的心墙填筑，单价综合及分解见表 4－22～表 4－27。

表 4－22　　堆石坝黏土心墙综合单价表　　定额单位：1m^3实方

施工方法	心墙设计干容重 1.68t/m^3，天然干容重 1.55t/m^3				
编号	项目	单位	系数	单价/元	合价/元
1	土料开采、运输	元/m^3（自然方）	0.87	26.57	23.12
2	土料采购、运输	元/m^3（自然方）	0.13	67.93	8.83
3	土料掺合	元/m^3（自然方）	1	7.10	7.10
4	掺合土料上坝	元/m^3（自然方）	1	14.28	14.28
	1～4 项小计				53.33
	折算成品方综合系数　(1+6.7%)×1.68/1.55 ＝1.16				
5	1～4 项小计折合成品方	元/m^3（压实成品方）	1.16	53.33	61.86
6	心墙土料压实	元/m^3（压实成品方）	1	15.47	15.47
7	心墙综合单价	元/m^3（压实成品方）			77.33

表 4－23　　上游料场土料开采运输工程单价分析表

定额编号：[10399]+[10400]×2　　定额单位：100m^3 自然方

施工方法	4.0m^3 挖掘机装 32t 自卸汽车运 6km，土类级别为Ⅲ类				
编号	名称及规格	单位	数量	单价/元	合价/元
1	2	3	4	5	6
一	直接费				2146.19
1	基本直接费				1994.60
(1)	人工费				8.98
	普工	工时	1.206	7.45	8.98

续表

施工方法	4.0m^3 挖掘机装 32t 自卸汽车运 6km，土类级别为Ⅲ类				
编号	名称及规格	单位	数量	单价/元	合价/元
1	2	3	4	5	6
(2)	材料费				30.00
	零星材料费	元	30	1.00	30.00
(3)	机械使用费				1955.62
	单斗挖掘机（液压反铲）4.0m^3	台时	0.399	693.59	276.74
	推土机 88kW	台时	0.1	171.56	17.16
	自卸汽车（柴油型）32t	台时	3.5	473.92	1658.72
	其他机械使用费	元	3	1.00	3.00
2	其他直接费	%	7.6	1994.60	151.59
二	间接费	%	12.01	2146.19	257.76
三	利润	%	7	2403.95	168.28
四	税金	%	3.28	2572.22	84.37
五	合计				2656.59

注 正铲液压挖掘机换反铲液压挖掘机时，在定额基础上，人工乘以 1.34 的系数，挖掘机乘以 1.33 的系数。

表 4-24　　土料采购、运输工程单价分析表　　定额单位：100m^3 自然方

已知条件：土料采购价 15 元/m^3 自然方（含装车费），公路运输距离 24km，运价 0.75 元/(t·km)，装载系数 0.9，土料天然容重（湿容重）1.80t/m^3，黏土心墙料的基本直接费＝黏土原价＋黏土运费＝15 元/m^3＋1.80t/m^3×0.75 元/(t·km) ×24km÷0.9 ＝51.00 元/m^3 自然方

编号	名称及规格	单位	数量	单价/元	合价/元
1	2	3	4	5	6
一	直接费				5487.60
1	基本直接费				5100.00
2	其他直接费	%	7.6	5100.00	387.60
二	间接费	%	12.01	5487.60	659.06
三	企业利润	%	7	6146.66	430.27
四	税金	%	3.28	6576.93	215.72
五	合计				6792.65

表 4-25　　土料掺合工程单价分析表

定额编号：[10244]×2×0.8　　定额单位：100m^3 自然方

施工方法	74kW 推土机，推运距离 50m，推 2 遍，Ⅲ类土				
编号	名称及规格	单位	数量	单价/元	合价/元
1	2	3	4	5	6
一	直接费				573.86
1	基本直接费				533.33
(1)	人工费				36.95

续表

施工方法	74kW 推土机，推运距离 50m，推 2 遍，Ⅲ类土				
编号	名称及规格	单位	数量	单价/元	合价/元
1	2	3	4	5	6
	普工	工时	4.96	7.45	36.95
(2)	材料费				33.60
	零星材料费	元	33.6	1.00	33.60
(3)	机械使用费				462.78
	推土机 74kW	台时	3.168	146.08	462.78
2	其他直接费	%	7.6	533.33	40.53
二	间接费	%	12.01	573.86	68.92
三	利润	%	7	642.78	44.99
四	税金	%	3.28	687.77	22.56
五	合计				710.33

注　推土机推运松土定额乘以 0.8 的系数。

表 4-26　　掺合料上坝运输工程单价分析表

定额编号：[10396]×0.5+[10397]×0.5　　定额单位：100m^3 自然方

施工方法	4.0m^3 挖掘机装 32t 自卸汽车运 1.5km，Ⅲ类土				
编号	名称及规格	单位	数量	单价/元	合价/元
1	2	3	4	5	6
一	直接费				1154.04
1	基本直接费				1072.53
(1)	人工费				7.64
	普工	工时	1.025	7.45	7.64
(2)	材料费				30.00
	零星材料费	元	30	1.00	30.00
(3)	机械使用费				1034.89
	单斗挖掘机（液压反铲）4.0m^3	台时	0.339	693.59	235.13
	推土机 88kW	台时	0.1	171.56	17.16
	自卸汽车（柴油型）32t	台时	1.645	473.92	779.60
	其他机械使用费	元	3	1.00	3.00
2	其他直接费	%	7.6	1072.53	81.51
二	间接费	%	12.01	1154.04	138.60
三	利润	%	7	1292.64	90.48
四	税金	%	3.28	1383.12	45.37
五	合计				1428.49

注　正铲液压挖掘机换反铲液压挖掘机时，在定额基础上，人工乘以 1.34 的系数，挖掘机乘以 1.33 的系数；挖掘机挖装松土，人工及挖装机械乘以 0.85 的系数。

表 4-27　　机械压实心墙土料工程单价分析表

定额编号：[10764]　　定额单位：$100m^3$ 压实方

施工方法	74kW 拖拉机牵引 12～18t 羊足碾机械压实心（斜）墙土料，心（斜）墙宽度不大于 10m				
编号	名称及规格	单位	数量	单价/元	合价/元
1	2	3	4	5	6
一	直接费				1249.67
1	基本直接费				1161.40
(1)	人工费				373.93
	熟练工	工时	4	11.24	44.96
	半熟练工	工时	16	8.92	142.72
	普工	工时	25	7.45	186.25
(2)	材料费				30.00
	零星材料费	元	30	1.00	30.00
(3)	机械使用费				757.47
	履带式拖拉机 74kW	台时	4.05	137.86	558.33
	羊足碾 12～18t	台时	4.05	3.41	13.81
	推土机 74kW	台时	0.59	146.08	86.19
	蛙式夯实机 2.8kW	台时	0.81	19.16	15.52
	自行式平地机 44kW	台时	0.59	119.70	70.62
	零星其他机械使用费	元	13	1.00	13.00
2	其他直接费	%	7.6	1161.40	88.27
二	间接费	%	12.01	1249.67	150.09
三	利润	%	7	1399.76	97.98
四	税金	%	3.28	1497.74	49.13
五	合计				1546.87

第二节　石　方　工　程

一、概述

水利水电工程中的石方工程包括建筑物、构筑物的石方开挖、石渣运输等内容。根据施工条件和施工方法将水电工程中的石方工程分为一般石方、一般坡面石方、沟槽石方、坑石方、基础石方、基础坡面石方、平（斜）洞石方、竖（斜）井石方、地下厂房石方开挖及石渣运输等。

（一）石方开挖工程的类型划分

1. 按开挖石方的方式分

按照破碎岩石的方法，主要分为钻爆开挖、直接用机械开挖、静态破碎法开挖 3 种。

(1) 钻爆开挖。钻爆开挖是当前广泛使用的一种开挖方法，开挖方式有浅孔（小于4m）薄层开挖、分层开挖（阶段开挖）、全断面一次开挖和特高梯段开挖等。

水利水电工程中要求基岩完整，且方量大、开挖集中，一般采用分层开挖（梯段爆破）、预留保护层、浅孔爆破、预裂爆破等措施。

一般常用的钻爆开挖对应的爆破方法有浅孔爆破、深孔爆破、裸露爆破、药壶爆破、药室爆破等。

钻爆开挖具有以下特点：

1) 由于挡水建筑物的基础对岩基的完整性、泄水建筑物的底板与边坡对抗冲刷能力和稳定性，以及开挖的规格尺寸都有较高的质量要求，因而对爆破技术也有着更为严格的要求。

2) 水利水电工程中石方开挖一般方量较大，施工场地条件有限；也存在与混凝土浇筑、灌浆等工序平行或交叉施工的情况。

3) 由于工程地质情况复杂，如节理、裂隙、断层破碎带，软弱夹层和滑坡的存在，以及不同工序间衔接段对爆破开挖的特殊要求等，往往在一项开挖工程中需要采取多种爆破施工方法。

4) 基坑开挖常受河床岩基渗流的影响和洪水的威胁，施工过程需要进行经常性的排水并需与洪水抢时间、争速度。

(2) 直接用机械开挖。该方法是使用带有松土器的重型推土机破碎岩石，一次破碎深度为0.6～1.0m。该方法适用于施工场地开阔、大方量软岩石方工程。优点是没有钻爆工序作业，不需要风、水、电辅助设施，不但简化了场地布置，而且施工进度快，生产能力高。但不适用于破碎坚硬岩石。

全断面掘进机切割岩石，也是用机械直接开挖的一种方式，该方法无须爆破。全断面掘进机分为两大类，即开敞式和护盾式。其主要特点是岩石开挖、支护和管片衬砌一次完成，提高了整个隧道的建设效率。由于全断面掘进机和后配套系统较长，对进口安装场地要求较高，管片衬砌承载内水压力较差，开挖长度、弯道、坡降有一定限制（经济开挖长度约20km），所以全断面掘进机一般是在有条件的隧洞掘进中使用。

(3) 静态破碎法开挖。在炮孔内装入破碎剂，利用药物自身产生的膨胀力，慢慢地作用于孔壁，经数小时到数十小时达到一定压力（30～50MPa），使介质开裂。该方法安全可靠，没有常规爆破产生的强烈振动危害，适用于建筑物、构筑物或设备附近等特定条件下的岩石开挖或混凝土拆除。

2. 按爆破方法分

石方爆破方法分类主要包括按药包结构形式分、按起爆技术分、按爆破应用方式分，常用的石方爆破方法见表4-28。

3. 按开挖的工程项目分

按建筑工程的项目划分，一般分为挡水工程、泄水工程、输水工程、发电工程、升压变电工程、航运过坝工程、灌溉渠首工程、近坝岸坡处理工程、鱼道工程、交通工程等工程项目的石方开挖。

表 4-28　　常用爆破方法分类表

分类方法	名称		简要说明
按药包结构型式分	延长药包爆破法	浅孔爆破	指孔深一般小于4m、孔径小于75mm的爆破，常用于薄层开挖、保护层开挖以及深孔爆破的辅助作业，如清除根底、解大石等，爆破力较弱
		深孔爆破	指孔深一般大于4m、孔径大于75mm的爆破，主要用于分层开挖，爆破力中等
	集中药包爆破法	裸露爆破	多用于解大石、炸礁及处理边坡危石，爆破效果差，消耗炸药多
		药壶爆破	把深孔或浅孔的底部扩大成葫芦形药室装药爆破，扩壶繁琐，费工费时
		小型药室（或蛇穴）爆破	指最小抵抗线小于7m的爆破，爆破施工简单易行，应用广泛
		药室爆破	指最小抵抗线大于7m的爆破，多用于平整施工场地、开挖施工道路以及非建筑物基础石方开挖，爆破力较强
	组合爆破法	延长药包与集中药包组成爆破	是在特定条件下应用的一种爆破方法
按起爆技术分	火花爆破	火炮	使用火花导火索起爆火雷管，多用于浅孔爆破、保护层爆破、解大石以及裸露爆破
	电气爆破	即发爆破	使用即发电雷管同期起爆全部药包，多用于浅孔爆破
		微差爆破	使用毫秒电雷管分期、分段起爆药包，分期间隔时间以ms计，应用广泛
		秒差爆破	使用秒延发电雷管分期、分段起爆药包，分期间隔时间以s计，一般用于药室爆破或有特殊要求的爆破
	导爆索爆破		多与毫秒电雷管配套使用，用于深孔爆破、预裂爆破、或用作较大药室爆破的副起爆网络
	导爆管爆破	分即发、微差、秒差爆破	除使用雷管或导火索引爆导爆管外，尚可用击发枪引爆
按爆破应用方式分	平地爆破		具有一个临空面条件下的爆破，对爆破边界没有严格的要求，一般仅限于浅孔爆破
	梯段爆破		在两个或两个以上临空面条件下的爆破，具有台阶特性的爆破，应用广泛
	沟槽爆破		常用于小断面的齿槽、截水墙、先锋槽以及渠道等爆破开挖
	保护层爆破		水工建筑物岩石基础开挖的一项特殊要求，多以浅孔、小药量进行

续表

分类方法	名称	简要说明
按爆破应用方式分	扇形爆破	地下深孔爆破的一种方式，先开挖导洞，然后沿洞壁两侧和洞顶按扇形布置钻孔，爆破后可使开挖断面一次成型
	预裂爆破	在开挖边界上进行预裂钻孔，先于主爆破孔起爆，在边界上形成一条贯通预裂缝，以减少对被保护岩体的振动，保持完整，免遭破坏
	光面爆破	在开挖边界上进行较密的钻孔，后于主爆破孔起爆，使得边界处的岩体振动和超挖最少，从而获得较为合乎规则的轮廓
	拆除爆破	对爆破装药量、爆破方向，以及限制振动有着更为严格要求的一种爆破方法，在水利水电工程开挖中，多用于拆除围堰和混凝土建（构）筑物
	水下爆破	在水下进行裸露爆破和钻孔爆破，多用于炸除河道礁石或隧洞进出口水下石埂等

按施工辅助工程的项目划分，一般分为施工交通工程；施工期通航工程；施工供电、水、风，通信，砂石料生产，混凝土生产，浇筑及温控，施工信息管理等系统工程；料场覆盖层清除及防护工程；施工期导流等工程项目的石方开挖。

4. 按开挖的工程部位分

按设计确定的开挖工程部位分，主要包括两岸岸坡、河床基坑、底板、边坡、沟、槽、坑、洞、井等。

5. 按开挖的岩石级别分

影响石方开挖工程单价的因素中，岩石的分级分类起了很大的作用，如岩石的成因、强度、风化程度、容重、强度系数及净钻时间等。

(1) 岩石的成因分类。岩石的成因影响岩石的性状，如容重、强度等。按岩石的成因可分为岩浆（火成）岩、沉积（水成）岩和变质岩三大类。

1) 岩浆岩的分类见表4-29。

表4-29　　岩浆岩主要岩石类型简表

按酸基性分		超基性岩	基性岩	中性岩		酸性岩
岩石组合分类		橄榄岩、辉石岩类	辉长岩、玄武岩类	闪长岩、安山岩类	正长岩、粗面岩类	花岗岩、流纹岩类
按岩体产状分	喷出岩	火山玻璃岩（黑曜岩、珍珠岩、松脂岩、浮岩）				
		苦橄玢岩	玄武岩	安山岩	粗面岩	流纹岩
	浅成侵入岩		煌斑岩	细晶岩、伟晶岩		
			辉绿岩、辉绿玢岩、细粒辉长岩	闪长玢岩、细粒闪长岩	正长斑岩	石英斑岩、花岗斑岩、细粒花岗岩
	深成侵入岩	橄榄岩、辉石岩	辉长岩	闪长岩	正长岩	花岗岩

2）沉积岩的分类见表4-30。

3）变质岩的分类见表4-31。

表4-30　　　　沉积岩主要岩石类型简表

结构＼岩类		典型火山碎屑岩	正常碎屑岩	黏土岩	化学和生物化学岩
碎屑/mm	＞100	集块岩	砾岩		
	100～2	火山角砾岩			
	2～0.05	凝灰岩	砂岩		
	0.05～0.005		粉砂岩		泥灰岩
泥质结构（粒径小于0.005mm）				页岩	
结晶结构					石灰岩、白云岩、石膏、盐岩
生物结构					生物碎屑岩

表4-31　　　　变质岩主要岩石类型简表

构造	结构特点	主要矿物	岩石名称	变质作用类型
板状	致密状		板岩	区域变质或接触变质
千枚状	细粒鳞片状变晶	绢云母、绿泥石、石英	千枚岩	
片状	鳞片状变晶	云母、绿泥石等	片岩	
片麻状		长石、石英、云母	片麻岩	
块状	粒状变晶	长石、石英	变粒岩	
		石英	石英岩	
		方解石、白云石	大理石	
	致密粒状变晶	云母、石英、长石	角岩	接触变质
压碎	碎裂		构造角砾岩	动力变质
	糜棱		糜棱岩	

（2）围岩工程地质分类。地下工程洞室开挖，围岩的稳定性往往影响地下工程的结构型式、施工方法、工程进度等。围岩工程地质分类主要依据岩石的强度、岩石的完整性、岩石的结构面状态、岩石的风化程度等指标综合评定，见表4-32。

表4-32　　　　围岩工程地质分类

围岩类别	围岩稳定性	围岩总评分 T	围岩强度应力比 S	支护类型
Ⅰ	稳定。围岩可长期稳定，一般无不稳定块体	$T>85$	＞4	不支护
Ⅱ	基本稳定。围岩整体稳定，不会产生塑性变形，局部可能产生掉块	$65<T\leqslant85$	＞4	不支护或局部锚杆或喷薄层混凝土。大跨度时，喷混凝土、系统锚杆加钢筋网

续表

围岩类别	围岩稳定性	围岩总评分 T	围岩强度应力比 S	支护类型
Ⅲ	局部稳定性差。围岩强度不足，局部会产生塑性变形，不支护可能产生塌方或变形破坏。完整的较软岩，可能暂时稳定	$45<T\leqslant 65$	>2	喷混凝土、系统锚杆加钢筋网
Ⅳ	不稳定。围岩自稳时间很短，规模较大的各种变形和破坏都可能发生	$25<T\leqslant 45$	>2	喷混凝土、系统锚杆加钢筋网，或加钢构架
Ⅴ	极不稳定。围岩不能自稳，变形破坏严重	$T\leqslant 25$	—	管棚、喷混凝土、系统锚杆、钢构架，必要时进行二次支护

注 Ⅱ类、Ⅲ类、Ⅳ类围岩，当其强度应力比小于本表规定时，围岩类别宜相应降低一级。

(3) 岩石的分级。岩石的分级是在量上确定破碎的难易程度。正确地确定岩石的级别是决定石方开挖单价的关键（表4-33）。

表4-33　岩石分级表

岩石级别	岩石名称	天然湿度时的平均容重/(kN/m³)	净钻时间（用直径38mm合金钻头，凿岩机打眼，工作气压为4.5atm）/(min/m)	极限抗压强度/MPa	强度系数 f
Ⅴ	砂藻土及软的白垩岩	15.0		≤20.0	1.5～2
	硬的石炭纪黏土	19.5			
	胶结不紧的砾岩	19.0～22.0			
	各种不坚实页岩	20.0			
Ⅵ	软的有孔隙的节理多的石灰岩及贝壳石灰岩	22.0		20.4～40.0	2～4
	密实的白垩	26.0			
	中等坚实的页岩	27.0			
	中等坚实的泥灰岩	23.0			
Ⅶ	水成岩卵石经石灰质胶结而成的卵石	22.0		40.0～60.0	4～6
	风化的节理多的黏土质砂岩	22.0			
	坚硬的泥质页岩	23.0			
	坚实的泥灰岩	25.0			
Ⅷ	角砾状花岗岩	23.0	6.8（5.7～7.7）	60.0～80.0	6～8
	泥灰质石灰岩	23.0			
	黏土质砂岩	22.0			
	云母页岩及砂质页岩	23.0			
	硬石膏	29.0			

续表

岩石级别	岩石名称	天然湿度时的平均容重/(kN/m³)	净钻时间（用直径38mm合金钻头，凿岩机打眼，工作气压为4.5atm）/(min/m)	极限抗压强度/MPa	强度系数 f
Ⅸ	软的风化较甚的花岗岩、片麻岩及正常岩	25.0	8.5（7.8～9.2）	80.0～100.0	8～10
	滑石质的蛇纹岩	24.0			
	密实的石岩	25.0			
	水成岩卵石经硅质胶结的砾岩	25.0			
	砂岩	25.0			
	砂质石灰质的页岩	25.0			
Ⅹ	白云岩	27.0	10（9.3～10.8）	100.0～120.0	10～12
	坚实的石灰岩	27.0			
	大理石	27.0			
	石灰质胶结的质密的砂岩	26.0			
	坚硬的砂质页岩	26.0			
Ⅺ	粗粒花岗岩	28.0	11.2（10.9～11.5）	120.0～140.0	12～14
	特别坚实的白云岩	29.0			
	蛇纹岩	26.0			
	火成岩卵石经石灰质胶结的砾岩	28.0			
	石灰质胶结的坚实的砂岩	27.0			
	粗粒正长岩	27.0			
Ⅻ	有风化痕迹的安山岩及玄武岩	27.0	12.2（11.6～13.3）	140.0～160.0	14～16
	片麻岩粗而岩	26.0			
	特别坚实的石灰岩	29.0			
	火成岩卵石经硅质胶结的砾岩	26.0			
XⅢ	中粒花岗岩	31.100	14.1（13.4～14.8）	160.0～180.0	16～18
	坚实的片麻岩	28.0			
	辉绿岩	27.0			
	玢岩	25.0			
	坚实的粗面岩	28.0			
	中粒正常岩	28.0			

续表

岩石级别	岩石名称	天然湿度时的平均容重/(kN/m³)	净钻时间（用直径38mm合金钻头，凿岩机打眼，工作气压为4.5atm）/(min/m)	极限抗压强度/MPa	强度系数 f
ⅩⅣ	特别坚实的细粒花岗岩	33.0	15.5 (14.9～18.2)	180.0～200.0	18～20
	花岗片麻岩	29.0			
	闪长岩	29.0			
	最坚实的石灰岩	31.0			
	坚实的玢岩	27.0			
ⅩⅤ	安山岩、玄武岩、坚实的角闪岩	31.0	20 (18.3～24)	200.0～250.0	20～25
	最坚实的辉绿岩及闪长岩	29.0			
	坚实的辉长岩及石英岩	28.0			
ⅩⅥ	钙钠长石质橄榄石质玄武岩	33.0	>24	>250.0	>25
	特别坚实的辉长岩、辉绿岩、石英岩及玢岩	30.0			

（二）石方开挖的技术措施

为减轻爆破振动对各类基础的破坏，保证开挖质量及保护附近建（构）筑物和混凝土施工安全，应该结合不同开挖工程及基础部位的具体施工条件选用钻爆技术措施。

（1）降振爆破技术包括微差爆破、预裂爆破或光面爆破。选择降振效果较好的起爆间隔时间；采用不耦合装药、间隔装药等方式，或应用低威力炸药进行爆破；采用斜孔爆破。

（2）限制装药量。

（3）梯段爆破。

（4）预留保护层。

（三）石方开挖的施工程序及工艺

1. 石方开挖的程序

石方开挖工程的施工程序一般有以下几种：

（1）自上而下开挖，先开挖两岸边坡，后开挖基础底板。

（2）自下而上或上下结合开挖。

（3）分期分段开挖。

（4）全断面开挖。

（5）先导洞后扩大开挖。

2. 石方开挖的一般施工工艺

石方开挖的一般施工工序如图4-3所示。

（四）石方开挖中的主要机械设备

用于水利水电工程中石方开挖的主要机械设备，一般有凿岩穿孔机械、挖掘（装载）

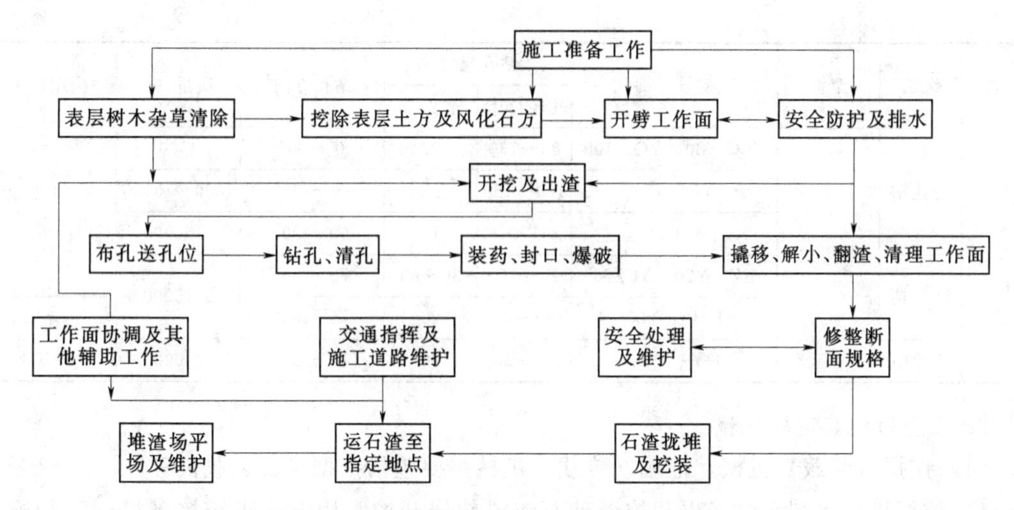

图 4-3　石方开挖的一般施工工序示意图

机械、运输机械和辅助机械四大类。

1. 凿岩穿孔机械

(1) 按照工作机构动力分为风动式、液压式、电动式和内燃式 4 种。其中，液压式凿岩机由于钻孔效率高、能量消耗省、噪音低等优点而得到广泛应用。

(2) 按照破岩方式分为冲击钻、回转钻和冲击回转钻 3 种。单纯的冲击钻目前已很少使用，一般说的冲击钻就是指冲击回转钻。

常用凿岩穿孔机械的主要特性见表 4-34。

表 4-34　　常用凿岩穿孔机械主要特性表

类别	组别	型别	型号举例	钻孔尺寸		钻孔方向	质量/kg	应用范围
				孔径/mm	深度/m			
凿岩机	风动	手持式	Q1-30、Y-24	34～56	4～7	水平、倾斜、向下	20～30	开挖量小、层薄、工作场面窄小、解炮等
		气腿式	YT23、YT26	34～56	5～8	水平、倾斜、向下	23～30	
		向上式	YSP45	34～56			44～45	
		导轨式	YG40、YG290	40～80	1540 4～6	与水平向上成 60°～90°		视工作面而定
	液压	履带式	古河、阿特拉斯、英格索兰系列	76～120	8～10	水平、倾斜、向下	15000	工作面大、开挖量大、梯段高
	电动	导轨式	YYG-80	42	4～7	任意方向	80	开挖量小、层薄、工作面小、解炮等
		手持式、气腿式	YDX40A、YTD25	35～56	4～7	水平、倾斜、向下	25～30	
	内燃	手持式	YN30A、YN25		6	水平、倾斜、向下	23～28	

续表

<table>
<tr><th rowspan="2">类别</th><th rowspan="2">组别</th><th rowspan="2">型别</th><th rowspan="2">型号举例</th><th colspan="2">钻孔尺寸</th><th rowspan="2">钻孔方向</th><th rowspan="2">质量/kg</th><th rowspan="2">应用范围</th></tr>
<tr><th>孔径/mm</th><th>深度/m</th></tr>
<tr><td rowspan="6">穿孔机</td><td rowspan="3">潜孔钻</td><td rowspan="6">履带式</td><td>CLQ-80、YQ-100</td><td>85～130</td><td>20</td><td>0°～90°</td><td>4500</td><td rowspan="4">视工作面而定</td></tr>
<tr><td>YQ-150</td><td>100～150</td><td>18</td><td>60°～90°</td><td>7000～15000</td></tr>
<tr><td>YQ170</td><td>170</td><td>18</td><td>60°～90°</td><td>15000</td></tr>
<tr><td rowspan="2">回转钻</td><td>KZ-Y20、YCZ76</td><td>95～150</td><td>30～60</td><td>70°～90°</td><td rowspan="2">>15000</td></tr>
<tr><td>KHY-200</td><td>190～250</td><td>20</td><td>75°～90°</td><td rowspan="2">矿山、料场开采</td></tr>
<tr><td>牙轮钻</td><td>KY-250C</td><td>225～250</td><td>20</td><td>75°～90°</td><td>84000</td></tr>
</table>

2. 石渣的挖装运输机械

(1) 挖掘（装载）机械。挖掘（装载）机械主要包括挖掘机、装载机等。

1) 挖掘机。水利水电工程开挖爆破石渣或软岩开挖常用单斗正铲挖掘机，一些施工项目也使用反铲、拉铲和抓斗挖掘机。

2) 装载机。装载机是应用较广泛的一种挖装机械，与挖掘机比较，它不仅能挖、装，而且能作集渣、推运、平整起重和牵引等多种作业，具有生产效率高、适用性强、行动灵活等优点。

a. 履带式装载机。稳定性能好，越野性能强，可用于牵引机械。

b. 轮胎式装载机。行动灵活，行驶速度快，易于转移。

(2) 运输机械。水利水电工程石方开挖施工中，运输机械主要是采用自卸汽车，自卸汽车种类繁多，主要是矿山型自卸汽车。应选择越野性能好，爬坡能力强，变速快，重心低，转弯半径小，性能稳定的车型。其他运输机械中，V形斗车、梭车、架子车、皮带输送机、卷扬机等，多用于地下工程开挖出渣。

(3) 辅助机械。石方运输中，多用推土机作为辅助机械，用于集结石料，便于挖装及运输。

(4) 定额中机械配备的原则。概算定额在机械配备中主要考虑以下原则：

1) 挖装运输定额中是按挖掘机效率和汽车效率分别考虑。

2) 定额中汽车吨位按不超载不欠载考虑。

3) 定额中推土机是作为辅助机械，挖掘机一般按3台配1台推土机，装载机一般按2台配1台推土机考虑。

4) 配备机下人员用于拉电缆、清理现场、渣场指挥及其他辅助工作。

(五) 石方开挖中的爆破器材

1. 炸药

(1) 工业炸药的基本要求。工业炸药用量大，主要用于岩土开挖和各类建筑物拆除爆破等工程施工，一般有如下要求：

1) 炸药性能良好，有足够的威力，爆破效果好。

2) 炸药敏感度适中。炸药敏感度过高，安全性能差；敏感度过低，起爆困难，同时容易拒爆，传爆效果差，容易留下残药。

3）物理化学性能稳定，在规定的储存期内不变质和失效。

4）零氧或近似零氧平衡，爆炸后生成的有毒气体量少。

5）防潮和防水性好。

6）原料来源广泛，制造工艺简单，成本低。

（2）常用工业炸药的分类。不同的爆破方法、爆破地点和爆破条件，对炸药性能有不同的要求。例如，露天深孔和洞室爆破，其装药量大，可以采用起爆、传爆性能稍差，但成本低廉的炸药；地下爆破的通风条件差，空间狭窄，这就要求采用有毒、有害气体量少，炸药性能好的炸药；在有瓦斯和矿尘爆炸的地下洞室，应采用爆破温度低，火焰少的炸药。鉴于以上原因，根据爆破地点和爆破条件不同，常将工业炸药分为以下3类：

1）露天炸药，即只允许用于露天爆破的炸药。该类炸药的特点是爆炸性能稍差，允许产生一定量的有毒、有害气体，但成本低。

2）岩石炸药。可以在露天和无瓦斯、矿尘爆炸危险的地下爆破中使用。其特点是炸药性能好，对有毒、有害气体生成量的控制要求较高。

3）安全炸药。可以在有瓦斯、矿尘爆炸危险的地下爆破中使用。该类炸药不仅要求炸药性能好，同时对有毒、有害气体生成量的控制要求较高，而且不能引起瓦斯、矿尘爆炸，也称为煤矿许用炸药。

（3）炸药的威力。我国一般用炸药的猛度和爆速来表示炸药威力的大小，其分类与适用条件见表4-35。

表4-35　　炸药威力与适用条件

炸药威力	猛度/mm	爆速/(m/s)	适用条件
低威力炸药	<10	<3000	软弱岩石
中等威力炸药	10～16	3000～10000	中硬岩石，或硬岩的小直径浅孔爆破
高威力炸药	>16	>10000	坚硬岩石、深孔爆破、光面爆破或预裂爆破

（4）水利水电工程常用炸药。水利水电工程常用炸药主要包括岩石铵梯炸药、乳化炸药、水胶炸药等。

1）岩石铵梯炸药。该炸药在水利水电工程石方爆破定额中作为标准炸药，该炸药的安全性能和爆炸性能都较好，用8号雷管即可引爆。但爆炸后炮烟中有毒气体量较多，新的国家标准已经停止生产和使用，岩石铵梯炸药的性能见表4-36。

表4-36　　岩石铵梯炸药性能表

指标	炸药名称				
	1号岩石铵梯炸药	2号岩石铵梯炸药	2号抗水岩石铵梯炸药	3号抗水岩石铵梯炸药	4号抗水岩石铵梯炸药
水分/%	≤0.3	≤0.3	≤0.3	≤0.3	≤0.3
密度/(g/cm³)	0.95～1.1	0.95～1.1	0.95～1.1	0.95～1.0	0.95～1.1
猛度/mm	13	12	12	10	14
做功能力/mL	350	320	320	280	360

续表

指标		炸药名称				
		1号岩石铵梯炸药	2号岩石铵梯炸药	2号抗水岩石铵梯炸药	3号抗水岩石铵梯炸药	4号抗水岩石铵梯炸药
殉爆距/cm	浸水前	6	5	5	4	8
	浸水后			3	2	4
爆速/(m/s)			3600	3750		

2）乳化炸药。该炸药油包水（W/O）型结构，即经过乳化制成油包水型的乳脂状混合炸药，其中水相物质呈分散状态均匀分布在油相物质中，从而保证炸药组成均匀、性能稳定。

乳化炸药的密度为1.05～1.35g/cm^3，呈乳白色、淡黄色或银灰色。其特点是爆炸性能好，威力大，爆轰感度较高（用8号雷管即可引爆），而机械感度低（安全性能较好），有良好的抗水性能；成分中不含有毒物质，炮烟中有毒气体量较少；原料来源广泛，加工工艺简单，成本低。适用于露天和地下爆破，是目前有水条件下最常采用的炸药。目前生产的几种乳化炸药的性能见表4-37。

表4-37　　乳化炸药性能表

指标	炸药名称							
	EL系列	CLH系列	SB系列	RJ系列	WR系列	MRB型	岩石型	煤矿许用
爆速/(km/s)	4～5.0	4.5～5.5	4～4.5	4.5～5.4	4.7～5.8	4.5（ϕ38）	3.9	3.9
猛度/mm	16～19		15～18	16～18	18～20	16～18	12～17	12～17
殉爆距/cm	8～12		7～12	＞8	5～10	5～8	6～8	6～8
储存期/月	6	＞8	＞6	3	3	6	3～4	3～4

3）水胶炸药。该炸药是在浆状炸药的基础上发展起来的抗水硝铵类炸药，它克服了浆状炸药感度低的缺点。具有抗水性能和安全性能好，密度大（适用水下），爆炸威力大等特点。常用的几种水胶炸药性能见表4-38。

表4-38　　水胶炸药性能表

指标	炸药名称						
	SHJ-K_1	SHJ-K_2	SHJ-K_3	SHJ-S	W-20	1号	3号
爆速/(km/s)	3.5	3.5	3.4	3.5	4.1～4.6	3.5～4.6	3.6～4.4
猛度/mm	15	14	12	14	16～18	14～15	12～20
殉爆距/cm	8	8	5	5	6～9	7	12～25
做功能力/mL	340	300	280	300	350		330
储存期/月	6	6	6	6	3	12	12
适用范围	坑道坚硬岩石爆破	坑道中硬岩石爆破	二级瓦斯矿煤层爆破	深水或深孔爆破			

(5) 定额中炸药换算。水电工程石方爆破定额：岩石明挖按2号岩石铵锑炸药作为标准炸药拟定，地下（洞井）开挖按4号抗水岩石铵锑炸药作为标准炸药拟定；由于2号岩石铵锑炸药和4号抗水岩石铵锑炸药已经停止生产，所以，采用乳化炸药，定额炸药用量需按定额规定乘以1.10～1.15的换算系数。

2. 起爆材料

用于石方开挖中的起爆材料有导火索、导爆索、塑料导爆管、雷管、导线等。

(1) 导火索。导火索是一种以黑火药为药芯，外面缠有棉、麻纤维和防潮层的绳索状点火材料。它的用途是在一定时间内将火焰传给火雷管使之引爆炸药。

(2) 导爆索。导爆索是一种以黑索金或钛铵炸药为芯药的绳索状的起爆材料，用以传递爆轰波，起爆药包。

(3) 塑料导爆管。塑料导爆管是以奥克托金炸药涂在内壁的中空塑料细管，它的作用是传递爆轰波。

(4) 雷管。雷管是起爆系统的主要元件之一，起引爆炸药的作用。雷管的分类见表4-39。

表4-39 雷管分类表

分类			用途
火雷管			用于火炮
电雷管	瞬发电雷管		用于一般电爆网路
	延期电雷管	秒延期	用于以秒延期计算的间隔分段爆破
		毫秒延期	用于毫秒微差爆破
	抗杂电雷管		用于有杂散电流危害的施工区域
	电磁雷管		用于安全和防水要求较高的施工区域
继爆管	单向继爆管（单向继爆）		组织微差导爆索网络
	双向继爆管（双向继爆）		组织微差导爆索网络
导爆管雷管	瞬发雷管		用于塑料导爆管系统爆破
	毫秒雷管		用于高精度微差爆破

3. 爆破用设备和仪器

爆破用设备和仪器主要有电容式起爆器、线路电桥、爆破用欧姆表、杂散电流仪、装药车及装药器等。

二、石方开挖的定额与工程量计算

(一) 定额

1. 计量单位

石方开挖工程定额中的计量单位除注明者外，均按自然方计量。

定额中石方开挖及石渣运输等均以“自然方”为计量单位；预裂爆破是以设计需要预裂面的布孔钻孔深度“m”作为计量单位；防震孔、插筋孔以布孔钻孔深度“m”作为计量单位；反井钻机钻导井以成井中心线长度“m”作为计量单位。

2. 定额计算量

与土方工程中介绍的一样，这里不再赘述。

（二）工程量计算

1. 工程量计算的原则及方法

石方开挖工程量计算的原则及方法，基本上与土方开挖的工程量计算原则及方法相同。但增加以下内容：

（1）基础石方开挖的预裂爆破钻孔或保护层石方开挖的工程量，应按工程地质及水工、施工设计等条件计算。

（2）地下工程石方开挖，必须按光面爆破的施工方法计算工程量。

（3）施工超挖量的计算，必须结合工程地质及施工方法，严格按施工技术规范的控制数执行。

（4）施工附加量的计算，必须按工程设计布置、施工技术措施及施工方法，认真分析计算。

2. 石方开挖工程量的计算公式

（1）明挖石方工程量计算公式与土方开挖工程量的计算公式基本相同，这里不再赘述。

（2）地下工程石方工程量计算公式。地下工程形体式样很多，其断面主要有圆形、城门洞形、马蹄形以及其他不规则形状。工程量的计算可参考有关技术资料及设计体形图分析计算，这里不再介绍。

三、石方工程的分类

石方工程主要包括一般石方、一般坡面石方、沟槽石方、坑石方、基础石方、基础坡面石方、平（斜）洞石方、平（斜）井石方、地下厂房石方和石渣运输等。根据现行概（预）算定额，石方工程的项目划分如下：

（1）一般坡面石方开挖。一般坡面石方开挖指坡面设计倾角大于20°、垂直于设计面的平均厚度不大于5m的石方开挖。

（2）沟槽石方开挖。沟槽石方开挖指沟槽底宽不大于7m，两侧呈垂直或有边坡的条形石方开挖工程，如渠道、截水槽、排水沟、地槽等。底宽超过7m，宽深比不小于1的按“一般石方开挖”定额计算；宽深比小于1的按“沟槽（底宽4～7m）石方开挖”定额计算。

（3）坑石方开挖。坑石方开挖指坑口（上部）面积不大于200m^2，深度不大于上口短边长度或直径的石方开挖工程，如机座基础、集水坑、墩柱基础开挖等。

（4）基础坡面石方开挖。基础坡面石方开挖指坡面设计倾角大于20°、垂直于设计面的平均厚度不大于5m的坡面基础石方开挖工程，如混凝土坝、水闸、排沙闸等建造在岩基上的两岸边坡石方开挖。

（5）基础石方开挖。综合了坡面和底部石方开挖，适用于不同开挖深度的底部基础开挖工程，如混凝土坝、水闸、厂房、溢流堰、消力池等基础石方开挖。基础石方开挖定额应根据设计开挖线的垂直平均深度选用定额。

（6）一般石方开挖。除前述一般坡面石方、沟槽石方、基础坡面石方和基础石方等以外的明挖石方均属一般石方，如岸边开敞式溢流道、渠道进水口、护坦、海漫等石方开挖。

（7）平洞石方开挖。平洞石方开挖是指洞轴线与水平夹角不大于6°的地下洞挖。

（8）斜洞石方开挖。斜洞石方开挖是指洞轴线与水平夹角为6°～25°的地下洞挖。

（9）斜井石方开挖。斜井石方开挖是指洞轴线与水平夹角为25°～75°的地下洞挖。

（10）竖井石方开挖。竖井石方开挖是指洞轴线与水平夹角大于75°、深度大于上口短边长度或直径的地下洞挖。如调压井、闸门井等石方开挖工程。

（11）地下厂房石方开挖。地下厂房石方开挖是指地下厂房、窑洞式厂房、主变洞、调压室、地下开关站等的开挖。

（12）石渣运输。石方开挖出渣运输分为明挖及洞外石渣装载运输、洞内装载运输。

（13）其他。预算定额中还有保护层石方开挖、预裂爆破、钻防震孔（或插筋孔）、基岩面整修及反井钻机钻导井等项。

四、石方开挖单价编制

石方开挖一般由钻爆、通风（地下工程）、出渣等组成。石方开挖包括的钻爆、出渣单价，一般是合并为一个综合单价计算，也可以分别计算钻爆、挖运单价。按现行《水电工程设计概算编制规定》，地下工程通风不计入石方（洞、井）开挖单价，计入枢纽工程第一部分施工辅助工程中的其他施工辅助工程。

（一）编制石方开挖单价的步骤

第一步：收集本工程技术资料、工程设计资料，主要包括开挖部位特点、工程地质及水文地质、岩石级别、围岩类别、出渣道路资料等。

第二步：了解施工组织设计资料，重点掌握施工强度、施工技术措施和工艺、设备配置、运输条件。

第三步：根据掌握的以上资料和本工程基础资料，合理选用钻孔定额和挖运定额。

第四步：根据选用定额和掌握的现场条件资料，对与定额工作内容等不相符的部分进行调整，并结合项目工程单价取费费率标准，最终计算出石方开挖单价。

1. 应掌握收集的技术资料

影响石方开挖运输工程单价的因素很多，注意掌握和收集这些资料很重要，否则编制的单价就可能不合理。所以，编制工程单价应首先掌握如何收集技术资料，除本章第二节土方工程中讲述的外，石方开挖工程还应掌握收集的技术资料主要有以下方面：

（1）工程范围内的区域地质、开挖岩体的工程地质及水文地质资料，如断层分布、节理、裂隙发育情况、地下水位、渗透水率等资料。

（2）开挖岩体的物理力学性质，如岩石的可钻性、容重、极限抗压强度、软化系数及其他必需的试验资料。

（3）石方开挖的分布、部位、高程、结构尺寸及形状等。

（4）高边坡设计的参数和资料。

（5）地下洞室开挖的围岩类别。

(6) 各部位施工方法及技术措施。

(7) 出渣道路有关的资料，如装卸车场条件，路面、弯道、坡度、里程等资料。

(8) 工程环保、水土保持等对石方开挖、运输、石渣堆存的要求等。

2. 水工工程设计有关资料

(1) 了解工程项目设计概况、熟悉设计图纸、掌握设计意图，包括以下各项：

1) 石方开挖的分布、部位及高程。

2) 石方开挖各部位的尺寸及形状。

3) 石方开挖、各部位运输、各类别岩石的工程数量等。

(2) 对石方开挖、运输的要求。

1) 开挖边坡的安全要求。

2) 弃渣的堆存要求。

3) 工程环保、水土保持的要求等。

3. 施工设计有关资料

(1) 施工进度、强度。

1) 施工时段。

2) 施工强度大小、施工干扰多少、工期紧迫与否等情况。

(2) 施工方法与措施。

1) 施工技术措施和工艺［保护层（或控制爆破）设置要求、梯段高度，分层施工断面、导洞（井）和溜渣井设置等］。

2) 挖装运输方式。

3) 开挖过程中采取的特殊措施。

(3) 场内交通。

1) 场内各种交通设施布置状况。

2) 路面、弯道、坡度、里程等有关资料。

3) 装卸车条件、施工场地条件、弃（回采）渣场条件等。

(二) 编制石方开挖单价应遵循的原则

(1) 含有大孤石的堆积体的清理，不得按石方开挖计算，可参照本章第一节土方工程和需爆破大孤石比例，单独编制综合工程单价。

(2) 若天然岩体已经全风化或强风化岩体（可以直接挖除的），不得按石方开挖计算。

(3) 分建筑物的开挖部位编制单价。

(4) 分岩石级别Ⅴ～ⅩⅣ级编制单价。

(5) 分不同的施工工艺和技术要求编制单价。

其他各项应遵循的原则，与本章第二节土方工程中讲述的原则 (5) ～ (12) 相同。

(三) 编制石方开挖单价应注意的问题

1. 采用现行概算定额编制石方开挖工程概（估）算单价应注意的问题

(1) 石方开挖各节定额中的人工、材料、机械均包括了允许的超挖量和合理的施工附加量的用工、材料及机械的消耗量。使用概算定额时，不得另行计算超挖量和施工附加量。

（2）各节石方开挖定额，均已按各部位的不同要求，根据规范的规定，分别考虑了保护层开挖、预裂爆破、光面爆破等措施。编制概算单价时一般不调整。

（3）一般石方和坡面一般石方开挖的划分，主要区别是设计倾角的大小和开挖的平均厚度。坡面一般石方开挖适用于设计倾角在20°以上，且开挖的平均厚度在5m以内；若设计倾角小于20°或者虽大于20°，但开挖平均厚度大于5m的，则属一般石方开挖。坡面一般石方开挖和一般石方开挖主要区别是坡度，开挖层布置影响工效，而且爆破后的岩石滞留在坡面上需要做大量的翻渣清理工作。

（4）概算定额编制的斜洞石方开挖定额仅适用于洞轴线与水平夹角为6°～10°，对洞轴线与水平夹角为10°～25°的斜洞石方开挖工程，按25°～45°的斜井石方开挖定额人工乘以0.92的系数，机械设备中的钻孔设备乘以0.95的系数。

（5）基础石方和基础坡面石方开挖定额应根据设计开挖线的垂直平均深度选用；明挖石方定额中的开挖梯段高度是综合考虑的，使用定额时不需调整。

（6）石方开挖定额的计量，应按工程设计开挖的几何轮廓尺寸计算，根据施工技术规范规定允许的超挖量及必要的施工附加量所消耗的人工、材料、机械的数量和费用等均已计入概算定额。

（7）表4-33岩石分级表中的极限抗压强度，是指岩石饱和单轴抗压强度，不能单纯按它来确定岩石级别，还应考虑石方开挖的施工条件，岩石的干抗压强度，地下、地表水情况，岩体的节理裂隙发育程度等因素综合分析确定。

（8）岩石级别调整系数。如实际施工中遇到ⅩⅣ级以上的岩石，可按相应定额中的ⅩⅢ～ⅩⅣ级岩石的定额乘以表4-40的系数进行调整。

表4-40　　ⅩⅣ级以上岩石开挖定额调整系数表

项目	调整系数		
	人工	材料	机械
风钻为主定额	1.3	1.10	1.40
潜孔钻为主定额	1.15	1.20	1.20
液压钻、多臂钻为主定额	1.18	1.10	1.20
地质钻为主定额	1.15	1.10	1.20

（9）地下石方开挖定额（反井钻机钻导井除外），是按水利水电地下工程围岩工程地质特征Ⅰ～Ⅲ类围岩类别拟定。在Ⅳ～Ⅴ类围岩地质条件开挖时，按表4-41的系数调整定额。

表4-41　　地下石方开挖定额（围岩Ⅰ～Ⅴ类）调整系数表

围岩类别	Ⅰ～Ⅲ	Ⅳ	Ⅴ
人工	1.00	1.10	1.25
钻头、钻杆	1.00	0.90	0.85
炸药	1.00	0.95	0.90
风（潜孔）钻	1.00	1.10	1.20
凿岩台车（液压履带钻）	1.00	1.05	1.15

（10）石方工程定额中的人工，指完成该定额子目工作内容所需的人工消耗量，包括主要用工及辅助用工，按技术等级分别列示。石方开挖定额中的人工包括：

1）风钻人工。

2）爆破人工（炮工）：加工炸药、运输、装药、放炮、检查。

3）翻渣、清理人工。

4）拉电缆人工。

5）修整断面人工（一般石方开挖不计）。

6）安全工（安全检查、撬顶人工）。

7）修洗钻工（风钻使用后的清洗）。

8）零星用工：含值班、挖排水沟、搭拆简易脚手架、小马道、挖运炮泥、搬运回收钢钎等。

（11）石方开挖定额中所列的“合金钻头”是指风钻（手持式、气腿式）用的钻头，“钻头”指凿岩台车用的钻头。合金钻头数量已经考虑钻头重复使用。

（12）石方开挖定额中的其他材料费是指除定额中已列示的炸药、雷管、导电（火）线、导爆管（索）、钻头以外的材料及零星材料费，包括：

1）简易零星的脚手架、排架、操作平台、棚架、漏斗（除施工辅助工程中的其他施工辅助工程及其他直接费中应计列之外的）等的搭拆摊销费，如木材、脚手杆、马道板、铅丝、麻绳、铁钉、扒钉、螺栓等。

2）炸药加工及放炮用的辅助材料，如皮线、胶质线、塑料线、导火线、燃香、火柴、沥青、石蜡、炮棍、炮泥、火碱、食盐、硼砂、焦炭、胶布等。

3）钻头加工、钻杆等材料，如焊锡、焊药、黄铜、铅、锌、氯化钡、煤、焦炭、钻杆、空心钢、冲击器等。

4）地下工程石方开挖工作面内的照明用电。

5）其他，如白灰、滑石粉、机油、黄油、皮管、胶布管、夹皮胶管等次要材料费，按占主材费用的百分数计算。

（13）石方开挖定额中的其他机械使用费。定额中的机械指完成该定额子目工作内容所需的机械消耗量，由主要机械和次要机械组成，主要机械以台（组）时表示，次要机械以其他机械使用费的形式出现，其他机械使用费按占主要机械的百分数表示。其他机械使用费指风钻施工中的修钎设备、用于场内运输的载重汽车及数量不大的一些零星机械等。

（14）石方开挖定额子目中“石渣运输”数量，已包括完成每一定额单位有效实体所需增加的超挖量、施工附加量及施工损耗的数量，为统一表现形式，编制概算单价时，一般应根据施工设计选定的运输方式，按上述定额规定的每立方米石渣运输数量分别乘以相应石渣运输定额中的人工、机械、其他机械使用数量直接进入石方开挖概算单价，也可按石渣运输量乘以每立方米石渣运输费用（但不应计取费率）计入单价。

（15）运输距离的确定及定额选用中应注意的问题。

1）运输距离是指从开挖区重心至卸料区重心的全程距离。

2）对一个开挖工作面有几条运输路线而运输长度又不一样时，可按工程量比例算出综合平均运距。

3）石方开挖定额中汽车运输仅适用于距离小于10km的短途运输。当运距超过10km时，应按场外运输和当地的市场运价计算运输费用。

4）汽车运输定额，已考虑水利水电工程施工路况，使用时不再另计高差折平和路面等级系数；人力挑抬和人力胶轮车运输定额，如施工道路有坡度，应考虑坡度折平系数。

5）地下工程开挖石渣运输，洞内运距按工作面长度一半距离计算，如从洞内到洞外连续运输，洞内部分执行洞内运输定额，洞外部分采用洞外增运定额。

2. 采用现行预算定额编制石方开挖工程概（估）算单价应注意的问题

（1）石方开挖各节定额中的人工、材料、机械，未计超挖量及施工附加量，使用预算定额时，应另行按有关规定及工程实际资料加计。

（2）若必须采用预算定额编制概（估）算单价时，除应按有关规定乘扩大系数外，还应按工程各部位的不同要求，分别计算一般坡面、沟、槽、洞、井等石方开挖单价，此外还必须分析计算保护层开挖、预裂爆破、光面爆破等工程单价。

（3）石方开挖定额中的炸药、雷管、导爆线等火工产品的规格及品种，按预算定额的规定计列。

（4）石渣汽车运输，场内施工道路的路况，应按预算定额说明的路面面层、线路纵坡、路线弯道、路面宽度等路况调整系数调整相应定额；人力挑抬和人力胶轮车运输定额，如施工道路有坡度，应考虑坡度折平系数。

（四）石方开挖工程中的超挖量及附加量

1. 超挖及施工附加量的产生

（1）超挖产生的原因。石方开挖中，因为实际量测和钻孔的操作中，常产生某些偏斜及误差；火工产品及岩体的性状的差异等原因，石方开挖工程施工中几乎是不可避免地要发生超挖，但应限制在一定范围内。用手持风钻在周边钻孔时需要有一个最小的钻孔操作距离，一般约为10cm，如图4-4所示。

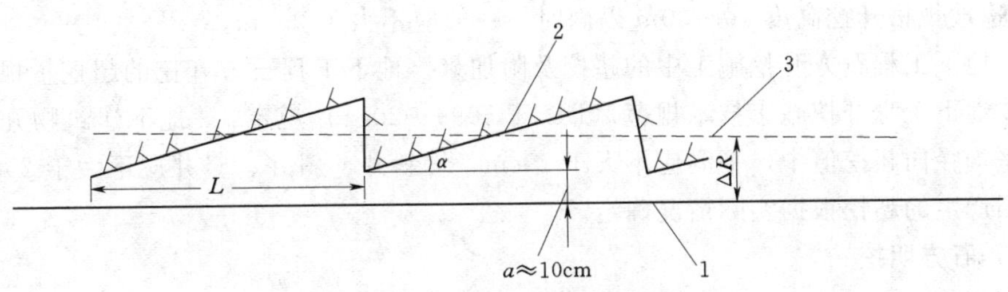

图4-4　实际开挖边线示意图

1—设计边线；2—实际开挖线；3—平均超挖线

平均超挖值按下式计算：

$$\Delta R = a + 0.5L\tan\alpha$$

式中：ΔR为平均超挖值，cm；a为钻机离边线的最小操作距离，cm；L为一次进尺长度，cm；α为钻杆偏角。

按一般规定，开孔的孔位误差不大于5cm，每米钻孔斜率不大于5cm。当炮孔深度超过4m时，应采取减少超挖的措施。

为了减少超挖和降低工程造价，目前国外多按“宁欠毋超”的办法进行施工，开挖过程中，加强断面监测，并及时处理个别欠挖部位，修整开挖断面，可获得良好经济效果。

超挖量与设计开挖工程量的比值即为超挖百分率，断面越小，超挖百分率越大。

(2) 施工附加量指为满足施工需要而必须额外增加的工作量，主要包括：

1) 因洞井开挖断面小，运输不方便，需部分扩大洞井尺寸而增加的错车道工程量。

2) 在放炮时，施工人员及设备需要躲藏的地方而增加的工程量。

3) 存放工具需要增加的工程量。

4) 洞内需要照明，需要存放照明设施而扩大断面增加的工程量。

5) 设置临时的排水沟。

6) 为开挖创造条件而开挖的工作平台。

7) 为交通方便而开挖的零星施工便道。

施工附加量因建筑物的类别及形式而异，如小断面隧洞施工附加量大，而大断面施工附加量相对来说则很小，具体计算时，应根据实际资料进行分析确定。施工附加量与设计断面工程量的比值一般称为施工附加量百分率。如定额中断面 $10m^2$ 平洞的施工附加量约为 6%。

2. 超挖量及施工附加量

现行概算定额石方开挖工程中的超挖量是根据《水工建筑物岩石基础开挖工程施工技术规范》(DL/T 5389—2007) 及《水工建筑物地下工程开挖施工技术规范》(DL/T 5099—2011) 的规定分析计算；施工附加量则主要是根据工程设计施工详图资料统计分析数计列。

(1) 石方明挖工程的施工超挖量及施工附加量。根据《水工建筑物岩石基础开挖工程施工技术规范》(DL/T 5389—2007) 规定，最大允许误差符合下列规定：

1) 平面高程一般应不大于 0.2m。

2) 边坡规格开挖高度 8m 以内时，一般应不大于 0.2m。

3) 边坡规格开挖高度 8～15m 以内时，一般应不大于 0.3m。

4) 边坡规格开挖高度 16～30m 以内时，一般应不大于 0.5m。

(2) 地下工程石方开挖施工中的超挖及附加量。地下工程石方开挖的超挖量根据《水工建筑物地下工程开挖施工技术规范》(DL/T 5099—2011) 规定："地下建筑物开挖不宜欠挖，平均径向超挖值中，平洞应不大于 20cm，缓斜井、斜井、竖井应不大于 25cm。因地质原因产生的超挖根据实际情况确定。"

(五) 石方明挖

1. 单价的项目划分

明挖单价要根据岩石级别、工程部位、施工方法来划分；不同的岩石级别和不同的工程部位，应按照不同的施工方法来计算开挖单价。如大坝工程基础开挖，可按覆盖层开挖、河床石方开挖、坡面石方开挖、基础石方开挖等。

2. 对现行概算定额中有关石方工程的说明

(1) 一般石方开挖和坡面一般石方开挖的区别，见本章有关条文说明。

(2) 概算定额中的基础石方开挖，为综合定额。它综合了一般石方开挖、底部保护层石方开挖、预裂爆破、基岩面修整等，编制概（估）算单价，一般情况下，可不做调整。

(3) 概算定额中的坡面基础石方开挖，为综合定额。它综合了坡面一般石方开挖和坡面保护层石方开挖、基岩面修整等。

（4）编制明挖石方单价应说明的其他问题，见概算定额章节有关条文说明。

（六）地下工程开挖

1. 地下工程施工的特点

水利水电站地下建筑物施工，一般系指在岩体地下修建水工建筑物，主要是在地面以下进行，它直接受到工程地质、水文地质和施工条件的制约，因而往往是整个枢纽工程中控制施工进度的主要项目之一。地下工程施工与露天作业差别很大，主要有以下几个特点：

（1）施工作业空间相对有限，工序交叉多，施工干扰比较大。在长隧洞施工中，往往由于施工进度要求，需要开挖施工支洞以增加工作面。

（2）如采取钻爆施工，钻孔、爆破、出渣等工序在同一个工作面常表现为周期性的循环。

（3）地下工程的施工，岩石是成洞开挖对象，开挖后又是支护对象，这就需要在充分了解围岩性质和合理运用洞室体形特征，以发挥围岩的自稳能力，既可保证施工安全，又可节省支护工程量。

（4）由于地质条件的不稳定性，施工过程中需要根据围岩情况的变化，相应调整设计，及时采取有效的支护措施，因此，设计、施工和围岩观测应始终密切相结合。

（5）地下建筑物属隐蔽工程，因此，工程的施工质量必须按规范和设计要求，一次达标。

（6）地下工程施工基本不受外界气候影响，但洞室内劳动条件较差，安全问题比较突出。遇到不良地质地段往往会发生塌方、逸出有害气体和涌冒地下水等突发事件，对此施工中必须备有充分的应急措施。

2. 地下工程开挖施工方法

（1）平洞施工方法主要包括全断面开挖、台阶法开挖、先导洞扩挖法等。

1）全断面开挖。其适用范围随着施工机械的发展而变化，洞径在10m以下，一般可优先采用全断面开挖方法。其优点为有利于与永久支护流水作业，有利于采用大型机械设备，能充分发挥加大孔深爆破作用，工效高，进度快。

2）台阶法开挖。《水工建筑物地下开挖工程施工技术规范》(DL/T 5090—1999) 规定，洞径或洞高在10m以上，应采用台阶法开挖。

3）先导洞扩挖法。这种施工方法在下列情况下开挖隧洞时适用：

a. 地质条件复杂，需要进一步查清时。

b. 为解决通风、排水和运输时。

c. 断面大、长度短、机械化程度较低时。

（2）竖井及斜井施工方法主要包括以下几种：

1）自上而下全断面开挖。

2）先贯通导井后自上而下进行扩挖。

3）自下而上全断面开挖。

4）混合式开挖。

（3）地下厂房施工方法为分部开挖，先打导洞再扩大至设计断面，有上导洞、中导洞、下导洞、双导洞等。

3. 地下工程石方项目划分

地下工程石方开挖单价编制的项目应按下列原则划分：

(1) 分平洞、斜井、竖井、地下厂房等地下建筑物。

(2) 分工程部位的不同设计断面尺寸。

(3) 分不同的岩石级别。

(4) 分不同的围岩类别。

(5) 分不同的开挖方法等。

4. 地下开挖单价的编制

(1) 平（斜）洞石方开挖单价。现行平（斜）洞石方开挖定额是按风钻钻孔、多臂凿岩台车（2～4臂）钻孔拟定的。计算概算单价时应根据设计选定的施工方法选用。

开挖定额是按全断面钻孔、光面爆破编制，若采用先导洞开挖，应将导洞开挖和扩挖分别编制，然后按断面面积比例编制综合开挖单价。

平洞石方开挖按其掏槽方式有扇形掏槽、楔形掏槽、锥形掏槽、直孔掏槽。概算定额中多臂液压凿岩台车钻孔开挖定额中已综合考虑了掏槽和扩挖的各种消耗。定额中的大直径钻头（ϕ100～102）即为中空孔掏槽用钻头，ϕ45～48 钻头即为扩挖钻头。定额中的液压平台车作为多臂钻车的配套设备，主要用于人工装药兼作撬挖、通风管等的工作平台。

(2) 竖井和斜井石方开挖单价。井的高度一般较高，断面较小，开挖比平洞困难，通常先挖导井然后扩大开挖。

1) 竖井石方开挖单价。现行概算定额中主要有风钻钻孔、爬罐开导井和反井钻机钻导井 3 种型式。

a. 风钻钻孔：采用风钻钻孔，普通钻爆法先打导井，然后扩大进行开挖，分正导井和反导井两种情况，使用时，根据设计的断面面积采用插入法选择定额即可。

b. 爬罐开导井：适用于上部没有通道的盲井或深度大于 50m 的竖井，自下向上利用爬罐上升，手风钻钻孔、浅孔爆破，下部出渣；导井形成后风钻自上而下进行扩挖，使用时，根据设计的断面面积采用插入法选择定额即可。

c. 反井钻机钻导井：定额制定是按 1.2m、1.4m 、2.0m 3 种导洞直径拟定，导井形成后风钻自上而下进行扩挖，使用时，根据设计的断面面积采用插入法选择定额即可。

反井钻机是一种新型的开孔、扩孔设备，对于较长的竖井尤为适用。由江苏苏南煤矿研制的 LM 系列反井钻机，采用全液压驱动，结构紧凑，重量轻，功率省，操作方便，是一种理想的开孔、扩孔设备。该设备设计寿命为 3000～4000m，在岩石较好的情况下（无破碎或断层等），只需清水冲渣，如果岩石破碎裂隙发育，就需要泥浆冲渣（配置 1 台泥浆泵即可），在正常情况下导孔 0.5～1h/m，扩孔 2～3h/m。该类型反井钻机在四川大桥水库、二滩水电站、三峡工程以及北京十三陵水库施工应用中，均收到较好效果。

2) 斜井石方开挖单价。现行概算定额中斜井按 25°～45°及 45°～75°分别拟定，其导井系按风钻开挖、爬罐开导井或反井钻机钻导井施工拟定，导井形成后按风钻进行扩挖拟定，编制思路与竖井一致，由于斜井施工难度较竖井大，因此，同断面开挖中，斜井开挖的人工、材料、机械消耗均较竖井大。

(3) 地下厂房石方开挖单价。地下厂房属大断面洞室，且因其结构有别于一般的洞

室，因此其开挖一般分为拱顶、厂房中部、蜗壳尾水管三大部分。

在围岩较好的情况下，可先开挖厂房顶拱，其开挖方法与大断面平洞开挖相似，然后利用交通通道采取分层台阶法开挖剩余部分，蜗壳尾水管部分可按平洞开挖方法考虑。现行概算定额已将顶拱石方开挖、岩壁梁石方开挖、中下部石方开挖、底部石方开挖、基岩面修整综合在一起后形成综合定额，只是根据主要钻孔机械分为按潜孔钻钻孔、多臂液压凿岩台车、液压履带钻钻孔等定额。实际运用中应根据主要钻孔机械选用相应定额。

（七）石方运输单价

石方开挖出渣运输方式主要有以下方案：

（1）人力运输。人力运输主要包括人工挑抬、人工推斗车、人工推胶轮车等，适用于工程量不大、工作面（或交通）限制，运输距离短的比较特殊施工条件。其主要缺点是劳动强度大，效率低。

（2）自卸汽车运输。该施工方法在水利水电工程采用最广泛，它对施工场地适应性强，只要能够有一定的场地足以转换方向即可，它不仅适合露天运输，同时还适用于洞（井）运输。自卸汽车运输效率较高，劳动强度也不大。其唯一缺点就是要布置交通通道才能够实现，常用的有公路、隧道、桥梁、卷扬机道等。

（3）机车运输。该施工方法可以在特定的条件下使用，具有运输成本低廉的特点，如电瓶车可供洞（井）出渣运输，内燃机车可供长距离的石料运输。其主要缺点是运输通道专用性强，费用高，当工程量不是足够大时，往往不经济。

在编制石方运输单价时，应作运输方案比较，选择最优方案以节省运输费用。

五、案例

【例 4-3】

（一）工程设计及施工技术条件

某工程引水隧洞长 3500m，隧洞岩石为石灰岩，天然容重为 2650kg/m^3，抗压强度为 1150kg/m^3，隧洞沿线无大的地质构造，隧洞围岩工程地质分类为Ⅱ类，岩石级别判为Ⅹ级；隧洞为圆形断面，设计衬砌后隧洞过水断面直径为 8m，混凝土衬砌厚度为 70cm，根据规范规定隧洞超挖按 20cm 考虑；隧洞开挖采用钻爆法施工，拟用三臂液压凿岩台车钻孔，4m^3 装载机配 15t 自卸汽车出渣，在隧洞中部设有一施工支洞，支洞洞长 350m，由隧洞两端工作面和支洞进口的两个工作面开挖，如图 4-5 所示，根据如下已知条件编制该隧洞石方开挖概算单价。

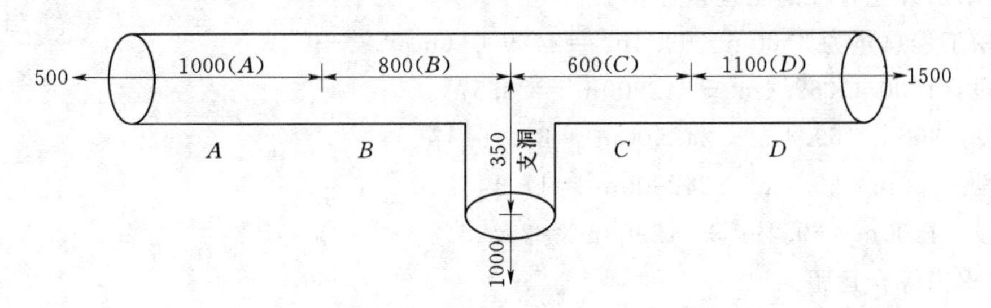

图 4-5　工作面长度及洞外运距示意图（单位：m）

（二）已知条件

已知的基础资料见表4-42。

表4-42　　算例基础资料表

项目	单位	单价/元	备注	项目	单位	单价/元	备注
一、工资（四类边远地区）				三、机械台时费			
高级熟练工	工时	14.95		装载机$4m^3$	台时	487.41	
熟练工	工时	11.24		推土机88kW	台时	171.56	
半熟练工	工时	8.92		凿岩台车液压三臂	台时	785.55	
普工	工时	7.45		液压平台车	台时	184.14	
二、材料预算价格				自卸汽车柴油型15t	台时	195.58	
乳化炸药	kg	7.03	猛度14	四、取费标准			
雷管非电毫秒	个	2.5		其他直接费率	%	7.60	
导爆管	m	0.35		间接费率	%	20.56	
钻头ϕ45～48	个	610		企业利润率	%	7.00	
钻头ϕ100～102	个	2500		税金	%	3.28	

（三）解答

1. 求开挖断面面积

根据已知条件，该圆形隧洞的设计开挖断面面积为

$$[\pi(8+0.7\times2)^2]\div4=69.4\ (m^2)$$

2. 选择开挖定额

因该隧洞岩石为石灰岩，岩石级别为X级，采用三臂液压凿岩台车钻孔，设计开挖断面面积为$69.4m^2$，故应选择（2007）概算定额20453号和20458号内插计算。

3. 选择石渣运输定额

（1）求出石渣运输洞内、洞外运距。

1）求出开挖各段的洞内、洞外运距。

A段：由左向右开挖，洞内运距为1000÷2＝500（m），洞外运距为500m。

B段：由右向左开挖，洞内运距为350＋800÷2＝750（m），洞外运距为1000m。

C段：由左向右开挖，洞内运距为350＋600÷2＝650（m），洞外运距为1000m。

D段：由右向左开挖，洞内运距为1100÷2＝550（m），洞外运距为1500m。

2）求出开挖各段的工程量比例。

开挖工程总量为$3500m\times69.4m^2=242900\ (m^3)$。

A段：$1000m\times69.4m^2\div242900m^3=28.57\%$。

B段：$800m\times69.4m^2\div242900m^3=22.86\%$。

C段：$600m\times69.4m^2\div242900m^3=17.14\%$。

D段：$1100m\times69.4m^2\div242900m^3=31.43\%$。

3）求出综合运距。

洞内运距：$500\times28.57\%+750\times22.86\%+650\times17.14\%+550\times31.43\%=599$

(m)，采用 600m。

洞外运距：500×28.57%+1000×22.86%+1000×17.14%+1500×31.43%=1014(m)，采用 1000m。

故该平洞开挖石渣运输综合运距为洞内 600m，洞外增运 1000m。

计算结果见表 4-43。

表 4-43　　石渣运输距离计算表

项目＼开挖区段	A段	B段	C段	D段	项目＼开挖区段	A段	B段	C段	D段
各开挖段长/m	1000	800	600	1100	洞外运距/m	500	1000	1000	1500
工程量比例/%	28.57	22.86	17.14	31.43	洞内综合运距/m	600			
洞内运距/m	500	750	650	550	洞外综合运距/m	1000			

故石方出渣由 $4m^3$ 装载机装 15t 自卸汽车洞内运输 600m，洞外增运 1000m 计算。

(2) 选择石渣运输定额。根据上述开挖洞内、外运距的计算结果和设备配置情况，选择（2007）概算定额为［21370］，洞外增运部分定额为［21374］×2（定额是按每增运 0.5km 计量），由于运输定额不含施工超挖和施工附加量，［20453］定额的施工超挖和施工附加量系数为 1.12，［20458］定额的施工超挖和施工附加量系数为 1.08，故综合后应乘以系数 1.11（1.12×0.765+1.08×0.235）。

4. 单价计算

根据已知条件，将开挖和运输综合计算，计算结果详见表 4-44。故该隧洞石方开挖单价为 104.07 元/m^3。

表 4-44　　隧洞石方开挖单价分析表

定额编号：[20453]×0.765+[20458]×0.235+[21370]×1.11+[21374]×2×1.11　　定额单位：$100m^3$

施工方法	开挖断面为 69.4m^2，岩石级别为 X 级，三臂凿岩台车钻孔，$4m^3$ 装载机装渣，15t 自卸汽车洞内运输 0.6km，洞外增运 1km				
编号	名称及规格	单位	数量	单价/元	合价/元
一	直接费				7811.56
1	基本直接费				7259.82
(1)	人工费				855.44
	高级熟练工	工时	5	14.95	74.75
	熟练工	工时	19	11.24	213.56
	半熟练工	工时	30	8.92	267.60
	普工	工时	40.205	7.45	299.53
(2)	材料费				2191.68
	凿岩台车钻头 ϕ45～48	个	0.53	610.00	323.30
	凿岩台车钻头 ϕ100～102	个	0.102	2500.00	255.00
	凿岩台车钻杆	kg	6.972	25.00	174.30

续表

施工方法	开挖断面为69.4m²，岩石级别为X级，三臂凿岩台车钻孔，4m³装载机装渣，15t自卸汽车洞内运输0.6km，洞外增运1km				
编号	名称及规格	单位	数量	单价/元	合价/元
	乳化炸药	kg	131	7.03	922.51
	非电毫秒雷管	个	77.53	2.50	193.83
	导爆管	m	404.98	0.35	141.74
	其他（零星）材料费	元	181	1.00	181.00
(3)	机械使用费				4212.71
	轮式装载机 $4.0m^3$	台时	1.365	487.41	665.31
	推土机 88kW	台时	0.344	171.56	59.02
	自卸汽车（柴油型）15t	台时	6.325	195.58	1237.04
	凿岩台车（液压）三臂	台时	2.276	785.55	1787.91
	液压平台车	台时	0.875	188.14	164.62
	单斗挖掘机（液压反铲）$0.6m^3$	台时	1.22	150.18	183.22
	载重汽车（汽油型）5t	台时	0.478	97.44	46.58
	其他机械使用费	元	69	1.00	69.00
2	其他直接费	%	7.6	7259.82	551.75
二	间接费	%	20.56	7811.56	1606.06
三	利润	%	7	9417.62	659.23
四	税金	%	3.28	10076.86	330.52
六	合计				10407.38

注 乳化炸药在定额基础上考虑1.1的换算系数。

第三节 堆砌石工程

一、概述

堆砌石工程包括堆石、砌石、抛石等。因其能就地取材，施工技术简单，造价低而在我国应用较为普遍。

（一）堆砌石工程在水利水电建设中的作用

堆砌石工程在建筑工程中运用较广而且普遍，如道路、桥涵、基础，挡土墙等。在水利水电工程中的坝、闸、渠道、隧洞、围堰、护岸、护坡等水工建筑工程也广泛采用，特别是钢筋混凝土面板堆石坝，近年来在国内外迅猛发展，超过200m坝高的面板坝已在我国建设中。

（二）堆砌石工程的分类

堆砌石工程可分为三大类，即堆石、砌石和抛石，按用途、堆砌方式等，分类如下：

(1) 堆石工程：主要包括碾压式堆石坝和定向爆破堆石坝两种坝型，而碾压式堆石坝

又分为心（斜）墙堆石坝和面板堆石坝。

（2）砌石工程：分为砌石坝（有浆砌石坝和混凝土砌石坝两种坝型）、砌石水闸、砌石明渠、砌石隧洞、砌石桥涵、砌石挡土墙、砌石基础、砌石护岸和砌石护坡等。

（3）抛石工程：包括抛填式堆石坝、临时挡水围堰抛石填筑、抛石护岸和抛石护底等。

二、堆石工程

在堆石工程中，主要讲述堆石坝填筑工程单价的编制问题。

（一）土石坝发展概况

世界各国在修建水利水电工程的大坝发展史上，土石坝比例很大，坝型也多种多样。在土石坝修筑方面，面板堆石坝发展很快，有混凝土面板堆石坝、沥青油渣面板堆石坝等。我国最早建成的堆石坝是四川省狮子滩水电站大坝，坝高52m，坝长1014m；已建的天生桥一级水电站大坝为混凝土面板堆石坝，坝高178m；小浪底水利枢纽工程大坝为心墙堆石坝，坝高154m，坝体填筑量为4830万m^3；水布垭水电站大坝为混凝土面板堆石坝，坝高233m，坝体填筑量约1670万m^3；紫坪铺水利枢纽大坝为混凝土面板堆石坝，坝高156m，坝体填筑量约1169万m^3。正在设计或建设的四川两河口、双江口、长河坝等一大批特大及大型水电站的大坝均为堆石坝。

由于科学技术水平的不断发展，施工设备和技术的不断提高，土石坝的发展前景将会更加广阔。

（二）堆石工程的材料

1. 堆石工程中的建筑材料

堆石工程中的建筑材料多种多样，大致有砂、碎（砾）石、砂砾料、块石、堆石料、反滤料、过渡料、垫层料等，它们的规格分述如下：

（1）砂：指粒径不大于5mm，大于0.15mm的骨料。

（2）碎（砾）石：指粒径大于5mm的天然砾石或经加工破碎分级后的骨料。

（3）砂砾料：指未经加工的天然砂卵（砾）石混合料。

（4）块石：指厚度大于20cm，长宽各为厚度的2～3倍，上下两面大致平整，无尖角、薄边的石块。

（5）堆石料：岩石经爆破后，无一定规格，无一定大小，能够满足设计粒径和级配要求的上坝料。

（6）反滤料、过渡料：指土石坝或一般堆砌石工程的防渗体和坝壳（土料、砂砾石或堆石料）之间的过渡区石料，由粒径、级配均有一定要求的砂、砾石（碎石）等组成。

（7）垫层料：一般指具有良好级配，最大粒径满足设计要求的石料。

2. 堆石料的制备

建造堆石坝，要求坝体石料尽量压实，使之具有尽可能大的单位容重；要求堆石体变形小，以满足防渗面板的需要，因此，坝体石料采用坚硬且级配优良的石料，施工时应压实到最大密度（或最小空隙率），堆石坝坝体的施工是分区进行的，对各区的石料有不同的要求，因此，在进行备料时应满足分区的需要。

石料备料可利用建筑物开挖渣料和在采石场进行专门开采。

一般来讲，只要建筑物开挖渣料满足技术及质量要求，应尽量首先利用开挖渣料，这不仅可以减少开挖成本，还可以减少环保的影响投资，对降低工程造价具有重要意义。

只有当开挖渣料不满足质量要求、或其数量不足、或用于砂石骨料生产以及保证进度要求等情况下，才利用专门的采石场开采石料。

（1）石料的备料。堆石坝石料备料单价的计算，同一般石料开采单价计算一样，包括石料钻孔爆破、工作面废渣清理。这些费用分别计算后，综合为一个备料单价。

1）石料钻孔爆破。在覆盖层清理后即进行料场的开采爆破，开采爆破的方法很多，如洞室爆破、深孔爆破、浅孔爆破等。从堆石料对石料级配要求来看，以深孔爆破法最佳，可以更好地控制石料尺寸，同时能较大程度地满足施工进度的要求；石料开采可按砂石备料定额中相应的定额计算钻孔及爆破单价。

2）堆石分级。由于堆石坝坝体有分区要求，各区的石料粒径要求是不同的，在爆破设计中尽可能一次就能获得所要求良好粒径的石料，但有些石料还必须经过分级处理，方能获得要求的级配。分级的方法，可采取加工轧制的方法，经过轧石筛分系统加工至所要求的级配；对于坝体护面块石、填筑所需要的特大块石，则需要进行人工挑选。

3）工作面废渣清理。岩石经爆破后，料场工作面上废渣很多，为了取得良好的块石级配及施工的方便，必须将废渣清理出工作面。该部分费用已包含在石料开采定额中，在编制概算单价时无需单独计算。

（2）砂砾料的备料。通常在砂砾料丰富地区，只要能满足设计的技术质量、储量要求，并在运输距离经济合理的情况下，应优先考虑采用砂砾料作为筑坝材料。

由于采用砂砾料筑坝，通常是挖装后直接运输上坝，一般不需单独计算备料单价。

（3）砂、碎石、块石、反滤料、过渡料、垫层料的备料。砂、碎石、块石、反滤料、过渡料、垫层料的备料，其开采、加工、运输需纳入整个工程砂石系统设计中考虑。备料单价可参照砂石料单价计算原则计算。

（三）堆石坝石料施工

堆石坝中各种石料填筑施工工艺与本章第二节土方填筑单价中讲述的装料、运输及坝面填筑等类同，堆石料的开采、填筑流程如图 4－6 所示。堆石坝石料填筑与土料填筑相比，受气候影响较小，填筑厚度大，填筑强度高、工程进度快，投资省，能大量利用开挖石渣筑坝，有利于大型机械联合作业。

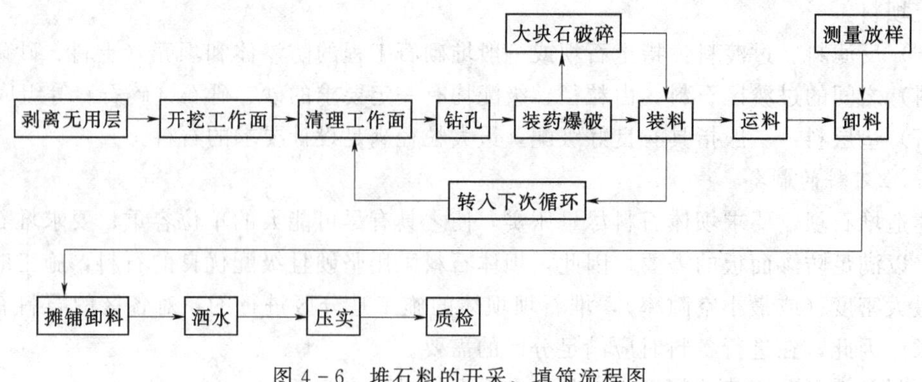

图 4－6　堆石料的开采、填筑流程图

堆石坝石料的填筑施工，一般来说是和石料运输工序相衔接的，两者相互影响。堆石单价包括石料挖装、运输、卸料、推平、洒水、压实、补边夯及各种坝面辅助工作等内容。压实的方法，可采用拖拉机、打夯机、振动碾等压实，这几种压实方式均需辅以蛙式打夯机或手扶振动碾对边角夯实。堆石料的运输，大多采用自卸汽车运输上坝，现行定额是按自卸汽车运输拟定的。

石料的粒径、级配、填筑厚度，碾压遍数、洒水量等，均应通过试验研究确定。坝壳料的填筑应遵守下列规定：

（1）坝壳料宜采用进占法卸料，推土机应及时平料，铺料厚度应符合设计要求，其误差不宜超过层厚的10%。坝壳料与岸坡及刚性建筑物结合部位，宜回填一条过渡料。

（2）超径石宜在石料场爆破解小，填筑面上不应有超径块石和块石集中、架空。

（3）坝壳料应用振动平碾压实，与岸坡结合处2m宽范围内平行岸坡方向碾压，不易压实的边角部位应减薄铺料厚度，用轻型振动碾压实或平板振动器及其他压实机械碾压。

（4）碾压堆石坝不应留削坡余量，宜边填筑，边整坡、护坡。

加水可使石料表面浸水软化、润滑，降低抗压强度，减少颗粒间相对位移摩阻力、咬合力。因此，应在碾压前对铺料洒水，在激振动力的作用下，有利于提高填筑石料压实密度。一般冲积砂砾石的洒水量宜为填筑方量的10%～20%，堆石的洒水量宜为10%～25%，当砂砾石小于5mm的细颗粒含量超过30%，且含泥量大于5%时，应按试验严格控制洒水量。对于新鲜坚硬岩石，洒水与否对碾压效果确实不明显时，也可不洒水。冰冻期因水冰冻无法压实，所以不应加水。振动碾是堆石坝的主要压实机械，振动碾工作重量不应小于10t；碾压遍数视机具及层厚通过试验确定。

（四）堆石坝石料填筑单价编制

水利水电工程的堆石坝填筑主要分为堆石料开采（含钻孔、爆破、翻渣、撬移、解小、岩埂处理、清面等）和堆石坝填筑（含挖装、运输、推平、碾压、洒水、补边夯及各种坝面辅助工作等）。

1. 编制堆石坝石料填筑单价的步骤

第一步：收集本工程技术资料、工程设计资料（主要是坝体设计资料、料场勘测试验资料等内容）。

第二步：了解施工组织设计资料，重点掌握施工强度、设备配置、料场至填筑点的运输条件。

第三步：根据掌握的以上资料和本工程基础资料，合理选用定额。

第四步：根据选用定额和掌握的现场条件资料，对与定额工作内容等不相符的部分进行调整，并结合项目工程单价取费费率标准，最终计算出石料填筑单价。

（1）编制堆石坝石料填筑单价应掌握收集的技术资料。影响堆石坝石料填筑工程单价的因素很多，掌握收集这些资料很重要。对于堆石坝的各种石料（堆石料、反滤料、过渡料、垫层料等）填筑单价，应掌握收集的资料与石方开挖、砂石料加工、土料填筑等项单价分析应掌握收集的资料类同，这里不再一一讲述。

（2）工程设计有关资料。

1）了解工程项目设计概况、熟悉设计图纸、掌握设计意图，包括以下各项：

a. 坝体的分区及各部位的高程。

b. 坝体的分区及各部位的尺寸和形状。

c. 坝体的分区及各部位的工程数量等。

2）对坝体分区及各部位的质量要求。

a. 坝体设计要求。

b. 开挖边坡的安全要求。

c. 工程环保、水土保持的要求等。

（3）施工设计有关资料。

1）施工进度、强度。

a. 施工时段和利用渣料比例。

b. 施工强度大小、施工干扰多少、工期紧迫与否等情况。

2）施工方法与措施。

a. 堆石料开采方法。

b. 堆石坝填筑方法。

3）场内交通。

a. 场内各种交通设施布置状况。

b. 路面、弯道、坡度、里程等有关资料。

c. 装卸车条件、施工场地条件等。

2. 编制堆石坝石料填筑单价应遵循的原则

（1）应按不同的填筑部位、分区及技术要求，分不同料物和不同施工方法及措施，分别编制单价。

（2）填筑的各类料物，必须按坝上成品实方计量，不同计量单位根据各自的技术指标换算一致，即各料物自然方、松方和实方的相互换算关系，原则上应按本工程的设计试验资料测定的数据分析计算。若估算阶段无实际试验资料，可参考表4-45所列系数进行换算。

表4-45　各类料物松方实方折算系数表

资料来源	项目	自然方	松方	实方	码方
概（预）算定额	石方	1	1.53	1.31	
	砂	1	1.07	0.94	
	混合料	1	1.19	0.88	
	块石	1	1.75	1.43	1.67
水利水电工程施工组织设计手册	黏土	1	1.27	0.90	
	壤土	1	1.25	0.90	
	砂	1	1.12	0.85	
	爆破块石	1	1.50	1.30	
	固结砾石	1	1.42	1.29	
水电水利工程碾压式土石坝施工组织设计导则	堆石料	1	1.50～1.70	1.28～1.32	
	砂砾料	1	1.18～1.22	0.92～1.10	
	土料	1	1.25～1.35	0.85～0.90	

（3）编制堆石坝各区石料填筑单价时，石料可作为材料计入。其子单价只计材料的基本直接费。其他直接费、间接费、利润及税金不计入石料单价中，以上取费费用应在石料填筑单价中一并计列。

（4）注意学习研究碾压式土石坝有关设计、施工等规程、规范导则。

3．编制堆石坝石料填筑单价应注意的问题

（1）机械填筑土石坝概算定额中各节堆筑及压实定额均为压实后的有效成品方，已计入从开采到坝面填筑的各项损耗及超填量、施工附加量，采用该定额时，不另计任何系数；堆石料开采定额的计量单位为自然方，如采用的堆筑及压实定额中的堆石料计量单位与堆石料开采定额的计量单位不吻合，应按设计试验资料测定的数据分析计算，如无实际试验资料，可参考表4－45所列系数进行换算。

（2）预算定额中堆石料开采定额的计量单位为自然方，坝坡修整的计量单位为m^2，压实定额的计量单位为成品方。如必须采用该定额编制概（估）算单价时，除按规定乘以扩大系数外，还应考虑开采到坝面填筑的各项施工损耗、施工超填量及合理的施工附加量。

（3）如采用单项定额编制补充综合定额，应根据施工方法选用相应定额，并按下式计算装、运料的定额数量：

$$Q_{cp}=Q_{ZR}(1+A)\frac{r_2}{r_1}$$

式中：Q_{cp}为成品实方定额数；Q_{ZR}为自然方定额数；A为综合损耗率，%；r_1为天然干容重，t/m^3；r_2为设计干容重，t/m^3。

综合损耗率A包括石料开采、上坝运输、雨后清理、边坡削坡、接缝削坡、施工沉陷、试验坑、不可避免的压坏等损耗及超填、施工附加量等。综合损耗率A可按坝体不同填筑料，选取表4－46所列数值，使用时可根据工程实际资料进行调整。

表4－46　综合损耗率A值表

项目	损耗率/%
砂石料、反滤料	3.20
堆石料、垫层料、过渡料	2.40

（4）土石坝填筑中的反滤料定额，其砂和石组成比例按设计资料进行计算，砂、石价格采用该工程系统骨料供应价（不可理解为系统骨料预算价）。

（5）编制堆石坝石料填筑单价时，其料场覆盖层清除、无用层清除及料场防护工程不应计入填筑料物单价，应按《水电工程设计概算编制规定》要求，计入施工辅助工程中的“料场覆盖层清除及防护工程”项内。

（6）其他编制单价应注意的问题可参考有关章节的说明。

三、砌石工程

砌石工程具有就地取材、材源丰富、三材用量少，施工设备简单，施工工艺简便，对施工队伍的要求不高，一般群众便于掌握等优点。因此，不仅广泛应用于大中型水电工程，在地方小型水电工程、其他基本建设等行业都得到相当广泛的运用。

（一）砌石分类

（1）浆砌石：用胶结材料充填石料之间的空隙，使分散的石料形成一个整体。浆砌石主要用于护坡、护底、基础、挡土墙、桥墩等工程。

(2) 干砌石：按照石块的外形，经过人力安砌，使石缝挤紧，各石块之间互相咬结紧密，石块之间没有胶结材料充填。干砌石主要用于河床、岸坡的保护加固和堡坎、路基以及其他基础工程中，也有用于主要水工建筑物，如四川省三台县的鲁班水库高68m的干砌石坝。

(3) 抛（堆）石：将石块抛至需要加固保护的地点，或将块石抛下，堆成一定形状的建筑物，堆石稍作整理，减小空隙率。

(4) 笼石：将块石或片石、大卵石装入钢筋、铁丝等材料编织成的笼体内，安放在需要加固的地点（如堤、岸坡），堆成一定形状的建筑物（如建筑物护坡、护脚、护底、海漫等）。

(二) 砌石石料类别划分标准

(1) 片石：指单块体积一般为0.01～0.05m^3，中部厚度大于15cm，无一定规则形状的石块。

(2) 块石：指厚度大于20cm，长宽各为厚度的2～3倍，上下两面平行且大致平整，无尖角、薄边的石块。

(3) 卵石：指最小粒径大于20cm的天然河卵石。

(4) 毛条石：一般指长度大于60cm的长条形四棱方正的石料，表面凹凸不超过20mm。

(5) 料石（粗料石）：指毛条石经过修边打荒加工，一般为长方形，外露面方正，相邻面正交，表面凹凸不超过10mm，石料厚度大于20cm，长度大于厚度2倍的石料。

(三) 砌体石料的质量要求

根据现行规范，对砌体石料的质量要求如下：

(1) 石料应新鲜、完整、质地坚硬，不得有剥落层和裂纹。

(2) 石料的抗压强度可根据石料饱和抗压强度值划分为：≥100MPa、80MPa、60MPa、50MPa、40MPa、30MPa共6级。

(四) 常用胶结材料的种类和质量要求

1. 常用胶结材料的种类

(1) 水泥砂浆。由水泥、砂、水按一定配合比拌制而成，制作使用简便，在水利水电工程中应用广泛。水泥砂浆常用的标号强度分为5.0MPa、7.5MPa、10.0MPa、12.5MPa共4种。

(2) 混凝土（一级配、二级配混凝土）。主要使用一级配、二级配混凝土，混凝土砌体具有容重大、整体性强、抗渗性好，对石料形状要求较低，部分工序（如拌和、振捣）可采用机械施工等优点，近年来也广为采用。一个工程使用两种胶结材料时，砌筑腹石常采用细石混凝土，而砌筑迎、背水面石多采用水泥砂浆。

2. 胶结材料的选择

(1) 砌石体的设计密度。砌石体的设计密度可根据砌石体类别在下列范围内选用：

1) 毛石砌体：2100～2350kg/m^3。

2) 块石砌体：2200～2400kg/m^3。

3) 粗料石砌体：2300～2500kg/m^3。

(2) 砌石体的变形模量 E_0 及弹性模量 E_e 与胶凝材料标号强度对应关系见表4-47。

表 4-47　　砌石体的变形模量 E_0 及弹性模量 E_e 值

砌石体种类	石料饱和抗压强度/MPa	胶凝材料标号强度											
		混凝土				水泥砂浆							
		≥15.0MPa		10.0MPa		12.5MPa		10.0MPa		7.5MPa		5.0MPa	
		E_0/GPa	E_e/GPa	E_0/GPa	E_e/GPa	E_0/GPa	E_e/GPa	E_0/GPa	E_e/GPa	E_0/GPa	E_e/GPa	E_0/GPa	E_e/GPa
毛石砌石体	≥100	6.5	11.5	6.0	11.0	6.0	11.0	5.5	10.0	5.0	9.0	4.0	7.0
	80	6.0	11.0	5.0	9.0	5.0	9.0	4.5	8.0	4.0	7.0	3.0	5.5
	60	5.0	9.0	4.5	8.0	3.5	6.5	3.0	5.5	3.0	5.5	2.5	4.5
	50	4.0	7.0	4.0	7.0	2.0	3.5	2.0	3.5	2.0	3.5	2.0	3.5
	40	3.5	6.5	3.5	6.5	1.5	2.5	1.5	2.5	1.5	2.5	1.5	2.5
	30	3.0	5.5	3.0	5.5	1.0	2.0	1.0	2.0	1.0	2.0	1.0	2.0
毛石占70%、块石占30%的砌石体	≥100	7.9	14.1	7.4	13.4	7.4	13.4	6.7	12.4	6.2	11.1	5.2	8.7
	80	6.9	12.5	6.1	11.0	6.1	11.0	5.6	10.0	4.9	8.7	3.9	7.2
	60	5.6	10.5	5.3	9.4	4.3	7.9	3.8	6.9	3.6	6.6	3.1	5.6
	50	4.3	7.6	4.3	7.6	2.5	4.4	2.3	4.1	2.3	4.1	2.3	4.1
	40	3.7	6.7	3.7	6.7	2.0	3.4	1.8	3.1	1.8	3.1	1.8	3.1
	30	3.2	5.8	3.2	5.8	1.3	2.5	1.3	2.5	1.3	2.5	1.3	2.5
毛石占70%、块石占70%的砌石体	≥100	9.7	17.5	9.2	16.6	9.2	16.6	8.7	15.6	7.8	13.9	6.1	10.9
	80	8.1	14.5	7.5	13.6	7.5	13.6	7.0	12.6	6.1	10.9	5.1	9.4
	60	6.4	11.5	6.3	9.4	4.3	9.7	4.8	8.7	4.4	8.0	3.9	7.0
	50	4.7	8.4	4.7	8.4	3.1	5.6	2.7	4.9	2.7	4.9	2.7	4.9
	40	3.9	6.9	3.9	6.9	2.6	4.6	2.2	3.9	2.2	3.9	2.2	3.9
	30	3.4	6.2	3.4	6.2	1.7	3.1	1.7	3.1	1.7	3.1	1.7	3.1
块石砌石体	≥100	11.0	20.0	10.5	19.0	10.5	19.0	10.0	18.0	9.0	16.0	7.0	12.5
	80	9.0	16.0	8.5	15.5	8.5	15.5	8.0	14.5	7.0	12.5	6.0	11.0
	60	7.0	12.5	7.0	12.5	6.0	11.0	5.5	10.0	5.0	9.0	4.5	8.0
	50	5.0	9.0	5.0	9.0	3.5	6.5	3.0	5.5	3.0	5.5	3.0	5.5
	40	4.0	7.0	4.0	7.0	3.0	5.5	2.5	4.5	2.5	4.5	2.5	4.5
	30	3.5	6.5	3.5	6.5	2.0	3.5	2.0	3.5	2.0	3.5	2.0	3.5
粗料石砌石体	≥100	10.0	18.0	9.5	17.1	9.5	17.0	9.0	16.0	8.0	14.5	7.0	12.5
	80	8.0	14.5	8.0	14.5	7.5	13.5	7.0	12.5	6.5	11.5	5.5	10.0
	60	7.5	13.5	7.0	12.5	6.5	11.5	6.0	11.0	5.5	10.0	4.5	8.0
	50	6.5	11.5	6.0	11	5.5	10.0	5.0	9.0	4.5	8.0	4.0	7.0
	40	5.5	10.0	5.0	9.0	4.0	7.0	4.0	7.0	4.0	7.0	3.5	6.5
	30	4.0	7.0	4.0	7.0	3.0	5.5	3.0	5.5	3.0	5.5	3.0	5.5

注　胶凝材料为混凝土的采用机械振捣；直接砌筑法的毛石砌石体，E_0、E_e 值可按表中毛石砌石体提高10%左右。

（3）砌石体的极限轴心抗压强度 f_{cc} 与胶凝材料标号强度对应关系见表 4-48。

表 4-48　　砌石体的极限轴心抗压强度 f_{cc} 值　　单位：MPa

砌石体种类	石料饱和抗压强度	胶凝材料标号强度					
		混凝土		水泥砂浆			
		15.0MPa	10.0MPa	12.5MPa	10.0MPa	7.5MPa	5.0MPa
毛石砌石体	≥100	14.4	11.2	11.2	9.6	8.0	6.8
	80	13.2	10.2	10.2	8.8	7.5	6.0
	60	11.6	8.8	8.8	7.6	6.4	5.2
	50	10.4	8.0	8.0	6.8	6.0	4.8
	40	9.2	7.0	7.0	6.0	5.2	4.4
	30	8.0	6.0	6.0	5.2	4.4	3.6
毛石占70%、块石占30%的砌石体	≥100	17.3	13.5	13.5	11.5	9.6	8.1
	80	15.8	12.3	12.3	10.6	8.9	7.2
	60	13.9	10.6	10.6	9.2	7.7	6.3
	50	12.5	9.6	9.6	8.2	7.2	5.8
	40	10.8	8.4	8.4	7.2	6.3	5.2
	30	8.8	7.2	7.2	6.3	5.2	4.4
毛石占70%、块石占70%的砌石体	≥100	21.2	16.5	16.5	14.1	11.6	9.9
	80	19.4	15.0	15.0	13.0	10.8	8.8
	60	16.9	13.0	13.0	11.2	9.5	7.7
	50	15.2	11.6	11.6	10.2	8.8	7.0
	40	13.0	10.4	10.4	8.8	7.7	6.4
	30	10.0	8.8	8.8	7.7	6.4	5.6
块石砌石体	≥100	24.0	18.8	18.8	16.0	13.2	11.2
	80	22.0	17.1	17.1	14.8	12.2	10.0
	60	19.2	14.8	14.8	12.8	10.8	8.8
	50	17.3	13.2	13.2	11.6	10.0	8.0
	40	14.6	11.8	11.8	10.0	8.8	7.2
	30	10.8	10.0	10.0	8.8	7.0	6.4
粗料石砌石体	≥100	26.4	22.0	22.0	19.6	17.2	14.8
	80	24.4	19.9	19.9	18.0	15.6	13.7
	60	21.2	17.2	17.2	15.8	13.8	12.0
	50	18.9	15.3	15.3	14.4	12.8	10.8
	40	15.4	13.2	13.2	12.6	11.2	9.6
	30	10.8	10.8	10.8	10.8	9.6	8.4

注　胶凝材料为混凝土的毛石砌石体的采用机械振捣；直接砌筑法 f_{cc} 值可按提高 5%～10%。

（4）砌石体的极限抗拉强度 f_t 与胶凝材料标号强度对应关系见表4-49。

表4-49　砌石体的极限抗拉强度 f_t 值　单位：MPa

类别	破坏形式	砌体种类	f_t 计取方法	胶凝材料标号强度				
				15.0MPa	12.5MPa	10.1MPa	7.5MPa	5.0MPa
轴心抗拉	沿灰缝接触面通缝	各种砌石体	f_t	0.42	0.36	0.30	0.24	0.18
	沿灰缝接触面齿缝	毛石砌石体	$0.7\times2f_t$	0.59	0.50	0.42	0.34	0.25
		粗料石、块石砌石体	$r\times2f_t$	0.84	0.72	0.60	0.48	0.36
弯曲抗拉	沿灰缝接触面通缝	各种砌石体	$1.9f_t$	0.80	0.68	0.57	0.46	0.34
	沿灰缝接触面齿缝	毛石砌石体	$1.9\times0.7\times2f_t$	1.12	0.96	0.80	0.64	0.48
		粗料石、块石砌石体	$1.9r\times2f_t$	1.60	1.37	1.14	0.91	0.68

注　1. 表中 r 为砌合系数，其值等于石料砌合长度与每层砌石厚度之比，制表时假定粗料石、块石砌石体的砌合长度等于每层砌石的厚度，因而 $r=1$。当 $r\neq1$ 时，应按实际情况采用。

2. 通过极限抗拉强度试验，取得砌石体沿灰缝接触面通缝破坏时的极限抗拉强度 f_t，按表中所列砌石体抗拉强度计取。

3. 根据毛石砌体纯弯曲抗拉试验结果，采用机械振捣、直接砌筑法砌筑的毛石砌石体，极限抗拉强度 f_t 值可提高10%左右。

（5）砌石体与垫层混凝土或砌石体与砌石体本身抗剪断参数及抗剪断参考值与胶凝材料标号强度对应关系见表4-50。

表4-50　砌石体与垫层混凝土或砌石体与砌石体本身抗剪断参数及抗剪断参考值　单位：MPa

砌石体所用石料饱和抗压强度 R_s	抗剪断、抗剪参数类别	胶凝材料标号强度					
		混凝土		水泥砂浆			
		15.0MPa	10.0MPa	12.5MPa	10.0MPa	7.5MPa	5.0MPa
>100	f'	1.1～1.4	1.0～1.3	1.0～1.3	0.9～1.2	0.8～1.0	0.7～0.9
	C'/MPa	1.0～1.1	0.8～0.9	0.9～1.0	0.8～0.9	0.7～0.8	0.5～0.6
	f	0.65～0.75	0.65～0.75	0.65～0.75	0.65～0.75	0.55～0.65	0.5～0.6
60～100	f'	0.9～1.2	0.8～1.1	0.8～1.1	0.7～1.0	0.6～0.8	0.5～0.7
	C'/MPa	0.8～1.0	0.6～0.7	0.7～0.8	0.6～0.7	0.5～0.6	0.4～0.5
	f	0.55～0.65	0.55～0.65	0.55～0.65	0.55～0.65	0.5～0.6	0.4～0.5
30～60	f'	0.8～1.1	0.7～0.9	0.7～0.9	0.6～0.8	0.5～0.7	0.4～0.6
	C'/MPa	0.5～0.8	0.4～0.6	0.4～0.7	0.4～0.6	0.3～0.4	0.2～0.3
	f	0.45～0.55	0.45～0.55	0.45～0.55	0.45～0.55	0.4～0.5	0.3～0.4

注　f'、C' 为抗剪断参考值，f 为抗剪断参数；表中 C' 值在采用时宜根据工程具体情况加以修正。

（6）砌石体容许压应力值与胶凝材料标号强度对应关系见表 4－51。

表 4－51　　　**砌石体容许压应力值**　　　单位：MPa

砌石体种类	石料饱和抗压强度	基本荷载组合						特殊荷载组合					
		胶凝材料标号强度						胶凝材料标号强度					
		混凝土		水泥砂浆				混凝土		水泥砂浆			
		15.0MPa	10.0MPa	12.5MPa	10.0MPa	7.5MPa	5.0MPa	15.0MPa	10.0MPa	12.5MPa	10.0MPa	7.5MPa	5.0MPa
毛石砌石体	≥100	5.1	4.0	4.0	3.4	2.9	2.4	6.0	4.7	4.7	4.0	3.3	2.8
	80	4.7	3.6	3.6	3.1	2.6	2.1	5.5	4.2	4.2	3.7	3.0	2.5
	60	4.1	3.1	3.1	2.7	2.3	1.9	4.8	3.7	3.7	3.2	2.7	2.2
	50	3.7	2.9	2.9	2.4	2.1	1.7	4.3	3.3	3.3	2.8	2.5	2.0
	40	3.3	2.4	2.4	2.1	1.9	1.6	3.8	2.8	2.8	2.5	2.2	1.8
	30	2.9	2.1	2.1	1.9	1.6	1.3	3.3	2.5	2.5	2.2	1.8	1.5
毛石占70%、块石占30%的砌石体	≥100	6.2	4.8	4.8	4.1	3.4	2.9	7.2	5.6	5.6	4.8	4.0	3.4
	80	5.7	4.3	4.3	3.8	3.1	2.6	6.6	5.1	5.1	4.5	3.6	3.1
	60	4.9	3.7	3.7	3.3	2.8	2.3	5.8	4.5	4.5	3.8	3.2	2.7
	50	4.4	3.4	3.4	2.9	2.5	2.1	5.1	4.0	4.0	3.4	3.0	2.4
	40	3.8	2.9	2.9	2.6	2.3	1.9	4.5	3.5	3.5	3.0	2.7	2.2
	30	3.2	2.6	2.6	2.3	1.9	1.6	3.7	3.0	3.0	2.7	2.2	1.9
毛石占70%、块石占70%的砌石体	≥100	7.6	5.9	5.9	5.0	4.2	3.5	8.8	6.9	6.9	5.9	4.8	4.1
	80	7.0	5.3	5.3	4.6	3.8	3.2	8.1	6.2	6.2	5.5	4.4	3.8
	60	6.1	4.6	4.6	4.0	3.4	2.7	7.0	5.4	5.4	4.7	4.0	3.3
	50	5.4	4.2	4.2	3.6	3.2	2.5	6.3	4.8	4.8	4.2	3.7	2.9
	40	4.6	3.7	3.7	3.2	2.7	2.3	5.3	4.1	4.1	3.7	3.3	2.6
	30	3.6	3.2	3.2	2.7	2.3	2.0	4.1	3.7	3.7	3.3	2.6	2.3
块石砌石体	≥100	8.6	6.7	6.7	5.7	4.7	4.0	10.0	7.8	7.8	6.7	5.5	4.7
	80	7.9	6.0	6.0	5.3	4.3	3.6	9.2	7.0	7.0	6.2	5.0	4.2
	60	6.9	5.2	5.2	4.6	3.9	3.1	8.0	6.2	6.2	5.3	4.5	3.7
	50	6.1	4.7	4.7	4.1	3.6	2.9	7.1	5.5	5.5	4.8	4.2	3.3
	40	5.1	4.2	4.2	3.6	3.1	2.6	6.0	4.9	4.9	4.2	3.7	3.0
	30	3.9	3.6	3.6	3.1	2.6	2.3	4.5	4.2	4.2	3.7	3.0	2.7
粗料石砌石体	≥100	9.4	7.9	7.9	7.0	6.1	5.3	11.1	9.2	9.2	8.2	7.2	6.2
	80	8.7	7.0	7.0	6.4	5.6	4.9	10.2	8.2	8.2	7.5	6.5	5.5
	60	7.5	6.1	6.1	5.7	5.0	4.3	8.8	7.0	7.0	6.5	5.8	5.0
	50	6.6	5.5	5.5	5.1	4.6	3.9	7.8	6.2	6.2	6.0	5.3	4.5
	40	5.5	4.8	4.8	4.6	4.0	3.4	6.4	5.4	5.4	5.2	4.7	4.0
	30	3.9	3.9	3.9	3.9	3.4	3.0	4.5	4.5	4.5	4.5	4.0	3.5

注　本表所列数值为 28 天龄期设计的砌石体强度。

（五）胶结材料的配合比

胶结材料的配合比必须通过试验确定。其试验方法与一般水工砂浆和水工混凝土相同。细石混凝土需采用较大的砂率。考虑施工质量的不均匀性，胶结材料的试配强度要比设计标号适当提高。

1. 水泥砂浆

（1）水泥砂浆配合比应按设计规定的标号经试验确定。其28天的抗压强度与灰水比及所用水泥标号的关系，可用经验公式计算：

$$R_{28}=AR_C\left(\frac{C}{W}-D\right)$$

式中：R_{28} 为砂浆28天的抗压强度，10^5Pa；R_C 为水泥实际强度，kgf/cm^2（1kgf≈9.8N）；C/W 为灰水比；A、D 为系数，由试验资料统计得出的经验数据，其值见表4-52。

表4-52　　系数A、D参考值

名称	水泥品种	石子种类	A	B
水泥砂浆	普通		0.490	0.65
	矿渣		0.450	0.75
小石子水泥砂浆	普通	卵石	0.343	0.50
细石混凝土	普通	碎石	0.450	0.54
		卵石	0.405	0.54
	矿渣	碎石	0.380	0.56
		卵石	0.342	0.56

（2）砂浆的抗压强度与龄期的关系可按下式推算：

$$R_t=R_{28}\frac{1.5t}{14+t}$$

式中：R_t 为砂浆龄期 $t\leqslant 90$ 天的强度，10^5Pa；R_{28} 为砂浆28天的抗压强度，10^5Pa。

2. 小石子水泥砂浆

小石子水泥砂浆比水泥砂浆节约水泥和砂料，其弹性模量、极限抗压强度、容重等指标均高于相同标号水泥砂浆。小石子最优掺量经试验确定。

在砂浆中掺入小石子的粒径为5～20mm，其掺量一般不超过砂浆中的砂、石总重量的30%；亦可按混合骨料的细度模数4～4.5控制。

有试验条件时小石子的最优掺量可先按下式计算：

$$X=\frac{100(M-F_s)}{F_g-F_s}$$

式中：X 为小石子的掺量，%；M 为砂石混合料的细度模数；F_s 为砂料的细度模数；F_g 为石子的细度模数。

上述 M 值在4～4.5范围内分成等差的几个值（一般分为5个值）计算 X 值，将各种小石子掺量的混合骨料按同一水泥与混合骨料的配合比进行抗压试验，强度最高试件的小石子配合比为最优掺量的配合比。

3. 细石混凝土

细石混凝土是浆砌石坝较经济的胶结材料。细石混凝土有一级配和二级配两种，二级配应用较多。采用的水泥标号超过混凝土标号2～2.5倍时，常需加入掺合料，如粉煤灰、白土、黄土等，以改善细石混凝土的和易性，节约水泥。

选择细石混凝土配合比与一般混凝土相同，必须通过试验确定。当已知 R_{28} 或 R_n 值时，可按下式估算 R_{28} 或 R_n 值：

$$R_n = R_{28}\frac{\lg n}{\lg 28}$$

式中：R_n 为任意天数的抗压强度，10^5Pa；R_{28} 为28天的抗压强度，10^5Pa；n 为任意天数。

（六）砌石工程单价的编制

1. 砌石工程的施工

砌石工程的施工，主要讲一下浆砌石坝的施工。

（1）浆砌石坝的施工特点。浆砌石坝在取材方面属当地材料坝，而其工作特点却又近似混凝土坝。浆砌石坝施工有如下特点：

1）砌体所需材料可就地开采获得，可以大量节省钢材、水泥，简化对外交通运输设施。

2）坝面允许过水，施工导流和施工期间度汛较为简便。

3）坝体砌筑在雨季和汛期可继续施工，导流和泄水建筑物常设置在坝体内，如底孔、预留缺口等。

4）单位砌体的水泥用量较少，且砌筑上升速度较慢，散热条件好，因而可增大坝段间距，减少伸缩缝数量，一般无需采取复杂的温控措施（砌石拱坝封拱时需进行温度控制）。

5）为了保证砌石坝施工质量，对砌体强度和密度要严格控制，并防止坝身产生裂缝。

6）砌石坝施工技术相对比较简单，石料开采加工和坝体安砌作业，目前多以人力和半机械化施工为主，劳动强度大，需要的劳力多。

（2）浆砌石的主要施工程序如图4-7所示。

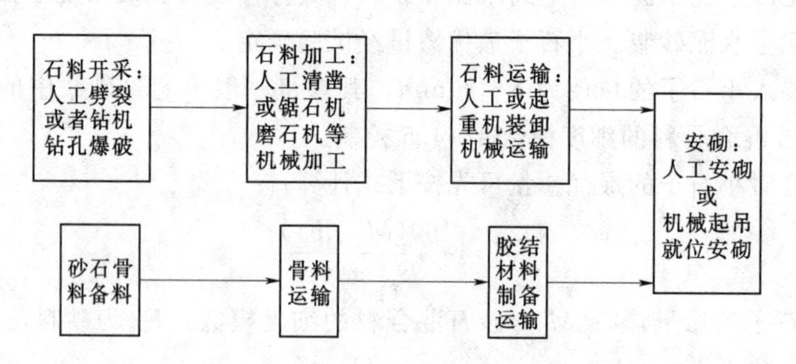

图4-7　浆砌石主要施工程序

砌石施工应根据建筑物类型、工程量、施工程度、施工条件、施工装备情况等因素，本着因地制宜的原则，经综合分析，选择技术先进可靠、经济合理的施工方案。

2. 编制砌石工程单价应掌握收集的技术资料

（1）砌石工程的类型、形式、设计、施工等技术要求。

（2）石料场分布、开采运输条件。

（3）砌石石料的物理力学性质的试验资料。

（4）砌石石料的开采，加工、运输堆存的施工工艺流程。

（5）根据以上所收集到的资料，按有关规定分析计算工程所需石料从开采至运到成品料堆放场的材料预算价格。

（6）如为外购石料，除要调查了解石料的质量是否符合工程技术要求外，还须收集材料的交货条件、原价及运到工程材料堆放场的预算价格。

（7）胶结材料的品种，技术要求。

3. 编制砌石工程单价应遵循的原则

（1）砌石石料自料场（或供应点）至施工现场堆放点的运输费用，应计算在石料预算价格内。施工现场堆放点至砌筑工作面的场内运输已包括在砌石工程定额内，编制砌石工程单价时不得重复计算。

（2）砌石石料预算价格，只计算到基本直接费，其他直接费、间接费、利润和税金等费用，应在砌石工程单价中统一计取。

（3）外购的石料材料预算价的计算办法，按材料预算价格的计算原则及方法分析计算。

（4）砌石工程中的胶结材料，可根据工程技术要求，以半成品价格进入砌石工程单价中。

（5）砌石工程的计量，是按设计几何轮廓尺寸计算的砌石实体方，预算定额中的石料、胶结材料数量已考虑了施工操作损耗和体积变化的因素在内；概算定额中的石料及胶结材料数量还考虑了超填量及施工附加量。

（6）砌石定额中石料的消耗量计量单位：砂、砾石、碎石为堆方；片石、块石、卵石为码方；条石、料石、拱石、盖板石为清料方；堆石料、过渡料为自然方；反滤料为成品堆方。

（7）砌石工程中的片石、块石可考虑在开挖石渣中捡集，以节省开采费用，其利用数量根据开挖石渣的多少和质量合理选定。

（8）砌石工程项目必须按建筑物结构类型、砌石石料品种、砌筑方法等划分。

4. 编制砌石工程单价应注意的问题

（1）浆砌石定额中的砂浆用量包括了砌筑砂浆和勾缝砂浆。编制工程单价时，砂浆强度等级应按设计确定的砌筑砂浆强度等级计算。

（2）浆砌石定额中均已包括了一般的勾缝，对于防渗要求高的部位，如果设计有防渗要求开槽勾缝，则应增加开槽勾缝所需的费用。

（3）料石砌筑定额包括了砌体外露面的一般修凿，不包括装饰性修凿，如设计要求需在砌体外面进行装饰性修凿，应另行增加修凿所需的费用。

（4）浆砌石拱圈和隧洞砌石定额中，已包括拱架及支撑的制作、安装、拆除、移设的费用。

（5）砌筑用胶结材料均按设计强度配合比计算其单价，定额数量不作调整。

（6）石料开采、加工运输定额中，不应包括料场覆盖层、风化层剥除；覆盖层、风化层剥除计入施工辅助工程中。

（7）定额中块石、片石、条石、料石加工运输均已考虑了开采、加工、运输、堆存损耗，计算单价时不另计损耗。如干砌块石挡土墙，$100m^3$ 砌体，所用块石为 $121m^3$。

（8）注意定额单位。砌筑工程均以砌体成品方计；各节定额材料中的片石、块石、卵石按码方计；条石、料石按清料方计；石料备料中块石开采运输均按码方计；条石、料石开采运输均按清料方计；堆石料填筑均按自然方计。

在实际计算中，如遇到计量单位与定额不一致时，应进行换算。

四、案例

【例 4-4】

（一）工程设计及施工技术条件

某水电站工程拦河坝为混凝土面板堆石坝，坝壳料为料场开采，设计干容重为 $2.2t/m^3$，开采料为花岗岩，极限抗压强度为 135MPa，其自然状态干容重为 $2.65\ t/m^3$。综合损耗率按 2.4%考虑。

施工方法：坝壳料采用 ROC742 液压履带钻钻孔，梯段爆破，孔深 12m，$4m^3$ 装载机装 20t 自卸汽车运 3km 至工作面。推土机铺料，17t 振动碾压实。

（二）已知条件

（1）该工程的基础资料价格见表 4-53。

表 4-53　　基础资料价格表

编号	名称及规格	单位	预算价格/元	备注	编号	名称及规格	单位	预算价格/元	备注
一	工资（四类边远地区）				2	风钻钻杆	kg	7.00	
1	高级熟练工	工时	14.95		3	钻头 ϕ89～105	个	680.00	
2	熟练工	工时	11.24		4	液压履带钻钻头 ϕ45	个	320.00	
3	半熟练工	工时	8.92		5	钎尾（ROC742）	个	1900.00	
4	普工	工时	7.45		6	乳化炸药	kg	7.03	猛度 12
二	电风水价格				7	导爆索	m	2.11	
1	电	kW·h	0.766		四	取费标准			
2	风	m^3	0.115			其他直接费率	%	7.60	
3	水	m^3	1.46			间接费率	%	20.56	
三	材料					企业利润	%	7.00	
1	合金钻头 ϕ32～38	个	45.00			税金	%	3.28	

（2）根据以上基础资料价格，分析计算出的施工机械台时费见表 4-54。

表 4-54 施工机械台时费

编号	名称及规格	单位	预算价格/元	备注	编号	名称及规格	单位	预算价格/元	备注
1	风钻手持式	台时	21.29		8	混凝土振动碾 BW202AD	台时	213.30	
2	液压履带钻机 64～102mm	台时	208.41		9	蛙式夯实机 2.8kW	台时	19.16	
3	推土机 88kW	台时	171.56		10	轮式装载机 4.0m³	台时	487.41	
4	载重汽车（汽油型）5t	台时	97.44		11	推土机 88kW	台时	171.56	
5	单斗挖掘机（液压反铲）4.0m³	台时	693.59		12	自卸汽车（柴油型）20t	台时	263.72	
6	推土机 132kW	台时	246.15		13	振动碾（自行式）17t	台时	262.75	
7	自卸汽车（柴油型）20t	台时	263.72		14	蛙式夯实机 2.8kW	台时	19.16	

（三）求解

根据以上已知设计、施工等技术资料及基础价格，请计算坝壳料填筑工程概算单价。

（四）解答

(1) 根据坝壳料施工工艺，分析计算坝壳料材料预算价格。坝壳料开采钻爆工序单价根据（2007）概算定额［30403］分析计算，见表 4-55 单价为 15.73 元/m³ 自然方。

表 4-55 坝壳料原料开采子单价分析表

定额编号：［30403］ 定额单位：100m³ 自然方

施工方法	梯段爆破液压履带钻钻Ⅺ级岩石，孔深大于 9m，开采堆石料				
编号	名称及规格	单位	数量	单价/元	合价/元
1	2	3	4	5	6
1	基本直接费				1573.19
(1)	人工费				195.41
	高级熟练工	工时	0.30	14.95	4.49
	熟练工	工时	4.00	11.24	44.96
	半熟练工	工时	3.00	8.92	26.76
	普工	工时	16.00	7.45	119.20
(2)	材料费				1032.24
	合金钻头 ϕ32～38	个	0.05	45.00	2.25
	风钻钻杆	kg	0.36	7.00	2.52
	钻头 ϕ89～105	个	0.07	680.00	47.60
	液压履带钻钻头 ϕ45	个	1.21	320.00	387.20
	钎尾（ROC742）	个	0.03	1900.00	57.00
	乳化炸药	kg	61.92	7.03	435.29
	导爆索	m	29.09	2.11	61.38

续表

施工方法	梯段爆破液压履带钻钻Ⅺ级岩石，孔深大于9m，开采堆石料				
编号	名称及规格	单位	数量	单价/元	合价/元
1	2	3	4	5	6
	其他材料费	元	39.00	1.00	39.00
(3)	机械使用费				345.54
	风钻手持式	台时	2.26	21.29	48.12
	液压履带钻机 64～102mm	台时	1.09	208.41	227.17
	推土机 88kW	台时	0.05	171.56	8.58
	载重汽车（汽油型）5t	台时	0.52	97.44	50.67
	其他机械使用费	元	11.00	1.00	11.00

注　乳化炸药在定额基础上考虑1.1换算系数。

(2) 坝壳料填筑工程概算单价计算。坝壳料材料定额耗用量：坝壳料自然状态干容重 $r_1=2.65\mathrm{t/m^3}$；堆石料设计干容重 $r_2=2.20\mathrm{t/m^3}$；综合损耗率 $A=2.4\%$；坝壳料材料定额耗用量换算系数 $=2.20\div2.65\times(1+2.4\%)=0.85$，表示每 $1\mathrm{m^3}$ 压实成品方需要原料石方 $0.85\mathrm{m^3}$ 自然方。坝壳料填筑单价分析计算见表4-56。

表4-56　坝壳料填筑单价分析表

定额编号：[30255]　　定额单位：$100\mathrm{m^3}$ 压实方

施工方法	$4\mathrm{m^3}$ 装载机装20t汽车运3km上坝，填筑堆石料				
编号	名称及规格	单位	数量	单价/元	合价/元
1	2	3	4	5	6
一	直接费				3451.13
1	基本直接费				3207.37
(1)	人工费				47.76
	熟练工	工时	0.3	11.24	3.37
	半熟练工	工时	0.8	8.92	7.14
	普工	工时	5	7.45	37.25
(2)	材料费				1381.05
	石	$\mathrm{m^3}$	85	15.73	1337.05
	其他材料费	元	44	1.00	44.00
(3)	机械使用费				1778.56
	轮式装载机 $4.0\mathrm{m^3}$	台时	0.91	487.41	443.54
	推土机 88kW	台时	0.97	171.56	166.41
	自卸汽车（柴油型）20t	台时	4.15	263.72	1094.44
	振动碾（自行式）17t	台时	0.17	262.75	44.67
	蛙式夯实机 2.8kW	台时	1.07	19.16	20.50
	其他机械使用费	元	9	1.00	9.00

续表

施工方法	4m³ 装载机装 20t 汽车运 3km 上坝，填筑堆石料				
编号	名称及规格	单位	数量	单价/元	合价/元
1	2	3	4	5	6
2	其他直接费	%	7.6	3207.37	243.76
二	间接费	%	20.56	3451.13	709.55
三	利润	%	7	4160.68	291.25
四	税金	%	3.28	4451.93	146.02
五	合计				4597.95

【例 4－5】

（一）工程设计及施工技术条件

某水电站工程拦河坝为混凝土面板堆石坝，其中坝壳料设计提供资料为：填筑总量780万 m³，其中渣场回采料填筑270万 m³，其余料由石料开采场A和石料开采场B供应，其供应料填筑量分别为230万 m³、280万 m³。设计干容重为2.2t/m³。料场分布及岩基上硬岩堆石坝体分区如图4－8和图4－9所示。

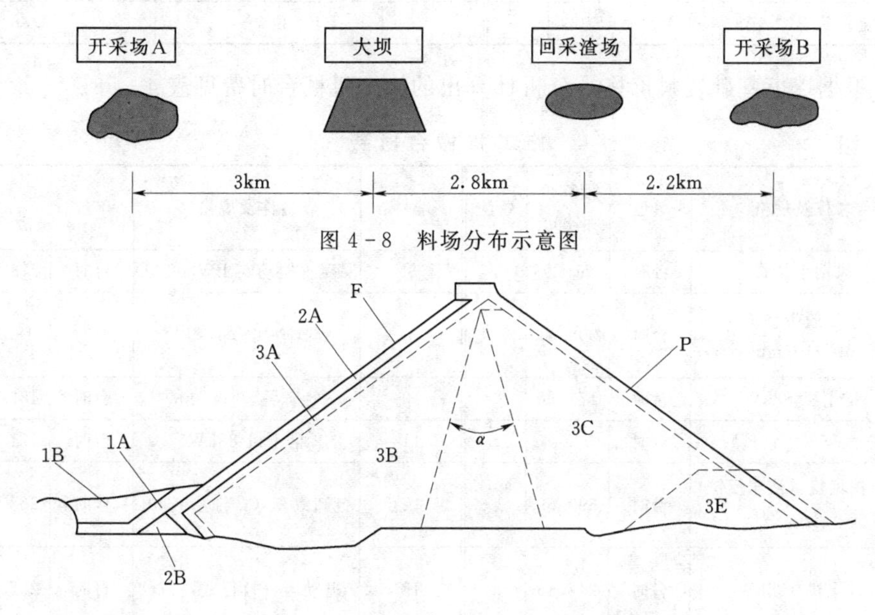

图4－8　料场分布示意图

图4－9　岩基上硬岩堆石坝体分区示意图

1A—上游铺盖区；1B—盖重区；2A—垫层区；2B—特殊垫层区；3A—过渡区；3B—主堆石区；3C—下游堆石区；3E—抛石区；P—块石堆砌；α—按坝料特性及坝高而定；F—面板

回采料和开采料均为同一种岩石，岩石为花岗岩，极限抗压强度为135MPa，其自然状态干容重为2.65 t/m³。综合损耗率按2.4%考虑。

施工方法：回采料用4.0m³ 液压反铲挖掘机装20t自卸汽车运2.8km至填筑工作面；开采料采用ROC712液压履带钻钻孔，梯段爆破，孔深12m，4m³ 装载机装20t自卸汽车A开采场运3km、B开采场运5km至填筑工作面。推土机铺料，17t振动碾压实。

（二）已知条件

（1）该工程的基础资料价格见表4-57。

表4-57　　基础资料价格表

编号	名称及规格	单位	预算价格/元	备注	编号	名称及规格	单位	预算价格/元	备注
一	工资（四类边远地区）				2	风钻钻杆	kg	7.00	
1	高级熟练工	工时	14.95		3	钻头 ϕ89～105	个	680.00	
2	熟练工	工时	11.24		4	液压履带钻钻头 ϕ45	个	320.00	
3	半熟练工	工时	8.92		5	钎尾（ROC742）	个	1900.00	
4	普工	工时	7.45		6	乳化炸药	kg	7.03	猛度12
二	电风水价格				7	导爆索	m	2.11	
1	电	kW·h	0.766		四	取费标准			
2	风	m^3	0.115			其他直接费率	%	7.60	
3	水	m^3	1.46			间接费率	%	20.56	
三	材料					企业利润	%	7.00	
1	合金钻头 ϕ32～38	个	45.00			税金	%	3.28	

（2）根据以上基础资料价格，分析计算出的施工机械台时费见表4-58。

表4-58　　施工机械台时费

编号	名称及规格	单位	预算价格/元	备注	编号	名称及规格	单位	预算价格/元	备注
1	风钻手持式	台时	21.29		8	混凝土振动碾 BW202AD	台时	213.30	
2	液压履带钻机 64～102mm	台时	208.41		9	蛙式夯实机 2.8kW	台时	19.16	
3	推土机 88kW	台时	171.56		10	轮式装载机 4.0m^3	台时	487.41	
4	载重汽车（汽油型）5t	台时	97.44		11	推土机 88kW	台时	171.56	
5	单斗挖掘机（液压反铲）4.0m^3	台时	693.59		12	自卸汽车（柴油型）20t	台时	263.72	
6	推土机 132kW	台时	246.15		13	振动碾（自行式）17t	台时	262.75	
7	自卸汽车（柴油型）20t	台时	263.72		14	蛙式夯实机 2.8kW	台时	19.16	

（三）求解

根据以上已知设计、施工等技术资料及基础价格，请分析计算坝壳料填筑工程概算综合单价。

（四）解答

（1）根据坝壳料施工工艺，分析计算坝壳料材料预算价格。回采渣场回采料价格为

零；开采场A和开采场B岩石和钻爆工艺相同，钻爆工序单价根据（2007）概算定额[30403]分析计算，见表4-59单价为15.73元/m³自然方。

表4-59　　坝壳料原料开采子单价分析表

定额编号：[30403]　　定额单位：100m³自然方

施工方法	梯段爆破液压履带钻钻Ⅺ级岩石，孔深大于9m，开采堆石料				
编号	名称及规格	单位	数量	单价/元	合价/元
1	2	3	4	5	6
1	基本直接费				1573.19
(1)	人工费				195.41
	高级熟练工	工时	0.30	14.95	4.49
	熟练工	工时	4.00	11.24	44.96
	半熟练工	工时	3.00	8.92	26.76
	普工	工时	16.00	7.45	119.20
(2)	材料费				1032.24
	合金钻头 ϕ32～38	个	0.05	45.00	2.25
	风钻钻杆	kg	0.36	7.00	2.52
	钻头 ϕ89～105	个	0.07	680.00	47.60
	液压履带钻钻头 ϕ45	个	1.21	320.00	387.20
	钎尾（ROC742）	个	0.03	1900.00	57.00
	乳化炸药	kg	61.92	7.03	435.29
	导爆索	m	29.09	2.11	61.38
	其他材料费	元	39.00	1.00	39.00
(3)	机械使用费				345.54
	风钻手持式	台时	2.26	21.29	48.12
	液压履带钻机 64～102mm	台时	1.09	208.41	227.17
	推土机 88kW	台时	0.05	171.56	8.58
	载重汽车（汽油型）5t	台时	0.52	97.44	50.67
	其他机械使用费	元	11.00	1.00	11.00

注　乳化炸药在定额基础上考虑1.1换算系数。

（2）坝壳料填筑工程概算综合单价计算。

1）坝壳料材料定额耗用量。坝壳料自然状态干容重 r_1=2.65t/m³；堆石料设计干容重 r_2=2.20t/m³；综合损耗率 A=2.4%；坝壳料材料定额耗用量换算系数=2.20÷2.65×(1+2.4%)=0.85，表示每1m³压实成品方需要原料石方0.85m³自然方。

2）坝壳料填筑工程概算单价。回采渣场填筑比例=270/780=34.62%，开采场A填筑比例=230/780=29.48%，开采场B填筑比例=280/780=35.90%。

根据以上分析计算的坝壳料材料预算单价及用量，采用（2007）概算定额分析计算的坝壳料填筑工程单价见表4-60～表4-62，回采场、开采场A和开采场B单价分别为

23.71元/m^3压实方、45.98元/m^3压实方、50.64元/m^3压实方。综合单价为

$$23.71\times34.62\%+45.98\times29.48\%+50.64\times35.90\%=39.94\ (\text{元}/m^3\ \text{压实方})$$

表4-60　　**回采场填筑单价分析表**

定额编号：[30158]×0.2+[30159]×0.8　　定额单位：100m^3压实方

施工方法	4.0m^3挖掘机装20t汽车运2.8km上坝，填筑堆石料				
编号	名称及规格	单位	数量	单价/元	合价/元
一	直接费				1779.95
1	基本直接费				1654.23
(1)	人工费				47.02
	熟练工	工时	0.40	11.24	4.52
	半熟练工	工时	1.07	8.92	9.56
	普工	工时	4.42	7.45	32.94
(2)	材料费				44.00
	零星其他材料费	元	44	1.00	44.00
(3)	机械使用费				1563.21
	单斗挖掘机（液压反铲）4.0m^3	台时	0.65	693.59	450.83
	推土机132kW	台时	0.56	246.15	137.84
	自卸汽车（柴油型）20t	台时	3.446	263.72	908.78
	混凝土振动碾BW202AD	台时	0.17	213.30	36.26
	蛙式夯实机2.8kW	台时	1.07	19.16	20.50
	其他机械使用费	元	9	1.00	9.00
2	其他直接费	%	7.6	1654.23	125.72
二	间接费	%	20.56	1779.95	365.96
三	利润	%	7	2145.91	150.21
四	税金	%	3.28	2296.12	75.31
五	合计				2371.44

注　正铲液压挖掘机换反铲液压挖掘机，在定额基础上，人工乘以1.34系数，挖掘机乘以1.33系数。

表4-61　　**开采场A填筑单价分析表**

定额编号：[30255]　　定额单位：100m^3压实方

施工方法	4m^3装载机装20t汽车运3km上坝，填筑堆石料				
编号	名称及规格	单位	数量	单价/元	合价/元
1	2	3	4	5	6
一	直接费				3451.13
1	基本直接费				3207.37
(1)	人工费				47.76
	熟练工	工时	0.3	11.24	3.37
	半熟练工	工时	0.8	8.92	7.14
	普工	工时	5	7.45	37.25
(2)	材料费				1381.05

续表

施工方法	$4m^3$ 装载机装 20t 汽车运 3km 上坝，填筑堆石料				
编号	名称及规格	单位	数量	单价/元	合价/元
1	2	3	4	5	6
	石	m^3	85	15.73	1337.05
	其他材料费	元	44	1.00	44.00
(3)	机械使用费				1778.56
	轮式装载机 $4.0m^3$	台时	0.91	487.41	443.54
	推土机 88kW	台时	0.97	171.56	166.41
	自卸汽车（柴油型）20t	台时	4.15	263.72	1094.44
	振动碾（自行式）17t	台时	0.17	262.75	44.67
	蛙式夯实机 2.8kW	台时	1.07	19.16	20.50
	其他机械使用费	元	9	1.00	9.00
2	其他直接费	%	7.6	3207.37	243.76
二	间接费	%	20.56	3451.13	709.55
三	利润	%	7	4160.68	291.25
四	税金	%	3.28	4451.93	146.02
五	合计				4597.95

表 4-62　　开采场 B 填筑单价分析表

定额编号：[30256]+[30257]　　定额单位：$100m^3$ 压实方

施工方法	$4m^3$ 装载机装 20t 汽车运 5km 上坝，填筑堆石料				
编号	名称及规格	单位	数量	单价/元	合价/元
1	2	3	4	5	6
一	直接费				3800.62
1	基本直接费				3532.17
(1)	人工费				40.27
	熟练工	工时	0.3	9.78	2.93
	半熟练工	工时	0.8	7.61	6.09
	普工	工时	5	6.25	31.25
(2)	材料费				1381.05
	石	m^3	85	15.73	1337.05
	零星其他材料费	元	44	1.00	44.00
(3)	机械使用费				2110.85
	轮式装载机 $4.0m^3$	台时	0.91	487.41	443.54
	推土机 88kW	台时	0.97	171.56	166.41
	自卸汽车（柴油型）20t	台时	5.41	263.72	1426.73
	振动碾（自行式）17t	台时	0.17	262.75	44.67

续表

施工方法	4m³ 装载机装 20t 汽车运 5km 上坝，填筑堆石料				
编号	名称及规格	单位	数量	单价/元	合价/元
1	2	3	4	5	6
	蛙式夯实机 2.8kW	台时	1.07	19.16	20.50
	其他机械使用费	元	9	1.00	9.00
2	其他直接费	%	7.6	3532.17	268.45
二	间接费	%	20.56	3800.62	781.41
三	利润	%	7	4582.02	320.74
四	税金	%	3.28	4902.77	160.81
五	合计				5063.58

第四节　混凝土工程

一、概述

混凝土是指由胶凝材料将集料胶结成整体的工程复合材料的统称。通常讲的混凝土一词是指用水泥作胶凝材料，砂、石作集料，与水（加或不加外加剂和掺合料）按一定比例配合，经搅拌、成型、养护而得的水泥混凝土，也称为普通混凝土。混凝土是当代最主要的土木工程材料之一。混凝土具有原料丰富，价格低廉，生产工艺简单的特点。同时，混凝土还具有抗压强度高，耐久性好，强度等级范围宽等优点，使用范围十分广泛。不仅在各种土木工程，就是造船业、机械工业、海洋的开发、地热工程等，混凝土也是重要的材料。

混凝土的使用可以追溯到古老的年代。其所用的胶凝材料为黏土、石灰、石膏、火山灰等。自 19 世纪 20 年代出现了波特兰水泥后，由于用它配制成的混凝土具有工程所需要的强度和耐久性，而且原料易得，造价较低，特别是能耗较低，因而用途极为广泛。

20 世纪初，有人发表了水灰比等学说，初步奠定了混凝土强度的理论基础。以后，相继出现了轻集料混凝土、加气混凝土及其他混凝土，各种混凝土外加剂也开始使用。20 世纪 60 年代以来，减水剂广泛应用，并出现了高效减水剂和相应的流态混凝土；高分子材料进入混凝土材料领域，出现了聚合物混凝土；多种纤维被用于分散配筋的纤维混凝土。

（一）混凝土分类

1. 按表观密度大小分类

（1）重混凝土。干表观密度大于 2600kg/m³，用特别密实的重骨料（如重晶石、铁矿石、铁屑等）配制而成，具有防射线的性能，故又称为防辐射混凝土。主要用于原子能工程的屏蔽结构。

（2）普通混凝土。干表观密度为 2400kg/m³ 左右，以致密的砂石作为骨料配制而成。主要用于各类建筑的承重结构中。

(3) 轻混凝土。干表观密度小于 1950kg/m³。轻混凝土又可以分为 3 类：①轻骨料混凝土，干表观密度为 800～1950 kg/m³，采用多孔轻骨料制成；②多孔混凝土，包括加气混凝土及泡沫混凝土，干表观密度为 300～1200kg/m³；③大孔混凝土，其组成中不加或少加细骨料。轻混凝土主要用于自承重结构材料、结构兼绝热材料或保温材料。

2. 按用途分类

按用途可分为结构混凝土、保温混凝土、装饰混凝土、防水混凝土、耐火混凝土、水工混凝土、海工混凝土、道路混凝土、防辐射混凝土等。

3. 按强度分类

按抗压强度可分为普通混凝土（$f_{cu}<60$MPa）、高强混凝土（$f_{cu}\geqslant 60$MPa）及超高强混凝土（$f_{cu}\geqslant 100$MPa）。

4. 按胶凝材料分类

按胶凝材料可分为水泥混凝土、聚合物混凝土、树脂混凝土、沥青混凝土和石膏混凝土等。

5. 按施工工艺分类

按施工工艺可分为现浇混凝土和预制混凝土，现浇混凝土可以细分为常态混凝土、碾压混凝土、埋石混凝土和堆石混凝土。

(二) 混凝土的性能

1. 和易性

和易性是混凝土拌合物最重要的性能。它综合表示拌合物的稠度、流动性、可塑性、抗分层离析泌水的性能及易抹面性等。测定和表示拌合物和易性的方法和指标很多，我国主要采用截锥坍落筒测定的坍落度（mm）及用维勃仪测定的维勃时间（s），作为稠度的主要指标。

2. 变形

混凝土在荷载或温湿度作用下会产生变形，主要包括弹性变形、塑性变形、收缩和温度变形等。混凝土在短期荷载作用下的弹性变形主要用弹性模量表示。在长期荷载作用下产生的塑性变形，称为徐变。由于水泥水化、水泥石的碳化和失水等原因产生的体积变形，称为收缩。

3. 耐久性

在一般情况下，混凝土具有良好的耐久性。但在寒冷地区，特别是在水位变化的工程部位以及在饱和水状态下受到频繁的冻融交替作用时，混凝土易于损坏。为此对混凝土要有一定的抗冻性要求。用于不透水的工程时，要求混凝土具有良好的抗渗性和耐蚀性。

4. 强度

强度是混凝土硬化后最重要的力学性能，是指混凝土抵抗压、拉、弯、剪等应力的能力。水灰比、水泥品种和用量、集料的品种和用量以及搅拌、成型、养护，都直接影响混凝土的强度。一般来说，混凝土按其标准养护 28 天的抗压强度分级。混凝土的抗拉强度仅为其抗压强度的 1/8～1/13。

长期以来，我国混凝土按抗压强度分级，并采用“标号”表征，是以英文字母 R 加立方体抗压强度标准值来表达，如 R200 号、R300 号等，单位是 kgf/cm²。1987 年《混凝土强度检验评定标准》(GBJ 107—87) 首次改以“强度等级”表达。换版后的《混凝土强度检验评定标准》(GB/T 50107—2010)、《水工混凝土结构设计规范》(DL/T 5057—2009)、《水工建筑物抗冰冻设计规范》(DL/T 5082—1998) 和《混凝土重力坝设计规范》(DL 5108—1999) 等均以“强度等级”表达。混凝土强度等级以混凝土英文名称第一个字母加上其强度标准值来表达，如C20、C30等，单位是兆帕 (N/mm^2)，$1N/mm^2 \approx 10^6 N/m^2$ (MPa)，读作“牛顿每平方毫米”或“兆帕”，$1MPa=10.2kgf/cm^2$。

对于普通混凝土而言，混凝土的强度等级应按立方体抗压强度标准值划分。混凝土强度等级应采用符号C与立方体抗压强度标准值（以N/mm^2计）表示。立方体抗压强度标准值应为按标准方法制作和养护的边长为150mm的立方体试件，用标准试验方法在28天龄期测得的混凝土抗压强度总体分布中的一个值，强度低于该值的概率应为5%（保证率95%）。

对于坝体混凝土而言，目前电力行业标准《混凝土拱坝设计规范》(DL/T 5346—2006) 和《混凝土重力坝设计规范》(NB/T 35026—2014)，规定坝体混凝土强度用混凝土抗压强度标准值表示，符号为“$C_{龄期}$强度标准值（MPa）”。“混凝土抗压强度标准值应由标准方法制作养护的边长为150mm立方体试件，在90天龄期，用标准试验方法测得的具有80%保证率的抗压强度确定。在无试验资料时，混凝土抗拉强度标准值可取为0.08倍抗压强度标准值”。

水工混凝土除要满足设计强度等级指标外，还要满足抗渗、抗冻和极限拉伸值等指标。水工混凝土的等级划分，应是以多指标等级来表征。如设计提出了4项指标$C_{90}20$、P8、F150、$\varepsilon_p 0.85\times10^{-4}$，即90天抗压强度为20MPa、抗渗能力达到0.8MPa下不渗水、抗冻融能力达到150次冻融循环、极限拉伸值达到0.85×10^{-4}。作为这一等级的水工混凝土，这4项指标应并列提出，用任一项指标来表征都是不合适的。作为水电站枢纽工程，也有部分厂房和其他结构物工程，设计只提出抗压强度指标时，则以强度来划分等级，如其龄期亦为28天，则以C20、C30表示。

混凝土标号与混凝土强度等级、抗渗标号及抗渗等级、抗冻标号及抗冻等级之间的对应关系，见表4-63～表4-65。

表4-63　　混凝土标号R与强度等级C对应关系表

老规范混凝土标号R /(kgf/cm^2)		100	150	200	250	300	350	400	450	500	550	600
现行规范混凝土强度等级C /(N/mm^2)	计算值	9.24	14.2	19.21	24.33	29.56	34.89	40.28				
	取用值	9	14	19	24	29.5	35	40				
	设计值	10	15	20	25	30	35	40	45	50	55	60

表4-64　　混凝土抗渗标号S与等级P对应关系表

老规范混凝土抗渗标号	S4	S6	S8	S10	S12
现行规范混凝土抗渗等级		P6	P8	P10	P12

注　水利水电规范抗渗等级采用W表示。

表 4-65　　混凝土抗冻标号 D 与等级 F 对应关系表

老规范混凝土抗冻标号	D25	D50	D100	D150	D200
现行规范混凝土抗冻等级		F50	F100	F150	F200

（三）水工混凝土工程施工特点

用于水电工程的挡水、发电、泄洪、输水、排沙等建筑物，密度为 2400kg/m^3 左右的水泥基混凝土称为水工混凝土。水工混凝土质量要求与一般工业民用建筑混凝土不同，除强度要求外，还要根据其所处部位和工作条件，分别满足抗渗、抗冻、抗拉、抗冲耐磨、抗风化和抗侵蚀等设计要求。

按照中国大坝协会 2003 年的统计资料，中国已建、在建的 100m 以上的大坝有 108 座（截至 2014 年已全部建成），其中混凝土坝共 53 座，占 49%。混凝土坝在我国电站挡水坝建设中占主导地位，混凝土工程是水电工程建设中的一个重要组成部分。以混凝土大坝为主体的枢纽工程，其混凝土施工直接影响建设工期，施工质量的好坏，涉及工程的安危。据粗略估计，在混凝土闸坝式枢纽工程中，用于混凝土施工的各种费用约占工程总投资的 50%～70%。因此，做好混凝土工程施工组织设计，不断提高施工技术和施工管理水平，对保证工程质量、降低造价、缩短建设周期具有重要作用。

混凝土工程施工，涉及砂石骨料制备、混凝土拌制、混凝土运输、钢筋绑扎、模板组装、浇筑仓面作业、温度控制和接缝灌浆等许多环节。

水工混凝土工程施工，一般具有以下几个特点：

（1）工程量大、工期长。大中型水电工程的混凝土工程量通常都有几十万至几百万立方米，从浇筑基础混凝土开始到工程基本建成蓄水（或第 1 台机组投产），一般需要经历 3～5 年或更长的时间才能完成。

（2）施工条件困难。水工混凝土施工多为大范围、露天高空作业，且工程多位于高山峡谷地区，施工运输和施工机械布置受到地形地质、水文气象等自然条件的限制，施工条件比较困难。

（3）施工季节性强。水工混凝土施工，往往由于气温、降水、施工导流和拦洪度汛等因素的制约，不能连续均衡施工。有时为了使建筑物能挡水拦洪或安全度汛，汛前必须达到一定的工程形象面貌，因而使得施工的季节性强，施工强度高。

（4）温度控制要求严格。水工混凝土多属大体积混凝土，为了防止混凝土因温度变化而发生各种裂缝以及由于浇筑能力的限制，通常在坝体上设置横缝、纵缝，形成许多坝段和坝块，然后分块浇筑。为了防止混凝土产生温度裂缝（特别是基础约束部位的混凝土），保证建筑物的整体性，必须根据当地的气温条件，对混凝土采取严格的温度控制和表面保护等技术措施。

（5）施工技术复杂。水工建筑物因其用途和工作条件不同，体形复杂多样，常采用多种标号的混凝土。另外，混凝土浇筑又常与地基开挖、处理及一部分安装工程发生交叉作业，且由于工种、工序繁多，相互干扰，矛盾很大。因此，在设计和实施中，要很好地分析研究各工序的衔接配合关系，分清主次，合理地组织安排。

水工混凝土施工除要求有足够的强度和耐久性外，还要求具有密实性、抗渗性、抗冻性、抗冲刷耐磨性、抗腐蚀性和低热性等特性。

（四）混凝土的施工程序

1. 施工准备

在混凝土开仓浇筑以前，做好各项施工准备是保证施工顺利进行的前提。施工准备的主要内容如下：

（1）场区交通道路、风水电供应及通信管线畅通。

（2）混凝土生产、运输和浇筑机械等安装调试完毕。

（3）砂石骨料、水泥、掺合料等混凝土原材料供应充裕。

（4）需要的钢筋、模板和预制构件加工、制作完毕。

（5）其他生产、生活设施等具备使用条件。

2. 施工排水

施工期间经常性施工排水是基础混凝土施工中的一个重要条件，需配备足够的排水能力，保证混凝土施工正常进行。

3. 清基验收

建筑物地基开挖后，在浇筑混凝土之前，为了保证所浇筑的混凝土和岩石基础紧密结合，在混凝土浇筑前，还须对岩石表面进行妥善处理。基岩清理后，经专门机构检查验收后方能浇筑混凝土。

如遇特殊情况，地基开挖与混凝土浇筑需要平行作业时，必须满足在混凝土建筑物附近进行爆破（地基开挖）的有关规定，并进行适当的安全防护。

在一般情况下，基坑混凝土施工开始以后，不得再进行岸坡开挖。

4. 仓面准备

基础部位的混凝土浇筑仓面，在清理松动岩块后即可组装模板和绑扎钢筋。混凝土浇筑入仓以前，必须将仓内木屑、杂物和积水清除干净。在混凝土面上继续浇筑时，模板组装与凿毛可同时进行。

5. 混凝土浇筑

为了连续均衡地进行混凝土施工，必须根据建筑物结构特点、混凝土温控要求和浇筑能力，合理地进行分缝分块，并按跳仓排块顺序，编制混凝土浇筑进度计划。在编制混凝土浇筑计划时，要注意以下几点：

（1）基础部位混凝土尽量安排在温和季节浇筑。

（2）先浇筑与导流、度汛有关的重点部位。

（3）优先浇筑结构复杂或控制工期的部位。

（4）先浇筑填塘部位的混凝土，待其达到温控要求并进行接触灌浆后，再浇筑与之相邻的部位。

（5）尽快全面完成基础的混凝土浇筑，以保护建筑物地基免受破坏和风化。

6. 混凝土养护

混凝土浇筑完毕后应及时养护，养护的方法和时间应根据当地气候条件、水泥品种和混凝土温控要求确定。

7. 混凝土冷却与接缝灌浆

水工大体积混凝土浇筑后通常需冷却散热。冷却散热一般分两期进行。为了降低混凝

土最高温升，需要进行第一期冷却。第一期冷却有天然散热和人工冷却两种方法，也可两种方法同时进行。混凝土达到设计稳定温度后才能进行接缝灌浆，为此必须进行二期冷却。

二、混凝土原材料及配合比设计

（一）混凝土的原材料

1. 水泥

水泥的矿物组成、分类、主要技术性质等内容见本书第三章第三节第二部分关于水泥的基本知识。

（1）水泥品种的选择。水泥品种繁多，由于成分不同，性能也不相同，正确选定水泥品种，对保证工程质量，充分利用材料，降低工程造价，具有重要的意义。在编制混凝土工程单价时，应根据建筑物的要求和技术条件选择采用的水泥品种。

1）大体积建筑物内部的混凝土，如大坝混凝土，应优先选用矿渣硅酸盐水泥、粉煤灰硅酸盐大坝水泥、火山灰质硅酸盐水泥和复合硅酸盐水泥等，以适应低热性要求。

2）水位变化区域的外部混凝土、建筑物的溢流面和经常遭受水流冲刷的混凝土，应优先选用硅酸盐水泥、普通硅酸盐水泥，避免采用火山灰质硅酸盐水泥、矿渣硅酸盐水泥、粉煤灰硅酸盐水泥和复合硅酸盐水泥。

3）有抗冻要求的混凝土，应优先选用硅酸盐水泥、普通硅酸盐水泥，并掺用加气剂或塑化剂，以提高混凝土的抗冻性。当环境水兼有硫酸盐侵蚀时，应优先选用抗硫酸盐硅酸盐水泥。

4）位于水中和地下部位的混凝土，宜采用矿渣硅酸盐水泥、粉煤灰硅酸盐水泥、火山灰质硅酸盐水泥和复合硅酸盐水泥等。

5）当环境水有侵蚀性时，应根据侵蚀性特征，选用矿渣硅酸盐水泥、粉煤灰硅酸盐水泥、火山灰质硅酸盐水泥和复合硅酸盐水泥等适当的水泥品种。

（2）水泥的保存及管理。

1）每批水泥应有厂家的出厂品质试验报告。

2）存放要分开品种、强度等级、批号，不能混杂。

3）不能受潮。

4）存放时间不能超过规定的期限，散装水泥6个月，袋装水泥3个月。

5）散装水泥罐的水泥要及时倒罐，一般间隔时间为1个月。

2. 细骨料——砂

混凝土常用的细骨料有两种：天然砂和人工砂。天然砂，如河砂、海砂及风化山砂，以河砂应用较多；人工砂是将坚硬石磨碎后形成的细骨料。

通常粒径在0.15～5.00mm之间的为砂，大于5mm的为粗骨料。

（1）混凝土对砂料的质量技术要求（表4-66）。

（2）砂的细度模数及颗粒级配。砂的粗细程度及颗粒级配的好坏，对混凝土的技术性质及工程投资都有很大的影响。

表 4-66　　混凝土对砂料的质量技术要求表

项目		指标		备注
		天然砂	人工砂	
石粉含量/%		—	6～18	
含泥量/%	≥C_{90}30 和有抗冻要求的	≤3	—	
	<C_{90}30	≤5	—	
泥块含量		不允许	不允许	
坚固性/%	有抗冻要求的混凝土	≤8	≤8	
	无抗冻要求的混凝土	≤10	≤10	
表观密度/(kg/m^3)		≥2500	≥2500	
硫化物及硫酸盐含量/%		≤1	≤1	折算成 SO_3，按重量计
有机质含量		浅于标准色	不允许	
云母含量/%		≤2	≤2	
轻物质含量/%		≤1	—	

1）砂的细度模数，指不同粒径的砂粒混在一起的平均粗细程度。细度模数是衡量人工砂质量的一个重要指标，直接影响到混凝土的和易性、强度、抗渗性及经济指标。在工程中细度模数（fineness module）用（Mx）来表示。

细度模数（Mx）用筛分析方法测定，根据《建筑用砂》(GB/T 14684—2011)，筛分析是用一套孔径为 9.50mm、4.75mm、2.36mm、1.18mm、0.600mm、0.300mm、0.150mm 的标准筛，将用 9.50mm 方孔筛筛出的 500g 干砂由粗到细依次过筛，称量各筛上的筛余量（g），计算各筛上的分计筛余率（%），再计算累计筛余率（%）。[《普通混凝土用砂、石质量及检验方法标准》(JGJ 52—2006）采用的方孔筛筛孔边长为 4.75mm、2.36mm、1.18mm、0.600mm、0.300mm、0.150mm 及 0.075mm，其测试和计算方法均相同，目前房建行业普遍采用该标准]

按细度模数大小来划分砂的粗细：细度模数在 3.7～3.1 为粗砂，在 3.0～2.3 为中砂，在 2.2～1.6 为细砂。普通混凝土用砂的细度模数范围在 3.7～1.6，以中砂为宜。

2）砂的级配，指砂的不同粒径组合情况，砂的粗、中、细粒互相充填，达到空隙率和总表面积均较小，即为良好的级配。不仅水泥用量少而且也可提高混凝土的密实性及强度。

在水电工程中，砂子用量很大，选用时应贯彻就地取材的方针。

3）砂的物理性质。

a. 密度。反映砂的密实程度，一般石英砂密度在 2.6～2.7 t/m^3 之间。

b. 容重。一般干砂在自然状态下，容重为 1.4～1.6t/m^3，捣实后的容重可达 1.6～1.7t/m^3。

c. 空隙率。空隙率的大小，与颗粒形状及级配有关，级配不良、形状扁平、片状多的，空隙率较大，反之较小，一般混凝土用砂的空隙率为 40%～44%，级配良好的砂，空隙率可减小到 40%以下。

d. 砂的表面吸水率。一般情况下，含水率为5%～8%时，能使砂的体积膨胀增加20%～30%或更大，在施工过程中，要事先测定其含水量，进行体积换算。砂的表面吸水率对混凝土的拌制用水有影响，所以一定要实测数。

3. 粗骨料

大于5mm的石子称为粗骨料。混凝土常用的粗骨料有两种：天然粗骨料和人工粗骨料。天然粗骨料即卵石，天然粗骨料具有表面光滑、少棱角、质地坚硬、空隙率与表面积较小、开采费少等优点，拌制混凝土时，需用水泥浆量较少，和易性较好，但与水泥浆的胶结力较差。天然粗骨料表面含黏土等杂质较多，须经冲洗后方可使用。

人工粗骨料即碎石，是用机械的方法将岩石破碎加工制成的人工粗骨料，人工粗骨料具有岩种单一、级配控制方便、骨料表面粗糙、空隙率和总表面积较大等特点，与天然粗骨料配置的混凝土比较，人工粗骨料混凝土所需水泥浆较多，但人工粗骨料与水泥浆的胶结力较强，所以在同样条件下，人工粗骨料混凝土强度较高，有利于提高混凝土的抗裂性能。由于人工骨料是岩石经加工轧碎而成的，故一般成本较天然骨料为高。

天然粗骨料与人工粗骨料二者各有特点，应本着就地取材与工程需要的原则来选用。

(1) 混凝土对粗骨料的质量技术要求（表4-67）。

表4-67 混凝土对粗骨料的质量技术要求表

项目		指标	备注
含泥量	粒径 *D*20、*D*40	≤1%	不允许含有黏土团块
	粒径 *D*80、*D*120、*D*150	≤0.5%	
坚固性	有抗冻要求的混凝土	≤5%	
	无抗冻要求的混凝土	≤12%	
硫酸盐及硫化物含量		≤0.5%	按重量折算成 SO_3
有机质含量		浅于标准色	如深于标准色，应进行混凝土强度对比试验
密度		≥2.5t/m^3	
吸水率		≤2.5%	
针片状颗粒含量		≤15%	碎石经试验论证，可以放宽至25%

(2) 最大粒径及颗粒级配。

1) 最大粒径（D_M）。粗骨料最大粒径增大时，由于骨料间的空隙率及总表面积减小，可使混凝土中骨料增加、水泥浆用量减少，不仅节约了水泥，而且有助于提高混凝土的密实度，减少发热量及混凝土的收缩，这对大体积混凝土很有利，当 D_M 增大至150mm时，对节约水泥的效益不再增大，但在150mm以下时，影响比较显著，尤其当最大粒径减小至80mm以下时，水泥用量将急剧增加。因此，在最大粒径为150mm范围内，如条件许可，应尽可能采用较大的粒径。

确定最大粒径取决于：①当地粗骨料的来源条件；②建筑物结构的断面尺寸；③钢筋净间距；④生产方式及施工条件。

根据《水工混凝土施工规范》(DL/T 5144）的规定，粗骨料的最大粒径不应超过钢筋净间距的2/3、构件断面最小边长的1/4、素混凝土板厚的1/2。对少筋或无筋混凝土结构，应选用较大的粗骨料粒径。

2）颗粒级配。大小石子互相填充，适当搭配起来，使粗骨料间的空隙率及总表面积均比较小，这样拌出的混凝土水泥用量少，质量也比较好。

粗骨料一般按粒径分为4级，采用几级配，这要根据施工方法、建筑物结构尺寸、钢筋净间距等来决定。一般分级方法见表4-68。

表4-68　一般粗骨料分级表

名称	公称粒径/mm	级配
小石	5～20	一
中石	20～40	二
大石	40～80	三
特大石	80～150或80～120	四

石子最佳级配通过试验确定，一般以紧密堆积密度较大、用水量较小时的级配为宜。若无试验资料，石子级配组合选择可按表4-69确定。

表4-69　石子组合比初选

混凝土种类	级配	石子最大粒径/mm	卵石（小：中：大：特大）	碎石（小：中：大：特大）
常态混凝土	二	40	40：60：0：0	40：60：0：0
	三	80	30：30：40：0	30：30：40：0
	四	150	20：20：30：30	25：25：20：20
碾压混凝土	二	40	50：50：0：0	50：50：0：0
	三	80	30：40：30：0	30：40：30：0

注　表中比例为质量比。

混凝土工程中粗骨料选用连续级配被广泛采用，抽掉中间的一级、二级石子，称为间级配，间级配能降低骨料间的空隙率，故能节约水泥，但容易使混凝土产生分离现象，增加施工困难，在工程中较少采用。

混凝土工程施工时应严格控制各级骨料的超、逊径含量。以原孔筛检验，超径须小于5%，逊径须小于10%；以超、逊径筛检验，超径为0，逊径小于2%。

粗骨料级配如何选择，一般要通过试验并结合实际骨料的级配来选择，特别是天然料，不能使之弃料太多，造成浪费。

4. 水

凡符合国家标准的饮用水，均可用来拌制和养护混凝土。不能用未经处理的工业污水和沼泽水。地表水、地下水和其他类型水在首次用于拌制与养护混凝土时，须按现行的有关标准，经检验合格后方可使用。待检验的水与标准饮用水试验所得的水泥初凝时间差及终凝时间差均不得大于30min；待检验水配制水泥砂浆28天抗压强度不得低于用标准饮用水拌制的砂浆抗压强度的90%。

拌制混凝土用水的化学成分，不得超过表4-70所列标准。

5. 掺合料

为改善混凝土的性能，减少水泥用量及降低水化热而掺入混凝土中的活性或惰性矿物材料称为掺合料。

掺合料分为活性和非活性两大类。活性掺合料以氧化硅、氧化铝为主要活性成分，本

身不具有或只有极低的胶凝特性，但在常温下能与水泥水化产物氢氧化钙作用生成胶凝性水化物，并在空气中或水中硬化。非活性掺合料是不具有活性或活性极低的人工或天然的矿物材料。

表 4-70　　生产与养护混凝土用水的指标要求

项目	钢筋混凝土	素混凝土	项目	钢筋混凝土	素混凝土
pH 值	>4	>4	氯化物（以 Cl^- 计）/(mg/L)	<1200	<3500
不溶物/(mg/L)	<2000	<5000	硫酸盐（以 SO_4^{2-} 计）/(mg/L)	<2700	<2700
可溶物/(mg/L)	<5000	<10000			

注　采用抗硫酸盐水泥时，水中 SO_4^{2-} 含量允许加大到 10000mg/L。

水电工程中常用的掺合料主要有粉煤灰、粒化高炉矿渣粉、火山灰质掺合料和硅粉等。

(1) 粉煤灰。粉煤灰是燃煤电厂煤粉炉烟道气体中搜集的粉末，其颗粒多呈球形，表面光滑。粉煤灰的颗粒密度多在 1900～2600kg/m^3，松散密度为 550～800kg/m^3。

粉煤灰分为 F 类粉煤灰和 C 类粉煤灰。F 类粉煤灰由无烟煤或烟煤煅烧搜集，C 类粉煤灰由褐煤或次烟煤煅烧搜集，C 类粉煤灰氧化钙含量一般大于 10%。粉煤灰在混凝土中的使用效果主要与粉煤灰的细度、颗粒形状及表面状况有关，也与化学成分和玻璃体含量有关。粉煤灰的火山灰反应生成物主要为 $3CaO \cdot SiO_2 \cdot 3H_2O$、$3CaO \cdot Al_2O_3 \cdot 6H_2O$、$3CaO \cdot Fe_2O_3 \cdot 6H_2O$ 及 $3CaO \cdot Al_2O_3 \cdot 3CaSO_4 \cdot 32H_2O$，即与水泥的水化产物基本相同。粉煤灰的火山灰反应在 28 天以前很微弱，28 天以后逐渐增强，因此粉煤灰混凝土的早期强度较低，后期强度增长率高。利用粉煤灰混凝土后期强度可以充分发挥粉煤灰的活性效应。

技术要求：用于水工混凝土中的粉煤灰分为Ⅰ级、Ⅱ级、Ⅲ级 3 个等级，应满足《用于水泥和混凝土中的粉煤灰》(GB/T 1596—2005) 的技术要求，技术要求详见表 4-71。粉煤灰取代水泥最大掺量见表 4-72。

表 4-71　　粉煤灰技术要求

项　目		技术要求（不大于）		
		Ⅰ级	Ⅱ级	Ⅲ级
细度（45μm 方孔筛筛余）(不大于)/%	F 类粉煤灰	12.0	25.0	45.0
	C 类粉煤灰			
需水量比（不大于）/%	F 类粉煤灰	95.0	105.0	115.0
	C 类粉煤灰			
烧失量（不大于）/%	F 类粉煤灰	5.0	8.0	15.0
	C 类粉煤灰			
含水量（不大于）/%	F 类粉煤灰	1.0		
	C 类粉煤灰			
三氧化硫（不大于）/%	F 类粉煤灰	3.0		
	C 类粉煤灰			

续表

项　　目		技术要求（不大于）		
		Ⅰ级	Ⅱ级	Ⅲ级
游离氧化钙（不大于）/%	F类粉煤灰	1.0		
	C类粉煤灰	4.0		
安定性（雷氏夹沸煮后增加距离）（不大于）/mm	F类粉煤灰	5.0		
	C类粉煤灰			

表4－72　　粉煤灰取代水泥最大掺量　　%

混凝土种类		硅酸盐水泥	普通硅酸盐水泥	矿渣硅酸盐水泥（P·S·A）
重力坝碾压混凝土	内部	70	65	40
	外部	65	60	30
重力坝常态混凝土	内部	55	50	30
	外部	45	40	20
拱坝碾压混凝土		65	60	30
拱坝常态混凝土		40	35	20
结构混凝土		35	30	
面板混凝土		35	30	
抗磨蚀混凝土		25	20	
预应力混凝土		20	15	

注　1. 本表适用于F类Ⅰ级、Ⅱ级粉煤灰，F类Ⅲ级粉煤灰的最大掺量应适当降低，降低幅度应通过试验论证确定。
2. 中热硅酸盐水泥、低热硅酸盐水泥混凝土的粉煤灰最大掺量与硅酸盐水泥混凝土相同；低热矿渣硅酸盐水泥、火山灰质硅酸盐水泥、粉煤灰硅酸盐水泥混凝土的粉煤灰最大掺量与矿渣硅酸盐水泥（P·S·A）混凝土相同。
3. 本表所列的粉煤灰最大掺量不包含带砂的粉煤灰。粉煤灰掺量指粉煤灰质量占胶凝材料质量的比例。

水工混凝土掺用粉煤灰的技术要求如下：

1）掺粉煤灰混凝土的设计强度等级、强度保证率和标准差等指标，应与不掺粉煤灰的混凝土相同，按有关规定取值。

2）掺粉煤灰混凝土的强度、抗渗、抗冻等设计龄期，应根据建筑物类型和承载时间确定，宜采用较长的设计龄期。

3）永久建筑物水工混凝土宜采用Ⅰ级粉煤灰或Ⅱ级粉煤灰，坝体内部混凝土、小型工程和临时建筑物的混凝土，经试验论证后也可采用Ⅲ级粉煤灰。

4）粉煤灰与水泥、外加剂的适应性应通过试验论证。

5）掺粉煤灰混凝土的拌合物应搅拌均匀，搅拌时间应通过试验确定。

6）掺粉煤灰混凝土浇筑时不应漏振或过振，振捣后的混凝土表面不得出现明显的粉煤灰浮浆层。

7）掺粉煤灰混凝土的暴露面应潮湿养护，应适当延长养护时间。

8）掺粉煤灰混凝土在低温施工时应采取表面保温措施，拆模时间应适当延长。

（2）粒化高炉矿渣粉。在高炉冶炼生铁时，得到的以硅酸钙为主要成分的熔融物，经

淬冷成粒后，即为粒化高炉矿渣，简称矿渣。

将矿渣单独磨细至 400m^2/kg 以上的矿渣粉后，可用于混凝土掺合料使用。矿渣粉能优化混凝土孔结构，提高抗渗性能，降低氯离子扩散速度，减少体系内的 $Ca(HO)_2$，抑制碱骨料反应，提高抗硫酸盐腐蚀能力，使混凝土耐久性得到较大改善。大掺量矿渣粉可以降低混凝土水化热峰值，延迟温峰发生。但掺矿渣粉混凝土抗冻时易发生表面剥落现象，抗碳化性能有所降低。

矿渣粉活性高于粉煤灰，掺量可比粉煤灰高一些，一般掺量在 30%～70%之间。矿渣粉混凝土拌制时间比普通混凝土延长 10～20s，以保证拌和均匀。

（3）火山灰质掺合料。凡天然的或人工的以氧化硅、氧化铝为主要成分的矿物质材料，磨细并与气硬性石灰混合后，不但能在空气中硬化，而且能在水中继续硬化，称为火山灰质掺合料。

火山灰质掺合料按成因分为天然料和人工料。天然料主要有火山灰、凝灰岩、浮石及沸石岩等。人工料主要有煤矸石、烧页岩、烧黏土、煤渣及矿渣等。

掺入火山灰质掺合料适用于有抗渗性要求的混凝土工程，不适合用于干燥环境中的地上混凝土工程，也不宜用于有耐磨性要求的混凝土工程。

（4）硅粉。硅粉，也称为“微硅粉”，学名“硅灰”，是从冶炼硅铁和其他硅金属工厂的废气中经收尘装置搜集而得到的粉尘。硅粉颗粒极细，是水泥直径的 1/100～1/50，其主要成分是二氧化硅。硅粉掺入混凝土中，能改善新拌混凝土的泌水性和黏聚性，大幅提高混凝土的强度及抗渗、抗冲磨、抗空蚀等性能。

由于硅粉颗粒极细，比表面积大，需水性为普通混凝土的 130%～150%，混凝土流动性随硅粉掺量增加而减少。为了保持混凝土的流动性，需与高效减水剂同时使用。硅粉可大大改善混凝土的黏聚性和保水性，用于喷混凝土施工可大大减少回弹量。

硅粉活性很高，与高效减水剂联合使用时，可显著提高混凝土抗压强度。硅粉能改善混凝土的微孔结构，提高混凝土抗冻、抗渗、抗冲磨、抗侵蚀性能，还具有抑制碱骨料反应和防止钢筋锈蚀的作用。水电工程中，常通过掺硅粉提高混凝土的抗冲磨性能，掺量一般为 5%～10%之间。

（5）非活性掺合料。凡是不具有活性或活性甚低的人工或天然矿物材料，称为非活性掺合料。非活性掺合料包括石英岩、石灰石、砂岩、黏土以及不符合技术要求的粒化高炉矿渣和火山灰质掺合料。非活性材料不得含有对水泥有害的成分。非活性掺合料可用于水工碾压混凝土的填充料，改善混凝土的和易性和可碾性。

6. 外加剂

混凝土外加剂是指在拌制混凝土过程中掺入的用以改善新拌混凝土或硬化混凝土性能的材料。在混凝土中应用外加剂，具有投资少、见效快、技术经济效益显著的特点。应符合现行标准《混凝土外加剂》(GB 8076—2008) 和《混凝土外加剂应用技术规范》(GB 50119—2013) 及相关的外加剂行业标准的有关规定。

（1）外加剂作用。

1）能改善混凝土拌合物的和易性、减轻体力劳动强度、有利于机械化作业。

2）可以加快施工进度，提高建设速度，能减少养护时间或缩短预制构件的蒸养时间，加快模板周转，还可以提早对预应力钢筋混凝土的钢筋张放。

3）能提高或改善混凝土质量。有些外加剂掺入到混凝土中后，可以提高混凝土强度，增加混凝土的耐久性、密实性、抗冻性及抗渗性，并可改善混凝土的干燥收缩及徐变性能，有些外加剂还能提高混凝土中钢筋的耐锈蚀性能。

4）在采取一定的工艺措施之后，掺加外加剂能适当地节约水泥而不致影响混凝土的质量。

5）可以使水泥混凝土具备一些特殊性能，如产生膨胀或可以进行低温施工等。

（2）外加剂的分类。外加剂的种类繁多，功能多样，所以国内外分类方法很不一致，通常有以下3种分类方法：

1）凝土外加剂按其主要功能分为以下4类：

a. 改善混凝土拌合物流变性能的外加剂，包括各种减水剂、引气剂和泵送剂等。

b. 调节混凝土凝结时间、硬化性能的外加剂，包括缓凝剂、早强剂和速凝剂等。

c. 改善混凝土耐久性的外加剂，包括引气剂、防水剂和阻锈剂等。

d. 改善混凝土其他性能的外加剂，包括加气剂、膨胀剂、防冻剂、着色剂、防水剂和泵送剂等。

2）混凝土外加剂按化学成分分为有机外加剂、无机外加剂和有机无机复合外加剂。

3）混凝土外加剂按使用效果分为减水剂；调凝剂（缓凝剂、早强剂、速凝剂）；引气剂、加气剂，防水剂，除锈剂，膨胀剂，防冻剂，着色剂，泵送剂以及复合外加剂（如早强减水剂、缓凝减水剂、缓凝高效减水剂等）。

（3）常用混凝土外加剂。

1）减水剂。混凝土减水剂是指在保持混凝土坍落度基本相同的条件下，具有减水增强作用的外加剂。

a. 混凝土掺入减水剂的技术经济效果。保持坍落度不变，掺减水剂可降低单位混凝土用水量5%～25%，提高混凝土早期强度，同时改善混凝土的密实度，提高耐久性。

保持用水量不变，掺减水剂可增大混凝土坍落度10～20mm，能满足泵送混凝土的施工要求。

保持强度不变，掺减水剂可节约水泥用量5%～20%。

b. 减水剂常用品种。普通型减水剂木质素磺酸盐类，如木质素磺酸钙（简称木钙粉、M型），其适宜的掺量为水泥质量的0.2%～0.3%，在保持坍落度不变时，减水率为10%～15%。在相同强度和流动性要求下，节约水泥10%左右。

高效减水剂（如NNO减水剂），掺入NNO减水剂的混凝土，其耐久性、抗硫酸盐、抗渗、抗钢筋锈蚀等均优于一般普通混凝土。适宜掺量为水泥质量的1%左右，在保持坍落度不变时，减水率为14%～18%。一般3天可提高混凝土强度60%，28天可提高30%左右。在保持相同混凝土强度和流动性的要求下，可节约水泥15%左右。

2）早强剂。混凝土早强剂是指能提高混凝土早期强度，并对后期强度无显著影响的外加剂。若外加剂兼有早强和减水作用则称为早强减水剂。

早强剂多用于抢修工程和冬季施工的混凝土。目前常用的早强剂有氯盐、硫酸盐、三乙醇胺和以它们为基础的复合早强剂。

a. 氯盐早强剂。常用的有氯化钙（$CaCl_2$）和氯化钠（NaCl）。氯化钙能与水泥中的矿物成分（C_3A）或水化物［$Ca(OH)_2$］反应，其生成物增加了水泥石中的固相比例，有助于水泥石结构形成，还能使混凝土中游离水减少、孔隙率降低，因而掺入氯化钙能缩短水泥的凝结时间，提高混凝土的密实度、强度和抗冻性。氯盐早强剂不能用于预应力混凝土结构。

b. 硫酸盐早强剂。常用的硫酸钠（Na_2SO_4）早强剂，又称为元明粉，是一种白色粉状物，易溶于水，掺入混凝土后能与水泥水化生成的氢氧化钙作用，生成的 $CaSO_4$ 均匀分布在混凝土中，并与 C_3A 反应，迅速生成水化硫铝酸钙，加快水泥硬化。

c. 三乙醇胺［$N(C_2H_4OH_3)$］早强剂。它是一种有机化学物质，强碱性、无毒、不易燃烧，溶于水和乙醇，对钢筋无锈蚀作用。单独使用三乙醇胺，早强效果不明显，若与其他盐类组成复合早强剂，早强效果较明显。三乙醇胺复合早强剂是由三乙醇胺、氯化钠、亚硝酸钠和二水石膏等复合而成。

3）引气剂。引气剂是在混凝土搅拌过程中，能引入大量分布均匀的稳定而密封的微小气泡，以减少拌合物泌水离析、改善和易性，同时显著提高硬化混凝土抗冻融耐久性的外加剂。兼有引气和减水作用的外加剂称为引气减水剂。

引气剂主要有松香树脂类，如松香热聚物、松脂皂；有烷基苯磺酸盐类，如烷基苯磺酸盐、烷基苯酚聚氧乙烯醚等。也采用脂肪醇磺酸盐类以及蛋白质盐、石油磺酸盐等。其中，以松香树脂类的松香热聚物的效果较好，最常使用。

引气减水剂减水效果明显，减水率较大，不仅起引气作用而且还能提高混凝土强度，弥补由于含气量而使混凝土强度降低的不利，而且节约水泥。常在道路、桥梁、港口和大坝等工程上采用。解决混凝土遭受冰冻、海水侵蚀等作用时的耐久性问题，可采用的引气减水剂有改性木质素磺酸盐类、烷基芳香磺酸盐类以及由各类引气剂与减水剂组成的复合剂。

引气剂和引气减水剂，除用于抗冻、防渗、抗硫酸盐混凝土外，还宜用于泌水严重的混凝土、贫混凝土以及对饰面有要求的混凝土和轻骨料混凝土，不宜用于蒸养混凝土和预应力混凝土。引气剂或引气减水剂掺量一般为水泥用量的0.5/10000～1.5/10000。

4）缓凝剂。缓凝剂是指延缓混凝土凝结时间，并不显著降低混凝土后期强度的外加剂。兼有缓凝和减水作用的外加剂称为缓凝减水剂。

缓凝剂用于大体积混凝土、炎热气候条件下施工的混凝土或长距离运输的混凝土，不宜单独用于蒸养混凝土。缓凝剂有糖类，如糖钙；有木质素磺酸盐类，如木质素磺酸钙、木质素磺酸钠羟基羟酸以及盐类和无机盐类；还有胺盐及衍生物、纤维素醚等。最常用的是糖蜜和木质素磺酸钙，糖蜜的效果最好。

5）泵送剂。泵送剂是指能改善混凝土拌合物的泵送性能，使混凝土具有能顺利通过输送管道，不阻塞，不离析，黏塑性良好的外加剂。其组分包含缓凝及减水组分、增稠组分（保水剂）、引气组分及高比表面无机掺合料。应用泵送剂温度不宜高于35℃，掺泵送剂过量可能造成堵泵现象。泵送混凝土水灰比为0.45～0.60，砂率宜为38%～45%。最小水泥用量应大于0.3t/m^3。

6）膨胀剂。膨胀剂能使混凝土产生一定的体积膨胀，其与水反应生成膨胀性水化物，与水泥混凝土凝结硬化过程中产生的收缩相抵消。按化学成分可分为硫铝酸盐系膨胀剂、石灰系膨胀剂、铁粉系膨胀剂、氧化镁型膨胀剂和复合型膨胀剂等。

当膨胀剂用于补偿收缩混凝土时膨胀率相当于或稍大于混凝土收缩，用于防裂、防水接缝、补强堵塞。当膨胀剂用于自应力混凝土时，膨胀率远大于混凝土收缩，可以达到预应力或化学自应力混凝土的目的，常用于自应力钢筋混凝土输水、输气、输油压力管，反应罐、水池、水塔及其他自应力钢筋混凝土构件。

掺硫铝酸钙膨胀剂的混凝土，不能用于长期处于环境温度为80℃以上的工程；掺硫铝酸钙类或石灰类膨胀剂的混凝土，不宜使用氯盐类外加剂。

（二）混凝土配合比的设计

混凝土配合比的设计，需根据混凝土结构物的特点及部位、工作条件、施工方法、原材料状况，配置出满足工作性、强度、耐久性、和易性等技术要求，并尽量节约水泥，以降低工程投资。为确保混凝土质量，工程所用混凝土的配合比，必须通过试验确定。

1. 混凝土配合比设计的基本原则

（1）应根据工程要求、结构型式、施工条件和原材料状况，配制出既满足工作性、强度及耐久性等要求又经济合理的混凝土，确定各项材料的用量。

（2）在满足工作性要求的前提下，宜选用较少的用水量。

（3）在满足强度、耐久性及其他要求的前提下，选用合适的水胶比。

（4）宜选取最优砂率，即在保证混凝土拌合物具有良好的黏聚性并达到要求的工作性时用水量较少、拌合物密度较大所对应的砂率。

（5）宜选用最大粒径较大的骨料及最佳级配。

2. 确定混凝土配合比的步骤

（1）根据设计要求的强度和耐久性选定水胶比。

（2）根据施工要求的工作度和石子最大粒径等选定用水量和砂率，用水量除以选定的水胶比计算出水泥用量（或胶凝材料用量）。

（3）根据体积法或质量法计算砂、石用量。

（4）通过试验和必要的调整，确定每立方米混凝土各项材料用量和配合比。

（5）根据现场实际情况修正理论配合比，作为施工使用。

3. 设计基本资料

（1）建筑物对混凝土的要求。

1）各部位混凝土的强度等级及设计龄期。

2）各部位混凝土的抗冻、抗渗要求。

3）混凝土强度保证率。

（2）施工对混凝土的要求。

1）施工部位允许的粗骨料最大粒径。

2）施工要求的坍落度及和易性。

3）混凝土强度均方差。

（3）原材料的性能。

1）水泥品种、强度等级及密度。

2）粗骨料种类、级配和紧密密度。

3）细骨料种类、细度模数。

4）粗细骨料的饱和面干表观密度和吸水率。

5）掺合料和外加剂的种类及其主要特性。

4. 混凝土配合比设计步骤及材料用量参考数

(1) 混凝土试配强度（$f_{cu,0}$）的确定。从理论上计算试配强度能满足设计强度等级的混凝土，应充分考虑到实际施工条件与实验室条件的差别。$f_{cu,0}$ 可按下式计算：

$$f_{cu,0}=f_{cu,k}+t\sigma \tag{4-1}$$

式中：$f_{cu,0}$ 为混凝土试配强度，MPa；$f_{cu,k}$ 为设计混凝土强度标准值，MPa；t 为概率度系数，由给定的保证率 P 选定，其值按表 4-73 选用；σ 为混凝土强度标准差，可按表 4-74 取值。

表 4-73　保证率和概率度系数关系

保证率 P/%	70.0	75.0	80.0	84.1	85.0	90.0	95.0	97.7	99.9
概率度系数 t	0.525	0.675	0.840	1.0	1.040	1.280	1.645	2.0	3.0

表 4-74　标准差 σ 选用值

设计龄期混凝土抗压强度标准值/MPa	<15	20～25	30～35	40～45	50
混凝土抗压强度标准差 σ/MPa	3.5	4.0	4.5	5.0	5.5

(2) 确定水胶比。水胶比是指水泥混凝土或砂浆中拌制用水与胶凝材料的质量比。配合比计算时需根据混凝土配制强度、抗渗、抗冻等要求，通过试验确定，建立强度与水胶比的回归方程［式（4-2)］，按强度与水胶比关系，选择相应于配制强度的水胶比。选定的水胶比应符合《水工混凝土施工规范》(DL/T 5144) 及《水工建筑物抗冰冻设计规范》(DL/T 5082—1998) 要求。

$$f_{cu,0}=Af_{ce}\left(\frac{C+F}{W}-B\right) \tag{4-2}$$

式中：f_{ce} 为水泥的 28 天龄期抗压强度实测值，MPa；$(C+F)/W$ 为胶水比；$W/(C+F)$ 为水胶比；A、B 为回归系数，应根据工程使用的水泥、掺合料、骨料、外加剂等，通过试验由建立的水胶比与混凝土强度关系式确定。

A、B 在没有试验数据下，可参考表 4-75、表 4-76 的经验值。

表 4-75　常态混凝土回归系数 A 和 B 参考值（90 天龄期）

骨料品种	水泥品种	粉煤灰掺量/%	A	B
碎石	中热硅酸盐水泥	0～10	0.545	0.578
		20	0.533	0.659
		30	0.503	0.793
		40	0.339	0.447

续表

骨料品种	水泥品种	粉煤灰掺量/%	A	B
碎石	普通硅酸盐水泥	0～10	0.478	0.512
		20	0.456	0.543
		30	0.326	0.578
		40	0.278	0.214
卵石	中热硅酸盐水泥	0	0.452	0.556
	低热硅酸盐水泥	0	0.486	0.745

表 4-76　　碾压混凝土回归系数 A 和 B 参考值（90天龄期）

骨料品种	水泥品种	粉煤灰掺量/%	A	B
碎石	中热硅酸盐水泥	40	0.474	0.619
		50	0.569	0.935
		60	0.520	0.980
	低热硅酸盐水泥	20	0.575	0.613
		30	0.571	0.704
		40	0.546	0.732
		50	0.429	0.639
卵石	中热硅酸盐水泥	40	0.588	0.883
		50	0.496	0.779
		60	0.417	0.868
	低热硅酸盐水泥	30	0.402	0.433
		40	0.463	0.604
		50	0.296	0.291

当无法取得水泥实际强度时，可用下式代入：

$$f_{ce}=K_c f_{ce}^b \tag{4-3}$$

式中：f_{ce}^b 为水泥强度等级，MPa；K_c 为水泥强度富裕系数，一般取1.13。

混凝土的水胶比不应超过规范规定，水工混凝土水胶比的最大允许值见表4-77。

表 4-77　　水工混凝土水胶比最大允许值

部位	严寒地区	寒冷地区	温和地区
上、下游水位以上（坝体外部）	0.50	0.55	0.60
上、下游水位变化区（坝体外部）	0.45	0.50	0.55
上、下游水位以下（坝体外部）	0.50	0.55	0.60
基础	0.50	0.55	0.60
内部	0.60	0.65	0.65
受水流冲刷部位	0.45	0.50	0.50

注　在有环境水侵蚀情况下，水位变化区外部及水下混凝土最大允许水胶比（或水灰比）应减小0.05。

混凝土的水胶比还应满足设计规定的抗渗、抗冻等级等要求。混凝土抗渗、抗冻等级与水泥的品种、水胶比、外加剂和掺合料品种及掺量、混凝土龄期等因素有关。对于大中型工程，应通过试验建立相应的关系曲线，并根据试验结果，选择满足设计技术指标要求的水胶比。小型工程抗冻混凝土的配比，应根据混凝土抗冻等级和所用的最大骨料粒径进行设计，同时必须满足《水工建筑物抗冰冻设计规范》(DL/T 5082—1998）的要求。

(3) 选用单位用水量（kg/m^3）。混凝土用水量，应根据骨料最大粒径、坍落度、外加剂、掺合料以及适宜的砂率通过试拌确定。

《水工混凝土配合比设计规程》(DL/T 5330—2015）中混凝土水胶比范围在0.40～0.70，当无试验资料时，常态混凝土初选用水量可按表4-78选用，碾压混凝土按表4-79选用。

表4-78　常态混凝土初选用水量　单位：kg/m^3

混凝土坍落度/mm	卵石最大粒径				碎石最大粒径			
	20mm	40mm	80mm	150mm	20mm	40mm	80mm	150mm
10～30	160	140	120	105	175	155	135	120
30～50	165	145	125	110	180	160	140	125
50～70	170	150	130	115	185	165	145	130
70～90	175	155	135	120	190	170	150	135

注　1. 本表适用于细度模数为2.6～2.8的天然中砂，当使用细砂或粗砂时，用水量需增加或减少3～5 kg/m^3。
2. 采用人工砂时，用水量需增加5～10 kg/m^3。
3. 掺入火山灰质掺合料时，用水量需增加10～20 kg/m^3；采用Ⅰ级粉煤灰时，用水量可减少5～10 kg/m^3。
4. 采用外加剂时，用水量应根据外加剂的减水率作适当调整，外加剂的减水率应通过试验确定。
5. 本表适用于骨料含水状态为饱和面干状态

表4-79　碾压混凝土初选用水量　单位：kg/m^3

碾压混凝土VC值/s	卵石最大粒径		碎石最大粒径	
	40mm	80mm	40mm	80mm
1～5	120	105	135	115
5～10	115	100	130	110
10～20	110	95	120	105

注　1. 本表适用于细度模数为2.6～2.8的天然中砂，当使用细砂或粗砂时，用水量需增加或减少5～10kg/m^3。
2. 采用人工砂时，用水量需增加5～10kg/m^3。
3. 掺入火山灰质掺合料时，用水量需增加10～20kg/m^3；采用Ⅰ级粉煤灰时，用水量可减少5～10kg/m^3。
4. 采用外加剂时，用水量应根据外加剂的减水率作适当调整，外加剂的减水率应通过试验确定。
5. 本表适用于骨料含水状态为饱和面干状态

水胶比小于0.4的混凝土以及采用特殊成型工艺的混凝土用水量应通过试验确定。

(4) 计算单位混凝土胶凝材料用量（m_c+m_p）、水泥用量（m_c）和掺合料用量（m_p）。

$$m_c+m_p=m_w/[w/(c+p)] \tag{4-4}$$

$$m_c=(1-P_m)(m_c+m_p) \tag{4-5}$$

$$m_p=P_m(m_c+m_p) \tag{4-6}$$

式中：m_c 为每立方米混凝土水泥用量，kg；m_p 为每立方米混凝土掺合料用量，kg；m_w 为每立方米混凝土用水量，kg；P_m 为掺合料掺率，%；$w/(c+p)$ 为水胶比。

水工大体积内部常态混凝土的胶凝材料用量不低于 $140kg/m^3$，水泥熟料含量不低于 $70kg/m^3$。

（5）选用合理砂率（S_P）。混凝土中砂与砂石的体积比或质量比称为砂率。混凝土配合比宜选取最优砂率。最优砂率应根据骨料品种、品质、粒径、水胶比和砂的细度模数等通过试验选取。当无试验资料时，砂率可按以下原则确定：混凝土坍落度小于 10mm 时，砂率应通过试验确定。混凝土坍落度为 10～60mm 时，砂率可按表 4-80 初选并通过试验最后确定。混凝土坍落度大于 60mm 时，砂率可通过试验确定，也可在表 4-80 的基础上按坍落度每增大 20mm，砂率增大 1%的幅度予以调整。

表 4-80　　常态混凝土砂率初选　　%

骨料最大粒径/mm	水胶比			
	0.40	0.50	0.60	0.70
20	36～38	38～40	40～42	42～44
40	30～32	32～34	34～36	36～38
80	24～26	26～28	28～30	30～32
150	20～22	22～24	24～26	26～28

注　1. 本表适用于卵石、细度模数为 2.6～2.8 的天然中砂拌制的混凝土。
2. 砂的细度模数每增减 0.1，砂率相应增减 0.5%～1.0%。
3. 使用碎石时，砂率需增加 3%～5%。
4. 使用人工砂时，砂率需增加 2%～3%。
5. 掺用引气剂时，砂率可减小 2%～3%；掺用粉煤灰时，砂率可减小 1%～2%。

碾压混凝土的砂率可表 4-81 初选并通过试验最后确定。

表 4-81　　碾压混凝土砂率初选　　%

骨料最大粒径/mm	水胶比			
	0.40	0.50	0.60	0.70
40	32～34	34～36	36～38	38～40
80	27～29	29～32	32～34	34～36

注　1. 本表适用于卵石、细度模数为 2.6～2.8 的天然中砂拌制的 *VC* 值为 3～7s 的碾压混凝土。
2. 砂的细度模数每增减 0.1，砂率相应增减 0.5%～1.0%。
3. 使用碎石时，砂率需增加 3%～5%。
4. 使用人工砂时，砂率需增加 2%～3%。
5. 掺用引气剂时，砂率可减小 2%～3%；掺用粉煤灰时，砂率可减小 1%～2%。

（6）计算砂石用量（m_s 及 m_g）。

1）体积法。基本原理是混凝土拌合物的体积等于各组成材料绝对体积和拌合物中的空气体积的之和。

$$V_{s,g}=1-[m_w/p_w+m_c/p_c+m_p/p_p+\alpha] \tag{4-7}$$

砂子用量：

$$m_s=V_{s,g}S_vP_s \tag{4-8}$$

石子用量：

$$m_g = V_{s,g}(1-S_v)P_g \tag{4-9}$$

式中：$V_{s,g}$ 为每立方米混凝土中砂、石的绝对体积，m^3；m_w 为每立方米混凝土用水量，kg；m_c 为每立方米混凝土水泥用量，kg；m_p 为每立方米混凝土掺合料用量，kg；m_s 为每立方米混凝土砂子用量，kg；m_g 为每立方米混凝土石子用量，kg；α 为混凝土含气量；S_v 为体积砂率；p_w 为水的密度，kg/m^3；p_c 为水泥密度，kg/m^3；p_p 为掺合料密度，kg/m^3；P_s 为砂子饱和面干表观密度，kg/m^3；P_g 为石子饱和面干表观密度，kg/m^3。

2）质量法。基本原理是混凝土拌合物的质量等于各项材料质量之和。混凝土拌合物的质量应通过试验确定，计算时可按表 4-82 选用。

表 4-82　　　　混凝土拌合物质量假定值

项目	粗骨料最大粒径				
	20mm	40mm	80mm	120mm	150mm
普通混凝土容重/(kg/m³)	2380	2400	2430	2450	2460
引气混凝土容重/(kg/m³)	2280（5.5%）	2320（4.5%）	2350（3.5%）	2380（3.0%）	2390（3.0%）

注　1. 适用于骨料表观密度为 2600～2650kg/m^3 的混凝土。

2. 骨料表观密度每增减 100kg/m^3，混凝土拌合物质量相应增减 60kg/m^3；混凝土含气量每增、减 1%，拌合物质量相应减、增 1%。

3. 表中括弧内的数字为引气混凝土的含气量。

砂石总质量：

$$m_{s,g} = m_{c,e} - (m_w + m_c + m_p) \tag{4-10}$$

砂子用量：

$$m_s = m_{s,g} S_m \tag{4-11}$$

石子用量：

$$m_g = m_{s,g} - m_s \tag{4-12}$$

式中：$m_{s,g}$ 为每立方米混凝土中砂、石总质量，kg；$m_{c,e}$ 为每立方米混凝土拌合物质量假定值，kg；m_w 为每立方米混凝土用水量，kg；m_c 为每立方米混凝土水泥用量，kg；m_p 为每立方米混凝土掺合料用量，kg；m_s 为每立方米混凝土砂子用量，kg；m_g 为每立方米混凝土石子用量，kg；S_m 为质量砂率。

（7）试拌调整混凝土配合比。在混凝土配合比试配时，应采用工程中实际使用的原材料。混凝土的拌制，应按《水工混凝土试验规程》(DL/T 5150—2001）进行。

混凝土配合比设计，实质上就是确定 4 项材料用量之间的 3 个对比关系，即水与水泥、砂与石子、水泥浆与骨料这 3 个关系确定了，混凝土配合比就可以确定了。

水与水泥之间的对比关系，用水灰比表示；砂与石子之间的对比关系，用砂率表示；水泥浆与骨料之间的对比关系，用单位用水量来反映。确定混凝土配合比的 3 个参数的原则，如图 4-10 所示。

【例 4-6】试拌调整混凝土配合比：常态混凝土重力坝的大坝混凝土设计强度等级为 C30，拟 P·MH42.5 水泥、粉煤灰、粒径为 5～40mm 的碎石、中砂和自来水配制保证率

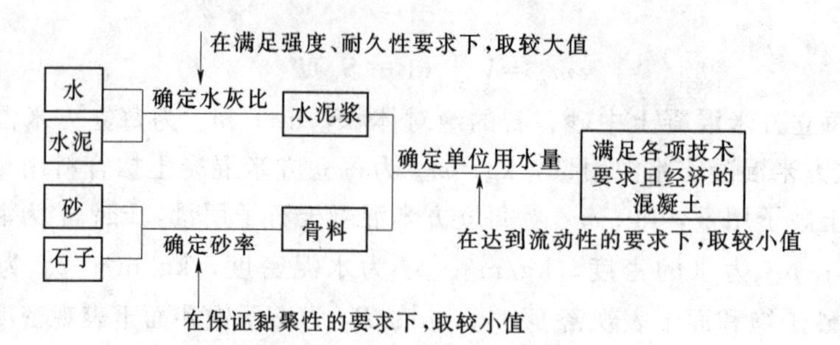

图 4-10　混凝土配合比 3 个参数关系示意图

为 95%的混凝土，其中粉煤灰的掺量为 20%，坍落度为 50～70mm，采用机械搅拌、机械振捣，施工单位无混凝土强度标准差历史统计资料，无法取得水泥的实际强度，试用重量法计算该混凝土的配合比（计算过程中保留两位小数）。

解：(1) 试配混凝土强度：

$$f_{cu,0}=f_{cu,k}+1.645\sigma$$

$$f_{cu,0}=30+1.645\times4.5=37.40(\text{MPa})$$

(2) 水泥实际强度：

$$f_{ce}=K_c f_{ce}^b=1.13\times42.5=48.03\ (\text{MPa})$$

(3) 确定水胶比。其中，掺量 20%的以碎石、中热硅酸盐水泥配制的常态混凝土的回归系数为：$A=0.533$，$B=0.659$，则

$$\frac{W}{C+F}=\frac{Af_{ce}}{f_{cu,0}+ABf_{ce}}=\frac{0.533\times48.03}{37.40+0.533\times0.658\times48.03}=0.47$$

(4) 选用单位用水量：查《水工混凝土配合比设计设计规程》(DL/T 5330—2005) 常态混凝土的用水量，初步选该混凝土的单位用水量为 165kg/m³。

(5) 计算胶凝材料用量：

$$m_c+m_p=\frac{m_w}{\frac{W}{C+F}}=\frac{165}{0.47}=351.06(\text{kg})$$

粉煤灰用量：

$$m_p=351.06\times20\%=70.21\ (\text{kg})$$

水泥用量：

$$m_c=351.06-70.21=280.85\ (\text{kg})$$

确定砂率：查《常态混凝土砂率初选表》，初选定砂率 $\beta_s=32\%$。

(6) 计算碎石、中砂用量。假定每立方米混凝土拌合物的重量 $m_{ce}=2400\text{kg}$，则有砂石总质量：

$$m_{s,g}=m_{ce}-(m_w+m_c+m_p)=2400-(165+280.85+70.21)=1883.94\ (\text{kg})$$

中砂用量：

$$m_s=m_{s,g}\beta_s=1883.94\times32\%=602.86\ (\text{kg})$$

碎石用量：

$$m_g=m_{s,g}\ (1-\beta_s)=1883.94\times68\%=1281.08\ (\text{kg})$$

所以，该混凝土的配合比为：水泥 280.85kg、粉煤灰 70.21kg、中砂 602.84kg、碎石 1281.08kg、水 165kg。

5. 掺粉煤灰混凝土配合比材料用量的简化计算方法

(1) 掺粉煤灰混凝土的配合比设计。掺粉煤灰混凝土的配合比设计方法繁多，不少问题需要进一步试验研究，在工程概算编制中，采用配合比计算的简化方法即可满足投资宏观控制的要求，这里介绍当粉煤灰用量不同于基准混凝土的数值时，如何计算材料用量。

配合比设计的简易方法有以下几种：

1) 等量取代法：粉煤灰取代等量水泥。

2) 超量取代法：粉煤灰混凝土与基准混凝土在等强度条件下，粉煤灰量超过其取代的水泥量。

3) 外加法：粉煤灰混凝土与基准混凝土具有相同的水泥量（粉煤灰不取代水泥），掺入一定量的粉煤灰。

这里仅介绍超量取代法（超量系数法）。

(2) 超量系数法配合比设计。按与基准混凝土等稠度、等强度等级的原则，用超量取代法对基准混凝土中的材料量进行调整，调整系数称为粉煤灰超量系数，故得名为超量系数法。

1) 超量系数法的计算要点。

a. 以纯混凝土配合比作为计算基础。

b. 根据取代系数 k、水泥取代百分率 f，求掺合料混凝土水泥用量及掺粉煤灰用量。

c. 按与纯混凝土容重相等的原则，求砂、石用量。

d. 按占胶凝材料的百分率求外加剂用量。

2) 超量系数的基本公式。

a. 粉煤灰取代系数（k）。参考《粉煤灰在混凝土和砂浆中应用技术规程》(JGJ 28—86)（目前作废，无替代标准），粉煤灰取代（超量）系数 k 值见表 4-83。

表 4-83　粉煤灰取代（超量）系数 k 值表

粉煤灰级别	取代（超量）系数 k
Ⅰ级	1.0～1.4
Ⅱ级	1.2～1.7
Ⅲ级	1.5～2.0

取代系数：

$$k = m_f/(m_{co} - m_{cf}) \tag{4-13}$$

其中

$$m_f = k\,(m_{co} - m_{cf})$$

式中：m_f 为粉煤灰掺量，kg；m_{co} 为纯混凝土水泥用量；kg；m_{cf} 为粉煤灰混凝土水泥用量，kg；k 为取代（超量）系数，粉煤灰掺入量（m_f）与取代水泥量（$m_{co} - m_{cf}$）之比。

b. 水泥取代百分率（f）。水泥取代百分率为取代水泥量（水泥节约量）与基准混凝土水泥用量（m_{co}）之比值。

$$f = [(m_{co} - m_{cf})/m_{co}] \times 100\% \tag{4-14}$$

$$m_{cf} = m_{co}(1 - f)$$

式中：f 为水泥取代百分率，%。

不同水泥强度等级、水泥品种粉煤灰的取代百分率可参考表4-84。

表4-84　粉煤灰取代水泥百分率（f）参考表

混凝土强度等级	普通硅酸盐水泥/%	矿渣硅酸盐水泥/%
C15（及以下）	15～25	10～20
C20	10～15	10
C25～C30	15～20	10～15

注　32.5水泥以上取下限，42.5水泥以上取上限；C20以上混凝土宜采用Ⅰ级、Ⅱ级粉煤灰，C15以下的素混凝土可采用Ⅲ级粉煤灰。

c. 用水量（m_w）计算。

$$m_{wf}=m_w$$

式中：m_{wf} 为每立方米掺粉煤灰混凝土中用水量，kg；m_w 为每立方米纯混凝土中用水量，kg。

d. 砂、石用量计算。掺入粉煤灰对单位混凝土重量及砂率影响不大，可假设掺粉煤灰后新制混凝土重量与纯混凝土重量相等、质量砂率保持不变。

砂石总质量：

$$m_{s,g}=m_{c,e}-(m_{wf}+m_{cf}+m_f) \tag{4-15}$$

砂子用量：

$$m_{sf}=m_{s,g}S_{mf} \tag{4-16}$$

石子用量：

$$m_{gf}=m_{s,g}-m_{sf} \tag{4-17}$$

式中：$m_{s,g}$ 为每立方米混凝土中砂、石总质量，kg；$m_{c,e}$ 为每立方米混凝土拌合物质量假定值，kg；m_{wf} 为每立方米掺粉煤灰混凝土用水量，kg；m_{sf} 为每立方米掺粉煤灰混凝土砂子用量，kg；m_{gf} 为每立方米掺粉煤灰混凝土石子用量，kg；S_{mf} 为质量砂率（与纯混凝土砂率相等）。

e. 外加剂（Y）用量计算。外加剂用量可按胶凝材料用量的0.2%～0.3%计算。

$$Y=(m_c+m_f)\times 0.2\%\ (\text{kg})$$

根据上述公式，可计算不同的超量系数 k 及不同的粉煤灰取代百分率 f 时的掺粉煤灰混凝土的材料用量。

按规范，重力坝与重力拱坝的水位变化区的混凝土，拱坝、堆石坝、混凝土面板堆石坝等坝的混凝土，高强混凝土，钢筋混凝土，抗冲耐磨混凝土，抗侵蚀和抗碱活性骨料反应的混凝土，应采用不低于Ⅱ级的粉煤灰。经试验论证，也可采用Ⅲ级粉煤灰。

6. 埋石混凝土材料用量的计算

埋石混凝土材料用量＝配合比中混凝土材料用量×[1－埋石率（%）]

块石用量（码方）＝配合比表中混凝土材料用量×埋石率（%）×1.67

式中：[1－埋石率（%）] 为材料用量调整系数；埋石率由施工组织设计确定；1.67为块石折方系数，1块石实体方＝1.67码方。

埋石增加的普工人工工时见表4-85。

表 4-85　　埋块石混凝土浇筑定额应增加的人工工时

埋石率/%	5	10	15	20
每 100m³ 块石混凝土增加的人工工时	24	32	42.4	56.8

注　不包括块石运输及影响浇筑的工时。

埋块石混凝土的"混凝土"材料，应分成"混凝土"与"块石"（以码方计）两项，二者的用量均可由埋石率求得。上述调整后的"混凝土"，其基价仍用未埋块石的混凝土基价。"块石"在浇筑定额中的计量单位以码方计，相应块石开采，运输单价的计量单位亦以码方计。

7. 特种混凝土的配合比

（1）特种混凝土的配合比设计方法与常态混凝土配合比设计方法相同。

（2）碾压混凝土所用原材料、配合比设计尚应符合 DL/T 5112—2009 的规定。

（3）结构混凝土所用原材料、配合比设计除应符合 DL/T 5057—2009 的规定外，尚应符合：当掺用掺合料较多时，除应满足强度要求外，还应进行钢筋锈蚀及混凝土碳化试验。

（4）预应力混凝土所用原材料、配合比设计应符合下列规定：

1）宜选用强度等级不低于 42.5 级的硅酸盐水泥、中热硅酸盐水泥或普通硅酸盐水泥；不宜使用矿渣硅酸盐水泥或火山灰质硅酸盐水泥。

2）应选用质地坚硬、级配良好的中粗砂。

3）应选用连续级配骨料，骨料最大粒径不应超过 40mm。

4）不宜掺用氯离子含量超过水泥质量 0.02%的外加剂。

5）不宜掺用掺合料。

6）混凝土早期强度应能满足施加预应力的要求。

（5）泵送混凝土所用原材料、配合比设计应符合下列规定：

1）宜选用硅酸盐水泥、中热硅酸盐水泥或普通硅酸盐水泥，不宜使用矿渣硅酸盐水泥或火山灰质硅酸盐水泥。

2）应选用质地坚硬、级配良好的中粗砂。

3）应选用连续级配骨料，骨料最大粒径不应超过 40mm。骨料最大粒径与输送管径之比宜符合表 4-86 的规定。

4）应掺用坍落度经时损失小的泵送剂或缓凝高效减水剂、引气剂等。

表 4-86　　骨料最大粒径与输送管径之比

石子品种	泵送高度/m	骨料最大粒径与输送管径之比
碎石	<50	≤1∶3.0
	50～100	≤1∶4.0
	>100	≤1∶5.0
卵石	<50	≤1∶2.5
	50～100	≤1∶3.0
	>100	≤1∶4.0

5）宜掺用粉煤灰等活性掺合料。

6）水胶比不宜大于0.6。

7）胶凝材料用量不宜低于300 kg/m³。

8）砂率宜为35%～45%。

当掺用掺合料较多时，除应满足强度要求外，还应进行钢筋锈蚀及混凝土碳化试验。国内几个碾压混凝土工程实际使用的配合比，见本节附表4-1。

三、混凝土工程主要施工工艺

混凝土主要施工工艺有混凝土拌制（生产）、混凝土运输、混凝土浇筑等三大环节。

（一）混凝土拌制

水电工程，一般都具有混凝土工程量大、浇筑速度快、施工强度高且质量要求严格的特点，一般均采用高度机械化、自动化的拌制设备来完成。混凝土生产系统是一种生产新鲜混凝土的生产系统，它由混凝土拌和楼（站）、水泥储运系统、砂石料仓储、砂石料供料设备等组成，它能将组成混凝土的水泥、砂、骨料、外加剂及掺合料，按一定配合比，自动拌和成塑性和干硬性混凝土。

1. 混凝土生产系统布置型式

在已建和在建的大中型水电工程中，都设置一定规模的混凝土生产系统来完成混凝土生产，但在工程前期及小型水电工程中，也有使用单台混凝土拌和机组成的混凝土拌和站。

混凝土生产系统的容量要充分考虑混凝土的品种类别、浇筑方式和进度变化情况，以满足浇筑强度的需要。混凝土系统布置应根据导流方案和施工总进度计划安排，结合各建筑物的特点、施工程序、施工方法、施工强度、坝区地形地质条件及原材料的供给条件等具体情况进行研究，对不同方案进行技术经济比较后确定。一般来说，工程量少、施工场地分散的工程宜采用简单的小型混凝土生产系统，有的只设一台拌和机和堆放砂石料的露天场地即可；有的可设几台拌和机联合组成的规模较大的拌和站，包括有堆放骨料及水泥的装置。工程规模大、混凝土数量多、施工期限较长的工程则应设置拌和楼和骨料、水泥输送系统。对规模巨大的工程，可按施工区域分设混凝土生产系统和相应的骨料系统、水泥系统。

2. 拌和楼式混凝土生产系统的组成及费用项目的划分

大型水电工程，一般有一座或几座拌和楼布置在一起，形成较大的拌和楼系统。它包括水泥供应系统、骨料供应系统、拌和主楼、供水系统、外加剂供应系统、压缩空气系统、吸尘系统、电气系统等。

（1）水泥系统。大中型水电工程以散装水泥为主，袋装水泥为辅，散装水泥卸车后装入储罐备用，袋装水泥经拆运后直接使用或装入储罐。水泥系统指水泥进入拌和楼前与拌和楼相衔接必须配备的有关机械设备，包括自水泥进入水泥罐开始的水泥提升机械、拆包机械、螺旋输送机、皮带机和吸尘设备等，即从水泥输入水泥罐开始，拌和楼前的所有有关输送水泥的装置都属水泥系统。

水泥系统的设备包括水泥拆包机（袋装水泥用）、皮带输送机（运袋装水泥用）、螺

旋输送机、斗式提升机、螺旋输送泵、喷射泵、仓式泵、给料器、水泥罐、滤尘器等。这些装置每个工作台时的费用即称为水泥系统组时费，各个工程布置情况不同，应根据具体设计来计算水泥系统组时费用。水泥系统费用以组时费形式摊入混凝土拌制单价中。

很多工程因地形关系，除了建造和拌和楼相衔接的水泥系统外，还在离拌和楼较远的地方建造贮料用的水泥系统，接收从外地来的水泥。这个水泥系统运转时所发生的一切费用，应作为转运站费用列入施工辅助工程中。

(2) 骨料系统。骨料系统指骨料从拌和楼前料罐（仓）进入拌和楼前与拌和楼相衔接必须配备的有关机械设备，包括自受料仓开始的皮带机及供料设备。以储存骨料装置（混凝土骨料仓、钢结构骨料罐）的下料斗为分界线，下料斗以前，骨料从开采轧制地点运输至骨料装置处（即料仓）所发生的费用，计入骨料单价内，下料斗（包括下料斗）以后输送骨料至混凝土拌和楼所发生的一切费用，计入拌制单价中。储料仓费用计入施工辅助工程的混凝土生产系统投资中。

(3) 拌和楼。拌和楼的主楼，自上而下一般分为进料层、配料层、搅拌层、出料层。进料层内设有水泥砂石进料装置，包括运输提升机械及小容积的金属储料仓；配料层设有各种配料装置，包括给料器、称料斗、配料装置；搅拌层设有数台搅拌机、给料器、控制柜等；出料层设有出料斗及弧门装置。现代的拌和楼均采用自动化控制系统设备进行控制。拌和楼结构如图 4-11 所示。

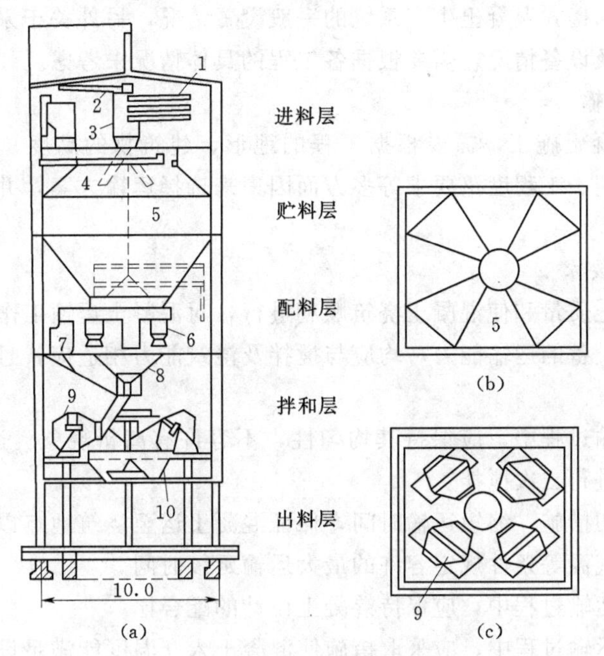

图 4-11　拌和楼结构图（单位：m）

(a) 立面图；(b) 贮料层平面图；(c) 拌和层平面图

1—进料皮带机；2—水泥螺旋运输机；3—受料斗；4—分料器；5—贮料仓；6—配料斗；7—量水器；8—集料斗；9—拌和机；10—混凝土出料斗

（4）供水系统。供水系统主要是拌和楼内的配水管路和水箱。拌和楼的用水，一般是由工地供水系统网路，通过拌和楼内的供水管路和水箱供各层使用。这部分供水所发生的费用，除了在混凝土配合比中计算水的费用外，其余的包括在拌制单价的其他费用项内。拌和楼之前的供水系统费用计入施工辅助工程的施工供水工程中。

（5）外加剂供应系统。外加剂供应系统包括混凝土设计规定需要掺入的加气剂和减水剂的供应装置，以及属于某些特殊用途的外加剂装置。这些装置通过管路将外加剂输送到拌和楼。拌和楼内部外加剂供应装置的费用，已包括在拌和楼的台时费内，无需单独计算。

（6）压缩空气系统。压气系统是混凝土拌和楼系统气-电控制的一个重要组成部分，通过电气信号使各电、磁气阀启闭，输送压缩空气，达到使各种弧门启闭及水泥仓破拱等的装置。拌和楼内部的压气系统装置所需运转费用已包括在拌和楼的台时费内。

（7）吸尘系统。为了保护运转人员的健康，改善劳动条件，需设置吸尘系统。吸尘系统包括拌和层吸尘管路，并装有气阀控制；配料层吸尘管路及气阀；吸尘设备，由吸入管、排出管、阀门、袋式吸尘器、离心式通风机组成。袋式吸尘器所收集的存于贮灰罐的灰尘，定期通过出灰管路消除，拌和楼内的吸尘系统所需的费用，已包括在拌和楼的台时费内。

（8）电气系统。电气系统包括各种电气操作控制装置、电动机、开关柜等，它的费用已包括在拌和楼的台时费内。拌和楼之前的供电线路等费用计入施工辅助工程中。

以上所述是拌和楼式混凝土生产系统的一般设置情况，另外关于采取掺粉煤灰及温控的一些措施的工艺及设备情况，需要根据各工程的具体情况来考虑。

（二）混凝土运输

水电工程的混凝土施工，需要根据工程的地形、建筑物的高度、运输距离、浇筑强度、气候条件、工期、工程度汛要求等多方面因素来选择运输方案，并应从造价的角度进行技术经济论证。

1. 混凝土运输要求

为了保证混凝土质量和使混凝土浇筑顺利进行，对混凝土运输工作的要求如下：

（1）整个运输设备的运输能力，均应与搅拌及浇筑能力相适应，且稍大于混凝土生产系统的生产能力为宜。

（2）混凝土运输过程中，应保持其均匀性，不容许有离析现象。运输至浇筑地点后，如有离析现象，应进行二次搅拌。

（3）应采取一切措施，缩短运输时间，保证混凝土运至浇筑地点以前不发生初凝。可根据混凝土性质、气温等条件规定容许的最大运输延续时间。

（4）混凝土在运输过程中，应保持混凝土设计的配合比。

（5）混凝土在运输过程中，应采取措施使混凝土入仓温度能满足设计文件的要求。冬季采取保温措施，夏季采取降温措施。

（6）采用混凝土泵及皮带机运输混凝土时，应符合规范要求。

2. 混凝土运输方式

（1）水平运输。

1）无轨运输。无轨运输具有机动灵活，能和大多数起吊设备和其他入仓设备配套使用；能充分利用已有的土石方施工道路和场内交通道路的优点。但无轨运输混凝土也存在能源消耗大、运输成本高等缺点。

无轨运输混凝土主要有改装混凝土自卸汽车、汽车运载混凝土立罐及专用混凝土运输车三类。

a. 改装混凝土自卸汽车。通常采用加深斗容、加装遮阳防晒装置、加装震动卸料装置，改装车厢后挡板等措施将载重量8～20t的自卸汽车改装后运混凝土。改装自卸汽车主要适用于前期土石方施工机械设备闲置较多或工程初期混凝土运输系统不够完善。

b. 汽车载运混凝土立罐。一般是在吨位较大的载重汽车后车架上加装承重平台，放置混凝土立罐。

c. 专用混凝土运输车。专用的混凝土运输车有混凝土搅拌车和轮胎自行式混凝土运输车。专用混凝土运输车具有易于保证混凝土拌合物的质量、通过性及适应性好、运量大、卸料快捷等优点，但也存在设备价格高、对道路有一定要求，适合在混凝土温控严格、施工条件较好的工程中使用。

2）有轨运输。有轨运输需要专用运输铁路，运行速度快，运输能力大，适合混凝土工程量较大的工程；使用混凝土立罐运输配合有轨机车运输混凝土，对混凝土和易性影响小，减少温度回升；有轨运输能源消耗少，运行成本较低；有轨铁路线路的转弯半径和线路坡度对地形、地貌的要求高，且铁路中的交叉、道口、停车线等设施布置复杂，运行、调运要求高。

(2) 垂直运输。混凝土入仓运输一般是以起重机吊罐入仓为主，主要起重机类型有缆机、门塔机、履带式起重机和轮胎式起重机。

1）缆机。缆机有固定式缆机、辐射式缆机、平移式缆机及摆塔式缆机等。缆机适用于在地形狭窄的工程中使用，当坝址两岸地形差异较大，坝型为拱坝等较薄的体形时，可选用辐射式缆机；当两岸地形对称，坝型为重力拱坝或重力坝等底宽较大的坝型时，宜选用平移式缆机。

缆机布置在坝体之外的岸坡上，与主体工程之间无干扰，不受导流、度汛和基坑过水的影响；可提前安装、投产，及早形成生产能力；一次安装可连续浇筑至坝顶高程。但缆机平台工程投资较大。

2）门机。门机分门式起重机和高架门机两类。普通门式起重机以丰满门机和四连杆门机为代表，起重量为10～30t，其中高度为10～30m，适合在中、小工程的河床式厂房、泄水闸等部位使用。国内工程常用的高架门机，型式有改装丰满门机和高架门机。水利水电工地常用的高架门机主要有SDTQ系列和MQ系列高架门机，这类高架门机的起重高度为40～70m，起重量为30～60t，对于中、低坝而言，如果布置高程合适，基本可一次浇筑至坝顶高程。

3）塔机。与门机相比，塔机具有一些门机无法比拟的优势，塔机具有自重较轻、起重高度较大、操纵方便、安装时对起重设备的要求低及运行占地面积小等优点。

水电工程中，以太原、天津起重机厂生产的10～25t塔机见多。近年来，国内很多厂家开始生产建筑塔机，技术性能较为先进。其最大起重高度已达到50～60m，工作半径为

40～70m，起重量为10～30t。

4）履带式起重机和轮胎式起重机。履带式起重机和轮胎式起重机主要作为设备安装、材料和构件的吊装手段，在必要时也可以作为混凝土垂直运输手段。轮胎式起重机型号品种齐全，起重量8～300t均有。轮胎式起重机最大的不足是：覆盖范围小，作为混凝土入仓的轮胎式起重机，工作半径一般为10～15m。

以前，水电工程中使用的履带式起重机，一般由挖掘机改装，采用电机驱动。现在履带式起重机已有专用系列，一般采用内燃机和液压驱动，其重量为10～50t，工作半径为10～30m。

履带式和轮胎式起重机，移动灵活，无需轨道，但吊运混凝土效率低，适合于浇筑导墙、闸、坝基础等低矮、尺寸较小的建筑物和零星分散小型建筑物的混凝土。

（3）混合运输。混合运输机械主要包括胶带式混凝土混合运输设备及混凝土泵。目前国内应用较多的混合运输设备主要有胶带输送机、仓面布料机、胎带机、塔带机及混凝土泵等。采用混合运输方案，混凝土从混凝土生产系统直接输送入仓，加快了入仓速度；设备轻巧简单，对地形适应性好，占地面积小；能连续生产，运行成本低，效率高。但混凝土运输距离不宜过大。

（4）其他运输方案。在门机、塔机、缆机等机械设备布置不便和覆盖范围外的施工部位，可以采用溜槽、溜管和负压溜槽运输混凝土入仓。

1）溜槽。在电站厂房蜗壳、锥管二期混凝土等空间狭小的部位，结构物现浇板、梁、柱等排架密集的部位，吊罐难以直接入仓的部位，可以用溜槽入仓。溜槽一般采用2～4mm的钢板加工，或采用小型组合钢模板拼接成U形槽，断面尺寸一般为500mm×300mm（宽×高）。

2）溜管。地下厂房、隧洞、大型竖井等空间高度较高的部位，溜管入仓是一种简便高效的手段。溜管一般采用ϕ150～200的钢管。对于下料高度超过10m时，需在溜管上加装缓冲装置。

3）负压溜槽。负压溜槽是一种结构简单的混凝土输送设备，它能够在斜坡上快速、安全地向下输送混凝土，尤其是适用于碾压混凝土。在碾压混凝土筑坝施工中，混凝土拌合物经汽车或皮带机输送至溜槽集料斗，然后由溜槽输送至仓面接料汽车，这样就能完成整个大坝的混凝土运输任务。这种设备结构简单、不需要外加动力，输送能力很强，是一种适应于深山峡谷地形筑坝的经济高效的混凝土输送手段。

负压溜槽由受料料斗、垂直加速段、溜槽体和出料口弯头等部分组成，如图4-12所示。

负压溜槽结构简单，成本低廉、安装方便、运行可靠、不需要起重动力、维修费用低，使用负压溜槽可少修入仓道路、节省大量土石方工程量、缩短水平运距、简化施工程序、节省工程投资。负压溜槽还可与高速深槽皮带机联合输送混凝土，并已在江垭大坝碾压混凝土施工中得到成功应用。负压溜槽这一新型的输送机具，已在荣地、广蓄、水东、普定、江垭、三峡等电站施工中得到成功应用，深受业主、监理、施工三方好评，在碾压混凝土施工中具有广泛的推广前景。

4）升高塔及爬升机。混凝土运输设备还包括升高塔和爬升机。升高塔及爬升机是一

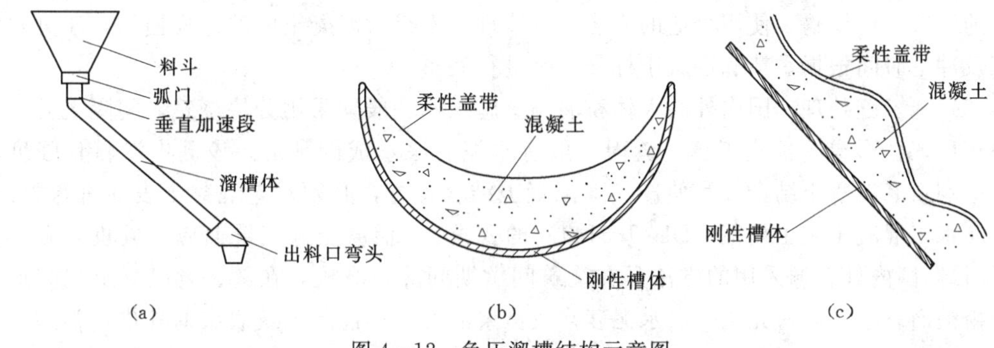

图 4-12　负压溜槽结构示意图

(a) 溜槽结构；(b) 溜槽截面；(c) 溜槽纵向剖面

种简易的混凝土提升设备，在缺乏大型起重机、混凝土方量较小的建筑物施工中使用。升高塔附着于坝面，随坝体升高而提高，采用升高塔提升混凝土，须在仓面采用手推车、溜槽和仓面布料机进行布料。

(三) 混凝土浇筑

混凝土的浇筑是影响混凝土施工速度和工程质量的重要环节。浇筑好的混凝土应该密实均匀，具有整体性，应满足设计对各种性能的要求。浇筑混凝土之前要充分做好各项必要的准备工作，包括立模、埋件埋设、清理仓面等。

1. 建筑物的分层分块

水电工程的许多建筑物，如大坝、船闸、船坞等体积庞大，为防止基础不均匀沉陷及混凝土温度变化对建筑物的影响，设计时将整个建筑物分为若干各自独立的部分，称为结构块，施工时各结构块分别进行浇筑。块体之间的缝称为结构缝。坝体分缝分块主要根据坝型、地质情况、结构布置、施工方法、浇筑能力、温度控制等因素综合考虑。结构缝是建筑物的运行所需，是一种永久性接缝，施工时必须留出并加以处理。

为完成混凝土大块体浇筑任务，受技术及组织上等多种因素（温控要求、浇筑强度、初凝时间等）的限制，浇筑时，需将大型混凝土结构块在竖向与横向上再分割成若干较小的块体，这种小块体称为浇筑块。浇筑块之间的缝称为施工缝，是一种临时性的接缝。对这些施工缝，在施工过程中，需在建筑物完工后进行专门的处理（如凿毛、冲毛、灌浆等)，以保证建筑物的整体性。

2. 混凝土浇筑前的准备工作

浇筑前准备工作主要包括基础表面的处理与清洗；施工缝与结构缝的处理；设置卸料入仓的辅助设备（如栈桥、溜槽、溜管的架设等)；模板、钢筋的架设；预埋构件、冷却水管、观测仪器；人员配备、浇筑设备、风水电等就位。

(1) 基础清理。为保证浇筑的混凝土与基岩紧密结合，在混凝土浇筑前，须对岩石表面进行妥善处理。对于坡度较陡且表面光滑的基岩应适当凿毛，突出的尖角须凿掉，避免应力集中；对不坚实的岩石必须清除，以免形成薄弱点；岩石裂隙必须清理至适当深度；对于大的破碎带、断层、溶洞等，应进行特殊处理。清理基岩可用铁刷、凿子、高压水、压缩空气、风砂枪等工具。基岩清理后必须用高压水将岩石面的碎屑和脏物冲洗干净。

混凝土分层浇筑时还需进行仓面清理，使用压力水将缝面冲洗干净，并排干积水，缝面上的浮浆、污染物，使用合适的方法进行清理，不得对混凝土内部造成损伤，压力水的水压及冲毛时间根据季节和混凝土标号随时进行调整。

（2）施工缝处理。国内外的大体积混凝土施工，一般均采用分块浇筑，间隔上升。每仓浇筑后，会形成一条施工缝，缝面一般有水泥乳浆形成的乳皮。该乳皮滑腻且强度较低，影响新老混凝土结合。为使新、老混凝土结合良好，必须对老混凝土表面进行处理，满足《水工混凝土施工规范》(DL/T 5144）的要求："混凝土施工缝面应无乳皮，微露粗砂"。目前国内外普遍采用的方法是在浇筑间歇期间除掉乳皮，在新、老混凝土之间形成一个粗糙面。浇筑时，先浇一层水泥砂浆或富浆混凝土。清除浇筑表层的乳皮，常用终凝前低压水冲毛、风砂枪冲毛、高压水冲毛、人工凿毛、机械凿毛、化学处理剂刷毛等措施。

（3）结构缝处理。结构缝宽度一般在1～5cm之间，是永久预留缝，施工中必须进行处理，使其能适应相邻两结构块由于温度或变形引起的块体间的相对位移，而且能阻止水流的渗透。因此，在处理措施和选材上要求具有良好的韧性和可变性，能适应结构的一定变形，并能抵抗酸碱盐溶液的侵蚀，又能承受一定的压力。

结构缝处理材料视缝宽而定，宽度较小的缝可以选择在缝面黏贴防水卷材；缝宽1～2cm时，可用粗质黄麻或亚麻等的沥青席填缝；缝宽达5cm时，可用沥青板填缝。在靠近建筑物的迎水面，须设置各种类型的止水。

（4）立模、钢筋绑扎及预埋件埋设。在清理松动岩块后即可组装模板、绑扎钢筋及预埋件埋设。

3. 混凝土入仓

仓面准备就绪后，需根据道路条件、浇筑部位、浇筑强度及其他要求选定适合的入仓方式。水利水电混凝土浇筑常用的入仓方式主要有吊罐入仓、汽车直接入仓、胶带机入仓及其他入仓方式。

（1）吊罐入仓。起重机吊运混凝土罐入仓，是目前普遍采用的入仓方式。吊罐入仓方便灵活且混凝土质量容易得到保证，对于结构空间狭小的墩、墙、板、梁等部位可以分次下料。吊罐入仓方式适用范围广，起重机覆盖范围内的所有部位均可采用吊罐入仓方式。

（2）汽车直接入仓。汽车直接入仓适用于浇筑面积大、结构简单、无筋或少筋的护坦、闸室底板、导墙和厂房基础混凝土。在起重机械不足和施工初期起重机械未形成生产能力时较适用。汽车直接入仓成本低、入仓速度快，但对平仓振捣能力要求较高。

（3）胶带机入仓。我国大中型水电工程建筑物混凝土浇筑中积累了很多胶带机运输混凝土的经验。使用胶带机浇筑混凝土，可以由胶带机直接从混凝土生产系统将混凝土运至浇筑仓面；也可以用自卸汽车从混凝土生产系统将混凝土运至浇筑部位的适当地方卸入料斗再由胶带机入仓。胶带机运送混凝土入仓连续快速，需配备较强的平仓振捣能力。主要适用于仓面面积大，仓内混凝土品种单一情况。

（4）其他入仓方式。

1）泵送入仓。我国在水电工程中，已广泛使用混凝土泵浇筑隧洞、回填大坝底孔顶部等。目前国外已广泛采用混凝土泵浇筑大体积混凝土。混凝土泵水平输送混凝土距离能达到400m，垂直输送混凝土距离达到150m。具有生产效率高、管理人员少、浇筑方便，

不产生离析和坍落度降低等问题。但使用混凝土泵输送混凝土时，混凝土配合比、坍落度、流动性等需经试验确定，且混凝土级配需满足泵送要求。

2）溜槽、溜管及负压溜槽入仓。在门塔机、缆机等机械设备布置不便和覆盖范围以外的施工部位，可以采用溜槽、溜管和负压溜槽运输混凝土入仓，它们具有结构简单、安装方便和入仓速度快等特点。

当其他手段难以实现时，可采用溜槽入仓，如电站厂房蜗壳、锥管二期混凝土等空间狭小部位，结构物现浇板梁柱等排架密集的部位，吊罐难以直接入仓的部位等。溜槽采用2～4mm的钢板加工，或采用小型组合钢模板拼接成U形槽。

地下厂房、隧洞、大型竖井等空间高度较高的部位，溜管入仓是一种简便高效的手段。溜管一般采用ϕ150～200的钢管。

4. 混凝土的平仓和振捣

（1）平仓。由拌和楼（站）送入仓面的混凝土，往往是集中成堆的，振捣前需按一定的顺序和厚度，摊开铺平成均匀的混凝土层，然后才能由振捣机械捣实。平仓的方式和操作的正确性对混凝土浇筑强度和质量有很大影响。由于仓面不平，往往会引起骨料分离、泌水集中、漏振、铺料不均及冷缝等质量事故。在平仓工作量不大、机械设备不足或无法机械化施工的情况下，一般由人工采用铁锹、铁耙平仓；在浇筑强度大的大体积混凝土工程中，一般采用平仓机进行平仓。

（2）振捣。借助于小振幅高频率的振动作用，大大减小混凝土颗粒之间的摩阻力和黏结力，使混凝土暂时呈液态。此时浆液下流，充填空隙。密度大的骨料下沉，互相挤密，密度小的空气和多余的水浮出到表面，从而使混凝土密实。国内中小型水电工程的混凝土浇筑及体形结构较小的混凝土浇筑的振捣作业，以手持式振捣器为主，操作时一般需要两个人，效率较低。大型电站大体积混凝土施工中，主要采用振捣机进行振捣，振捣机机动灵活，操作方便，可以振捣边角键槽，且行走次数少。

振捣结束的象征：表面下沉停止，气泡不再逸出，周围10cm有泛浆现象，没有孔洞。

5. 混凝土的养护

混凝土浇捣后，之所以能逐渐凝结硬化，主要是因为水泥水化作用的结果，而水化作用则需要适当的温度和湿度条件，因此为了保证混凝土有适宜的硬化条件，使其强度不断增长，必须对混凝土进行养护。混凝土的养护目的：一是创造各种条件使水泥充分水化，加速混凝土硬化；二是防止混凝土成型后暴晒、风吹、寒冷等条件而出现的不正常收缩、裂缝等破损现象。

混凝土的养护分自然养护、常压蒸汽养护和高温高压养护。浇筑整体式结构一般采用自然养护，预制构件可采用自然养护、常压蒸汽养护和高温高压养护。

（四）水工混凝土浇筑特点

1. 混凝土坝浇筑

混凝土坝体必须满足整体性、耐久性和强度、抗渗、抗冻等性能；存在温控问题；施工条件复杂，受外界影响大；规模大的工程机械化程度要求高。根据这些特点，在施工中要进行分层分块浇筑。近年来，由于施工技术的进步，采用大面积薄层浇筑以及碾压式干硬性混凝土等新的施工方法来浇筑混凝土。

混凝土的浇筑过程包括：基础面处理，施工缝处理，立模板，钢筋及预埋件检查，仓面工具、设备、照明、风水电供应及一条龙准备，混凝土入仓铺料，平仓与振捣，养护，拆模等。

2. 厂房混凝土浇筑

水电站发电厂房混凝土工程的特点是：工程项目比较多，施工场地狭窄，分层分块数量多，浇筑块不大，厚度也较薄，各个工作面同时施工，干扰较大，大容量的施工机械设备难以充分发挥作用，使用手工操作的比例仍较大。

发电厂房工程混凝土包括：①填槽混凝土，即大面积的基础回填混凝土；②尾水管混凝土，可分为锥管侧墙、顶板；③蜗壳混凝土，可分为底板、边墙、顶板；④机组混凝土，可分为机墩、风罩、座环；⑤梁、板、柱、墙混凝土；⑥轨道混凝土；⑦顶拱混凝土；⑧竖井混凝土；⑨尾水管混凝土；⑩洞（通风、交通）井混凝土；⑪尾水平台混凝土；⑫启闭机架混凝土；⑬尾水护坦混凝土。

3. 隧洞混凝土浇筑

隧洞从形式来分有城门洞形、马蹄形、圆形、鹅蛋形。隧洞混凝土衬砌，可分为现浇、预制、喷射 3 种方法。混凝土衬砌多用现浇方法，现浇法可分为人力浇筑和机械浇筑。人力浇筑的方法，一般为人力挑抬、斗车、胶轮车运送拌制好的混凝土入浇筑仓内，然后平仓振捣。机械浇筑一般是混凝土泵将拌制好的混凝土输送至浇筑仓内，然后平仓振捣。采用混凝土泵浇筑混凝土，机械浇筑可以减轻劳动强度，增加混凝土密实度，但由于泵用混凝土的级配要求最大骨料粒径不超过 40mm，坍落度比较大，因此，单位水泥用量比一般浇筑方法要多。有时这两种方法交错进行，隧洞衬砌混凝土是采取分块浇筑的施工方法，分块长度一般为 9～12m，模板采用木模及钢模两种形式。喷射混凝土是采用喷射机，将拌制好的混凝土直接喷射至岩面上，使之形成混凝土层固结围岩。

四、混凝土模板、钢筋、预埋件

（一）模板工程

模板工程指新浇混凝土成型的模板以及支承模板的一整套构造体系，其中接触混凝土并控制预定尺寸、形状、位置的构造部分称为模板，支持和固定模板的杆件、桁架、联结件、金属附件、工作便桥等构成支承体系。对于滑动模板、自升模板则增设提升动力以及提升架、平台等。模板工程在混凝土施工中是一种临时结构。

由于起着成型的作用和支承作用，模板应符合下列规定：

（1）保证混凝土结构和构件各部分设计形状、尺寸和相互位置正确。

（2）具有足够的强度、刚度和稳定性，能可靠地承受各项施工荷载，并保证变形在允许范围内。

（3）面板板面平整、光洁，拼缝密合、不漏浆。

（4）安装和拆卸方便、安全，一般能够多次使用。尽量做到标准化、系列化。

1. 模板的作用

新浇混凝土具有塑流性质，浇筑时要架立模板，支承混凝土的重力和侧压力，防止其塌陷或流动，使混凝土逐渐成型凝固。待混凝土强度增长到一定程度后，模板即可拆除，

并可重复利用。

模板对混凝土浇筑质量有直接影响，例如：

(1) 模板拼装不严、灰浆漏失，使混凝土产生蜂窝、麻面。

(2) 模板变形大，影响建筑物外形。

(3) 模板作业还会影响混凝土坝的施工进度，在大体积混凝土施工中，根据一些工程的统计，模板的拆装时间，约占总施工周期的35%。模板工序在许多情况下是施工网络图中的关键线路，模板工艺的改进常常可以加快施工进度。对于结构复杂、浇筑量不大的轻型坝、拱坝等，定位要求精度高，组模工作量大。

(4) 模板作业的费用可达混凝土工程总造价的15%～25%，而人力消耗则可能达到30%～40%，且消耗大量的木材或钢材。

2. 模板的型式及立模方法

模板的分类有各种不同的分类方法：按照形状分为平面模板和曲面模板两种；按受力条件分为承重和非承重模板（即承受混凝土的重量和混凝土的侧压力）；按照材料分为木模板、钢模板、钢木组合模板、重力式混凝土模板、钢筋混凝土镶面模板、铝合金模板、塑料模板等；按照结构和使用特点分为拆移式、固定式两种，固定式模板多用于起伏的基础部位或特殊的异形结构如蜗壳或扭曲面，因大小不等，形状各异，难以重复使用，拆移式、移动式、滑动式可重复或连续在形状一致或变化不大的结构上使用，有利于实现标准化和系列化；按其特种功能有滑动模板、真空吸盘或真空软盘模板、保温模板、钢模台车等。

我国在20世纪60年代前的水电工程施工中主要采用木质模板，由于木材易于制作成各种形状，有些形状特殊的构筑物，如水电站的尾水管的混凝土浇筑，通常均采用木材制作模板，目前仍然有许多国家、许多水电工程中使用木模板或钢木混合结构。

70年代以来，我国在混凝土坝施工中多采用大型钢木混合模板、混凝土（预制）模板等，随后广泛发展了滑动模板以及由此而带来的混凝土浇筑工艺的革新。1973年丹江口水库下游引水工程排子河渡槽的空心墩，采用了滑动模板施工方案。1975年密云水库溢洪道工程的溢流堰和陡槽陡坡混凝土衬砌，采用了沿轨道行走的拖板式滑动模板。1997年在曲率变化复杂的清水闸双曲拱坝上采用了滑动模板施工，在这一时期还有竖井、隧洞、渠道、拦污栅工程等采用了滑动模板施工。

70年代末，我国执行以钢代木的技术政策，组合钢模板大部分用于基础、柱、梁、板、墙等施工中，尤其用于水电工程中的大体积混凝土施工中，呈现了明显的优势。

我国在20世纪50年代已采用半悬臂模板，70年代中期，开始研制钢悬臂模板，由于混凝土施工中模板的吊装十分频繁，美国在70年代初研制并在德沃夏克重力坝中，使用自动锚固的自升悬臂模板，取得了很好的技术经济效益。

水工混凝土模板按架立和工作特征分为拆移式模板、固定式模板、移动式模板、滑动式模板、混凝土及钢筋混凝土模板。

(1) 拆移式模板。拆移式模板是一种定型设计的模板，由工地的模板加工厂加工，运到浇筑现场组合拼装，它可以重复使用。这种模板适应于浇注块表面为平面的情况，可做成定型的标准模板，其标准尺寸，大型的为100cm×(325～525) cm，小型的为(75～

100）cm×150cm。前者适用于3～5m高的浇筑块，需小型机具吊装；后者用于薄层浇筑，可人力搬运。拆移式模板可采用整体式结构模板或工具式结构模板。这种模板具有拆除方便，周转率高，省工省料，既能加快施工进度又能降低模板费用的优点。

水电工程中常见的拆移式模板有以下几种：

1）钢、木、混凝土组合模板。模板由型钢骨架、木格栅和混凝土面板3个部分组成，需要起重机配合进行安装拆卸。我国富春江及乌溪江工程在大体积混凝土上使用了这种模板，其尺寸为6m×9m。

2）大型钢木模板。这种模板的尺寸比较大，浇筑大坝混凝土用的尺寸一般为高3m，宽6～9m，模板的边框用角钢、工字钢，面板为木板制成。立模方法一般用钢桁架支立。大块钢木模板重量较重，模板的运输、组立一般都需要大型起重机械来吊装。

3）木模板。模板有大小块之分，是用方木作边框，上面钉木板而成。立模方法一般是采用木支撑立柱的办法来架立。

4）钢模板。这种模板全部用钢材制成，有定性组合钢模板和拼装钢模板。定型组合钢模板具有重量轻、不宜漏浆、成本低以及混凝土表面平整、光滑等优点，广泛应用于一般混凝土工程中。模板包括平面模板、拐角模板；连接件有U形卡、L形插销、蝶形扣件、钩头螺栓等；支撑有圆钢管、薄壁矩形钢管、单管伸缩支撑等。定型组合钢模板通过卡扣件将若干块钢模板拼装成组合钢模板。钢模板周转次数多，适合于浇筑混凝土数量较大的工程部位以及预制混凝土构件（梁、板、轨枕）等。立模方法同木模板。

5）悬臂式模板。在国外大中型水电工程施工中，悬臂式模板是施工中最广泛的一种。悬臂式模板由面板和支撑柱（或支撑桁架）及预埋螺杆等组成。

面板多采用钢板制作，面板高度取决于浇筑块的厚度。面板宽度取决于坝面曲率和起重设备的能力。面板厚度应保证模板有足够的刚度以承受混凝土的侧压力和振捣器的振动。支撑柱（或支撑桁架）多用型钢，也有采用钢桁架。支撑柱是主要受力构件，下部与已浇筑混凝土块体紧密相连，上部支撑面板。预埋螺杆是固定悬臂式模板的关键构件，现多采用母螺栓配预埋短螺杆的办法，预埋的螺杆不突出建筑物表面，不易损坏，也便于模板的拆移。大坝悬臂模板如图4-13所示。

与普通模板相比，悬臂式模板可以不用拉条，不但节省钢材，也有利于机械平仓振捣。此外，还具有周转次数多，安装拆除速度快等优点。目前在悬臂式模板的基础上又发展了一种自升悬臂式模板，在悬臂式模板后面装上提升装置，利用提升柱使模板自行提升。自升悬臂式模板如图4-14所示。

(2) 固定式模板。由于水工建筑物的结构形式复杂，有些结构的外形不具有同一形状，不可能使用拆移式模板，因此只能按具体的形状的变化拼装。这样的模板，只适用于这一固定的型式，故称为固定式模板。固定式模板一般只使用一两次，成本相对较高。水电工程中，混凝土蜗壳模板、进水口等部位多采用固定式异形模板。

(3) 移动式模板。对定型的建筑物，根据建筑物外形轮廓特征，做一段定型模板，在支承钢架上装上行驶轮，沿建筑物长度方向铺设轨道分段移动，当在某一段上的混凝土达到拆模强度后，整个模板及模板架沿轨道移动至下一浇筑段再进行混凝土浇筑。移动式模板适用于浇筑长度很长且断面相同的混凝土结构物。如渠道的护面，隧洞衬砌、挡土墙等。

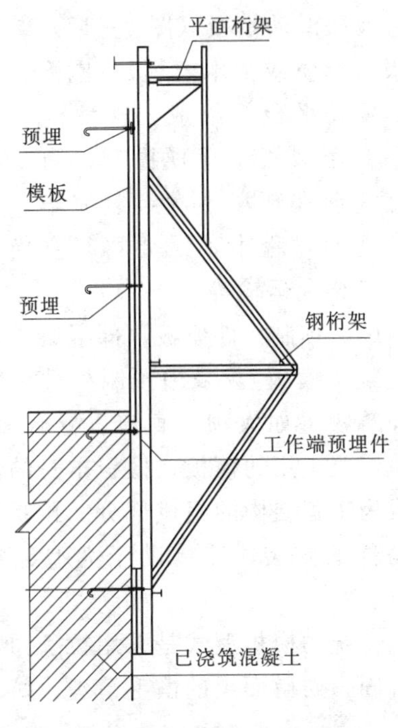

图 4-13 大坝悬臂模板图

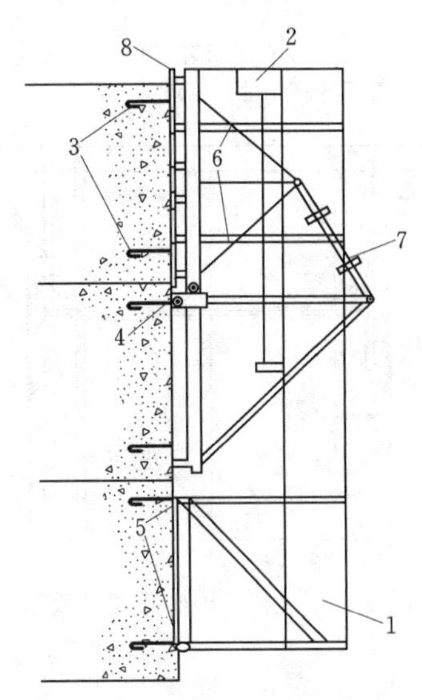

图 4-14 自升悬臂式模板

1—提升柱；2—提升机械；3—预定锚栓；4—模板锚固件；5—提升柱锚固件；6—柱模板连接螺栓；7—调节丝杆；8—模板

移动式模板主要由模板及车架两部分组成。隧洞钢模台车如图 4-15 和图 4-16 所示。

图 4-15 隧洞钢模台车实物照片

图 4-16 隧洞针梁钢模台车实物照片

（4）液压滑动模板。滑动式模板是在混凝土浇筑过程中，随浇筑而滑移（滑升、拉升或水平滑移）的模板，简称滑模，以竖向滑升应用最广。

滑模施工可以节约模板和支撑材料，加快施工进度，改善施工条件，保证结构的整体性，提高混凝土表面质量，降低工程造价。缺点是滑模系统一次性投资大，耗钢量大，且保温条件差，不宜于低温季节使用。滑模施工最适于断面形状尺寸沿高度或长度方向基本不变的建筑物，如竖井、沉井、墩墙、烟囱、水塔、筒仓、框架结构等的现场浇筑，也可用于大坝溢流面、双曲线冷却塔及水平长条形规则结构、构件的施工。

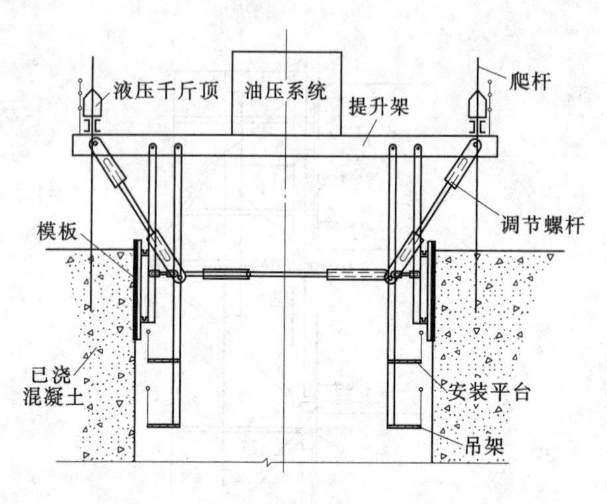

图 4-17　闸门井自升式滑模示意图

液压滑动模板（图 4-17）结构由模板（钢模或钢木模板）、围圈、提升架、操作平台等组成。这种模板和操作平台用液压千斤顶提升，均在混凝土浇筑前在现场一次组装完毕，在施工的滑升过程中不需要再行立模、拆模、搭架及运输等。

(5) 预制构件模板（即混凝土及钢筋混凝土模板）。采用预制构件作为水工建筑物（如大坝、廊道、隧洞顶拱）浇筑混凝土用的模板，模板本身的体积即成为工程结构的组成部分。预制混凝土构件的安装，需借助于大型起重机进行。

模板的型式和结构有时能改变混凝土的浇筑工艺，传统的模板型式是采用拉条固定面板，这种结构方式妨碍入仓，混凝土拌合物的整平与捣固，妨碍面层的凿毛清理，妨碍浇筑仓面的施工准备工作，无法进行机械化作业。

悬臂模板则大大克服了传统的模板型式的缺点，在机械化施工和减少劳动消耗上呈现了很大的优势。

意大利修建阿尔卑-得热拉大坝时，采用了一种不拆除的模板（钢挡板），由于这种模板形成了承压面，所以大幅度降低对大坝混凝土砌体的要求，取消了浇筑块间接缝的防渗，采用分层铺筑混凝土，取消施工中的工作面（在混凝土铺完之后用专门机械切出工作缝）。

苏联在萨扬诺-舒申斯克水电站施工中架用带“锚杆”的双层悬臂模板，这种模板的支承柱不是向下伸而是向上伸出，下层模板的支承柱支撑上层模板的面板，模板的自重和混凝土的侧压力均由下层模板承受，因此每个浇筑仓至少有两层模板，这种模板只需拆除下层模板的固定螺栓。从而，减少了各浇筑层间的时间间隔，提高了浇筑速度也减少了混凝土表面的清理工作与准备工作量。

滑动模板则对混凝土浇筑速度更显示出优势和潜在的生命力，这种型式的模板除表现在时间效益（工期缩短）之外，模板本身的价格也可以降低，而且能很大程度上提高混凝土浇筑效果。

总之，不同的模板型式决定了混凝土浇筑的不同施工工艺，也对混凝土的质量和工程效益有不同的影响，如何改进模板工艺是一个重要课题。

3. 模板用量的计算

模板在建筑工程的施工中，属于工具性材料，这类材料在施工中不是一次消耗完，而是随着使用次数，逐渐消耗，不断补充，多次使用，反复周转，称为周转性使用材料。

周转性使用材料在定额中，一般是按照多次使用、分次摊销的方法计算，定额中规定的数量是使用一次应摊销的实物量，下面介绍模板摊销量的计算。

(1) 计算公式。

$$Q_t = Q_z - Q_h n_h \tag{4-18}$$

$$Q_z = Q_y \left[\frac{1+(N_z-1)n_s}{N_z}\right] \tag{4-19}$$

$$Q_h = Q_y \left(\frac{1-n_s}{N_z}\right) \tag{4-20}$$

设

$$K_z = \frac{1+(N_z-1)n_s}{N_z} \tag{4-21}$$

$$K_t = K_z - \left(\frac{1-n_s}{N_z}\right) n_h \tag{4-22}$$

$$K_h = \frac{1-n_s}{N_z} \tag{4-23}$$

则得

$$Q_z = Q_y K_z \tag{4-24}$$

$$Q_t = Q_y K_t \tag{4-25}$$

$$Q_h = Q_y K_h \tag{4-26}$$

$$Q_y = Q_z \frac{1}{K_z} \tag{4-27}$$

一次使用 Q_y 计算的基本公式为

$$Q_y = Q_j K_l n_z \tag{4-28}$$

$$K_l = \frac{S_j + S_l}{S_j} \tag{4-29}$$

(2) 有关符号名词说明。

Q_t 为摊销量，指每使用一次应摊销的实物量，有的也称为预算量。

Q_z 为周转使用量，指周转一次的全部用量，包括由于周转损耗需要补充的数量，有的也称为备料量。

Q_h 为回收量，指经多次周转使用最后剩下的可回收残量。

Q_y 为一次使用量，指模板不重复使用条件下的用量。

Q_j 为净用量，指按设计图纸及接触面计算的立模面所需材料用量。

n_h 为回收折价率，指回收价与原价比值的百分率。

n_s 为损耗率，指周转一次材料的损耗，有的也称为周转一次补充量。

n_z 为制作损耗，指模板制作和安装时的损耗。

N_z 为周转次数，指模板重复使用的次数。

K_z 为周转使用系数。

K_t 为摊销量系数。

K_h 为回收量系数。

K_l 为露明系数。

S_j 为接触面积，指模板与混凝土接触的面积。

S_l 为露明面积，指模板不与混凝土接触的面积。

(3) K 值系数表。K_z、K_t、K_h 系数的大小与模板周转次数、每次周转损耗、回收折价率有关。模板周转次数可在系数表中列出，后两项损耗率和回收折价率可制成不同系列的系数表。在编制定额时，只要按照不同部位的模板图纸计算每 100m^2 立模面积的材料用量（即每 100m^2 一次使用量）乘以相应的 K 值，即得所需的周转使用量、回收量及摊销量。在定额子目表现形式中，分子为摊销量，分母为周转使用量。现将举例用的有关 K 值系数列于表 4－87～表 4－89。

表 4－87　　模板制作板材计算 K 值系数表（一）

周转使用次数	损耗率 7%，回收折价率 10%				周转使用次数	损耗率 7%，回收折价率 10%			
	K_z	K_t	K_h	$1/K_z$		K_z	K_t	K_h	$1/K_z$
1	1.000	0.9070	0.9300	1.0000	6	0.2250	0.2095	0.1550	4.4445
2	0.5350	0.4885	0.4650	1.8692	7	0.2029	0.1896	0.1329	4.9285
3	0.3800	0.3490	0.3100	2.6316	8	0.1863	0.1747	0.1163	53677
4	0.3025	0.2793	0.2325	3.3058	9	0.1733	0.1630	0.1033	5.7703
5	0.2560	0.2374	0.1860	3.9063	10	0.1630	0.1537	0.0930	6.1350

表 4－88　　模板制作板材计算 K 值系数表（二）

周转使用次数	损耗率 7%，回收折价率 20%				周转使用次数	损耗率 7%，回收折价率 20%			
	K_z	K_t	K_h	$1/K_z$		K_z	K_t	K_h	$1/K_z$
1	1.000	0.8140	0.9300	1.0000	6	0.2250	0.2095	0.1550	4.4445
2	0.5350	0.4420	0.4650	1.8692	7	0.2029	0.1896	0.1329	4.9285
3	0.3800	0.3180	0.3100	2.6316	8	0.1863	0.1747	0.1163	53677
4	0.3025	0.2560	0.2325	3.3058	9	0.1733	0.1630	0.1033	5.7703
5	0.2560	0.2188	0.1860	3.9063	10	0.1630	0.1537	0.0930	6.1350

表 4－89　　模板制作板材计算 K 值系数表（三）

周转使用次数	损耗率 7%，回收折价率 30%				周转使用次数	损耗率 7%，回收折价率 30%			
	K_z	K_t	K_h	$1/K_z$		K_z	K_t	K_h	$1/K_z$
1	1.000	0.7120	0.9600	1.0000	9	0.1467	0.1147	0.1067	6.8166
2	0.5200	0.3760	0.4800	1.9231	10	0.1360	0.1072	0.0960	7.3529
3	0.3600	0.2640	0.3200	2.7778	11	0.1273	0.1011	0.0873	7.8555
4	0.2800	0.2080	0.2400	3.5714	12	0.1200	0.0960	0.0800	8.3334
5	0.2320	0.1744	0.1920	4.3103	13	0.1138	0.0917	0.0738	8.7873
6	0.2000	0.1520	0.1600	5.0000	14	0.1086	0.0880	0.0686	9.2081
7	0.1771	0.1360	0.1371	5.6465	15	0.1040	0.0848	0.0640	9.6154
8	0.1600	0.1240	0.1200	6.2500					

4. 模板单价的内容及表现形式

模板单价的表现形式有如下几种：

(1) 模板单价包括在混凝土浇筑综合单价中。模板所需费用，按人工、材料、机械等项目分别计入混凝土定额相应部分，可直接使用，如遇到特殊情况，可按设计图纸编制补

充定额。

(2) 模板以摊销的面积列在混凝土浇筑定额的材料栏内。如通用建筑工程预算定额、《水电建筑工程概算定额（2007年版）》等，均是以摊销的面积列入混凝土浇筑定额内。每平方米模板制作、安装、拆除、维修等全部工序所消耗的人工、材料、机械台时费及其他费用，另有定额。在编制混凝土工程单价时，先根据设计采用的模板品种、型式，套用相应的模板定额计算出每平方米模板的单价，按每立方米混凝土模板耗量将模板费用计入混凝土综合单价中。这种形式的优点是，模板的品种、规格、型式可根据工程设计需要列计。

(3) 模板以施工机械设备使用的形式摊销计入混凝土浇筑综合单价中。这种模板的钢模、支撑、构架、轨道及其移动、行走、爬升等机械设备均视同施工机械设备，重复周转使用，在完成一项工程之后，除部分动力设备回收可作其他用途之外，其余的钢模、支撑等钢结构，不便重复利用时，则可将其视作一组施工机械设备，使用费用全部摊销在本项工程混凝土浇筑工程综合单价中。

(4) 模板以施工机械设备使用费的形式单独计列。这种模板为通用型组合工具钢模，模板连同动力设备，作为施工机械设备购进，视同施工机械设备使用，因此费用计算也按施工机械同时使用费的办法计算。

(二) 钢筋工程

钢筋浇筑在混凝土中，即形成钢筋混凝土。钢筋混凝土具有很高的抗压和抗拉强度，在水利水电建筑工程中被广泛采用，钢筋是所有建筑工程使用量最大的钢材。

1. 钢筋的种类和性能

在建筑工程中，钢筋的分类通常是按它的强度、化学成分、外形形状和在结构中的作用与形状来划分。混凝土中常用的钢筋见本书第三章第三节第二部分关于钢筋的基本知识。

2. 钢筋的加工与安装

(1) 钢筋的加工。钢筋从生产厂家运至工程施工现场的钢筋堆放地，应按规格、型号、品种等的不同分别堆存，同时出厂时，应有产品质量检验单及出厂证明，加工前应作抗拉及冷弯试验，以便根据设计要求合理用料。

钢筋加工一般在专门的钢筋加工厂（场）进行，其加工包括调直、除锈、画线、下料和弯曲等工序。有时还应进行焊接和冷拉作业。

钢筋就其直径而言可分为两类，直径不大于12mm卷成盘条的称为轻筋，大于12mm棒状的称为重筋。二者加工工艺特点有所不同，如图4-18所示。

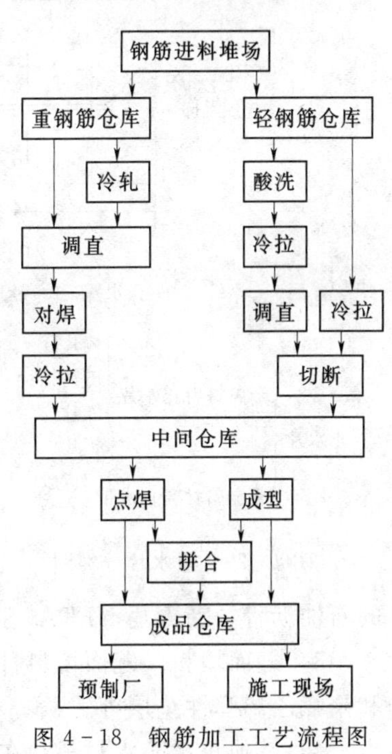

图4-18 钢筋加工工艺流程图

钢筋加工，首先通过冷轧或冷拉调直，轻筋可用自动调直剪切机调直切断；重筋可用弯筋机、调直机或手动工具调直。调直过程有除锈作用，对锈蚀严重者应用风砂枪和除锈机除锈。然后按品种、规格选料，并逐一核对清楚，再进行画线。画线时应考虑弯曲的伸长和必要的备用支撑筋，统筹计算，减少断头，避免大材小用，造成浪费。当库存钢筋规格不合要求时，应征得设计单位同意后调整用料。画线后，对40mm以下的钢筋可在钢筋弯切机上下料，40mm以上的则用电弧或氧气切割。一般弯筋工作在钢筋机上进行，但对大弧度环形钢筋的弯制可用弧形样板制作。样板弯曲直径应比环形钢筋弯曲直径小20%～40%，使弯制的钢筋回弹后恰好符合要求。样板弯曲直径缩小的程度可由试验确定。钢筋加工应尽量减小偏差。

(2) 钢筋的安装。根据建筑物的结构尺寸，加工、运输、起重设备的能力，钢筋的安装可采用散装和整装两种方式。散装是将加工成型的单根钢筋运到工作面，按设计图纸绑扎连接、焊接连接或机械连接。散装对运输要求相对较低，不受设备条件限制，但工效低、高空作业安全性差，且质量不易保证。对机械化程度较高的大中型工程，已逐步为整装所代替。

整装是将加工成型的钢筋，在焊接车间用点焊焊接交叉结点，用对焊接长，形成钢筋网和钢筋骨架。整装件由运输机械成批运至现场，用起重机具吊运入仓就位，按图拼合成型。整装在运、吊过程中要采用加固措施，合理布置支承点和吊点，以防过大的变形和破坏。实践证明，整装不仅有利于提高安全质量，而且有利于节约材料，提高工效，加快进度，降低成本。

无论整装或散装，钢筋应避免油污，安装的位置、间距、保护层及各个部位的型号、规格均应符合设计要求。

(三) 止水工程

为防止混凝土闸、坝横缝的缝面漏水，在闸、坝的横缝的缝面上都设置了可靠的止水系统。典型的止水布置如图4-19所示。

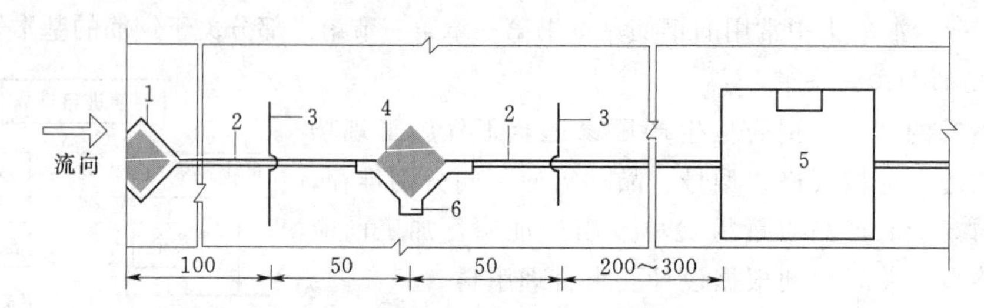

图4-19　横缝止水系统布置（单位：cm）

1—止水塞；2—缝面；3—止水片；4—沥青井；5—排水检查井；6—预制槽

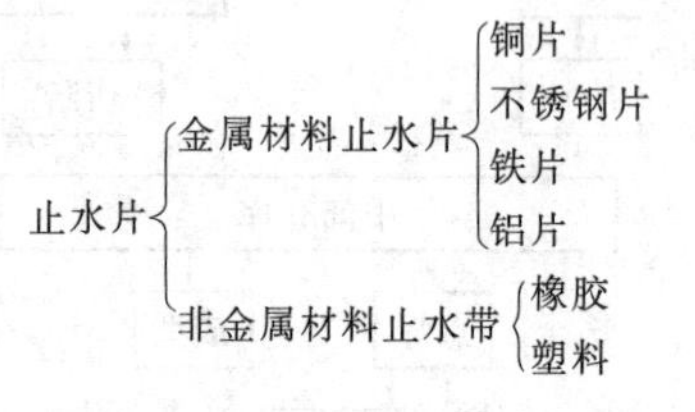

图4-20　止水片分类图

1. 止水的种类及作用

(1) 止水的种类。止水工程有止水片、沥青止水井、缝面填料及其他止水防水材料等4类。

1) 止水片。止水片分类如图4-20所示。

2) 沥青止水井。一般布置在两道止水片之间。沥青止水井多为正方形或圆形，按井中的填料种类可分为掺配的石油沥青、沥青玛NFDA1脂和沥青砂浆等。

3) 缝面填料。缝面填料种类有沥青、油毛毡、沥青锯末板、沥青砂板、沥青玛蹄脂和聚氯乙烯弹性垫层等。

4) 其他止水防水材料。在水电工程中应用的止水防水材料有聚氯乙烯胶泥、油膏、

乳化沥青和弹性聚氨酯等。

(2) 止水的作用。在混凝土及钢筋混凝土建筑物、构筑物中，为避免由于温度变化、混凝土干缩或地基的不均匀沉陷而产生的裂缝，必须设置永久伸缩缝或沉陷缝。承受水压力的结构缝内，应设置可靠的止水系统，用以防止缝面漏水和渗水，影响建筑物的安全。

2. 止水材料

(1) 止水材料的性能。常用止水材料的性能要求如下：

1) 金属止水片材料，冷弯180°不裂缝；冷弯0～60°时，连续张闭50次，无裂纹；铜片止水应选用延伸率较大的铜卷材，延伸率不宜小于20%。铜片止水厚度宜为0.8～1.0mm。

2) 聚氯乙烯塑料止水带，抗拉强度大于14MPa，断裂伸长率大于300%，邵尔硬度不小于65度，脆性温度低于－37.2℃；PVC止水带不宜用于严寒地区。

3) 橡胶止水带，用于变形缝止水带拉伸强度要求大于15MPa，拉断伸长率大于380%。有特殊耐老化要求的接缝止水带拉伸强度要求大于10MPa，拉断伸长率大于300%。常用止水片材料的物理力学性能见表4-90。

表4-90　　止水片材料的物理力学性能

材料名称	容重/(kg/m³)	抗拉极限/MPa	伸长率/%	熔点/℃	材料名称	容重/(kg/m³)	抗拉极限/MPa	伸长率/%	熔点/℃
紫铜片	8900	224.8	24.2	1283	塑料带	1200	18.6	369	160
铝片	2700	178.1	1.5	658	橡胶带	990	26.0	500	

(2) 止水片的形状。

1) 止水铜片形状和结构尺寸，见表4-91。

2) 塑料止水带形状、尺寸，见表4-92。

3) 橡胶止水带形状、尺寸，见表4-93。

表4-91　　紫铜止水片形状和尺寸

序号	形状	代号	结构尺寸/mm			
			下料宽度 B	计算宽度 b	鼻高 h	厚度 δ
1	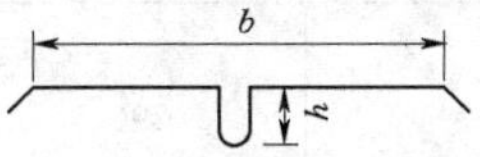 b, h	U	500	400	30～40	1.2～1.5
2	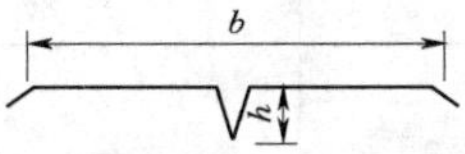 b, h	V	460	360	30～40	1.2～1.5
3	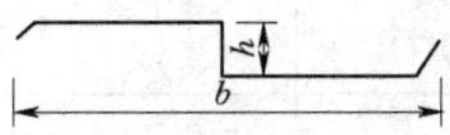 b, h	Z	410	360	30～40	1～1.2
4	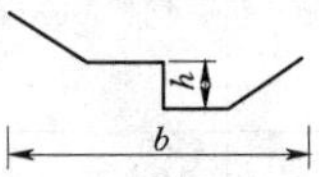 b, h	Z	350	300	30～40	1
5	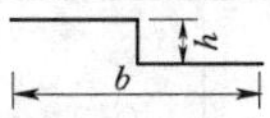 b, h	Z	300	250	30～40	1

表 4－92　　塑料止水带形状、尺寸

序号	形状	型号	宽度/mm	厚度/mm	质量/(kg/m)
1	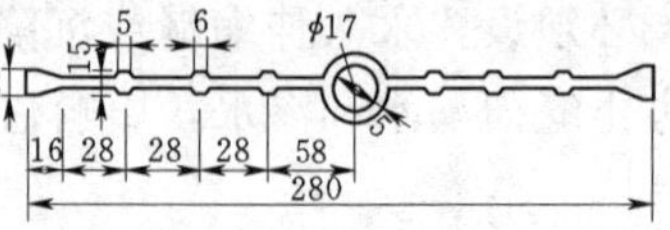	651	280±10	7±1.5	3.5±0.3
2	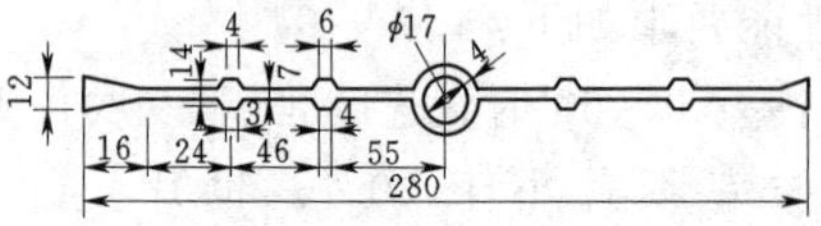	652	280±10	7±1.5	3.4±0.3
3	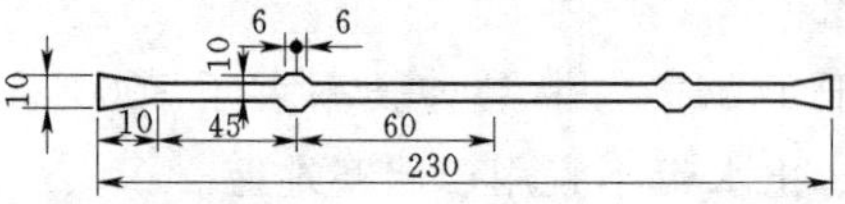	653	230±10	6±1.5	1.7±0.2
4	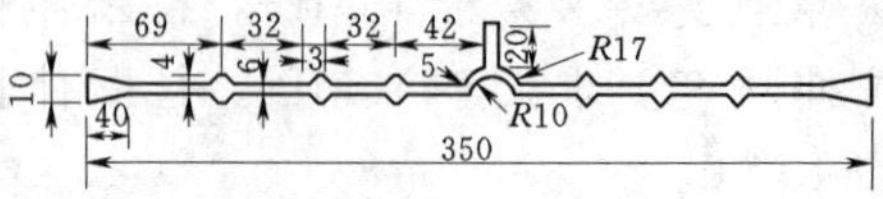	654	350±10	6±1.5	4±0.4
5	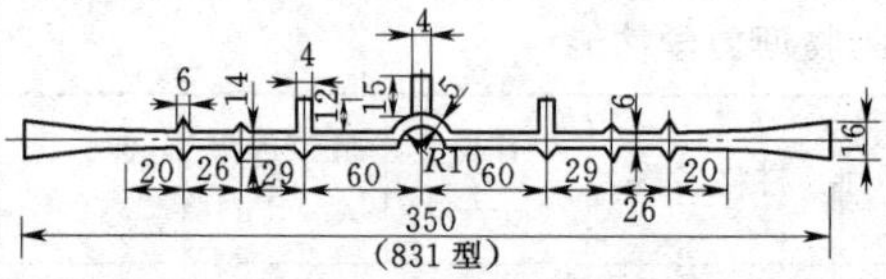 (831 型)	葛洲坝-831	350	6±1.5	4±0.4
6	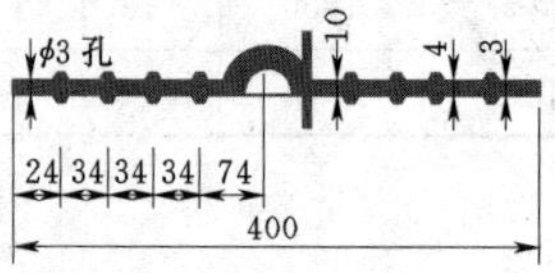	83－Ω	400	10	
7	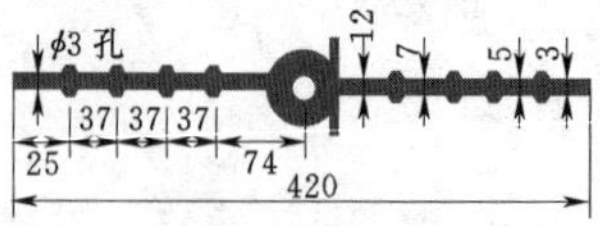	83－0	420	12	

注　序号 5 为宜昌市塑料一厂生产型号；序号 6、序号 7 为中国水利水电科学研究院建议生产型号。

表 4－93　　橡胶止水带形状、尺寸

序号	形状	产品编号	宽度/mm	厚度/mm
1	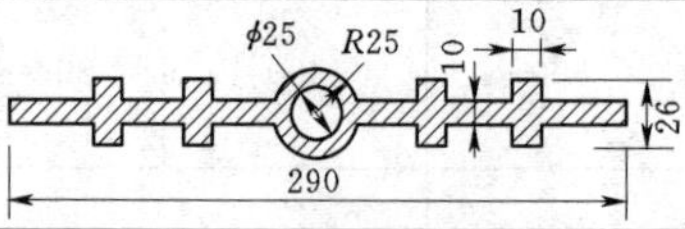	127①	290	10
2	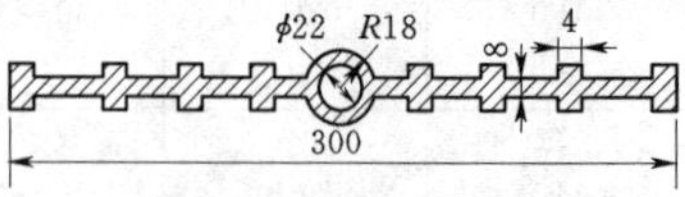	400①	300	8
3	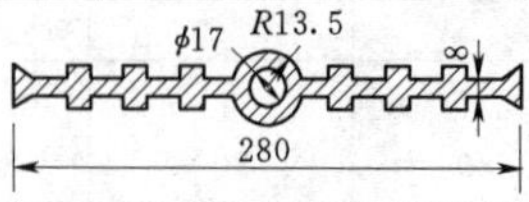	401①	280	8
4	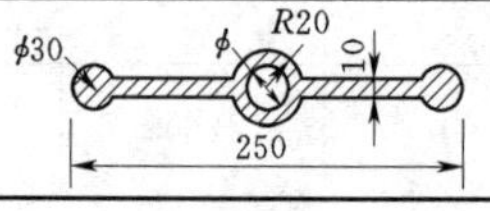	403①	250	10

续表

序号	形状	产品编号	宽度/mm	厚度/mm
5		402	230	6
6		404	290	10
7		409	300	10
8		126	200	10
9		413	220	10
10		408	130	10
11		165	100	6

① 常用标定产品。

(3) 止水片的加工及安装。止水片加工及安装的主要施工工序有金属止水片的退火、下料、成型、接头连接、安装及埋设等。非金属片止水由专业厂家生成，连接可在加工厂或现场进行。

3. 沥青止水井

沥青止水井一般布置在横缝的两道止水片之间。井底设置老化填料排除管，沥青井的形状以正方形和圆形居多。井内填料主要有沥青、砂等。要求沥青黏接力强、延伸率高、含蜡量低、软化点高。可用道路沥青和建筑石油沥青，不得使用煤沥青。沥青井施工有两种形式：一种是预制钢筋混凝土沥青井腔、现场灌注沥青填料；另一种是预制沥青填料柱。

4. 缝面填料

缝面填料种类有沥青、油毡、沥青锯末板、沥青砂板、沥青玛蹄脂和聚氯乙烯弹性垫层等。根据伸缩缝宽度、温度变幅和基础变形情况选用。一般缝宽小于5mm，缝面涂刷1～2层热沥青或沥青玛蹄脂；缝宽5～10mm，缝面黏贴2～4层油毡；缝宽大于10mm，缝面黏贴沥青锯末板。填缝用石油沥青油毡需满足《石油沥青纸胎油毡》(GB 326—2007)要求，煤沥青油毡需满足《煤沥青纸胎油毡》[JC/T 505—1992 (1996)] 的要求。沥青锯末板的配合比约为Ⅳ号沥青∶锯末=(60%～65%)∶(40%～35%)(锯末以干重计)。近年来使用聚氯乙烯弹性材料的工程居多。

五、预制混凝土工程

预制混凝土在预制场浇制而成。不同尺寸、形状的预制混凝土都可采用纤维增强其可靠性及开裂后的韧性。近年来，预制混凝土以其低廉的成本，出色的性能，成为建筑业的新宠。繁多的样式加上出色的挠曲强度和性能，使其在路障、储水池、外墙、建筑和装饰领域得到广泛应用。预制混凝土有混凝土预制、构件运输、构件安装3个工序。

混凝土预制的工序与现浇混凝土基本相同，主要包括预制场冲洗、清理，模板制作、安装、拆除、修整，混凝土配料、拌制、浇筑、养护等。

预制混凝土构件的适用范围如下：

(1) 预制混凝土闸门：适用于低水头的工作闸门。

(2) 预制混凝土压力管：适用于水压力较小的输水工程。

(3) 混凝土无压管：无压或低压（5m以下水头）的涵管。

(4) 混凝土模板：大体积混凝土的模板，最后可作为建筑物的一部分，不用拆除，成本高，需要大型起重运输设备。

(5) 混凝土廊道模板：作为建筑物的一部分，为廊道施工快速服务。

(6) 混凝土梁：主要用于工作桥梁、厂房大梁。

(7) 混凝土板：适用于工作桥、房屋面板、暖气沟、地沟、电缆沟、排水沟盖及交通设施盖板。

(8) 柱、桩：适用于混凝土牛腿、围墙柱、矩形柱及各类圆形柱等。

(9) 预制混凝土块：适用于坝砌体及截流用预制块。

六、碾压混凝土工程

碾压混凝土筑坝技术出现于20世纪70年代。它将混凝土坝的修筑按土石坝的施工方法进行施工，使混凝土坝也可以使用干硬性混凝土，采用近似于土石坝的铺筑方式，用强力振动碾进行压实。

（一）碾压混凝土工程的特点

(1) 为干硬性混凝土，用水量、水泥用量较少，含砂率较大，无流动性，碾压机械可在其表面行走。

(2) 混凝土运输、平仓、振实、切缝等施工均可采用通用机械施工，汽车、平仓机、振动碾可连续作业，施工机械化程度高，施工强度高、速度快。

(3) 水泥量少，掺合料多，水化热温升较低，施工时，结合大仓面薄层浇筑、表面自然散热等条件好，可简化人工冷却措施。

(4) 施工易受气候、骨料以及含水量的影响，如控制不当，混凝土强度值波动较大。

（二）碾压混凝土的适用范围

目前在国内外碾压混凝土工程发展较快，已用于坝高超过200m的混凝土重力坝、溢流坝、护坦、混凝土围堰、防洪堤等大体积内部混凝土或无筋、少筋混凝土工程，以及公路路面、场坪铺筑等工程。

（三）碾压混凝土的施工

1. 碾压混凝土施工程序

碾压混凝土的主要施工程序如图4-21所示。

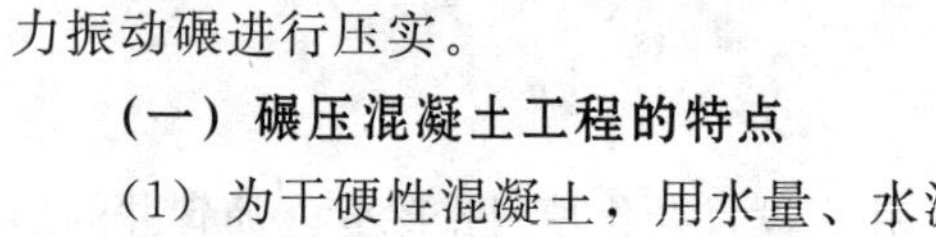

配料 → 拌制 → 运输 → 入仓摊铺 → 振动碾压 → 切缝 → 养护 → 水平缝处理

图4-21　碾压混凝土主要施工程序

2. 碾压混凝土施工工艺

(1) 仓面准备。

1）首选编制混凝土浇筑流程图，包括混凝土浇筑分层、分块铺筑方向、仓面面积、浇筑方法、混凝土分区、数量、施工机械设备配置等其他应计划安排的事项。

2）模板安装。

3）预埋件埋设，如止水、观测仪器、管道等。

4）仓面清洗冲毛，清除岩石面或老混凝土面的风化石、锈皮、乳皮、污物、油渍等。

5）配备好需用的施工机具。

6）清洗混凝土运输道路、设置洗车点等。

（2）混凝土配料。混凝土的原材料（包括水泥、砂、石、掺合料、外加剂等）的罐仓、地笼、输送机、提升机等组成水泥骨料配料输送系统。

（3）混凝土拌制。碾压混凝土属于干硬性混凝土，与常态混凝土相比，拌制时间延长30～60s，拌制效率低10%～30%，为防止混凝土离析，可降低出料口高度或安设缓冲料斗。为提高拌制效率，目前已采用强制拌和机和拌和楼拌制。

（4）混凝土运输入仓。碾压混凝土运输入仓设备无其他特殊要求，常态混凝土使用的设备同样适用。一般采用的入仓运输方式如下：

1）自卸汽车直接运输入仓。这种方式方便灵活、速度快、浇筑强度高。

2）自卸汽车运输＋缆式起重机吊罐入仓。这种方式灵活方便，入仓强度较低。

3）自卸汽车运输＋真空负压溜管入仓。这种入仓方式的输送能力取决于进、出料口的汽车运输能力，一般地讲，不决定于真空负压管自身，在大朝山水电站，平均输送能力为220m^3/h。

4）自卸汽车运输＋胶带输送机＋直空负压溜管入仓。

5）自卸汽车运输＋直空负压溜管入仓＋仓面汽车转料。

（5）卸料与铺料平仓。碾压混凝土采用大仓面薄层连续铺筑，碾压层厚度一般为30cm左右。卸料应按浇筑要领图的要求和逐层逐条带的铺筑顺序连续卸料，卸料尽可能均匀，料堆旁出现的分离大骨料，应由人工或机械将其均匀地摊铺到未碾压的混凝土面上。

碾压混凝土摊铺一般采用串链摊铺作业法，按条带台阶式薄层摊铺。碾压混凝土铺料厚度，应根据振动碾能量大小通过试验选定，一般升高层厚3～5m，分层铺料压实，一般采取的铺料厚度为30～50cm，压缩系数为0.1～0.14，如铺料35cm，压实厚度为30cm。

平层碾压仓面面积可大一些，斜层碾压仓面面积应小一些，一般仓面面积为3000～5000m^2，碾压混凝土一般采用平仓机平仓。预埋件周边应采用人工铺料。

（6）混凝土碾压。碾压混凝土施工用振动碾压实，要求振动碾具有振动频率高、激振力大、行走速度可调、回转灵活等性能。

每个铺筑层摊平后，应按要求的碾压遍数及时进行碾压。碾压遍数应根据不同的工程特点、铺筑厚度和压实机械的激振力，通过试验确定，一般先无振碾压2遍，再有振碾压数遍，最后无振碾压1～2遍。

对于上游面（或下游面）采用二级配碾压混凝土防渗的，该部位的碾压方向应垂直于水流方向，其余部位的碾压方向也宜垂直于水流方向。碾压条带间的搭接宽度应不小于

20cm，接头部位应重叠碾压1～3m。

碾压速度不宜过快，振动碾行走速度控制在1～1.5km/h。

碾压混凝土碾压需控制碾压层间隔时间，连续上升铺筑的碾压混凝土层间允许间隔时间应小于混凝土初凝时间1～2h，同时，混凝土拌合物从加水拌和到碾压完毕的历时应不大于2h，若历时超过2h的一般要加净浆碾压。

（7）变态混凝土施工。在碾压混凝土中加水泥、粉煤灰净浆并用振捣器振捣密实的混凝土称为变态混凝土。加浆可以在碾压混凝土铺筑之前、摊铺中或摊铺后。变态混凝土加浆量应根据试验确定，棉花滩工程的变态混凝土的加浆量为4%～6%，官地工程的变态混凝土的加浆量为6%。水泥浆液的水泥、掺合料、水的配合比应根据工程实际情况由试验确定。大朝山工程是胶凝（水泥＋掺合料）∶水＝2.1（1＋1.1）∶1；龙滩工程是胶凝（水泥＋掺合料）∶水＝2.3（1＋1.3）∶1；官地工程是胶凝（水泥＋掺合料）∶水＝2（1＋1）∶1。

变态混凝土用来铺洒在横缝的边角处，新老混凝土结合部，碾压混凝土与常态混凝土的结合部，坝的迎水面，有钢筋、孔洞、止水等埋设件附近的部位。铺洒后用振捣器振捣密实。

（8）层面及缝面处理。碾压混凝土坝施工存在许多碾压层面和水平施工缝面，而整个碾压混凝土块体必须浇筑得充分连续一致，使之成为一个整体，不出现层间薄弱面和渗水通道。为此碾压混凝土层面、缝面必须进行必要的处理，以提高碾压混凝土层面、缝面结合质量。

1）层面处理。下层碾压混凝土浇筑后，在允许层间间隔时间内浇筑上层碾压混凝土的，需避免或改善碾压混凝土骨料分离状况，同时对层面间出现的泌水、层面破坏以及污染等情况进行必要的处理。

在下层碾压混凝土浇筑后，超过初凝时间但未超过终凝浇筑上层混凝土的层面按正常层面处理，需铺设5～15mm厚的水泥砂浆、粉煤灰水泥砂浆或水泥净浆垫层。

超过终凝时间浇筑上层碾压混凝土的层面，若间隔时间在24h以内，仍以铺筑砂浆垫层的方式处理，间隔时间超过24h，视同冷缝按施工缝面处理。

2）缝面处理。碾压混凝土缝面处理指其水平施工缝或施工过程中出现的冷缝面的处理。碾压混凝土缝面处理方法与常态混凝土相同，一般可先采用高压水枪冲毛，然后在处理好的施工缝上按照条带均匀摊铺一层1.5～2.0cm厚水泥砂浆垫层，最后开始铺筑碾压混凝土。

（9）切缝。碾压混凝土坝体中的伸缩缝一般采用切缝形成，切缝时间可在碾压前也可在碾压后，切缝前应先在伸缩缝两端的模板上放样，切缝时采用拉线方法控制缝距、方向及斜度，缝内按设计要求填充砂子、塑料纸或铁皮等材料。

（10）养生和防护。施工过程中，碾压混凝土的仓面，一般以喷雾于模板上保持湿润。终凝后即开始养护。养护应持续至上一层碾压混凝土开始铺筑为止，对永久暴露面应养护28天以上。

碾压混凝土施工工艺大体如上所述。施工方法与浇筑流程如图4-22和图4-23所示。

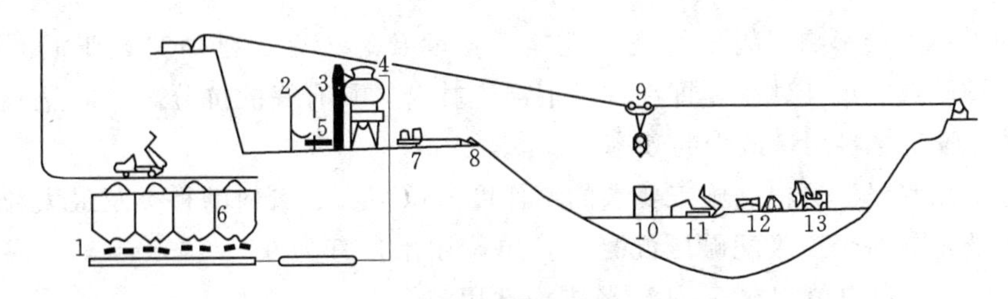

图 4-22　岛地川坝施工方法示意图

1—皮带系统；2—水泥储存罐；3—提升器；4—拌和楼；5—螺旋输送器；6—滑料储存仓；7—运吊罐平板车；8—绞车；9—缆机；10—移动式料斗；11—自卸卡车；12—平仓机、振动碾；13—切缝机

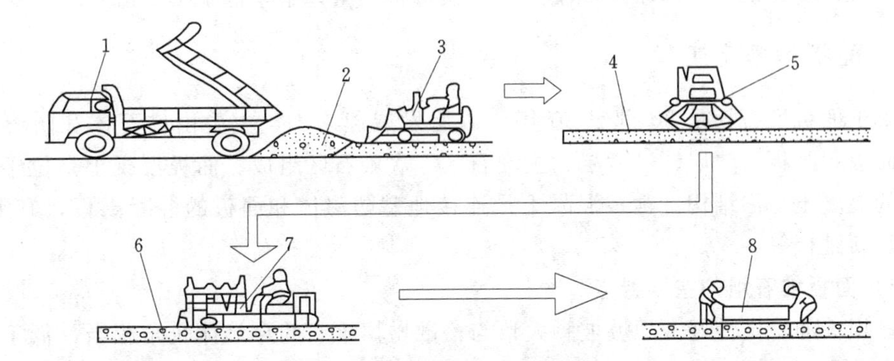

图 4-23　岛地川坝浇筑流程

1—8～11t 自卸车；2—卸料堆；3—D20 推土机；4—捣固；5—BW200 振动碾；6—切缝；7—振动切缝机；8—插入接缝材料

(四) 碾压混凝土的配合比

1. 设计及施工对碾压混凝土配合比的要求

碾压混凝土的配合比应满足工程设计的各项指标及施工工艺要求，包括：

(1) 混凝土质量均匀，施工过程中粗骨料不易发生分离。

(2) 工作度适当，拌合物较易碾压密实，混凝土容重较大。

(3) 拌合物初凝时间较长，易于保证碾压混凝土施工层面的良好黏结，层面物理力学性能好。

(4) 混凝土的力学强度、抗渗性能等满足设计要求，具有较高的拉伸应变能力。

(5) 对于建筑物外部的碾压混凝土，要求具有适应建筑物环境条件的耐久性。

2. 配合比设计参数选定

(1) 掺合料的掺量。应综合考虑水泥、掺合料和砂子品质等因素，并通过试验确定，掺量超过 65%时，应做专门试验论证。

(2) 水胶比。水胶比应根据设计提出的混凝土强度、拉伸变形、绝热温升和抗冻性等要求确定，水胶比其值宜小于 0.7。

碾压混凝土的水胶比，根据各工程材料和技术要求的不同应该有所差别，必须通过试验确定。国内各工程所使用的水胶比一般在 0.50～0.70 之间。

(3) 砂率。应通过试验选取最佳砂率值。使用天然砂石料时，三级配碾压混凝土砂率宜为 28%～32%，二级配宜为 32%～37%；使用人工砂料时，砂率应增加 3%～6%。

砂率的大小直接影响混凝土的施工性能、强度及耐久性。在确定碾压混凝土配合比时，应通过试验选定最佳砂率，即在保证混凝土拌合物具有好的抗分离性并达到施工要求的VC值时，胶凝材料用量最少的砂率。

(4) 单位用水量。可根据施工要求的工作度（VC值）、骨料的种类及最大粒径、砂率及外加剂等选定。对于三级配碾压混凝土，单位用水量宜为95～105kg/m^3。碾压混凝土拌合物的VC值、机口值宜在5～12s范围内选用。

单位用水量的选取不仅与混凝土的可碾性直接联系，而且与经济性有关。故在满足可碾性要求的情况下，通常取用较小的单位用水量，以节约水泥和掺合料。

(5) 大体积建筑物内部碾压混凝土的胶凝材料用量，不宜低于130 kg/m^3。

七、面板混凝土工程

混凝土面板堆石坝是20世纪60年代以后发展起来的，主要由堆石体和防渗系统组成，即面板、趾板、垫层、过渡层、主堆石区、次堆石区组成。面板混凝土是位于堆石坝体上游的混凝土防渗结构。趾板混凝土是连接地基防渗体和面板的混凝土板，有平趾板、窄趾板、斜趾板等。

（一）面板堆石坝的主要特点

(1) 坝坡的稳定性好。坝坡坡脚大致与松散抛填堆石的自然休止角相当，低于碾压堆石的内摩擦角。

(2) 防渗面板设于堆石体的上游面，承受水压力的性能好；坝体透水性好，几乎不受渗透力的影响。

(3) 坝体具有良好的抗震性能，地震变形小，不因地震而产生孔隙水压力；地震虽可能导致面板裂缝而引起坝体渗漏增加，但不致溃坝。

(4) 施工导流与度汛方便。

(5) 施工时受气候条件的影响较小。

（二）混凝土材料

面板与趾板混凝土对耐久性、抗渗性、抗侵蚀性和施工和易性等性能要求较高。目前，混凝土原材料，包括水泥、砂石骨科、外加剂和掺合料的品种、产地较多，性能、质量、价格不一。因此，规定在选择这些材料时应通过试验，经技术经济比较选定，且质量必须符合有关技术标准。

面板混凝土的水泥品种，有普通硅酸盐水泥、硅酸盐大坝水泥、矿渣水泥等。硅酸盐水泥、普通硅酸盐水泥保水性好、泌水率小、和易性好，利于溜槽输送，故推荐优选使用硅酸盐水泥和普通硅酸盐水泥。由于混凝土耐久性、抗渗性等性能要求较高，故水泥宜选用强度等级42.5。

砂石骨料应严格控制含泥量，石料中含泥量不应高于1%，砂料中含泥量不应高于3%，骨料中不得含有黏土团块。

（三）趾板混凝土施工

趾板混凝土施工应在基础面开挖、处理完毕，并按隐蔽工程质量要求验收合格后进行。趾板混凝土施工，应在相邻区的垫层、过渡层和主堆石区填筑前完成。

趾板混凝土浇筑时，应保证止水片（带）附近混凝土的密实，并避免止水片（带）的变形和变位。

（四）面板混凝土施工

坝高不大于70m时，面板混凝土宜一次浇筑完成；坝高大于70m时，根据施工安排或提前蓄水需要，面板可分期浇筑。分期浇筑接缝应按施工缝处理，设计有要求时按设计要求处理。

面板施工前，坝体预沉降期宜为3～6个月，面板分期施工时，先期施工的面板顶部填筑应有一定超高。因度汛要求等原因，需要提前浇筑面板时应专题论证。面板混凝土浇筑宜使用无轨滑模，跳仓浇筑，起始三角块宜与主面板一起浇筑。浇筑过程中，及时清除黏在模板、钢筋上的混凝土。每次滑升前，应清除前沿超填混凝土。

面板钢筋宜采用现场绑扎、焊接或机械连接，也可采用预制钢筋网片现场整体拼装的办法，应与接地网连接牢固。垫层上的架立筋，应按设计要求设置和处理。

面板与趾板混凝土浇筑应保持连续性。如特殊原因中止浇筑且超过允许间歇时间，应按施工缝处理。超过允许间歇时间的混凝土拌合物应按废料处理，不得加水强行入仓。

八、沥青混凝土工程

沥青是一种能溶于有机溶剂，常温下呈固体、半固体或液体状态的有机胶结材料。沥青具有良好的黏结性、塑性和不透水性，且有加热后溶化、冷却后黏性增大等特点，因而被广泛用于建筑物的防水、防潮、防渗、防腐等工程中。在水电工程中，沥青常用于防水层、伸缩缝、止水及坝体防渗工程。

沥青混凝土是由粗骨料（碎石、卵石）、细骨料（砂、石屑）、填充料（矿粉）组成连续级配，和沥青按适当比例配制搅拌成混合物，经过浇筑、压实而成。

（一）沥青混凝土的分类

1．按骨料级配和种类分类

按骨料级配和种类可分为粗级配、密级配、细级配混凝土。

（1）粗级配沥青混凝土指粗粒式沥青混凝土，混合料中最大骨料粒径为35mm。

（2）密级配沥青混凝土指中粒式沥青混凝土，混合料中最大骨料粒径为25mm。

（3）细级配沥青混凝土指细粒式沥青混凝土，混合料中最大骨料粒径为15mm。

（4）沥青砂浆指砂质沥青混凝土，混合料中最大骨料粒径为5mm。

2．按用途分类

按用途可分为水工沥青混凝土、道路沥青混凝土。

3．按压实后的密实度分类

按混合料（指粗骨料、细骨料、填充料）压实后的密实度分类，水工常用的沥青混凝土为碾压式沥青混凝土，分开级配、密级配和碎石型混凝土。

（1）开级配沥青混凝土。孔隙率大于5%，含少量或不含矿粉。渗透级$k=10\sim2$cm/s左右，适用于防渗斜墙的整平胶结层和排水层。

（2）密级配沥青混凝土。孔隙率小于5%，级配良好，含一定量的矿粉。渗透级$k=10\sim7$cm/s左右，适用于防渗斜墙的防渗层沥青混凝土和岸边接头沥青混凝土。

（3）碎石型混凝土。孔隙率为15%，通常亦用作整平胶结层和排水层。

4. 按施工方法分类

按施工方法可分为碾压式沥青混凝土和浇灌式沥青混凝土。通常沥青混凝土用热拌沥青、混合料，用碾压法施工，混合料流动性小；沥青砂浆用浇筑法施工，混合料流动性大。

（二）防水涂料

主要用稀释沥青（分快凝、中凝、慢凝稀释沥青）冷涂，沥青掺量一般为30%～60%（按质量计），针入度为60～150，稀释沥青将逐渐被乳化沥青所取代。

（三）沥青的技术指标

沥青的技术指标主要包括针入度、黏滞度、延伸度、软化点。

1. 针入度

针入度是测定黏稠沥青黏性的指标。通常采用沥青温度25℃、测定针入度标准针的重量为100g、时间为35s时，标准针插入试件中的深度，以1/10mm计，针入度越小，沥青越硬。

针入度的平均值即为沥青牌号。

2. 黏滞度

黏滞度适用测定液体沥青的黏性。通常采用25℃液体沥青，流孔直径3mm时，流出50mL试样所需时间（s）来表示。黏滞度越小，液体沥青黏性越低。

3. 延伸度

延伸度指沥青在外力作用下的变形能力。将沥青制成8字形标试件，一般放在25℃水中，按拉伸速度为5 cm/min至断裂时的伸长度（以cm计），称为延伸度。延伸度越大，沥青塑性越好。

4. 软化点

沥青在受热后由固态转化为一定流动状态的温度，称为软化点。

（四）沥青的种类

沥青材料分为地沥青和焦油沥青两大类。地沥青又分为天然沥青和石油沥青，天然沥青是石油渗出地表经长期暴露和蒸发后的残留物；石油沥青是将精制加工石油所残余的渣油，经适当的工艺处理后得到的产品。焦油沥青是煤、木材等有机物干馏加工所得的焦油经再加工后的产品。工程中采用的沥青绝大多数是石油沥青，石油沥青是复杂的碳氢化合物与其非金属衍生物组成的混合物。

石油沥青又可分为道路石油沥青、建筑石油沥青、专用石油沥青、乳化石油沥青。工程上一般采用道路石油沥青。石油沥青的三大技术指标为针入度、软化点、延伸度。

（五）沥青的选用

对表面防渗，一般选用针入度为40～100（1/10mm）、软化点为50℃的直馏石油沥青（将提炼汽油、柴油、润滑油后的油渣，经过减压蒸馏，得到不同稠度的沥青，为直馏石油沥青）。

对于防渗墙的基层涂层及防渗层沥青混凝土的层间结合涂层，可采用乳化沥青，采用冷施工方法。乳化沥青污染小，用量少，劳动条件好，将逐步取代稀释沥青。

（六）填充料

填充料一般指0.074mm以下的颗粒细粉（简称矿粉）。常用的填充料有石灰岩粉、水

泥等。

（七）外加剂

在混合料中加入石棉、消石灰或水泥等，石棉掺量一般为混合料的1%～2%，消石灰（或水泥）的掺量一般为矿质含量的2%～3%。

（八）配合比

沥青混凝土的配合比，应通过试验确定，在无实际资料的情况下，可参考有关资料选取。

（九）防渗墙沥青混凝土

1. 沥青的采用

根据DL/T 5363—2006，一般可采用60甲、100甲（针入度）的沥青牌号，北方地区采用低温抗裂性能好的100甲标号的沥青，南方地区采用60甲牌号的沥青。

2. 矿质材料

矿质材料包括骨料、填料两部分，水工沥青混凝土的骨料，建议采用碱性岩石的碎石作为粗骨料，细骨料可采用人工砂或天然砂。

（1）粗骨料：密度为2.5g/cm^3，吸水率不大于3%，含泥量小于0.5%，针片状含量不大于10%，超径量小于5%，逊径量小于10%。

（2）细骨料：含泥量小于2%，不能使用风化砂。

（3）骨料的最大粒径：根据DL/T 5363—2006规定，骨料最大粒径不大于1/3铺筑层厚度，且不超过25mm；对无防渗要求的整平胶结层，不超过铺筑层厚度的1/2，且不大于35mm。例如，铺筑层厚为5cm时，防渗层最大骨料粒径为15mm，整平胶结层为25mm；套用单价时，防渗层可选用5～20mm的小石价格，整平胶结层可选用20～40mm的中石价格。

（4）填料：指0.075mm的矿粉，它与沥青组合成胶结料。

（5）矿粉种类：石灰岩粉、白云岩粉、大理石粉、磨细的矿渣、粉煤灰、水泥、滑石粉等。

（6）掺料：可提高沥青与矿粉的黏附性，可掺入再生橡胶、天然橡胶、消石灰、水泥、氯丁橡胶、丁基橡胶、丁苯橡胶、石棉等。

九、特种水工混凝土

特种水工混凝土相对于普通水工混凝土而言，主要体现在混凝土的性能、材料组成以及施工工艺等方面的差异。随着材料科学的发展、施工技术水平的不断提高，为适应水工建筑物所处的复杂环境条件，科技工作者通过不断试验和研究，开发出了一系列具有不同特殊性能的混凝土和新工艺，大大丰富了水工混凝土的内涵。

本节介绍的特种混凝土主要指高强混凝土、抗磨蚀混凝土、补偿收缩混凝土、纤维混凝土、泵送混凝土、水下混凝土等，当工程上具体运用这些混凝土时，应根据设计和试验资料，编制补充定额，定额的表现形式、定额水平应和现行定额一致。

（一）高强混凝土

《普通混凝土配合比设计规程》(JGJ 55—2011）已明确规定C60以上的混凝土为高强

度混凝土。目前水工高强度混凝土多在C50～C80。世界上可制作60～80 N/mm^2 甚至100N/mm^2 的高强混凝土。

高强混凝土用水泥宜使用中热42.5级硅酸盐水泥，也可以用不低于42.5级的硅酸盐水泥或普通硅酸盐水泥；细骨料优先选用中粗天然河砂，可考虑采用铁矿砂和铸铁砂；粗骨料宜选择质地坚硬，压碎指标小的辉绿岩、玄武岩、正长岩及石灰岩等人工碎石或天然河卵石；掺合料常用硅粉、磨碎水淬矿渣、优质粉煤灰和磨细沸石粉等；外加剂需选用高效减水剂或超塑化剂等。

C50高强混凝土水灰比在0.35左右，C60混凝土水灰比在0.35～0.30甚至小于0.30，C70混凝土水灰比在0.30以下。水泥用量一般在450～550kg/m^3，当掺有活性混合料时，水泥用量可减少10%～15%，掺入高效减水剂，水泥用量不大于500kg/m^3；粗骨料用量一般为1000kg/m^3 左右。最大粒径一般选用20～25mm。

高强混凝土采用强制式搅拌机搅拌，搅拌时间要按规定控制，宜采用混凝土搅拌车运输，一般用高频电磁振捣器振捣。高强混凝土养护比普通混凝土更为重要，一般需养护28天。

高强水工混凝土多用于泄流建筑物过流道抗磨蚀部位。自20世纪80年代以来，先后在龙羊峡、葛洲坝、三门峡二期改建、二滩、小浪底等工程得到应用。

（二）抗磨蚀混凝土

自20世纪80年代中期以来，各类抗磨蚀混凝土在葛洲坝、都江堰、石棉、水口、五强溪等水电工程中得到普遍应用。90年代建设的小浪底水利枢纽工程的泄流排砂系统已经成功地应用了C70高强硅粉混凝土。

抗磨蚀混凝土按胶凝材料可分为无机胶凝材料和有机胶凝材料两类。无机材料抗磨蚀混凝土有普通高强混凝土、高强硅粉混凝土、高强硅粉铁矿石混凝土、高强硅粉铸石混凝土及高强硅粉钢纤维混凝土等。有机材料的抗磨蚀混凝土有环氧树脂、不饱和聚酯树脂、丙烯酸环氧树脂、聚氨酯等有机材料拌制的混凝土。

无机材料抗磨蚀混凝土水胶比不大于0.40，掺有硅粉的抗磨蚀混凝土，掺硅粉量宜为水泥用量的6%～12%。在满足施工要求的情况下，尽可能使用小坍落度的混凝土。对于平面浇筑的混凝土，入仓坍落度控制在1～3cm。无机抗磨蚀混凝土施工时，应与相邻基底普通混凝土同时浇筑和振捣，以保证相互间的充分结合，抗磨层厚度不应小于20cm。混凝土浇筑抹面后，应及时加强养护、防止开裂。抗磨蚀混凝土宜在低温季节施工，根据混凝土浇筑时气温，严格控制混凝土入仓温度，加强振捣，掌握好抹面时间。

水工建筑中应用最多的有机材料抗磨蚀材料为环氧砂浆。环氧砂浆具有很高的耐冲磨和抗空蚀能力。室内试验和工程实践表明，环氧砂浆比钢铁材料及混凝土材料抗悬移质泥沙冲磨能力高5～10倍。如NE型环氧砂浆，其28天抗压强度高达110MPa，且低毒、无污染、可常温施工、无需加温热抹。但环氧砂浆材料成本高，固化剂有一定毒性。环氧砂浆和混凝土两种材料线膨胀系数不一致，在阳光和气温变化作用下，易在界面处开裂、脱空。环氧树脂在阳光、氧气、水分及微生物作用下，会逐步老化，不宜大面积尤其是在温度变化较大的部位使用。

（三）补偿收缩混凝土

由膨胀水泥（或低热微膨胀水泥）、骨料、水、外加剂按一定比例配置而成或由普通

水泥、骨料、水、外加剂、掺合料和膨胀剂按一定比例配置而成，具有一定体积膨胀性能的混凝土称为膨胀混凝土。利用膨胀混凝土的自生体积膨胀性作为一种工程手段来补偿混凝土结构的收缩变形时，又称为补偿收缩混凝土。

补偿收缩混凝土的理论依据就是用限制膨胀的有利变形抵消有害的限制收缩，从而达到避免或减轻混凝土开裂的目的。

由于膨胀因素可以填充和封闭混凝土的空隙，改善混凝土空隙结构，具有自密作用，因此能提高混凝土早期强度，增加密实度；可改善混凝土的收缩性能，使其体积不收缩或有适量的膨胀，减少或避免混凝土开裂。补偿收缩混凝土具有抗冻、抗渗性能好和黏结力强等特点。

补偿收缩混凝土主要用于填灌预留孔洞、结构的加固与修补，接缝处理，闸门槽Ⅱ期及深槽混凝土回填，大体积预留宽槽回填，钢筋混凝土不分缝后浇带回填，隧洞封堵以及大面积浇筑不宜设收缩缝的结构，制作防水、抗渗混凝土等。

水工建筑工程中，多用膨胀性水泥或掺氧化镁膨胀剂配制膨胀混凝土。我国主要生产的膨胀水泥主要有明矾石膨胀水泥、石膏矾土膨胀水泥、硅酸盐膨胀水泥及硫铝酸盐膨胀水泥等。水工上目前应用成熟的膨胀剂是外加氧化镁膨胀剂，控制总掺量（包括水泥中的 MgO）为 4.5%，最大不超过 6%，其有效膨胀性可达 50～60μ，膨胀属延迟型膨胀。

（四）纤维混凝土

纤维增强混凝土是以水泥净浆、砂浆或混凝土为基体，以非连续的短纤维或连续的长纤维作为增强材料所组成的水泥基复合材料的总称，通常称为纤维混凝土。纤维混凝土主要包括聚丙烯纤维混凝土、钢纤维混凝土、玻璃纤维混凝土、尼龙纤维混凝土与碳纤维混凝土。其主要技术性能和适用条件见表 4-94。

表 4-94　纤维混凝土的主要技术性能和适用条件

类别	主要技术性能	适用条件
聚丙烯纤维混凝土	具有良好的抗冲击性、抗裂性及抗疲劳性和分散性，搅拌过程中不结团，与水泥基体有良好的黏结强度	用于各种面板堆石坝面板的抗裂，各种输水泄水建筑物过流面的抗磨蚀；路桥工程、工业与民用建筑、高边坡及地下洞室喷射混凝土
钢纤维混凝土	具有抗裂性好、弯曲韧性优良、抗冲击性能强的特征	用于隧道衬砌和水工抗磨蚀混凝土；道路、桥面铺设、刚性防水屋面、压力输水管道、轨枕
玻璃纤维混凝土	有较高的韧性、不透水性和较好的耐火性，抗压强度稍有下降	使用温度不宜超过 80℃。适用于非承重与次要承重的构件和制品。水利工程中应用的有沉砂池斜板和护岸板等
尼龙纤维混凝土	抗拉强度、抗折强度、抗压强度较不掺的混凝土有提高，混凝土的韧性和抗冲击性及抗收缩性、抗渗性亦有不同程度的改善	用于模板、盖板的预制品，停车场、人行道、车行道的现浇混凝土及喷射混凝土
碳纤维混凝土	与硅酸盐水泥的化学相容性好；耐热性好，具有导电性。表面憎水，与水泥基体的黏结性较差，搅拌过程中容易结团	主要用于导电混凝土及预制墙板、地板和模板等

1. 聚丙烯纤维混凝土

聚丙烯纤维是由丙烯聚合物制成的烯烃类纤维，其表面具有憎水性，强度高，相对密度小，不吸水，耐酸、碱、盐等化学腐蚀，无毒性等性能。在水泥砂浆中掺入少量聚丙烯纤维能有效地抑制混凝土塑性收缩开裂，改善混凝土抗渗、抗冻、耐磨等性能，提高其柔韧性、抗冲击性、抗疲劳性。

(1) 配合比。聚丙烯纤维混凝土可使用32.5级和42.5级的硅酸盐水泥或普通硅酸盐水泥。

纤维混凝土的配合比无特殊要求，其配合比设计同常规混凝土，可适当掺粉煤灰。用于水工混凝土的建议掺量：每立方米混凝土0.9kg，最高掺量一般不大于20kg/m^3。

配置混凝土时，石子的最大粒径可取20cm，水灰比一般为0.55～0.60，纤维长度可取15～20mm。

为改善聚丙烯纤维拌合物的和易性，可掺适量的引气剂、减水剂或高效减水剂。

(2) 施工要点。混凝土材料应符合有关规范和技术标准要求。

施工前应进行试拌聚丙烯纤维混凝土，以确定投料方法。可先将砂石水泥和水均匀搅拌后加入纤维，也可将纤维与砂、石、水泥干拌均匀再加水湿拌。搅拌时间比普通混凝土要适当延长。

聚丙烯纤维混凝土的凝结时间有所增加，宜在其接近终凝的时候进行修抹，以防止纤维外露。

2. 钢纤维混凝土

以适量的钢纤维掺入混凝土拌合物中，成为一种可浇筑或可喷射的混凝土，称为钢纤维混凝土。其抗拉、抗弯、耐磨、耐冲击、耐疲劳、韧性和抗裂、抗爆性能均比一般混凝土高。钢纤维混凝土在水电工程中，喷射法施工多用在隧道衬砌和护坡加固，普通浇筑法多用在抗磨蚀混凝土及道路工程。

(1) 钢纤维尺寸及掺量。直径在0.3～0.8mm，长度为20～50mm，长径比在40～100范围内，其增强效果和拌合物的性能均较好。掺量应通过试验确定，一般为混凝土体积的0.5%～2%。

(2) 粗骨料最大粒径。粗骨料粒径应同时满足不大于20mm和钢纤维长度的2/3。在概算编制时，骨料粒径一般可取5～20mm小石的粒径组。细骨料选用质地坚硬、石英颗粒含量高、清洁、级配继配良好的中粗砂，细度模数应在2.0～3.0之间。

(3) 砂率。砂率对钢纤维在混凝土中的分散度有影响，也是支配混凝土稠度的重要因素，一般可取60%～70%。

(4) 混凝土的配合比。单掺钢纤维的普通钢纤维混凝土配合比设计可参考《钢纤维混凝土结构设计与施工规程》(CECS：3892)，与常规混凝土配合比设计不同之处是：强度的双控标准（抗压、抗拉）；确定纤维体积率；砂率和单位用水量与纤维体积率有关。

(5) 混凝土拌制。可采用普通搅拌机或强制式搅拌机。当使用强制式搅拌机搅拌掺量为2%的钢纤维混凝土时，每次的搅拌量为搅拌机公称容量的1/3左右，钢纤维混凝土的搅拌时间应较常规混凝土规定的搅拌时间延长1～2min。

玻璃纤维混凝土、尼龙纤维混凝土及碳纤维混凝土在此不作详细介绍。

（五）水下混凝土

将拌制的流态混凝土用工程的手段送入水下预定部位成型和硬化，这一过程称为水下混凝土施工。这是一种在修建围堰难度大或因修建围堰而造成工期和费用不可行的情况下采用的一种施工方法。

水下混凝土适用于围堰、港口、码头、护岸等工程的防渗墙结构或基础工程，以及水下建筑物加固与水下抗磨蚀部位混凝土修补等工程。

水下混凝土采用流态混凝土，且具备抗分散性、流动性、保水性。水下混凝土施工常用倒灌法、混凝土泵法、开底容器法、袋装叠置法及进占法等。为了保证施工质量，优先采用倒灌法、混凝土泵法、开底容器法。水下混凝土浇筑是不需振捣即可自行灌注密实的混凝土。

由于掺入不分散剂，水下混凝土材料造价高。

（六）泵送混凝土

以混凝土泵为动力，通过输送管道输送的流态混凝土称为泵送混凝土。泵送混凝土拌合物具备均质、塑化及保水保塑的性能。

泵送混凝土施工具有以下优点：设备单一，可同时作水平运输、垂直运输，直接入仓布料，简化浇筑作业程序；机械化程度高，节省劳动力；受外界气候影响小，能保证混凝土拌合物出机时的性质；采用管道入仓，对场地条件要求简单，通用性强。

泵送混凝土最初用于钢筋密集的壁式结构、闸门槽等二期混凝土、水下混凝土以及其他设备不易到达的部位，如隧洞衬砌、导流底孔封堵混凝土浇筑等。随着混凝土泵车的出现及高效减水剂的成功掺用，泵送混凝土在水电工程中应用范围越来越广，国外已将混凝土泵车作为主体工程混凝土浇筑的工具。目前国外已开发出输送低坍落度的混凝土泵，混凝土的最大骨料粒径可达80mm，单台输送能力达$70m^3/h$。

配置泵送混凝土的水泥一般选用保水性较好的硅酸盐水泥和普通硅酸盐水泥。泵送混凝土宜掺适量掺合料，一般选用Ⅱ级以上品质的粉煤灰或磨细矿渣作为掺合料。细骨料的质量要求与普通混凝土相同，细骨料对混凝土拌合物的可泵性有很大影响，泵送混凝土要求选用粒径级配良好的中砂，通过0.315mm筛孔的砂不少于15%。粗骨料的品种、粒径、级配对混凝土的可泵性有较大影响。卵石、碎石及卵石碎石混合料均可用于泵送混凝土，可泵性以卵石最佳，混合料次之，碎石稍差。骨料最大粒径一般不超过管径的1/3。同时应掺入适量的外加剂如引气剂、减水剂、缓凝剂、泵送剂等，以增加混凝土流动性。

泵送混凝土胶凝材料（包含掺合料）用量宜大于$300kg/m^3$，砂率不宜低于40%，水灰比宜为0.4～0.6。

（七）硅粉混凝土

硅粉是冶炼硅铁合金或工业硅时的副产品，平均粒径为$0.1\mu m$左右，密度为$2.2\sim2.5g/cm^3$，其主要成分为无定型二氧化硅。混凝土掺入硅粉即称为硅粉混凝土。硅粉混凝土具有早强、耐久性好、抗冲磨等优点，已广泛应用于泵送混凝土，水下混凝土，高强度、高性能混凝土，喷射混凝土和水工耐磨蚀混凝土等。硅粉化学成分及物理性能见表4-95。

表4-95　　硅粉化学成分及物理性能表

项目	昆明钢铁厂		上海铁合金厂	项目	昆明钢铁厂		上海铁合金厂
	(1)	(2)			(1)	(2)	
SiO_2/%	88.15	90.69	92.81	密度/(t/m^3)	2.28		2.16
Fl_2O_3/%	0.80	1.14	0.15	含碱量/%	1.05		
Al_2O_3/%	3.45	1.29	0.45	烧失量/%	2.52		3.40
CaO/%	0.00	0.83	0.47	比表面积/(m^2/g)		23.2	25～30
MgO/%	0.08	1.99	0.96	容量/(t/m^3)			0.22
SO_3/%	0.34	0.66	0.56				

1. 硅粉混凝土的特性

新拌混凝土黏性提高、坍落度变小、拌合物不易产生离析，可泵性得到改善。硬化后的混凝土早期强度提高较快；抗冻性、抗渗性较好，抗化学腐蚀能力高。掺入硅粉的喷射混凝土可以增加强度、降低水泥用量，且可减少回弹量。

2. 配合比

(1) 硅粉混凝土须掺高效减水剂。

(2) 采用硅粉、粉煤灰或其他掺合料共掺合的方案，可减少水泥用量和降低水化热。

(3) 耐久性硅粉混凝土的配置需要根据使用条件通过试验确定。为防止氯离子扩散破坏钢筋钝化膜，水泥用量不宜低于300kg/m³，硅粉掺量在水泥用量的6%～12%范围内选定，外加剂掺量及品种要通过试验优化。

3. 施工工艺

(1) 在运输和储存过程中，硅粉须保持干燥，不得受潮，有条件时可在使用前7天用机械拌制硅粉浆液待用。

(2) 硅粉混凝土搅拌时间要比常规混凝土延长30～60s。出机口卸下的混凝土拌合物坍落度有明显差别或拌合物成球状时，均应重新搅拌。

(3) 硅粉混凝土一般比较黏稠，出机后应尽量缩短运输中转时间。拌和、出料、运输机具要及时清洗。

(4) 硅粉混凝土入仓要及时摊铺，振捣时间比常规混凝土适当延长，使内部空气完全排除，至混凝土不下沉、不出气泡、开始泛浆为止。振捣器无法振捣的部位必须人工振捣密实。

(5) 如果硅粉混凝土下部是常规混凝土，应在其初凝前浇筑硅粉混凝土，并一起振捣。

(6) 应用硅粉混凝土要特别注意加强早期湿养护，有条件的采用蓄水养护，否则将产生大量裂缝。

近几年来，硅粉混凝土在水电工程中作为高强度、高性能混凝土和抗磨蚀混凝土的应用越来越多。如葛洲坝二江泄水闸底板，龙羊峡水电站、李家峡水电站、二滩电站等工程都成功设计和应用了掺硅粉的抗磨蚀混凝土。小浪底水利枢纽工程的泄流排沙系统也采用了C70高强硅粉混凝土。部分工程硅粉混凝土配合比见表4-96。

表 4-96　　　　硅粉混凝土配合比

项目名称	设计标号	粗骨料最大粒径/mm	坍落度/cm	水胶比	材料用量/(kg/m³)						外加剂	
					水	水泥	硅粉	砂	石	粉煤灰	减水剂	引气剂
二滩	$R_{28}600$	76	4～6	0.357	125	315	35	670	1361		0.86%	0.007%
小浪底	C70	63	16～18	0.25	110	380	10	621	1178	90	9.6L/m³	
小浪底	C70	40	16～18	0.25	109	365	15	638	1111	100	11L/m³	

(八) 轻质混凝土

轻质混凝土具有容重小、导热系数小的特点，因此具有保温隔热及隔音性能较好等优点，主要用于制作房屋建筑的隔墙、楼盖、屋面板等。

(九) 无砂大孔混凝土

一般选用中等粒径 10～20mm 颗粒均匀的卵石或碎石，用水泥浆均匀地覆盖其表面，水泥浆仅起胶结作用，使骨料胶结在一起成为一种多孔性材料，具有透气性、透水性大等特点。

无砂大孔混凝土配合比一般为：水泥用量 200～300kg/m³，灰骨比 1∶4～1∶8，水灰比 0.4～0.6。

无砂大孔混凝土的强度为 6～12MPa，容重为 1800～2000kg/m³。在水工建筑中主要用作排水暗管。

十、混凝土工程的工程量

水电工程中的水工建筑工程，由于建筑物所在地的地形、地质、水文等与之密切相关的建设及工作条件的复杂性，决定了水工建筑物造型的独特性。因此，现行的水电建筑工程概（预）算定额，均是按混凝土、钢筋分别计量编制定额的。钢筋混凝土建筑物和构筑物的混凝土及钢筋用量，必须根据本工程各建筑物的工况条件，分别计算混凝土及钢筋工程量。

(一) 设计工程量

混凝土及钢筋工程量的计算应遵循《水电工程设计工程量计算规定（2010 年版）》。一般情况下，应按下列原则进行计算。

1. 混凝土的设计工程量

(1)《水电工程设计工程量计算规定（2010 年版）》第 3.1.7 条规定，混凝土工程量应遵循如下规定：

1）混凝土工程量以成品方（m³）计量。

2）按设计图纸所示的建筑物轮廓线进行计算，不扣除体积小于 0.3m³ 或截面积小于 0.1m² 孔洞和金属件、预埋件所占的空间。

3）规划阶段：按建筑物混凝土平均强度等级和代表性设计级配匡算工程量。

4）预可行性研究阶段：应根据设计图纸按混凝土种类、强度等级和级配分部位估算工程量。

5）可行性研究阶段：应根据设计图纸按混凝土种类、强度等级和级配分部位计算工程量。

6）招标设计和施工图设计阶段：应根据设计图纸按混凝土强度、级配、抗冻、抗渗等要求分部位、分种类计算工程量，区分一期和二期混凝土、框架和板梁柱混凝土、衬砌混凝土、预制件混凝土、预应力混凝土、水下混凝土和大体积混凝土等不同种类。

（2）计算工程量时，应按水电工程的项目划分，并参照现行的概（预）算定额及指标的有关规定计算。

混凝土工程量，因不同的建筑物、不同的类别、不同的部位、不同的强度等级、不同的级配、不同的隧洞型式、不同的洞径、不同的模板类型、不同的衬砌厚度、不同的运输设备等影响施工方法的选择，故需分别进行工程量计算。

常态混凝土坝和碾压混凝土坝应明确仓面面积；面板混凝土应明确部位（面板、趾板、无砂混凝土垫层）和面板板厚；心墙、斜墙混凝土应明确墙厚；地面厂房混凝土应明确部位（上部、下部）；地下厂房混凝土应明确顶拱和边墙衬砌厚度；隧洞衬砌混凝土应明确衬砌部位（平洞、斜井、竖井）、衬砌厚度和开挖断面面积。

（3）计算公式力求简单明确，所采用的尺寸应与图纸上所示尺寸一致，并应用统一的计算单位来表示。

（4）混凝土工程量应按工程建筑物设计几何轮廓尺寸净值计算，并乘以《水电工程设计工程量计算规定（2010年版）》附录中“水电工程设计工程量阶段系数表”的相应阶段系数（表4-97）。施工规范允许的超挖量、超填量、合理施工附加量、施工操作损耗及质量检查工程量（除特殊注明外）等，不包括在设计工程量中。

表4-97　　混凝土工程设计工程量阶段系数表

类别	设计阶段	混凝土工程	备注
建筑工程	规划	1.05～1.09	
	预可行性研究	1.03～1.06	
	可行性研究	1.02～1.04	
	招标和施工图设计	1	
施工辅助工程	规划	1.07～1.11	
	预可行性研究	1.06～1.10	
	可行性研究	1.04～1.08	
	招标和施工图设计	1	

注　工程量阶段系数考虑勘察设计深度、工程规模等因素，各设计阶段工程量所留的裕度，应按照土建工程规模取值，工程规模大的取下限值，工程规模小的取上限值。

（5）混凝土浇筑施工中的超填量及施工附加量的计算，应根据施工方法、混凝土的品种、建筑物的结构部位等工程技术特征，分不同条件，按实计算其增加量。对于特殊地质条件或施工措施要求需采用特种施工机械、施工方法而产生的偏离“合理的施工超挖、超填和施工附加量时”，应将这部分附加量计入设计工程量中。

（6）混凝土浇筑工程施工中的材料输送、配料，混凝土拌制、运输入仓浇筑，仓面凿毛、冲洗、模板变形修整，混凝土干缩、试验等损耗，均已包括在现行的概（预）定额相应的章节中，不再另行计算。

2. 钢筋的设计工程量

(1)《水电工程设计工程量计算规定（2010 年版）》第 3.1.7 条规定，钢筋、钢材工程量应遵循如下规定：

1）钢筋、钢材工程量以吨（t）计量。

2）钢筋搭接、施工架立筋和钢筋制作加工损耗不单独计量。

3）规划阶段：按混凝土含钢量匡算钢筋、钢材工程量。

4）预可行性研究阶段：按混凝土含钢量分部位估算钢筋、钢材工程量。

5）可行性研究阶段：按混凝土含钢量分部位计算钢筋、钢材工程量。

6）招标设计和施工图设计阶段：应根据设计图纸计算钢筋、钢材工程量，注明主要钢筋、钢材规格。

(2) 混凝土含钢量指单位混凝土体积为满足结构需要所使用的钢筋、型钢等钢材质量。不计加工损耗、搭接、弯曲延伸增加长度、施工架立筋等施工附加量。根据不同工程、不同项目、不同部位的施工详图的统计结果，经工程类比选用。

(3) 规划阶段、预可行性研究和可行性研究阶段的钢筋工程量一般按混凝土工程的图纸工程量与混凝土含钢量估算，并乘以《水电工程设计工程量计算规定（2010 年版）》附录中“水电工程设计工程量阶段系数表”的相应阶段系数（表 4-98）。

表 4-98　　钢筋工程设计工程量阶段系数表

类别	设计阶段	钢筋工程	备注
建筑工程	规划	1.06	
	预可行性研究	1.04	
	可行性研究	1.02	
	招标和施工图设计	1	
施工辅助工程	规划	1.08	
	预可行性研究	1.06	
	可行性研究	1.04	
	招标和施工图设计	1	

(4) 可行性研究阶段对一些重要部位可能进行结构计算并有相应的设计图纸，依据此设计图纸计算钢筋工程量时，其计算规则同招标设计和施工图设计阶段的计算规则。

(5) 工程量的计算单位应采用相应的概（预）算定额或招标文件规定的计量单位，钢筋工程量计算应按地面、地下不同部位计算。

(6) 钢筋的设计工程量应包括主筋、次筋、箍筋、弯起筋、搭接筋、弯钩、挑钩、架立筋等，一切不属于钢筋制作与安装施工过程中的操作损耗均作为设计工程量，钢筋的设计工程量按施工图详细计算。

（二）定额计算量

1. 混凝土工程

(1) 定额计量。现行的《水电建筑工程概算定额》混凝土的计量单位，除注明者外，均为建筑物及构筑物的成品实体方，应按建筑物或构筑物的设计轮廓尺寸计算；模板定额的计量单位，除注明者外，均为满足建筑物体形及施工分缝要求所需的立模面积（m^2），即混凝土与模板的接触面积。

采用现行《水力发电建筑工程预算定额》时，混凝土施工超填量及附加量未计入浇筑定额中，编制单价时需将这部分工程量计入混凝土单价中。

采用现行《水电建筑工程概算定额》时，混凝土施工超填量及附加量已计入定额中，水工设计工程量不再加计这部分工程量。

采用实物量分析法编制工程造价文件时，混凝土施工超填量及附加量，只作为分析计算工、料、机、费等的耗用量的计算基数，不计人工程量清单中。

（2）定额工、料、机消耗量。定额的人工、材料、机械消耗量，一般情况下所包括的基本内容，见第四章第一节相应部分，这里不再重复。

（3）混凝土定额材料量。

1）现行预算定额的混凝土浇筑定额中，混凝土材料量包括有效实体量和各种施工操作损耗及干缩，一般情况下损耗量及干缩比率为3%。

2）现行概算定额的混凝土浇筑定额中，混凝土材料量包括有效实体量、超填量、施工附加量及各种施工操作损耗（包括凿毛、干缩、运输、拌制、接缝砂浆等），用下式表示：

$$Q_{ghc}=Q_{yhc}[1+Q_{ct}(\%)+Q_{fj}(\%)] \tag{4-30}$$

式中：Q_{ghc} 为概算定额混凝土材料量；Q_{yhc} 为预算定额混凝土材料量；Q_{ct} 为规范允许的超填量；Q_{fj} 为施工附加量。

概算定额混凝土定额材料中计入的超填量，是根据现行的施工规范允许的施工超挖量分析计算而来的；施工附加量是按国内已建工程施工图统计分析计算得出的。

施工附加量包括的内容见第五章第二节相关部分，这里不再重复。

（4）混凝土的运输量。混凝土运输定额均以成品实方计算，即以建筑物的有效实体方量计算，混凝土水平及垂直运输定额中已包括施工（运输、浇筑）过程损耗量所消耗的人工、机械，但不包括施工技术规范允许的施工超填及必要的施工附加量所消耗的人工、材料、机械。运输施工超填量及施工附加量所消耗运输人工、材料、机械的费用，需根据超填量、施工附加量单独加计。

如《水电建筑工程概算定额（2007年版）》地下厂房混凝土浇筑40024号中，每100m^3成品方混凝土运量为103m^3，其中3m^3为施工附加量和混凝土超填量，单位有效实体方为100m^3。计算地下厂房上部结构混凝土运输费时，根据施工方法选定运输定额后，每完成100m^3实体方混凝土需在运输定额的基础上加计3m^3超填量及施工附加量，即混凝土运输定额需乘以1.03的系数。

（5）混凝土的拌制量。混凝土拌制按成品实体方计算，定额中已包括施工（拌制、运输、浇筑）过程损耗量所消耗的人工、机械，但不包括施工技术规范允许的施工超填及必要的施工附加量所消耗的人工、材料、机械。拌制施工超填量及施工附加量所消耗运输人工、材料、机械的费用，需根据超填量、施工附加量单独加计。

（6）混凝土模板量。模板定额的计量单位均按模板与混凝土接触面积以100m^2计。模板外露部分已摊销在定额中。

2. 钢筋工程

水电建筑工程的钢筋制作与安装定额，是按水工建筑工程的不同部位、不同制作安装方式综合制定的，适用于水工建筑物各部位及预制构件中，定额数量包括全部施工工序所需的人工、材料（包括钢筋的加工损耗）、机械使用等数量。

钢筋定额中的钢筋损耗率2%，是指钢筋制作与安装施工过程中的加工制作损耗，包括钢筋加工切断损耗、对焊时钢筋的损耗、截余短头作为废料处理的损耗、钢筋搭接时的绑条等。

十一、混凝土工程单价的编制

现行《水电建筑工程概算定额》的混凝土工程（包括混凝土拌制、运输、浇筑、养护等）适用于现浇混凝土、碾压混凝土、预制混凝土、钢筋制安及止水等工程。

混凝土工程包括的主要内容有混凝土拌制（包括配料）、混凝土（半成品）运输、混凝土浇筑、模板制作、钢筋制作安装、排水止水设施、混凝土温控措施、混凝土内部观测工程等。

混凝土单价指生产单位成品混凝土所需要的人工费、材料费、机械使用费、其他直接费、间接费、利润、税金。混凝土单价中不包括附属工厂（如混凝土工厂、砂石料加工厂等）的摊销费，也不包括各种施工仓库、施工辅助房屋（如木材仓库、五金仓库）的摊销费。

（一）编制混凝土工程单价的基础技术资料

1. 人工、材料预算单价及机械台时费单价

按编制年的有关规定，分析计算工程所在地的人工预算单价；按编制年的有关政策、规定及市场价格水平，分析计算材料预算价格；根据人工、材料、施工用电及施工用水预算价格，按照《水电工程施工机械台时费定额》计算台时费单价。

2. 混凝土工程项目划分

混凝土工程项目划分的依据如下：

(1) 现行的《水电工程设计概算编制规定》规定的项目划分。

(2) 现行《水电建筑工程概算定额》。

(3) 本工程的勘测、设计、科研图纸等文件资料。

3. 施工工艺和施工方法的确定

施工工艺和施工方法是选择定额的主要依据，主要工程项目施工方法由设计确定，零星工程项目施工方法由概预算人员研究决定。

4. 混凝土强度等级（标号）、龄期、级配的确定

各单项工程的混凝土标号（包括强度等级、抗渗标号、抗冻标号）、水泥强度等级、水灰比、级配、龄期、埋石率（%）、掺合料取代百分率（%）、外加剂等基础资料，由设计、科研人员确定。

5. 取费标准的确定

取费标准的确定主要指工程单价中的其他直接费率、间接费率、利润率、税率的确定。应按《水电工程费用构成及概（估）算费用标准（2013年版）》的规定计算。

（二）编制混凝土工程单价的主要步骤

1. 确定工程项目

工程项目的确定要考虑以下因素：现行《水电工程设计概算编制规定》规定的项目划分、施工方法、配合比、混凝土工程部位、定额子目的设置、设计阶段。

2. 确定施工工艺和施工方法

主要工程项目的施工工艺和施工方法由施工组织设计确定。次要工程项目，造价人员应根据施工总体规划、施工总进度计划，分析确定其施工方法和施工工艺。

3. 混凝土配合比选择

各单项工程的混凝土配合比，是计算该项工程混凝土材料费（或称为混凝土基价）的基础，它包括选择混凝土配合比应预先确定的基础资料（如混凝土的种类、强度等级、耐久性要求、级配、掺合料、外加剂）和配合比选择的原则，在概算编制中，有试验配合比资料时，应按试验资料确定；无试验资料时，可参考类似工程的配合比来计算混凝土材料费。

4. 混凝土材料费计算

混凝土材料费指配制混凝土（根据混凝土施工配合比）所需要的水泥、粗细骨料、掺合料、外加剂、水等各种材料的费用之和。混凝土的材料量反映在各节混凝土定额和“混凝土”一栏。

$$C=\sum_{i=1}^{n}Y_iT_i \tag{4-31}$$

式中：C 为混凝土材料费；n 为混凝土配合比中材料用量个数；Y_i 为某材料用量；T_i 为某材料的工地预算价格。

5. 骨料水泥系统组时费计算

根据各单项工程骨料水泥系统所确定的机械规格、型号、数量（不含备用机械），按现行的台时费定额计算各机械的台时费及系统的组时费。

6. 定额选择

根据各单项工程的部位和施工工艺等选择工程单价的定额号，主要包括选择混凝土拌制、混凝土水平运输、混凝土垂直运输、模板制安及混凝土浇筑的定额号。

根据预先确定的人工工资标准、主要材料及其他材料预算价格、台时费、取费标准，即可进行混凝土工程单价的编制。

（三）编制混凝土工程单价的原则

为节省工程材料消耗、降低工程投资，使用现行概算定额编制混凝土工程概算单价，必须遵循下列原则：

（1）编制拦河坝等大体积混凝土概算单价时，必须掺加适量的掺合料，以节省水泥用量，其掺量比例应根据设计对混凝土的强度等级、耐久性、温度控制要求或试验资料选取。如无试验资料，可根据《水工混凝土掺用粉煤灰技术规范》(DL/T 5055—2007）的规定选取。

（2）编制所有现浇混凝土及碾压混凝土概算单价时，均应采用掺外加剂的混凝土配合比作为计价依据，以减少水泥用量。一般情况不得采用纯混凝土配合比作为编制混凝土概算单价的依据。

(3) 现浇水泥混凝土强度等级的选取，应根据不同水工建筑物的不同运用要求，尽可能利用混凝土的后期强度（60天、90天、180天、360天），以降低混凝土强度等级，节省水泥用量。各龄期强度等级换算可参考表4-99。

表4-99　　混凝土强度增长率　　%

混凝土品种	水泥品种	粉煤灰掺量	龄期			
			7天	28天	90天	180天
常态混凝土	普通硅酸盐水泥	0	80.2	100	118	127
		20	75.0	100	131	145
		30	70.7	100	133	155
	中热硅酸盐水泥	0	73.6	100	117	120
		20	67.9	100	129	141
		30	61.6	100	141	156
		40	55.7	100	155	164
碾压混凝土	普通硅酸盐水泥	30	71.4	100	119	131
		40	65.8	100	132	147
		50	65.3	100	139	160
		60	62.9	100	143	177
	中热硅酸盐水泥	30	70.3	100	132	162
		40	66.7	100	140	165
		50	62.5	100	144	173
		60	57.6	100	151	199

(4) 编制混凝土工程单价时，应按混凝土工程项目、工程部位、混凝土强度等级、骨料级配及不同的施工方法等因素分别编制。

(四) 混凝土工程单价编制中需要注意的问题

1. 熟悉定额的适用范围及各种说明

(1) 定额的适用范围。《水电建筑工程概算定额（2007年版）》主要适用于新建、扩建的大、中型水电工程建设项目。定额是编制水电工程投资估算指标和其他扩大指标的依据，是编制水电工程可行性研究报告设计概算文件的指导性依据，是国家有关部门和单位监督水电工程项目投资管理的计价基础，是编制标底、投标报价和合同管理的计价参考。

(2) 定额使用说明。

以下内容围绕《水电建筑工程概算定额（2007年版）》第4章混凝土及模板工程的定额子目进行介绍。

1) 定额将混凝土浇筑、拌制、运输、立模内容进行了分列，在表现形式上与以往概算定额有很大的区别。

各节现浇混凝土定额，一般情况均包括：施工准备、仓面冲（凿）毛、冲洗、清仓、验收、浇筑及养护等内容。

混凝土拌制、水平运输、垂直运输及模板制安均有单项定额，编制单价时需根据施工工艺、施工方法、模板形式等分别选用。

2）碾压混凝土定额包括：仓面准备、仓面冲（刷）毛、冲洗、清仓、验收、平仓摊铺、碾压、养护，材料场内运输及其辅助工作。

3）预制混凝土构件制作安装定额除第4.34节预制混凝土块外，其他定额均包括构件制作和安装的人工、材料、机械消耗，但不包括预制构件的运输。预制构件运输有单项定额，定额包含装车、运输、卸车并按指定地点堆放等。预制构件定额已包括模板制作安装中人工、材料、机械消耗的摊销。

4）现浇混凝土定额中"混凝土水平运输、混凝土垂直运输及混凝土拌制"的数量，已包括完成每一定额单位有效实体所需增加的超填量和附加量的数量。为统一表现形式，编制概算单价时，一般应根据施工工艺选定的运输方式及拌制方法，按上述定额规定的每立方米混凝土水平运输量、垂直运输量及混凝土拌制量乘以相应混凝土水平运输、垂直运输及混凝土拌制定额中的人工、材料、机械使用费数量直接计入浇筑混凝土概算单价；也可按混凝土水平运输、垂直运输、混凝土拌制数量乘以相应每立方米混凝土水平运输、垂直运输及混凝土拌制费用计入单价。

5）混凝土浇筑定额中不包括加冰、通水、保温等温控措施及费用。

6）定额中的其他材料费及零星材料费是指定额未明列的材料，主要包括工作面内脚手架、排架、简易操作平台、漏斗、溜槽等的搭拆摊销费，混凝土运输浇筑机具及仓面等的清洗、养护用水费，地下工程混凝土浇筑的施工照明费等其他材料费。

7）混凝土浇筑定额中的"混凝土"材料，系指完成单位产品所需的混凝土半成品量，其中已包括冲（凿）毛、干缩、施工损耗、运输损耗、施工技术规范允许的超填及必要的施工附加等消耗量。常态混凝土定额中的"混凝土"包括混凝土层面砂浆摊销量。

8）混凝土浇筑定额中的立模面积是指浇筑各种水工建筑物和构筑物的模板与混凝土的接触面积。定额中已根据各种水工建筑物的结构形式列示了每$100m^3$（成品实体方）的立模面积。列示了取值范围的，除注明者外，使用中一般应根据建筑物或构筑物的具体情况分析后在范围内取值。大坝和厂房混凝土浇筑定额中的立模面积已包含廊道模板。

9）混凝土拌制定额按成品实体方计算，定额中已包括施工（拌制、运输、浇筑）过程损耗量所消耗的人工、机械，但不包括施工技术规范允许的超填及必要的施工附加量所消耗的人工、材料、机械。搅拌楼（机）的清洗用水已计入拌制定额的零星材料费中。

各节搅拌楼（站）拌制混凝土的定额子目中，以组时表示的"骨料系统"和"水泥系统"是指骨料、水泥进入搅拌楼之前与搅拌楼相衔接而必须配备的有关机械设备，包括自搅拌楼骨料仓下廊道内接料斗开始的胶带输送机及其供料设备；自水泥罐和掺合料罐开始的水泥提升机械或空气输送设备，胶带运输机和吸尘设备。其组班费用应根据施工设计选定的施工工艺和设备配备数量自行计算。

10）材料定额中的"混凝土"一项，系指完成单位产品所需的混凝土半成品量。混凝土半成品的单价，只计算配制混凝土所需的水泥、砂石骨料、水、掺合料及其外加剂等的材料预算价格。各项材料用量定额，应按试验资料计算。没有试验资料时，可参考类似工程混凝土材料配合比。

11）混凝土运输指混凝土自搅拌楼或搅拌机出料口至浇筑现场工作面的运输。定额将

水平运输及垂直运输分列，使用时应根据设计选用的运输方式和设备配置，按第4章的运输定额子目计算。

12）开挖断面及衬砌厚度。明渠、隧洞、竖井、地下厂房等混凝土衬砌定额中所指开挖断面和衬砌厚度，均以设计尺寸选用定额，即用设计几何轮廓尺寸来选择定额。

13）混凝土喷锚后衬砌定额。第4.9节混凝土喷锚后衬砌定额中，每$100m^3$成品衬砌量的人工、材料、机械的消耗量，不包括12～15 cm喷混凝土的消耗量。喷混凝土造价应按设计工程量单独列项计算。

例如，《水电建筑工程概算定额（2007年版）》第40063号（未喷锚）与40090号（喷锚12～15 cm）中的"混凝土"材料量分别为$151m^3$、$133m^3$。

其他未尽事宜，请参阅现行有关规程、规范及定额指标。

2. 混凝土材料费计算

混凝土材料费有两层意思：①狭义上是指不考虑施工环节和施工过程中的操作运输损耗量、超填量和施工附加量的混凝土材料费，即由混凝土配合比算得的混凝土材料费，定义为混凝土基价；②广义上是指考虑施工环节和施工过程中的操作运输损耗量、超填量和施工附加量的混凝土材料费，即按照各单项定额中计算得出的混凝土材料费，是由定额中计价工程量乘以混凝土基价得到的材料费。

$$F_{hc}=J_hQ_{hc} \tag{4-32}$$

式中：F_{hc}为混凝土材料费；J_h为混凝土基价；Q_{hc}为混凝土材料量。

混凝土材料量指完成单位成品混凝土材料的计价工程量。

$$Q_{hc}=(Q_{hs}+Q_{ct}+Q_{fj})(1+K_s) \tag{4-33}$$

$$Q_{hy}=Q_{hs}+Q_{ct}+Q_{fj}$$

$$Q_{hc}=Q_{hy}(1+K_s)$$

$$K_s=\left(\frac{Q_{hc}}{Q_{hy}}-1\right)\times 100\% \tag{4-34}$$

式中：Q_{hs}为混凝土结构断面工程量；Q_{ct}为施工超填量；Q_{fj}为施工附加量；K_s为施工场内操作运输损耗系数，%；Q_{hy}为混凝土运输量。

例如，定额40001号，$Q_{hc}=104m^3/100m^3$成品方，$Q_{hy}=101m^3/100m^3$成品方，则$K_s=(104/101)-1\approx 3\%$。

（1）计算混凝土基价需注意混凝土龄期的换算系数。一般来说，不同部位的水工混凝土设计龄期也不尽相同，规范要求尽可能利用混凝土的后期强度，以降低混凝土强度等级、节省水泥用量。若设计选用的混凝土设计龄期与参考混凝土配合比龄期不同时，应将设计选用的混凝土龄期的强度等级乘以换算系数，将其强度折算到与参考混凝土龄期一致，并选用相应参考混凝土配合比材料用量。当换算后的强度等级介于参考配合比中两种强度等级之间时，应取高一级的强度等级。

例如，已知某工程大坝混凝土未掺粉煤灰，普通硅酸盐水泥混凝土强度等级为$C_{180}30$，试参考表4-99"混凝土强度增长率表"将该混凝土折算成28天的混凝土强度等级。查表可知，该混凝土180天强度比28天强度增加27%，则该混凝土折算至28天强度等级为30MPa×100%÷127%＝23.62（MPa），即可选用参考配合比中C25混凝土配合材料用量

代替设计选用的 $C_{180}30$ 混凝土的材料用量。

(2) 混凝土配合比设计需注意的问题。

1) 应同时考虑设计上要求的混凝土的强度指标、抗渗指标和抗冻指标来选择水灰比。

2) 若采用试验资料时，配合比材料耗量应考虑材料的场内运输及操作损耗（至拌和楼进料仓止）。所以应在试验预算量的基础上，计入材料运输损耗系数，在混凝土材料用量计算时，采用"预算量"

$$K_c=\frac{Q_y}{Q_j} \tag{4-35}$$

式中：K_c 为材料运输、提升损耗系数，见表 4-100；Q_y 为预算量；Q_j 为计算量。

表 4-100　材料运输、提升损耗系数

砂	石子	水泥	水
1.03	1.04	1.02	1.0

3. 混凝土骨料水泥系统组时费的计算

(1) 水泥系统。概算定额中的"水泥系统"是水泥系统、掺合料系统的统称，因此，相应的组时费，应为水泥系统、掺合系统之和。设备规格、数量应按施工组织文件、工程量设计清单确定。

(2) 骨料系统。骨料调节料仓（下料斗开始）与拌和楼相衔接的骨料输送设备的组合，称为骨料系统。这些设备的台时费的总和称为骨料系统组时费，组时消耗量与搅拌设备相同。骨料调节仓有净料堆场、骨料仓、骨料罐，应由设计确定。骨料调节仓下料斗之前的骨料运输所发生的费用，计入骨料（砂石料）单价中。

4. 混凝土浇筑各施工工序在概算中的体现

(1) 混凝土拌制。按混凝土配合比（施工配合比）规定的材料用量混合后（一般包括水泥、掺合料、粗细骨料、外加剂、水）采用搅拌机械在规范规定的时间内进行拌和后得到混凝土半成品的过程，称为混凝土的拌制。概算混凝土拌制定额中包括混凝土材料的运输、配料、拌和、出料等工序的人、材、机消耗等。

现行混凝土浇筑定额中"混凝土拌制"栏，指的就是混凝土拌和，根据选用的拌制设备可在概算定额中选取。混凝土拌制需独立地计算单价后进入浇筑定额中，也可将拌制定额中的人工、材料、机械数量分类合并到浇筑定额中计算。

定额"混凝土拌制"量中，已包括建筑物的混凝土超填量及施工附加量。

(2) 混凝土运输。混凝土水平运输是指混凝土从搅拌设备出料口至浇筑仓面（或至垂直吊运起吊点）的全部运输，运输方式和运输设备由施工组织（施工规划）设计确定。

混凝土垂直运输是指混凝土运至仓面所需的全部垂直运输，根据施工组织设计选定的垂直运输方式和运输设备按相应的运输定额计算。

定额"混凝土水平运输"及"混凝土垂直运输"量中，已包括建筑物的混凝土超填量及施工附加量。

(3) 混凝土振捣。混凝土振捣器的型号、规格及台时消耗量均反映在各节浇筑定额中，台时耗量一般不予调整。

(4) 混凝土模板。现行水电概算定额将模板分列，模板定额分综合定额和单项定额。已注明适用范围的模板综合定额，与对应的混凝土浇筑定额配套使用。定额中综合了建筑物和构筑物不同形式的模板，使用中一般不作调整；若无综合定额的，可根据构筑物结构

形式按模板分项定额综合计算。

(5) 混凝土养护、冲毛。养护、冲毛费用已计入浇筑定额的“其他材料费用”中。

(6) 其他零星机械使用费。概算定额只列出主要施工机械使用费，其他零星施工机械使用费已计入“其他机械使用费”中。

5. 混凝土工程定额选择

定额选择是概算编制中最重要的环节之一，定额号选择的正确与否直接影响工程单价的正确性，因此工作中应做到：

(1) 正确理解各工程项目（三级项目）的结构特性及属性，合理选定定额。

(2) 熟悉各工程项目的施工工艺和施工方法，它是选择定额的主要依据之一。

(3) 具体熟悉各工程项目定额号选择参数。

(4) 对总说明、章节说明、附注说明要非常熟悉，各种定额的选择参数在各节浇筑定额中均可找到。

例如，大坝混凝土按混凝土浇筑仓面大小进行选择，平洞混凝土衬砌主要按设计开挖断面及初砌厚度来选择等。

(五) 钢筋制作与安装及止水工程单价编制

1. 钢筋制作与安装单价

现行《水电建筑工程概算定额》钢筋制作与安装定额是按水电工程常用规格型号的钢筋综合拟定，并以地下工程和地面工程分列。投资估算、概算，可根据工程部位，编制钢筋制作与安装单价。

2. 止水单价

《水电建筑工程概预算定额（2007年版）》中，止水工程包括铜止水、铁止水，沥青砂柱，菱形接缝，塑料止水，橡胶止水，膨胀止水，面板坝止水及防水层等综合定额子目。

(1) 铜止水、铁止水。有各种形状，但在编制工程单价时，可以不分形状、焊接的方法，综合编制单价即可。

铜止水、铁止水的定额计算单位为m。编制工程单价时，应注意铜片、铁片的规格，如定额中所列铜片、铁片的规格与工程要求的具体规格（长×宽×高）不同时，严格来说，应进行定额的换算，调整人工、材料、机械台时使用的数量。但在实际工作中，调整的方法一般采取简化的方法，只调整铜片、铁片的规格，其他工料、机械定额数量变化，因影响较小可不作调整。

(2) 沥青砂柱。先把沥青和砂子拌制成预制件，然后安装在混凝土缝面上。工作内容包括准备材料、溶化沥青、烤砂、拌和、洗模、拆模、清洗混凝土缝面、安装砂柱等。

(3) 菱形接缝。菱形接缝又称为沥青井。菱形接缝作为止水作用，往往和止水铜片共用于混凝土坝块的接缝处。止水的沥青井，可以成方形（菱形）或圆形。沥青井中设置有蒸气或电气加热设备，其温度以能使沥青自由流动为原则，沥青井底部应设置老化沥青排除管，管径一般为15～20cm。

概算定额菱形接缝的材料项中，沥青井的外壳用预制的混凝土U形管，也可以作成其他形状；钢筋是用于预制混凝土构件；水泥是涂抹水泥浆用。

(4) 面板坝止水。面板坝止水综合了混凝土面板止水和趾板止水，并按三道止水、二道止水和一道止水列示子目。可按止水道数选用相关定额；止水定额中的材料消耗按相应规范的材料尺寸拟定，若设计与规范有差异时，可按设计资料调整材料耗量。

十二、水工混凝土温度控制及温控费用的确定

（一）混凝土温控控制及防裂

大体积混凝土由于水泥水化过程中产生的大量水化热不易散发，浇筑后初期，混凝土内部温度急剧上升引起混凝土膨胀变形，此时混凝土弹性模量很小，在温升过程中由于基岩约束混凝土膨胀变形而产生的压应力很小。随着温度逐渐降低，同时混凝土弹性模量逐渐增大，混凝土发生收缩变形时又受到基岩的约束，收缩变形就会产生相当大的拉应力。当拉应力超过混凝土抗拉强度时就会产生基础约束区深层裂缝或贯穿性裂缝，破坏混凝土的整体性，对混凝土结构产生不同程度的危害，故必须采取措施控制混凝土温度。此外，若混凝土内外温差过大或温度梯度较大，则在混凝土表面也会产生较大的拉应力，引起表面裂缝甚至发展成为深层裂缝。因此，采取必要的措施，防止危害性贯穿性裂缝，尽可能减少表面裂缝、确保工程质量和安全是至关重要的。

目前，各国对大体积混凝土无统一定义。我国《混凝土结构工程施工质量验收规范》（GB 50204—2002）认为，建筑物的基础最小边尺寸在1～3m范围内就属于大体积混凝土。日本建筑协会（JASSS）的定义是：结构断面最小尺寸在80cm以上，同时水化热引起的混凝土内部温度与外界气温之差预计超过25℃的混凝土，称为大体积混凝土。

（二）大体积水工混凝土温度控制作用

大体积水工混凝土温度控制作用如下：

（1）防止大体积混凝土在降温过程中因产生不利的温度应力而产生裂缝，破坏建筑物的整体性，尤其像大坝基础约束块产生的贯穿性裂缝，对大坝的稳定影响极大。

（2）防止坝体接缝灌浆后，在坝块温度继续下降时，已灌浆的接缝被重新拉开，因此，在接缝灌浆时，必须采用温度控制措施，使坝体（块）平均温度降至设计规定的稳定温度。

（3）为了满足灌浆进度和大坝按时蓄水发电要求，必须制定相应的大坝冷却进度和相应的冷却措施。因此，温控计算或温度控制措施设计的目的，是为了满足大坝的完整性和按时蓄水、发电的要求。

（三）大体积水工混凝土温度措施

混凝土温度控制及防裂综合措施一般采取以下措施。

1. 结构设计

（1）选择合理的结构型式。现有的混凝土结构裂缝，绝大多数与温度应力有关，结构型式选择恰当，就可能减少温度应力，从而减少裂缝。在寒冷地区修建薄拱坝和支墩坝，由于厚度较小，受外界气温的影响较大，容易产生裂缝，对防止裂缝是不利的。大头坝和宽缝重力坝，由于在施工中暴露面较多，遇不利的气候条件，也容易裂缝。

（2）适当的分缝分块。根据坝址气候条件、坝体结构特点、施工机械及施工温控水平，并考虑温控合理配套，对大坝进行合理分缝分块，在混凝土结构内设置一系列纵横缝。合理分层分块对防止混凝土温度裂缝有重要作用。

（3）配置钢筋。大体积混凝土的裂缝，主要由温度应力和干缩应力产生。由于钢筋不

会干缩，钢筋的存在会阻止混凝土的干缩变形，使混凝土内干缩应力增加，所以能用钢筋来防止干缩裂缝。

2. 材料选择

（1）混凝土配合比设计及混凝土施工应保证混凝土设计所必需的极限拉伸值或抗拉强度、施工均匀性指标和强度保证率，有条件宜优先选用热膨胀系数较低的砂石料。由于温控防裂设计的安全储备远小于结构设计，而实际施工中混凝土施工均质性有时较差，所以在施工过程中，除满足前述设计要求的混凝土抗裂能力外，还应改进混凝土施工管理和施工工艺，改善混凝土性能，提高混凝土抗裂能力。

（2）控制混凝土水化热。控制混凝土水化热主要通过采用发热量低的中热硅酸盐水泥或低热矿渣硅酸盐水泥，选择较优骨料级配和掺粉煤灰、外加剂，以减少水泥用量和延缓水化热发生速率等。

采用发热量较低的水泥和减少单位用水量，是减少混凝土水化热的最有效措施。有关计算表明，不同品种水泥单位发热量相差4J/g，若单位水泥用量以200kg/m^{3}计，则混凝土绝热温升相差3～4℃；而每立方米混凝土少用10kg水泥，则可以降低混凝土绝热温升1℃左右。因此，设计时应优先选用发热量较低的中热或低热水泥。

（3）控制混凝土自身体积变形。采用微膨胀混凝土能补偿部分混凝土温降引起的收缩变形，与此相反，混凝土自身体积变形为收缩者将增大混凝土出现裂缝的可能性。目前水电工程常通过使用低热微膨胀水泥、外掺MgO等措施使混凝土具有一定的膨胀性。

3. 施工措施

（1）合理安排混凝土施工程序和施工进度是防止基础贯穿裂缝，减少表面裂缝的主要措施。施工程序和进度安排，应满足如下几点要求：

1）基础约束区混凝土在设计规定的间歇期内连续均匀上升，不应出现薄层长间歇。基础强约束区混凝土宜在低温季节施工。

2）其余部分基本做到短间歇连续均匀上升。

3）相邻块、相邻坝段高差符合规范允许高差要求。

（2）预冷混凝土。温控最主要的目的就是降低混凝土的入仓温度。预冷混凝土采取的措施如下：

1）混凝土骨料的降温。

a. 成品料、调节料仓搭冷棚，喷水降温。

b. 成品料场料堆维持一定高度。

c. 预冷骨料。采用冷水（一般为2℃）浸泡骨料，风冷骨料，真空气化法冷却骨料，封闭式皮带廊道内喷雾、水冷却骨料等。

2）混凝土拌和采取加冷水、加冰措施。

3）混凝土运输浇筑采取保护措施。例如，在运输途中采用隔热措施，缩短运输时间，浇筑仓内采取隔热措施（如搭凉棚）等。

（3）混凝土浇筑后的后冷。主要措施是加强混凝土的表面养护及埋冷却水管通水降温，通水降温分为一期通水冷却和二期通水冷却。

（4）表面保护。实践经验表明，大体积混凝土所产生的裂缝，绝大多数都是表面裂缝，但其中有一部分后来会发展为深层或贯穿裂缝，影响结构的整体性和耐久性，危害极大。引起表面裂缝的原因是干缩和温度应力。理论和实践经验都表明，表面保护是防止表面裂缝的最有效措施，特别是混凝土浇筑初期内部温度较高时尤需注意表面保护。水电工程主要是通过外贴保温材料的办法对建筑物表面保温。用于水电工程的保温材料有珍珠岩、纤维板、聚乙烯、聚苯乙烯等。

以上所述的温控措施中，减少水泥用量的费用计算比较简单，一般直接在混凝土单价中考虑即能满足要求；预冷混凝土及混凝土的通水费用比较复杂，需要另行计算，求出温控费用，此费用可在混凝土工程中单独列项或摊入混凝土单价中去。

（四）低温季节混凝土施工

1. 低温季节施工期标准

凡工程所在地的日平均气温连续5天稳定在5℃以下或最低气温连续5天稳定在－3℃以下时，即进入低温季节施工期。

2. 低温季节混凝土施工的一般要求

（1）防止混凝土早期受冻。在低温季节，当气温低于0℃时，新浇混凝土内孔隙和毛细管中的水分逐渐冻结。由于水冻结后体积膨胀（增加9%），使混凝土结构遭到损坏，最终导致混凝土强度和耐久性降低。

（2）防止混凝土表面裂缝。低温季节浇筑混凝土，外界气温较低，若再遇气温骤降（如寒潮袭击），将导致混凝土内外温差过大，使混凝土表面产生裂缝。因此，混凝土的表面保温保护是十分必要的。

（3）防止混凝土受冻胀力的破坏。一般在低温季节混凝土施工时不允许有外来水（包括拆模后）。但是特殊情况有外来水时，当有水体接触混凝土而水体冻结，将对混凝土结构产生冻胀力。如果混凝土结构设计时未考虑冻胀力的作用，应事先分析混凝土结构在冰的冻胀力作用下结构的安全性。当结构有可能破坏时，应事先采取预防措施。

（4）混凝土浇筑温度。低温季节施工，混凝土的浇筑温度应符合设计要求。计算混凝土浇筑温度时应计及混凝土运输和浇筑过程中的温度损失。规范规定，大体积混凝土的浇筑温度，在寒冷地区不宜低于5℃，在温和地区不宜低于3℃。

3. 低温季节混凝土施工的一般措施

低温季节混凝土拌和与浇筑仓面各部位，均应处于正温状态。

（1）骨料的储备与保温。人工骨料开采、破碎可全年生产。骨料的水下开采和筛洗加工，当日平均气温低于－5℃时，一般均停止生产。低温季节混凝土施工需用的骨料，必须在进入低温施工期以前筛洗加工完毕，堆存备用。

骨料堆应尽量以覆盖的形式进行保温，不能保温时要及时清除冰雪。

（2）骨料预热。骨料可在料堆内或储仓内加热，亦可利用解冻室加热。蒸汽和热风可用以直接加热，亦可用以间接加热，热水一般用于间接加热。

1）蒸汽直接加热。用孔壁钻有小孔的钢管，呈梅花形布置，分层埋入料堆内通过蒸汽加热。此法具有安装简便，升温很快的优点。缺点是骨料含水量不易控制，冷凝水会使其他部位骨料发生冻结，实际很少使用。

2）蒸汽或热水间接加热。在砂石料层内埋设钢管（有水平和竖直两种布置形式），通

过管壁进行热交换。水平布置仅适用于砂的加热，竖直布置适用于粗细骨料的加热。该法适用于骨料含水量稳定，但钢管的磨损严重，气温在－10℃以下时，加热管要设置在储仓或料罐内，土建工程量较大。

3）解冻室排管加热。采用铁路运送成品骨料时，可在解冻室解冻的同时加热骨料。解冻室的平均温度约为85℃，该方式热损耗较大，加热时间较长，适用于用料量不大，解冻后立即使用的场合。

4）热风直接加热。由热风炉提供高温燃气，通过埋在料层内的风管直接吹入骨料加热，方法简单，可降低含水量，热风加热的蒸发量一般可按含水量的25%计。缺点是燃气的热容量小，加热时间长。仅适用于大中石的加热。

热风还可以直接吹入旋转鼓筒内加热，加热速度快而均匀，特别适用于小石、细石和砂的加热，加热每立方米骨料的燃料消耗量为6～8kg。

（3）混凝土拌制。

1）拌制混凝土前，应用热水或蒸汽冲洗拌和机，并将积水或冰水排除，混凝土拌和时间应比常温季节适当延长（延长的时间由试验确定），一般延长20%～25%。

2）提高混凝土出机温度，首先应考虑用热水拌和。当热水拌和尚不能满足要求时，再加热砂石骨料。水泥不得直接加热。

3）用热水拌和，水温一般不宜超过60℃。超过60℃时应改变拌和料顺序，将骨料与水先拌和，然后加入水泥拌和，以免水泥假凝。

4）骨料一般用排管通水或蒸汽加热。采用蒸汽直接加热不影响混凝土的水灰比，且骨料最高温度不宜超过60℃。

5）外加剂溶液不能直接用蒸汽加热。

6）混凝土的出机温度，应满足规范规定的最低浇筑温度与混凝土运输、浇筑过程中温度损失之和。

（4）混凝土运输。

1）应尽量减少倒运次数；装载混凝土的设备，应有可靠的防风措施，并尽可能加以保温；在工作停顿或结束时，必须立即用蒸汽或热水将运输设备及混凝土拌和机洗净，恢复运输时应先给运输设备加热。

2）运输设备的保温。

a. 混凝土罐保温。当日平均气温低于－10℃时，混凝土罐需要保温（立罐采用内3层粗毡，外双层麻袋）。

b. 自卸汽车保温。当运输时间在30min以内，日平均气温不低于－10℃时，车厢用保温被覆盖；当运输时间超过30min，日平均气温低于－10℃时，用保温被覆盖并用自身废气加热。

c. 胶带输送机运输保温。胶带输送机必须布置在保温棚或保温廊道内，当气温低于－5℃时，廊道内应预先采暖。

d. 混凝土泵运输保温。混凝土泵及其附属设备冲洗装置应安装在采暖保温棚内。在气温不低于－10℃、混凝土泵生产能力大于20m^3/h时，运送混凝土的管道不必进行特别保温，仅覆盖一层草帘即可；气温低于－10℃时，需进行保温。

(5) 混凝土浇筑前的准备。

1) 基岩与混凝土表层加热。一般需将基岩和老混凝土加温至正温（加温深度不小于10cm），表面没有冰霜，以防止施工缝早期受冻，通常采用热水、蒸汽或在暖棚内加温。

2) 基岩及混凝土面清基与保温。当日平均气温高于－5℃时，可在白班和前半夜露天清基，有结冰时可用蒸汽冲洗；当日平均气温低于－5℃时，清基应在暖棚内进行。

(6) 混凝土浇筑与养护。温和地区，日平均气温在0℃以上时，可在露天浇筑；寒冷地区，气温在－5℃以下时，应在暖棚内浇筑。

低温季节混凝土养护方法主要有蓄热保温法、暖棚法、负温混凝土法、蒸汽加热法、电热法。水电水利工程大多采用蓄热保温法。

蓄热保温法是在混凝土表面用适当的材料保温，使混凝土温度缓慢冷却，在受冻前达到所要求的混凝土强度。热源来自于混凝土自身的水化热。

(7) 拆模与表面保温。

1) 拆模原则：混凝土强度必须大于允许受冻临界强度，避免在夜间或气温骤降期间拆模，低温季节施工期承重结构一般不拆模。

2) 表面保温措施：暴露表面用各种层状材料覆盖；在不影响下一道工序施工时，保温模板可不拆除，直至寒冷气温结束；混凝土表面可用厚20～30cm的湿砂层养护。

(五) 混凝土温控费用的计算内容、方法

这里主要考虑混凝土拌和加冰及低温水费用、预冷骨料费用、混凝土通水冷却费用的计算，至于预埋通水冷却管路及建造制冷系统的费用，均另列项目计算。

温控费用的计算：①收集有关温控费用所需的各项资料；②根据概算编制的程序，计算出各单项费用；③按照设计所提数据计算出该工程所需温控的总费用。

温控费用计算应收集的资料如下：

(1) 当地的自然气象资料，包括月平均气温资料及水温资料。

(2) 设计资料，包括拌制1m^3混凝土平均需加低温水和冰的数量，施工期间需加低温水和冰的时间及混凝土数量；混凝土浇筑量，入仓温度；预冷骨料的总数量及每立方米骨料预冷所需的冷水耗量，每立方米混凝土所需预冷骨料的数量；设计的混凝土稳定温度，冷却通水时间、数量，冷水温度，二期通水是否通河水及通水时间、数量；冷却系统主要设备配置及工艺流程。

(3) 如使用外购冰，则要了解冰的售价及运输方式。

(4) 混凝土系统加冰的施工方法及劳动力、机械配备。

(5) 冷冻定额费用及资料。

1. 制冷水单价的计算

(1) 制冷水单价的计算步骤及方法。

1) 制冷水单价应按年来计算，因一年中每个月气温、水温不同，其单价是不同的，但一般采取综合的按年平均温度为基础来简化计算。

2) 以设计要求的制冷水温度（如2℃、4℃）为基础，按每月温度情况，求出1m^3制冷水所需的热量数（即耗冷量）。

3) 按照制冷设备数量及产冷量，采用台时费方法或车间成本方法计算出制冷水的单

位成本。

(2) 按机械台时费用计算制冷水单价。

1) 根据出水温度计算出冷耗量。一般来说，制冷水所需热量（即每吨制冷水所需热耗量）由施工组织设计制冷手册的公式计算求得。表 4-101 为某工程资料数据。

表 4-101　　制冷水温度、热量关系表

项目	5月	6月	7月	8月	9月
月平均水温/℃	19.6	20.9	22.1	22.4	21.1
制冷水温度/℃	4	4	4	4	4
降温温度/℃	15.6	16.9	18.1	18.4	17.1
每吨制冷水所需热量/(10^7J)	6.28	6.70	7.54	7.95	6.70

2) 根据氨压机的性能及工况，计算氨压机台时产量。以设计选定的氨压机型号能力为依据进行计算，并考虑各种因素可能形成的损耗率。

氨压机台时制冷量公式为

$$Q_x = q/q^0(1-p) \tag{4-36}$$

式中：Q_x 为氨压机每台时产制冷水的数量，m^3/h；q^0 为单位体积制冷水所需的热量，J/m^3；q 为氨压机每小时的出力，kW（$1kW=3.6\times10^6 J/h$）；p 为损耗率，%。

以 8AS17 氨压机为例，该机出力为 511.72kW，根据表 4-102 选用 7 月降温幅度（18.1℃）及耗冷量（7.54×10^7J），损耗率按 20%考虑，则氨压机台时制冷水产量为

$$Q_x = 511.72kW\times(3.6\times10^6 J/h)\div(7.54\times10^7 J)\times(1-20\%)$$
$$=19.55m^3\approx20\ (m^3)$$

3) 根据施工工艺、劳动组合、各种定额计算制冷水单价。制冷厂的设计能力是根据工程实际需要，按照负荷曲线决定的，在制冷厂设备有多台氨压机的情况下，制冷产品的价格应按制冷系统的费用为基础进行计算。

a. 根据施工工艺定出劳动组合所需的人数，包括机械运转工、辅助工。

b. 采用合适的材料消耗定额，如氨液、氯化钙、冷冻油等单位制冷量所需的指标。

c. 计算制冷系统全部机械设备台时费，包括氨压机、水泵及其他辅助设备（冷凝器、分离器、贮气筒等）。

仍按 8AS17 氨气机为例进行计算，采用 1 台氨压机为准，制冷水产量如上述每台时为 $20m^3$，机下辅助人工按 5 人计算，其计算结果见表 4-102。制冷水（4℃）平均单价为 $368.04\div20=18.40$（元/m^3）。

表 4-102　　制冷水（4℃）单价分析表

工作内容	氨压机实际产量为 $20m^3/h$，氨液量 $=20m^3\times0.06kg/m^3=1.2$（kg），冷冻油量 $=20m^3\times0.018kg/m^3=0.36$（kg）				
编号	名称及规格	单位	数量	单价/元	合计/元
一	直接费				287.40
1	基本直接费				267.10
(1)	人工费				38.05

续表

编号	名称及规格	单位	数量	单价/元	合计/元
	熟练工	工时	5.00	7.61	38.05
(2)	材料费				5.46
	氨液	kg	1.20	3.20	3.84
	冷冻油	kg	0.36	4.50	1.62
(3)	机械使用费				223.59
	氨压机 8AS17	台时	1.00	151.32	151.32
	冷水泵	台时	1.00	13.78	13.78
	冷却用水水泵	台时	1.00	38.16	38.16
	其他机械使用费	%	203.26	10.00	20.33
2	其他直接费		7.60	267.10	20.30
二	间接费		15.88	287.40	45.64
三	利润		7.00	333.04	23.31
四	税金		3.28	356.35	11.69
	总计				368.04
	折合每立方米冷水价				18.40

2. 制冰单价的计算

制冰单价的计算方法同制冷水单价的计算方法一样，决定因素是单位体积冰所需的热量，应根据设计要求及当地水的基本资料计算确定。制冰结冰时间，应视是采用河水还是低温水而定，如用低温水（如2～4℃）制冰，则结冰所需时间较短；如用河水制冰，则结冰所需时间较长。

制片冰单价举例计算如下：

(1) 首先确定片冰机的台时产量，一般是由施工组织设计专业提出资料，或根据经验公式计算得出。例如，设计选用15台PBL-15型片冰机，其产冰量经计算每台时为

15台×0.833t/台时×0.8（考虑损耗20%）=10（t）

(2) 计算系统每小时所需机械使用、材料及辅助人工费用。根据设计配备的人工、机械和材料需要量计算制冰单价，见表4-103。

(3) 冰的平均单价为1737.81÷10=173.78（元/t）。

表4-103　制片冰单价分析表

工作内容	片冰机实际产量为10t/h，氨液量=10t×0.12kg/t（冰）=1.2（kg），冷冻油量=10t×0.15kg/t（冰）=1.5kg，氯化钙量10t×0.8kg/t（冰）=8kg				
编号	名称及规格	单位	数量	单价/元	合计/元
一	直接费				1376.69
1	基本直接费				1261.19
(1)	人工费				76.10
	熟练工	工时	10.00	7.61	76.10

续表

编号	名称及规格	单位	数量	单价/元	合计/元
(2)	材料费				22.59
	氨液	kg	1.20	3.20	3.84
	氯化钙	kg	8.00	1.50	12.00
	冷冻油	kg	1.50	4.50	6.75
(3)	机械使用费				1162.50
	氨压机 8AS17	台时	2.00	151.32	302.64
	片冰机	台时	15.00	32.87	493.05
	冷风机（GL-170）	台时	1.00	22.35	22.35
	氨泵	台时	7.00	16.50	115.50
	冷水泵 BA-6（4.5kW）	台时	1.00	13.78	13.78
	冷凝器耗水用水泵 8sh-9	台时	1.00	40.71	40.71
	螺旋输送机 G×400-15（10kW）	台时	2.00	20.19	40.38
	破冰机（7.5kW）	台时	1.00	28.40	28.40
	其他机械使用费	%	1056.88	10.00	105.69
2	其他直接费	%	7.60	1261.19	95.85
二	间接费	%	15.88	1357.04	215.50
三	利润	%	7.00	1572.54	110.08
四	税金	%	3.28	1682.62	55.19
	合计				1737.81
	折合每吨片冰价	元/t			173.78

3. 预冷骨料费用的计算

混凝土骨料的预冷，可采用冷水浸泡粗骨料，冷水循环冷却骨料，风冷骨料，真空气化法冷却骨料，封闭式皮带廊道内喷雾、水冷却骨料等方法。使用冷水预冷骨料，冷水单价的计算同制冷水单价计算。这里介绍风冷骨料费用的计算方法。

风冷骨料费用计算步骤举例如下：

(1) 根据设计条件确定风冷骨料的各种参数。

1) 确定风冷骨料数量，假定施工设计混凝土浇筑总生产能力为 $150m^3/h$，所需风冷骨料为 $158m^3/h$，根据冷却措施，对三级配混凝土应预冷大石一档骨料，每小时冷却量为 $80m^3$；对四级配混凝土应预冷大石和中石两档骨料，每小时冷却量为大石 $46m^3$、中石 $30m^3$。

在全部混凝土中，三级配占48%，四级配占40%。

2) 确定风冷骨料降温的幅度及单位用风量。根据设计资料，骨料初始温度为28.7℃，终止温度为5℃，降温幅度为23.7℃。每立方米骨料降温23.7℃时需用风量：大石为 $1600m^3$，中石为 $1300m^3$。

(2) 计算制冷系统的台时生产冷风量。按照设计，4台8AS17型氨压机生产冷风量为

15万 m^3/h（考虑损耗在内）。

（3）计算制冷系统每小时费用求出冷风单价。按照设计配备的人工数量、机械和材料需要量计算制冷风单价，由表4-104可知，冷风单价为1748.76÷150000=0.0117（元/m^3）。

表4-104　　制冷风单价分析表

工作内容	4台氨压机实际产量为150000m^3/h				
编号	名称及规格	单位	数量	单价/元	合计/元
一	直接费				1379.71
1	基本直接费				1269.14
(1)	人工费				22.83
	熟练工	工时	3.00	7.61	22.83
(2)	材料费	元			30.00
	零星材料费	元	30.00	1.00	30.00
(3)	机械使用费				1216.31
	氨压机8AS17	台时	4.00	151.32	605.28
	轴流鼓风机55Kw	台时	6.00	42.34	254.04
	氨泵5.5kW	台时	10.00	16.50	165.00
	冷却水泵8ch-9h	台时	2.00	40.71	81.42
	其他机械使用费	%	10.00	1105.74	110.57
2	其他直接费	%	7.60	1269.14	96.45
二	间接费	%	15.88	1365.59	216.86
三	利润	%	7.00	1582.45	110.77
四	税金	%	3.28	1693.22	55.54
	合计				1748.76
	冷风价	元/m^3			0.0117

（4）根据以上条件计算每立方米混凝土所需冷风费用。

1）冷却三级配骨料所需冷风费用为

[80m^3（骨料）×1600m^3/m^3（骨料）×0.0117元/m^3]÷150m^3=9.98（元/m^3）

2）冷却四级配骨料所需冷风费用为

[46m^3（骨料）×1600m^3/m^3（骨料）+32×1300m^3]×0.0117元/m^3÷150m^3=8.99（元/m^3）

3）冷却三级配、四级配骨料加权平均费用为

8.539.98元/m^3×48%+8.99元/m^3×40%=8.39（元/m^3）

4. 混凝土温控总费用计算

（1）预冷骨料总费用计算。根据设计和施工总进度要求，提出在某个时段内需要采用温控措施的混凝土数量及预冷骨料的要求，然后按所提数量乘以单位骨料预冷费用可求出总费用。

例如，按照要求，在7—9月浇筑的37.9万m^3混凝土，需采用预冷骨料措施，计算

得每立方米混凝土预冷骨料（三级配、四级配混凝土加权平均）单价为 8.39 元，则坝体混凝土 37.9 万 m^3 所需预冷骨料总费用为

$$37.9\text{万 } m^3 \times 8.39\text{ 元}/m^3 = 317.98\text{（万元）}$$

（2）混凝土拌和加冰总费用计算。根据设计和施工总进度的要求，计算出一定时段内需要加冰的混凝土数量以及每立方米混凝土需加冰的数量；然后按照制冰措施的工艺要求，编制每吨冰的价格，将所需拌和加冰的混凝土数量，乘以每立方米混凝土所需加冰的费用，即得出总的加冰费用。

1）按照设计资料列出一年加冰混凝土的各项参数，见表 4-105。

表 4-105　　各时段浇筑混凝土及相应加冰数量表

项　目	5月	6月	7月	8月	9月	合计
各月浇筑混凝土量/万 m^3	12.4	12.4	11.9	13.0	13.0	62.70
含 3%损耗的混凝土量/万 m^3	12.77	12.77	12.26	13.39	13.39	
单位混凝土加冰量/(kg/m^3)	12.5	53.0	48.0	42.0	56.5	
混凝土加冰量合计/t	1596.3	6768.1	5448.8	5623.8	7565.4	27438.4

按表 4-106 求得单位混凝土加冰的加权平均数为

$$27438.4t \div 62.7\text{万 } m^3 = 43.8\ (kg/m^3)$$

表 4-106　　各时段浇筑混凝土及相应加冷水数量表

项　目	5月	6月	7月	8月	9月	10月	合计
各月浇筑混凝土量/万 m^3	12.4	12.4	11.9	13.00	13.00	11.9	74.60
含 3%损耗的混凝土量/万 m^3	12.77	12.77	12.26	13.39	13.39	12.26	
单位混凝土＋加冰量/(kg/m^3)	68	28	33	38	25	23	
混凝土加冰量合计/t	8683.6	3575.6	4045.8	5088.2	3347.5	2819.8	27560.5

2）按照制冷工艺和当地气温条件，计算出冰的平均单价，如制冰单价为 173.78 元/t，加上碎冰及运输费用 22.3 元/t，则冰的单价为 196.08 元/t。每立方米混凝土的加冰费为

$$0.0438t/m^3 \times 196.08\text{ 元}/t = 8.59\text{（元}/m^3\text{）}$$

假设整个工程浇筑大坝混凝土，根据施工组织设计要求，共需加冰拌制混凝土的数量为 74.6 万 m^3，则混凝土加冰总费用为

$$74.6\text{万 } m^3 \times 8.59\text{ 元}/m^3 = 640.81\text{（万元）}$$

（3）混凝土拌和加制冷水费用计算。混凝土拌和加制冷水费用计算同混凝土拌和加冰费用计算一样。

1）先计算一年中混凝土拌和加冷水数量，见表 4-106。按表 4-106 求得单位混凝土加冷水的加权平均数为

$$27560.5 \times 10^3 kg \div 746000m^3 = 36.9\ (kg/m^3)$$

2）按照设计资料，计算出制冷水的单价（应按月计算），然后加权平均求出综合单价，假如制冷水的单价为 14.89 元/t，则每立方米混凝土加冷却水费用为

$$0.369\ t/m^3 \times 14.89\text{ 元}/t = 0.55\text{（元}/m^3\text{）}$$

3）设整个工程浇筑大坝混凝土加冷却水拌和的数量为 100 万 m^3，则加冷却水总费用为

$$100\text{万 } m^3 \times 0.55\text{ 元}/m^3 = 55\text{（万元）}$$

（4）坝体一期通水冷却费用计算。坝体一期通水冷却费用应根据施工组织设计确定的通水量计算。通水冷却是为了降低混凝土最高温升，在冬季初春浇混凝土时，可以通河水冷却，其他时间则应通制冷水冷却，因此一期通水冷却数量分别按通河水及冷却水进行计算。

1）计算出一期通水量，假设按施工组织设计求得通水量共约 40.1 万 m^3，其中 12 月至次年 3 月通河水为 14.8 万 m^3，通制冷水为 25.3 万 m^3。

2）分别计算出通河水及通制冷水的单价。

a. 通河水单价采用工地水价 0.5 元/m^3。

b. 通制冷水单价，应根据设计要求及通水时当地气温条件，按照前述制冷水的计算步骤求得，假设为 14.89 元/m^3。

3）一期通水冷却总费用为

$$(14.8\text{万 } m^3 \times 0.50\text{ 元}/m^3) + (25.3\text{万 } m^3 \times 14.89\text{ 元}/m^3) = 384.12\text{（万元）}$$

（5）坝体二期通水冷却费用计算。坝体二期通水冷却是为了使坝体温度至稳定温度，促使结构缝张开，以便进行灌浆，保证坝块连成一个整体，能及时安全挡水。冷却费用的计算方法同一期通水冷却费用。

1）由施工组织设计得二期通天然河水 53.5 万 m^3，通制冷水 107 万 m^3。

2）分别计算出通河水及通制冷水单价，如分别为 0.5 元/m^3 及 14.89 万 m^3，求得二期通水冷却总费用为

$$(53.5\text{万 } m^3 \times 0.5\text{ 元}/m^3) + (107\text{万 } m^3 \times 14.89\text{ 元}/m^3) = 1619.98\text{（万元）}$$

（6）以上各项相加，求得大坝混凝土温控总费用为

$$317.98 + 640.81 + 55 + 384.12 + 1619.98 = 3017.89\text{（万元）}$$

若大坝混凝土总量为 150 万 m^3，则平均每立方米混凝土温控费为

$$2938.343017.89\text{万元} \div 150\text{万 } m^3 = 20.12\text{（元}/m^3\text{）}$$

（六）低温季节混凝土施工增加费

低温季节混凝土施工增加费是一项重要技术经济指标，是否进行混凝土低温季节施工，应由低温季节混凝土施工增加费、施工进度安排、工程质量等因素综合比较确定。

1. 施工增加费项目

（1）混凝土原材料预热费。

（2）混凝土拌和、运输设备保温费。

（3）混凝土浇筑仓面保温费。

（4）混凝土养护（采用不同施工方法）费。

（5）施工机械、运输设备和人员劳动效率降低的附加费。

2. 保温材料与燃料用量

（1）保温材料估算。低温季节混凝土施工采用保温材料的种类和厚度，应根据当地条件及外界气温确定。在确定了保温模板和覆盖保温材料种类后，可参照下列数字估算保温材料数量：

1）保温模板面积为低温季节混凝土浇筑量的 1/25（m^2/m^3）。

2）覆盖保温层面积为低温季节混凝土浇筑量的 1/5（m^2/m^3）。

（2）保温材料及燃料用量。保温材料和燃料用量需根据设计需要进行计算。例如，白山电站低温施工期日平均温度为－10.7℃，采暖计算温度为－29℃，其 100m^3 混凝土保温材料及燃料消耗量为：稻草 100m^2（厚 5 cm）、玻璃棉 0.5m^3、油纸 23m^2、苔布 12m^2、木丝板（厚 5 cm）15m^2、煤 18 t。

根据当地气温条件，采用的保温方式，计算出需要消耗的保温材料和燃料耗量，计入人工、设备消耗等因素，即可计算出低温季节混凝土施工增加费。

由于人、机劳动效率的降低而增加的费用需根据实际情况测算后确定。

十三、混凝土工程单价编制案例

【例 4－7】

（一）工程设计及施工技术条件

1. 工程设计条件

一混凝土重力坝工程，坝身混凝土拟采用 C_{90}30 号掺粉煤灰混凝土。

2. 混凝土施工方法

（1）混凝土拌制。采用 3×1.5m^3 自落式拌和楼拌制。

（2）混凝土水平运输。20t 自卸汽车运输 1 km。

（3）混凝土垂直吊运。采用 60 t 塔式起重机吊 6m^3 混凝土罐垂直提升大于 30m。

3. 混凝土配合比

已知 C_{90}30 号三级配混凝土的配合比为水泥 CO＝233 kg，砂 SO＝599kg（0.40m^3），石 GO＝1635kg（0.96m^3），水 WO＝125 kg。根据设计条件，该工程采用 C_{90}30 号三级配掺粉煤灰混凝土，水灰比（W/C）＝0.55，选用 42.5 中热硅酸盐水泥。水泥取代百分率 f＝15%，取代系数 k＝1.3。

（二）已知条件

（1）工时单价。高级熟练工为 10.26 元/工时，熟练工为 7.61 元/工时，半熟练工为 5.95 元/工时，普工为 4.90 元/工时。

（2）材料预算价格见表 4－107。

表 4－107　材料预算价格表

序号	材料名称规格	单位	预算价格/元	备注	序号	材料名称规格	单位	预算价格/元	备注
1	普通硅酸盐大坝水泥 42.5 号	t	500		6	板枋材	m^3	1400	
2	粉煤灰	t	180		7	汽油	t	7600	
3	外加剂	t	1500		8	柴油	t	6700	
4	砂（中砂）	m^3	65		9	钢模	kg	6	
5	碎石	m^3	45		10	铁件	kg	5	

（3）施工用电、风、水价格。电为 0.50 元/(kW·h)，风为 0.06 元/m^3，水为 0.45 元/m^3。

（4）骨料系统、水泥系统组时费。根据施工组织设计提供的设备清单，按现行台时定额计算，骨料系统及水泥系统组时费合计为350元/组时。

（三）解答

1. 定额号的选定

现行水电工程概算定额中混凝土分解为拌制、水平运输、垂直运输、模板制安、浇筑5个子项。

（1）由混凝土坝浇筑仓面面积确定定额号。按坝身混凝土分缝分块分析，取平均浇筑面积为$200m^2$以下，本例要求求坝身混凝土单价，故选择的定额号为40001号。

（2）混凝土拌制定额号。根据拌制设备及施工工艺，选择的定额号为40389号。

（3）混凝土水平运输定额号。根据施工工艺，选择的定额号为40611号。

（4）混凝土垂直运输定额号。根据施工工艺，选择的定额号为40450号。

（5）模板制安定额号。选用常态混凝土坝大坝混凝土模板综合定额40649号。

2. 混凝土材料费计算

（1）求掺粉煤灰混凝土C25号（28天）三级配的材料用量。

1）水泥用量（C）：

$$C=CO(1-f)=233\times(1-15\%)=198\ (\text{kg})$$

2）粉煤灰用量（F）：

$$F=K(CO-C)=1.3\times(233-198)=45.5\ (\text{kg})$$

3）砂、石用量（S、G）及砂率（r）：

$$UO\approx CO+SO+G=233+599+1635=2467\ (\text{kg})$$

$$NO\approx SO+GO=599+1635=2234\ (\text{kg})$$

$$N=UO-(C+F)=2467-(198+45.5)=2223.5\ (\text{kg})$$

$$r=SO/NO=599\div2234=26.8\%$$

$$S=rN=26.8\%\times2223.5=595.9\ (\text{kg})\ (\text{折}\ 0.40m^3)$$

$$G=N-S=2223.5-595.9=1627.6\ (\text{kg})\ (\text{折}\ 0.96m^3)$$

4）用水量（W）：

$$W=WO=125\text{kg}$$

5）外加剂（Y）：

$$Y=(C+F)\times0.2\%=(198+45.5)\times0.2\%=0.49\ (\text{kg})$$

所以，每立方米混凝土材料用量为：水泥$C=198$kg，砂$S=595.9$ kg，石$G=1627.6$kg，水$W=125$ kg，粉煤灰$F=45.5$ kg，外加剂$Y=0.49$ kg。

配合比为：水泥∶粉煤灰∶砂∶石∶水＝1∶0.23∶3.01∶8.22∶0.631。

（2）C25三级配掺粉煤灰混凝土材料费（基价）的计算。由碎石、中砂代替卵石、粗砂，材料换算系数为：水泥1.17，砂1.08，石1.04，水1.17，粉煤灰1.17，外加剂1.17。所以混凝土材料费为

$$\begin{aligned}&198\text{kg}/m^3\times1.17\times0.5\ \text{元/kg}+0.40m^3/m^3\times1.08\times65\ \text{元}/m^3+0.96m^3/m^3\\&\quad\times1.04\times45\ \text{元}/m^3+45.5\text{kg}/m^3\times1.17\times0.18\ \text{元/kg}+0.125m^3/m^3\times1.17\\&\quad\times0.45\ \text{元}/m^3+0.49\text{kg}/m^3\times1.17\times1.5\ \text{元/kg}\\&=199.35\ (\text{元}/m^3)\end{aligned}$$

3. 混凝土单价的编制

单价表的表现形式选择如下：

(1) 用概算定额中的表现形式，即将混凝土拌制、混凝土水平运输、混凝土垂直运输及模板制安作为单独项目，先编制出混凝土运输、拌制及模板制安单价，进入“混凝土运输”“混凝土拌制”及“立模面积”栏中，再计算出混凝土单价。

(2) 混凝土拌制单价计算。将拌制、水平运输、垂直运输及模板制安定额的人工、材料、机械台时耗量分别乘以浇筑定额中“混凝土拌制”量、“混凝土水平运输”量、“混凝土垂直运输”量及“立模面积”数量，合并于40001号定额的相同项目下，再计算出混凝土单价。

现按表现形式（2）计算混凝土单价如下：

混凝土综合单价＝[40001]＋[40389]×1.01＋[40611]×1.01＋[40450]×1.01＋[40649]×26.3÷100

单价计算详见表4－108，坝身混凝土单价为38012.90元/100m^3，即380.13元/m^3。

表4－108　　　　掺粉煤灰重力坝混凝土 C_{90}25（三）单价分析表

定额编号：40001，40389号×1.01，40611－7号×1.01，40450号×1.01，40649号×26.3÷100　　　　定额单位：100m^3

施工方法：3×1.5自落式混凝土拌和楼拌制混凝土，20t自卸汽车运输1km，转60t塔机吊6m^3罐直接入仓，浇筑仓面小于200m^2

编号	名称及规格	单位	定额数量					数量合计	单价/元	合计/元
			浇筑	拌制	水平运输	垂直运输	模板			
			40001	40389	40611	40450	40649			
1	2	3	4	5	6	7	8	9	10	11
一	直接费									29684.00
1	基本直接费									27587.36
(1)	人工费									2152.75
	高级熟练工	工时	7.00				34.00	15.942	10.26	163.56
	熟练工	工时	55.00	4.00		5.96	107.00	93.201	7.61	709.26
	半熟练工	工时	71.00	7.00	10.00	2.98	91.00	115.113	5.95	684.92
	普工	工时	76.00	16.00	10.00	5.96	50.00	121.430	4.90	595.01
(2)	材料费									22355.74
	混凝土	m^3	104.00					104.000	199.35	20732.40
	水	m^3	93.00					93.000	0.45	41.85
	板枋材	m^3					1.00	0.263	1400.00	368.20
	组合钢模板	kg					112.00	29.456	6.00	176.74
	铁件及预埋铁件	kg					561.00	147.543	5.00	737.72
	卡扣件	个					136.00	35.768	1.00	35.77
	电焊条	kg					3.72	0.978	6.83	6.68
	零星材料费	元		33.00	34.00	34.00		102.010	1.00	102.01
	其他材料费	元	76.00				298.00	154.374	1.00	154.37

续表

编号	名称及规格	单位	定额数量					数量合计	单价/元	合计/元
			浇筑	拌制	水平运输	垂直运输	模板			
			40001	40389	40611	40450	40649			
1	2	3	4	5	6	7	8	9	10	11
(3)	机械费									3078.87
	振捣器变频 4.5kW	台时	9.85					9.850	5.48	53.98
	插入式 2.2kW	台时	12.47					12.470	3.82	47.64
	冲毛高压冲毛机	台时	0.72				1.24	1.046	70.29	73.52
	风水枪	台时	7.32					7.320	26.13	191.27
	拌和楼	台时		1.55				1.566	292.97	458.79
	水泥骨料系统	组时		1.55				1.566	350.00	548.10
	自卸汽车 20t	台时			3.75			3.788	241.24	913.82
	塔式起重机 60t	台时				1.87		1.889	166.52	314.56
	吊罐 $6m^3$	台时				1.87		1.889	17.92	33.85
	载重汽车 10t	台时					0.81	0.213	111.83	23.82
	汽车起重机 8t	台时					5.85	1.539	112.00	172.37
	门座式起重机 10/30t	台时					2.07	0.544	252.19	137.19
	电焊机交流 25kVA	台时					5.76	1.515	12.15	18.41
	其他机械使用费	元	50.00				158.00	91.554	1.00	91.55
2	其他直接费	%						7.60	27587.36	2096.64
二	间接费	%						15.88	29684.00	4713.82
三	利润	%						7.00	34397.82	2407.85
四	税金	%						3.28	36805.67	1207.23
五	合计									38012.90

十四、混凝土工程工程量案例

【例 4-8】

(一) 工程设计条件

某引水平洞洞长 400m，设计衬后隧洞内径为 3.5m，设计衬砌厚度为 50cm。拟采用《水电建筑工程概算定额（2007 年版）》计算项目投资。施工超挖按 18cm 计，不考虑施工附加量及运输操作损耗，设计混凝土龄期为 28 天、标号为 C20，其混凝土配合比参考资料见表 4-109。

表 4-109　　某工程混凝土配合比

混凝土标号	P·O 42.5/kg	卵石/m^3	砂/m^3	水/kg
C20	256	0.8	0.51	150

（二）计算要求

（1）设计开挖量、混凝土衬砌量。

（2）预计的开挖出渣量。

（3）若考虑5%的综合损耗，为完成此隧洞混凝土浇筑工作应准备多少砂、碎石、水泥。

（4）若含钢量为$50kg/m^3$（已含损耗），则应准备多少钢筋。

（三）解答

（1）设计开挖量、混凝土衬砌量。采用现行《水电建筑工程概算定额》时，混凝土施工超填量及附加量已计入定额中，设计工程量不再加计这部分工程量，故

$$\text{设计开挖量}=\text{设计开挖断面面积}\times\text{开挖长度}=\pi\times(3.5+0.5\times2)^2/4\times400=6358.5\ (m^3)$$

$$\text{混凝土设计工程量}=\text{设计衬砌断面尺寸}\times\text{衬砌长度}=\pi\times[(3.5+0.5\times2)^2-3.5^2]/4\times400=2512\ (m^3)$$

$$\text{实际开挖量}=\text{实际开挖断面尺寸}\times\text{开挖长度}=\pi\times(3.5+0.5\times2+0.18\times2)^2/4\times400=7416.55\ (m^3)$$

$$\text{实际混凝土衬砌量}=\text{实际衬砌断面尺寸}\times\text{衬砌长度}=\pi\times[(3.5+0.5\times2+0.18\times2)^2-3.5^2]/4\times400=3570.05\ (m^3)$$

（2）预计的开挖出渣量＝实际开挖量。

（3）备料量。备料量按实际混凝土衬砌量计算：

$$\text{水泥备料量}=\text{实际混凝土衬砌量}\times\text{损耗系数}\times\text{单方混凝土水泥耗量}=3570.05m^3\times1.05\times256kg/m^3=959.63\ (t)$$

$$\text{砂备料量}=\text{实际混凝土衬砌量}\times\text{损耗系数}\times\text{单方混凝土砂耗量}=3570.05m^3\times1.05\times0.51m^3/m^3=1911.76\ (m^3)$$

$$\text{石备料量}=\text{实际混凝土衬砌量}\times\text{损耗系数}\times\text{单方混凝土石耗量}=3570.05m^3\times1.05\times0.8m^3/m^3=2998.84\ (m^3)$$

（4）钢筋量。钢筋工程量以设计量为基础，按含筋率计算：

$$\text{钢筋量}=\text{设计混凝土量}\times\text{含筋率}=2512m^3\times50kg/m^3=125.6\ (t)$$

附表 4-1　　部分碾压混凝土坝体内部二级配、三级配混凝土配合比

坝名	建成年份	强度等级	水胶比	用水量/kg	水泥用量/kg	煤灰用量/kg	煤灰掺量/%	砂率/%	石子组合比（大：中：小）	减水剂/%	引气剂/kg	VC 值/s	备注
天生桥二级	1984	C_{90}15W4	0.55	77	56	84	60	34	30：40：30	0.40	—	15±5	525 普通
普定	1993	C_{90}15	0.55	84	54	99	65	34	30：40：30	0.85	—	10±5	
江垭	1999	C_{90}15W8F50	0.58	93	64	96	60	33	30：30：40	0.40	—	7±4	木钙
棉花滩	2001	C_{180}15W2F50	0.60	88	59	88	60	34	30：40：30	0.60	—	5～8	
甘肃龙首	2001	C_{90}15W6F100	0.48	82	60	111	65	30	35：35：30	0.90	0.045	5～7	天然骨料
新疆石门子	2001	C_{90}15W6F100	0.55	88	56	104	65	31	35：35：30	0.95	0.010	6	天然骨料
大朝山	2002	C_{90}15W4F25	0.48	80	67	100	60	34	30：40：30	0.75	—	3～10	凝灰岩＋磷矿渣
三峡三期围堰	2003	C_{90}15W8F50	0.50	83	75	91	55	34	30：40：30	0.60	0.030	1～8	花岗岩
索风营	在建	C_{90}15W6F50	0.55	88	64	96	60	32	35：35：30	0.80	0.012	3～8	灰岩
百色	在建	C_{180}15W2F50	0.60	96	59	101	63	34	30：40：30	0.80	0.015	3～8	
大花水	在建	C_{90}15W6F50	0.55	87	71	87	55	33	40：30：30	0.70	0.020	3～5	
光照	在建	C_{90}20W6F100	0.48	76	71	87	55	32	35：35：30	0.70	0.20	4	
龙滩 龙滩 RI 250m 以下	在建	C_{90}20W6F100	0.42	84	90	110	55	33	30：40：30	0.60	0.020	5～7	灰岩
龙滩 龙滩 RI 250～342m	在建	C_{90}15W6F100	0.46	83	75	105	58	33	30：40：30	0.60	0.020	5～7	灰岩
思林	在建	C_{90}15W6F50	0.50	83	66	100	60	33	35：35：30	0.70	0.015	3～5	
普定	1993	C_{90}20W8F100	0.50	94	85	103	55	38	0：60：40	0.85	—	10±5	
江垭	1999	C_{90}20W12F100	0.53	103	87	107	55	36	0：55：45	0.50	—	7±4	木钙
棉花滩	2001	C_{180}20W8F50	0.55	100	82	100	55	38	0：50：50	0.60	—	5～8	
甘肃龙首	2001	C_{90}20W8F100	0.43	88	96	109	53	32	0：60：40	0.70	0.050	6	天然骨料
新疆石门子	2001	C_{90}20W8F100	0.50	95	86	104	55	31	0：60：40	0.95	0.010	6	天然骨料
大朝山	2002	C_{90}20W8F50	0.50	94	94	94	50	37	0：50：50	0.70	—	3～10	凝灰岩＋磷矿渣
三峡三期围堰	2003	C_{90}15W8F50	0.50	93	84	102	55	39	0：60：40	0.60	0.030	1～8	花岗岩
索风营	2006	C_{90}20W8F100	0.50	94	94	94	50	38	0：60：40	0.80	0.012	3～8	灰岩
百色	2006	C_{180}20W10F50	0.50	108	91	125	58	38	0：55：45	0.80	0.015	3～8	
大花水	2007	C_{90}20W8F100	0.50	98	98	98	50	38	0：60：40	0.70	0.020	3～5	
光照	2008	C_{90}20W12F100	0.45	86	105	86	45	38	0：55：45	0.70	0.25	4	
龙滩	2009	C_{90}20W12F150	0.42	100	100	140	58	39	0：60：40	0.60	0.020	5～7	
思林	2009	C_{90}20W8F100	0.48	95	89	109	55	39	0：55：45	0.70	0.020	3～5	

附表 4-2　　沙溪口碾压混凝土配合比

编号	水胶比	VC值/s	外加剂掺量/%	混凝土材料用量/(kg/m³)						
				水	水泥	粉煤灰	砂	粗骨料		
								80～40mm	40～20mm	20～5mm
K-4	0.50	18.5	0.25	80	70	90	636	654	491	491

附表 4-3　　大朝山拦河坝碾压混凝土配合比

强度等级	级配	水胶比	砂率/%	外加剂品种及掺量				材料用量/(kg/m³)				
				FDN-04/%	PS-1/(10^{-4})	PS-3/(10^{-4})	PT/%	W	C	PT	S	G
$C_{90}15$	3∶4∶3	0.50	35	0.740	2	4.0	60.0	84	67	101	798	1521
$C_{90}15$	3∶4∶3	0.50	37	0.702	2	7.8	61.5	87	67	101	839	1465
$C_{90}20$	6∶4	0.50	38	0.740	2	4.0	50.0	94	94	94	850	1423
$C_{90}20$	6∶4	0.50	38	0.702	2	7.8	50.0	94	94	94	850	1423
$C_{90}20$	砂浆	0.45	100	0.435	1	3.0	60.0	267	237	355	1309	
$C_{90}20$	净浆	0.45		0.435			50.0	543	603	603		

附表 4-4　　官地拦河坝碾压混凝土配合比

强度等级	级配	水胶比	砂率/%	粉煤灰掺量/%	每方材料用量/kg							
					水	水泥	粉煤灰	外掺石粉	砂	石	减水剂	引气剂
$C_{90}25$	二	0.47	39	50	100	106.4	106.4	18.3	894.5	1457.2	1.617	0.139
$C_{90}20$	二	0.52	40	50	101	107.4	107.4	18.7	915.4	1430.1	1.634	0.140
$C_{90}25$	三	0.47	34	50	89	94.7	94.7	16.3	798.7	1614.9	1.440	0.123
$C_{90}20$	三	0.52	35	53	90	81.3	91.7	16.9	826.6	1598.9	1.329	0.114
$C_{90}15$	三	0.55	36	55	91	74.5	91.0	17.4	851.7	1577.1	1.280	0.110

附表 4-5　　国内外部分工程碾压混凝土密度

坝名	国别	取样方式	密度/(t/m³)	坝名	国别	取样方式	密度/(t/m³)
柳溪	美国	配合比试验	2.466	沙溪口	中国（福建）	芯样	2.447～2.483
伊泰普	巴西	芯样	2.524	坑口	中国（福建）	实测	2.311～2.352
岛地川	日本	芯样	2.476	葛洲坝	中国（湖北）	芯样	2.496～2.499
新中野（加高）	日本	芯样	2.30～2.37	观音阁	中国（辽宁）	配合比试验	2.45
大川	日本	芯样	2.458	天生桥二级	中国（贵州）	坑试（灌砂）	2.491
上静水	美国	芯样	2.303～2.360	水口	中国（福建）	配合比试验	2.42
铜街子	中国（四川）	芯样	2.510～2.570	岩滩	中国（广西）	配合比试验	2.42

第五节　锚 喷 支 护 工 程

一、概述

(一) 喷锚支护工程的类型

喷锚支护工程的类型有喷射混凝土支护，锚杆支护，喷射混凝土和锚杆联合支护，喷射混凝土、锚杆和钢筋网联合支护，预应力锚索支护，喷浆支护等。

(二) 喷锚支护的一般规定

(1) 需要支护的地段，应根据地质条件、洞室结构、断面尺寸、开挖方法、围岩暴露时间等因素，做出支护设计，除特殊地段外，应优先采用喷锚支护。

(2) 开挖与支护的时间、施工顺序及相隔距离，应根据地质条件、爆破参数、支护类型等因素确定，一般应在围岩出现有害松弛变形之前支护完毕。

(3) 设金属网（或钢筋网）时，应遵守以下规定：

1) 金属网应随岩面设，其间隙不大于 30cm。

2) 喷混凝土的金属网格尺寸宜为 20mm×20mm～30mm×30mm。

3) 金属网与锚杆连接牢固。

二、锚杆支护

锚杆支护是边坡及围岩加固处理中的常用方法，主要应用于岩土边坡岩体加固，同时也应用于基础加固和地下工程的围岩加固。锚杆支护是一种把锚杆群埋入地层一定深度处的技术，即将锚杆插入预先钻凿的孔眼并固定于其底端，固定后通常对其施加预应力，锚杆外露于地面的一端用锚头锚固。

采用锚杆支护特别是预加应力的锚杆支护与仅仅依靠自身强度或重力而使结构物保持稳定的传统方法相比，具有以下许多独特功能和鲜明的特征：

(1) 能在地层开挖后，立即提供主动的支护抗力，有利于保护地层的固有强度，阻止地层的进一步扰动，控制地层变形的发展，提高施工过程的安全性。

(2) 提高地层软弱结构面、潜在滑移面的抗剪强度，改善地层的其他力学性能。

(3) 改善岩土体的应力状态，使其向有利于稳定的方向转化。

(4) 锚杆的作用部位、方向、结构参数、密度和施作时机可以根据需要方便地设定和调整，能以最小的支护抗力，获得最佳的稳定效果。

(5) 将结构物与地层紧密地连锁在一起，形成共同工作的体系。

(6) 良好的延伸性。

(一) 锚杆支护的作用

锚杆在不同构造和应力状态的围岩中有不同的支护作用。

1. 悬吊作用

当岩体受几组结构面的切割时，靠近开挖表面可能形成行将坠落或滑动的楔形体或锥体。使用锚杆将开挖表面将坠落或松脱的楔形体或锥体锚固在稳定围岩上，保持围岩

稳定。

2. 组合梁作用

洞室上部岩体可看作是梁，加锚杆后梁的强度可增加。

3. 挤压加固作用

预应力锚杆在弹性体内便形成以锚头和紧固部为顶点的锥形体压缩区，适当间距排列的锚杆，相邻的锥形压缩区便可重叠，形成一定厚度的连续压缩带。它不仅能保持自身的稳定，而且能够承受地压，阻止上部围岩的松动和变形，即为挤压加固拱。

按一定间距设置的系统布置的砂浆锚杆，由于锚孔中砂浆的胶结作用，在一定范围内阻止岩块的错动滑移，一旦围岩产生少量位移时，锚杆受拉，对围岩产生的位移产生约束力，阻止围岩变形的发展。

（二）锚杆类型及锚杆材料

1. 锚杆类型

锚杆按材质分为普通锚杆和高强锚杆；按锚杆长度分为长锚杆和短锚杆；按布置的作用分为系统锚杆和随机锚杆；按锚杆布置部位分为结构锚杆和锁扣锚杆；按锚杆倾角分为水平锚杆、垂直锚杆和随机锚杆；根据施加应力情况分为预应力锚杆和非预应力锚杆；按锚固型式分为全长黏结性锚杆、端头锚固型锚杆和摩擦性锚杆；按进入方式分为自进式锚杆和后插式锚杆。

（1）楔缝式锚杆。将钢楔衔于锚杆缝口，将锚杆插入岩体孔内，然后冲击锚杆，使钢楔劈开缝口，锚杆头部张开，紧固在孔底，起到锚固作用。

楔缝式锚杆的结构示意图如图 4－24 所示，锚头楔入岩体示意图如图 4－25 所示。

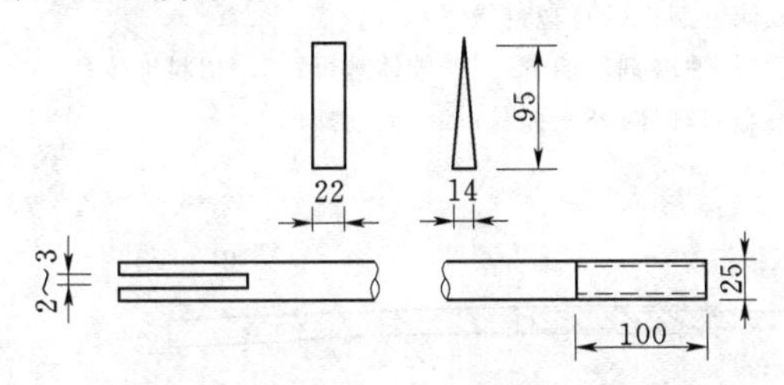

图 4－24 楔缝式锚杆结构示意图（单位：mm）

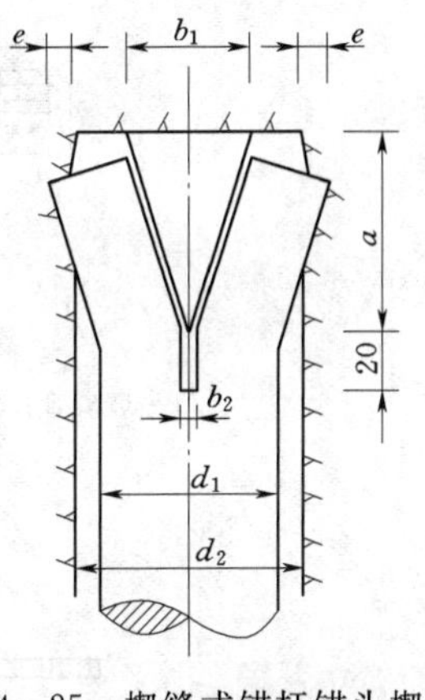

图 4－25 楔缝式锚杆锚头楔入岩体示意图（单位：mm）

（2）砂浆锚杆。现场灌注水泥砂浆锚杆是目前最为广泛应用的锚杆，砂浆锚杆是用水泥砂浆将锚杆固定段内杆体与岩土体固结在一起，依靠杆体与砂浆、砂浆与岩土体的黏结强度来固定锚杆。

按施工工艺，砂浆锚杆分为先注浆后插杆及先插杆后注浆两种。先注浆后插杆施工工艺为：测量定位→钻孔→洗孔→灌注水泥砂浆→安装锚杆→封孔灌浆→监测。先插锚杆后注浆施工工艺为：测量定位→钻孔→洗孔→安装锚杆→灌注水泥砂浆→封孔灌浆→监测。

砂浆锚杆要求有较长的锚固段，所以特别适用于软弱岩层和土体，同时也可以用来将较大的拉力传入坚硬岩石中，但只有当砂浆硬化后才能对其加荷。

(3) 水泥卷锚杆：水泥卷张拉锚杆是在钻孔底端用快硬水泥卷固定的锚杆，水泥卷张拉锚杆主要由快硬水泥卷、杆体、垫板和螺母组成。首先将预先浸水的快硬水泥卷送入孔底，随即插入锚杆杆体，杆体外端连接有搅拌装置，搅拌 30～60s，在锚杆安装后 0.5～1.0h 张拉。这种锚杆的特点是能在岩石开挖后及时施加低预应力，施工质量易于检验，锚杆成本较低廉。

普通水泥卷锚杆全长均用缓凝型水泥卷填充，可代替砂浆锚杆。

(4) 树脂锚杆：把分别装有树脂、填料、固化剂和加速剂的胶囊送到锚孔底部，转动锚杆，捣破胶囊，经过化学反应后达到固结作用。树脂锚杆具有树脂与坚硬岩石之间形成的黏结力大，凝固时间短的优点。

树脂胶囊有玻璃管型和塑料袋型两种，如图 4-26 所示。树脂锚杆构造如图 4-27 所示。

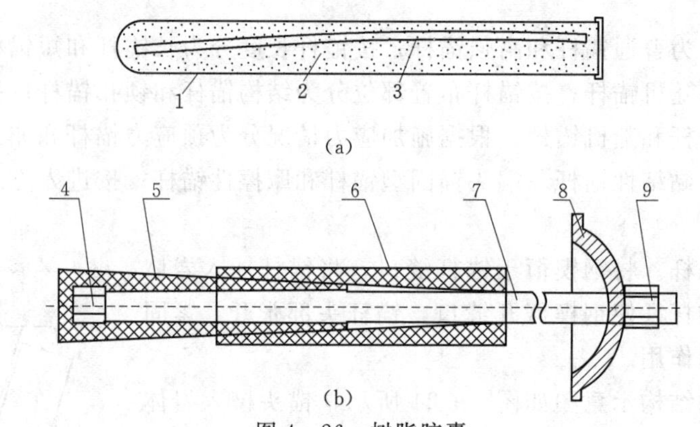

图 4-26　树脂胶囊

(a) 玻璃管型；(b) 塑料袋型

1—玻璃管；2—树脂及石英粉；3—速凝剂玻璃管；4—锥体螺母；5—塑料锥体；6—塑料胀套；7—金属杆体；8—托盘；9—紧固螺母

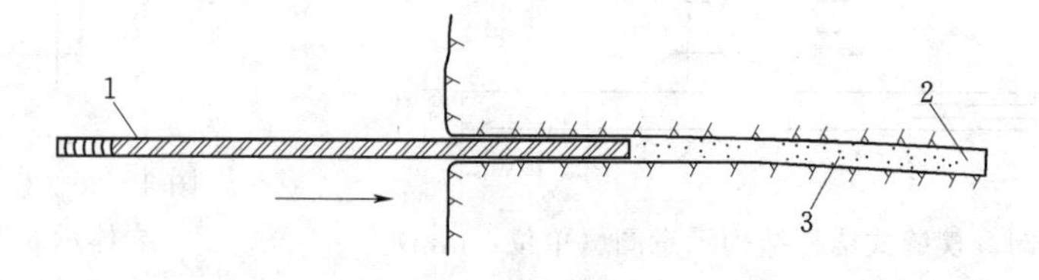

图 4-27　树脂锚杆构造

1—螺纹钢筋；2—树脂胶囊；3—砂浆

预应力树脂锚杆，系采用两种树脂固结，先将速凝树脂填入孔底，使锚杆在底部 20～25cm 范围内固结，然后对锚杆施加拉力，最后将缓凝树脂注入孔内，使剩余锚杆部分与孔壁固结。

(5) 胀壳式锚杆：具有比楔缝式锚杆更大的锚固力，一般可达 100～250kN，在坚硬和软弱岩层中均可使用。

胀壳式锚杆有瓣壳式、漏斗式和 GD 型 3 种类型，如图 4-28 所示。灌浆胀壳式锚杆结构和安装工艺如图 4-29 所示。

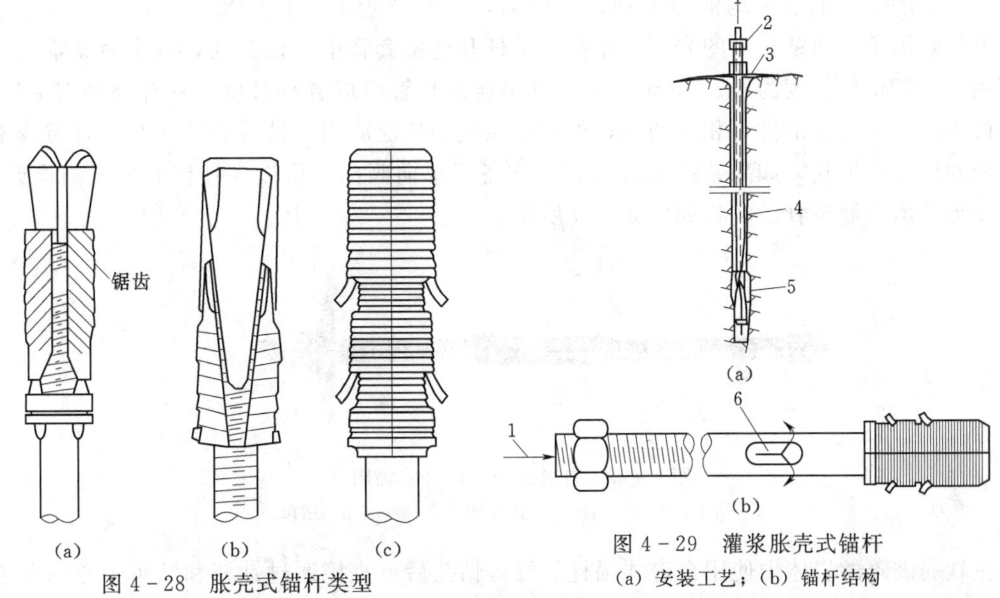

图 4-28　胀壳式锚杆类型

（a）瓣壳式；（b）漏斗式；（c）GD型

图 4-29　灌浆胀壳式锚杆

（a）安装工艺；（b）锚杆结构

1—灌浆孔；2—承接管；3—出气孔；4—杆体；5—锚头；6—出浆孔

（6）水胀锚杆。水胀锚杆由一凹形断面的薄壁钢管组成，两端头封严，一端有进水小孔。把凹形钢管放入钻孔内，通过进水小孔向钢管内充入高压水使凹形钢管膨胀，在膨胀过程中，水胀锚杆与不规则钻孔内壁完全贴合，沿整个锚杆全长产生摩擦力和机械自锁力，从而达到加固岩体的作用。

水胀式锚杆能向围岩施加三向预应力，且预应力分布均匀，杆体系薄壁钢管，为高应力围岩的应力释放提供了空间，因而水胀式锚杆用于高应力围岩中具有良好的适应性。我国四川锦屏二级电站的隧道工程，围岩应力高达70MPa，隧道开挖过程有明显的岩爆现象，采用水胀式锚杆支护，对控制岩爆有良好效果。

（7）普通中空锚杆。钻孔形成后，将中空锚杆插入岩体孔内，然后通过中空杆灌浆。中空锚杆将锚杆和注浆管的功能合二为一。注浆时它是注浆管，注浆完毕后无需将它拔出即成为一锚杆。相对于传统的锚固工艺，中空锚杆具有以下优点：

1）中空设计，使锚杆实现了注浆管的功能，避免了传统施工工艺注浆管拔出时造成的砂浆流失。

2）注浆饱满，并可实现压力注浆，提高了工程质量。

3）由于各配件的作用，杆体的居中性很好，砂浆可以将锚杆全长包裹，避免了锈蚀的危险，达到长期支护的目的。

4）安装方便。不需现场加工螺纹，就可方便地安装垫板、螺母。

5）结合配套的锚杆专用注浆泵和注浆工艺，是目前国内唯一彻底解决了传统锚固支护诸多问题的锚固体系。

中空锚杆的应用范围主要有径向加固、边坡加固、基坑支护、超前支护。

（8）自进式中空锚杆。自钻锚杆是由钻头、钻杆、连接套管、垫板和螺母组成，将钻孔、注浆及锚固等功能一体化，在隧道超前支护、径向支护及各类边坡处理、高地应力大变形等病害的整治工程中均能很好地改良围岩，达到理想的支护效果。钻杆外部成螺纹状，可较好用于清除钻孔内的岩屑。钻头、钻杆和连接套管中心设有孔，可作为灌浆或排气管用。钻杆单根长度为2m、3m、4m，可用连接套管组成各种长度。钻杆外径有ϕ25、ϕ32和ϕ38等，各种部件可相互通用，保证了系统的广泛应用。钻头和连接套管有带或不带单向阀门两种形式，如果钻头和连接套管配备了单向阀门，可以在任何时间重新灌浆，不需要另外增设灌浆管。实物如图4-30所示。

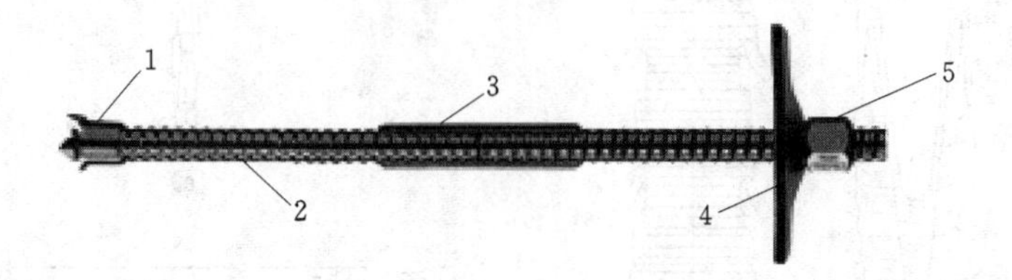

图4-30　自进式中空锚杆实物图

1—钻头；2—中空杆；3—连接器；4—垫板；5—螺母

在软弱破碎的岩体中使用自进式锚杆较好，钻孔后可直接通过钻杆和钻头中心的孔进行灌浆。如果安装顶拱的钻孔，则在孔口部位加一个短的PVC管作为灌浆塞，钻杆中心的孔作为排气孔，用泡沫胶封堵孔口作为止浆塞。

(9) 预应力锚杆。对无初始变形的锚杆，要使其发挥全部承载能力则要求锚杆头有较大的位移，为了防止这种位移超过结构物所能容许的程度，一般是通过早期张拉的锚杆固定在结构物、地面厚板或其他构件上，以对锚杆施加预应力，同时也在结构物和地层中产生应力，这就是预应力锚杆。

灌浆型预应力锚杆由杆体、锚固段、自由张拉段和锚头组成。锚固段一般采用快硬水泥卷或树脂胶囊锚固，对于永久性工程，可在锚固段以外的自由段内安放缓凝型水泥卷作为填充段，或在锚杆张拉后对锚杆自由段灌注普通水泥浆，预应力锚杆张拉一般采用扭力扳手。预应力锚杆用于将结构物的拉力传递给地层深处或对被锚固结构与地层变形控制有严格要求的工程。

预应力锚杆除有利于控制岩土体及结构物的变形外，还具有以下优点：①预安装后能及时提供支护力；②控制地层与结构物变形能力强；③预加应力后，能明显提高潜在滑移面或岩石软弱结构面的抗剪强度；④按一定密度布置锚杆，施加预应力后能在地层内形成压缩区，有利于地层稳定；⑤结构构造与施工工艺复杂。

(10) 加强长锚杆。加强长锚杆也称为锚杆束或锚筋桩，一般一束加强长锚杆有3根锚杆。加强长锚杆可提供更大的锚固力。

2. 锚杆材料

(1) 锚体材料。锚杆杆体可以使用各种钢筋，有时也可使用钢管来制作。对于全长黏结性砂浆锚杆，杆体材料宜采用HRB400钢筋，钻孔直径为28～32mm的小直径锚杆的杆体材料宜用HPB300钢筋。对于端头锚固型锚杆，杆体材料宜用HRB400钢筋，杆体直径为16～32mm。

水胀式锚杆材料宜选用直径为48mm，壁厚2mm的无缝钢管，并加工成外径为29mm，前后端套管直径为35mm的杆体。

自进式锚杆杆体采用国际标准螺纹的厚壁高强无缝钢管制作，外表全长具有标准的连接螺纹并能任意切割和用套筒连接加长，自进式锚杆结构包括中空杆体、垫板、螺母、连接套筒和钻头，用于锚杆加长的连接套筒与锚杆杆体具有同等强度。普通中空锚杆杆体可采用碳素钢管，胀壳式中空锚杆杆体应采用合金钢管。

(2) 水泥砂浆黏结材料。

1) 水泥。水泥采用普通硅酸盐水泥，其质量应符合现行国家标准《通用硅酸盐水泥》(GB 175—2007/XG1—2009) 的规定。水泥强度等级应大于42.5。

2) 水。灌浆材料的拌和水宜采用饮用水，不得使用污水。拌和水的水质应符合现行行业标准《混凝土用水标准》(JGJ 63—2006) 的规定。

3) 细骨料。为抑制水泥浆的收缩与过度向地层中扩散，在水泥浆中可掺入细骨料，细骨料应选用最大尺寸小于2.0mm的砂。砂的含泥量按重量计不得大于3%；砂中云母、有机质、硫化物和硫酸盐等有害物质的含量，按总量计不得大于1%。

4) 外加剂。为了加速或延缓水泥浆的凝固与硬化，防止在凝固过程中的收缩或诱发适量的膨胀，增加浆液的流动性和防止浆液泌水等，可在水泥浆中加入适量的早强、减水、缓凝、防泌等外加剂。外加剂的质量须符合国家现行有关产品要求。

(3) 合成树脂黏结材料。固定锚杆最适宜的树脂是不饱和聚酯树脂。这类树脂凝固时对低温和水分是最不敏感的，同时能吸收大量的无机填充料。目前国内外广泛采用在工厂就填充好的卷筒，卷筒内分别有树脂和固化剂，用塑料袋或玻璃管包装。树脂固化剂根据其固化时间，有超快的CK型，有快速的K型，有中速的Z型和慢速的M型，其技术参数见表4-110。树脂锚固剂的主要技术参数见表4-111。

表4-110　　树脂药包产品规格、型号和技术参数

型号	特性	凝结时间/min	固化时间/min	备注
CK	超快	0.5～1	≤5	在 (20±1)℃环境温度下测定
K	快速	1.5～2	≤7	
Z	中速	3～4	≤12	
M	慢速	15～20	≤40	

表4-111　　树脂锚固剂主要技术参数

性能	指标	性能	指标
抗压强度	≥60MPa	振动疲劳	>800万次
剪切强度	≥35MPa	泊松比	≥0.3
密度	1.9～2.2g/cm^3	贮存期（小于25℃）	>9个月
弹性模量	≥1.6×10^{4}MPa	适用环境温度	-30～+60℃
黏结强度	对混凝土大于7MPa，对螺纹钢大于16MPa		

(4) 锚杆垫板及其他部件。

1) 垫板。垫板的承载能力应与锚固力相适应。各类垫板的建议尺寸及承载能力见表4-112，其形状如图4-31所示。

表 4-112　　锚杆垫板类型

垫板类型	1	2	3	4	5
平面尺寸/mm	125	125×125	350×350×350	125×150	125×150
垫板厚度/mm	6	7	7	7	7
接触面积/cm^2	28.48	23.57	23.57	40.25	44.76
压力/(10^5Pa)	351	424	424	248	22.3
建议荷载/kN	100	80	80	140	180

注　表中的"压力"指荷载为100kN时各类垫板下接触面压力值。

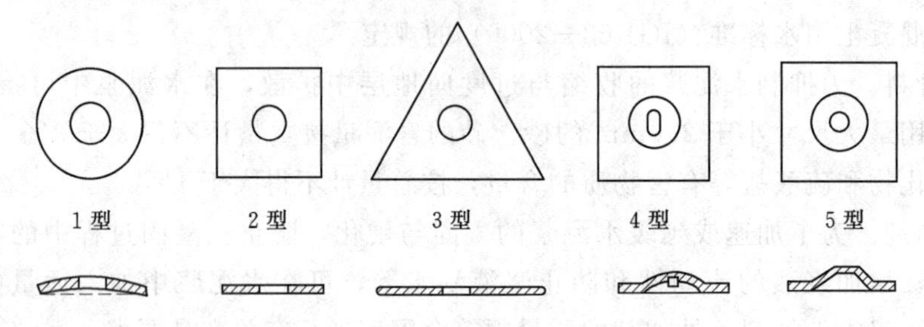

图 4-31　垫板示意图

2）其他部件。

a. 钢丝网。钢丝直径为2.7mm、3mm、5mm及6mm，相应的网格间距为5mm、10mm、15mm及20mm。

b. 扁钢。扁钢条用以加固钢丝网，其规格为100mm×5mm×2000mm，扁钢条上开有75mm×25mm方圆孔，孔的中心距为150mm。

c. 顶板系杆。用ϕ10、ϕ16、ϕ20圆钢或螺纹钢制作，以加固整个支护网格或支撑大的危石。

3）楔缝式锚杆的楔子厚度见表4-113。

表 4-113　　楔缝式锚杆楔子厚度

岩石性质	坚固岩体	中等坚固岩体	软弱岩体
楔子尾端厚度/mm	19～20	22～23	23～25

注　锚杆直径为25mm。

（三）砂浆锚杆的安设要求

1. 砂浆

（1）砂子宜用中细砂，最大粒径不大于2mm。

（2）水泥宜选用强度等级大于32.5的普通硅酸盐水泥。

（3）灰砂比宜为1∶0.5～1∶1；水灰比宜为0.4～0.45。

（4）水泥砂浆的强度7天不应低于25MPa，28天不应低于35MPa。

2. 安设工艺

（1）钻孔布置应符合设计要求，孔位误差不大于20cm，孔深误差不大于5cm。

（2）注浆前，应用高压风、水将孔冲洗干净。

（3）砂浆应拌和均匀，随拌随用。

(4) 应用注浆器注浆，浆液应填塞饱满。

(5) 安设后避免碰撞，待凝固。

(四) 锚杆工程量

《水电工程设计工程量计算规定（2010年版）》规定，锚杆（锚筋、锚杆束、锚筋桩等）的设计工程量按照以下原则计算：

(1) 锚杆支护工程量按不同锚杆类型、锚杆直径和锚杆长度分别计算，以根为计量单位。预应力锚杆还应注明预应力设计吨位。

(2) 锚杆长度是指锚杆的设计长度，包括嵌入岩土体的长度及必需的外露长度，不计加工制作损耗，应分别注明锚杆嵌入岩土体的长度及外露长度。

(3) 规划阶段：宜根据不同的地质条件，按间排距和锚杆布置范围来估算锚杆支护工程量。

(4) 预可行性研究阶段：根据地质条件和建筑物运行要求，按间排距和锚杆布置范围来计算锚杆支护工程量，应注明岩性和类别、典型锚杆类型、锚杆直径和锚杆长度等。

(5) 可行性研究阶段：根据地质条件和建筑物运行要求，按间排距和锚杆布置范围来计算锚杆支护工程量，应注明主要支护部位的岩性和类别、典型锚杆类型、锚杆直径和锚杆长度等。

(6) 招标设计和施工图设计阶段：按设计图纸计算锚杆工程量，应分部位注明岩性和类别、锚杆类型、锚杆直径和锚杆长度等。

现行水电概算定额计量单位，锚杆按“根”计。定额所列示长度为设计锚杆嵌入岩体的有效长度，按规定应预留的外露部分及加工制作过程中的损耗等，均已计入定额中。

(五) 锚杆支护单价编制

现行概（预）算定额中锚杆支护包括钻孔、清孔、锚杆制作加工、锚杆安装、拌制水泥砂浆、灌浆、锚定、封孔等全部工作内容。编制单价时，应根据支护设计所确定的锚杆类型、直径、长度、岩石级别、钻孔设备、作业条件（露天、地下）等选用相应的定额。

概算定额普通锚杆材料为低合金钢筋，锚杆加工费用已包含在定额中。编制锚杆支护单价时应注意以下问题。

1. 锚杆的长度及质量

定额中锚杆的长度是指嵌入岩石的设计有效长度，按规定应留的外露部分［(2007)概算定额中按照0.1m考虑］及加工制作过程中的损耗已计入定额中。

(1) 锚杆长度。锚杆长度应为松动岩块厚度和深入坚固岩体深度之和。锚杆长度L为

$$L = l + l_{mg} \tag{4-37}$$

式中：L为锚杆长度，m；l为钻孔在松动岩块的孔深，m；l_{mg}为锚杆深入坚固岩体的锚固长度，一般为1～2m。

(2) 锚杆质量。锚杆质量Q为

$$Q = (L + 0.1)g(1 + n) \tag{4-38}$$

式中：Q为锚杆质量，kg；L为锚杆长度，m；g为单位长度锚杆质量，kg/m；n为损耗率，可按3%～5%计取。

2. 水泥砂浆

定额中的水泥砂浆是指锚固用砂浆。在概算编制阶段，有设计资料的选用设计配合

比，没有设计配合比的参考类似工程配合比计算其价格。

3. 药卷锚杆胶凝材料

药卷锚杆定额按全孔段锚固拟定，药卷材料（包括树脂药卷和水泥药卷）为充满相应孔径的胶凝材料，使用定额时可根据选用的胶凝材料规格进行换算。

三、预应力锚索

（一）预应力锚索的作用和特点

在外荷载的作用下，针对建筑物可能滑移拉裂的破坏方向，预先施加主动压力，可提高建筑物的抗滑和防裂能力。该法较其他的加固方法，具有工期短、造价低、布置方便、施工干扰小、施工技术易掌握等优点，广泛应用于坝基、边坡、洞室的边墙和顶拱。

（二）锚索的组成

预应力锚索主要由锚固段、自由段和紧固头 3 个部分构成。锚索的材料主要有钢绞线、锚具、注浆材料。钢绞线一般采用高强度低松弛钢绞线。锚具的选用应符合《预应力筋专用锚具、夹具和连接器应用技术规程》(JGJ 85—2010) 的规定。注浆材料主要是纯水泥浆或水泥砂浆，水灰比为 0.4～0.45，可依据需要掺入适量外加剂，浆体凝固后抗压强度不小于 30MPa。在腐蚀性地层中宜选用抗硫酸盐水泥。

1. 锚固段

锚固段是锚索伸入滑动面以下稳定岩土体内的部分，通过锚固体周围地层的抗剪强度承受锚索所传递的拉力。锚固段通过灌浆使锚索与孔壁结成整体，而使孔周稳固岩土体成为承受预应力的载体。锚固段的长度根据锚索受力状态的不同差异比较大。对于注浆拉力型锚索的锚固段破坏是在靠近自由段的位置，成因是灌浆材料与地基间的黏结力逐渐剪切破坏而成，一般这种锚索锚固段长度为 4～10m，因为超过 10m 后增加的锚固段，其锚固力增量很小。压力分散型锚索的承载力随整个锚固段长度增加而提高。为防止锚固段钢绞线锈蚀，水泥浆或水泥砂浆保护层厚度不小于 20mm。为确保锚索居中定位，应在锚固段中每隔 1～2m 设置一圈弹性定位片，保证浆体的保护层厚度。

2. 自由段

自由段是传力部分，是锚索穿过被加固岩土体的段落，其下端为锚固段，上端为紧固头。自由段中的每根钢绞线均被塑料套管所套护，为无黏结钢绞线，灌浆仅使护套与孔壁联结，而钢绞线可在套管自由伸缩，可将张拉段施加的预应力传递到锚固段，并将锚固段的反力传递回紧固头，自由段塑料套管宜选用聚丙烯塑料管，套管内用油脂充填，防止钢绞线锈蚀。

3. 紧固头

紧固头是将锚索固定于外锚结构物上的锁定部分，也是施加预应力的张拉部件。紧固头由部分钢绞线、承压钢垫板、锚具及夹片组成。锚索最终锁定后，混凝土封头，混凝土覆盖层厚度不小于 20cm。应注意的是，垫板下部由于注浆体收缩而形成空洞，为防止锚头腐蚀应对孔口补注浆且对垫板下部注入油脂，让油脂充满空间。

（三）锚索材料

1. 锚束及固结材料

(1) 锚束材料的分类和技术性能。预应力锚束材料分为钢丝、钢绞线两类。制作锚索

的锚束，最好采用多股钢绞线，它柔性好，便于运输，且可插入钻孔达数十米，即使是在比较小的操作平台上，不管钻孔的方向如何，都可使用这种类型的锚索。

目前国内市场上碳素钢丝和钢绞线的品种有所增加，强度级别和质量均有提高，强度级别 $1860N/mm^2$ 的低松弛钢绞线也得到广泛应用。无黏结钢绞线采用7股 $\phi 5$ 或 $\phi 4$ 的钢绞线为母材，外包挤压涂塑而成的聚乙烯或聚丙烯套管，内涂防腐建筑油脂，经挤压后，塑料包裹层一次成型在钢绞线上。

无黏结预应力钢丝、钢绞线的规格和力学特性见表4－114。

表4－114　无黏结预应力钢丝、钢绞线的规格和力学性能

项目		规格和性能		
		碳素钢丝束 $7\phi 5$	钢绞线	
			$1\times 7-\phi 12.7$	$1\times 7-\phi 15.2$
拉力实验				
抗拉强度/MPa		1570	1860	1860
屈服强度/(N/mm^2)［或屈服负荷/(kN)］		1340	150①	220①
伸长度/%		4	3.5	3.5
弯曲试验				
次数不小于		4	—	—
弯曲半径 R/mm		15	—	—
弹性模量/(N/mm^2)		2.0×10^5	1.8×10^5	1.8×10^5
1000h松弛值（初始负荷为70%破断负荷）不大于/%	Ⅰ级松弛	8.0	8.0	8.0
	Ⅱ级松弛	2.5	2.5	2.5
截面积/mm^2		137.41	98.7	139
重量/(kg/m)		1.08	0.774	1.101
防腐润滑油脂重量大于/(g/m)		50	43	50
高密度聚乙烯护套厚度/mm		0.8～1.2	0.8～1.2	0.8～1.2
摩擦试验				
无黏结预应力筋与壁之间的摩擦系数 μ		0.1	0.12	0.12
考虑无黏结预应力筋壁每米长度局部偏差对摩擦的影响系数 κ		0.0035	0.004	0.004

① 屈服负荷，是整根钢绞线破断负荷的85%。

（2）固结材料。水泥、水及外加剂中，均不得含有氯、硫等有害成分，水泥宜用高强度等级普通硅酸盐水泥，不得使用矿渣水泥、火山灰水泥及氯化钙外加剂。

2. 锚头与锚根

（1）锚具。预应力锚索用锚具、夹具和连接器的性能，均应符合现行国家标准《预应力筋用锚具、夹具和连接器》(GB/T 14370—2007）的规定；预应力锚具的锚固力应能达到预应力杆体极限抗拉力的95%以上。

目前国内用于锁定预应力锚索的锚具品种很多，性能稳定可靠，其中以柳州市建筑机械总厂生产的 OVM 锚具应用最为广泛。该类型锚具按钢绞线直径可分为 OVM13、OVM15、OVM18、OVM22、OVM28、BM13、BM15，适用于标准抗拉强度 1860～2000MPa 及以下级别 ϕ12.7、ϕ12.9、ϕ15.24、ϕ15.7 钢绞线和标准抗拉强度 1670MPa 的 5mm、7mm 钢丝束。该系列锚具可选择性广泛，可根据需要适用于 1～55 根钢绞线，具有良好的自锚性能，锚固效率高，性能稳定。

(2) 承压板和台座。承压板和台座的强度和构造必须满足锚索极限抗拉力要求，以及锚具和结构物的连接构造要求。承压板和过度管宜由钢板和钢管制成，其材料质量应符合国家现行有关标准要求。过渡钢管管壁厚不宜小于 5mm。

(3) 常用锚头型式、适用条件及优缺点见表 4-115。

表 4-115　　常用锚头型式、适用条件及优缺点

锚头型式		构造	适用条件	所需张拉设备	优点	缺点
钢筋混凝土锚头		将锚束的钢丝端头浇筑在任意形状的钢筋混凝土内	孔距、排距较大的垂直或陡倾角钻孔	3～4 台千斤顶（顶升式张拉）	吨位大，造价低，设备简单	体积大，工序多，混凝土待凝时间长
墩头锚头		钢丝端头做成粗墩头，逐根锚固在锚盘上	各种斜孔、溢流面或狭小场地	1 台拉伸机	体积小，质量可靠，施加力大小均可	精度要求高，需大吨位张拉设备
锥形锚头	锚塞锚环	利用锚圈与锚塞（或锚环与夹片）间的挤压摩擦力而锚固钢丝	各种斜孔、中小型锚束	1 台拉伸机（双作用或三作用）	工艺成熟，加工精度容易满足	单孔加力小，预应力损失较大
	螺杆式	可用爆炸压接法将锚束与锚具压熔成整体	各种斜孔、中小型锚束及锚杆	1 台拉伸机	工艺成熟，加工精度容易满足	单孔加力较小
组合式锚头		将同一锚具上的锚束，按单根或几根逐次张拉锚固	高空、高陡坡及工作面狭小的大吨位加固	1 台拉伸机（逐根拉伸）	用小型张拉设备达到大吨位锚固	各锚束受力不均匀

(4) 锚根。锚根分为黏着式锚根和机械式锚根，一般用黏着式锚根。

黏着式锚根系在孔底扩孔段内先填入高强水泥浓浆或其他黏着材料，再放入锚束，依靠浆体的握力嵌固。机械式锚根利用特制的三片钢齿状夹板的倒楔作用，将锚束根部卡固在孔底。常用锚根型式、适用条件及优缺点见表 4-116。

表 4-116　　常用锚根型式、适用条件及优缺点

类别	型式	制作方法	适用条件	优点	缺点
黏着式锚根	弯钩型	钢丝末端分层逐根弯起	陡倾角钻孔、大吨位钢丝束锚固最合适	工艺简单、经济、可靠	锚根较长，缓倾角钻孔难度大
	扩散段型	锚束外径间断地局部扩大	各种吨位的钢绞线或钢丝锚束均可适用	简单、经济、可靠	锚根较长，缓倾角钻孔难度大
	锚环型	锚束末端分部铸入金属锚环中	钢丝、钢绞线锚束均适用	锚根短，阻滑可靠	制作较费工

续表

类别	型式	制作方法	适用条件	优点	缺点
	锚板型	用镦头或夹片将锚束与锚板联结成整体	以钢丝锚束为主	加工制作方便，使用可靠	加工量大，放入钻孔较麻烦
机械式锚根	胀壳式	爆炸压接或闪光对焊	只适用于小吨位锚束及锚杆	工期短，使用方便	要求与钻孔直径配套
	楔缝式				

（5）锚头和锚根的组合配套。锚头和锚根可任意组合配套，机械式锚根和锥形锚头组合，适用中、小吨位；黏着式锚根和镦头锚、组合锚、钢筋混凝土锚头组合，适用于大、中吨位。

（四）锚索分类

锚索的分类大致有：按锚固施工方法分为注浆型锚固、胀壳式锚固、扩孔型锚固及综合型锚固；按锚固段结构受力状态分为拉力型、压力型及荷载分散型（拉力分散型、压力分散型、拉压力分散型、剪力型）锚索；按张拉材料受力状态分为无黏结式锚索及黏结式锚索。目前广泛采用的锚索类型为注浆拉力型及注浆压力分散型锚索。

注浆型锚索是采用水泥浆或水泥砂浆将锚索锚固段固结在岩土体稳定部分，而胀壳式锚固是利用胀壳式机械锚头与坚硬岩体挤压形成锚固力。拉力型锚索主要依靠锚固段提供足够抗拔力，在锚索张拉时，临近张拉段处的锚固段的界面呈现最大的黏结摩阻力，在锚固段底部岩土体产生拉应力，且应力集中使锚固段产生较大的拉力，浆体容易拉裂，影响抗拔力。压力分散型锚索是采用无黏结钢绞线，借助按一定间距分布的承载体（无黏结钢绞线末端套以承载板和挤压套），使较大的总拉力值转化为几个作用于承载体上的较小的压缩力，避免了严重的黏结摩阻应力集中现象，在整个锚固体长度上黏结摩阻应力分布均匀。但由于注浆拉力型锚索结构简单，施工方便，造价低，使用比较广泛。为了改变锚索受拉时候水泥浆体受拉开裂及受剪崩裂这种纯拉变形性状，在锚索制作时，锚固段每隔 1m 将钢绞线用紧箍环和扩张环固定，灌浆后形成枣核状，呈拉伸与收缩的作用，使钢绞线受拉时对锚固体形成既受拉又部分受压的受力状态，能增加钢绞线在锚固体中的黏结力及摩阻力，改善了锚固体内砂浆的受力性状，这样能避免水泥浆体纯受拉开裂形成通缝。

（五）锚索的施工程序

锚索的主要施工程序如图 4－32 所示，预应力锚杆安装图如图 4－33 所示。

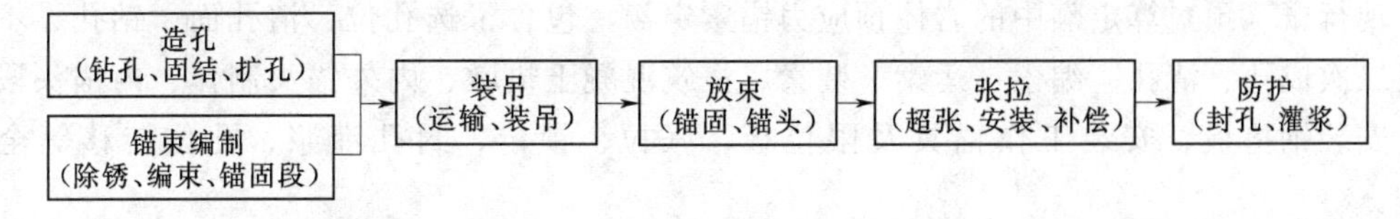

图 4－32 预应力锚索施工程序

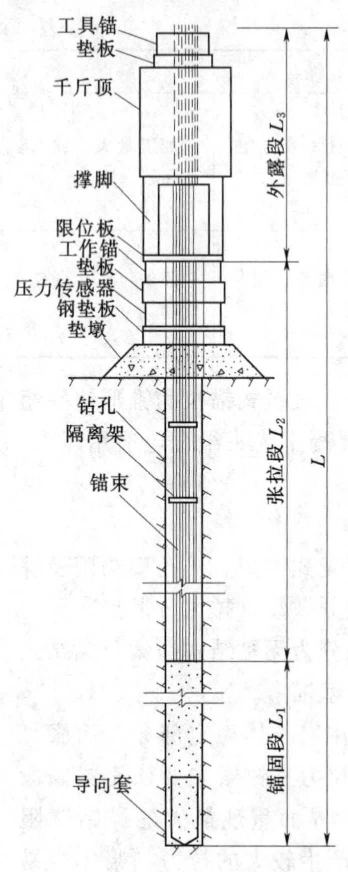

图 4-33　6000kN 级预应力锚杆安装图

（六）锚索的施工机具

1. 钻孔设备

根据地质条件、钻孔深度、钻孔方向和孔径大小选择钻机。钻机的类型较多，在水电工程中，一般常用的有地质钻机 100 型、150 型、300 型及潜孔钻 100 型、QZJ-100B 型、CM351 型、MZ165 型等。

2. 张拉机具

预应力锚固的张拉机具可分为拉伸式（拉伸机）与顶升式（千斤顶）两种，一般均为油压型，也可采用特制的水压机张拉。张拉机具一般根据锚头型式、加力方向与大小选定。有时必须选择专用拉伸机，如锚塞、锚环式锚具需要选用具有拉伸、顶塞、退楔等功能的三作用拉伸机。

（七）预应力锚索工程量

《水电工程设计工程量计算规定（2010 年版）》规定，预应力锚索的设计工程量按照如下原则计算：

（1）锚索支护工程量以束（注明预应力设计吨位和长度）为计量单位。

（2）锚索长度是指嵌入岩石（或土体、混凝土）的设计有效长度，不包括混凝土垫墩及以外的钢绞线长度。

（3）规划阶段：宜根据地质条件、岩性和类别、设计支护范围等估算锚索支护工程量。锚墩不单独计量。

（4）预可行性研究阶段：应根据设计锚索支护范围、锚索布置等计算锚索工程量，提出典型锚索类型、锚索长度、预应力设计吨位等。锚墩不单独计量。

（5）可行性研究阶段：应根据设计锚索支护范围、锚索布置等计算锚索工程量，提出典型锚索类型、锚索长度、预应力设计吨位等。锚墩不单独计量。

（6）招标设计和施工图设计阶段：按设计图纸要求计算锚索工程量，应分部位提出岩性和类别、锚索类型、锚索长度、预应力设计吨位等。

现行水电概算定额计量单位，锚索按“束”计。定额所列示长度为设计锚索嵌入岩体的有效长度，按规定应预留的外露部分及加工制作过程中的损耗等，均已计入定额中。

（八）预应力锚索单价编制

现行概（预）算定额中的岩体预应力锚索定额，包含了选孔位、清孔面、钻孔、不良地段二次成孔、清孔、编索、运索、装索、浇筑混凝土垫墩、内外锚头制作、内锚头段灌浆、安装钢垫板、安装工作锚具及限位板、张拉、锁定、封孔灌浆、孔位转移等全部工作。

混凝土预应力锚索是在预埋的钢管（波纹管）中安装，故减少了选孔位、清孔面、钻孔、固结灌浆、清孔等工序，增加了钢管埋设工序。

编制概算单价时，根据支护设计确定的预应力吨位、锚索长度、施工机具、锚索应用部位（岩石、混凝土）及锚索张拉段钢绞线数量选用相应的定额。

四、喷混凝土支护

喷射混凝土是借助喷射机械，利用压缩空气或其他动力，将按一定比例配合的水泥、砂、石等拌合料，通过管道以高速喷射到受喷面（岩石、土层、建筑结构物或模板）上凝结硬化而成的一种混凝土。

喷射混凝土不依赖振动来捣实混凝土，而是在高速喷射时，由水泥与骨料的反复连续撞击而使混凝土压密，同时又可采用较小的水灰比，因而它具有较高的力学强度和良好的耐久性。特别是与岩层、混凝土、砖石、钢材有高的黏结强度。可以在结合面上传递拉应力和剪应力。喷射混凝土施工可将混凝土运输、浇筑和捣固结合为一道工序，不要或只要单面模板。

喷混凝土支护主要用于地面护坡、平洞及斜井支护。

（一）喷混凝土的作用

喷混凝土应在洞室开挖后立即实施，及时对围岩提供抗力，并可喷入裂隙的一定深度内，将岩体进行加固。

（1）喷混凝土与围岩黏结，既能抵抗危石的剪切，起到薄拱梁的作用，又可提高围岩的承载能力，如图 4-34（a）所示，特别适用于裂隙较多的硬岩洞室支护。

（2）可抵抗围岩整体变形，使围岩处于三维应力状态，防止岩体强度恶化，适用于软岩洞室的支护，如图 4-34（b）所示。

（3）与锚杆联合作用，承受危石压力，如图 4-34（c）所示。

（4）喷混凝土可填平围岩软弱带塌落处，与两侧硬岩黏结，起到加固薄弱层的效果，如图 4-34（d）所示。

（5）混凝土封闭岩体表面，可防止围岩风化、漏水，避免大裂隙、断层、挤压破碎带的充填物流失。

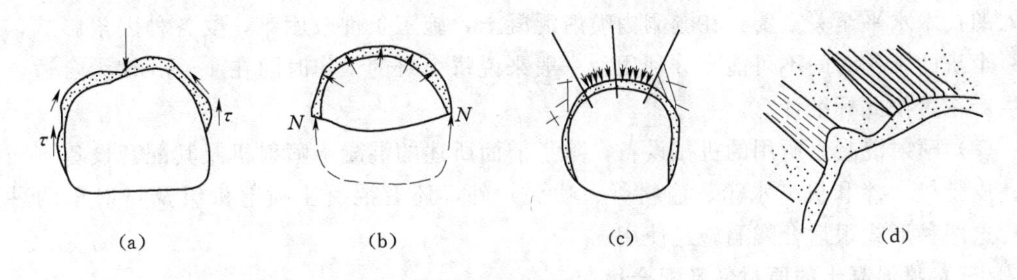

图 4-34　喷混凝土的支持作用

（a）抗剪切；（b）抵抗围岩整体变形；（c）与锚杆联合作用；（d）加固软弱

（二）喷混凝土的特点

喷射混凝土的施工方法有干式喷射和湿式喷射两种，一般采用湿式喷射。

喷射混凝土最大特点是无需模板支护，减少了这一道费工费时的工序，但是和普通浇筑混凝土方法比，还有其他一些特点，这些特点是：

(1) 喷射混凝土前应将受喷面作严格检查。检查受喷面是否满足设计尺寸要求，并将周围松动岩石作一次处理，有时可能要花费很多劳动力。

(2) 确定适当的喷射机的工作压力，可以减少混凝土的回弹量。回弹量应控制在一定的范围内，边墙控制在10%～20%，顶拱控制在20%～30%，回弹物应尽量利用。这样不仅可以降低工程造价，而且大大减少粉尘，改善工作条件。

喷射机的工作压力，主要取决于拌和料的运送距离，同时与混凝土配合比、骨料粒径、含水量有关。输料管长度在20m、40m、60m时的适宜工作压力分别为1.2～1.4kg/cm²、1.8～2kg/cm²、2.8～3kg/cm²，压力过小，管路易堵塞；压力过大，增加粉尘及回弹量。

(3) 注意水灰比。水灰比是影响混凝土质量和回弹量大小的重要因素，水灰比在0.4～0.5时，喷射混凝土质量较好，回弹量损失少。水灰比过大，喷射面混凝土会出现流淌现象；过小会出现干斑、黏结不好、粉尘多，也影响混凝土的强度和回弹量。在选择混凝土配合比时应注意这个问题。

(4) 喷射厚度要适当。太大时，混凝土颗粒间凝聚力减弱，会使混凝土因自重而大片坍落，或造成顶拱混凝土与岩石间形成空壳现象；太小时，粗骨料容易溅回，增加回弹量。一次喷厚一般情况下喷侧墙（不加速凝剂）为7～10cm，喷顶拱（加速凝剂）为3～5cm。

每次喷射的间隔时间，与水泥品种、施工时空气的湿度、速凝剂有关，一般每层间隔时间为15～30min。

(5) 喷射后混凝土的养护时间，要比现浇混凝土的时间长，在喷射后的12～14d内要进行良好的养护。如在空气干燥的地区，养护时间还要延长。

(6) 施工劳动组合应根据工作面具体情况进行配备，一般应配备的劳动力有喷射、收回弹物、上水泥砂石料、管理水箱、养护以及机械运转等人工（喷射机、拌和机、皮带机等）。以上工人所需数量，除机械运转工已包括在台时费中外，均应在定额内列出。

(7) 喷射混凝土生产率的计算，主要决定于喷射机械本身的生产率和每个工作班的时间。每个班的工作时间，又与施工组织和管理水平的高低有关，因此做好施工措施和提高工人的技术水平至关重要。在隧洞内喷射混凝土，施工条件较困难，受各种因素影响，因此每个班的工作时间不可能充分利用，一般来说每个班的工作时间在4～5h较为合适，台时生产率可按此标准计算。

(8) 喷射混凝土所用的机械设备，除了前面所述的混凝土喷射机及其配套设备（喷射机、皮带机、拌和机、水箱、输料管、喷头）外，还有混凝土喷射机组及喷射车两种形式。这两种形式很适合隧洞施工使用。

（三）喷混凝土的原材料及配合比

1. 喷混凝土的原材料

(1) 水泥。优先选用新鲜的硅酸盐水泥或普通硅酸盐水泥，强度等级不宜低于42.5。也可选用新鲜的矿渣硅酸盐水泥或火山灰质硅酸盐水泥，强度等级不应低于42.5。

(2) 骨料。优先选用坚硬、耐久的天然砂和卵石，也可采用机制的砂石料。砂石料的质量必须满足《水工混凝土施工规范》(DL/T 5144) 的有关规定，砂的细度模数宜为2.5～3.0，含水率宜控制在5%～7%。粗骨料最大粒径不宜大于15mm（俗称“豆石”），

骨料级配应控制在表 4－117 所给定的范围内。当采用碱性速凝剂时，不得使用碱活性骨料。回弹的骨料不宜重复使用。

表 4－117　　喷射混凝土用骨料通过各种筛径的累计重量百分数

筛径/mm	0.15	0.30	0.60	1.20	2.50	5.00	10.00	15.00
累计重量百分数/%	4～8	5～22	13～31	18～41	26～54	40～70	62～90	100

(3) 外加剂。可使用具有速凝、早强、减水等性能的外加剂，但喷混凝土的各项性能指标不得低于设计要求。在使用速凝剂时，水泥净浆试验的初凝时间不得大于 5min，终凝时间不得超过 10min。

(4) 水。用水的质量必须满足《水工混凝土施工规范》(DL/T 5144) 的有关规定。

2. 喷混凝土的配合比

根据工艺条件，以下配合比可供参考：

(1) 现行概（预）算定额材料耗用量。

(2) 一般施工工艺时，水泥：砂：卵石＝1：2：（1～1.5)。

(3) 水泥裹砂时，水泥：硅粉：砂：卵石：水＝1：0.09：3.29：2.24：0.57。

(4) 双湿喷时，水泥：硅粉：砂：卵石：水＝1：0.11：3.55：2.28：0.58。

（四）喷混凝土施工工艺

1. 喷射方式

喷射混凝土可分为干式喷射、湿式喷射和水泥裹砂 3 种，前两种施工如图 4－35 所示。

(1) 干式喷射。将粗、细骨料和水泥干拌后，喷嘴处加水喷射。当采用干砂（含水量小于 4%）时，速凝剂可在拌料时掺入，拌好的混合料应在 20min 内用完；当采用湿砂（含水量大于 4%）时，应在喷射前加速凝剂。

(2) 湿式喷射。将水、水泥及粗、细骨料一次拌和，在喷射时加速凝剂。湿式喷射的优点是粉尘少、回弹少、生产效率高、混凝土质量良好，但不宜远距离压送。

(3) 水泥裹砂。喷射的特点是粉尘少，回弹少，强度稳定，水泥用量较少，喷混凝土质量良好。

2. 喷射混凝土的施工机具

(1) 混凝土喷射机。混凝土喷射机是将混凝土输送给喷嘴的机械，根据喷射工艺不同大致可分为干式喷射机和湿式喷射机两大类型，从目前国内外情况来看，前者使用得较为广泛，但后者是发展趋势。现简要介绍目前国内外混凝土喷射机的情况。

对于干喷机，国外的代表机型有瑞士阿里瓦（Aliva）公司的转子式和美国里得（Reed）公司的转盘式两种，我国有江西煤矿机械厂生产的 ZP－V 型喷射机和河南郑州康达支护技术有限公司研制生产的 PZ－5B 型喷射机。

对于湿喷机，国外主要有挤压泵（PC08－60M）型湿喷机、英国 Compernass－208（科姆佩纳斯）型湿喷机、Aliva－285 型干湿两用混凝土喷射机、德国古马恩型湿喷机和 BSM－903 型湿喷机等。其中，挤压泵（PC08－60M 型）湿喷机是国外应用较广的一种湿喷机，在更换泵送软管和输料管并采用适宜粒径的骨料后，也可作混凝土泵用。日本极东 PC08－60M 型和美国 Challenge 型湿喷机均属此类湿喷机。我国的湿喷机则以中铁西南科

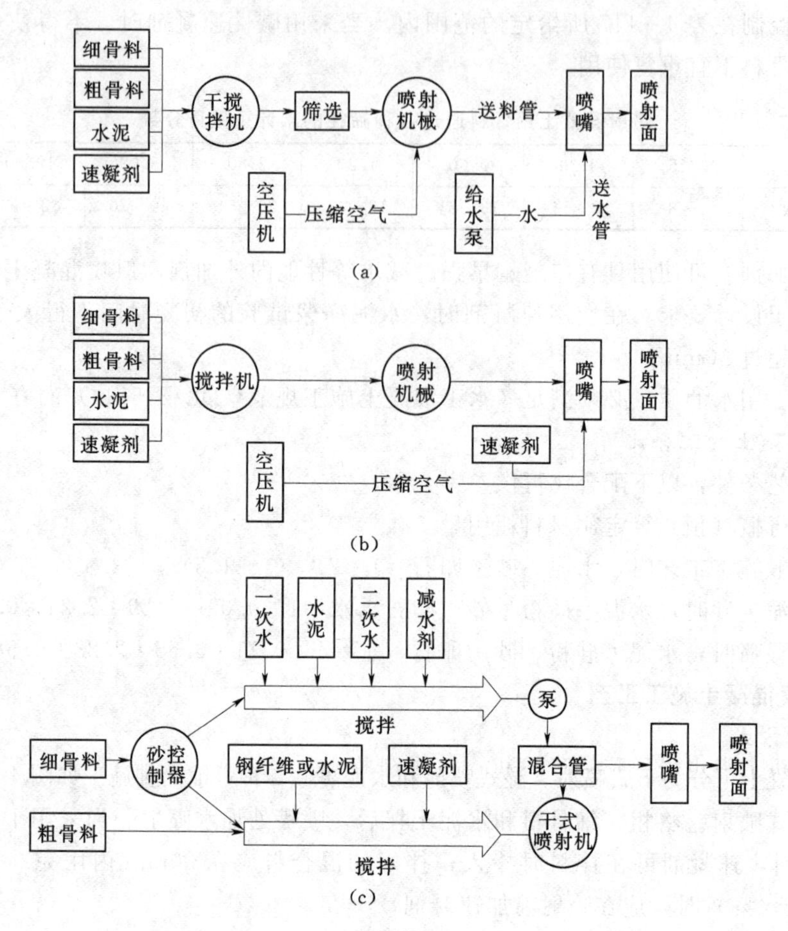

图4-35　喷射混凝土工艺流程

(a) 干式喷射；(b) 湿式喷射；(c) 水泥裹砂

学研究院研制生产的TK-961型混凝土湿喷机为代表。

另外，还有一种新型的泵送、湿喷两用机，如由济南山川机器人工程公司研制生产的PBT20型两用机，它既可以作湿喷机，又可以作混凝土泵，现已在生产中得到实际的应用。

(2) 强制式搅拌机。几种强制式搅拌机的技术特性见表4-118。

表4-118　　几种强制式搅拌机的技术特性

型号		单位	J1	JW-375	JWHI-375	J4-1500
额定装料容量		L	375	375	375	1500
生产能力		m^3/h	12	12.5	10～12.5	
搅拌最大骨料粒径	渣石	mm	40	40	40	40
	卵石	mm	60	60	60	60
拌筒尺寸	直径	mm	1700			3000
	高度	mm	516			830

续表

型号		单位	J1	JW-375	JWHI-375	J4-1500
涡浆转速		r/min	36	39	38	20
配套的电动机	型号		JO3160S-4	JO2160S-4	JO2-52-4	JO280-8L4
	功率	kW	10	13	10	55
外形尺寸	长	m	3.82	4.0	3.53	3.128
	宽	m	1.78	1.865	1.79	
	高	m	2.385	3.12	2.81	1.82
质量		t	2.55	2.2	2.43	7.0

（3）混凝土上料设备。喷射混凝土是隧道及地下洞室施工初期支护的主要手段之一，但却是地下工程中作业条件最恶劣的施工工序。若为干喷，喷射机旁的粉尘浓度很大，操持喷嘴的工人处在粉尘的包围之中，劳动环境极为恶劣，严重危害工人的身体健康。给喷射机人工上料是一项繁重的体力劳动，特别是在喷射时，输料管内充满了待喷料，喷射时的反弹力较大，这样，施喷人员很难按照喷射混凝土规程进行喷射，也难以保证高质量的喷层。

在国外，瑞士阿里瓦公司生产的31O型移动式胶带机安装在轮胎上给喷射机上料，其受料口可以调节；瑞士迈纳迪尔（Meynadier）公司生产的MeYco Robojet喷混凝土机械手的喷射机上料也采用胶带运输机；法国诺梅特（Normet）公司生产的机械手，它所用的喷射机也是用输送机来上料；美国艾姆科（Aimoock）公司的干式或湿式喷射机则用陡角度的Cambelt闭式输送机来上料。

国内的上料机械主要是胶带输送机，大瑶山隧道采用SP45型胶带机给PH30型喷射机上料（胶带机接料端靠近地面，人工上料）；南昆线米花岭隧道进出口采用广东韶关煤机厂生产的P5（长4.5m）胶带机给阿里瓦公司的285型喷射机上料；郑州康达支护技术公司生产的HPJ-Ⅱ型喷混凝土机组，上料机械配用螺旋输送机。目前我国大多数喷射机上料作业仍以人工为主，为减轻工人劳动强度、改善劳动作业环境，采用机械给喷射机上料是非常必要的。

（4）喷混凝土机械手。喷射混凝土时，如果由工人操持喷嘴进行喷射，由于喷嘴出口距岩面约1m，骨料的反弹及喷射产生的粉尘对施喷人员有极大的危害，加上生产率的大幅度提高，因喷射压力的增加而使反射力加大，工人的劳动强度更大，特别是采用湿喷时，由于喷嘴重量及软管内充满混凝土而加重，考虑到工人的劳动安全性，而不得不用机械手来代替人工喷射。随着我国湿喷混凝土技术的不断提高及广泛应用，机械手的研究应用将具有广阔的前景。

用机械手来喷混凝土始于瑞典1961年修建贺尔杰斯（Hal Jess）水电站的尾水隧洞工程。经过40年的发展，现今的机械手可以实现自动化喷射。国外生产喷混凝土机械手的厂家以西欧为主，如瑞典斯塔比莱托（Stabilator）公司的Robet-75型机械手、瑞士迈纳迪尔（Meynadier）公司的Meyco Robojet机械手、瑞士阿里瓦（Aliva）公司的Aliva-Matico 305型机械手、法国诺麦特（Normet）公司生产的能安装在PK4000型卡车上的机械手、德国普茨迈斯特-韦克（Putzmeister Werk Maschinenfabric GmbH）公司生产的大象牌机械手及日本生产的机械手等。至于大断面，国外已有2～3臂的喷射混凝土机械手在使用中，所有这些机械手均可以实现遥控。

我国喷射混凝土机械手的研制始于20世纪60年代中后期，到80年代末，也只有几种不同结构的机械手研制成功，但未批量生产。为此，在20世纪80年代修建衡广复线及大秦线时，先后引进了瑞典斯塔比莱托公司生产的Robot－75型机械手27台，90年代修建南昆线时则引进瑞士的Aliva－305型机械手，修建鲁布革水电站引水隧洞时喷射混凝土已用Aliva－305型机械手。国产机械手用于铁路隧道施工最早的是韩家河隧道，南昆线二排坡隧道则用南京军区生产的SPJS－10机械手。所有这些机械手在施工中都取得了不错的实绩，但进口的机械手价格较高，一般的施工单位都不愿购置。

（五）金属网喷混凝土

一般用于锚喷联合作业，主要在下列情况下采用：

（1）在土、砂等围岩喷混凝土，由于土、砂与喷混凝土的黏结性差，自稳能力很低，易发生剥落现象。通常需沿围岩表面铺设金属网（$\phi3.2$，网格50mm×50mm左右），再喷混凝土支护。

（2）在膨胀性围岩中，由于岩土压力较大，为防止喷混凝土破坏剥落和提高支护结构的抗剪能力，可用金属网（$\phi5$，网格150mm×150mm左右）加固。

（3）在裂隙密集的硬岩或中硬岩洞室，仅用锚杆支护仍会产生个别危石坠落时，采用金属网喷混凝土相当有效。

挂金属网喷混凝土与一般喷混凝土施工工艺一致，单位成品的人工、机械消耗水平一致，但由于挂网喷混凝土回弹量相对较大，故水泥、砂、石、速凝剂的消耗量要高。应注意挂网喷混凝土定额中不包括钢筋网的制安及材料费用。

（六）喷纤维混凝土

喷纤维混凝土是一种采用喷射法施工的典型复合材料，它同时含有抗拉强度不高的混凝土基本材料和抗裂性大、弹性模量高的钢纤维或复合纤维材料。采用这种复合材料能明显提高混凝土基材的抗拉强度，防止基材中原有缺陷的扩展并延缓新裂缝的出现，提高基材的抗变形能力从而改善其韧性和抗冲击性。

1. 喷钢纤维混凝土

（1）喷钢纤维混凝土的主要性能。

1）抗压强度。在一般条件下，喷射钢纤维混凝土的抗压强度要比素喷混凝土高50%左右，当钢纤维的尺寸相同时，混凝土强度随纤维含量增加而提高。

2）抗拉、抗弯强度。喷钢纤维混凝土的抗拉强度比素喷混凝土提高50%～80%，抗拉强度随纤维掺量的增加而提高。当钢纤维的长度和掺量不变时，细纤维的增强效果优于粗纤维。喷钢纤维混凝土的抗弯强度比素混凝土提高0.4～1倍，同抗拉强度的规律一样，增加纤维掺量，或减小纤维直径，均有利于提高钢纤维喷射混凝土的抗弯强度。

3）韧性。良好的韧性是喷射钢纤维混凝土的重要特性。试验表明，喷射钢纤维混凝土的韧性可比素喷混凝土提高10～15倍。

4）抗冲击性。在喷射混凝土中，掺入钢纤维，可明显地提高抗冲击性。测定喷射钢

纤维混凝土的抗冲击力，常采用落锤法或落球法。美国用4.5kg锤对准厚38～63mm、直径为150mm的试件进行锤击。素喷混凝土在锤击10～40次后即破坏，而使用喷射钢纤维混凝土试件破坏所需的锤击次数在100～500次以上，抗冲击提高10～13倍。

5）收缩。冶金部建筑研究总院的试验表明，在每立方米喷射混凝土中掺入90kg的钢纤维后，各龄期喷射混凝土的收缩量均明显减小，在不加速凝剂的情况下，一般减小20%～80%，在掺速凝剂的情况下，一般减小30%～40%。这一性能对于喷射混凝土用于防水工程和大面积薄壁结构工程是极为有利的。

（2）喷钢纤维混凝土原材料及其组成。

1）钢纤维。常用的钢纤维直径为0.25～0.4mm，长度为20～30mm，目前使用的钢纤维的抗拉强度为345～2070MPa，长径比一般为60～100。不同品种的钢纤维有不同功能，碳素钢纤维用于常温下的喷射混凝土，不锈钢纤维用于高温下的喷射混凝土，端头带弯钩的钢纤维具有较高的抗拔强度，当比平直的纤维掺量少时，也能获得相同性能的喷射混凝土。每一种钢纤维，生产厂家均有与之相应的性能表，可供设计时选择使用。

2）水泥。一般采用42.5级普通硅酸盐水泥，用量为每立方米混凝土400kg。

3）粗骨料。其最大粒径一般为15mm，这是由于粗骨料应完全被长为20～30mm的纤维所包裹，以保证其良好的力学特性。

4）配合比。国内常用的干拌法喷射混凝土配合比为水泥：砂：石子＝1：2：2。

根据钢纤维性能表，可根据设计的等效抗弯强度，并假定最大抗弯强度，可求出韧度系数，从性能表中查出掺量，再根据试验进行修正，即可确定较合理的钢纤维掺量。钢纤维掺量为每立方米混凝土80～100kg。在二滩水电站地下工程中，采用的是Dramix Zp 30/0.5钢纤维，掺量为45kg/m^3。

（3）喷钢纤维混凝土存在的问题。

1）粉尘控制问题。目前施工喷钢纤维混凝土，多数仍采用干喷，由于水在喷嘴处掺入，水和水泥难以完全混合均匀，且喷射压力较大（达0.7～1.0MPa），故喷射时粉尘量很难控制，粉尘污染严重。即使是湿喷，同样也存在该问题，只是含量相对小一些，但仍难满足水泥粉尘含量为3mg/m^{3}的环保要求。如何有效控制粉尘成了喷钢纤维混凝土施工的重要问题。

2）渗水处理问题。渗水往往造成喷混凝土和岩面黏结强度降低，如渗水排泄受阻，会因外水压力过大而影响喷混凝土支护功能。如渗水量较大，需先进行封堵或集中排水，且当喷混凝土达到一定强度后，宜钻排水孔以减少外水压力。

3）回弹率控制问题。回弹率的大小与喷射压力、钢纤维的形状和长细比、骨料大小、水泥和细砂的含量、喷射手的熟练程度以及喷射面的角度、平整度等有关。如何有效控制回弹率，直接影响钢纤维混凝土的费用问题。在二滩水电站地下工程喷混凝土支护过程中，采用混喷工艺，顶拱回弹率一般在20%左右，边墙为8%～15%。

2. 喷合成纤维混凝土

用于喷射混凝土的合成纤维主要有聚丙烯腈纤维、聚丙烯纤维、改性聚酯纤维和聚酰胺纤维。我国喷射混凝土工程中应用较多的是聚丙烯腈纤维和聚丙烯纤维。其主要材料特点有：①在混凝土中具有更好的分散性，在混凝土中可构成更加致密的三维乱向分布体系，对于提高混凝土的抗裂、抗渗、抗冲击能力和韧性等具更明显的作用。②对混凝土早期抗裂有良好效果，而且有利于提高硬化混凝土的抗变形能力和能量吸收。③对提高混凝土的抗弯韧性、抗疲劳性和冲击性有更好的作用。④纤维在混凝土中平均间距仅为0.55mm，可构成更加致密的网络，有效提高混凝土的抗裂性。

（1）喷射合成纤维混凝土的性能。喷射合成纤维混凝土的性能与纤维掺量有关。用喷射法或浇筑物制得的合成纤维混凝土与同等强度的素混凝土性能比较见表4-119。

表4-119　　合成纤维混凝土与素混凝土的性能比较

项目	纤维掺量及性能变化	聚丙烯腈纤维混凝土	聚丙烯纤维混凝土	聚酰胺纤维混凝土
收缩裂缝	降低比例/%	58～73	55	57
	纤维掺量/(kg/m³)	0.5～1.0	0.9	0.9
28天收缩率	降低比例/%	11～14	10	12
	纤维掺量/(kg/m³)	0.5～1.0	0.9	0.9
相同水压下渗透高度降低	提高比例/%	44～56	29～43	30～41
	纤维掺量/(kg/m³)	0.5～1.0	0.9	0.9
50次冻融循环强度损失	损失比例/%	0.2～0.4	0.6	0.5～0.7
	纤维掺量（kg/m³）	0.5～1.0	0.9	0.9
冲击耗能	提高比例/%	42～62	70	80
	纤维掺量/(kg/m³)	1.0～2.0	1.0～2.0	1.0～2.0
弯曲疲劳强度	提高比例/%	9～12	6～8	—
	纤维掺量/(kg/m³)	1.0	1.0	—

（2）喷射合成纤维混凝土施工。喷射合成纤维混凝土中合成纤维的掺量一般为0.9～1.0kg/m³，直接加入湿拌混凝土或干拌混合料中均可，但应采用机械搅拌，搅拌时间可适当增长，不小于1.0min。加入纤维后，混凝土的黏聚性增强，坍落度会稍有下降，但不影响混凝土的使用性能。如确需提高坍落度，须稍增大减水剂用量，不可临时加大用水量。

（七）喷混凝土工程量

《水电工程设计工程量计算规定（2010年版）》规定，喷混凝土的设计工程量按照以下原则计算：

（1）喷混凝土工程量以成品方（m³）计量。

（2）喷混凝土按设计施喷面积乘以设计厚度计算。不计入回弹量和施工损耗量，不扣除金属件、预埋件占去的空间；挂网钢筋（钢肋拱或钢丝网）应单独计算，并注明钢筋直径及间排距。挂网钢筋以吨（t）为计量单位，不计入为固定钢筋网所需用的附加钢筋。

（3）规划阶段：宜根据喷混凝土的部位、面积匡算喷混凝土工程量。

（4）预可行性研究阶段：应根据支护范围和喷层厚度计算喷混凝土工程量，并注明主要支护部位、喷混凝土厚度、强度等级、钢筋网布设等。

（5）可行性研究阶段：应根据支护范围和喷层厚度计算喷混凝土工程量，并注明主要

支护部位、喷混凝土厚度、强度等级、钢筋网布设等。

(6) 招标设计和施工图设计阶段：应根据支护范围和喷层厚度计算喷混凝土工程量，详细注明支护的部位、喷混凝土种类、喷混凝土厚度、强度等级、钢筋网布设等。

现行水电概算定额中喷混凝土的计量单位按“m^3”计。定额以喷后的设计有效体积计算，拌制、运输及回弹的损耗等，均已计入定额中。

(八) 喷混凝土单价编制

现行概算定额中，喷混凝土定额包括凿毛、配料、上料、拌和、喷射、处理回弹、养护、工作面喷射后的清理等工作内容。

根据设计确定的喷射厚度、作业地点（地面、地下）、有无挂钢筋网、喷射方法选用相应定额，编制喷混凝土工程单价。

定额喷混凝土是按不掺纤维考虑的，若根据工程需要应掺入纤维时，应对喷混凝土单价进行调整。严格来说，编制工程单价时应根据纤维掺量在定额材料项中加计纤维一项，并对定额人工、材料及机械耗量进行调整。但在概估算编制阶段，若无其他相关资料时，可仅在材料量中加入纤维，并对混凝土耗量做相应调整，其他材料、人工及机械可不做调整。

五、喷混凝土工程案例

【例 4-9】

(一) 工程设计条件

某引水平洞边墙和顶拱采用喷钢纤维混凝土支护，开挖断面如图 4-36 所示。顶拱回弹率为 18%，边墙回弹率为 12%，喷钢纤维混凝土厚度为 20cm。已知：

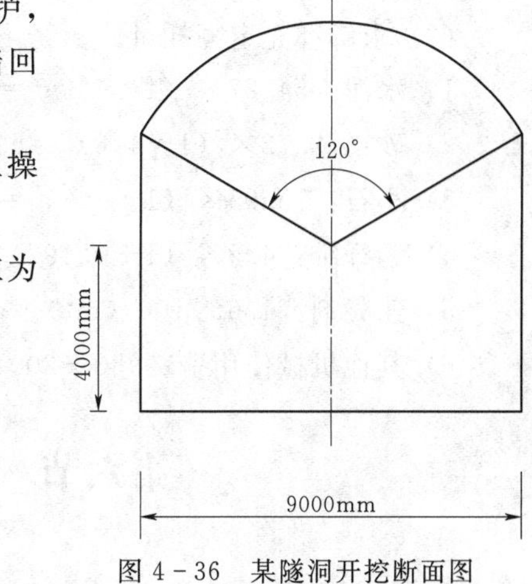

图 4-36 某隧洞开挖断面图

(1) 成品中钢纤维含量为 $45kg/m^3$，钢纤维施工操作损耗为 2%。

(2) 喷混凝土厚度为 20cm，平洞支护定额（单位为 $100m^3$）部分参考数据如下：

1) 水泥：$54.27t/100m^3$。

2) 砂：$72.72m^3/100m^3$。

3) 小石：$75.95m^3/100m^3$。

4) 速凝剂：$1.6t/100m^3$。

5) 其他机械使用费：930 元/$100m^3$。

(3) 钢纤维掺量为 $45kg/m^3$ 时，定额做如下调整：

1) 钢纤维定额耗量为 $4.5\times(1+A)$，其中 A 为 $100m^3$ 成品综合增加量比例。

2) 水泥、砂、小石的用量减少 4%。

3) 其他机械使用费增加 200 元/$100m^3$。

(二) 计算要求

(1) 涉及断面的宽、高、半径、弧长等数据精确到毫米，百分比保留整数。A 取 3 位小数，π 取 3.14，计算过程中不考虑规范允许的超挖量和施工附加量。

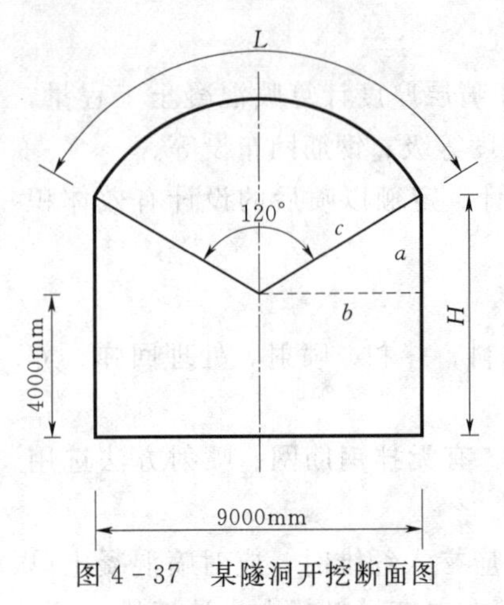

图 4-37　某隧洞开挖断面图

（2）试计算补充定额中水泥、砂、小石、钢纤维、速凝剂和其他机械使用费的耗量（单位为 $100m^3$）。

（三）解答

（1）求解断面的基本数值。如图 4-37 所示。

1）三角形边长：$b=4500$（mm），$a=b\times\tan30°=4500\times\sqrt{3}\div3=2598$（mm），$c=a\times2=5196$mm。

2）弧形半径：$R=c=5196$（mm）。

3）弧长：$L=2\pi R\times120\div360=2\times3.14\times5196\times120\div360=10877$（mm）

4）边墙高度：$H=4000+2598=6598$（mm）。

5）两侧边墙合计：6598×2=13196（mm）。

（2）求解成品综合增加量比例 A。

1）边墙占比：13196÷（13196+10877）=55%。

2）顶拱占比：10877÷（13196+10877）=45%。

3）边墙成品增加量比例：A_1=（1+施工操作损耗率）÷（1－边墙回弹率）－1=1.02÷0.88－1=0.159。

4）顶拱成品增加量比例：A_2=（1+施工操作损耗率）÷（1－顶拱回弹率）－1=1.02÷0.82－1=0.244。

5）成品综合增加量比例：A=0.159×55%+0.244×45%=0.197。

（3）求解补充定额耗量。

1）水泥：54.27×（1－4%）=52.10（$t/100m^3$）

2）砂：72.72×（1－4%）=69.81（$m^3/100m^3$）。

3）小石：75.95×（1－4%）=72.91（$m^3/100m^3$）。

4）钢纤维：4.5×（1+0.197）=5.39（$t/100m^3$）。

5）速凝剂：1.6t /100（m^3）。

6）其他机械使用费：930+200=1130（元/$100m^3$）。

第六节　基 础 处 理 工 程

一、概述

水工建筑物一般建于天然地基上。但天然地基往往不能完全满足要求，如经常遇到深厚覆盖层地基；渗透性大、节理裂隙发育的岩层以及软弱夹层、断层破碎带等地质条件复杂的地基，均需要进行处理，以保证工程运行安全。

基础处理工程是为了提高地基承载能力和稳定性，改善和加强其防渗性能及结构物本身整体坚固所采取的工程措施。从施工角度讲，主要是采用灌浆、地下连续墙、桩基、高压喷射灌浆、强夯、预应力锚固、开挖回填等，或者是几种方法的组合应用。

(一) 基础处理工程的目的

根据建筑物地基条件，基础处理的目的大体可归纳为以下几个方面：

(1) 提高地基的承载能力，改善其变形特性。

(2) 改善地基的剪切特性，防止剪切破坏，减少剪切变形。

(3) 改善地基的压缩性能，减少不均匀沉降。

(4) 减少地基的透水性，降低扬压力和地下水位，提高地基的稳定性。

(5) 防止地下洞室围岩坍塌和边坡危岩或陡壁滑落。

(6) 改善地基的动力特性，防止液化。

(二) 基础处理工程的主要手段

由于建筑物对基础的要求和地基的地质条件不同，基础处理工程的方法很多，按处理的方法可分以下几项：

(1) 灌浆：主要有防渗帷幕、固结、接缝、接触和回填等水泥灌浆及化学灌浆。

(2) 地下连续墙：有钢筋混凝土连续墙、素混凝土连续墙、塑性混凝土连续墙、固化灰浆连续墙、自凝灰浆连续墙等。

(3) 桩基：主要有灌注桩、振冲桩和高喷桩等。

(4) 预应力锚固：主要有建筑物地基锚固、挡土墙锚固以及高边坡山体锚固等。

(5) 开挖回填：主要有坝基截水槽、防渗竖井、沉箱、软弱地带传力洞、混凝土塞以及抗滑桩等。

由于基础处理工程的种类很多，后面将着重介绍目前水利水电工程在基础处理中应用较广泛的灌浆工程、地下连续墙工程、桩基工程和高喷灌浆工程。

(三) 基础处理工程的施工特点

(1) 地基处理属于地下隐蔽工程。由于地质条件复杂且情况多变，一般难以全面了解。因此，施工前必须充分地调查研究，掌握比较准确的勘测试验资料。必要时应进行补充地质勘探，据以制定相应的技术措施。

(2) 施工质量要求高。水工建筑物地基处理的施工质量，关系到工程的安危，一般难以全面准确地直接进行检测，发生质量事故，又难以补救。因此，在施工过程中要继续搜集资料，及时分析、处理发现的问题，确保工程质量，不留隐患。

(3) 工程技术复杂，施工难度大。已建或在建工程的地基处理中，因地质条件的不同，很少有先例可以直接参考套用。因此，在施工过程中需要进行室内或现场试验，逐步取得各项参数和施工经验，以供选择处理方案和解决施工中的技术问题。

(4) 工艺要求严格，施工连续性强。地基处理工程特别是防渗墙和灌浆工程施工环节多，工艺要求严格，每一作业循环都要求按顺序连续快速进行，稍有延误和疏忽，就可能造成质量事故和重大经济损失。

(5) 工期紧，干扰大。地基处理工程施工，一般会受到汛期和工作面的限制，大部分施工先于或与主体工程交错进行，施工工期紧，干扰大。因此，需要按枢纽工程施工总进度，统筹制定施工措施和施工计划，以利地基处理工程施工顺利进行。

二、灌浆工程

灌浆就是利用灌浆机施加一定压力，将浆液通过预先设置的灌浆管或灌浆孔，灌入岩体、土或结构建筑物中，使其胶结成相对坚固、相对密实和透水性较弱的整体。

（一）灌浆的分类

1. 按灌浆浆液材料分

（1）水泥灌浆。一般情况下，可采用硅酸盐水泥或普通硅酸盐水泥；当有抗侵蚀要求时，应使用特种水泥。

1）纯水泥灌浆。优点是工艺简单、水泥来源充足。缺点是对于基础致密，地下水流速较大且压力较大的地层，可灌性差。

适用范围：裂缝宽度大于水泥颗粒直径（0.03～0.06mm）3倍以上；透水率大于1Lu，$\omega>0.01L/(min \cdot m \cdot m)$；地下水流速小于80m/d，否则采取措施，如掺加速凝剂；地下水无侵蚀性。

2）细水泥灌浆。优点是可灌入微细的裂隙或缝中。缺点是造价高。

适用范围：适用于岩石微细裂隙或张开度小于0.5mm的坝体接缝灌浆。

（2）黏土灌浆。优点是价格低廉，料源丰富。缺点是强度低、凝固时间长，遇水后软化或者流失，抗剪抗滑性能差。

适用范围：土坝补强，低水头或临时性工程的防渗。

（3）水泥黏土灌浆。优缺点介于水泥灌浆和黏土灌浆之间。

适用范围：要求防渗性能较高，强度较低的基础。

（4）水泥粉煤灰黏土灌浆。优点是具有良好的强度和变形性能，抗渗和耐久性好；具有可控性，能防止浆液流失或扩散太远；价廉，使工业废渣变废为宝，化害为益。特点是稳定性浆液，稠浆呈膏状。

适用范围：堆石坝体帷幕灌浆。

（5）化学灌浆。采用化学材料（聚氨酯、环氧、丙凝等）配制的浆液，灌入需要处理的部位后起化学反应，聚合成固体或是胶体，达到防渗和固结效果。优点是可灌性好，封堵效果好。缺点是有毒、具有腐蚀性、易爆，成本高。

适用范围：微细裂隙采用其他材料灌浆效果不好，或是集中渗流处的堵漏。

（6）水泥砂浆灌浆。适用范围：适用于回填、大空穴灌浆。

2. 按灌浆在水工建筑物中所起的作用分

（1）帷幕灌浆：在受灌体内建造防渗帷幕的灌浆，受灌体可以是基岩、砂卵砾石层、土层、围堰填筑体和有缺陷的混凝土等。

（2）固结灌浆：为了增强受灌体的密实性、整体性，提高其力学性能的灌浆。大坝基岩固结灌浆通常都在岩石浅层进行，而用于断层破碎带岩体的固结灌浆有时深度也较大。前者通常压力较低，后者通常压力较高。

（3）回填灌浆：为充填地基或水工建筑物结构内空隙和空洞，增强其密实性和整体性的灌浆，有时也称为充填灌浆。预填骨料混凝土的灌浆也属于这一性质。

（4）接触灌浆：指在建筑物与基岩的竖直或高倾角接触面、钢管与混凝土接触面等部位进行的灌浆，其目的是充填由于混凝土收缩而产生的空隙，加强两种结构或材料之间的结合能力，改善受力条件。

（5）接缝灌浆：通过预埋管路对混凝土坝块间的收缩缝进行的灌浆，其目的是增强混

凝土坝块间的结合能力，改善传力条件。

(6) 其他灌浆：预应力灌浆、补强灌浆等。

(1) ～(5) 灌浆方法，后面将逐一介绍其定义、作用及适用范围、施工特点、施工程序等。

3. 按灌浆压力分

(1) 低压：灌浆压力不大于0.5MPa。

(2) 中压：灌浆压力大于0.5MPa且小于3MPa。

(3) 高压：灌浆压力不小于3MPa。

4. 按灌浆方式分

(1) 循环式灌浆：浆液通过射浆管注入孔段内，部分浆液渗入到岩体裂隙中，部分浆液通过回浆管返回，保持孔段内的浆液呈循环流动状态的灌浆方式（图4-38）。

(2) 纯压式灌浆：浆液注入孔段内和岩体裂隙中，不再返回的灌浆方式（图4-39）。

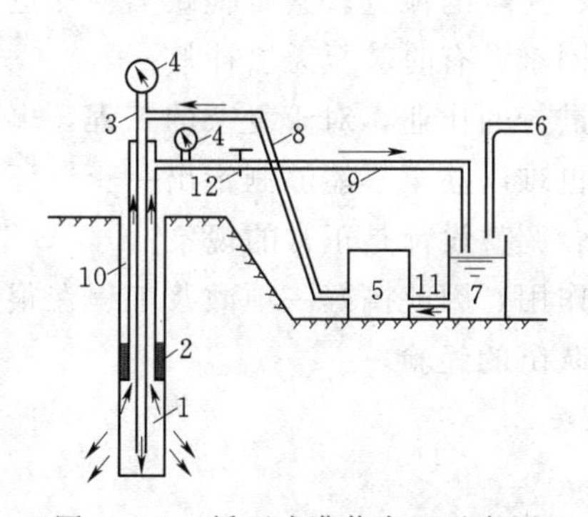

图4-38　循环式灌浆布置示意图

1—灌浆段；2—灌浆塞；3—进浆管（内管）；4—压力表；5—灌浆泵；6—供水管；7—浆液搅拌机；8—送浆管；9—回浆管；10—孔内回浆外管；11—吸浆管；12—阀门

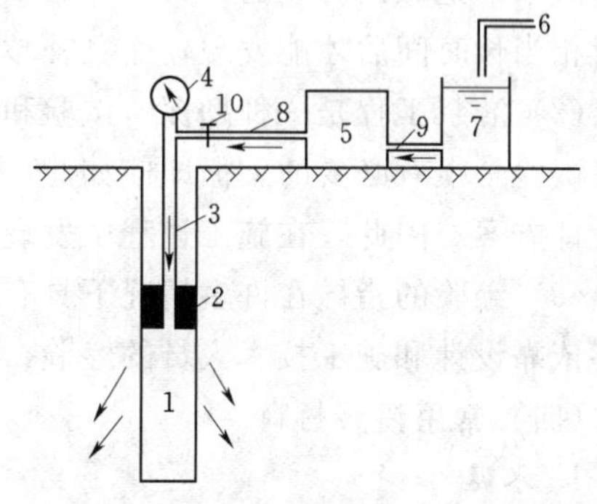

图4-39　纯压式灌浆布置示意图

1—灌浆段；2—灌浆塞；3—灌浆管；4—压力表；5—灌浆泵；6—供水管；7—浆液搅拌机；8—进浆管；9—吸浆管；10—阀门

5. 按受灌建筑物或结构分

按进行灌浆的建筑物或结构可分为坝基灌浆、隧洞灌浆、压力钢管灌浆、土坝灌浆、岸坡灌浆等。

6. 按灌浆地层分

按灌浆地层可分为岩石地基灌浆、砂砾石地层灌浆、土层灌浆等。

(二) 灌浆工程的主要作用和适用范围

1. 灌浆工程的主要作用

灌浆工程的直接目的是修补地质缺陷，主要起到以下作用：

(1) 充填作用。浆液结石将地层空隙充填起来，提高地层的密实性，也可以阻止水流的通过。

(2) 压密作用。在浆液被压入过程中，对地层产生挤压，从而使那些无法进入浆液的细小裂隙和孔隙受到压缩或挤密，使地层密实性和力学性能都得到提高。

(3) 黏合作用。浆液结石使已经脱开的岩块、建筑物裂隙等充填并黏合在一起，恢复或加强其整体性。

（4）固化作用。水泥浆液和地层中的黏土等松软物质发生化学反应，将其凝固成坚固的“类岩体”。

2. 灌浆工程的适用范围

灌浆工程适用范围很广，在水利水电工程中常用于以下方面：

（1）各种建筑物的地基处理。

（2）土坝、堤防、围堰的防渗灌浆。

（3）地下洞室掘进的防渗、堵漏、加固灌浆，包括预注浆（超前注浆）等。

（4）混凝土结构物施工的接缝灌浆、接触灌浆，预应力灌浆、预填骨料灌浆和缺陷修补灌浆等。

（三）灌浆工程的特点

（1）灌浆工程是隐蔽工程，不仅工程完成以后要被覆盖，即使在施工过程中，其工程量和效果都是难以直观的，其质量难以进行直接、完全的检查。其工程缺陷要在运行中或运行相当长时间后才能发现，而且补救起来十分困难，有时甚至无法补救。

（2）灌浆工程是一种勘探、试验和施工平行进行的作业，对于复杂的工程，事先进行灌浆试验是很有必要的。但即使如此，设计人员也难以甚至不能够制定出一套保证不变更的设计方案。因此，在施工过程中发现新的问题、调整设计是正常的现象。

（3）经验的指导在许多情况下具有决定性的作用，因此搞好一项灌浆工程在很大程度上要依靠设计和施工技术人员的经验，依靠施工队伍的经验。

（四）常用灌浆材料

1. 水泥

（1）灌浆用水泥的品种：一般采用硅酸盐水泥或普通硅酸盐水泥。当有抗侵蚀或其他要求时，应使用特种水泥。

（2）灌浆用水泥的强度等级：帷幕灌浆、固结灌浆、回填灌浆所用水泥的强度等级不低于32.5；坝体接缝灌浆、钢衬接触灌浆和岸坡接触灌浆所用水泥的强度等级不低于42.5。

（3）灌浆用水泥的细度：帷幕灌浆、坝体接缝灌浆所用水泥的细度宜为通过80μm方孔筛的筛余量不大于5%。

水泥灌浆一般适用纯水泥浆液。特殊条件下且通过现场灌浆试验论证，可使用细水泥浆液、稳定浆液、混合浆液及膏状浆液。

细水泥是指采用干磨水泥、湿磨水泥或经过特殊加工的超细水泥，用于灌入非常细小的岩石裂隙，可分为：①湿磨水泥，平均粒径为10～12μm；②干磨水泥，平均粒径为6～10μm；③超细水泥：平均粒径为3～6μm。

2. 掺合料

（1）膨润土或黏性土：灌浆用的膨润土或黏性土，要求遇水后吸水膨胀，能迅速崩解分散，具有稳定性、可塑性和黏结力。

1）塑性指数不宜小于14。

2）黏粒（粒径小于5μm）含量不宜低于25%。

3）含砂量不宜大于5%。

4）有机物含量不宜大于3%。

（2）粉煤灰：可选用Ⅰ级、Ⅱ级或Ⅲ级粉煤灰。

（3）砂：一般采用质地坚硬的天然砂或人工砂。

1）粒径不宜大于2.5mm。

2）细度模数不宜大于2.0。

3）SO_3含量不宜大于1%（以重量计，下同）。

4）含泥量不宜大于3%。

5）有机物含量不宜大于3%。

（4）水玻璃：模数宜为2.4～3.0，浓度宜为30～45°Bé（称为波美度，是表示溶液浓度的一种方法）。

3. 水

灌浆用水应符合拌制水工混凝土用水的要求。

4. 外加剂

根据灌浆需要，可在水泥浆液中加入下列外加剂：

（1）速凝剂：需要迅速凝结，加入一定数量的速凝剂，如水玻璃、氯化钙等。

（2）减水剂：加入后，可以改善浆液的流动性，增加密实性和抗渗性，如萘系高效减水剂、木质素磺酸盐类减水剂等。

（3）缓凝剂：可以延缓浆液的凝结时间，如磷酸氢二钠、磷酸钠等。

（4）稳定剂：膨润土、高塑性黏土等。

所有外加剂凡能溶于水的应以水溶液状态加入。

（五）帷幕灌浆

帷幕灌浆是指用浆液灌入岩体或土层的裂隙、孔隙，形成阻水幕，以减小渗流量或降低扬压力的灌浆。一般是在坝基内（平行坝轴线多在靠近上游处）或两岸坝肩进行帷幕灌浆。

1. 主要作用

（1）截断基础渗流。

（2）降低坝基和坝肩扬压力。

（3）防止集中渗漏。

2. 施工特点

（1）钻孔较深。

（2）钻孔呈线性排列，二排、三排为宜，平行坝轴线，一般靠近上游布置。

（3）一般采用单孔灌浆。

（4）灌浆压力大。

3. 施工顺序

（1）单排孔：按分序加密的原则进行，钻灌Ⅰ序孔→钻灌Ⅱ序孔→钻灌Ⅲ序孔，一般孔距为1～3m。例如，孔距2m，相距8m的孔为Ⅰ序孔，相距4m的为Ⅱ序孔，相距2m的为Ⅲ序孔。在地质条件不完全清楚的情况下，可选用1/4Ⅰ序孔作为先导孔钻灌（图4-40）。

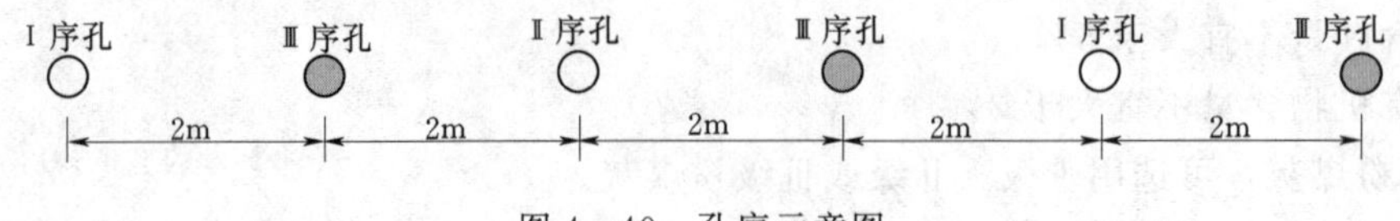

图 4-40　孔序示意图

(2) 两排孔：下游排→上游排。

(3) 三排或多排孔：下游排→上游排→中间排。

(4) 两排孔及两排孔以上组成的帷幕，排距一般不能再动，如需补加灌浆孔，在各排上逐孔加密，缩短孔距，因此设计时排距小于孔距，孔距＝1.15×排距。

4. 帷幕的形式

(1) 接地式帷幕。帷幕灌浆深入基础的相对不透水岩层中，基本上全部截断渗流的，称为接地式帷幕。这种帷幕的防渗效果最好，在可能的条件下，坝基采用这种形式的灌浆帷幕为宜。

(2) 悬挂式帷幕。在相对不透水岩层埋藏较深的坝址区其帷幕深度没有达到相对不透水岩层的，称为悬挂式帷幕。采用这种形式的帷幕，一般常须配合其他的防渗措施共同发挥作用。

5. 帷幕灌浆按地层分类

帷幕灌浆按地层可分为岩石基础帷幕灌浆和砂砾石基础帷幕灌浆。

6. 岩石基础帷幕灌浆

岩石基础帷幕灌浆工艺流程一般为：施工准备→钻孔→冲洗→表面处理→压水试验→灌浆→封孔→质量检查。

(1) 施工准备。施工准备包括场地平整、劳动组合、材料准备、孔位放线、电风水布置、交通线路布置、搭设机房以及机具设备就位、检查等。

(2) 钻孔。

1) 钻孔机械包括冲击式、回转式（岩心钻机、地质钻机）、冲击回转式。

2) 钻头选择包括钻粒钻头（铁砂钻头、钢砂钻头、碾砂钻头）、硬质合金钻头、金刚石钻头。

3) 其他钻具：扩孔器、岩芯管、钻杆。

4) 钻孔孔径。

a. 帷幕基本孔：孔径 46～110mm，不得小于 46mm。

b. 帷幕检查孔：孔径 91～130mm。

5) 钻孔孔位。帷幕灌浆孔位与设计孔位的偏差不得大于 10cm。

6) 钻孔孔斜允许偏差。帷幕灌浆孔应进行孔斜测量。垂直的或顶角小于 5°的帷幕灌浆孔，孔底的偏差不得大于表 4-120 的规定。

表 4-120　　帷幕灌浆孔孔底允许偏差表　　单位：m

孔深		20	30	40	50	60
允许偏差	单排孔	0.25	0.45	0.70	1.00	1.30
	二排或三排孔	0.25	0.50	0.80	1.15	1.50

顶角大于5°的斜孔，孔底最大允许偏差值可根据实际情况按表4-120中的规定适当放宽，但方位角的偏差值不应大于5°。孔深大于60m时，孔底最大允许偏差值应根据工程实际情况确定，并不宜大于孔距。

(3) 冲洗。用水将残存在孔内的岩粉和铁砂末冲出孔外，并将裂隙中的充填物（黏土、杂质）冲洗干净，以保证灌浆效果。冲洗可分为钻孔冲洗和裂隙冲洗。

1) 钻孔冲洗：包括孔壁和孔底沉淀的冲洗。灌浆孔（段）在钻进结束后，应进行钻孔冲洗。钻孔冲洗工序应为钻孔工作的一部分。

a. 目的：清除孔内残存的岩粉和铁末。

b. 方法：在孔内下入钻具或导管直到孔底，通入大流量水流，污水自孔内返出，直至符合要求。

c. 合格标准：孔口清水维持10min。

2) 裂隙冲洗：对钻孔四周一定范围内岩体的裂隙的冲洗。各灌浆孔（段）在灌浆前应采用压力水进行裂隙冲洗。

a. 目的：清除裂隙中夹杂的泥土和杂质。

b. 方法：在卡紧灌浆栓塞后通过钻孔向裂隙中压入压力水流，使裂隙中的充填物被冲刷出孔外或夹带到离孔较远的地方。一般包括压力冲洗、脉冲冲洗、风水联合冲洗。

c. 合格标准：至回水清净。冲洗压力可为灌浆压力的80%，并不大于1MPa。

采用自上而下分段循环式灌浆法、孔口封闭灌浆法进行帷幕灌浆时，各灌浆孔（段）在灌浆前应采用压力水进行裂隙冲洗。

采用自下而上分段灌浆法时，各灌浆孔可在灌浆前全孔进行一次裂隙冲洗。

(4) 表面处理。为防止有压情况下浆液沿裂隙冒出地面，因此要先行处理（若基岩上有混凝土覆盖，无需进行）。采取的方法有水泥浆或水泥砂浆塞缝、砂浆抹面、浇盖面混凝土等。

(5) 压水试验。压水试验目的是确定地层的渗透特性，为岩基处理设计和施工提供必要的技术资料和依据。它是测定地层渗透性最常见的一种试验方法。

压水试验是利用水泵或水柱自重，将清水压入钻孔试验段，根据一定时间内压入的水量和施加压力大小的关系，计算岩体相对透水性和了解裂隙发育程度的试验。

1) 吕荣（五点法）压水试验。

a. 主要特点：采用多级压力，多阶段循环的试验方法，一般是三压力五阶段进行。P1 (0.3MPa)→P2 (0.6MPa)→P3 (1.0MPa)→P4 (0.6MPa)→P5 (0.3MPa)。

b. 主要作用：测定岩石的透水性，为评价岩体的渗透特性，设计渗控措施提供基本资料；国际通用便于交流。

c. 适用范围：帷幕灌浆的灌浆试验、先导孔和检查孔。

2) 单点法压水试验。

a. 主要特点：只采取一个压力值，只试验一个压力阶段。

b. 主要作用：查看各序灌浆孔的透水率大小，检查灌浆效果；选定灌浆方法和段长。

c. 适用范围：帷幕灌浆、坝基及隧洞固结灌浆的灌浆孔和检查孔。

3) 简易压水试验。一种简化和粗略的压水试验，其目的是了解灌浆施工过程中岩体透水性变化的趋势。

a. 主要特点：压力为灌浆压力的 80%，并不大于 1MPa，压水时间为 20min，每 5min 测读一次压入流量。

b. 主要作用：结合裂隙冲洗进行；选用开灌水泥比，准备灌浆材料。

c. 适用范围：帷幕灌浆、坝基及隧洞固结灌浆前。

采用自上而下分段循环式灌浆法、孔口封闭灌浆法进行帷幕灌浆时，各灌浆段在灌浆前宜进行简易压水。简易压水可结合裂隙冲洗进行。

采用自下而上分段灌浆法时，各灌浆孔灌浆前可在孔底段进行一次简易压水。

d. 压水试验成果公式。按规范规定，渗透特性用透水率 q 表示，单位为吕荣值 (Lu)，定义为压水压力为 1MPa 时，每米试段长度每分钟注入水量 1L 时，称为 1Lu。

$$q = Q/PL \tag{4-39}$$

式中：q 为试段透水率，Lu；Q 为压入流量，L/min；P 为作用于试验段的全压力，MPa；L 为试验段长，m。

1Lu 相当于 $\omega = 0.01\text{L}/(\text{min}\cdot\text{m}\cdot\text{m})$。

(6) 灌浆。

1) 灌浆机械。

a. 灌浆泵分为中压泥浆泵（水泥浆、黏土浆、水泥黏土浆）、中压砂浆泵（水泥砂浆）、高压泥浆泵（高压灌浆）（图 4-41）。

b. 自动记录仪（图 4-42）。

c. 搅拌机分为泥浆搅拌机（卧式 $2m^3$）、灰浆搅拌机（1000L、200L）、高速搅拌机（ZJ1500、ZJ400）（图 4-43、图 4-44）。

图 4-41　灌浆泵

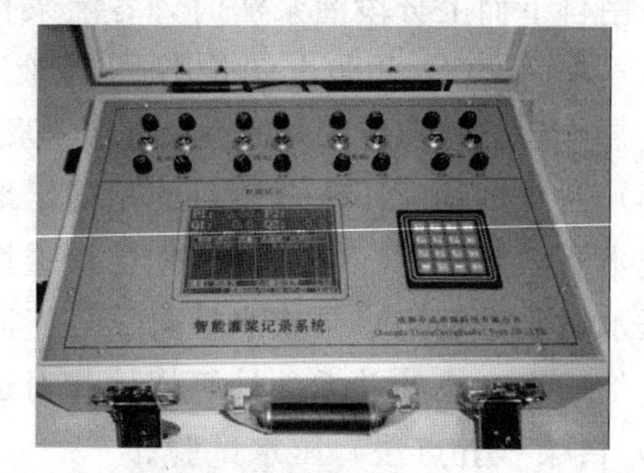

图 4-42　自动记录仪

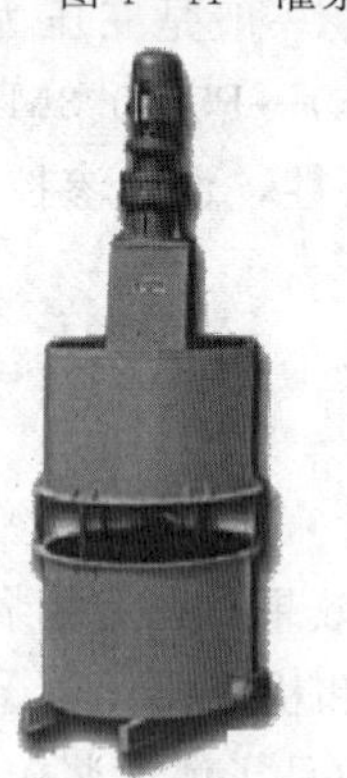

图 4-43　YJ-340 泥浆搅拌机

图 4-44　ZJ-250（400）高速搅拌机

2）灌浆方法。基岩的灌浆方法有以下几种：

a. 全孔一次灌浆法：将孔一次钻到设计深度，再沿全孔一次灌浆的灌浆方法。

b. 全孔分段灌浆法。

(a) 自上而下分段灌浆法：从上向下逐段进行钻孔，逐段安装灌浆塞进行灌浆，直至孔底的灌浆方法。

(b) 自下而上分段灌浆法：将灌浆孔一次钻进到底，然后从钻孔的底部往上，逐段安装灌浆塞进行灌浆，直至孔口的灌浆方法。

(c) 综合灌浆法：在钻孔的某些段采用自上而下分段灌浆，另一些段采用自下而上分段灌浆的方法。

(d) 孔口封闭灌浆法：在钻孔的孔口安装孔口管，自上而下分段钻孔和灌浆，各段灌浆时都在孔口安装孔口封闭器进行灌浆的方法。

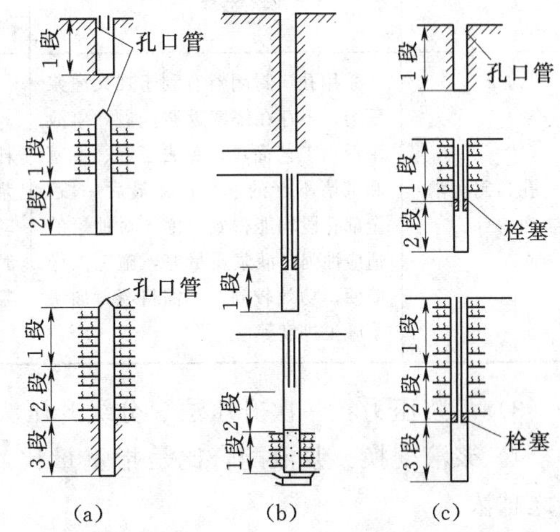

图 4-45　岩石灌浆方法

(a) 自上而下孔口封闭分段灌浆；(b) 自下而上栓塞分段灌浆；(c) 自上而下栓塞分段灌浆

灌浆方法较多，国内外用得较多的有3类：自上而下孔口封闭分段灌浆法，如图4-45 (a) 所示；自下而上栓塞分段灌浆法，如图4-45 (b) 所示；自上而下栓塞分段灌浆法，如图4-45 (c) 所示。

各种方法的优、缺点和适用范围见表4-121。

表 4-121　各种基岩灌浆方法比较表

项目名称	优点	缺点	适用范围
全孔一次灌浆法	施工简便，工效高	孔深不宜深	多用于孔深10m内，地质条件良好，基岩较完整、透水性不大的地层
自上而下分段灌浆法	由于灌浆塞安设在已灌段的底部，易于堵塞严密，不致发生绕塞返浆；随着灌浆段位深度的增加，能逐段加大灌浆压力，且各段压水试验和水泥注浆量成果准确；灌浆质量比较好	每段灌浆后常须待凝一段时间；钻、灌工序交叉，不能连续，互相等待，工效低	多用于岩层破碎、孔壁不稳固、孔径不均匀，竖向节理、裂隙发育，渗漏情况严重等地质条件不良地段
自下而上分段灌浆法	工序简化，钻灌连续；无需待凝，省工省时，工效较高	灌浆压力的增高，受一定程序的限制；灌浆塞常难堵塞严密，故不能采用较高压力，以免浆液绕塞上窜影响灌浆质量；孔段裂隙在钻进过程中易受岩粉堵塞，又不易分段进行裂隙冲洗，影响灌浆质量等	一般适用于岩层较完整坚固的地层，以及裂隙不很发育、渗透性不很大的岩层中

续表

项目名称	优点	缺点	适用范围
综合灌浆法	上部采用自上而下分段，下部采用自下而上分段，既能保证质量，又可加快速度	介于自上而下分段和自下而上分段之间，可互补	一般适用于上部岩层裂隙多、又比较破碎，而下部岩层较完整坚固的地层，以及裂隙不很发育、渗透性不很大的岩层中
孔口封闭灌浆法	采用孔口封闭器有利于加大灌浆压力，不存在绕塞返浆问题，事故率低；工艺简单，免去了起、下塞和塞堵不严的麻烦；除最后一段，全部孔段均能得到复灌，对地层的适应性强，灌浆质量好，施工操作简便，功效较高；不需待凝，加快了施工进度等	由于全孔经过多次复灌，消耗水泥较多；每段均为全孔灌浆，全孔受压，近地表岩体抬动危险大；灌注浓浆时间较长时，灌注管容易在孔内被水泥浆凝住	适用于较高压力和较深钻孔的各种灌浆工程；适用于结构松散，易塌孔地层。水平层状地层慎用

3）灌浆压力：一次升压法、分级升压法。

4）浆液变换。浆液配合比是指重量比，浆液中水与干料的比值越大表示浆液越稀，反之越浓。

常用的标准分级为5∶1、3∶1、2∶1、1∶1、0.8∶1、0.6∶1（或0.5∶1）6个比级。

遵循由稀变浓的原则。

5）灌浆结束。采用自上而下分段灌浆时，灌浆段在最大设计压力下，注入率不大于1L/min后，继续灌注60min，可结束灌浆。采用自下而上分段灌浆时，在该灌浆段最大设计压力下，注入率不大于1L/min后，继续灌注30min，可结束灌浆。采用孔口封闭灌浆时，在该灌浆段最大设计压力下，注入率不大于1L/min，继续灌注60～90min，可结束灌浆。

（7）封孔。灌浆工作完成后，须及时作好封填工作。封填前，应尽量将孔内污物冲洗干净。封孔主要有3种方法：导管注浆封孔法、全孔灌浆封孔法、分段灌浆封孔法。

帷幕灌浆采用自上而下分段灌浆法时，应采用“分段灌浆封孔法”或“全孔灌浆封孔法”；采用自下而上分段灌浆法时，应采用“全孔灌浆封孔法”。

（8）质量检查。帷幕灌浆工程的质量应以检查孔压水试验成果为主，结合对施工记录、成果资料和检验测试资料的分析，进行综合评定。

帷幕灌浆检查孔压水试验应在该部位灌浆结束14天后进行，自上而下分段卡塞进行压水试验，采用五点法或单点法。

帷幕灌浆检查孔的数量可为灌浆孔总数的10%左右，一个坝段或一个单元工程内至少应布置一个检查孔。

帷幕灌浆检查孔应在分析施工资料的基础上在下述部位布置：①帷幕中心线上；②断层、岩石破碎、裂隙发育、强岩溶等地质条件复杂的部位；③末序孔注入量大的孔段附近；④钻孔偏斜率过大、灌浆过程不正常等经分析资料认为可能对帷幕质量有影响的部位。

7. 砂砾石地基帷幕灌浆

(1) 砂砾卵石层挡水建筑物的垂直防渗处理方法。

1) 开挖、筑截水墙。

2) 钻孔灌浆。

3) 防渗墙。

(2) 砂砾石地基帷幕灌浆特点。

1) 砂砾卵石层是松散体，采用固壁措施或跟管钻进。

2) 孔壁不光滑、不坚固，不能直接下塞。

3) 孔隙大、吸浆量大，大多采用水泥黏土浆。

(3) 钻孔。

1) 跟套管钻进。

2) 固壁钻进。

(4) 灌浆方法。

1) 打花管灌浆法。使用刚度大、强度高的厚壁无缝下部带尖头的花管（钢管），将其直接打入砂砾石层中［图4-46 (a)］，然后冲洗进入管中的砂土［图4-46 (b)］，最后自下而上分段拔管灌浆［图4-46 (c)］。

2) 套管护壁灌浆法。边钻孔边打入或跟进护壁套管，直至预定的灌浆深度［图4-47 (a)］，然后冲洗钻孔，干净后，接着下入灌浆管［图4-47 (b)］，然后拔套管灌注第一灌浆段［图4-47 (c)］，再用同法灌注第二段［图4-47 (d)］及其余各段，如此循序自下而上逐段灌浆，直至孔顶。

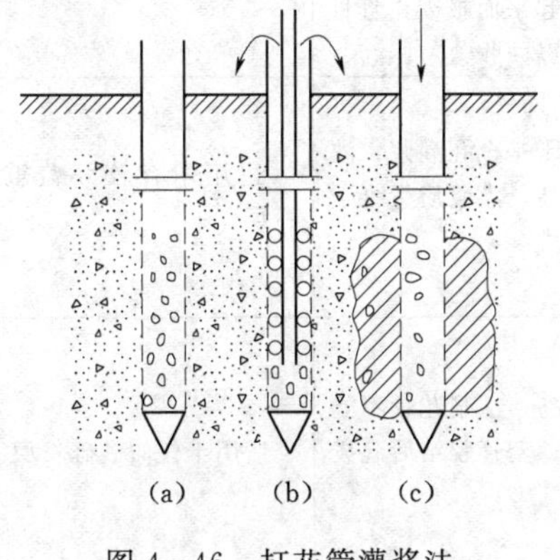

图4-46　打花管灌浆法

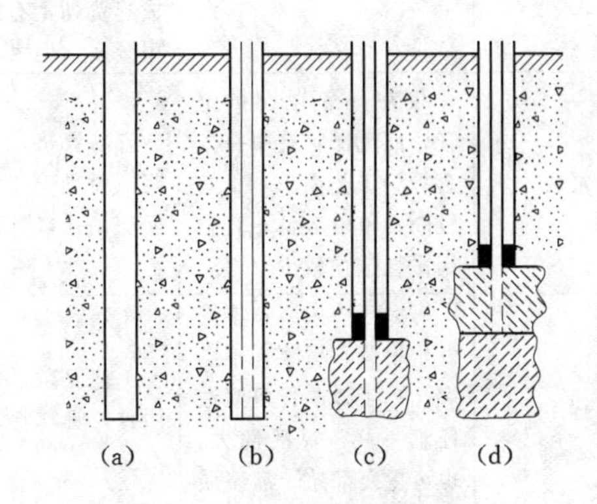

图4-47　套管护壁灌浆法

3) 循环灌浆法（边钻边灌法）。该方法是在钻进过程中，使用水泥黏土浆或黏土浆作冲洗液，既护壁又灌浆，钻完一段后，即行灌浆。灌完一段，也不待凝，就钻下一段，这种方法称为循环灌浆法，如图4-48所示。

4) 预埋花管法。在灌浆孔内，预先下入带有射浆孔的灌浆花管，在花管和孔壁间填入配好的浆液（又称为填料）。在花管内用双栓塞分段进行灌浆，其施工程序为：钻孔→清孔→下花管→下填料→待凝→下塞→开环→灌浆。预埋花管法如图4-49所示。

各种砂砾石地基灌浆方法比较见表4-122。

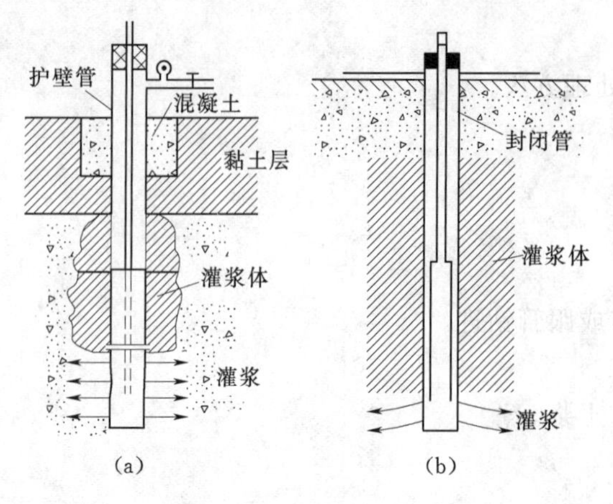

图 4-48　循环灌浆法

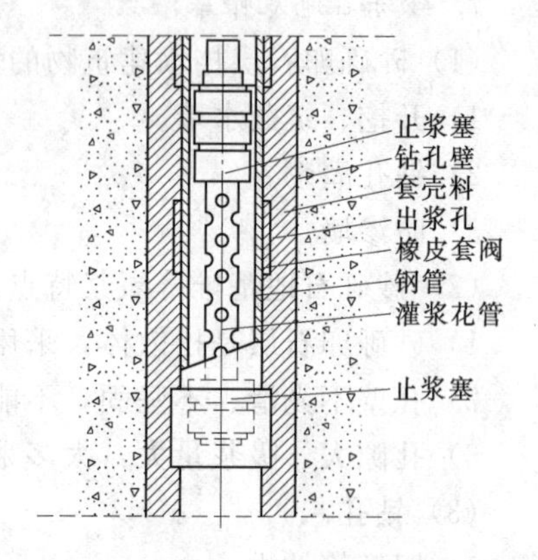

图 4-49　预埋花管法

表 4-122　　各种砂砾石地基灌浆方法比较表

项目名称	优点	缺点	适用范围
打花管灌浆法	施工简便	遇卵石及块石时打管很困难，灌浆时容易沿管壁冒浆	只适用于较浅的砂砾层，结构疏松、孔隙率大、块石体较小的地质条件下的临时性工程或对防渗要求不高的帷幕
套管护壁灌浆法	可任选钻进方法，且完全消除了塌孔及埋钻事故	工效较低；打管较困难，为使套管达到预定的灌浆深度，常需在同一钻孔中采用几种不同直径的套管；浆液易沿套管外壁向上流动，甚至地表冒浆；套管拔起费劲，有的拔不起来而报废，管材用量多，但大部分可以回收	适用于埋藏较深的砂砾石地层
循环灌浆法	仅在地表埋设护壁管，而无需在孔中打入套管，工艺简单，工效较高，单价较低；管材用量耗量均较少	容易冒浆，而且由于是全孔灌浆，灌浆压力难于按深度提高，灌浆质量难于保证；孔口管不易起拔	适用于有较好盖重的砂砾石层
预埋花管法	可大压力灌浆；不易发生串浆、冒浆；不会塌孔；工效高；可灌注任意一段，灵活性大；也可重复灌浆，灌浆质量好	工艺复杂，单价较高；灌浆花管不能回收，管材耗量较大；套管胶结后起拔不易	适用于任何砂砾石层

（六）固结灌浆

固结灌浆是指用浆液灌入岩体裂隙或破碎带，以提高岩体的整体性和抗变形能力的灌浆。

固结灌浆按部位可分为基础固结灌浆（一般为坝基固结灌浆）和隧洞固结灌浆。

1. 基础固结灌浆

为了增强大坝岩石地基的整体性，提高弹性模量和抗压强度，通常要进行坝基固结灌浆。

(1) 主要作用。

1) 增强岩石的均质性，提高基岩中软弱岩体的密实度，增加它的变形模量，以改善基础性能，从而减少大坝基础的变形和不均匀沉陷。

2) 降低岩石的透水性，提高岩体的抗渗能力，靠近防渗帷幕的固结灌浆适当加深可作为辅助帷幕。

3) 弥补因爆破松动和应力松弛所造成层的岩体损伤。

(2) 施工特点。一般在基岩表层钻孔，经灌浆将岩石固结。

1) 可在基岩表层或岩面有混凝土覆盖的情况下进行，在有盖重混凝土的条件下灌浆，盖重混凝土应达到50% 设计强度后钻孔灌浆方可开始。

2) 多在基坑开挖和坝体混凝土浇筑等工序之间穿插进行，干扰性大，突击性强。

3) 在建基面的大面积上进行，钻孔布置采用三角形、正方形、六边形等形式为宜。

4) 一般采用单孔或群孔灌浆。

5) 孔深较浅，灌浆压力较低。

(3) 施工顺序。同一地段的基岩灌浆必须先固结灌浆、后帷幕灌浆的顺序进行。

固结灌浆应按分序加密的原则进行。灌浆孔排与排之间和同一排内孔与孔之间，可分为二序施工。

(4) 工艺流程。坝基固结灌浆的施工程序，同基岩帷幕灌浆。其中不同之处如下：

1) 钻孔。钻孔的孔径和深度，固结灌浆孔孔径不宜小于 38mm。

浅孔固结孔（深度不大于 5m）：孔径 38～50mm。

中深孔固结孔（深度 5～15m）：孔径 50～65mm。

深孔固结孔（深度不小于 15m）：孔径 75～91mm。

2) 冲洗。固结灌浆孔各孔段灌浆前应采用压力水进行裂隙冲洗，冲洗时间至回水清净时止或不大于 20min，冲洗压力同基岩帷幕灌浆。

3) 压水试验。固结灌浆孔灌浆前的压水试验应在裂隙冲洗后进行，试验孔数不宜少于总孔数的 5%，试验采用单点法压水试验；其余孔段可结合裂隙冲洗进行简易压水。

4) 灌浆。

a. 灌浆方法。宜采用循环灌浆法，可根据孔深和岩石完整情况采用一次灌浆法或分段灌浆法。对于孔深较浅的，一般不大于 6m（有的工程 8m 或 10m 以内）可采用全孔一次灌浆法；对于较深孔可采用自下而上或自上而下的灌浆方法。

必要时，可采用并联灌浆，但并灌孔数不宜多于 3 个，并应注意控制灌浆压力，防止上部混凝土或岩体抬动。

b. 浆液变换。常用的标准分级为 3∶1、2∶1、1∶1、0.6∶1（或 0.5∶1），也可采用 2∶1、1∶1、0.8∶1、0.6∶1（或 0.5∶1）4 个比级。以水泥浆液灌注为主。

遵循由稀变浓逐级变换的原则。

c. 灌浆结束。在该灌浆段最大设计压力下，注入率不大于 1L/min 后，继续灌注 30min，可结束灌浆。

d. 封孔。固结灌浆封孔应采用“导管注浆封孔法”或“全孔灌浆封孔法”。

e. 质量检查：包括钻孔压水试验、测量岩体波速和（或）岩体静弹性模量。

压水试验采用单点法，检查孔的数量一般不少于灌浆孔总数的5%，检查时间在灌浆结束3天或7天以后。

测量岩体波速和（或）岩体静弹性模量的检测时间分别在灌浆结束14天和28天以后。

（5）深孔固结灌浆。在坝基面或较深的岩体中，常常有一些软弱岩带需要进行固结灌浆，这就是深孔固结灌浆，也称为深层固结灌浆。现在深孔固结灌浆使用灌浆压力都较高，与帷幕灌浆无异。

高压固结灌浆的施工方法基本可依照帷幕灌浆的工艺进行，但二者也有区别，后者一般对裂隙冲洗要求不严或不要求，前者有的要求严格。另外，高压固结灌浆工程的质量检查，除可进行压水试验以外，宜以弹性波测试或岩体力学试验为主。

2. 隧洞固结灌浆

隧洞混凝土衬砌段的灌浆，应按先回填灌浆后固结灌浆的顺序进行。回填灌浆应在衬砌混凝土达70%设计强度后进行，固结灌浆宜在该部位的回填灌浆结束7天后进行。当在隧洞中进行帷幕灌浆时，应当先进行回填灌浆、固结灌浆，再进行帷幕灌浆。

隧洞钢板衬砌段各类灌浆的顺序应按设计规定进行。钢板衬砌灌浆应在衬砌混凝土浇筑结束60天后进行。

（1）主要作用。

1）增强隧洞围岩的整体性。

2）提高弹性模量。

3）提高抗压强度。

（2）施工特点。

1）沿隧洞四周横断面布孔。

2）大多为浅孔（深入岩基2～5m），灌浆孔为预留或钻孔。

（3）施工顺序。灌浆应按环间分序、环内加密的原则进行。环间宜分为2个次序，地质条件不良地段可分为3个次序。

（4）工艺流程。隧洞固结灌浆的施工程序，同基础固结灌浆。其中不同之处如下：

1）钻孔。钻孔可采用风钻或其他型式钻机钻孔，终孔直径不宜小于38mm，孔位、孔向和孔深应满足设计要求。

2）冲洗。灌浆孔在钻孔结束后应进行钻孔冲洗，在灌浆前应用压力水进行裂隙冲洗，冲洗时间、冲洗压力同基础固结灌浆。

3）压水试验。固结灌浆孔灌浆前的压水试验应在裂隙冲洗后进行，试验孔数不宜少于总孔数的5%，试验采用单点法压水试验。

4）灌浆。

a. 灌浆方法。宜采用单孔灌浆的方法，但在注入量较小地段，同一环上的灌浆孔可并联灌浆，孔数不宜多于3个，孔位宜保持对称。

b. 浆液变换。浆液比级和变换同基础固结灌浆。

c. 灌浆结束。灌浆结束同基础固结灌浆。

5）封孔。灌浆孔灌浆结束后，应排除钻孔内的积水和污物，采用“导管注浆封孔法”

或“全孔灌浆封孔法”。

6）质量检查。一般可采用检查孔压水试验进行检查，要求测定弹性模量的地段，应进行岩体波速或岩体静弹性模量的测试。

压水试验采用单点法，检查孔的数量一般不少于灌浆孔总数的5%，检查时间在该部位灌浆结束3天或7天以后。

测量岩体波速和岩体静弹性模量的检测时间分别在灌浆结束14天和28天以后进行。

（七）回填灌浆

回填灌浆是指用浆液填充混凝土与围岩或混凝土与钢板之间的空隙和孔洞，以增强围岩或结构的密实性的灌浆，这种空隙和孔洞是由于混凝土浇筑施工的缺陷或技术能力的限制所造成的。

1. 主要作用

（1）改善传力条件。

（2）减少渗漏。

（3）增强围岩或结构的密实性。

2. 施工特点

灌浆压力较小，复灌次数较多，耗灰量较大，灌浆孔采用预埋管或手风钻钻孔；顶拱回填灌浆应分成区段进行，每区段长度不宜大于3个衬砌段；同一区段内同一次序的孔可以全部贯通，再进行灌浆；采用孔口封闭压入式灌浆；孔隙大，要注入水泥砂浆。

3. 施工顺序

回填灌浆应按逐渐加密的原则进行。灌浆应分为两个次序进行，两序孔中应包括顶孔。分序有两种方法：一种是单孔分序钻进和灌浆，即按序逐个地进行钻孔，逐孔进行灌浆；另一种是同一区段内的同序孔全部或部分钻出，然后由隧洞较低的一端开始，向较高的一端推进灌浆。

4. 工艺流程

施工准备→钻孔（或通孔）→灌浆→封孔→质量检查。

（1）施工准备。

（2）钻孔。回填灌浆在素混凝土衬砌中宜直接钻进，在钢筋混凝土衬砌中可从预埋管中钻进。钻进孔孔径不宜小于38mm，孔深宜进入岩石10cm。预埋管需要通孔。

（3）灌浆。

1）灌浆方法。一般采用孔口封闭压入式灌浆。

2）浆液变换。浆液的水灰比可为0.5：1或0.6：1。空隙大的部位宜灌注水泥砂浆或高流态混凝土，水泥砂浆的掺砂量不宜大于水泥重量的200%。

3）灌浆压力。灌浆压力应视混凝土衬砌厚度和配筋情况等决定。在素混凝土衬砌中可采用0.2～0.3MPa，在钢筋混凝土衬砌中可采用0.3～0.5MPa。

4）灌浆结束。在规定压力下灌浆孔停止吸浆后，延续灌注10min，即可结束。

（4）封孔。灌浆孔灌浆结束后，应使用干硬性水泥砂浆将钻孔封填密实，孔口压抹齐平。

（5）质量检查。一般可采用检查孔注浆试验（单孔、双孔）或取芯检查的方法。

检查时间在该部位灌浆结束7天或28天以后。检查孔应布置在顶拱中心线、脱空较大和灌浆情况异常的部位，孔深应穿透衬砌深入围岩10cm。压力隧洞每10～15m应布置1个或1对检查孔，无压隧洞的检查孔可适当减少。

(八) 接触灌浆

接触灌浆是指用浆液灌入混凝土与基岩或混凝土与钢板之间的缝隙，以增强接触面结合能力的灌浆，这种缝隙是由于混凝土的凝固收缩而造成的。

接触灌浆按接触面可分为坝基接触灌浆和钢衬接触灌浆（一般为隧洞钢衬接触灌浆）。

1. 坝基接触灌浆

坝基接触灌浆分为河床坝段的接触灌浆和岸坡坝段的接触灌浆两种。

(1) 主要作用。

1) 充填或胶结混凝土与基岩接触面间的干缩缝，使其有效传递应力，提高坝体抗滑稳定。

2) 截断混凝土与接触面的渗流，防止接触面淘刷及冲蚀。

(2) 施工特点。

1) 河床坝段的接触灌浆：在固结灌浆部位，结合固结灌浆进行；在不布置固结灌浆孔的地区，接触灌浆在浇筑底层混凝土具有一定盖重后即可进行。灌浆方法与坝基固结灌浆完全相同。

2) 岸坡坝段的接触灌浆：在接触面上埋设灌浆系统，用坝体接缝灌浆方法进行灌浆；先浇一层混凝土后，风钻打孔，深入基岩0.5～1m，然后埋上铁管，并联各孔，引出坝外，分别进行灌浆；也可与固结灌浆结合在一起进行，即在混凝土面上直接钻孔，完全用坝基固结灌浆的方法，分次序逐孔灌浆。

(3) 施工顺序。与坝基固结灌浆相同，也可和固结灌浆结合在一起进行。

(4) 工艺流程。坝基接触灌浆的施工程序同基础固结灌浆。不同之处如下：

1) 施工方法。岸坡接触灌浆的施工方法：钻孔埋管灌浆法、预埋管灌浆法或直接钻孔灌浆法。

2) 准备工作、灌浆施工等。当采用钻孔埋管灌浆法和预埋管灌浆法时，灌浆系统的检查、维护、灌浆前准备工作以及灌浆施工的技术要求，可参照混凝土坝接缝灌浆的有关规定。当采用直接钻孔灌浆法时，应先从上、下游边缘开始施灌，其他技术要求，可参照基岩固结灌浆的有关规定。

3) 质量检查。当采用钻孔埋管灌浆法和预埋管灌浆法时，可按混凝土坝接缝灌浆的方法和要求进行检查和评定。当采用直接钻孔灌浆法时，可采用双孔连通试验的方法，即向间距为1～2m、孔深深入基岩0.2～0.5m的2个检查孔中的任一孔压水10～20min，如在设计压力下不串水，即认为合格。

2. 钢衬接触灌浆

(1) 主要作用。充填或胶结混凝土与钢板间的干缩缝，使其有效传递应力，提高整体稳定性。

(2) 施工特点。灌浆压力较小，复灌次数多，耗灰量小。一般采用电钻开孔，孔径较小，但孔径不宜小于12mm；也可在钢板上预留，孔内宜有丝扣，在该孔处钢衬外侧衬焊

加强钢板。

(3) 施工顺序。在同一部位上的灌浆顺序，应按先回填灌浆、再钢衬接触灌浆，最后进行围岩固结灌浆的顺序进行。

(4) 工艺流程。开孔→焊接→灌浆→封孔→质量检查。

1) 开孔。电钻开孔或钢板上预留。

2) 焊接。钢衬接触灌浆孔也可在钢板上预留，孔内宜有丝扣，在该孔处钢衬外侧衬焊加强钢板。

3) 灌浆。

a. 灌浆方法：宜采用先从低处的一孔或数孔进浆，上方的孔作为排气排水孔，待上方孔排出浆液并达到与进浆浓度接近时，再接上同灌，直到灌浆结束。

b. 灌浆压力：必须以控制钢衬变形不超过设计规定值为准。可根据钢衬的壁厚、脱空面积的大小以及脱空的程度等实际情况确定，一般不宜大于0.1MPa。

c. 浆液水灰比：采用0.8∶1、0.6 (0.5)∶1两个比级，必要时应加入减水剂。

d. 灌浆结束：在规定压力下灌浆孔停止吸浆，延续灌注5min，即可结束。

4) 封孔。灌浆短管和钢衬间可采用丝扣连接，也可焊接。灌浆结束后用丝堵加焊或焊补法封孔。焊后用砂轮磨平。

5) 质量检查。在灌浆结束7天或14天后采用锤击法或其他方法计算，钢板脱空范围和程度应满足设计要求。

(九) 接缝灌浆

接缝灌浆是指通过埋设管路或其他方式将浆液灌入混凝土坝体的接缝，以改善传力条件增强坝体整体性的灌浆。

1. 主要作用

(1) 增强坝体的整体性。

(2) 减少渗漏。

(3) 增强坝体结构的密实性。

2. 施工特点

灌前预埋管或拔管，灌浆系统要求质量较高，准备工序较多，灌浆工艺要求高，可复灌性差。

3. 施工顺序

接缝灌浆的施工应按高程自下而上分层进行。在同一高程上，重力坝宜先灌纵缝，再灌横缝；拱坝宜先灌横缝，再灌纵缝。横缝灌浆宜从大坝中部向两岸推进。纵缝灌浆宜从下游向上游推进；或先灌上游第一道纵缝后，再从下游向上游推进。

4. 工艺流程

接缝灌浆工艺流程如图4-50所示。

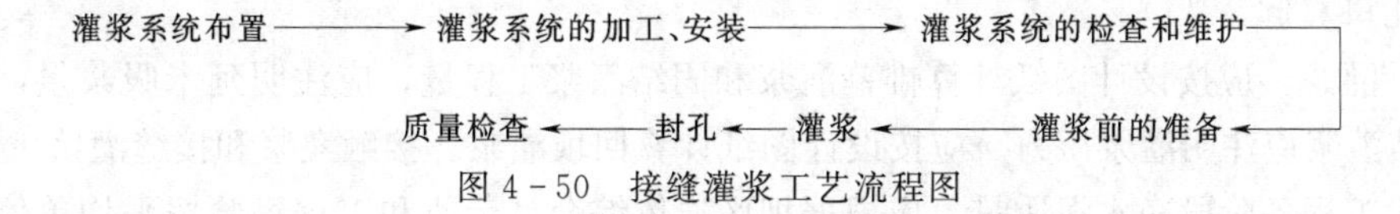

图4-50 接缝灌浆工艺流程图

（1）灌浆系统布置。接缝灌浆系统应分灌区进行布置。每个灌区的高度以9～12m为宜，面积以200～300m²为宜。

接缝灌浆方法一般有单灌区灌浆、相邻两个灌区同时灌浆、上下层灌区同时灌浆、多灌区同时灌浆、逐区连续灌浆和逐区间歇灌浆。

每个灌区的灌浆系统一般由进浆管、回浆管、升浆和出浆设施、排气设施以及止浆片组成。升浆和出浆设施，可采用塑料拔管方式、预埋管和出浆盒方式、出浆槽方式。排气设施，可采用埋设排气槽和排气管方式、塑料拔管方式。

（2）灌浆系统的加工与安装。灌浆管路有塑料拔管方式、预埋塑料管方式和预埋铁管方式。

（3）灌浆系统的检查和维护。在每层混凝土浇筑前后应对灌浆系统进行通水检查；整个灌区形成后，应对灌浆系统通水进行整体检查。

在混凝土浇筑过程中，应对灌浆系统进行维护，防止管路系统被破坏。

（4）灌浆前的准备。对灌区的灌浆系统进行通水检查，通水压力一般应为设计灌浆压力的80%；灌浆前必须先进行预灌性压水检查，压水压力等于灌浆压力；灌浆前对缝面冲水浸泡24h，然后放净或通入洁净的压缩空气排除缝内积水，方可开始灌浆。

（5）灌浆。

1）灌浆方法。接缝灌浆方法一般有单灌区灌浆、相邻两个灌区同时灌浆、上下层灌区同时灌浆、多灌区同时灌浆、逐区连续灌浆和逐区间歇灌浆。

2）灌浆压力。灌浆过程中必须控制灌浆压力和缝面增开度，灌浆压力应达到设计要求。若灌浆压力尚未达到设计要求，而缝面增开度已达到设计规定值时，应以缝面增开度为准限制灌浆压力。

3）浆液水灰比。采用2∶1、1∶1、0.6（0.5）∶1共3个比级。

4）灌浆结束。在排气管排浆达到或接近最浓比级浆液，且管口压力或缝面增开度达到设计规定值，注入率不大于0.4L/min时，持续20min，灌浆即可结束。

（6）封孔。灌浆孔灌浆结束后，应使用干硬性水泥砂浆将钻孔封填密实，孔口压抹齐平。

（7）质量检查。质量检查应选择有代表性的灌区进行，包括钻孔取芯、压水试验和槽检工作。检查时间应在灌区灌浆结束28天以后。

（十）灌浆工程的工程量计算规定及概算定额的工程量计量规则

1．工程量计算规定

工程量的计算应遵循《水电工程设计工程量计算规定（2010年版）》。

（1）钻孔。应按灌浆种类计算钻孔工程量。帷幕灌浆、固结灌浆钻孔宜注明岩性和类别。压（注）水试验和检查孔工程量不单独计列。

帷幕灌浆、固结灌浆等钻孔深度应从孔口算起，并按岩土或混凝土等不同部位分别计算。混凝土盖重中有预留灌浆钻孔时，钻孔深度应从建基面算起。回填、接缝灌浆等钻孔深度从孔口算起。

（2）灌浆。应按设计图纸计算帷幕灌浆和固结灌浆工程量，应注明延米吸浆量，帷幕灌浆和固结灌浆应注明灌浆压力。应按设计图纸计算回填灌浆、接触灌浆和接缝灌浆工程量。

一般工程各阶段净水泥质量，应根据坝区岩体综合吕荣值和工程经验按平均单位延米吸

浆量估算；大型或特别重要的工程可行性研究和招标设计阶段，可根据灌浆试验成果统计按平均单位延米吸浆量计算。地下工程顶部的回填灌浆，其范围一般在顶拱中心角90°～120°以内，按设计的衬砌混凝土外缘面积计算其工程量。

2. 概算定额的工程量计量规则

概算定额的有关工程量计量规则如下：

（1）钻灌浆孔、排水孔、垂线孔等工程量均以设计钻孔延米（m）计量。

（2）岩石帷幕灌浆、固结灌浆的水泥灌浆，均按充填岩体裂隙和钻孔的净水泥质量（t）计量，施工过程的各种损耗（补灌浆耗灰量、灌浆结束后的剩余浆液、施工损耗量）已计入相应定额消耗量中。

（3）坝（闸）基砂砾石帷幕灌浆、土坝（堤）劈裂灌浆、化学灌浆均按设计钻孔的延米（m）计量。

（4）回填灌浆按隧洞设计开挖断面周长的1/3（即120°）计算面积（m^2）计量，接缝（触）灌浆按设计被灌面积（m^2）计量。

（十一）概算定额选用及单价编制

灌浆工程定额属于《水电建筑工程概算定额（2007年版）》（以下简称“概算定额”）的基础处理工程章节，包括内容如下：

（1）固结灌浆：岩石固结灌浆钻孔，露天岩石固结灌浆，隧洞固结灌浆，竖井、斜井固结灌浆。

（2）帷幕灌浆：岩石帷幕灌浆钻孔（含覆盖层钻孔）、露天岩石帷幕灌浆、露天砂砾石帷幕灌浆。

（3）回填及接触灌浆：隧洞回填灌浆、钢衬回填灌浆、坝体接缝灌浆。

（4）其他灌浆：预填骨料灌浆、土坝（堤）劈裂灌浆。

（5）特殊灌浆：超细水泥灌浆、化学灌浆。

（6）其他：排水孔钻孔、地质钻机钻垂线孔、水位观测孔安装、镶铸孔口管。

在选用概算定额时，首先应仔细阅读概算定额总说明、章说明和节说明，再根据施工方法、适用范围、工作内容以及各自特性分别选用。

1. 概算定额选用

（1）岩石固结灌浆。

1）固结灌浆钻孔：概算定额为岩石固结灌浆钻孔，按不同的钻孔设备适用于不同的孔深、露天与洞内、岩石级别等选择定额。定额单位为100m。

适用范围：风钻钻孔孔深不大于5m、潜孔钻钻孔孔深不大于12m、地质钻机钻孔孔深不大于50m。

工作内容：风钻、潜孔钻主要包括钻灌浆孔、钻检查孔、冲洗、记录、孔位转移等；地质钻机主要包括钻固定孔位、灌浆孔的钻孔、冲洗、记录、孔位转移、检查孔的钻孔、取芯、岩芯装箱及编录、记录、孔位转移等。

2）固结灌浆。

a. 露天岩石固结灌浆：概算定额为岩石基础固结灌浆，按不同的施工方法、孔深、水泥单位注入量（kg/m）等选择定额。定额单位为1t。

适用范围：岩石基础；地质钻机钻孔孔深≤15m、>15m；施工方法自下而上、自上而下；采用两孔并联时可按定额规定调整。

工作内容：灌浆前和灌浆后检查孔的压水试验、制浆、灌浆、封孔、记录、孔位转移等。

b. 隧洞、竖井及斜井固结灌浆：概算定额为隧洞固结灌浆、竖井及斜井固结灌浆，按水泥单位注入量（kg/m）等选择定额。定额单位为1t。

适用范围：隧洞固结灌浆按隧洞高度不大于5m，隧洞高度不同时、采用两孔并联时可按定额规定调整；检查孔封孔采用单位注入量不大于10kg/m子目计算。竖井、斜井固结灌浆按隧洞高度不大于5m，采用两孔并联时可按定额规定调整。

工作内容：简易工作平台搭拆、灌浆前和灌浆后检查孔的压水试验、制浆、灌浆、封孔、记录、孔位转移等。

（2）岩石帷幕灌浆。

1）帷幕灌浆钻孔：概算定额有帷幕灌浆钻岩石孔和钻覆盖层孔，按地质钻机用于不同的孔深、露天与洞内、岩石级别、自下而上与自上而下等选择定额。定额单位为100m。

适用范围：钻岩石孔适用于终孔直径不大于76mm时，地质钻机钻孔孔深不大于50m、50～100m、100～130m、130～150m，灌浆方法不同时，按定额规定调整；钻覆盖层孔适用于终孔直径不大于110mm时，地质钻机钻孔孔深不大于50m，终孔直径不同时，按定额规定调整。

工作内容：地质钻机主要包括钻固定孔位、灌浆孔的钻孔、冲洗、记录、孔位转移、检查孔的钻孔、取芯、岩芯装箱及编录、记录、孔位转移等。

2）帷幕灌浆。

a. 露天岩石帷幕灌浆：概算定额为岩石基础帷幕灌浆，按不同的施工方法、水泥单位注入量（kg/m）选择。定额单位为1t。

适用范围：岩石基础；施工方法自下而上、自上而下、孔口封闭灌浆。

工作内容：灌浆前压水试验、安装灌浆塞、制浆、灌浆、封孔、记录、孔位转移、检查孔压水试验、灌浆或注浆封孔等。

b. 露天砂砾石帷幕灌浆：概算定额按干料耗量（t/m）选择。定额单位为100m。

适用范围：砂砾石基础。

工作内容：灌浆前的钻孔、制浆、灌浆、封孔、记录、孔位转移、检查孔压水试验、灌浆或注浆封孔等。

（3）回填及接触灌浆。

1）隧洞回填灌浆：概算定额唯一。定额单位为100m^2。

适用范围：洞内作业，衬砌混凝土和岩石之间灌浆处理。

工作内容：预埋灌浆管、简易工作平台搭拆、通孔、制浆、灌浆、封孔、记录、孔位转移、检查孔的钻孔、压浆试验及封孔等。

2）钢衬回填灌浆：概算定额唯一。定额单位为100m^2。

适用范围：洞内作业，衬砌钢板和混凝土接触面之间灌浆处理。

工作内容：补充开孔、焊接灌浆管、简易工作平台搭拆、制浆、灌浆、封孔、记录、灌浆管装拆、锤击检查等。

3）坝体接缝灌浆：概算定额按镀锌钢管、塑料拔管选择。定额单位为 $100m^2$。

适用范围：露天作业，混凝土纵横缝及其他接缝灌浆处理。灌区面积不同时，按定额规定调整。

工作内容：管道安装、开灌浆孔、安装灌浆盒、通水检查、冲洗、压水试验、制浆、灌浆、平衡通水及防堵通水、检查孔的钻孔、取芯、岩芯装箱及编录、记录、孔位转移等。

（4）其他灌浆。

1）预填骨料灌浆：概算定额唯一。定额单位为 $100m^3$。

适用范围：露天作业，预填骨料灌浆处理。

工作内容：预埋灌浆管、风钻通孔、制浆、灌浆、压水试验、封孔等。

2）土坝（堤）劈裂灌浆。

a. 土坝（堤）劈裂灌浆钻孔：概算定额按地层选择。定额单位为 100m。

b. 土坝（堤）劈裂灌浆：概算定额按灌浆材料、干料耗量选择。定额单位为 100m。

适用范围：露天作业，均质土坝（堤）劈裂灌浆处理。

工作内容：钻孔检查、制浆、灌浆、劈裂观测、冒浆处理、记录、复灌、封孔、孔位转移等。

（5）特殊灌浆。

1）超细水泥灌浆：概算定额按水泥单位注入量（kg/m）选择。定额单位为 1t。

适用范围：露天作业，岩石基础细微裂隙处理。

工作内容：灌浆前压水试验、安装灌浆塞、制浆、灌浆、封孔、记录、孔位转移、检查孔压水试验、灌浆或注浆封孔等。

2）化学灌浆：概算定额按不同的化学材料、灌注孔口管、钻孔、灌浆选择。定额单位为 1 孔（灌注孔口管）、100m（钻孔、灌浆）。

适用范围：洞内作业，混凝土底板厚 0.85～0.90m，孔口封闭灌浆、分散制浆。

工作内容：灌注孔口管为钻孔、下管、灌浆、灌注孔口管、分散制浆；钻孔为自上而下钻灌交替、扫孔、钻孔、冲孔、孔位转移等；中化-798 灌浆为冲洗、风排水、灌注丙酮、高压风排除丙酮（回收）、二次配浆、孔口封闭灌浆、水泥顶化学浆、闭浆待凝、封孔、孔位转移；LW-水溶性聚氨酯灌浆为钻孔检查、洗孔、简易压水、二次配浆、灌注丙酮、高压风排除丙酮（回收）、孔口封闭灌浆、闭浆待凝、封孔、孔位转移。

（6）其他。

1）排水孔钻孔：概算定额按不同的钻孔设备适用于不同的孔深、露天与洞内、岩石级别等选择。定额单位为 100m。

适用范围：风钻钻孔孔深不大于 5m、潜孔钻钻孔孔深不大于 12m、地质钻机钻孔孔深不大于 50m 的排水孔、观测孔。

工作内容：风钻、潜孔钻主要包括钻孔、冲洗、记录、孔位转移等；地质钻机主要包括固定孔位、钻孔、冲洗、记录、孔位转移等。

2）地质钻机钻垂线孔：概算定额按岩石级别选择。定额单位为100m。

适用范围：露天作业，孔深不大于40m；孔深不同、洞内作业按定额规定调整。

工作内容：机台搭拆、钻孔、工作管加工与安装、记录、孔位转移等。

3）水位观测孔。

a. 水位观测孔钻孔：概算定额按地层与岩石级别选择。定额单位为100m。

b. 水位观测孔安装：概算定额按孔深选择。定额单位为1孔。

适用范围：孔径130～150mm。

工作内容：下管、填反滤料、止水、洗孔、孔口工程、记录。

4）镶铸孔口管：概算定额按地层、孔口管长度选择。定额单位为1孔。

适用范围：岩石基础上镶铸孔口管适用范围为坝基岩石及覆盖层下岩石灌浆、孔口封闭法，孔口管管径108mm以内；覆盖层上镶铸孔口管适用范围为覆盖层灌浆循环钻灌法。

工作内容：岩石基础上镶铸孔口管为下管、制浆、镶铸孔口管、待凝、扫孔、记录等；覆盖层上镶铸孔口管为下管、浇止浆环、制浆、铸管、待凝、扫孔、记录等。

2. 编制灌浆单价应收集和掌握的技术资料

（1）工程勘测资料。主要有需要灌浆处理部位的工程地质及水文地质资料，包括：建设场地岩土工程勘察报告、灌浆处的勘探孔柱状图和地质剖面图、地基土的类别、岩石级别或围岩类别及物理、力学性质指标等；建（构）筑物荷载及抗震设防烈度等；该处地层的组成及大致比例；该灌浆处的岩石级别等。

（2）水工工程设计有关资料。

1）了解工程项目设计概况、熟悉设计图纸、掌握设计意图，包括：灌浆地层或围岩的分布、高程及范围；需地基处理设计的灌浆类型、地层组成、钻孔深度、灌浆深度和具体部位等；哪些部位需要特殊处理等；岩石基础的各种灌浆类型所需的水泥单位注浆量（kg/m）；砂砾石基础的各种灌浆类型所需的干料耗量（t/m）。

2）灌浆工程的质量要求。水泥或其他材料的质量要求；施工区域的工程环保、水土保持的要求等，做好废水、废浆的处理和回收。

（3）施工设计有关资料。

1）施工进度、强度。施工时段，有无冬季冰冻气候条件下施工，有无雨季气候条件下施工；施工强度大小、施工干扰多少、工期紧迫与否等情况。

2）施工方法与措施。钻孔、灌浆等施工设备的选择；作业条件；灌浆方式等。

3）场内交通。场内各种交通设施布置状况。

3. 单价编制应注意的问题

使用概算定额中基础处理工程定额应注意以下几个问题：

（1）固结灌浆、帷幕灌浆钻孔均已包含灌浆孔和检查孔的钻孔和冲洗；固结灌浆、帷幕灌浆、回填灌浆、接缝灌浆均已包含灌浆前和检查孔压水（浆）试验、灌浆和封孔。

（2）钻孔定额的岩石级别划分，除定额注明者外，均按16级分类法的Ⅶ～ⅩⅣ级划分。混凝土钻孔按Ⅹ级岩石或参照骨料岩石级别计算。

当岩石按地质行业12级分类时，其对应关系可参照表4-123调整。

表 4-123　　岩石 12 级分类与 16 级分类对照表

12级分类			16级分类		
岩石级别	可钻性/(m/h)	一次提钻长度/m	岩石级别	可钻性/(m/h)	一次提钻长度/m
Ⅳ	1.6	1.7	Ⅴ	1.6	1.7
Ⅴ	1.15	1.5	Ⅵ	1.2	1.5
			Ⅶ	1.0	1.4
Ⅵ	0.82	1.3	Ⅷ	0.85	1.3
Ⅶ	0.57	1.1	Ⅸ	0.72	1.2
			Ⅹ	0.55	1.1
Ⅷ	0.38	0.85	Ⅺ	0.38	0.85
Ⅸ	0.25	0.65	Ⅻ	0.25	0.65
Ⅹ	0.15	0.5	ⅩⅢ	0.18	0.55
			ⅩⅣ	0.13	0.40
Ⅺ	0.09	0.32	ⅩⅤ	0.09	0.32
Ⅻ	0.0045	0.16	ⅩⅥ	0.045	0.16

(3) 地质钻机钻孔及帷幕灌浆定额调整。

1) 地质钻机和灌浆泵钻灌不同角度时，人工、机械分别乘以表 4-124 的系数。

2) 在廊道或隧洞内施工工作高度不同时，人工、机械定额乘以表 4-125 的系数。

表 4-124　　地质钻机和灌浆泵钻孔角度调整系数表

钻孔与水平夹角/(°)	90°～85°	85°～75°	75°～60°	60°～5°	<5°
系数	1.0	1.02	1.05	1.18	1.25

表 4-125　　隧洞（廊道）高度调整系数表

洞内工作高度/m	≤5.0	>5.0
人工系数	1.08	1.03
机械系数	1.05	1.00

(4) 灌浆压力不小于 3MPa 时，灌浆泵由中压改为高压。

(5) 岩石帷幕灌浆、岩石及隧洞固结灌浆均以灌入水泥量（t）为计量单位。这种计量方法，必须根据灌浆试验资料的水泥单位注入量（kg/m）或地质钻孔压水试验资料的透水率（吕荣值）来确定工程量，即灌入的水泥量（t）。

(6) 化学灌浆定额中的材料用量如有灌浆试验配比资料可进行调整。

(7) 各灌浆定额子目中，均已包括了灌浆管道的安装拆除，但未包括应列入施工辅助工程中的其他施工辅助工程项内的集中制浆系统的安装拆除。

(十二) 工程量计算及单价编制案例

1. 工程量计算及概算定额选用

【例 4-10】 某工程的基础处理项目有引水隧洞回填灌浆、固结灌浆；坝基防渗采用混凝土防渗墙及墙下单排帷幕灌浆。电站坝顶高程 1800.00m。工程资料如下：

(1) 引水隧洞。

1) 隧洞全长1500m，衬砌后内径6m，混凝土衬砌厚0.8m。

2) 围岩为花岗岩；洞身段岩石级别为Ⅹ级（岩石级别按16级分类，以下同），透水率为4Lu；进、出口段长度分别为100m、200m，强风化岩层，岩石级别为Ⅶ级，透水率为8Lu。

3) 全洞进行回填灌浆，范围为顶部120°，排距2.5m，每排3孔、2孔交替布置。

4) 进口和出口段进行固结灌浆，孔深3m，环距2.5m，每环8个孔，耗灰量为100kg/m。

(2) 坝基。坝轴线长500m，地层为砂卵石，混凝土防渗墙墙厚0.8m，平均深度为38m，要求入岩0.5m，墙下帷幕灌浆，岩石级别为Ⅶ级，透水率为12Lu，孔距2.5m，墙体预埋灌浆管（不考虑），钻孔灌浆深度平均为15m，采用单排自下而上灌浆，灌浆试验耗灰量为110kg/m，检查孔压水试验只考虑帷幕灌浆段，采用三压力五阶段法。

计算回填灌浆、固结灌浆、帷幕灌浆工程量并选用概算定额编号（该工程可行性研究阶段，永久水工建筑物的灌浆工程量计算阶段系数为1.1；定额采用《水电建筑工程概算定额（2007年版）》，以下定额选用同）。

解：(1) 回填灌浆回填灌浆工程量＝1500×(6＋0.8×2)×π/3＝11938 (m^2)，考虑阶段系数1.1，回填灌浆工程量为13132m^2。

定额编号：[70117]。

(2) 固结灌浆。

1) 钻孔。基本孔＝(300÷2.5＋2)×8＝976（孔），钻孔工程量＝976×3＝2928(m)，考虑阶段系数1.1，固结灌浆钻孔工程量为3221m。

定额编号：[70005]。

2) 灌浆。固结灌浆工程量＝100×3221 ÷1000＝322 (t)。

定额编号：[70109]，注2。

(3) 帷幕灌浆。

1) 钻孔。钻孔工程量＝(500÷2.5＋1)×15＝3015 (m)，考虑阶段系数1.1，帷幕灌浆钻孔工程量为3317m。

定额编号：[70025]。

2) 灌浆。帷幕灌浆工程量＝110×3317÷1000＝365 (t)。

定额编号：[70122]×90%＋ [70123]×10%。

2. 单价编制及费用计算

根据［例4-10］回填灌浆、固结灌浆、帷幕灌浆选用的定额编号编制相应单价及单项费用。已知其基础资料见表4-126。

表4-126　　基础资料及取费标准一览表　　单位：元

编号	名称及规格	单位	预算价格	编号	名称及规格	单位	预算价格
一	人工预算单价			二	电风水价格		
1	高级熟练工	工时	13.78	1	电	kW·h	0.985
2	熟练工	工时	10.37	2	风	m^3	0.155
3	半熟练工	工时	8.23	3	水	m^3	0.906
4	普工	工时	6.88	三	取费标准		

续表

编号	名称及规格	单位	预算价格	编号	名称及规格	单位	预算价格
1	其他直接费率	%	7.10	8	钻机钻杆	m	84.00
2	间接费率	%	17.54	9	钻杆接头 ϕ89	个	68.00
3	利润	%	7.00	10	岩心管	m	120.00
4	税金	%	3.28	五	施工机械台时费		
四	材料预算单价			1	灌浆泵（中低压）泥浆	台时	49.58
1	灌浆管	m	15.00	2	灰浆搅拌机 200L	台时	21.84
2	风钻钻杆	kg	7.00	3	灰浆搅拌机 1000L	台时	27.43
3	水泥 P·O42.5 袋装综合价	t	617.01	4	风钻手持式	台时	28.37
4	合金钻头 ϕ32～38	个	45.00	5	载重汽车（汽油型）5t	台时	109.52
5	镶合金片钻头 ϕ110	个	40.00	6	灌浆自动记录仪	台时	12.45
6	合金片	kg	180.00	7	地质钻机 300 型	台时	60.44
7	岩芯箱	个	60.00	8	地质钻机 150 型	台时	52.69

解： 根据［例 4－10］回填灌浆、固结灌浆、帷幕灌浆选用的定额编号编制相应单价，见表 4－127～4－131。

表 4－127　　隧洞回填灌浆

定额编号：［70117］　　定额单位：$100m^2$

施工方法：隧洞回填灌浆

编号	名称及规格	单位	数量	单价/元	合计/元
1	2	3	4	5	6
一	直接费				8551.39
1	基本直接费				7984.49
(1)	人工费				1363.71
	高级熟练工	工时	7.0000	13.78	96.46
	熟练工	工时	50.0000	10.37	518.50
	半熟练工	工时	45.0000	8.23	370.35
	普工	工时	55.0000	6.88	378.40
(2)	材料费				4089.50
	水泥 P·O 42.5 袋装综合价	t	6.9000	500.00	3450.00
	水（工程用水）	m^3	50.0000	0.91	45.50
	灌浆管	m	14.4000	15.00	216.00
	其他材料费	元	378.0000	1.00	378.00
(3)	机械使用费				2531.28
	灌浆泵（中低压）泥浆	台时	26.8300	49.58	1330.23
	灰浆搅拌机 200L	台时	26.8300	21.84	585.97

续表

施工方法：隧洞回填灌浆

编号	名称及规格	单位	数量	单价/元	合计/元
1	2	3	4	5	6
	风钻手持式	台时	15.6700	28.37	444.56
	载重汽车（汽油型）5t	台时	0.7900	109.52	86.52
	零星机械使用费	元	84.0000	1.00	84.00
2	其他直接费	%	7.1000	7984.49	566.90
二	间接费	%	17.5400	8551.39	1499.91
三	利润	%	7.0000	10051.30	703.59
四	材料补差				807.37
	水泥P·O 42.5袋装综合价	t	6.9000	117.01	807.37
五	税金	%	3.2800	11562.26	379.24
六	合计				11941.50

表4-128　　隧洞固结灌浆钻孔

定额编号：[70005]　　定额单位：100m

施工方法：进、出口为Ⅶ级岩石，风钻钻孔

编号	名称及规格	单位	数量	单价/元	合计/元
1	2	3	4	5	6
一	直接费				1166.90
1	基本直接费				1089.54
(1)	人工费				512.56
	熟练工	工时	13.0000	10.37	134.81
	半熟练工	工时	25.0000	8.23	205.75
	普工	工时	25.0000	6.88	172.00
(2)	材料费				133.90
	合金钻头 ϕ32～38	个	2.3500	45.00	105.75
	风钻钻杆	kg	1.1300	7.00	7.91
	水（工程用水）	m^3	6.0000	0.91	5.46
	其他材料费	元	14.7800	1.00	14.78
(3)	机械使用费				443.08
	风钻手持式	台时	14.4900	28.37	411.08
	零星机械使用费	元	32.0000	1.00	32.00
2	其他直接费	%	7.1000	1089.54	77.36
二	间接费	%	17.5400	1166.90	204.67
三	利润	%	7.0000	1371.57	96.01
四	税金	%	3.2800	1467.58	48.14
五	合计				1515.72

表 4－129　　隧洞固结灌浆

定额编号：[70109]　　定额单位：1t

施工方法：洞内作业，水泥单位注入量为 100kg/m

编号	名称及规格	单位	数量	单价/元	合计/元
1	2	3	4	5	6
一	直接费				1879.27
1	基本直接费				1754.69
(1)	人工费				313.00
	高级熟练工	工时	2.2400	13.78	30.87
	熟练工	工时	6.7200	10.37	69.69
	半熟练工	工时	8.9600	8.23	73.74
	普工	工时	20.1600	6.88	138.70
(2)	材料费				684.88
	水泥 P·O 42.5 袋装综合价	t	1.1700	500.00	585.00
	水（工程用水）	m^3	68.0000	0.91	61.88
	其他材料费	元	38.0000	1.00	38.00
(3)	机械使用费				756.81
	灌浆泵（中低压）泥浆	台时	7.8288	49.58	388.15
	灰浆搅拌机 200L	台时	7.5264	21.84	164.38
	灌浆自动记录仪	台时	6.3952	12.45	79.62
	载重汽车（汽油型）5t	台时	0.3808	109.52	41.71
	地质钻机 300 型	台时	0.1680	60.44	10.15
	零星机械使用费	元	72.8000	1.00	72.80
2	其他直接费	%	7.1000	1754.69	124.58
二	间接费	%	17.5400	1879.27	329.62
三	利润	%	7.0000	2208.89	154.62
四	材料补差				136.90
	水泥 P·O 42.5 袋装综合价	t	1.1700	117.01	136.90
五	税金	%	3.2800	2500.41	82.01
六	合计				2582.42

表 4-130　　**帷幕灌浆钻孔**

定额编号：[70025]　　定额单位：100m

施工方法：岩石级别为Ⅷ级，地质钻机钻灌浆孔

编号	名称及规格	单位	数量	单价/元	合计/元
1	2	3	4	5	6
一	直接费				10881.93
1	基本直接费				10160.53
(1)	人工费				2642.82
	高级熟练工	工时	12.0000	13.78	165.36
	熟练工	工时	46.0000	10.37	477.02
	半熟练工	工时	116.0000	8.23	954.68
	普工	工时	152.0000	6.88	1045.76
(2)	材料费				2084.82
	镶合金片钻头 ϕ56	个	8.9500	40.00	358.00
	合金片	kg	0.4000	180.00	72.00
	岩芯箱	个	2.0400	60.00	122.40
	钻机钻杆 ϕ50	m	3.7100	84.00	311.64
	钻杆接头	个	3.5600	68.00	242.08
	岩心管	m	4.9800	120.00	597.60
	水（工程用水）	m^3	310.0000	0.91	282.10
	其他材料费	元	99.0000	1.00	99.00
(3)	机械使用费				5432.89
	地质钻机 150 型	台时	90.1300	52.69	4748.95
	载重汽车（汽油型）5t	台时	4.5100	109.52	493.94
	零星机械使用费	元	190.0000	1.00	190.00
2	其他直接费	%	7.1000	10160.53	721.40
二	间接费	%	17.5400	10881.93	1908.69
三	利润	%	7.0000	12790.62	895.34
四	税金	%	3.2800	13685.96	448.90
五	合计				14134.86

表 4-131　　**帷　幕　灌　浆**

定额编号：[70122] ×0.9＋ [70123] ×0.1　　定额单位：1t

施工方法：自下而上，水泥单位注入量为 110kg/m

编号	名称及规格	单位	数量	单价/元	合计/元
1	2	3	4	5	6
一	直接费				2688.70
1	基本直接费				2510.46
(1)	人工费				375.93

续表

施工方法：自下而上，水泥单位注入量为 110kg/m					
编号	名称及规格	单位	数量	单价/元	合计/元
1	2	3	4	5	6
	高级熟练工	工时	1.9000	13.78	26.18
	熟练工	工时	7.8000	10.37	80.88
	半熟练工	工时	10.6000	8.23	87.24
	普工	工时	26.4000	6.88	181.63
(2)	材料费				738.67
	水泥 P·O 42.5 袋装综合价	t	1.1970	500.00	598.50
	水（工程用水）	m^3	92.6000	0.91	84.27
	其他材料费	元	55.9000	1.00	55.90
(3)	机械使用费				1395.86
	地质钻机 150 型	台时	4.8690	52.69	256.54
	灌浆泵（中低压）泥浆	台时	12.7420	49.58	631.75
	灰浆搅拌机 200L	台时	7.6330	21.84	166.71
	灰浆搅拌机 1000L	台时	1.9040	27.43	52.23
	灌浆自动记录仪	台时	6.4870	12.45	80.76
	载重汽车（汽油型）5t	台时	0.6590	109.52	72.17
	零星机械使用费	元	135.7000	1.00	135.70
2	其他直接费	%	7.1000	2510.46	178.24
二	间接费	%	17.5400	2688.70	471.60
三	利润	%	7.0000	3160.30	221.22
四	材料补差				140.06
	水泥 P·O 42.5 袋装综合价	t	1.1970	117.01	140.06
五	税金	%	3.2800	3521.58	115.50
六	合计				3637.08

回填灌浆费用＝13132m^2×119.42 元/m^2＝1568223（元）

固结灌浆钻孔费用＝3221m×15.16 元/m＝48830（元）

固结灌浆费用＝322t×2582.42 元/t＝831539（元）

帷幕灌浆钻孔费用＝3317m×141.35 元/m＝468858（元）

帷幕灌浆费用＝365t×3637.08 元/t＝1327534（元）

三、地下连续墙工程

地下连续墙（主要有混凝土防渗墙）是利用钻孔、挖槽机械，在松散透水地基或坝（堰）体中以泥浆固壁，挖掘槽形孔或连锁桩柱孔，在槽（孔）内浇筑混凝土或回填其他防渗材料筑成的具有防渗等功能的工程。

水利水电工程混凝土防渗墙的厚度一般为 60～100cm，它深埋地基中，目前最大深度已达 100m。防渗墙底部一般要求嵌入基岩或不透水层中一定深度（0.5～1.0m），其顶部则需要与坝体防渗设施连接。

(一) 主要作用和适用范围

(1) 结构可靠，耐久性较好，防渗效果好；成墙厚度和深度都较大。

(2) 用途广泛，可防水、防渗，也可挡土、承重；既可用于大型深基基础工程，也可用于小型的基础工程。

(3) 几乎可适应于各种地质条件，从松软的淤泥到密实的砂卵石，甚至漂石和岩层中。

(二) 施工特点

(1) 具有连续性的特点，在布置供电系统时，要注意保证供电不能中断。

(2) 墙体的结构尺寸（厚度、深度）、墙体材料的渗透性能和力学性能可根据工程要求和地层条件进行设计和控制。

(3) 对邻近的结构和地下设施影响很小，可在建筑物、构筑物密集地区进行施工。

(4) 施工方法成熟，检测手段简单直观，工程质量可靠。

(5) 施工时几乎不受地下水影响。

(6) 一般情况下，混凝土防渗墙施工要借助于大型的施工机械并在泥浆固壁的条件下进行，工艺环节较多，因此，要求有较高的技术能力、管理水平和丰富的施工经验。

(三) 分类

(1) 按布置方式分有嵌固式防渗墙、悬挂式防渗墙、组合式防渗墙。

(2) 按墙体材料分有普通混凝土防渗墙、黏土混凝土防渗墙、塑性混凝土防渗墙、固化灰浆防渗墙、自凝灰浆防渗墙。

(3) 按成墙方式分有桩柱型、槽板型（图 4-51）、板桩灌注型（混合型）。其中，桩柱型又分对接型［图 4-52 (a)］、套接型［图 4-52 (b)］和连锁型［图 4-52 (c)］。

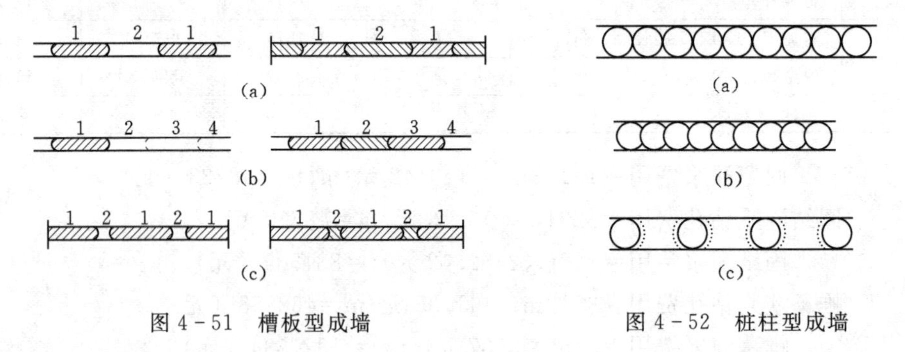

图 4-51　槽板型成墙　　　图 4-52　桩柱型成墙

(四) 工艺流程

防渗墙的施工过程较为复杂，施工工序颇多，主要工序可分为：施工准备、槽孔建造、墙体材料填筑、质量检查。如钢筋混凝土防渗墙施工工艺流程如图 4-53 所示。

1. 施工准备

除三通一平外，还包括构筑施工平台、构筑泥浆系统（储存）、安设混凝土浇筑系统、修筑导墙或开挖导向沟并埋设导向槽板、开槽机械的轨道铺设和安装及其他临时设施的布置。当防渗墙中心线上有裸露的或已探明的大孤石时，在修建导墙和施工平台之前应予以清除或爆破。

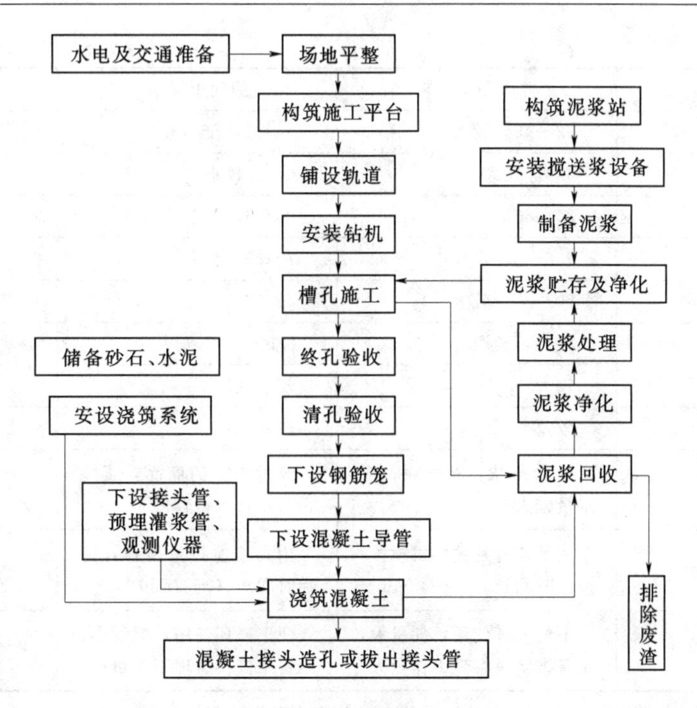

图 4-53　钢筋混凝土防渗墙施工工艺流程

2. 槽孔建造

槽孔建造可简称为开槽、造孔。

(1) 成槽方法。成槽方法有钻劈法、抓取法（抓斗成槽法）、钻抓法、铣削法等。

(2) 成槽设备。槽孔建造设备可根据地层情况、墙体结构型式及设备性能进行选择，必要时可选用多种设备组合施工，主要设备如下：

1) 冲击钻机：CZ-22、CZ-30。

2) 冲击反循环钻机：CZF-1200、CZF-1500，配合泥浆净化机。

3) 抓斗：液压式、机械式。

4) 液压铣槽机。

(3) 固壁泥浆。固壁泥浆应具有良好的物理稳定性、良好的化学稳定性、适当的密度、良好的流变性能、适当的黏度、较小的含砂量、较好的滤失性（即失水量较小且形成的泥皮薄而致密）以及抗水泥污染能力。

1) 固壁泥浆的作用：保证槽壁稳定；防止渗漏；悬浮钻渣、携带钻渣和清洗孔底；冷却钻具，防止钻头过早磨损。

2) 固壁泥浆的土料：膨润土、黏土或两者的混合料。普通黏土泥浆与膨润土泥浆特性比较见表 4-132。当所采用的黏土质量不能完全满足要求时，或为了兼顾两者的特性时，可使用掺加部分膨润土的混合泥浆，其特性介于两者之间。

表 4-132　普通黏土泥浆与膨润土泥浆特性比较表

项目	普通黏土泥浆	膨润土泥浆	备注
密度/(g/cm^3)	1.15～1.25，较大	1.03～1.10，较小	

续表

项目	普通黏土泥浆	膨润土泥浆	备注
浓度/%	32～45，较大	4～12，较小	100mL 水中含土量（g）
含砂量/%	≤5，较大	≤1，较小	
漏斗黏度/s	30～60	30～60	946/1500mL 漏斗
造浆率/(m^3/t)	2.6～3.5，较小	7～25，较大	
失水量/(mL/30min)	20～30，较大	10～20，较小	
泥皮厚/mm	2～4，较厚	0.5～2，较薄	
悬浮钻渣能力	较大	较小	
混凝土置换效果	较差	较好	
外观性状	天然产状，有结块，含水量较大	经过加工的商品，袋装粉末，含水量较低	
制浆	用低速叶片搅拌机搅拌，搅拌时间长（30～45min）	用高速搅拌机搅拌，搅拌时间短（3～7min）	
使用与管理	不便循环使用，耗量大，设备维修及管理工作量大	便于循环使用，耗量小，设备维修及管理工作量小	

注　每 1m^3 普通黏土泥浆需用土约 340～400kg，每 1m^3 膨润土泥浆需用土约 50～80kg。

膨润土泥浆的密度较小，浇筑混凝土时的置换效果较好，有利于成墙质量，同时也便于泥浆循环使用，故在采用循环出渣方式造孔或用于抓斗成槽时，优先选用膨润土泥浆。随着施工技术的进步，膨润土泥浆的应用越来越普遍。鉴于水利水电工程经常遇到含有大粒径漂卵石和严重渗漏地层的情况，以及各施工单位的现有装备水平，黏土泥浆仍然具有一定的价值水平，不会被完全淘汰。黏土泥浆的密度较大，悬浮钻渣和堵漏防塌的能力较强，且料源广，成本低。使用常规冲击钻机在含有漂卵石的地层中造孔时，宜选用普通黏土泥浆和混合泥浆。为避免密度和黏度过大对混凝土浇筑质量的不利影响，在浇筑前清孔时可换入密度和黏度较小的泥浆。

(4) 槽孔终孔质量检查。槽孔建造结束后，应进行终孔质量检查（包括孔位、孔斜、孔深、槽宽、孔型等），检查合格后方可进行下道工序，即清孔、换泥浆及端头孔泥皮刷洗等。

(5) 清孔换浆。清孔换浆宜选用泵吸法或气举法。二期槽孔清孔换浆结束前，应清除接头槽壁上的泥皮。

(6) 清孔检验。清孔换浆完成 1h 后进行检验（包括孔底淤积厚度、槽内泥浆密度、黏度、含沙量等）。

清孔验收合格后，应于 4h 内浇筑混凝土，因吊放钢筋笼或其他埋设件不能在 4h 内开浇混凝土的槽孔，可对清孔要求另行作出规定。

3. 墙体材料填筑

防渗墙墙体材料根据其抗压强度和弹性模量，可分为刚性材料和柔性材料。刚性材料的防渗墙有普通混凝土、黏土混凝土等；柔性材料的防渗墙有塑性混凝土、固化灰浆、自凝灰浆等。

以下主要介绍混凝土防渗墙的填筑。

(1) 钢筋笼和预埋件。将已制备的钢筋笼下沉到设计高度（对钢筋混凝土防渗而言），应采取措施防止混凝土浇筑时钢筋笼上浮。

防渗墙墙体内可用预埋管法或拔管法预留孔洞。预埋管和拔管管模应有足够的强度和刚度。

观测仪器埋设按设计要求的位置和方向，并注意保护。

(2) 下设混凝土导管。由于是在泥浆下浇筑混凝土，一般都采用直升导管法，导管内径以20～25cm为宜。由于不能振捣，要利用混凝土自重，所以对混凝土级配有特殊要求，混凝土应有良好的和易性，规范规定入孔时的坍落度为18～22cm，扩散度为34～40cm，最大骨料粒径不大于4cm，且不得大于钢筋净距的1/4。

(3) 混凝土的拌制和运输。

1) 混凝土的拌制。防渗墙混凝土的拌制可采用各种类型的混凝土搅拌机。有条件时可利用工地现有的大型自动化拌和系统和骨料生产系统，也可使用小型自动化搅拌站或临时搭建的简易搅拌站，应尽量避免采用人工上料的拌和方法。塑性混凝土宜采用强制式搅拌机拌和，并适当延长搅拌时间。

2) 混凝土的运输。在选择混凝土的运输方法时，应保证运至孔口的混凝土具有良好的和易性。混凝土的运输包括水平运输和垂直提升。

水平运输一般应采用混凝土搅拌运输车，必要时可与混凝土泵相配合。

垂直提升一般高度不大，但也有相应的措施。常用的方法有混凝土泵兼作水平运输和垂直提升设备，小型皮带机送料至分料斗，吊罐与吊车配合送料至分料斗等。

(4) 浇筑混凝土。在泥浆下采用直升导管，开浇前，导管底口距槽底15～25cm；将可浮起的隔离塞球或其他适宜的隔离物放入导管（球直径略小于导管内径）；开浇时宜先注入少量的水泥砂浆，随即注入足够的混凝土，挤出塞球并埋住导管底端；灌满后，提升20～30cm，使塞球跑出，混凝土流入孔内，连续上料，并应保证导管提升后底部埋入混凝土的深度不得小于1m，不宜大于6m；随着混凝土面的均匀上升（上升速度不得小于2m/h，各处高差应控制500mm以内），导管也随之提升，连续浇筑，直至结束。

制浆浇筑设备：卧式泥浆搅拌机、高速锤式打浆机、立式搅拌机、水力搅拌机及高速制浆系统。

(5) 混凝土接头造孔或拔出接头管。待混凝土初凝后，拔去接头管或进行混凝土接头造孔。

4. 质量检查

防渗墙质量检查程序分为工序质量检查和墙体质量检查。

(1) 工序质量检查包括：终孔、清孔、接头管（板）吊放、钢筋笼制造及吊放、混凝土拌制及浇筑等。各工序检查合格后，应签发工序质量检查合格证。

1) 槽孔建造的终孔质量检查应包括：孔位、孔深、孔斜、槽宽；基岩岩样与槽孔嵌入基岩深度；一期、二期槽孔间接头的套接厚度。

2) 槽孔的清孔质量检查应包括：孔内泥浆性能、孔底淤积厚度、接头孔刷洗质量。

3) 接头管（板）吊放质量检查应包括：接头管（板）吊放深度、接头管（板）吊放垂直度、接头管（板）的成孔质量。

4）钢筋笼制造及吊放质量检查应包括：钢筋的检验；钢筋笼的外形尺寸，导向装置及加工质量；钢筋笼的吊放位置及节间连接质量；预埋件位置及数量检验。

5）混凝土拌制及浇筑质量检查应包括：原材料的检验、导管间距、浇筑混凝土面的上升速度及导管埋深、终浇高程、混凝土槽口样品的物理力学检验及其数理统计分析结果。

固化灰浆防渗墙和自凝灰浆防渗墙与混凝土防渗墙检查内容基本相同。

（2）墙体质量检查应在成墙后28天进行，检查内容为墙体的物理力学性能指标、墙段接缝和可能存在的缺陷。检查可采用钻孔取芯（混凝土芯）、注水试验或其他检测方法。检查孔的数量宜为每10～20个槽孔一个，位置应具有代表性。

5. 墙段连接

墙段连接可采用钻凿法、接头管（板）法、双反弧桩柱法、切（铣）削法等，如图4-54所示。条件许可时，宜减少墙段连接缝。

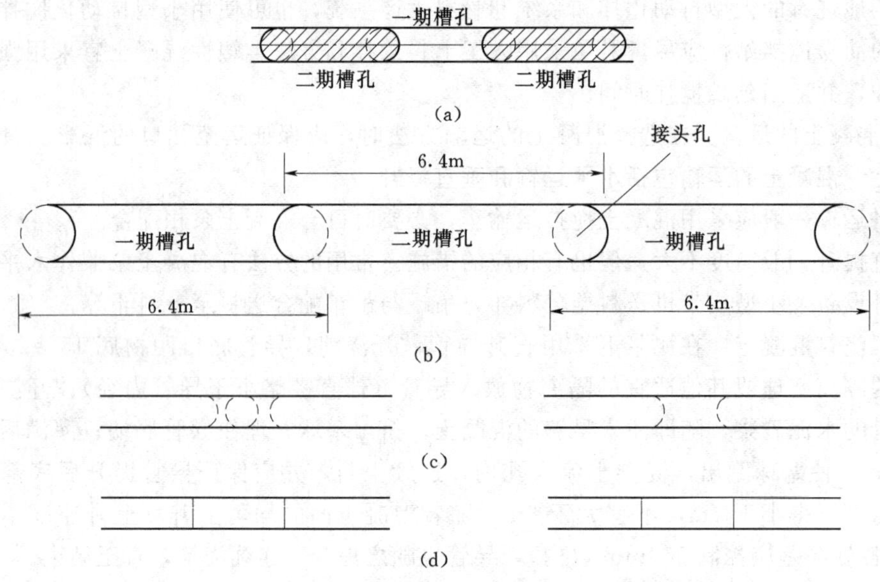

图4-54　墙段连接方法

(a) 钻凿法；(b) 接头管法；(c) 双反弧桩柱法；(d) 切（铣）削法

（五）地下连续墙的工程量计算规定及概算定额的工程量计量规则

1. 工程量计算规定

现行地下连续墙的工程量计算基本采用以下计算规定：

（1）造孔工程量按不同墙厚、孔深和地层以成墙面积计算。

（2）浇筑工程量按设计成墙面积和设计厚度计算。地下连续墙需配筋时，钢筋应单独计算。

应根据设计图纸按混凝土强度等级、级配计算工程量。地下连续墙混凝土工程量以成品方（m^3）计量。

2. 概算定额的工程量计量规则

（1）成槽。地下连续墙造孔工程量以设计成墙面积（m^2）计量，不计入导向槽的工程量。

$$A = LH \tag{4-40}$$

式中：A 为防渗墙或计算槽段的成墙（截水）面积，m^2；L 为轴线长度，m；H 为平均墙深，m。

（2）浇筑。地下连续墙混凝土工程量以成品方（m^3）计量，塑性混凝土防渗墙以面积（m^2）计量。

地下连续墙混凝土浇筑工程量按式（4－41）计算：

$$Q = AB = LHB \tag{4-41}$$

式中：Q 为地下连续墙的槽段填筑量或全部填筑工程量，m^3；A 为地下连续墙或计算槽段的成墙（截水）面积，m^2；B 为设计墙厚，m；L 为地下连续墙或槽段设计长度，m；H 为平均墙深，m。

地下连续墙混凝土浇筑定额中混凝土耗量包括：接头系数 K_1，取值范围为 1.08～1.15；扩孔系数 K_2，取值范围为 1.10～1.20；超高（墙顶）系数 K_3，取值范围为 1.005～1.025，也可据实计算；合理的操作损耗系数 K_4，取值为 1.03。

（3）孤石预爆。爆破段中钻孔工程量（m）＝爆破工程量（m^2）÷1.25 孔距（m）。非爆破段的钻孔工程量按实计算。

（六）概算定额选用及单价编制

现行地下连续墙工程定额属于概算定额的基础处理工程章节，包括以下内容：

（1）地下连续墙成槽：冲击钻机、冲击反循环钻机、抓斗、两钻一抓、液压铣槽。

（2）孤石爆破：孤石预爆。

（3）地下连续墙浇筑：钻凿法、铣削法混凝土浇筑，接头板法、接头管法混凝土浇筑，固化灰浆浇筑。

（4）塑性混凝土防渗墙：薄型抓斗成槽。

（5）钢筋笼制作安装。

在选用概算定额时，首先应仔细阅读概算定额总说明、章说明和节说明，再根据施工方法、适用范围、工作内容以及各自特性分别选用。

1. 概算定额选用

（1）成槽。

1）地下连续墙成槽：概算定额均按墙厚 0.8m、孔深 50m 以内成槽拟定。按钻孔设备、地层选择定额。定额单位为 100m^2。

适用范围：墙厚 0.8m、孔深 50m 以内。冲击钻机、冲击反循环钻机、两钻一抓成槽时，可根据不同墙厚、不同槽孔深度按定额规定调整成槽设备和定额耗量；抓斗、液压铣槽成槽时，可根据不同墙厚、不同槽孔深度按定额规定调整定额耗量。

工作内容：制备泥浆、造孔、出渣、清孔、换浆、记录。

2）孤石预爆：概算定额唯一。定额单位为 100m^2。

适用范围：地下连续墙内粒径 600～800mm 的漂石、孤石及单轴抗压强度大于 50MPa 的硬岩预爆。钻孔根据岩石级别套用相应钻进定额。

工作内容：爆破筒制作、下设、爆破。

（2）浇筑。

1）地下连续墙混凝土浇筑：概算定额按墙段连接方式选择定额。定额单位为$100m^3$。

适用范围：钻凿法、铣削法适用于墙厚0.8m地下连续墙混凝土浇筑；接头板法、接头管法适用于孔深30m以内采用接头板法，孔深25m以内采用接头管法。混凝土拌制及水平运输应根据定额耗量和施工方法另行计算；混凝土材料需垂直运输时，需增列混凝土垂直运输。采用钻凿法施工，不同墙厚按定额规定调整。

工作内容：钻凿法、铣削法主要包括装拆导管及漏斗、搭拆浇筑平台、浇筑、记录，检查孔的钻孔、取芯、岩芯装箱及编录、记录、制浆、灌浆、封孔、孔位转移等；接头板法、接头管法主要包括下设接头板或接头管、装拆导管及漏斗、搭拆浇筑平台、浇筑、起拔接头板或接头管、记录，检查孔的钻孔、取芯、岩芯装箱及编录、记录、制浆、灌浆、封孔、孔位转移等。

2）地下连续墙固化灰浆浇筑：概算定额唯一。定额单位为$100m^3$。

适用范围：孔深25m以内。

工作内容：制备泥浆、下设风管、抽浆、水泥砂浆搅拌及运输、填固化材料、原位搅拌、起拔风管、记录。

（3）塑性混凝土防渗墙：概算定额按地层选择。定额单位为$100m^2$。

适用范围：墙厚0.3m，孔深20m以内，包括抓槽、成墙。墙厚不同、槽孔深度不同时按定额规定调整。

工作内容：制备泥浆、抓槽、出渣、清孔、换浆、下设（起拔）接头管及导管、混凝土拌和、运输、浇筑、记录。

（4）钢筋笼制作安装：概算定额按整体钢筋笼重量选择。定额单位为1t。

适用范围：地下连续墙和灌注桩钢筋笼制安。

工作内容：除锈、调直、切断、弯曲、绑扎、焊接成型，场内运输、起吊、焊接、安放入槽（孔）、记录。

2. 编制地下连续墙单价应收集和掌握的技术资料

（1）工程勘测资料。主要有采用地下连续墙处理部位的工程地质及水文地质资料，包括：建设场地岩土工程勘察报告、防渗墙中心线处的勘探孔柱状图和地质剖面图、地基土的类别及物理、力学性质指标等；建（构）筑物荷载及抗震设防烈度等；该处地层的组成及大致比例。

（2）水工工程设计有关资料。

1）了解工程项目设计概况、熟悉设计图纸、掌握设计意图，包括：地下连续墙地层的分布及高程；需地基处理设计的地下连续墙深度、厚度和具体部位等；地下连续墙根据设计要求是否要增加钢筋笼及其含筋率等；采用的墙体材料等。

2）地下连续墙的质量要求。泥浆及墙体材料的质量要求；施工区域的工程环境保护、水土保持的要求等，做好废水、废浆的处理和回收。

（3）施工设计有关资料。

1）施工进度、强度。施工时段，有无冬季冰冻气候条件下施工，有无雨季气候条件下施工；施工强度大小、施工干扰多少、工期紧迫与否等情况。

2）施工方法与措施。成槽、浇筑、钢筋笼制安等施工设备的选择。

3）场内交通。场内各种交通设施布置状况。

4）所用泥浆及墙体材料原材料的产地、质量、储量、开采运输条件等。

3. 单价编制应注意的问题

（1）地下连续墙主要由成槽、下钢筋笼（如果有）、浇筑3个工序组成，其成槽、下钢筋笼、浇筑单价按照概算定额需分别计算各自单价，其工程量为地下连续墙成槽工程量按设计墙体的阻水面积（m^2）计量，地下连续墙浇筑工程量按浇筑混凝土或固化灰浆（m^3）计量，地下连续墙钢筋笼制作安装按吨（t）计量，故单价分别编制成槽、浇筑、钢筋笼制安单价。

（2）地下连续墙成槽定额。粒径600～800mm的漂石需套用相应定额，并按概算定额说明增加孤石预爆处理费用。

孤石或单轴饱和抗压强度在50MPa以上的坚硬岩石需套用岩石30～50MPa定额，并按概算定额说明增加孤石预爆处理费用。

概算定额中已包括混凝土接头凿除费用，未包括施工操作平台、导向槽措施和泥浆储备系统等费用。

应按该部位工程地质所反映出的地层类别按比例综合计算单价。

（3）塑性混凝土防渗墙主要由抓槽、换浆、浇筑3个工序组成，现行概算定额已在其定额中综合考虑了整个工序过程，故单价编制只需计算一个综合单价即可，并按该部位工程地质所反映出的地层地质条件按比例综合计算单价。

（七）工程量计算及单价编制举例

1. 工程量计算及概算定额选用

【例4-11】某工程的基础处理项目坝基防渗采用混凝土防渗墙，坝轴线长500m，地层为砂卵石，混凝土防渗墙墙厚0.8m，平均深度为38m，其中要求入岩0.5m（岩石级别为Ⅶ级）。施工方法采用钻劈法，冲机钻机成槽，槽段连接方式采用钻凿法，接头系数为1.11，扩孔系数为1.15。混凝土拌制采用本工程拌和系统（2×1.5m^3拌和楼）拌制，10t自卸汽车运混凝土2km，不考虑垂直运输。电站坝顶高程1800.00m。（不考虑可行性研究阶段工程量计算阶段系数）

计算混凝土防渗墙工程量并选用概算定额编号。

解：（1）成槽。

成槽总工程量＝500×38＝19000（m^2）

其中，砂卵石工程量＝500×37.5＝18750（m^2），占98.7%；岩石工程量＝500×0.5＝250（m^2），占1.3%。

定额编号：[70185]×0.987＋[70187]×0.013。

（2）混凝土浇筑。

混凝土浇筑总工程量＝500×38×0.8＝15200（m^3）

定额编号：[70231]＋[40387]×1.33＋[40613]×1.33。

2. 单价编制及费用计算

根据混凝土防渗墙选用的定额编号编制相应单价及单项费用。已知基础资料见表4-133。

表 4-133　　基础资料及取费标准一览表　　单位：元

编号	名称及规格	单位	预算价格	编号	名称及规格	单位	预算价格
一	人工预算单价			5	碱粉	kg	3.50
1	高级熟练工	工时	13.78	6	掺外加剂混凝土 C30(二)	m^3	225.80
2	熟练工	工时	10.37	7	钢管	m	20.00
3	半熟练工	工时	8.23	8	橡皮板	kg	12.00
4	普工	工时	6.88	9	水泥 42.5 综合价	t	637.56
二	电风水价格			五	施工机械台时费		
1	电	kW·h	0.985	1	冲击钻机 CZ-20	台时	89.19
2	风	m^3	0.155	2	泥浆搅拌机 $2m^3$	台时	31.69
3	水	m^3	0.906	3	泥浆泵 3PN	台时	32.09
三	取费标准			4	电焊机(交流)30kVA	台时	31.55
1	其他直接费率	%	7.10	5	空气压缩机(油动移动式) $6m^3/min$	台时	113.53
2	间接费率	%	17.54	6	自卸汽车(汽油型)3.5t	台时	115.14
3	利润	%	7.00	7	载重汽车(汽油型)5t	台时	109.52
4	税金	%	3.28	8	轮式装载机 $1.5m^3$	台时	173.80
四	材料预算单价			9	汽车起重机(柴油型)16t	台时	230.00
1	板枋材	m^3	1715.97	10	自卸汽车(柴油型)10t	台时	163.38
2	钢材	kg	4.42	11	混凝土拌和系统	台时	678.78
3	电焊条	kg	7.80	12	水泥输送系统	台时	805.86
4	黏土	t	40.00	13	骨料输送系统	台时	339.55

解：混凝土防渗墙造孔、浇筑选用的定额编号编制的相应单价见表 4-134 和表 4-135。混凝土防渗墙成槽、浇筑单项费用为

混凝土防渗墙成槽费用=$19000m^2$×1610.75 元/m^2=30604250（元）

混凝土防渗墙浇筑费用=$15200m^3$× 695.03 元/m^3=10564456（元）

表 4-134　　防 渗 墙 成 槽

定额编号：[70185]×0.987+[70187]×0.013　　定额单位：$100m^2$

施工方法：冲击钻机钻砂卵石层 98.7%，Ⅶ级岩石 1.3%，墙厚 0.8m

编号	名称及规格	单位	数量	单价/元	合计/元
1	2	3	4	5	6
一	直接费				124005.69
1	基本直接费				115784.96
(1)	人工费				19232.85
	高级熟练工	工时	195.8440	13.78	2698.73
	熟练工	工时	577.5450	10.37	5989.14
	半熟练工	工时	763.3890	8.23	6282.69
	普工	工时	619.5190	6.88	4262.29
(2)	材料费				18183.80
	板枋材	m^3	1.2000	1715.97	2059.16
	钢材	kg	193.0518	4.42	853.29

续表

施工方法：冲击钻机钻砂卵石层98.7%，Ⅶ级岩石1.3%，墙厚0.8m

编号	名称及规格	单位	数量	单价/元	合计/元
1	2	3	4	5	6
	电焊条	kg	176.0635	7.80	1373.29
	黏土	t	197.4150	40.00	7896.60
	碱粉	kg	1380.9050	3.50	4833.17
	水（工程用水）	m^3	1191.5300	0.91	1084.29
	其他材料费	元	84.0000	1.00	84.00
(3)	机械使用费				78368.31
	冲击钻机 CZ-22	台时	542.4800	89.19	48383.80
	泥浆搅拌机 $2m^3$	台时	269.3683	31.69	8536.28
	泥浆泵 3PN	台时	134.6841	32.09	4322.01
	电焊机（交流）30kVA	台时	177.7533	31.55	5608.12
	空气压缩机（油动移动式）$6m^3/min$	台时	21.2900	113.53	2417.05
	自卸汽车（汽油型）3.5t	台时	54.3439	115.14	6257.16
	载重汽车（汽油型）5t	台时	0.6589	109.52	72.17
	轮式装载机 $1.5m^3$	台时	13.5885	173.80	2361.67
	汽车起重机（柴油型）16t	台时	1.3800	230.00	317.40
	零星机械使用费	元	92.6490	1.00	92.65
2	其他直接费	%	7.1000	115785.00	8220.73
二	间接费	%	17.5400	124005.70	21750.60
三	利润	%	7.0000	145756.30	10202.94
四	税金	%	3.2800	155959.20	5115.46
五	合计				161074.69

表 4-135　防渗墙浇筑

定额编号：[70231]+[40387]×1.33+[40613]×1.33　　定额单位：$100m^3$

施工方法：混凝土防渗墙浇筑，$2×1.5m^3$ 拌和楼拌制，10t自卸汽车运混凝土2km

编号	名称及规格	单位	数量	单价/元	合计/元
1	2	3	4	5	6
一	直接费				49071.74
1	基本直接费				45818.62
(1)	人工费				3067.22
	高级熟练工	工时	12.0000	13.78	165.36
	熟练工	工时	73.3100	10.37	760.22
	半熟练工	工时	141.6000	8.23	1165.37
	普工	工时	141.9000	6.88	976.27
(2)	材料费				32210.89
	掺外加剂混凝土 C30（二）	m^3	133.0000	225.80	30031.40
	板枋材	m^3	0.6000	1715.97	1029.58
	钢管	m	13.6000	20.00	272.00

续表

施工方法：混凝土防渗墙浇筑，2×1.5m^3 拌和楼拌制，10t 自卸汽车运混凝土 2km

编号	名称及规格	单位	数量	单价/元	合计/元
1	2	3	4	5	6
	橡皮板	kg	27.1000	12.00	325.20
	水（工程用水）	m^3	60.0000	0.91	54.60
	其他材料费	元	409.0000	1.00	409.00
	零星材料费	元	89.1100	1.00	89.11
(3)	机械使用费				10540.51
	自卸汽车（柴油型）10t	台时	12.7547	163.38	2083.86
	混凝土拌和系统	组时	3.0457	678.78	2067.36
	水泥输送系统	组时	3.0457	805.86	2454.41
	骨料输送系统	组时	3.0457	339.55	1034.17
	冲击钻机 CZ－22	台时	26.1700	89.19	2334.10
	载重汽车（汽油型）5t	台时	2.0600	109.52	225.61
	零星机械使用费	元	341.0000	1.00	341.00
2	其他直接费	%	7.1000	45818.62	3253.12
二	间接费	%	17.5400	49071.74	8607.18
三	利润	%	7.0000	57678.92	4037.52
四	材料补差				5580.12
1	水泥 P·O 42.5（综合）	t	40.5650	137.56	5580.12
五	税金	%	3.2800	67296.56	2207.32
六	合计				69503.88

四、桩基

桩基工程是地基加固的主要方法之一。其目的有些是为了改善建筑物地基土体的力学性质，提高承载能力，增加抗滑稳定，减少压缩变形；有些是为了改善土体的渗透性质，减少渗透量，防止渗透变形。

按施工方法的原理，软基加固可分为置换处理、密实处理、排水处理、胶结处理。桩的分类，根据不同的目的有不同的分类法，不再一一介绍。这里仅介绍近几年在水利水电工程地基加固中，用得较多的和发展较快的振冲桩、灌注桩和旋喷桩（在高压喷射灌浆中介绍）。

（一）振冲桩

振冲桩在振冲作用和高压水的共同作用下，使松散碎石土、砂土、粉土、人工填土等土层振密；或在碎石土、砂土、粉土、黏性土、人工填土、淤泥土等土层中成孔，然后回填碎石等粗粒料形成桩，和原地基土组成复合地基。

1. 主要作用和适用范围

主要作用是作为坝基、闸基加固，病坝处理，抗震加固处理和火电厂建筑物地基加固，以提高地基的强度和抗滑稳定性，减少沉降量。

（1）适用于碎石土、砂土、粉土、黏性土、人工填土及湿陷性土等地基的加固处理。对于不排水抗碱强度小于 20kPa 的淤泥、淤泥质土及该类土的人工填土地基，应通过试验确定。

(2) 适用于沙土的抗震、各类可液化土的加密和抗液化处理。

2. 施工特点

振冲法施工按施工工艺可分为湿法和干法两类，目前国内常用湿法振冲即振动水冲法，简称振冲法。振动水冲法是以振冲器的振动和挤密作用，对松砂地基进行加密处理或在软弱地层中设置紧密的碎石桩。软弱地基中，利用能产生水平方向振动的管状设备，在高压水流下，边振边冲成孔，再在孔内填入碎石或水泥、碎石等坚硬材料，借振冲器的水平和垂直振动，振密填料，与原地基土共同组成复合地基形成碎石桩体。

振冲法加固地基施工机具简单、操作方便、加固质量易控制，加固时不需钢材、水泥，仅用当地产的碎（卵）石，工程造价低，具有明显的经济效益和社会效益。

3. 工艺流程

振冲按地基土加密效果可分为振冲加密和振冲置换。振冲加密是指经振冲法处理后地基土强度有明显提高。振冲置换是指经振冲法处理后地基土强度无明显提高，主要依靠在地基中建造强度高的碎（卵）石桩柱与周围土组成复合地基，从而提高地基强度。下面仅简单介绍振冲加密的工艺流程：施工准备→造孔→填料→振密→质量检查。

制桩顺序可选用排打、跳打和围打法。

(1) 施工准备。在振冲桩施工以前，要进行施工场地平整、供水、排水、供电、填料准备、搭建临时设施和进行工艺实验等准备工作。

(2) 造孔。振冲器对准桩位，开水、开电，启动吊机，使振冲器徐徐下降，振冲器振冲贯入地层直达设计深度，当达设计深度以上 30～50cm 时，将振冲器提到孔口，再下沉，提起进行清孔。

(3) 填料。清孔完毕，往孔内倒填料。填料方式可采用强迫填料法、连续填料法或间断填料法。大功率振冲器宜采用强迫填料法，深孔宜采用连续填料法，在桩长小于 6m 且孔壁稳定时可采用间断填料法。

(4) 振密。将振冲器沉到填料中振实，当电流达规定值时，认为该深度已振密，并记录深度、填料量、振密时间和电流量；再提出振动器，准备做上一深度桩体；重复上述步骤，自下而上制桩，直到孔口；关振动器，关水、关电、移位。

(5) 质量检查。振冲施工结束后，应对桩的数量、桩径、桩位偏差、桩体密度、桩间土处理效果、复合地基承载能力及变形模量进行检测。

检测试验应在振冲施工结束并达到恢复期后进行，一般砂土恢复期不少于 7 天，粉土不少于 15 天，黏性土不少于 30 天。

(6) 施工机具。一个振冲机组需要配备的主要施工机具有振冲器、起重机械、水泵、装载机和控制操作台等。

1) 振冲器：是利用一个偏心体的旋转产生一定频率和振幅的水平向振动力进行振冲挤密或置换施工的专用机械，有 ZCQ、BJ 系列。

2) 起重机械：包括履带或轮胎吊机、自行井架或专用平车等。

3) 水泵：通常选用出口水压为 0.4～0.6MPa，流量为 20～30m^3/h，每台振冲器配 1 台水泵。

4) 装载机：1 台振冲器最好配备 1～2 台装载机配合填料，装载机容量为 1.0～

$2.0m^3$；无装载机时也可用6～8台手推车代替。

5）控制操作台：操作台由150A以上的电流表或自动记录电流计、500V电压表等组成，用以监测和控制振冲器的工作电流值和电压情况。振冲器和操作台之间的电缆可选用YHC型重型橡套电缆。每台振冲器配置一个控制操作台。

振冲法工艺流程如图4-55所示，一个振冲器机组的主要施工机具如图4-56所示。

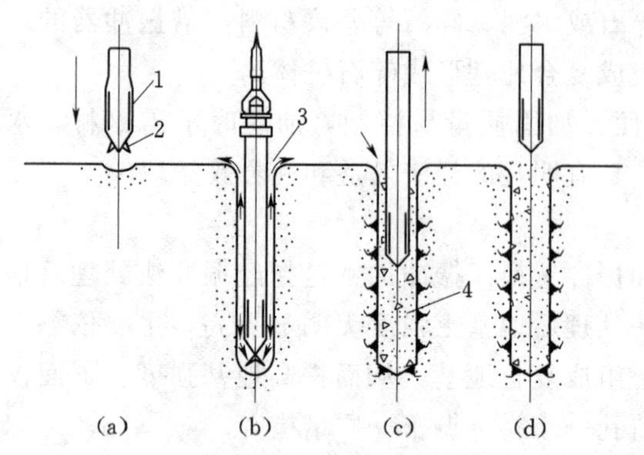

图4-55　振冲法工艺流程

(a) 贯入开始；(b) 贯入完成；(c) 填装压实骨料；(d) 压实完成

1—振冲器；2—喷水；3—水流；4—填料

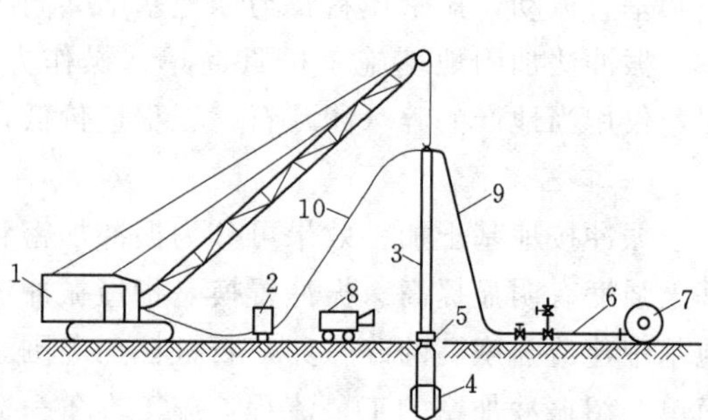

图4-56　振冲法施工机械布置示意图

1—起重机；2—电气操作台；3—导管；4—振冲器；5—活接头；6—配水管路；7—水泵；8—装载机；9—水管；10—电缆

（二）灌注桩

灌注桩是指用钻孔机具在地基上钻孔，然后浇筑混凝土和钢筋混凝土形成的桩。

1. 主要作用和适用范围

主要作用是作为水闸、高压输电线塔、厂房、桥梁、渡槽墩台等建筑物的基础，也可用于防冲、挡土、抗滑等工程中。

(1) 适用于砂卵砾石、漂石、软岩等地基的加固处理。

(2) 适用于砂土、粉土、黏性土、含少量的砂卵砾石土、淤泥等地基的加固处理。

2. 施工特点

(1) 具有连续性的特点，在布置供电系统时，要注意保证供电不能中断。

(2) 对邻近的结构和地下设施影响很小，可在建筑物、构筑物密集地区进行施工；一般施工振动小、噪音低，属低公害施工。

(3) 没有预制工序，施工设备比较简单、轻便，开工快，所以工期较短。

(4) 施工方法、工艺、机具及桩身材料的种类多，而且日新月异。

(5) 施工过程隐蔽，工艺复杂，成桩质量受人为因素和工艺因素的影响较大，施工质量较难控制。

3. 工艺流程

工艺流程：施工准备→造孔→浇筑（对钢筋混凝土桩还含下设钢筋笼）→质量检查。与混凝土地下连续墙工艺流程基本相同。灌注桩一般工艺流程如图4-57所示。

(1) 施工准备。平整场地、构筑钻机平台、埋设护筒、制作和安装钻架、黏土和泥浆的准备、钢筋笼制作及吊装、混凝土浇筑系统、泥浆系统的安设、工艺实验等。

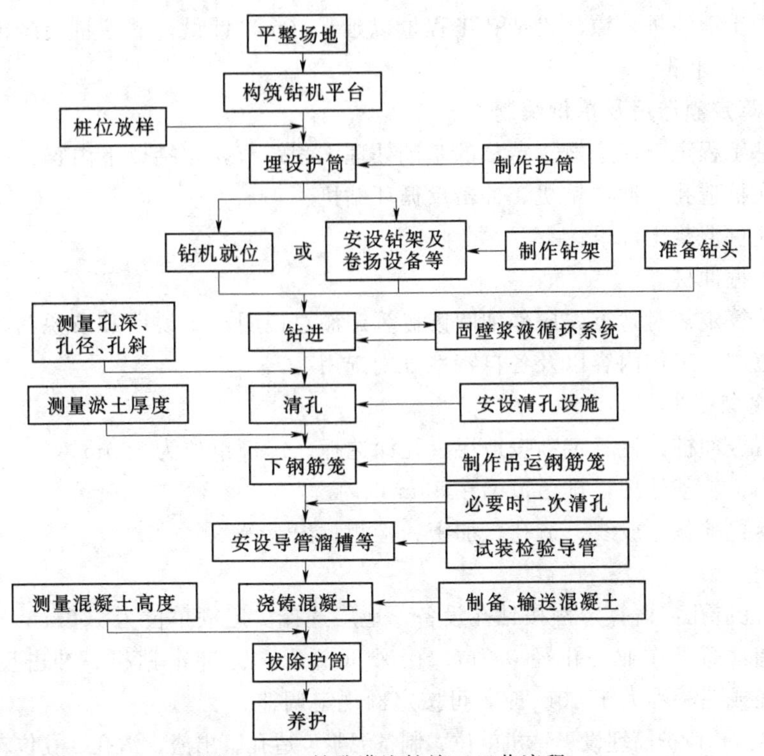

图4-57　钻孔灌注桩施工工艺流程

(2) 钻孔、清孔。

(3) 下钢筋笼、安设导管溜槽等。

(4) 浇筑混凝土。

(5) 拔除护筒、养护。

(6) 质量检查。

(7) 施工机具。

1) 钻机：有普通水井钻机（用于正循环回转钻进）、反循环回转钻机（用于反循环回转钻进）、冲机钻机、冲机反循环钻机。

2) 专用工具：有提引水笼头、方钻杆、钻杆、钻头、钻杆活动扳手等。

3) 通用工机具：一般需要配置水泵、电焊机、链式起重机、空压机、电气焊工具及管钳扳手、电气开关、推车等常用工具和杉杆、板方木、钢丝绳、胶管等材料。

(三) 桩基的工程量计算规定及概算定额的工程量计量规则

1. 工程量计算规定

(1) 碎石振冲桩工程量按不同地层的设计造孔孔深计算，注明孔距、排距。

(2) 灌注桩造孔工程量按不同地层的设计造孔孔深计算。灌注桩混凝土浇筑工程量按浇筑灌注桩的设计混凝土体积计算。注明桩径和桩长。桩长为自地面高程到桩尖的长度。灌注桩的钢筋单独计量。

2. 概算定额的工程量计量规则

(1) 碎石振冲桩。碎石振冲桩按设计振冲孔长度以延米（m）计量。

（2）混凝土灌注桩。灌注桩造孔工程量以延米（m）计量，灌注桩混凝土浇筑工程量以成品方（m^3）计量。

（四）概算定额选用及单价编制

现行桩基工程定额属于概算定额的基础处理工程章节，包括以下内容：

（1）灌注桩造孔：冲击钻机、冲击反循环钻机。

（2）灌注桩混凝土浇筑。

（3）碎石振冲桩。

在选用概算定额时，首先应仔细阅读概算定额总说明、章说明和节说明，再根据施工方法、适用范围、工作内容以及各自特性分别选用。

1．概算定额选用

（1）碎石振冲桩：概算定额按地层、孔深选择。定额单位为100m。

适用范围：软基处理，排污范围在80m以内。

工作内容：准备、放线、造孔、加密、检测、记录等。

（2）灌注桩。

1）灌注桩造孔：概算定额按钻孔设备、地层选择。定额单位为100m。

适用范围：露天作业，孔径0.8m、孔深60m以内。冲击钻机、冲击反循环钻机钻孔，不同桩径或孔深不大于40m时，可按定额规定调整。

工作内容：孔口护筒埋设、钻机就位、制备泥浆、造孔、出渣、清孔、孔位转移、记录。

2）灌注桩混凝土浇筑：概算定额唯一。定额单位为100m^3。

适用范围：灌注桩混凝土浇筑。混凝土拌制及水平运输应根据定额耗量和施工方法另行计算。

工作内容：装拆导管及漏斗，浇筑、凿除混凝土桩头，记录。

3）钢筋笼制作安装：同地下连续墙钢筋笼制安。

2．编制桩基单价应收集和掌握的技术资料

（1）工程勘测资料。主要有进行桩基处理部位的工程地质及水文地质资料，包括：建设场地岩土工程勘察报告、钻孔面剖面图、地基土的类别及物理、力学性质指标等；建（构）筑物荷载及抗震设防烈度等；该处地层的组成及大致比例。

（2）水工工程设计有关资料。

1）了解工程项目设计概况、熟悉设计图纸、掌握设计意图，包括：布桩范围，桩间距，桩基处地层的分布及高程；桩基施工范围内已有建筑物（地面及地下）资料；需地基处理设计的桩基深度、桩径和具体部位等；灌注桩根据设计要求是否要增加钢筋笼及其含筋率等；振冲桩的填料粒径等。

2）桩基的质量要求。振冲填料的质量要求；灌注桩的浇筑混凝土质量要求；施工区域的工程环境保护、水土保持的要求等，做好废水、废浆的处理和回收。

（3）施工设计有关资料。

1）施工进度、强度。施工时段，有无冬季冰冻气候条件下施工，有无雨季气候条件下施工；施工强度大小、施工干扰多少、工期紧迫与否等情况。

2）施工方法与措施。造孔、灌注、振冲等施工设备的选择；洞内、露天等作业条件。

3）场内交通。场内各种交通设施布置状况；灌注所用混凝土、振冲所用卵（碎）石等材料的来源等。

3. 单价编制应注意的问题

（1）碎石振冲桩主要由造孔、填料及加密3个工序组成，现行概算定额已在其定额中综合考虑了整个工序过程，故单价编制只需计算一个综合单价即可。

（2）灌注桩主要由造孔、混凝土浇筑两个工序组成，其造孔、混凝土浇筑单价按照概算定额需分别计算造孔和混凝土浇筑单价，因其工程量为灌注桩造孔工程量按设计造孔延米（m）计量，灌注桩混凝土浇筑工程量按浇筑混凝土（m^3）计量，故单价分别编制灌注桩造孔、灌注桩混凝土浇筑单价。

（3）碎石振冲桩概算定额选择时，应按该部位工程地质所反映出的地层类别按比例综合计算单价。

（4）灌注桩造孔概算定额选择时，首先按施工设计选用的施工设备选择定额，当选用冲击钻机或冲击反循环钻机造孔时，应按该部位工程地质所反映出的地层地质条件按比例综合计算造孔单价，并根据设计要求的桩径、孔深按定额规定调整耗量。

（五）工程量计算及单价编制举例

1. 工程量计算及概算定额选用

【例4-12】某工程的基础处理项目基础加固采用振冲桩，地层为粉细砂层、黏土层，其比例分别约为40%、60%，振冲桩数量为120根，每根桩平均深度为15m。电站坝顶高程1800.00m。请根据条件计算工程量，并选用相应概算定额编号。（不考虑可行性研究阶段工程量计算阶段系数）

解：

振冲桩工程量＝120根×15m/根＝1800（m）

定额编号：[70268]×40%＋[70270]×60%。

2. 单价编制及费用计算

根据振冲桩选用的定额编号编制相应单价及单项费用。已知基础资料见表4-136。

表4-136　基础资料及取费标准一览表　单位：元

编号	名称及规格	单位	预算价格	编号	名称及规格	单位	预算价格
一	人工预算单价			3	利润	%	7.00
1	高级熟练工	工时	13.78	4	税金	%	3.28
2	熟练工	工时	10.37	四	材料预算价格		
3	半熟练工	工时	8.23	1	碎石	m^3	40.71
4	普工	工时	6.88	五	施工机械台时费		
二	电风水价格			1	汽车起重机（柴油型）25t	台时	240.51
1	电	kW·h	0.985	2	振冲器ZCQ-75型	台时	75.71
2	风	m^3	0.155	3	离心水泵（单级）22kW	台时	32.96
3	水	m^3	0.906	4	污水泵22kW	台时	39.46
三	取费标准			5	潜水泵7kW	台时	26.26
1	其他直接费率	%	7.10	6	轮式装载机2.0m^3	台时	226.35
2	间接费率	%	17.54				

解： 振冲桩选用的定额编号编制的相应单价见表4-137。振冲桩费用为

振冲桩费用＝1800m×232.10元/m＝417780（元）

表4-137　　　　**振　冲　桩**

定额编号：[70268]×0.4＋[70270]×0.6　　　　定额单位：100m

施工方法：粉细砂层、黏土层比例分别约为40%、60%

编号	名称及规格	单位	数量	单价/元	合计/元
1	2	3	4	5	6
一	直接费				17868.86
1	基本直接费				16684.27
(1)	人工费				1249.58
	高级熟练工	工时	8.8000	13.78	121.26
	熟练工	工时	11.8000	10.37	122.37
	半熟练工	工时	60.2000	8.23	495.45
	普工	工时	74.2000	6.88	510.50
(2)	材料费				5350.93
	碎石	m^3	125.0000	40.71	5088.75
	水（工程用水）	m^3	138.0000	0.91	125.58
	其他材料费	元	136.6000	1.00	136.60
(3)	机械使用费				10083.76
	汽车起重机（柴油型）25t	台时	16.9760	240.51	4082.89
	振冲器ZCQ-75型	台时	15.7140	75.71	1189.71
	离心水泵（单级）22kW	台时	15.7140	32.96	517.93
	污水泵22kW	台时	15.7140	39.46	620.08
	潜水泵7kW	台时	10.6800	26.26	280.46
	轮式装载机2.0m^3	台时	14.2880	226.35	3234.09
	零星机械使用费	元	158.6000	1.00	158.60
2	其他直接费	%	7.1000	16684.27	1184.59
二	间接费	%	17.5400	17868.86	3134.19
三	利润	%	7.0000	21003.05	1470.21
四	税金	%	3.2800	22473.26	737.12
五	合计				23210.38

五、高压喷射灌浆

高压喷射灌浆在水利水电行业中除应用于地基加固外，更广泛地应用于水工建筑物的防渗、围堰及边坡的挡土、基础防冲、帷幕修复等工程中。

高压喷射灌浆（简称高喷灌浆或高喷），是一种采用高压水或高压浆液形成高速喷射

流束，冲击、切割、破碎地层土体，并以水泥基质浆液充填、掺混其中，形成桩柱或板墙状的凝结体，用以提高地基防渗或承载能力的施工技术。

（一）主要作用和适用范围

高压喷射灌浆在水利水电建设中的主要作用是防渗、挡土、防冲和修复。

（1）适用于淤泥质土、粉质黏土、粉土、砂土、砾石、卵（碎）石等松散透水地基或填筑体内的防渗工程。

（2）对含有较多漂石或块石的地层，应进行现场高喷试验，以确定其适用性。

对于地下水流速过大，无填充物的岩溶地段、永冻土和对水泥有严重腐蚀的地基，不宜采用高压喷射灌浆。

（二）施工特点

（1）可控制浆液的扩散范围。

（2）可控制浆液的压力、流量、浓度、提升速度，获得所需的固结体。

（3）主要材料为水泥。

（4）施工设备轻便、噪音小。

（三）分类

高压喷射灌浆可采用旋喷、摆喷、定喷 3 种形式，每种形式可采用三管法、双管法和单管法。

高喷防渗墙（简称高喷墙）是由旋喷柱形桩、摆喷扇形断面桩或定喷板状墙段，其中的一种或两种、三种彼此组合搭接起来，形成的地下防渗墙。高喷墙的结构形式可采用旋喷套接、旋摆（旋定）搭接、摆喷对接或折接、定喷折接 4 种形式。高喷墙的结构形式如图 4-58 所示。

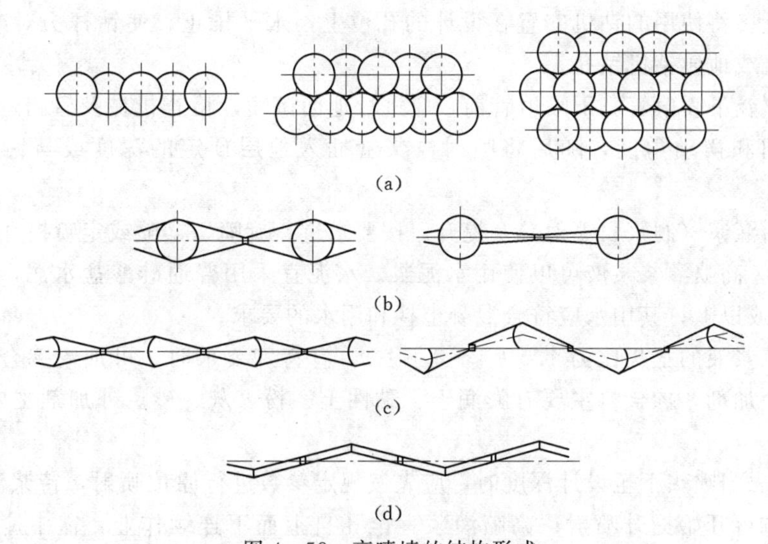

图 4-58　高喷墙的结构形式

（a）单排、双排和三排旋喷套接；（b）旋喷摆喷、旋喷定喷搭接；（c）摆喷对接和折接；（d）定喷折接

高喷防渗墙凝结体的形式和高喷防渗墙凝结体的结构如图 4-59 和图 4-60 所示。

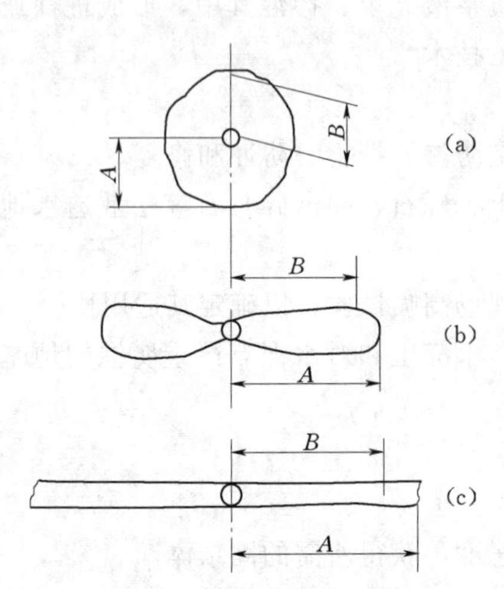

图 4-59　高喷凝结体的形式

(a) 旋喷体（桩）；(b) 摆喷体（板墙）；(c) 定喷体（薄板墙）

A—延伸长度（半径）；B—有效长度（半径）

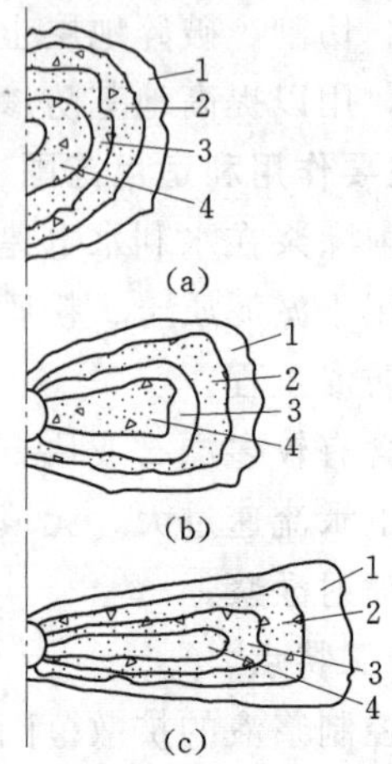

图 4-60　高喷凝结体结构

(a) 旋喷；(b) 摆喷；(c) 定喷

1—渗透凝结层（黏性土层高喷凝结体无渗透凝结层）；

2—挤压层；3—搅拌混合层；4—浆液主体层

(四) 工艺流程

工艺流程：施工准备→造孔（定孔、钻孔）→试喷及下喷射管→喷射灌浆（制浆、喷射、冒浆回收）及提升→冲洗管路→孔口回灌→质量检查。

(1) 施工准备。平整场地；按施工组织设计进行布孔、管路布置；接通水、电设备等就位，并进行现场试车；建立生活设施、材料备品库等；根据喷射方式及类型选择施工设备。

(2) 造孔。将使用的钻机安置在设计的孔位上，水平校正，使钻杆头对准孔位中心；旋转振动钻机或地质钻机钻孔。

(3) 试喷及下喷射管。下喷射管前，应进行地面试喷，检查机械及管路运行情况，并调整喷射方向和摆动角度，随后将喷射注浆管插入地层预定的深度或与钻孔作业同时完成。

(4) 喷射灌浆（制浆、喷射）及提升。按要求进行旋喷、摆喷或定喷提升。

1) 浆液。高喷灌浆浆液可以使用水泥浆。水泥宜采用普通硅酸盐水泥，其强度等级可为 32.5 级或以上；其用水应符合混凝土拌和用水的要求。

高喷灌浆浆液的水灰比为 1.5：1～0.6：1。有特殊要求时，可加入掺合料；有需要时，可加入外加剂。掺合料主要有膨润土、黏性土、粉煤灰、砂。外加剂主要有减水剂、速凝剂等。

2) 喷射。当喷头下至设计深度时，应先按规定参数进行原位喷射，待浆液返出孔口、情况正常后方可开始提升喷射；高喷灌浆宜全孔自上而下连续作业，需中途拆卸喷射管时，搭接段应进行复喷，复喷长度不得小于 0.2m。

(5) 冲洗管路。用清水冲洗干净注浆管等机具设备。

(6) 孔口回灌。为解决凝结体顶部因浆液析水而出现的凹陷，高喷结束后，应利用回浆或水泥浆及时回灌，直至孔口浆面不下降为止。

（7）质量检查。高喷墙的防渗性能应根据墙体结构形式和深度选用围井、钻孔和其他方法进行检查。围井检查法适用于所有结构形式的高喷墙，厚度较大的和深度较小的高喷墙可选用钻孔检查法。

围井检查宜在围井的高喷灌浆结束7天后进行，如需开挖或取样，宜在14天后进行；钻孔检查宜在该部位高喷灌浆结束28天后进行。

高喷墙质量检查宜在地层复杂、漏浆严重、可能存在质量缺陷等重点部位进行。

（8）施工机具。旋喷桩施工机具有高压泵、钻机、泥浆泵、浆液搅拌机、喷塔、喷管、孔口装置、高压管路系统、压缩空气系统、操作控制系统和其他辅助设施。

1）高压泵：LT141泥浆泵、HFV－2D注浆泵等。

2）泥浆泵：普通泥浆泵BW200/40、BW250/50等。

3）浆液搅拌机：普通灌浆用搅拌机，如200L双筒立式搅拌机。

4）喷塔、喷杆及喷管：喷塔须牢固平稳，制成高架，宜保证整个钻孔能连续喷灌结束；喷杆必须平直，接头处应有锁紧装置，并有足够强度；喷管包括喷嘴和活门，其直径、加工及装配精度应符合规定。

5）提升装置：应有足够的提升能力，保证喷杆能匀速、平稳提升。

6）孔口装置：它是带动钻杆摆动或旋转，从而实现定、摆和旋喷多种灌浆形式的一个重要装置。

7）高压管路系统：包括高压软管、高压软管接头、旋转活接头（水龙头）、高压阀门等。

8）压缩空气系统：二重管或三重管旋喷法的空压机和管路采用的通用设备器材。

9）操纵控制系统：包括机械设备的操纵、控制和安全措施。

10）其他辅助设施：供水、供电设备管路线路等。要求利用孔口返回的浆液时，应当建立浆液回收净化设施。

提升装置与高压泵、空气压缩机、拌浆机、灌浆机、孔口装置间宜设灌浆装置。

旋喷法的工艺流程如图4－61所示，由于钻孔和旋喷方法的不同，工艺流程也不完全一致。

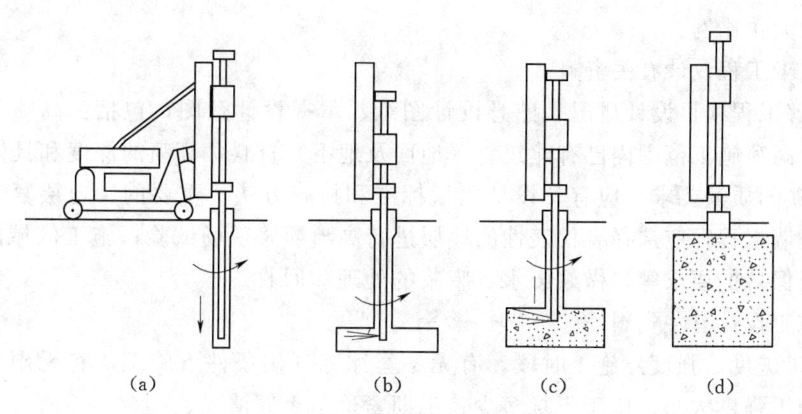

图4－61　旋喷法的工艺流程

（a）钻孔；（b）旋喷开始；（c）旋喷提升；（d）成桩

(五) 高压喷射灌浆的工程量计算规定及概算定额的工程量计量规则

1. 工程量计算规定

高压喷射灌浆工程量根据设计确定的防渗面积和孔间距计算，并提出高压喷射灌浆类型和地层类型。

2. 概算定额的工程量计量规则

高压喷射灌浆的造孔、灌浆工程量均以延米（m）计量。

(六) 概算定额选用及单价编制

现行高喷工程定额属于概算定额的基础处理工程章节，包括以下内容：

(1) 钻高喷孔：地质钻机、全液压钻机。

(2) 高压喷射灌浆。

在选用概算定额时，首先应仔细阅读概算定额总说明、章说明和节说明，再根据施工方法、适用范围、工作内容以及各自特性分别选用。

1. 概算定额选用

(1) 钻高喷孔：概算定额按钻孔设备、地层、孔深选择。定额单位为100m。

适用范围：露天作业；覆盖层；孔径不大于110mm；地质钻机钻孔适用于孔深50m以内的高喷孔、土坝（堤）灌浆孔、观测孔等，且孔径不同时，可按定额章、节规定调整；全液压钻机钻孔适用于孔深20m以内的高喷孔、爆破孔等，钻孔深度变化或洞内作业时，可按定额规定调整。

工作内容：地质钻机主要包括固定孔位、泥浆制备输送、钻孔、清孔、记录、孔位转移等；全液压钻机主要包括钻固定孔位、开孔、钻孔、跟管、拔管、记录、孔位转移等。

(2) 高压喷射灌浆：概算定额按喷射形式、地层选择。定额单位为100m。

适用范围：露天作业。

工作内容：台车就位、孔口安装、接管路、喷射灌浆、管路冲洗、台车移开、回灌等。

2. 编制高喷单价应收集和掌握的技术资料

(1) 工程勘测资料。主要有高喷墙轴线处的工程地质及水文地质资料，尤其是该处地层的组成及大致比例。

(2) 水工工程设计有关资料。

1) 了解工程项目设计概况、熟悉设计图纸、掌握设计意图，包括：高喷处地层的分布及高程，高喷施工范围内已有建筑物（地面及地下）资料，高喷的深度和具体部位。

2) 高喷的质量要求。应有其设计质量标准和检查方法；重要的、地层复杂的或深度较大的高喷墙工程，应选择有代表性的地层进行高喷灌浆现场试验；施工区域的工程环境保护、水土保持的要求等，做好废水、废浆的处理和回收。

(3) 施工设计有关资料。

1) 施工进度、强度。施工时段，有无冬季冰冻气候条件下施工，有无雨季气候条件下施工；施工强度大小、施工干扰多少、工期紧迫与否等情况。

2) 施工方法与措施。造孔、灌浆施工设备的选择；洞内、露天等作业条件；根据水工设计所确定的终孔直径；根据地质条件和水工设计要求所确定的喷射方式。

3）场内交通。场内各种交通设施布置状况；高喷所用黏土、水等材料的来源等。

3. 单价编制应注意的问题

（1）高压喷射灌浆由造孔、灌浆两个工序组成。高压喷射灌浆的造孔、灌浆虽均按设计造孔延米计量，但其造孔、灌浆单价编制按现行概算定额需分别选择定额，计算时可合并计算为综合单价或造孔、灌浆分项单价，做到单价计算不重、不漏。

（2）造孔概算定额选择时，首先按施工设计选用的施工设备选择定额，当选用地质钻机钻高喷孔时，应按该部位工程地质所反映出的地层地质条件按比例综合计算造孔单价，并根据设计要求的终孔孔径按定额规定调整耗量；当选用全液压钻机钻高喷孔时，应按该部位工程地质所反映出的地层地质条件按比例综合计算造孔单价，并根据设计要求的钻孔深度、作业条件（洞内、露天）按定额规定调整耗量。

（3）高压喷射灌浆概算定额选择时，首先按施工设计采用的高喷方式（定喷、摆喷、旋喷）选择定额，再根据该部位工程地质所反映出的地层地质条件按比例综合计算灌浆单价。

（七）单价编制举例

【例 4－13】某工程的围堰加固和防渗采用高喷防渗墙，地质钻机钻孔，终孔孔径110mm，围堰由砂、卵石层堆筑而成，其比例分别约为45％、55％，平均深度为38m，喷浆形式采用旋喷，成墙材料主要为水泥浆。工程坝顶高程1800.00m。请根据条件选用相应概算定额编号。

1. 概算定额选用

解：根据设计已知条件选用定额编号。

（1）钻孔。定额编号：[70049]×45％＋[70051]×55％。

（2）高喷。定额编号：[70177]×45％＋[70179]×55％。

2. 单价编制及费用计算

根据高喷防渗墙选用的定额编号编制相应单价。已知基础资料见表4－138。

表4－138　　基础资料及取费标准一览表　　单位：元

编号	名称及规格	单位	预算价格	编号	名称及规格	单位	预算价格
一	人工预算单价			3	利润	％	7.00
1	高级熟练工	工时	13.78	4	税金	％	3.28
2	熟练工	工时	10.37	四	材料预算价格		
3	半熟练工	工时	8.23	1	铁砂钻头 ϕ75	个	75.00
4	普工	工时	6.88	2	镶合金片钻头 ϕ56	个	40.00
二	电风水价格			3	水玻璃	kg	1.60
1	电	kW·h	0.985	4	合金片	kg	180.00
2	风	m^3	0.155	5	铁砂	kg	2.50
3	水	m^3	0.906	6	钻机钻杆 ϕ50	m	84.00
三	取费标准			7	砂	m^3	64.12
1	其他直接费率	％	7.10	8	喷射管	m	460.00
2	间接费率	％	17.54	9	岩心管 ϕ54	m	65.00

续表

编号	名称及规格	单位	预算价格	编号	名称及规格	单位	预算价格
10	黏土		40.00	4	高压清水泵 3S280/53	台时	95.34
11	高压胶管 ϕ25～30	m	65.00	5	泥浆搅拌机 2m^3	台时	31.69
12	板枋材	m^3	1715.97	6	空气压缩机（油动移动式）3m^3/min	台时	69.14
13	普通胶管 ϕ25～38	m	20.00	7	高速搅拌机 ZJ－400	台时	23.13
14	水泥 P·C 32.5（袋装）	t	573.83	8	灌浆自动记录仪	台时	12.45
五	施工机械台时费			9	灰浆搅拌机 200L	台时	21.84
1	地质钻机 150 型	台时	52.69	10	污水泵 55kW	台时	76.80
2	高喷机 SGP30－5	台时	141.97	11	电焊机（交流）10kVA	台时	7.35
3	灌浆泵（中低压）泥浆	台时	49.58				

解：高喷防渗墙选用的定额编号编制的相应单价见表 4－139。

该项目高喷防渗墙单价为 1362.37 元/m。

表 4－139　　高 喷 防 渗 墙

定额编号：[70049]×0.45＋[70051]×0.55＋[70177]×0.45＋[70179]×0.55　　定额单位：100m

施工方法：地质钻机钻孔，终孔孔径 110mm，砂、卵石层比例分别为 45%、55%，平均深度为 38m，旋喷

编号	名称及规格	单位	数量	单价/元	合计/元
1	2	3	4	5	6
一	直接费				100502.16
1	基本直接费				93839.55
(1)	人工费				11504.03
	高级熟练工	工时	51.4000	13.78	708.30
	熟练工	工时	379.4500	10.37	3934.90
	半熟练工	工时	422.3000	8.23	3475.52
	普工	工时	492.0500	6.88	3385.31
(2)	材料费				47294.01
	水泥 P·C 32.5（袋装）	t	74.6500	500.00	37325.00
	铁砂钻头 ϕ75	个	8.4150	75.00	631.13
	镶合金片钻头 ϕ56	个	2.7540	40.00	110.16
	水玻璃	kg	0.6875	1.60	1.10
	合金片	kg	0.2070	180.00	37.26
	铁砂	kg	1.0120	2.50	2.53
	钻机钻杆 ϕ50	m	4.4115	84.00	370.57
	砂	m^3	8.2500	64.12	528.99
	喷射管	m	1.8105	460.00	832.83
	岩心管 ϕ54	m	4.7430	65.00	308.30
	黏土	t	66.7425	40.00	2669.70
	高压胶管 ϕ25～30	m	8.2000	65.00	533.00
	板枋材	m^3	0.0825	1715.97	141.57
	水（工程用水）	m^3	1986.5000	0.91	1807.72
	普通胶管 ϕ25～38	m	8.6500	20.00	173.00

续表

施工方法：地质钻机钻孔，终孔孔径110mm，砂、卵石层比例分别为45%、55%，平均深度为38m，旋喷					
编号	名称及规格	单位	数量	单价/元	合计/元
1	2	3	4	5	6
	其他材料费	元	1821.1500	1.00	1821.15
(3)	机械使用费				35041.51
	地质钻机150型	台时	134.6720	52.69	7095.87
	高喷机SGP30－5	台时	41.1780	141.97	5846.04
	灌浆泵（中低压）泥浆	台时	175.8500	49.58	8718.65
	高压清水泵3S280/53	台时	41.1780	95.34	3925.91
	泥浆搅拌机 $2m^3$	台时	49.0760	31.69	1555.22
	空气压缩机（油动移动式）$3m^3/min$	台时	41.1780	69.14	2847.05
	高速搅拌机ZJ－400	台时	41.1780	23.13	952.45
	灌浆自动记录仪	台时	34.9985	12.45	435.73
	灰浆搅拌机200L	台时	41.1780	21.84	899.33
	污水泵55kW	台时	20.5885	76.80	1581.20
	电焊机（交流）10kVA	台时	16.4710	7.35	121.06
	零星机械使用费	元	1063.0000	1.00	1063.00
2	其他直接费	%	7.1000	93839.55	6662.61
二	间接费	%	17.5400	100502.20	17628.08
三	利润	%	7.0000	118130.20	8269.12
四	材料补差				5511.41
	水泥P·C 32.5（袋装）	t	74.6500	73.83	5511.41
五	税金	%	3.2800	131910.80	4326.67
六	合计				136237.44

第七节 疏 浚 工 程

一、概述

疏浚工程由来已久，古代疏浚工程是靠人力使用简易的手工工具进行的，后逐步为机械所替代。疏浚工程主要应用于河湖整治，内河航道疏浚，出海口门疏浚，滩涂（海、河、湖）、渠道、水库的开挖与清淤工程，近百年来疏浚工程还进一步扩展到其他基础施工领域，其中最主要是人工岛、护滩护岸、海底管沟的开挖与覆盖、吹填造陆等工程，所以疏浚工程对水上交通、水利防洪、河湖海整治、城市建设等的作用是非常重要的。

目前疏浚工程在水上交通、水利等行业应用较为普遍，并有行业相关标准。交通运输部在《疏浚工程技术规范》(JTJ 319—99)、《疏浚工程土石方计量标准》(JTJ/T 321—96)等基础上，近几年补充发布了《疏浚与吹填工程设计规范》(JTS 181—5—2012)、《疏浚与吹填工程施工规范》(JTS 207—2012)，为了适应疏浚技术的不断进步；水利部在《疏浚工程施工技术规范》(SL 17—1990）基础上进行修订，近期公布了《疏浚与吹填工程技术规范》(SL 17—2014)。

鉴于水电行业没有相关配套标准，本节将以交通运输部标准为主、以水利部标准为辅进行叙述。

(一) 疏浚与吹填工程的含义

疏浚工程是指按规定范围和深度挖掘航道或港口水域的水底泥、沙、石等并加以处理的工程。疏浚工程是开发、改善和维护航道、港口水域的主要手段之一。

吹填工程是指用挖泥船挖泥后，然后通过管线把泥舱中泥沙水混合物，排放到近海或沿江洼地，将淤泥填垫排除其中的水分，使洼地上升达到一定高度，使之具有可利用价值的工程。

(二) 疏浚与吹填工程的目的

疏浚工程是通过进行水下开挖，达到行洪、通航、引水、排涝、清污及扩大蓄水容量、改善生态环境等目的。

吹填工程由疏浚土的处理发展而来，是利用机械设备自水下开挖取土，通过泥泵、排泥管线输送以达到填筑坑塘、加高地面或加固、加高堤防等目的。

(三) 疏浚与吹填工程的主要内容

疏浚工程的主要内容大体可归纳为以下几个方面：

(1) 挖深、拓宽、清理水道，以提高河道的行洪能力或改善河道的通航条件。

(2) 新的水道、港池、排灌沟渠、跨河、过海管道沟槽的开挖。

(3) 码头、船闸、船坞、堤坝等水工建筑物基槽的开挖或地基软弱土层的清除。

(4) 清除湖泊、水库、排灌沟渠内淤积的泥沙。

(5) 水底矿藏覆盖层、水域内受污染底泥的清除。

吹填工程的内容有填塘固基、淤临淤背、堵口复堤、整治险工、加固堤防、农田改良、建设造地、备料、积肥等。

二、疏浚工程

疏浚工程是采用机械、水力及人力方法进行的水下土石方开挖作业方式。

(一) 疏浚工程的分类

(1) 基建性疏浚：为提高防洪标准、航道等级或新辟水道、港口、码头等而进行的具有新建、扩建、改建性质的疏浚。

(2) 维护性疏浚：为保持或恢复某一水域原有的尺度而进行的经常性的或周期性的疏浚。

(3) 临时性疏浚：为清除突发性的某一水域的淤塞而进行的具有临时性质的疏浚，如处理滑坡、崩岩等造成的水道堵塞。

(4) 环保性疏浚：为清除湖泊、河道内沉积的污物以及受污染的底泥，达到减轻水质污染、改善生态环境等目的而进行的具有环保性质的疏浚。

(二) 疏浚工程的施工准备

1. 基本资料的收集

需要收集两类基本资料：一类是与生产、生活有关的人员、设备，以及当地法律、法规、交通、供应、治安等基本资料；另一类是与工程直接相关的水文、气象、地形、地质

的自然条件资料。

2. 常用资料

需要有波浪等级、降水等级、能见度分级和风力等级等常用资料。

3. 设备选择

(1) 常用设备分类。疏浚设备应包括挖泥船、输泥设备和运泥设备等。疏浚工程均为水上作业，以挖泥船应用最广。根据疏浚设备工作原理，挖泥船分类如图 4-62 所示。

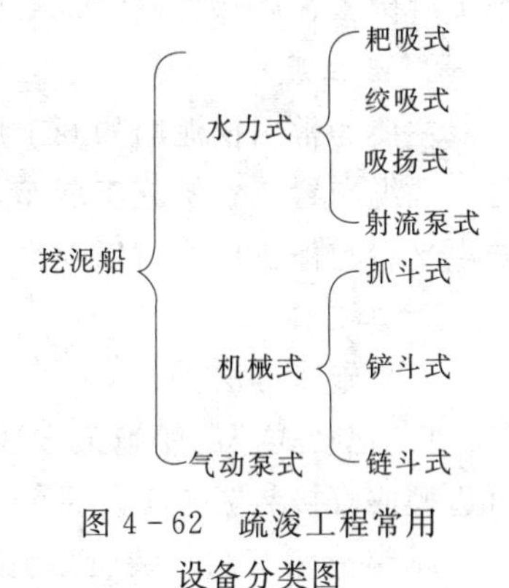

图 4-62　疏浚工程常用设备分类图

(2) 设备选择必须考虑的因素。设备选择应考虑工程规模、建设要求、现场水域条件、岩土的可挖性、管道输送适宜性、现场的自然和环境条件等影响因素进行选择。

(3) 设备选择方法。

1) 按挖泥船性质及其适用性选择。

2) 按挖泥船对自然条件、现场水域条件适应性进行选择。

3) 按土质进行选择。

4) 按疏浚土水力输送条件选择。

5) 根据工程与环境条件并结合工程量、工期进行选择。

6) 按挖泥船时间利用率进行选择。

7) 按挖泥船生产效率进行选择。

4. 辅助工程

(1) 弃土区围堰。弃土区围堰按其筑堰材料可分为土围堰、石围堰、袋装土围堰、土工编织袋充填围堰、草土围堰、桩膜围堰等型式。

(2) 排水系统。排水系统包括泄水口、退水沟渠两部分，泄水口按其结构型式可分为开敞式溢流堰泄水口和闸箱式（含埋管式）泄水口。

(三) 疏浚工程施工

1. 施工布置

(1) 开挖方向。受水流影响，非自航挖泥船的开挖方向有顺流和逆流之分，这两种方式各有优缺点，施工时应根据具体情况合理选择。从保证施工质量的角度出发，疏浚工程一般宜采用顺流开挖的方式。

(2) 不同疏浚区条件下的施工布置。对于不同疏浚区条件下，可采用分段、分条、分层的施工布置。

分段施工的条件主要有：疏浚区长度大于水上管线的有效伸展长度或大于抛一次主锚所能挖泥的长度；挖槽尺度规格不一或工期要求不同；设计疏浚区相互独立；纵断面上土层厚薄悬殊或土质出现较大变化等。

分条施工的条件主要有：疏浚区宽度大于挖泥船一次最大挖宽；疏浚区横断面上土层厚薄悬殊；工期要求不同；应急排洪、通水、通航工程等。

分层施工的条件主要有：疏浚区泥层较厚，大于一次挖泥厚度；疏浚区内存在水上开挖土方或疏浚前水深小于挖泥船的吃水；工程对边坡质量要求较高；疏浚深度内土质变化较大，需更换挖泥机具或对不同疏浚土的弃放有不同要求；紧急排洪、引水、通航工程等。

（3）前移距离控制。挖泥船前移距离及一次开挖厚度是影响生产效率和施工质量的两个关键因素，应综合确定，一般需通过试挖确定。

2. 开工展布

主要为常用挖泥船的开工展布和索铲施工展布。常用挖泥船的开工展布一般为进点定位、锚缆布置。索铲施工展布，即索铲就位施工前一般需进行走行线修筑、挡淤堤修筑、防洪平台与停机坪修筑以及弃土坑开挖等工作。

3. 工艺流程

（1）施工方法。

1）耙吸式挖泥船施工方法：一般采用装仓溢流、抽仓不溢流、旁通等施工方法，也可边抛或直接装驳施工。目前采用较多的是装仓溢流，辅以边抛施工。

a. 装仓溢流法。装舱溢流法是指挖泥船进入指定的开挖段内，将耙管放到水下水平状态后启动泵机，根据当时潮位将耙头下放到泥面，将耙管内的清水和低浓度泥浆直接排出舷外，待泥浆浓度正常后再打开进舱闸阀装舱；当泥舱装满后仍继续泵吸泥浆进舱，使泥舱上层低浓度泥浆通过溢流筒溢出。

采取这一施工方法必须对溢流时间加以控制，根据不同土质控制不同溢流时间，以尽可能使泥舱装载量达到最大，然后停泵起耙，把泥沙运到指定抛泥区抛卸。在黄骅港施工过程中，我们根据施工区段长度和挖泥航速，确定适度的溢流时间，保证每船最大的装舱量，并提高挖泥船次，以做到多装快跑。

b. 边抛法。将吸上泥浆经过船上特设边抛管输送到离开船舷一定距离的管口再吐入水中。

边抛法施工的优点在于节省装仓施工必须往返航行抛泥的时间，从而得以增加挖泥时间。它适用于开挖宽阔水域的航道和紧急情况下要求突击性局部增深的疏浚，施工时船舶处于轻载状态，吃水较小，有利于在水深受限制的区段施工。

2）绞吸式挖泥船施工方法：一般有常用、锚缆、特殊等施工方法。常用施工方法分为主副桩横挖法、双主桩横挖法两种，是目前采用较多的一种施工方法。

a. 主副桩横挖法。以一根钢桩为定位主桩，另一根钢桩为副桩，主桩前移时始终保持在挖槽中心线上。

优点：开挖质量好，不易漏挖或重挖。

缺点：操作较双主桩横挖法复杂。

适用范围：对不同土质及质量的工程均适用。

b. 双主桩横挖法。以两根钢桩轮流作为摆动中心。

优点：操作简便。

缺点：由于摆动中心不一致，造成两侧重挖或漏挖。

适用范围：适用于挖掘松散土壤，对挖槽质量较高的工程不宜使用。

3）抓斗式挖泥船施工方法：一般有排斗挖泥法、梅花形挖泥法、切角挖泥法、留埂挖泥法。

抓斗式挖泥船不同的施工方法有不同的方法要点、优点及缺点，且根据不同的方法有不同的适用范围：排斗挖泥法适用土质密实度一般，且土层较厚，质量要求较高的工程；梅花形挖泥法适用于土质松软，泥层厚度小的工程；切角挖泥法和留埂挖泥法适用于坚硬土质。

4）链斗式挖泥船施工方法：一般有常用、特殊等施工方法。常用施工方法主要是斜向横挖法。斜向横挖法为挖泥船纵向中心线与挖槽中心线呈一较小角度横移。

优点：挖掘阻力小、充泥量足，挖边缘时易达到质量要求，斗链不宜脱缆出轨。

缺点：操作较复杂。

适用范围：适用于水域及水文条件较好，挖泥船不受挖槽宽度和边缘水深限制；开挖质量较高的工程。

5）铲斗式挖泥船施工方法：一般有背度挖泥法和水平挖掘法。

铲斗式挖泥船不同的施工方法有不同的方法要点、优点及缺点，背度挖泥法的优点是生产效率高，缺点是易产生一定超深；水平挖掘法的优点是开挖质量好，缺点是操作复杂、挖掘厚度受限制。

根据不同的方法也有不同的适用范围：背度挖泥法适用于较厚土层，土层可达3～4m；水平挖掘法适用于开挖质量较高的工程及爆破后的碎石层。

6）气动泵挖泥船施工方法：一般有洞挖法、交叉洞挖法、拖挖法。

气动泵挖泥船不同的施工方法有不同的方法要点、优点及缺点，且根据不同的方法有不同的适用范围：洞挖法适用于松散的砂、流塑性淤泥、密实度较低的泥土等；交叉洞挖法适用于砂质黏土；拖挖法则适用于密实度较高的泥土、砂以及黏性土。

（2）施工技术。挖泥船的施工技术主要有机具选择和工艺选择。

不同类型的挖泥机具对不同的土质都具有其各自的适应性和局限性，因此在施工中应根据疏浚土的可挖性和可输送性选择不同的挖泥机具，以提高挖泥船生产效率。挖泥施工工艺的选择也应根据不同的土质进行选择。具体选用可参考《水利水电工程施工手册》进行选用，本节不再赘述。

（3）环保疏浚。环保疏浚是近30年来发展起来的新兴产业，是水利工程、环境工程和疏浚工程交叉的边缘工程技术。它利用机械疏浚方法清除江河湖库污染底泥，在挖泥、输送过程中和疏浚工程完成后对环境及周围水体的影响都较小。

环保疏浚工程应达到的要求：使悬浮状态的污染物最少，有很大一部分重金属及有机污染物依附在悬浮颗粒上，因此，悬浮颗粒的数量是衡量环保疏浚工程效果的一项重要指标；彻底清除污染物；使抽走的水量最小，即疏挖的污染底泥要有较高的浓度；过挖量最小，以免伤及原生土。

鉴于环保疏浚的特殊要求，其在目的、生态要求、疏浚范围、疏浚土土质、疏浚土厚度、施工精度、疏浚设备、泥浆扩散、工程监控等方面均区别于普通疏浚。

4. 疏浚岩土的分类与分级和管理

（1）疏浚岩土的分类与分级。

1）疏浚岩土的分类。疏浚岩土应分为岩石类和土类。

a. 疏浚岩石类按强度进行分类，并考虑其风化程度、成因、软化系数等因素。

岩石分为软质岩石、硬质岩石。软质岩石分为极软、软、较软岩；硬质岩石分为较坚硬、坚硬岩。

b. 疏浚土类主要根据土的颗粒组成及其特征、天然含水量、塑性指数及有机质含量等进行划分。

疏浚工程土质分为有机质土及泥炭、淤泥土类、黏性土类、粉土类、砂土类及碎石土类。

淤泥类有浮泥、流泥、淤泥。淤泥质土类有淤泥质黏土、淤泥质粉质黏土。黏性土类有黏土、粉质黏土。粉土类有黏质粉土、砂质粉土。砂土类有粉砂、细砂、粗砂、中砂、砾砂。碎石土类有角砾或圆砾、碎石或卵石、块石或漂石。

2）疏浚岩土的分级。交通运输部现行是根据疏浚机具对其挖掘、提升、输送等的难易程度进行分级。

水电系统土类分级主要依据绞吸式挖泥船对天然状态土的挖吸难易程度进行划分，其分级一般有疏浚工程土类分级、疏浚工程砂类划分表（见《水电建筑工程概算定额（2007年版）》附录）。

（2）疏浚土的管理。疏浚土应进行有益利用、水中处置、陆上圈围处置和处理等疏浚土管理，并避免疏浚土对环境造成的不利影响。其过程是先对疏浚土进行评价，然后据其进行利用、处置和处理。

疏浚土应作为一种有价值的资源予以利用，利用时应考虑其物理、化学与生物特性的适宜性。

无法利用的疏浚土应采取合理的方式和必要的措施进行处置，处置方式可分为开敞水域处置和陆上圈围处置。

污染疏浚土处理可采用沉淀池、水力旋流器和筛分装置等物理分离工艺进行预处理，减少污染疏浚土的体积和改善其物理性。经过预处理的污染疏浚土，可采取化学工艺、生物工艺、热工艺和固定工艺等进一步降低、去除或固定疏浚土中的污染物。

5. 疏浚工程质量控制

（1）质量控制标准。疏浚工程施工质量应按设计要求进行控制，设计未作规定的应按规范要求执行。

（2）质量检测方法。对于宽阔水域（如水库、湖泊、沿海港地）开挖、清淤工程的质量控制一般根据工程施工合同要求分为断面法和平均水深法进行控制。断面法质量控制可根据开挖分条按照纵横断面质量控制标准进行控制；平均水深法一般采用探测仪按一定点距和行距进行检测控制。

（3）质量控制方法。疏浚工程质量控制需从中心线控制、挖宽控制、挖深控制和边坡控制等 4 个方面进行控制。

三、吹填工程

吹填工程是采用泥泵及排泥管线将泥沙输送到指定地点的作业方式。

（一）吹填工程的分类

（1）基建性吹填：为加固修复堤防、建设造地、建筑物边侧回填等目的而进行的带有基建性质的吹填。这类工程对吹填土的质量、吹填区的高程与平整度一般都有明确和较高

的要求。

（2）弃土性吹填：充分利用疏浚弃土、提高工程的综合效益，将疏浚土吹填到一些荒废的山涧、沼泽、洼地，从而使这些土地得到重新利用。弃土性吹填由于受到疏浚弃土质量与数量的限制，吹填质量一般要求较低。

（二）对吹填土特性要求

（1）吹填土基本特性。吹填土基本特性主要是土质的特性，包括土质的吹填特性、固结特性与渗透特性等。

（2）吹填土施工特性。吹填土施工特性主要包括土壤松散系数、固结沉降率、流失量和吹填区地基沉降量等。

（三）吹填方式

吹填方式应根据工程条件、环境要求和拟选疏浚设备的性能选用。常用吹填方式有直接吹填、挖运抛吹和挖运吹。

（四）吹填工程施工

吹填施工应对进度、质量进行全过程监控，并重点对吹填流失量和沉降量进行观测，统筹协调施工船舶作业、排泥管线布设、围埝及排水口的施工。

吹填施工流程一般为现场准备、围埝施工、管线布设、吹填区排水、吹填。

排泥管是绞吸式挖泥船必备的施工设施，其类别按所处位置划分为吸泥管、船用排泥管、水上浮管、水下潜管、岸管、管件附件；按材质分为钢管、聚氨酯橡胶管、塑料（高密度聚氯乙烯）管、尼龙或改性尼龙管。钢管是目前疏浚和吹填工程中使用最为普遍的一种，塑料管、尼龙或改性尼龙管是近年来推出的新型排泥管道。

1. 吹填施工方法

吹填施工方法一般有管道直输型和组合输送型，其中管道直输型又包括单船直输型、船泵直输型。

（1）管道直输型施工方法。

1）单船直输型施工方法要点：吹填土的开挖和输送由绞吸式挖泥船直接完成。

2）船泵直输型施工方法要点：在排泥管线上装设接力泵，由绞吸船开挖取土，输送则由接力泵辅助完成。

管道直输型施工方法特点是开挖、输送、填筑3道工序连续进行，生产效率高、成本低。

（2）组合输送型施工方法。先由斗式挖泥船开挖取土，再由驳船运送到集砂池，最后由绞吸船（或吹泥船、泵站）输送到吹填区。

组合输送型施工方法特点是开挖、输送、填筑3道工序由多套设备组合完成，工序重复、生产效率低、成本较高。

2. 施工顺序

吹填工程一般都设有多个吹填区，需对吹填顺序进行合理安排。其施工顺序分为多区吹填和单区吹填。

3. 吹填方法

造地吹填方式有一次性吹填到设计高程和分层吹填两种。

堤防工程吹填方法有堤身两侧盖重、平台吹填和吹填筑堤工程3种。

水工建筑物边侧吹填方法有船闸两侧吹填、码头后侧吹填和挡土墙后侧吹填3种。

4．施工方式

吹填工程的施工方式主要有潜管施工、远距离接力输泥施工。

潜管施工：疏浚或吹填工程施工作业，当遇到排泥管线需要跨越通航河道或受水文气象条件影响较大，水上浮筒不宜过长时应敷设潜管。

远距离接力输泥施工：绞吸式挖泥船以及吹泥船、水力冲挖机组的扬程或排距不能满足工程需要时，一般可采用将几台泥泵用排泥管串联起来同时工作的接力方式施工。

（五）吹填工程质量控制

1．质量控制标准

吹填工程施工质量可按吹填区表面、吹填区平整度和吹填区平均高程等指标进行判别。

2．质量控制方法

吹填工程质量控制包括吹填总量控制、吹填高程控制、吹填区平整度控制和吹填土流失量控制等4个方面。

四、疏浚与吹填工程计价

（一）工程量计算规定及概算定额的工程量计量规则

1．工程量计算规定

目前存在两种工程量计算规定，分别为交通行业、水利行业有关规定，水电行业是根据水利行业的相关规定进行工程量计算、计量和定额编制的。

（1）交通行业工程量计算规定。

1）工程量确定原则。

a. 对无回淤或回淤量很小的工程，应采用现场水深测量方法计算疏浚工程量。

b. 对土质情况变化较大的工程，应根据测图和地质剖面图计算不同土质的工程量。

c. 对有回淤的工程，应在采取水深测量计算工程量的同时，增加根据回淤强度推算的疏浚施工期的回淤量。

d. 对冲淤变化较大的内河疏浚，当无法用水深测量方法确定工程量时，可根据经验估算或采取舱载土方、管线土方的方法计算，或者以吹填实测方来计算。

e. 对吹填工程，可采用吹填区设计土方计算，实际开挖土方量应考虑疏浚土的搅松，在吹填区的流失量、固结量和沉降量及预留超高。

f. 对回淤严重、需常年维护的航道和港池，其工程量可采用多年以测图计算的疏浚工程量的平均值或分析值计算。

2）工程量计算规则。

a. 疏浚工程量的计算、计量。疏浚工程量的计算应按现行交通行业标准《疏浚与吹填工程设计规范》(JTS 181—5—2012）的有关规定执行。

疏浚工程的设计工程量应包括设计断面工程量、计算超宽与计算超深工程量、根据自然条件和施工工期计入的施工期回淤工程量。

疏浚工程的计算断面工程量可采用断面面积法、平均水深法或网格法进行计算。边坡较陡的区域、拓宽不多的挖槽应采用断面面积法计算。

疏浚工程量的计量应按现行交通行业标准《疏浚工程土石方计量标准》(JTJ/T 321—96)、《疏浚与吹填工程施工规范》(JTS 207—2012）的有关规定执行，即以实测水下自然方为准。

b. 吹填工程量的计算、计量。吹填工程量的计算应按现行交通行业标准《疏浚与吹填工程设计规范》(JTS 181—5—2012）的有关规定执行。

吹填工程的工程量应通过疏浚工程量的计算确定，除考虑吹填区填筑量，还应考虑吹填土层固结沉降、吹填区地基沉降、超填和施工期淤泥流失等因素。计算吹填工程量时应注意对实测有效土方量、地基沉降量、地形变化量、流失土方量、超填量及取土工程量的确定和计算。

吹填工程量的计量应按现行交通行业标准《疏浚工程土石方计量标准》(JTJ/T 321—96)、《疏浚与吹填工程施工规范》(JTS 207—2012）的有关规定执行，即以吹填区的实测填方为准。

(2）水利行业工程量计算规定。

1）工程量确定原则。水利行业工程量确定原则与交通行业相同，仅计算规则有所区别。

2）工程量计算规则。水利行业标准《疏浚与吹填工程技术规范》(SL 17—2014）疏浚工程宜按设计水下自然方计量，工程量的计算不应计入开挖过程中的超挖及倒淤量。

水电工程概算定额是在水利规范的基础上编制的，其计算也应按照水利行业工程量计算规定。

2. 概算定额的工程量计量规则

本书与水电工程概算定额及相关规定配套使用，水电工程概算定额的有关工程量计量规则为：疏浚或吹填工程量均按水下自然方计量，疏浚或吹填工程陆上方应折算为水下自然方。绞吸式挖泥船陆上排泥管安装拆除按单位管长计量。

(二）水电工程概算定额选用及单价编制

1. 现行疏浚工程概算定额

《水电工程概算定额（2007 年版)》(以下简称“概算定额”）中的现行疏浚工程概算定额包括绞吸式、链斗式、抓斗式、铲扬式挖泥船及索铲挖泥、挖砂等共 33 节内容。

2. 概算定额选用

在选用概算定额时，首先应仔细阅读概算定额总说明、章说明、节说明和备注，再根据施工方法、适用范围、工作内容以及各自特性分别选用。

(1）绞吸式挖泥船陆上排泥管安装拆除：排泥管安装拆除按排泥管径（mm)、单管长度（mm）选用，并注意吹填区管线安拆工时计算。定额单位为 100m 管长。

适用范围：绞吸式挖泥船施工所需的陆上排泥管安装拆除。

工作内容：场地平整、上下坡填筑土堆、架设支撑、管线场内运输、安装和拆除。

(2）绞吸式挖泥船挖泥、挖砂。

1）40m^3/h 绞吸式挖泥船挖泥及粉细砂：概算定额分别按疏浚工程土类分级的前 4 类

土、排泥管线的长度等选用，并注意适用的排高及其调整系数。定额单位为10000m^3。

适用范围：河、湖、渠的开挖和清淤及吹填工程。

工作内容：固定船位、挖泥、排泥、工作面转移及辅助工作。

2）80m^3/h、120m^3/h、200m^3/h、350m^3/h、500m^3/h、850m^3/h绞吸式挖泥船挖泥、挖砂。各种型号均分别按绞吸式挖泥船挖泥及粉细砂、挖中砂、挖粗砂形成定额各子目：概算定额分别按疏浚工程土类分级的前6类或前7类土、中砂（松散、中密、紧密）、粗砂、排泥管线的长度等选用，并注意适用的排高及其调整系数。定额单位为10000m^3。

适用范围：河、湖、海边的开挖和清淤及吹填工程。

工作内容：固定船位、挖泥、排泥（砂）、工作面转移及辅助工作。

3）1720m^3/h绞吸式挖泥船（潜管）挖泥、挖砂。

a. 1720m^3/h绞吸式挖泥船挖泥及粉细砂、中砂、粗砂：概算定额分别按疏浚工程土类分级的前7类土、中砂（松散、中密、紧密）、粗砂、排泥管线的长度等选用，并注意适用的排高及其调整系数。定额单位为10000m^3。

b. 1720m^3/h绞吸式挖泥船潜管挖泥及粉细砂、中砂、粗砂：概算定额分别按疏浚工程土类分级的前7类土、中砂（松散、中密、紧密）、粗砂、排泥管线的长度等选用，并注意适用的排高及其调整系数。定额单位为10000m^3。

适用范围：河、湖、海边的开挖和清淤及吹填工程。

工作内容：固定船位、挖泥、排泥（砂）、工作面转移及辅助工作。

（3）750m^3/h链斗式挖泥船挖泥、挖砂：概算定额分别按挖泥、挖中粗砂、装280m^3或500m^3泥驳及运距等选用。定额单位为10000m^3。

适用范围：河、湖、海边的开挖和清淤工程。

工作内容：挖泥、运输、卸泥及船上辅助工作。

（4）抓斗挖泥船挖泥、挖砂：概算定额分别按抓斗容量（0.6m^3、1m^3、1.5m^3）、运距及水深选用。定额单位为10000m^3。

适用范围：河、湖、渠的开挖和清淤工程。

工作内容：挖泥、装泥、开底驳配合卸泥及船上辅助工作。

（5）索铲挖掘机挖泥：概算定额分别按1m^3或4m^3，疏浚工程土类分级的Ⅱ～Ⅵ类土，水上、水下及水下深度等选用。定额单位为10000m^3。

适用范围：河、湖、渠的开挖和清淤工程。

工作内容：挖泥、运输、卸泥及船上辅助工作。

（6）铲扬式挖泥船挖泥、挖砂：概算定额分别按挖泥及土类级别、挖中粗砂及其分类、装280m^3或500m^3泥驳及运距等选用。定额单位为10000m^3。

适用范围：河、湖、渠的开挖和清淤工程。

工作内容：挖泥、运输、卸泥及船上辅助工作。

3. 编制疏浚工程单价应收集和掌握的技术资料

（1）区域自然条件和工程勘测资料。主要有疏浚和吹填区域的工程地质、水文、气象及地形的自然条件资料，包括区域内岩土工程勘察报告、地基土的类别、砂的级别及物理、力学性质指标等；该处地层的组成及大致比例；风浪、雾天、潮汐、水流过速、树根、水下障碍物等的影响大小及范围。

（2）疏浚工程设计有关资料。

1）了解工程项目设计概况、熟悉设计图纸、掌握设计意图。

2）疏浚工程的质量要求。施工区域的工程环保、水土保持的要求。

3）施工进度、强度。施工时段，有无冰冻、风浪、雾天等气候条件下施工，施工强度大小、施工干扰多少、工期紧迫与否等情况。

4）施工方法与措施。挖泥、挖砂等施工设备的选择；作业条件等。

5）场内交通。排泥管的运输长度及布置状况。

4. 单价编制应注意的问题

使用概算定额中疏浚工程定额应注意以下几个问题：

（1）定额适用于对河、湖、渠、海边的开挖、清淤和吹填工程。

（2）定额均以水下自然方为计量单位。如吹填工程以陆上吹填方为计量单位，应考虑施工期吹填土的沉陷方量、原地基因上部吹填荷载而产生的沉降土方量和流失土方量。其开挖过程中的超挖及倒淤等因素已综合计入定额。

（3）疏浚工程的土类分级。

土类：按概算定额附录“河道疏浚工程分类表”之“疏浚工程土类分级表”的7级划分，详见“疏浚工程土类分级表”。

砂类：按概算定额附录“河道疏浚工程分类表”之“疏浚工程砂类划分表”的进行划分，详见“疏浚工程砂类划分表”。

（4）绞吸式挖泥船概算定额，按排泥管线长度选用，如实际排泥管线长度介于定额两子目之间时，可用插入法计算。

（5）由于风浪、雾天、潮汐、水流过速、船舶避让、芦苇、树根、水下障碍物等不可避免的外界原因，直接影响绞吸式挖泥船正常施工时，按表4－140所列系数调整定额。

表4－140　　不同工况下定额调整系数

工况级别	一	二	三	四	五	六	七
客观影响时间率/%	≤5	5～10	10～15	15～20	20～25	25～30	30～35
定额调整系数	1.0	1.07	1.14	1.23	1.33	1.45	1.60

（6）绞吸式挖泥船定额是在挖深不大于基本挖深时的船舶每万立方米台时数，超过基本挖深后，每超过1m按表4－141增加系数调整定额。

表4－141　　绞吸式挖泥船挖深调整系数

项目 ＼ 船型	1720 m^3/h	850 m^3/h	500 m^3/h	350 m^3/h	200 m^3/h	120 m^3/h	80 m^3/h	40 m^3/h
基本挖深/m	10	8	5	5	6	4	4	3
每超过基本挖深1m增加台时系数	0.01	0.02	0.02	0.03	0.03	0.04	0.04	0.05

（7）概算定额中的浮筒组时是指台时费定额中的组时，与其他章的组时概念不同，使用定额时不需调整。

第八节　其　他　工　程

一、概述

其他工程指水电工程中本章前述工程项目以外的围堰及公路、涵洞、铁道、管道等工程。现行概算定额中的其他工程包括：水下清基、水下表面爆破；土石围堰及草土围堰、混凝土围堰、钢板桩围堰、截流体填筑、薄膜防渗、围堰石笼护面等；沉井；公路路面垫层、公路路面；浆砌石涵洞、钢筋混凝土涵洞；铁道铺设、移设及拆除；管道铺设、移设及拆除；隧洞的钢支撑、木支撑等。

二、其他工程主要项目简介

其他工程包含的内容较杂，在概算中主要在施工辅助工程中列项，也有少部分在建筑工程中列项。下面对其他工程相关项目作简要介绍。

（一）水下工程

1. 水下清基

在填筑围堰之前，一般都有清基要求。水下清基有人工、机械两种方式，其主要任务是根据设计对水下断面的要求，清除水下砂石。

2. 水下表面爆破

对难以用一般清基方法清除的水下物体，如大块石，需要实施水下表面爆破，爆破解小之后再用常规清基方式清除。

（二）围堰工程

施工导流的挡水建筑物称为围堰。围堰是一种临时性挡水水工建筑物，用来围护永久水工建筑物的施工，在基坑排水后，形成干地施工条件，以保证永久建筑物施工顺利进行。在完成导流任务后，如果对建筑物的运行有妨碍时，应将围堰的有碍部分拆除。

1. 围堰分类

围堰可根据筑堰材料、施工条件、施工期划分等进行分类，围堰分类如下：

（1）按围堰的材料，可分为土石围堰、混凝土围堰、钢板桩围堰、浆砌石围堰、竹笼围堰、木笼围堰、土工布围堰及草土围堰等。

（2）按围堰和水流方向的相对位置，可分为横向围堰和纵向围堰。

（3）按围堰与坝轴线的相对位置，可分为上游围堰和下游围堰。

（4）按导流期间基坑过水与否，可分为过水围堰和不过水围堰。

（5）按施工条件，可分为干地施工围堰和水下（静水或动水）围堰。

（6）按施工期划分，有一期围堰和二期围堰。在有些情况下也有分数期施工。

（7）按施工时段划分，可分为枯水期挡水围堰和全年挡水围堰。

以上分类指维护大坝而言，按被维护的建筑物分类，还有厂房围堰、尾水渠围堰、隧

洞进出口围堰、护坦围堰、通航建筑物围堰等。

2. 主要围堰简介

在我国水利水电工程中，土石围堰、混凝土围堰采用较多。此外，还有草土围堰、钢板桩围堰、木笼围堰等。钢板桩围堰因耗钢材多，目前国内未广泛采用。

(1) 土石围堰。土石围堰按其材料组成可分为均质土围堰和土石混合围堰。

1) 均质土围堰。堰体一般采用均一土料填筑而成。其结构简单、施工方便、防渗性能好，但断面较大，防冲刷能力差，坝址附近需具有丰富的料源，一般用在流速较小的河道上。

2) 土石混合围堰。土石混合围堰结构简单，可就地取材，充分利用开挖弃料；既可机械施工，又可人力施工，既便于快速施工，又易于拆除，并可在任何地基上修建，是用得最广泛的一种围堰形式。但其断面尺寸较大，抗冲刷能力差，多用于纵向围堰，有过水和不过水两种形式。过水土石混合围堰是在其表面浇筑溢流面，防止水流通过堰体时对堰体造成冲刷破坏；不过水土石混合围堰的断面形式如图 4-63 所示。

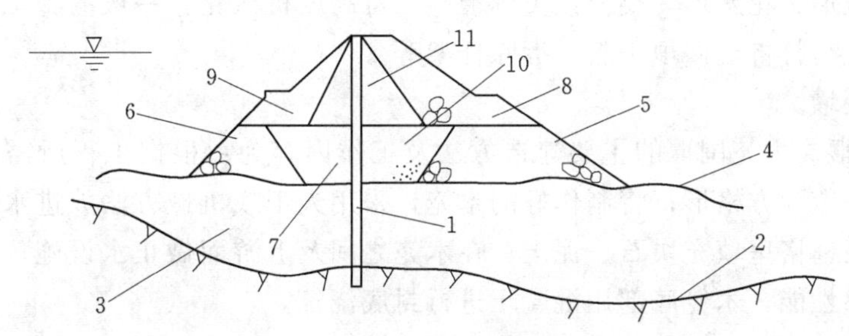

图 4-63　不过水土石混合围堰断面形式图

1—混凝土防渗墙；2—基岩线；3—砂卵石层；4—原地面线；5—下游侧戗堤；6—上游侧戗堤；7—水下抛砂砾石；8—石渣；9—堆石；10—砂砾石；11—风化石

(2) 混凝土围堰。混凝土围堰常用于岩基上的水力发电枢纽。它的优点是抗冲能力大，不透水性好，断面尺寸小，可以两面挡水，而且易于与永久建筑物相连或作为混凝土永久结构的一部分。图 4-64 为某工程中采用的混凝土围堰，它是在低水位围堰围护下修建的。在施工导流中，用作第一期和第二期的纵向围堰，竣工后，它是电站坝段和溢流坝段之间的永久性隔墙。

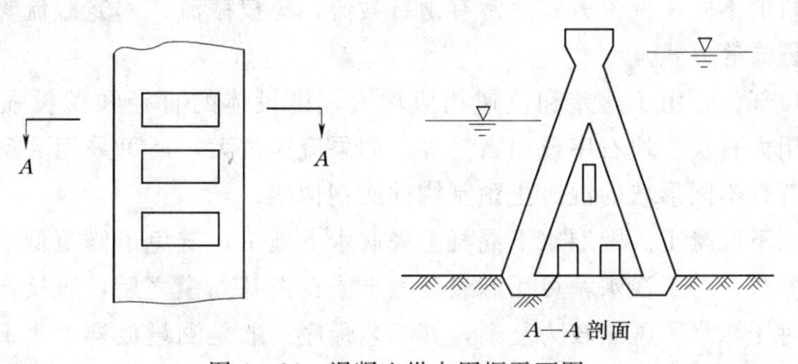

图 4-64　混凝土纵向围堰平面图

(3) 草土围堰。草土围堰多应用于小型工程，主要包括草（麻、编织）袋围堰、草土围堰。

1）草（麻、编织）袋围堰。其施工形式比较简单，主要工作内容是将黄土（黏土）装入草（麻、编织）袋封包，按照设计的标准断面，人力堆筑而成。

2）草土围堰。草土围堰是用麦草或稻草一层草一层土（含块石）在水中进占或在干地堆筑而成的一种施工围堰。其主要优点有：可以就地取材，不需要水泥、钢筋和木材，工程造价较低；结构形式简单，施工技术简单易行，不需要特殊施工机械；防渗性能较好。其主要缺点是：草土体容重较小，强度较低，只能适用水流比较浅缓的河流；草料易腐朽，耐用年限短。

（4）钢板桩围堰。钢板桩围堰断面尺寸小，抗冲能力强，可以修建在岩基上或非岩基上，堰顶浇注混凝土板后也可以作为过水围堰，可进行干地或水下施工，钢板桩的回收率可达70%以上，在国外应用广泛，我国葛洲坝工程采用了圆筒形钢板桩格形围堰作为纵向围堰的一部分。

钢板桩格形围堰是由钢板桩围成一定形状的封闭格体，内填土石料构成。格体的几何形状有圆形、鼓形、花瓣形3类。该类围堰施工可高度机械化，一般的施工程序是：安装样架，拼装板桩、打桩、回填土料、拆除样架等。

（5）其他围堰。

1）木笼围堰。木笼围堰的主要建造方法及工作内容为：根据工程所需尺寸，先在岸上制作木笼，一般为方格形；将制作好的木笼，采用人工或机械方法放进水中沉放；木笼沉放定位后，在框格里填充块石、泥土；在木笼之间及上游面做止水设施；木笼外侧抛填黏土，增强防渗性能；木笼底部用混凝土进行封底浇筑。

2）木板桩围堰。木板桩围堰是在软基河上打入木板桩，在其迎水面填土止水防渗，这时作为悬臂结构的板桩，既承受水平水压力，也承受土压力。一般分为单排板桩围堰和双排板桩围堰。现行围堰中很少采用。

3）其他围堰还包括竹笼围堰、框格填石围堰等，由于现已应用较少，这里不再一一介绍。

3. 围堰相关知识简介

（1）截流体填筑。截流在施工进度中是一个重要的里程碑。整个截流过程包括戗堤进占、裹头、合龙及闭气等4个步骤。

按所用材料的不同，截流方式通常有抛石截流、杩杈截流、木笼截流等。另外还有爆破截流或闸门截流等方式。

在截流龙口部位，由于落差和流速相应增大，抛投体的直径和抛投强度也需相应增加，这时可采用大石块、块石串或铅石笼等。如果流速过大，还可采用大型的混凝土四面体、六面体及各种不同形状的混凝土预制构件或钢构架。

（2）围堰水下混凝土。围堰水下混凝土采取水下施工，避免了修筑低水围堰。混凝土围堰水下施工方法，对于浅水，可用麻袋混凝土或在清基立模之后，直接浇筑混凝土，施工较为简单；对于深水，施工较为复杂，其工艺程序一般是测量放样、水下清基、立模就位、清仓堵漏、水下混凝土浇筑及模板拆除等。

（3）围堰防护型式。围堰防冲保护除堰坡外，对于砂卵石堰基、土质岸坡、过水围堰溢流面等均需保护。除了防止水流的冲刷外，岸坡及堰坡还需防止风浪淘刷、雨水冲刷。

常用的防护型式有抛石、砌石、铅丝笼、钢筋笼、混凝土等。

(4) 围堰防渗材料。围堰的防渗除需考虑防渗结构、防渗技术等相关因素外，防渗材料也是其重要的防渗措施。土工膜是一种轻便的，便于施工、造价低廉、性能可靠的防渗材料。

土工膜分为单层土工膜、加筋土工膜和复合土工膜三大类。最为常用的是复合土工膜。聚合物膜与针刺土工织物加热压合或用胶黏剂黏合称为复合土工膜，前者提供了不透水性，后者提供了强度，使其具有土工织物平面排水的功效及土工膜法向防渗的功能，同时又改善了单一土工膜的工程性能，提高其抗拉、顶破和穿刺强度及摩擦系数，还可避免或减少在运输、铺设过程中机械损伤防渗主膜。因而复合土工膜是一种比较理想的防渗材料，其结构常有“一布一膜、二布一膜、一布二膜、二布二膜”等。

(5) 围堰拆除。围堰是施工辅助建筑物，导流任务完成以后，设计上要求拆除的应予以拆除，以免影响永久建筑物的施工和运行。

以散粒体材料堆成的土围堰、土石围堰、草土围堰可用挖土机械或爆破方法拆除，混凝土围堰必须用爆破法拆除。不论采用何种方法拆除围堰都不能影响永久建筑物的安全及运行。

(三) 沉井工程

沉井是在预制好的钢筋混凝土井筒内挖土，依靠井壁自重克服井壁与地层的摩擦阻力逐步沉入地下，以实现工程目标的一项施工技术。沉井是钢筋混凝土结构，主要由井筒(井壁)、隔墙和刃脚等组成。单井的施工程序主要有：底节井筒制作、抽木垫及挖土下沉、沉井下沉并接高、封底（浇筑钢筋混凝土底板）及填心等。

(四) 公路工程

公路工程包括路基、路面及其他辅助设施工程。

1. 公路路基

公路路基包括路基土石方工程、排水工程及路基防护工程。

(1) 路基土石方工程包括填方路基、挖方路基和特殊路基处理等。

(2) 路基防护工程包括砌石护坡、挡土墙、抗滑桩、河道防护等。

2. 公路路面

公路路面包括路基上铺筑各种垫层、底基层、基层和面层；路面及中央分隔带排水施工；培土路肩、中央分隔带回填及路缘石设置，以及修筑路面附属设施等。

(1) 公路垫层一般包括碎石、砂砾石、煤渣或矿渣等。

(2) 公路路面按压实材料分为砂砾石路面、泥结碎（砾）石路面、沥青碎石路面、混凝土路面。

(五) 涵洞工程

涵洞是水利水电工程中常见的结构物，可用于排水、临时交通。常见的涵洞有石盖板涵洞、浆砌石拱涵洞、钢筋混凝土圆管涵洞、钢筋混凝土盖板涵洞等。

(六) 铁道工程

在场地布置可能的情况下，采用铁道机车或轨道进行场内或洞内运输是一种比较经济的运输方式。

铁道及轨道一般包括铺设、拆除和移设。

铁道及轨道铺设有木枕轨、混凝土枕轨两种形式。轨距一般有 610mm、762mm、1000mm、1435mm；轨重一般有 8kg/m、11kg/m、15kg/m、18kg/m、24kg/m、50kg/m、80kg/m、100kg/m。

（七）管道工程

管道工程主要指施工辅助工程中的施工供风系统管道、施工供水系统管道。施工供风系统包括压缩空气站和外部压气管网两大部分；施工供水系统一般由取水工程、净水工程和输配水工程 3 部分组成。压气管网和输配水工程根据施工布置、施工条件和设计需要进行铺设、移设和拆除等工作。

管道工程一般由管道和管道附件组成。管道多采用焊接钢管或无缝钢管，管道的连接有法兰盘连接、螺纹连接和焊接等方法。管道附件主要有阀门等。

（八）隧洞支撑工程

为防止隧洞在开挖过程中，因山岩压力变化而发生软弱破碎地层的坍塌，确保施工安全，必须对开挖后的空间进行必要的临时支撑或支护，以确保施工顺利进行。

隧洞支撑包括木支撑、钢支撑及预制混凝土或钢筋混凝土支撑。木支撑重量轻，加工及架立方便，损坏前有显著变形而不会突然折断，因此应用较广泛。在破碎或不稳定岩层中，山岩压力巨大，木支撑不能承受或支撑不能拆下须留在衬砌层中时，常采用钢支撑，但钢支撑费用较高。当围岩不稳定，支撑又必须留在衬砌层中时，可采用预制混凝土或钢筋混凝土支撑。这种支撑刚性大，能承受较大的山岩压力，耐久性好，但构件重量大，运输安装不方便。

三、其他工程单价编制

其他工程单价编制来源一般有两种：一种可套用永久工程单价；一种就是根据项目结构、施工方法按概算定额的相应各章编制单价，其中概算定额中的其他工程主要包括定额前面各章节不能涵盖的定额子目，主要也是施工辅助（临时）工程中的一些项目。

概算定额中的其他工程根据其包括的内容主要应用在施工辅助工程中，如施工交通工程的公路、铁路、涵洞工程，施工供水系统和施工供风系统的干管铺设、移设和拆除，导流工程中的施工围堰（含截流）的水下工程、填筑工程、防渗及护面，临时支护工程的隧洞钢支撑或木支撑等。

编制其他工程单价，必须明确概算定额中各项定额的工作内容。其他工程单价项目比较繁多，概算定额中的其他工程主要包括 8 个方面的内容，现根据其内容和定额中的主要子目来介绍其他工程定额选用及单价编制，简介如下。

（一）概算定额选用

概算定额中的其他工程包括水下工程、围堰工程、沉井、公路工程、铁道及轨道、涵洞、管道、隧洞支撑等。

1. 水下工程

（1）水下清基：按概算定额所列项目人工、机械清理分别选用。定额单位为 $100m^3$。

适用范围：水下人工、机械清基。

工作内容：清除砂石、装船、运输、卸船。

(2) 水下表面爆破：概算定额不包括爆破后的清基工作，故一般和水下清基定额配套使用。定额单位为100m³。

适用范围：水下砂砾、孤石爆破。

工作内容：冲走砂石、潜水置药、盖黄土麻袋、炸除。

2. 围堰工程

围堰工程包括袋装土围堰及草土围堰的堰体填筑和拆除、围堰混凝土、钢板桩围堰、截流体填筑、薄膜防渗、石笼护面等。

(1) 袋装土围堰及草土围堰的堰体填筑和拆除。

1) 袋装土围堰及草土围堰的堰体填筑：按概算定额所列项目袋装土围堰和草土围堰分别选用。定额单位为100m³ 堰体方。

适用范围：概算定额是按人力施工拟订的，50m以内人工取料。

工作内容：袋装土围堰包括装土、封包、填筑；草土围堰包括草捆加工、分层沉放、填筑土石料。

2) 土石围堰及草土围堰的堰体拆除：可根据概算定额项目液压反铲型号和水上水下分别选用。定额单位为100m³ 压实方，区别于土方、石方工程定额中的100m³ 自然方。

适用范围：现行概算定额中设置了土、土石混合、草土、袋装土围堰的综合拆除定额。

工作内容：反铲挖装汽车运输2km以内。如仅运距增减时，可按土方工程定额进行调整；如与设计的施工方法有较大差异时，可参考前述各节中的土方、石方工程编制拆除单价。

(2) 围堰混凝土：概算定额所列项目仅指围堰水下混凝土的编织袋混凝土及封底混凝土、过水土石围堰的溢流面混凝土，而混凝土围堰的断面形式、稳定计算、基础处理及施工方法等与混凝土坝基本相同，可按混凝土工程有关定额编制相应单价。定额单位为100m³ 堰体方。

适用范围：临岸施工、人工施工。

工作内容：编织袋混凝土包括混凝土配料拌和、装袋、潜水沉放；水下封底混凝土包括混凝土配料拌和、导管浇筑、水下检查；过水堰溢流面混凝土包括混凝土配料拌和、立模、浇筑、养护。

(3) 钢板桩围堰：按概算定额所列项目打桩或拔桩及陆地或船上分别选用。定额单位为10t。

适用范围：钢板桩围堰。

工作内容：工作平台搭、拆，钢板打桩、拔桩。

(4) 截流体填筑：按概算定额所列项目大块石和混凝土预制块分别选用。定额单位为100m³ 抛投方。

适用范围：龙口截流体抛投。

工作内容：材料挖（吊）装、运输，截流体抛投，现场清理。

(5) 薄膜防渗：概算定额主要采用土工膜铺设、土工布铺设。对薄膜防渗斜铺，定额已综合考虑了不同边坡，使用时不作调整。定额单位为100m² 铺设面积。

1）土工膜铺设：概算定额土工膜消耗量按常规接缝计算，若设计另有要求，应按设计要求调整。

适用范围：土石堰体防渗。

工作内容：黏接拼宽、场内运输、铺设、黏接压缝、岸边及底部连接。

2）土工布铺设：概算定额按 300g/m^2 的土工布拟定，如土工布规格为 150g/m^2、200g/m^2、400g/m^2 时，人工定额分别乘以 0.7、0.8、1.2 的系数；概算定额土工布消耗量按常规接缝计算，若设计另有要求，应按设计要求调整。

适用范围：土石坝、围堰的反滤层。

工作内容：场内运输、铺设、接缝（针缝）。

（6）围堰石笼护面：概算定额有钢筋石笼和铅丝石笼两种。定额单位为 100m^3 成品方。

适用范围：石笼护面（底），人工施工，50m 以内取料。

工作内容：编笼、安放、运石、装填、封口等。

3. 沉井

概算定额是按地面制作沉井混凝土、沉井内土石方开挖拟订。设计时应分别提供沉井混凝土工程量和沉井内土石方开挖工程量。

（1）沉井混凝土：可根据设计提供的沉井制造和沉井封底分别选用定额子目。定额单位为 100m^3。

适用范围：施工场地狭窄的挡水建筑物，开挖断面 40～80m^2，井深 20m 以内。

工作内容：模板制作、安装、拆除，混凝土拌和、浇筑、养护；沉井制造中包括垫木安装、拆除，刃角制作、安装等。

（2）沉井内土石方开挖：可根据土壤级别和岩石级别选用概算定额子目。定额单位为 100m^3。

适用范围：开挖断面 40～80m^2，井深 20m 以内，人工挖装土或风钻钻孔，卷扬机吊运。

工作内容：包括开挖、装渣、吊运出井、距井口 5m 以外卸渣堆放、纠偏、挖集水坑、排水、清底修平。

4. 公路工程

概算定额仅包括路面定额，即公路路面垫层、公路路面两节定额。

（1）公路路面垫层：定额公路路面垫层所用的垫层材料主要有砂及砂土、碎石、砂砾石、块石，可根据设计选用的垫层材料选用相应的定额子目；同时定额基准压实厚度 10cm，当垫层压实后厚度与定额不一致时，按定额规定进行调整。定额单位为 1000m^2。

适用范围：公路路面底层。

工作内容：挖路槽、培路基、各种垫层材料的铺砌及碾压等。

（2）公路路面：概算定额公路路面材料分为天然砂砾石、泥结碎（砾）石、沥青碎石、沥青混凝土及混凝土路面，可根据设计选用的路面材料选用相应的定额子目；同时定额基准压实（浇筑）厚度有所不同，当设计的压实（浇筑）厚度、汽车运距与定额不一致时，按定额规定进行调整。定额单位为 1000m^2。

适用范围：适用于不同材料的公路面层。

工作内容：天然砂砾石路面包括铺料、洒水、碾压撒铺松散保护层；泥结碎（砾）石路面包括铺料、灌泥浆、碾压、加铺级配砂砾磨耗层及砂土稳定保护层；沥青碎石（混凝土）路面包括准备工作、熬油、预热矿渣料、镶边、拌和、运输、摊铺、整型、碾压、初期养护、培路肩；混凝土路面包括模板制作、安装与拆除，传力钢筋制作与安装，混凝土配料、拌和、运输、浇筑、振捣、抹平、养护，灌浆、沥青伸缩缝，培路肩。

在编制工程区域内的公路投资时，路基开挖、回填一般可以在设计工程量中考虑，由于各工程地形、地貌不一，比较难以确定统一的定额标准。要编制准确度较高的公路投资，应按照相关行业的规定执行。

5. 涵洞

概算定额是按不同的材料及结构形式拟订的，按标准跨度和涵洞长度选用相应的定额子目。概算定额为综合定额，涵洞工程高跨比为1.5：1，如与设计要求不同，可按定额规定调整。材料的备料和运输，应参照有关章节计算。

（1）浆砌石拱涵洞：定额单位为1道。

适用范围：浆砌石拱。

工作内容：排水、挖基础、支架、拱盔的制作、安装、拆除，基础、墙身、拱圈、护拱砌筑的全部工序，铺设拱顶防水层和后背排水设施，基坑回填夯实，洞身与洞口的河床铺砌及边墙加固。

（2）钢筋混凝土圆管涵洞：定额单位为1道。

适用范围：现制混凝土圆管涵洞。

工作内容：排水、挖基础、基底夯实、铺筑垫层、洞口铺筑及加固，基础、墙身砌筑全部工序，预制、运输、安装钢筋混凝土圆管，基坑回填压实。

（3）钢筋混凝土盖板涵——石砌台、墙身：定额单位为1道。

适用范围：钢筋混凝土盖板砌石涵洞。

工作内容：排水、挖基础、制作、安装、拆除扒杆及拌和混凝土，基础、墙砌筑或浇筑混凝土，洞身与洞口铺砌及加固，预制、运输、安装行车道板及栏杆、扶手，桥面铺装，基坑回填夯实。

（4）钢筋混凝土盖板涵——混凝土台、墙身：定额单位为1道。

适用范围：钢筋混凝土涵洞。

工作内容：排水、挖基础、制作、安装、拆除扒杆及拌和混凝土，墙身浇筑混凝土、洞身与洞口铺砌及加固，预制、运输、安装行车道板及栏杆、扶手桥面铺装，基础回填夯实。

6. 铁道及轨道

概算定额主要包括铁道（机车轨道）的铺设、移设及拆除，轨道（轻轨道、门机轨道）的铺设及拆除。

（1）铁道：现行概算定额按铺设、移设、拆除拟订。铁道铺设、移设定额系指铁道上部结构，包括直道、弯道、道岔、转辙器、护轨、车挡、道口及铺设碎石等。不包括路基、站台、通信设施等。洞内铺设、移设、拆除时，相应定额人工乘以1.2的系数。定额单位为1km。

铁道铺设、移设和拆除，根据设计要求按不同材料的枕轨、轨距选用定额子目，并按定额规定编制。

适用范围：机车牵引的轨道。

主要内容：铁道铺设包括平整路基、铺道渣、钉钢轨、检查修整、组合试运行等；铁道移设包括旧轨拆除、修整配套、铺渣钉轨、检查修整、组合试运行等；铁道拆除包括旧轨拆除、材料堆码及清理。

（2）轨道：概算定额包括轻轨道的铺设、拆除，门机轨道的铺设、拆除。

1）轻轨道：概算定额包括铺设及拆除。定额单位为100m。

适用范围：人力推矿车轨道、卷扬机轨道。

主要内容：安放枕轨、铺设钢轨、检查修整、组合试运行、旧轨拆除、材料堆码及清理。

2）门机轨道：概算定额按不同轨重选用铺设定额子目，拆除按定额规定编制。定额单位为双10m。

适用范围：在地梁上铺设轨道，适用于门、塔、缆机轨道。

主要内容：预埋插筋、安放轨道、检查修整、浇筑二期混凝土、组合试运行、旧轨拆除材料运出及清理。

以上铁道及轨道拆除后，应适当考虑其回收价值。

7. 管道

概算定额按铺设、移设、拆除拟订。管道工程定额已综合考虑了钢管的连接方式，是按地面铺设拟定，如采用埋设或架设，应另计埋设及架设的工程费用。定额单位为1km。

适用范围：施工用临时风、水管道。

主要内容：管道铺设包括钢管铺设、附件安装；管道移设包括旧管拆除、修整配套、钢管铺设、附件安装；管道拆除包括旧管拆除、修整配套、运到指定地点堆放，管道拆除后，应适当考虑其回收价值。

8. 隧洞支撑

概算定额按钢支撑、木支撑拟订。

适用范围：施工临时支护。

工作内容：制作、安装、拆除。

（1）钢支撑：概算定额按支护高度选用定额子目。定额单位为1t。

（2）木支撑：概算定额按隧洞断面积选用定额子目。定额单位为1延米。

（二）编制其他工程单价应遵循的原则及注意的问题

1. 编制其他工程单价应遵循的原则

（1）其他工程项目中，工程量大、投资多的，如交通工程、供电工程等，可委托专业设计单位进行设计并估价，分析其合理性后，据以编制工程概（估）算。

（2）属于土方、石方、堆砌石、混凝土、锚喷支护、基础处理等工程项目的工程量计算，应按以上各章节所讲述的原则和办法分别分析计算。

（3）现行水电专业概算定额中缺项的项目，原则上应采用有关部委颁发的相应定额

（指标）或工程所在省（自治区、直辖市）颁发的相应定额（指标）编制工程单价或扩大指标。

2. 编制其他工程单价应注意的问题

（1）现行其他工程的概算定额已包括材料的场内运输、超挖、超填、施工附加量及施工损耗等，使用时不需另行计算。

（2）其他工程项目中缺项的项目，可根据前述各章节选用相应概算定额子目或参照相关定额编制补充定额。如与围堰相关的其他内容和单价编制，可参照前述各章节编制：围堰的土石方开挖可选用土方定额和石方定额的相应子目；土石围堰的堆筑可选用土方定额及堆砌石定额的相应子目，混凝土围堰的浇筑可选用混凝土定额的相应子目。

（3）其他工程概算定额中不包括土、石料的备料内容，可参照土方工程、砂石备料工程编制备料单价。

第九节　补充概算定额的编制

在概（估）算编制工作中，随着新技术、新工艺、新设备的应用，经常遇到某些工程项目现行的概（预）算定额缺项，需要编制补充概（预）算定额，以作为编制概（估）算单价的依据。这种情况经常发生在那些对于工程造价影响大的工程项目之中。所以，做好补充概（预）算定额的编制工作，是保证概（估）算编制质量的一个重要环节。

一、定额补充的原则及应注意的问题

（一）定额补充的原则

（1）补充的定额水平应该符合技术先进、经济合理的原则，要反映正常施工条件下我国目前施工企业的生产水平和管理水平，即应采用新技术、新结构、新材料，符合一定历史时期生产发展的客观规律；具有合理的劳动组合、合理的施工工艺流程以及必要和恰当的材料用量等。

（2）定额的补充必须采用科学的方法。如用概率和数理统计这一基础理论，以及有关专业理论和计算公式，以保证其科学性。

（3）补充的定额必须与实践相结合。通过多方比较，使补充的定额较为切合实际。

（二）补充定额编制应注意的问题

（1）对于所编的补充定额项目，其有关的工程设计所确定的技术要求、施工条件、施工工艺等各种基本参数，要了解清楚。

（2）对于各种现行的水利水电行业有关的定额指标（施工、预算、概算）和其他行业有关的各种有参考价值的定额资料，应掌握它们各自适用的具体技术条件和所包含的具体工作内容，并了解各种定额之间的异同关系，这是编好补充概算定额的基础。

（3）要搜集类似工程有关的实际资料。有条件时，应深入有关工程的施工现场，直接进行调查研究取得可靠的实际资料。

（4）采用施工定额或预算定额综合扩大的方法编制补充概算定额时，在综合扩大的计算过程中，一定要注意选好人工、材料消耗和机械使用台时定额的扩大系数与定额水平系

数。这往往是控制定额总水平是否合理的一个关键。

(5) 补充概算定额中包含的工作内容，应当与现行概算定额中的相应项目一致。

(6) 补充概算定额的水平，一定要与概算定额中的定额水平相协调，若经测算发现其间的水平有较大出入时，应进行适当的调整。

二、编制补充概算定额的方法

编制补充概算定额，一般采用的方法有以下4种：

(1) 按概算定额的类似项目，用类比法对定额中不符合工程设计条件的部分内容进行换算调整。如根据不同施工机械台时产量之间的比例关系，对其机械台时的定额数量随型号规格的不同而调整。这种方法简便，在实际工作中也是用得较多的一种方法。

(2) 根据工程设计（包括施工组织设计）所选定的有关技术条件，用施工定额、预算定额通过综合扩大编制补充概算定额。

用这种方法编制补充定额时，在综合扩大计算分析过程中，均需要乘以一定的扩大系数，以弥补工作内容与定额水平方面存在的零星欠缺和差异。就总水平而言，扩大系数一般应当控制在1.03～1.10之间。在实际工作中，按其具体情况，系数的取值也可以略高或略低一些。从施工条件方面来说，一般以人工施工为主的项目，扩大系数的取值可以大一些；以机械施工为主的项目，扩大系数的取值可以小一些。从一个具体定额项目的组成内容方面来说，其人工部分扩大系数的取值可以高一些；机械部分扩大系数的取值可以小一些；而材料部分则应当更小一些，甚至于可以不再乘以任何扩大系数。总之，对于扩大系数取值的大小，应当建立在一定的研究分析的基础上进行选定。

(3) 借用其他专业部委或地方省（自治区、直辖市）颁发的有关定额中的类似项目编制补充概算定额。这时重要的是要对其定额水平和定额组成内容上的差异进行分析研究，做必要和适当的调整与补充。

(4) 根据搜集掌握的施工现场测定资料及统计分析资料，按照工程技术特征、施工条件、施工方法、施工工艺流程，逐项综合分析计算，编制补充概算定额。

三、编制补充定额的一般步骤

编制补充定额的一般步骤如下：

(1) 搜集和熟悉有关的设计图纸资料，掌握设计确定的各种技术要求、施工条件、施工方案，并需要切实掌握设计选定和使用的各种有关基本参数。

(2) 根据设计方案确定的工程结构条件（如混凝土坝（闸）中的挡水坝体、溢流坝体、闸墩、胸墙、工作桥、交通桥、消力池、护担、导流墙等各种混凝土结构中不同标号的各种混凝土比重）、结合有关定额项目划分条件（包括概算定额、预算定额和施工定额），拟定编制综合定额的内容子项。

(3) 根据施工组织设计选定的施工方案及其工艺流程需要，进一步完善综合定额应包括的内容组成子项。

(4) 按照各个组成工程内容的子项条件，选用适当的单项定额。同时，根据施工组织设计所定的施工工艺流程的工序衔接条件以及各个单项定额之间存在的缺漏因素情况，将所需要的各种辅助人工和机械补充齐全。

若遇到缺少定额依据的子项时，还应当按照施工组织设计选定的工艺流程和收集到的相应资料，经过分析测算将定额子项补充齐全。

(5) 按照采用的不同定额依据设计资料条件，拟定适当的定额扩大系数和定额水平调整系数。

(6) 按人工、材料、机械使用台时数量进行计算汇总，并将汇总结果与现行定额中相应的可比项目中的人工、材料、机械台时定额数量水平进行比较，同时核定其他材料费用及其他机械使用费用。

四、补充概算定额编制案例

需说明的是本案例只是提供一种补充定额的思路和方法。

(一) 土方开挖案例

某水电站工程岸边开敞式溢洪道土方开挖的施工方法为：$8m^3$ 液压正铲挖掘机挖装，68t 自卸汽车运土 2.5km 至弃土场。

1. 工程技术条件

溢洪道长 1880m，开挖宽度为 105m，土方开挖量为 100 万 m^3。

2. 开挖土方的物理性质

自然状态下湿容重为 $1.85t/m^3$；坚固系数为 0.9，现场地质勘测定为中等密实度的 3 类坚土，即为普通土。

3. 施工条件

(1) 施工道路情况。2km 为场内双车道混凝土路面的干线公路；0.5km 为场内单车道土石简易路，其坡度小于 10%，转弯半径大于 25m。

(2) 施工条件。施工场地开阔，施工条件良好，施工管理水平良好。

4. 挖掘机正铲作业有关参数

(1) 挖掘机作业方式。开挖工作面的长度、宽度均不影响挖掘机作业方式，挖掘机正向、侧向掘进均可。

(2) 掌子面参数。

1) 宽度。远大于最小宽度 28m。

2) 高度。$8m^3$ 挖掘机最佳掌子面高度为 7m 左右，工程实际平均开挖深度为 5.3m。

3) 转角。挖掘机挖装汽车时的转角为 90°～120°。

(3) 作业时间。台时净作业时间为 60min。挖掘机每挖装土一斗的循环作业时间为 38s。

5. $8m^3$ 液压正铲挖掘机挖土的土方开挖补充概算定额编制

(1) 定额的工作内容：挖装、运输、卸除、空回。

(2) 挖掘机台时实用产量。挖掘机台时实用产量，采用如下公式计算分析：

$$Q_{ws}=60\frac{T}{t}g_wK_gK_ZK_{ch}K_yK_t$$

式中：Q_{ws} 为挖掘机小时实用台时产量，m^3/h；60 为 1h 工作时间，min；T 为挖掘机小时净工作时间，60min；t 为挖掘机每挖装一斗的循环作业时间，38.0s；g_w 为挖掘机铲斗容积，m^3，本算例采用 $8m^3$；K_g 为土壤的可松系数，参考《水利水电工程施工组织设计手册》，挖掘机斗容在 $3\sim15m^3$，Ⅲ级土，可松系数为0.82；K_Z 为掌子面高度与卸料转角大小校正系数，当转角在90°～120°时，正铲挖掘实际掌子面高度与最佳掌子面高度的比值为0.76（=5.3m/7m），校正系数为0.90；K_{ch} 为挖掘机铲斗充盈系数，中等密实坚土，充盈系数在0.75～1.00，本例拟采用1.00；K_y 为挖掘机在掌子面内移动影响系数，与掌子面宽度和土堆高度有关，一般为0.90～0.98，本例采用0.98；K_t 为挖掘机时间利用系数，与作业条件、施工管理水平有关，本例均为良好，在一个工作班内（8h），一般为0.75，现分析计算1h的净工作时间，时间利用系数采用1.00。

根据以上拟采用的有关计算参数，挖掘机台时产量计算如下：

$$Q_{ws}=\frac{60\text{min/h}\times60\text{s/min}}{38.0\text{s}}\times8\text{m}^3\times0.82\times0.90\times1.00\times0.98\times1.00$$
$$=548.14(\text{m}^3/\text{h})$$

（3）挖掘机挖装土的汽车台时耗量。

$$Q_{de}=\frac{100\text{m}^3}{Q_{ws}}K_{lg}K_{kd}$$

式中：Q_{de} 为挖掘机挖装 $100m^3$ 所需的台时；K_{lg} 为机械取舍作业系数，视联合作业的机械多少而定，本案例拟采用1.00；K_{kd} 为定额扩大系数，本算例采用1.03。

根据以上拟采用的有关计算参数，挖掘机挖装Ⅲ类土的台时耗量数计算如下：

$$Q_{de}=\frac{100\text{m}^3}{548.14\text{m}^3/\text{h}}\times1.00\times1.03$$
$$=0.19(\text{台时})$$

（4）自卸汽车运输2.5km至弃土场台时实用产量。自卸汽车台时实用产量，采用如下公式分析计算：

$$Q_{sq}=\frac{60g_gK_eK_{ch}K_{su}K_t}{T}$$

$$T=t_z+t_y+t_x+t_d$$

$$t_z=\frac{n}{n_0}+t_r$$

$$t_y=\left(\frac{60L}{u_2}+\frac{60L}{u_k}\right)K'$$

式中：Q_{sq} 为自卸汽车小时实用产量，m^3/h；g_g 为自卸汽车车厢容积，68t自卸汽车平装时为 $35m^3$，堆装时为 $45m^3$，本算例综合拟采用 $40m^3$；K_e 为土壤的可松系数，采用0.82；K_{ch} 为汽车装满系数，与挖掘机配合情况有关，拟采用0.80；K_{su} 为汽车运输损耗系数，一般为0.94～1.00，本算例采用0.95；K_t 为时间利用系数，拟采用1.00；T 为汽车运输一次循环时间，min；t_z 为装车时间，min；n 为汽车装铲斗数，$40m^3/8m^3=5$ 斗；n_0 为挖掘机每分钟挖装斗数，60s/40s=1.5斗/min；t_r 为汽车进入装车位置时间，min，一般为0.2～0.5min，本算例采用0.3min；t_y 为行车时间，min；L 为运输距离，km；K'为汽车加速或制动影响系数，视运距长短而定，运距为5km时为1.00，运距为

0.25km 时为 1.20，本算例采用 1.01；u_2、u_k 为重车、空车行驶速度，km/h，根据本算例的施工条件，拟采用平均速度为 31.5km/h；t_x 为卸车时间，1.00min；t_d 为调车、等车及其他时间，共计 2.00min。

根据以上拟采用的有关计算参数，汽车运输台时产量计算如下：

$$Q_{sq}=\frac{60\text{min/h}\times 40\text{m}^3\times 0.82\times 0.80\times 0.95\times 1.00}{\left[\left(\frac{5\text{斗}}{1.5\text{斗/min}}+0.3\text{min}\right)+\left(\frac{60\text{min/h}\times 2.5\text{km}\times 2}{31.5\text{km/h}}\right)\times 1.01+1.00\text{min}+2.00\text{min}\right]}$$

$$=\frac{1495.68(\text{min}\cdot\text{m}^3)/\text{h}}{16.25\text{min}}$$

$$=92.04(\text{m}^3/\text{h})$$

（5）自卸汽车运输台时耗量。

$$Q_{de}=\frac{100\text{m}^3}{Q_{sp}}K_{lg}K_{ld}$$

式中：Q_{de} 为自卸汽车运输 100m^3 自然方所需的台时；K_{lg}、K_{kd} 含义同前。

根据以上分析计算，自卸汽车运 2.5km 的台时耗量数计算如下：

$$Q_{de}=\frac{100\text{m}^3}{92.04\text{m}^3/\text{h}}\times 1.00\times 1.03=1.12(\text{台时})$$

（6）辅助人工、零星材料费、辅助机械耗量计算。

1）辅助（机下）人工。辅助人工指机下人工，包括交通安全、调度、指挥协调、记录等辅助工作。挖装工作面及卸土场，按挖掘机台时数，共计配备普工 3 人。其人工定额为普工 0.06 工时。

2）零星材料费。零星材料费主要指为防雨、防滑、排水等措施而消耗的零星材料，如木材、防雨棚等。参考现行定额，零星材料费采用 30 元/100m^3。

3）辅助机械耗量。

a. 辅助挖装及清理工作面等的机械。辅助挖掘机挖装汽车，卸土场拢堆等，一般配备推土机来完成。参考（2007）概算定额，拟配 132kW 推土机，台时数量按挖掘机台时的 1/3 计算，则推土机为 0.06 台时/100m^3。

b. 其他机械使用费。主要指为主要机械运送物资材料等费用。参考（2007）概算定额，按 3 元/100m^3 计算。

对各耗量进行汇总，见表 4-142。

表 4-142　　概算定额汇总表　　单位：100m^3 自然方

项目	单位	数量	备注	项目	单位	数量	备注
普工	工时	0.6		推土机 132kW	台时	0.06	
合计	工时	0.6		自卸汽车 68t	台时	1.12	
零星材料费	元	30		其他机械使用费	元	3	
挖掘机 8m^3	台时	0.19					

（二）平洞石方开挖案例

1. 工程技术及施工条件

某水电站引水隧道，设计长度为 1000m，开挖直径为 8.7m。施工由上、下游两个工作面掘进开挖，上游工作面负担400m，下游工作面负但600m，采用三臂凿台车钻孔，全断面爆破开挖，三班作业。

根据工程地质勘测判定，隧洞通过的岩层为白云岩及石灰岩，钻探定为Ⅶ级。

2. 编制定额的基本参数

（1）三臂液压凿岩台车全断面开挖。

（2）石方开挖岩石级别按16级岩石分级为Ⅹ级。

（3）工程所在地高程为1500.00m。

（4）设计开挖断面 $S=59.45\text{m}^2$，100m^3 开挖量洞长为1.682m。

（5）参考资料。

1）1964年编水电建筑安装工程人工、材料、机械施工指标。

2）1983年编水电建筑安装工程统一劳动定额。

3）1986年编水电建筑工程施工组织设计手册。

4）水电工程各类定额。

3. 设计开挖直径8.7m的平洞石方开挖补充概算定额编制

（1）定额的工作内容：钻孔、爆破、安全处理、翻渣、清面、修整等。

（2）机械台时消耗量计算。

1）钻机机械台时消耗量计算。

a. 钻机个数计算：

$$n=R/E+CA$$

式中：R 为开挖断面周长，一般用公式 $R=4\sqrt{A}$ 计算；A 为开挖断面面积，59.45m^2；E 为周边孔间距，采用0.6m；C 为扩挖炮孔与掏槽孔的参数，采用1.5。

$$n=30.84/0.6+1.5\times59.45=141\text{（个孔）}$$

b. 钻孔机械生产率：

$$\mu_d=\mu_0\varphi\beta$$

式中：μ_0 为钻孔机纯钻速度，根据凿岩台车技术特性指标，钻机的纯钻速度为1.0～1.1m/min，本算例拟用1.08m/min；φ 为钻机钻臂同时利用系数，采用0.75；β 为时间利用系数（对孔、卡钻等），采用0.75。

$$\mu_d=1.08\text{m/min}\times3\times0.75\times0.75=1.823\ [\text{m/(min·台)}]$$

c. 钻孔时间。钻一排炮孔的时间可用下式计算：

$$T_x=nL/\mu_d$$

式中：L 为平均钻孔深度，3.30m

$$T_x=141\text{个孔}\times3.30\text{m/孔}\div1.823\text{m/(min·台)}$$
$$=255.24\text{（min·台）}$$

d. 凿岩台车台时消耗量：

$$T_s=\frac{L_s}{L_c}T_x\frac{1}{T_z}$$

式中：L_s 为隧洞长度，现按 100m^3 石方开挖量计，因此洞长为 $100\text{m}^3\div59.45\text{m}^2=1.682$（m）；$L_c$ 为每次循环进尺洞长，本算例按3.12m计；T_z 为台时时间（60min）。

$$T_s=\frac{1.682\text{m}}{3.12\text{m}}\times 255.24\text{min}\cdot\text{台}\times\frac{1}{60\text{min}}$$
$$=2.29\ (\text{台时}/100\text{m}^3)$$

2）液压平台车等机械台时消耗量。

a. 液压平台车按凿岩台车的 1/3 计，0.76 台时/m^3。

b. 液压挖掘机 0.6m^3 按凿岩台车的 1/2 计，1.15 台时/m^3；

c. 载重汽车 5t 按凿岩台车的 1/5 计，0.46 台时/m^3。

d. 其他机械使用费。参考（2007）概算定额，按 58 元/100m^3 计算。

（3）材料消耗量计算。已知：100m^3÷59.45m^3=1.682（m），1.682m÷3.12m=0.54（循环）；总计钻孔 141 个，ϕ100 8 个，ϕ45 133 个。钻孔总长度，ϕ100 为 8×3.3×0.54=14.26（m/100m^3）；ϕ45 为 133×3.3×0.54=237.01（m/100m^3）。

1）ϕ100 钻头：

$$14.26\text{m}/100\text{m}^3\div 140\text{m}/\text{个}=0.10\ (\text{个}/100\text{m}^3)$$

ϕ45 钻头：

$$237.01\text{m}/100\text{m}^3\div 450\text{m}/\text{个}=0.53\ (\text{个}/100\text{m}^3)$$

2）钻杆：

$$(14.26+237.01)\ \text{m}/100\text{m}^3\div 35\text{kg}/\text{m}=7.18\ (\text{kg}/100\text{m}^3)$$

3）炸药：

$$g=\left(\sqrt{\frac{f-3}{3.8}}+\frac{L_1K_1n}{s}\right)K_2K_3F_s\times\sqrt{\frac{50}{s}}$$

式中：L_1 为平均钻孔深度，3.3m；K_1 为炮孔装药量充填系数，采用 0.65；n 为炮孔利用系数，3.12/3.3=0.95；K_2 为等效炸药换算系数，采用 1.01；K_3 为岩体裂隙率的修正系数，采用 0.87；F_s 为自由面数量，采用 1；f 为岩石坚固系数，采用 11。

$$g=\left(\sqrt{\frac{11-3}{3.8}}+\frac{3.3\times 0.65\times 0.95}{59.45}\right)\times 1.01\times 0.87\times 1\times\sqrt{\frac{50}{59.45}}$$
$$=1.20(\text{kg}/\text{m}^3)$$

4）雷管：

$$\frac{(141-8)\ \text{个}\times 1.10}{3.12\text{m}\times 59.45\text{m}^3/\text{m}}=0.79\ \text{个}/\text{m}^3=79\ (\text{个}/100\text{m}^3)$$

5）导爆管：

$$79\times 5=395\ (\text{m}/100\text{m}^3)$$

6）其他材料费：参考（2007 年）概算定额采用 166 元/100m^3。

（4）人工消耗量计算。人员（机下人员）配备情况：

工长 1 人，领班及技术负责人 1 人，炮工 1 人，电工 1 人，电焊工 1 人，修理工 1 人，测量 1 人，安检人员 1 人，撬挖、扒渣、危石处理 5 人，其他杂工 3 人，共计 16 人。

每班工作 8.5h（包括上下班、休息、吃饭等在内）。

$$16\ \text{个}\times 8.5\ \text{时}/\text{人}\div 148.63\text{m}^3=0.92\ \text{工时}/\text{m}^3=92\ (\text{工时}/100\text{m}^3)$$

4. 平洞石方开挖补充概算定额汇总

平洞石方开挖补充概算定额汇总见表4-143。

表4-143　　平洞石方开挖补充概算定额汇总表　　单位：$100m^3$自然方

项目	单位	数量	备注	项目	单位	数量	备注
高级熟练工	工时	5		雷管非电毫秒	个	79	
熟练工	工时	19		导爆管	m	395	
半熟练工	工时	31		其他材料费	元	166	
普工	工时	37		凿岩台车液压三臂	台时	2.29	
合计工时	工时	92		平台车液压	台时	0.76	
钻头$\phi45$	个	0.53		挖掘机液压$0.6m^3$	台时	1.15	
钻头$\phi100$	个	0.10		载重汽车5t	台时	0.46	
钻杆	kg	7.18		其他机械使用费	元	58	
炸药	kg	120					

(三)多卡平面悬臂模板案例

1. 基础参数

(1) 模板面积：3m×2.4m＝7.2 (m^2/套)。

(2) 露明系数：1.14。

(3) 周转次数：80次。

(4) 回收率：10%。

(5) 损耗率：0.15%。

(6) 返场维修及损耗补充系数：1.085。

(7) 定额扩大系数：人工机械1.03，材料1.02。

2. 多卡平面悬臂模板补充概算定额编制

(1) 定额的工作内容：模板拼装、场内运输、安装、拆除、清理、维修。

(2) 材料消耗量。

1) 一次使用量：

$$100m^2 \div 7.2m^2/套 \times 1.14 = 15.83\ (套/100m^2)$$

2) 周转使用量：

$$15.83 \times \left[\frac{1+(80-1)\times 0.15\%}{80}\right] = 0.22\ (套/100m^2)$$

3) 模板定额摊销量：

$$15.83 \times \left[\frac{1+(80-1)\times 0.15\%}{80} - \frac{1-0.15\%}{80}\times 100\%\right] \times 1.02 = 0.20\ (套/100m^2)$$

4) 板枋材。按$0.3m^3$/套模板计：定额消耗量＝0.3×0.2×1.02＝0.06 ($m^3/100m^2$)。

5) 锚固筋、密封环。锚固筋按一次使用量2根/套计：定额消耗量＝2×15.83×1.02＝32.29 (根/$100m^2$)。密封环按一次使用量2个/套计：定额消耗量＝2×15.83×1.02＝32.29 (个/$100m^2$)。

6）其他材料费。参考（2007）概算定额采用156元/100m²。

（3）机械消耗量。

1）10t载重汽车运模板及其附件：

$$23.85t/100m^2 \div 10.80t/台班 \times 2 \times 1.085 \div 80 \times 6 \times 1.03 = 0.37（台时/100m^2）$$

2）8t汽车起重机配合模板安、拆及装车：

$$1.33台班/100m^2 \times 1.14 \times 6 \times 1.03 = 9.37（台时/100m^2）$$

3）门式起重机10/30t转仓：

$$23.85t/100m^2 \times 0.063台班/t \times 10\% \times 6 \times 1.03 = 0.93（台时/100m^2）$$

4）高压冲击机：

$$0.21台班/100m^2 \times 1.14 \times 6 \times 1.03 = 1.48（台时/100m^2）$$

5）其他机械使用费。参考（2007）概算定额采用58元/100m²。

（4）人工消耗量。

1）模板及附件场内运输：

$$23.85t/100m^2 \times 0.70工日/t \times 2 \times 1.085 \div 80 \times 8 \times 1.03 = 3.73（工时/100m^2）$$

2）模板拼装：

$$1.00工日/100m^2 \times 1.14 \times 8 \times 1.03 = 9.39（工时/100m^2）$$

3）模板清理、维修：

$$5.0工时/100m^2 \times 1.14 \times 50\% \times 8 \times 1.03 = 23.48（工时/100m^2）$$

4）模板安装、拆除：

$$3.5工日/100m^2 \times 1.14 \times 8 \times 1.03 = 32.88（工时/100m^2）$$

5）模板校正：

$$3.50工时/100m^2 \times 1.14 \times 50\% \times 8 \times 1.03 = 16.44（工时/100m^2）$$

6）模板转仓：

$$23.85t/100m^2 \times 0.40工日/t \times 10\% \times 8 \times 1.03 = 7.86（工时/100m^2）$$

合计人工：93.78工时/100m²。

（5）多卡平面悬臂模板补充概算定额汇总见表4-144。

表4-144　　多卡平面悬臂模板补充概算定额汇总表　　单位：100m²

项目	单位	数量	备注	项目	单位	数量	备注
高级熟练工	工时	9		塑料密封套环	个	32.29	
熟练工	工时	34		其他材料费	元	156	
半熟练工	工时	32		载重汽车10t	台时	0.37	
普工	工时	19		汽车起重机8t	台时	9.37	
合计工时	工时	94		门座式起重机10/30t	台时	0.93	
板枋材	m^3	0.06		高压冲击机	台时	1.48	
平面多卡模板3m×2.4m	套	0.20		其他机械使用费	元	58	
锚固筋	根	32.29					

（四）混凝土坝混凝土浇筑案例

1. 编制定额的基本参数

（1）浇筑仓面面积：100m²。

（2）浇筑层厚：3m。

（3）参考资料。

1）1964年编水电建筑安装工程人工、材料、机械施工相关指标。

2）1983年编水电建筑安装工程统一劳动定额。

（4）半机械化施工。

（5）工作内容：施工准备、仓面冲（凿）毛、冲洗、清仓、验收、浇筑、养护等。

2. 大坝混凝土浇筑补充预算定额编制

（1）人工消耗量计算见表4-145。

表4-145　　人工消耗量计算

序号	项目	施工定额	计算量	定额数		备注
				单位	数量	
一	施工准备				9.70	
1	仓面清理冲洗	0.0735工日/m^2	33.33m^2/100m^3	工日	2.45	
2	仓面冲毛	0.0280工日/m^2	33.33m^2/100m^3	工日	0.93	
3	人工凿毛	0.223工日/m^2	20.00m^2/100m^3	工日	4.46	
4	下料平台搭拆	0.01工日/m^3	100m^3/100m^3	工日	1.00	
5	自检验收	1.00工日/100m^3	86%	工日	0.86	
二	浇筑			工日	11.18	
1	仓内指挥	1工日/100m^3	86%	工日	0.86	
2	卸料	1工日/100m^3	86%	工日	0.86	1. 定额扩大系数：人工、机械为1.02。 2. 混凝土超填量按1%计。
3	平仓	2工日/100m^3	86%	工日	1.72	
4	振捣	6工日/100m^3	86%	工日	5.16	
5	电工、钢筋、模板等辅助用工	3工日/100m^3	86%	工日	2.58	
三	结束及其他			工日	4.32	
1	混凝土养护	0.001工日/100m^2	1136m^2/100m^2	工日	1.14	
2	混凝土主面处理	0.050工日/100m^3	12m^2/100m^2	工日	0.60	
3	工长	1工日/100m^3	86%	工日	0.86	
4	其他杂工	2工日/100m^3	86%	工日	1.72	
	合计人工数			工日	25.20	
	概算定额人工数			工时	207.69	=25.20×8×1.02×1.01

（2）机械台时消耗量计算。

1）2.2kW振捣器：

$$6\text{工日}/100m^3 \div 2 \times 8 \times 0.72 \times 0.70 \times 1.02 \times 1.01 = 12.46\text{（台时}/100m^3\text{）}$$

2）风水枪冲毛：

$$0.028\text{工日}/m^2 \times 33.33m^2/100m^3 \times 8 \times 0.95 \times 1.02 \times 1.01 = 7.31\text{（台时}/100m^3\text{）}$$

（3）材料消耗量。拟采用（2007年）概算定额数。

（4）混凝土坝混凝土浇筑补充概算定额汇总见表4－146。

表4－146　　混凝土坝混凝土浇筑补充概算定额汇总表　　单位：$100m^3$

项目	单位	定额数量	备注
高级熟练工	工时	7	1. 人工分级数：参考（2007年）概算定额计。 2. 材料量：参考（2007年）概算定额计。 3. 其他机械使用费：参考（2007年）概算定额计
熟练工	工时	55	
半熟练工	工时	71	
普工	工时	75	
合计	工时	208	
混凝土	m^3	104	
水	m^3	93	
其他材料费	元	76	
振捣器2.2kW	台时	12.47	
风水枪	台时	7.31	
其他机械使用费	元	50	
混凝土运输、拌制	m^3	101	

（五）堆石坝堆石料填筑案例

1. 基本数据

（1）堆石坝堆石工程量。堆石坝堆石工程总量232.00万m^3。其中，利用料（堆石料粒径要求不限）37.00万m^3，干砌块石护面10.00万m^3，石料场开采料184.80万m^3。

（2）石料场开采料施工工期。设备安装（施工准备）50天，石料开采及填筑228天，合计天数278天。

（3）堆石料开采。

1）采石场条件：采石场长80m，高15m，宽5m。

2）开采量：该石料自然方与压实方的系数为1∶1.51，自然方与松方的系数为1∶1.65。

理论开挖量＝184.80/1.51＝123.40＝122.40（万m^3）；考虑综合损耗10%，需开采量134.60万m^3。

开采量＝134.60万m^3÷228日＝5905（m^3/日）。

（4）工作内容。挖装、运输、推平、碾压、洒水、补边夯及各种坝面辅助工作。

2. 主要设备配备量

（1）钻孔机。

爆破系数（孔径50～75mm）：4.00m^3/m钻孔。

总计需钻孔数：134.60万m^3÷4m^3/m钻孔＝33.65（万m钻孔）。

日钻孔量：33.65万m÷228天＝1475（m/天）。

班钻孔量：1475m/日÷3台班/日＝492（m/台班）。

一台钻机钻进速度：6.85m/(h·台)，55m/台班。

钻机需要量：492m/台班÷55m/台班≈9（台）。

（2）运输机械。

堆石料运输量：松方134.60万m^3×1.65÷（228天×3台班/天）=3247（m^3/台班）。

压实方：184.80万m^3÷(228天×3台班/天)=27020（m^3/台班）。

50t自卸汽车循环作业时间：17.5min。

一辆50t自卸汽车小时产量：60min/h÷17.5min/趟=3.4（趟/h），3.4趟/h×50t/趟=170.00（t/h），170.00t/h÷2.00t/m^3=85（m^3/h），85m^3/h×8h/台班=680（m^3/台班）。

汽车需要量：3247m^3/台班÷680m^3/台班=4.8（辆），采用5辆。

（3）压实机械。

16t振动压实机产量：115实方m^3/h×8h/台班=920（实方m^3/台班）。

压实机需要量：2702实方m^3/台班÷920实方m^3/台班=2.9（台），采用3台。

3. 其他施工机械设备配备量

其他施工机械设备配备量见表4-147。

表4-147　施工机械设备配备表

序号	机械名称及规格	单位	数量	备注
1	轻型风动钻机	台	3	
2	移动式空压机7m^3/min	台	3	
3	磨钻机	台	3	
4	柴油发电机250kW	台	2	采石场1台，坝上压实1台
5	照明电厂	座	2	采石场1座，坝上1座
6	推土机103kW	台	3	采石场2台，坝上压实1台
7	推土机220kW	台	2	采石场1台，坝上压实1台
8	轮胎式装载机3.5m^3	台	2	
9	挖掘机1.5m^3	台	1	
10	轻便工程车	辆	4	采石场、坝上各2辆
11	平板车20t	辆	1	
12	油罐车	辆	1	

4. 人工配备数

各类人工配备数见表4-148。

表4-148　人工配备表

序号	工种	人数	备注
1	工长、机械工	30	开挖工长8人，设备工长16人
2	推土机、装载机、重型卡车、轻型卡车、压实机等机械司机	54	共计设备18台
3	钻探工、空压机操作工、磨钻工、炸药工、机械工、电气工、轻型卡车司机	133	
4	矿工、炊事员	106	其中矿工52人
5	风钻工、信号工	42	
6	加油工	6	
7	普工	125	
8	合计	496	

5．施工机械作业时间

各工作面施工机械作业时间分析计算见表4－149。

表4－149　　施工机械作业时间计算表

序号	机械名称及规格	数量	时间利用率/%	天作业时间/h	合计时间/h
一	采石场				
1	风动钻孔机	9台	79	19	38988
2	轻型风动钻机	3台	42	10	6840
3	移动式空压机 $7m^3/min$	3台	42	10	6840
4	磨钻机	3台	58	14	9576
5	柴油发电机250kVA	1台	50	12	2736
6	照明电厂	1座	50	12	2736
二	装载运输				
7	轮胎式装载机 $3.5m^3$	2台	62.5	15	6840
8	挖掘机 $1.5m^3$	1台	79	19	4332
9	自卸汽车50t	5辆	79	19	21660
10	推土机103kW	2台	62.5	15	6840
11	推土机220kW	1台	62.5	15	3420
三	坝面压实				
12	振动压实机16t	3台	79	19	12996
13	推土机103kW	1台	79	19	4332
14	推土机220kW	1台	79	19	4332
15	柴油发电机250kW	1台	50	12	2736
16	照明电厂	1座	50	12	2736
四	辅助设备				
17	轻型工程车	4辆	50	12	10944
18	油罐车	1辆	42	10	2280
19	平板车20t	1辆	50	12	2736

注　天作业时间＝时间利用率×24h，合计时间＝数量×天作业时间×228天。

6．人工工时

人工工时按工资等级分别计算，见表4－150。

表4－150　　人工工时计算表

序号	工种	人数	工时/h	合计工时/h
1	工长、机械工	30	8	66720
2	推土机、装载机、重型卡车、轻型卡车、压实机等机械司机	54	8	120096
3	钻探工、空压机操作工、磨钻工、炸药工、机械工、电气工、轻型卡车司机	133	8	295792
4	矿工、炊事员	106	8	235744
5	风钻工、信号工	42	8	93408
6	加油工	6	8	13344
7	普工	125	8	278000
	合计	496	8	1103104

注　合计工时＝人数×工时×278天。

7. 钻孔爆破材料消耗量

钻头：336500m÷1.135m/钻头≈296500（个）。

钻杆：336500m÷100m/m＝3365（m）。

岩心管：336500m÷8.5m/m＝39600（m）。

炸药：1346000m^3×05kg/m^3＝673000（kg）。

雷管：1346000m^3×0.1个/m^3＝134600（个）。

其他材料及工具费：按主要材料费用的7%列计。

8. 堆石坝开采堆石料填筑定额汇总

参考我国现行的概算定额的表现形式及内涵，定额汇总见表4-151。表4-151中的人工已扣除了机上运行工、管理工、附属辅助施工人工及施工管理人工等；同样，施工机械只列计主要施工机械的台时量，属于辅助施工机械及施工管理用机械扣除，其他机械在其他机械使用费中按百分率列计。

表4-151　　定额汇总表　　单位：100m^3

序号	项目	单位	数量	备注
一	人工		30	1. 机上运行管理工154人。 2. 附属辅助施工43人。 3. 施工管理人工54人。 共计扣除251人，还剩245人，总计人工496人
1	高级熟练工	工时	1	
2	熟练工	工时	5	
3	半熟练工	工时	5	
4	普工	工时	19	
二	材料			
1	钻头	个	16.02	
2	钻杆	m	0.18	
3	岩心管	m	2.14	
4	炸药	kg	36.36	
5	雷管	个	7.27	
6	其他材料费	%	7	
三	机械			
1	风动钻孔机	台时	2.11	
2	轻型风钻机	台时	0.37	
3	轮胎式装载机3.5m^3	台时	0.37	
4	挖掘机1.5m^3	台时	0.24	
5	自卸汽车50t	台时	1.17	
6	推土机103kW	台时	0.60	
7	推土机220kW	台时	0.42	
8	振动压实机16t	台时	0.70	
9	其他机械使用费	%	2	

第十节　施工辅助工程投资编制

一、施工辅助工程概述

（一）施工辅助工程的范围

在水电工程施工准备阶段和建设过程中，为保证主体建筑物的兴建和各种生产运行设备的安装，需按工程进度要求，修建为主体工程项目施工服务的临时性工程。如施工导流工程，施工交通工程，施工供电、供风、供水系统，施工通信工程，砂石料生产系统，混凝土拌和浇筑系统，临时安全监测、水文测报工程，施工现场工作人员办公及生活营地建筑，附属辅助生产修配加工厂房及设备材料、仓库，以及场地平整、施工临时支撑、施工排水等其他施工辅助工程。不论这些工程结构如何，均视为施工辅助工程，即施工辅助工程是指辅助主体工程施工而修建的临时性工程。

（二）施工辅助工程的特点

施工辅助工程的特点主要体现在以下几个方面：

（1）辅助性。施工辅助工程的辅助性主要体现在为主体工程服务，因主体而存在，其规模由主体工程特性决定，是主体工程按计划进度施工的保证。如在水利水电工程施工中，只有在截流工程实施成功基坑形成之后，大坝河床部分基础工程才能开工和实施。

（2）临时性。施工辅助工程的临时性是相对于服务的主体工程而言，主要体现在设计标准和使用时间两方面。在设计标准上施工辅助工程的建筑物设计等级比同类型永久工程建筑物等级要低；在使用时间上施工辅助工程的建筑物比永久工程建筑物要短，通常施工辅助工程的建筑物在完成其功能后须拆除。如施工围堰，其设计标准比同类型永久建筑物低1～2个等级，使用时间截止到所围护的建筑物建成并发挥作用。因此，施工辅助工程在满足使用的前提下，建造要经济、方便、便于拆除。

（3）多专业性。施工辅助工程涉及多种专业，如铁路工程、公路工程、航运工程、送配电工程、通信工程以及工业与民用建筑等。反映出施工辅助工程的广泛性和复杂性。

（4）对整个工程投资的影响较大。施工辅助工程的投资是构成水电工程枢纽建筑物投资重要组成部分之一，其占枢纽建筑工程投资一至五部分合计比例因坝型、建设条件等不同而有所不同，一般在5%～20%之间。可见，施工辅助工程投资预测是否准确直接影响水电工程总投资。

分部汇总施工辅助工程时采用建筑工程概算表，其形式见表4-152。

表4-152　建筑工程概算表

编号	名称及规格	单位	数量	单价/元	合价/元
①	②	③	④	⑤	⑥

二、施工辅助工程主要项目简介

施工辅助工程中的施工导流、施工交通工程、施工及建设管理房屋建筑工程不仅在施工辅助工程中占有较大比重，且对工程总投资和建设工期影响也较大，且一般表现为相对独立的专项工程，故在此作重点介绍。

（一）施工导流

修建水工建筑物与其他工程（工业与民用建筑）不同，一般要在河床上施工。为了避免河水对施工产生不利影响，创造干地施工条件，就需要修建围堰以围护基坑，将原河道中各个时期的水流按预定方式加以控制，将部分或全部水流导向下游，这就是施工导流。

在水利水电工程施工中，从修筑围堰直至完建，施工导流，都是必须妥善解决的重要问题。它直接关系到整个工程的施工进度及完成期限，并影响施工方法的选择，施工场地的布置和工程的造价；它与水工建筑物的型式和布置等关系十分密切。合理的导流方式，可加快工程进度，缩短建设工期和降低工程造价；但如果考虑不周到，不仅达不到预期目的，而且可能造成很大的危害。例如，选择施工导流流量过小，将导致围堰的失事，轻则使建筑物、基坑及施工场地遭受淹没，影响按时完工，重则使主体建筑物遭到破坏而威胁下游居民的生命财产安全；反之，如选择的施工导流量过大，则必然增加导流建筑物的费用，从而提高了工程造价，造成浪费。

影响施工导流的因素很多，包括水文、地质、地形特征，河流在施工期间的灌溉、供水、通航、排冰等要求，水工建筑物的组成与布置以及施工方法、施工布置和当地的材料供应条件等。

施工导流设计的任务就是综合分析研究这些因素，在保证满足施工要求和其他经济部门用水要求的前提下，正确解决导流标准、导流方案、临时结构设计以及建筑物的基坑排水问题。

施工导流的方式，大体上说可分为两类：一类是河床外导流，即用围堰拦断河流，将水逼向河床以外的明渠、隧洞（涵管）等下泄；另一类是河床范围内的导流，即首先用围堰保护第一期基坑进行部分建筑物的施工，水流由被围堰束窄后的剩余河床通过，然后再围护第二期基坑进行其他建筑物的施工，这时水流就从一期工程修建好的泄水建筑物或预留的泄水道（如底孔、缺口、涵管等）下泄。第一类导流法，习惯上称为一次拦断河床法，或全段围堰法；第二类导流法，习惯上称为分期施工法，或分段围堰法。但必须指出：任何水工枢纽的施工导流方案，总是由多种泄流方式组合而成的，底孔和坝体预留缺口导流，并不只是适用于分段围堰法施工，在全段围堰法施工中的后期导流时，也常有应用。隧洞、涵管和明渠导流，同样并不一定只适用于全段围堰法导流，在分段围堰法施工中，也常有应用，同时，在平原河道河床式电站枢纽施工中，也可利用电站厂房导流。在船闸枢纽的施工过程中，也可利用船闸闸室导流。总之，由于影响导流方式的因素很复杂，必须结合各工程的具体条件，选定最优的导流方案。

对施工导流两类方法的特点分别作以下介绍：

（1）全段围堰法。全段围堰法导流，就是在河床主体工程的上、下游一定距离的地

方，用围堰一次拦断河流，使河水经河床以外的临时或永久泄水道下泄，待主体工程建成或接近建成时，再将临时泄水道封堵。

这种导流方法也有特殊情况，如在大湖泊出口处修建闸坝，有可能不用设置泄水道导流，只修筑上游围堰，将施工期间的全部来水拦蓄在湖泊中。又如在坡降很大的山区河道上，泄水道出口的水位低于基坑所在河床的高程时，也就无需再修建下游围堰了。

全段围堰法导流，一般应用在河床狭窄，流量较小的中、小河流上。在大流量河道上，只有在受地形、地质条件限制，不利于分段围堰法导流时，或在施工期内停航的情况下，才采用此法导流。这种方法的优点是工作面大，河床内的建筑物能在一期围堰内建造起来。另外，如果在水利工程枢纽中，利用永久泄水建筑物结合施工导流时，则采用此法比较经济。

全段围堰法导流按其泄水道的类型又分为以下两种主要方式：

1）明渠导流。河流被拦断后，水流由河岸上的人工渠道宣泄的导流方式称为明渠导流。对于明渠导流的要求，应是在保证明渠设计宣泄能力的同时，力求经济和安全。并注意两点：①若明渠导流不能与永久建筑物结合，在开挖明渠的同时，应考虑将来怎样封堵明渠；②要考虑明渠的挖方如何使用，一个大明渠的挖方量可以大到几百万立方米甚至上千万立方米，因此，这些挖方量的使用及堆料场的布置，都应有周密的规划和布置。

2）隧洞导流。一般在山区河流中，对河谷狭窄，山岩坚实，河水变幅较大的地区多用隧洞导流，特别在兴建高水头、当地材料坝的山区河流中，隧洞导流采用得更为普遍。由于隧洞施工相对困难，费用较高，所以应尽可能将导流洞与永久性隧洞相结合，当结合确有困难时，才考虑设置专用导流隧洞。专用的导流隧洞，在导流完毕后应立即封堵。

导流隧洞施工方法与引水隧洞施工方法一样，开挖、衬砌为主要施工工序。

（2）分段围堰法。分段围堰法导流，就是用围堰将河床分期分段围起来，使河水由束窄了的河床中下泄。这种方法一般适用于河道宽阔、流量大的河流中。在施工期长的工程中和在通航河道上，当河床不允许断流时此方法是唯一可行的方法。

分期就是从时间上将导流划分为若干时期，分段就是用围堰将河床围成若干地段。一般情况下，分段围堰法大都分为两期两段，但在河床很宽、航运不允许中断时，也有分多期多段的。由于在同一导流分期中，建筑物可以在一段围堰中施工，也可以同时在几段围堰内施工，所以导流的分期数不一定与围堰的分段数相同。

一般情况下，总是先在第一期围堰保护下，修建泄水建筑物、船闸或需要建造期限较长的复杂建筑物，如水电厂房等，并预留底孔、缺口或梳齿以备宣泄第二期的导流流量。第二期的部分纵向围堰可以在第一期围堰保护下修建。拆除第一期围堰后修建第二期围堰进行截流，再进行二期工程施工，而河水则由第一期修建好的泄水建筑物下泄。

（3）截流工程。在施工导流中，当导流泄水建筑物（明渠、隧洞、底孔及缺口等）完建后，抓住有利时机，用围堰堰体的一部分，迅速截断河床，迫使河水改道而经预定的泄水建筑物下泄，这就是河道截流。截流不仅在导流中十分重要，而且在施工进度中也占有重要地位。

1）截流过程。一般的截流过程是：先从河床的一侧或两侧向河床中填筑截流戗堤，这种向水中筑堤的工作也称为进占。当戗堤填筑到一定高度时，河床被束窄，形成一个流速较大的临时过水缺口，这个缺口称为龙口。封堵龙口的工作称为合龙，也称为截流，在合龙开始以前，为了防止龙口处河床或戗堤两端被高速水流冲毁，应在龙口处及戗堤端头设防冲设施予以加固，这个工作称为裹头。合龙以后，戗堤本身还是漏水的，因此在迎水面再设置防渗设施。在戗堤全线设置防渗设施的工作，称为闭气。所以整个截流过程包括戗堤进占、裹头、合龙及闭气等4个步骤。

2）截流方式。按所用材料的不同，截流方式通常有抛石截流、杩杈截流、木笼截流等，另外还有爆破截流或闸门截流等方式。

抛石截流是应用得最广泛的一种截流方式。截流时，从上方或两侧向龙口抛投截流材料。当龙口流速较小时，可采用一般的土石作为抛投材料，随着龙口前水位的升高，落差和流速相应增大，抛投体的直径和抛投强度也需相应增加，这时可采用大石块、块石串或铅石笼等。如果流速过大，还可采用大型的混凝土四面体、六面体及各种不同形状的混凝土预制构件或钢构架。

3）截流方法：截流方法大体说来有平堵和立堵两种类型。

平堵法截流，是沿龙口全线抛投截流材料，使抛投体从河底开始逐层上升，直至戗堤露出水面。一般平堵截流的投资较立堵截流高1～2倍。平堵截流多用于软基河流，且架桥方便，通航影响不大的地区。

立堵法截流，是从龙口的一端向对岸或由两端向中间逐步抛筑戗堤进占，直至封堵龙口。截流材料的抛投通常采用大型自卸汽车卸料，个别巨大块体也可用起重起机吊放。立堵是从端部进占，抛投强度一般较平堵为小。但是，这种截流方法不需要架桥，设备条件限制小，施工准备工作简单。因此，立堵截流在我国一直作为一种主要的截流方法。

（4）基坑排水工程。在围堰合龙闭气后，先要进行基坑排水，然后才能进行基坑开挖、处理。在开挖基坑过程中，还要经常排除渗入基坑的渗水，以保持基坑干燥，有利施工。

基坑排水一般可分为两种：①基坑开挖前的初期排水；②基坑开挖及建筑物施工过程中的经常排水。从一些大型水工建筑物的基坑来看，抽水设备能力多在3000～5000m^3/s以上；中型工程基坑排水也多在600～2000m^3/s。由于渗水的估算很难做到准确，一般都应进行必要的试抽核算工作，并适当考虑一定储备设备容量。

（二）施工交通工程

施工交通工程包括对外交通和场内交通两部分。对外交通是联系施工工地与国家（或地方）公路、铁路车站、水运港口之间的交通，担负施工期间外来物资、人员流动的运输任务。对外交通包括永久进厂交通、上坝交通、长引水工程的厂坝连接交通、抽水蓄能电站上水库与下水库之间的交通。与国家（或地方）交通相结合的场内交通应列为对外交通范围。场内交通是联系施工工地内部各工区、料场、堆弃渣场、各生产生活区之间的交通，担负施工期间工地内部的运输任务。

水电工程的施工交通工程的类型主要有公路、铁路专用线及转运站、桥梁、施工支洞、架空索道、水运工程等。公路、桥梁工程在施工交通工程中对投资影响较大，需通过造价指标和公路里程、桥梁长度编制投资，而公路、桥梁工程的等级、类型、工程材料等是确定投资额度的重要因素，故以下简要介绍公路、桥梁的等级及类型。

1. 公路工程基本组成

公路工程一般由路基工程、路面工程、桥涵工程、隧道工程和交通工程设施等几大部分组成。

(1) 路基工程。路基作为路面的基础，是使用土或石料修筑而成的线形结构物。

公路路基主要包括路基体和排水设施、防护工程等附属设施。

路基的几何要素主要指路基宽度、路基高度和路基边坡坡度。

(2) 路面工程。路面是使用各种筑路材料或混合料分层铺筑在公路路基上供汽车行驶的层状构造物。

路面通常由行车道、路肩、路缘石及中央分隔带等组成。

路面的结构层次自上而下可分为路面面层、联结层和路面基层、垫层。当基层分为多层时，最下面一层称为底基层。路面面层的类型及适用范围见表 4-153。

表 4-153　　路面面层类型及适用范围

面层类型	适用范围
沥青混凝土	高速公路、一级公路、二级公路、三级公路、四级公路
水泥混凝土	高速公路、一级公路、二级公路、三级公路、四级公路
沥青贯入、沥青碎石、沥青表面处治	三级公路、四级公路
砂石路面	四级公路

(3) 桥涵工程。桥涵工程工程包括桥梁及涵洞工程。

桥梁工程是为保持道路的连续性，当道路路线遇到江河湖海、山谷深沟或其他线路等天然或人工障碍时，用来跨越障碍而建造的建筑物。

桥梁工程的基本组成包括桥面系、上部结构、支座、下部结构及基础等。

桥梁按受力特点分为梁式桥、拱式桥、吊桥、刚架桥和组合体系桥。

施工用的桥梁一般有木桥（单车道、双车道)、吊桥（汽车吊桥、人行索桥、皮带机吊桥)、钢筋混凝土桥、石拱桥、钢结构桥等。在水电工程中，后 3 类应用较为广泛。

木桥一般包括基础土石方开挖、桥台混凝土浇筑、木排架桥墩架立（单排、双排)、木桥桥面制作安装、块石砌筑、栏杆制作等，汽车吊桥包括基础土石方和混凝土、桥墩、桥面的制作安装等全部工作；皮带机吊桥包括基础土石方和混凝土、索桥混凝土、敷设缆索和桥面工程等全部工作。

涵洞主要为宣泄地面水流而设置的横穿路堤的小型排水构筑物，一般由基础、洞身、洞口组成。

(4) 隧道工程。隧道工程指为道路从地层内部或水底通过而修建的建筑物，主要由洞身和洞门组成。

(5) 交通工程设施。交通工程设施主要包括交通安全设施和交通机电设施两大类。交通安全设施主要有交通护栏、交通标志、交通标线、视线诱导标、隔离栏、防眩设施等。

2. 公路工程的主要分类

(1) 按公路技术等级分。按照《公路工程技术标准》(JTG B01—2003)，公路根据使用任务、功能和适应的交通量分为高速公路、一级公路、二级公路、三级公路、四级公路

5个等级。

(2) 按公路的行政隶属关系分。按公路的行政隶属关系，公路分为国道、省道、县道、乡道和专用公路。其中，专用公路是指专供或主要供某特定工厂、矿山、农场、林场、油田、电站等与外界连接的公路。

(3) 按水电工程施工组织设计规范分。水电工程对外交通专用公路根据交通量及车型分为Ⅰ级专用公路、Ⅱ级专用公路、Ⅲ级专用公路、Ⅳ级专用公路4个等级。

场内主要公路根据使用任务、功能、年运量及车型分为一级公路、二级公路、三级公路共3个等级。

(4) 公路工程中的桥涵和隧洞分类标准见表4－154和表4－155。

表4－154　　桥涵分类

桥涵分类	多孔跨径总长 L/m	单孔跨径 L_k/m
特大桥	$L>1000$	$L_k>150$
大桥	$100\leqslant L\leqslant 1000$	$40\leqslant L_k\leqslant 150$
中桥	$30<L<100$	$20\leqslant L_k<40$
小桥	$8\leqslant L\leqslant 30$	$5\leqslant L_k<20$
涵洞		$L_k<5$

表4－155　　公路隧洞分类

公路隧洞分类	长度 L/m
特长隧洞	$L>3000$
长隧洞	$1000<L\leqslant 3000$
中隧洞	$500<L\leqslant 1000$
短隧洞	$L\leqslant 500$

(三) 施工及建设管理房屋建筑工程

房屋建筑工程一般划分为工业建筑、民用建筑和农业建筑三大类。工业建筑、农业建筑是供人们从事各种生产活动用的房屋。民用建筑是除工业建筑和农业建筑以外的其他各种建筑。其中，工业建筑和农业建筑又称为“生产性建筑”，民用建筑又称为“非生产性建筑”。

水电工程中的房屋建筑工程有永久性的和临时性的。永久房屋主要包括辅助生产厂房、仓库、办公室、值班公寓、生产运行管理设施等；临时房屋主要包括施工仓库（设备、材料、工器具仓库）、辅助加工厂（木材、钢筋、金属结构等）、办公及生活营地等。以上房屋建筑工程既有生产性建筑，也有非生产性建筑，故下面作一简要介绍。

1. 建筑的分类

(1) 工业建筑的分类。按厂房的用途分为主要生产厂房、辅助生产厂房、动力类厂房、储藏类建筑和运输类建筑。按车间内部生产状况分为热加工车间、冷加工车间、有侵蚀介质作用的车间、恒温恒湿车间和洁净车间。按厂房层数分为单层厂房、多层厂房和混合层次厂房。

水电工程中工业建筑主要有辅助生产厂房、单层厂房或混合层次厂房。

(2) 民用建筑的分类。按使用性质的不同，民用建筑一般可划分为居住建筑和公共建筑两大类。居住建筑主要包括住宅、公寓、宿舍等。公共建筑主要有生活服务性建筑、文化娱乐性建筑、教育建筑、办公建筑、交通建筑等。

水电工程中民用建筑主要有生活服务性建筑、文化娱乐性建筑及办公建筑等。

(3) 农业建筑的分类。农业建筑在水电工程房屋建筑工程中不用，故不再作介绍。

2. 房屋建筑等级

房屋建筑物的等级是从重要性、防火、耐久年限等不同角度划分的。

(1) 按重要性及其使用要求的不同分为特等、甲等、乙等、丙等、丁等5个等级。5个等级分别适用于具有重大纪念性、历史性、国际性和国家级的建筑，高级居住建筑和公共建筑，中级居住建筑和公共建筑，一般居住建筑和公共建筑，低标准的居住建筑和公共建筑。

(2) 按防火性能的不同分为耐火一级、二级、三级、四级等4个等级。

(3) 按耐久年限的不同分为一级、二级、三级、四级耐久年限等4个等级。其适用范围见表4-156。

表4-156　　房屋建筑耐久年限等级适用范围

耐久年限等级	适用范围
一级	100年以上：重要建筑和高层建筑
二级	50～100年：一般性建筑
三级	20～50年：次要建筑
四级	15年以下：临时性建筑

3. 房屋建筑结构类型

(1) 按结构用材的不同分为砖木结构、混合结构、钢筋混凝土结构和钢结构4类。

(2) 按结构受力和构造特点的不同分为承重墙结构、框架结构、剪力墙式结构、筒式结构、大跨度空间结构和单层工业厂房排架、刚架结构6类。

三、施工辅助工程组成

根据现行水电工程设计概算编制规定，施工辅助工程中所包含的项目及内容如下：

(1) 施工交通工程。施工交通工程包括施工场地内外为工程建设服务的临时交通设施工程，如公路、铁路专用线及转运站、桥梁、施工支洞、水运工程、桥涵及道路加固、架空索道、斜坡卷扬机道，以及建设期间永久交通工程和临时交通工程设施的维护与管理等。

(2) 施工期通航工程。施工期通航工程包括通航设施、助航设施、货物过坝转运费、施工期航道整治维护费、施工期临时通航管理费、断碍航补偿费等。

(3) 施工供电工程。施工供电工程包括从现有电网向场内施工供电的高压输电线路、施工场内10kV及以上线路工程和出线为10kV及以上的供电设施工程。其中，供电设施工程包括变电站的建筑工程、变电设备及安装工程和相应的配套设施等。

(4) 施工供水系统工程。施工供水系统工程包括取水建筑物，水处理厂，水池，输水干管敷设、移设和拆除，以及配套设施等工程。其中，干管敷设和移设工程是指管道本体的费用（扣除残值）及初次安装和在施工过程中的移设安装费用。在施工工作面上的供水支管或移动管线的架设拆除费用，包含在建筑安装工程其他直接费中的小型临时设施摊销费内；设备的折旧、安装、运行、拆除费用包含在施工机械台时费内；取水建筑物、水处理厂、水池、供水管道等供水设施的维护修理费用包含在水价中的供水设施维修摊销费内。

(5) 施工供风系统工程。施工供风系统工程包括施工供风站建筑，供风干管敷设、移设和拆除，以及配套设施等工程。

在施工工作面上的供风支管或移动管线的架设拆除费用，包含在建筑安装工程其他直接费中的小型临时设施摊销费内；设备的折旧、安装、运行、拆除费用包含在施工机械台时费内；供风管道、厂房建筑等供风设施的维护修理费用包含在风价中的供风管道维修摊销费内。

(6) 施工通信工程。施工通信工程指施工期所需的场内外通信设施（含交换机设备）、通信线路工程及相关设施线路的维护管理等，包括系统的土建工程，设备安装（含总机和分机），内外线路的架设、维护、移设、拆除。

系统设备的折旧、运行、维护费用包含在建筑安装工程施工管理费中的固定资产使用费内。

(7) 施工管理信息系统工程。施工管理信息系统工程指为工程建设管理需要所建设的管理信息自动化系统工程，包括管理系统设施、设备、软件等。

系统的运行、维护、设备的折旧等费用包含在各自的管理费中。

(8) 料场覆盖层清除及防护工程。料场覆盖层清除及防护工程包括料场覆盖层清除、无用层清除及料场开挖之后所需的防护工程。

(9) 砂石料生产系统工程。砂石料生产系统工程指为建造砂石骨料生产系统所需的场地平整、建筑物、钢构架、配套设施，以及为砂石骨料加工、运输专用的竖井、斜井、皮带机运输洞等，包括系统生产砂石、块石、条石的房屋建筑，各种栈桥，排架、平台、地弄、廊道料仓、内部管线架设与维护、系统内道路修筑，运输专用的竖井、斜井、皮带机运输洞的开挖及支护。

系统设备的安装、折旧、运行及维护等费用已包含在施工机械台时费内。

由混凝土生产系统前的骨料堆料场地（料仓）输送骨料至拌和楼系统的皮带机廊道、栈桥、排架等工程，应划归混凝土拌和浇筑系统。

(10) 混凝土生产及浇筑系统工程。混凝土生产及浇筑系统工程指为建造混凝土生产（包括混凝土拌和、制冷、供热）及浇筑系统所需的场地平整、建筑物、钢构架以及缆机平台等，包括配料楼、拌和楼、水泥罐、制冷系统、外加剂系统、浇筑系统（如栈桥、缆机平台）的土建工程、设备基础、金属结构排架、平台、溜槽，以及系统内的风、水、电、通信管线。

系统设备的安装、折旧、运行及维护等费用包含在施工机械台时费内。

(11) 导流工程。导流工程包括导流明渠、导流洞、导流底孔、施工围堰（含截流）、

下闸蓄水及蓄水期下游临时供水工程、施工导流金属结构设备及安装工程等。

（12）临时安全监测工程。临时安全监测工程指仅在电站建设期需要监测的项目，包括临时安全监测项目的设备购置、埋设、安装以及配套的建筑工程，电站建设期对临时安全监测项目和永久安全监测项目进行巡视检查、观测，设备、设施维护及观测资料（综合）整编分析等内容。

（13）临时水文测报工程。临时水文测报工程主要包括施工期临时水文监测、施工期水文测报服务专项、专用水文站测验、截流水文服务专项、水库泥沙监测专项等项目的监测设备、安装以及配套的建筑工程，此外还包括水文测报系统（含永久）在施工期内的运行维护、观测资料整理分析与预报等。

（14）施工及建设管理房屋建筑工程。施工及建设管理房屋建筑工程指工程在建设过程中为施工和建设管理需要兴建的房屋建筑工程及配套设施，包括场地平整、施工仓库、辅助加工厂、办公及生活营地、室外工程，以及施工期间永久和临时房屋建筑相应的维护与管理。

场地平整包括在规划用地范围内为修建施工及建设管理房屋和室外工程的场地而进行的土石开挖、填筑、圬工等工程。

施工仓库包括一般仓库和特殊仓库，一般仓库指设备、材料、工器具仓库等，特殊仓库指油库和炸药库等。

辅助加工厂包括木材加工厂、钢筋加工厂、钢管加工厂、金属结构加工厂、机械修理厂、混凝土预制构件厂等。

办公及生活营地指为工程建设管理、监理、设计及施工人员办公和生活而在施工现场兴建的房屋建筑和配套设施工程。

施工期间为工程建设管理、监理、勘测设计及施工人员办公和生活而在施工现场发生的房屋租赁费用在此项中计列。

（15）其他施工辅助工程。其他施工辅助工程指除上述所列工程之外，其他所有的施工辅助工程，包括施工场地平整，施工临时支撑，地下施工通风，施工排水，大型施工机械安装拆卸，大型施工排架、平台，施工区封闭管理措施，施工场地整理，施工期防汛、防冰工程，施工期沟水处理工程等。其中，施工排水包括施工期内需要建设的排水工程、初期和经常性排水措施及排水费用，地下施工通风包括施工期内需要建设的通风设施和施工期通风运行费，施工区封闭管理包括施工期内封闭管理需要的措施和投入保卫人员的营房、岗哨设施及人员费用等。

大型施工机械安装拆卸，一些大型施工机械的安装拆除费用较大，如按一般施工机械放在台时费中摊销，则要长期占用流动资金。为此，施工机械台时定额将 $3m^3$ 及以上挖掘机、混凝土拌和楼、搅拌站、缆索起重机、10t 及以上门座式起重机、25t 及以上塔式起重机等设备的安装拆卸及辅助设施费用列入本项目内。

其他施工辅助工程所包含的项目中，如有费用很高、工程量大的项目，可根据工程实际情况在此项工程内单独列项处理。

（16）小型临时设施。小型临时设施就其内容与性质来说，亦属施工辅助工程范畴，它是指为工程进行正常施工在工作面内发生的小型临时设施摊销费用，如脚手架搭拆、零散场地平整、风水电支管支线架设拆移、安全措施、场内施工排水、支线道路养护、临时茶棚休息棚搭拆等。但是由于小型临时设施项目过于繁杂并单个费用又很小，在概算费用编制中，小型临时设施不列入施工辅助工程项目，而作为一项小型临时设施摊销费用，列入其他直接费中。该费用常采用统计数据按基本直接费的百分率计算。

四、施工辅助工程费用编制

各分项工程根据概算编制规定，结合投资编制时相应阶段设计深度要求及项目费用的特点分别采用单价法、指标法、公式法及费率法来计算该项目的费用。

（一）施工辅助工程费用编制依据

（1）国家和上级主管部门以及省、自治区、直辖市、计划单列市颁发的有关法令、制度、规程。

（2）水电工程项目划分及费用构成。

（3）水电工程概算定额和有关行业主管部门颁发的定额。

（4）工程所在地主管部门颁布的公路、铁路、桥涵、码头、输电线路、通信线路造价指标及地方规定、标准。

（5）施工组织设计提供的设计图纸、施工方法及工程量清单。

（6）专项工程设计报告或专项概估算报告。

（二）施工辅助工程费用编制的一般步骤

1. 项目划分及工程量核实

根据施工组织设计资料（如工程量清单、设计说明书、图纸等），按概算项目划分顺序，清理、核实施工组织设计资料提供的项目是否完整，有无漏项或重项，提供工程量是否准确无误，工程量计量单位与定额计量单位是否一致等。

2. 根据项目选择费用计算方法

（1）单价法。对导流工程或能提出分部分项工程量的其他项目应采用单价法计算其费用。单价可根据枢纽布置、构筑物的型式、施工方法作单价分析表确定；或套用主体工程相应项目的单价。

（2）指标法。在概算、估算编制过程中，由于受设计阶段深度所限，对诸如道路、桥梁、码头、铁道、房屋、输电线路、通信线路等，难以提出具体的工程量，无法按照具体工程量计算其投资，一般采取扩大单位造价指标（如元/km、元/延米、元/m^2）来估算相应投资。当工程所在地有在建或已建类似工程造价资料时，可采取类比方法确定单位造价指标。否则，可根据行业或工程所在地主管部门发布的相应项目的估算、扩大或控制性指标作分析论证后确定单位造价指标。

以下简单介绍公路工程、送电线路工程的单位造价指标的确定方法。

1）公路工程单位造价指标的确定。公路工程单位造价指标可参考类似工程确定，也可参考交通部现行《公路工程估算指标》《公路工程基本建设项目投资估算编制办法》《公路工程概算定额》和《公路工程基本建设项目概算预算编制办法》编制公路工程单位造价指标。

a. 公路工程单位造价指标构成内容。公路工程单位造价指标构成内容包括：建筑安装

工程费，设备、工具、器具及家具购置费，工程建设其他费用，预备费。

建筑安装工程费包括：直接费、间接费、利润和税金。直接费含直接工程费和其他工程费，直接工程费包括人工费、材料费、机械使用费；其他工程费主要包括冬季施工增加费、雨季施工增加费、夜间施工增加费、特殊地区施工增加费、行车干扰工程施工增加费、施工标准化与安全措施费、临时设施费、施工辅助费、工地转移费。间接费包括规费和企业管理费两部分，规费包括养老保险费、失业保险费、医疗保险费、住房公积金、工伤保险费，企业管理费包括基本费用、主副食运费补贴费、职工探亲路费、职工取暖补贴、财务费用。

设备、工具、器具及家具购置费包括设备、工具、器具购置费和办公及生活用家具购置费两部分。设备购置费指为满足公路的营运、管理、养护需要，购置的达到固定资产标准的设备和虽低于固定资产标准但属于设计明确列入设备清单的设备的费用，包括渡口设备，隧洞照明、消防、通风的动力设备，高等级公路的收费、监控、通信、供电设备，养护用的机械、设备和工具、器具等的购置费用。

工器具购置费系指建设项目交付使用后为满足初期正常运营必须购置的第一套不构成固定资产的设备、仪器、仪表、工卡模具、器具、工作台（框、架、柜）等的费用。

办公及生活用家具购置费系指为保证建设项目初期正常生产、使用和管理所必须购置的办公和生活用家具、用具的费用。

工程建设其他费用包括：土地征用及拆迁补偿费、建设单位管理费、研究试验费、建设项目前期工作费、专项评价（估）费、施工机构迁移费、供电贴费、联合试运转费、生产人员培训费、固定资产投资方向调节税、建设期贷款利息。

预备费包括：价差预留费和基本预备费。

b. 公路工程单位造价指标计算方法简介。在水电工程的预可行性研究阶段可参考交通部现行《公路工程估算指标》和《公路工程基本建设项目投资估算编制办法》编制公路投资，在可行性研究阶段可参考交通部现行《公路工程概算定额》和《公路工程基本建设项目概算预算编制办法》编制公路投资。公路工程建设各项费用的计算程序和计算方式见表4－157。

表4－157　　公路工程建设各项费用的计算程序和计算方式

代号	项目	说明及计算式
(一)	直接工程费（即工、料、机费）	按编制年工程所在地的预算价格计算
(二)	其他工程费	(一)×其他工程费综合费率或各类工程人工费和机械费之和×其他工程费综合费率
(三)	直接费	(一)＋(二)
(四)	间接费	各类工程人工费×规费综合费率＋(三)×企业管理综合费率
(五)	利润	[(三)＋(四)－规费]×利润率
(六)	税金	[(三)＋(四)＋(五)]×综合税率
(七)	建筑安装工程费	(三)＋(四)＋(五)＋(六)

续表

代号	项目	说明及计算式
（八）	设备、工具、器具购置费（包括备品、备件）	Σ（设备、工具、器具购置数量×单价＋运杂费）×（1＋采购保管费率）
	办公及生活用家具购置费	按有关规定计算
（九）	工程建设其他费用	
	土地征用及拆迁补偿费	按有关规定计算
	建设单位（业主）管理费	（七）×费率
	工程监理费	（七）×费率
	设计文件审查费	（七）×费率
	竣（交）工验收试验检测费	按有关规定计算
	研究试验费	按有关规定计算
	建设项目前期工作费	按有关规定计算
	专项评价（估）费	按有关规定计算
	施工机构迁移费	按实计算
	供电贴费（停止征收）	按有关规定计算
	联合试运转费	（七）×费率
	生产人员培训费	按有关规定计算
	固定资产投资方向调节税（暂停征收）	按有关规定计算
	建设期贷款利息	按资金筹措方案贷款数及利息计算
（十）	预备费	
	价差预备费	按规定的公式计算
	基本预备费	[（七）＋（八）＋（九）－固定资产投资方向调节税－建设期贷款利息]×费率
（十一）	建设项目投资总金额	（七）＋（八）＋（九）＋（十）

2）送电线路工程单位造价指标的确定。送电线路工程单位造价指标可参考类似工程确定，也可参考电力工程投资估算指标或电网工程限额设计控制指标及其规定编制。

a. 送电线路工程单位造价指标内容构成（以电网工程限额设计控制指标为例）。现行送电线路工程单位造价指标按平地、丘陵、河网泥沼、山地、高山大岭、峻岭、沙漠等各类地形编制，分为线路本体和其他（含辅助设施费、其他费用、编制年价差及基本预备费）两部分。

现行送电线路工程单位造价指标只计算到静态投资，即指标不包括建设期贷款利息及价差预备费，且不包括特殊地基处理（特殊注明除外）、大跨越、20mm以上重冰区、地区间价差调整。

送电线路本体工程主要包括工地运输、土石方工程、基础工程、杆塔工程、架线工程、附件工程。辅助设施费主要包括巡线、检修站工程（房屋工程），巡线、检修站工程（巡线、检修等），通信工程，拦江线工程。

送电工程的安装工程费包括送电线路本体工程费和辅助设施工程费。其费用包括直接工程费、间接费、利润、税金。直接工程费包括基本直接费（人工费、材料费、施工机械使用费）、其他直接费（冬雨季施工增加费、夜间施工增加费、施工工具用具使用费、特

殊工程技术培训费、特殊地区施工增加费）、现场经费（临时设施费和现场管理费）；间接费包括企业管理费、财务费用及施工机构转移费。

其他费用主要包括建设场地及征用清理费、项目建设管理费、建设项目技术服务费、生产准备费及其他。

b. 送电线路工程单位造价指标计算方法简介。送电线路本体工程费，可参考电网工程限额设计控制指标及其规定或电力工程投资估算指标编制。

辅助设施工程费按行业编制规定及设计资料初估该项费用。

其他费用、编制年价差及基本预备费可按送电工程限额设计控制指标编制说明、相关规定结合概算编制规定计算各项费用。

现行电网工程限额设计控制指标还需注意的是：单一地形可直接套用本指标，多种地形时应按地形比例加权平均；当设计气象条件与限额设计标准不同时，可采用送电工程限额设计控制指标及调整系数表进行调整。

3）桥梁工程、变配电工程造价指标的确定。桥梁工程造价指标可参照公路工程单位造价指标的确定方法编制；变配电工程造价指标可参照送电工程单位造价指标的确定方法编制。

（3）公式法。施工及建设管理人员的办公及生活营地投资，在预可行性研究阶段，可按公式法计算其投资。计算公式为

$$I=\frac{AUP}{NL}K_1K_2K_3 \tag{4-42}$$

式中：I 为办公及生活营地投资；A 为建安工作量，按工程项目划分中第一部分的一至五项建安工作量（不包括临时办公及生活营地建筑和其他施工辅助工程）之和计算；U 为人均建筑面积综合指标；P 为单位造价指标，元/m^2；N 为施工年限，按施工组织设计确定的合理工期计算；L 为全员劳动生产率，指每个从事建安生产活动的人员的平均建安总产值，应根据工程所在地区、枢纽型式、工程规模和编制年价格水平分析确定；K_1 为施工高峰人数调整系数；K_2 为室外工程系数（大量的开挖和回填土建工程，应包括在场地平整内）；K_3 为单位造价指标调整系数。

（4）其他施工辅助工程采用费率法计算其投资，即按辅助工程项目划分一至十四项费用合计的百分率计算。

3. 汇总施工辅助工程费用并初步验证编制的合理性

计算施工辅助工程总费用占枢纽工程比例，参照类似工程进行比较，投资比例是否合适，有偏高或偏低情况时，分析比较投资比例偏高或偏低是否合理，不合理则对施工辅助工程进行调整。对各大系统投资参照类似同规模工程进行比较，分析计算投资合理性，对投资偏差较大项目，将意见反馈给设计人员或参类似同规模工程投资进行调整。

（三）各项费用的编制方法

1. 施工交通工程

投资计算范围包括公路、铁路、桥梁、施工支洞、架空索道、铁路转运站、水运码头、桥涵及道路加固，以及上述设施的维护等。其中：

施工期自建的公路、铁路、桥梁、施工支洞、架空索道等工程其投资应包括相应的全

部设施建设费和施工期的维护费。

铁路转运站投资包括兴建铁路转运站的全部建设费用或租赁费用，转运站的运行费计入相应材料或设备的运杂费中。如转运站为梯级电站共用，其费用应按分摊原则计算。

水运码头投资包括兴建水运码头的全部建设费用，码头的运行费计入相应材料或设备的运杂费中。

桥涵、道路加固工程费包括场内及对外交通中所需进行的桥涵、道路加固措施费，其最大计算距离不远于转运站或不超过永久对外交通里程。永久对外交通里程以远的由于水轮发电机组、桥式起重机、主变压器等特大（重）型设备在运输过程中所发生的一些特殊费用在相应设备的特大（重）件运输增加费中计列。

一般应采用单价法编制其费用，也可根据工程所在地区造价指标或有关实际资料，采用指标法编制。

（1）施工支洞，按施工组织设计提出的各施工支洞的分部分项工程量，采用（2007）概算定额编制单价或套用类似永久建筑工程的单价编制。

（2）架空索道，根据有关专业提供的分项工程量，采用相关的定额编制单价，乘以工程量计算概（估）算投资额，或按指标法编制。

（3）公路、铁路、桥梁等交通工程，根据施工组织设计提出的各类交通建筑工程的分部分项工程量，按下述方法选取定额指标计算工程单价，与主体工程单价的编制方法相同。凡（2007）概算定额已有的相应定额，可执行（2007）概算定额；凡（2007）概算定额缺项的部分，公路工程可用《公路概算定额》，铁路工程可用《铁路工程概算定额》，其他交通工程，可用相关专业的定额，如航运工程借用《水运概算定额》。

如果在可行性研究阶段，施工组织设计难以提出分部分项工程量，只能提出交通工程的各类道路，桥涵的数量、等级、结构型式时，可结合工程的地质、地形等特点，按每千米、每延米、每座等扩大单位的造价指标编制概算。也可以结合当地实际竣工工程资料，适当地选取造价指标。

委托交通、铁道等专业设计单位负责设计的工程，其投资应按经审查后专业设计单位编制的概算额度计列。但将专项工程投资纳入电站总投资时应避免有关项目和费用的重复和漏项。

2. 施工期通航工程

工程设施类费用按施工组织设计提出的分部分项工程量采用（2007）概算定额计算单价或套用永久建筑工程的单价编制设计工程量乘以单价计算，也可根据工程所在地区造价指标或有关实际资料按扩大单位指标编制；工程管理类费用按相关部门的规定计算。

投资计算范围包括通航配套设施费、助航设施费、货物过坝转运费、施工期航道整治维护费、施工期临时通航管理费、断碍航补偿费、施工期港航安全监督费等。

3. 施工供电工程

按设计工程量乘以单价计算，也可依据设计的电压等级、线路架设长度及所需配备的变配电设施的要求，采用指标法或参考有关实际资料计算。

投资计算范围包括从现有电网向场内施工供电的高压输电线路及施工场内 10kV 及以上线路工程及出线为 10kV 及以上的供电设施工程，但不包括供电线路和变配电设施的维

护费，该项费用以摊销费的形式计入施工用电价格中。其中，供电设施工程包括变电站的建筑工程、变电设备及安装工程和相应的配套设施等。

4. 施工供水系统工程

按设计工程量乘以单价计算。

投资计算范围包括取水建筑物、水处理厂、水池、输水干管敷设、移设和拆除等全部工程的土建和设备费，但水泵和水泵动力设备费除外。水泵和水泵动力设备以及供水设施的维护费，计入施工供水价格中。

5. 施工供风系统工程

按设计工程量乘以单价计算。

投资计算范围包括施工供风站建筑，供风干管敷设、移设和拆除等工程，不包括空压机和动力设备费。空压机及动力设备费以及供风设施的维护费，计入施工供风价格中。

6. 施工通信工程

依据设计所选用的施工通信方式及所需配备的相应设施，采用指标法或参考有关实际资料计算。

7. 施工管理信息系统工程

依据设计确定的规模和所需配备的相应设施，采用工程所在地区造价指标或分析有关实际资料后确定。

投资计算范围包括管理信息系统设施、设备、软件以及运行期维护费。

8. 料场覆盖层清除及防护工程

按设计工程量乘以单价计算。

投资计算范围包括砂石料场、堆石料场、土（黏土）料场等的覆盖层清除、无用表层清除、夹泥层清除及料场防护费用，料源开采需要设置的开挖平台的费用等。

9. 砂石料生产系统工程

按设计工程量乘以单价计算，也可根据工程所在地区造价指标或有关实际资料，采用扩大单位指标编制。

投资计算范围包括建造砂石骨料生产系统所需的建筑、钢构架及配套设施等。但不包括砂石系统设备购置、安装与拆除、砂石料加工运行费用等。

10. 混凝土生产及浇筑系统工程

按设计工程量乘以单价计算，也可根据工程所在地区造价指标或有关实际资料，采用扩大单位指标编制。

投资计算范围包括建造混凝土拌和及浇筑系统所需的建筑工程、钢构架，混凝土制冷、供热系统设施，缆机平台等。但不包括拌和楼（拌和站）、制冷设备、制热设备、浇筑设备购置、安装与拆除以及运行费用等。

11. 导流工程

编制方法同主体建筑工程，采用设计工程量乘以单价计算。

投资计算范围包括导流明渠、导流洞、导流底孔、施工围堰、截流工程及蓄水期下游临时供水工程等。

12. 临时安全监测工程

按水电工程安全监测系统专题设计报告确定的工程项目和工程量乘以单价编制。

投资计算范围包括施工期安全监测设备及安装，系统施工期运行维护、观测资料整理分析以及配套的建筑工程。永临结合的部分，其设备、设施费计入永久工程中，但施工期的观测资料整理、分析费用计入该项。

13. 临时水文测报工程

按设计工程量乘以单价计算或依据设计确定的规模和所需配备的相应设施经分析后确定。

投资计算范围包括施工期水情测报设备及安装，系统施工期运行维护、观测资料整理分析与预报，以及配套的建筑工程。永临结合的部分，其设备、设施费计入永久工程中，但施工期的观测资料整理、分析与预报费用计入该项。

14. 施工及建设管理房屋建筑工程

(1) 场地平整工程，根据施工组织设计提出的工程量，采用单价法计算。

(2) 施工仓库及辅助加工厂，采用指标法计算。房屋建筑面积，由施工组织设计确定。房屋建筑单位造价指标，可采用工程所在地区的临时房屋造价指标（元/m^2），也可以按实际设计资料确定。

(3) 办公及生活营地建筑。办公及生活营地的规模、设计标准和建筑面积由设计单位根据工程规模，并结合施工组织设计确定。房屋建筑单位造价指标，应根据工程所在地区的永久房屋造价指标（元/m^2）和施工年限确定，也可按实际资料分析确定。建设管理办公及生活营地与电站现场永久生产运行管理房屋统一规划建设时，应将永临结合部分列入建筑工程的房屋建筑工程项下，不应重复计列。

采用式（4-42）计算时，2013年有关费用指标如下：

P 为单位造价指标（元/m^2），采用工程所在地区的永久房屋造价指标或该地区临时房屋造价指标，如采用永久房屋造价指标应根据不同施工年限按表4-158系数进行调整。

L 为全员劳动生产率，应根据工程所在地区、枢纽型式、工程规模和编制年价格水平分析确定。2013年价格水平，一般不低于170000元/(人·a)。

U 为人均建筑面积综合指标，按12～16m^2/人控制。东北、西北、华北地区，施工年限在5年以上的工程，取中值或大值，其他地区及施工年限在5年及以下的工程取小值或中值。

K_1 为施工高峰人数调整系数，取1.1；

K_2 为室外工程系数，取1.1；

K_3 为单位造价指标调整系数，按不同施工年限分别采用表4-158中系数。

表4-158 单位造价指标调整系数

工期	系数
5年及以内	0.60
6～8年	0.70
9～11年	0.80
11年以上	0.90

15. 其他施工辅助工程

采用费率法计算。按施工辅助工程部分的一至十四项合计的5%～20%计算，费率取值变化范围较大，具体取值可根据其他施工辅助工程所含项目是否已有单独列项和工程施工难易程度等因素确定。其他施工辅助工程所包含的项目中，如有费用很高、工程量很大的项目，可根据工程实际情况单独列项处理，并相应调减规定费率。

（四）编制中应注意的事项

1. 项目划分

永久工程与临时工程结合的项目，或临时建筑物建成后将构成永久建筑的项目，应列入建筑工程。

2. 造价指标的选取

采用指标法计算的项目，造价指标的选取对费用的计算影响很大，应对收集的造价指标作分析、论证后才能采用。

在采用指标法编制投资时，应根据不同单位工程（公路、桥梁、线路等）指标确定方式区别计取。例如，公路工程计取指标时，由于水电工程在概算中已统一计算独立费用、建设期利息、预备费等，一般情况下，计取的指标中应不包含这些费用；另外，对于场内公路，由于征用土地费、拆迁赔偿费等也已在水利水电工程概算中统一计算，计取的指标中应扣除这部分费用。总之，公路、桥梁、线路等单位工程计取指标时应注意其内容和项目与水电工程总概算的关系，避免重复计算和漏项。

（五）计算示例

【例4-14】某引水式发电工程位于四川省某地区，电站总装机容量为440MW（4×110MW）。工程枢纽由混凝土面板堆石坝、溢洪洞、放空洞、进水口、引水隧洞、调压井、压力钢管及地面发电厂房等水工建筑物组成，工程合理工期为69个月。根据设计提供的编制工程费用的项目清单编制该工程的施工辅助工程费用。

解：（1）阅读施工组织设计报告，了解施工组织设计意图。对施工总布置、对外交通、各系统生产能力及工艺、施工进度、合理工期等应有一定的了解。

（2）根据施工辅助工程费用项目组成内容，对施工组织设计提供的工程项目及工程量进行逐项核实。按项目划分顺序，将工程项目及工程量列入施工辅助工程费用计算表（表4-159）内。对表4-159中不属于施工期辅助工程费用的项目应剔出，如与永久结合的35kV线路、围堰堆筑与坝体结合量（10000m^3）列入永久建筑工程，压力管道主洞施工附加量已在主洞开挖单价中考虑；缺项的应补上，项目位置不合理的应调整。

（3）对采用单价法编制费用的项目，按施工组织设计提供的施工方法作单价分析。经分析后有关单价见表4-159。

（4）采用指标法编制费用的项目，对工程所在地收集的工程造价指标进行分析，确定引用值。

（5）计算其他施工辅助工程费用。根据工程特性，确定其他施工辅助工程费率为12%，则其他施工辅助工程费用为60266.41×12%=7231.97（万元）。

（6）将各项计算值填入表4-159中汇总，并对计算结果进行核实。

表4-159　　建筑工程概算表

编号	工程或费用名称	单位	数量	单价/元	合计/万元
①	②	③	④	⑤	⑥
	第一项施工辅助工程				67498.38
一	施工交通工程				19849.31
1	公路工程				14243.50

续表

编号	工程或费用名称	单位	数量	单价/元	合计/万元
①	②	③	④	⑤	⑥
(1)	公路工程				9507.50
	新建矿山二级公路（混凝土路面，宽 10.5m）	km	5.00	7000000.00	3500.00
	新建矿山三级公路（泥结碎石路面，宽 7.5m）	km	13.35	4500000.00	6007.50
(2)	隧洞工程				4736.00
	公路隧洞（10.5m×5m）	m	1480.00	32000.00	4736.00
2	桥梁工程				1680.00
	1 号临时施工桥（汽－40，矿山三级，$L=120$m）	座	2.00	8400000.00	1680.00
3	施工支洞工程				1425.85
(1)	泄洪洞施工支洞				336.10
	……				
(2)	引水隧洞施工支洞				712.71
	覆盖层开挖	m^3	30.00	17.87	0.05
	石方明挖	m^3	70.00	49.53	0.35
	石方洞挖	m^3	20000.00	191.25	382.50
	锁口混凝土 C20（二）	m^3	60.00	701.57	4.21
	衬砌混凝土 C20（二）	m^3	230.00	1174.79	27.02
	封堵混凝土 C25（二）	m^3	740.00	721.07	53.36
	洞内喷混凝土（不挂网）	m^3	520.00	1149.30	59.76
	钢筋制安	t	19.00	7463.08	14.18
	固结灌浆造孔	m	238.00	18.74	0.45
	固结灌浆	t	23.80	2942.64	7.00
	回填灌浆	m^3	250.00	146.09	3.65
	洞内锚杆 ϕ25，$L=4$m	根	2300.00	239.90	55.18
	钢支撑	t	100.00	10500.00	105.00
(3)	压力管道施工支洞				377.04
	覆盖层开挖	m^3	900.00	17.87	1.61
	石方明挖	m^3	2100.00	49.53	10.40
	石方洞挖	m^3	13129.00	191.25	251.09
	主洞施工附加量	m^3	800		计入主洞开挖单价
	锁口混凝土 C20（二）	m^3	100.00	701.57	7.02
	封堵混凝土 C25（二）	m^3	435.00	719.64	31.30
	洞内喷混凝土（不挂网）	m^3	365.00	1149.30	41.95
	固结灌浆造孔	m	65.00	18.74	0.12
	固结灌浆	t	6.50	2942.64	1.91
	回填灌浆	m^2	95.00	146.09	1.39
	洞内锚杆 ϕ25，$L=4.5$m	根	1130.00	267.74	30.25
4	铁路转运站工程	项	1.00	18800000.00	1880.00
5	设施维护与管理	项	1.00	4999600.00	499.96
二	施工供电工程				12120.00

续表

编号	工程或费用名称	单位	数量	单价/元	合计/万元
①	②	③	④	⑤	⑥
	梯级施工供电	项	1.00	120000000.00	12000.00
	10kV 线路	km	10	120000.00	120.00
	35kV 线路	km	20	施工完后为永久线路	永临结合
三	施工供水系统工程				902.64
	覆盖层开挖	m^3	19650.00	10.80	21.22
	石方明挖	m^3	45850.00	43.59	199.86
	混凝土 C25（二）	m^3	1500.00	932.95	139.94
	钢筋制安	t	250.00	7463.08	186.58
	水管铺设 $\phi500$	km	0.80	119086.80	9.53
	水管铺设 $\phi300$	km	7.50	74369.10	55.78
	水管铺设 $\phi150$	km	3.50	57235.39	20.03
	水管铺设 $\phi100$	km	17.70	57070.84	101.02
	水管铺设 $\phi50$	km	10.00	18238.95	18.24
	其他工程	项	1		150.44
四	施工供风系统工程				398.20
	……				
五	施工通信系统工程	项	1.00	2000000.00	200.00
六	施工管理信息系统工程	项	1.00	5000000.00	500.00
七	料场覆盖层清除及防护工程				5211.89
1	料场覆盖层清除				2639.94
	普尔料场覆盖层清除	m^3	990000.00	26.40	2613.60
	唐央区料场覆盖层清除	m^3	10000.00	26.34	26.34
2	料场无用层清除				434.06
	普尔料场覆盖层清除	m^3	110000.00	39.46	434.06
3	料场防护工程				2137.89
	边坡喷混凝土（挂网）	m^3	4650.00	1077.56	501.07
	钢筋制安	t	15.00	7463.08	11.19
	边坡锚杆 $\phi25$，$L=4m$	根	2600.00	243.89	63.41
	边坡锚杆 $\phi28$，$L=9m$	根	2800.00	346.58	97.04
	锚杆束 $3\phi32$，$L=12m$	根	420.00	2715.32	114.04
	预应力锚杆 100kN，$\phi32$，$L=9m$	束	400.00	20743.91	829.76
	锚索 1000kN，$L=30m$	束	140.00	21445.95	300.24
	排水孔 $\phi50$	m	6250.00	19.95	12.47
	浆砌石	m^3	2910.00	277.21	80.67
	SNS 柔性防护网	m^2	1600.00	800.00	128.00
八	砂石料生产系统工程				1894.70
	覆盖层开挖	m^3	3600.00	10.80	3.89
	石方明挖	m^3	7900.00	43.59	34.44

续表

编号	工程或费用名称	单位	数量	单价/元	合计/万元
①	②	③	④	⑤	⑥
	土石回填	m^3	4000.00	34.77	13.91
	混凝土 C25（二）	m^3	8000.00	932.95	746.36
	钢筋制安	t	320.00	7463.08	238.82
	钢材	t	570.00	9500.00	541.50
	其他工程	项			315.784
九	混凝土生产及浇筑系统工程				915.432
	……				
十	导流工程				10851.47
1	导流洞工程				7120.23
(1)	导流洞进出口段				2109.22
	……				
(2)	导流洞洞身段工程				5011.01
	石方洞挖	m^3	64300.00	144.18	927.08
	衬砌混凝土 C25（二）	m^3	14900.00	1000.55	1490.82
	封堵混凝土 C25（二）	m^3	4000.00	732.57	293.03
	洞内喷混凝土（挂网）	m^3	2470.00	1068.47	263.91
	钢筋制安	t	1573.00	7463.08	1173.94
	帷幕灌浆造孔	m	200.00	237.44	4.75
	帷幕灌浆	t	20.00	4086.50	8.17
	固结灌浆造孔	m	13500.00	18.74	25.30
	固结灌浆	t	1350.00	2942.64	397.26
	回填灌浆	m^2	7600.00	126.73	96.31
	洞内锚杆 $\phi25$，$L=4.5m$	根	4982.00	267.74	133.39
	洞内锚杆 $\phi25$，$L=3m$	根	1961.00	184.22	36.13
	插筋 $\phi25$，$L=2m$	根	150.00	133.39	2.00
	钢支撑	t	117.00	10500	122.85
	排水孔 $\phi50$	m	3200.00	19.95	6.38
	细部结构工程	m^3	18900.00	15.71	29.69
2	土石围堰工程				3243.86
(1)	上游围堰				2897.79
	覆盖层开挖	m^3	1800.00	22.73	4.09
	石方明挖	m^3	4200.00	57.96	24.34
	围堰土石填筑	m^3	402000.00	41.67	1675.13
	反滤料与过渡料填筑	m^3	11300.00	84.94	95.98
	块石护坡	m^3	8400.00	117.72	98.88
	围堰接头混凝土 C20（二）	m^3	1200.00	633.89	76.07
	边坡喷混凝土（不挂网）	m^3	500.00	1077.56	53.88
	帷幕灌浆造孔	m	500.00	237.44	11.87
	帷幕灌浆	t	50.00	4086.50	20.43

续表

编号	工程或费用名称	单位	数量	单价/元	合计/万元
①	②	③	④	⑤	⑥
	固结灌浆造孔	m	1200.00	206.18	24.74
	固结灌浆	t	120.00	3223.90	38.69
	心墙土工膜	m^2	6800.00	72.27	49.14
	围堰拆除	m^3	215000.00	33.70	724.55
(2)	厂房围堰				346.07
	……				
3	蓄水期下游临时供水工程	项	1		50
4	金属结构制作及安装				437.38
(1)	导流洞封堵闸门、埋件设备制作安装				329.90
	平滑门设备制作安装（145t/扇×1扇）	t	145.00	14907.74	216.16
	闸门埋件制作安装（75t/套×1套）	t	75.00	15165.01	113.74
(2)	导流洞封堵闸门启闭设备制作安装				107.48
	固定式卷扬机3200kN（46t/台）	台	1.00	1074791.47	107.48
十一	临时安全监测工程	项	1.00	6670500.00	667.05
十二	临时水文测报工程	项	1.00	2700000.00	270
十三	施工及建设管理房屋建筑工程				6605.72
1	场地平整	m^2	244800.00	60.00	1468.80
2	施工仓库	m^2	4100.00	600.00	246.00
3	辅助加工厂	m^2	16840.00	400.00	673.60
4	办公及生活营地	m^2	51154.00	800.00	4092.32
5	设施维护与管理	项	1.00		125
十四	其他施工辅助工程	项	60266.41	12%	7231.97

第十一节　建筑工程投资编制

一、建筑工程概述

建筑工程指水电枢纽建筑物和其他永久建筑物。构成水电工程建设项目划分的第一部分的第二项，是工程总投资的主要组成部分。

水电基本建设建筑工程的项目，根据现行编制规定中项目划分的规定，包括挡（蓄）水、泄水消能、输水、发电、升压变电、航运过坝、灌溉渠首、近坝岸坡处理等8项主体建筑工程的一级项目和交通、房屋建筑、安全监测、水文测报、消防、劳动安全与工业卫生及其他工程等7项一般建筑工程的一级项目。编制概算时，可根据工程的实际情况，进行必要的增删调整。分部汇总第二项建筑工程概算采用现行“建筑工程概算表”的格式编制（表4-152）。

二、编制方法

建筑工程概算编制根据不同的设计要求和分类，可采用的编制方法有单价法、指标法和百分率法等。

（一）单价法

单价法是指用工程量乘以相应工程单价的方法计算工程投资。这种方法的精确度高，要求设计工作达到基本深度，能计算出分部分项的三级项目（如土石开挖、混凝土浇筑、钢筋制安等）的数量，并根据所列项目，分别计算出相应的单价。

（二）指标法

指标法是指用综合工程量乘以综合指标的方法计算工程投资。这种方法准确度较差，适用于在该分项项目阶段设计深度不足，难于提出具体的工程量，如交通工程、房屋工程等，大多采用综合工程量（km、m^2…）乘以综合指标（元/km、元/m^2…）来计算投资。综合指标的确定，一般按照已建、在建或类似工程的资料，经分析类比后确定。

（三）百分率法

对于相应设计阶段提供粗略的工程量都有困难，且其准确程度对总投资影响不大的工程，如房屋建筑工程中的室外工程等，可按某相应工程投资的百分率估算。百分率可根据已建工程资料统计分析确定。

三、建筑工程概算项目及内容

在第二章第二节“枢纽工程项目组成及项目划分”已介绍了建筑工程项目及大致内容，在本节中不再赘述，仅补充说明如下：

(1) 挡（蓄）水建筑物。挡（蓄）水建筑物包括拦河挡（蓄）水的各类坝（闸）、基础处理工程。

发电进水口坝段、泄洪坝段、坝基及坝肩防渗、水库库岸防渗工程均列本项下。

混凝土坝（闸）项下应分别列出非溢流坝段、泄水坝段、进水口坝段和基础处理工程；土（石）坝项下可分别列出挡水坝段、坝身泄水建筑物和基础处理工程。

挡（蓄）水建筑物开挖范围内的边坡开挖及支护处理在本项计列。

(2) 泄水消能建筑物。泄水消能建筑物包括宣泄洪水的岸坡溢洪道、泄洪洞、冲砂孔（洞）、放空（孔）洞等建筑物和进出水口边坡、溢洪道沿线边坡及岸坡和坝后泄水设施之后的消能防冲建筑物等。

消能防冲建筑物可分为消能工程（水垫塘、消力池）、辅助消能工程（消力墩、消力齿、二道坝）、海漫、防冲槽、预挖及岸坡保护等。

(3) 输水建筑物。输水建筑物包括引水明渠、进（取）水口（含闸门室）、引水隧洞、调压室（井）或压力前池、压力管道、尾水调压室（井）、尾水隧洞（渠）、尾水出口工程等建筑物。

(4) 发电建筑物。发电建筑物包括地面、地下等各类发电工程的发电基础、发电厂房、灌浆洞、排水洞、通风洞（井）等工程。独立建设的中控楼在本项下计列。

(5) 升压变电建筑物。升压变电建筑物包括升压变电站（地面或地下）、母线洞、通风洞、出线洞（井）、出线场建筑物（或开关站楼）等工程。升压变电建筑物的钢构架列入本项中。如有换流站工程，应作为一级项目与升压变电站工程并列。

(6) 航运过坝建筑物。航运过坝建筑物包括上游引航道（含靠船墩）、船闸（升船机）、下游引航道（含靠船墩）、上下游锚地及河道整治等工程。

(7) 灌溉渠首建筑物。根据枢纽建筑物布置情况，可独立列项。与拦河坝相结合的，也可作为拦河坝工程的组成部分。

(8) 近坝岸坡处理工程。近坝岸坡处理工程主要包括对水工建筑物安全有影响的近坝岸坡及泥石流整治，以及受泄洪雾化、冲刷和发电尾水影响的下游河段岸坡防护工程。

对规模较大的堆积体、滑坡体、高边坡、泥石流整治等宜分项列出。

(9) 交通工程。交通工程包括新建上坝、进厂、对外等场内外永久性的公路、铁路、桥梁、隧洞、水运等交通工程，以及对原有公路、桥梁等的改造加固工程。

(10) 房屋建筑工程。房屋建筑工程包括为现场生产运行管理服务的房屋建筑工程，包括场地平整、辅助生产厂房、仓库、办公用房、值班公寓和附属设施及室外工程等。

房屋建筑工程中的室外工程指办公及生活区道路、室外给排水、照明、堡坎等。

如需在就近城市建立电站生产运行管理设施或流域梯级集控中心，在此项下单独计列。

装机规模100万kW及以上的大型水电站，如需配备武警部队，应考虑其营地建筑工程。

(11) 安全监测工程。安全监测工程指在电站建设期和运行期均需要监测的项目，为完成永久安全监测设施的埋设所进行的土建施工，包括土石开挖、填筑、钻孔、注浆、混凝土浇筑、钢筋制安、钢结构（构件）制安、电缆保护管埋设（敷设）、监测便道修建、监测房屋修建等。

为完成各项永久安全监测工程所进行的检测设备采购、保管、运输、率定、检验、组装、安装埋设、首次读数等，同时包括相应的装置性材料的采购和加工制作，则列计在机电设备及安装工程中。

水电工程安全监测范围主要包括：主要建筑物（挡水工程、泄洪消能工程、引水发电工程、航运过坝工程）、近坝岸坡处理工程、导流建筑物及其他临时建筑物等。

水电工程安全监测内容包括：环境量监测，工程变形监测控制网，变形监测，渗流监测，应力、应变及温度监测，水力学监测，地震反应监测（结构强震监测），结构振动监测，安全监测自动化系统，安全监测信息管理系统，其他专项监测，建设期巡视检查、观测和资料整编分析。

(12) 水文测报工程。水文测报工程包括水情自动测报系统、专用水文站、专用气象站和水库泥沙监测等项目的所有土建工程。

(13) 消防工程。消防工程包括消防工程中需要单独建设的土建工程。

(14) 劳动安全与工业卫生工程。对水工建筑物、机电和金属结构设施、临时建筑物等区域提出安全对策及措施。

劳动安全：包括防机械伤害、防电气伤害、防坠落伤害、防气流伤害、防洪防淹、防强风和防雷击、交通安全、防火灾防爆炸伤害等。

工业卫生：包括防噪声防震动、防电磁辐射、采光与照明、通风及温度和湿度控制、防水和防潮、防毒防泄漏、防止放射性和有害物质危害、防尘防污、水利血防、饮水安全、环境卫生等。

(15) 其他工程。其他工程包括动力线路，照明线路，通信线路，厂坝区供水、供热、排水等公用设施工程，地震监测站（台）网工程及其他。

动力线路工程指从发电厂至各生产用电点的架空动力线路及电缆沟工程。电厂至各生产用电点的动力电缆应列入机电设备及安装工程中。

照明线路工程指厂坝区照明线路及其设施（户外变电站的照明也包括在本项内），不包括应分别列入拦河坝、溢洪道、引水发电系统、船闸等水工建筑物细部结构项内的照明设施。

通信线路工程包括对内、对外的架空通信线路和户外通信电缆工程及枢纽至本电站（水库）所属的水文站、气象站的专用通信线路工程。

厂坝区供水、排水工程指厂坝区生产用（除发电厂和变电站以外）及生活用（或生产与生活相结合）的供水、排水系统的泵房、水塔、锅炉房、烟囱、水井等建筑物和管路安装；厂坝区生活用的供水、排水系统的水泵、锅炉等设备及安装。

地震监测站（台）网工程指根据工程需要，在枢纽区和水库区设置地震弱震监测系统，属于水电工程投资的范围，并在本项中计列土建投资。

其他指在前述各项中不能包含的永久建筑工程。

四、建筑工程概算编制

（一）主体建筑工程

（1）主体建筑工程投资按设计工程量乘以单价进行编制。单价应按照“建筑工程与施工辅助工程”章节所述工程类别分别进行编制。

（2）主体建筑工程的项目，一级项目和二级项目应执行水电工程项目划分的有关规定，三级项目可根据水电工程可行性研究编制规程的工作深度要求和工程实际情况增减项目。

（3）主体建筑工程量应遵照《水电工程设计工程量计算规定（2010 年版）》，按项目划分的要求，计算到三级项目。根据该规定，永久水工建筑物的设计工程量，均应根据建筑物或工程的设计几何轮廓尺寸计算的工程量乘以工程量阶段系数；施工中增加的超挖、超填和施工附加量及各种损耗和体积变化等，均已按现行施工规范和有关规定计入概算定额，设计工程量中不再另行计算。

（4）当设计对主体建筑物混凝土施工有温控要求时，应根据温控措施设计，计算温控措施费用，也可以经过分析后，按建筑物需温控的混凝土方量乘以相应温控费用指标进行计算。

（5）细部结构工程。细部工程结构指各主体建筑物的细部结构，如止水、伸缩缝、栏杆、爬梯、通气孔、排水管、照明等。理论上应按设计资料逐项分析计算投资，但实践中由于主要建筑工程中的细部结构工程项目繁多，设计资料不一定齐全，且占工程投资比重小，因此编制概算时，如无设计资料，可参考《水电建筑工程细部结构指标》（水电定〔2003〕008 号）分析确定（价格水平年为 2002 年）。其所给指标仅为基本直接费部分，使用时按现行水电工程各阶段编制规定及取费标准计入相应的其他直接费、间接费、利润和税金。因价格水平年为 2002 年，可依据行业定额和造价管理机构发布的年物价指数予以调整。

（6）结构装饰工程。一般发电工程、地下变电站工程有结构装饰，且根据发电工程地面、地下的型式不同或建设项目法人的要求不同，可分为高级、中级、普通结构装饰。结构装饰主要包括装饰性的层面工作，如楼地面抹灰、贴面，墙面的贴面、门窗，天棚的吊顶，照明、给排水及专为装修服务的脚手架等，不包括结构性的工作，如结构性的砖墙、混凝土柱等。

在可行性研究阶段概算编制时，由于结构装饰工程的设计深度达不到逐项分析计算的条件，因此编制概算时，可按照主、副厂房和地面、地下厂房建筑面积的工程量计算规则确定各自的建筑面积，再根据设计拟定的级别、型式参考《水电站厂房装修费用参考指标》（水电定〔2002〕011号）确定其造价指标，以计算相应结构装饰工程投资；也可参照类似工程分析确定其投资。

因价格水平年为2002年，可依据行业定额和造价管理机构发布的年物价指数予以调整。

（二）交通工程

交通工程投资的计算可参照第四章第十节施工辅助工程中有关施工交通工程投资的计算方法。

（1）场内交通工程。交通工程投资按设计工程量乘以单价计算，但如有专项设计报告，可采用相应投资。专项设计报告投资应只计列建筑安装工程费，设备、工具、器具及家具购置费等直接投资。

在设计深度受限时，也可根据工程所在地区造价指标或有关实际资料，采用扩大单位指标编制。

（2）对外交通工程。可行性研究阶段，对外交通一般由专业设计单位负责设计，其投资应按经审查后专业设计单位编制的概算额度计列。

本专项工程投资应包括建筑安装工程费，设备、工具、器具及家具购置费，工程建设其他费用及预备费。

（三）房屋建筑工程（可参照施工辅助工程的方法）

房屋建筑工程投资按房屋面积乘以造价指标计算。

（1）辅助生产厂房、仓库。辅助生产厂房、仓库建筑面积，由设计根据生产运行管理需要确定。

单位造价指标采用当地的永久房屋造价指标（不含征地费用）。

（2）办公用房、值班公寓及附属设施。办公用房、值班公寓及附属设施建筑面积，根据工程规模，按生产定员确定建设规模。其中，办公用房面积参考国家《党政机关办公用房建设标准》：20～24m^2/人，定员多的取小值。值班公寓及附属设施面积：60m^2/人。

单位造价指标采用工程所在地区永久房屋造价指标（不含征地费用）。造价指标应包括建筑及安装工程费、装修费等。

（3）对100万kW及以上需配备武警部队的大型水电站，营地房屋建设规模根据项目管理需要确定，并按当地的永久房屋造价指标计算（不含征地费用）。

（4）室外工程可按房屋建筑工程投资的百分率计算（表4-160）。

表 4-160　　房屋建筑工程中室外工程费费率表

计费类别	计算基础	费率/%
室外工程投资	永久建筑工程中的房屋建筑工程投资（不含室外工程本身）	10～15

(5) 生产运行管理设施。在就近城市建立的建设及生产运行管理设施，根据项目管理需要，按生产定员确定建设规模。生产运行管理设施：26～30m²/人，计算人员数量按定员人数的65%计算。定员多的取小值。

单位造价指标按当地的永久房屋造价指标计列。造价指标应包括建筑及安装工程费、装修费等。

如采取征用土地自建生产运行管理设施，土地征用费根据设计确定的征地规模和土地征用标准计算。

(6) 流域梯级集控中心分摊。流域梯级电站共用的设施应按投资分摊的原则计列。

(四) 建筑专项工程

安全监测工程、水文测报工程、地震监测站（台）网工程、消防工程、劳动安全与工业卫生工程等为专项工程，应按专项报告设计工程量乘以相应单价计算。具体编制应执行相应专项投资编制细则。

安全监测工程可采用《水电工程安全监测系统专项投资编制细则》编制投资。投资编制原则：安全监测系统专项投资编制所采用的主要编制原则及价格水平应与主体工程设计概算保持一致，并根据国家及行业有关规定，工程安全监测规程、规范和相关标准，结合工程具体情况进行编制。

水电工程安全监测系统专项投资与设计概算的关系：编制水电工程设计概算时应将安全监测系统专项投资纳入枢纽工程投资中。其中，临时安全监测工程投资列入施工辅助工程项目下，永久安全监测工程投资列入建筑工程项目下，永久安全监测设备及安装工程投资列入机电设备及安装工程项目下；安全监测系统专项投资计算书作为水电工程设计概算附件；安全监测系统专项投资中不单独计列独立费用、预备费和建设期利息，统一在设计概算中计取。

其他专项工程的编制原则及与设计概算的关系，应与安全监测工程专项相同。

(五) 其他工程

动力线路、照明线路、通信线路等3项工程按设计工程量乘以单价或采用扩大单位指标编制。

其余各项按设计要求分析计算。

建筑工程进行分项汇总时采用建筑工程概算表。

(六) 计算示例

【例 4-15】 某引水式发电工程位于四川省某地区，电站总装机容量为880MW（4×220MW）。工程枢纽由土石坝、泄洪洞、进水口、引水隧洞、调压室、压力钢管及地面发电厂房等水工建筑物组成，工程合理工期为74个月。根据设计提供的工程量清单编制本工程的建筑工程投资。

解： (1) 全面了解枢纽建筑物布置情况，根据水工、施工、建筑等专业提供的工程量清单进行项目划分和工程量的计列。在划分和计列的同时，应分清项目属性，永临结合的项

目，计入本“建筑工程”项下，如土石围堰部分与堆石坝体结合，结合部分应列入“建筑工程”项下；压力管道工程中的钢材，应根据项目划分规定，计入“金属结构设备及安装工程”项下，本建筑工程概算表中不列项；建筑工程项目的计列应遵循不重不漏的原则。

(2) 阅读施工组织设计报告，了解施工组织设计意图。对施工总布置、对外交通、各系统生产能力及工艺、施工进度、施工方法等进行全面了解，根据项目划分的三级项目进行工程单价的编制，并填入表中对应项目。

(3) 对于无需用定额进行单价编制的部分，应根据情况进行相关计算。如细部结构为混凝土量或坝体量乘以相关参考综合指标，指标可参考《水电建筑工程细部结构指标》(水电定〔2003〕008号)，其所给指标仅为基本直接费，并对其他应计入部分（其他直接费、间接费、利润、税金）计算综合指标；厂房装修可参考《水电站厂房装修费用参考指标》(水电定〔2002〕011号）或类似工程实际资料，并根据设计提供的等级、型式进行编制，本发电工程中的发电基础工程、发电厂房工程、升压变电站工程根据设计提供的需装修面积，按中等装修费用参考指标计算各投资。

(4) 采用指标法编制费用的项目，对工程所在地收集的工程造价指标进行分析，确定其指标。其中，生产运行管理房屋、梯级集控中心分摊应由业主提供，并含征地费用。

(5) 专项工程需根据专项报告中的额度进行分析计列，如水文测报工程、安全监测工程、劳动安全与工业卫生工程等，应在“建筑工程”中的各相应项下计列土建投资。

(6) 将各项计算值填入表4-161中，进行投资计算和分项汇总，并对计算结果进行核实。

表4-161　　建筑工程概算表

编号	工程或费用名称	单位	数量	单价/元	合计/万元
	第二项建筑工程				321298.51
一	挡水建筑物				71865.11
(一)	土石坝工程				71865.11
	覆盖层开挖	m^3	1200887.00	25.73	3089.88
	覆盖层开挖（围堰量）	m^3	24100.00	16.80	40.49
	石方明挖	m^3	111900.00	44.39	496.72
	石方明挖（围堰量）	m^3	95.00	52.16	0.50
	灌浆平洞石方洞挖	m^3	8500.00	282.49	240.12
	堆石料填筑	m^3	3365887.00	43.87	14766.15
	心墙料填筑	m^3	753800.00	55.28	4167.01
	闭气黏土（围堰量，作为永久压重）	m^3	24500.00	44.63	109.34
	黏土铺盖填筑（围堰量，作为永久压重）	m^3	56500.00	44.63	252.16
	反滤料填筑	m^3	530300.00	59.53	3156.88
	反滤料填筑（围堰量，作为永久压重）	m^3	27700.00	59.53	164.90
	过渡料填筑	m^3	766000.00	46.58	3568.03
	过渡料填筑（围堰量，作为永久压重）	m^3	51500.00	25.36	130.60
	坝基反滤料填筑	m^3	163100.00	59.53	970.93
	保护层填筑（围堰量，作为永久压重）	m^3	39800.00	59.53	236.93
	土工格栅	m^3	554100.00	30.00	1662.30
	高塑性黏土填筑	m^3	66400.00	60.49	401.65

续表

编号	工程或费用名称	单位	数量	单价/元	合计/万元
	石渣填筑	m^3	522600.00	22.64	1183.17
	石渣填筑（围堰量，作为永久压重）	m^3	590700.00	25.35	1497.42
	砂卵石垫层	m^3	106500.00	59.53	633.99
	钢筋石笼（围堰量，作为永久压重）	m^3	1100.00	186.40	20.50
	灌浆平洞混凝土 C25（二）	m^3	2800.00	723.40	202.55
	岸坡混凝土板 C20（二）	m^3	1300.00	482.43	62.72
	防浪墙混凝土 C25（二）	m^3	5000.00	522.81	261.41
	路面混凝土 C25（二）	m^3	3500.00	533.30	186.66
	喷混凝土 δ=10～15cm（边坡）	m^3	2000.00	954.22	190.84
	地下连续墙造孔 B=1.0m，孔深小于 60m	m	11453.45	1577.42	1806.69
	地下连续墙造孔 B=1.0m，孔深 60～70m	m	1364.22	2078.31	283.53
	岩石固结灌浆钻孔	m	4181.00	235.56	98.49
	岩石固结灌浆	t	602.40	3322.32	200.14
	覆盖层帷幕灌浆	m	8739.00	1876.30	1639.70
	基岩帷幕灌浆钻孔	m	27482.00	345.49	949.48
	基岩帷幕灌浆	t	4102.00	3718.94	1525.51
	复合土工膜（含围堰量）	m^2	129800.00	93.59	1214.80
	钢筋制安（防渗墙用）	t	190.00	8020.45	152.39
	钢筋制安	t	1715.00	6554.18	1124.04
	锚杆 ϕ25，L=5m（洞内）	根	943.00	322.75	30.44
	锚杆 ϕ28，L=6m（洞外）	根	448.00	339.03	15.19
	干砌石	m^3	29200.00	65.92	192.49
	……				
	细部结构工程	m^3	8971972.00	1.43	1282.99
二	泄水消能建筑物				90528.72
(一)	1号泄洪洞工程				13002.74
1	1号泄洪洞进口工程				2310.38
	石方明挖（改建量）	m^3	78600.00	47.97	377.04
	混凝土（改建量）C20（三）	m^3	12900.00	506.81	653.78
	……				
	细部结构工程	m^3	17000.00	25.38	43.15
2	1号泄洪洞洞身工程				8871.72
	石方洞挖（改建量）	m^3	24200.00	96.19	232.78
	石方洞挖（结合量）	m^3	131100.00	88.48	1159.97
	衬砌混凝土（改建量）C30（二）	m^3	6400.00	771.38	493.68
	衬砌混凝土（结合量）C25（二）	m^3	16400.00	616.90	1011.72
	硅粉混凝土（改建量）C40（二）	m^3	1300.00	841.07	109.34
	挂网喷混凝土（结合量）δ=10～15cm	m^3	2939.00	1007.11	295.99
	固结灌浆钻孔（改建量）	m	6200.00	51.79	32.11
	固结灌浆钻孔（结合量）	m	26000.00	51.79	134.65
	固结灌浆	t	1610.00	3759.85	605.34

续表

编号	工程或费用名称	单位	数量	单价/元	合计/万元
	回填灌浆（改建量）	m^2	1600.00	119.63	19.14
	回填灌浆（结合量）	m^2	8800.00	119.63	105.27
	排水孔 $\phi=25$，$L=3m$（结合量）	m	3400.00	54.26	18.45
	钢筋制安	t	3957.00	6554.18	2593.49
	……				
	细部结构工程	m^3	42100.00	15.25	64.20
3	1号泄洪洞出口工程				1820.64
	覆盖层开挖（结合量）	m^3	13200.00	19.95	26.33
	石方明挖（结合量）	m^3	61300.00	47.97	294.06
	回填混凝土（结合量）C15（三）	m^3	600.00	322.22	19.33
	……				
	细部结构工程	m^3	6900.00	8.09	5.58
（二）	2号泄洪洞工程				41303.94
1	2号泄洪洞进口工程				10029.31
	覆盖层开挖	m^3	1800.00	19.95	3.59
	……				
	细部结构工程	m^3	94900.00	25.38	240.86
2	2号泄洪洞洞身工程				22090.90
	覆盖层洞挖	m^3	20000.00	80.18	160.36
	石方洞挖	m^3	481000.00	99.51	4786.43
	衬砌混凝土 C20（二）	m^3	93900.00	633.19	5945.65
	……				
	细部结构工程	m^3	106300.00	15.25	162.11
3	2号泄洪洞出口段工程				9183.73
	覆盖层开挖	m^3	261100.00	19.95	520.89
	石方明挖	m^3	469100.00	47.97	2250.27
	……				
	细部结构工程	m^3	50000.00	8.09	40.45
（三）	3号泄洪洞工程				36222.04
	……				
三	输水建筑物				83340.23
（一）	进水口工程				16814.05
	覆盖层开挖	m^3	72200.00	17.12	123.61
	石方明挖	m^3	337200.00	46.27	1560.22
	混凝土 C20（三）	m^3	148800.00	510.35	7594.01
	挂网喷混凝土 $\delta=10\sim15cm$（洞外）	m^3	5700.00	971.01	553.48
	钢筋制安	t	6688.00	6554.18	4383.44
	锚杆 $\phi25$，$L=6m$（洞外）	根	9391.00	296.68	278.61
	锚杆 $\phi28$，$L=6m$	根	200.00	339.03	6.78
	排水孔 $\phi48$，$L=3.0m$	m	30083.00	40.16	120.81
	固结灌浆钻孔	m	4562.00	29.52	13.47

续表

编号	工程或费用名称	单位	数量	单价/元	合计/万元
	固结灌浆	t	684.00	3509.69	240.06
	……				
	细部结构工程	m^3	147800.00	25.38	375.12
(二)	引水隧洞工程				40178.68
	石方洞挖	m^3	899000.00	106.61	9584.24
	混凝土衬砌 C20(二)	m^3	211400.00	612.45	12947.19
	喷混凝土 $\delta=10\sim15$cm(洞内)	m^3	860.00	988.48	85.01
	固结灌浆钻孔	m	96210.00	51.79	498.27
	固结灌浆	t	4811.00	3759.85	1808.86
	回填灌浆	m^2	72156.00	119.63	863.20
	钢筋制安	t	18661.00	6554.18	12230.76
	锚杆 $\phi25$,$L=4$m(洞内)	根	1900.00	260.66	49.53
	……				
	细部结构工程	m^3	211400.00	15.25	322.39
(三)	调压室工程				20434.64
	石方明挖	m^3	5300.00	45.12	23.91
	调压室石方井挖	m^3	447400.00	84.04	3759.95
	调压室混凝土衬砌 C20(二)	m^3	58800.00	612.11	3599.21
	喷混凝土 $\delta=10\sim15$cm(洞内)	m^3	1363.00	988.48	134.73
	钢纤维喷混凝土 $\delta=10\sim15$cm(洞内)	m^3	1300.00	1427.71	185.60
	固结灌浆钻孔	m	44553.00	51.79	230.74
	固结灌浆	t	2228.00	3759.85	837.69
	钢筋制安	t	8384.00	6554.18	5495.02
	排水孔 $\phi48$,$L=3.0$m	m	58215.00	54.26	315.87
	锚杆 $\phi25$,$L=4$m(洞内)	根	470.00	260.66	12.25
	锚索制安 $P=2000$kN,$L=30$m	束	100.00	30741.63	307.42
	……				
	细部结构工程	m^3	81000.00	24.29	196.75
(四)	压力管道工程				5912.86
	石方洞挖	m^3	75700.00	122.34	926.11
	石方井挖	m^3	18400.00	233.16	429.01
	混凝土衬砌 C25(二)	m^3	31000.00	612.14	1897.63
	固结灌浆钻孔	m	17811.00	51.79	92.24
	固结灌浆	t	891.00	3759.85	335.00
	帷幕灌浆钻孔	m	1408.00	345.49	48.64
	帷幕灌浆	t	112.00	3718.94	41.65
	回填灌浆	m^2	10683.00	116.53	124.49
	接缝灌浆	m^2	5342.00	115.31	61.60
	钢筋制安	t	2546.00	6554.18	1668.69
	锚杆 $\phi25$,$L=6$m(洞内)	根	3918.00	382.73	149.95
	……				

续表

编号	工程或费用名称	单位	数量	单价/元	合计/万元
四	发电建筑物				46149.80
(一)	地面发电建筑物				36285.97
1	发电基础工程				20747.95
	覆盖层开挖	m^3	395473.00	21.49	849.87
	石方明挖	m^3	183396.00	51.11	937.34
	土石回填	m^3	8368.00	24.21	20.26
	回填混凝土 C15（四）	m^3	23435.00	327.44	767.36
	基础混凝土 C20（三）	m^3	138113.00	604.11	8343.54
	钢筋制安	t	8809.00	6554.18	5773.58
	锚索制安 $P=600$kN，$L=40$m	束	206.00	16684.74	343.71
	固结灌浆钻孔	m	6900.00	235.56	162.54
	固结灌浆	t	1035.00	3322.32	343.86
	建筑砌砖	m^3	3584.00	362.48	129.91
	厂房装修	项	1.00	9000000.00	900.00
	……				
	细部结构工程	m^3	180009.00	21.94	394.94
2	发电厂房工程				7419.41
	厂房混凝土 C30（二）	m^3	4548.00	983.45	447.27
	主机间、安装间混凝土 C25（二）	m^3	13913.00	953.78	1326.99
	钢筋制安	t	3563.00	6554.18	2335.25
	建筑砌砖	m^3	3300.00	362.48	119.62
	结构装饰	项	1.00	3300000.00	330.00
	细部结构工程	m^3	65627.00	21.94	143.99
3	厂房后坡处理工程				8118.61
	……				
五	升压变电建筑物				4563.34
(一)	升压变电站工程				3080.33
	覆盖层开挖	m^3	20810.00	21.49	44.72
	土石回填	m^3	7140.00	24.21	17.29
	混凝土 C20（三）	m^3	1440.00	406.54	58.54
	混凝土 C25（二）	m^3	7500.00	953.78	715.34
	钢筋制安	t	1890.00	6554.18	1238.74
	建筑砌砖	m^3	4400.00	362.48	159.49
	建筑装修	项	1.00	2000000.00	200.00
	……				
	细部结构工程	项	14160.00	36.76	52.05
(二)	后坡处理工程				1483.01
	……				
六	近坝岸坡处理工程				1688.38
(一)	古滑坡防护工程				742.74
	覆盖层开挖	m^3	4000.00	21.49	8.60

续表

编号	工程或费用名称	单位	数量	单价/元	合计/万元
	石方明挖	m^3	1000.00	51.11	5.11
	排水孔	m	700.00	40.16	2.81
	锚杆制安 $\phi 25$，$L=6m$	根	720.00	296.68	21.36
	浆砌石	m^3	30000.00	172.82	518.46
	钢筋石笼	m^3	10000.00	186.40	186.40
(二)	河道整治				345.64
	浆砌石	m^3	20000.00	172.82	345.64
(三)	其他边坡处理工程	项	1.00	6000000.00	600.00
七	交通工程				15785.00
(一)	场内公路工程				13185.00
	左岸绕坝环线路（混凝土路面 $B=8.0m$）	km	1.25	9000000.00	1125.00
	右岸绕坝环线路（混凝土路面 $B=8.0m$）	km	2.60	9000000.00	2340.00
	……				
(二)	桥梁工程				2600.00
	跨尾水渠桥 $L=200m$	座	1.00	6000000.00	600.00
	下游钢架拱桥挂 160$L=180m$	座	1.00	20000000.00	2000.00
八	房屋建筑工程				4534.68
(一)	场地平整	项	1.00	1000000.00	100.00
(二)	辅助生产厂房	m^2	1350.00	800.00	108.00
(三)	仓库	m^2	1050.00	600.00	63.00
(四)	办公用房	m^2	1490.00	1500.00	223.50
(五)	值班公寓及附属设施	m^2	8400.00	1000.00	840.00
(六)	室外工程（15%）	%	1334.50		200.18
(七)	生产运行管理房屋	项	1.00	20000000.00	2000.00
(八)	梯级集控中心分摊	项	1.00	10000000.00	1000.00
九	安全监测工程	项	1.00	9258500.00	925.85
十	水文测报工程	项	1.00	6791400.00	679.14
十一	消防工程	项	1.00	3000000.00	300.00
十二	劳动安全与工业卫生工程	项	1.00	3858500.00	385.85
十三	其他工程				2843.25
(一)	动力线路工程	km	10.00	150000.00	150.00
(二)	照明线路工程	项	1.00	1500000.00	150.00
(三)	通信线路工程	km	6.00	60000.00	36.00
(四)	厂坝区供水、排水工程	项	1.00	480000.00	48.00
(五)	厂坝区供热工程	项	1.00	500000.00	50.00
(六)	其他				118.41

第五章 环境保护和水土保持专项工程投资编制

第一节 概 述

水电工程通常具有发电、防洪、灌溉、航运、养殖、供水、旅游等综合效益，是人类改造自然、利用自然的重要途径。但是，随着环境保护意识的增强，人们也已认识到，修建大坝不仅将引起河流水沙情势的变化，此外，水库淹没与移民安置活动，以及工程施工等都会对生态环境产生不同程度影响。因此，不论是流域水资源综合利用规划制订，还是在水电工程的规划、设计、施工运行及管理的各阶段中，均应充分考虑维护生态平衡与环境保护的要求，包括生态用水与环境用水的要求，水电工程建设应与经济、社会的可持续发展，以及生态环境良性循环相协调。中国对水电工程环境影响的研究始于20世纪70年代末。20世纪80年代初，中国建立了建设项目的环境影响评价制度，1991年通过的《中华人民共和国水土保持法》、1989年通过的《中华人民共和国环境保护法》和2002年通过的《中华人民共和国环境影响评价法》，对我国现行环境影响评价制度进行了重大拓展，明确规定建设项目在规划阶段，应当将环境影响报告书一并附送审批机关审查，未附送环境影响报告书的，审批机关不予审批；并规定建设项目在可行性研究阶段应编制水土保持方案，并报水行政主管部门审批，作为项目审批或核准的主要依据。

根据国家规定，环境影响报告书和水土保持方案报告书中需包括有环境保护和水土保持工程专项投资，水电工程环境保护总投资包括环境保护和水土保持投资。本章主要介绍环境保护和水土保持工程专业按照国家规范如何编制其专项投资。同时，环境保护和水土保持工程专项投资是水电工程项目总投资的重要组成部分，本章也相应介绍了其费用纳入到水电工程设计概算的原则。

第二节 环境保护专项工程

一、术语

（一）环境保护专项投资

水电工程中，专为环境保护目的兴建的环境保护工程投资或环境保护措施补偿费用。

（二）具有环境保护功能的工程投资

水电工程中，为工程目的兴建的，同时具有环境保护功能、发挥环境保护作用、为环境保护服务的工程投资。

（三）环境保护总投资

水电工程中，与环境保护和水土保持有关的所有投资，包括环境保护专项投资、水土保持工程专项投资以及具有环境保护功能和水土保持功能的工程投资。

二、项目划分

环境保护专项工程项目划分为枢纽工程环境保护专项工程、建设征地移民安置环境保护专项工程、独立费用，如图5-1所示。

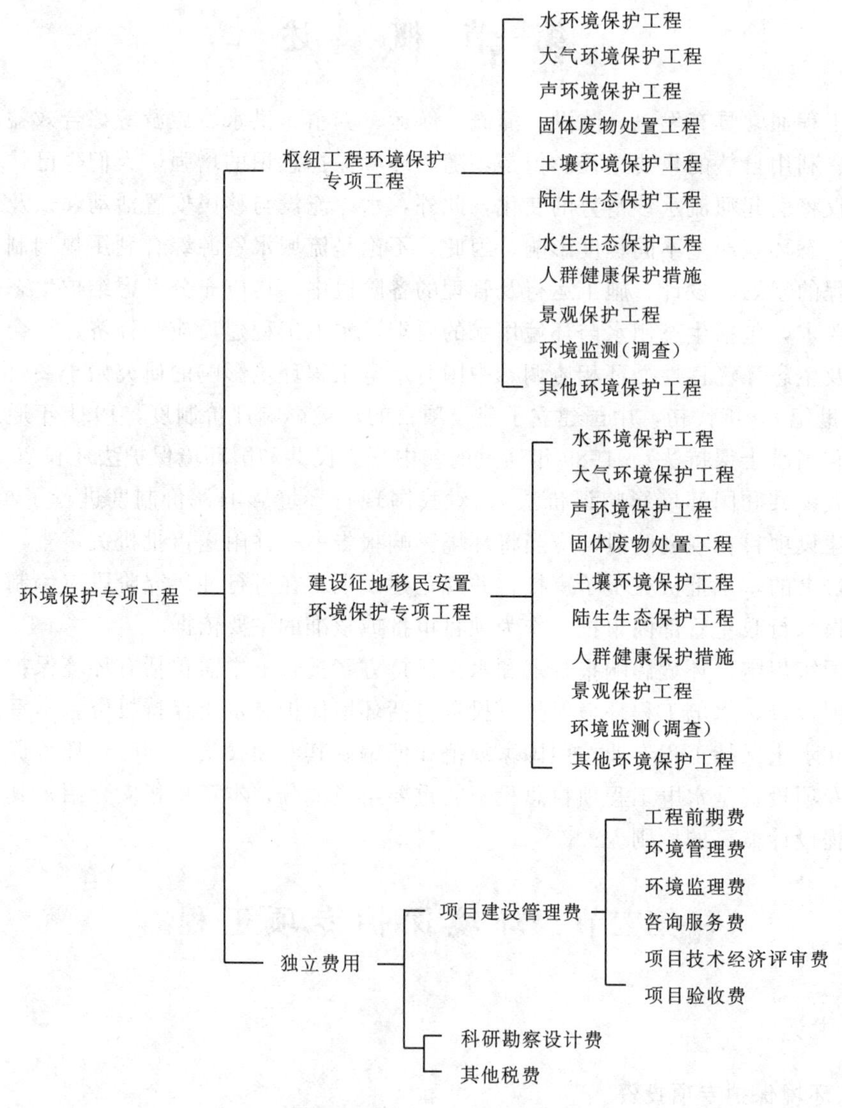

图5-1　环境保护专项工程项目划分图

项目划分设置一级、二级、三级项目。编制环境保护专项投资时，可根据环境保护工程（或措施）设计方案合理划分部位（区域），并分部位（区域）编制、汇总投资。二级、三级项目可根据工程的实际情况进行增减。

三、环境保护工程的主要内容

水电工程的环境保护专项工程分为枢纽工程环境保护专项工程、建设征地移民安置环境保护专项工程和独立费用3个部分。

（一）枢纽工程环境保护专项工程的主要内容

枢纽工程环境保护专项工程指在枢纽工程建设区为减轻或消除项目兴建对环境的不利影响所采取的各种保护工程和措施。

1. 水环境保护工程

水环境保护工程指防治水污染，维护水环境功能，保护和改善水环境，保证河道生态需水量等工程或措施，包括砂石料加工系统、混凝土拌和系统、修配系统、地下洞室开挖等施工期生产设施运转中所产生的生产废水和含油废水处理工程，施工区生活营地生活污水处理厂、成套污水处理设备、生活流动厕所等，为防止水库及下游、引水式电站的脱减水河段水质恶化、干枯或水流波动过大等变化所采取的生态流量泄放措施（如生态泄水洞、泄水闸、泄水渠等），为防止泄放低温水对鱼类生存繁殖、农田灌溉等产生影响，需采取的水温恢复措施（包括进水口叠梁闸门取水、多孔取水和前置挡墙等）。

2. 大气环境保护工程

大气环境保护工程指针对大气环境敏感对象，维护工程地区大气环境功能要求所采取的粉尘消减与控制措施，主要有洒水降尘等，包括开挖爆破粉尘、砂石加工与混凝土加工系统粉尘、交通粉尘和施工区生活营地废气的削减与控制。

3. 声环境保护工程

声环境保护工程指以维护工程影响区内敏感对象区域声环境功能要求所采取的措施，包括施工机械及辅助企业噪声控制、交通噪声控制、爆破噪声控制。如影响区内医院、学校、疗养区、居民区等建筑物设置的封闭阳台、双层窗、封闭外走廊等隔声降噪设施，敏感点（区）防噪减噪设置的隔声屏障、隔声窗等。

4. 固体废物处置工程

固体废物处置工程指为施工区生活垃圾的收集、临时储存及处置、危险废物的处置等采取的措施，包括卫生填埋、焚烧处理、堆肥处理和外运处理等方式。

5. 土壤环境保护工程

土壤环境保护工程指为防止水电工程建设引起的土壤浸没、土壤潜育化、盐碱化、沙化和土壤污染等所采取的防治措施，包括修筑防护堤防渗截渗工程、排水工程、防护林及田间管理、污染源治理等措施。

6. 陆生生态保护工程

陆生生态保护工程指水电工程建设对野生珍稀、濒危、特有生物物种及其栖息地和古树名木，森林、草原、湿地等重要生态系统，自然保护区、森林公园、地质公园、天然林等所采取的保护措施，包括陆生生态系统保护与修复、珍稀植物古树名木保护、珍稀动物保护及根据工作需要进行的陆生生态保护专项研究。

陆生生态系统保护与修复包括库区消落带治理、特殊群落保护（非珍稀植物）；珍稀植物和古树木保护包括围栏保护、迁地移栽、引种繁育、建立植物园等措施；珍稀动物保护包括驱赶野生动物、建立迁徙通道、建立野生动物救护站等措施。

7. 水生生态保护工程

水生生态保护工程指对珍稀、濒危和特有水生生物，具有生物多样性保护价值和一定规模的野生鱼类产卵场、索饵场、越冬场，洄游鱼类及洄游通道，以水生生物为主要保护对象的各类保护区采取的保护措施，包括栖息地保护、过鱼设施、鱼类增殖放流站及根据工作需要进行的水生生态保护专项研究等。

栖息地保护包括替代生境保护和生境修护或改造等；过鱼设施包括鱼道、仿自然旁通道、鱼闸、升鱼机、集运鱼系统等。

鱼类增殖放流站应按现行能源行业标准《水电工程鱼类增殖放流站设计设计规范》（NB/T 35037—2014）规定的内容进行设计及概算投资编制。

8. 人群健康保护措施

人群健康保护措施指为保护所有受工程影响人员健康，防治工程引起的环境变化带来的传染病、地方病，防止因交叉感染或生活卫生条件引发传染病流行采取的措施。保护措施主要包括疫情建档、检疫、施工区消毒、备用药品及器材等卫生检疫工作。

9. 景观保护工程

景观保护工程指对具有观赏、旅游、文化价值等特殊地理区域和由地貌、岩石、河流、湖泊、森林等组成的自然、人文景象，风景名胜区、森林公园、地质公园等采取的优化工程布置、避让，景观恢复与再塑等保护措施，包括自然景观保护、人文景观保护及根据工作需要进行的景观保护专项研究。

受工程影响的古建筑、古桥梁、石刻、栈桥、古遗址、古墓葬等文物采取的保护措施费用计入建设征地和移民安置补偿相应项目中。

10. 环境监测（调查）

环境监测（调查）指为掌握评价区施工期和试运行期环境要素的动态变化而开展的环境监测（调查）工作，包括废（污）水水质监测、地表水环境监测、地下水监测、大气环境监测、声环境监测、土壤环境（或底泥）监测、生态流量监控、陆生生态调查、水生生态调查等监测工作。

11. 其他环境保护工程

其他环境保护工程是指上述环境保护工程（或措施）以外的其他环境保护工程（或措施）。

（二）建设征地移民安置环境保护专项工程的主要内容

建设征地移民安置环境保护专项工程指农村移民安置区、城市和集镇迁建区内所采取的各种环境保护工程。

1. 水环境保护工程

水环境保护工程指农村移民安置区、迁建集镇和迁建城市的生活污水处理工程、饮用水源保护和其他水质保护措施。生活污水处理工程包括生活污水处理厂、成套污水处理措施、户用沼气池等。

2. 大气环境保护工程

大气环境保护工程指农村移民安置区、迁建集镇和迁建城市施工期为防治环境空气质

量下降而采取的洒水降尘以及其他大气污染防治措施。

3. 声环境保护工程

声环境保护工程指针对农村移民安置区、迁建集镇和迁建城市施工期噪声污染类型、源强、排放方式及敏感对象特点，采取的噪声源控制、阻断传声途径和敏感对象保护等措施。

4. 固体废物处置工程

固体废物处置工程指针对农村移民安置区、迁建集镇和迁建城市的生活垃圾收运和处置工程，危险废物的处置及其他垃圾处理设施等。

5. 土壤环境保护工程

土壤环境保护工程指对农村移民安置区内土壤环境采取的保护措施，包括土壤浸没防治、土壤潜育化防治、土壤盐碱化防治、土壤沙化治理、土壤污染防治等。

6. 陆生生态保护工程

陆生生态保护工程指为保护移民安置区内的野生动物和陆生植物而采取的就地保护和异地保护措施等。

7. 人群健康保护措施

人群健康保护措施指对移民安置区的传染病传播媒介及滋生地进行治理等病媒防治措施，包括移民的卫生抽检和人群检疫传染病预防等。

8. 景观保护工程

景观保护工程指移民安置区对具有观赏、旅游、文化价值等特殊地理区域和由地貌、岩石、河流、湖泊、森林等组成的自然、人文景象，风景名胜区、森林公园、地质公园等采取的优化工程布置、避让，景观恢复与再塑等保护措施。

9. 环境监测（调查）

环境监测（调查）指针对移民安置区主要环境要素的动态变化而开展的环境监测工作，包括水质监测、陆生生物调查和人群健康调查。水质监测划分为新址饮用水水源监测和废水排放监测。

10. 其他环境保护工程

其他环境保护工程是指上述环境保护工程（或措施）以外的其他环境保护工程（或措施）。

（三）独立费用的主要内容

独立费用由项目建设管理费、科研勘察设计费和其他税费组成。

项目建设管理费指建设项目法人在工程建设期间开展环境保护管理工作所需的费用，包括工程前期费、环境管理费、环境监理费、咨询服务费、项目技术经济评审费和项目验收费等；科研勘察设计费指工程可行性研究阶段、招标设计阶段和施工图设计阶段进行环境保护设计所发生的科研勘察设计费，包括施工科研试验费和环境保护工程勘察设计费等；其他税费指按国家及地方相关规定需交纳的各项税费。

1. 项目建设管理费

（1）工程前期费，指预可行性研究报告审查完成以前（或水电工程筹建前），进行规划阶段、预可行性研究阶段环境保护评价工作所发生的各种管理性费用及勘察设计费。

(2) 环境管理费，指项目法人负责组织、落实、管理和监督工程的环境保护工作发生的管理性质开支，包括从项目筹建到竣工验收期间所发生的各种有关环境保护工程方面的管理性费用和技术培训费用，环境管理经常费和环境保护宣传及技术培训费等。

(3) 环境监理费，指从工程筹建期开始，项目法人聘请监理单位对环境保护工程的质量、进度和投资进行控制，进行环境保护工程合同管理，协调有关方面的工作关系等所需的各项费用。

(4) 咨询服务费，指项目法人根据国家有关环境保护规定和项目建设管理的需要，委托有资质的咨询机构或聘请专家对环境影响评价、环境保护工程勘察设计以及建设管理等过程中有关技术、经济和法律问题进行咨询服务所发生的有关费用，包括环境影响报告书、验收调查报告和环境影响后评价报告等编制及咨询所需的费用。其中，环境影响报告书包括“三通一平”（即水通、电通、路通、场地平整）工程、主体工程和移民安置专项等环境影响评价内容。

(5) 项目技术经济评审费，指项目法人依据国家颁布的法律法规，委托有资质的机构对工程环境影响评价文件和环境保护专项报告等专项评审工程进行工程验收所发生的费用。

(6) 项目验收费，包括阶段性环境保护验收和竣工环境保护验收等所需的费用。

2. 科研勘察设计费

(1) 施工科研试验费，指在环境保护工程建设过程中，为解决工程技术问题而进行必要的科学研究试验所需的费用。

(2) 环境保护工程勘察设计费，指工程可行性研究阶段、招标设计阶段和施工图设计阶段发生的环境保护勘察设计费。勘察设计的工作内容、范围和深度，按照相应规程执行，超出规程要求和特殊专项设计所需费用按实际情况计列。

3. 其他税费

其他税费指按国家及地方相关规定需交纳的各项税费。

四、环境保护专项投资编制原则和依据

(一) 编制原则

环境保护专项投资编制所采用的主要编制原则、依据、方法及价格水平年等均应与主体工程的概算相一致，并根据国家及行业有关工程环境保护的规程、规范及相关标准，结合工程具体情况进行编制。

(二) 编制依据

1. 设计方案编制依据

(1)《中华人民共和国环境保护法》。

(2)《建设项目环境保护管理条例》。

(3)《水电水利工程环境保护技术规范》。

(4) 国家和主管部门颁发的法律法规、技术标准和规定。

2. 环境保护专项工程投资编制依据

(1) 水电工程设计概算编制的有关规定及相关定额。

（2）《水电工程环境保护专项投资编制细则》。

（3）国家及行业主管部门和省（自治区、直辖市）主管部门颁发的有关工程环境保护法律、法规、规程、规范等。

（4）投资编制期人工、材料和设备等的价格信息资料及有关费用标准。

（5）水电工程可行性研究阶段环境保护设计报告、有关资料、图纸及设计工程量和主要设备清单。

五、环境保护专项投资编制方法

环境保护专项投资由枢纽工程环境保护专项投资、建设征地移民安置环境保护专项投资、独立费用、基本预备费组成。

枢纽工程、建设征地移民安置环境保护专项投资包含建筑工程、设备及安装工程、环境监测（调查）、环境保护专项研究及施工期设施运行与维护等费用。

1. 基础价格

专项投资编制所采用的基础资料价格，包括人工预算单价，主要材料预算价格，施工用风、水、电、砂石料单价，混凝土材料单价和施工机械台时费等，均应与主体工程设计概算所采用的价格水平保持一致。

2. 建筑工程

建筑工程投资应根据工程量乘以相应的工程单价（或单位造价指标）计算。

主要建筑工程单价，包括土方开挖、石方开挖、土（石）方回填、混凝土、钢筋制作安装、钻孔及灌浆等单价，应根据工程实际情况及有关设计资料，按现行水电工程设计概算编制的有关规定和相关定额进行编制。在定额缺项的情况下，可结合类似工程单价资料分析计算。

对于道路、房屋、井（池）等建筑物，以 km、m^2、座等为单位计量的工程量，可根据设计参数、规模、类型和市场调查，分析确定单位造价指标。

苗木、草皮、树籽、草籽植物移栽、引种、繁育等单价按当地的市场价格和国家（行业）、地方（省级）相关工程定额以及相应的取费标准编制分析计算。

3. 设备及安装工程

设备及安装工程投资应根据设备工程量乘以工程单价计算。

工程单价包括设备原价、设备到工地现场运杂综合费及设备安装单价。

设备安装单价按水电工程设计概算编制的有关规定和相关定额进行编制。在概算定额缺项的情况下，可根据设计参数、类似工程资料分析，按安装费率计算。

4. 环境监测（调查）

环境监测（调查）费用根据环境监测设计资料和省（自治区、直辖市）及地方环境监测收费标准分析计算。

5. 环境保护专项研究和施工期设施运行与维护

环境保护专项研究费用根据工程所在地特殊的生态环境、研究类别和规模分析计算。

施工期设施运行与维护费根据水电工程建设期内环境保护措施运行时间，按人工费、消耗性材料费、动力费、设施维护及管理费等项目和实际资料分析计算。

6. 独立费用

(1) 项目建设管理费。

1) 工程前期费。根据项目实际情况和有关规定分析计列。

2) 环境管理费。按枢纽工程与建设征地移民安置的环境保护专项投资之和乘以水电工程设计概算相应的费用标准计算。

3) 环境监理费。按枢纽工程与建设征地移民安置的环境保护专项投资之和乘以水电工程设计概算相应的费用标准计算。

4) 咨询服务费。按枢纽工程与建设征地移民安置的环境保护专项投资之和乘以水电工程设计概算相应的费用标准计算。

5) 项目技术经济评审费。按枢纽工程与建设征地移民安置的环境保护专项投资之和乘以水电工程设计概算相应的费用标准计算。

6) 项目验收费。按枢纽工程与建设征地移民安置的环境保护专项投资之和乘以水电工程设计概算相应的费用标准计算。

(2) 科研勘察设计费。

1) 施工科研试验费。按枢纽工程与建设征地移民安置的环境保护专项投资之和乘以水电工程设计概算相应的费用标准计算。

2) 环境保护勘察设计费。根据国家或行业有关规定计算。超出规程要求和特殊专项设计所需费用根据项目具体情况计列。

(3) 其他税费。按国家有关法规及省（自治区、直辖市）颁发的有关文件，结合工程实际情况计列。

7. 基本预备费

基本预备费指在可行性研究设计范围内，为解决环境保护设计变更，预防自然灾害采取的环境保护措施，以及弥补一般自然灾害所造成损失中工程保险未能补偿部分而预留的费用。按枢纽工程环境保护专项工程、建设征地和移民安置环境保护专项工程和独立费用3个部分投资合计的百分率计算，基本预备费费率应根据工程环境问题的复杂程度以及环境保护设计深度分析确定。

8. 分年度投资

分年度投资应根据环境保护工程和措施实施进度计划安排进行编制。环境保护工程按二级项目各年度完成的投资比例计算。独立费用根据费用的性质、发生的先后以及与施工时段的关系，按相应施工年度分别计算。

六、环境保护专项投资与环境保护投资的关系

环境保护投资包括环境保护专项投资和主体工程中具有环境保护功能的工程投资。

具有环境保护功能的工程投资包括枢纽工程中具有环境保护功能的工程投资、建设征地移民安置补偿中具有环境保护功能的工程投资。

(一) 枢纽工程中具有环境保护功能的工程

枢纽工程中具有环境保护功能的工程投资已包含在枢纽工程的各项投资中，不应在环境保护专项投资中重复计列。

(1) 大气环境保护工程中开挖与爆破粉尘的消减与控制，砂石料生产系统、混凝土生产系统粉尘的消减与控制。

(2) 声环境保护工程中施工机械及辅助企业噪声控制、爆破噪声控制。

(3) 主体工程中已含的泄洪放水洞和放水闸，引水洞、引水明渠。

(4) 地质环境保护工程中库岸及边坡稳定防护、水库渗漏及浸没处理、泥石流防治、触发地震预测预防、河岸的冲淤防护等。

(5) 枢纽工程中受工程影响的古建筑、古桥梁、石刻、栈道等地面文物保护，古遗址、古墓葬等地下文物保护等文物古迹保护措施。

(6) 人群健康保护措施中人群健康检查。

(二) 建设征地移民安置补偿中具有环境保护功能的工程

建设征地移民安置补偿中具有环境保护功能的工程投资已包含在建设征地移民安置补偿投资中，不应在环境保护专项投资中重复计列。

(1) 水环境保护工程中的农村移民安置区排水管网工程等。

(2) 固体废物处理工程中库底清理，包括建筑物清理、卫生清理、林木清理、坟墓清理和其他清理等。

(3) 地质环境保护工程中移民安置区边坡稳定防护、泥石流防治等。

(4) 人群健康保护措施中建设征地移民安置区一般卫生清理。

(5) 建设征地移民安置区受工程影响的古建筑、古桥梁、石刻、栈道等地面文物保护，古遗址、古墓葬等地下文物保护等文物古迹保护措施。

(6) 供水工程、交通工程、输电线路工程、迁建企业、造地及防护工程、复建水电站及配套水利工程等专项设施复建工程环境保护措施。

第三节　水土保持专项工程

一、术语

(一) 水土保持专项投资

水电工程中，以防治水土流失为主要目标的防护措施的投资。

(二) 主体工程中具有水土保持功能工程投资

水电工程中，为工程目的兴建的，以主体工程设计功能为主同时具有水土保持功能、发挥水土保持作用、为水土保持服务的工程投资。

(三) 水土保持工程投资

水电工程中，水土保持专项投资以及主体工程中具有水土保持功能的工程投资之和。

二、项目划分

水土保持专项工程项目划分为枢纽工程水土保持专项工程、建设征地移民安置水土保持专项工程、独立费用，如图 5-2 所示。

枢纽工程水土保持专项工程项目划分中按工程内容分设一级、二级、三级项目。一级

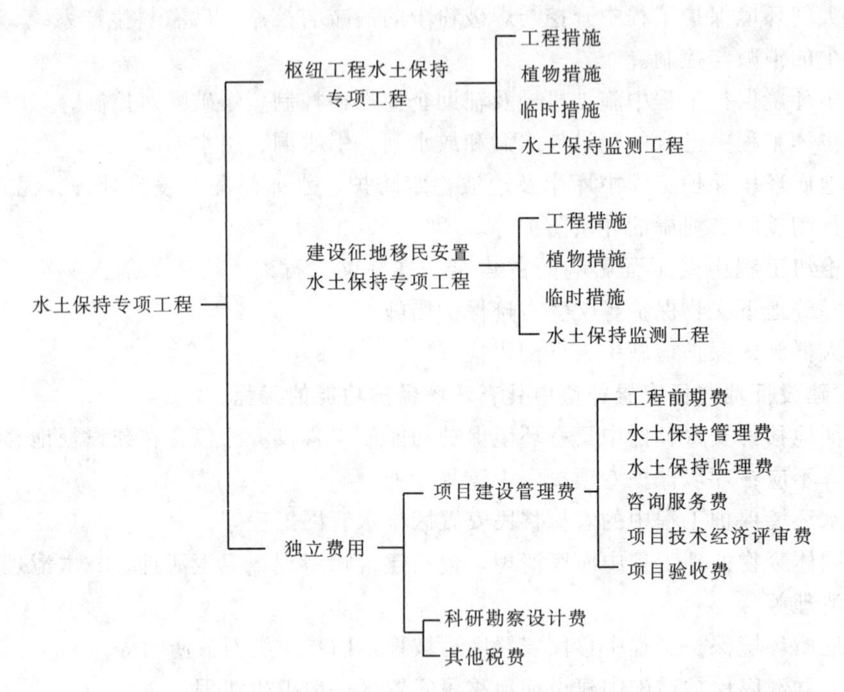

图 5-2 水土保持专项工程项目划分图

项目按水土保持设计方案划分的防治区域列项，二级项目按措施列项，三级项目按分部分项工程列项，同时应注意与主体工程项目之间的合理划分。

建设征地移民安置水土保持专项工程项目划分中按工程内容分设一级、二级、三级项目。一级项目按农村移民搬迁、集镇迁建城市迁建、专项复建 3 个部分列项，二级项目按措施列项，三级项目按分部分项工程列项，二级、三级项目可根据工程实际情况进行合并简化列项。

三、水土保持专项工程的主要内容

水土保持专项工程划分为枢纽工程水土保持专项工程、建设征地移民安置水土保持专项工程、独立费用 3 个部分。

(一) 枢纽工程水土保持专项工程的主要内容

枢纽工程水土保持专项工程指枢纽工程建设区内以防治水土流失为目标采取的水土保持措施工程。

1. 工程措施

工程措施指为防治枢纽工程建设区内的水土流失，保护、改良和合理利用水土资源而修建的工程设施，包括表土剥离工程、拦渣工程、防洪排导工程、护坡工程、降水蓄渗工程和沙障固沙工程等。

2. 植物措施

植物措施指为防治枢纽工程建设区内的水土流失，保护、改良和合理利用水土资源，所采取的造林、种草及封禁、抚育保护等生产活动，包括土地整治、栽植苗木、铺草皮、

撒播树（草）籽、生态护坡、绿化美化、植物养护设施、抚育管理和封禁治理等措施。

3. 临时措施

临时措施指在枢纽工程建设区内，为防止施工期水土流失而修建的临时防护工程以及为实施工程措施和植物措施所需要的施工辅助工程。临时防护工程主要适用于项目筹建期和施工期内各类施工扰动区域的水土流失防治。此类水土流失及产生的危害在施工结束后停止，如施工结束后仍继续存在，临时防护工程应结合永久防护工程布设。

4. 水土保持监测工程

水土保持监测工程指在枢纽工程建设区内，为观测水土流失的发生、发展、危害及水土保持效益而修建的监测土建设施和配置的设备仪表，以及施工期监测费，但不包含因主体工程安全进行的监测设施设备费。

（二）建设征地移民安置水土保持专项工程的主要内容

建设征地移民安置水土保持专项工程指农村移民安置区、城市和集镇迁建区、专项复建工程所采取的各种水土保持专项工程。库岸区对蓄水引发的库岸边坡潜在不稳定进行防护或标记工程含在主体工程中，在专项工程中不予考虑。

1. 工程措施

工程措施指为防治农村移民安置区、城市和集镇迁建区、专项复建工程的水土流失，保护、改良和合理利用水土资源而修建的工程设施，包括表土剥离工程、拦挡工程、防洪排导工程、弃渣防治工程等。

2. 植物措施

植物措施指为防治农村移民安置区、城市和集镇迁建区、专项复建工程的水土流失，保护、改良和合理利用水土资源，所采取的造林、种草及封禁、抚育保护等生产活动，包括土地整治、栽植苗木、铺草皮、撒播树（草）籽、生态护坡、绿化美化和抚育管理等措施。

3. 临时措施

临时措施指在农村移民安置区、城市和集镇迁建区、专项复建工程建设过程中，为防止施工期水土流失而修建的临时防护工程以及为实施工程措施和植物措施所需要的施工辅助工程。

4. 水土保持监测工程

水土保持监测工程指在农村移民安置区、城市和集镇迁建区、专项复建工程等建设过程中，为观测水土流失的发生、发展、危害及水土保持效益而修建的监测土建设施和配置的设备仪表，以及施工期监测费，但不包含因工程安全进行的监测设施设备费。

（三）独立费用

独立费用由项目建设管理费、科研勘察设计费和其他税费组成。

项目建设管理费指建设单位在工程建设期间开展水土保持管理工作所需的费用，包括工程前期费、水土保持管理费、水土保持监理费、咨询服务费、项目技术经济评审费、项目验收费等；科研勘察设计费指工程可行性研究阶段、招标设计阶段和施工图设计阶段进行水土保持设计所发生的科研勘察设计费，包括施工科研试验费和水土保持工程勘察设计费；其他税费指按国家及地方相关规定需交纳的各项税费，包括水土保持补偿费等。

1. 项目建设管理费

(1) 工程前期费，指预可行性研究报告审查完成以前（或水电工程筹建前），进行规划阶段、预可行性研究阶段水土保持评价工作所发生的各种管理性费用及勘察设计费。

(2) 水土保持管理费，指建设单位负责组织、落实、管理和监督工程的水土保持工作发生的管理性质开支，包括从项目筹建到竣工验收期间所发生的各种有关水土保持工程方面的管理性费用和技术培训费用。

(3) 水土保持监理费，指从工程筹建期开始，建设单位聘请监理单位对水土保持工程的质量、进度和投资进行控制，进行水土保持工程合同管理，协调有关方面的工作关系等所需的各项费用。

(4) 咨询服务费，指项目法人根据国家有关水土保持规定和项目建设管理的需要，委托有资质的咨询机构或聘请专家对水土保持工程勘察设计以及建设管理等过程中有关技术、经济和法律问题进行咨询服务所发生的有关费用，包括水土保持方案报告书的编制费用。

(5) 项目技术经济评审费，指项目法人依据国家颁布的法律法规，委托有资质的机构进行水土保持专项报告等专项评审所发生的费用。

(6) 项目验收费，包括阶段性水土保持验收和竣工水土保持验收等所需的费用。

2. 科研勘察设计费

(1) 施工科研试验费，指在水土保持工程建设过程中，为解决工程技术问题而进行必要的科学研究试验所需的费用。

(2) 水土保持工程勘察设计费，指工程可行性研究阶段、招标设计阶段和施工图设计阶段发生的水土保持勘察设计费。勘察设计的工作内容、范围和深度，按照相应规程执行，超出规程要求和特殊专项设计所需费用按实际情况计列。

3. 其他税费

水土保持补偿费，指水行政主管部门对损坏水土保持设施和地貌植被、不能恢复原有水土保持功能的生产建设单位和个人征收并专项用于水土流失预防治理的资金。

四、水土保持专项投资编制原则和依据

（一）编制原则

水土保持专项投资编制所采用的主要编制原则、依据、方法及价格水平年等均应与主体工程的概算相一致，并根据国家及行业有关工程水土保持的规程、规范及相应标准，结合工程具体情况进行编制。

（二）编制依据

1. 设计方案编制依据

(1)《中华人民共和国水土保持法》。

(2)《中华人民共和国水土保持法实施条例》。

(3)《开发建设项目水土保持方案管理办法》。

(4)《开发建设项目水土保持方案编报审批管理规定》。

(5)《开发建设项目水土保持设施验收管理办法》。

(6)《水土保持生态环境监测网络管理办法》。

(7)《水土保持综合治理技术规范》。

(8)《开发建设项目水土保持方案技术规范》。

2. 水土保持工程投资编制依据

(1) 水电工程设计概算编制相关规定和相关定额。

(2)《水电工程水土保持专项投资编制细则》。

(3) 国家及行业主管部门和省（自治区、直辖市）主管部门颁发的有关工程水土保持法律、法规、规程、规范等。

(4) 投资编制期人工、材料和设备等的价格信息资料及有关费用标准。

(5) 水电工程可行性研究阶段水土保持设计报告、有关资料、图纸及设计工程量和主要设备清单。

五、水土保持专项投资编制方法

水土保持专项投资由枢纽工程水土保持专项投资、建设征地移民安置水土保持专项投资、独立费用、基本预备费组成。

枢纽工程、建设征地移民安置水土保持专项投资包含工程措施、植物措施、临时措施、水土保持监测工程等投资。

(一) 基础价格编制

专项投资编制所采用的基础资料价格，包括人工预算单价，主要材料预算价格，施工用风、水、电、砂石料单价，混凝土材料单价和施工机械台时费等，均应与主体工程设计概算所采用的价格水平保持一致。

植物措施中苗木、草皮、树籽、草籽的预算价格采用当地市场价格和到工地现场综合运杂费之和。

(二) 工程单价编制

对位于高寒、高海拔等特殊地区的水电站工程，应考虑高寒、高海拔等对工程施工工效的影响，降效增加费用按相关行业的计算规定执行。

1. 工程措施单价编制

工程措施单价应根据工程实际情况及有关设计资料，按水电工程设计概算编制相关规定和相关定额进行编制，在概算定额缺项的情况下，也可参照类似工程单价分析计算。主要工程措施单价包括土方开挖、石方开挖、土（石）方回填、混凝土、钢筋制作与安装、钻孔及灌浆等。

2. 植物措施单价编制

植物措施单价，与栽植相关的单价参考水利、园林等相关行业和地方规定及相应的取费标准进行编制。植物措施中苗木价格包含在栽植相关的单价中，苗木费用在税金前计列，不参加取费，仅计算税金。水泵等设备依据投资编制期相同或相似设备市场价格或向有关厂家询价进行综合分析后确定；水泵安装费按水电工程设计概算编制相关规定进行编制。

3. 临时措施单价编制

临时防护工程单价应根据工程实际情况及有关设计资料，采用与工程措施和植物措施相同的编制原则编制单价。

4. 水土保持监测工程单价编制

土建设施单价可根据工程实际资料、设计参数、规模、类型和市场调查，分析同类型工程造价指标估算。

监测设备分需要固定埋设的监测设备仪表和可周转使用的监测设备仪表两类，监测设备单价由设备原价和综合运杂费组成。

国产设备原价依据投资编制期相同或相似设备市场价格或向有关厂家询价进行综合分析后确定；进口设备的原价参照投资编制期相同或相似进口设备原价确定。

综合运杂费指由国产设备生产厂家或采购地点、进口设备的进口口岸运至设备安装地点附近仓库所发生的运杂费、运输保险费和采购及管理费等。

信息管理网络系统软件、数据库软件、资料分析评价系统，根据各类软件的功能模块，以“套”为单位计算；地理信息系统数据、地形图数据、遥感影像数据等的购置费用，参考市场价格以“套”为单位计算。

（三）专项投资编制

1. 工程措施投资编制

按水土保持设计提出的工程量乘以相应的工程措施单价计算。

2. 植物措施投资编制

按水土保持设计提出的工程量乘以相应的植物措施单价计算。

3. 临时措施投资编制

临时措施投资包括临时防护工程投资和施工辅助工程投资。

临时防护工程投资按水土保持设计提出的工程量乘以相应的临时防护工程单价计算。

施工辅助工程投资按工程措施、植物措施以及临时防护工程投资之和百分比计算。

4. 水土保持监测工程投资编制

水土保持监测工程投资包括土建设施投资、设备及安装投资和施工期监测费，应在水土保持设计提出的具体监测项目、内容及监测时段的监测方案基础上分项计算。

（1）土建设施投资，按水土保持设计提出的工程量乘以相应的土建设施单价计算。

（2）设备及安装指需要固定埋设的监测设备及仪表，安装费以设备费原价之和为基数乘以设备安装工程费费率计算；不需要安装的设备不作为计费基数。

在编制设备安装费时，应将进口设备、需率定检验设备在投资计算表备注栏中标明。

国家相关部门要求进行检验率定的监测仪器，其检验率定费按仪器设备原价乘以检验率定费费率计算。

（3）施工期监测费包括监测人工费和监测设备使用费。监测人工费分为外业人工费、内业人工费、遥感技术专业人员费和其他人工费用等，以“人·月”为单位计算。人工费按综合“人·月”单价乘以监测时间计算，综合“人·月”单价按设计提供的监测项目各级人员组成及各级人员的“人·月”单价加权计算，各级人员的“人·月”单价按市场价格水平确定。

监测设备使用费指可周转使用的监测设备仪表的摊销使用费用，其设备一般由项目承担单位自带或租赁解决，设备使用费根据设备年使用费、监测设备年折旧费或监测设备租

赁价格乘以监测时间计算，以年为单位计算，监测设备年折旧费按监测设备价格除以寿命年限计算。

5. 独立费用投资编制

(1) 项目建设管理费。

1) 工程前期费。根据项目实际情况和有关规定分析计列。

2) 水土保持管理费。按枢纽工程水土保持管理费、建设征地移民安置水土保持管理费两部分分别计算。枢纽工程水土保持管理费以枢纽工程水土保持专项投资及相应的费用标准计算，建设征地移民安置水土保持管理费以建设征地移民安置水土保持专项投资及相应的费用标准计算。

3) 水土保持监理费。水土保持监理费按枢纽工程水土保持监理费、建设征地移民安置水土保持监理费两部分分别计算。枢纽工程水土保持监理费以枢纽工程水土保持专项投资及相应的费用标准计算，建设征地移民安置水土保持监理费以建设征地移民安置水土保持专项投资及相应的费用标准计算。

4) 咨询服务费。咨询服务费按枢纽工程咨询服务费、建设征地移民安置咨询服务费两部分分别计算。枢纽工程咨询服务费以枢纽工程水土保持专项投资及相应的费用标准计算，建设征地移民安置咨询服务费以建设征地移民安置水土保持专项投资及相应的费用标准计算。

5) 项目技术经济评审费。项目技术经济评审费按枢纽工程项目技术经济评审费、建设征地移民安置项目技术经济评审费两部分分别计算。枢纽工程项目技术经济评审费以枢纽工程水土保持专项投资及相应的费用标准计算，建设征地移民安置项目技术经济评审费以建设征地移民安置水土保持专项投资及相应的费用标准计算。

6) 项目验收费。项目验收费按枢纽工程项目验收费、建设征地移民安置项目验收费两部分分别计算。枢纽工程项目验收费以枢纽工程水土保持专项投资及相应的费用标准计算，建设征地移民安置项目验收费以建设征地移民安置水土保持专项投资及相应的费用标准计算。

(2) 科研勘察设计费。

1) 施工科研试验费。按枢纽工程与建设征地移民安置的水土保持专项投资之和及相应的费用标准计算。

2) 水土保持勘察设计费。根据国家或行业有关勘察设计费的规定计算，超出规程要求和特殊专项设计所需费用根据项目具体情况计列。

(3) 其他税费。

水土保持补偿费，根据国家和地方有关征收水土保持补偿费的法规文件，结合水电工程的特点按枢纽工程和建设征地移民安置分别合理计列。

6. 基本预备费

基本预备费指在可行性研究设计范围内，为解决水土保持设计变更，预防自然灾害采取的水土保持措施，以及弥补一般自然灾害所造成损失中工程保险未能补偿部分而预留的费用。按枢纽工程水土保持专项投资、建设征地移民安置水土保持专项投资和独立费用3个部分投资合计的百分率计算，基本预备费费率应根据工程水土保持问题的复杂程度以及水土保持设计深度分析确定。

7. 分年度投资

分年度投资应根据水土保持工程和措施实施进度计划安排，按国家现行统计口径计算出的各年度完成的投资。

分年度投资应根据水土保持措施实施进度进行编制。凡有工程量和工程单价的项目，应按分年度完成工程量进行计算；没有工程量和工程单价的项目，应根据该项目各年度完成的工作量比例计算。

六、水土保持专项投资与水土保持投资的关系

水土保持投资包括水土保持专项投资和主体工程中具有水土保持功能的工程投资。

水土保持专项投资是指为防止因工程建设而造成的水土流失而专门新建的、能独立发挥水土保持功能的工程投资。

主体工程中具有水土保持功能的工程投资是指主体工程项目中为工程目的兴建的，同时具有水土保持功能、发挥水土保持作用的工程项目的投资。主体工程中具有水土保持功能的工程投资包括枢纽工程中具有水土保持功能的工程投资、建设征地移民安置补偿中具有水土保持功能的工程投资。

(一) 枢纽工程中具有水土保持功能的工程

枢纽工程中具有水土保持功能的工程投资已包含在枢纽工程的各项投资中，编制水电工程设计概算时，不应在水土保持专项投资中重复计列。

(1) 枢纽建筑物边坡防护：坝肩、溢洪道、厂房、进水口等开挖边坡截排水沟、植物护坡等；土石坝的护坡、护面、挡土墙、堰体防护、截排水沟等，浆（干）砌块石截排水沟等。

(2) 进场及场内永久道路边坡防护：浆（干）砌块石截排水沟、框格梁、透水形式的路面硬化措施等。

(3) 工程建设区内的泥石流治理：挡渣坝、排导槽、排导渠、截排水沟等。

(4) 料场覆盖层清除及防护工程：料场覆盖层清除、无用层清除、料场防护工程。

(5) 枢纽工程建设区为边坡安全稳定采取的植物护坡、工程与植物措施相结合的综合护坡，不包括为处理不良地质采取的护坡措施（锚杆护坡、抗滑桩、抗滑墙、挂网喷混等），以及防洪堤、防浪堤（墙）、抛石护角等措施。

(二) 建设征地移民安置补偿中具有水土保持功能的工程

建设征地移民安置补偿中具有水土保持功能的工程投资已包含在建设征地移民安置补偿投资中，不应在水土保持专项投资中重复计列。

(1) 移民安置点的基础设施、集镇迁建城市迁建、专项工程复建等主体工程已考虑的挡渣、防淘、护坡、截排水、复耕、土地开发整理、园林绿化等措施。

(2) 库底清理所涉及与水土保持有关的所有项目。

(3) 库岸考虑蓄水后受水库淹没冲淘、库水位变动等因素影响，不稳定岸坡可能发生滑坡、塌岸，使部分水面以上的库岸发生水土流失，减少水库有效库容，需在库区滑坡体、堆积体及库区段结合景观建设所实施的防护工程及指示工程。

第四节　环境保护和水土保持专项投资与设计概算的关系

一、环境保护专项投资与设计概算的关系

前面章节已经介绍了环境保护专项投资编制的全过程，当环境保护工程专项投资需纳入到水电工程设计概算中时，按照《水电工程设计概算编制规定》的规定，应遵循以下原则：

(1) 环境保护专项投资中的枢纽工程环境保护专项投资、建设征地移民安置补偿环境保护专项投资，分别汇入水电工程设计概算枢纽工程和建设征地移民安置补偿相应的环境保护工程项目投资中。

(2) 环境保护工程建设所需施工道路、施工用房，场地平整以及其他施工辅助工程等投资，一般已包括在水电工程设计概算的施工辅助工程投资的相应项目内。如有特殊增加项目，可根据工程设计情况在环境保护专项投资中计列。

(3) 环境保护专项投资中的独立费用在汇入水电工程设计概算时，应与水电工程设计概算独立费用统一计算，不单独计列。

(4) 环境保护专项投资中的基本预备费，在汇入水电工程设计概算时，应与水电工程设计概算基本预备费统一计算，不单独计列。

二、水土保持专项投资与设计概算的关系

前面章节已经介绍了水土保持专项投资编制的全过程，当水土保持工程专项投资需纳入到水电工程设计概算中时，按照《水电工程设计概算编制规定》的规定，应遵循以下原则：

(1) 水土保持专项投资中的工程措施、植物措施、水土保持监测工程、临时措施投资，分别汇入水电工程设计概算枢纽工程和建设征地移民安置补偿相应的水土保持工程项目投资中。

(2) 水土保持专项工程建设所需施工道路、施工用房，场地平整以及其他施工辅助工程等投资，一般已包括在水电工程设计概算的施工辅助工程投资的相应项目内。如有特殊增加项目，可根据工程设计情况在水土保持专项投资中计列。

(3) 水土保持专项投资中的独立费用，在汇入水电工程设计概算时，应与水电工程设计概算独立费用统一计算，不单独计列。

(4) 水土保持专项投资中的基本预备费，在汇入水电工程设计概算时，应与水电工程设计概算基本预备费统一计算，不单独计列。

(5) 水土保持专项投资中不单独计列价差预备费、建设期利息，应与水电工程设计概算统一计算。

第六章 设备及安装工程投资编制

第一节　基　础　知　识

水电工程中的设备及安装工程分为机电设备及安装工程和金属结构设备及安装工程。

机电设备是指为使水能转换为电能所配置的全部机电设备。机电设备主要包括水力机械、电气等设备及安装。金属结构设备是指构成电站固定资产的全部金属结构设备。它包括挡水工程、泄洪工程、引水工程、发电工程、升压变电工程、航运工程、过坝工程、灌溉渠首工程项目的金属结构设备，主要有起重设备、闸门、压力钢管等。

在水电工程建设枢纽工程投资中，设备及安装工程占有较大的比重，一般达15%～25%，有些工程更高。因此，合理确定相应项目投资具有重要作用和意义。

一、水轮机

（一）概述

水轮机是将水能转换为旋转机械能量的一种动力机械。按其能量转换方式，水轮机可分为反击式水轮机和冲击式水轮机两大类。按其水流流向，水轮机又可分为贯流式水轮机、轴流式水轮机、斜流式水轮机、混流式水轮机、射流式水轮机。各种水轮机型式及适用水头范围见表6-1。

表6-1　水轮机型式及适用水头

<table>
<tr><th colspan="3">水轮机型式</th><th rowspan="2">适用水头范围/m</th></tr>
<tr><th>按能量转换方式分</th><th>按水流流向分</th><th>按结构特征分</th></tr>
<tr><td rowspan="6">反击式</td><td rowspan="2">贯流式</td><td>灯泡式</td><td rowspan="2">3～30</td></tr>
<tr><td>轴伸式</td></tr>
<tr><td rowspan="2">轴流式</td><td>定桨式</td><td rowspan="2">3～80</td></tr>
<tr><td>转桨式</td></tr>
<tr><td>斜流式</td><td></td><td>40～120</td></tr>
<tr><td>混流式</td><td></td><td>30～700</td></tr>
<tr><td>冲击式</td><td>射流式</td><td>水斗式</td><td>300～1700</td></tr>
</table>

可逆式水泵水轮机既能作为水轮机工作，又能作为水泵工作，有混流、斜流、轴流可逆式3种水泵水轮机，其中常用的为可逆混流式水泵水轮机。

1. 水轮机的分类

（1）反击式水轮机的水力特性。水轮机的转轮在工作时全部浸没在有压的水流中，水

流流经轮叶流道时，受叶片的作用，流速的大小和方向都发生了变化；水流对转轮有个反作用力，使转轮旋转，因此称为反击式水轮机。此类水轮机同时利用了水流的动能和势能。由于结构型式和适用条件不同，该类型水轮机又分为若干型式。

1）混流式水轮机。包括辐向轴流式和法兰西式。水流沿辐向进入转轮，逐渐变为沿轴向而离开转轮，所以称为辐向轴流式水轮机，或称为混流式水轮机。

a. 主要特征。应用水头范围广泛、结构简单、运行可靠、效率高（可达94%～96%，三峡左岸水电站的混流式水轮机最高效率高达98.7%），是现代应用最为广泛的水轮机。

b. 适用水头范围。大中型混流式水轮机一般适用水头范围为30～750m。世界上该机型最高使用水头为734m，安装于奥地利 Hausling 水电站，水轮机额定输出功率为180MW。

c. 单机容量。大中型混流式水轮机单机容量为6～800MW，该机型是各种型式水轮机能设计、制造出单机容量最大的机型。向家坝水电站的混流式水轮机额定输出功率为812MW，是当前世界上已建成电站中单机容量最大的水轮机。

d. 适用范围。适用于大、中、小型水电站。

e. 单机重量。每台水轮机重几十吨至3000多t不等。

2）轴流式水轮机。根据转轮叶片在运行中能否转动，又可分为轴流转桨式（又称为卡普兰式）和轴流定桨式。转轮区域内水流沿轴向流动，水流在导叶与转轮间由径向转为轴向。

a. 轴流转桨式水轮机。轴流转桨式水轮机的转轮叶片可以根据运行条件随导叶一起按一定协联关系转动。通过桨叶的转动与导叶的转动相互协调与相互配合，实现导叶与转轮叶片的双重调节，扩大了水轮机高效率区运行范围，使这种水轮机有较好的运行稳定性。但是它需要有一个转动叶片的操作机构，与轴流定桨式相比结构较复杂。单机容量为3～200MW，适用于低水头大流量的大中型电站；单机重量为几十吨至3600t不等。一般适用水头范围为3～80m。国内该机型最高使用水头为57.8m，安装于水口水电站，水轮机额定输出功率为200MW。

b. 轴流定桨式水轮机。运行稳定性差，低负荷运行时效率低。适用水头范围为3～50m。单机容量为2～50MW。适用于低水头大流量的中、小型水电站。单机重量为10～400t不等。

c. 轴流调桨式水轮机。同轴流定桨式参数一致，不同的是，根据每年的季节不同、来水量不同，可以在停机后人为地调整轮毂上轮叶的角度，使运行性能有所改善。

3）斜流式水轮机。水流介于辐向和轴向之间，斜向流进转轮。它适用水头范围较宽广，一般为40～120m。该型式水轮机性能稳定，高效率区宽广，亦可适用于抽水蓄能电站。安装定额中缺此型式，目前应用很少。

4）贯流式水轮机。按结构特征，又可分为灯泡贯流式和轴伸贯流式两种。

a. 灯泡贯流式水轮机。它是一种流道呈直线状的卧轴水轮机，发电机布置在被水绕流的钢制灯泡体内，水轮机与发电机一般为直接连接，有时为了减小发电机尺寸，采用增速器连接。它过流能力大，水头损失小，效率高，结构紧凑，适用水头范围为3～30m，单机容量为3～65MW。适用于低水头大流量的电站或潮汐电站。国内该机型最高使用水头为27m，安装于洪江水电站，水轮机额定输出功率为45MW。

b. 轴伸贯流式水轮机。它也是一种流道呈直线状的卧轴水轮机，只是发电机布置在水轮机流道之外，水轮机与发电机一般采用增速器连接。它过流能力大，水头损失小，效率高，结构紧凑，适用水头范围为3～30m，单机容量在6MW以下。通常只用在中小型水电站。

(2) 冲击式水轮机的水力特性。水流在水压力下以高速射流冲击转轮，使它旋转，因此，称为冲击式水轮机。在同一时间内水流只冲击转轮部分斗叶，而不是全部斗叶。此类水轮机仅利用了水流的动能，它不用尾水管、蜗壳和导水机构。其构造简单，便于维护和管理。冲击式水轮机可分为水斗式、斜击式和双击式。

1) 水斗式水轮机。由喷嘴喷射的水柱沿与转轮圆周相切方向冲击到装在转轮四周的水斗上，使转轮旋转。它适用于高水头（一般为300～1700m）电站，水头最高可达1883m。单机容量为6～420MW。该型式水轮机运行性能稳定，效率较反击式水轮机低一些，但其结构较简单。

2) 斜击式水轮机。其喷嘴呈斜向布置，水头适用范围为20～300m，转轮结构较水斗式简单，制造容易，过水能力较水斗式大一些。

3) 双击式水轮机。水流两次沿转轮叶片流动，即两次冲击转轮，所以称为双击式水轮机。一般用于小型电站。大、中型水电站常用的水轮机机型主要有混流式、轴流转浆式、灯泡贯流式和水斗式水轮机。

(3) 水泵水轮机。抽水蓄能电站是利用电力系统负荷低谷时剩余的电能来抽水，把水从下库抽至上库；在电力系统处于尖峰负荷时段时，把水从上库经过水泵水轮机/发电电动机组发电后放入下库，把发出的电能送入电力系统中。抽水蓄能电站是电力系统中具有调峰、填谷、调频、调相和事故备用等多种功能的特殊电源，运行灵活，反应快速。与其他新能源相比，抽水蓄能电站被认为是电力系统中可靠、经济、寿命周期长、容量大、技术成熟的储能装置。通过配套建设抽水蓄能电站，可降低核电机组运行维护费用、延长机组寿命；有效减少风电场并网运行对电网的冲击，提高风电场和电网运行的协调性以及电网运行的安全稳定性。

据国内外研究，抽水蓄能机组配置的比重，一般在电网总容量的10%左右为宜。截至2013年年底，全国抽水蓄能电站投产容量已达21545MW，在建容量14240MW。按照水电发展“十二五”规划，“十二五”时期开工抽水蓄能电站40000MW，到2020年抽水蓄能电站总装机容量将达到70000MW。但从目前我国的电源构成及布局看，抽水蓄能电站的比重依然偏低，占总装机容量的2%左右，仍然不能满足系统的需要。由此可见，我国抽水蓄能电站的建设有很大的发展潜力。

我国抽水蓄能电站建设起步晚，但发展较快。1968年，我国第一台11MW容量的抽水蓄能机组投产，到了20世纪90年代开始进入大规模发展阶段，2006年起抽水蓄能电站的建设步伐开始加快。目前已投运的抽水蓄能机组中，浙江天荒坪、广东惠州、广州抽水蓄能电站机组单机容量为300MW，已达到单级可逆式水泵水轮机世界先进水平；广东惠州、广州抽水蓄能电站总装机容量为2400MW，是目前世界上已建成的最大装机容量抽水蓄能电站。在建的河北丰宁抽水蓄能电站总装机容量为3600MW，该项目建成后将成为世界装机容量最大的抽水蓄能电站。

抽水蓄能电站有如下特点：

1）需要水，但基本上不耗水。它的规模不像常规水电那样取决于所在站址的流域面积、来水量、落差等，而是主要取决于上、下水库的库容、两者之间的落差、其所在电网低谷时有多少剩余电量可用来抽水至上库。

2）电站型式多，可因地制宜，在山区、江河梯级、平原均可修建。

3）抽水蓄能电站与燃煤、燃油电站相比，适应负荷性能好，开机、停机速度快，替代煤、电，不污染环境。与常规水电站比，还具有填谷功能，它的调峰能力为常规水电站的2倍。

4）关于抽水蓄能电站建设的一些统计指标。我国目前500m水头1000MW级抽水蓄能电站土石方填筑仅1～2m^3/kW，混凝土仅0.2m^3/kW，土石方明挖为1～3m^3/kW，石方洞挖为0.5m^3/kW左右，要比一般常规水电站的工程量少很多。因为常规同容量电站均要在大江大河上修建，大坝高，泄洪难，导流复杂，库区淹没损失大，移民以上万人计，而抽水蓄能电站移民要少得多，抽水蓄能机组单位千瓦投资也比常规水电站低。

5）我国20世纪90年代建设的抽水蓄能机组都是从国外进口的，我国水电设备骨干企业作为分包商，承担抽水蓄能机组的部分制造任务，积累了一些部件的设计和制造经验。2000年以后，通过项目打捆招标等方式，分别引进抽水蓄能机组的部分关键技术，在此基础上开始我国水电设备骨干企业自主设计制造抽水蓄能机组。通过消化、吸收引进技术和国产化依托工程，我国已经积累了大容量、高水头、高扬程抽水蓄能机组设计、制造、调试及运行方面的经验，形成了一定的规模和后发优势。2008—2012年，全进口机组总台数占全部机组台数的比例由56.86%逐步下降到38.75%，进口机组总容量占全部机组总容量的比例由64.46%逐步下降到38.29%。

6）水泵水轮机的分类和反击式水轮机相同，它可分为轴流式、斜流式、混流式，还有三机式（即多级水泵、水斗式水轮机和发电电动机）。根据我国拟建、在建抽水蓄能水电站水头/扬程范围，多数采用可逆混流式水泵水轮机。

2. 水轮机的型号

(1) 反击式水轮机的型号由3个部分组成（表6-2），其表示方式如图6-1所示。

表6-2 反击式水轮机型号

第1部分			第2部分				第3部分
水轮机型号		转轮型号	主轴布置型式		引水室特征		转轮标称直径 D_1
型式	代号	比转速代号：数字	型式	代号	型式	代号	数字表示
混流式	HL		立轴	L	金属蜗壳	J	
轴流转桨式	ZZ		卧轴	W	混凝土蜗壳	H	
轴流定桨式	ZD				明槽式引水	M	
斜流式	XL				灯泡式	P	
贯流转桨式	GZ				罐式	G	
贯流定桨式	GD				轴伸式	Z	
					竖井式	S	
					虹吸式	X	

注 水泵水轮机，在机型代号后加“N”。

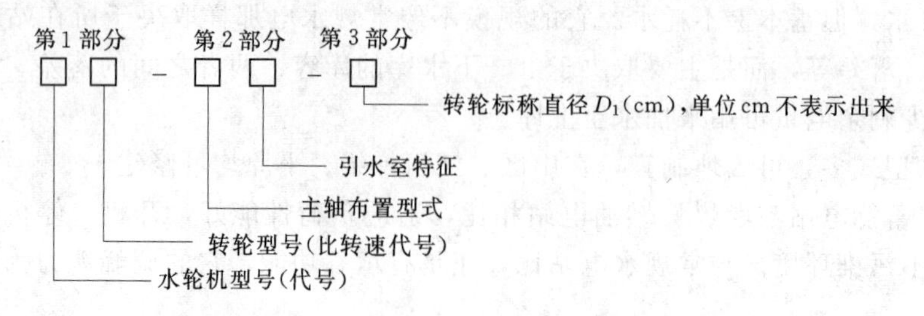

图6-1　反击式水轮机表示方式

(2) 冲击式水轮机的型号也由3个部分组成（表6-3），其表示方式如图6-2所示。

表6-3　　　　**冲击式水轮机型号**

第1部分			第2部分		第3部分
水轮机型号		转轮型号	主轴布置型式		转轮标称直径 D_1
型式	代号	比转速代号：数字	型式	代号	数字表示
水斗式	CJ		立轴	L	
斜击式	XJ		卧轴	W	
双击式	SJ				

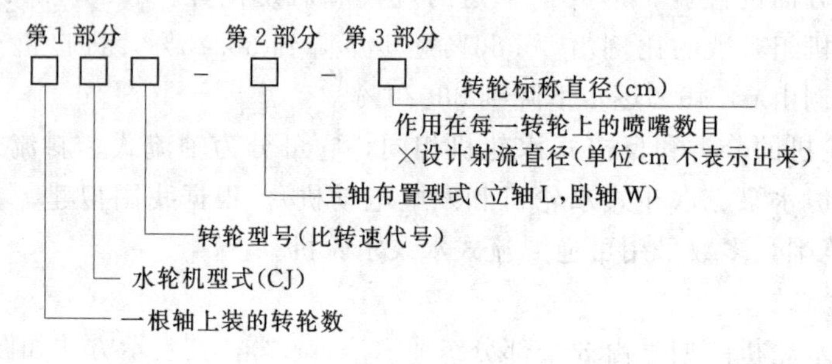

图6-2　冲击式水轮机表示方式

(3) 举例。

1) HL110-LJ-140：表示混流式水轮机，转轮型号为110；立轴，金属蜗壳；转轮标称直径D_1为140cm。

2) ZZ560-LH-800：表示轴流转桨式水轮机，转轮型号为560；立轴，混凝土蜗壳；转轮标称直径D_1为800cm。

3) XLN195-LJ-250：表示斜流水泵水轮机，转轮型号为195；立轴，金属蜗壳；转轮标称直径D_1为250cm。

4) 2CJ30-W-120/2×10：表示一根轴上有2个转轮的水斗式水轮机，转轮型号为30；卧式；转轮标称直径（节圆直径）D_1为120cm，每个转轮有2个喷嘴，设计射流直径为10cm。

5) GD600-WP-250：表示贯流定桨式水轮机，转轮型号为600；卧式，灯泡式引水；转轮标称直径D_1为250cm。

3. 水轮机的主要部件

这里主要介绍常用的反击式（混流式、轴流式）水轮机的4个过流部件。

（1）引水机构（蜗壳）。引水机构是水流进入水轮机所经过的第一个部件，通过它将水引向导水机构，然后进入转轮。水轮机引水机构的主要功能如下：

1）以较少的能量损失把水引向导水机构，从而提高水轮机的效率。

2）将足够的水量平稳、对称地引入转轮。

3）在进入导水机构以前，使水流具有一定的旋转。

4）保证转轮在工作时始终浸没在水中，不会有大量的空气进入。

大中型水轮机，多数都采用蜗壳式引水室。它的进口端与压力管道相连，由进口端向末端断面面积逐渐减小，并将导水机构包在里面。由于水轮机的应用水头不同，水流作用在蜗壳上的水压力也不同。水头高（大于40m）时水压力大，一般用金属蜗壳；水头低（小于40m）时水压力小，一般用钢筋混凝土蜗壳。

（2）导水机构（导水叶）。导水机构的作用是引导来自引水机构的水流沿一定的方向进入转轮，当外界负荷变化时，调节进入转轮的流量，使它与外界负荷相适应；正常与事故停机时，关闭导水机构，截住水流，使机组停止转动。

大中型水轮机一般都采用多导叶式导水机构，每个导叶都可以绕其自身轴旋转，借以调节进入转轮的流量。

（3）转动机构（转轮）。转动机构指的就是转轮，它是水轮机的核心部件。一般所说的水轮机的型式，实际就是指该水轮机转轮的型式。

1）轴流式转轮。由轮毂、轮叶和泄水锥等部件组成。轴流转桨式转轮的轮叶可以随着外界负荷的变化与导水机构导叶协同动作，始终保持一定的组合关系。因此，对负荷变化的适应性较好，运行区域广，平均效率高。轮叶数目为3～8片，水头高时，轮叶多。

轴流定桨式转轮的叶片固定在轮毂周围，不随外界负荷的变化而改变轮叶的角度。运行稳定性较差，运行区域窄，低负荷运行时效率低。

2）混流式转轮。由上冠、叶片和下环组成，三者连成整体。上冠装有减少漏水的止漏环，它的上法兰面用螺栓与主轴连接。它的下部中心装有泄水锥，用来引导水流以免水流从轮叶流道流出后相互撞击，以保证水轮机的效率。在上冠上一般还设有连通转轮上方与转轮下方的减压孔，用以减小轴向水推力。

叶片按圆周均匀分布固定于上冠和下环，叶片呈三向扭曲形，上部扭曲较缓，下部扭曲较剧，叶片的断面为机翼型，叶片数目约10～20片，通常为14～15片。下环也设有止漏装置。

（4）泄水机构（尾水管）。尾水管的主要作用是利用转轮出口处水流的大部分能量，以提高水轮机的效率。若转轮装置在下游水位以上时，也可以通过尾水管利用这部分水头。

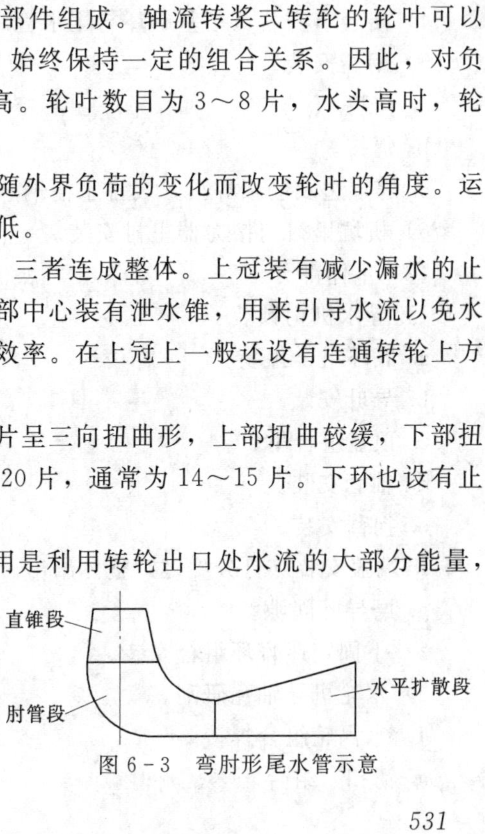

尾水管的型式基本上可以分为两类，即直锥形和弯肘形，如图6-3所示。大中型竖轴装置的水轮机多采用弯肘形尾水管，它由进口直

直锥段
肘管段
水平扩散段

图6-3　弯肘形尾水管示意

锥段、弯头（肘管）以及出口扩散段3个部分组成。

进口直锥段为垂直的圆锥形扩散管。此扩散管常用钢板焊接拼装而成。在上部设有进人门、测压管路、十字架补气管（有Y形、十字形、单管形）、排水管等。肘管是90°的弯管，其断面为由圆形过渡到矩形。在此段最低处设有放空阀，用水泵抽出尾水，以便机组检修。

出口段是向上翘的矩形断面扩散管。

(5) 其他构件。其他构件包括大轴、水导轴承、主轴密封、控制环、座环、底环、顶盖、基础环、机坑里衬、接力器及转轮室等。

(二) 水轮机主要部件安装工序

1. 混流式水轮机

(1) 埋设部分。

1) 尾水管安装。

2) 基础环。

a. 清扫组合。

b. 与座环组合（与座环整体安装）。

3) 座环。

a. 清扫、组合、点弧形板。

b. 焊接。

c. 安装。

4) 凑合节安装（指基础环与尾水管之间的连接）。

5) 蜗壳安装。

a. 挂装。

b. 焊接。

c. 蝶形边及筋板焊接，装排水槽钢。

6) 机坑里衬与接力器里衬安装。

(2) 本体部分。

1) 导水机构预装

a. 底环组合预装。

b. 导叶安装。

c. 顶盖组合吊装。

d. 轴套安装。

e. 拐臂安装。

f. 端盖安装（打分瓣键）整体吊出。

g. 磨导叶间隙。

2) 下固定迷官环组合安装。

3) 水轮机导轴瓦研刮。

4) 水涡轮组合焊接。

a. 清扫、组合。

b. 刚度试验。

c. 焊接准备。

d. 焊接（包括裂纹处理）。

e. 大轴与水涡轮连接。

f. 装、拆车圆架并车圆、磨圆。

5）水轮机大件吊装。

a. 水涡轮吊装。

b. 导水机构整体吊装。

c. 密封装置安装，轴承装置吊装。

d. 调速环吊装。

6）接力器安装。

7）调速系统安装（包括调速器、油压装置及事故配压阀、回复机构）。

8）调速系统调速试验。

9）大轴连接。

2. 轴流式水轮机

(1) 埋设部分。

1）尾水管安装。

2）座环。

3）转轮室上环、中环、下环。

4）蜗壳。

5）机坑里衬。

(2) 导水机构。

1）底环。

2）导叶。

3）顶盖。

4）支持盖装配。

5）导叶套筒。

6）连杆。

7）导叶臂。

8）控制环。

(3) 转动部分。

1）主轴。

2）转轮。

3）轴承。

4）密封。

5）受油器。

(4) 辅助部分。

1）接加器。

2）真空破坏阀。

3）漏油箱。

4）排水装置。

(5) 布置部分。

1）调速器油管路和回复机构布置。

2）机坑内水、气管路布置。

(三) 机组自动化元件简介

目前，除农村小型水电站外，所有水电站均要求其动力设备、电气设备和辅助设备必须是自动化装置，所以，机组的启动、正常停机、事故停机的操作以及整个机组的运行、维护都是自动化的，要达到无人值班或少人值守。

自动化元件的任务就是按生产过程的要求，将由前一元件所接受的动作或信号，在性质上或数量上自动加以适当变换后，传递给另一元件。例如，通过电磁作用力操作电磁配压阀，电流信号就可以通过配压阀动作，把液压能源放大，从而达到自动开启或关闭管道阀门的目的。而控制信号可以是非电量（如压力、流量、温度、水位等）的变化，也可以是电流、电压的变化。

常用的自动化元件有转速信号器、温度信号、压力信号器、液位信号器、液流信号器、剪断信号器、电磁阀和配压阀等。而某台发电机的自动化元件包括温度检测元件、示流信号器、液位信号器、压力开关、限位开关、振动传感器、摆度传感器、发电机局部放电检测装置、发电机气隙监测装置、定子铁损试验装置等。

二、调速系统

(一) 调速器

水轮机调速器的主要功能是检测机组转速偏差，并将它按一定的特性转换成接力器的行程差，借以调整机组功率，使机组在给定的负荷下以给定的转速稳定运行。给定的转速范围为额定转速的±0.2%～±0.3%。

1. 水轮发电机组的转速

水轮机可以在不同转速下工作，但在一定水头下，一定的转轮直径有一个效率较高且有利于水轮机稳定运行的转速。通常以这个转速来选配发电机的同步转速。对于大型或特大型机组还需考虑发电机的额定电压、并联支路数、合理的槽电流等设计参数的合理性。

大中型机组的水轮发电机与水轮机是一根轴，故其转速相同。而小型机组中，为了减小发电机尺寸，降低造价，一般采用增速齿轮或皮带的传动装置使发电机转速高于水轮机的转速。

2. 调速器的分类和型号

水轮机调速器的分类方法较多，按调节规律可分为 PI 和 PID 调速器；按系统构成可分为机械式调速器（机械飞摆式）、电气液压式调速器和微机调速器 3 种。调速器的型号，由以下 4 个部分代号组成。

第1部分表示调速器的基本特征，如带压力油罐（Y）、通流式（T）。

第2部分表示调速器的基本代号，如调速器（T）、双调调速器（ST）、电气液压型调速器（DT）、微机型调速器（WT）、冲击式调速器（CJ）。

第3部分为阿拉伯数字。对于中型（带接力器）调速器是指额定油压下的接力器容量，N·m；对于大型（不带接力器）调速器则指主配压阀的直径，mm。

第4部分的阿拉伯数字表示调速器的额定油压，如2.5、4.0、6.3，其单位为MPa。

型号示例如下：

(1) 机械液压型调速器。如T－100表示不带压力油罐的调速器，主配压阀直径为100mm；ST－100表示不带压力油罐的双调调速器，主配压阀直径为100mm；YT－3000表示带压力油罐的中型调速器，接力器容量为30000N·m。

(2) 电气液压式调速器。如DT－80表示不带压力油罐的电气液压型调速器，主配压阀直径为80mm；DST－100表示不带压力油罐的双调电气液压型调速器，主配压阀直径为100mm。

(3) 微机型调速器。如WST－100表示不带压力油罐的微机型双调电气液压型调速器，主配压阀直径为100mm。

（二）油压装置

1. 油压装置的工作原理

水轮机调节系统的油压装置是利用空气的可压缩性，在油的容积发生变化时以保持调节系统所需要的一定压力，使调节系统和控制机构可靠运行。

水轮机调节系统的油压装置是供给调速器操作用压力油的能源设备，是调节系统的重要组成部分。同时也可作为进水阀、调压阀以及液压操作元件的压力油源。中小型调速器的油压装置与调速柜组成一个整体，大型调速器的油压装置是单独的。应用油压装置的目的有以下几个方面：

(1) 储蓄液压动力，减少油的平均峰值要求。

(2) 滤去油泵流量中的脉动效应。

(3) 吸收由于负载突然变化时的冲击。

(4) 获得动态稳定性。

因此，油压装置压力油罐内油和空气的数量及压力，应该保证机组和所有机构在任何可能的工况下，使调节机构和控制机构可靠运行。

油压装置的额定油压，随着机组容量的增加和制造水平的提高而不断提高，以前通常采用2.5MPa，目前中小型油压装置通常采用4.0MPa，大型油压装置一般采用6.3MPa的压力等级。

2. 油压装置的组成

(1) 油压装置由压力油罐、集油槽（回油箱）、带电动机的螺杆油泵和其他附件组成。

(2) 油压装置型式与型号。油压装置分为分离式（压力油罐、集油槽分开设置）和组合式（压力油罐装在集油槽之上）。油压装置系列型号见表6－4。

表 6-4　　油压装置系列型号表

油压装置型式	分离式	组合式
油压装置系列型号	YZ-1	HYZ-0.3
	YZ-1.6	HYZ-0.6
	YZ-2.5	HYZ-1
	YZ-4	HYZ-1.6
	YZ-6	HYZ-2.5
	YZ-8	HYZ-4
	YZ-10	HYZ-6
	YZ-12.5	
	YZ-16/2（或 YZ-16）	
	YZ-20/2（或 YZ-20）	
	YZ-25/2（或 YZ-25）	
	YZ-32/2	
	YZ-40/2	

注　1. 油压装置系列型号之中的数字为压力油罐的总容量，m^3。

2. YZ-32/2 型压力油罐为两个 $16m^3$ 的罐，其中一个装压缩空气，另一个装油和压缩空气，两罐之间用管路和阀门相连。

三、进水阀

（一）概述

在水轮机的输水管道末端——蜗壳进口处，可根据需要在水轮机前装设不同类型的截流装置。目前在水轮机前常采用蝴蝶阀、球阀等，统称为进水阀。它不作调节流量用。

1. 进水阀的作用

（1）机组发生事故而导水机构又失灵不能关闭时，在动水中紧急关闭，以防止事故的扩大。

（2）机组检修时，静水中关闭，切断水流。

（3）当机组停机时，静水中关闭，以减少水的漏损。

2. 设置进水阀的条件

鉴于上述目的，设计规程有如下规定：

（1）对于由一根压力输水总管分岔供给几台水轮机/水泵水轮机流量时，在每台水轮机/水泵水轮机蜗壳前应装设进水阀。

（2）压力管道较短的单元压力输水管，在水轮机蜗壳前宜不设置进水阀。

（3）单元输水系统的水泵水轮机宜在每台蜗壳前装设进水阀。

（4）对于径流式或河床式水电厂的低水头单元输水系统，不装设进水阀；但水轮机必须装设其他防飞逸设备。

（5）常用的进水阀有蝴蝶阀和球阀两种。最大水头在 250m 及以下的水电厂宜选用蝴蝶阀；最大水头在 250m 以上的水电厂宜选用球阀。

（6）进水阀应能动水关闭，其关闭时间应不超过机组在最大飞逸转速下持续运行的允许时间。进水阀还应在两侧压力差不大于30%的最大静水压力范围内，均能正常开启，且不产生强烈振动。

为了保证正常工作，对进水阀提出的要求是：结构简单，工作可靠，有足够的强度和刚度，具有严密的止水装置，水力损失小，水流稳定，操作控制简便，经久耐用。动水关门不大于2min，阀门所处的位置通常是全开或全关，不宜部分开启调节水量。一般情况下不允许动水开启。

（二）进水阀的类型

1．蝴蝶阀

蝴蝶阀阀板可绕水平轴或垂直轴旋转，有立轴和卧轴两种型式。卧轴的接力器位于蝶阀一侧，立轴式接力器位于阀上部，布置紧凑、占地少、操作方便，但结构复杂，需要轴向推力轴承，下部泥沙沉积很难防止。

蝴蝶阀操作方式包括手动、电动及液压操作。其中，手动和手动电动两用操作主要用于小型蝶阀；而液压操作常用于大中型蝶阀。蝴蝶阀的优点是启闭力小，体积小，重量轻，操作方便迅速，维护简单；缺点为阀全开时水头损失大，全关时易漏水。为了减少漏水，在阀体或阀板四周采用硬质橡胶密封压或金属密封止水，不能部分开启。它适用于直径较大、水头不高的管道上。

目前世界上已制成的蝴蝶阀最大直径为8.23m。主要组成部件包括阀体、阀轴、活门、轴承及密封装置、操作机构（指接力器、转臂等）。

2．球阀

球阀组成部件主要包括阀体、阀轴、活门、轴承、密封装置和操作机构。球阀的名义直径等于压力钢管的直径，适用于高水头电站，一般是横轴式，单球面多，双球面少。其优点为水头损失少，止水严密，适用于高水头电站（250m以上）；缺点为体积太大而重，价格较高。

球阀的操作方式有手动、手动电动两用和液压操作，分立轴和卧轴两种。立轴球阀因结构复杂，运行中存在积沙、易卡等缺点，基本上被淘汰。卧轴球阀有单面密封和双面密封两种，双面密封可在不放空压力钢管的情况下对球阀的工作密封等进行检修。

目前国内制造直径×水头最大球阀为哈尔滨电机厂生产的直径2.2m、最高工作水头为372.5m的球阀，装置在鲁布革水电站。国外制造直径×水头最大球阀为直径1.4m、最高工作水头为1883m的球阀，装置在瑞士Bieudron水电站。

（三）进水阀的附件

进水阀除本体主要部件外，还包括下列附件：

（1）伸缩节。为便于进水阀的安装和拆卸，在阀门上游侧或下游侧装有伸缩节。

（2）旁通阀。旁通阀的作用是在进水阀正常开启前，先打开旁通阀，将进水阀活门上游侧的压力水引入阀门下游侧。接近平压后，再开启进水阀。旁通阀的过水能力应大于导叶的漏水量，旁通阀和旁通管的直径一般可近似按1/10的进水阀直径选取。

（3）空气阀。空气阀位于进水阀下游侧伸缩节或压力钢管的顶部。空气阀是作进水阀下游侧充水时排气和紧急关闭进水阀时补气用，其直径一般为进水阀直径的7%～10%。

(4) 排水阀。排水阀在压力钢管最低点设置。排除管内积水，便于检修。

四、水轮发电机

(一) 概述

由水轮机驱动，将机械能转换成电能的交流同步电机称为水轮发电机。它发出的电能通过变压器升压输送到电力系统中去。水轮机和水轮发电机合称为水轮发电机组（或机组）。

在抽水蓄能电站中使用的一种三相凸极同步电机，称为发电电动机。发电电动机是既可以用于水库放水时，由水轮机带动作发电机运行，把水库中水的位能转化成电能供给电网，又可以作为电动机运行，带动水泵水轮机把下游的水抽入水库。与常规水轮发电机相比，发电电动机在结构上还有以下不同的特点：

(1) 双向旋转。由于可逆式水泵水轮机作水轮机和水泵运行时的旋转方向是相反的，因此电动发电机也需按双向运转设计。在电气上要求电源相序随发电工况和驱动工况而转换；同时电机本身的通风、冷却系统和轴承结构都应能适应双向旋转工作。

(2) 频繁启停。抽水蓄能电站在电力系统中担任填谷调峰、调频的作用，一般每天要启停数次，同时还需经常作调频、调相运行，工况的调整也很频繁。发电电动机处于这样频繁变化的运行条件下，其内部温度变化自然十分剧烈，电机绕组将产生更大的温度应力和变形，也可能由于温度差在电机内部结露面影响绝缘。

(3) 需有专门启动设施。由于转向相反，发电电动机运行时不能像作发电机那样利用水泵水轮机启动，必须采用专门的启动设备，从电网上启动，或采用“背靠背”方式各台机组间同步启动。在采用异步启动方法时需在转子上装设启动用阻尼绕组或使用实心磁极，当采用其他启动方法时均需增加专门的电气设备和相应的电站接线。这些措施都增加设备造价，并使操作复杂。

(4) 过渡过程复杂。抽水蓄能机组在工况转换过程中要经历各种复杂的水力、机械和电气瞬态过程。在这些瞬态过程中会发生比常规水轮发电机组大得多的受力和振动，因此对于整个机组和水道设计都提出了更严格的要求。

与常规水轮发电机相同，发电电动机按主轴位置可分为卧式和立式。立式电机按推力轴承的位置可分为悬式和伞式两大类。

1. 水轮发电机的类型

(1) 按照其转轴的布置方式可分为卧式与立式。卧式水轮发电机一般适用于小型混流机组、冲击式机组和贯流式机组；立式水轮发电机适用于大、中型混流及冲击式机组和轴流式机组。

(2) 根据推力轴承位置划分，立式水轮发电机可分为悬式和伞式。

1) 悬式水轮发电机结构的特点是推力轴承位于转子上方，把整个转动部分悬吊起来。大容量悬式水轮发电机装有两部导轴承，上部导轴承位于上机架内；下部导轴承位于下机架内。也有取消下部导轴承而只有上部导轴承的。其优点是推力轴承损耗较小，装配方便，运转稳定，转速一般在100r/min以上；缺点是机组较大，消耗钢材多。其结构如图6-4所示。

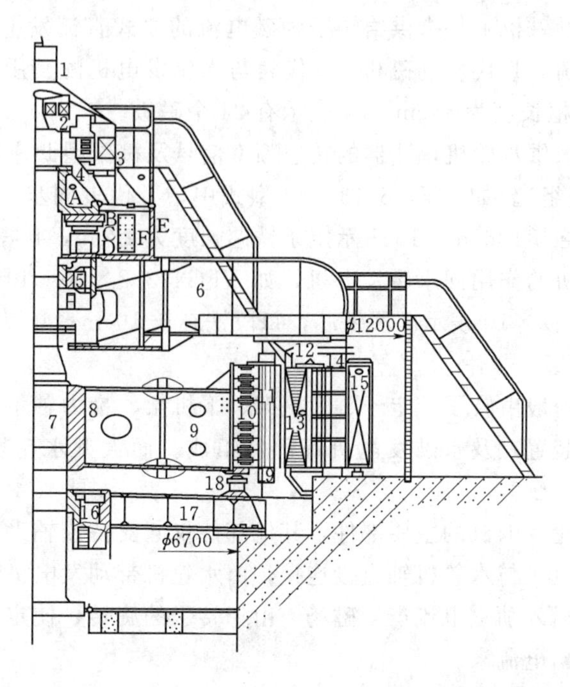

图 6-4　TS854/190-48 型悬吊型水轮发电机结构图

1—永磁发电机；2—副励磁机；3—主励；4—推力轴承（包括：A—推力头；B—镜板；C—推力瓦；D—轴承座；E—油槽；F—冷却器）；5—上导轴承；6—上机架；7—主轴；8—轮辐（轮毂）；9—轮臂；10—磁轭（轮环）；11—磁极；12—定子绕组；13—定子铁芯；14—机座；15—空气冷却器；16—下导轴承；17—下机架；18—制动闸；19—风扇

2）伞式水轮发电机的结构特点是推力轴承位于下转子下方。导轴承有一个或两个，有上导轴承而无下导轴承时称为半伞式水轮发电机；无上导轴承而有下导轴承时称为全伞式水轮发电机；上、下导轴承都有为普通伞式水轮发电机。伞式水轮发电机的转速一般在150r/min 以下。其优点是上机架轻便，可降低机组及厂房高度，节省钢材；缺点是推力轴承直径较大，设计制造困难，安装维护不方便。

(3) 按冷却方式可分为空气冷却式和内冷却式。

1）空气冷却式水轮发电机是将发电机内部产生的热量，利用循环空气冷却。一般采用封闭自循环式，经冷却后加热了的空气，再强迫通过经水冷却的空气冷却器冷却，参加重复循环。

2）内冷却式水轮发电机的特点是将经过水质处理的冷却水或冷却介质，直接通入定子绕组进行冷却或蒸发冷却。定子、转子均直接通入冷却水冷却时，则称为全水内冷式水轮发电机。转子励磁绕组与铁芯仍用空气冷却时，则称为半水内冷水轮发电机。

2. 水轮发电机的型号

水轮发电机的型号，由代号、功率、磁极个数及定子铁芯外径等数据组成。其中，SF 代表水轮发电机，SFS 代表水冷水轮发电机，L 代表立式竖轴，W 代表卧式横轴。如 SFS150-48/1260 水冷水轮发电机，表示功率为 150MW，有 48 个磁极，定子铁芯外径为 1260cm。

励磁机（包括副励磁机）是指供给转子励磁电流的立式直流发电机。如 ZLS380/44－24 型式中，Z 代表直流，L 代表励磁机，S 代表与水轮发电机配套用，380 表示电枢外径为 380cm，44 表示电枢长度为 44cm，24 表示有 24 个磁极。

永磁发电机是用来供水轮机调速器的转速频率信号及机械型调速器飞摆电动机的电源（永磁机本身有两套绕组）。如 TY136/13－48 型式中，T 代表同步，Y 代表永磁发电机，136 表示定子铁芯外径为 136cm，13 表示定子铁芯长度为 13cm，48 表示有 48 个磁极。

感应式永磁发电机的作用同永磁发电机，如 YFG423/2×10－40 型式中，423 表示定子铁芯外径为 423cm；2×10 表示 2 段铁芯，每段铁芯长 10cm；40 表示有 40 个磁极。

3. 水轮发电机的基本部件

立式水轮发电机一般由转子、定子、上机架、下机架、推力轴承、导轴承、空气冷却器、励磁机（或励磁装置）及永磁发电机等部件组成。而大型水轮发电机一般没有励磁机、永磁机。

转子和定子是水轮发电机的主要部件，其他部件仅起支持或辅助作用。发电机转动部分的主轴，一般用法兰盘与水轮机轴直接连接，由水轮机带动发电机的转子旋转。

转子的磁极绕组通入励磁电流产生磁场，由于转子的旋转，使定子绕组的导体因切割磁力线产生感应而发出电流来。

（1）转子。发电机转子由主轴、转子支架、磁轭和磁极等部件组成。

1）主轴。它用来传递力矩，并承受转子部分轴向的力。通常用高强度钢材整体锻造，或由铸造的法兰与锻造的轴拼焊而成。

2）转子支架。一般可分成轮辐、轮臂两部分，主要用于固定磁轭并传递扭矩，均为铸焊结构。

目前，大容量机组多采用无轴结构的圆盘式转子支架。通常分成转子中心体和外环组件，在现场组焊成整体。这种结构重量轻，轴向刚度大，稳定性好，传递扭矩大，并具有利于通风、降低风损的优点。

3）磁轭。它主要产生转动惯量、固定磁极，同时也是磁路的一部分。转子直径小于 4m 的可用铸钢或整圆的厚钢板组成。转子直径大于 4m 的则用 3～5mm 的钢板冲成扇形片，交错叠压成整圆，并用双头螺杆紧固成整体，然后用键固定在转子支架上。

磁轭内圆用键将磁轭固定在轮臂上。磁轭在运转时，既需具有一定的转动惯量，又要承受巨大的离心力。在高转速大直径的机组中，扇形片采用 500～700MPa 的高强度钢板冲成。

4）磁极。它是产生磁场的主要部件，由磁极铁芯、励磁绕组和阻尼条等部分组成，并用尾部 T 形结构固定在磁轭上。

磁极铁芯由 1～1.5mm 厚的钢板冲片叠压而成，铁芯两端加极靴压板，并用双头螺杆紧固为一个整体。

励磁绕组由扁裸铜排或铝排绕成，匝间黏贴石棉纸或环氧玻璃丝布绝缘。

大型机组的转子绕组采用 F 级绝缘。转子绕组采用多边形铜排绕制成不同宽度矩形铜排焊接而成，以保证有足够的冷却表面。

磁极外缘扇形表面的表层内（又称为极靴上）装有阻尼绕组（铜棒），它由阻尼铜条

和两端阻尼环组成，阻尼环用铜软接头联成整体。阻尼绕组的作用是防止交流电中的三次谐波电流。

转子安装时，将各磁极间接头联成一个回路。

（2）定子。定子由机座、铁芯和绕组等部分组成。

1）机座。机座是固定铁芯的。但在悬式发电机中，它又是支持整个机组转动部分重量的主要部件，由钢板卷焊而成。机座应具有一定的刚度，以免定子变形和振动，并可承受发电机的短路扭矩。

大型机组的机座由于受到运输条件的限制，需采用分瓣运输，现场组焊；定子铁芯现场分段叠压，定子绕组全部现场下线。这样，可提高定子的圆度和刚度，避免铁芯合缝产生振动和噪声。

2）铁芯。一般由0.35～0.5mm厚的两面涂有F级绝缘漆的扇形硅钢片叠压而成。空冷式发电机铁芯沿高度分成若干段，每段长40～50mm。分段处设工字形衬条隔成通风沟，以便通风散热。

铁芯上下端有齿压板，通过定子拉紧螺杆和蝶形弹簧将硅钢片压紧。大型机组的定子铁芯直径大（三峡左厂定子外径21420mm）、长度大，需要采取防止铁芯因热应力产生挠曲的措施，并使铁芯沿轴向温升分布均匀。定子铁芯除采用高导磁、低损耗的冷轧无取向硅钢片选片外，还需适当增加径向通风沟数，减少通风沟宽度，以保证有足够的冷却表面。

铁芯外圆有鸽尾槽，通过定位筋和托板将整个铁芯固定在机座上；铁芯内圆有矩形嵌线槽，用以嵌放绕组，用半导体热条和槽楔将绕组固定于嵌线槽内。

3）绕组。空气冷却的定子绕组用带有绝缘的扁铜线绕制而成，在其外面包扎绝缘。定子绕组分叠绕和波绕两种，大型发电机常用波绕组。

大型机组定子绕组采用F级绝缘，绕组选择空换位或不完全换位，以减少环流损耗。这种换位方式对降低损耗及股线温差是行之有效的。

（3）上机架与下机架。由于机组的型式不同，上机架与下机架可分为荷重机架及非荷重机架两种。

悬式发电机的荷重机架即为安装在定子上部的上机架；伞式发电机的荷重机架即为安装在定子下部基础上的下机架。

（4）推力轴承。它是发电机最主要部件之一，水轮发电机组能否安全运行，很大程度上取决于推力轴承的可靠性。推力轴承需承受水轮发电机组转动部分重量及水推力，并把这些力传递给荷重机架。如三峡左厂机组推力负荷达5500t。

按支撑结构分，推力轴承可分为刚性支承、弹性油箱支承、平衡块支承、双托盘弹性梁支承、弹簧束支承等。一般由推力头、镜板、推力瓦、轴承座及油槽等部件组成。

1）推力头：用键固定在转轴上，随轴旋转，一般为铸钢件。

2）镜板：为固定在推力头下面的转动部件，用钢锻成。镜板的材质和加工精度要求很高。与轴瓦相接触的表面，光洁度要求也很高。

3）轴瓦：是推力轴承的静止部件，做成扇形分块式。轴瓦钢坯上浇铸一层锡基轴承合金，厚约5mm。轴瓦的底部有托盘，可使瓦受力均匀。托盘安放在轴承座的支柱螺丝球面上，使其在运行中自由倾斜以形成楔形油膜。

4）轴承座：是支持轴瓦的机构，能分别调节每块轴瓦高低，使所有轴瓦受力基本均匀。

5）油槽：整个推力轴承装置在一个盛有透平油的密闭油槽内。透平油既起润滑作用，又起热交换介质的作用。大型机组在油槽内设置水冷却器，用来降低油的温度。

（5）空气冷却器。机组运行时，发电机定、转子绕组、铁芯及磁轭将产生大量的热，为使其温度不致太高，密闭循环空冷式发电机就必须安装空气冷却器，用以冷却机组。

（6）励磁机或励磁装置。供水轮发电机转子励磁电流的励磁机，是专门设计的立式直流发电机。根据水轮发电机容量的大小及励磁特性的要求，有采用1台励磁机的，也有采用主、副两台励磁机的。目前，大型发电机大部分不用主、副励磁机，而是用晶闸管自并励的励磁装置。励磁装置主要由励磁变压器、可控硅整流装置（采用三相全控桥式接线）、灭磁装置、励磁调节器、起励保护与信号设备组成。

（7）永磁发电机。在励磁机或副励磁机上部装设永磁发电机。其定子有两套绕组，一套供给水轮机调速器的转速频率信号，另一套供给机械型调速器的飞摆电动机电源。根据机组自动化的要求，永磁发电机电源还用于转速继电器，实行自动并网、停机及机组制动等。

永磁发电机用永久磁钢（或铁淦氧）作磁极，故其磁场是固定不变的，其频率及电压直接与同轴水轮发电机转速成正比。

（二）水轮发电机的安装

水轮发电机的安装程序随机组型式、土建工程进度、设备到货情况、场地布置及起吊设备的能力不同而有所变化，但基本原则是一致的。在一般施工组织设计中，应尽量考虑到同土建工程及水轮机安装进度的平行交叉作业，尽量做到少占直线工期，充分利用现有场地及施工设备进行大件预组装。把已组装好的大件，按顺序分别吊入机坑进行总装，从而保证质量，加快施工进度。

1. 悬式水轮发电机的安装程序

悬式水轮发电机的安装程序如图6-5所示。

（1）预埋下部风洞盖板、下部机架及定子的基础垫板。

（2）在定子机坑内组装定子并下线、安装空气冷却器。为了减少同土建工程及水轮机安装的相互干扰，也可以在安装间进行定子组装、下线；待下机架吊装后，将定子整体吊入找正。

（3）待水轮机大件吊入机坑后，吊装下部风洞盖板，根据水轮机主轴中心进行找正固定。

（4）把已组装好的下部机架吊入就位，根据水轮机的主轴中心找正固定，浇捣基础混凝土，并按组装要求调整制动器（风闸）顶部高程。

（5）将上机架按图纸要求吊入预装，以主轴中心为准，找正机架中心和标高、水平，同定子机座一起钻铰销钉孔，再将上机架吊出。

（6）在安装间装配转子，将装配好的转子吊入定子内，按水轮机主轴中心、标高、水平，进行调整。

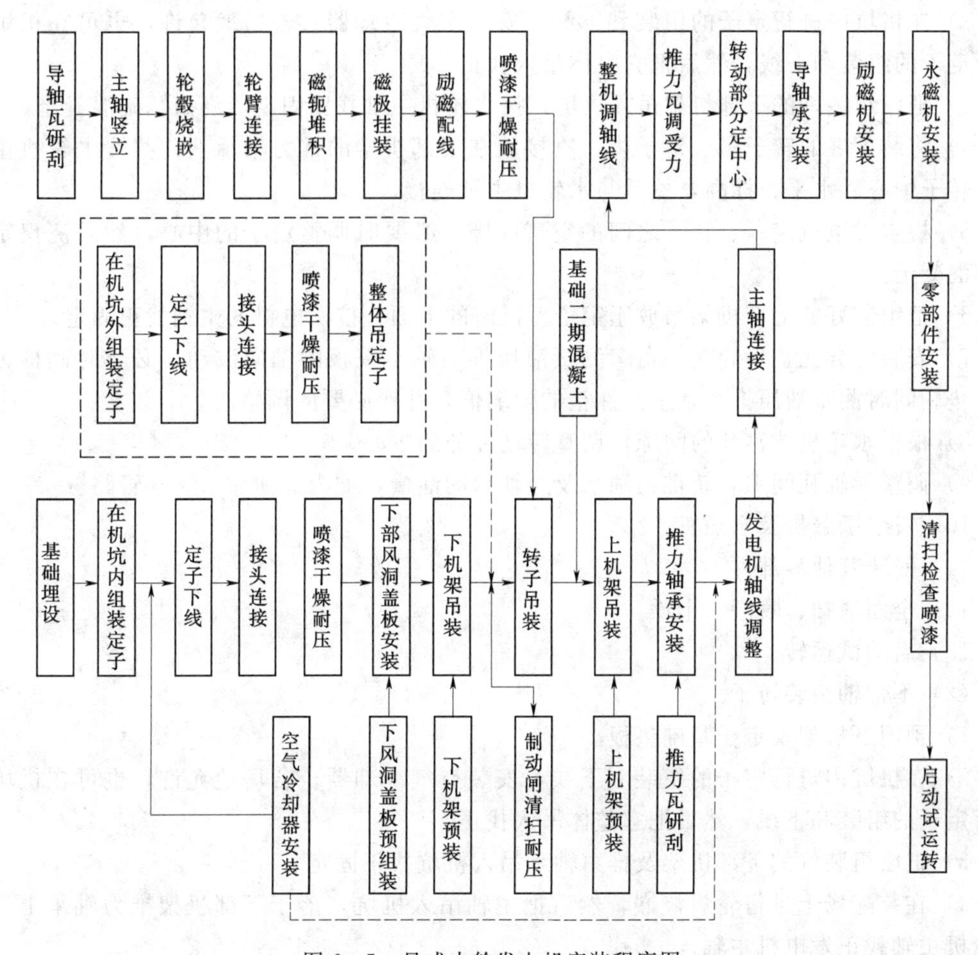

图 6-5 悬式水轮发电机安装程序图

(7) 检查发电机定、转子之间的间隙。必要时以转子为基准，校核定子中心，然后浇捣基础混凝土。

(8) 将已预装好的上部机架吊放于定子上基座上面，按定位销孔位置将机架固定。

(9) 装配推力轴承，将转子落到推力轴承上，进行发电机轴线调整。

(10) 连接发电机与水轮机主轴，进行机组总轴线的测量和调整。

(11) 调整推力瓦受力，并按水轮机迷宫环间隙确定转动部分中心。

(12) 安装导轴承、油槽等，配装油、水、气管路。

(13) 安装励磁机和永磁机。

(14) 安装其他零部件。

(15) 进行全面清理检查、喷漆、干燥、耐压。

(16) 启动试运转。

2. 伞式水轮发电机的安装程序

(1) 带轴组装转子。

1) 预埋下机架及定子基础垫板。

2）在机坑内进行定子的组装和下线，安装空气冷却器。若场地允许，也可在机坑外进行定子的组装和下线，然后把它整体吊入找正。

3）把已组装好的下部机架吊入机坑，按水轮机主轴找正固定，浇捣基础混凝土。

4）将装配好的转子吊入定子内，直接放在下部机架的推力轴承上，并按水轮机主轴调整转子中心、水平、标高，然后与水轮机主轴连接。

5）检查发电机定子、转子之间的空气间隙。必要时调整定子的中心，然后浇捣定子基础混凝土。

6）把组装好的上部机架吊放于定子上机座的上面，按发电机的主轴找正固定。

7）安装上导瓦、下导瓦，盘车测量液压推力轴承镜板的轴向波动，必要时刮推力头绝缘垫。同时测量液压推力轴承弹性箱的弹缩值，并作必要的调整。

8）根据水轮机迷宫环的间隙，调整转动部分的中心。

9）调整导轴瓦间隙，装推力轴承及导轴承的油槽，配内部油、水、气管路。

10）安装励磁机及永磁机。

11）安装其他零部件。

12）全面清扫、喷漆、干燥。

13）启动试运转。

（2）不带轴组装转子。

1）预埋下机架及定子基础垫板。

2）在机坑内进行定子的组装和下线，安装空气冷却器。若场地允许，也可在机坑外进行定子的组装和下线，然后把它整体吊入找正。

3）把已组装好的下部机架及推力轴承吊入机坑找正固定。

4）在装配场上进行轮毂烧嵌，然后把主轴吊入机坑，落于下部机架推力轴承上，按水轮机主轴找正发电机主轴。

5）连接发电机与水轮机主轴，盘车测量并调整总轴线。

6）吊入已装配好的发电机转子，并与主轴轮毂连接。

7）检查发电机的空气间隙，并作定子中心的校核，浇捣基础混凝土。

8）吊装上部机架，测量并调整液压推力轴承弹性箱的弹缩值。

9）以水轮机迷宫环为准，调整转动部分中心。

10）调整导轴瓦间隙，装推力油槽及导轴承油槽。

11）安装励磁机及永磁发电机。

12）安装其他零部件。

13）全面清扫、喷漆、干燥。

14）启动试运转。

3. 卧式水轮发电机的安装程序

卧式水轮发电机的一般安装程序如图 6-6 所示。

（1）大型分瓣定子。

1）基础埋设。

2）轴瓦研刮后，将轴承座吊入基础。

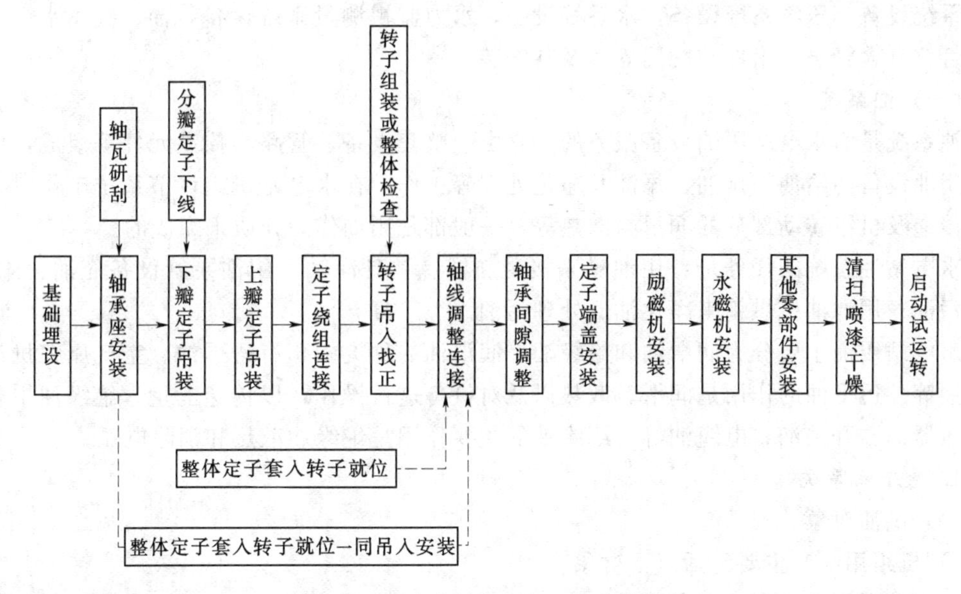

图 6-6 卧式水轮发电机一般安装程序

3）在安装间进行分瓣定子下线。

4）把已下线的下瓣定子吊入基础。

5）用钢琴线法同时测量并调整轴承座及下瓣定子的中心。

6）将上瓣定子吊入和下瓣定子组合，进行绕组接头的连接。

7）在安装间组装转子或对整体转子进行检查试验，然后将整体转子吊放在轴承座上。

8）以水轮机主轴法兰为基准，进一步调整轴承座，使发电机主轴法兰同心及平行，并以盘车方式检查和精刮轴瓦。

9）盘车测量和调整机组轴线，并进行主轴连接。

10）测量发电机空气间隙，校核定子中心，固定基础螺栓。

11）轴承间隙调整。

12）定子端盖安装。

13）励磁机、永磁机及其他零部件安装。

对水轮发电机，如定子基座不凹入轴承基座，使定子有可能从一端套入转子时，则定子也可在安装间先组合下线，待转子吊入找正后，再将定子从端头套入转子，以减少施工干扰，有利于缩短直线工期。

(2) 小型整体定子。

1）基础埋设。

2）轴瓦研刮后，将轴承座吊入基础找正。

3）在安装间把定子套入转子后，一起吊入基础找正。

其他程序同分瓣定子的安装。

五、水力机械辅助设备

为水电站的水轮发电机组、蓄能机组服务的设备称为水力机械辅助设备。本章主要介绍油系统设备，压气系统设备，水系统设备，水力监视测量系统设备，油、气、水、测量系统管路（含管子、附件、阀门等）及其安装。

（一）油系统

油系统是为水电站用油设备服务的，它由一整套设备、管路、控制元件等组成，用来完成用油设备的给油、排油、添油及净化处理等工作。在水电站机组调节系统工作时，能量的传递及机组转动部分的润滑与散热等，一般都是用油作为介质来完成的。

水电站油系统的任务是：用油罐来接受新油、贮备净油；用油泵给设备充油、添油、排出污油；用滤油机烘箱来净化油、处理污油。

水电站用油主要分为润滑油和绝缘油。润滑油的种类多，有透平油、空气压缩机油和机械油等。透平油的作用是润滑、散热以及对设备进行操作，以传递能量。绝缘油主要包括变压器油、开关油、电缆油等。绝缘油的主要作用是绝缘、散热和消除电弧。

1. 透平油系统

(1) 供油对象。

1) 机组用油，主要包括以下对象：

a. 发电机的推力轴承油槽。

b. 发电机上、下导轴承油槽。

c. 油压操作的自动化元件。

d. 油润滑的水轮机导轴承。

2) 主机的调速器、油压装置。

3) 油压操作的蝴蝶阀及其他进水阀的油压装置。

4) 透平油库油桶的事故排油等。

(2) 供油方式。

1) 单独系统。

2) 与绝缘油共同使用一套滤油设备。

3) 与邻近电站共用一部分设备。

(3) 主要安装内容。

1) 油泵、压力滤油机、离心滤油机、真空滤油机、移动式滤油设备等。

2) 透平油桶、油罐、油箱及油池。

3) 烘箱、油再生设备。

4) 管路（明设、暗设）及其附件（弯头、三通、渐变管、管路的支吊架等）。

5) 阀门。

6) 设备、油罐的基础，设备安装吊环和设备支架。

7) 管网的测量控制元件（温度计、液位信号、示流信号器、油混水信号器等）。

2. 绝缘油系统

(1) 供油对象。

1) 变压器。

2) 油开关。

3) 电压互感器等用绝缘油的设备。

4）绝缘油桶的事故排油。

（2）供油方式。

1）单独系统。

2）与透平油系统共同使用一套滤油设备。

3）与周围电站、梯级电站共用一部分设备。

（3）主要安装内容。

1）油泵、滤油机等设备。

2）绝缘油桶、油罐。

3）阀门。

4）管路（明设、暗设）、管路附件、管路支吊架。

5）设备、绝缘油罐基础，设备安装吊环等。

3. 油化验室

油化验室设备、仪器及器具，应根据电站的规模、邻近电站及工矿企业的情况等综合考虑而定是否设置以及设置的规模、等级。

（二）压气系统

压缩空气使用方便，易于贮存和输送，所以在水电站中压缩空气得到了广泛的应用。无论机组是在运行中，还是在安装和检修过程中，均需使用压缩空气。

水电站所用的压缩空气，由专设的空气压缩机装置产生。主要设备包括空气压缩机、贮气罐、测量控制表盘和自动化元件等。其附属设备有冷却装置、过滤装置和油水分离器等。测量和控制元件的作用是保证用气设备所需空气的质量、数量、压力及空气压缩机的正常运行。

1. 中压压气系统［1.6～10MPa（不含10MPa）］

（1）供气对象。

1）油压装置用气（机组和油压操作的蝶阀、闸阀）。

2）水泵水轮机压水调相和水泵工况充气压水启动用气。

（2）供气方式。

1）单独系统。

2）综合供气系统。

（3）主要安装内容。

1）中压压气机（空冷，如为水冷则另有冷却水系统）。

2）中压贮气罐。

3）各种阀门。

4）管路（明设、暗设）、管路附件、管路的支吊架。

5）设备、高压贮气罐的基础，设备安装用吊环。

6）设备安装完毕的单机调整试验、中压压气系统的调试。

2. 低压压气系统［0.1～1.6MPa（不含1.6MPa）］

（1）供气对象。

1）机组制动（风闸）。

2）压水调相。混流式和轴流式机组一般采用低压压缩空气系统供气。大型混流式和轴流式机组调相压水耗气量较大，推荐采用中压压缩空气系统供气。为保证水轮机转轮调相时在空气中运行，对混流式水轮机，下压水位深度应在转轮以下（0.4～0.6）×转轮直径，但不小于1.2m；对转桨式水轮机，下压水位深度应在桨叶中心线以下（0.3～0.5）×转轮直径，但不小于1m。

3）蝴蝶阀空气围带。老式蝴蝶阀有空气围带密封，新的用硬质橡胶密封，不需要供气。

4）水轮机主轴检修密封。

5）机组、设备检修、管路检修、吹扫。

6）在寒冷地区闸门、拦污栅等处防冻吹水用气。

7）安装检修用风动工具。

（2）供气方式。

1）单独供气。

2）综合供气系统。

（3）主要安装内容。

1）低压压气机（空冷、水冷）等设备。

2）低压贮气罐。

3）各种阀门。

4）管路（明设、暗设）、管路附件、管路的支吊架。

5）设备、低压贮气罐基础，设备安装用吊环等。

6）单机调试、整个系统的调试等。

（三）技术供排水系统

水电站的技术供排水系统包括技术供水系统和排水系统。

1.技术供水系统

（1）供水对象。

1）为发电机（包括发电电动机，下同）的空气冷却器、轴承冷却器；水轮机（包括水泵水轮机，下同）的轴承冷却器提供冷却水。

2）为水冷式变压器冷却器、水冷式空气压缩机的冷却器、油压装置集油箱冷却器、水冷式变频器提供冷却水，为水内冷发电机提供二次冷却水。

3）为水轮机的橡胶导轴承、水轮机主轴和止漏环密封、深井泵轴承提供润滑冷却水。

4）为发电机、变压器、油罐室、油处理室等机电设备及厂房提供消防用水。

5）为空调设备冷却、空气降温、洗尘提供水源，为厂内生活用水提供水源。

（2）供水方式。

1）自流供水。水电站水头在15～70m范围内采用此方式。

2）水泵供水。水电站水头低于15m，或高于120m时可采用此方式。

3）混合供水。水电站水头变化范围较大，采用单一供水方式不能满足需要或不经济时，可采用此方式。

（3）主要安装内容。

1）水泵、射流泵、滤水器等设备。

2）阀门。

3）管路及吸、排水口（明设、暗设），管路附件，管路支吊架。

4）自动化元件。

5）设备基础、设备安装用吊环等。

6）单机调试、供水系统调试。

2. 排水系统

（1）厂房渗漏排水系统。

1）排水对象。

a. 厂房水工建筑物的渗漏水。

b. 水轮机顶盖排水。

c. 进水阀、伸缩节漏水。

d. 供排水管道上的阀门漏水。

e. 空气冷却器的冷凝水和检修放水。

f. 水冷式空气压缩机的冷却排水。

g. 水冷式变频器的冷却排水。

h. 气水分离器和贮气罐排污水。

i. 厂房及发电机等消防排水。

j. 水泵及管路漏水、结露水。

k. 空调器冷却排水等。

2）排水方式。

a. 水泵排水：深井水泵、潜水泵、离心水泵。

b. 自流排水：射流泵排水。

3）安装内容。

a. 深井泵、潜水泵、离心水泵、射流泵。

b. 阀门。

c. 管路及吸、排水口（明设、暗设），管路附件，管路支吊架。

d. 自动化元件。

e. 设备基础、设备安装用吊环等。

f. 单机调试、排水系统调试。

（2）大坝廊道渗漏排水系统。

1）排水对象。排水对象主要包括坝基、坝体渗漏排水。

2）排水方式。

a. 离心水泵、深井水泵排水。

b. 射流泵排水。

c. 与厂房渗漏排水系统合并。

3）安装内容。

a. 离心水泵、深井水泵、射流泵。

b. 阀门。

c. 管路及吸、排水口（明设、暗设），管路附件，管路支吊架。

d. 自动化元件。

e. 设备基础、设备安装用吊环。

f. 单机调试、排水系统调试。

（3）机组检修排水系统。

1）主要排水对象。

a. 压力钢管内尾水位以下部分的积水。

b. 蜗壳内尾水位以下部分的积水。

c. 尾水管内的积水。

d. 进水口闸（阀）门与尾水闸门的漏水。

2）主要排水方式。

a. 直接排水系统：水泵直接由尾水管内抽水排至下游的排水系统。

b. 间接排水系统：需排除的积水先经中间廊道集水井，然后再由水泵排至下游的排水系统。

3）主要安装内容。

a. 离心水泵、深井水泵、射流泵、泥浆泵、潜水泵等设备。

b. 阀门。

c. 管路及吸、排水口（明设、暗设），管路附件，管路支吊架。

d. 自动化元件。

e. 设备基础、设备安装用吊环等。

f. 单机调试、排水系统调试。

（四）水力测量系统

1. 水电厂设置的常规测量项目

（1）上、下游水位。

（2）电站水头。

（3）拦污栅前、后压差。

（4）蜗壳进口压力。

（5）顶盖压力。

（6）尾水管进、出口压力。

（7）尾水管脉动压力。

（8）水轮机/水泵水轮机的流量。

（9）水轮机/水泵水轮机的水头/扬程。

2. 选择性测量项目

（1）止漏环进、出口压力。

（2）尾水管肘管压力。

（3）主轴摆度。

（4）机组振动。

（5）轴位移。

（6）蜗壳末端压力。

（7）转轮与活动导叶之间的压力、脉动压力。

（8）水环压力（水泵水轮机底环处）。

（9）蠕动监测。

（10）主轴密封磨损监视及进行现场试验所需要的测量项目等。

（11）上、下游调压室水位。

（12）水库水温。

选择性测量项目，根据水电厂在电力系统的作用、水轮机型式及单机容量的大小等因素合理确定。

3. 主要安装内容

（1）水位计、流量计、效率测定仪等测量设备、仪表、仪表盘。

（2）阀门。

（3）管路（明设、暗设）、管路附件、管路支吊架。

（4）自动化元件。

（5）设备基础。

（6）试验调整。

（五）管路

各系统管路常采用的管材有无缝钢管、水煤气管、电镀钢管、铸铁管等，近年来有些电站开始采用不锈钢管。

管路常用阀门有闸阀、球阀、控制阀、截止阀、安全阀、排气阀等。

六、发电厂和变压站主要电气设备

水电站电气设备主要布置于发电厂厂房和升压变电站内。它的作用是生产、输送和分配电能；根据负荷变化的要求，启动、调整和停止机组，对电路进行必要的切换；监测和控制主要机电设备的工作；设备故障时及时切除故障或尽可能缩小故障范围等。发电厂厂房和升压变电站内主要装设有如下电气设备：

（1）一次设备。直接生产和分配电能的设备称为一次设备，包括发电机、变压器、变频启动装置、断路器、隔离开关、电压互感器、电流互感器、避雷器、电抗器、熔断器、自动空气开关、接触器等。

（2）二次设备。对一次设备的工作进行测量、检查、控制、监视、保护及操作的设备称为二次设备，包括继电器、仪表、元器件、自动控制设备、各种保护屏（柜、盘）等。

（3）其他电气设备。其他电气设备包括厂用电系统设备、直流系统设备、通信系统设备、电气试验设备、接地系统及其他设备等。

（一）一次设备

1. 一次设备的分类

（1）按工作性质分，有如下几类：

1）进行生产和能量转换的设备，包括发电机、变压器、电动机等。

2）对电路进行接通或断开的设备，包括各种变频启动装置、断路器、隔离开关、自动空气开关、接触器等。

3）限制过电流的设备，包括限制故障电流的电抗器、限制启动电流的启动补偿器、小容量电路进行过载或短路保护的熔断器、补偿小电流接地系统接地时电容电流的消弧线圈等。

4）防止过电压的设备，包括限制雷电和操作过电压的避雷器。

5）对一次设备工作参数进行测量的设备，如电压互感器、电流互感器。

（2）按水电站配电装置类型分，有如下几类：

1）发电机电压设备，指发电机出口到主变压器低压侧的电路中所连接的各种电器。电压等级通常为3.3～24kV，且具有额定电流和短路开断电流大、动稳定和热稳定性要求高的共同特点，主要包括断路器（包括发电机专用断路器）、隔离开关、电流互感器、电压互感器、避雷器、发电机中性点接地用消弧线圈（接地变压器或电阻）、发电机停机用的电制动装置和大电流母线等。

目前，大中型水电站的发电电压等级为6.3kV、10.5kV、13.8kV、15.75kV、18.0kV、20.0kV（均指线电压）。

2）升压变电站设备，指从变压器到输电线路连接端之间（即从主变压器低压套管起，到变电站最终出线构架的跳线为止）电路中所连接的各种类型电器，主要包括主变压器、断路器、隔离开关、电流和电压互感器、避雷器、接地开关、耦合电容器、阻波器、结合滤波器、并联和串联电抗器、变压器中性点接地装置和导体、电力电缆及一次拉线等。

3）厂用电设备，包括从厂用变压器到水电站辅助生产设备的各类电机和电器，其电压等级高压为6kV或10kV，低压为0.4kV。其主要设备包括厂用变压器、厂用电动机、高压开关柜、低压开关柜、低压配电屏、动力配电箱、低压电器（磁力启动器、自动空气开关、闸刀开关、熔断器、控制器、接触器、电阻器、变阻器、调压器、电磁铁等）。

（3）按设备所处位置分，有如下几类：

1）户内型设备，指配电部分的设备（发电电压设备）。

2）户外型设备，指变电部分的设备（升压变电站内设备）。

2. 一次设备简介

（1）水轮发电机。详见第三节水轮发电机。发电机的图例符号如图6-7所示（在常用基本符号中，发电机用“G”代表）。

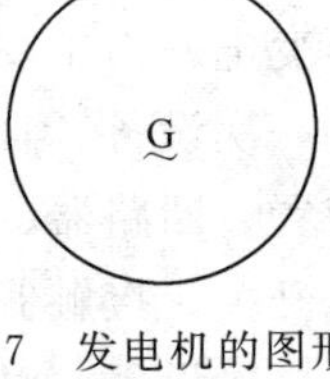

G

图6-7 发电机的图形符号

（2）变压器。利用电磁感应原理将一种电压等级的交流电变为另一种电压等级交流电的器具称为变压器。水电站的主变压器是将水轮发电机发出的电能由发电机电压（大电流）转化为较高电压（小电流）传输至电力系统的变电设备，可大大减少电力远距离输送的损耗。

水轮发电机发出的电压较低（6.3～20kV），不可能用此电压把巨大的电能通过电网输送到遥远的负荷中心去。因为电流太大，沿线电能的损耗也太大了，而且输电线路的导线截面也要求很大，这是非常不经济的。因此，水电站的主变压器主要是升压输出电能，使线路损耗大大降低，使输电线路的导线截面变为最经济的截面。我国现阶段最高为500kV。

当电站机组停机时，水轮发电机也可作为电力系统与电站的联络设备，作为降压变压器使用，将系统的电能供给电站的厂用电使用。

1）变压器型号的表示方法如图 6-8 所示。

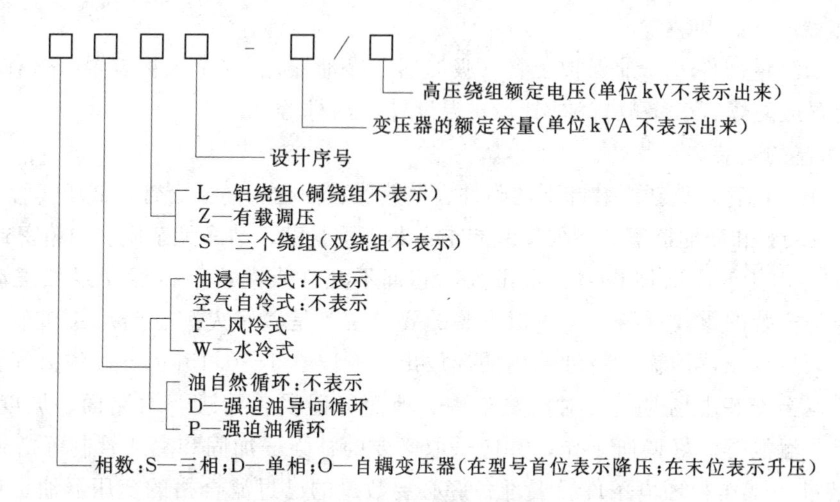

图 6-8　变压器型号

注：1. 绕组处绝缘介质：变压器油不表示；G—空气；C—成套固体。
2. 三相三绕组电力变压器，在基本符号后加“Q”表示全绝缘，在基本符号后加“F”表示分裂。

2）变压器型号举例。SFL1-31500/110 表示三相双绕组、油浸风冷、铝绕组、容量 31500kVA、高压侧电压等级为 110kV（第一次系列设计）的电力变压器；SFPSOL-120000/220 表示三相三绕组、强迫油循环风冷、铝绕组、容量为 120000kVA、高压侧电压等级为 220kV 的升压自耦电力变压器。

3）变压器的估价。经验的数据是：

a. 容量相同、电压升高一级，价值提高 15%～20%。

b. 电压等级不变、价格比为容量比的 0.65～0.75 次方。

c. 有载调压的变压器比同容量、同电压等级的变压器价值提高 20%～30%。

4）其他规定。

a. 在常用基本符号中，变压器用“T”代表。

b. 在主要安装单位文字符号中：与系统联络变压器代号为 T1～T19；高压厂用变压器代号为 T21～T39；低压厂用变压器代号为 T41～T59。

c. 图例符号如图 6-9 所示。

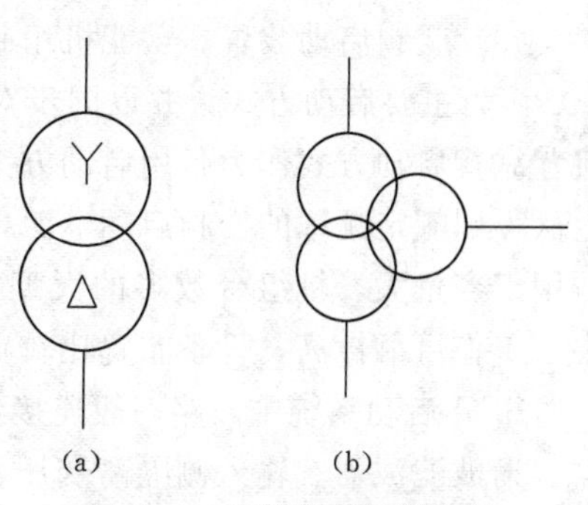

图 6-9　变压器的图形符号

(a) 双绕组；(b) 三绕组

5）变压器的主要部件。

a. 铁芯和绕组——芯部。高压绕组、低压绕组与铁芯形成整体，浸在油箱中，并牢固地固定在底座上，一般情况下，运输和安装时都不允许拆装。

b. 油箱和底座——外壳。内部充油并安放芯部，底座下面带有可调方向的滚轮。

c. 套管和引线——高压绕组和低压绕组与外部电气回路或母线联络的部件。

d. 分接开关——通过切换变压器绕组的分接头，改变其变比，来调整变压器的电压，分为无励磁分接开关和有载调压开关两种，前者为不带电切换，后者为带负荷切换。

e. 散热器——冷却装置。

f. 保护和测量部件——油保护装置（吸湿器、净油器）、安全保护装置（气体继电器、压力释放装置或防爆管、事故排油阀门）、温度计、油标等。

6）变压器的安装。

a. 主要工作内容。重新组装卸下的附件、散热器、油枕、高压套管、低压套管、分接开关、压力释放装置和净油器等。主要安装要求：芯部不受潮、洁净无杂质、油箱密封好。

b. 运输。由于变压器体积大、重量大，芯部不允许受潮，不得经受强烈震动，因而其运输工作是安装的重要任务之一。对安装的要求主要是做好火车（船）的卸车（船）和二次搬运。大型变压器运输时将油箱内的油放出，充以0.1～0.15kg/cm^{2}的氮气。由火车站（码头）运至安装现场时，应对沿途空中、地面障碍妥善清理，对路面、坡度、弯道、桥梁、隧道、涵洞等做好调研工作，并应采取必要的补强、加固和交通管制等措施。

c. 安装准备工作和环境条件。要准备好必要数量的已过滤合格的变压器油。对附件进行检查和清扫，检查油箱的严密性（检查氮气压力和油箱底部残油的耐压强度）。为了使芯部不受潮，对吊芯时周围空气相对湿度和芯部暴露时间有所限制。相对湿度小于65%时，暴露时间不超过16h；相对湿度不大于75%时，暴露时间不超过12h。

d. 安装程序。对于吊芯或吊罩（大型变压器）检查的变压器，按下述程序进行：

（a）拟定安装技术措施。

（b）芯部检查。其目的是证实铁芯、绕组和引线固定部分在运输中是否有损伤、松动。其过程是先排残油、吊芯或吊罩、清扫、检查及处理。

（c）安装油枕、散热器等。

（d）安装套管，一定要用扭力扳手，对称、均匀扭紧螺栓。

（e）其他附件安装。

e. 抽真空后注入合格变压器油。

f. 电气调整、试验、试运行。

若发现芯部受潮，则需进行干燥处理，干燥工作量很大。

（3）变频启动装置。蓄能机组目前主要以静止变频器SFC（static frequency converter）作为主要启动方式，并以同步对拖，即以一台机组作为拖动机，另一台作为被拖动机组背靠背启动方式作为备用启动方案。静止变频器启动是利用可控硅变频装置（SFC）产生从零到额定频率的变频启动电源，将发电电动机启动并同步拖动起来。静止变频器启动适用于容量大、机组台数多的大型抽水蓄能电站。因变频器都是静止元件，维护工作量小，工作可靠性高，设备布置比较灵活，每台机组可公用一套。

SFC启动系统主回路一般连接到发电机的出口端，其回路包括进线电抗器、进线断路器、谐波滤波器、输入侧隔离变压器、静止变频器、输出侧升压变压器、多机切换开关、发电机侧隔离开关。

目前我国抽水蓄能电站静态变频启动设备主要依靠进口，其国产化的难点主要在于大

容量高压变频的电力电子器件应用技术，但是随着国内大容量高压变频技术的日渐成熟，相信不远的将来在政策的推动下能够实现静止变频器国产化。

（4）断路器。能承载、关合和开断运行线路的正常工作电流，也能在规定时间内承载、关合和开断规定的异常电流（如短路电流）的开关设备，称为断路器，是电力系统中保护和操作的重要电气装置。

根据安装位置不同，可分为户内式、户外式。

根据所使用的灭弧介质和绝缘介质的不同，断路器可分为油断路器、压缩空气断路器、六氟化硫断路器、真空断路器、磁吹断路器等。

1）油断路器。油断路器的灭弧介质一般是变压器油，它在受到电弧作用时，分解为气体，其中含有70%的氢气、22%乙炔和少量甲烷、乙烯等。氢有较佳的灭弧性能（是空气灭弧性能的17倍）。因此，它是良好的灭弧介质。

少油式断路器绝缘油只作为灭弧介质，而对地绝缘则利用电瓷件或其他有机绝缘材料；多油式断路器采用绝缘油作为灭弧介质，同时也利用绝缘油作为载流部分相间及相对地绝缘。由于用油量较多，易导致火灾，运输和机修不便，动作特性差，已逐步被淘汰。

2）高压空气断路器。以压缩空气作为灭弧介质和绝缘介质。虽其开断能力强，但其噪声大、零件多、造价较高，可靠性较差，已逐步被淘汰。

3）六氟化硫断路器。SF_6 是一种新的灭弧和绝缘介质，常温下它是气体，有很高的绝缘强度，在电弧中能捕捉电子而形成大量的 SF_6 与 SF_5 负离子，负离子行动迟缓，有利于再结合的进行而使介质迅速去游离。同时电隙电导迅速下降而达到熄灭电弧的目的（其灭弧的能力为空气的100倍）。该断路器有取代其他各类断路器的趋势，是当今断路器的主要发展方向。

SF_6 断路器的特点如下：

a. 断口的耐压高，与同电压级的油断路器比较，SF_6 断路器断口数和绝缘支柱数较少。

b. 允许开断和关合的次数多，检修周期长。

c. 开断和关合性能好，开断电流大，灭弧时间短。

d. 占地面积小，使用 SF_6 封闭式组合电器，可以大大减少变电所的占地面积。

SF_6 断路器的结构有两种类型：双压式和单压式。

4）国内断路器型号的表示方法如图6-10所示。

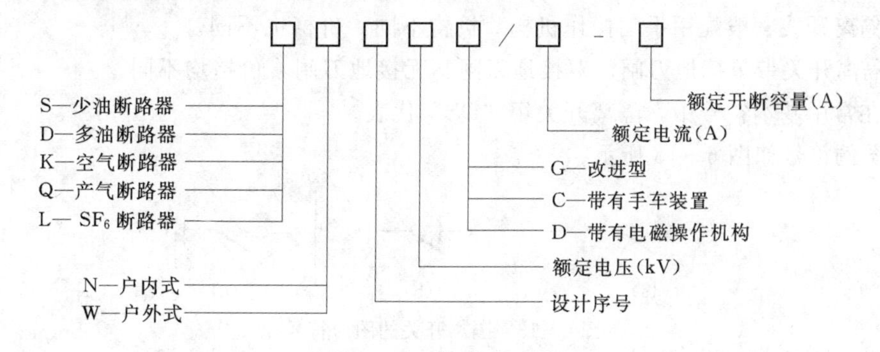

图6-10 断路器型号

5）国内断路器型号举例。SW3－110G/1200 代表户外少油改进型断路器，设计序号为 3，额定电压为 110kV，额定电流为 1200A；LW1－220/3150 代表户外六氟化硫断路器，设计序号为 1，额定电压为 220kV，额定电流为 3150A。

6）其他。

a. 一般地讲，根据目前断路器的技术水平，3～35kV 系统采用真空或 SF_6 断路器，110kV 及以上采用 SF_6 断路器。

b. 在常用基本符号中，断路器用“QF”代表。图例符号如图 6－11 所示。

图 6－11　断路器的图形符号

（5）隔离开关。一种在分闸位置时其触头之间有符合规定的绝缘距离和可见断口，在合闸位置时能承载正常工作电流及短路电流的开关设备。用于电气设备检修时，将检修部分同带电部分隔开。它没有灭弧装置，不能断开负荷电流或故障电流，一般情况下在相关断路器断开后，它才可以进行切换操作（闭合或切断）。在正常操作中，倒闸操作要用到它。

按其结构和闸刀的运行方式，可将隔离开关分为旋转式、伸缩式、折叠式和移动式；按安装位置可分为屋内式、屋外式；按极数可分为单极式和三极式；按操动机构可分为手动式、气动式、液压式、电动式；按绝缘支柱的数量可分为单柱式、双柱式、三柱式；按有无接地刀闸可分为无接地刀闸和有接地刀闸（又可分为单刀闸、双刀闸）。

1）国内隔离开关型号的表示方法如图 6－12 所示。

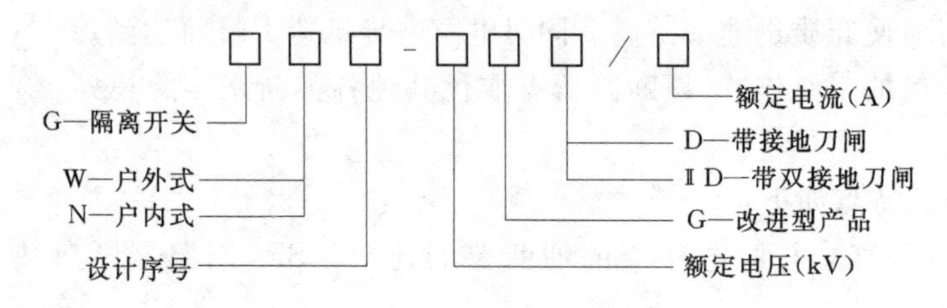

图 6－12　隔离开关型号

2）国内隔离开关型号举例。GW5－110GD/1000 表示户外改进型带接地刀闸的 110kV 隔离开关，额定电流为 1000A，设计序号为 5。

3）其他。

a. 隔离开关的极数，由图纸可知，一相＝一极，一组（三极）＝三相。

b. 隔离开关一般配用手动操作机构。机构不同，价格也不同。

c. 隔离开关带单接地刀闸、双接地刀闸、无接地刀闸，价格均不同。

d. 在常用基本符号中，隔离开关用“QS”代表。

e. 图例符号如图 6－13 所示。

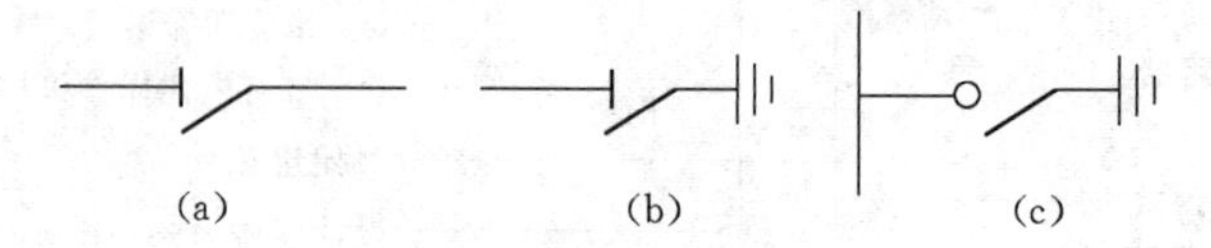

图 6－13　隔离开关的图形符号

（a）隔离开关；（b）带接地刀闸的隔离开关；（c）快速接地隔离开关

(6) 电压互感器。电力系统中将一次侧交流高电压转换成可供测量、保护或控制等仪器仪表或继电保护装置使用的二次侧低电压的变压设备称为电压互感器。电压互感器和电流互感器是一次系统和二次系统间的联络元件，它可将量电仪表、继电器和自动调整器间接接入大电流、高电压装置，这样可以达到以下目的：

1）测量安全。使仪表和继电器在低电压、小电流情况下工作。

2）使仪表和继电器标准化。其绕组的额定二次电流为 5A 或 1A，额定二次侧电压为 100V。

3）使一次侧和二次侧高、低压电路互相隔离。当线路上发生短路时，保护量电仪表的串联绕组，使它不受大电流的损害。

电压互感器的构造及其接线图与电力变压器相似，主要区别在于容量和外形的不同。按结构原理分，它可分为电磁式和电容式；按绝缘介质可分为干式、油浸式、树脂浇注绝缘式、SF_6 气体绝缘式；按相数分又可分为单相和三相；按安装地点可分为户内式、户外式。

1）电压互感器型号的表示方法如图 6-14 所示。

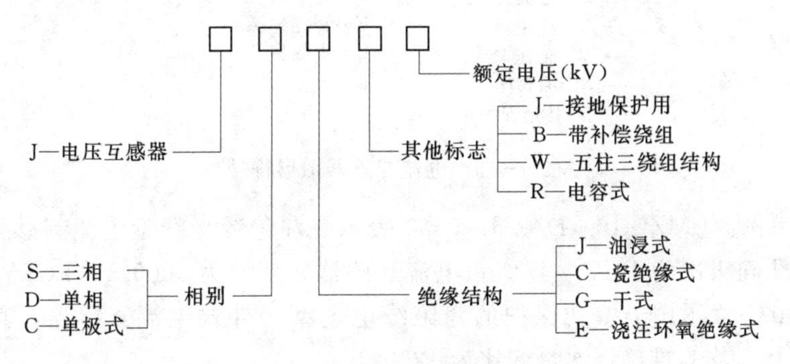

图 6-14　电压互感器型号

2）电压互感器型号举例。JCC-220 表示串级瓷绝缘电压互感器，额定电压为 220kV；JSJW-10 表示三相油浸五柱三绕组电压互感器，额定电压为 10kV；JDJ-6 表示单相油浸电压互感器，额定电压为 6kV。

3）其他。在常用代号中用“TV”代表电压互感器。图例符号如图 6-15 所示。

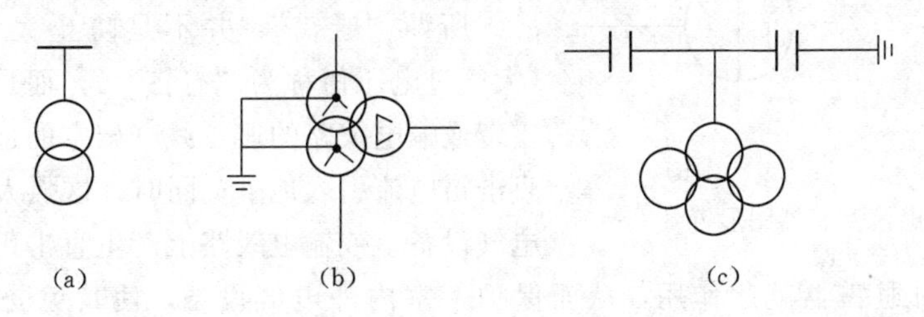

图 6-15　电压互感器图形符号

(a) 电压互感器；(b) 三相五柱三绕组电压互感器；(c) 电容式电压互感器

(7) 电流互感器。电力系统中将一次侧交流大电流转换成可供测量、保护或控制等仪器仪表或继电保护装置使用的二次侧小电流的变流设备称为电流互感器。电流互感器的一次绕组通常串联于需测量、保护或控制的电路中，而二次绕组则与测量、保护或控制等装置量电仪表及继电器的电流绕组相串联，使一次侧和二次侧高、低压电路互相隔离。

按原绕组的匝数划分，电流互感器可分为单匝式（芯柱式、母线型、电缆型、套管型）、复匝式（线圈形、线环形、6字形）；按绝缘介质分，它可分为油浸式、树脂浇注式；按安装方法分，它又可分为支持式和穿墙式。

1）型号表示框架结构：符号-电压-准确级次-变比。

2）型号的表示方法如图6-16所示。

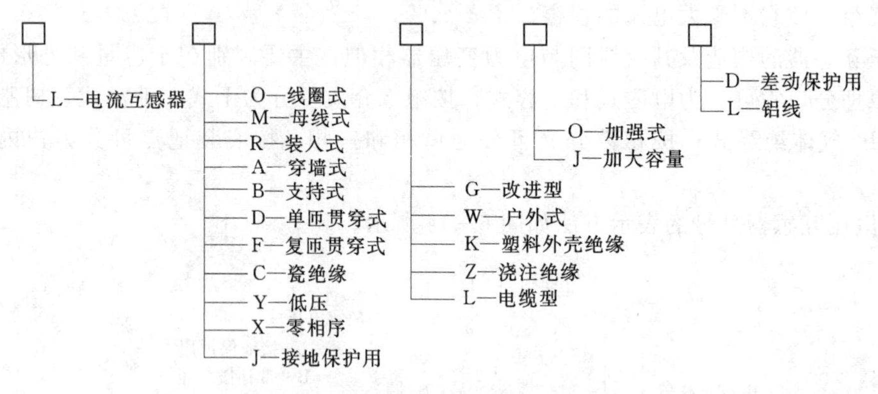

图6-16　电流互感器图形符号

3）型号举例。LMZ-10-D/0.5-5000表示浇注绝缘母线型电流互感器，其额定电压为10kV，准确级次为D级/0.5级，电流互感器的变比为5000/1；LCLWD-220-D/D/D/0.5/1200/1表示用于差动保护的瓷绝缘电缆型户外式电流互感器，其额定电压为220kV，D及0.5均为准确级次，变比为1200/1。

4）其他。

a. 在常用互感器代号中，电流互感器用“TA”表示。

b. 图例符号如图6-17所示。

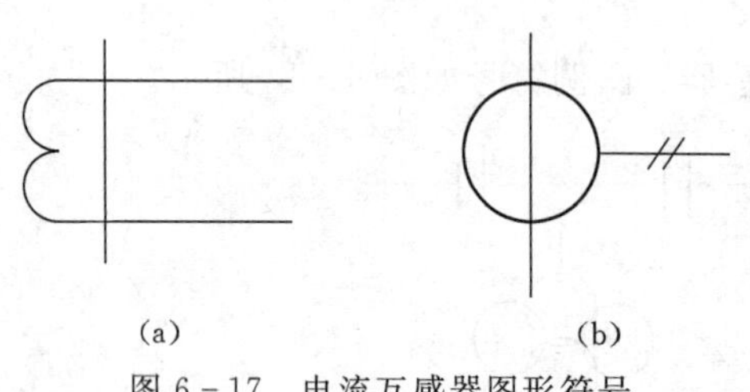

图6-17　电流互感器图形符号

（8）避雷器。避雷器是一种能释放过电压能量、限制过电压幅值的保护设备。

所谓“避雷”，并不是防止大气中的过电压（大气过电压俗称为“打雷”），而是靠避雷针、避雷带或输电线路的避雷线（架空的地线）把强大的直击雷电流引入地下；同时，这强大的雷电流会在电气设备上或输电线路上产生直击雷过电压或感应雷过电压，此时避雷器就起作用，从而保护了室内外电气设备，使其免受大气过电压的侵袭。

另外，电力系统中的故障和操作导致的电磁振荡，会引起过渡过程过电压（称为操作过电压），此时，避雷器也会动作，从而保护了设备。

1）型号表示方法如图6-18所示。

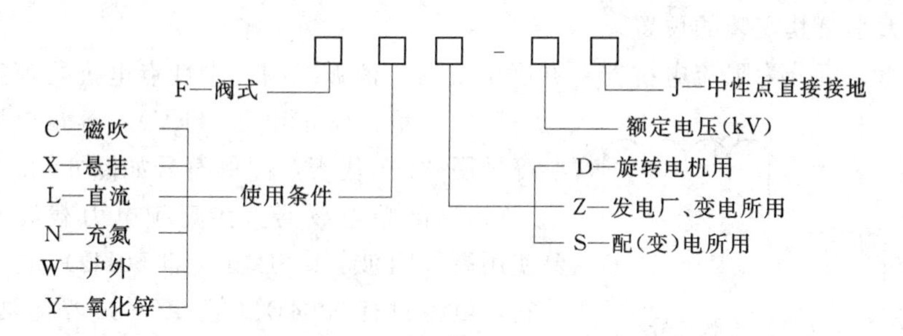

图 6-18　避雷器型号

2）型号表示举例。FCD-10 表示旋转电机用磁吹阀型避雷器，其额定电压为 10kV；FCZ-500J 表示变电所用磁吹阀型避雷器，其额定电压为 500kV，中性点直接接地。

3）其他。

a. 在常用基本符号中，避雷器用“F”代表。

b. 图例符号如图 6-19 所示。

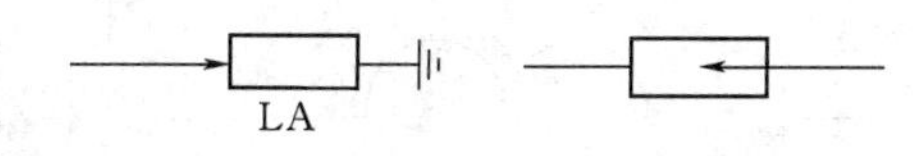

图 6-19　避雷器的图形符号

（9）高压熔断器。利用串联于电路中的一个或多个熔体，在过负荷电流或短路电流的作用下，一定的持续时间内熔断以切断电路，保护电气设备的电器称为熔断器。

电压在 1kV 以上的熔断器称为高压熔断器。高压熔断器分限流型和非限流型两种。

1）型号表示方法如图 6-20 所示。

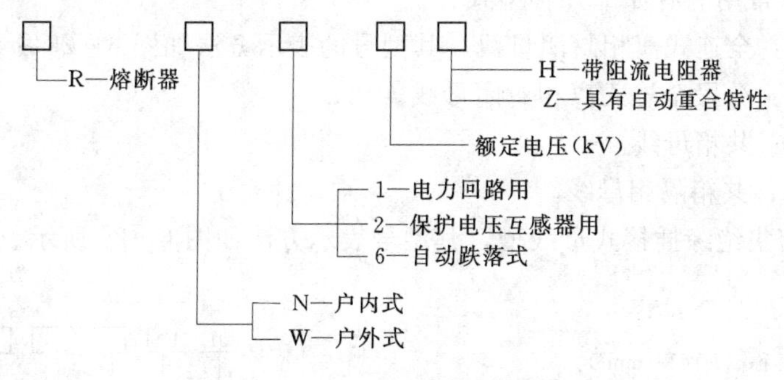

图 6-20　高压熔断器型号

2）型号表示示例。RN1　3～35kV 表示电力线路用、户内式、高压熔断器，使用电压范围是 3～35kV；RN2　10～20kV 表示保护电压互感器、户内式、高压熔断器，使用电压范围是 10～20kV；RW　3～10kV 表示户外跌落式高压熔断器，使用电压范围是 3～10kV。

若在型号后加 TH，表明用于湿热带产品、三防（潮、霉、砂）。

3）其他。

a. 在常用基本符号中，熔断器用 FU 表示。

b. 图例符号如图 6-21 所示。

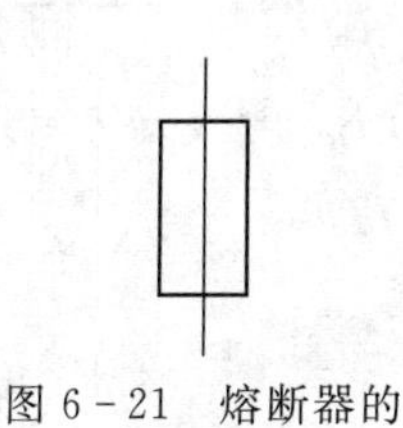

图 6-21　熔断器的图形符号

（10）电抗器。电抗器是因其电感而被电力系统作为限制短路电流、稳定电压、无功补偿和移相等使用的高压电器。可以装在线路上，也可以装在母线上。一般通过电力系统短路电流计算来决定电抗器的容量大小及其安装的位置。

根据用途它可分为限流电抗器、并联电抗器、消弧线圈、中性点电抗器等。

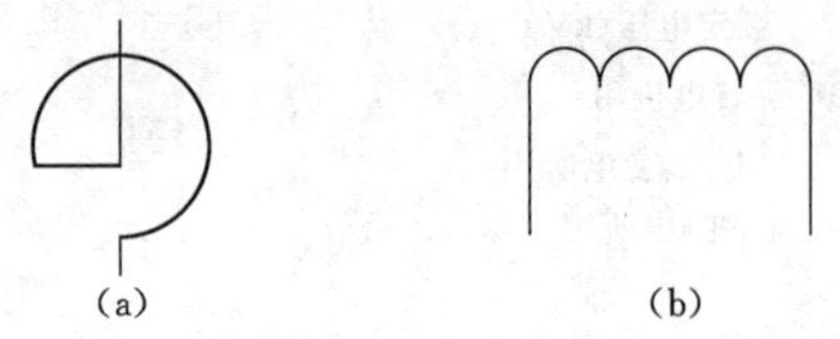

图 6-22　电抗器的图形符号

型号表示：额定电压（kV）/容量（kVAr）；基本符号用“L”代表，图例符号如图 6-22 所示。

(11) 高频阻波器。在高频电力载波通信系统中要使用高频阻波器。工频（即 50Hz）电流很容易通过它，电阻只有 0.04Ω（指 GZ-80 型阻波器），但它对高频电流阻抗很大，不让高频信号通过它。一般是用线圈绕成一个圆桶的阻波器挂在变电站出线构架上，这种型式最常见。

型号举例：GZK-800/220 表示高频宽带阻波器，电压为 220kV，电流为 800A；GZ2-800/220 表示高频阻波器，电压为 220kV，电流为 800A。

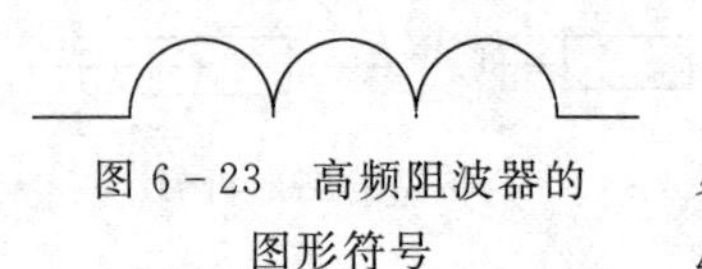

图 6-23　高频阻波器的图形符号

图例符号如图 6-23 所示。

(12) 母线。在配电装置中，母线用来连接各种电气设备，它是汇集、分配和传送电能的中间环节。其类型有硬母线和软母线。而硬母线又分为圆形母线、矩形母线、管形母线、槽形母线和封闭母线等。软母线和管形母线一般用在开关站，其他则一般用在发电机电压母线上。

1) 开关站内常用的软母线——钢芯铝绞线，其型号的表示方法如图 6-24 所示。

2) 硬母线，常用的有如下几种型式：

a. QLFM 型：全连式离相封闭母线，其型号的表示方法如图 6-25 所示。

b. FQFM 型：分段全连式离相封闭母线。

c. GXFM 型：共箱母线。

d. GGFM 型：共箱隔相母线。

e. CCX6：密集绝缘插接式母线槽，其型号表示方法如图 6-26 所示。

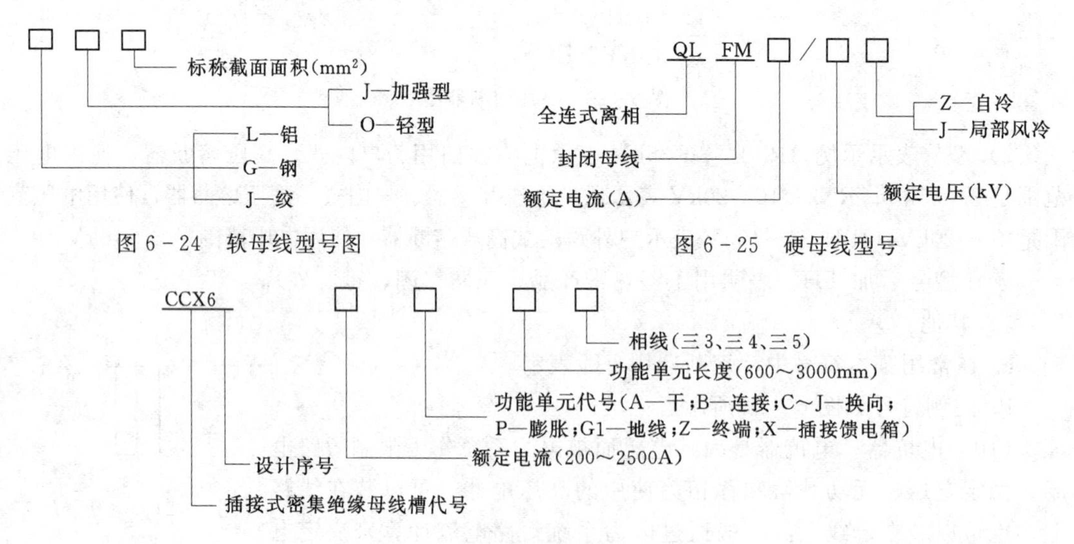

图 6-24　软母线型号图

图 6-25　硬母线型号

图 6-26　密集绝缘插接式母线型号

(13) 电气主接线。电气主接线是电站的主要电气设备和母线连接方式，它表示电站汇集和分配电能的一个完整的系统，通常以单线图表示。它是电站电气部分的主体，对发电厂、变电所电气设备选择、配电装置与厂房的布置、运行灵活性、可靠性和经济性等都有重大的影响。所以，拟定电气主接线图是发电厂、变电所电气部分设计中最复杂和最重要的任务。

设计电气主接线时，应根据水电厂的水文气象、动能特性、建设规模、接入系统设计、枢纽总体布置、地形和运输条件、环境保护、设备特点等因素综合考虑；应满足电力系统稳定性、可靠性以及对电厂机组运行方式（包括切机等）的要求，并不至于造成大量弃水、严重影响电厂效益和安全运行；同时，应满足供电可靠、运行灵活、检修方便、接线简单、便于实现自动化和分期过渡、节约投资等要求，经全面技术经济比较确定。

1）主接线常用的接线方式，如图 6-27 所示。

a. 发电机电压侧：单元接线、扩大单元接线、联合单元接线。

b. 高压侧：单母线、单母线分段、桥形（内桥、外桥、双桥形）接线、角形接线、双母线接线、双母线分段、双母线带旁路母线、1 倍半接线、4/3 接线等接线方式。

2）代表电压等级及线路特征的文字符号。

a. 500 kV：W。

b. 330kV：SS。

c. 220kV：E。

d. [154kV]：YU。

e. 110kV：Y。

f. [60kV]：LS。

g. [44kV]：SI。

h. 35kV：U。

i. 20kV：ER。

j. 15kV：SU。

k. 13.8kV：SB。

l. 10kV：S。

m. 6kV：L。

以上凡有 [] 者，为不常用的等级。

(14) 电缆。电缆是外包绝缘的导线，有的还包有金属外皮并加以接地，是传输电流的装置性材料。按用途划分，电缆可分为电力电缆、控制电缆、通信电缆、计算机屏蔽电缆等；按绝缘介质又可分为油浸纸绝缘电缆、挤包绝缘电缆两大类。

挤包绝缘电力电缆的绝缘介质主要为聚乙烯塑料，有交联聚乙烯（简称 XLPE）和低密度聚乙烯（简称 LDPE）两种。目前，水电站主要采用 110～500kV 单芯的高压电力电缆，用于当主变高压侧的电力输出受地质、地形条件和枢纽布置的限制，采用架空线路时，技术经济又极不合理的场合。

1）电力电缆。根据电压高低的不同，它又可分为低压电缆（不大于 0.4kV）和高压电缆（主要分 6kV、10kV、35kV、110kV、220kV、330kV、500kV 等电压级别）。

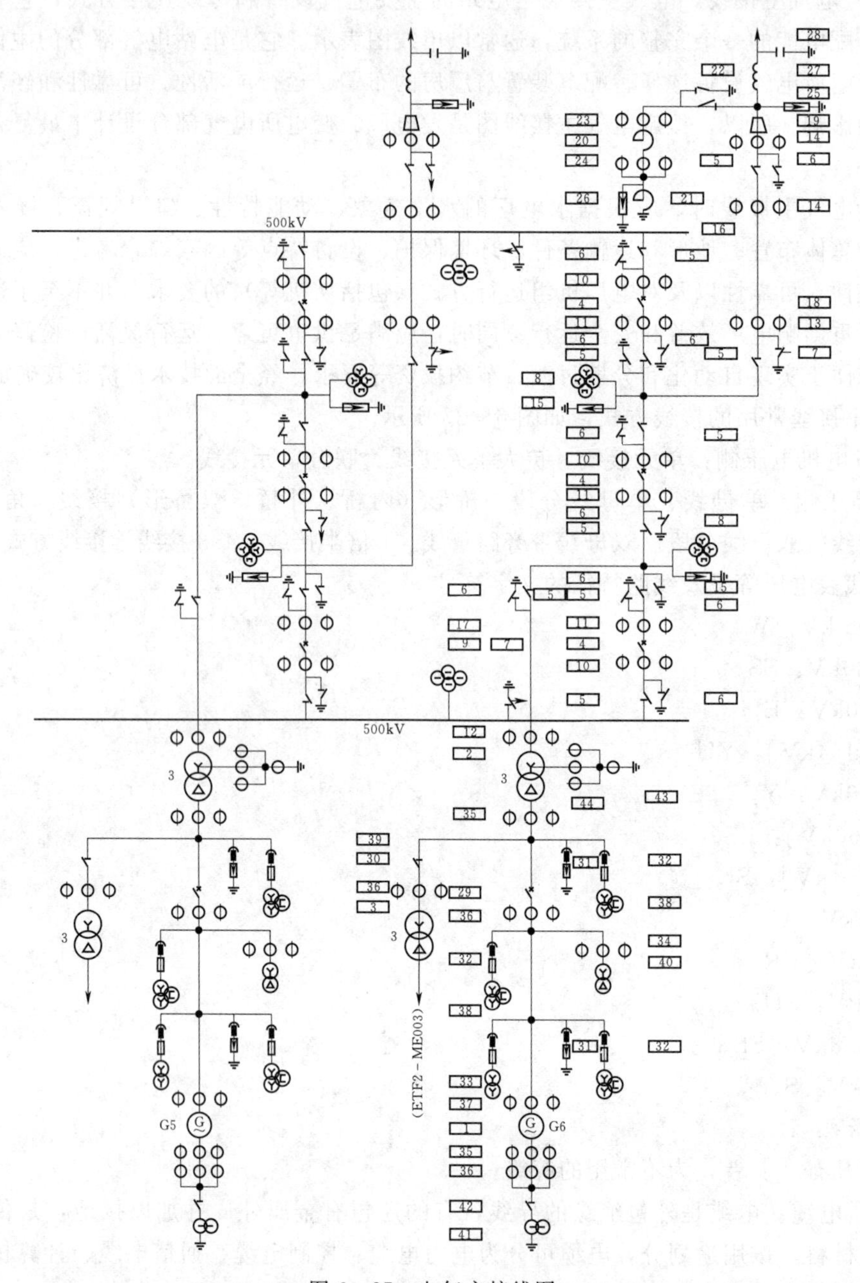

图 6－27　电气主接线图

1—发电机；2—主变压器；3—厂用变压器；4—高压断路器；5—高压隔离开关；6—接地开关；7—快速接地开关；8、9—电压互感器；10～14—电流互感器；15—避雷器；16—开关站主母线；17—开关站进线；18—开关站出线；19—出线套管；20—电抗器；21—小电抗器；22—接地开关；23、24—电流互感器；25、26—避雷器；27—宽频阻波器；28—电容式电压互感器；29—发电机出口断路器；30—隔离开关；31—避雷器；32—熔断器；33—电压互感器；34～37—电流互感器；38—三相五柱式电压互感器；39—发电电压母线；40—励磁变压器；41—接地变压器；42—隔离开关；43、44—电流互感器

电力电缆因电压高、电流大，故结构较复杂，安装也麻烦。它的种类繁多，分为单芯、三芯和四芯等。

a. 电力电缆型号含义如图 6－28 所示。

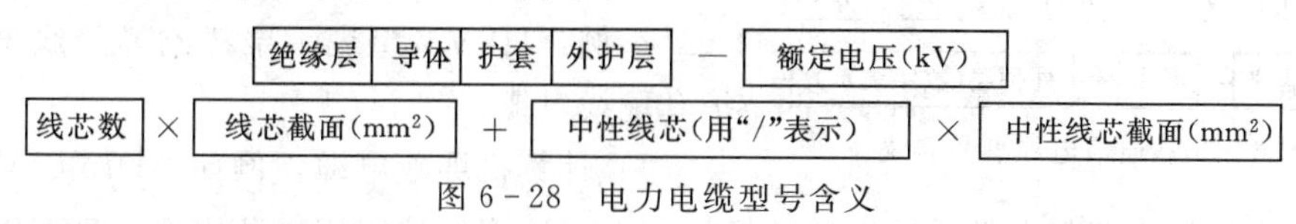

图 6－28　电力电缆型号含义

电力电缆的特征情况见表 6－5。

表 6－5　　**电力电缆特征情况表**

型号组成	简单名称	代号
绝缘层	纸绝缘	Z
	橡皮绝缘	X
	聚氯乙烯绝缘	V
	聚乙烯绝缘	Y
	交联聚乙烯绝缘	YJ
导体	铜	不表示
	铝	L
护层	铅包	Q
	铝包	L
	聚氯乙烯护套	V
	非燃性橡套	HF
特征	统包型	不表示
	分相铅包、分相护套	F
	干绝缘	P

型号组成		简单名称	代号
特征		不滴流	D
		充油	CY
		滤尘器用	C
外护层	防腐	一级	1
		二级	2
	麻包及铠装	麻包	1
		钢带铠装麻包	2
		细钢丝铠装麻包	3
		粗钢丝铠装麻包	5
		相应裸外护层	0
		相应内铠装外护层	9
		聚氯乙烯护套	02
		聚乙烯护套	03
		钢带铠装护套	22
		细钢丝铠装外护层	32
		粗钢丝铠装护套	42

b. 电力电缆型号举例。

(a) 油浸纸绝缘电力电缆。ZQD02 表示铜芯不滴流油浸纸绝缘铅包聚氯乙烯外护套电力电缆；ZLL32 表示铝芯黏性油浸纸绝缘铝套细钢丝铠装电力电缆。

(b) 交联聚乙烯绝缘电力电缆。YJV 表示铜芯交联聚乙烯绝缘聚氯乙烯护套电力电缆；YJLV22 表示铝芯交联聚乙烯绝缘聚氯乙烯护套，钢带铠装电力电缆。

(c) 聚氯乙烯绝缘，聚乙烯护套电力电缆。VV22 表示铜芯聚氯乙烯绝缘聚氯乙烯护套钢带铠装电力电缆；VLV42 表示铝芯聚氯乙烯绝缘聚氯乙烯护套，钢带铠装电力电缆。

2) 控制电缆、信号电缆。这种电缆流经电压电流小、结构简单，但线芯数较多。型号组成如图 6－29 所示。

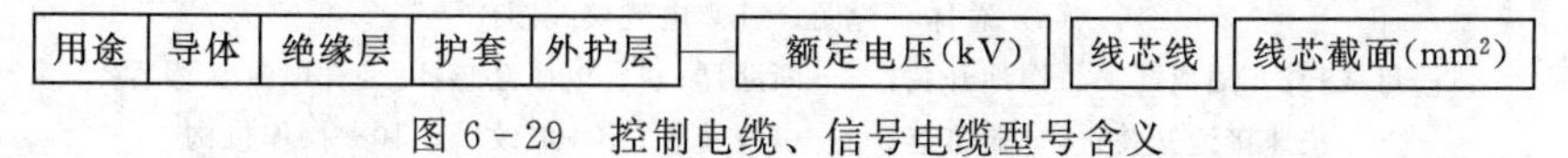

图 6－29　控制电缆、信号电缆型号含义

KXQ30 表示铜芯橡皮绝缘铅包裸细钢丝铠装控制电缆；PYV29 则表示铜芯聚乙烯绝缘聚氯乙烯护套内钢带铠装信号电缆。

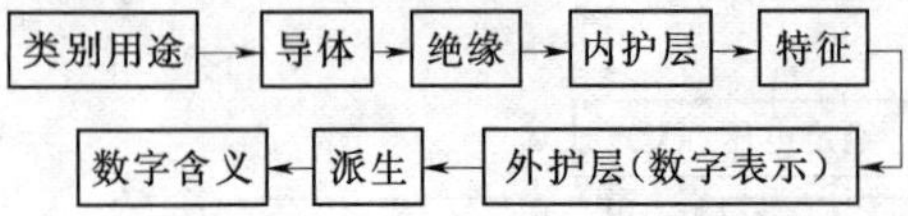

类别用途 → 导体 → 绝缘 → 内护层 → 特征 → 外护层(数字表示) → 派生 → 数字含义

图 6-30　通信电缆型号含义

3）通信电缆。型号组成如图 6-30 所示。

举例：HPVV 型表示聚氯乙烯绝缘聚氯乙烯护套配线电缆。

4）计算机屏蔽电缆。例如，DJYP1V 为铜芯聚乙烯绝缘对绞铝塑复合带屏蔽聚氯乙烯护套电子计算机控制用屏蔽电缆；DJVP2V22 为铜芯聚氯乙烯绝缘对绞铜带屏蔽聚氯乙烯护套钢带铠装电子计算机用屏蔽电缆。

（15）气体绝缘金属封闭电器（GIS）。将开关站的电气元件组合在充有有压绝缘气体的密闭金属容器内的成套装置称为气体绝缘金属封闭电器。组合的电气元件一般包括用相同绝缘气体作灭弧介质的断路器、隔离开关、电流互感器、电压互感器、接地开关、避雷器、母线、电缆终端和引线套管等。广泛使用的绝缘气体为六氟化硫（SF_6），根据灭弧性能和绝缘性能的要求，确定绝缘气体的压力。气体绝缘金属封闭电器是 20 世纪 60 年代发展起来的新一代组合电器，产品额定电压已达 500kV 和 800kV，额定电流已达 8000A，额定短路开断电流已分别达 63kA 和 80kA。额定电压为 1050kV 的样机已研制成功，其额定电流最大达 12000A，额定短路开断电流达 80～100kA。它占地面积和占据空间均小，适合布置受地形、地质条件限制的水电站地下厂房、坝内（或坝后）式厂房和电压高、规模大的开关站的需要。

整体设备基本上在制造厂装成，现场安装工作量很小。整套装置运行安全可靠，受环境的影响小，几年才需检查一次。因此，此技术发展很快，但高电压、大容量的 SF_6 组合电器（GIS）需进口，价格高。其总体布置如图 6-31 所示。

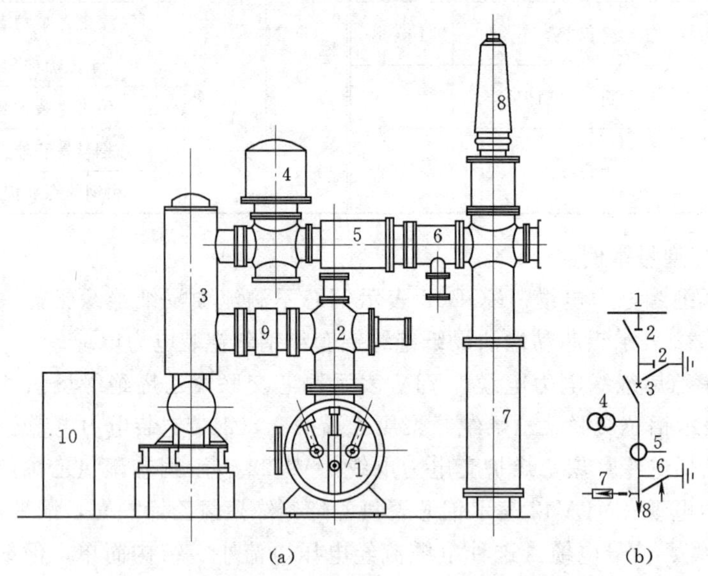

图 6-31　LF-110 型全封闭电器总体布置图

（a）总体布置图；（b）电气接线图

1—母线；2—隔离开关、接地开关；3—断路器；4—电压互感器；5—电流互感器；6—快速接地开关；7—避雷器；8—引线套管；9—波纹管；10—操作机构

（二）二次设备

二次设备主要由装在各屏、盘、柜、台、箱上的继电器、表计、元件组成。按其用途不同，可分成多种接线系统，主要有以下几种：

（1）各主要设备（发电机、变压器、母线、线路）的继电保护

（2）监测仪器（电压、电流、有功功率、无功功率、频率等）。

（3）信号装置（指示灯、光字牌、蜂鸣器、闪光灯等）。

（4）各种操作屏、盘、柜、台、箱。

（5）自动化装置（同期装置、调速、励磁、重合闸、电源自动切换等）。

（6）电源。

二次系统的各部分都有本身的电源，如控制电源、操作电源、音响信号电源等。根据各元件、装置的要求不同，有220V、110V的“强电电源”和24V、48V的“弱电电源”。既有直流电源，又有交流电源。

二次接线内容繁多，接线比较复杂。

1. 二次系统的原理和构成

（1）发电厂和输电线路的继电保护。电力系统范围大，遇到的情况复杂，所以故障常发生。发生类型主要有单相接地、相间短路、发电机和变压器内部故障、断路器误跳闸等。这些故障的后果，轻则影响用户短时停电，降低用电质量。重则损坏设备，甚至造成电力系统解裂，大面积长时间停电，给国民经济造成较大损失。为了尽可能防止或减少以上故障的发生，所以应用多种继电保护。

1）继电保护的作用。

a. 迅速地、有选择地将故障点从电力系统中断开，最大限度地缩小故障范围和减小后果。

b. 当设备运行不正常时，立即发出信号和警报，使值班人员采取相应措施。

c. 采用自动化装置（自动重合闸、自动切机、自动减负荷等）能自动消除故障或不正常运行后果。

2）发电机的继电保护。

a. 纵差保护。当发电机发生内部故障（相间短路、匝间短路）时，纵差保护能迅速作用于跳闸、切机、灭磁，既简单又灵敏，是发电机的主保护。

b. 横差保护。当发电机定子为双绕组接线时，若定子匝间短路，横差保护将作用于跳闸、切机、灭磁。

c. 延时过电流保护。属发电机的后备保护。

d. 过负荷保护。由于过负荷引起大电流时，它动作于信号。属于附加保护。

e. 定子绕组单相接地保护。反映定子绕组的单相接地，一般动作于信号。当接地电流大于5A时，动作于跳闸。

f. 转子绕组一点接地保护。转子直流电路一点接地不直接影响运行，但发生两点接地时后果严重。转子绕组一点接地动作于信号。

g. 定子绕组过电压保护。用于水轮发电机，当机组甩负荷时，因调速器动作缓慢，电压升高，危及电机绝缘，故设此保护动作于跳闸、停机、灭磁。动作电压为1.5～1.7

倍额定电压，动作时间为0.5s。

h. 发电机失励磁保护。迅速动作于跳闸、停机。

3）变压器的继电保护。

a. 瓦斯保护。变压器内部故障时，电弧使绝缘层和油分解产生大量气体。气体冲向变压器箱体顶部，然后沿顶部管路通向油枕外溢。气体继电器装在顶部管路中间，上述气体将从它内部通过，轻瓦斯则动作于信号，重瓦斯将跳开变压器的两侧断路器。

b. 纵差保护。当相间短路、匝间短路时，动作跳两侧断路器。

c. 过电流保护。它是瓦斯保护和纵差保护的后备保护。

d. 零序过电流保护。用于中性点直接接地电网中，防外部接地短路，作为变压器相邻元件及本身的后备保护。

e. 冷却器失去电源保护。当变压器的冷却器失去电源时，风扇将停转或油水循环停止，变压器的温度很快升高，此时，保护动作，先发信号，经延时跳两侧断路器。

4）母线保护。用差动保护。保护动作时，跳母线上连接的所有断路器。

5）线路保护。

a. 零序方向保护。中性点接地电网中，接地故障占70%～80%，故可利用故障时出现的零序电流构成保护。该保护由零序方向元件、时限元件和信号元件组成。

b. 距离保护。它作为相间故障的主保护和后备保护，是依据故障点至水电站的阻抗值大小来整定，动作时间也将反映距离，这样保护的范围不受运行方式及短路电流大小的影响。其特点是灵敏、迅速，由启动元件、方向阻抗元件和时间元件组成。

c. 线路高频保护。可快速切除高压远距离线路上的故障，利用高频载波电流，在输电线上传递两侧电量的信号，构成差动保护，即高频保护。

（2）发电厂的控制、测量系统。

1）强电控制方式。使用110V或220V交直流电源进行控制操作和测量。老式电站一般都是此方式。

2）弱电控制方式。弱电直流电压一般用24V、48V、60V；交流电压为50V、60V。电流是0.5A、1A。这样可使控制设备体积很小，导线截面积也很小。

2. 二次设备的安装和调试

（1）二次设备的安装项目。按安装地点分，二次设备的主要安装项目如下：

1）中控室。采用强电控制方式每台机组一块控制屏，还有公用控制屏、监测屏、同期小屏、母线等。

采用弱电控制方式则用控制台，可控制全部机组和开关站高压断路器。有排列为弧形的数块返回屏，模拟全厂电气主接线，在屏上显示各台机组和每条送出线路的主要参数（电压、电流、功率等），还有故障光字牌和模拟灯等。

2）继电保护室。有发电机、变压器、母线和线路的各种保护屏、电源切换屏、同期屏、变送器屏、音响信号屏、直流电源屏、逆变电源屏以及开关站的故障录波器屏等。

3）主厂房发电机旁，设有水轮机自动屏、调速器屏、测温屏、温度计屏、励磁屏、动力屏等。

4）机组附属机械。厂房各种水泵、高低压空气压缩机、油泵等控制屏或控制柜。

5）厂用电室。高、低压厂用电成套配电装置（屏或盘）。

6）直流盘室。直流屏、直流馈电屏。

7）载波机室。载波机和通信电源切换屏。

（2）电缆敷设。见前述。

（3）二次设备的安装和调试。二次设备安装归纳起来有立盘、配线、继电器和元器件的整定、调试。

1）盘用基础槽钢埋设，二期混凝土浇筑、抹平。

2）立盘（屏、柜）。垂直、水平、屏间之距离、边屏、基础接地等均应按有关规范和设计要求施工。

3）盘上所有器具、元件、继电器全部由试验人员校验、整定及率定合格。主要包含各种继电器元件、信号灯、按钮、光字牌、电阻、熔丝、盘顶小母线等。

4）端子排安装，应注意安装单位的编号和标志。

5）将电缆头做好。需注意，芯线预留的长度要同盘顶一样高，对线及编号应按图纸配线，电缆与屏内设备连接必须通过端子排。

6）按原理图对线、盘内少量改线（3～5 级）器具或单元进行试验、调试、整个回路调试、整体调试。

（三）其他电气设备

其他电气设备包括厂用电系统设备、直流系统设备、通信系统设备、接地系统等。

1. *厂用电系统设备*

（1）高压厂用变压器。一般水电站厂用电的主供电源由该水电站提供，外来电源用作备用电源。其发电机电压等级为 6.3kV、10.5kV、13.8kV、15.75kV、18kV、20kV。

厂用高压开关柜的额定电压为 6.3kV、10.5kV。

从发电机电压变为高压开关柜电压要使用高压厂用变压器。它将电压从 10.5kV、13.8kV、15.75kV、18kV、20kV 降为 6.3kV 或 10.5kV。此电压等级（6.3kV 或 10.5kV）的负荷可以直接从高压开关柜上引接。

（2）低压厂用变压器。因为厂用电系统设备大部分只能使用 0.4kV（380V/220V）的电压，所以要用低压厂用变压器。它的高压侧接 10.5kV 或 6.3kV 高压开关柜引来的电缆，它的低压侧接于 400V 低压开关柜。众多的低压厂用电系统设备可从 400V 低压开关柜上接线。

2. *直流系统设备*

给直流操作、保护、控制、监测设备供电和供给事故照明用的直流电源设备称为直流设备，如整流装置、蓄电池等。

水电站使用的蓄电池组大多数是 220V，共有 130 个蓄电池。其中，88 个为基本电池，其他为端电池。大电站使用固定铅酸蓄电池，该电池寿命长，可达 20 年，但运行及维护麻烦。地下电站可用固定防爆型铅酸蓄电池，它安装起来比较简单。小电站或变电站可以用汽车蓄电池，它虽然寿命短（只有 5～6 年），但维护方便。

对于蓄电池的充电和浮充电设备，旧式是使用交流电动机/发电机组，新式则用硅整流器或可控硅整流器（浮充稳压电源）。

端电池调整器一般放于中控室内。根据直流电压变化，及时调整端电池接入数目，使其稳定在220V。调整方法可自动，使用PK－4型盘；可手动，使用PK－2型盘。

蓄电池系统的其他设备还有直流屏KP－1型、多块（直流负荷屏）抽风设备、电加热设备（封闭型）、储酸室等。另外，对房建、照明均有特殊要求。

3. 通信系统设备

(1) 生产管理通信设备。水电站的生产、管理系统采用程控通信方式。近年来发展的移动式通信（如微蜂窝、微微蜂窝通信等）也得到了广泛使用。微微蜂窝通信包括的装置为：微微蜂窝调度交换机、基站控制器、天馈线、基站收发天线、调度台、微微蜂窝基站等设施。

(2) 生产调度通信设备。现代化大型水电站的程控交换机分为行政交换机和调度交换机。调度交换机又分为电站内部的生产调度交换机和电力系统调度交换机。

电站内部生产调度交换机主要提供电厂中控室值班员与电厂各运行车间运行、维护、检修人员的通信联系。电力系统调度交换机是解决电厂同整个电力系统的联络用的。

(3) 载波通信。将话音及有关信息用电力线路来传输的方式称为载波通信。它采用相-相耦合方式（或相—地耦合方式）。电力载波机主要由滤波单元、收发信单元、调制解调单元、保护复用单元、音频单元及电源等部分组成。关于要配套使用的高频阻波器、耦合电容器、结合滤波器等，属于变电站内高压电气设备，它们的设备费、安装费均应进入变电站高压电气设备项目内解决。

此种通信方式的优点是距离长、质量好、保密性好；缺点是当线路处于故障情况下（如断线、接地）时将无法使用它。

(4) 微波通信。它是利用微波频段内的无线电波把待传递的信息从一地传送到另一地的一种无线通信方式，微波通信具有同时传送电话、电报、录像、数据等多种形式信息的功能。

按照所采用的中继方式（接力方式）不同，微波通信又可分为微波中继通信、卫星微波通信和散射微波通信。

1) 微波中继通信。由于微波在空中是直线传播，要利用微波作远距离通信，必须在两地间每隔50km左右设置一个微波中继转接站。各微波中继转接站把接收到前一站的微波信号加以放大处理后，再转到下一站去（相邻两个中继站之间不允许有障碍物），直到收信终端为止。这种通信方式称为微波中继通信。

2) 卫星微波通信。为尽量增加相邻两个微波站之间的通信距离，减少中继转接站数量，可以把微波塔尽量架高，或将中继转接站悬挂在高空，可用人造地球同步卫星来实现。从卫星到地面的覆盖面积约占整个地球表面积的1/3，一次跨越的最大通信距离长达1.8万km。只要在此覆盖区内，任何两地间的地面微波站都可以借助卫星这个中继转接站进行通信。由于卫星通信使用的无线电波频率也属于微波频段，所以卫星微波通信是一种特殊的微波中继通信。

3) 散射微波通信。它是利用大气对流层中不均匀性结构而使微波射束产生散射所组成的一种无线通信方式。所以散射微波通信实际上也属于一种特殊的微波中继通信。

(5) 光纤通信。它是使光在一种特殊的光导纤维中传送信息的一种新的通信方式，属

有线方式的光通信。

光纤通信抗干扰力强，线路架设方便，制造光导纤维的玻璃材料资源丰富，通信容量很大，十分有利于数字和图像传输，是近年来具有广阔发展前景的新技术。

4. 接地系统

将电气设备的某些部分用导体（接地线）与埋设在土壤中或水中的金属导体（接地体或接地极）相连接。直接与大地或水接触的金属导体或金属导体组，称为接地体或接地极。

电气设备接地部分与接地体连接用的金属导体，称为接地线。接地线和接地体之总和，称为接地装置。接地装置是用来保护人身和设备安全的，可分为保护接地、工作接地、防雷接地和防静电接地 4 种。

保护接地又称为安全接地。当电气设备的绝缘发生损坏时，其金属外壳或架构可能带电。为了防止人身碰及时引起触电，必须将电气设备的金属外壳或架构接地。工作接地是电气设备因为正常工作或排除故障的需要，将电路中的某一点接地。例如，110kV 及以上电压的电力系统中将部分变压器中性点接地。防雷接地是为了使雷电流泄入大地而将防雷设备接地，如避雷针、避雷线和避雷器的接地等。防静电接地是为了防止静电危险影响而设的接地，如运油车、储油罐和输油管道的接地等。

对水电站而言，接地系统由两部分组成：一部分是用于直击雷电流扩散的“主接地”系统。它可将厂房顶部的避雷带或变电站避雷针上的直击雷电流迅速扩散到土壤或水中。主接地系统的安装要求较高。另一部分是“安全接地”，即把厂内、外所有设备的外壳和支架通过接地线互相连接，形成安全接地网。两部分接地网之间可互联，形成完整的接地系统。

电气设备的带电部分，偶尔与结构部分或直接与大地发生电气连接，称为接地短路。经接地短路点流入地中的电流，称为接地短路电流。接地体的对地电阻和接地线电阻的总和，称为接地装置的接地电阻。

在我国，规定电压为 1kV 以上大接地短路电流系统的电气设备，其接地装置的接地电阻，在一年四季中，一般不应大于 0.5Ω；对于高土壤电阻率地区，接地电阻允许提高，但不应超过 5Ω。若接地装置的工频电位升高超过 2kV，则应按接地规程的规定对电站作好相应均压和隔离措施。

七、起重设备

水电站的起重设备是安装、运行和检修电站各种设备的起吊工具。

主厂房内机电设备安装和检修时的起吊工作是由桥式、门式或半门式起重机来完成的。各种启闭机用于进水口、溢洪道、冲沙底孔、泄洪道、船闸、筏闸、尾水等闸门的启闭工作。

常用的启闭机有桥式起重机、门式起重机、油压启闭机、卷扬式启闭机、螺杆式启闭机等。

(一) 桥式起重机

所谓桥式起重机，就是它的外形像一座桥，故称为桥式起重机。水电站在主厂房内的起重设备一般均采用桥式起重机。

桥机大本架靠两端的两排轮子沿厂房牛腿大梁上的轨道来回移动，只能同厂房平行移动。

小车架上有起重设备，包括主钩和副钩。有些还有小电动葫芦（10t左右的起重量）固定在桥机大梁下面。桥机的起重量是指主钩的起重量。

桥机按其结构特点与操作方式的不同，分为3种型式（表6-6）。

表6-6　桥机型式表

型式	重量/t	跨度/m
电动单梁桥式	5～10	
电动双梁桥式	10～630	10～28
电动双梁双小车桥式	2×（50～300）	10～25

目前，大多数水电站的主厂房内采用单小车电动双梁桥式起重机；而对于电动双小车桥机，与同型号同起重量桥机相比，有以下优点：

（1）可使主厂房高度降低。

（2）被吊工件易翻转（翻身）。

（3）使桥机受力情况改善，使其结构简化，自重减轻20%～30%。

（4）使桥机台数减少。主钩是为吊运发电机转子、定子、主变压器等大型较重部件而设计的，它升降速度较慢；而其他设备通常用副钩吊运、安装，可提高其升降速度。

1. 桥机的基本参数

（1）桥机的起重量。桥机的起重量应按最重起吊部件确定。一般情况下，按发电机的转子连轴再加平衡梁、起重吊具钢丝绳等总重之和来考虑桥机起重量。但有些电站若采用扩大单元电气主接线时，还要考虑起吊主变压器这个因素。

（2）桥机的台数。主厂房内安装1～4台水轮发电机组时，一般选用1台桥机；主厂房内安装4台以上水轮发电机组时，一般选用2台桥机。

（3）桥机的跨度。桥机大车端梁的车轮中心线的垂直距离，称为跨度。起重机跨度不符合标准尺寸时，可按每隔0.5m选取。

（4）起升高度。吊钩上极限位置与下极限位置之距离称为起升高度。主钩的上限位置通常根据吊运的水轮机转轮加轴或发电机转子加轴（当然，吊运此部件时，不能碰到已安装好的机组的最顶端，还要留出适当余度）所必需的高度来确定；主钩下极限位置要满足从机坑内（或进水阀吊孔内）将转轮加轴（或进水阀）或转子加轴分别能吊出来。

副钩的下极限位置应能保证水轮机埋设部件的安装和检修时的需要，一般按满足吊运座环或尾水管里衬的需要。

（5）工作速度。

1）起升速度。在提升电动机额定转速下，吊钩提升的速度称为起升速度。一般速度范围为：主钩0.15～1.5m/min，副钩0.4～7.5m/min。

当起升量大时，取小值。反之则取大值。目前大、中型水电站桥机主、副起升机构均能实现交流变频无级调速或其他调速方式。

2）运行速度。在行走电动机额定转速下，桥机的大车架或小车架行走的速度，称为运行速度。一般范围为：大车：2.5～25m/min，小车1.0～10m/min。

目前大、中型水电站桥机大、小车运行机构均能实现交流变频无级调速或其他调速

方式。

(6) 工作制。工作制又称为暂载率，工作制＝工作时间/(工作时间＋间歇时间)×100%。

根据《起重机设计规范》(GB 3811—83)，按起重机的利用等级和荷载状态，起重机的工作级别分为A1～A8共8个等级。

1) 轻级、中级：A1～A5，水电站主厂房桥机大多采用此等级。

2) 重级、特重级：A6～A8，适用于冶金、港口等。

2. 安装和荷载试验

(1) 安装。桥式起重机是主厂房内机电设备安装的主要起重设备。所以，大多数电站均是在机组安装前先把桥机安装好。

桥机安装的主要工序是把两根大梁顺利吊装就位并同端梁连接好，形成框架，再安装小车及提升机构。安装方法可用桅杆吊装法、两台大型吊车吊装法、预埋吊环吊装法及起重梁吊装法等。

(2) 荷载试验。在国家标准《起重机试验规范和程序》(GB 5905—86、ISO 4310—1981)中规定：起重机在安装后，应进行无负荷、1.25倍额定起重量的静负荷和1.1倍额定起重量的动负荷试验。其目的是发现和检验桥机的制造质量和安装质量，检查桥架的焊接质量、主梁结构强度和刚度、电气部分的操作控制质量、起升机构可靠性、土建的吊车梁等，发现问题及时处理。荷载试验完全合格后，才允许吊装转子，避免吊装时发生事故。

试验内容及程序：准备⟶空载⟶静荷载⟶动荷载。

(二) 闸门启闭机

闸门启闭机有很多型式，归纳起来有以下几种：

(1) 按布置方式分，有移动式、固定式和回转式。

(2) 按传动方式分，有螺杆式、液压式和钢丝绳卷扬式。

(3) 按牵引方式分，有索式(钢丝绳)、链式和杆式(轴杆、齿杆、活塞杆)。

各种启闭机综合分类如下：

(1) 固定式启闭机。其特点为一机只吊一扇门。

1) 螺杆式启闭机。它适用于小型工程，水头低、闸门小、速度慢，结构简单耐用，且价格低，既可手动，又可电动。一般启闭能力为20t以下。

2) 固定卷扬式启闭机。它是靠卷筒的转动，使吊具作垂直运动来开启或关闭闸门。它结构简单，使用方便，适用于平板闸门、人字门、弧形闸门的启闭。

3) 链式启闭机。它用链轮的转动，带动片式链作升降运动来启闭闸门，适用于大跨度较重的露顶式闸门、或有特殊要求的圆辊闸门的启闭。

4) 曲柄连杆式启闭机。它用齿轮圆盘的转动，通过连杆去带动闸门转动，以达到开启或关闭闸门的目的。一般用在大、中型船闸上以启闭人字闸门。

5) 液压启闭机。一般卷扬式启闭机是靠闸门自重而下沉(它使用的绕线式电动机在速度达到一定值后可逆转产生制动，使闸门徐徐下沉)。当水头深时，水的扬压力大，即使加上配重块，闸门也放不下去，此时要用液压启闭机进行闸门启闭。

液压启闭机的构造分为高压油系统、电气及控制系统、机械传动系统，包括的部件有高压油泵、油箱、管路、操作电磁阀、高压油缸、活塞、连杆、连接杆等。它启闭速度快，可靠性大，适用于需要快速升降的水头高的工作闸门。能适应遥控和自动化的要求，但价格贵。

(2) 移动式启闭机（一机可吊多扇、多种闸门）。

1) 门式起重机。它是一机多用的移动式起重机。它可起吊多孔口、多道数、多品种的闸门和拦污栅。被起吊的闸门或拦污栅根据工作需要可方便地吊出门槽或栅槽外，放于坝顶进行检修。它起吊范围大，有大车运行、小车运行（甚至还有第3个旋转运行）。运行的轨道有直线式、弧形式、混合式。

根据水工建筑物的布置和对水工机械设备运行的要求，门式起重机可分为单向门机和双向门机。单向门机是在门架上设置固定的起升机构，门机的起吊范围是一条线；双向门机是在门架上设置小车，门架和小车在互相垂直方向运动（小车上设有起重机构），门机的起吊范围是一个长方形或宽带形。

2) 台车式启闭机。该机型可吊多扇闸门，只有台车一个运动方向。将固定的卷扬式启闭机放于一个单向走行的台车上使用。

3) 滑车式起重机。它又称为葫芦，是由链轮或绳索滑轮及卷筒所组成的结构简单的一种起重机械，既可电动又可手动，常安装在工字梁上，小孔口单吊点、小吨位的小型闸门常用它来起吊。

(3) 转柱式起重机。它是固定旋转式起重机的一种，常与门机配套使用，装在门机大车架的侧面，称为回转吊。灵活性很强，门机大钩、副钩范围以外的吊装任务由它来完成，如吊拦污栅、木材上坝、清污、零星物品等，但起重量较小。

八、闸门

本节包括平板焊接闸门、平板拼接闸门、弧形闸门、船闸闸门、闸门埋件、闸门压重物、拦污栅及小型金属结构安装。

(一) 闸门的一般知识

闸门由两部分组成：活动部分指门叶，固定部分指埋件。活动部分指能闭塞孔口，而又能开放孔口的堵水装置；固定部分指埋设在建筑物结构内的构件，它把门叶所承受的荷载、门叶的自重传递给建筑物。

门叶由面板、构架（桁架式、实腹式等）、支承行走部件（定轮、滑块）、吊具（与启闭机的连接部件）、止水装置等部件构成；埋件则为支承行走埋件（如主轨、反轨、侧轨等）、止水埋件和护衬埋件。

(二) 闸门的分类

1. 按用途分

(1) 工作闸门：可以动水开、闭的闸门。

(2) 事故闸门：可以动水关闭、静水开启的闸门。

(3) 检修闸门：只能在静水中开、闭的闸门。

2. 按闸门在孔口中的位置分

(1) 露顶式闸门。

（2）潜没式闸门。

3. 按闸门的材质分

（1）钢闸门。

（2）木闸门。

（3）混凝土闸门。

4. 按放水方法分

（1）底部放水闸门。

（2）上部放水闸门。

5. 按闸门构造特征分

（1）平板闸门。

1）定轮式。定轮式闸门有以下几类。

a. 台车式：适用于大跨度，属淘汰型。

b. 双腹板式。

c. 悬臂式。

d. 链轮式。

2）滑道式。滑道式闸门有以下几类。

a. 胶木滑道：适用于工作闸门、事故闸门。

b. 一般滑道：用钢或铸铁。

3）平板闸门的优点。

a. 可封闭相当大面积的孔口。

b. 结构简单，制造、运输、安装方便。

c. 门叶可移出孔口，检修方便。

d. 同型号、同规格的门叶可在孔口和孔口之间互换。

4）平板闸门的缺点。

a. 有影响水流的门槽。

b. 所需的启闭力较大。

（2）弧形闸门（一般用作工作门）。

1）锥形铰。梁系：①横梁，浅水大跨度用；②纵梁，深水用。

2）圆柱铰。

3）球铰。

4）弧门的优点。

a. 封闭孔口面积大。

b. 埋件数量少。

c. 启闭力小。

5）弧门的缺点。

a. 需要较长的闸墩。

b. 不能将门提出孔口以外进行检修。

c. 门所承受的总水压力集中于支铰处，使支铰处施工难度增加。

(3) 船闸闸门。它分为单扇船闸闸门和双扇船闸闸门。后者又称为人字门，其优点是所需启闭力少，可封闭孔口面积相当大；缺点是检修维护较困难，水头高时，不能在动水中操作，要使用充水廊道等操作。

(4) 拱形门。一般用于检修门。

(三) 闸门安装

1. 平板闸门安装

(1) 门槽安装。在二期混凝土预留槽内安装门槽。其顺序是：底坎→主轨→反轨→侧轨→门楣→门楣上部轨道→锁锭梁轨道。大多数门槽往往不能一次安装到顶，而要随着建筑物升高而不断升高。此时，土建单位和安装单位应共同协商使用一套脚手架，既节约搭拆的直线工期，又节约搭拆费用。

孔口中心线和门槽中心线的测量一定要准确无误，在门槽安装过程中一定要注意保护好它。门槽所有构件安装均以它为准，调整构件相对尺寸，位置合格后，反复检查，没有问题时，将构件和土建预留的钢筋头焊牢。一定要确保门槽浇筑二期混凝土时不位移、不变形。

(2) 门叶安装。先做好安装前的准备工作，再安好止水水封，最后将门叶吊装就位并检查四周与门槽配合是否严密。完全合格后，即可与启闭机连接、试验、调整，符合规程要求后，正式投运。

2. 弧形闸门安装

(1) 门槽安装。弧形闸门门槽由于和门叶配合较紧密，故要求安装误差要小。安装前首先以孔口中心线和支铰中心的高程和里程为准，定出各埋设件的测量控制点。门槽部件安装即以相应点为准，调整合格后进行加固，然后浇二期混凝土。

(2) 支铰安装。基础板二期混凝土强度已达要求后，按图纸将支铰组成整体，整体吊装定位，紧固螺栓。

(3) 支臂安装。属关键工序，它的安装质量直接影响门叶启闭是否灵活，双臂受力是否均衡。支臂制作时在与门叶连接端留出了余量，安装时根据实际需要进行修割，使支臂端面与门叶主梁后翼缘等于连接板厚度，然后插入连接板进行焊接。

(4) 门叶安装。先做好安装前的准备工作，再开始门叶吊装。吊装前先将侧轮装好，然后将门叶由底至顶逐块吊入门槽，再将分块门叶焊成整体。焊接时要对称、均匀、控制变形。门叶焊成整体后即可在迎水面上焊上护面板，水封待弧形闸门全部安装完成，并启闭数次后，处于自由状态时才能安装。

(四) 拦污栅

拦污栅设在水电站的进水口（抽水蓄能电站的进水口与尾水口）处，用以阻拦水流所挟带的漂浮物、沉木、浮冰、杂草、树枝、白色污染物和其他固体杂物，使杂物不易进入水道内，以确保阀门、水轮机等不受损害，确保有关设备的正常运行。

拦污栅由栅体和栅槽组成。栅体用来拦截水中杂物，它可以固定在水工建筑物上，也可以为活动的结构，如同闸门门叶一样。栅槽则和平板闸门门槽结构一样。

拦污栅可分为以下几种型式：

(1) 固定式。它的支承梁两端埋设在混凝土墩墙中，或用锚栓固定于混凝土墩墙中，

适用于浅水拦污栅。它结构简单，不需要起吊设备；但检修维护困难，留在栅上的杂物清理困难。

(2) 移动式。它设有支承行走装置，可将拦污栅体提出栅槽外，便于维护检修和清理。此型式应用较为普遍。

(3) 回转式。它是一种有旋转结构的新型的拦污栅，它既能拦污又能清污，适于小流量的浅式进水口用。

清污机是清扫拦污栅上杂物的设备。

九、压力钢管

压力钢管是水电站的主要组成部分，它从水库的进水口、压力前池或调压室将水流直接引入水轮机的蜗壳。钢管要承受较大的内水压力，并且是在不稳定的水流下工作，所以压力钢管要求有一定的强度、刚性和严密性，通常用优质钢板制成。

(一) 压力钢管的布置形式及组成部分

根据电站形式不同，钢管的布置形式可分为露天式、隧洞（地下）式和坝内式。

(1) 露天式。露天式压力钢管布置在地面，多为引水式地面厂房所采用。钢管直接露在大气中，受气温变化影响大，钢管要在一定范围内伸缩移动，且径向也有微小变化。需要的支承结构也比较复杂，如采用伸缩节、摇摆支座等。因为是明设，一旦发生事故就较严重，所以对钢管的制作安装质量要求甚高。

(2) 隧洞（地下）式。这种压力钢管布置在岩洞混凝土中，为地面厂房或地下厂房所采用。这种布置形式的钢管，因为受到空间限制，安装困难。

(3) 坝内式。坝内式压力钢管布置在坝体内，多为坝后式及坝内式厂房所采用。钢管是从进水口直接通入厂房。这种布置形式的钢管安装较为方便，一般是配合大坝混凝土升高进行安装，可利用混凝土浇筑的起重机械。

另外，根据钢管供水方式不同，又可分为单独供水（一条钢管只供一台机组用水）和联合供水（一条钢管供数台机组用水）两种形式。

压力钢管的主要构件有主管、叉管、渐变管、伸缩节、支承座、支承环、加劲环、灌浆补强板、丝堵、进人孔、钢管锚固装置等。

(二) 压力钢管制作

1. 制作前的组织工作

制作前的组织工作包括人员组织及资料准备、施工机械配备和钢管厂的布置。

(1) 人员组织及资料准备。钢管制作工序多，需要多工种配合，有铆工、焊工、起重工、探伤工、油漆工、电工和空压机工等，主要是铆工、焊工、起重工。人数的配备要根据工程量的大小、工期的长短、机械化程度和施工方法等多种因素确定。

要组织人员学习有关规程、规范，熟悉图纸等。总之应合理组织生产，提高机械化程度，根据具体情况考虑。

(2) 施工机械配备。

1) 用于瓦片加工的设备：自动切割机、数控切割机、刨边机、卷板机等。

2) 用于钢管组装的设备：电焊机、空压机、滚焊台车、探伤设备和除锈喷涂设备等。

3）用于吊装的起重设备：制作场地有龙门式起重机、门座式起重机、履带起重机、悬臂式扒杆等；车间内有桥式起重机等。能满足钢管厂内的吊运任务和成节钢管出厂时的吊运、装车等。

（3）钢管厂的布置。由于钢管单件体积大、件数多，不宜作长途运输，所以在安装现场就近选择厂址制作钢管为宜。

1）钢管厂的布置应能保证钢管制作的各道工序开展流水作业。钢管制作的基本程序如图 6-32 所示。

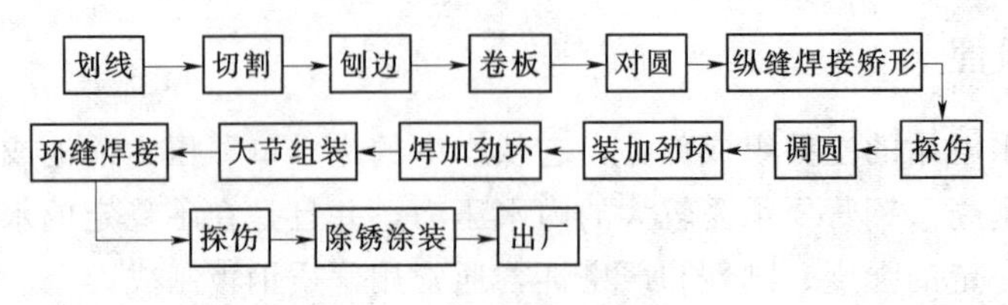

图 6-32　钢管制作的基本程序

2）对圆平台用来组装管节，是钢管厂的主要作业场地。在对圆平台上，钢管由瓦片对成整圆、焊接纵缝、矫形、探伤、调圆、上支撑、装加劲环等。因此，对圆平台应有适当的数量。平台一般用型钢、轻轨、钢板、混凝土支墩搭成。

2. 钢管制作材料的准备

（1）钢板。钢板应具有良好的机械性能（如强度、冲击韧性等）、可焊性、抗腐蚀性能及较低的时效敏感性。随着我国水电装机规模的不断扩大，对压力钢管制作及安装的要求也越来越高。压力钢管所用的钢板强度也由碳素钢 Q235（屈服强度只有 235MPa）逐步提高到普通低合金钢（屈服强度为 340～390MPa）、高强度钢（屈服强度为 590MPa）、HT-80 高强度调质钢（780MPa 级高强钢）。我国目前已完全掌握了 HT-80 高强度调质钢的焊接技术，并达到了一定的水平。

（2）焊条。

1）酸性焊条。这种焊条工艺性能好，对铁锈水分敏感性弱，可用交流电焊机施焊。但焊缝的冲击韧性及抗裂性能较差，一般用于加劲环、灌浆补强板等次要部位的焊接。

2）低氢型碱性焊条。这种焊条药皮中扩散氢含量少、吸潮性能低。从而降低了焊逢中氢含量，使焊缝少出现裂纹，并使冲击韧性提高。但其工艺性较差，对铁锈、水分敏感性强，容易出气孔，要特别注意焊条的干燥，而且要用直流电焊机施焊。一般用于管壁的主要焊接部位。

不同钢板的配套电焊条型号不同，且需配套不同的焊丝和焊剂。

3. 钢管制作

（1）瓦片制作。把钢板制成需要的弧形板，称为瓦片制作。

1）准备。钢板材质核对、测量尺寸、外观检查，必要时用超声波检查、矫形等。

2）画线。根据工艺设计图进行画线。压力钢管的直管段可以直接在钢板上画线；弯管、锥管、叉管等一般先制作样板，然后用样板在钢板上画线。画线时要划出切割线、坡口线、检查线、钢管中心线、灌浆孔中心线等，最后标上管节号、水流方向及中心线位置。

3）切割。将划好线的钢板切去多余部分，留下需要的部分，并开出坡口，曲线部分一般用切割机直接割出坡口（先割齐再割坡口）。直线部分如用刨边机加工，则切割时要留出加工余量，刨边时先按冲眼将边缘刨齐，再刨坡口。

切割机械有半自动切割机、全自动切割机、数控切割机等。

4）卷板。常用的为三辊式或四辊对称式卷板机。

卷板作业时，如为直管，则钢板中心对准上辊中心，钢板边缘平行下辊轴线，上下辊平行。弧度以上辊升降调节，用样板检查。如为锥管，则上辊根据锥度调成倾斜值，弧锥度用不同直径处的两块样板同时检查。

（2）单节组装。

1）对圆。在专用平台上将卷好的分块瓦片对成整圆。对圆时要控制圆长、焊缝间隙、钢板错牙和管口平整。对圆后的钢管要检查弧度和周长。必要时进行修整，修整合格后再进行纵缝焊接。

2）调圆上加劲环。对圆焊接后的钢管，刚性很小，径向尺寸容易变动。上加劲环前一定要调成合格的圆度，合格后再上加劲环。

加劲环的作用主要是增加钢管的刚度和稳定性，防止钢管在运输、吊装过程中失稳变形。加劲环的形式有片形、T字形、角铁和锚筋等。常用的为片形，安装容易，并且有足够的刚度。

（3）大节组装。为提高工效和缩短工期，在工地和运输条件许可的情况下，钢管在厂内应尽量组装成大节。

组装成大节时应注意钢管的管节，水流方向及中心位置、环缝组合与纵缝同样要调整间隙、错牙，使之符合要求。

4. 压力钢管运输到现场

从钢管厂至安装现场的运输。

（1）运输工具。

1）汽车运输。中、小型电站压力钢管直径小，体积小，重量轻，可用载重汽车运输。

2）铁路平板车运输。铁路平板车的面积大，钢管置于其上，绑扎、加固后，即可运输。

3）钢管直径在5～6m之间，在铁路上的运输（无隧洞）。采用型钢焊制的特种台车进行运输。

4）钢管直径在6～8m之间，在铁路上的运输（无隧洞）。采用特制的凹心式台车进行运输。

5）钢管直径在10m以上的运输。应根据现场条件，选择适合的方式进行运输。一般公路运输使用大型平板车、专用运输支架等进行运输。以平运为佳。

（2）运输路线及方式。

1）水平运输。较安全，但速度不宜太快。

2）垂直运输。用现场的起重设备吊运。

3）斜坡运输。把钢管固定在台车上，台车可沿轨道上行或下行。上行或下行要靠卷扬机、滑轮组、钢丝绳、地锚等有序地组合而安全地运行，吊装就位。

4）空中运输。如钢管需要做特殊跨越时，可利用缆索等设备吊运。中、小电站可土法上马，架设走线，空中吊运钢管，可节约工期和资金，但要注意安全。

（三）钢管安装

1. 准备工程

1）支墩埋设。按照施工详图埋设支墩。支墩应有一定强度，因为钢管的重量通过支座（或加劲环）要传至支墩。

2）加固件埋设。为防止浇筑混凝土过程中钢管位移，需在钢管周围岩石中或两侧混凝土墙上埋设锚筋、固定钢管，使钢管不能向任一方向移动。

3）测量控制点设置。安装时需检查钢管中心和高程，每管节（或管段）的管口下中心及中心的高程点都应设控制点。

4）人员组织、施工机械设备配备。参加钢管安装的工种主要是起重工、铆工、焊工。人员多少根据工程量、工期、工作面多少而定。施工机械有电焊机、空压机、起重机、卷扬机等。

2. 吊装就位

如前面所述，关于压力钢管的运输路线及方式中已叙述吊装就位，故不重述。

3. 安装顺序及安装方法

安装以大节为宜，大节稳定性好，易于调整。

（1）钢管大节安装。钢管安装的要点是控制中心、高程和环缝间隙。安装一般是先调中心后调高程，先粗调后细调至符合要求后再加固，加固完后，再复测中心、高程，作记录，定位节的几何中心一定要严加控制。

（2）弯管安装。弯管安装特别要注意管口的中心与定位节重合，不得扭转，中心对准后即可用千斤顶和拉紧器调整环缝间隙，随后便可开始由下中心分两个工作面进行压缝，压缝时注意钢板错牙和环缝间隙，常用的压缝方法如下：

1）压码、楔子板。

2）压缝台车（八角形的钢架，下设滚轮，由卷扬机牵引上下，八角形的边上各设千斤顶向管壁压缝）。用台车压缝效率较高，而且消除了焊疤，保证了管壁光滑，可提高安装质量，减少尾工。

（3）凑合节安装。凑合节是在环缝全部焊完后开始安装。凑合节大多数是安装在控制里程的部位，如斜管段和上弯管的接头处，或伸缩节的旁边。凑合节安装有以下两种方式：

1）凑合节先卷成几块瓦片，在现场逐块将瓦片凑合安装。目前，大多数电站用此方法。此安装方法简单，容易施工。缺点是要产生很大的内应力，甚至要造成与其相连的构件变形。因此，在焊接过程中要采取很多措施（如预热、后加热、机械捶击等），尽量防止构件变形。

2）用短套管（$L=400$mm）连接。原来凑合节的环缝为对接焊缝，现在变为套管和钢管之间的搭接角焊缝，焊接应力大大减少，焊接时很少出现裂纹，但其制作安装难度高。

（4）灌浆孔堵头安装。隧洞式和坝内式压力钢管周围浇完混凝土后要进行灌浆。有固

结灌浆（增加围岩的整体性）、回填灌浆（填充顶拱混凝土与岩石之间空隙或钢管底部与回填混凝土之间空隙）、管壁接触灌浆（填充混凝土与管壁间的局部空隙）。待灌浆结束后，即用丝堵将孔堵上，并焊牢，以免产生渗漏现象发生。

（四）伸缩节、岔管、闷头的制作安装

1. 伸缩节制作安装

（1）伸缩节的作用和种类。当气温变化或其他原因使钢管产生轴向或径向位移时，伸缩节能适应其变化而自由伸缩，从而使钢管的温度应力和其他附加应力得到补偿。根据其作用不同，伸缩节可分为两种：一种是单作用伸缩节，它只允许轴向伸缩；另一种是双作用伸缩节，它除了可轴向伸缩外，还可以做微小的径向移动。

目前，使用单作用伸缩节较多。单作用伸缩节又可分为法兰盘式伸缩节和套筒式伸缩节。

（2）伸缩节的组装。它由外套管、内套管、压环、数条止水盘根等组成。伸缩节组装的要点是控制弧度、圆度和周长。

（3）伸缩节安装。与钢管定位节安装基本相同，但要注意：一是尽量减少压缝应力，防止变形；二是伸缩节就位时不能依靠已装管节顶内套，而应用支墩上的千斤顶顶住外套的加劲环，以防伸缩节间隙变动。

2. 岔管制作安装

（1）岔管的作用和种类。岔管的作用是在联合供水方式布置的钢管中，将主管的水引向两个或两个以上的分支管。

根据岔管结构型式不同，可分为有梁岔管和无梁岔管两种；也可分为贴边岔管、三梁岔管、球形岔管（国外采用较多）、无梁岔管（有发展前途的管形）、月牙形内加强岔管（目前，国内大型水电站常用的岔管）。

（2）岔管制作。管壳制作与锥管制作基本相同，严格按图画线、切割。

肋板制作：肋板厚度较大，注意焊接变形，要采取预热和焊后缓冷措施。

导流板制作：下料后在卷板机上稍加弯卷，安装时按实际情况逐段调整弧度。

（3）岔管组装。先将肋板水平置于钢板平台上，两面划出与管壳的相贯线，然后在肋板水平放置的情况下，管壳与肋板进行预装，检验实际组合线是否与相贯线重合，检查合格后再进行正式组装。

（4）岔管安装。现场安装时先装岔管，后装支管。先设置岔管3个管口中心高程的控制点，再进行安装、调整。

3. 闷头制作安装

（1）闷头的作用和形式。其作用是在水压试验时，封闭钢管两端。在某种情况下，当一台机组运行时，封闭需要堵塞的其他支管的下游管口。型式有平板形、锥管形、椭圆形和球形。

（2）闷头的制作安装。常用球形闷头，大多数是焊接构件，由多块瓜瓣形瓦片和小段锥管组成。制作时先组装锥管，再在锥管口上由两端开始向中间安瓜瓣。注意控制弓形高，最后在中间凑合片焊接时先焊瓦片的纵缝，后焊球壳和锥管间的环缝，制作好的闷头垂直吊运至管口位置对好环缝，修好间隙即可进行焊接。

（五）焊缝质量检查

1. 外观检查

外观检查采用肉眼、放大镜和样板进行。

2. 内部检查

内部检查为钢管焊缝内部缺陷检查，主要有以下几种方法：

（1）煤油渗透检查、着色渗透检验、磁粉检验。

（2）在焊缝上钻孔，属有损探伤，数量受限制。

（3）γ 射线探伤。只在丁字接头或厚板对接缝处拍片，拍片数量有限，且片子清晰度不高。

（4）X 射线探伤。增加了底片清晰度，减少了辐射对人类的影响。但 X 射线机笨重，环缝还用 γ 射线探伤。

（5）超声波探伤仪。国产超声波探伤仪已达到先进、轻便、灵敏、质量比较可靠的地步。使用它既方便简单，费用又低。实际工作中使用较多。薄钢板的探伤，用 X 射线机会多。

（六）压力钢管焊后消除应力热处理

当制作钢管的钢板很厚，拘束度很大和在焊接过程中由于钢管各部位冷却速度不同时，将造成钢板收缩不均匀，从而产生很大的残余应力，所以对现场焊接大直径钢管应做局部热处理（亦称为焊接后退火或焊后消应）。

十、焊接生产与检验

水力发电厂是一个庞大而复杂的生产企业，建造它的全过程称为水电建设工程。由于大量设备、部件、组件及各类主要生产系统和辅助生产系统大都是通过焊接方法连成整体的，因此焊接是水电建设中必不可少的重要施工工序，而且焊接技术的应用和质量水平的高低直接影响到发电机组，挡水、泄洪、通航等建筑物的正常运行，设备寿命及使用的安全可靠性。

（一）水电建设工程焊接的类别

从部件的结构、焊接工艺及焊接接头要求等观点出发，水电建设工程焊接大致分为结构件焊接、承压管道焊接、母线焊接及检修焊接四大类。

1. 结构件焊接

结构件焊接主要指钢结构和主要由型钢制成的各类构架的焊接，如钢闸门及其埋件、梁与柱、平台梯子、厂房屋架、支吊架、水轮机部件、发电机定子机座、转子支架等。

2. 承压管道焊接

承压管道焊接主要指引水压力钢管，水轮机蜗壳，输送气、水、油等介质的管道及附件的焊接。

3. 母线焊接

母线焊接是指板状、槽形、管形的铜或铝制件的焊接。

4. 检修焊接

检修焊接指设备消缺（如堆焊耐磨耐蚀表面），焊补整改及铸件修复等。

（二）焊接方法在水电建设工程的使用范围

焊接方法的应用关系着生产效率和质量水平的高低，因此不同条件的焊缝应选用适当

的焊接方法。

1. 焊接方法的使用范围

常用焊接方法及其使用范围见表6-7。

表6-7　　常用焊接方法及其使用范围

类型	制作名称	焊接方法
钢结构及其附属设备	钢闸门及其埋件	1. 焊条电弧焊； 2. 埋弧自动焊； 3. CO_2 气体保护焊
	厂房屋架、结构框架支吊架、平台梯子	1. 焊条电弧焊； 2. CO_2 气体保护焊
	水轮机部件如分瓣转轮、座环等；发电机定子机座、转子支架，上、下机架等	1. 焊条电弧焊； 2. CO_2 气体保护焊； 3. 混合气体保护（MAG）焊； 4. 药芯焊丝电弧焊
管件	引水压力钢管、水轮机蜗壳	1. 焊条电弧焊； 2. 埋弧焊自动焊； 3. 混合气体保护（MAG）焊； 4. 药芯焊丝电弧焊
	中、低压气、水管道	焊条电弧焊
	中、高压油管等	1. 钨极氩弧焊（TIG）＋手工电弧焊； 2. 钨极氩弧焊（TIG）
母线	封闭铝母线	1. 熔化极惰性气体保护（MIG）焊； 2. 脉冲熔化极惰性气体保护（MIG）焊

2. 焊接方法应用特点及其发展

广泛而通用的焊接方法为焊条电弧焊。它可用来焊接所有空间位置、各种焊接形式及绝大多数金属材料的各种制件。随着高参数、大容量机组的应用，各种焊接新技术不断得到应用和发展。如在中、高压油管道焊接中，手工钨极氩弧焊打底工艺首先得到广泛的应用，而且日趋成熟。在各种钢闸门及埋件的制造焊接中，CO_2 气体保护焊及混合气体保护（MAG）焊得到广泛的应用，且越来越显示出其高效、节能、变形小、劳动强度低的优越性。随着焊接技术和制造工艺的发展，全位置自动化焊接技术在水电建设工程焊接施工中也开始得到应用。如三峡二期工程左厂11～14号压力钢管制造安装，就采用了全位置自动化焊接技术。常用的焊接设备见表6-8。

表6-8　　常用焊接设备简介

焊接方法	常用焊接设备
焊条电弧焊	ZX7-160、ZX7-315、ZX7-400、ZX7-500系列逆变焊机
CO_2/MAG焊	NBC-500、ZXP-400、ZXP-500系列逆变焊机
TIG焊	WSE-120、WES-200、WSE-315系列，WSE-120、WSE-200、WSE-315脉冲系列
埋弧焊	MZ-1000、MZ-1-1000等

(三) 焊缝质量检验方法

对焊缝质量要作出可靠的科学评定，必须进行一系列的检查试验。总体来说，检验方法有非破坏性检验和破坏性检验两大类。各类检验方法如图 6-33 所示。

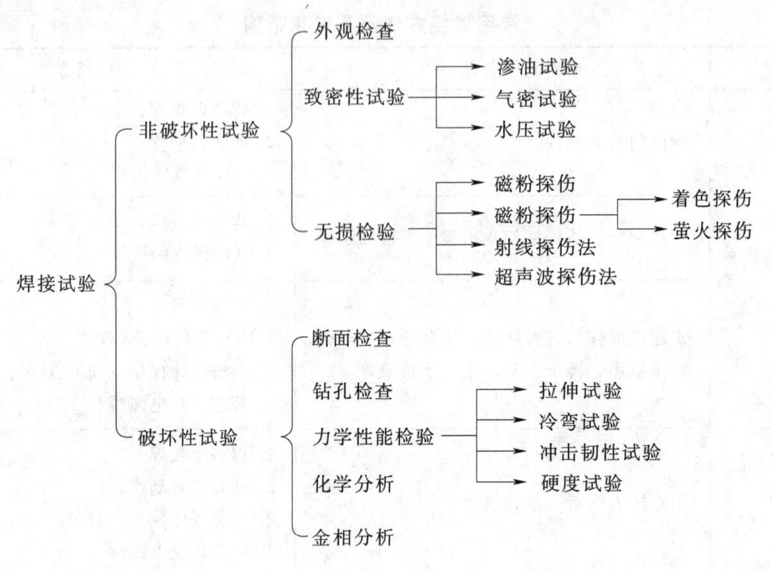

图 6-33　焊缝质量检验方法

第二节　项　目　划　分

一、项目构成

按照现行概算编制规定，设备及安装工程构成枢纽工程总概算的第四项“机电设备及安装工程”和第五项“金属结构设备及安装工程”。在第三章第三节已介绍了水电工程项目构成及划分，补充各部分主要包括内容如下。

(一) 机电设备及安装工程

1. 发电设备及安装工程

发电设备及安装工程主要包括水轮发电机组（水泵水轮机、发电电动机）及其附属设备、进水阀、起重设备、水力机械辅助设备、电气设备、控制保护设备、通信设备等设备及安装。

(1) 水轮机（水泵水轮机）设备及安装工程，主要包括水轮机（水泵水轮机）、调速器、油压装置、自动化元件、透平油等设备及安装。

(2) 发电机（发电电动机）设备及安装工程，主要包括发电机（发电电动机）、励磁装置、自动化元件等设备及安装。

(3) 进水阀设备及安装工程，主要包括蝴蝶阀、球阀或其他主阀、油压装置等设备及安装。

(4) 起重设备及安装工程，主要包括桥式起重机、平衡梁及假轴、轨道、轨道阻进

器、滑触线等设备及安装。

(5) 水力机械辅助设备及安装工程，主要包括油系统、压气系统、水系统、水力测量系统、管路（含管子、附件、阀门）等设备及安装。

(6) 电气设备及安装工程，主要包括发电电压装置、变频启动装置、母线、厂用电系统、电工试验设备、电力电缆、桥架（包括电缆和母线）等设备及安装。

(7) 控制保护设备及安装工程，主要包括计算机监控系统、保护系统、工业电视、直流系统、控制保护电缆等设备及安装

(8) 通信设备及安装工程，主要包括卫星通信、光纤通信、微波通信、载波通信、移动通信、生产调度通信、生产管理通信等设备及安装。

2. 升压变电设备及安装工程

升压变电设备及安装工程包括主变压器、高压电气设备、一次拉线等设备及安装。

(1) 主变压器设备及安装工程，主要包括变压器、轨道、轨道阻进器等设备及安装。

(2) 高压电器设备及安装工程，主要包括高压断路器、电流互感器、电压互感器、隔离开关、避雷器、高压组合电气设备、SF_6 气体出钱管道、110kV 及以上高压电缆、高压电缆头等设备及附件安装。

(3) 一次拉线及其他安装工程，主要包括主变压器高压侧至变压器出线架、变电站内母线、母线引下线、设备之间的连接等一次拉线的安装。

如有换流站工程，其设备及安装工程作为一级项目与升压变电设备及安装工程并列。

3. 航运过坝设备及安装工程

航运过坝设备及安装工程主要包括升船机、过木设备、货物过坝设备等设备及安装。

4. 安全监测设备及安装工程

安全监测设备及安装工程主要包括结构内部监测设备及埋入、结构表面设备及安装、二次仪表及维护和定期检验，自动化系统及安装调试。包括永久安全监测设备采购、保管、运输、率定、检验、组装、安装埋设、首次读数等，同时包括相应的装置性材料的提供与加工制作。

5. 水文测报设备及安装工程

水文测报设备及安装工程主要包括为完成工程水情预报、水文观测、工程气象和泥沙监测所需的设备及安装调试等。

6. 消防设备及安装工程

消防设备及安装工程指专项用于生产运行期为避免发生火灾而购置的消防设备、仪器及其安装、率定等。

7. 劳动安全与工业卫生设备及安装工程

劳动安全与工业卫生设备及安装工程指专项用于生产运行期为避免危险源和有害因素而购置的劳动安全与工业卫生设备、仪器及其安装、率定等。

8. 其他设备及安装工程

其他设备及安装工程包括电梯，坝区馈电设备，厂坝区供水、排水、供热设备，梯级集控中心设备分摊，地震监测站（台）网设备，通风采暖设备，机修设备，交通设备，全厂接地等设备及安装工程。

抽水蓄能电站还包括上下水库补水、充水、排水、喷淋系统等设备及安装工程。

(1) 电梯设备及安装工程，主要包括大坝电梯、厂房电梯、升船机（船闸）电梯。

(2) 坝区馈电设备及安装工程，指全厂用电系统供电范围以外的各用点（拦河坝、溢洪道、引水系统等）独立设置的变配电系统设备及安装，主要包括变压器、配电装置等。

(3) 供水、排水设备及安装工程，指发电厂（包括变电站）以外各生产区的生产用供水、排水系统的设备及安装。系统的建筑工程（包括管路）应列入建筑工程中。

(4) 供热设备及安装工程，一般有水泵、锅炉等设备及安装。系统的建筑工程（包括管路）应计入建筑工程中。

(5) 梯级集控中心设备分摊。

(6) 通风采暖设备及安装工程，主要包括通风机、空调机、采暖设备、管路系统等设备安装。

(7) 机修设备及安装工程，主要包括车床、刨床、钻床等设备安装。

(8) 地震监测站（台）网设备及安装工程，主要指监测工程区内的地震测报所需配置的设备。

(9) 交通设备，指为保证建设项目运行初期正常生产、管理所需配制的车辆、船只等购置费。

(10) 全厂接地，指全厂公用和分散设置的接地网安装，包括接地极、接地母线、避雷针的制作及安装和接地电阻测量等。

(二) 金属结构设备及安装工程

金属结构设备及安装工程指构成电站固定资产的全部金属结构设备及安装工程。

金属结构设备及安装工程扩大单位工程与建筑工程扩大单位工程或分部工程相对应。金属结构设备及安装工程包括闸门（平面闸门、弧形闸门、拱形闸门、船闸闸门、闸门埋件及压重物等）、启闭机（门式起重机、液压启闭机、固定卷扬式启闭机、台车卷扬式启闭机、螺杆式启闭机等）、拦污设备（包括拦污栅、清污机和拦河埂）等设备及安装工程、升船机设备及安装工程、压力钢管制作及安装工程等。

二、在项目划分中应注意的几个问题

(1) 设备体腔内的定量填充物，应视为设备，其价值进入设备费。

1) 透平油。透平油的作用是散热、润滑、传递受力。在以下装置内填充透平油：①水轮机、发电机的油槽内，调速器及油压装置内；②进水阀本体的操作机构内、油压装置内。透平油应单独列项，计算设备费，数量详见设计图纸。

2) 变压器油。变压器油的作用是散热、绝缘和灭电弧。按气温摄氏零下几度还能正常使用来划分变压器油的型号，如适用于−10℃地区的变压器应选用10号变压器油（我国南方地区可用10号变压器油），我国北方地区可用45号变压器油，大部分地区可用25号变压器油。

在以下装置内充填变压器油：①主变压器；②所有油浸变压器；③油浸电抗器；④所有带油的互感器；⑤油断路器；⑥消弧线卷；⑦大型试验变压器。

变压器油由制造厂供给，其油款在设备出厂价内已包括。

3）液压启闭机用油。根据订货合同，未包括时应另计油款。在可行性研究设计阶段，不单独列项，其费用包括在液压启闭机设备费中。

4）蓄电池中蒸馏水、工业硫酸，应另计算其费用。在可行性研究设计阶段，不单独列项，其费用包括在蓄电池设备费中。

5）六氟化硫断路器中 SF_6 气体应作为设备计算其费用。在可行性研究设计阶段，不单独列项，其费用包括在断路器设备费中。

（2）进水阀设备及安装。进水阀设备费应计算进水阀本体、操作机构、油压装置3个部分。进水阀安装费在选用（2003）概算定额计算时，进水阀本体的安装费中，已包括了操作机构的安装费。进水阀按与调速系统采用一套油压装置设定，如采用单独的油压装置，可套用相应定额子目，并乘以相应系数。

（3）起重机及安装。该项目下，应分别计算起重机、轨道、滑触线、阻进器的设备费和安装费。平衡梁应单独列项计算设备费，其安装费包括在相应的桥机安装费中。辅助生产车间的电动葫芦、猫头小车、手动电动单梁或双梁桥式起重机等设备，可列在此，也可列入相应的系统中，在概算中常漏项，须注意。

（4）厂房和副厂房内的生活给排水属于建筑工程。

（5）通信设备及安装工程。在水电概算中，只计列发电厂一侧的通信设备及安装工程。

（6）主变压器设备及安装，仅指主变压器本体、轨道、中性点设备、油枕、水内冷散热器的安装。厂用变压器和其他电气设备的安装应列入相应的项目。

（7）变电站内的混凝土构架、钢构架，应列入建筑工程中，易漏列，须注意。

（8）机械设备电动操作和保护装置等设备的计价原则。

1）随机配套供应的电气设备，应列入相应的机械设备项目内，如大型空压机启动用的补偿器。

2）不随机配套供应的电气设备列入厂用电设备项目内或厂坝区馈电设备项目内计价。

（9）主机制造厂随主机供应的设备、材料、专用工器具等，应在供货合同附件中列明品名、规格、数量，其价款应含在主体总价内，不应另外计列设备费。

三、设备与材料的划分

（1）随设备成套供货的零部件（包括备品备件、专用工器具）、设备体腔内定量充填物（如透平油、绝缘油、SF_6 气体等）均作为设备。

（2）成套供应、现场加工或零星购置的贮气罐、贮油罐、盘用仪表、机组本体上的梯子、平台和栏杆等均作为设备。

（3）SF_6 管型母线，110kV 及以上高压电缆、电缆头等均作为设备。

（4）管道和阀门如构成设备本体时作为设备，否则应作为材料。

（5）随设备供应的保护罩、网门等，已计入相应出厂价格中的作为设备，否则应作为材料。

（6）电力电缆、电缆头、母线、金具、滑触线、管道用支架、设备基础用型钢、钢轨、接地型钢、穿墙隔板、绝缘子、一般用保护网、罩、门等，均作为材料。

第三节　设　备　费

设备费包括设备原价、设备运杂费、设备运输保险费、特大（重）件运输增加费、设备采购及保管费共5项。

一、设备原价

（一）国产设备

设备原价指设备出厂价格；对非定型和非标准产品，设计单位可根据向厂家索取的报价资料结合当时的市场价格水平，经分析论证以后，确定设备原价。

（二）进口设备

进口设备的原价是指进口设备的抵岸价，即设备抵达买方边境、港口或车站，交纳完各种手续费、税费后形成的价格。抵岸价通常是由进口设备到岸价（CIF）和进口从属费构成。

进口设备到岸价，即抵达买方边境港口或边境车站的价格。在国际贸易中，若交易双方所使用的交货类别不同，则交易价格的构成内容也有所差异。进口从属费用包括银行财务费、外贸手续费、进口关税、消费税、进口环节增值税等，进口车辆的还需缴纳车辆购置税。

1. 进口设备的交易价格

在国际贸易中，较为广泛使用的交易价格术语有FOB、CFR和CIF。

（1）FOB（free on board），意为装运港船上交货，亦称为离岸价格。FOB是指当货物在指定的装运港越过船舷，卖方即完成交货义务。风险转移，以在指定的装运港货物越过船舷时为分界点。费用划分与风险转移的分界点相一致。

在FOB交货方式下，卖方的基本义务有：办理出口清关手续，自负风险和费用，领取出口许可证及其他官方文件；在约定的日期或期限内，在合同规定的装运港，按港口惯常的方式，把货物装上买方指定的船只，并及时通知买方；承担货物在装运港越过船舷之前的一切费用和风险；向买方提供商业发票和证明货物已交至船上的装运单据或具有同等效力的电子单证。买方的基本义务有：负责租船订舱，按时派船到合同约定的装运港接运货物，支付运费，并将船期、船名及装船地点及时通知卖方；负担货物在装运港越过船舷后的各种费用以及货物灭失或损坏的一切风险；负责获取进口许可证或其他官方文件，以及办理货物入境手续；受领卖方提供的各种单证，按合同规定支付货款。

（2）CFR（cost and freight），意为成本加运费，或称之为运费在内价。CFR是指在装运港货物越过船舷，卖方即完成交货，卖方必须支付将货物运至指定的目的港所需的运费和费用，但交货后货物灭失或损坏的风险，以及由于各种事件造成的任何额外费用，即由卖方转移到买方。与FOB价格相比，CFR的费用划分与风险转移的分界点是不一致的。

在CFR交货方式下，卖方的基本义务有：提供合同规定的货物，负责订立运输合同，并租船订舱，在合同规定的装运港和规定的期限内，将货物装上船并及时通知买方，支付运至目的港的运费；负责办理出口清关手续，提供出口许可证或其他官方批准的文件；承担货物在装运港越过船艘之前的一切费用和风险；按合同规定提供正式有效的运输单据、发票或具有同等效力的电子单证。买方的基本义务有：承担货物在装运港越过船舷以后的一切风险及运输途中因遭遇风险所引起的额外费用；在合同规定的目的港受领货物，办理进口清关手续，交纳进口税；受领卖方提供的各种约定的单证，并按合同规定支付货款。

(3) CIF (cost insurance and freight)，意为成本加保险费、运费，习惯称为到岸价格。在CIF术语中，卖方除负有与CFR相同的义务外，还应办理货物在运输途中最低险别的海运保险，并应支付保险费。如买方需要更高的保险险别，则需要与卖方明确地达成协议，或者自行作出额外的保险安排。除保险这项义务之外，买方的义务与CFR相同。

2. 进口设备到岸价的构成及计算

进口设备到岸价的计算公式为

进口设备到岸价（CIF）＝离岸价格（FOB)＋国际运费＋运输保险费
＝运费在内价（CFR)＋运输保险费

(1) 货价。货价一般指装运港船上交货价（FOB)。设备货价分为原币货价和人民币货价，原币货价一律折算为美元表示，人民币货价按原币货价乘以外汇市场美元兑换人民币汇率中间价确定。进口设备货价按有关生产厂商询价、报价、订货合同价计算。

(2) 国际运费。国际运费即从装运港（站）到达我国目的港（站）的运费。我国进口设备大部分采用海洋运输，小部分采用铁路运输，个别采用航空运输。进口设备国际运费计算公式为

国际运费（海、陆、空)＝原币货价（FOB)×运费率
国际运费（海、陆、空)＝单位运价×运量

运费率或单位运价参照有关部门或进出口公司的规定执行。

(3) 运输保险费。对外贸易货物运输保险是由保险人（保险公司）与被保险人（出口人或进口人）订立保险契约，在被保险人交付议定的保险费后，保险人根据保险契约的规定对货物在运输过程中发生的承保责任范围内的损失给予经济上的补偿。这是一种财产保险。计算公式为

运输保险费＝［原币货价（FOB)＋国外运费］÷(1－保险费率)×保险费率

保险费率按保险公司规定的进口货物保险费率计算。

3. 进口从属费的构成及计算

进口从属费的计算公式为

进口从属费＝银行财务费＋外贸手续费＋关税＋消费税＋进口环节增值税
＋车辆购置税

(1) 银行财务费。银行财务费一般是指在国际贸易结算中，中国银行为进出口商提供金融结算服务所收取的费用，可按下式简化计算：

银行财务费＝离岸价格（FOB)×人民币外汇汇率×银行财务费率

(2) 外贸手续费。外贸手续费指按规定的外贸手续费率计取的费用，外贸手续费率一般取1.5%。计算公式为

外贸手续费＝到岸价格（CIF)×人民币外汇汇率×外贸手续费率

(3) 关税。关税是由海关对进出国境或关境的货物和物品征收的一种税。计算公式为

关税＝到岸价格（CIF）×人民币外汇汇率×进口关税税率

到岸价格作为关税的计征基数时，通常又可称为关税完税价格。进口关税税率分为优惠和普通两种。优惠税率适用于与我国签订关税互惠条款的贸易条约或协定的国家的进口设备；普通税率适用于与我国未签订关税互惠条款的贸易条约或协定的国家的进口设备。

进口关税税率按我国海关总署发布的进口关税税率计算。

(4) 消费税。消费税仅对部分进口设备（如轿车、摩托车等）征收，一般计算公式为

应纳消费税＝[到岸价（CIF）×人民币外汇汇率＋关税]÷(1－消费税)×消费税税率

消费税税率根据规定的税率计算。

(5) 进口环节增值税。进口环节增值税是对从事进口贸易的单位和个人，在进口商品报关进口后征收的税种。我国增值税条例规定，进口应税产品均按组成计税价格和增值税税率直接计算应纳税额，即

进口环节增值税额＝组成计税价格×增值税税率

组成计税价格＝关税完税价格＋关税＋消费税

增值税税率根据规定的税率计算。

(6) 车辆购置税。进口车辆需缴进口车辆购置税，其计算公式为

进口车辆购置税＝(关税完税价格＋关税＋消费税)×车辆购置税税率

(三) 设备原价的确定

(1) 在进行设备费编制时，重点在于水轮发电机组（含抽水蓄能机组）、主阀、桥式起重机、发电机断路器（若主接线上配置）、计算机监控系统、抽水蓄能机组专用的 SFC 变频启动装置、主变压器、高压开关、闸门、启闭机等主要设备原价的确定。这几项设备费约占机电设备费的80%。水轮发电机组价格确定与机组机型、机组参数（水头、直径、转速、容量）、制造难度以及能否国产有着密切的联系。设计阶段可以向制造厂家询价或以类似工程采购价作为依据，按吨价还是按单位千瓦价确定应作认真的研究分析。目前抽水蓄能电站进口机组较多，按单位千瓦价确定宜作分析。单位千瓦估价与机组设计水头和单机容量有关系。主阀价格确定与主阀直径、压力值有关，主阀与桥式起重机一般按吨位价确定。发电机断路器价格与发电电压等级和断路器电流有关。计算机监控系统价格与电厂自动化程度和监控设备数量有关。主变压器价格与电压等级、主变压器容量、是否有载调压还是自耦有关，一般按单位千伏安估价。高压开关价格与电压等级、是封闭式还是敞开式、开断电流有关。封闭式一般为 SF_6GIS，按每间隔估价；敞开式按台估价。闸门、启闭机按吨位估价。主要机电设备进口价与国产价相差较大，一般进口价为国产价的2.0～3.0倍。

(2) 预可行性研究和可行性研究阶段，非定型和非标准产品一般不可能与厂家签订价格合同。设计单位应向厂家索取报价资料、近期国内外有关类似工程的设备采购招投标资料和当年的价格水平经认真论证后确定设备价格。

(3) 大型机组分瓣运至工地后的拼装费，应包括在设备价格内。如需设置拼装场，其建设费用也包括在设备原价中。由于设备运输条件限制及其他原因需要在施工现场，且属

于制造厂内组装的工作有：水轮机水涡轮分瓣组焊，座环及基础环现场加工，定子机壳组焊，定子硅钢片现场叠装，定子线圈现场整体下线及铁损试验工作转子中心体现场组焊等。

（四）进口设备原价计算举例

【例 6-1】 从某国进口设备，重量 1000t，装运港船上交货价为 400 万美元。如果国际运费标准为 300 美元/t，海上运输保险费率为 3‰，银行财务费率为 5‰，外贸手续费率为 1.5%，关税税率为 22%，增值税税率为 17%，消费税税率为 10%，银行外汇牌价为 1 美元=6.3 元人民币，试对该设备的原价进行估算。

解： 进口设备 FOB=400×6.3=2520（万元）

国际运费=300×1000×6.3=189（万元）

海运保险费=（2520+189）÷（1−0.3%）×0.3%=8.15（万元）

CIF=2520+189+8.15=2717.15（万元）

银行财务费=2520×5‰ =12.6（万元）

外贸手续费=2717.15×1.5%=40.76（万元）

关税=2717.15×22%=597.77（万元）

消费税=（2717.15 +597.77）÷（1−10%）×10%=368.32（万元）

增值税=(2717.15+597.77+368.32)×17%=626.15（万元）

进口从属费=12.6+40.76+597.77+368.32+626.15=1645.6（万元）

进口设备原价=2717.15+1645.6=4362.75（万元）

二、设备运杂费

设备运杂费指设备由采购原价标明的交货地点至工地安装现场所发生的一切运杂费用，主要包括运输费、调车费、装卸费、包装绑扎费、变压器充氮费，以及可能发生的其他杂费。

设备运杂费，分为主要设备运杂费和其他设备运杂费，按占设备原价的百分率计算。主要设备运杂费率见表 6-9，其他设备运杂费率见表 6-10。

表 6-9　　主要设备运杂费率表　　%

设备分类	铁路		公路		公路直达基本费率
	基本运距 1000km	每增运 500km	基本运距 50km	每增运 10km	
水轮发电机组	2.21	0.40	1.06	0.10	1.01
主阀、桥机	2.99	0.70	1.85	0.18	1.33
主变压器					
120000kVA 以下	2.97	0.56	0.92	0.10	1.20
120000kVA 及以上	3.50	0.56	2.80	0.25	1.20

设备由铁路直达或铁路、公路联运时，分别按里程求得费率后叠加计算；如果设备由公路直达，应按公路里程计算费率后，再加公路直达基本费率。

西藏自治区项目可根据工程实际情况单独测算。

表 6-10 其他设备运杂费率表 %

类别	适用地区	费率
Ⅰ	北京、天津、上海、江苏、浙江、江西、山东、安徽、湖北、湖南、河南、广东、山西、河北、陕西、辽宁、吉林、黑龙江等省（直辖市）	5～7
Ⅱ	甘肃、云南、贵州、广西、四川、重庆、福建、海南、宁夏、内蒙古、青海等省（自治区、直辖市）	7～9

工程地点距铁路线近者费率取小值，远者取大值。新疆、西藏地区，可视具体情况单独测算。

三、设备运输保险费

设备运输保险费指设备在运输过程中的保险费用。国产设备的运输保险费率可按工程所在省（自治区、直辖市）的规定计算，省（自治区、直辖市）无规定的，可按保险公司的有关规定计算。进口设备的运输保险费率按相应规定计算。

四、特大（重）件运输增加费

特大（重）件运输增加费指水轮发电机组、桥式起重机、主变压器、GIS等大型设备场外运输过程中所发生的因超高、超重、超宽等所发生的特殊费用。如道路桥梁的加固费、障碍物的拆除及复建费等费用。特大（重）件运输增加费应根据设计方案确定，在无资料的情况下也可按设备原价的0.6%～1.5%估列。工程地处偏远、运输距离远、运输条件差的取大值，反之取小值，抽水蓄能电站可根据工程所在地的具体情况取中值或小值。

五、设备采购及保管费

设备采购及保管费指建设单位和承包商在设备的采购、保管过程中发生的各项费用。主要包括：

（1）采购保管部门工作人员的基本工资、辅助工资、职工福利费、劳动保护费、教育经费、工会经费、基本养老保险费、医疗保险费、工伤保险费、失业保险费、女职工生育保险费、住房公积金、办公费、差旅交通费、工具用具使用费等。

（2）仓库转运站等设施的运行使用维修费，固定资产折旧费，技术安全措施和设备的检验、试验费等。

设备采购及保管费，按设备原价、运杂费之和的0.7%计算。

六、运杂综合费率的计算

运杂综合费率计算公式为

运杂综合费率＝运杂费率＋（1＋运杂费率）×设备采购及保管费率
＋设备运输保险费率＋特大（重）件运输增加费率

上述运杂综合费率，适用于计算国产设备运杂费。进口设备的国内段运杂费应按上述国产设备运杂综合费率，乘以相应国产设备原价水平占进口设备原价的比例系数，调整为进口设备国内段运杂综合费率。

七、运杂综合费率的计算举例

【例 6-2】 某工程电站水轮机采用铁路运 3961km，公路运 424km 到工地安装现场。按保险公司的规定水轮机的运输保险费率为 0.4%。特大（重）件运输增加费率取 1.0%。试计算此电站水轮机的运杂综合费率。

解： 根据主要设备来源地和工程所在地情况，编制设备运杂综合费率：

水轮机铁路运杂费＝2.21%＋0.40%×(3961－1000) /500＝4.58%

水轮机公路运杂费＝1.06%＋0.1%×(424－50) /10＝4.8%

运杂费率合计＝4.58%＋4.8%＝9.38%

运杂三项费率＝9.38%＋ (1＋9.38%)×0.7%＋0.4%＋1%＝11.55%

第四节　安 装 工 程 费

设备安装工程费是构成工程建安工作量的重要组成部分。2003 年国家经济贸易委员会以第 38 号公告公布了《水电设备安装工程概算定额》，2014 年可再生能源定额站以可再生定额〔2014〕54 号文公布了《水电工程设计概算编制规定（2013 年版）》《水电工程费用构成及概（估）算费用标准（2013 年版）》。有关设计阶段的投资文件，应按上述定额和标准编制设备安装工程费。

一、安装定额的使用

《水电设备安装工程概算定额》主要适用于全国大中型水电工程。该定额以消耗量为主要表现形式，有少量的定额子目采用以设备原价为计算基础的安装费率形式。定额包括的内容为安装工程基本直接费（含安装费和装置性材料费），不包括其他直接费、间接费、企业利润和税金等项费用。编制概算时应按有关规定另行计算。

(1) 采用安装费率形式的定额子目编制概算单价时，其人工费率可根据工程所在地区类别按规定调整系数进行调整。如人工预算单价组成内容有新的变动时，人工费率可根据有关部门的规定调整。但材料费率和机械使用费率均不得调整。进口设备的安装费，应按定额规定的安装费率，乘以相应国产设备原价水平对进口设备原价的比例系数，调整为进口设备安装费率计算。

(2) 采用消耗量形式定额子目编制概算单价时，可作如下调整：

1) 人工费。根据定额劳动量，按该工程人工预算单价进行计算。

2) 材料费。根据定额材料用量，按该工程材料预算价格计算。

3) 机械使用费。根据机械使用量，按该工程施工机械台时费计算。

4) 定额适用于海拔 2000m 以下地区的建设项目，海拔 2000m 以上地区，其人工和机械定额按表 6-11 进行调整。

表 6-11　　　　海拔系数表

项目	海拔					
	2000～2500m	2500～3000m	3000～3500m	3500～4000m	4000～4500m	4500～5000m
人工	1.1	1.15	1.2	1.25	1.3	1.35
机械	1.25	1.35	1.45	1.55	1.65	1.75

注　1. 调整系数应以水电工程的拦河坝或水闸顶部海拔为准。没有拦河坝或水闸的工程应以厂房顶部海拔为准。一个建设项目只采用一个调整系数。

2. 高海拔植被良好地区，其系数下调一档。

3. 机械是指风动机械（包括电动空气压缩机）和燃油机械，但不包括电动机械。

5）按设备重量划分子目的定额，当所求设备的重量界于同类型设备的子目之间时，可按插入法计算安装费。计算公式为

$$A=(C-B)\times(a-b)/(c-b)+B$$

式中：A 为所求设备的安装费；B 为较所求设备小而最接近的设备安装费；C 为较所求设备大而最接近的设备安装费；a 为A项设备的重量；b 为B项设备的重量；c 为C项设备的重量。

6）装置性材料

装置性材料是指本身属于材料，但又是被安装对象，安装后构成工程的实体，交付电厂使用。装置性材料可分为主要装置性材料和次要装置性材料。

a. 主要装置性材料。本身作为安装对象的装置性材料，在“项目划分”和“概算定额”中均以独立的安装项目出现，如电缆、母线、轨道、管路、滑触线、压力钢管等。编制概（估）算时，应根据设计确定的型号、规格、数量，乘以该工程材料预算单价，在定额以外另外计价（主要装置性材料本身的价值在安装定额内并未包括，需要另外计价。所以主要装置性材料又称为未计价装置性材料）。计算未计价装置性材料价值时，其用量要考虑一定的操作损耗。操作损耗率按表 6-12 计算。

表 6-12　　　　装置性材料操作损耗率表

序号	材料名称	损耗率/%
1	钢板（齐边）	
	(1) 压力钢管直管	5
	(2) 压力钢管弯管、岔管、渐变管	15
2	钢板（毛边）压力钢管	17
3	型钢	5
4	管材及管件	3
5	电力电缆	1
6	控制电缆、高频电缆	1.5
7	绝缘导线	1.8
8	硬母线（包括铜、铝、钢质的带形、管形及槽形母线）	2.3
9	裸软导线（包括铜、铝、钢及钢芯铝绞线）	1.3
10	压接式线夹、螺栓、垫圈、铝端头、护线条及紧固件	2

续表

序号	材料名称	损耗率/%
11	金具	1
12	绝缘子	2
13	塑料制品（包括塑料槽板、塑料管、塑料板等）	5

注　1. 裸软导线的损耗率中包括了因弧垂及杆位高低而增加的长度，但变电站中的母线、引下线、跳线、设备连接线等因弯曲而增加的长度，均不应以弧垂看待，应计入基本长度中。

2. 电力电缆及控制电缆的损耗率中未包括预留和备用段长度、敷设时因各种弯曲而增加的长度以及为连接电气设备而预留的长度，这些长度均应计入基本长度中。

b. 次要装置性材料。次要装置性材料的品种多，规格杂，且价值也较低，在概算定额中均已计入其费用，不能单独列项算投资，所以次要装置性材料又称为已计价装置性材料。

7）使用定额时，对不同的地区、施工企业、机械化程度和施工方法等差异因素，除定额有规定说明外，均不作调整。

8）概算定额除定额规定的工作内容外，还包括下列工作和费用：

a. 设备安装前后的开箱、检查、清扫、滤油、注油、刷漆和喷漆工作。

b. 安装现场的水平和垂直搬运。

c. 随设备成套供应的管路及部件的安装。

d. 设备单体试运转、管和罐的水压试验、焊接及安装的质量检查。

e. 现场施工临时设施的搭拆工作及其材料、专用特殊工器具的摊销。

f. 施工准备及完工后的现场清理工作。

g. 竣工验收移交生产前对设备的维护、检修和调整。

9）概算定额不包括的工作内容和费用如下：

a. 鉴定设备制造质量的工作，材料的质量复核工作。

b. 设备、构件的喷锌、镀锌、镀铬及要求特殊处理的工作；由于消防需要，电缆敷设完成后，需在电缆表面涂刷防火材料及预留孔洞消防堵料的费用。

c. 大型临时设施费用

d. 施工照明费用。

e. 属厂家责任的设备缺陷处理和缺件所需费用。

f. 由于设备运输条件的限制及其他原因，需在现场从事属于制造厂家的组装工作。如水轮机分瓣转轮组焊、定子硅钢片现场叠装、定子绕组现场整体下线及铁损试验工作等。

二、安装工程单价组成

安装工程费用由直接费、间接费、企业利润和税金 4 个部分组成。

安装工程单价列式有两种：消耗量形式和费率形式。

1. 以消耗量形式表示的安装工程单价

（1）直接费。

1）基本直接费：

人工费＝∑(定额劳动消耗量×人工预算单价)

材料费＝∑(定额材料消耗量×材料预算单价)

机械使用费＝∑(定额机械消耗量×施工机械台时费)

未计价装置性材料费＝未计价装置性材料用量×材料预算单价

2）其他直接费：

其他直接费＝基本直接费（不含未计价装置性材料费）×其他直接费率之和

（2）间接费：

间接费＝人工费×间接费率

（3）利润：

利润＝[直接费（不含未计价装置性材料费）＋间接费]×利润率

（4）税金：

税金＝(直接费＋间接费＋利润)×计算税率

以消耗量形式表示的安装工程单价合计计算式为

单价合计＝直接费＋间接费＋利润＋税金

2. 以费率形式表示的安装工程单价

（1）直接费。

1）基本直接费：

人工费＝定额人工费×工程所在地对应的人工预算单价算术平均值/费用标准中一般地区人工预算单价算术平均值

材料费＝定额材料费

装置性材料费＝定额装置性材料费

机械使用费＝定额机械使用费

2）其他直接费：

其他直接费＝基本直接费×其他直接费率之和

（2）间接费：

间接费＝人工费×间接费率

（3）利润：

利润＝(直接费＋间接费)×利润率

（4）税金：

税金＝(直接费＋间接费＋利润)×计算税率

以费率形式表示的安装工程单价合计计算式为

单价合计＝直接费＋间接费＋利润＋税金

三、安装工程单价计算举例

【例6－3】某工程位于三类边远地区，已知材料单价和施工机械台时费（表6－13单价列），其他直接费取8.6%，设计所提水轮机型号为HL（213.9）－LJ－485，设备自重为780t/台，试根据现行水电工程概算编制办法和定额计算该工程的水轮机安装单价。

解：表6－13为水轮机安装费计算表。根据题目所给水轮机型号HL（213.9）－LJ－

485可知此水轮机为竖轴混流式水轮机、金属蜗壳，设备自重为780t/台。所选定额号为01023与01024之间插值。人工、材料、机械数量均应按照插值公式计算。例如，计算高级熟练工工时数为

$$(3743-3511)\div(800-700)\times(780-700)+3511=3696.6（工时）$$

表6-13　　机电设备安装工程单价表

定额编号：01023-01024　　水轮机HL（213.9）-LJ-485　　单位：台

规格型号：HL（213.9）-LJ-485 780t/台

编号	名称及规格	单位	数量	单价/元	合计/元
1	2	3	4	5	6
一	直接费				1198034.89
1	基本直接费				1103162.88
(1)	人工费				693097.20
	高级熟练工	工时	3697	13.78	50944.66
	熟练工	工时	36965	10.37	383327.05
	半熟练工	工时	22179	8.23	182533.17
	普工	工时	11089	6.88	76292.32
(2)	材料费				257166.13
	钢板	kg	3646	4.59	16735.14
	型钢	kg	13682	3.77	51581.14
	钢管	kg	1152	6.00	6912.00
	铜材	kg	229	60.00	13740.00
	电焊条	kg	2440	7.80	19032.00
	油漆	kg	915	12.00	10980.00
	汽油	kg	1220	10.02	12224.40
	透平油	kg	140	12.00	1680.00
	氧气	m^3	3144	3.50	11004.00
	乙炔气	m^3	1355	27.00	36585.00
	木材	m^3	7.9	1715.97	13556.16
	电	kW·h	30571	0.99	30265.29
	其他材料费	元	32871	1.00	32871.00
(3)	机械使用费				152899.55
	桥式起重机（320t/50t单小车）	台时	799	64.70	51695.30
	电焊机20～30kVA	台时	2196	14.55	31951.80
	普通车床∮400～600	台时	410	36.78	15079.80
	牛头刨床B650	台时	327	29.63	9689.01
	摇臂钻床∮50	台时	449	26.32	11817.68
	压力滤油机150型	台时	246	24.26	5967.96
	其他机械费	元	26698	1.00	26698.00
2	其他直接费	%	8.6	1103162.88	94872.01
二	间接费	%	136	693097.20	942612.19
三	利润	%	7	2140647.08	149845.30
四	税金	%	3.28	2290492.38	75128.15
五	合计				2365620.53

【例 6-4】某工程位于三类边远地区，其他直接费取 8.6%，试根据现行水电工程概算编制办法和定额计算该工程的计算机监控系统安装单价。

解：表 6-14 为计算机监控系统安装单价计算表。此表以费率形式表示安装工程单价。表中人工费单价根据现行编制规定和费用标准的规定，计算公式公式为：工程所在地对应的人工预算单价算术平均值/费用标准中一般地区人工预算单价算术平均值。计算式为

$$[(13.78+10.37+8.23+6.88)/4]\div[(10.26+7.61+5.95+4.9)/4)]=1.37$$

表 6-14　　机电设备安装工程单价表

定额编号：06006 计算机监控系统　　单位：项

规格型号

编号	名称及规格	单位	数量	单价/元	合计/%
1	2	3	4	5	6
一	直接费				6.18
1	基本直接费				5.69
(1)	人工费	%	3.0300	1.37	4.15
(2)	材料费	%	0.5000	1.00	0.50
(3)	装置性材料费	%	0.4100	1.00	0.41
(4)	机械使用费	%	0.6300	1.00	0.63
2	其他直接费	%	8.6000	5.69	0.49
二	间接费	%	136.0000	4.15	5.64
三	利润	%	7.0000	11.82	0.83
四	税金	%	3.2800	12.65	0.41
五	合计				13.06

【例 6-5】某工程位于三类边远地区，压力管道直管段直径 8m，壁厚 36mm，钢板材料预算价为 6230 元/t，已知材料单价和施工机械台时费（表 6-15 单价列），其他直接费取 8.6%，试根据现行水电工程概算编制办法和定额编制该工程的压力管道直管的制作单价。

解：表 6-15 为压力钢管直管制作费计算表。表中所列装置性材料费为压力钢管直管的钢材预算价乘以操作损耗之后的费用。根据装置性材料操作损耗表，压力钢管直管操作损耗率为 5%。此项费用仅作为计算税金的基数，不作为计算其他直接费和利润的基数。

压力钢管直管的装置性材料费=6230 元/t×1.05=6542（元/t）

表 6-15　　金属结构设备安装工程单价表

定额编号：12025　　一般钢管制作 $D>7$m　　单位：t

规格型号：壁厚≤40mm

编号	名称及规格	单位	数量	单价/元	合计/元
1	2	3	4	5	6
一	直接费				9564.63
1	基本直接费				9325.27
(1)	人工费				887.54

续表

规格型号：壁厚≤40mm

编号	名称及规格	单位	数量	单价/元	合计/元
1	2	3	4	5	6
	高级熟练工	工时	4	13.78	55.12
	熟练工	工时	44	10.37	456.28
	半熟练工	工时	34	8.23	279.82
	普工	工时	14	6.88	96.32
(2)	材料费				572.32
	型钢	kg	24.9	3.77	93.87
	氧气	m^3	3.6	3.50	12.60
	乙炔气	m^3	1.2	27.00	32.40
	电焊条	kg	26.4	7.80	205.92
	石英砂	m^3	0.3	241.88	72.56
	探伤材料	张	1.7	2.28	3.88
	油漆	kg	2	12.00	24.00
	汽油	kg	4.2	10.02	42.08
	其他材料费	元	85	1.00	85.00
(3)	装置性材料费				6542.00
(4)	机械使用费				1323.41
	龙门式起重机 10t	台时	0.8	71.97	57.58
	汽车起重机 10t	台时	0.7	162.02	113.41
	卷板机 40×3000mm	台时	0.8	171.76	137.41
	电焊机 20～30kVA	台时	36.9	14.55	536.90
	空压机 $9m^3/min$	台时	1.8	72.89	131.20
	轴流通风机 28kW	台时	1.6	39.16	62.66
	X光探伤机 TX－2505	台时	1.2	28.07	33.68
	载重汽车 20t	台时	0.6	182.61	109.57
	其他机械费	元	141	1.00	141.00
2	其他直接费	%	8.6	2783.27	239.36
二	间接费	%	136	887.54	1207.05
三	利润	%	7	4229.68	296.08
四	税金	%	3.28	11067.76	363.02
五	合计				11430.78

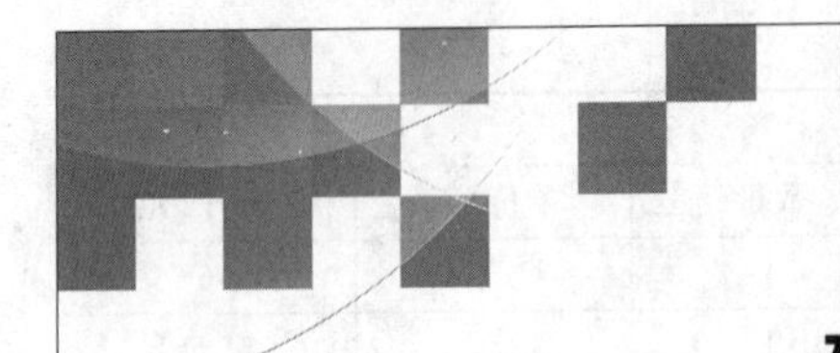

第七章 建设征地移民安置补偿费用编制

水电工程建设征地移民安置补偿费用包括水库淹没影响区和枢纽工程建设区两部分，是水电工程总概（估）算的重要组成部分。补偿问题涉及政治、经济、社会、环境和工程技术等多领域多学科，是一项庞大而复杂的系统工程，不仅关系到水资源的合理开发利用，也关系到区域社会经济的发展和社会的稳定，同时还关系到水利水电工程建设能否顺利实施。建设征地移民安置补偿费用概（估）算的编制具有时效性和个性化、政策性强、涉及面广、情况复杂、影响深远等多方面特点。因此，必须十分重视这一部分概（估）算投资的编制。

建设征地移民安置补偿投资是水电工程项目总投资的重要组成部分，其补偿费用需纳入水电工程项目总投资相应建设征地移民安置补偿项目及独立费用中。本章主要介绍水库移民专业按照国家规范如何编制补偿费用专项投资。

第一节　概　　述

近10多年来，我国先后开工并建成了长江三峡水利枢纽工程、二滩水电站及小浪底水利枢纽工程等一批巨型水利水电工程项目。目前，以白鹤滩、乌东德、长河坝、两河口、猴子岩等为代表的一大批巨型、特大型电站正在建设中，移民安置工作能否顺利开展和实施，已经成为了项目建设顺利进行和完建的重要前提之一。

本节主要针对建设征地移民安置补偿费用编制的主要内容、依据、原则及不同设计阶段工作的深度等作简要阐述。

一、专业术语

1. 水电工程建设征地处理范围

水电工程建设征地处理范围包括水库淹没影响区和枢纽工程建设区。水库淹没影响区又包括水库淹没区和水库影响区。枢纽工程建设区包括永久占地区和临时占地区。

按照电力行业标准《水电工程建设征地移民安置规划设计规范》(DL/T 5064—2007)的规定，水库淹没影响区应包括水库淹没区和因水库蓄水而引起的水库影响区。水库淹没区包括水库正常蓄水位以下的区域和水库正常蓄水位以上受水库洪水回水、风浪和船行波、冰塞壅水等临时受淹没的区域。

2. 建设征地移民安置补偿

建设征地移民安置补偿就是对枢纽工程建设区和水库淹没影响区范围内所有对象，采用征用、补偿、搬迁、改建、恢复、防护、清理等处理方式所需开展的各项工作的统称。

3. 建设征地移民安置规划设计

水电站建设征地移民安置规划设计是水电工程项目设计的一个重要组成部分。移民安置规划设计提出的移民安置规划是组织实施移民安置工作的基本依据，也是项目法人与移民区和移民安置区所在（省、自治区、直辖市）人民政府或者市、县人民政府签订移民安置协议的依据。水电工程项目申请和建设中，项目法人、有关地方人民政府和设计单位应按照《大中型水利水电工程建设征地标准和移民安置条例（中华人民共和国国务院令第471号)》(以下简称《移民条例》）的规定，履行相应职责，组织做好有关建设征地移民安置规划设计工作。

4. 建设征地移民安置补偿对象

建设征地移民安置补偿对象是工程建设和水库淹没影响区范围内所有实物的统称。

通常，建设征地移民安置补偿的对象包括各类土地及地上附着物、人口、房屋、城镇、居民点、工矿企业、道路及交通设施、水利电力设施、邮电通信设施、文教卫生设施、文物古迹及风景名胜设施、其他建构筑物等。对于不同的水库，淹没对象不尽相同。除各类土地是每一个水库都有的淹没对象外，其他淹没对象因水库不同而有所分别，不一定都出现。

5. 建设征地移民安置补偿费用

依据国家现行的政策法规的规定，完成某工程建设征地移民安置各项工作所需要的各项费用的总和即为建设征地移民安置补偿费用。

6. 实物指标

实物指标是指建设征地处理范围内的人口、土地、建筑物、构筑物、其他附着物、矿产资源、文物古迹、具有社会人文性和民族习俗性的建筑场所等的数量、质量、权属和其他属性等指标。实物指标分为农村、城市集镇、专业项目3个部分归类调查。

7. 城市和集镇

城市是指县级以上（含县级）人民政府驻地的城市和城镇。集镇是指县级政府驻地以下的建制镇、乡级人民政府驻地或经县级人民政府确认由集市发展而成的作为农村一定区域经济、文化和生活服务中心的非建制镇。

8. 专业项目

专业项目是指独立于城市集镇之外的企业、乡级以上的事业单位（含国有农、林、牧、渔场)，交通（铁路、公路、航运)、水利水电、电力、电信、广播电视、水文（气象）站、文物古迹、矿产资源及其他项目。

9. 库底清理

库底清理是为保证枢纽工程及水库运行安全，保护水库环境卫生，控制水传染疾病，防止水质污染，给水库防洪、发电、航运、供水、旅游等综合开发利用创造有利条件，而在水库蓄水前应进行的清理工作。

二、建设征地移民安置补偿费用编制的主要内容

水电工程建设征地移民安置补偿费用概（估）算编制涉及以下主要内容和工作过程：

(1) 政策法规与设计资料的收集与分析。

(2) 建设征地移民安置补偿概（估）算大纲的编制。

(3) 基础资料的收集、分析验证及编制。

(4) 编制各建设征地移民安置对象的补偿标准和单价计算书。

(5) 编制分项投资概（估）算。

(6) 编制分年度投资和总投资。

(7) 编制建设征地移民安置补偿费用概（估）算报告。

三、建设征地移民安置补偿费用概（估）算编制的依据

建设征地移民安置补偿费用概（估）算编制的依据主要是国家和工程所在地（省、自治区、直辖市）颁发的法律法规、政策，以及实物指标调查和建设征地移民安置规划。2006年9月，国务院以第471号令发布了新的《大中型水利水电工程建设征地补偿和移民安置条例》，以及与之配套的行业标准规范。总体来看，国家在对待征地移民安置工作和费用补偿上，与过去移民安置条例比较，主要不同在于：①更重视以人为本；②兼顾国家、集体及个人利益；③强调合理控制移民规模；④强调可持续发展与资源综合开发利用的同时，重视与生态环境保护相协调；⑤强化或增加了对移民的后期扶持、监督管理工作的量化及法律责任等相关条款。

建设征地移民安置补偿费用概（估）算编制的主要编制依据有以下几个方面：

(1) 国家的有关法律、法规、部门规章及规范、标准。

1)《大中型水利水电工程建设征地标准和移民安置条例》[中华人民共和国国务院令第471号 (2006年9月)]。

2)《中华人民共和国土地管理法》(2004年修订)。

3)《中华人民共和国土地管理法实施条例》(1999年1月1日起实施)。

4)《中华人民共和国森林法》(1984年9月20日中华人民共和国主席令第17号公布，1998年4月29日第九届全国人民代表大会常务委员第二次会议《关于修改〈中华人民共和国森林法〉的决定》修正)。

5)《中华人民共和国森林法实施条例》(中华人民共和国国务院令第278号)。

6)《中华人民共和国城乡规划法》(2008年1月1日起实施)。

7)《建设用地审查报批管理办法》(中华人民共和国国土资源部令第3号)。

8)《中华人民共和国农村土地承包法》(中华人民共和国主席令第73号，2003年3月1日起实施)。

9)《水电工程可行性研究报告编制规程》(2007年12月)。

10)《水电工程建设征地移民安置补偿费用概（估）算编制规范》(2007年12月)。

11)《水电工程建设征地移民安置规划设计规范》(2007年12月)。

12)《水电工程建设征地实物指标调查规范》(2007年12月)。

13)《水电工程移民安置城镇迁建规划设计规范》(2007年12月)。

14)《水电工程建设征地处理范围界定规范》(2007年12月)。

15)《水电工程水库库底清理设计规范》(2007年12月)。

16)《水电工程农村移民安置规划设计规范》(2007年12月)。

17）国家及其他有关行业规范、规定、定额及概预算编制办法、造价管理资料。

（2）工程所在地省级人民政府制定的有关土地的征用、管理、补偿、税收等方面的法规和政策。

（3）工程所在地省级人民政府制定的关于国家建设征用土地上附着物处理的有关规定。

（4）工程所在地省级人民政府制定的其他有关行业规范、规定、定额及概预算编制办法。

（5）建设征地实物指标。

（6）建设征地移民安置规划设计。

四、编制征地和移民安置补偿费用的原则

1. 基本准则

建设征地移民安置补偿费用概（估）算，宜按枢纽工程概（估）算编制年相同年份的政策规定和价格水平编制。项目核准前，规划设计有重大变更或核准年与概（估）算编制年相隔两年及以上时，应根据核准年的政策和价格水平重新编制和报批。项目核准后，已批准的补偿费用概（估）算需要调整或修改的，应当按照有关规定重新报批。

建设征地移民安置补偿费用概（估）算编制包括分析确定补偿实物指标，选定价格水平，确定补偿单价，计算补偿补助费用、移民工程建设费用、独立费用、预备费用和总费用等内容。建设征地移民安置补偿费用概（估）算的编制，应严格执行国家和省（自治区、直辖市）的法律、法规以及有关规定；以调查的实物指标为基础，结合移民安置规划成果，真实反映设计的实物量、工程量，全面掌握各项基础资料，正确理解水电工程建设征地补偿政策，合理选用相关定额、取费标准，完整确定建设征地移民安置补偿费用。

2. 征收的土地补偿计算原则

征收的土地，按照被征收土地的原用途和《移民条例》规定的标准给予补偿；征收土地的土地补偿费和安置补助费，不能满足需要安置的移民保持原有生活水平的，可根据国家和省级人民政府有关规定，提高标准或增加生产安置措施补助费。使用其他单位或者个人依法使用的国有耕地，参照征收耕地的补偿标准给予补偿；使用未确定给单位或者个人使用的国有未利用地，不予补偿。

3. 被征收、征用土地上的附着建筑物补偿计算原则

被征收、征用土地上的附着建筑物按照其原规模、原标准或者恢复原功能的原则补偿。

农村移民居民点、迁建城市集镇的基础设施的补偿费用，按照新址迁建规划设计的基础设施费用计列。

移民远迁后，其在建设征地红线范围之外本农村集体经济组织地域之内的房屋、附属建筑物、零星树木等私人财产应当给予补偿。

房屋及附属建筑物遵循“重置成本”的原则计算补偿。

贫困移民获得的补偿费用不足以修建基本用房的，给予适当补助，补足缺额。

工矿企业和交通、电力、电信、广播电视等专项设施和中小学的迁建或者复建，在满

足国家相应规定的基础上按照原规模、原标准、恢复原功能迁移或复建，所需资金，列入建设征地移民安置补偿费用。

原标准、原规模低于国家规定范围下限的，按国家规定范围的下限建设；原标准、原规模高于国家规定范围上限的，按国家规定范围的上限建设；原标准、原规模在国家规定范围内的，按照原标准、原规模建设。

建设标准、规模高于上述规定范围的，超过部分的资金不列入建设征地移民安置补偿费用概（估）算，由有关建设项目所在地人民政府或有关单位自行解决。

国家没有规定的由设计单位根据实际情况，参照有关规定，合理确定。

不需要或难以复建的对象，可予合理计算补偿费；对技术落后、浪费资源、产品质量低劣、污染严重、不具备安全生产条件的企业，适当补偿后依法关闭。报废的对象，不予补偿。

4. 基础设施、专业项目处理补偿费用计算原则

基础设施、专业项目等移民安置建设项目概（估）算的编制，按照项目的类型、规模和所属行业，执行相应行业的概（估）算编制办法和规定。建设项目无法纳入具体行业的或没有行业规定的，执行水电或水利工程概（估）算编制办法。

5. 利用水库水域发展兴利事业相关费用处理原则

有关部门利用水库水域发展兴利事业所需费用，由有关部门自行解决。水库库底一般清理的费用列入建设征地移民安置补偿费用内。特殊清理的费用，由提出特殊清理要求的有关部门或单位自行承担。

6. 环境保护和水土保持费用处理原则

属于建设征地移民安置补偿费用中的环境保护和水土保持费用概（估）算编制，执行环境保护和水土保持专业的相关编制办法和费用计算标准，按枢纽工程概（估）算编制年相同年份的政策规定和价格水平编制直接工程费用，环境保护和水土保持所需的独立费用在建设征地移民安置补偿独立费用中以其直接工程费用作为计费基数乘以取费费率一并计算。

五、各设计阶段工作深度要求

（1）流域规划报告阶段，初步调查水库淹没实物指标，参考同流域、同地区类似项目价格水平及扩大指标匡算投资。

（2）预可行性研究报告阶段，编制建设征地移民安置补偿费用估算和分年费用初步计划。投资估算的编制以水库淹没实物指标为基础，结合移民安置去向采用分项扩大指标估算。

（3）可行性研究报告阶段，编制建设征地移民安置补偿费用概算，进行资金平衡，并编制分年费用计划。设计概（估）算的编制按现行建设征地移民安置补偿费用编制规定，分项编制概算。

（4）移民安置实施阶段，必要时根据实际需要编制建设征地移民安置补偿费用调整概算。

第二节　项　目　划　分

建设征地移民安置补偿项目划分为农村部分、城市集镇部分、专业项目、库底清理、环境保护和水土保持等部分。

农村移民居民点、迁建城市集镇等的对外交通、对外电信线路、对外电力线路、对外广播电视线路、场地外供水工程等纳入专业项目。

国有林（农）场（站）纳入专业项目。

一、建设征地移民安置补偿项目具体划分

1. 农村部分

农村部分是指因项目建设引起项目建设征地前属乡、镇人民政府管辖的农村集体经济组织及地区迁建的相关项目。进入集镇、城市安置的农村集体经济组织的成员，其基础设施恢复部分纳入相应的城市集镇部分，其他项目仍纳入农村部分。

农村部分包括土地的征收和征用、搬迁补助、附着物拆迁处理、青苗和林木的处理、基础设施恢复和其他项目等。

(1) 土地的征收和征用：是指建设征地红线范围内农村集体经济组织所有土地中的农用地、未利用地的征收和征用。建设征地范围内建设用地的处理列入基础设施恢复项目。

农用地的征收包括耕地、园地、林地、牧草地及其他农用地的征收。

未利用地的征收包括未利用土地的征收、其他土地的征收。

土地的征用，包括农用地的占用、农用地的复垦，未利用地的征用。

(2) 搬迁补助：指列入建设征地影响范围的农村搬迁安置人员的迁移，包括人员搬迁补助、物资设备的搬迁运输补助、建房期补助、临时交通设施的配置等项目。

人员搬迁补助划分为搬迁交通运输、搬迁保险、途中食宿及医疗、搬迁误工等补助。

物资设备的搬迁运输划分为物资设备运输、物资设备损失，还可按物资设备的种类进一步细分。

建房期补助划分为临时居住补助和交通补助。

临时交通设施是指根据搬迁安置规划和实施组织设计确定的临时交通措施，包括搬迁临时道路、临时渡口等项目。

(3) 附着物拆迁处理：包括房屋及附属建筑物拆迁、农副业及个人所有文化宗教设施拆迁处理、企业的处理、农村行政事业单位的迁建和其他项目等。

房屋及附属建筑物拆迁：指列入建设征地影响范围的农村移民人口的房屋及附属建筑物的拆迁。

农副业及文化宗教设施拆迁处理：指列入建设征地影响范围的小型水利电力设施、农副业加工设施和设备、文化宗教设施、不可搬迁设施处理以及其他特殊设施的拆迁处理等。

企业的处理：指列入农村范围的企业的处理，包括搬迁安置或货币补偿处理。

农村行政事业单位的迁建：指列入农村范围的行政事业单位的迁建，包括行政管理机

构、学校、卫生防疫站点等，可划分为房屋和附属建筑物的拆迁处理、物资设备的搬迁。

（4）青苗处理：对常规水电工程水库淹没影响区内的耕地，应采取计划用地，因此，可不计列青苗处理项目，不计青苗补偿费。对于枢纽工程建设区永久占地范围占用耕地的，计列青苗处理项目；抽水蓄能电站的水库淹没影响区，根据项目实际情况确定是否计列青苗处理项目。青苗处理项目按耕地的地类划分，可分为菜地、水田、水浇地、平旱地、坡旱地等青苗处理。

（5）林木处理：包括征用或征收的林地上的林木、征用或征收的园地上的林木、房前屋后及田间地头零星树木等的处理。

征用或征收的林地上的林木可按林种分为经济林木、用材林木、薪炭林木等；园地上的林木按园地地类分为茶园、桑园、果园等；零星树木按照林木品种划分；根据项目区的实际情况，可按林木品种作进一步的细分。可根据建设征地实物指标调查调整林木处理项目划分。

（6）基础设施恢复：指安置地农村移民居民点场地准备和基础设施建设。

基础设施建设项目包括场内的道路工程建设、供水工程建设、排水工程建设、供热工程建设、电力工程建设、电信工程建设、广播电视工程建设、防灾减灾工程建设等。

农村移民居民点场地准备包括新址用地、场地清理、场地平整等。可根据农村移民安置规划调整基础设施恢复项目划分。新址用地指按有偿流转或调剂取得农村移民居民点新址建设用地，其项目划分采用征用土地的类别划分，与土地的征用项目划分相同。按照省（自治区、直辖市）有关规定处理。

（7）其他项目：指上述项目以外的农村部分的其他项目，可包括建房困难户补助、生产安置措施补助、义务教育和卫生防疫设施增容补助、房屋装修处理等。

建房困难户补助是指对补偿费用不足以修建基本用房的贫困移民的救助。

生产安置措施补助是指为使征收土地的土地补偿费和安置补助费满足需要安置的移民保持原有生活水平的需要，对生产安置规划投资高于根据《移民条例》计算的征收土地补偿费用部分，根据国家和省级人民政府有关规定，采取的补充措施。

义务教育和卫生防疫设施增容补助是指移民迁入后不新建学校和卫生防疫设施，需要对安置地义务教育和卫生防疫设施设备进行改造扩容。

房屋装修处理根据省级人民政府有关水电工程移民安置政策规定计列。可结合实物指标调查和农村移民安置规划调整其他项目划分。

2. 城市集镇部分

城市集镇部分是指列入城市集镇原址的实物指标处理和新址基础设施恢复的项目，包括搬迁补助、附着物拆迁处理、林木处理、基础设施恢复和其他项目等。已纳入农村部分的内容，不在城市集镇部分中重复。

（1）搬迁补助：指列入建设征地影响范围的城市集镇人员的迁移补助，包括人员搬迁补助、物资设备的搬迁运输补助、搬迁过渡补助、临时交通设施等项目。

人员搬迁补助划分为搬迁交通运输、搬迁保险、途中食宿及医疗、搬迁误工等补助。

物资设备的搬迁运输划分为物资设备运输、物资设备损失，还可按物资设备的种类进一步细分。

搬迁过渡补助划分为建房补助和搬迁期临时过渡补助。

临时交通设施是指根据搬迁安置规划和实施组织设计确定的临时交通措施，包括搬迁临时道路、临时渡口等项目。

(2) 附着物拆迁处理：指列入建设征地影响范围的城市集镇房屋及附属建筑物拆迁、企业的处理、行政事业单位的迁建和其他等项目。

房屋及附属建筑物拆迁：指列入城市集镇范围内的房屋及附属建筑物的拆迁。

企业的处理：是指列入城市集镇范围的企业的处理，包括搬迁安置或货币补偿处理。

行政事业单位的迁建：指列入城市集镇范围的行政事业单位的迁建，包括城市集镇范围内行政事业单位房屋和附属建筑物的拆迁处理、物资设备的搬迁。

(3) 林木处理：指列入建设征地影响范围的集镇范围内零星树木的处理。

零星树木按树种划分为经济树、果树、其他树木等；根据项目区的实际情况，可按林木品种作进一步的细分。

(4) 基础设施恢复：指迁建城市集镇新址的场地准备、道路建设、供水工程建设、排水工程建设、广播电视工程建设、电力工程建设、电信工程建设、绿化工程建设、供热工程建设、防灾减灾工程建设等，可根据迁建规划设计增减。

场地准备包括城市集镇新址征地、场地清理、场地平整等。

新址征地是指对城市集镇迁建新址建设用地的征收，按照城市集镇新址迁建规划用地地类划分。

(5) 其他项目：指上述项目以外的城市集镇范围内需处理的其他项目，可包括建房困难户补助、不可搬迁设施处理、特殊设施处理、房屋装修处理等。

特殊设施处理是指建设征地红线范围内的公墓等特殊设施的处理。

3. 专业项目

专业项目是指受项目影响的迁（改）建或新建的专业项目，包括铁路工程、公路工程、水运工程、水利工程、水电工程、电力工程、电信工程、广播电视工程、企事业单位、防护工程、文物古迹以及其他专业项目等。

(1) 铁路工程：包括铁路路基、桥涵、隧道及明洞、轨道、通信及信号、电力及电力牵引供电、房屋、其他运营生产设备及建筑物，以及其他项目等。

铁路工程划分为铁路迁建工程和铁路防护工程。铁路迁建工程包括路基、桥涵、隧道及明洞、轨道、通信及信号、电力及电力牵引供电、房屋和其他运营生产设备；铁路防护工程包括筑堤维护工程、排水治涝防浸工程、滑坡坍岸防护工程等。

(2) 公路工程：包括等级公路工程、乡村道路。

等级公路工程划分为高速公路、一级公路、二级公路、三级公路和四级公路。

乡村道路划分为汽车便道、机耕道和人行道。

(3) 航运工程：包括渡口、码头等。

(4) 水利工程：包括水源工程、供水工程、灌溉工程和水文（气象）站等。

水源工程划分为饮用水水源和灌溉水源；供水工程划分为消毒净化设施、蓄水池、供水管网等；灌溉工程分为水渠、泵站；水文（气象）站划分为房屋及附属建筑物和设施设备。

移民安置需配套的水利工程按项目属性并入供水工程或灌溉工程。

(5) 水电工程：包括不同等级的水电站，划分为迁建工程、改建工程和补偿处理。

(6) 电力工程：包括火力发电工程、输变电工程、供配电工程、辅助设施等。

(7) 电信工程：包括传输线路工程、基站工程等。

(8) 广播电视工程：分为广播工程和电视工程，广播工程包括节目信号线、馈送线，电视工程包括信号接收站、传输线。

(9) 企事业单位：指列入专业项目中的企业事业单位，可分为企业单位、事业单位和国有农（林）场。

企业单位的处理包括搬迁安置和货币补偿。

事业单位处理包括搬迁补助、基础设施建设、设施设备处理、房屋及附属建筑物拆迁等项目。

国有农（林）场包括土地的划拨或征用、搬迁补助、附着物拆迁处理、青苗和林木的处理、基础设施建设和其他项目。采用“农村部分项目划分”中相应项目划分。

(10) 防护工程：包括筑堤围护、整体垫高、护岸等工程。

(11) 文物古迹：包括迁建恢复、工程措施防护和发掘留存项目等。

(12) 其他专业项目：指农村、城市集镇范围未包括在上述专业项目范围的其他类型或种类的专业项目。

4. 库底清理

库底清理包括建筑物清理、卫生清理、林木清理和其他清理等。特殊清理项目是指特殊清理范围内为开发水域各项事业而需要进行特殊清理的项目。

(1) 建筑物清理：分为建筑物拆除、构筑物拆除、易漂物处理。

(2) 卫生清理：分为一般污染源清理、传染性污染源清理和固体废物清理；其他清理项目是指除此以外需清理的项目。

一般污染源是指粪池、牲畜栏、普通坟墓等；传染性污染源是指疫源地、医疗机构工作区、医疗垃圾、传染性死亡者墓地等；固体废物是指生活垃圾、工业固体废物和危险废物等。

(3) 林木清理：包括林地林木清理、零星树木清理。

(4) 其他清理：指因水库蓄水安全需要，需清理的其他项目。

5. 环境保护和水土保持

环境保护和水土保持是指移民安置区的环境保护和水土保持措施。

(1) 环境保护工程：包括水环境保护工程、大气环境保护工程、声环境保护工程、固体废物处置工程、土壤环境保护工程、陆生生态保护工程、人群健康保护、景观保护工程、环境监测（调查）以及其他环境保护工程。

(2) 水土保持工程：包括工程措施、植物措施、临时措施及水土保持监测工程。

属于建设征地移民安置补偿部分的项目划分及主要内容在本书“第五章环境保护和水土保持专项工程投资编制”中已经详细介绍，本章不再赘述。

6. 编制投资划分项目时需要注意的问题

建设征地移民安置补偿项目划分的具体内容在《水电工程建设征地移民安置补偿费用概（估）算编制规范》(以下简称《编制规范》）中做了较为详细的诠释。在编制概（估）

算投资划分项目时，需要注意的是：

(1) 土地的征收和征用概念不同，原则上讲，土地的征收主要针对工程永久征地；土地的征用，主要针对工程临时征地。

(2) 属于农村集体经济组织的成员，若安置到城镇、城市，其基础设施恢复部分纳入到城市集镇部分计列，但其土地征收、搬迁补助、附着物拆除、青苗林地处理等项目仍然列于农村部分。

(3) 根据《编制规范》，“建设征地范围内建设用地的处理列入基础设施恢复项目”，主要指工程建设征用和征收土地后，移民搬迁安置、企业安置、基础设施复建等建设工作需要新征用土地，应列入相应的基础设施恢复项目中。例如，库区公路复建需要征收的土地，列入专业项目中的基础设施恢复项目；农村移民安置用房征收的土地，列入农村部分中的基础设施恢复项目。

(4) 根据《编制规范》，“不可搬迁设施处理是指实物指标调查时已经存在但未予计列的项目的处理”，主要指附着物指标调查中，该附着物的确存在，但无法细究其结构、修筑材料等，如少数民族供奉用的白塔、寺庙等。

(5) 根据《编制规范》，“其他特殊设施的拆迁处理是指其他特殊设施的处理”，指不太好量化的特殊设施的处理。例如，存放在少数民族白塔内的经书、杂粮、金饰、酥油等的处理。

二、项目划分示例

项目划分示例可参见本章第六节分项费用编制示例中的项目划分。

第三节　费　用　构　成

建设征地移民安置补偿概（估）算费用由补偿补助费用、工程建设费用、独立费用、预备费4个部分构成。建设征地移民安置补偿费用构成如图7-1所示。

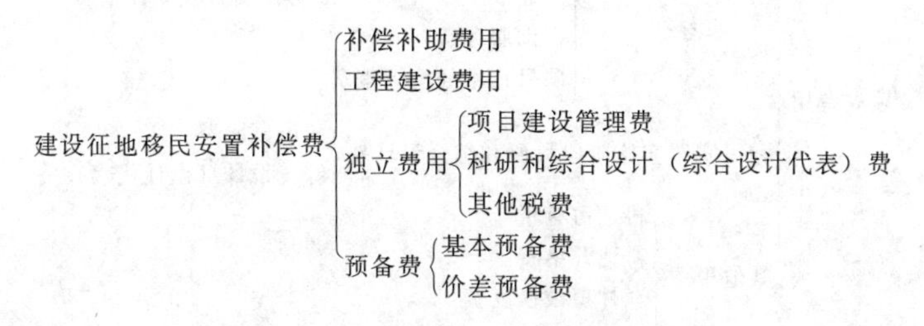

图7-1　建设征地移民安置补偿费用构成图

一、补偿补助费用

补偿补助费用是指对建设征地及其影响范围内土地、房屋及附属建筑物、青苗和林木、设施和设备、搬迁、迁建过程的停产以及其他方面的补偿、补助，包括土地补偿费和安置补助费、划拨用地补偿费、征用土地补偿费、房屋及附属建筑物补偿费、青苗补偿费、林木补偿费、农副业及文化宗教设施补偿费、搬迁补偿费、停产损失费、其他补偿补助费等。补偿补助费用构成如图 7-2 所示。

二、工程建设费用

建设征地移民安置补偿费用中的工程建设费用由建筑安装工程费、设备购置费、工程建设其他费用等构成，但不包括预备费和建设期贷款利息。工程建设费用构成如图 7-3 所示。

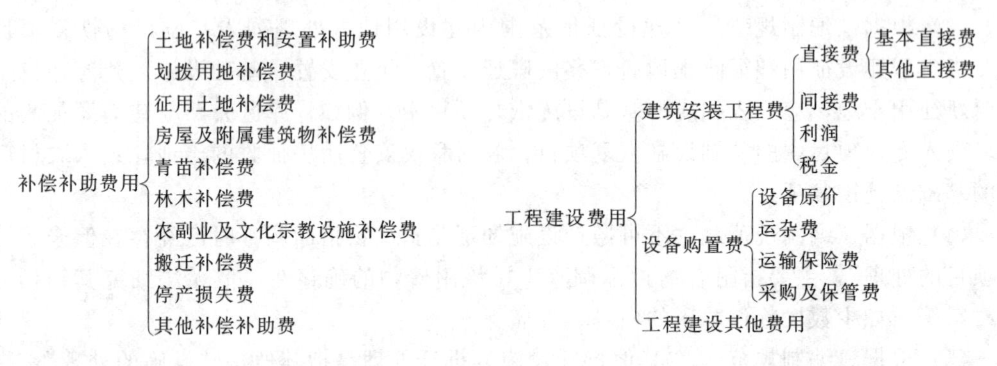

图 7-2　补偿补助费用构成图　　　　图 7-3　工程建设费用构成图

三、独立费用

独立费用包括项目建设管理费、移民安置实施阶段科研和综合设计费以及其他税费等。独立费用构成如图 7-4 所示。

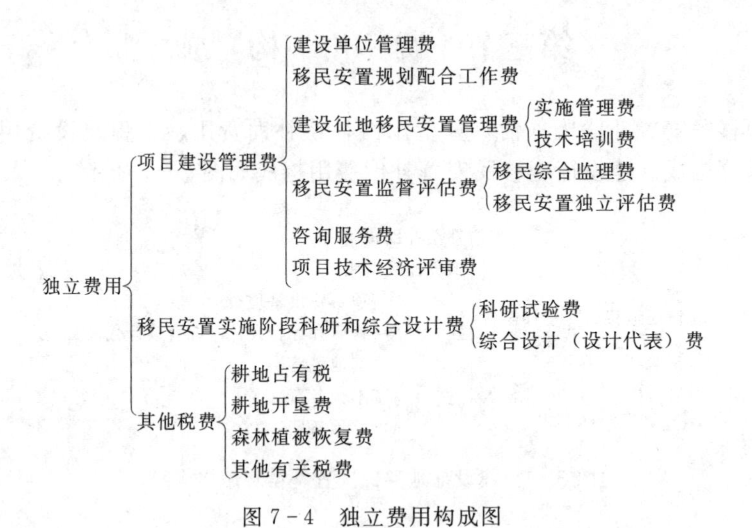

图 7-4　独立费用构成图

四、预备费

预备费包括基本预备费和价差预备费。

(1) 基本预备费。基本预备费为综合性基本预备费，是指在建设征地移民安置设计及补偿费用概（估）算内难以预料的项目费用，费用内容包括：

1）设计范围内的设计变更、局部社会经济条件变化等增加的费用。

2）一般自然灾害造成的损失和预防自然灾害所采取的措施费用。

3）建设期间内材料、设备价格和人工费、其他各种费用标准等不显著变化的费用。

（2）价差预备费。价差预备费是指建设项目在建设期间内由于材料、设备价格和人工费、其他各种费用标准等变化引起工程造价显著变化的预测预留费用。费用内容包括：人工、设备、材料、施工机械的价差费，建筑安装工程费及工程建设其他费用调整，利率、汇率调整等增加的费用。

第四节　基础价格编制

基础价格应按照编制年国家和有关省（自治区、直辖市）的政策、规定和价格水平进行编制。

一、补偿补助费用有关基础价格

（1）耕地亩产值。耕地亩产值为规划水平年亩产值，可在计算单元内取一个平均值，也可在一个县或一个项目取一个平均值。预可行性研究报告阶段，计算单元宜不高于乡级；可行性研究报告阶段，计算单元宜采用农村集体经济组织。亩产值为年内土地各类作物设计亩产量和相应单价之积，按下式计算：

$$AP_n=\sum(O_kR_k+A_kR_{ak})$$

或

$$AP_n=\sum[O_kR_k\ (1+a)]$$

其中　O_k＝基准年前3年平均亩产量 $(1+P_{fk})^{(规划水平年-基准年)}$

式中：AP_n 为第 n 个计算单元耕地的亩产值；n 为计算单元；O_k 为第 n 个计算单元耕地上一个自然年内收获各种作物中的第 k 类农作物主产品的规划水平年亩产量，规划水平年亩产量是指规划水平年前3年平均年亩产量，以概（估）算编制年为基准年，以编制年前3年的平均亩产量，按一定的增幅推算至规划水平年，即为计算耕地征用费的每亩主产品的年产量；P_{fk} 为第 k 类农作物主产品亩产量增幅，可取值1%～2%；R_k 为第 n 个计算单元耕地上第 k 类农作物主产品的单价；A_k 为第 n 个计算单元耕地上第 k 类农作物附产品的规划水平年亩产量；R_{ak} 为第 n 个计算单元耕地上第 k 类农作物附产品的单价；a 为第 n 个计算单元耕地上第 k 类农作物附产品的附加值率，a＝第 k 类农作物附产品亩产值/第 k 类农作物主产品亩产值。

常见农作物附加值可参考表7-1并结合当地实际情况取值。

表7-1　常见农作物附加值一览表

农作物	附加值率/%
水稻	5
小麦	5
高粱	8
玉米	8
蔬菜	2

省（自治区、直辖市）人民政府已公布执行征地区片综合地价的，从其规定。省（自治区、直辖市）已颁布关于耕地亩产值具体规定的，从其规定。

1）耕地的主要农副产品有关基础价格，可根据县级以上人民政府价格行政主管部门公布的农副产品收购价为基础，结合建设征地涉及区的实际情况分析确定或由设计单位自行采集分析确定。设计单位自行采集的基础价格宜取得县级以上人民政府价格行政主管部门的认可。

2）农副产品有关亩产量，应根据国民经济统计资料为基础，结合建设征地涉及区的实际情况分析确定或由设计单位自行采集分析确定。设计单位自行采集的亩产量宜取得县级以上人民政府统计行政主管部门的认可。

3）要求一个项目（或一个地区）以一个规划水平年亩产值出现的，应采用相应范围的加权平均值。

（2）征收园地、林地、牧草地的土地补偿费和安置补助费，其基础价格按照省（自治区、直辖市）的有关规定计算。需要计算各类土地的规划水平年亩产值的，可参照耕地的规划水平年亩产值的计算方法计算。

（3）征收未利用地的土地补偿费，其基础价格按照省（自治区、直辖市）的有关规定计算。

（4）房屋及附属建筑物补偿费的基础价格，如人工费、机械使用费、材料价格等，按照当地工程建设管理部门颁发的计价依据中相关基础价格的规定编制。没有计价依据的，如土木结构房屋、附属建筑物中的人工工资和部分材料价格等，可由设计单位自行采集移民安置区有关资料编制。

（5）青苗和林木补偿费可参照耕地规划水平年亩产值的确定方法编制。省（自治区、直辖市）已颁布具体规定的，从其规定。

（6）农副业及文化宗教设施拆迁处理以及设施和设备拆迁、运输、安装补偿费的基础价格，涉及人工费、机械使用费、材料价格等基础价格，参照工程建设费用有关基础价格的规定编制。设施和设备的搬迁损失等其他基础价格，由设计单位采集和编制。

（7）搬迁补偿费、物资损失、停产损失费以及其他补偿补助费的基础价格，由设计单位采集和编制。

二、工程建设费用有关基础价格

工程建设费用的基础价格按有关地区和行业的规定执行，农村居民点基础设施、农村道路等项目没有行业标准的，其基础价格可由设计单位自行采集分析确定。

（1）人工预算单价，根据各工程项目的所在地区和相关行业规定计算。

（2）主要材料预算价格包括定额工作内容应计入的未计价材料和计价材料。材料预算价格一般包括材料原价、包装费、运输保险费、运杂费和采购及保管费等。

材料原价按照移民安置有关单项建设工程所在地就近城市或材料生产企业的市场价计算，或按照有关地区和行业文件规定计算。

材料包装费、运输保险费、运杂费、采购及保管费，应按工程所在地区的实际资料或按有关地区和行业文件规定计算。

（3）其他材料价格，应执行工程所在地区就近城市地方建设管理部门颁布的有关材料预算价格，加至工地的运杂费。地区预算价格中没有的材料，由设计单位实地采集，合理确定。

（4）机械使用费，根据工程建设项目所属地区和行业的有关规定计算。

三、基础价格编制示例

本示例为耕地亩产值的分析计算，采用工程设计中经常使用的全产值法，介绍耕地亩产值的编制步骤和计算过程。

耕地亩产值的分析计算主要步骤为：调查实物指标和收集各类资料→耕地产量初步统计→耕地农作物价格统计→耕地综合产量计算→耕地标准亩产值分析计算。

1. 调查实物指标和收集各类资料

需要完成的主要工作如下：

（1）收集工程涉淹各县国民经济和社会发展五年计划纲要。

（2）收集工程涉淹各乡统计年报资料。

（3）收集工程所在地的农产品价格。

（4）实地调查的涉淹各乡耕地作物单产量。

（5）现场调查的农副产品价格。

（6）阶段设计成果。

2. 耕地产量初步统计

四川大渡河干流某电站，水库淹没涉及的某县甲、乙、丙3个乡镇2004—2006年统计报表产量分析汇总见表7-2。

表7-2　某水电站淹没涉及乡耕地农作物产量统计表

序号	乡镇	耕地/亩	年份	小麦总产/kg	玉米总产/kg	大豆总产/kg	雪山大豆总产/kg	薯类总产/kg	蔬菜总产/kg
1	甲	5535	2004	20000	530000	3000	3000	500000	2000
		5543	2005	20000	567000	3000	3000	510000	40000
		5543	2006	22000	587000	3000	3000	513000	12000
2	乙	1318	2004	255585	276497	1549	17039	201370	37951
		1318	2005	271850	293536	1549	1549	201370	48019
		1318	2006	311349	309026	3872.5	3098	255585	59637
3	丙	4064	2004		516000	9000	43000	570000	10000
		3924	2005		530000	10000	43000	635000	10000
		3924	2006		543000	7000	33000	643000	

3. 耕地农作物价格统计

按工程所在地需移民的乡实际调查资料计列农作物价格，见表7-3。

表7-3　某水电站农作物单价表

序号	作物类别	作物品种	地方提供资料/(元/kg)	市场价/(元/kg)	设计采用/(元/kg)	备注
1	谷物	小麦	1.6	1.6	1.6	
		玉米		1.1	1.1	

续表

序号	作物类别	作物品种	地方提供资料/(元/kg)	市场价/(元/kg)	设计采用/(元/kg)	备注
2	豆类	大豆		3.5	3.5	
		雪山大豆		3.0	3.0	
3	薯类	红苕	1.2	1.2	1.2	
		洋芋	1.2	1.2	1.2	
4	蔬菜	芹菜	2.0	2.0	2.5	
		大白菜	1.2	1.2		
		圆白菜	1.4	1.4		
		油菜	2.0	2.0		
		莴笋	2.6	2.6		
		萝卜	1.6	1.6		
		西红柿	2.6	2.6		
		海椒	3.0	3.0		
		四季豆	4.0	4.0		

4. 耕地综合产量计算

根据各乡耕地作物产量及调查分析得出的农作物价格，计算得各乡2004—2006年亩产值及电站淹没涉及乡镇现状耕地主产品平均亩产值，见表7-4。

表7-4　　　　某水电站淹没涉及乡耕地农作物产值统计表

序号	乡镇	耕地面积/习惯亩	年份	小麦/万元	玉米/万元	大豆/万元	雪山大豆/万元	薯类/万元	蔬菜/万元	合计/万元	亩产值/(元/亩)	平均亩产值/(元/亩)
1	甲	5535	2004	3.2	58.3	1.1	0.9	60	0.5	124.0	224.0	507
		5543	2005	3.2	62.4	1.1	0.9	61.2	10.0	139.3	251.3	
		5543	2006	3.5	64.6	1.1	0.9	61.6	3.0	135.1	243.7	
2	乙	1318	2004	40.9	30.4	0.5	5.1	24.2	9.5	110.6	839.3	
		1318	2005	43.5	32.3	0.5	0.5	24.2	12.0	113.0	857.1	
		1318	2006	49.8	34.0	1.4	0.9	30.7	14.9	131.7	999.0	
3	丙	4064	2004		56.8	3.2	12.9	68.4	2.5	147.8	363.7	
		3924	2005		58.3	3.5	12.9	76.2	2.5	155.2	395.5	
		3924	2006		59.7	2.5	9.9	77.2		151.5	386.1	

5. 耕地综合亩产值（标准亩）分析计算

根据实地调查，该电站涉及乙乡河谷地带耕地与高山、半高山耕地两者比值为0.16∶0.84。同时，以主要耕地分布在河谷地带的乙乡习惯亩亩产值（898元/亩）与主要耕地分布在高山、半高山，复种指数较小的丙、甲乡耕地习惯亩亩产值（311元/亩）情况，确定河谷地带与高山、半高山耕地亩产值比例为2.76∶1。

在河谷地带与高山、半高山耕地量比值和亩产值比值确定的情况下，利用前面已经计算的各乡平均耕地亩产值507元/亩（习惯亩），推算得河谷地带耕地亩产值为1092元/亩

（习惯亩），高山、半高山耕地亩产值（习惯亩）为396元/亩。

考虑到淹没区还有部分产品及产值在统计年报中未能反映，结合实地调查情况，农作物其他产品按主产品19%考虑，农作物副产值按主产品产值的15%考虑。

经修正后的淹没区现状耕地综合亩产值能综合反映其河谷低海拔区和高山、半高山高海拔区耕地的综合产值（习惯亩）。

根据前述有关计算成果，建设征地区耕地标准亩与习惯亩换算系数为1.74（调查结果），淹没区耕地现状综合亩产值按1.9%的增产率，从2006年推算至规划水平年（2013年），采用河谷地带耕地亩产值，经计算，耕地标准亩综合年产值为857元/亩，见表7-5。

表7-5　　某水电站耕地年综合亩产值概（估）算表

河谷地带耕地亩产值（习惯亩）	副产品产值	其他产品产值	淹没区现状产值（习惯亩）	标准亩产值	增产率/%	2013年标准产值	备注
元/亩	元/亩	元/亩	元/亩	元/亩		元/亩	
1092	164	207	1463	841	1.9	857	

第五节　项目单价编制

一、补偿补助费用单价

1. 土地补偿费和安置补助费单价编制

（1）征收耕地的土地补偿费和安置补助费单价的单位为元/亩。第i个计算单元征收每亩耕地的土地补偿费和安置补助费按照下式计算：

$$CL_{pn}=(m_{n1}+m_{n2})AP_n$$

式中：CL_{pn}为第n个计算单元征收1亩耕地的土地补偿费和安置补助费之和；m_{n1}、m_{n2}为计算征收耕地的土地补偿费和安置补助费的亩均倍数，水库淹没影响区、枢纽工程建设区征收耕地的，按照《移民条例》的规定取值，其他范围涉及征收耕地的，按照省（自治区、直辖市）的相关规定取值；AP_n为第n个计算单元被征用耕地的规划水平年亩产值，省（自治区、直辖市）已颁布计算规定的，从其规定。

省（自治区、直辖市）已颁布有关征收耕地的土地补偿费和安置补助费单价的具体规定的，从其规定。

要求一个项目或一个地区以一个单价出现的，应采用相应范围内各计算单元单价的加权平均值。

需要分别编制征收耕地的土地补偿费和安置补助费单价的，可按下式编制：

$$征收耕地的土地补偿费单价=m_{n1}\times AP_n$$

$$征收耕地的安置补助费单价=m_{n2}\times AP_n$$

（2）征收园地、林地、其他农用地以及其他未利用土地的土地补偿费和安置补助费单价，按照省（自治区、直辖市）的规定结合上述规定编制。

（3）征用耕地的土地补偿费单价的单位为元/亩，可按下式计算：

征用耕地的土地补偿费单价＝AP_n×用地年限＋每亩复垦工程费用＋每亩恢复期补助费

每亩复垦费用，采用相关省（自治区、直辖市）的规定。没有规定的，应进行复垦设计（包括场地清理、犁底层回填、耕作层回填、土壤改良等），根据设计成果确定复垦费用单价。

复垦工程也可按设计成果计列总数。

（4）征用园地、林地、其他农用地的土地补偿费单价，按照省（自治区、直辖市）的规定结合上述规定编制。征用其他未利用土地可不计补偿费。

2. 划拨农用地及划拨未利用地补偿单价编制

划拨农用地的，适当补偿，补偿费用单价可采用相邻农村集体经济组织同地类的补偿费用单价。划拨未利用地的，不计补偿费用。

3. 房屋及附属建筑物补偿费单价编制

房屋及附属建筑物的补偿均以原有数量和结构计算补偿费用。

房屋补偿费用单价的单位为元/m^2，分结构类型按重置价补偿的原则，按照典型设计的成果分析编制。具体工作步骤如下：

（1）根据实物指标工作成果，列出实物指标中各类房屋结构类型，如钢混结构、砖混结构、砖木结构、土木结构、木结构、砖窑、土窑和其他结构等，规定各类房屋结构主要结构内容。

（2）对每一类房屋结构，选择1座或多座典型房屋，按照新建房屋的要求进行设计。选择的典型房屋，应在实物指标中有广布性和代表性。

（3）根据编制规范对“工程建设费用”的规定、安置地的建筑工程造价依据和办法编制典型房屋设计概（估）算，推算每平方米房屋造价即相应房屋结构的补偿费用单价，单价中应包括其他费用部分。同一结构进行了多种典型房屋设计的，可取加权平均值。安置地条件差别悬殊的，可取加权平均值。

（4）原住窑洞在安置区不能复建的，可按安置当地居民基本的住房结构计列补偿费单价。

（5）安置地有特殊要求的，如抗震要求等，应在设计时统筹考虑。

省（自治区、直辖市）对水电工程建设征地移民安置涉及的房屋及附属建筑物的补偿费单价编制有规定的，从其规定。

行政事业单位、企业和集镇、城市居民等所有的房屋补偿费用单价，参照当地建设行政主管部门的有关规定，结合上述房屋补偿费用单价编制规定计算。

4. 青苗和林木补偿费单价

（1）青苗补偿费单价。单位为元/亩，分耕地类别，按下式计算：

$$RC_n = AP_n / CI_n$$

式中：RC_n 为第 n 个计算单元征收耕地的青苗补偿费单价；AP_n 为第 n 个计算单元耕地的规划水平年亩产值；CI_n 为第 n 个计算单元耕地的复种指数。

（2）林木补偿费单价。零星树木的补偿费单价以及征、占用林地和园地的林木补偿费单价，根据省（自治区、直辖市）的规定计算。

5. 农副业及文化宗教设施补偿费单价

农副业及文化宗教设施补偿费单价包括小型水利电力、农副业加工、文化、宗教等设施和设备补偿费单价，可按有关政策法规和行业规定分别计算补偿单价，也可根据工程所在地区造价指标或有关实际资料，采用类比扩大单位指标计算补偿单价。

6. 搬迁补偿费单价

搬迁补偿费包括物资设备运输费、物资设备损失费、建房期补助费、人员搬迁补助费、搬迁保险费、途中食宿及医疗补助费、搬迁误工费、临时交通设施费。根据当地有关规定，采用当地人工、材料、机械使用费的单价，按同阶段移民安置设计成果计算确定。

（1）物资设备搬运费按照权属划分为搬迁安置人口私有物资、设备运输费和企业、机关、事业单位物资、设备运输费。

1）搬迁安置人口私有物资、设备运输费单价单位为元/人，在搬迁安置人口中，以户为单位，选择有代表性的移民户，计算物资、设备运量，推算人均运量（t/人），分析全部搬迁安置人口的平均搬迁距离（km），按照材料运杂费基础价格的编制方法分析每吨公里的运价，计及装、卸等费用。按下式编制：

搬迁安置人口私有物资、设备搬运费单价＝人均运量×平均搬迁距离

×每吨公里的运价＋每吨装卸费

房屋旧料、已计算补偿的零星树木和林木等不计入搬迁安置人口私有物资、设备范围。

搬迁安置人口私有物资、设备的价值低于运输费的，可用安置地新购物资、设备的价格替代搬迁安置人口私有物资、设备运输费。

2）企业、机关、事业单位物资、设备运输费单价，按照材料运杂费基础价格编制，计算装卸费为单位为元/(t·km)。补偿处理的设施和设备，不再计列运输费。

（2）物资损失补偿费按照权属划分为搬迁安置人口私有物资损失费和企业、机关、事业单位物资损失费。

1）搬迁安置人口私有物资损失费单价单位为元/人，结合搬迁安置人口私有物资、设备运输费单价的编制，分析搬迁过程中人均物资损失价值，即为搬迁安置人口私有物资损失费单价。

2）企业、机关、事业单位物资损失费单价，可根据实际情况分析编制，亦可将企业、机关、事业单位进行分类，对每个类型选择典型单位，进行分析，确定每单位的物资损失费，即为该类企业、机关、事业单位物资损失费单价，单位为元/单位。

（3）建房期补助费单价。

1）临时居住补助费单价。临时居住补助费应根据搬迁距离，按新建临时房屋的造价计算，单位为元/人。

新建的临时房屋，临时房屋建筑面积可按人均 $10\sim15m^2$ 取值，临时房屋结构，可按土木结构考虑。

2）交通补助费。交通补助费按人均 2 次往返车船费计算。

建房期补助费单价按下式计算：

建房期补助费单价＝($10\sim15m^2$×土木结构补偿单价)＋往返车船票价格×2

省级人民政府有规定的，从其规定。

(4) 搬迁交通运输补助费单价。搬迁交通运输补助费为搬迁安置人口从原居住地到安置地的交通费用，单价单位为元/人，按照同阶段移民安置规划确定的移民平均搬迁距离计算。

(5) 搬迁保险费单价。搬迁保险费为搬迁安置人口在搬迁期间的意外伤害保险，单价单位为元/人，根据保险相应规定结合当地实际情况编制。

(6) 搬迁途中食宿及医疗补助费单价。搬迁途中食宿及医疗补助费为搬迁安置人口从原居住地搬迁到安置地期间的食宿、医疗补助，单价单位为元/人，根据同阶段移民安置规划中实施组织设计确定的移民搬迁路线、搬迁安排、平均途中时间等，结合当地实际分析编制。

(7) 搬迁误工费单价。移民搬迁误工费为搬迁安置人口从原居住地搬迁到安置地期间的误工补助，单价单位为元/人，根据同阶段移民安置规划中实施组织设计确定的平均搬迁时间及调查的当地平均日工资水平分析，平均搬迁时间以日计，按下式编制：

搬迁误工费单价＝平均搬迁时间×平均日工资

(8) 搬迁临时交通设施费单价。搬迁临时交通设施，按阶段移民安置规划中为满足移民搬迁必须新建、改建、改善的道路、码头等交通设施，属于工程的，搬迁临时交通设施费单价按照工程建设费用单价编制；属于改善等方式的，根据移民安置规划工程编制相应费用或费用单价。

7. 停产损失费单价

企业停产损失按项目可分为农村、城市集镇部分的企业停产损失费，一般不编制企业停产损失费单价，而按照同阶段移民安置规划确定的停产时间（月）和企业月平均工资总额、月平均利润直接编制损失费用。

停产损失费＝停产时间×(月平均工资总额＋月平均利润)

需要编制单价的，按编制规范的规定编制。

8. 义务教育和卫生防疫设施增容补助费单价

义务教育和卫生防疫设施增容补助费单价单位为：元/人。增容补助费单价根据同阶段移民安置规划中为满足移民搬迁安置后的教育和卫生防疫的需要，移民安置地相关配套设施改造扩容所需投资和迁入移民人数计算。

9. 其他补偿补助费单价

其他补偿补助费单价根据省级人民政府的政策规定，结合实际情况编制。

二、工程建设费用单价

工程建设费用中，建筑工程、安装工程的单价编制，按照国家有关行业主管部门、有关省（自治区、直辖市）对建筑工程和安装工程的单价编制规定执行。

三、项目单价编制示例

某电站水库淹没区涉及石混、砖混、石木和砖木 4 种结构农民房屋，下面以砖混结构房屋为代表，介绍水库淹没区房屋及装修补偿单价的计算步骤和过程。

水库淹没区房屋补偿单价的分析计算主要步骤为：淹没区现场调查选取具有典型代表性的房屋→勾勒房屋草图、标出尺寸，并还原成设计图→按还原图计算工程量→根据造价信息调整当地人工、材料价，计算房屋总费用→按房屋总面积，计算房屋单位面积单价。

因各家的装修标准、时间、选用材料等差异较大，房屋装修费用的计算不能简单采用典型设计计算装修费用，目前水库淹没房屋补偿中的装修费用，具体需要落实到每户情况并结合成新率计算装修补偿费用，以下就不再详细介绍。

(1) 淹没区现场调查选取具有典型代表性的房屋。在工程淹没区，对属于淹没的所有农民房屋进行详细调查，分析基础数据，确定典型代表的分类。

(2) 勾勒房屋草图、标出尺寸，并还原成设计图。将典型代表的房屋按照实物结构，勾勒房屋草图、标出尺寸，并还原成设计图，如图 7-5 所示。

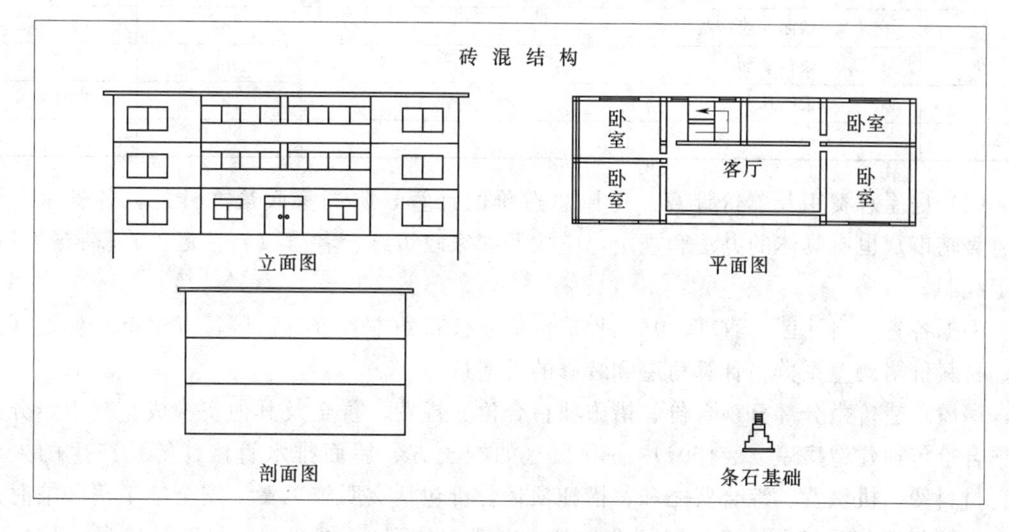

图 7-5　还原设计图

(3) 按还原图计算工程量。依据还原图，从场地平整、开挖、运输、填筑、房屋基础、柱、梁、墙、楼面、地面、门窗等，对典型设计房屋计算工程量。表 7-6 为计算后的工程量。

表 7-6　砖混结构典型房屋分部分项工程量清单表　面积：318m^2

序号	项目名称	计量单位	工程数量
1	平整场地	m^2	107.1
2	挖基础土方	m^3	63.89
3	石方开挖	m^3	19.32
4	土（石）方回填	m^3	25.53
5	土方外运	m^3	57.98
6	石基础	m^3	47.32
7	实心砖墙	m^3	74.12
8	石地沟、明沟	m	24.5
9	基础梁	m^3	8.1
10	矩形柱	m^3	7.58

续表

序号	项目名称	计量单位	工程数量
11	矩形梁	m^3	1.25
12	过梁	m^3	1.18
13	圈梁	m^3	7.49
14	雨棚、悬挑板、阳台板	m^3	2.01
15	直形楼梯	m^2	14.44
16	有梁板	m^3	27.26
	……		
25	水泥砂浆踢脚线	m^2	32.2
26	柱、梁面一般抹灰	m^2	30
27	墙面一般抹灰	m^2	691.47
28	块料墙面	m^2	95
29	天棚抹灰	m^2	258.27
	……		

（4）房屋总费用及单价计算。房屋总造价的计算，除国家政策文件外，各省（自治区、直辖市）也有具体的办法和规定，应按照国家政策结合各省（自治区、直辖市）具体规定编制。

根据各省（自治区、直辖市）工程造价信息公布的本省（自治区、直辖市）各地区人工、材料价格调整系数，计算房屋和装修的总造价。

房屋总造价由分部分项合价、措施项目合价、规费、税金及其他费构成。其中，分部分项合价包括建造房屋（装修）中各项目（如挖土方、屋面排水管修建等）产生的人工费、材料费、机械费、综合费之和；措施项目合价包括文明施工费、安全施工费和临时设施费（按分部分项工程量清单定额人工费一定费率计列）；规费包括社会保障费、住房公积金、危险作业意外伤害保险费等（按分部分项工程量清单定额人工费＋措施项目清单定额人工费一定费率计列）；税金按分部分项合价、措施项目合价、规费和工程定额测定费之和的3.28%计算；根据《工程勘察设计收费标准（2002年）》各省（自治区、直辖市）的相关标准，勘察设计费、建设监理费、质监费、审图费等其他费分别按房屋直接费用的百分率计算。

落实到每户的装修费用同样由分部分项合价、措施项目合价、规费、税金及其他费构成，并结合成新率折算装修补偿费用。

砖混结构典型房屋分部分项工程量清单计价及费用汇总见表7-7。

表7-7　　砖混结构典型房屋分部分项工程量清单计价及费用汇总表　　面积：318m^2

序号	项目名称	计量单位	工程数量	单价/元	合价/元
一	分部工程量清单计价				
1	平整场地	m^2	107.1	1.16	123.91
2	挖基础土方	m^3	63.89	19.71	1259.14
3	石方开挖	m^3	19.32	62.32	1204.06
4	土（石）方回填	m^3	25.53	7.63	194.82

续表

序号	项目名称	计量单位	工程数量	单价/元	合价/元
5	土方外运	m^3	57.98	5.53	320.34
6	石基础	m^3	47.32	212.80	10069.55
7	实心砖墙	m^3	74.12	408.97	30312.63
8	石地沟、明沟	m	24.5	72.50	1776.27
9	基础梁	m^3	8.1	346.46	2806.35
10	矩形柱	m^3	7.58	418.86	3174.96
11	矩形梁	m^3	1.25	360.79	450.99
12	过梁	m^3	1.18	414.58	489.21
13	圈梁	m^3	7.49	401.74	3009.03
14	雨棚、悬挑板、阳台板	m^3	2.01	445.46	895.37
15	直形楼梯	m^2	14.44	102.75	1483.74
16	有梁板	m^3	27.26	378.51	10318.13
	……			0.00	0.00
25	水泥砂浆踢脚线	m^2	32.2	27.26	877.80
26	柱、梁面一般抹灰	m^2	30	22.19	665.73
27	墙面一般抹灰	m^2	691.47	18.38	12710.60
28	块料墙面	m^2	95	88.47	8404.18
29	天棚抹灰	m^2	258.27	17.63	4552.78
	……				
	合计				162419.98
二	费用汇总				
	分部分项工程量清单计价合计	元			162419.98
	措施项目清单计价合计	元			16748.35
	规费清单计价合计	元			6012.58
	税金	元			6073.93
	其他费	元			12579.00
	合计	元			203833.84
	建筑面积	m^2			318.00
	房屋单价	元/m^2			641.00

第六节 分项费用编制

一、分项费用的编制

按照编制规范的要求，各分项费用的计算，以调查确定的补偿概（估）算实物指标为基础，结合编制规范的项目划分，对农村部分、城市集镇部分、专业项目、库底清理、环境保护和水土保持部分，分别编制各分项费用。下面就各部分分项费用编制包括的主要内容及重要计算规定作简要介绍。

1. 农村部分补偿费用

（1）征收和征用土地的补偿费用，包括征收土地的补偿费用、征用土地的补偿费。征收土地的补偿费用包括征收土地的土地补偿费和安置补助费。

征收土地的补偿费用，按照被征收土地的原用途给予补偿。

征收土地的补偿费用按照下式计算：

$$CL = \sum CL_i \tag{7-1}$$

式中：CL 为征收土地的补偿费用；CL_i 为征收第 i 类土地的补偿费用；i 为地类。

其中，征收耕地的补偿费用按照下式计算：

$$CF_n = \sum CL_{pn} CA \tag{7-2}$$

式中：CF 为第 n 个计算单元征收耕地的补偿费用；CL_{pn} 为第 n 个计算单元征收耕地的补偿费用单价；n 为计算单元。

预可行性研究报告阶段，计算单元宜不低于乡级；可行性研究报告阶段和移民安置实施阶段，计算单元宜不高于村民委员会。

土地征用中包含的农用地复垦费用，根据复垦项目设计工程量乘以按国家及地方相关规定计算的单价计算。

（2）搬迁补助费用，包括人员搬迁补助费，物资、设备运输补助费，建房期补助费和临时交通设施费等。

人员搬迁补助费包括搬迁交通运输补助费、搬迁保险费、搬迁途中食宿及医疗补助费、搬迁误工费等费用项目，按照同阶段移民安置规划确定的搬迁安置人口和相应的补偿费用单价计算。

（3）附着物拆迁处理补偿费用，包括房屋及附属建筑物拆迁补偿费、农副业及文化宗教设施补偿费、企业的处理费、农村行政事业单位的迁建费、其他补偿费等。

房屋拆迁补偿费用按照补偿概算实物指标中各类房屋结构的面积和相应房屋结构的补偿单价计算，见下式：

$$CH = \sum (AH_k RH_k) \tag{7-3}$$

式中：CH 为房屋补偿费总和；AH_k 为被拆迁第 k 类型结构房屋建筑面积；RH_k 为第 k 类型结构房屋的补偿单价。

附属建筑物拆迁补偿费用按照补偿概算实物指标中各类附属建筑物的数量和相应的补偿单价计算。

（4）青苗和林木补偿费用，包括青苗补偿费，零星树木补偿费，征、占用林地和园地林木补偿费。

青苗补偿费按照枢纽工程建设区范围内的各类耕地面积和青苗补偿单价计算。

（5）基础设施恢复费，包括建设场地准备费、基础设施建设费和工程建设其他费用等。

基础设施建设费包括场内的道路工程建设费、供水工程建设费、排水工程建设费、供热工程建设费、电力工程建设费、电信工程建设费、广播电视工程建设费、防灾减灾工程建设费等，按照同阶段移民安置规划工作的相应工程量和相应单价计算。

（6）其他补偿费，包括建房困难户补助费、生产安置措施补助费、义务教育和卫生防

疫设施增容补助费、房屋装修处理费等。

建房困难户补助费为房屋补偿费不足以修建“基本用房”的移民户的困难补助费，按下式计算：

建房困难户补助费＝$\sum$(人均“基本用房”面积×相应补偿单价
×移民户移民人数－本移民户房屋补偿费)

人均“基本用房”面积采用省级人民政府的规定，没有规定的，可根据同区域类似项目的情况，结合安置区的实际情况分析确定。

2. 城市集镇部分补偿费用

(1) 搬迁补助补偿费用各子项计算原则与农村部分补偿费用中该项的计算规定基本一致。

(2) 附着物拆迁处理补偿费用各子项计算原则与农村部分补偿费用中该项的计算规定基本一致。

(3) 青苗和林木补偿费用，按照补偿概算实物指标中分类数量和相应的补偿单价计算。

(4) 基础设施建设费用，包括建设场地准备费用、基础设施建设费和工程建设其他费用等。

其中基础设施建设费包括道路建设费用、供水工程建设费、排水工程建设费、广播电视工程建设费、电力工程建设费、电信工程建设费、绿化工程建设费、供热工程建设费、防灾减灾工程建设费等，按照同阶段城市集镇迁建规划、基础设施规划设计工程量和相应行业的概算规定计算。

(5) 其他补偿费，包括建房困难户补助费、不可搬迁设施补偿费、特殊设施迁建补偿费、房屋装修处理费等。建房困难户补助费与农村部分补偿费用该单项计算原则基本一致。不可搬迁设施补偿费按照房屋及附属建筑物补偿费用的5%计列。特殊设施迁建补偿费根据实际情况结合编制规范的相应规定计算。房屋装修处理费按照有关省级人民政府的规定计算。

3. 专业项目处理补偿费用

专业项目处理补偿费用计算不包括基本预备费和价差预备费，其中科研勘测设计费只计列初步设计阶段以后的勘测设计费。

(1) 铁路工程补偿费的计算根据复建规划设计的工程量，按铁路工程概算编制办法和定额计算。对于规模较小，且未进行设计的，可采用类比综合单位指标计算。

(2) 公路工程补偿费的计算根据复建规划设计的工程量，按公路工程概算编制办法和定额计算。

对规模较小或等级较低的公路，可采取扩大单位指标编制概算，但扩大指标中，应包括建筑安装工程、设备购置费、工程建设其他费等。

(3) 航运工程补偿费的计算根据复建规划设计的工程量，按航运、水运行业工程概算编制办法和定额计算。

对规模较小或等级较低的渡口工程，可采取扩大单位指标编制概算，但扩大指标中，应包括建筑安装工程、设备购置费、工程建设其他费等。

(4) 水利工程补偿费的计算根据复建规划设计的工程量，按水利行业或省级人民政府的有关规定计算。

难以复建或不需要复建的水文站、私人或农村集体经济组织投资的水利工程，根据其设备、设施的残值合理计算补偿费。

(5) 水电工程补偿费的计算根据复建或改建规划设计的工程量，按照相应行业概算编制办法和定额计算。

难以复建、改建或不需要复建、改建的水电工程，根据其设备、设施的残值，投产年限和生产情况等合理计算补偿费。

(6) 电力工程补偿费的计算根据复建规划设计的工程量，按照电力工程设计概算编制办法和定额计算。

对于规模较小，且未进行设计的，可采用类比综合单位指标计算。

(7) 电信工程补偿费的计算根据复建规划设计的工程量，按照电信工程设计概算编制办法和定额计算。

对于规模较小，且未进行设计的，可采用类比综合单位指标计算。

(8) 广播电视工程补偿费的计算根据复建规划设计的工程量，按照广播电视工程设计概算编制办法和定额计算。

对于规模较小，且未进行设计的，可采用类比综合单位指标计算。

(9) 企事业单位补偿费包括企业单位补偿费、事业单位处理费、国有农（林）场补偿费等。

企事业单位补偿费主要是依据实物指标、规划设计的工程量等，按相应单价、国家或行业规定的计算标准等计算费用。

(10) 防护工程补偿费按照地区或行业设计概算编制办法和定额计算，或采用类比综合单位指标编制。

(11) 文物古迹补偿费按照地区或行业设计概算编制办法和定额计算，或采用类比综合单位指标编制。

(12) 其他补偿费根据实际情况，结合编制规范的规定编制。

4. 库底清理费用

(1) 建筑物清理费按照同阶段库底清理设计的设计工程量与相应单价计算。

(2) 卫生清理费按照同阶段库底清理设计的设计工程量与相应单价计算。

(3) 林木清理费按照同阶段库底清理设计的设计工程量与相应单价计算。

(4) 其他清理费按照同阶段库底清理设计的设计工程量与相应单价计算。

(5) 其他费用按照上述 4 项费用的 10%计算。

5. 环境保护和水土保持费用

环境保护和水土保持费用包括环境保护费用和水土保持费用。

(1) 环境保护费用的计算按照同阶段环境保护设计的设计工程量与相应单价计算。

(2) 水土保持费用的计算按照同阶段水土保持设计的设计工程量与相应单价计算。

属于建设征地移民安置环境保护和水土保持费用的独立费用及基本预备费，不单独计算，在建设征地移民安置补偿独立费用中一并计算。

有关农村部分、城市集镇部分、专业项目、库底清理、环境保护和水土保持部分等各部分分项投资编制的具体要求和分项的计算规定，在编制规范中有更较详细的介绍，各部分分项费用的编制需严格按编制规范的要求并结合工程具体情况编制投资。

二、分项费用编制示例

1. 工程背景

某水电站位于西藏自治区某地区某县城上游15km，雅鲁藏布江中游峡谷段出口处，距拉萨布直线距离约140km。

电站开发任务为发电，大坝采用混凝土重力坝，最大坝高121m。坝址控制集水面积15.77万km^2，坝址处多年平均流量1010m^3/s。水库正常蓄水位为3310.00m，死水位为3305.00m，总库容为0.866亿m^3，调节库容为0.131亿m^3，具有日调节性能。装机容量为510MW，年发电量为25.008亿kW·h。

某水电站建设征地涉及某县2个乡（镇）4个村。通过实物指标详细调查，建设征地范围内涉及耕地、园地、林地补偿；农村人口；各类结构房屋；宗教设施；零星林木；省道（三级公路）；10kV输电线；中国电信光缆，中国移动光缆；汽车便道；人行便道；人渡；文物点。

通过实物指标详细调查，水库淹没区主要涉及林地、水域及水利设施用地、水磨、零星林木、人行便道、人渡。

2. 分项费用编制表

某水电站建设征地移民安置补偿分项费用概（估）算见表7-8。

表7-8　　某水电站建设征地移民安置补偿分项费用概（估）算表

序号	项目	单位	单价/元	合计/万元	水库淹没区		枢纽工程建设区			
					数量	合价/万元	数量	合价/万元	数量	合价/万元
第一部分	农村部分补偿费用									
第一项	征收和征用土地补偿费用									
（一）	征收土地补偿费用									
(1)	国有土地									
1	林地	亩								
1.1	有林地	亩	11961	219.13	183.2	219.13				
2	水域及水利设施用地	亩					602.32			
2.1	内陆滩涂	亩	2658	226.72	667.23	177.35	185.73	49.37		
(2)	集体土地									
1	耕地	亩					45.55			
1.1	水浇地	亩	21264	96.86			45.55	96.86		
2	林地	亩					719.93			
2.1	有林地	亩	11961	115.85			96.86	115.85		
	……									
（二）	征用土地补偿费用									

续表

序号	项目	单位	单价/元	合计/万元	水库淹没区		枢纽工程建设区			
					数量	合价/万元	数量	合价/万元	数量	合价/万元
(1)	农用地征用补偿费									
1	国有土地									
1.1	林地	亩							469.09	
1.1.1	灌木林地	亩	5316	249.37					469.09	249.37
2	集体土地									
2.1	耕地	亩							469.74	
2.2	园地	亩							0.41	
2.2.1	果园	亩	10632	0.44					0.41	0.44
2.3	林地	亩							1463.12	
	……									
第二项	搬迁补助费用									
1	人员搬迁补助费用									
1.1	搬迁交通运输补助	人	10	0.01			5	0.01		
1.2	搬迁保险费	人	30	0.02			5	0.02		
1.3	搬迁中食宿及医疗费	人	70	0.04			5	0.04		
1.4	搬迁误工费	人	80	0.04			5	0.04		
2	物资设备运输补助费用									
	……									
第三项	附着物拆迁处理补偿费用									
1	房屋及附属建筑物补偿费用									
1.1	房屋补偿费						423.78		659.13	
1.1.1	石木结构	m^2	665	20.28			305.03	20.28		
1.2	附属设施补偿费									
1.2.1	围墙						1549.09		8016.8	
1.2.1.1	石质	m^2	70	66.85			1549.09	10.84	8000.6	56.00
	……									
2	农村小型水利水电设施补偿费									
2.1	渠道	km							0.01	
2.1.1	土渠	km	5000	1.12					2.24	1.12
2.2	蓄水池	m^3	76	1.56					205.85	1.56
	……									
第四项	青苗和林木处理补偿费用									
1	耕地青苗补偿费	亩	1329	6.05			45.55	6.05		
2	零星林木补偿费	株								
2.1	苹果幼	株	10	0.02			10	0.01	11	0.01
	……									
3	征占用园地林木补偿费	亩								
3.1	果园	亩	19200	0.79					0.41	0.79

续表

序号	项目	单位	单价/元	合计/万元	水库淹没区		枢纽工程建设区			
					数量	合价/万元	数量	合价/万元	数量	合价/万元
4	征占用林地林木补偿费									
4.1	有林地	亩								
4.1.1	防护林（杨树）	亩	2500	25.89			65.14	16.29	38.41	9.60
4.2	灌木林	亩	1440	635.28	768.35	110.64	1757.51	253.08	1885.81	271.56
第五项	基础设施恢复补偿费									
1	建设场地准备费									
1.1	新址用地费									
2	基础设施建设费									
2.1	道路工程									
第六项	人畜饮水设施改建补偿费									
第七项	宗教设施复建补偿费									
1	水葬台	处								
第八项	其他项目补偿费用									
1	房屋装修处理费	万元								
1.1	木地板	m^2	160	0.52			32.8	0.52		
第二部分	专业项目处理补偿费用									
1	等级公路									
1.1	三级公路	km		150.00						150
2	库周交通									
2.1	汽车便道	km		113.10						113.1
2.2	人行道	km		3.30						3.3
3	电力设施									
3.1	10kV 线路	km		12.00						12
4	通信设施									
4.1	中国电信光缆	km		14.80						14.8
5	文物古迹保护			54.44						54.44
第三部分	建设征地区清理费用			64.82						64.82
第四部分	环境保护和水土保持费用			23.55						23.55

第七节　独立费用编制

项目建设征地移民安置涉及一个省（自治区、直辖市）的，只编制项目的独立费用，不编制分行政区划的独立费用。项目建设征地移民安置涉及两个或以上的省（自治区、直辖市）的，编制分省级的独立费用和项目的独立费用。

一、项目建设管理费

建设单位管理费：按建设征地移民安置补偿项目费用的0.5%～1.0%计算。

移民安置规划配合工作费：按建设征地移民安置补偿项目费用的0.5%～1%计算。

实施管理费：按建设征地移民安置补偿项目费用的3%～4%计算。

移民技术培训费：按农村部分补偿费用的0.5%计算。

移民安置监督评估费：包括移民综合监理费和移民安置独立评估费。移民综合监理费按建设征地移民安置补偿项目费用的1%～2%计算；移民安置独立评估费按国家有关规定计算。

咨询服务费：按建设征地移民安置补偿项目费用的0.5%～1.2%计算。

项目技术经济评估审查费：按建设征地移民安置补偿项目费用的0.1%～0.5%计算。

二、移民安置实施阶段科研和综合设计（综合设计代表）费

科研试验费：根据设计提出的研究试验内容和要求进行编制。

综合设计（综合设计代表）费：用于移民安置实施阶段实施移民安置规划而进行的综合设计和综合设计代表的费用，按建设征地移民安置补偿项目费用的1%～1.5%计算。

三、其他税费

其他税费包括耕地占用税、耕地开垦费、森林植被恢复费、其他税费等，按照国家行业主管部门和省（自治区、直辖市）的规定计算。

四、费用编制示例

四川大渡河干流的某电站，库区淹没涉及某县甲、乙、丙3个乡镇，本示例为独立费用中其他税费分析计算，计算结果见表7－9。

表7－9　　某水电站工程建设征地水库淹没其他税费计算表

序号	项目	单位	单价/元	合计/万元	水库淹没区		枢纽工程建设区				
					指标数量	金额/万元	小计/万元	永久占地		临时用地	
								指标数量	金额/万元	指标数量	金额/万元
3	其他税费			5363.3		4305.7	1057.6		747.0		310.6
3.1	耕地占用税	亩	2000	401.4	993.7	198.7	202.7	1013.7	202.7		
3.2	耕地开垦费			2017.2		2017.2					
3.2.1	淹没区	亩	24000	2017.2	840.5	2017.2					
3.3	森林植被恢复费			2944.7	10298	2089.8	854.9	2721.2	544.3	1421.1	310.6
3.3.1	防护林	亩	5334	90.3	90.1	48.1	42.2			79	42.2
3.3.2	灌木林	亩	2000	2854.4	10207.9	2041.7	812.7	2721.2	544.3	1342	268.4

建设征地移民安置补偿费用编制独立费用中的其他税费主要包括耕地占用税、耕地开垦费以及森林植被恢复费等。

（1）耕地占用税：根据《四川省耕地占用税实施办法》规定，耕地占用税按每平方米3元计，即2000元/亩。

（2）耕地开垦费：按土地补偿费与安置补助费之和的一倍收取（国家规定为1～2倍），即24000元/亩。

（3）森林植被恢复费：根据《森林植被恢复费征收使用管理暂行办法》（财综〔2002〕73号）的有关规定计算，森林植被恢复费中防护林按每平方米8元，每亩5334元/亩，灌木林按每平方米3元，每亩2000元计列投资。

第八节　分年度费用编制

按照同阶段移民安置规划确定的移民安置实施进度计划，根据建设征地移民安置项目划分进行编制。

一、农村部分

（1）征收和征用土地的补偿费用的分年度费用，根据项目用地计划、分期蓄水计划确定的分年使用土地的面积、类别和相应的补偿单价计算。

（2）搬迁补助费用的分年度费用，根据分年度农村移民搬迁人数占农村总搬迁安置人口的比例分析计算。

（3）附着物拆迁处理补偿费用的分年度费用，按照搬迁补助费用的分年度费用的编制方法计算。

（4）青苗和林木的处理补偿费用的分年度费用，按照搬迁补助费用的分年度费用的编制方法计算。

（5）基础设施迁建补偿费用的分年度费用，按照分年工程量和单价计算。

（6）其他补偿费用的分年度费用，按照搬迁补助费用的分年度费用的编制方法计算。

二、城市集镇部分

（1）搬迁补助费用的分年度费用，根据分年度城市集镇移民搬迁人数占城市集镇总搬迁安置人口的比例分析计算。

（2）附着物拆迁处理补偿费用的分年度费用，按照搬迁补助补偿费用的分年度费用的编制方法计算。

（3）林木的处理补偿费用的分年度费用，按照搬迁补助费用的分年度费用的编制方法计算。

（4）基础设施迁建补偿费用的分年度费用，按照分年工程量和单价计算。

（5）其他补偿费用的分年度费用，按照搬迁补助费用的分年度费用的编制方法计算。

三、专业项目分年度费用

按照分年工程量和单价计算。

四、库底清理分年度费用

按照分年工程量和单价计算。

五、环境保护和水土保持分年度费用

按照分年工程量和单价计算。

六、独立费用部分

（1）其他税费，根据政策规定计列分年度费用。

（2）项目建设管理费、科研和综合设计（综合设计代表）费，计算分年工作量（%），当年工作量，列入前一年工作费用。

七、预备费

按照农村部分、城市集镇部分、专业项目部分、库底清理部分、环境保护和水土保持部分、独立费用部分等分年费用之和与相应比例计算。

第九节　预　备　费

预备费包括基本预备费和价差预备费。

项目建设征地移民安置涉及一个省（自治区、直辖市）的，只编制项目的预备费，不编制分行政区划的预备费。项目建设征地移民安置涉及两个或以上的省（自治区、直辖市）的，编制分省级的预备费和项目的预备费。

一、基本预备费

基本预备费按照农村部分补偿费用、城市集镇部分补偿费用、专业项目处理补偿费用、库底清理费用、环境保护和水土保持费用、独立费用分别乘以相应费率计算。

基本预备费费率根据设计阶段分别取值。

预可行性研究报告阶段，基本预备费费率统一采用20%。

可行性研究报告阶段，按照建设征地移民安置各项目费用分别取值计算后，统一合计基本预备费。其中，农村部分补偿费用、城市集镇部分补偿费用、库底清理费用、独立费用等部分的基本预备费按5%的费率取值计算，专业项目处理补偿费用、环境保护和水土保持费用等部分的基本预备费执行相应行业的规定取值计算。需要注意的是，统一合计基本预备费后，各项目不再单独计算基本预备费。

二、价差预备费

以分年度的静态投资为计算基数，按照采用的价差预备费费率计算。其计算公式为

$$E=\sum_{n=1}^{N}F_n[(1+P)^n-1]$$

式中：E 为价差预备费；N 为规划实施工期；n 为实施年度；F_n 为在实施期间第 n 年的分年投资；P 为年物价指数，由国家投资主管部门发布。

第十节　专项总概（估）算编制

一、专项总概（估）算的编制

建设征地移民安置补偿专项投资属于水电工程概（估）算的组成部分，其总概（估）算由水库淹没影响区补偿费用概（估）算和枢纽工程建设区补偿费用概（估）算两部分组成，两部分总概算均算至静态总投资及价差预备费。具体由各分项投资、基本预备费、静态总投资及价差预备费组成。

按照《水电工程设计概（估）算编制规定》(可再生定额〔2014〕54号）的要求，建设征地移民安置补偿概（估）算的建设期利息及总投资，纳入水电工程设计概（估）算总投资中计算。

二、专项总概（估）算编制示例

某水电站建设征地移民安置规划补偿费用总概（估）算编制见表7-10。

表7-10　　某水电站建设征地移民安置规划补偿费用总概（估）算表　　单位：万元

序号	项目	合计	水库淹没区	枢纽工程建设区	
				永久占地区	临时占地区
第一部分	农村部分补偿费用	6200.51	1426.14	2743.74	2030.63
第二部分	专业项目处理补偿费用	357.64			357.64
第三部分	建设征地区清理费用	100.82			100.82
第四部分	环境保护和水土保持费用	33.55			33.55
第五部分	独立费用	3470.72	783.55	1475.43	1211.74
第六部分	基本预备费	347.07	78.36	147.54	121.17
	静态总投资	10510.30	2288.05	4366.70	3855.55
	价差预备费	267.01	58.47	111.62	96.92

三、建设征地移民安置补偿专项投资与工程项目总投资的关系

建设征地移民安置补偿专项投资是水电工程项目总投资的重要组成部分，其相关费用应按《水电工程建设征地移民安置补偿费用概（估）算编制规范》规定编制，并按《水电工程设计概（估）算编制规定》确定的费用项目划分原则，纳入水电工程项目总投资相应项目中。

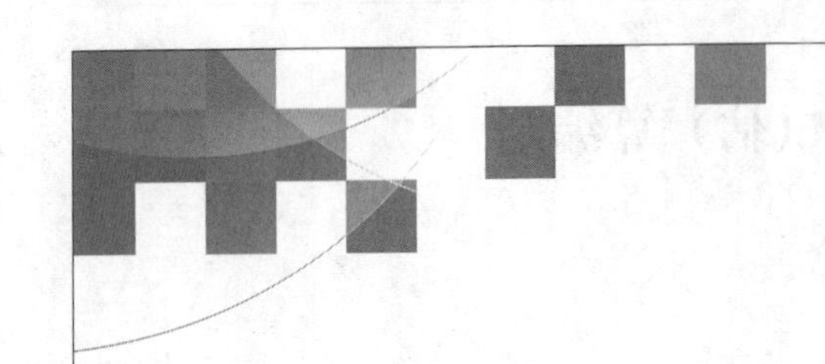

第八章 独立费用投资编制

第一节 概　　述

独立费用是指根据现行规定构成建设项目概算总投资，并从工程基本建设项目投资中支付，又不宜列入建筑工程费、安装工程费及设备费而独立列项的费用。独立费用与建设工程直接相关，并贯穿于工程建设全过程。由于不能界定其为某一或某些单位或单项工程的特定内容，因此不能计入工程直接费，而且其额度与工程项目中的单位或单项工程直接费用不构成直接的数量比例关系，所以也不宜计入工程间接费。独立费用只能单独列项计算。

一、独立费用构成

按现行规定，水电工程独立费用由项目建设管理费、生产准备费、科研勘察设计费和其他税费共 4 个一级项目构成。

二、独立费用编制依据和原则

（1）国家及省（自治区、直辖市）颁发的有关法律、法规、规章、行政规范性文件。

（2）行业主管部门发布的标准、规范、规程等。

（3）行业定额和造价管理机构及有关行业主管部门颁发的定额、费用构成及计算标准等。

（4）有关合同协议及资金筹措方案。

（5）其他。

第二节 独 立 费 用 编 制

以下结合现行编制规定，对独立费用有关组成项目、含义和内容、费用标准及计算方法等进行阐述。

一、项目建设管理费

项目建设管理费指工程项目在立项、筹建、建设和试生产期间发生的各种管理性费用，包括工程前期费、工程建设管理费、建设征地移民安置补偿管理费、工程建设监理费、移民安置监督评估费、咨询服务费、项目技术经济评审费、水电工程质量检查检测费、水电工程定额标准编制管理费、项目验收费和工程保险费。

（一）工程前期费

工程前期费指预可行性研究设计报告审查完成以前（或水电工程筹建前）开展各项工作所发生的费用，包括各种管理性费用，进行规划、预可行性研究勘察设计工作所发生的费用等。

管理性费用和进行规划工作所发生的费用可根据项目实际发生情况和有关规定分析计列。河流（河段）规划或抽水蓄能选点规划所发生的费用应根据河流（河段）规划实际发生费用和有关规定分析后，按分摊原则计列，其方法之一可按工程装机容量占规划总装机容量比例的分摊原则计列。

预可行性研究阶段勘察设计工作所发生的费用按《水利、水电、电力建设项目前期工作工程勘察收费暂行规定》(发改价格〔2006〕1352号）的有关规定计算，设计费为前期工作工程勘察成果分析和工程方案编制费用，其计费额为不含工程各阶段勘察设计费的工程静态投资估算额。

可行性研究阶段设计概算中的预可行性研究费用，按预可行性研究报告审定额度计列。

（二）工程建设管理费

1. 工程建设管理费包括的内容

工程建设管理费指建设项目法人为保证工程项目建设、建设征地移民安置补偿工作的正常进行，从工程筹建至竣工验收全过程所需的管理费用，包括管理设备及用具购置费、人员经常费和其他管理性费用。

(1) 管理设备及用具购置费，包括工程建设管理所需购置的交通工具、办公及生活设备、检验试验设备和用于开办工作发生的设备购置费用，对工期长的项目还包括交通设备、办公设备的更新费用。

(2) 人员经常费，包括建设管理人员的基本工资、辅助工资、劳动保险和职工福利费、劳动保护费、教育经费、工会经费、基本养老保险费、医疗保险费、工伤保险基金、失业保险费、女职工生育保险、住房公积金、办公费、差旅交通费、会议及接待费、技术图书资料费、零星固定资产购置费、低值易耗品摊销费、工具器具使用费、修理费、水电费、采暖费等。

(3) 其他管理性费用，包括土地使用税、房产税、合同公证费、调解诉讼费、审计费、工程项目移交生产前的维护和运行费、房屋租赁费、印花税、招标业务费用、管理用车的费用、保险费、派驻工地的公安消防部门的补贴费用以及其他属管理性质开支的费用。

2. 工程建设管理费计算

按建筑安装工作量、工程永久设备费、建设征地移民安置补偿费3个部分及相应费用标准分别计算。费用标准见表8-1。

表8-1　　工程建设管理费费率表

序号	计费类别	计算基础	费率/%
1	工程建设管理费	建筑安装工作量	2.5～3.0
2		工程永久设备费	0.6～1.2
3		建设征地移民安置补偿费	0.5～1.0

注　1. 按建筑安装工程费计算部分，工程规模大的取小值，反之取大值。

2. 按工程永久设备费计算部分，采用进口设备的项目取小值，其他项目根据工程情况选取中值或大值。

（三）建设征地移民安置补偿管理费

建设征地移民安置补偿管理费指地方移民机构为保证建设征地移民安置补偿实施工作的正常进行，发生的管理设备及用具购置费、人员经常费和其他管理性费用；地方政府为配合移民安置规划工作的开展所发生的费用；以及用于提高农村移民生产技能、文化素质和移民干部管理水平的移民技术培训费，包括移民安置规划配合工作费、实施管理费、技术培训费。费用标准见表 8－2。

表 8－2　　建设征地移民安置补偿管理费费率表

序号	计费类别	计算基础	费率/%
1	移民安置规划配合工作费	建设征地移民安置补偿费	0.5～1.0
2	实施管理费	建设征地移民安置补偿费	3.0～4.0
3	移民技术培训费	农村部分补偿费	0.5

（四）工程建设监理费

工程建设监理费指建设项目开工后，根据工程建设管理的实施情况，聘任监理单位在工程建设过程中，对枢纽工程建设（含环境保护措施和水土保持专项工程）的质量、进度和投资进行监理，以及对设备监造所发生的全部费用。

按建筑安装工作量、工程永久设备费两部分及相应费用标准分别计算。费用标准见表 8－3。

表 8－3　　工程建设监理费费率表

序号	计费类别	计算基础	费率/%
1	工程建设监理费	建筑安装工作量	2～2.9
2		工程永久设备费	0.4～0.7

注　1. 按建筑安装工程费计算部分，工程规模大的取小值，反之取大值。
2. 按工程永久设备费计算部分，采用进口设备的项目取小值，其他项目根据工程情况选取中值或大值。

2007 年 5 月 1 日，国家发展和改革委员会和建设部联合发布并施行了《建设工程监理与相关服务收费管理规定》以及《建设工程监理与相关服务收费标准》，对工程监理的收费行为、收费管理、收费标准和计费方法等做出了规定，对各类建设项目具有普遍性。

施工监理服务收费按照下列公式计算：

施工监理服务收费＝施工监理服务收费基准价×（1±浮动幅度值）

施工监理服务收费基准价＝施工监理服务收费基价×专业调整系数
×工程复杂程度调整系数×高程调整系数

（五）移民安置监督评估费

移民安置监督评估费指依法开展移民安置监督评估工作所发生的费用，包括移民综合监理费和移民安置独立评估费。

（1）移民综合监理费，指对建设征地补偿和移民安置进行综合监理所发生的全部费用。按建设征地移民安置补偿费及相应费用标准计算。费用标准见表 8－4。

表 8-4　　移民综合监理费费率表

序号	计费类别	计算基础	费率/%
1	移民综合监理费	建设征地移民安置补偿费	1.0～2.0

(2) 移民安置独立评估费，按国家有关规定计算。

(六) 咨询服务费

咨询服务费指项目法人根据国家有关规定和项目建设管理的需要，委托有资质的咨询机构或聘请专家对枢纽工程勘察设计、建设征地移民安置补偿规划设计、融资、环境影响以及建设管理等过程中有关技术、经济和法律问题进行咨询服务所发生的有关费用，其中包括招标代理、标底、招标控制价、执行概算、竣工决算、项目后评价报告、环境影响评价文件、水土保持方案报告书、地质灾害评估报告、安全预评价报告、接入系统设计报告、压覆矿产资源调查报告、文物古迹调查报告、节能降耗分析专篇、社会稳定风险分析报告和项目申请（核准）报告等项目的编制费用。

咨询服务费按建筑安装工程费、工程永久设备费、建设征地移民安置补偿费 3 个部分及相应费用标准分别计算。费用标准见表 8-5。

表 8-5　　咨询服务费费率表

序号	计费类别	计算基础	费率/%
1	咨询服务费	建筑安装工程费	0.5～1.33
		工程永久设备费	0.35～0.85
		建设征地移民安置补偿费	0.5～1.20

注　1. 按建筑安装工程费计算部分，技术复杂、建设难度大的项目取大值，反之取小值。
　　2. 按工程永久设备费计算部分，采用进口设备的项目取小值，其他项目根据工程情况选取中值或大值。

(七) 项目技术经济评审费

1. 项目技术经济评审费包括的内容

项目技术经济评审费指项目法人依据国家颁布的法律、法规、行业规定，委托有资质的机构对项目的安全性、可靠性、先进性、经济性进行评审所发生的有关费用。包括：

(1) 项目预可行性研究设计、可行性研究设计、招标设计、施工图设计、重大设计变更审查以及专项设计审查费用。

(2) 项目评估、核准费用。

(3) 枢纽工程安全鉴定、工程环境影响评价、水土保持、安全预评价等专项审查，移民安置实施大纲、规划报告审查等费用。

(4) 其他专项评审费用。

2. 项目技术经济评审费计算

按枢纽工程技术经济评审费、建设征地移民安置补偿技术经济评审费两部分分别计算。枢纽工程技术经济评审费以建筑安装工程费和工程永久设备费之和及相应费用标准计算，建设征地移民安置补偿技术经济评审费以建设征地移民安置补偿费及相应费用标准计算。费用标准见表 8-6。

表 8-6　　项目技术经济评审费费率表

序号	计费额/万元	计算基础	费率/%
1	50000	建筑安装工程费、工程永久设备费之和或建设征地移民安置补偿费	0.50
2	100000		0.43
3	200000		0.35
4	500000		0.26
5	1000000		0.20
6	2000000		0.15
7	5000000		0.10

注　计费额在 50000 万元及以下的按费率 0.50%计算，计费额在 50000 万～5000000 万元的按表中费率内插计算，计费额在 5000000 万元及以上的按费率 0.10%计算。

(八) 水电工程质量检查检测费

水电工程质量检查检测费指根据国家行政主管部门及水电行业的有关规定，对水电工程建设质量监督、检查、检测而发生的费用。

按建筑安装工程费及相应费用标准计算。费用标准见表 8-7。

表 8-7　　水电工程质量检查检测费费率表

序号	计费额/万元	计算基础	费率/%
1	50000	建筑安装工程费	0.27
2	100000		0.24
3	200000		0.20
4	500000		0.17
5	1000000		0.13
6	2000000		0.10
7	5000000		0.06

注　计费额在 50000 万元及以下的按费率 0.38%计算，计费额在 50000 万～5000000 万元的按表中费率内插计算，计费额在 5000000 万元以上的按费率 0.08%计算。

(九) 水电工程定额标准编制管理费

水电工程定额标准编制管理费指根据国家发展和改革委员会（国家能源局）授权（委托）编制、管理水电工程定额与造价和维持工作体系正常运转所需要的工作经费。工作经费通过申请财政预算内资金解决。在预算内资金落实前，可暂由行业定额和造价管理机构与项目单位签订技术服务合同，收取技术服务费。技术服务费在工程概算中列支。

按建筑安装工程费及相应费用标准计算。费用标准见表 8-8。

表 8-8　　水电工程定额标准编制管理费费率表

序号	计费额/万元	计算基础	费率/%
1	50000	建筑安装工程费	0.15
2	100000		0.12
3	200000		0.10

续表

序号	计费额/万元	计算基础	费率/%
4	500000	建筑安装工程费	0.08
5	1000000		0.06
6	2000000		0.05
7	5000000		0.04

注 计费额在50000万元及以下的按费率0.15%计算，计费额在50000万～5000000万元的按表中费率内插计算，计费额在5000000万元以上的按费率0.04%计算。

（十）项目验收费

项目验收费由枢纽工程验收费用、建设征地移民安置补偿验收费用两部分构成。枢纽工程验收费用指与枢纽工程直接相关的工程阶段验收（包括工程截流验收、工程蓄水验收、水轮发电机组启动验收）和竣工验收（包括枢纽工程、环境保护、水土保持、消防、劳动安全与工业卫生、工程决算、工程档案等专项验收和工程竣工总验收）所需费用。建设征地移民安置补偿验收费用指竣工验收中的库区移民验收和在工程截流验收、蓄水验收前所需的移民初步验收工作所需费用。

项目验收费按枢纽工程验收费、建设征地移民安置补偿验收费两部分分别计算。枢纽工程验收费以建筑安装工程费、工程永久设备费之和及相应费用标准计算，建设征地移民安置补偿验收费以建设征地移民安置补偿费及相应费用标准计算。费用标准见表8-9。

表8-9 项目验收费费率表

序号	计费额/万元	计算基础	费率/%
1	50000	建筑安装工程费、工程永久设备费之和或建设征地移民安置补偿费	0.90
2	100000		0.68
3	200000		0.50
4	500000		0.30
5	1000000		0.20
6	2000000		0.15
7	5000000		0.10

注 计费额在50000万元及以下的按费率0.90%计算，计费额在50000万～5000000万元的按表中费率内插计算，计费额在5000000万元以上的按费率0.10%计算。

（十一）工程保险费

工程保险费指工程建设期间，为工程遭受水灾、火灾等自然灾害和意外事故造成损失后能得到经济补偿，对建筑安装工程、永久设备、施工机械而投保的建安工程一切险、财产险、第三者责任险等。

根据保险公司相关规定计算。

二、生产准备费

1. 生产准备费包括的内容

生产准备费指建设项目法人为准备正常的生产运行所需发生的费用。常规水电站生产准备费包括生产人员提前进厂费、培训费、管理用具购置费、备品备件购置费、工器具及生产家具购置费和联合试运转费，抽水蓄能电站还应包括初期蓄水费和机组并网调试补贴费。

(1) 生产人员提前进厂费，包括提前进厂人员的基本工资、辅助工资、劳动保险和职工福利费、劳动保护费、教育经费、工会经费、基本养老保险费、医疗保险费、工伤保险基金、失业保险费、女职工生育保险、住房公积金、办公费、差旅交通费、会议费、技术图书资料费、零星固定资产购置费、修理费、低值易耗品摊销费、工具器具使用费、水电费、取暖费、通信费、招待费等以及其他属于生产筹建期间需要开支的费用。

(2) 培训费，指工程在竣工验收投产之前，生产单位为保证投产后生产正常运行，需对工人、技术人员与管理人员进行培训所发生的培训费用。

(3) 管理用具购置费，指为保证新建项目投产初期的正常生产和管理所必须购置的办公和生活用具等费用。

(4) 备品备件购置费，指工程在投产运行初期，必须准备的各种易损或消耗性备品备件和专用材料的购置费，不包括设备价格中配备的备品备件。

(5) 工器具及生产家具购置费，指按设计规定，为保证初期生产正常运行所必须购置的不属于固定资产标准的生产工具、仪表、生产家具等的购置费用，不包括设备价格中已包括的专用工具。

(6) 联合试运转费，指水电工程中的水轮发电机组、船闸等安装完毕，在竣工验收前进行整套设备带负荷联合试运转期间所发生的费用扣除试运转收入后的净支出，主要包括联合试运转期间所消耗的燃料、动力、材料及机械使用费，工具用具及检测设备使用费，参加联合试运转人员工资等。

(7) 抽水蓄能电站初期蓄水费，指为满足抽水蓄能电站机组首次启动的技术要求，电站上（下）水库初次抽水、蓄水的费用。

(8) 抽水蓄能电站机组并网调试补贴费，指抽水蓄能机组完成分部调试后，投产前进行的并网调试所发生的抽水电费与发电收益差值的补贴费用。

2. 生产准备费计算

(1) 常规水电站按工程永久设备费及相应费用标准计算。费用标准见表 8-10。

表 8-10　　生产准备费费率表

计费类别	计算基础	费率/%
生产准备费	工程永久设备费	1.1～2.1

注　建设规模小或机组台数少的项目取大值，反之取小值。

(2) 抽水蓄能电站除按工程永久设备费及相应费用标准计算生产准备费外（表 8-10 费用标准），增加初期蓄水费、机组并网调试补贴费。

初期蓄水费根据具体工程需要另行计算，可按所需蓄水量及相应水价计算。

机组并网调试补贴费按电站装机容量及相应费用标准计算。如根据装机容量，则按 15～25 元/kW 计算，单机规模小的取大值，反之取小值。试运行期间的发电收入所得应作为此项费用的冲减。

三、科研勘察设计费

（一）科研勘察设计费包括的内容

科研勘察设计费指为工程建设而开展的科学研究、勘察设计等工作所发生的费用，包括施工科研试验费和勘察设计费。

1. 施工科研试验费

施工科研试验费指在工程建设过程中，为解决工程技术问题，或在移民安置实施阶段为解决项目建设征地移民安置的技术问题而进行必要的科学研究试验所需的费用。不包括：

（1）应由科技三项费用（即新产品试验费、中间试验费和重要科学研究补助费）开支的项目。

（2）应由勘察设计费开支的费用。

2. 勘察设计费

勘察设计费指可行性研究设计、招标设计和施工图设计阶段发生的勘察费、设计费和为勘察设计服务的科研试验费用。

勘察设计的工作内容和范围以及要求达到的工作深度，按各设计阶段规程规范执行。

2002年1月，国家计划发展委员会、建设部联合发布了《工程勘察设计收费管理规定》以及《工程勘察收费标准》和《工程设计收费标准》，对工程勘察设计的收费行为、收费管理、收费标准和计费方法等做出了规定，对各类建设项目具有普遍性。水电工程的勘察设计费按照上述规定计算，《工程勘察设计收费管理规定》以及《工程勘察收费标准》和《工程设计收费标准》的重点规定内容如下：

（1）工程勘察收费。工程勘察收费是指勘察人根据发包人的委托，收集已有资料、现场踏勘、制订勘察纲要，进行测绘、勘探、取样、试验、测试、检测、监测等勘察作业，以及编制工程勘察文件和岩土工程设计文件等收取的费用，并就勘察文件向设计人做出技术说明、就岩土工程设计文件向施工人做出技术说明，解决设计或施工中的工程勘察技术问题，参加工程测量交桩、水文地质交井、岩土工程验槽等服务。

本收费标准不包括上述规定的工程勘察服务范围之外的其他服务收费，其他服务一般主要包括为编制项目建议书、可行性研究以及厂址选择等建设项目前期阶段提供的工程勘察服务。勘察人根据发包人委托承担的其他服务，国家有收费规定的，按照规定执行；国家没有收费规定的，由发包人与勘察人协商确定收费。

实际工作中，发包人要求勘察人提供的服务内容在本收费标准没有做出明确规定的，可参照本收费标准，由发包人与勘察人协商确定费用。

工程勘察收费标准分为通用工程勘察收费标准和专业工程勘察收费标准。就水利水电工程而言，水利水电工程基本勘察收费是指依据国家及行业有关技术规程规范的要求，勘察人提供编制初步设计文件（水电工程为可行性研究）、招标设计文件、施工图设计文件所需的工程勘察成果和报告，并提供相应的勘察技术交底、施工配合、参加试车考核和竣工验收等项服务所收取的费用。

需说明的是，水利水电工程勘察收费，包括开展常规勘察科研试验和专题研究的费用，但不包括承担国家科技攻关课题，以及各勘察阶段中因工程需要开展的重大特殊科研试验的费用。重大特殊科研试验包括特大型模型试验、特大型生产性试验等。开展上述科研试验发生的费用，由发包人另行支付。

另外，由于水利水电工程勘察作业范围大、工作内容多、工作周期长，为使勘察施工现场具备必需的作业和生活设施条件，需要发生相当费用，这些费用未列入本收费标准，由发包人在勘察收费基准价之外另行支付。水利水电工程勘察作业准备费主要用于：办理工程勘察相关许可以及购买有关资料的费用；拆除障碍物以及开挖、恢复地下管网的费用；修通至勘察作业现场道路，接通临时电源、水源以及平整场地的费用；勘察材料以及加工费；水上作业用船、排、平台费以及水监费；勘察作业大型机具搬运费；青苗、树木以及水域养殖场赔偿费；勘察作业临时征用或占用土地补偿费；勘察人现场临时生产、生活设施建设费用；水文气象站建站费及观测费（从建站至工程开工）、地震台建台费及观测费（从建站至工程开工）；航空摄影费；影响枢纽工程安全的近坝大型滑坡体稳定性观测设备购置费及观测费（至工程开工）等。

水利水电工程勘察作业准备费按照工程勘察收费基准价的15%～20%计算收费。勘察作业条件好的取低值，条件差的取高值。利用已有道路、生产生活设施的，计费比例可低于15%。根据工程的地理位置、交通条件、勘察作业条件、勘察工作范围，以及工程投资规模等因素，由发包人与勘察人协商确定勘察作业准备费的计费比例和收费额。

(2) 工程设计收费。工程设计收费是指设计人根据发包人的委托，提供编制建设项目初步设计文件、施工图设计文件、非标准设备设计文件、施工图预算文件、竣工图文件等服务所收取的费用，包括基本设计收费和其他设计收费。

基本设计收费是指在工程设计中提供编制初步设计文件、施工图设计文件收取的费用，并相应提供设计技术交底、解决施工中的设计技术问题、参加试车考核和竣工验收等服务。编制建设项目初步设计文件的费用中已包括编制初步设计概算的费用，因此编制初步设计概算不再另行收费。

其他设计收费是指根据工程设计实际需要或者发包人要求提供相关服务收取的费用，包括总体设计费、主体设计协调费、采用标准设计和复用设计费、非标准设备设计文件编制费、施工图预算编制费、竣工图编制费等。

本收费标准不包括上述规定的工程设计服务范围之外的其他服务收费。其他服务一般包括：编制或评估项目建议书、项目可行性研究报告，编制招标投标文件，编制技术规格书、计算机软件，提供设计咨询，编制商务和技术谈判文件，提供设备采购、检验、文件翻译服务等，以及解决施工中的非设计问题，提供项目管理、施工监理、建设项目后评估等。设计人根据发包人委托承担的其他服务，国家有收费规定的，按照规定执行；国家没有收费规定的，由发包人与设计人协商确定收费。

另外，就水电工程而言，水电工程设计收费，包括开展常规设计科研试验的费用，但不包括承担国家科技攻关课题，以及各设计阶段中因工程需要开展的重大特殊科研试验的费用。重大特殊科研试验包括：特大型模型试验，特大型生产性试验，设计采用新材料、新工艺、新技术的大型专项试验等。开展上述科研试验发生的费用，由发包人另行支付。

根据《水电工程建设征地移民安置补偿费用概（估）算编制规范》(DL/T 5382—

2007)，工程勘察设计收费不包括建设征地移民安置补偿项目中专业项目补偿费用的可行性研究阶段以后的勘测设计费。

(二) 科研勘察设计费计算

1. 施工科研试验费

按建筑安装工程费的0.5%计算。如工程规模巨大，技术难度高，或在移民安置实施阶段根据设计要求，需进行重大、特殊专项科学研究试验的，可按研究试验工作项目内容和要求，单独计列费用。

2. 勘察设计费

工程勘察和工程设计收费，由发包人和勘察人、设计人根据市场行情确定收费额。目前计算标准可参考《工程勘察设计收费管理规定》(计价格〔2002〕10号）的规定计算。

(1) 工程勘察收费计算。水利水电工程勘察收费按照建设项目单项工程概算投资额分档定额计费方法计算收费，计算公式为：

工程勘察收费＝工程勘察收费基准价×(1±浮动幅度值)

工程勘察收费基准价＝基本勘察收费＋其他勘察收费

基本勘察收费＝工程勘察收费基价×专业调整系数×工程复杂程度调整系数×附加调整系数

(2) 工程设计收费计算。工程设计收费按照建设项目单项工程概算投资额分档定额计费方法计算收费。一个建设项目的全部建设费用既包括工程建设的本体费用，还包括其他费用。由于工程设计一般只与工程建设本体有关，因此计算设计收费只涉及工程建设的本体费用；工程设计不涉及建设项目的其他费用，如征地拆迁补偿费用、建设单位管理费等，因此这部分费用不作为工程设计收费的计费内容。

就水电工程而言，水电工程中有较大规模的淹没征地和淹没实物调查、移民安置规划设计、淹没区及复建工程规划设计、施工辅助工程（含临建工程）规划设计等，由于这些工作内容的设计工作量较大，规定将水库淹没区处理补偿费和施工辅助工程费作为设计收费计费额的组成部分；不承担上述工作内容的，不得将水库淹没区处理补偿费和施工辅助工程费计入工程设计收费的计费额。

工程设计收费按照下列公式计算：

工程设计收费＝工程设计收费基准价×(1±浮动幅度值)

工程设计收费基准价＝基本设计收费＋其他设计收费

基本设计收费＝工程设计收费基价×专业调整系数×工程复杂程度调整系数×附加调整系数

四、其他税费

(一) 其他税费包括的内容

其他税费指根据国家有关规定需要交纳的其他税费以及根据行业管理需要的工作经费，包括对项目建设用地按土地单位面积征收的耕地占用税、耕地开垦费、森林植被恢复费等，以及水土保持补偿费。

1. 耕地占用税

耕地占用税指国家为合理利用土地资源，加强土地管理，保护农用耕地，对占用耕地从事非农业建设的单位和个人征收的一种地方税。

2. 耕地开垦费

耕地开垦费指根据《中华人民共和国土地管理法》和《大中型水利水电工程建设征地补偿和移民安置条例》[中华人民共和国国务院令第471号（2006年）]的有关规定缴纳的专项用于开垦新的耕地的费用。

3. 森林植被恢复费

森林植被恢复费指对经国家有关部门批准勘察、开采矿藏和修建道路、水利、电力、通信等各项建设工程需要占用、征收或者临时使用林地的用地单位，经县级以上林业主管部门审核同意或批准后，缴纳的用于异地恢复植被的政府基金。

4. 水土保持补偿费

水土保持补偿费指按照国家和省（自治区、直辖市）的政策法规征收的水土保持补偿费。

5. 其他费用

其他费用指工程建设过程中发生的不能归入以上项目的有关税费。

（二）其他税费计算

1. 耕地占用税、耕地开垦费和森林植被恢复费

根据国家和省（自治区、直辖市）有关政策规定的价格进行计算，对于建设征地范围和影响跨省（自治区、直辖市）的，则应采用多方共同协商所达成的统一标准。详细内容见第七章相关内容。

2. 水土保持补偿费

根据国家和地方有关征收水土保持补偿费的法规文件，结合水电工程的特点合理计列。详细内容见第五章相关内容。

3. 其他费用

按国家有关法规以及省（自治区、直辖市）颁发的有关文件，结合水电工程的特点合理计列。

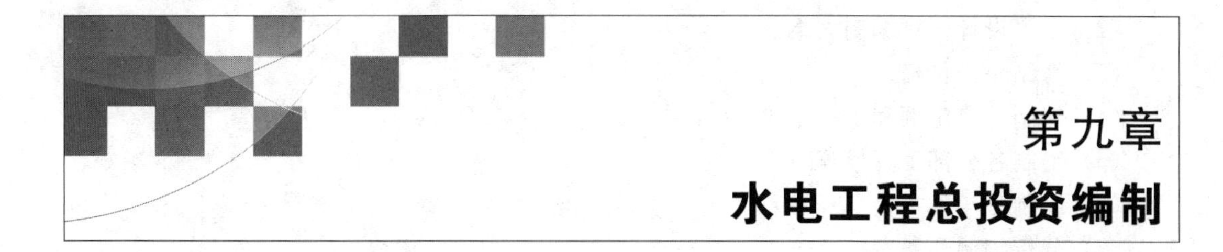

第九章 水电工程总投资编制

工程总概算是水电工程基本建设可行性研究报告中全面反映工程总投资的综合性文件，也是可行性研究报告的重要组成部分。工程总概算包括枢纽工程概算、建设征地移民安置补偿概算、独立费用概算、基本预备费、价差预备费和建设期利息6个部分。

第一节 概 述

一、总概算构成

工程总概算构成如图9-1所示。

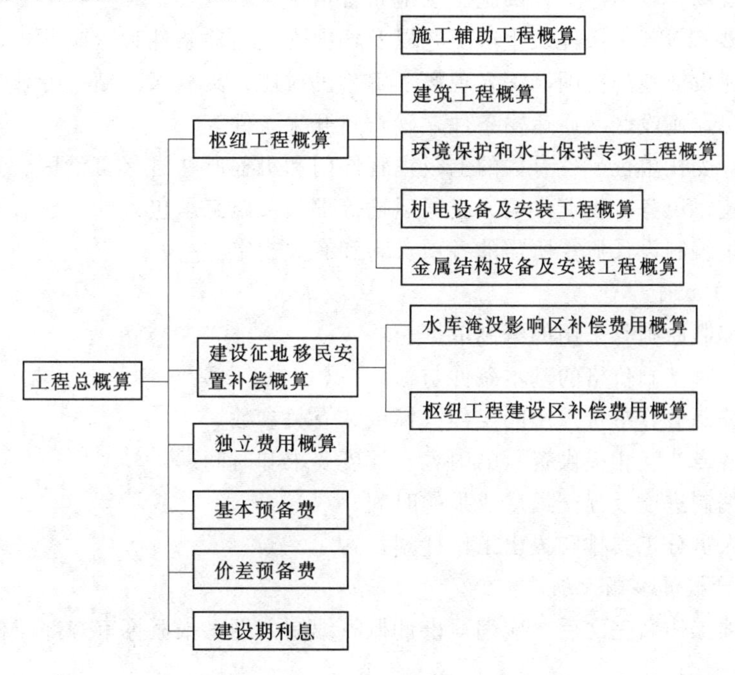

图9-1 工程总概算构成图

二、编制程序

（一）编制工作的一般程序

（1）了解、掌握工程情况，对工程建设条件进行调查研究，并收集有关资料。

（2）编写设计概算编制大纲。

（3）编制基础价格。

（4）编制补充定额和工程单价。

（5）编制各分部工程概算。

（6）编制分年度投资。

（7）分析编制预备费。

（8）编制资金流量。

（9）编制总概算和编制说明。

（10）资料整理、印刷、出版。

（11）审查修改和资料归档。

（12）工作总结。

（二）概算编制前的工作

1. 了解、掌握工程情况和深入调查研究

（1）向各设计专业了解工程概况，包括工程地质、工程规模、工程枢纽布置、主要水工建筑物的结构型式和主要技术数据、施工导流、施工总体布置、对外交通条件、施工进度及主体工程的施工方法。

（2）深入现场了解枢纽工程及施工场地布置情况。

（3）了解砂石料开采条件、生产工艺以及场内交通运输条件和运输方式。

（4）了解建设征地的范围，深入现场了解移民村庄、集（城）镇、专业项目、防护工程等的分布情况，淹没区交通运输条件，砂石料开采条件等。

（5）向设计委托单位、各有关的上级主管部门和工程所在省（自治区、直辖市）的劳资、计划、基建、税务、物资供应、交通运输等部门及施工承包人（如已有）和主要设备制造厂家，收集编制设计概算所需的各项资料和有关规定。

2. 编写工作大纲

（1）确定编制原则与采用的编制依据。

（2）确定计算基础价格的基本条件与参数。

（3）确定编制概算单价采用的定额、标准和有关参数。

（4）明确各专业互相提供资料的内容、深度要求和时间。

（5）落实编制进度及提交最后成果的时间。

（6）编制人员分工安排和提出工作计划。

3. 编写设计概算编制大纲

在以上两项工作做完之后，应编写设计概算编制大纲，报概算审查部门核备。

第二节　工程总投资编制

枢纽工程、建设征地移民安置补偿、独立费用和基本预备费之和构成工程静态投资；工程静态投资、价差预备费、建设期利息之和构成工程总投资。工程总投资按工程总概算表中所列项目顺序编制。

一、分年度投资

分年度投资指根据施工组织设计确定的施工进度和工程建设期移民安置规划的安排，按国家现行统计口径计算出的各年度所完成的投资，是编制资金流量和计算预备费的基础。

分年度投资应按概算项目投资和工程建设工期进行编制。工程建设工期包括工程筹建期、施工准备期、主体施工期和工程完建期4个阶段。

1. 建筑工程

(1) 建筑工程（含施工辅助工程）分年度投资应根据施工总进度的安排，凡有单价和工程量的项目，应按分年度完成的工作量逐项进行计算；没有单价和工程量的项目，可根据工程进度和该项目各年度完成的工作量比例分析计算。

(2) 建筑工程分年度投资至少应按二级项目中的主要工程项目进行编制，并反映各自的建筑工作量。如：

1）交通工程。

a. 公路工程。

b. 铁路工程。

2）输水工程。

a. 引水明渠工程。

b. 进（取）水口工程。

2. 环境保护和水土保持专项工程

(1) 各种环保、水保设施工程应按施工进度安排计算分年度投资。

(2) 工程建设过程中采用的各种措施费用，应根据施工进度安排分析编制分年度投资。

3. 设备及安装工程

(1) 设备及安装工程分年度投资，应根据施工组织设计中设备安装及投产的日期进行编制。对于主要设备（一般指非标、大型、制造周期长的设备，如水轮发电机组、主阀、主变压器、桥机、门机、高压断路器或高压组合电器、金属结构闸门启闭设备等，具体包括的设备项目，应结合工程情况确定），应按不同设备到货后开始安装日期和安装完成日期编制分年度投资；其他设备统一按安装年编制分年度投资；设备运杂费按设备到货年编制分年度投资；安装费统一按安装完成年编制分年度投资。

(2) 设备及安装工程分年度投资至少应按二级项目的主要工程项目进行编制。如发电设备及安装工程：

1）水轮机设备及安装工程。

2）发电机设备及安装工程。

……

4. 建设征地移民安置补偿

根据农村部分、城市集镇部分、专业项目、库底清理、环境保护和水土保持专项工程的具体项目，各项费用的计划投入时间，按年度分别计算。

5. 独立费用

根据费用的性质，费用发生的先后与施工时段的关系，按相应施工年度分别进行计算。

（1）工程前期费计入工程建设工期的第1年。

（2）工程建设管理费。

1）按建筑安装工作量计算部分，根据建筑安装工程的分年度投资占总建安投资的比例分摊。

2）按工程永久设备费计算部分在设备开始招标至设备安装完成的时段内分摊。

3）按建设征地移民安置补偿费计算部分，根据建设征地移民安置补偿费的分年度投资比例分摊。

（3）建设征地移民安置补偿管理费按建设征地移民安置补偿费的分年度投资比例分摊。

（4）工程建设监理费参照工程建设管理费分年度投资编制方法编制。

（5）移民安置监督评估费根据建设征地移民安置补偿费的分年度投资比例及独立评估发生的时间分析计算。

（6）咨询服务费根据工程建设过程中需进行咨询服务的时间分析计算。

（7）项目技术经济评审费根据各种技术评审的时间分析计算。

（8）水电工程质量检查检测费按建筑安装工程的分年度投资占总建安投资比例计算。

（9）水电工程定额标准编制管理费在工程准备期和主体工程施工期内合理安排。

（10）项目验收费根据项目验收时间分析计算。

（11）工程保险费按当年完成投资占各年完成投资之和的比例分摊。

（12）生产准备费在生产筹建开始至最后一台机组投产期内分摊。

（13）科研勘察设计费。

1）施工科研试验费在施工准备期和主体工程施工期内分摊。

2）勘察设计费按如下原则进行编制：

a. 可行性研究报告阶段的勘察设计费在工程筹建期内分年平均计算。

b. 招标设计阶段和施工图设计阶段的勘察设计费的10%作为设计提前收入，计入工程开工当年；从工程开工之日起至工程竣工之日止支付该项费用的85%，费用分年平均分摊；剩余的5%（即设计保证金），计入工程竣工年。

（14）其他税费。

1）耕地占用税等按建设征地的进度分年投入。

2）水土保持补偿费根据费用计划发生时间计算。

3）其他项目根据费用计划发生时间计算。

二、资金流量

资金流量是为满足建设项目在建设过程中各时段的资金需求，按工程建设所需资金投入时间编制的资金使用过程，是建设期利息的计算基础。

资金流量的编制以分年度投资为基础，按建筑安装工程、永久设备、建设征地移民安

置补偿、独立费用4种类型分别计算。资金流量采用资金流量表进行编制。

1. 建筑安装工程

（1）建筑安装工程（包括施工辅助工程、建筑工程、环境保护和水土保持专项工程、设备安装工程）资金流量是在分年度投资的基础上，考虑工程预付款、预付款的扣回、质量保证金和质量保证金的退还等编制出的分年资金安排。在分年度投资项目的基础上，考虑工程的分标项目或按主要的一级项目，以归项划分后的各年度建筑安装工程费作为计算资金流量的依据。

（2）预付款分为分批支付和逐年支付两种形式，可根据单个标段或项目的工期合理选择。

1）分批支付。按划分的单个标段或项目的建筑安装工程费的百分率计算。工期在3年以内的工程全部安排在第1年，工期在3年以上的可安排在前2年。

预付款的扣回从完成建筑安装工作量的一定比例起开始，按起扣以后完成建筑安装工程费的百分比扣回至预付款全部回收完毕为止。

对于需要购置特殊施工机械设备的标段或项目，预付款比例可适当加大。

2）逐年支付。一般可按分年度投资中次年完成建筑安装工程费的一定百分率在本年提前支付，并于次年扣回，依此类推，直至本标段或项目完工。

（3）质量保证金。按建筑安装工程费的百分率计算。

在编制概算资金流量时，按标段或分项工程分年度完成建筑安装工程费的一定百分率扣留至质量保证金全部扣完为止，并将所扣留的质量保证金在该标段或分项工程终止后一年（如该年已超出总工期，则在工程的最后一年）的资金流量中退还。

2. 永久设备

永久设备的资金流量计算，划分为主要设备和一般设备两种类型分别计算。

（1）主要设备的资金流量应根据计划招标情况和设备制造周期等因素计算，一般应遵循以下原则：

1）签订订货合同年，支付一定的预付款。

2）设备投料期内，支付一定额度的材料预付款。

3）设备本体及附件全部到现场，支付除预付款及质量保证金以外的全部设备价款。

4）设备全部到货一年以后或合同规定的最终验收一年后，支付设备质量保证金，如该年已超出总工期，则此项质量保证金计入总工期的最后一年。

5）分期分批招标时，应根据设备的制造和到货时间，叠加计算。

（2）一般设备，其资金流量按到货前一年预付一定比例的预付定金，到货年支付剩余价款。

3. 建设征地移民安置补偿

以分年度投资为依据，按征地移民工程建设所需资金投入时间进行编制。

4. 独立费用

按分年投资安排资金流量。

三、预备费

预备费指在设计阶段难以预测而在建设施工过程中又可能发生的、规定范围内的工程和费用，以及工程建设期内可能发生的价格和其他各种费用标准调整变动增加的投资，包括基本预备费和价差预备费两项。

1. 基本预备费

基本预备费指用以解决相应设计阶段范围以内的设计变更（含工程量变化、设备改型、材料代用等），预防自然灾害采取的措施，以及弥补一般自然灾害所造成损失中工程保险未能补偿部分而预留的费用。

基本预备费按枢纽工程、建设征地移民安置补偿、独立费用3个部分分别计算。各部分的基本预备费，按工程项目划分中各分项投资的百分率计算。

枢纽工程的基本预备费率应根据工程规模、施工年限、水文、气象、地质等技术条件，对各分项工程进行风险分析后确定。

建设征地移民安置补偿的基本预备费率按其相应规定计取。

独立费用的基本预备费根据不同费用项目与枢纽工程、建设征地移民安置补偿的关联关系，分别采用相应综合费率计算。

分年度基本预备费以对应项目的分年度投资为基础计算。

2. 价差预备费

价差预备费指用以解决工程建设过程中，因国家政策调整、材料和设备价格变化，人工费和其他各种费用标准调整、汇率变化等引起投资增加而预留的费用。

价差预备费应根据施工年限，以分年度投资（含基本预备费）为计算基础，按下列公式计算：

（1）各年价格指数相同时，各年价差预备费计算公式为

$$E_i = F_i[(1+p)^{i-1}-1]$$

（2）各年价格指数不同时，各年价差预备费计算公式为

$$E_i = F_i[(1+p_2)(1+p_3)\cdots(1+p_i)-1]$$

工程价差预备费为各年价差预备费之和，即

$$E = \sum_{i=1}^{N} E_i$$

式中：E_i 为第 i 年价差预备费；N 为建设工期；i 为施工年度；F_i 为第 i 年度的分年度投资（含基本预备费）；p 为平均价格指数（适用于各年价格指数相同时）；p_i 为第 i 年的价格指数（适用于各年价格指数不同时）。

价差预备费应从编制概算所采用的价格水平年的次年开始计算。

水电工程年度价格指数依据行业定额和造价管理机构颁布的有关规定执行。

根据现行水电工程费用构成及概（估）算费用标准（2013年版）、水电工程建设特点和建设市场情况，自次年起，按年度价格指数2%计算价差预备费。

四、建设期利息

建设期利息指为筹措工程建设资金在建设期内发生并按规定允许在投产后计入固定资产原值的债务资金利息，包括银行借款和其他债务资金的利息以及其他融资费用。其他融资费用是指某些债务融资中发生的手续费、承诺费、管理费、信贷保险费。

应根据项目投资额度、资金来源及投入方式，分别计算债务资金利息和其他融资费用。

1. 资金来源

水电工程的资金来源主要有资本金、银行贷款、企业债券或其他债券等。

根据《国务院关于调整固定资产投资项目资本金比例的通知》(国发〔2009〕27 号)的有关规定，其他项目资本金比例应不低于工程总投资的 20%。资本金投入方式一般包括按各年资金流量的固定比例、各年等额度资本金、优先使用资本金等。

2. 计算方法

(1) 债务资金利息计算。债务资金利息应从工程筹建期开始，以分年度资金流量、基本预备费及价差预备费之和扣除资本金后的现金流量为基础，按不同债务资金及相应利率逐年计算。

各年分类计息额度＝计算年之前累计债务资金本息和＋当年债务资金额度/2

第 1 台（批）机组投产前发生的债务资金利息全部计入总投资，第 1 台（批）机组投产后发生的利息根据机组投产时间按其发电容量占总容量的比例进行分割后计入总投资，分割点为每台（批）机组投入商业运行时。其余部分计入生产经营成本。

(2) 其他融资费用计算。其他融资费用，如某些债务融资中发生的手续费、承诺费、管理费、信贷保险费等，按相应规定分析测算，并计入建设期利息。

五、工程静态投资

枢纽工程、建设征地移民安置补偿、独立费用和基本预备费之和构成工程静态投资。

六、工程总投资

工程静态投资、价差预备费、建设期利息之和构成工程总投资。

编制总概算表时，在第 3 部分费用之后，应顺序编列以下项目：

(1) 工程项目划分第 1～3 部分合计。

(2) 基本预备费。

(3) 工程静态投资（编制年价格水平)。

(4) 价差预备费。

(5) 建设期利息。

(6) 工程总投资。

(7) 开工至第 1 台（批）机组发电期内静态投资。

(8) 开工至第 1 台（批）机组发电期内总投资。

七、工程总投资编制算例

(一) 工程基本预备费、价差预备费计算

【例 9-1】 某工程的 1～4 部分合计（资金流)、分年完成工作量见表 9-1。已知：基本预备费按枢纽工程、建设征地移民安置补偿、独立费用 3 个部分分别计算，各部分综合费率分别为 7%、10%和 8%。年物价指数为 2%，试计算各分年及合计的基本预备费、价差预备费。

表 9-1　分年投资及资金流量　单位：万元

项目及费用名称	合计	建设工期			
		第 1 年	第 2 年	第 3 年	第 4 年
枢纽工程	29000.00	2750.00	8000.00	16750.00	1500.00
建设征地移民安置补偿	14500.00	1375.00	4000.00	8375.00	750.00
独立费用	14500.00	1375.00	4000.00	8375.00	750.00
1～4 部分合计资金流量	58000.00	8000.00	15000.00	30000.00	5000.00
分年完成工作量	58000.00	5500.00	16000.00	33500.00	3000.00

解：(1) 基本预备费按 1～4 部分各分年的分年完成工作量的 8%计算，即

基本预备费$_{第1年}$=2750.00×7%+1375.00×10%+1375.00×8%=440.00（万元）

基本预备费$_{第2年}$=8000.00×7%+4000.00×10%+4000.00×8%=1280.00（万元）

基本预备费$_{第3年}$=16750.00×7%+8375.00×10%+8375.00×8%=2680.00（万元）

基本预备费$_{第4年}$=1500.00×7%+750.00×10%+750.00×8%=240.00（万元）

基本预备费$_{合计}$=440.00+1280.00+2680.00+240.00=4640.00（万元）

(2) 价差预备费按 1～4 部分的各分年完成工作量并计入基本预备费及施工年限、物价指数 2%计算，即

E_1=(5500.00+40.00)×[$(1+2\%)^{1-1}$−1]=0（万元）

E_2=(16000.00+ 1280.00)×[$(1+2\%)^{2-1}$−1]=17280.00×(1.02−1)
=345.6（万元）

E_3=(33500.00+2680.00)×[$(1+2\%)^{3-1}$−1]=36180.00×(1.0404−1)
=1461.67（万元）

E_4=(3000.00+240.00)×[$(1+2\%)^{4-1}$−1]=3240.00×(1.061208−1)
=198.31（万元）

E=0+345.6+1461.67+198.31=2005.58（万元）

(3) 将计算成果列于表 9-2 中。

(二) 工程静态总投资、建设期利息（静态计算、不考虑分割）、总投资计算

【例 9-2】根据上面例题的计算结果，当建设期贷款利率为 7%，且各施工年度还息贷款均占当年投资比例的 80%时，试计算各分年及合计的工程静态总投资、建设期利息、总投资。

解：(1) 静态总投资为 1～4 部分的各分年资金流量与基本预备费之和，其计算结果见表 9-2。

表 9-2　分年投资及资金流量　单位：万元

项目及费用名称	合计	建设工期			
		第 1 年	第 2 年	第 3 年	第 4 年
1～4 部分合计资金流量	58000.00	8000.00	15000.00	30000.00	5000.00
分年完成工作量	58000.00	5500.00	16000.00	33500.00	3000.00
基本预备费	4640.00	440.00	1280.00	2680.00	240.00
静态总投资	62640.00	8440.00	16280.00	32680.00	5240.00
价差预备费	2005.58		345.6	1461.67	198.31

（2）建设期利息按静态总投资加建设期价差预备费，并根据施工年限、建设期贷款利率及计算方法计算，即

$$S_1=\left[(F_1b_1-\frac{1}{2}F_1b_1)+S_0\right]i=\frac{1}{2}F_1b_1i$$

$$=\frac{1}{2}\times 8440.00\times 80\%\times 7\%=3376\times 7\%$$

$$=236.32(万元)$$

$$S_2=\left[(F_1b_1-F_2b_2-\frac{1}{2}F_2b_2)+S_1\right]i$$

$$=[(8440.00+\frac{1}{2}\times 16625.6)\times 80\%+236.32]\times 7\%=13638.56\times 7\%$$

$$=954.7(万元)$$

$$S_3=\left[(F_1b_1+F_2b_2+F_3b_3-\frac{1}{2}F_3b_3)+(S_1+S_2)\right]i$$

$$=\left[(F_1b_1+F_2b_2+\frac{1}{2}F_3b_{31})+(S_1+S_2)\right]i$$

$$=34900.17\times 7\%$$

$$=2443.01(万元)$$

$$S_4=\left[(F_1b_1+F_2b_2+F_3b_3+F_4b_4-\frac{1}{2}F_4b_4)+(S_1+S_2+S_3)\right]i$$

$$=\left[(F_1b_1+F_2b_2+F_3b_3+\frac{1}{2}F_4b_4)+(S_1+S_2+S_3)\right]i$$

$$=53175.17\times 7\%$$

$$=3722.26(万元)$$

$$S=236.32+954.7+2443.01+3722.26$$

$$=7356.29(万元)$$

（3）总投资为静态总投资、价差预备费、建设期利息之和，其计算结果见表9-3。

表9-3　　分年投资及资金流量　　单位：万元

项目及费用名称	合计	建设工期			
		第1年	第2年	第3年	第4年
1～4部分合计资金流量	58000.00	8000.00	15000.00	30000.00	5000.00
分年完成工作量	58000.00	5500.00	16000.00	33500.00	3000.00
基本预备费	4640.00	440.00	1280.00	2680.00	240.00
静态总投资	62640.00	8440.00	16280.00	32680.00	5240.00
建设期价差预备费	2005.58		345.60	1461.67	198.31
建设期还贷利息	7356.29	236.32	954.70	2443.01	3722.26
总投资	72001.87	8676.32	17580.30	36584.68	9160.57

注　资本金未按规定的总投资的百分比和各年比例计算，而是按静态总投资的百分比和各年比例计算。

第三节　设计概算文件组成内容

设计概算文件由封面、编制单位工程造价咨询资质证书复印件、造价专业人员签字盖章扉页、编制说明、概算表、概算附表和概算附件组成。

一、编制说明

1. 工程概况

(1) 简述工程所在的河系、兴建地点、对外交通条件、建设征地及移民人数、工程规模、工程效益、工程布置、主体建筑工程量、主要材料用量、施工总工期、首台（批）机组发电工期等。

(2) 说明工程建设资金来源、资本金比例等内容。

(3) 说明工程总投资和静态投资、价差预备费、建设期利息，单位千瓦投资、单位电量投资，首台（批）机组发挥效益时的总投资和静态投资等。

2. 编制原则和依据

(1) 说明概算编制所采用的国家及省级政府有关法律、法规等依据。

(2) 说明概算编制所采用的有关规程、规范和规定。

(3) 说明概算编制采用的定额和费用标准。

(4) 说明概算编制的价格水平年。

(5) 可行性研究报告设计文件及图纸。

(6) 其他有关规定。

3. 枢纽工程概算

(1) 基础价格。详细说明人工预算单价、材料预算价格以及电、风、水、砂石料、混凝土材料单价和施工机械台时费等基础单价的计算方法和成果。

(2) 建筑安装工程单价。说明工程单价组成内容、编制方法及有关费率标准。说明定额、指标采用及调整情况。编制补充定额的项目，应说明补充定额的编制原则、方法和定额水平等情况。

(3) 施工辅助工程。说明施工辅助工程中各项目投资所采用的编制方法、造价指标和参数。

(4) 建筑工程。说明主体建筑工程、交通工程、房屋建筑工程和其他工程投资所采用的编制方法、造价指标、相关参数。

(5) 环境保护和水土保持工程。说明环境保护和水土保持工程投资编制依据、方法、价格水平及其他应说明的问题。

(6) 机电、金属结构设备及安装工程。说明主要设备原价的确定情况，主要设备运杂综合费的计算情况，其他设备价格的计算情况和设备安装工程费的编制方法。

4. 建设征地移民安置补偿费用概算

说明补偿费用概算编制依据、方法、价格水平情况及其他应说明的问题。

5. 独立费用概算

说明项目建设管理费、生产准备费、科研勘察设计费和其他税费的计算方法、计算标

准和指标采用等情况。

6. 总概算编制

(1) 说明分年度投资和资金流量的计算原则和方法。

(2) 说明基本预备费的计算原则和方法。

(3) 说明价差预备费的计算原则和方法。

(4) 说明建设期利息的计算原则和方法。

7. 其他需说明的问题

其他需在设计概算中说明的问题。

8. 主要技术经济指标表

列出工程主要技术经济指标。

二、设计概算表

1. 概算表

(1) 工程总概算表。

(2) 枢纽工程概算表。

1) 施工辅助工程概算表。

2) 建筑工程概算表。

3) 环境保护和水土保持专项工程概算表。

4) 机电设备及安装工程概算表。

5) 金属结构设备及安装工程概算表。

(3) 建设征地移民安置补偿费用概算表。

1) 水库淹没影响区补偿费用概算表。

2) 枢纽工程建设区补偿费用概算表。

(4) 独立费用概算表。

(5) 分年度投资汇总表。

(6) 资金流量汇总表。

2. 概算附表

(1) 建筑工程单价汇总表。

(2) 安装工程单价汇总表。

(3) 主要材料预算价格汇总表。

(4) 施工机械台时费汇总表。

(5) 主体工程主要工程量汇总表。

(6) 主体工程主要材料用量汇总表。

(7) 主体工程工时数量汇总表。

(8) 主要补偿补助及专业工程单价汇总表。

三、概算附件

1. 枢纽工程概算计算书

(1) 人工预算单价计算表。

(2) 主要材料运杂费用计算表。

(3) 主要材料预算价格计算表。

(4) 其他材料预算价格计算表。

(5) 施工用电价格计算书。

(6) 施工用水价格计算书。

(7) 施工用风价格计算书。

(8) 补充定额计算书。

(9) 补充施工机械台（组）时费计算书。

(10) 砂石料单价计算书。

(11) 混凝土材料单价计算表。

(12) 建筑工程单价计算表。

(13) 安装工程单价计算表。

(14) 主要设备运杂综合费率计算书。

(15) 电厂定员计算书。

(16) 环境保护和水土保持专项工程投资计算书。

(17) 安全监测工程、劳动安全与工业卫生等项目专项投资计算书。

(18) 其他计算书。

2. 建设征地移民安置补偿费用概算计算书

(1) 主要农产品、林产品和副产品的单位面积产量及单价汇总表。

(2) 主要材料预算价格汇总表。

(3) 土地补偿补助分析计算书。

(4) 房屋及附属建筑物重建补偿单价分析计算书。

(5) 未进行设计的零星工程项目单价分析计算书。

(6) 其他补偿单价分析计算书。

(7) 有关补偿概算编制依据的文件、资料、专题概算计算书等。

3. 独立费用概算计算书

(1) 独立费用计算书。

(2) 勘察设计费计算书（单独成册，随设计概算报审）。

4. 其他

(1) 分年度投资计算表。

(2) 资金流量计算表。

(3) 基本预备费分析计算书。

(4) 价差预备费计算书。

(5) 建设期利息计算书。

(6) 其他计算书。

四、设计概算成果表格式

1. 概算表

概算表格式包括工程总概算表（表 9-4）、枢纽工程概算表（表 9-5）、施工辅助工程

概算表（表9-6）、建筑工程概算表（表9-7）、环境保护和水土保持专项工程概算表（表9-8）、设备及安装工程概算表（表9-9）、建设征地移民安置补偿费用概算表（表9-10）、独立费用概算表（表9-11）、分年度投资汇总表（表9-12）和资金流量汇总表（表9-13）。表格形式及填写要求见表9-4～表9-13。

表9-4　　总概算表

编号	项目名称	投资/万元	占总投资比例/%
Ⅰ	枢纽工程		
一	施工辅助工程		
二	建筑工程		
三	环境保护和水土保持专项工程		
四	机电设备及安装工程		
五	金属结构设备及安装工程		
Ⅱ	建设征地移民安置补偿费用		
一	水库淹没影响区补偿费用		
二	枢纽工程建设区补偿费用		
Ⅲ	独立费用		
一	项目建设管理费		
二	生产准备费		
三	科研勘察设计费		
四	其他税费		
	Ⅰ～Ⅲ部分合计		
Ⅳ	基本预备费		
	工程静态投资（Ⅰ～Ⅳ部分合计）		
Ⅴ	价差预备费		
Ⅵ	建设期利息		
	工程总投资（Ⅰ～Ⅵ部分合计）		
	开工至第1台（批）机组发电期内静态投资		
	开工至第1台（批）机组发电期内总投资		

表9-5　　枢纽工程概算表

编号	项目名称	建筑安装工程费/万元	设备购置费/万元	合计/万元	占1～5项投资比例/%
第一项	施工辅助工程				
一	……				
	……				
第二项	建筑工程				
一	……				
	……				
第三项	环境保护和水土保持专项工程				
一	……				
	……				

续表

编号	项目名称	建筑安装工程费/万元	设备购置费/万元	合计/万元	占1～5项投资比例/%
第四项	机电设备及安装工程				
一	……				
	……				
第五项	金属结构设备及安装工程				
一	……				
	……				
	枢纽工程投资合计				

注　本表填至一级项目。

表9-6　　施工辅助工程概算表

编号	项目名称	单位	数量	单价/元	合计/万元

注　本表第二列应列至第三级项目。

表9-7　　建筑工程概算表

编号	项目名称	单位	数量	单价/元	合计/万元

注　本表第二列应列至第三级项目。

表9-8　　环境保护和水土保持专项工程概算表

编号	项目名称	单位	数量	单价/元	合计/万元

注　本表格式适用于编制环境保护和水土保持专项工程概算、农村部分补偿费用概算、城市集镇部分补偿费用概算、专业项目处理费用概算和库底清理费用概算。本表第二列应列至第二级项目。

表9-9　　设备及安装工程概算表

编号	名称及规格	单位	数量	单价/元		合计/万元	
				设备费	安装费	设备费	安装费

注　本表格式适用于编制机电和金属结构设备及安装工程概算。本表应填列至第三级项目。设备费和设备运杂费列入设备费列，安装费（含装置性材料费）列入安装费列。

表9-10　　建设征地移民安置补偿费用概算表

编号	项目名称	水库淹没影响区补偿费用/万元	枢纽工程建设区补偿费用/万元	合计/万元	占1～5项投资比例/%
一	农村部分				
二	城市集镇部分				

续表

编号	项目名称	水库淹没影响区补偿费用/万元	枢纽工程建设区补偿费用/万元	合计/万元	占1～5项投资比例/%
三	专业项目处理				
四	库底清理				
五	环境保护和水土保持专项				
	合计				

表9-11　　独立费用概算表

编号	项目名称	单位	数量	单价/元	合计/万元	占1～5项投资比例/%

注　本表第二列应列至第三级项目。

表9-12　　分年度投资汇总表

编号	项目名称	合计	建设工期					
			第1年	第2年	第3年	第4年	第5年	……
第一部分	枢纽工程							
一	施工辅助工程							
	……							
二	建筑工程							
	……							
三	环境保护和水土保持专项工程							
	……							
四	设备安装工程							
	……							
五	永久设备							
	……							
第二部分	建设征地移民安置补偿费用							
一	水库淹没影响区补偿费用							
	……							
二	枢纽工程建设区补偿费用							
	……							
第三部分	独立费用							
	1～3部分合计							
	基本预备费							
	工程静态投资							

注　第二列一般应填至项目划分第一级项目。

表 9-13　　　　资金流量汇总表

编号	项目名称	合计	建设工期					
			第1年	第2年	第3年	第4年	第5年	……
第一部分	枢纽工程							
一	施工辅助工程							
	……							
二	建筑工程							
	……							
三	环境保护和水土保持专项工程							
	……							
四	设备安装工程							
	……							
五	永久设备							
	……							
第二部分	建设征地移民安置补偿费用							
一	水库淹没影响区补偿费用							
	……							
二	枢纽工程建设区补偿费用							
	……							
第三部分	独立费用							
	……							
	1～3部分合计							
	基本预备费							
	工程静态投资							
	价差预备费							
	建设期利息							
	工程总投资							
	工程开工至第1台（批）机组发电期内静态投资							
	工程开工至第1台（批）机组发电期内总投资							

2. 概算附表

（1）概算附表内容。概算附表包括建筑工程单价汇总表（表 9-14）、安装工程单价汇总表（表 9-15）、主要材料预算价格汇总表（表 9-16）、施工机械台时费汇总表（表 9-17）、主体工程主要工程量汇总表（表 9-18）、主体工程主要材料用量汇总表（表 9-19）、主体工程工时数量汇总表（表 9-20）、主要补偿补助及专业工程单价汇总表（表 9-21）共 8 个表格，应作为编报设计概算的基本表格。

表 9－14　　建筑工程单价汇总表

编号	工程名称	单位	单价/元	其中							
				人工费	材料费	机械使用费	其他直接费	间接费	利润	材料补差	税金
1	2	3	4	5	6	7	8	9	10	11	12

表 9－15　　安装工程单价汇总表

编号	工程名称	单位	单价/元	其中							
				人工费	材料费	机械使用费	装置性材料费	其他直接费	间接费	利润	税金
1	2	3	4	5	6	7	8	9	10	11	12

表 9－16　　主要材料预算价格汇总表

编号	名称及规格	单位	预算价格	其中		
				原价	运杂费	采购及保管费
1	2	3	4	5	6	7

表 9－17　　施工机械台时费汇总表

编号	名称及规格	台时费	其中					
			折旧费	修理费	安装拆卸费	人工费	动力燃料费	其他费用
1	2	3	4	5	6	7	8	9

表 9－18　　主体工程主要工程量汇总表

编号	工程项目	土石方明挖/m^3	石方洞挖/m^3	土石填筑/m^3	混凝土/m^3	钢筋/t	帷幕灌浆/m	固结灌浆/m
1	2	3	4	5	6	7	8	9

表 9－19　　主体工程主要材料用量汇总表

编号	工程项目	水泥/t	钢筋（含锚杆）/t	钢材/t	木材/m^3	炸药/t	沥青/t	粉煤灰/t	汽油/t	柴油/t
1	2	3	4	5	6	7	8	9	10	11

表 9－20　　主体工程工时数量汇总表

编号	项目名称	工时数量	备注
1	2	3	4

表 9-21　　主要补偿补助及专业工程单价汇总表

编号	项目名称	单位	单价	备注
1	2	3	4	5

（2）填表说明。表 9-18～表 9-20 统计范围均为枢纽工程中的主体建筑工程和施工导流工程，各表第二列可根据不同情况，填至项目划分第一级和第二级项目。

3. 概算附件

（1）概算附件内容。概算附件包括主要材料运杂费用计算表（表 9-22）、主要材料预算价格计算表（表 9-23）、混凝土材料单价计算表（表 9-24）、工程单价表（表 9-25）、分年度投资计算表（表 9-26）和资金流量计算表（表 9-27）共 6 个表格。

（2）填表说明。表 9-25 表头的空白栏填写工程简要内容，第二列按工程单价表列式的项目顺序填列。

表 9-22　　主要材料运杂费用计算表

编号	1	2	3	4	材料名称				材料编号	
交货条件					运输方式	火车	汽车	船运	火车	
交货地点					货物等级				整车	零担
交货比例/%					装载系数					

编号	运杂费用项目	运输起讫地点	运输距离/km	计算公式	合计/元
1	铁路运杂费				
	公路运杂费				
	水路运杂费				
	场内运杂费				
	综合运杂费				
2	铁路运杂费				
	公路运杂费				
	水路运杂费				
	场内运杂费				
	综合运杂费				
每吨运杂费					

表 9-23　　主要材料预算价格计算表

编号	名称及规格	单位	原价依据	单位毛重/t	每吨运费/元	价格/元						
						原价	运杂费	保险费	运到工地仓库价格	采购及保管费	包装品回收价值	预算价格

表 9-24　　混凝土材料单价计算表

编号	混凝土强度等级	水泥标号	级配	预算量						单价/(元/m^3)
				水泥/kg	掺合料/kg	砂/m^3	石子/m^3	外加剂/kg	水/kg	

表 9-25　　**工程单价表**

________工程　　　　定额单位

定额编号：

施工方法：

编号	名称及规格	单位	数量	单价/元	合计/元

表 9-26　　**分年度投资计算表**

	项目名称	合计	建设工期					
			第1年	第2年	第3年	第4年	第5年	……
第一部分	枢纽工程							
一	施工辅助工程							
	……							
二	建筑工程							
	……							
三	环境保护和水土保持专项工程							
	……							
四	设备安装工程							
	……							
五	永久设备工程							
	……							
第二部分	建设征地移民安置补偿费用							
一	水库淹没影响区补偿费用							
	……							
二	枢纽工程建设区补偿费用							
	……							
第三部分	独立费用							
	……							
	1～3部分合计							
	基本预备费							
	工程静态投资							

注　第二列至少应填至项目划分第二级项目。

表 9-27　　**资金流量计算表**

编号	项目名称	合计	建设工期					
			第1年	第2年	第3年	第4年	第5年	……
第一部分	枢纽工程							
一	施工辅助工程							
1	×××工程							
	分年完成投资							
	预付款							

续表

编号	项目名称	合计	建设工期					
			第1年	第2年	第3年	第4年	第5年	……
	预付款扣回							
	质量保证金							
	质量保证金退还							
2	×××工程							
	……							
二	建筑工程							
	……							
三	环境保护和水土保持专项工程							
	……							
四	设备安装工程							
	……							
五	永久设备							
1	×××设备							
	……							
第二部分	建设征地移民安置补偿费用							
一	水库淹没影响区补偿费用							
二	枢纽工程建设区补偿费用							
第三部分	独立费用							
	1～3部分合计							
	基本预备费							
	工程静态投资							
	价差预备费							
	建设期利息							
	工程总投资							
	工程开工至第1台（批）机组发电期内静态投资							
	工程开工至第1台（批）机组发电期内总投资							

4. 主要技术经济指标简表

表9-28是设计概算编制说明的组成部分，列入编制说明文字部分之后。

主体建筑工程量统计范围为主体建筑工程和施工导流工程。主要材料用量和全员人数两项统计范围为工程总量。若为抽水蓄能电站，还应补充设计水头、上下库等指标。

表 9－28　　主要技术经济指标简表

<table>
<tr><td>河系</td><td colspan="2"></td><td rowspan="11">发电厂</td><td colspan="2">型式</td><td></td></tr>
<tr><td>建设地点</td><td colspan="2"></td><td colspan="2">厂房尺寸（长×宽×高）</td><td>m×m×m</td></tr>
<tr><td>设计单位</td><td colspan="2"></td><td colspan="2">水轮机型号</td><td></td></tr>
<tr><td>建设单位</td><td colspan="2"></td><td colspan="2">装机容量（单机容量×台）</td><td>万 kW</td></tr>
<tr><td rowspan="7">水库</td><td>正常蓄水位</td><td>m</td><td colspan="2">保证出力</td><td>万 kW</td></tr>
<tr><td>总库容</td><td>亿 m^3</td><td colspan="2">年发电量</td><td>亿 kW·h</td></tr>
<tr><td>有效库容</td><td>亿 m^3</td><td colspan="2">年利用小时</td><td>h</td></tr>
<tr><td>淹没耕地</td><td>万 hm^2</td><td colspan="2">建筑工程投资</td><td>万元</td></tr>
<tr><td>迁移人口</td><td>万人</td><td colspan="2">建筑工程单位千瓦指标</td><td>元/kW</td></tr>
<tr><td>迁移费用</td><td>万元</td><td colspan="2">发电设备投资</td><td>万元</td></tr>
<tr><td>单位指标</td><td>元/人</td><td colspan="2">发电设备单位千瓦指标</td><td>元/kW</td></tr>
<tr><td rowspan="5">拦河坝（闸）</td><td>型式</td><td></td><td rowspan="4">主体建筑工程量</td><td rowspan="2">开挖</td><td>明挖土石方</td><td>万 m^3</td></tr>
<tr><td>最大坝高/坝顶长</td><td>m</td><td>洞挖石方</td><td>万 m^3</td></tr>
<tr><td>坝体方量</td><td>万 m^3</td><td rowspan="2">填筑</td><td>土石方</td><td>万 m^3</td></tr>
<tr><td>投资</td><td>万元</td><td>混凝土</td><td>万 m^3</td></tr>
<tr><td>单位指标</td><td>元/m^3</td><td rowspan="6">主要材料用量</td><td colspan="2">水泥</td><td>万 t</td></tr>
<tr><td rowspan="5">引水隧洞</td><td>型式</td><td></td><td colspan="2">钢筋钢材</td><td>万 t</td></tr>
<tr><td>直径</td><td>m</td><td colspan="2">木材</td><td>万 m^3</td></tr>
<tr><td>长度/条数</td><td></td><td colspan="2">粉煤灰</td><td>万 t</td></tr>
<tr><td>投资</td><td>万元</td><td colspan="2">炸药</td><td>万 t</td></tr>
<tr><td>单位指标</td><td>元/m</td><td colspan="2">油料</td><td>万 t</td></tr>
<tr><td colspan="2">工程静态投资</td><td>万元</td><td rowspan="2">全员人数</td><td colspan="2">高峰人数</td><td>人</td></tr>
<tr><td colspan="2">工程总投资</td><td>万元</td><td colspan="2">平均人数</td><td>人</td></tr>
<tr><td colspan="2">单位千瓦静态投资</td><td>元</td><td rowspan="7">施工总进度</td><td colspan="2">总工时</td><td>万工时</td></tr>
<tr><td colspan="2">单位年发电量投资</td><td>元</td><td colspan="2">工程筹建期</td><td>月</td></tr>
<tr><td colspan="2">第 1 台（批）机组发电静态投资</td><td>万元</td><td colspan="2">施工准备期</td><td>月</td></tr>
<tr><td colspan="2">第 1 台（批）机组发电总投资</td><td>万元</td><td colspan="2">主体施工期</td><td>月</td></tr>
<tr><td colspan="2">工程建设期利息</td><td>万元</td><td colspan="2">工程完建期</td><td>月</td></tr>
<tr><td colspan="2">送出工程投资</td><td>万元</td><td colspan="2">第 1 台（批）机组发电工期</td><td>月</td></tr>
<tr><td colspan="2">生产单位定员</td><td>人</td><td colspan="2">工程建设总工期</td><td>月</td></tr>
</table>

参 考 文 献

［1］ 水电水利规划设计总院，可再生能源定额站．水电工程设计概算编制规定（2013年版）［M］．北京：中国电力出版社，2014．

［2］ 水电水利规划设计总院，可再生能源定额站．水电工程设计概算费用标准（2013年版）［M］．北京：中国电力出版社，2014．

［3］ 水电水利规划设计总院，可再生能源定额站．水电建筑工程概算定额［M］．北京：中国电力出版社，2007．

［4］ 郭学彬，张继春．爆破工程［M］．北京：人民出版社，2007．

［5］ 水利电力部水电建设总局．水利水电工程施工组织设计手册［M］．北京：水利电力出版社，1990．

［6］ 全国水利水电施工技术信息网．水利水电工程施工手册［M］．北京：中国电力出版社，2004．

［7］ 电力规划设计总院．电网工程限额设计控制指标（2012年水平）［M］．北京：中国电力出版社，2013．

［8］ 国家发展计划委员会，建设部．工程勘察设计收费管理规定［Z］．2002．

［9］ 国家发展和改革委员会，建设部．建设工程监理与相关服务收费管理规定［Z］．2007．

［10］ 乔静宇．新编电气工程师实用手册［M］．北京：中国水利水电出版社，1997．

［11］ DL/T 5148—2001 水工建筑物水泥灌浆施工技术规范［S］．北京：中国电力出版社，2002．

［12］ DL/T 5200—2004 水电水利工程高压喷射灌浆技术规范［S］．北京：中国电力出版社，2005．

［13］ DL/T 5199—2004 水电水利工程混凝土防渗墙施工规范［S］．北京：中国电力出版社，2005．

［14］ DL/T 5214—2005 水电水利工程振冲法地基处理技术规范［S］．北京：中国电力出版社，2005．

［15］ DL/T 5397—2007 水电水利工程施工组织设计规范［S］．北京：中国电力出版社，2008．

［16］ NB/T 35033—2014 水电工程环境保护专项投资编制细则［S］．北京：中国电力出版社，2014．

［17］ NB/T 35072—2015 水电工程水土保持专项投资编制细则［S］．北京：中国电力出版社，2016．

［18］ NB/T 35037—2014 水电工程鱼类增殖放流站设计规范［S］．北京：中国电力出版社，2015．

［19］ JTJ 319—99 疏浚工程技术规范［S］．北京：中国电力出版社，2001．

［20］ JTJ/T 321—96 疏浚工程土石方计量标准［S］．北京：人民交通出版社，1996．

［21］ JTS 181—5—2012 疏浚与吹填工程设计规范［S］．北京：人民交通出版社，2012．

［22］ JTS 207—2012 疏浚与吹填工程施工规范［S］．北京：人民交通出版社，2012．

［23］ SL 17—2014 疏浚与吹填工程技术规范［S］．北京：中国水利水电出版社，2014．

［24］ 水电水利规划设计总院，可再生能源定额站．水电工程设计工程量计算规定（2010年版）［M］．北京：中国电力出版社，2010．

［25］ 国家质量监督检验检疫总局．GB 175—2007/XG1—2009 通用硅酸盐水泥［S］．北京：中国标准出版社，2009．

［26］ 国家质量监督检验检疫总局．GB 1499．2—2007/XG1—2009 钢筋混凝土用钢 第2部分：热轧带肋钢筋 国家标准第1号修改单［S］．北京：中国标准出版社，2009．

［27］ 国家质量监督检验检疫总局．GB 1499．1—2008/XG1—2012 钢筋混凝土用钢 第1部分：热轧光圆钢筋 国家标准第1号修改单［S］．北京：中国标准出版社，2013．

[28] 国家质量监督检验检疫总局. GB/T 5223—2014 预应力混凝土用钢丝 [S]. 北京：中国标准出版社，2015.

[29] 国家质量监督检验检疫总局. GB 17930—2013 车用汽油（Gasoline for motor）[S]. 北京：中国标准出版社，2013.

[30] 国家质量监督检验检疫总局. GB 8076—2008 混凝土外加剂 [S]. 北京：中国标准出版社，2009.

[31] 住房和城乡建设部. GB 50119—2013 混凝土外加剂应用技术规范 [S]. 北京：中国建筑工业出版社，2014.